Windows核心编程
（第5版 中文限量版）

[美] 杰弗里·李希特 (Jeffrey Richter)
[法] 克里斯托弗·纳萨雷(Christophe Nasarre) ／著　周　靖／译

清華大学出版社

北　京

内 容 简 介

这是一本经典的Windows核心编程指南，从第1版到第5版，引领着数十万程序员走入Windows开发阵营，培养了大批精英。

作为Windows开发人员的必备参考，本书是为打算理解Windows的C和C++程序员精心设计的。第5版全面覆盖Windows XP，Windows Vista和Windows Server 2008中的170个新增函数和Windows特性。书中还讲解了Windows系统如何使用这些特性，我们开发的应用程序又如何充分使用这些特性，如何自行创建新的特性。

北京市版权局著作权合同登记号　图字：01-2022-4807

Authorized translation from the English language edition, entitled Windows via C/C++, Fifth Edition by Jeffrey Richter / Christophe Nasarre, published by Pearson Education, Inc, publishing as Microsoft Press, Copyright © 2008 Jeffrey Richter. All rights reserved. No part of this book may be reproduced or transmitted in any form or by any means, electronic or mechanical, including photocopying, recording or by any information storage retrieval system, without permission from Pearson Education, Inc.

Chinese Simplified language edition published by TSINGHUA UNIVERSITY PRESS LIMITED Copyright © 2022

本书中文简体版由Microsoft Press授权清华大学出版社出版发行，未经出版者书面许可，不得以任何方式复制或抄袭本书的任何部分。

本书封面贴有Pearson Education防伪标签，无标签者不得销售。

版权所有，侵权必究。举报：010-62782989，beiqinquan@tup.tsinghua.edu.cn。

图书在版编目(CIP)数据

Windows核心编程：第5版：中文限量版 / (美)杰弗里•李希特(Jeffrey Richter)，(法)克里斯托弗•纳萨雷(Christophe Nasarre)著；周靖译. —北京：清华大学出版社，2022.9
书名原文：Windows via C/C++, 5th Edition
ISBN 978-7-302-60932-2

Ⅰ.①W… Ⅱ.①杰… ②克… ③周… Ⅲ.①Windows操作系统—应用软件—程序设计 Ⅳ.①TP316.7

中国版本图书馆CIP数据核字(2022)第088960号

责任编辑：文开琪
封面设计：李　坤
责任校对：周剑云
责任印制：丛怀宇
出版发行：清华大学出版社
　　　　　网　　址：http://www.tup.com.cn, http://www.wqbook.com
　　　　　地　　址：北京清华大学学研大厦A座　　邮　　编：100084
　　　　　社 总 机：010-83470000　　　　　　　邮　　购：010-62786544
　　　　　投稿与读者服务：010-62776969, c-service@tup.tsinghua.edu.cn
　　　　　质量反馈：010-62772015, zhiliang@tup.tsinghua.edu.cn
印 装 者：三河市东方印刷有限公司
经　　销：全国新华书店
开　　本：178mm×230mm　　印　　张：60.25　　字　　数：1359千字
版　　次：2022年10月第1版　　　　印　　次：2022年10月第1次印刷
定　　价：256.00元(全五册)

产品编号：097221-01

献给我的妻子克里斯汀，对于我们的生活，

我无法用言语来表达，

我珍惜我们的家庭和我们所有的冒险。

我对你爱充实着我的每一天

感谢艾登，你是我的灵感之源，

你教会了我如何游戏以及如何找到乐趣。

看着你一天天地长大，我感到相当地满足和愉快。

能够参与你生活，我是何等的幸运。

作为你的父亲，你让我成为了一个更好的人。

感谢我的小儿子，你是我们最殷切的期待，

简直不敢相信，你终于成为了我们家的新成员。

你的到来，使我们家变得更美满。

我期待着能够和你一起玩耍，

教会你长大成人，和你一起享受时光。

— 杰弗里•李希特

献给我的妻子弗洛伦丝，

感谢我的父母，他们曾经认为，

通过《龙与地下城》游戏规则来学习英语不会如此高效。

— 克里斯托弗•纳萨雷

中国的读者朋友们，大家好！

我访问过中国很多次，这个美丽而富饶的国家文化悠久，总是让我感到无比的敬畏。

每一次访问，我都能结识一些新的朋友，一直以来，大家对我都非常友好。

我的书被翻译为中文，我感到非常开心并希望大家能愉快地读完全书，正如我愉快地写完整本书一样。

很多年以前，操作系统都非常小，小到我们完全可以理解整个操作系统。

但在今天，操作系统变得非常庞大，变化速度也非常快，几乎到了一个人完全不能依靠一己之力来理解整个操作系统的地步。

对于程序员，我首先建议大家尽可能透彻理解操作系统的根基，比如Windows和CLR。其次，建议大家要专长于某一个领域方向，比如计算机图形、Web服务、网站以及GUI编程等。

我相信，沿着这条理想的道路走下去，你会发现自己可以如愿成为一名优秀的软件开发人员。

祝大家心随所愿！

Jeffrey Richter

寄语中国读者2

中国的读者朋友们，大家好！

最近几年，由于工作关系，我非常幸运地和上海开发团队中的一位成员联系紧密。让我感到意外的是，我们的工作方式和思维方式惊人地一致。在我们这个完美的团队中，唯一不足一提的障碍是语言：我们大家都不得不使用英语，而我们的母语都不是英语。即使我们大家都能能无障碍地进行交流，但如果我们都能够说中文的话，沟通起来可能会更加高效。这本升级版的书目的就在于此，有了它，读者朋友可以更轻松地理解如何借助于Windows的魔力来开发应用和软件系统。

我是法国人，我都英语来写作(还没有到炉火纯青的地步，因为如果用法语来写这本书的话，会更容易一些)。大家可以想象，用中文来写作将是何等难以想象的事情，因为我只记得怎么用中文说"níhǎo, xièxiè!(你好，谢谢！)"我要感谢译者，感谢他让大家看到了这本书的中文版。

祝愿大家由此开启自己的Windows探索之旅，"xièxiè(谢谢)"大家阅读这本书。

克里斯托弗•纳萨雷

致谢

没有其他人的帮助和技术上的支持，我们不可能写成这本书。具体说来，我们要向以下人员表达我们发自内心的感激之情。

杰弗里的家人

杰弗里要向他的妻儿表示感谢，感谢他们绵延不尽的爱和支持。

克里斯托弗的家人

没有妻子弗洛伦丝的爱和支持，没有女儿西莉亚永不满足的好奇心，没有两只爱猫"肉桂"和"牛轧糖"时不时发出的咕噜声，克里斯托弗可能无法完成本书第5版。现在，他找不到任何合理的借口来逃避对家人的照顾！

技术支持

要写好这样一本经典，单凭我们作者的力量是不够的。在此，我们要向微软公司曾经帮助过我们的员工表示诚挚的谢意。具体说来，我们要感谢阿伦•基尚，对于我们提出的怪问题或者复杂问题，他总能迅速找到答案或者立即找到Windows开发团队中合适的人员为我们提供更详细的解答。我们还要感谢金斯曼•金斯曼、斯蒂芬•多尔、韦德森•阿尔梅达•菲略、埃里克•李、让-伊夫•波布兰、桑迪普•拉纳德、艾伦•陈、阿勒•康佩蒂、康苏•加特林、许凯、穆罕默德•伊伊贡、肯•荣格、帕维尔•列别丁斯基、保罗•斯利沃维奇和王兰迪。此外，还要感谢负责解答微软内部社区贴出的问题并和大家分享其渊博知识的其他人士，如雷蒙德•陈、楚松谷、克里斯•科里奥、拉里•奥斯特曼、理查德•拉塞尔、马克•鲁西诺维奇、迈克•谢尔顿、达米安•沃特金斯和张俊峰。最后，特别感谢约翰·罗宾斯(花名Bugslayer)和肯尼·克尔，他们对本书各章提供了出色的反馈意见。

微软出版社编辑团队

我们要感谢本书组稿编辑本·瑞恩对法国小伙子克里斯托弗的信任，感谢经理琳恩·菲奈儿和柯蒂斯·菲利普斯的耐心。感谢司各特·西莱为保证技术准确性而进行的搜索查找，感谢罗杰·勒布兰克将克里斯托弗的法国式英语变得更容易理解(天才禀赋)，感谢奥黛丽·福克斯斟字酌句的校对。除了微软出版社西雅图雷蒙德团队成员，我们还要感谢乔扬塔·森花大量宝贵的私人时间为我们提供帮助。

互致谢意

克里斯托弗要向杰弗里·李希特表示诚挚的谢意，感谢他相信自己不会弄砸第5版。

杰弗里也要感谢克里斯托弗，他兢兢业业，恪尽职守，对全书内容进行研究、重新组织、重写和重修并对达到杰弗里要求的完美孜孜以求。

译者序

对一本好书进行全面的翻新，需要极大的精力和勇气，但值得。

光阴荏苒，时间不知不觉从本书初版时的2008年来到了2022年，Windows操作系统也从成书时的Windows Vista进化到了Windows 10/11。这些年间，北京正好举办了两届奥运会，中国的基建也日新月异，IT行业更是风云变幻，Windows操作系统也变得越来越美观。

但我们透过现象看本质，会发现很多东西底层的架构并没有变化或者说没有太大的变化。Windows内核就是一个典型的例子。作为讲解核心编程的一本经典，本书的内容到今天仍然有非常重要的参考价值，并没有因为Windows外观上的变化而过时。原因很简单，底层才是一切的基础。进程还是要那样创建，干活儿的总是线程，同步机制还是那么几种，DLL也还是要那样加载。

那么，为什么要修订？原因很简单：强迫症+完美控。借着这次机会，10多年的凤愿终于得偿。这一次，除了翻译上力求精益求精，还对全书进行地毯式的排查和提升，对疏漏和错误进行了补全与修正，此外还统一了全书的翻译风格，在术语的运用上力求更规范，更有利于读者理解。

表面上看，现在呈现在您面前的还是当年那本经典，但有那么一种说不清、道不明且令人愉悦的不同。是不是更好看，更耐看，更有味儿了呢？亲爱的读者，请告诉我，您是怎么想的呢？

前言

Windows是一个复杂的操作系统。它提供的特性非常丰富，对任何个人而言，要想完全透彻地理解整个系统几乎不可能。其复杂性也使我们很难确定应该把主要精力集中在哪些地方。万丈高楼平地起，就我个人而言，我始终倾向于从最底层开始，深刻理解系统的基本构件。一旦掌握了最基本的东西，就很容易向自己的知识库中逐步添加更多高层的东西。所以本书将集中介绍Windows的基本构件和基础概念，对于建构和实现Windows应用程序来说，这些都是必须掌握的。简而言之，本书介绍了各种Windows特性，以及如何通过C和C++语言来使用这些特性。

虽然本书不会涵盖某些Windows概念，比如组件对象模型(Component Object Model，COM)，但COM是在进程、线程、内存管理、DLL、线程本地存储区以及Unicode等基本构件的基础上构建的。如果了解了这些基本构件，那么要理解COM就相当于理解如何使用这些基本构件。对于那些试图跳过这些基本构件，悉心钻研COM体系结构的朋友，我深表同情。要完善知识库，他们还有很长一段路要走，这必然会对他们的代码和软件开发进度产生很大的负面影响。

微软的.NET Framework的公共语言运行时(Common Language Runtime，CLR)是本书未涉及的另一种技术(感兴趣的读者可以阅读我的另一本专著《CLR via C#》第4版)。然而，CLR是作为动态链接库(DLL)中的COM对象实现的，它在一个进程中加载，并使用线程来执行代码，以操作在内存中托管的Unicode字符串。所以，本书所介绍的基本构件同样有助于软件开发人员编写托管代码。另外，借助于CLR的平台调用(Platform Invocation，P/Invoke)技术，可以调用本书所介绍的各种Windows API。

所以，这就是本书的全部，每个Windows开发人员(至少在我看来)都应密切关注的基本

Windows构件。讨论每个构件时，我还描述了系统如何使用这些模块，以及你自己的应用程序如何最好地利用这些构件。我在很多章中展示了如何创建自己的构件。这些构件通常以通用函数或C++类的形式实现，它们将一组Windows构件组合在一起，形成一个远远大于其各部分之和的整体。

64位Windows操作系统

微软发售支持x86 CPU体系结构的32位Windows操作系统已有多年历史。如今，微软还提供支持x64和IA-64 CPU体系结构的64位Windows操作系统。基于这些64位CPU体系结构的计算机迅速为市场所接受。事实上，在不远的将来，所有台式机和服务器都将使用64位CPU。为此，微软已发表声明，Windows Server 2008将是最后一款32位版本的Windows操作系统！对于开发人员而言，现在是时候集中精力让自己的应用程序能在64位Windows操作系统上正常运行了。本书全面覆盖相关的知识，让开发人员的应用程序能够在64位Windows操作系统(同时也包括32位Windows)上正常运行。

应用程序从64位地址空间所获得的最大的好处是能轻松处理大量数据，因为应用程序的进程不再受限于2GB可用地址空间。即使应用程序并不需要所有这些空间，Windows本身也可以利用这个显然大得多的地址空间(约8TB)来加快运行速度。

下面简单列出了对于64位Windows操作系统需要关注的内容。

- 64位Windows内核是32位Windows内核的移植版本。这意味着以前所学的32位Windows所有细节和难点均适用于64位Windows。事实上，微软已修改了32位Windows的源代码，使其既可以编译生成32位系统，也可以编译生成64位系统。两个系统使用同一个源代码库，所以新特性和bug修复会同时应用于两个系统。
- 由于内核使用相同的代码和基本概念，所以在两个平台上的Windows API是一样的。这意味着我们不必重新设计或实现应用程序，就能让它在64位Windows操作系统上运行。只需要对源代码做少许改动，然后重新生成应用程序即可。
- 为了保持向后兼容性，64位Windows操作系统是可以执行32位应用程序的。但是，如果应用程序是作为64位应用程序来生成的，那么它的性能会有显著的提高。
- 因为移植32位代码非常容易，所以64位Windows操作系统中已经有很多的设备驱动程序、工具和应用程序了。遗憾的是，Visual Studio是32位的，而且微软似乎还并不急于将其移植为64位的。不过，好消息是32位的Visual Studio在64位Windows操作系统上的确运行得非常好，只不过其数据结构的地址空间有限。而且，我们还可以用Visual Studio来调试64位应用程序。
- 并不需要学习太多新知识。大多数数据类型仍然保持32位宽度，这是很多读者很高兴看到的。它们是INT、DWORD、LONG和BOOL等。事实上，大多数情况下我们只需要担心指针和句柄，因为它们现在变成64位了。

对于如何将现有源代码修改为64位，微软已经提供了相当丰富的信息，所以不打算在本书深入这些细节。不过，在我写每一章的时候，我都会考虑到64位Windows操作系统。在适当的时候，我会加入64位Windows的特定信息。同时，我还在64位Windows中编译和测试了本书中的所有示例程序。所以，如果读者效仿书中的示例程序和我的做法，那么创建一个能够为32位或64位Windows编译的源代码库应该完全不成问题。

《Windows核心编程(第5版)》中有哪些新内容

在过去，本书曾经被冠以"Advanced NT""Advanced Windows"和"Programming Application for Windows"等名字。为保持这个传统，本书的第5版也有一个新的书名，即Windows via C/C++。新的书名表示本书是为打算理解Windows的C和C++程序员设计的。第5版全面覆盖了Windows XP，Windows Vista和Windows Server 2008中的170个新增函数和Windows特性。

有些章已全部重写，例如第11章，这一章解释了如何使用新的线程池API。第4版原有的各章都已大幅修订，以突出新特性。例如，第4章现已包含了对用户账户控制(User Account Control)的介绍，第8章现在介绍了新的同步机制。

同时，我还更全面地介绍了C/C++运行库如何与操作系统交互，特别强调安全性和异常处理。最后，第5版新增两章内容，解释了I/O操作的工作原理以及如何深入理解新的Windows错误报告(WER)系统，此系统改变了应用程序错误报告和应用程序恢复的方式。

除了新的结构和更深入的介绍，这一版还新增了大量内容。第5版着重在以下几个方面进行了更深入的讲解。

- **Windows Vista和Windows Server 2008新特性**　当然，除非本书涵盖了Windows XP、Windows Vista、Windows Server 2008和C/C++运行库的所有新特性，否则它就算不上是真正的修订。第5版着重强调安全字符串函数、内核对象的变化(例如命名空间和边界描述符)、线程和进程属性列表、线程和I/O优先级调度、取消同步I/O、向量异常处理等方面的最新信息。
- **64位Windows支持**　本书旨在解决64位Windows的特定问题，所有示例程序都在64位Windows上生成并测试过。
- **使用C++语言**　示例程序使用C++语言，所需要的代码更少，而且C++的逻辑更清楚，也更容易理解。

- **可重用的代码**　我尽量让源代码既通用，又可重用。这样一来，读者只需对单独的函数或整个C++类稍作改动或根本无需改动，就能在自己的应用程序中使用它们。C++语言的使用进一步增强了代码的可重用性。
- **ProcessInfo实用工具**　前几版一直都有的这个特殊示例程序已被增强，可以显示进程所有者、命令行和UAC相关详情。
- **LockCop实用工具**　这个示例程序是新增的。它显示了系统中有哪些进程正在运行。一旦选定了一个进程，这个工具就会列出进程中的所有线程，以及每个线程是被哪种同步机制阻塞，同时明确指出死锁的情况。
- **API拦截**　我介绍了更新后的一些C++类，它们使对进程中的一个或所有模块进行API拦截(API hooking)变得相当简单。我的代码甚至拦截了对LoadLibrary和GetProcAddress的运行时调用，使你的API挂勾得以强制执行。
- **结构化异常处理有所增强**　我重写并重新组织了结构化异常处理(SEH)的内容。对未处理异常进行了更多的讨论，并讨论了如何根据自己的需求自定义Windows错误报告。

示例代码和系统需求

本书示例程序可从本书中文版网站下载，网址如下：

https://bookzhou.com

为了构建示例程序，读者需要安装Visual Studio 2005或更新版本，Microsoft Platform SDK for Windows Vista和Windows Server 2008(有些版本的Visual Studio自带这个SDK)。此外，要运行示例程序，还需要一台已安装Windows Vista(或更新的版本)的计算机(或虚拟机)。

本书支持

我们已经尽力确保本书及其配套内容的准确性。我们会将收集到的勘误或改动添加到一个勘误表中，读者可从以下网址下载这个勘误表：

https://bookzhou.com

问题和评论

有关本书或者网络配套内容的任何评论、问题或想法，或者通过访问上述网址仍然未能解决的疑惑，请通过电子邮件发送给微软出版社：

mspinput@microsoft.com

或者将信件寄到以下地址：

Microsoft Press

Attn：Windows via C/C++ Fifth Edition

One Microsoft Way

Redmond，WA 98052-6399

请注意，上述地址并不提供对Microsoft软件产品的支持。

简明目录

详细目录

第 I 部分　必 备 知 识

第 1 部分　必 备 知 识

错误处理

本章内容

在深入讨论Windows 提供的诸多特性之前，应该先来理解各个Windows函数是如何进行错误处理的。

Windows函数被调用时，首会先验证传给自己的参数，然后再开始执行任务。如果传入的是无效参数或由于其他原因导致操作无法执行，则函数的返回值将指出函数因为某个原因失败了。表1-1展示了大多数Windows函数使用的返回值数据类型。

表1-1　Windows函数的常见返回值数据类型

数据类型	指出函数调用失败的值
VOID	这个函数不可能失败。只有极少数 Windows 函数的返回值类型为 VOID
BOOL	如果函数失败，返回值为 0；否则，返回值是一个非 0 值。应避免测试返回值是否为 TRUE；最稳妥的做法是检查它是否不为 FALSE
HANDLE	如果函数失败，返回值通常为 NULL；否则，HANDLE 将标识一个可以操纵的对象。请注意这种返回值，因为某些函数会返回句柄值 INVALID_HANDLE_VALUE，它被定义为 –1。函数的 Platform SDK 文档清楚说明了函数是返回 NULL 还是 INVALID_HANDLE_VALUE 来标识失败
PVOID	如果函数调用失败，则返回值为 NULL；否则，PVOID 将标识一个数据块的内存地址
LONG/DWORD	这种类型比较棘手。返回计数的函数通常会返回一个 LONG 或 DWORD。如果函数由于某种原因不能对你想要计数的东西进行计数，它通常会返回 0 或 –1(视函数而定)。如果要调用一个返回 LONG/DWORD 的函数，务必仔细阅读 Platform SDK 文档，确保正确检查可能出现的错误

通常，如果Windows函数返回错误码，将有助于我们理解函数调用为什么会失败。Microsoft编辑了一个列表，其中列出了所有可能的错误码，并为每个错误码都分配了一个32位数字。

在内部，Windows函数在检测到错误时会使用一个名为"线程本地存储区"(thread-local storage)的机制将恰当的错误码与调用线程(发出调用的线程，calling thread)关联到一起线程本地存储区的详情将在第21章"线程局部存储区"讨论。这一机制使不同线程能独立运行，不会出现彼此影响对方错误码的情况。函数返回时，其返回值会指出已发生一个错误。要查看具体是什么错误，请调用GetLastError函数，如下所示：

```
DWORD GetLastError();
```

此函数的作用很简单，就是返回由上一个函数调用设置的线程的32位错误码。

有了32位错误码之后，接着需要把它转换为更有用的信息。WinError.h头文件包含Microsoft定义的错误码列表。为了让大家有一个直观的感受，下面摘录了其中一部分：

```
// MessageId: ERROR_SUCCESS
//
// MessageText:
//
// The operation completed successfully.
//
#define ERROR_SUCCESS                   0L

#define NO_ERROR 0L                                   // dderror
#define SEC_E_OK                ((HRESULT)0x00000000L)

//
// MessageId: ERROR_INVALID_FUNCTION
//
// MessageText:
//
// Incorrect function.
//
#define ERROR_INVALID_FUNCTION          1L          // dderror

//
// MessageId: ERROR_FILE_NOT_FOUND
//
// MessageText:
//
```

```
// The system cannot find the file specified.
//
#define ERROR_FILE_NOT_FOUND              2L


//
// MessageId: ERROR_PATH_NOT_FOUND
//
// MessageText:
//
// The system cannot find the path specified.
//
#define ERROR_PATH_NOT_FOUND              3L


//
// MessageId: ERROR_TOO_MANY_OPEN_FILES
//
// MessageText:
//
// The system cannot open the file.
//
#define ERROR_TOO_MANY_OPEN_FILES         4L


//
// MessageId: ERROR_ACCESS_DENIED
//
// MessageText:
//
// Access is denied.
//
#define ERROR_ACCESS_DENIED               5L
```

可以看出，每个错误都有三种表示：一个消息ID(一个可在源代码中使用的宏，用于与GetLastError的返回值比较)、消息文本(描述错误的英文文本)和一个编号(应避免使用此编号，尽量使用消息ID)。注意，这里只摘录了WinError.h头文件极小的一部分，整个文件的长度超过39 000行！

3~5

Windows函数失败之后，你要马上调用GetLastError，因为假如又调用了另一个Windows函数，则此值很可能被改写。注意，成功调用的Windows函数可能会用ERROR_SUCCESS改写此值。

一些Windows函数调用成功可能是缘于不同的原因。例如，创建一个命名的事件内核对象时，以下两种情况均会成功：对象实际完成创建，或者存在一个同名的事件内核对象。应用程序也许需要知道成功的原因。为返回这种信息，Microsoft选择采用"上一个错误码"(last error code)机制。所以，特定函数调用成功时，可调用GetLastError来确定额外的信息。对于具有这种行为的函数，Platform SDK文档会清楚指明GetLastError能以这种方式使用。请参考文档来查看CreateEvent函数的一个例子；如果存在命名的事件，它会返回ERROR_ALREADY_EXISTS。

调试程序时，我发现对线程的"上一个错误码"进行监视是相当有用的。在Microsoft Visual Studio中，Microsoft的调试器支持一个很有用的功能——可以配置Watch(监视)窗口，让它始终显示线程的上一个错误码和对错误的文本描述。具体做法是：在Watch窗口中选择一行，然后输入$err,hr。我们来看看图1-1的例子。这个例子已调用了CreateFile函数。该函数返回值是为INVALID_HANDLE_VALUE (–1)的一个HANDLE，指出它无法打开指定文件。但是Watch窗口指出，上一个错误码(也就是调用GetLastError函数所返回的错误码)是0x00000002。多亏有了,hr限定符，Watch窗口进一步指出错误码2是"The system cannot find the file specified"(系统找不到指定的文件)。这就是在WinError.h头文件中为错误码2列出的消息文本。

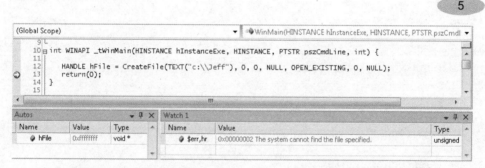

图1-1 在Visual Studio的Watch窗口中使用$err,hr来查看当前线程的"上一个错误码"

如图1-2所示，Visual Studio还搭载了一个小巧的名为"错误查找"的实用程序，可以从"工具"菜单选择"错误查找"。可利用它将错误码转换为相应的文本描述。

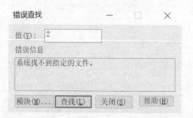

图1-2 可将错误码转为相应的文字描述

如果我在自己写的程序中检测到一个错误，我会希望向用户显示文本描述，而不是一个干巴巴的错误码。Windows提供了FormatMessage函数将错误码转换为相应的文本描述，如下所示：

```
DWORD FormatMessage(
    DWORD dwFlags,
    LPCVOID pSource,
    DWORD dwMessageId,
    DWORD dwLanguageId,
    PTSTR pszBuffer,
    DWORD nSize,
    va_list *Arguments);
```

FormatMessage的功能实际相当丰富，构造要向用户显示的字符串时，它是首选的一种方式。它之所以好用，一个原因是能轻松支持多种自然语言。它能获取一个语言标识符作为参数，并返回那种语言的文本。当然，必须先翻译字符串，再将翻译好的消息表(message table)资源嵌入自己的.exe或DLL模块中。但在此之后，这个函数就能自动选择正确的字符串。ErrorShow示例程序(本章稍后提供)演示了如何调用这个函数将Microsoft定义的错误码转换为相应的文本描述。

经常有人问我，Microsoft是否维护着一个主控列表，其中完整列出了每个Windows函数可能返回的所有错误码。很遗憾，答案是否定的。而且，Microsoft绝不可能提供这样的列表，因为随着新版本的操作系统的出现，这样的列表很难构建和维护。

6

这种列表的问题在于，你可以调用一个Windows函数，但在内部，这个函数可能调用另一个函数，后者又可能调用其他函数……以此类推。出于众多原因，任何一个函数都可能失败。有时，当一个函数失败时，较高级别的函数也许能够恢复，并继续执行你希望的操作。为了创建这种主控列表，Microsoft就必须跟踪每个函数的路径，生成所有可能的错误码的列表。这是非常难的。而且，随着新版本操作系统的发布，这些函数的执行路径也可能发生改变。

1.1 定义自己的错误码

前面讲述了Windows函数如何向其调用者指出错误。除此之外，Microsoft还允许将这种机制用于我们自己的函数中。假定要写一个供其他人调用的函数。该函数可能会因为这样或那样的原因而失败，所以需要向调用者指出错误。

为了指出错误，只需设置线程的"上一个错误码"，然后令自己的函数返回FALSE、INVALID_HANDLE_VALUE、NULL或者其他合适的值。为了设置线程的上一个错误码，只需调用以下函数，并传递自己认为合适的任何32位值：

```
VOID SetLastError(DWORD dwErrCode);
```

我会尽量使用WinError.h中现有的代码，只要代码能很好地反映我想报告的错误。如果WinError.h中的任何一个代码都不能准确反映一个错误，就可以创建自己的代码。错误码是一个32位数字，由表1-2描述的几个不同的字段组成。

表1-2 错误码的不同字段

位：	31–30	29	28	27–16	15–0
内容	严重性	Microsoft/ 客户	保留	Facility 代码	异常代码
含义	0 = 成功 1 = 信息（提示） 2 = 警告 3 = 错误	0 = Microsoft 定义的代码 1 = 客户定义的代码	必须为 0	前 256 个值 由 Microsoft 保留	Microsoft/ 客户定义的代码

这些字段将在第24章"异常处理程序与软件异常"详细讨论。就目前来说，唯一需要注意的重要字段在位29中。Microsoft承诺，在它所生成的所有错误码中，此位将始终为0。但是，如果要创建我们自己的错误码，就必须在此位放入一个1。通过这种方式，可以保证我们的错误码绝不会与Microsoft现在和将来定义的错误码冲突。注意，Facility字段非常大，足以容纳4096个可能的值。其中，前256个值由Microsoft保留，其余的值可由我们自己的应用程序来定义。

1.2 ErrorShow 示例程序

ErrorShow应用程序(01-ErrorShow.exe)演示了如何获取一个错误码的文本描述。此应用程序的源代码和资源文件可在本书示例代码压缩包的01-ErrorShow目录中找到。本书资源请从https://bookzhou.com下载。

简单地说，这个应用程序演示了调试器的Watch窗口和"错误查找"(Error Lookup)程序是如何工作的(参见前面的两个屏幕截图)。启动程序后将出现如图1-3所示的窗口。

图1-3 显示错误码及其文本描述

可在编辑控件中输入任何错误码。单击Look Up按钮后，错误的文本描述将在对话

框底部的可滚动窗口中显示。对于这个应用程序，我们唯一感兴趣的是如何调用
FormatMessage。下面展示我是如何使用该函数的：

```
// Get the error code
DWORD dwError = GetDlgItemInt(hwnd, IDC_ERRORCODE, NULL, FALSE);

HLOCAL hlocal = NULL; // Buffer that gets the error message string

// Use the default system locale since we look for Windows messages
// Note: this MAKELANGID combination has a value of 0
DWORD systemLocale = MAKELANGID(LANG_NEUTRAL, SUBLANG_NEUTRAL);

// Get the error code's textual description
BOOL fOk = FormatMessage(
    FORMAT_MESSAGE_FROM_SYSTEM | FORMAT_MESSAGE_IGNORE_INSERTS |
    FORMAT_MESSAGE_ALLOCATE_BUFFER,
    NULL, dwError, systemLocale,
     (PTSTR) &hlocal, 0, NULL);

if (!fOk) {
    // Is it a network-related error?
    HMODULE hDll = LoadLibraryEx(TEXT("netmsg.dll"), NULL,
        DONT_RESOLVE_DLL_REFERENCES);
    if (hDll != NULL) {
        fOk = FormatMessage(
            FORMAT_MESSAGE_FROM_HMODULE | FORMAT_MESSAGE_IGNORE_INSERTS |
            FORMAT_MESSAGE_ALLOCATE_BUFFER,
            hDll, dwError, systemLocale,
             (PTSTR) &hlocal, 0, NULL);
        FreeLibrary(hDll);
    }
}

if (fOk && (hlocal != NULL)) {
    SetDlgItemText(hwnd, IDC_ERRORTEXT, (PCTSTR) LocalLock(hlocal));
    LocalFree(hlocal);
} else {
    SetDlgItemText(hwnd, IDC_ERRORTEXT,
        TEXT("No text found for this error number."));
```

第一行从编辑控件获取错误码。然后，指向一个内存块的句柄被实例化并初始化为
NULL。FormatMessage函数在内部分配内存块并返回指向该内存块的句柄。

8

调用FormatMessage时，我向它传入了FORMAT_MESSAGE_FROM_SYSTEM标志。该标志告诉FormatMessage：我们希望获得对应于一个系统定义错误码的字符串。另外，还传入了FORMAT_MESSAGE_ALLOCATE_BUFFER标志，要求该函数分配一个足以容纳错误文本描述的内存块。此内存块的句柄将在hlocal变量中返回。FORMAT_MESSAGE_IGNORE_INSERTS标志则允许我们获得含有%占位符的消息。Windows用它来提供上下文相关的信息，如图1-4所示。

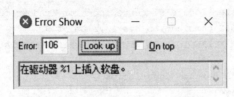

图1-4 可以在此看到上下文相关信息

如果不传递这个标志，那么就必须为Arguments参数中的这些占位符提供具体的值。但这对Error Show程序来说不可能，因为消息的内容事先是未知的。

第三个参数指出想要查找的错误编号。第四个参数指出要用什么语言来显示文本描述。由于我们对Windows自己提供的消息感兴趣，所以语言标识符将根据两个特定的常量(即LANG_NEUTRAL和SUBLANG_NEUTRAL)来生成，这两个常量联合到一起生成一个0值，即使用操作系统的默认语言。本例不能硬编码特定的语言，因为事先并不知道操作系统的安装语言。

如果FormatMessage成功，文本描述就会进入内存块，我把它复制到对话框底部的可滚动窗口中。如果FormatMessage失败，我会尝试在NetMsg.dll模块中查找消息代码，看错误是否与网络有关。关于如何在磁盘上搜索DLL的详情，请参见第20章"DLL基础"。利用NetMsg.dll模块的句柄，我再次调用FormatMessage。我们知道，每个DLL(或.exe)都可以有自己的一套错误码。可运行Message Compiler(MC.exe)并为模块添加一个资源，从而将这些错误码添加到DLL(或.exe)中。这正是Visual Studio的"错误查找"工具的"模块"对话框所执行的操作。

字符和字符串处理

本章内容

随着Windows在世界各地日渐流行，作为软件开发人员，将眼光投向全球市场显得越发重要。美国版本的软件一度在发布时间上比国际版本早6个月。但是，随着操作系统的国际化支持日益增强，为国际市场发布软件产品变得越来越容易，美国版本和国际化版本在发布时间上的间隔变得越来越短。

Windows一如继往地为开发人员提供支持，帮助他们本地化自己的应用程序。应用程序可以通过多个函数来获得一个国家特有的信息，并能检查控制面板的设置来判断用户当前的首选项。Windows甚至能为应用程序支持不同的字体。最后一点也是非常重要的一点，Windows Vista开始提供对Unicode 5.0的支持(详见 "Extend The Global Reach Of Your Applications With Unicode 5.0" 一文，网址为https://tinyurl.com/y7hkh7w2)。

缓冲区溢出错误(这是处理字符串时的典型错误)已成为针对应用程序乃至操作系统的各

个组件发起安全攻击的媒介。这几年，Microsoft从内外两个方面主动出击，倾尽全力提升Windows世界的安全水平。本章将介绍Microsoft在C运行库中新增的函数。我们应该使用这些新函数来防止应用程序在处理字符串时发生缓冲区溢出。

本章的位置之所以如此靠前，是由于我极力主张始终在应用程序中使用Unicode字符串，而且始终通过新的安全字符串函数来处理这些字符串。你以后会看到，与如何安全使用Unicode字符串相关的问题在本书每一章和每一个示例程序中都有所涉及。如果有一个非Unicode的代码库，最好把它迁移至Unicode，以增强应用程序的执行性能，并为本地化工作奠定基础。另外，它还有利于同COM和.NET Framework的互操作。

11

2.1　字符编码

本地化的问题就是处理不同字符集的问题。多年来，我们一直在将文本字符串编码成一组以0结尾的单字节字符。许多人对此已习已为常。调用strlen，它会返回"以0结尾的一个ANSI单字节字符数组"中的字符数。

问题是，某些语言和书写系统(例如日本汉字)的字符集有非常多的符号。一个字节最多只能表示256个符号，这远远不够。为了支持这些语言和书写系统，双字节字符集(double-byte character set，DBCS)应运而生。在双字节字符集中，一个字符串中的每个字符都由1个或2个字节组成。以日本汉字为例，如果第一个字符在0x81到0x9F之间，或者在0xE0到0xFC之间，就必须检查下一个字节，才能判断出一个完整的汉字。对程序员而言，和双字节字符集打交道如同一场噩梦，因为某些字符是1个字节宽，而有的字符却是2个字节宽。幸好，我们可以把DBCS放到一边，专心利用Windows函数和C运行库函数对Unicode字符串的支持。

Unicode是1988年由Apple(苹果)和Xerox(施乐)共同建立的一项标准。1991年，成立了专门的协会来开发和推动Unicode。该协会由Apple、Compaq、Hewlett-Packard、IBM、Microsoft、Oracle、Silicon Graphics、Sybase、Unisys和Xerox等多家公司组成(协会成员的最新列表可从http://www.Unicode.org获得)。该组织负责维护Unicode标准。Unicode的完整描述可以参考Addison-Wesley出版的*The Unicode Standard*一书，该书可通过http://www.Unicode.org获得。

Windows的每个Unicode字符都采用UTF-16编码，UTF全称是Unicode Transformation Format(Unicode转换格式)。UTF-16将每个字符编码为2个字节(或者说16位)。在本书中，在谈到Unicode时，除非专门声明，否则一般都是指UTF-16编码。Windows之所以使用UTF-16，是因为全球各地使用的大部分语言中，每个字符很容易用一个16位值来表示。这样一来，应用程序很容易遍历字符串并计算出其长度。但是，16位不足以表示某些语言的所有字符。对于这些语言，UTF-16支持使用代理(surrogate)，后者用32位(或者说4个字节)来表示一个字符。由于只有少数应用程序需要表示这些语言中的字符，所以UTF-16在节省空间和简化编码这两个目标之间，提供了一个很好的折衷。注意，.NET Framework始终使用UTF-16来编码所有字符和字符串，所以在我们开发的Windows应用程序中，如果需要在原生代码(native code)和托管代码(managed code)之间传递字符或字符串，可以使用UTF-16来改进性能和减少内存消耗。

还有其他用于表示字符的UTF标准，具体如下。

- UTF-8 UTF-8将一些字符编码为1个字节，一些字符编码为2个字节，一些字符编码为3个字节，一些字符编码为4个字节。值在0x0080以下的字符压缩为1个字节，这对美国使用的字符非常适合。0x0080和0x07FF之间的字符转换为2个字节，这对欧洲和中东地区的语言非常适用。0x0800以上的字符都转换为3个字节，适合东亚地区的语言。最后，代理对(surrogate pair)被写为4个字节。UTF-8是一种相当流行的编码格式。但在对值为0x0800及以上的大量字符进行编码的时候，不如UTF-16高效。

- UTF-32 UTF-32将每个字符都编码为4个字节。如果打算写一个简单的算法来遍历字符(任何语言中使用的字符)，但又不想处理字节数不定的字符，这种编码方式就非常有用。例如，如采用UTF-32编码方式，就不需要关心代理的问题，因为每个字符都是4个字节。显然，从内存使用这个角度来看，UTF-32 并不是一种高效的编码格式。所以，很少用它将字符串保存到文件或传送到网络。这种编码格式一般只在应用程序内部使用。

12~13

目前，Unicode为阿拉伯语、汉语拼音、西里尔文(俄语)、希腊语、希伯来语、日语假名、朝鲜语和拉丁语(英语)字符等——这些字符称为书写符号(script)——定义了码位(code point，即一个符号在字符集中的位置)。每个版本的Unicode都在现有的书写符号的基础上引入了新的字符，甚至会引入新的书写符号，比如腓尼基文(一种古地中海文字)。字符集中还包含大量标点符号、数学符号、技术符号、箭头、装饰标志、读音符号以及其他字符。

这65 536个字符划分为若干个区域，表2-1展示了部分区域以及分配到这些区域的字符。

表2-1　Unicode字符集和字母表

6位代码	字符	16位代码	字母/书写符号
0000–007F	ASCII	0300–036F	常见的变音符号
0080–00FF	拉丁字母补充-1	0400–04FF	西里尔字母
0100–017F	欧洲拉丁字母	0530–058F	亚美尼亚文
0180–01FF	拉丁字母扩充	0590–05FF	希伯来文
0250–02AF	国际音标扩充	0600–06FF	阿拉伯文
02B0–02FF	进格修饰字母	0900–097F	梵文字母

2.2　ANSI 字符和 Unicode 字符与字符串数据类型

C语言用char数据类型来表示一个8位ANSI字符。默认情况下，在源代码中声明一个字符串时，C编译器会把字符串中的字符转换成由8位char数据类型构成的一个数组：

```
// 一个 8 位字符
char c = 'A';
```

```
// 一个数组，包含 99 个 8 位字符以及一个 8 位的终止 0
char szBuffer[100] = "A String";
```

Microsoft的C/C++编译器定义了一个内建的数据类型wchar_t，它表示一个16位的Unicode (UTF-16) 字符。因为早期版本的Microsoft编译器没有提供这个内建的数据类型，所以编译器只有在指定了/Zc:wchar_t编译器开关时，才会定义这个数据类型。默认情况下，在Microsoft Visual Studio 中新建一个C++项目时，这个编译器开关是指定的。建议始终指定这个编译器开关，这样才能借助于编译器天生就能理解的内建基元类型来更好地操纵Unicode字符。

说明　在编译器内建对wchar_t的支持之前，有一个C头文件定义了一个wchar_t数据类型：

```
typedef unsigned short wchar_t;
```

声明Unicode字符和字符串的方法如下所示：

```
// 一个 16 位字符
wchar_t c = L'A';
```

```
// 一个数组，包含最多 99 个 16 位字符以及一个 16 位的终止 0
wchar_t szBuffer[100] = L"A String";
```

字符串之前的大写字母L通知编译器该字符串应当编译为一个Unicode字符串。当编译

器将此字符串放入程序的数据段时，会使用UTF16来编码每个字符。在这个简单的例子中，在每个ASCII字符之间都用一个0来间隔。

为了与C语言稍微有一些隔离，Windows团队希望定义自己的数据类型。于是，在Windows头文件WinNT.h中，定义了以下数据类型：

```
typedef char CHAR; // An 8-bit character

typedef wchar_t WCHAR; // A 16-bit character
```

除此之外，WinNT.h头文件还定义了一系列能为你提供大量便利的数据类型，可以用它处理字符和字符串指针：

```
// Pointer to 8-bit character(s)
typedef CHAR *PCHAR;
typedef CHAR *PSTR;
typedef CONST CHAR *PCSTR

// Pointer to 16-bit character(s)
typedef WCHAR *PWCHAR;
typedef WCHAR *PWSTR;
typedef CONST WCHAR *PCWSTR;
```

说明 仔细查看 WinNT.h 头文件，会看到如下定义：typedef __nullterminated WCHAR *NWPSTR, *LPWSTR, *PWSTR；前缀 __nullterminated 是一个头部注解 (header annotation)，它描述了一个类型如何用作函数的参数和返回值。在 Visual Studio 企业版中，可以在项目属性中设置代码分析 (Code Analysis) 选项。这样会把 /analyze 开关添加到编译器的命令行中。这样一来，假如我们的代码调用函数的方式违反头部注解所定义的语义，编译器就会检测到这类问题。注意，只有编译器的企业版才支持这个 /analyze 开关。为保证本书所提供的代码的可读性，所有 header annotation 都已被删除。要想进一步了解 header annotation 语言，请参考 MSDN 文档 "Header Annotations"，网址是 http://msdn2.microsoft.com/zh-cn/library/aa383701.aspx。

14

在源代码中，具体使用哪种数据类型并不重要，但建议尽量保持一致，以增强代码的可维护性。就我个人而言，作为Windows程序员，我会坚持使用Windows数据类型，因为这些数据类型与MSDN文档相符，有利于增强代码的可读性。

另外，可以写你的源代码，使其能在使用了ANSI或Unicode字符和字符串的前提下通过编译。WinNT.h定义了以下类型和宏：

```
#ifdef UNICODE

typedef WCHAR TCHAR, *PTCHAR, PTSTR;
typedef CONST WCHAR *PCTSTR;

#define __TEXT(quote) L##quote

#else

typedef CHAR TCHAR, *PTCHAR, PTSTR;
typedef CONST CHAR *PCTSTR;
#define __TEXT(quote) quote

#endif

#define TEXT(quote) __TEXT(quote)
```

利用这些类型和宏(少数不太常用的没有在这里列出)来写代码，无论使用了ANSI还是Unicode字符，它都能通过编译。如下所示：

```
// 如果定义了 UNICODE，就是一个 16 位字符；否则就是一个 8 位字符
TCHAR c = TEXT('A');

// 如果定义了 UNICODE，就是由 16 位字符构成的一个数组；否则就是由 8 位字符构成的一个数组
TCHAR szBuffer[100] = TEXT("A String");
```

2.3 Windows 中的 Unicode 和 ANSI 函数

自Windows NT起，Windows的所有版本都完全用Unicode来构建。也就是说，所有核心函数(创建窗口、显示文本、进行字符串处理等)都需要Unicode字符串。调用Windows函数时，如果向它传入一个ANSI字符串(单字节字符的字符串)，函数首先将字符串转换为Unicode，再将结果传给操作系统。如果函数应返回ANSI字符串，操作系统会先将Unicode字符串转换为ANSI字符串，再将结果返回给应用程序。所有这些转换都是悄悄进行的。当然，为了执行这些字符串转换，系统会产生时间和内存上的开销。

15

如果Windows函数需要获取一个字符串作为参数，则该函数通常有两个版本。例如，一个CreateWindowEx接受Unicode字符串，另一个CreateWindowEx接受ANSI字符串。这没错，但两个函数的原型实际如下：

```
HWND WINAPI CreateWindowExW(
    DWORD dwExStyle,
    PCWSTR pClassName,  // A Unicode string
    PCWSTR pWindowName, // A Unicode string
    DWORD dwStyle,
    int X,
    int Y,
    int nWidth,
    int nHeight,
    HWND hWndParent,
    HMENU hMenu,
    HINSTANCE hInstance,
    PVOID pParam);

HWND WINAPI CreateWindowExA(
    DWORD dwExStyle,
    PCSTR pClassName,  // An ANSI string
    PCSTR pWindowName, // An ANSI string
    DWORD dwStyle,
    int X,
    int Y,
    int nWidth,
    int nHeight,
    HWND hWndParent,
    HMENU hMenu,
    HINSTANCE hInstance,
    PVOID pParam);
```

CreateWindowExW这个版本接受Unicode字符串。函数名末尾的大写字母W代表wide。Unicode字符都是16位宽，所以它们经常被称作宽(wide)字符。CreateWindowExA末尾的大写字母A表明该函数接受ANSI字符串。

但我们平时只是在自己的代码中调用CreateWindowEx，并不会直接调用CreateWindowExW或CreateWindowExA。在WinUser.h中，CreateWindowEx实际是一个宏，它的定义如下：

```
#ifdef UNICODE
#define CreateWindowEx CreateWindowExW
#else
#define CreateWindowEx CreateWindowExA
#endif
```

编译源代码模块时，是否定义UNICODE决定着要调用哪一个版本的CreateWindowEx。用Visual Studio新建项目时，它默认会定义UNICODE。所以，在默认情况下，对CreateWindowEx的任何调用都会扩展宏来调用CreateWindowExW，即Unicode版本的

CreateWindowEx。

在Windows Vistat和之后的版本中，Microsoft为CreateWindowExA写的源代码只是一个转换层(translation layer)，它负责分配内存，以便将ANSI字符串转换为Unicode字符串。然后，代码会调用CreateWindowExW，并向它传递转换后的字符串。CreateWindowExW返回时，CreateWindowExA会释放它的内存缓冲区，并将窗口句柄返回。所以，对于要在缓冲区中填充字符串的任何函数，在应用程序能够处理字符串之前，系统必须先将Unicode转换为非Unicode形式。由于系统必须执行所有这些转换，所以应用程序需要更多内存，而且运行速度较慢。为了使应用程序的执行更高效，一开始应该就用Unicode来开发程序。另外，目前已知Windows的这些转换函数中存在一些bug，所以要避免使用以防一些潜在的bug。

15~17

如果是在创建供其他软件开发人员使用的动态链接库(dynamic-link library，DLL)，可以考虑使用下面这个技术：在DLL中提供导出的两个函数，一个ANSI版本，一个Unicode版本。在ANSI版本中，只是分配内存，执行必要的字符串转换，然后调用该函数的Unicode版本。本章的2.8.1节"导出ANSI和Unicode DLL函数"将演示这个过程。

Windows API中的一些函数(如WinExec和OpenFile)存在的唯一目的就是提供与只支持ANSI字符串的16位Windows程序的向后兼容性。新写的程序应避免使用这些方法。在使用WinExec和OpenFile函数调用的地方，应该用CreateProcess和CreateFile函数调用来代替。在内部，老函数总是会调用新函数。但老函数的最大问题在于，它们不接受Unicode字符串，而且支持的功能一般都要少一些。调用这些函数的时候，必须向其传递ANSI字符串。在Windows Vista和之后的版本中，大部分尚未弃用的函数都有Unicode和ANSI两个版本。然而，Microsoft已逐渐倾向于某些函数只提供Unicode版本，如ReadDirectoryChangesW和CreateProcessWithLogonW。

Microsoft将COM从16位Windows移植到Win32时，做出了一个重要决策：所有需要字符串作为参数的COM接口方法都只接受Unicode字符串。这是一个伟大的决策，因为COM一般用于让不同的组件彼此间进行"对话"，而Unicode是传递字符串最理想的选择。在你的应用程序中全面使用Unicode，可以使它与COM的交互变得更容易。

最后，当资源编译器编译完所有资源后，输出文件就是资源的一种二进制形式。资源中的字符串值(字符串表、对话框模板、菜单等)始终都写成Unicode字符串。在Windows Vista和以后的版本中，如果你的应用程序没有定义UNICODE宏，操作系统将执行内部转换。例如，在编译源模块时，如果没有定义UNICODE，那么对LoadString的调用实际会调用LoadStringA函数。然后，LoadStringA读取资源中的Unicode字符串，并把它转换成ANSI形式。最后，转换为ANSI形式的字符串从函数返回给应用程序。

2.4 C 运行库中的 Unicode 函数和 ANSI 函数

和Windows函数一样，C运行库提供了一系列函数来处理ANSI字符和字符串，并提供了另一系列函数来处理Unicode字符与字符串。但和Windows不同的是，ANSI版本的函数是"自力更生"的：它们不会把字符串转换为Unicode形式，再从内部调用函数的Unicode版本。当然，Unicode版本的函数也是"自力更生"的，也不会在内部调用ANSI版本。

在C运行库中，能返回ANSI字符串长度的一个函数的例子是strlen。与之对应的是wcslen，这个C运行库函数能返回Unicode字符串的长度。

这两个函数的原型都在String.h中。为了使自己的源代码针对ANSI或Unicode都能编译，还必须包含TChar.h，该文件定义了以下宏：

```
#ifdef _UNICODE
#define _tcslen    wcslen
#else
#define _tcslen    strlen
#endif
```

现在，你的代码中应该调用_tcslen。如果已经定义了_UNICODE，它会扩展为wcslen；否则，它会扩展为strlen。默认情况下，在Visual Studio中新建C++项目时，已经定义了_UNICODE(就像已经定义了UNICODE一样)。针对不属于C++标准一部分的标识符，C运行库始终为其附加下划线前缀。但是，Windows团队没有选择这样做。所以，在你的应用程序中，应该确保么同时定义了UNICODE和_UNICODE，要么一个都不要定义。附录A将详细描述CmnHdr.h，本书所有示例代码都将使用这个头文件来避免这种问题。

2.5 C 运行库中的安全字符串函数

任何修改字符串的函数都存在一个安全隐患：如果目标字符串缓冲区不够大，无法包含所生成的字符串，就会破坏内存中的数据(或者说发生"内存损坏"，即memory corruption)。下面是一个例子：

```
// 将 4 个字符放到 3 个字节的缓冲区中，造成内存损坏
WCHAR szBuffer[3] = L"";
wcscpy(szBuffer, L"abc"); // 终止 0 也是一个字符！
```

strcpy和wcscpy这两个函数(以及其他大多数字符串处理函数)的问题在于，它们不能接受

一个指定了缓冲区最大长度的实参。所以，函数不知道自己会破坏内存。由于不知道会破坏内存，所以不会向应用程序报告错误。由于不知道出错，所以我们不知道内存已被破坏。另外，如果函数只是简单地失败，而不是破坏任何内存，那么是最理想不过的了。

过去，这种行为被恶意软件肆意滥用。现在，Microsoft提供了一系列新函数来取代C运行库中不安全的字符串处理函数(如wcscat)。虽然多年以来，这些函数已成为许多开发人员的老朋友，但为了写安全的代码，还是应该放弃这些熟悉的、用于修改字符串的C运行库函数(不过，strlen、wcslen和_tcslen等函数没有问题，因其不会修改传入的字符，即使它们假设字符串是以0来终止的，而这个假设有时并不一定成立)。相反，应使用在Microsoft的StrSafe.h文件中定义的新的安全字符串函数。

说明　Microsoft 已在内部更新了 ATL 和 MFC 类库，以使用新的安全字符串函数。如果我们的应用程序使用了这些库，只需重新生成一下，就能让应用程序变得更安全。

18

由于本书不是专门讨论C/C++编程语言的，所以如果想要深入了解这个库的用法，推荐参考以下信息来源：

- MSDN Magazine的一篇文章，题为"Repel Attacks on Your Code with the Visual Studio 2005 Safe C and C++ Libraries"，作者是Martyn Lovell，网址是https://tinyurl.com/y86xrgtg。
- MSDN Online有关安全字符串的主题，网址是http://msdn2.microsoft.com/en-us/library/ms647466.aspx。
- MSDN Online上的所有的C语言运行时安全替代函数的列表，网址是https://tinyurl.com/ya5odko6。

不过，有一些细节值得在本章中进行探讨。首先要讨论新函数采用的模式，然后谈谈从遗留函数迁移到对应的安全版本时(比如用_tcscpy_s取代_tcscpy)可能遇到的一些问题，最后谈谈应该在哪种情况下调用新的StringC*函数。

2.5.1　初识新的安全字符串函数

在应用程序中包含StrSafe.h时，String.h也会包含进来。C语言运行库中现有的字符串处理函数(比如_tcscpy宏背后的那些函数)会被标记为弃用(deprecated)。使用这些被弃用的函数，编译时会发出警告。注意，必须在包含其他所有文件之后才包含StrSafe.h。建议利用编译警告，显式地用安全版本替换检测到的所有废弃不用的函数，每次替换都考虑一下是否可能发生缓冲区溢出。另外，如果不可能从错误中恢复，至少应该考虑如何得体地终止应用程序。

现有的每个函数(如_tcscpy或_tcscat)都有一个对应的新版本。前面的名称一样，但最后添加了一个_s(代表secure)后缀 。所有这些新的函数都有一些共同的特征(稍后解释)。以下代码片段并列展示了两个普通的字符串函数的定义，让我们基于它来研究一下安全字符串函数的原型：

```
PTSTR _tcscpy (PTSTR strDestination, PCTSTR strSource);
errno_t _tcscpy_s(PTSTR strDestination, size_t numberOfCharacters,
    PCTSTR strSource);

PTSTR _tcscat (PTSTR strDestination, PCTSTR strSource);
errno_t _tcscat_s(PTSTR strDestination, size_t numberOfcharacters,
    PCTSTR strSource);
```

一个可写的缓冲区作为参数传递时，必须同时提供它的大小。该值应该是一个字符数。为缓冲区使用_countof 宏(在stdlib.h中定义)可以很容易地计算出这个值。

所有安全(后缀为_s)函数的首要任务是验证传给它们的参数值。要检查的项目包括指针不为NULL，整数在有效范围内，枚举值有效，而且缓冲区足以容纳结果数据。这些检查中的任何一项失败，函数都会设置局部于线程的C运行时变量errno。然后，函数会返回一个errno_t值来指出成功还是失败。然而，这些函数并不实际返回。相反，如果是一次debug build，它们会显示如图2-1所示的一个对用户不太友好的Debug Assertion Failed对话框。然后，应用程序会终止。在release build中，则会直接自动终止。[①]

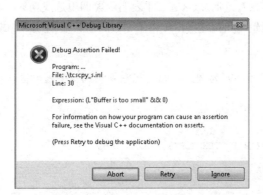

图2-1　遇到错误时显示的Debug Assertion Failed对话框

C运行时(C run time)实际上允许我们提供自己的函数，在它检测到一个无效参数时会调用该函数。然后，我们可以在这个函数中记录失败、连接一个调试器或者做其他想做的

---

① 译注：debug build 和 release build 的主要区别之一是，后者会加一个 /optimize 选项，该选项完成两个任务：优化 1L 代码和添加元数据，前者对性能提升没有太大影响，因为 CLR 应用的性能提升主要来自于 JIT 编译器，而非具体的语言编译器。

事情。为了启用这个功能，必须先定义好一个函数，其原型如下：

```
void InvalidParameterHandler(PCTSTR expression, PCTSTR function,
    PCTSTR file, unsigned int line, uintptr_t /*pReserved*/);
```

其中，参数expression描述了C运行时实现代码中可能出现的函数调用失败，比如
(L"Buffer is too small" && 0)。可以看出，这种方式也不是用户友好的，不应该向最终用
户显示。后面三个参数同样如此，因为function、file和line分别描述了出现了错误的函
数名称、源代码文件和源代码行号。

说明　如果没有定义 DEBUG，所有这些实参的值都将为 NULL。所以，只有在测试 debug
　　　build 时，才适合用这个处理值来记录错误。在 release build 中，应该用一条对用户
　　　更友好的消息来替换断言对话框，指出由于发生了非预期的错误，所以应用程序将
　　　被迫关闭，或许还可以将错误记入日志，或者重新启动应用程序。如果应用程序的
　　　内存状态被破坏，就应该停止执行应用程序。不过，最好还是等检查了 errno_t 之后，
　　　再判断是否能从错误中恢复。

下一步是调用_set_invalid_parameter_handler来注册这个处理程序(handler)。但
仅仅这一步还不够，因为断言对话框仍会出现。要在应用程序开头的地方调用
_CrtSetReportMode(_CRT_ASSERT, 0);，禁止所有可能由C运行时触发的断言对话框。

现在，在调用String.h中定义的一个遗留替代函数时，就可以检查返回的errno_t值，了
解发生了什么事情。只有返回S_OK值，才表明函数调用是成功的。其他可能的返回值在
errno.h中有定义；例如，EINVAL指出传递了无效的参数值(比如NULL指针)。

20~21

下面以字符串"0123456789"为例，我们要把它复制到一个缓冲区，但该缓冲区的长度刚
好就小一个字符：

```
TCHAR szBefore[5] = {
    TEXT('B'), TEXT('B'), TEXT('B'), TEXT('B'), '\0'
};

TCHAR szBuffer[10] = {
    TEXT('-'), TEXT('-'), TEXT('-'), TEXT('-'), TEXT('-'),
    TEXT('-'), TEXT('-'), TEXT('-'), TEXT('-'), '\0'
};

TCHAR szAfter[5] = {
    TEXT('"A'), TEXT('A'), TEXT('A'), TEXT('A'), '\0'
};
```

```
errno_t result = _tcscpy_s(szBuffer, _countof(szBuffer),
    TEXT("0123456789"));
```

调用_tcscpy_s前，每个变量的内容如图2-2所示。

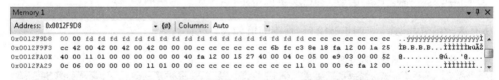

图2-2　调用_tcscpy_s之前变量的状态

由于复制到szBuffer的字符串"0123456789"正好和缓冲区一样是10个字符长，所以没有足够的空间来复制最后的终止字符'\0'。你或许以为Result的值现在是STRUNCATE，最后一个字符'9'不被复制，但实情并非如此。返回的结果是ERANGE，每个变量的状态如图2-3所示。

图2-3　调用_tcscpy_s之后变量的状态

这里有一个副作用，如果我们不查看如图2-4所示的szBuffer背后的内存，是看不出来的。

图2-4　函数调用失败之后szBuffer内存中的内容

szBuffer的第一个字符被设为'\0'，其他所有字节现在都包含值0xfd。所以，最终的字符串被截断为一个空字符串，缓冲区剩余的字节被设为一个填充符(0xfd)。

21

说明　在图2-4中，为什么在所有已定义的变量后面，内存会用0xcc这个值来填充？答案是，这是编译器执行运行时检查(/RTCs、/RTCu或/RTC1)的结果，它们会在运行时自动检测缓冲区溢出。如果不用这些/RTCx标志来编译代码，在内存视图中，就会一个接一个地显示所有sz*变量。但记住，进行build时，应该始终指示编译器执行运行时检查，这样才能在开发周期内，尽早检测到任何存在的缓冲区溢出。

2.5.2　字符串处理时如何获得更多控制

除了新的安全字符串函数，C运行库还新增了一些函数，用于在执行字符串处理时提供
更多控制。例如，我们可以控制填充符，或者指定如何进行截断。自然，C运行库同时
为这些函数提供了ANSI(A)版本和Unicode(W)版本。其中部分函数的原型如下(还存在更
多类似的函数，此处没有列出)：

```
HRESULT StringCchCat(PTSTR pszDest, size_t cchDest, PCTSTR pszSrc);
HRESULT StringCchCatEx(PTSTR pszDest, size_t cchDest, PCTSTR pszSrc,
    PTSTR *ppszDestEnd, size_t *pcchRemaining, DWORD dwFlags);

HRESULT StringCchCopy(PTSTR pszDest, size_t cchDest, PCTSTR pszSrc);
HRESULT StringCchCopyEx(PTSTR pszDest, size_t cchDest, PCTSTR pszSrc,
    PTSTR *ppszDestEnd, size_t *pcchRemaining, DWORD dwFlags);

HRESULT StringCchPrintf(PTSTR pszDest, size_t cchDest,
    PCTSTR pszFormat, ...);
HRESULT StringCchPrintfEx(PTSTR pszDest, size_t cchDest,
    PTSTR *ppszDestEnd, size_t *pcchRemaining, DWORD dwFlags,
    PCTSTR pszFormat,...);
```

可以看出，所有方法名称都含有一个"Cch"，代表Count of characters，即字符数；
通常使用_countof宏来获取该值。另外还有一系列名称中含有"Cb"的函数，比如
StringCbCat(Ex)，StringCbCopy(Ex)和StringCbPrintf(Ex)。这些函数要求用字节数(b的来
历)来指定大小，而不是用字符数；通常使用sizeof操作符来获取该值。

所有这些函数都返回一个HRESULT，具体的值如表2-2所示。

表2-2　安全字符串函数的HRESULT值

HRESULT值	描述
S_OK	成功。目标缓冲区中包含源字符串，并以 '\0' 终止
STRSAFE_E_INVALID_PARAMETER	失败。将 NULL 值作为参数传递
STRSAFE_E_INSUFFICIENT_BUFFER	失败。给定的目标缓冲区过小，放不下整个源字符串

不同于安全(_s后缀)的函数，缓冲区过小的话，这些函数会执行截断。为了判断是否发
生这种情况，可以检测是否返回了STRSAFE_E_INSUFFICIENT_BUFFER。查询StrSafe.h可
知，此代码的值是0x8007007a，被SUCCEEDED/FAILED宏定义成一个失败。但在这种情
况下，源缓冲区中可以装入目标可写缓冲区中的那一部分会被复制，而且最后一个可用
的字符会被设为'\0'。所以，在前面的例子中，如果用StringCchCopy替代_tcscpy_s，那
么szBuffer将包含字符串"0123456789"。注意，"截断"这个功能可能是、也可能不是

希望的，具体取决于想达到的目标。这是为什么它会被视为失败的原因(默认情况下)。例如，如果想连接两个字符串来生成一个路径，那么一个截断的结果是没有用处的。相反，如果是在生成一条用于用户反馈的消息，这或许也能接受。如何处理截断结果，完全由我们自己决定。

最后但同时也并非不重要的是，前面出现的许多函数都有一个扩展(Ex)版本。这些扩展版本有三个额外的参数，详见表2-3。

表2-3　扩展版本的参数

参数与值	描述
size_t* pcchRemaining	指向一个变量的指针，该变量表示目标缓冲区中还有多少字符尚未使用。复制的终止字符 '\0' 不计算在内。例如，如将一个字符复制到 10 字符长的缓冲区，则返回结果是 9，虽然在不截断的情况下，最多也只能使用 8 个字符。如果 pcchRemaining 为 NULL，就不返回计数
LPTSTR* ppszDestEnd	如 ppszDestEnd 不为 NULL，它将指向终止字符 '\0'，该字符位于目标缓冲区所包含的那个字符串的末尾
DWORD dwFlags	由 "|" 分隔的一个或多个以下值
STRSAFE_FILL_BEHIND_NULL	如函数成功，dwFlags 的低字节用于填充目标缓冲区的剩余部分 (也就是终止字符 '\0' 之后的部分)。详情参见表格后面对 STRSAFE_FILL_BYTE 的说明
STRSAFE_IGNORE_NULLS	将 NULL 字符串指针视为空字符串 (TEXT(""))
STRSAFE_FILL_ON_FAILURE	如函数失败，dwFlags 的低字节将用于填充整个目标缓冲区，但第一个字符被设为 '\0'，从而确保结果是一个空字符串。欲知详情，请参见表格后面对 STRSAFE_FILL_BYTE 的说明。如果是一次 STRSAFE_E_INSUFFICIENT_BUFFER 失败，在返回的字符串中，所有字符都会被替换成填充符
STRSAFE_NULL_ON_FAILURE	如函数失败，目标缓冲区的第一个字符会设为 '\0'，从而定义一个空字符串 (TEXT(""))。如果是一次 STRSAFE_E_INSUFFICIENT_BUFFER 失败，所有截断的字符串都会被改写 (overwritten)
STRSAFE_NO_TRUNCATION	和 STRSAFE_NULL_ON_FAILURE 的情况一样，如函数失败，目标缓冲区会被设为空字符串 (TEXT(""))。如果是一次 STRSAFE_E_INSUFFICIENT_BUFFER 失败，所有截断的字符串都会被改写 (overwritten)

23

说明　即使指定了 STRSAFE_NO_TRUNCATION 标志，源字符串中的字符仍然会被复制，直到目标缓冲区的最后一个可用字符。然后，目标缓冲区的第一个和最后一个字符都被设为 '\0'。除非是出于对安全性的考虑 (你不想保留垃圾数据)，否则这个问题并不重要。

最后要提到的一个细节与前面说过的"填充符" (filler)有关。在图2-4中，0xfd这个填充符替换了'\0'之后的所有字符，直至目标缓冲区的末尾。使用这些函数的Ex版本，我们可以决定是否执行这种代价不菲的填充操作(尤其是在目标缓冲区很大的时候)，以及用什么字节值来作为填充符使用。如果将STRSAFE_FILL_BEHIND_NULL加到dwFlag上，剩余的字符会被设为'\0'。如果用STRSAFE_FILL_BYTE宏来替代STRSAFE_FILL_BEHIND_NULL，就会用指定的字节来填充目标缓冲区中剩余的部分。

2.5.3　Windows字符串函数

Windows也提供了各种字符串处理函数。其中许多函数(比如lstrcat和lstrcpy)已弃用，因其无法检测缓冲区溢出问题。与此同时，ShlwApi.h定义了许多好用的字符串函数对操作系统有关的数值进行格式化，例如StrFormatKBSize和StrFormatByteSize。对shell字符串处理函数的说明，请参见https://t.hk.uy/aGrC。

我们经常都要比较字符串以进行相等性测试或排序。为此，最理想的函数是CompareString(Ex)和CompareStringOrdinal。对于需要以符合用户语言习惯的方式向用户显示的字符串，请用CompareString(Ex)进行比较。CompareString函数的原型如下：

```
int CompareString(
    LCID locale,
    DWORD dwCmdFlags,
    PCTSTR pString1,
    int cch1,
    PCTSTR pString2,
    int cch2);
```

该函数比较两个字符串。CompareString的第一个参数指定一个区域设置ID(locale ID, LCID)，这是标识了特定语言的一个32位值。CompareString使用该LCID比较两个字符串，具体做法是检查字符在一种语言中的含义。以符合当地语言习惯的方式来比较，得到的结果对最终用户来说更有意义。不过，这种比较慢于基于序数的比较(ordinal comparison)。可以调用Windows函数GetThreadLocale来获得调用线程的LCID：

```
LCID GetThreadLocale();
```

24

CompareString的第二个参数是一组标志，用于修改函数在比较字符串时采用的方法。表2-4总结了可能的标志。

CompareString的其余4个参数指定了两个字符串及其各自的字符长度(是字符数，而非字节数)。如果为cch1参数传入负值，函数会假设pString1字符串是以0来终止的，并计算字符串的长度；同样的道理也适用于cch2参数和pString2字符串。如果需要更高级的语言选项，那么应考虑CompareStringEx函数。

表2-4　CompareString函数所用的标志

标志	含义
NORM_IGNORECASE LINGUISTIC_IGNORECASE	忽略大小写
NORM_IGNOREKANATYPE	不区分平假名和片假名字符
NORM_IGNORENONSPACE LINGUISTIC_IGNOREDIACRITIC	忽略 nonspacing 字符①
NORM_IGNORESYMBOLS	忽略符号
NORM_IGNOREWIDTH	不区分同一个字符的单字节和双字节形式
SORT_STRINGSORT	标点符号当成符号来处理

如果需要比较编程中用到的字符串(如路径名、注册表项/值、XML元素/属性等)，应使用CompareStringOrdinal，如下所示：

```
int CompareStringOrdinal(
    PCWSTR pString1,
    int cchCount1,
    PCWSTR pString2,
    int cchCount2,
    BOOL bIgnoreCase);
```

由于该函数执行的是码位(code-point)比较，不考虑区域设置，所以速度很快。另外，由于这种编程中才会用到的字符串一般不向最终用户显示，所以最适合使用该函数。注意，此函数只支持Unicode字符串。

CompareString和CompareStringOrdinal函数的返回值有别于C运行库的*cmp字符串比较函数的返回值。CompareString(Ordinal)返回0表明函数调用失败，返回CSTR_LESS_THAN(定义为1)表明pString1小于pString2，返回CSTR_EQUAL(定义为2)表明pString1等于pString2，返回CSTR_GREATER_THAN(定义为3)表明pString1大于pString2。为方便起见，如果函数成功，我们可以从返回值中减去2，使结果值与C运行库函数的结果值(-1，0和+1)保持一致。

25

2.6　为何要用 Unicode

开发应用程序的时候，强烈建议使用Unicode字符和字符串。具体理由如下。

● Unicode有利于应用程序的本地化。

---

① 译注：non-spacing 字符用于对基础字符进行修饰，通常用于显示一些读音符号，例如 'e' + '\u0301' 可实现 "é"。

- 使用Unicode，只需发布一个二进制(.exe或DLL)文件，即可支持所有语言。
- Unicode提升了应用程序的效率，因为代码执行速度更快，占用内存更少。Windows内部的一切工作都是使用Unicode字符和字符串来进行的。所以，如果传入ANSI字符或字符串，Windows会被迫分配内存，并将ANSI字符或字符串转换为等价的Unicode形式。
- 使用Unicode，应用程序能轻松调用所有未弃用(nondeprecated)的Windows函数，因为部分Windows函数另外提供了只能处理Unicode字符和字符串的版本。
- 使用Unicode，应用程序的代码很容易与COM集成(后者要求使用Unicode字符和字符串)。
- 使用Unicode，应用程序的代码很容易与.NET Framework集成(后者要求使用Unicode字符和字符串)。
- 使用Unicode，能保证应用程序的代码能轻松操纵你自己的资源(其中的字符串总是以Unicode的形式持久化)。

2.7 推荐的字符和字符串处理方式

基于本章到目前为止的内容，本节首先要总结开发代码时始终要牢记的几点。接下来要提供一些提示与技巧，以更好地处理Unicode和ANSI字符串。最好现在就将应用程序转换为支持Unicode的形式，即使并不计划立即开始使用Unicode字符。应该遵循以下基本原则。

- 开始将文本字符串想象为字符的数组，而不是char或字节的数组。
- 为文本字符和字符串使用泛型(比如TCHAR/PTSTR)。
- 为字节、字节指针和数据缓冲区使用显式数据类型(BYTE和PBYTE)。
- 为字面量(literal)形式的字符和字符串使用TEXT或_T宏，但为了保持一致性和更好的可读性，请避免两者混用。
- 执行全局替换(例如用PTSTR替换PSTR)。
- 修改字符串算术问题。例如，函数经常希望以字符数而非字节数为单位传给它缓冲区的大小。这意味着应传入_countof(szBuffer)而非sizeof(szBuffer)。另外，如需为字符串分配内存块，而且知道字符串中的字符数，那么记住内存是以字节来分配的。这意味着必须调用malloc(nCharacters * sizeof(TCHAR))而非malloc(nCharacters)。在前面列出的所有基本准则中，这是最难记住的一条，而且如果出错，编译器不会提供任何警告或错误信息。所以，最好定义一个宏来避免犯错:

```
#define chmalloc(nCharacters) (TCHAR*)malloc(nCharacters * sizeof(TCHAR))
```

26

- 避免使用printf系的函数，尤其是不要用%s和%S字段类型来进行ANSI与字符串的相互转换。正确做法是使用MultiByteToWideChar和WideCharToMultiByte函数，详情参见后面的2.8节"Unicode与ANSI字符串转换"。
- UNICODE和_UNICODE符号要么都指定，要么一个都不指定。

对于字符串处理函数，应该遵循以下基本准则。

- 始终使用安全字符串处理函数，比如那些后缀为_s的，或者前缀为StringCch的。后者主要在我们想明确控制截断的时候使用；如果不想明确控制截断，则首选前者。
- 不要使用不安全的C运行库字符串处理函数(参见前面的建议)。一般情况下，你使用或实现的任何缓冲区处理例程都应获取目标缓冲区的长度作为一个参数。C运行库提供了一系列缓冲区处理替代函数，比如memcpy_s，memmove_s，wmemcpy_s或wmemmove_s。只要定义了__STDC_WANT_SECURE_LIB__符号，所有这些方法都是可用的；CrtDefs.h默认定义了此符号。所以，不要对__STDC_WANT_SECURE_LIB__进行undef。
- 利用/GS (https://tinyurl.com/yc9l3wpw)和/RTCs编译器标志来自动检测缓冲区溢出。
- 不要用Kernel32方法来进行字符串处理，比如lstrcat和lstrcpy。
- 应用程序代码中需比较两种字符串。其中，编程类的字符串包括文件名、路径、XML元素/属性以及注册表项/值等。这些字符串应使用CompareStringOrdinal来比较。因为它非常快，而且不会考虑用户的区域设置。这完全合理，因为不管程序在世界上的什么地方运行，这种字符串都是不变的。用户字符串则一般要在用户界面上显示。这些字符串应使用CompareString(Ex)来比较，因为在比较字符串的时候，它会考虑用户的区域设置。

我们别无选择，作为专业开发人员，基于不安全的缓冲区处理函数来写代码是不允许的。正是这个原因，本书所有代码都是用C运行库中这些更安全的函数来写的。

2.8 Unicode 与 ANSI 字符串转换

使用Windows函数MultiByteToWideChar将多字节字符串转换为宽字符串，如下所示：

```
int MultiByteToWideChar(
    UINT uCodePage,
    DWORD dwFlags,
    PCSTR pMultiByteStr,
    int cbMultiByte,
    PWSTR pWideCharStr,
    int cchWideChar);
```

uCodePage参数标识了与多字节字符串关联的一个代码页值。dwFlags参数允许我们进行额外的控制，它会影响使用了读音符号(比如重音)的字符。但是，一般情况下都不使用这些标志，为dwFlags参数传入的是值0(要进一步了解该标志的值，请阅读MSDN联机帮助，网址是https://tinyurl.com/yayaq7xg)。pMultiByteStr参数指定要转换的字符串，cbMultiByte参数指定字符串长度(字节数)。如果为cbMultiByte参数传入-1，函数会自动判断源字符串的长度。

27~28

转换所得的Unicode版本的字符串被写入pWideCharStr参数所指定地址的内存缓冲区。必须用cchWideChar参数指定该缓冲区的最大长度(字符数)。调用MultiByteToWideChar时如果为cchWideChar参数传入0，函数就不会执行转换，而是返回为成功转换而必须由缓冲区提供的宽字符数(包括终止字符'\0')。一般按以下步骤将由多字节组成的字符串转换为Unicode形式。

1. 调用MultiByteToWideChar，为pWideCharStr参数传入NULL，为cchWideChar参数传入0，为cbMultiByte参数传入-1。
2. 分配一块足以容纳转换后的Unicode字符串的内存。它的大小是上一个MultiByteToWideChar调用的返回值乘以sizeof(wchar_t)。
3. 再次调用MultiByteToWideChar，这一次将缓冲区地址作为pWideCharStr参数的值传入，将第一次MultiByteToWideChar调用的返回值作为cchWideChar参数的值传入。
4. 使用转换后的字符串。
5. 释放Unicode字符串占用的内存块。

对应地，WideCharToMultiByte函数将宽字符字符串转换为多字节字符串，如下所示：

```
int WideCharToMultiByte(
    UINT uCodePage,
    DWORD dwFlags,
    PCWSTR pWideCharStr,
    int cchWideChar,
    PSTR pMultiByteStr,
    int cbMultiByte,
    PCSTR pDefaultChar,
    PBOOL pfUsedDefaultChar);
```

该函数类似于MultiByteToWideChar。同样地，uCodePage标识了要与新转换的字符串关联的代码页。dwFlags参数允许你指定额外的转换控制。这些标志会影响有读音符号的字符和系统不能转换的字符。但一般不需要进行这种程度的转换控制，因而为dwFlags参数传入0。

pWideCharStr参数指定要转换的字符串的内存地址，cchWideChar参数指出该字符串的长度(字符数)。如果为cchWideChar参数传入-1，则由函数来判断源字符串的长度。

转换所得的多字节版本的字符串被写入pMultiByteStr参数所指定的缓冲区。必须用cbMultiByte参数指定此缓冲区的最大大小(字节数)。调用WideCharToMultiByte函数时，如果将0作为cbMultiByte参数的值传入，会导致该函数返回目标缓冲区需要的大小。将宽字符串转换为多字节字符串时，采取的步骤和之前将多字节字符串转换为宽字符串的步骤相似；唯一不同的是，返回值直接就是确保转换成功所需的字节数，所以无需执行乘法运算。

28~29

注意，与MultiByteToWideChar函数相比，WideCharToMultiByte函数接受的参数要多两个，分别是pDefaultChar和pfUsedDefaultChar。只有一个字符在uCodePage指定的代码页中无表示时，WideCharToMultiByte函数才会用到这两个参数。遇到一个不能转换的宽字符，函数会使用pDefaultChar参数指向的字符。如果这个参数为NULL(这是最常见的一种情况)，函数就会使用一个系统默认的字符。该默认字符通常是一个问号。这对文件名来说非常危险，因为问号是一个通配符。

pfUsedDefaultChar参数指向一个布尔变量。在宽字符字符串中，如果至少有一个字符不能转换为其多字节形式，函数就会将这个变量设为TRUE。如果所有字符都能成功转换，就会将这个变量设为FALSE。可在函数返回后测试该变量，验证宽字符字符串是否已成功转换。同样地，通常为此参数传入NULL值。

有关如何使用这些函数的更完整的描述，请参阅Platform SDK文档。

2.8.1　导出ANSI和Unicode DLL函数

使用上一节描述的这两个函数，可以轻松创建一个函数的Unicode版本和ANSI版本。例如，假定有一个动态链接库，其中一个函数能反转字符串中的所有字符。可以像下面这样写这个函数的Unicode版本：

```
BOOL StringReverseW(PWSTR pWideCharStr, DWORD cchLength) {

// Get a pointer to the last character in the string.
PWSTR pEndOfStr = pWideCharStr + wcsnlen_s(pWideCharStr , cchLength) - 1;
wchar_t cCharT;
// Repeat until we reach the center character in the string.
while (pWideCharStr < pEndOfStr) {
    // Save a character in a temporary variable.
    cCharT = *pWideCharStr;
```

```
    // Put the last character in the first character.
    *pWideCharStr = *pEndOfStr;

    // Put the temporary character in the last character.
    *pEndOfStr = cCharT;

    // Move in one character from the left.
    pWideCharStr++;

    // Move in one character from the right.
    pEndOfStr--;
    }

    // The string is reversed; return success.
    return(TRUE);
}
```

29

另外，在写函数的ANSI版本时，它根本不必执行实际的反转字符串操作。相反，在ANSI版本中，只需要让它将ANSI字符串转换成Unicode字符串，然后将Unicode字符串传给刚才的StringReverseW函数，最后将反转后的字符串转换回ANSI字符串，如下所示：

```
BOOL StringReverseA(PSTR pMultiByteStr, DWORD cchLength) {
    PWSTR pWideCharStr;
    int nLenOfWideCharStr;
    BOOL fOk = FALSE;

    // Calculate the number of characters needed to hold
    // the wide-character version of the string.
    nLenOfWideCharStr = MultiByteToWideChar(CP_ACP, 0,
        pMultiByteStr, cchLength, NULL, 0);

    // Allocate memory from the process' default heap to
    // accommodate the size of the wide-character string.
    // Don't forget that MultiByteToWideChar returns the
    // number of characters, not the number of bytes, so
    // you must multiply by the size of a wide character.
    pWideCharStr = (PWSTR)HeapAlloc(GetProcessHeap(), 0,
        nLenOfWideCharStr * sizeof(wchar_t));

    if (pWideCharStr == NULL)
        return(fOk);

    // Convert the multibyte string to a wide-character string.
```

```
MultiByteToWideChar(CP_ACP, 0, pMultiByteStr, cchLength,
    pWideCharStr, nLenOfWideCharStr);

// Call the wide-character version of this
// function to do the actual work.
fOk = StringReverseW(pWideCharStr, cchLength);

if (fOk) {
// Convert the wide-character string back
// to a multibyte string.
WideCharToMultiByte(CP_ACP, 0, pWideCharStr, cchLength,
    pMultiByteStr, (int)strlen(pMultiByteStr), NULL, NULL);

}

// Free the memory containing the wide-character string.
HeapFree(GetProcessHeap(), 0, pWideCharStr);

return(fOk);
}
```

最后，在随动态链接库分发的头文件中，像下面这样提供两个函数的原型：

```
BOOL StringReverseW(PWSTR pWideCharStr, DWORD cchLength);
BOOL StringReverseA(PSTR pMultiByteStr, DWORD cchLength);


#ifdef UNICODE
#define StringReverse StringReverseW
#else
#define StringReverse StringReverseA
#endif // !UNICODE
```

30~31

2.8.2　判断文本是ANSI还是Unicode

Windows记事本应用程序不仅能打开Unicode文件和ANSI文件，还能创建这两种文件。
我们来看看如图2-5所示的记事本程序的Save As(另存为)对话框，注意，可以用不同方式
保存文本文件。

对于需要打开文本文件并进行处理的大多数应用程序(比如编译器)，如果能在打开一个
文件之后一眼看出文件中包含的是ANSI字符还是Unicode字符，会显得非常方便。可以
用由AdvApi32.dll导出并在WinBase.h中声明的IsTextUnicode函数来进行这种分辨：

```
BOOL IsTextUnicode(CONST PVOID pvBuffer, int cb, PINT pResult);
```

图2-5　Windows记事本应用程序的"另存为"对话框

文本文件的问题在于，它们的内容没有任何硬性的、可供快速判断的规则，所以，要想判断文件中包含的是ANSI字符还是Unicode字符，就显得相当困难。IsTextUnicode函数使用一系列统计和决策方法来猜测缓冲区中的内容。这并不是一种精确的科学，所以IsTextUnicode函数可能会返回错误的结果。

31

第一个参数pvBuffer标识要测试的缓冲区的地址。此数据是一个void指针，因为还不知道即将面对的是一组ANSI字符还是Unicode字符。

第二个参数cb指定pvBuffer指向的缓冲区的字节数。同样，由于不知道缓冲区中是什么，所以cb是一个字节数而不是字符数。注意，我们不必指定整个缓冲区的长度。当然，IsTextUnicode函数测试的字节越多，结果越精确。

第三个参数pResult是一个整数的地址，调用IsTextUnicode函数之前必须初始化该整数。在这个整数的初始值中，应该指出希望IsTextUnicode执行哪些测试。也可以为此参数传入NULL，在这种情况下，IsTextUnicode函数将执行它能执行的每一项测试，详情参阅Platform SDK文档。

如果IsTextUnicode函数认为缓冲区包含的是Unicode文本，就会返回TRUE；反之返回FALSE。在pResult参数指向的整数中，如果指定了具体的测试项目，那么函数在返回之前，还会设置此整数中的位，以反映每个测试项目的结果。

第17章"内存映射文件"中的FileRev示例程序将演示IsTextUnicode函数的具体用法。

32

内核对象

本章内容

为帮助理解Windows应用程序编程接口(Application Programming Interface，API)，首先要探讨一下内核对象(kernel object)及其句柄(handle)。本章讨论一些相对抽象的概念，暂时不打算讨论特定内核对象的细节。相反，讨论的是所有内核对象共通的一些特性。

我本来更愿意从一个更具体的主题开始，但要成为一名专业的Windows软件开发人员，对内核对象的透彻理解至关重要。在系统和我们自己写的应用程序中，内核对象用于管理进程、线程和文件等诸多种类的大量资源。本章介绍的概念将频繁出现于本书其余各章。不过，我的确也意识到，除非动手使用实际的函数来操纵内核对象，否则不太容易理解本章讨论的一些主题。所以，在阅读本书其他各章的时候，你可能需要回头来参考本章的内容。

3.1　何为内核对象

Windows软件开发人员经常都要创建、打开和处理内核对象。系统会创建和处理几种类型的内核对象，比如访问令牌(access token)对象、事件对象、文件对象、文件映射对象、I/O完成端口对象、作业对象、邮槽(mailslot)对象[①]、互斥量(mutex)对象、管道(pipe)对象、进程对象、信号量(semaphore)对象、线程(thread)对象、可等待的计时器(waitable timer)对象以及线程池工厂(thread pool worker factory)对象等。利用Sysinternals的免费工具WinObj(https://tinyurl.com/yady7pup)，可以查看一个包含所有内核对象类型的列表。为了看到如图3-1所示的列表，必须在Windows 资源管理器中以管理员身份运行此工具。

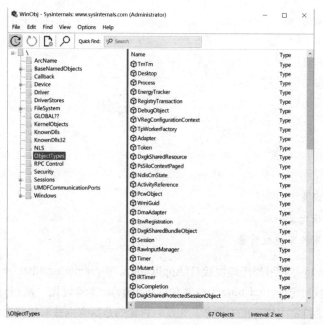

图3-1　内核对象

33

这些对象是通过不同名称的函数来创建的，函数名称并不一定对应于操作系统内核级别上使用的对象类型。例如，调用CreateFileMapping函数，系统将创建对应于一个Section对象的文件映射(如图3-1中WinObj内所见的那样)。每个内核对象都只是一个内存块，它由操作系统内核分配，并只能由操作系统内核访问。该内存块是一个数据结构，其成员维护着与对象相关的信息。少数成员(安全描述符和使用计数等)是所有对象都有的，但其他大多数成员都是不同类型的对象特有的。例如，进程对象有一个进程ID、一个基本的优先级和一个退出代码；而文件对象有一个字节偏移量(byte offset)、一个共享模式和一个打开模式。

---

① 译注：提供进程间单向通信能力，任何进程都能建立邮槽而成为邮槽服务器。其他进程称为邮槽客户，可以通过邮槽的名字向邮槽服务器进程发送消息。进来的消息一直放在邮槽中，直到服务器进程来读取它。一个进程可以是服务器，也可以是客户。

由于内核对象的数据结构只能由操作系统内核访问，所以应用程序不能在内存中定位这些数据结构并直接更改其内容。Microsoft有意强化了这个限制，以确保内核对象结构保持一致性状态。正是因为有这个限制，所以Microsoft能自由地添加、删除或修改这些结构中的成员，同时不会干扰任何应用程序的正常运行。

既然不能直接更改这些结构，应用程序应该如何操纵这些内核对象呢？答案是利用Windows提供的一组函数，这组函数会以最恰当的方式来操纵这些结构。我们始终可以使用这些函数来访问这些内核对象。调用一个会创建内核对象的函数后，函数会返回一个句柄(handle)，它标识了所创建的对象。可将这个句柄想象为一个不透明(opaque)的值，它可由你的进程中的任何线程使用。32位Windows进程的句柄是一个32位值；64位Windows进程的句柄则是一个64位值。为了让操作系统知道我们要对哪个内核对象进行操作，需要将该句柄传给各种Windows函数。本章后面将进一步讨论这些句柄。

34~35

为增强操作系统的可靠性，这些句柄值是与进程相关的。所以，如果将句柄值传给另一个进程中的线程(通过某种进程间通信方式)，那么另一个进程用我们的进程的句柄值来发出调用时，就可能失败；甚至更糟，它们会根据该句柄在我们的进程句柄表中的索引来引用一个完全不同的内核对象。3.3节"跨进程边界共享内核对象"将介绍三种机制，可利用它们实现多个进程成功共享同一个内核对象。

3.1.1 使用计数

内核对象的所有者是操作系统内核(kernel)而非进程(process)。换言之，如果我们的进程调用一个函数来创建了内核对象，然后进程终止运行，则内核对象不一定会销毁。大多数情况下，这个内核对象是会销毁的，但假如另一个进程正在使用我们的进程创建的内核对象，那么在其他进程停止使用它之前，它是不会销毁的。总之，内核对象的生命期可能长于创建它的那个进程。

操作系统内核知道当前有多少个进程正在使用一个特定的内核对象，因为每个对象都包含一个使用计数(usage count)。使用计数是所有内核对象类型都有的一个数据成员。初次创建一个对象的时候，其使用计数被设为1。另一个进程获得对现有内核对象的访问后，使用计数就会递增。进程终止运行后，操作系统内核自动递减此进程仍然打开的所有内核对象的使用计数。一旦对象的使用计数变成0，操作系统内核就会销毁该对象。这样就可以保证系统中不存在没有被任何进程引用的内核对象。

3.1.2 安全性

内核对象可以用一个安全描述符(security descriptor，SD)来保护。安全描述符描述了谁

(通常是对象的创建者)拥有对象；哪些组和用户被允许访问或使用此对象；哪些组和用户被拒绝访问此对象。安全描述符通常在编写服务器应用程序的时候使用。但在自Windows Vista之后的版本中，对于具有专有(private)命名空间的客户端应用程序，这个特性变得更加明显，详见本章以及4.5节"管理员以标准用户权限运行"。

用于创建内核对象的所有函数几乎都有指向一个SECURITY_ATTRIBUTES结构的指针作为参数，如下面的CreateFileMapping函数所示：

```
HANDLE CreateFileMapping(
    HANDLE hFile,
    PSECURITY_ATTRIBUTES psa,
    DWORD flProtect,
    DWORD dwMaximumSizeHigh,
    DWORD dwMaximumSizeLow,
    PCTSTR pszName);
```

大多数应用程序只是为这个参数传入NULL，这样创建的内核对象具有默认的安全性，具体包括哪些默认的安全性，要取决于当前进程的安全令牌(security token)。但是，也可以分配一个SECURITY_ATTRIBUTES结构，并对它进行初始化，再将它的地址传给这个参数。SECURITY_ATTRIBUTES结构如下所示：

```
typedef struct _SECURITY_ATTRIBUTES {
    DWORD nLength;
    LPVOID lpSecurityDescriptor;
    BOOL bInheritHandle;
} SECURITY_ATTRIBUTES;
```

35~36

虽然这个结构称为SECURITY_ATTRIBUTES(有个"S")，但它实际只包含一个和安全性有关的成员，即lpSecurityDescriptor(安全描述符)。要对我们创建的内核对象加以访问限制，就必须创建一个安全描述符，然后像下面这样初始化SECURITY_ATTRIBUTES结构：

```
SECURITY_ATTRIBUTES sa;
sa.nLength = sizeof(sa);              // 用于版本控制
sa.lpSecurityDescriptor = pSD;        // 已初始化的一个 SD 的地址
sa.bInheritHandle = FALSE;            // 稍后讨论
HANDLE hFileMapping = CreateFileMapping(INVALID_HANDLE_VALUE, &sa,
    PAGE_READWRITE, 0, 1024, TEXT("MyFileMapping"));
```

由于bInheritHandle成员与安全性没有任何关系，所以我把它推迟到3.3.1节"使用对象句柄继承"进行讨论。

如果想访问现有的内核对象(而不是新建一个)，必须指定打算对此对象执行哪些操作。

例如，如果想访问一个现有的文件映射内核对象，以便从中读取数据，那么可以像下面这样调用OpenFileMapping：

```
HANDLE hFileMapping = OpenFileMapping(FILE_MAP_READ, FALSE,
    TEXT("MyFileMapping"));
```

将FILE_MAP_READ作为第一个参数传给OpenFileMapping，表明要在获得对这个文件映射对象的访问权之后从中读取数据。OpenFileMapping函数在返回有效的句柄值之前会先执行一次安全检查。如果我(已登录用户)被允许访问现有的文件映射内核对象，OpenFileMapping会返回一个有效句柄值。但是，如果我被拒绝访问，OpenFileMapping将返回NULL；此时调用GetLastError将返回值5(ERROR_ACCESS_DENIED)。记住，如果利用返回的句柄来调用一个API，但该API要求的权限不是FILE_MAP_READ，那么同样会发生"拒绝访问"错误。由于大多数应用程序都不使用安全性，所以这里不打算进一步讨论该主题。

虽然许多应用程序都不需要关心安全性，但许多Windows函数都要求传入必要的安全访问信息。为老版本Windows设计的一些应用程序之所以在Windows Vista和之后的版本上不能正常工作，就是因为在实现这些程序时没有充分考虑安全性。

例如，假定一个应用程序在启动时要从一个注册表子项读取一些数据。正确做法是调用RegOpenKeyEx，向其传入KEY_QUERY_VALUE，从而指定查询子项数据的权限。

但是，许多应用程序都是为Windows 2000之前的操作系统开发的，对安全性没有任何考虑。有的软件开发人员还是按照老习惯，在调用RegOpenKeyEx函数的时候，传入KEY_ALL_ACCESS作为期望的访问权限。之所以喜欢这样做，是因为它更简单，不需要动脑筋想需要什么权限。但是，这样做的问题在于，对于一个不是管理员的标准用户，注册表项(比如HKLM)也许是只读的。所以，当这样的应用程序在Windows Vista和之后版本上运行时，调用RegOpenKeyEx函数并传递KEY_ALL_ACCESS就会失败。另外，如果没有正确的错误检查，运行这样的应用程序会得到完全不可预料的结果。

36~37

其实，开发人员只需要稍微注意一下安全性即可，将KEY_ALL_ACCESS改为KEY_QUERY_VALUE(在本例中只需如此)，应用程序就能在所有操作系统平台上正常运行了。

忽视正确的安全访问标志是很多开发人员最大的失误之一。只要使用了正确的安全访问标志，我们的程序就很容易在不同版本的Windows之间移植。不过，还需注意到，每个新版本的Windows都会引入老版本没有的一套新的限制。例如在Windows Vista和之后的版本中，我们需要关注"用户账户控制"(User Account Control，UAC)特性。默认情况下，为安全起见，UAC会强制应用程序在一个受限的上下文中运行，即使当前用户是

Administrators组的成员。我们将在第4章"进程"详细讨论UAC。

除了使用内核对象，应用程序可能还要使用其他类型的对象，比如菜单、窗口、鼠标光标、画刷和字体。这些属于用户对象或GDI(Graphical Device Interface)对象，而非内核对象。首次进行Windows编程时，往往很难区分用户对象或/GDI对象和内核对象。例如，图标是用户对象还是内核对象？要判断一个对象是不是内核对象，最简单的方式是查看创建这个对象的函数。几乎所有创建内核对象的函数都有一个允许我们指定安全属性信息的参数，就像前面展示的CreateFileMapping函数一样。

相反，用于创建用户对象或GDI对象的函数都没有PSECURITY_ATTRIBUTES参数，例如下面的CreateIcon函数：

```
HICON CreateIcon(
    HINSTANCE hinst,
    int nWidth,
    int nHeight,
    BYTE cPlanes,
    BYTE cBitsPixel,
    CONST BYTE *pbANDbits,
    CONST BYTE *pbXORbits);
```

MSDN上有一篇文章(网址为https://tinyurl.com/ybgvz7zy)详细讨论了GDI和用户对象，以及如何跟踪这些对象。

3.2　进程的内核对象句柄表

进程在初始化时，系统会为它分配一个句柄表(handle table)。这个句柄表仅供内核对象使用，不适用于用户对象或GDI对象。句柄表的结构如何？如何管理句柄表？这些细节尚无文档可以参考。一般情况下，我会避免讨论操作系统中没有正式文档的主题。但这里要破例一下，因为我认为作为一名优秀的Windows程序员，必须理解如何管理进程的句柄表。由于这些信息还没有正式编入文档，所以我不敢保证这里所讨论的细节都是准确无误的，而且不同Windows版本的内部实现肯定有所区别。所以，下面的讨论只是帮助我们增强理解，而不是让我们正式地学习系统的运行机制。

37~38

表3-1显示了一个进程的句柄表。可以看出，它只是一个由数据结构组成的数组。每个结构都包含指向一个内核对象的指针、一个访问掩码(access mask)和一些标志。

表3-1 进程的句柄表的结构

索引	指向内核对象内存块的指针	访问掩码(包含标志位的一个**DWORD**)	标志
1	0x????????	0x????????	0x????????
2	0x????????	0x????????	0x????????
...	...	...	...

3.2.1 创建内核对象

进程首次初始化时，其句柄表为空。当进程内的一个线程调用一个会创建内核对象的函数(比如CreateFileMapping)时，内核将为该对象分配并初始化一个内存块。然后，内核扫描进程的句柄表，查找一个空白记录项(empty entry)。由于表3-1展示的是一个空白句柄表，所以内核在索引1位置找到空白记录项，并对其进行初始化。具体地说，指针成员会被设置成内核对象的数据结构的内部内存地址，访问掩码被设置成拥有完全访问权限，标志也会设置(将在3.3.1节"使用对象句柄继承"讨论标志的问题)。

下面列出了一些用来创建内核对象的函数(当然并不完整)：

```
HANDLE CreateThread(
    PSECURITY_ATTRIBUTES psa,
    size_t dwStackSize,
    LPTHREAD_START_ROUTINE pfnStartAddress,
    PVOID pvParam,
    DWORD dwCreationFlags,
    PDWORD pdwThreadId);

HANDLE CreateFile(
    PCTSTR pszFileName,
    DWORD dwDesiredAccess,
    DWORD dwShareMode,
    PSECURITY_ATTRIBUTES psa,
    DWORD dwCreationDisposition,
    DWORD dwFlagsAndAttributes,
    HANDLE hTemplateFile);

HANDLE CreateFileMapping(
    HANDLE hFile,
    PSECURITY_ATTRIBUTES psa,
    DWORD flProtect,
    DWORD dwMaximumSizeHigh,
    DWORD dwMaximumSizeLow,
    PCTSTR pszName);
```

```
HANDLE CreateSemaphore(
    PSECURITY_ATTRIBUTES psa,
    LONG lInitialCount,
    LONG lMaximumCount,
    PCTSTR pszName);
```

用于创建内核对象的任何函数都会返回一个与进程相关的句柄，该句柄可由同一个进程中运行的所有线程使用。系统用索引来表示内核对象的信息保存在进程句柄表中的具体位置，要获得真实的索引值，句柄值实际应除以4(或右移两位，以忽略Windows操作系统内部使用的最后两位)。所以，调试应用程序时如果查看内核对象句柄的实际值，会看到4、8之类很小的值。记住，句柄的含义没有正式形成文档，将来可能发生变化。

若调用的函数要接受一个内核对象句柄作为实参，就必须将某个Create*函数的返回值传给它。在内部，函数会查找进程的句柄表，获得目标内核对象的地址，然后以一种恰当的方式来操纵对象的数据结构。

如果传入无效句柄，函数就会失败，GetLastError会返回6 (ERROR_INVALID_HANDLE)。由于句柄值实际是作为进程句柄表的索引来使用，所以这些句柄与当前这个进程相关，无法供其他进程使用。如果真的在其他进程中使用它，那么实际引用的只是那个进程的句柄表中位于相同索引的内核对象，只是索引值一样，我们根本不知道它会指向什么对象。

调用函数来创建内核对象时，如调用失败，返回的句柄值通常为0(NULL)，这就是为什么第一个有效的句柄值为4的原因。之所以失败，可能是由于系统内存不足，或者遇到了一个安全问题。遗憾的是，有几个函数在调用失败时会返回句柄值−1(也就是在WinBase.h中定义的INVALID_HANDLE_VALUE)。例如，如果CreateFile无法打开指定文件，它会返回INVALID_HANDLE_VALUE，而不是NULL。凡是用于创建内核对象的函数，在检查它们的返回的值时，都务必相当仔细。具体地说，以当前这个例子为例，只有在调用CreateFile时，才能将它的返回值与INVALID_HANDLE_VALUE进行比较。以下代码是不正确的：

```
HANDLE hMutex = CreateMutex(…);
if (hMutex == INVALID_HANDLE_VALUE) {
    // 这里的代码永远不会执行,
    // 因为 CreateMutex 在失败时总是返回 NULL。
}
```

类似地，以下代码也是不正确的：

```
HANDLE hFile = CreateFile(…);
if (hFile == NULL) {
    // 这里的代码永远不会执行, 因为 CreateFile
```

```
    // 在失败的时候会返回 INVALID_HANDLE_VALUE(-1)。
}
```

3.2.2　关闭内核对象

无论以什么方式创建内核对象，都要调用CloseHandle向系统表明我们已结束使用对象，如下所示：

```
BOOL CloseHandle(HANDLE hobject);
```

在内部，该函数首先检查调用进程的句柄表，验证"传给自己的句柄值"标识的是"进程确实有权访问的对象"。如果句柄有效，系统就获取内核对象的数据结构的地址，并将结构中的"使用计数"成员递减。如使用计数变成0，内核对象将被销毁，并从内存中移除。

如果向CloseHandle函数传递的是一个无效句柄，则可能发生以下两种情况之一：如进程正在正常运行，CloseHandle将返回FALSE，而GetLastError返回ERROR_INVALID_HANDLE；如果进程正在被调试，系统将抛出0xC0000008异常（"指定了无效的句柄"），便于我们调试这个错误。

就在CloseHandle函数返回之前，它会清除进程句柄表中对应的记录项——这个句柄现在对我们的进程来说是无效的，不要再试图用它。无论内核对象当前是否销毁，这个清除过程都会发生！一旦调用CloseHandle，我们的进程就不能访问那个内核对象了；但是，如果对象的使用计数还没有递减至0，它就不会被销毁。这是完全正常的，表明另外还有一个或多个进程在使用该对象。当其他进程(通过调用CloseHandle)全部停止使用这个对象后，对象才会被销毁。

说明　通常，在创建内核对象时，我们会将相应的句柄保存到一个变量中。将该变量作为参数调用 CloseHandle 函数后，还应同时将该变量重置为 NULL。否则，如果不小心重用该变量来调用一个 Win32 函数，可能会发生两种意外情况。第一种情况是，由于该变量所引用的句柄表记录项已被清除，所以 Windows 会接收到一个无效参数并报错。另一种情况则更难调试。创建新的内核对象时，Windows 会在句柄表中查找空白记录项。所以，如果应用程序的工作流(workflow)已构建了一些新的内核对象，该变量所引用的句柄表记录项肯定已包含了其中一个新建的内核对象。所以，函数调用可能定位到一个类型错误的内核对象；更糟的是，可能定位到一个与已经关闭的内核对象同类型的内核对象。在第二种情况下，应用程序的状态将损坏，没有任何办法可以恢复。

如果忘记调用CloseHandle，会发生对象泄漏的情况吗？嗯，不一定。在进程运行期间，进程可能发生资源(比如内核对象)泄漏的情况。但是，当进程终止运行，操作系统会确保此进程所使用的所有资源都被释放，这是可以保证的！对于内核对象，操作系统执行的是以下操作：进程终止时，系统自动扫描该进程的句柄表。如果这个表中有任何有效的记录项(即进程终止前没有关闭的对象)，操作系统会为我们关闭这些对象句柄。这些对象中任何一个的使用计数递减至0，内核就会销毁它。

所以，应用程序运行时可能泄漏内核对象；但当进程终止运行，系统能保证一切都被正确清除。顺便说一下，这适用于所有内核对象、资源(包括GDI对象在内)以及内存块。进程终止运行时，系统会确保我们的进程不会留下任何东西。要在应用程序运行期间检测内核对象泄漏，一个简单的办法是使用Windows任务管理器。首先，选择"详细信息"标签页并右击任意列标题，选择"选择列"。在"选择列"对话框中，勾选"句柄"，如图3-2所示。

图3-2　在"选择列"对话框中选中"句柄"

然后，就可以监视任何一个应用程序使用的内核对象数了，如图3-3所示。

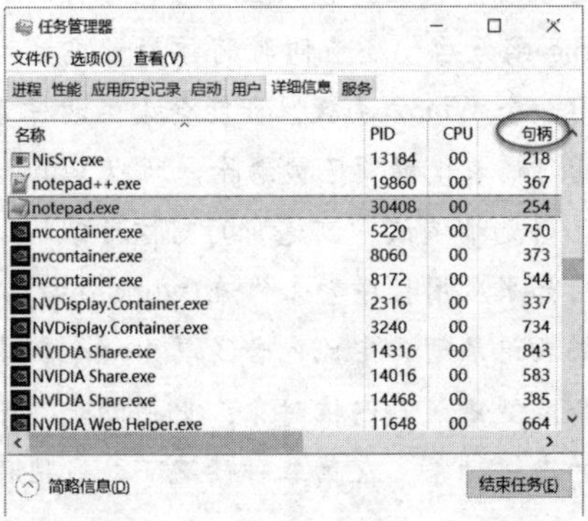

图3-3　在Windows任务管理器中统计句柄数

如"句柄"列显示的数字持续增长，下一步就是判断哪些内核对象尚未关闭。为此，可以使用Sysinternals 提供的一款免费Process Explorer 工具(网址是https://tinyurl.com/ycj8yjkn)。首先，右击下方Handlers窗格[①]的任意列标题，从弹出菜单中选择Select Columns(选择列)。然后，在如图3-4所示的Select Columns对话框中，勾选所有列标题。

41

完成此项操作之后，在View菜单中将Update Speed改为Paused。在顶部窗格中选择想检查的进程，按F5键来获得一份最新的内核对象列表。然后，启动应用程序并开始执行一个待查的工作流。完成之后，再次在Process Explorer中按F5键。在此期间生成的每个新的内核对象都显示为绿色，如图3-5下方较深的区域所示。

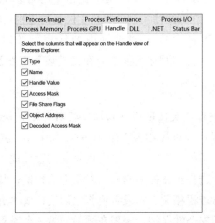

图3-4   选择要在Process Explorer的Handle视图中显示的详细信息

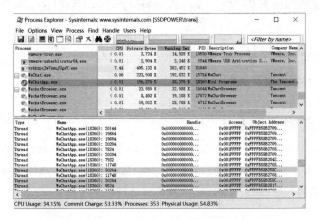

图3-5   在Process Explorer中检测新的内核对象

42

---

① 如果此窗格尚未显示，请在 View 菜单中选择 Show Lower Pane。

注意，第一列显示了没有关闭的内核对象的类型。为了使我们有更大的机会确定泄漏位置，第二列提供了内核对象的名称。如下一节所述，利用作为内核对象名称的字符串，可在不同进程之间共享该对象。显然，根据第一列的类型和第二列的名称，便可以轻松判断出哪个对象没有关闭。如果泄漏了大量对象，它们并不一定会被命名，因为只能创建命名对象(named object)的一个实例，其他尝试会单纯地打开那个实例。

3.3　跨进程边界共享内核对象

在很多时候，不同进程中运行的线程需要共享内核对象。下面列出了一些理由。

- 利用文件映射对象，可在同一台机器上运行的两个不同进程之间共享数据块。
- 借助邮槽和命名管道，在网络中不同计算机上运行的进程可相互发送数据块。
- 互斥量、信号量和事件允许不同进程中的线程同步其后续执行(continued execution)。例如，一个应用程序可能需要在完成某个任务之后，向另一个应用程序发出通知。

由于内核对象的句柄与进程相关，所以执行这些任务并不轻松。不过，Microsoft也有充分的理由将句柄设计成"与进程相关"(process-relative)。其中最重要的原因是健壮性。如果内核对象句柄是系统范围的值，或者说将它们设计成"系统级"句柄，一个进程就很容易得到"另一个进程正在使用的一个对象"的句柄，从而可能危害到该进程。之所以将句柄设计成"与进程相关"，或者说将它们设计成"进程级"句柄，另一个原因是安全性。内核对象受安全性保护，进程在试图操纵一个对象之前，必须先申请操纵它的权限。对象的创建者为了阻止未经许可的用户"碰"自己的对象，只需拒绝这个访问。

下一节要讨论如何利用三种不同的机制来实现进程间的内核对象共享：使用对象句柄继承、为对象命名和复制对象句柄。

3.3.1　使用对象句柄继承

只有在进程之间有一个父–子关系的时候，才可以使用对象句柄继承。在这种情况下，父进程有一个或多个内核对象句柄可以使用，而且父进程决定生成(spawn)一个子进程，并允许子进程访问父进程的内核对象。为了使这种继承生效，父进程必须要执行几个步骤。

首先，当父进程创建内核对象时，父进程必须向系统指出它希望该对象的句柄可以继承。我有时会听到 "对象继承"这样的说法。但是，根本没有"对象继承"这样的事情。Windows支持的是"对象句柄继承";换而言之,只有句柄才可以继承,对象本身不可以。

为了创建可继承的句柄,父进程必须分配并初始化一个SECURITY_ATTRIBUTES结构,并将该结构的地址传给特定的Create函数。以下代码创建一个互斥量(mutex)对象,并返回其可继承的句柄:

```
SECURITY_ATTRIBUTES sa;
sa.nLength = sizeof(sa);
sa.lpSecurityDescriptor = NULL;
sa.bInheritHandle = TRUE; // Make the returned handle inheritable.

HANDLE hMutex = CreateMutex(&sa, FALSE, NULL);
```

以上代码初始化一个SECURITY_ATTRIBUTES结构,表明对象要用默认安全性来创建,而且返回的句柄可以继承。

接下来谈谈在进程的句柄表记录项中保存的标志。句柄表中的每个记录项都有一个指明句柄是否可以继承的标志位。创建内核对象时,如果为PSECURITY_ATTRIBUTES参数传递的值是NULL,则返回的句柄不可继承,这个标志位为0。将bInheritHandle成员设为TRUE,则导致这个标志位被设为1。

以表3-2的进程句柄表为例。在这个例子中,进程有权访问两个内核对象(句柄1和3)。句柄1不可继承,但句柄3可继承。

表3-2 包含两个有效记录项的进程句柄表

索引	指向内核对象内存块的指针	访问掩码(包含标志位的一个DWORD)	标志
1	0xF0000000	0x????????	0x00000000
2	0x00000000	(不可用)	(不可用)
3	0xF000010	0x????????	0x00000001

为了使用对象句柄继承,下一步是由父进程生成子进程。这是通过CreateProcess函数来完成的,如下所示:

```
BOOL CreateProcess(
    PCTSTR pszApplicationName,
    PTSTR pszCommandLine,
    PSECURITY_ATTRIBUTES psaProcess,
    PSECURITY_ATTRIBUTES psaThread,
    BOOL bInheritHandles,
```

```
DWORD dwCreationFlags,
PVOID pvEnvironment,
PCTSTR pszCurrentDirectory,
LPSTARTUPINFO pStartupInfo,
PPROCESS_INFORMATION pProcessInformation);
```

我们将在第4章详细讨论这个函数，现在请注意bInheritHandles参数。通常情况下，在生成一个进程时，我们要将该参数设为FALSE。该值向系统表明：我们不希望子进程继承父进程句柄表中的"可继承的句柄"。

相反，如果向该参数传递TRUE，子进程就会继承父进程的"可继承的句柄"的值。传递TRUE时，操作系统会创建新的子进程，但不允许子进程立即执行它的代码。当然，系统会为子进程创建一个新的、空白的进程句柄表，就像它为任何一个新进程所做的那样。但是，由于我们传给CreateProcess函数的bInheritHandles参数的值是TRUE，所以系统还会多做一件事情：它会遍历父进程的句柄表，对它的每一个记录项进行检查。凡是包含一个有效的"可继承的句柄"的项，都会被完整地复制到子进程的句柄表。在子进程的句柄表中，复制项的位置与它在父进程句柄表中的位置是完全一样的。这是非常重要的一个设计，因为它意味着"在父进程和子进程中，对一个内核对象进行标识的句柄值是完全一样的。"

除了复制句柄表的记录项，系统还会递增内核对象的使用计数，因为两个进程现在都在使用这个对象。为了销毁内核对象，父进程和子进程要么都对这个对象调用CloseHandle，要么都终止运行。子进程不一定先终止，但父进程也不一定。事实上，父进程可以在CreateProcess函数返回之后立即关闭它的内核对象句柄，子进程照样可以操纵这个对象。

表3-3显示了子进程在被允许开始执行之前的句柄表。由此可见，第一项和第二项没有初始化，所以对子进程来说是无效的句柄，不可以使用。但是，索引3标识了一个内核对象。事实上，它标识的是地址0xF0000010处的内核对象，与父进程句柄表中的对象一样。

表3-3　继承了父进程的"可继承的句柄"之后，子进程的句柄表

索引	指向内核对象内存块的指针	访问掩码(包含标志位的一个DWORD)	标志
1	0x00000000	(不可用)	(不可用)
2	0x00000000	(不可用)	(不可用)
3	0xF0000010	0x????????	0x00000001

第13章"Windows内存架构"会讲到，内核对象的内容被保存在内核地址空间中，系统上运行的所有进程都共享这个空间。对于32位系统，这是0x80000000到0xFFFFFFFF之间的内存空间。对于64位系统，则是0x00000400'00000000到0xFFFFFFFF'FFFFFFFF之间的内存空间。访问掩码与父进程中的一样，标志也一样。这意味着假如子进程用CreateProcess来生成它自己的子进程(其父进程的孙进程)并将bInheritHandles参数设为TRUE，孙进程也会继承该内核对象句柄。在孙进程的句柄表中，继承的对象句柄将具有相同的句柄值、相同的访问掩码以及相同的标志。内核对象的使用计数将再次递增。

记住，对象句柄的继承只会在生成子进程的时候发生。假如父进程后来又创建了新的内核对象，并同样将它们的句柄设为可继承的句柄，那么正在运行的子进程是不会继承这些新句柄的。

对象句柄继承还有一个非常奇怪的特征：子进程并不知道自己继承了任何句柄。在子进程的文档中，应指出当它从另一个进程生成时，希望获得对一个内核对象的访问权——只有在这种情况下，内核对象的句柄继承才是有用的。通常，父应用程序和子应用程序是由同一家公司编写的；但是，假如一家公司能在文档中说明子应用程序希望继承哪些对象句柄，那么另一家公司就可以据此来编写一个子应用程序。

45~46

到目前为止，为了使子进程获得它想要的一个内核对象的句柄值，最常见的方式是将句柄值作为命令行实参传给子进程。子进程的初始化代码将解析命令行(通常是调用_stscanf_s)，并提取句柄值。子进程获得句柄值之后，就会拥有和父进程一样的内核对象访问权限。注意，句柄继承之所以能够实现，唯一的原因就是"共享的内核对象"的句柄值在父进程和子进程中完全一样。这正是父进程能将句柄值作为命令行实参来传递的原因。

当然，也可使用其他进程间通信技术将继承的内核对象句柄值从父进程传入子进程。一个技术是让父进程等待子进程完成初始化(利用第9章讨论的WaitForInputIdle函数)；然后，父进程可将一条消息发送(send)或发布(post)到由子进程中的一个线程创建的窗口。

另一种方式是让父进程向其环境块(environment block)添加一个环境变量。变量名称应该是子进程知道的一个名称，而变量的值应该是准备被子进程继承的那个内核对象的句柄值。然后，当父进程生成子进程的时候，子进程就会继承父进程的环境变量，所以能轻松调用GetEnvironmentVariable来获得这个继承到的内核对象的句柄值。如果子进程还要生成另一个子进程，这种方式就非常不错，因为环境变量可以反复继承。Microsoft知识库的一篇文章(网址为http://support.microsoft.com/kb/190351)描述了子进程继承父控制台的特例。

3.3.2　改变句柄的标志

有时可能遇到这样一种情况：父进程创建一个内核对象，获取一个可继承的句柄，然后生成两个子进程。但是，父进程只希望其中的一个子进程继承内核对象句柄。换言之，我们有时可能想控制哪些子进程能继承内核对象句柄。这时可以调用SetHandleInformation函数来更改内核对象句柄的继承标志。如下所示：

```
BOOL SetHandleInformation(
    HANDLE hObject,
    DWORD dwMask,
    DWORD dwFlags);
```

可以看出，这个函数有三个参数。第一个参数hObject标识了一个有效的句柄。第二个参数dwMask告诉函数我们想更改哪个或者哪些标志。目前，每个句柄都关联两个标志：

```
#define HANDLE_FLAG_INHERIT                0x00000001
#define HANDLE_FLAG_PROTECT_FROM_CLOSE     0x00000002
```

46

如果想把每个对象的标志一次性更改完毕，可以对这两个标志执行一次"按位或"(bitwise OR)运算。SetHandleInformation函数的第三个参数dwFlags指出希望把标志设为什么。例如，要打开(turn on)一个内核对象句柄的继承标志，可以像下面这样写：

```
SetHandleInformation(hObj, HANDLE_FLAG_INHERIT, HANDLE_FLAG_INHERIT);
```

要关闭(turn off)这个标志，可以像下面这样写：

```
SetHandleInformation(hObj, HANDLE_FLAG_INHERIT, 0);
```

HANDLE_FLAG_PROTECT_FROM_CLOSE标志告诉系统不允许关闭句柄：

```
SetHandleInformation(hObj, HANDLE_FLAG_PROTECT_FROM_CLOSE,
    HANDLE_FLAG_PROTECT_FROM_CLOSE);
CloseHandle(hObj); // 会引发异常
```

如果在调试器下运行，一旦线程试图关闭受保护的句柄，CloseHandle就会引发一个异常。如果在调试器的控制之外，CloseHandle只是返回FALSE。几乎没有多大必要阻止句柄被关闭。但是，如果一个进程会生成一个子进程，后者再生成一个孙进程，那么这个标志还是有用的。父进程可能希望孙进程依然能够从子进程那里继承对象句柄。但是，子进程可能在生成孙进程之前就关闭了那个句柄。如果发生这种情况，父进程就不能和孙进程通信了，因为可怜的孙进程根本没有继承到内核对象(句柄)。相反，如果将句柄标记为"PROTECT FROM CLOSE"(禁止关闭)，孙进程就有更大的机会继承到指向一个有效的、活动的内核对象的句柄。

不过，正如我前面所说的，孙进程现在只是"机会"更大一些。这种方式的不足之处在于，处于中间位置的那个子进程可以调用以下代码来关闭HANDLE_FLAG_PROTECT_FROM_CLOSE标志，然后关闭句柄：

```
SetHandleInformation(hobj, HANDLE_FLAG_PROTECT_FROM_CLOSE, 0);
CloseHandle(hObj);
```

也就是说，父进程其实是在赌自己的子进程不会执行上述代码。但即使没有这个问题，子进程真的就会生成孙进程吗？这同样是在赌。反正都是赌，第一个赌看起来也就没有那么危险了。

考虑到内容的完整性，下面再来讨论一下GetHandleInformation函数：

```
BOOL GetHandleInformation(
    HANDLE hObject,
    PDWORD pdwFlags);
```

这个函数会在pdwFlags指向的DWORD中返回指定句柄的当前标志设定。执行以下代码来核实一个句柄是否可以继承：

```
DWORD dwFlags;
GetHandleInformation(hObj, &dwFlags);
BOOL fHandleIsInheritable = (0 != (dwFlags & HANDLE_FLAG_INHERIT));
```

47

3.3.3 为对象命名

跨进程边界共享内核对象的第二个办法是为对象命名。许多(但不是全部)内核对象都可以进行命名。例如，以下所有函数都可以创建命名的内核对象：

```
HANDLE CreateMutex(
    PSECURITY_ATTRIBUTES psa,
    BOOL bInitialOwner,
    PCTSTR pszName);

HANDLE CreateEvent(
    PSECURITY_ATTRIBUTES psa,
    BOOL bManualReset,
    BOOL bInitialState,
    PCTSTR pszName);
```

```
HANDLE CreateSemaphore(
    PSECURITY_ATTRIBUTES psa,
    LONG lInitialCount,
    LONG lMaximumCount,
    PCTSTR pszName);

HANDLE CreateWaitableTimer(
    PSECURITY_ATTRIBUTES psa,
    BOOL bManualReset,
    PCTSTR pszName);

HANDLE CreateFileMapping(
    HANDLE hFile,
    PSECURITY_ATTRIBUTES psa,
    DWORD flProtect,
    DWORD dwMaximumSizeHigh,
    DWORD dwMaximumSizeLow,
    PCTSTR pszName);

HANDLE CreateJobObject(
    PSECURITY_ATTRIBUTES psa,
    PCTSTR pszName);
```

所有这些函数的最后一个参数都是pszName。向此参数传入NULL，相当于向系统表明我们要创建一个未命名的(即匿名)内核对象。如果创建的是未命名对象，可利用上一节讨论的继承技术，或利用下一节要讨论的DuplicateHandle函数来实现进程间的对象共享。但是，如果要基于对象名称来共享一个对象，就必须为此对象指定名称。

如果不为pszName参数传递NULL，则应传入一个"以0为终止符的名称字符串"的地址。这个名称可以长达MAX_PATH个字符(定义为260)。遗憾的是，Microsoft没有提供任何专门的机制来保证为内核对象指定的名称是唯一的。例如，如试图创建一个名为"JeffObj"的对象，那么没有任何一种机制来保证当前不存在一个名为"JeffObj"的对象。更糟的是，所有这些对象都共享同一个命名空间，即使它们的类型并不相同。例如，以下CreateSemaphore函数调用肯定会返回NULL，因为已经有一个同名的互斥量对象了：

```
HANDLE hMutex = CreateMutex(NULL, FALSE, TEXT("JeffObj"));
HANDLE hSem = CreateSemaphore(NULL, 1, 1, TEXT("JeffObj"));
DWORD dwErrorCode = GetLastError();
```

48~49

执行上述代码之后，如果检查dwErrorCode的值，会发现返回的代码为6(ERROR_

INVALID_HANDLE)。这个错误码当然说明不了什么问题，不过我们目前对此无能为力。

知道如何命名对象之后，接着看看如何以这种方式共享对象。假设进程A启动并调用以下函数：

```
HANDLE hMutexProcessA = CreateMutex(NULL, FALSE, TEXT("JeffMutex"));
```

这个函数调用创建一个新的互斥量内核对象，并将其命名为"JeffMutex"。注意，在进程A的句柄(表)中，hMutexProcessA并不是一个可继承的句柄，但是，通过为对象命名来实现共享时，是否可以继承并非一个必要条件。

后来某个时间，一个进程生成了进程B。进程B不一定是进程A的子进程；它可能是从Windows资源管理器或者其他任意应用程序生成的。相较于使用句柄继承，利用对象的名称来共享内核对象，最大的一个优势是"进程B不一定是进程A的子进程"。进程B开始执行时，它执行以下代码：

```
HANDLE hMutexProcessB = CreateMutex(NULL, FALSE, TEXT("JeffMutex"));
```

当进程B调用CreateMutex时，系统首先会查看是否存在一个名为"JeffMutex"的内核对象。由于确实存在这样的一个对象，所以内核接着检查对象的类型。由于试图创建一个互斥量对象，而名为"JeffMutex"的对象也是一个互斥量对象，所以系统接着执行一次安全检查，验证调用者是否拥有对该对象的完全访问权限。如果答案是肯定的，系统就会在进程B的句柄表中查找一个空白记录项，并将其初始化为指向现有的内核对象。如果对象的类型不匹配，或调用方被拒绝访问，CreateMutex就会失败(返回NULL)。

说明　用于创建内核对象的函数(比如 CreateSemaphore)总是返回具有完全访问权限的句柄。如果想限制句柄的访问权限，可以使用这些函数的扩展版本(带 Ex 后缀)，它们接受一个额外的 DWORD dwDesiredAccess 参数。例如，可在调用 CreateSemaphoreEx 时使用或不使用 SEMAPHORE_MODIFY_STATE，从而允许或禁止对一个信号量句柄调用 ReleaseSemaphore。请参考 Windows SDK 文档了解每种内核对象的权限细节，网址是 https://tinyurl.com/yd2jb56e。

进程B调用CreateMutex成功之后，不会实际创建一个互斥量对象。相反，会为进程B分配一个新的句柄值(当然，和所有句柄值一样，这是一个相对于该进程的句柄值)，它标识了内核中一个现有的互斥量对象。当然，由于在进程B的句柄表中，用一个新的记录项来引用了这个对象，所以这个互斥量对象的使用计数会被递增。在进程A和进程B都关闭这个对象的句柄之前，该对象是不会销毁的。注意，两个进程中的句柄值极有可能是不同的值。这没有什么关系。进程A用它自己的句柄值来引用那个互斥量对象，进程B也

用它自己的句柄值来引用同一个互斥量对象。

说明　通过名称来实现内核对象共享时，务必关注一点：进程 B 调用 CreateMutex 时，它
　　　会向函数传递安全属性信息和第二个参数。如果已经存在一个指定名称的对象，这
　　　些参数就会被忽略①。

事实上，完全可以在调用了 Create* 之后，马上调用一个 GetLastError，判断自己刚
才是真的创建了一个新的内核对象，还是仅仅是打开了一个现有的：

```
HANDLE hMutex = CreateMutex(&sa, FALSE, TEXT("JeffObj"));
  if (GetLastError() == ERROR_ALREADY_EXISTS) {
        // Opened a handle to an existing object.
        // sa.lpSecurityDescriptor and the second parameter
        // (FALSE) are ignored.
  } else {
        // Created a brand new object.
        // sa.lpSecurityDescriptor and the second parameter
        // (FALSE) are used to construct the object.
  }
```

基于名称来共享对象还有另一种方法。进程可以不调用Create*函数，而是调用如下所示
的一个Open*函数：

```
HANDLE OpenMutex(
    DWORD dwDesiredAccess,
    BOOL bInheritHandle,
    PCTSTR pszName);

HANDLE OpenEvent(
    DWORD dwDesiredAccess,
    BOOL bInheritHandle,
    PCTSTR pszName);

HANDLE OpenSemaphore(
    DWORD dwDesiredAccess,
    BOOL bInheritHandle,
    PCTSTR pszName);

HANDLE OpenWaitableTimer(
    DWORD dwDesiredAccess,
    BOOL bInheritHandle,
    PCTSTR pszName);
```

---

① 译注：换言之，函数不知道自己刚才是新建了一个内核对象，还是打开了一个现有的内核对象。

```
HANDLE OpenFileMapping(
    DWORD dwDesiredAccess,
    BOOL bInheritHandle,
    PCTSTR pszName);

HANDLE OpenJobObject(
    DWORD dwDesiredAccess,
    BOOL bInheritHandle,
    PCTSTR pszName);
```

注意，所有这些函数的原型都一样。最后一个参数pszName指出内核对象的名称。不能为该参数传入NULL，必须传入一个以0为终止符的字符串的地址。这些函数将在同一个内核对象命名空间中搜索匹配的对象。如果没有找到这个名称的内核对象，函数将返回NULL，GetLastError返回2(ERROR_FILE_NOT_FOUND)。如果找到了这个名称的内核对象，但类型不同，函数将返回NULL，GetLastError返回6(ERROR_INVALID_HANDLE)。如果名称相同，类型也相同，系统会核实请求的访问(通过dwDesiredAccess来指定)是否允许。如果允许，就会更新调用进程的句柄表，并使对象的使用计数递增。如果为bInheritHandle参数传入TRUE，返回的句柄就是"可继承的"。

50~51

调用Create*函数和调用Open*函数的主要区别在于，如果对象不存在，Create*函数会创建它；Open*函数则不同，如果对象不存在，它只是简单地以调用失败而告终。

如前所述，Microsoft没有提供任何专门的机制来保证我们创建独一无二的对象名。换言之，如果用户试图运行来自不同公司的两个程序，而且每个程序都试图创建一个名为MyObject的对象，那么就会出问题。为确保名称的唯一性，我的建议是创建一个GUID，并将这个GUID的字符串形式作为自己的对象名称使用。稍后的3.3.5节"专有命名空间"将介绍另一种保证名称唯一性的方式。

我们经常利用命名对象来防止运行一个应用程序的多个实例。为此，只需在_tmain或_tWinMain函数中调用一个Create*函数来创建一个命名对象(具体创建什么类型无关紧要)。Create*函数返回后，再调用一下GetLastError。如果GetLastError返回ERROR_ALREADY_EXISTS，就表明应用程序的另一个实例正在运行，新的实例就可以退出了。以下代码对此进行了说明：

```
int WINAPI _tWinMain(HINSTANCE hInstExe, HINSTANCE, PTSTR pszCmdLine,
    int nCmdShow) {
    HANDLE h = CreateMutex(NULL, FALSE,
        TEXT("{FA531CC1-0497-11d3-A180-00105A276C3E}"));
    if (GetLastError() == ERROR_ALREADY_EXISTS) {
```

```
    // 该应用程序的一个实例已在运行。
    // 关闭对象并立即返回。
    CloseHandle(h);
    return(0);
}

    // 这是应用程序第一个正在运行的实例。
    ...
    // 退出前先关闭对象。
    CloseHandle(h);
    return(0);
}
```

3.3.4　终端服务命名空间

注意，终端服务(Terminal Service)的情况和前面描述的稍微有所区别。在正在运行终端服务的计算机中，存在着多个用于内核对象的命名空间。其中一个是全局命名空间，所有客户端都能访问的内核对象要放在这个命名空间中。该命名空间主要由服务使用。此外，每个客户端会话(client session)都有一个自己的命名空间。对于两个或多个会话正在运行同一个应用程序的情况，这样的安排可避免会话之间彼此干扰，一个会话不会访问另一个会话的对象，即使对象的名称相同。

51

并非只有服务器才会遇到这种情况，因为Remote Desktop(远程桌面)和快速用户切换(Fast User Switching)特性也是利用终端服务会话来实现的。

说明　没有任何用户登录的时候，服务会在第一个会话（称为 Session 0）中启动，这个会话不是交互式的。和以前版本的 Windows 不同，在 Windows Vista 和之后的版本中，只要用户登录，应用程序就会在一个新的会话（与服务专用的 Session 0 不同的一个会话）中启动。采用这个设计之后，系统核心组件（通常具有较高的权限）就可以与用户不慎启动的恶意软件 (malware) 充分隔离。

服务开发人员需要注意，由于必须在与客户端应用程序不同的一个会话中运行，所以会影响到共享内核对象的命名约定。现在，任何对象要想和用户应用程序共享，都必须在全局命名空间中创建它。快速用户切换也会带来类似的问题。我们知道，利用快速用户切换功能，不同的用户可以登录不同的会话，并分别启动自己的用户应用程序。如果我们写的一个服务要与这些应用程序通信，就不能假定它和用户应用程序在同一个会话中运行。要想进一步了解 Session 0 隔离问题及其对服务开发人员的影响，请阅读 "APP: Application Compatibility - Session 0 Isolation (Windows Vista +)" 一文，网址是 https://tinyurl.com/yd65ensd。

如果必须知道我们的进程在哪个终端服务会话中运行，可以借助于ProcessIdToSessionId函数(由kernel32.dll导出，在WinBase.h中声明)，如下例所示：

```
DWORD processID = GetCurrentProcessId();
DWORD sessionID;
if (ProcessIdToSessionId(processID, &sessionID)) {
    tprintf(
        TEXT("Process '%u' runs in Terminal Services session '%u'"),
        processID, sessionID);
} else {
    // 如果没有足够权限访问 ID 参数所指定的进程,
    // ProcessIdToSessionId 可能失败。
    // 注意本例不存在此问题，因为使用的是当前进程的 ID。
    tprintf(
        TEXT("Unable to get Terminal Services session ID for process '%u'"),
        processID);
}
```

一个服务的命名内核对象始终位于全局命名空间内。在终端服务中，应用程序自己的命名内核对象默认在会话的命名空间内。不过，也可以强制将一个命名对象放入全局命名空间，具体做法是为名称附加Global\前缀，如下所示：

```
HANDLE h = CreateEvent(NULL, FALSE, FALSE, TEXT("Global\\MyName"));
```

也可以显式指出希望将一个内核对象放入当前会话的命名空间，具体做法是为名称附加"Local\"前缀，如下所示：

```
HANDLE h = CreateEvent(NULL, FALSE, FALSE, TEXT("Local\\MyName"));
```

52

Microsoft认为Global和Local是保留字，所以除非为了强制一个特定的命名空间，否则不要在对象名称中使用它们。Microsoft还认为Session是保留字。所以(举一个例子)，我们可以使用Session\<当前会话ID>\。但是，不能使用另一个会话中的名称和Session前缀来新建一个对象，那样会导致函数调用失败，GetLastError会返回ERROR_ACCESS_DENIED。

说明　所有保留字都是区分大小写的。

3.3.5　专有命名空间

创建内核对象时，可以传递指向一个SECURITY_ATTRIBUTES结构的指针，从而保护对该对象的访问。不过，在Windows Vista发布之前，我们不可能防止一个共享对象的名称被

"劫持"。任何进程——即使是最低权限的进程——都能用任何指定的名称来创建一个对象。以前面的例子为例(应用程序用一个命名的互斥量对象来检测该程序的一个实例是否正在运行)，很容易另外写一个应用程序来创建一个同名的内核对象。如果它先于单实例应用程序启动，"单实例"(singleton)应用程序就变成了一个"无实例"(none-gleton)应用程序，始终都是一启动就退出，错误地以为它自己的另一个实例已在运行。这是大家熟悉的几种拒绝服务(Denial of Service，DoS)攻击的基本机制。但要注意，未命名的内核对象不会遭受DoS攻击。另外，应用程序使用未命名对象是相当普遍的，即使这些对象不能在进程之间共享。

要想确保我们的应用程序创建的内核对象名称永远不会和其他应用程序的名称冲突，或者想确保它们免遭劫持，可以定义一个自定义前缀，并把它作为自己的专有命名空间(private namespace)使用，这和使用Global和Local前缀是相似的。负责创建内核对象的服务器进程将定义一个边界描述符(boundary descriptor)，以对命名空间的名称自身进行保护。

Singleton应用程序(即03-Singleton.exe，对应的Singleton.cpp源代码将在稍后列出)展示了如何利用专有命名空间，以一种更安全的方式来实现前面描述的单实例应用程序。(Singleton是单一的意思，即同时只允许该程序的一个实例)。以管理员身份启动程序后，会出现如图3-6所示的窗口。

图3-6　Singleton的第一个实例正在运行

保持程序的运行状态，然后启动同一个程序，就会出现如图3-7所示的窗口，它指出已经检测到了程序的另一个实例。

53

图3-7　第一个实例正在运行，又启动了Singleton的第二个实例

研究一下Singleton.cpp源代码中的CheckInstances函数，我们便可以理解三个"如何"：第一，如何创建一个边界(bondary)；第二，如何将对应于本地管理员组(Local Administrators)的一个安全描述符(security identifier，SID)和它关联起来；第三，如何创建或打开其名称被用作互斥量内核对象前缀的一个专有命名空间。边界描述符将获得一个名称，但更重要的是，它会获得与它关联的一个特权用户组的SID。这样一来，Windows就可确保只有当一个用户隶属于这个特权组时，以其身份运行的应用程序才能在相同的边界中创建相同的命名空间，从而访问在这个边界中创建的、以专有命名空间的名称作为前缀的内核对象。

如果由于名称和SID泄密，导致一个低特权的恶意程序创建了相同的边界描述符，那么举个例子来说，当它试图创建或打开使用一个高特权账户保护的专有命名空间时，调用就会失败，GetLastError会返回ERROR_ACCESS_DENIED。如果恶意程序有足够的权限来创建或打开命名空间，再担心这个就多余了，因为恶意程序有足够的权限来造成更大的破坏，而非仅仅是劫持一个内核对象名称那么简单。

54

```
Singleton.cpp
/*****************************************************************************
Module:  Singleton.cpp
Notices: Copyright (c) 2008 Jeffrey Richter & Christophe Nasarre
*****************************************************************************/
//


#include "stdafx.h"
#include "resource.h"


#include "..\CommonFiles\CmnHdr.h"      /* See Appendix A. */
#include <windowsx.h>
#include <Sddl.h>              // for SID management
#include <tchar.h>
#include <strsafe.h>



///////////////////////////////////////////////////////////////////////////



// Main dialog
HWND    g_hDlg;

// Mutex, boundary and namespace used to detect previous running instance
```

```
HANDLE    g_hSingleton = NULL;
HANDLE    g_hBoundary = NULL;
HANDLE    g_hNamespace = NULL;

// Keep track whether or not the namespace was created or open for clean-up
BOOL      g_bNamespaceOpened = FALSE;

// Names of boundary and private namespace
PCTSTR    g_szBoundary = TEXT("3-Boundary");
PCTSTR    g_szNamespace = TEXT("3-Namespace");


#define DETAILS_CTRL GetDlgItem(g_hDlg, IDC_EDIT_DETAILS)


//////////////////////////////////////////////////////////////////////////////


// Adds a string to the "Details" edit control
void AddText(PCTSTR pszFormat, ...) {

    va_list argList;
    va_start(argList, pszFormat);

    TCHAR sz[20 * 1024];

    Edit_GetText(DETAILS_CTRL, sz, _countof(sz));
    _vstprintf_s(
        _tcschr(sz, TEXT('\0')), _countof(sz) - _tcslen(sz),
        pszFormat, argList);
    Edit_SetText(DETAILS_CTRL, sz);
    va_end(argList);
}


//////////////////////////////////////////////////////////////////////////////


void Dlg_OnCommand(HWND hwnd, int id, HWND hwndCtl, UINT codeNotify) {

    switch (id) {
        case IDOK:
        case IDCANCEL:
            // User has clicked on the Exit button
            // or dismissed the dialog with ESCAPE
```

```
         EndDialog(hwnd, id);
         break;
   }
}


////////////////////////////////////////////////////////////////////////////


void CheckInstances() {

   // Create the boundary descriptor
   g_hBoundary = CreateBoundaryDescriptor(g_szBoundary, 0);

   // Create a SID corresponding to the Local Administrator group
   BYTE localAdminSID[SECURITY_MAX_SID_SIZE];
   PSID pLocalAdminSID = &localAdminSID;
   DWORD cbSID = sizeof(localAdminSID);
   if (!CreateWellKnownSid(
      WinBuiltinAdministratorsSid, NULL, pLocalAdminSID, &cbSID)
      ) {
      AddText(TEXT("AddSIDToBoundaryDescriptor failed: %u\r\n"),
         GetLastError());
      return;
   }

   // Associate the Local Admin SID to the boundary descriptor
   // --> only applications running under an administrator user
   //      will be able to access the kernel objects in the same namespace
   if (!AddSIDToBoundaryDescriptor(&g_hBoundary, pLocalAdminSID)) {
      AddText(TEXT("AddSIDToBoundaryDescriptor failed: %u\r\n"),
         GetLastError());
      return;
   }

   // Create the namespace for Local Administrators only
   SECURITY_ATTRIBUTES sa;
   sa.nLength = sizeof(sa);
   sa.bInheritHandle = FALSE;
   if (!ConvertStringSecurityDescriptorToSecurityDescriptor(
      TEXT("D:(A;;GA;;;BA)"),
      SDDL_REVISION_1, &sa.lpSecurityDescriptor, NULL)) {
      AddText(TEXT("Security Descriptor creation failed: %u\r\n"), GetLastError());
      return;
   }
```

```
g_hNamespace =
    CreatePrivateNamespace(&sa, g_hBoundary, g_szNamespace);

// Don't forget to release memory for the security descriptor
LocalFree(sa.lpSecurityDescriptor);


// Check the private namespace creation result
DWORD dwLastError = GetLastError();
if (g_hNamespace == NULL) {
    // Nothing to do if access is denied
    // --> this code must run under a Local Administrator account
    if (dwLastError == ERROR_ACCESS_DENIED) {
        AddText(TEXT("Access denied when creating the namespace.\r\n"));
        AddText(TEXT("   You must be running as Administrator.\r\n\r\n"));
        return;
    } else {
        if (dwLastError == ERROR_ALREADY_EXISTS) {
        // If another instance has already created the namespace,
        // we need to open it instead.
            AddText(TEXT("CreatePrivateNamespace failed: %u\r\n"), dwLastError);
            g_hNamespace = OpenPrivateNamespace(g_hBoundary, g_szNamespace);
            if (g_hNamespace == NULL) {
                AddText(TEXT("   and OpenPrivateNamespace failed: %u\r\n"),
                dwLastError);
                return;
            } else {
                g_bNamespaceOpened = TRUE;
                AddText(TEXT("   but OpenPrivateNamespace succeeded\r\n\r\n"));
            }
        } else {
            AddText(TEXT("Unexpected error occured: %u\r\n\r\n"),
                dwLastError);
            return;
        }
    }
}

// Try to create the mutex object with a name
// based on the private namespace
TCHAR szMutexName[64];
StringCchPrintf(szMutexName, _countof(szMutexName), TEXT("%s\\%s"),
    g_szNamespace, TEXT("Singleton"));
```

```
   g_hSingleton = CreateMutex(NULL, FALSE, szMutexName);
   if (GetLastError() == ERROR_ALREADY_EXISTS) {
      // There is already an instance of this Singleton object
      AddText(TEXT("Another instance of Singleton is running:\r\n"));
      AddText(TEXT("--> Impossible to access application features.\r\n"));
   } else {
      // First time the Singleton object is created
      AddText(TEXT("First instance of Singleton:\r\n"));
      AddText(TEXT("--> Access application features now.\r\n"));
   }
}


///////////////////////////////////////////////////////////////////////////


BOOL Dlg_OnInitDialog(HWND hwnd, HWND hwndFocus, LPARAM lParam) {

   chSETDLGICONS(hwnd, IDI_SINGLETON);

   // Keep track of the main dialog window handle
   g_hDlg = hwnd;

   // Check whether another instance is already running
   CheckInstances();

   return(TRUE);
}


///////////////////////////////////////////////////////////////////////////


INT_PTR WINAPI Dlg_Proc(HWND hwnd, UINT uMsg, WPARAM wParam, LPARAM lParam) {

   switch (uMsg) {
      chHANDLE_DLGMSG(hwnd, WM_COMMAND,    Dlg_OnCommand);
      chHANDLE_DLGMSG(hwnd, WM_INITDIALOG, Dlg_OnInitDialog);
   }

   return(FALSE);
}


///////////////////////////////////////////////////////////////////////////
```

```
int APIENTRY _tWinMain(HINSTANCE hInstance,
                       HINSTANCE hPrevInstance,
                       LPTSTR    lpCmdLine,
                       int       nCmdShow)
{
   UNREFERENCED_PARAMETER(hPrevInstance);
   UNREFERENCED_PARAMETER(lpCmdLine);

   // Show main window
   DialogBox(hInstance, MAKEINTRESOURCE(IDD_SINGLETON), NULL, Dlg_Proc);

   // Don't forget to clean up and release kernel resources
   if (g_hSingleton != NULL) {
      CloseHandle(g_hSingleton);
   }

   if (g_hNamespace != NULL) {
      if (g_bNamespaceOpened) {  // Open namespace
         ClosePrivateNamespace(g_hNamespace, 0);
      } else { // Created namespace
         ClosePrivateNamespace(g_hNamespace, PRIVATE_NAMESPACE_FLAG_DESTROY);
      }
   }

   if (g_hBoundary != NULL) {
      DeleteBoundaryDescriptor(g_hBoundary);
   }

   return(0);
}


//////////////////////////////// End of File /////////////////////////////////
```

54~58

下面来分析一下CheckInstances函数的几个不同的步骤。第一步是创建边界描述符。为此，需要用一个字符串标识符来命名一个范围，专有命名空间将在该范围中定义。这个名称作为以下函数的第一个参数传递：

```
HANDLE CreateBoundaryDescriptor(
    PCTSTR pszName,
    DWORD dwFlags);
```

在当前版本的Windows中，第二个参数还没什么用，因此应该为它传入0。注意，函数的签名暗示返回值是一个内核对象句柄，但实情并非如此。返回值是一个指针，它指向一个用户模式的结构，结构中包含了边界的定义。由于这个原因，永远都不要把返回的句柄值传给CloseHandle；相反，应该把它传给DeleteBoundaryDescriptor。

第二步，通过调用以下函数，将一个特权用户组的SID(客户端应用程序将在这些用户的上下文中运行)与边界描述符关联起来：

```
BOOL AddSIDToBoundaryDescriptor(
    HANDLE* phBoundaryDescriptor,
    PSID pRequiredSid);
```

在Singleton示例程序中，为了创建Local Administrator组的SID，我的办法是调用AllocateAndInitializeSid函数，并将用于描述这个组的SECURITY_BUILTIN_ DOMAIN_RID和DOMAIN_ALIAS_RID_ADMINS作为参数传入。WinNT.h头文件定义了所有已知组的一个列表。

调用以下函数来创建专有命名空间时，边界描述符(伪)句柄将作为第二个参数被传给该函数：

```
HANDLE CreatePrivateNamespace(
    PSECURITY_ATTRIBUTES psa,
    PVOID pvBoundaryDescriptor,
    PCTSTR pszAliasPrefix);
```

作为第一个参数传给该函数的SECURITY_ATTRIBUTES是供Windows使用的，用于允许或禁止一个应用程序通过调用OpenPrivateNamespace来访问命名空间并在其中打开/创建对象。具体可以使用的选项和"在一个文件系统的目录中可以使用的选项"是完全一样的。这是为"打开命名空间"设置的一个筛选层。为边界描述符添加的SID决定了谁能进入边界并创建命名空间。在Singleton例子中，SECURITY_ATTRIBUTE是通过调用ConvertStringSecurityDescriptorToSecurityDescriptor函数来构造的。该函数获取一个具有复杂语法结构的字符串作为第一个参数。要具体了解安全描述符字符串的语法，请访问以下两个网址：http://msdn2.microsoft.com/en-us/library/aa374928.aspx和http://msdn2.microsoft.com/en-us/library/aa379602.aspx。

虽然CreateBoundaryDescriptor返回一个HANDLE，但pvBoundaryDescriptor的类型是PVOID，就连Microsoft都认为它是伪句柄。用于创建内核对象的字符串前缀被指定为第三个参数。如试图创建已存在的专有命名空间，CreatePrivateNamespace将返回NULL，GetLastError则返回ERROR_ALREADY_EXISTS。在这种情况下，需使用以下函数来打开现有的专有命名空间：

```
HANDLE OpenPrivateNamespace(
    PVOID pvBoundaryDescriptor,
    PCTSTR pszAliasPrefix);
```

59~60

注意，CreatePrivateNamespace和OpenPrivateNamespace返回的HANDLE并不是内核对象句柄；可以调用ClosePrivateNamespace来关闭它们返回的这种伪句柄：

```
BOOLEAN ClosePrivateNamespace(
    HANDLE hNamespace,
    DWORD dwFlags);
```

如果我们已经创建了命名空间，而且不希望它在关闭后仍然可见，就应该将PRIVATE_NAMESPACE_FLAG_DESTROY作为第二个参数传给上述函数，反之则传入0。边界将在以下两种情况下关闭：进程终止运行，或者调用DeleteBoundaryDescriptor并将边界伪句柄作为其唯一的参数传给它。如果还存在正在使用的内核对象，命名空间一定不能关闭。如果命名空间在内部还有内核对象时关闭，其他人就可以在同一个边界中，在重新创建的一个同名命名空间中创建同名的另一个内核对象，使DoS攻击再次成为可能。

总之，专有命名空间相当于可供我们在其中创建内核对象的一个目录。和其他所有目录一样，专有命名空间也有一个与之关联的安全描述符，该描述符在调用CreatePrivateNamespace时设置。但和文件系统的目录不同的是，该命名空间没有父目录，也没有名称，我们将"边界描述符"作为对这个边界进行引用的一个名称来使用。正是由于这个原因，所以在Sysinternals的Process Explorer应用程序中，对于"前缀以一个专有命名空间为基础"的内核对象，它们显示的是"…\"前缀，而不是预期的"namespace name\"前缀。"…\"前缀隐藏了需要保密的信息，能更好地防范潜在的黑客。我们为专有命名空间指定的名称是一个别名，仅在进程内可见。其他进程(甚至是同一个进程)可以打开同一个专有命名空间，并为其指定一个不同的别名。

创建普通目录时，需要对父目录执行一次访问检查，确定是否能在其中创建子目录。类似地，创建命名空间也需要执行一次边界测试，在当前线程的令牌(token)中，必须包含作为边界一部分的所有SID。

3.3.6 复制对象句柄

跨进程边界共享内核对象的最后一招是使用DuplicateHandle函数：

```
BOOL DuplicateHandle(
    HANDLE hSourceProcessHandle,
    HANDLE hSourceHandle,
```

```
HANDLE hTargetProcessHandle,
PHANDLE phTargetHandle,
DWORD dwDesiredAccess,
BOOL bInheritHandle,
DWORD dwOptions);
```

简单地说，该函数获得一个进程的句柄表中的一个记录项，然后在另一个进程的句柄表中创建这个记录项的一个副本。DuplicateHandle需获取几个参数，但它的工作过程实际是非常简单的。正如本节稍后的例子演示的那样，该函数最常见的一种用法可能涉及系统中同时运行的三个不同的进程。

调用DuplicateHandle时，它的第一个参数和第三个参数(hSourceProcessHandle和hTargetProcessHandle)是内核对象句柄。这两个句柄本身必须和调用DuplicateHandle函数的那个进程相关。此外，这两个参数标识的必须是进程内核对象；如果传递的句柄指向其他类型的内核对象，函数调用就会失败。我们将在第4章详细讨论进程内核对象。就目前来说，只需知道一旦启动新进程，系统就会创建一个进程内核对象。

第二个参数hSourceHandle是指向任何类型的内核对象的一个句柄。但是，它的句柄值和调用DuplicateHandle函数的那个进程无关。相反，该句柄必须与hSourceProcessHandle句柄所标识的那个进程相关。函数会将源进程中的句柄信息复制到hTargetProcessHandle所标识的进程的句柄表中。第四个参数是phTargetHandle，它是一个HANDLE变量的地址，用于接收复制得到的HANDLE值。

DuplicateHandle的最后三个参数用于指定该内核对象在目标进程中所对应的句柄表项应使用何种访问掩码和继承标志。dwOptions参数可以为0(零)或以下两个标志的任意组合：DUPLICATE_SAME_ACCESS和DUPLICATE_CLOSE_SOURCE。

如果指定DUPLICATE_SAME_ACCESS标志，将向DuplicateHandle函数表明我们希望目标句柄拥有与源进程的句柄一样的访问掩码。使用这个标志后，DuplicateHandle函数会忽略它的dwDesiredAccess参数。

如果指定DUPLICATE_CLOSE_SOURCE标志，会关闭源进程中的句柄。利用这个标志，一个进程可以轻松地将一个内核对象转交给另一个进程。如果使用了这个标志，内核对象的使用计数将不受影响。

我将用一个例子来演示DuplicateHandle函数的工作方式。在这个例子中，进程S是源进程，它拥有一个内核对象的访问权；进程T是目标进程，它将获得该内核对象访问权。进程C则是一个催化剂(catalyst)进程，它执行对DuplicateHandle的调用。在本例中，我是出于演示函数工作方式的目的才将句柄值直接写到代码中。在实际应用中，应将句柄值放到变量中，再将变量作为实参传给函数。

进程C的句柄表(表3-4)包含两个句柄值，即1和2。句柄值1标识进程S的进程内核对象，而句柄值2标识进程T的进程内核对象。

表3-4　进程C的句柄表

索引	指向内核对象内存块的指针	访问掩码(包含标志位的一个DWORD)	标志
1	0xF0000000(进程 S 的内核对象)	0x????????	0x00000000
2	0xF0000010(进程 T 的内核对象)	0x????????	0x00000000

表3-5是进程S的句柄表，其中只包含一项，该项的句柄值为2。这个句柄可以标识任何类型的内核对象——不一定是进程内核对象。

表3-5　进程S的句柄表

索引	指向内核对象内存块的指针	访问掩码(包含标志位的一个DWORD)	标志
1	0x00000000	(不可用)	(不可用)
2	0xF0000020(任意内核对象)	0x????????	0x00000000

表3-6显示了在进程C调用DuplicateHandle函数之前，进程T的句柄表所包含的内容。可以看出，进程T的句柄表只包含一项，该项的句柄值为2；句柄项1目前没有使用。

表3-6　调用DuplicateHandle函数之前，进程T的句柄表

索引	指向内核对象内存块的指针	访问掩码(包含标志位的一个DWORD)	标志
1	0x00000000	(不可用)	(不可用)
2	0xF0000030(任意内核对象)	0x????????	0x00000000

如果进程C现在用以下代码来调用DuplicateHandle，那么只有进程T的句柄表会发生变化，如表3-7所示。

```
DuplicateHandle(1, 2, 2, &hObj, 0, TRUE, DUPLICATE_SAME_ACCESS);
```

表3-7　调用DuplicateHandle函数之后，进程T的句柄表

索引	指向内核对象内存块的指针	访问掩码(包含标志位的一个DWORD)	标志
1	0xF0000020	0x????????	0x00000001
2	0xF0000030(任意内核对象)	0x????????	0x00000000

在这个过程中，进程S句柄表的第2项被复制到进程T的句柄表的第1项。DuplicateHandle

还用值1来填充了进程C的hObj变量；这个1是进程T的句柄表中的索引，新的记录项被复制到此处。

由于向DuplicateHandle函数传递了DUPLICATE_SAME_ACCESS标志，所以在进程T的句柄表中，这个句柄的访问掩码与进程S句柄表中那一项的访问掩码是一样的。同时，DUPLICATE_SAME_ACCESS标志会导致DuplicateHandle忽略其dwDesiredAccess参数。最后要注意，继承标志位已经打开(turn on)，因为传给DuplicateHandle函数的bInheritHandle参数的值为TRUE。

使用DuplicateHandle函数(来复制内核对象句柄)所遇到的问题和继承(内核对象句柄)一样：目标进程不知道它现在能访问一个新的内核对象。所以，进程C必须以某种方式来通知进程T，告诉它现在可以访问一个内核对象了，而且必须使用某种形式的进程间通信机制将hObj中的句柄值传给进程T。显然，使用命令行参数或更改进程T的环境变量是行不通的，因为进程已经启动并开始运行。这时必须使用窗口消息或者其他进程间通信(interprocess communication，IPC)机制。

62~63

刚才介绍的是DuplicateHandle最常见的用法。可以看出，它是一个相当灵活的函数。不过，在涉及三个不同的进程时，它其实是很少使用的(部分原因是进程C不知道进程S使用的一个对象的句柄值)。通常，只有在涉及两个进程时才调用DuplicateHandle函数。来设想下面这个情景：一个进程能访问另一个进程也想访问的一个对象；或者说，一个进程想把一个内核对象的访问权授予另一个进程。例如，假定进程S能访问一个内核对象，并希望进程T也能访问这个对象，那么可以像下面这样调用DuplicateHandle函数：

```
// All of the following code is executed by Process S.

// Create a mutex object accessible by Process S.
HANDLE hObjInProcessS = CreateMutex(NULL, FALSE, NULL);

// Get a handle to Process T's kernel object.
HANDLE hProcessT = OpenProcess(PROCESS_ALL_ACCESS, FALSE,
    dwProcessIdT);

HANDLE hObjInProcessT;   // An uninitialized handle relative to Process T.

// Give Process T access to our mutex object.
DuplicateHandle(GetCurrentProcess(), hObjInProcessS, hProcessT,
    &hObjInProcessT, 0, FALSE, DUPLICATE_SAME_ACCESS);

// Use some IPC mechanism to get the handle value of hObjInProcessS into Process T.
```

```
...
// We no longer need to communicate with Process T.
CloseHandle(hProcessT);
...
// When Process S no longer needs to use the mutex, it should close it.
CloseHandle(hObjInProcessS);
```

调用GetCurrentProcess会返回一个伪句柄，该句柄始终标识调用进程——本例是进程S。一旦DuplicateHandle函数返回，hObjInProcessT就是一个和进程T相关的句柄，它标识的对象就是由"进程S中的代码引用的hObjInProcessS"所标识的对象。在进程S中，永远不要执行以下代码：

```
// 进程 S 永远不应尝试关闭复制的句柄
CloseHandle(hObjInProcessT);
```

进程S执行上述代码，CloseHandle函数调用可能会失败，也可能不会失败。但CloseHandle函数调用成功与否并不重要。重要的是：假如进程S碰巧能用与hObjInProcessT相同的句柄值访问一个内核对象，上述函数调用就会成功。换言之，这个调用可能会错误地关闭一个内核对象；下次进程S试图访问这个内核对象时，肯定会造成应用程序运行失常(这还只是好听的一种说法)。

还可通过另一种方式来使用DuplicateHandle：假设某进程拥有对一个文件映射对象的读写权限。在程序中的某个位置，我们要调用一个函数，并希望它对文件映射对象进行只读访问。为了使应用程序更健壮，可以使用DuplicateHandle为现有对象创建一个新句柄，并确保该新句柄有只读权限。然后，将这个只读句柄传给函数。采取这种方式，函数中的代码绝对不会对文件映射对象执行意外的写入操作。以下代码对此进行了演示：

```
int WINAPI _tWinMain(HINSTANCE hInstExe, HINSTANCE,
    LPTSTR szCmdLine, int nCmdShow) {

    // Create a file-mapping object; the handle has read/write access.
    HANDLE hFileMapRW = CreateFileMapping(INVALID_HANDLE_VALUE,
        NULL, PAGE_READWRITE, 0, 10240, NULL);

    // Create another handle to the file-mapping object;
    // the handle has read-only access.
    HANDLE hFileMapRO;
    DuplicateHandle(GetCurrentProcess(), hFileMapRW, GetCurrentProcess(),
        &hFileMapRO, FILE_MAP_READ, FALSE, 0);

    // Call the function that should only read from the file mapping.
    ReadFromTheFileMapping(hFileMapRO);
```

```
   // Close the read-only file-mapping object.
   CloseHandle(hFileMapRO);

   // We can still read/write the file-mapping object using hFileMapRW.
   ...
   // When the main code doesn't access the file mapping anymore,
   // close it.
   CloseHandle(hFileMapRW);
}
```

64

Windows核心编程
（第5版 中文限量版）

[美] 杰弗里·李希特 (Jeffrey Richter)
[法] 克里斯托弗·纳萨雷(Christophe Nasarre) 　/著　周 靖/译

清华大学出版社
北京

内 容 简 介

这是一本经典的Windows核心编程指南，从第1版到第5版，引领着数十万程序员走入Windows开发阵营，培养了大批精英。

作为Windows开发人员的必备参考，本书是为打算理解Windows的C和C++程序员精心设计的。第5版全面覆盖Windows XP，Windows Vista和Windows Server 2008中的170个新增函数和Windows特性。书中还讲解了Windows系统如何使用这些特性，我们开发的应用程序又如何充分使用这些特性，如何自行创建新的特性。

北京市版权局著作权合同登记号 图字：01-2022-4807

Authorized translation from the English language edition, entitled Windows via C/C++, Fifth Edition by Jeffrey Richter / Christophe Nasarre, published by Pearson Education, Inc, publishing as Microsoft Press, Copyright © 2008 Jeffrey Richter. All rights reserved. No part of this book may be reproduced or transmitted in any form or by any means, electronic or mechanical, including photocopying, recording or by any information storage retrieval system, without permission from Pearson Education, Inc.

Chinese Simplified language edition published by TSINGHUA UNIVERSITY PRESS LIMITED Copyright © 2022

本书中文简体版由Microsoft Press授权清华大学出版社出版发行，未经出版者书面许可，不得以任何方式复制或抄袭本书的任何部分。

本书封面贴有Pearson Education防伪标签，无标签者不得销售。

图书在版编目(CIP)数据

Windows核心编程：第5版：中文限量版 / (美)杰弗里·李希特(Jeffrey Richter)，(法)克里斯托弗·纳萨雷(Christophe Nasarre)著；周靖译. —北京：清华大学出版社，2022.9
书名原文：Windows via C/C++, 5th Edition
ISBN 978-7-302-60932-2

Ⅰ.①W… Ⅱ.①杰… ②克… ③周… Ⅲ.①Windows操作系统—应用软件—程序设计 Ⅳ.①TP316.7

中国版本图书馆CIP数据核字(2022)第088960号

责任编辑：文开琪
封面设计：李　坤
责任校对：周剑云
责任印制：丛怀宇
出版发行：清华大学出版社
　　　　　网　　　址：http://www.tup.com.cn, http://www.wqbook.com
　　　　　地　　　址：北京清华大学学研大厦A座　　　邮　　编：100084
　　　　　社 总 机：010-83470000　　　邮　　购：010-62786544
　　　　　投稿与读者服务：010-62776969, c-service@tup.tsinghua.edu.cn
　　　　　质量反馈：010-62772015, zhiliang@tup.tsinghua.edu.cn
印 装 者：三河市东方印刷有限公司
经　　销：全国新华书店
开　　本：178mm×230mm　印　张：60.25　字　数：1359千字
版　　次：2022年10月第1版　　印　次：2022年10月第1次印刷
定　　价：256.00元(全五册)

产品编号：097221-01

详细目录

第 II 部分　工作机理

第 4 章

进程

本章内容

本章将讨论系统如何管理正在运行的所有应用程序。首先解释什么是进程，系统如何创建一个进程内核对象来管理每个进程。然后解释如何利用与一个进程关联的内核对象来操纵该进程。接下来，要讨论进程的各种不同的特性(或属性)，以及用于查询和更改这些属性的几个函数。另外，还要讨论如何利用一些函数在系统中创建或生成额外的进程。当然，最后还要讨论如何终止进程，这是讨论进程时必不可少的主题之一。

一般将进程(process)定义成正在运行的程序实例，它由以下两部分构成。

● 一个内核对象，操作系统用它来管理进程。内核对象也是系统保存进程统计信息的地方。

● 一个地址空间，其中包含所有可执行文件(executable)或DLL模块的代码和数据。此外，它还包含动态内存分配，比如线程栈(stacks)和堆(heap)的分配。

进程是有"惰性"的。进程要做任何事情，都必须让一个线程在它的上下文中运行；该线程负责执行进程地址空间包含的代码。事实上，一个进程可以有多个线程，所有线程都在进程的地址空间中"同时"执行代码。为此，每个线程都有它自己的一组CPU寄存器和它自己的栈。每个进程至少要有一个线程来执行进程地址空间包含的代码。系统创建进程的时候，会自动为进程创建第一个线程，这称为主线程(primary thread)。然后，这个线程再创建更多的线程，后者再创建更多的线程……如果没有线程要执行进程地址空间包含的代码，进程就失去了继续存在的理由。这时，系统会自动销毁进程及其地址空间。

对于所有要运行的线程，操作系统会轮流为每个线程调度一些CPU时间。它会采取轮询(round-robin)的方式，为每个线程都分配时间片(称为"量"或"量程"，即quantum)，从而营造出一个看似所有线程都在"并发"运行的假象。图4-1展示了一台单CPU机器的工作方式。

如果计算机配备了多个CPU或CPU核心，操作系统会采用更复杂的算法为线程分配CPU时间。Windows可以同时让不同的CPU执行不同的线程，使多个线程能真正并发运行。在这种类型的计算机系统中，Windows内核将负责线程的所有管理和调度任务。我们不必在自己的代码中做任何特别的事情，即可享受到多处理器系统带来的好处。不过，为了更好地利用这些CPU，需要我们在应用程序的算法中多做一些文章。

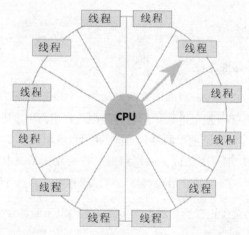

图4-1　在单CPU的计算机上，操作系统以轮询方式为每个单独的线程分配时间片

4.1　编写第一个 Windows 应用程序

Windows支持两种类型的应用程序：GUI程序和CUI程序。前者是"图形用户界面"(Graphical User Interface)的简称，后者是"控制台用户界面"(Console User Interface)的简称。GUI程序是一个图形化前端。它可以创建窗口，可以拥有菜单，能通过对话框与用户交互，还能使用所有标准的"视窗化"的东西。Windows附带的几乎所

有应用程序(比如记事本、计算器和写字板等)都是GUI程序。控制台程序则基于文本。它们一般不会创建窗口或处理消息，也不需要GUI。虽然CUI程序是在屏幕上的一个窗口中运行的，但这个窗口中只有文本。"命令提示符"(在Windows中运行CMD.EXE)是CUI程序的典型例子。

其实，这两种应用程序的界线是非常模糊的。完全可以创建能显示对话框的CUI应用程序。例如，在运行CMD.EXE并打开"命令提示符"后，可以执行一个特殊的命令来显示一个图形化对话框。在其中选择想要执行的命令，不必强行记忆命令行解释器所支持的各种命令。另外，还可以创建一个向控制台窗口输出文本字符串的GUI应用程序。例如，我自己写的GUI程序经常都要创建一个控制台窗口，便于我查看应用程序执行期间的调试信息。但是，当然要鼓励大家尽可能在程序中使用GUI，而不要使用老式的字符界面，后者对用户来说不太友好！

68

用Microsoft Visual Studio来创建一个应用程序项目时，集成开发环境会设置各种链接器开关，使链接器将子系统的正确类型嵌入最终生成的可执行文件(executable)中。对于CUI程序，这个链接器开关是/SUBSYSTEM:CONSOLE，对于GUI程序，则是/SUBSYSTEM:WINDOWS。用户运行应用程序时，操作系统的加载程序(loader)会检查可执行文件映像的文件头，并获取这个子系统值。如果此值表明是一个CUI程序，加载程序会自动确保有一个可用的文本控制台窗口(比如从命令提示符启动这个程序的时候)。如有必要，会创建一个新窗口(比如从Windows资源管理器启动这个CUI程序的时候)。如果此值表明是一个GUI程序，加载器就不会创建控制台窗口；相反，它只是加载该程序。一旦应用程序开始运行，操作系统就不再关心应用程序的UI是什么类型的。

Windows应用程序必须有一个入口点函数(entry-point function)，应用程序开始运行时将调用该函数。C/C++开发人员可以使用以下两种入口点函数：

```
Int WINAPI _tWinMain(
    HINSTANCE hInstanceExe,
    HINSTANCE,
    PTSTR pszCmdLine,
    int nCmdShow);


int _tmain(
    int argc,
    TCHAR *argv[],
    TCHAR *envp[]);
```

注意，具体的符号取决于我们是否要使用Unicode字符串。操作系统实际并不调用我们所写的入口点函数。相反，它会调用由C/C++运行库实现并在链接时使用-entry:命令行选项来设置的一个C/C++运行时启动函数。该函数将初始化C/C++运行库，使我们能调用malloc和free之类的函数。它还确保了在我们的代码开始执行之前，我们声明的任何全局和静态C++对象都被正确地构造。表4-1总结了源代码要实现什么入口点函数，以及每个入口点函数应该在什么时候使用。

表4-1　应用程序类型和相应的入口点函数

应用程序类型	入口点函数(入口)	嵌入可执行文件的启动函数
处理 ANSI 字符和字符串的 GUI 应用程序	_tWinMain (WinMain)	WinMainCRTStartup
处理 Unicode 字符和字符串的 GUI 应用程序	_tWinMain (wWinMain)	wWinMainCRTStartup
处理 ANSI 字符和字符串的 CUI 应用程序	_tmain (Main)	mainCRTStartup
处理 Unicode 字符和字符串的 CUI 应用程序	_tmain (Wmain)	wmainCRTStartup

在链接可执行文件时，链接器将选择正确的C/C++运行库启动函数。如果指定了/SUBSYSTEM:WINDOWS链接器开关，链接器就会寻找WinMain或wWinMain函数。如果没有找到这两个函数，链接器将返回一个错误"unresolved external symbol"(无法解析的外部符号)；否则，它将根据具体情况分别选择WinMainCRTStartup或wWinMainCRTStartup函数。

类似地，如果指定了/SUBSYSTEM:CONSOLE链接器开关，链接器就会寻找main或wmain函数，并根据情况分别选择函数mainCRTStartup或wmainCRTStartup。同样，如果main和wmain这两个函数都没有找到，链接器会返回一个"unresolved external symbol"(无法解析的外部符号)错误。

不过，一个鲜为人知的事实是，完全可以从自己的项目中移除/SUBSYSTEM链接器开关。这样链接器会自动判断应将应用程序设为哪一个子系统。链接时，链接器会检查代码中包括4个函数中的哪一个(WinMain，wWinMain，main或wmain)，并据此推算可执行文件应该是哪个子系统，以及应该在可执行文件中嵌入哪个C/C++启动函数。

Windows/Visual C++新手开发人员经常犯的一个错误是在新建项目时选择了错误的项目类型。例如，开发人员可能选择创建一个新的Win32应用程序项目，但创建的入口点函数是main。这样在生成(build)应用程序时会报告一个链接器错误，因为Win32应用程序项目会设置/SUBSYSTEM:WINDOWS链接器开关，但又不存在函数WinMain或wWinMain。此时，开发人员有以下4个选择。

- 将main函数改为WinMain。这通常不是最佳方案，因为开发人员真正希望的可能是创建一个控制台应用程序。

- 在Visual C++中创建一个新的Win32控制台应用程序项目，然后在新项目中添加现有的源代码模块。这个办法过于繁琐。它相当于一切都从头开始，而且必须删除原来的项目文件。
- 在项目属性对话框中，定位到配置属性/链接器/系统/子系统选项，把/SUBSYSTEM:WINDOWS开关改为/SUBSYSTEM:CONSOLE，如图4-2所示。这是最简单的解决方案，很少有人知道这个窍门。
- 在项目属性对话框中，彻底删除/SUBSYSTEM:WINDOWS开关。我个人最偏爱这个选项，因为它能提供最大的灵活性。现在，链接器将根据源代码中实现的函数来执行正确的操作。用Visual Studio新建Win32应用程序或Win32控制台应用程序项目时，这才应该是真正的默认设置！

图4-2　在项目属性对话框中为项目选择CUI子系统

所有C/C++运行库启动函数所做的事情基本都是一样的，区别在于它们要处理的是ANSI字符串，还是Unicode字符串；以及在初始化C运行库之后，它们调用的是哪一个入口点函数。Visual C++自带C运行库的源代码。可以在crtexe.c文件中找到4个启动函数的源代码。这些启动函数的用途简单总结如下。

- 获取指向新进程的完整命令行的一个指针。
- 获取指向新进程的环境变量的一个指针。

- 初始化C/C++运行库的全局变量。如包含了StdLib.h，我们的代码就可以访问这些变量。表4-2总结了这些变量。

- 初始化C运行库内存分配函数(malloc和calloc)和其他底层I/O例程使用的堆(heap)。

- 调用所有全局和静态C++类对象的构造函数。

表4-2 程序可以访问的C/C++运行库全局变量

变量名称	类型	描述和推荐使用的Windows函数
_osver	unsigned int	操作系统的 build 版本号。例如，Windows Vista RTM 为 build 6000。所以，_osver 的值就是 6000。请换用 GetVersionEx
_winmajor	unsigned int	以十六进制表示的 Windows 主版本号。对于 Windows Vista，该值为 6。请换用 GetVersionEx
_winminor	unsigned int	以十六进制表示的 Windows 次版本号。对于 Windows Vista，该值为 0。请换用 GetVersionEx
_winver	unsigned int	(_winmajor << 8) + _winminor。请换用 GetVersionEx
__argc	unsigned int	命令行上传递的参数的个数。请换用 GetCommandLine
__argv __wargv	char wchar_t	长度为 __argc 的一个数组，其中含有指向 ANSI/Unicode 字符串的指针。数组中的每一项都指向一个命令行参数。注意，如果定义了 _UNICODE，__argv 就为 NULL；如果没有定义，则 __wargv 为 NULL。请换用 GetCommandLine
_environ _wenviron	char wchar_t	一个指针数组，这些指针指向 ANSI/Unicode 字符串。数组中的每一项都指向一个环境字符串。注意，如果没有定义 _UNICODE，_wenviron 就为 NULL；如果已经定义了 _UNICODE，_environ 就为 NULL。请换用 GetEnvironmentStrings 或 GetEnvironmentVariable
_pgmptr _wpgmptr	char wchar_t	正在运行的程序的名称及其 ANSI/Unicode 完整路径。注意，如果已经定义了 _UNICODE，_pgmptr 就为 NULL。如果没有定义 _UNICODE，_wpgmptr 就为 NULL。请换用 GetModuleFileName，将 NULL 作为第一个参数传给该函数

完成所有这些初始化工作之后，C/C++启动函数就会调用应用程序的入口点函数。如果我们写了一个_tWinMain函数，而且定义了_UNICODE，其调用过程将如下所示：

```
GetStartupInfo(&StartupInfo);
int nMainRetVal = wWinMain((HINSTANCE)&__ImageBase, NULL, pszCommandLineUnicode,
    (StartupInfo.dwFlags & STARTF_USESHOWWINDOW)
        ? StartupInfo.wShowWindow : SW_SHOWDEFAULT);
```

如果没有定义_UNICODE，其调用过程将如下所示：

```
GetStartupInfo(&StartupInfo);
int nMainRetVal = WinMain((HINSTANCE)&__ImageBase, NULL, pszCommandLineAnsi,
    (StartupInfo.dwFlags & STARTF_USESHOWWINDOW)
        ? StartupInfo.wShowWindow : SW_SHOWDEFAULT);
```

注意，_ImageBase是一个链接器定义的伪变量，表明可执行文件被映射到应用程序内存中的什么位置。4.1.1节"进程实例句柄"将进一步讨论这个问题。

如果我们写了一个_tmain函数，而且定义了_UNICODE，那么其调用过程如下：

```
int nMainRetVal = wmain(argc, argv, envp);
```

如果没有定义_UNICODE，调用过程如下：

```
int nMainRetVal = main(argc, argv, envp);
```

注意，用Visual Studio向导生成应用程序时，CUI应用程序的入口中没有定义第三个参数(环境变量块)，如下所示：

```
int _tmain(int argc, TCHAR* argv[]);
```

如果需要访问进程的环境变量，那么只需要将上述调用替换成下面这一行：

```
int _tmain(int argc, TCHAR* argv[], TCHAR* env[])
```

这个env参数指向一个数组，数组中包含所有环境变量及其值，两者用等号(=)分隔。对环境变量的详细讨论将在4.1.4节"进程的环境变量"进行。

入口点函数返回后，启动函数将调用C运行库函数exit，向其传递返回值(nMainRetVal)。exit函数执行以下任务。

- 调用_onexit函数调用所注册的任何函数。
- 调用所有全局和静态C++类对象的析构函数。
- 在DEBUG生成中，如果设置了_CRTDBG_LEAK_CHECK_DF标志，就通过调用_CrtDumpMemoryLeaks函数来生成内存泄漏报告。
- 调用操作系统的ExitProcess函数，向其传入nMainRetVal。这会导致操作系统"杀死"(强行终止)我们的进程，并设置它的退出代码(exit code)。

注意，为安全起见，Microsoft已弃用所有这些变量，因为使用了这些变量的代码可能会在C运行库初始化这些变量之前开始执行。有鉴于此，我们应该直接调用对应的Windows API函数。

72

4.1.1　进程实例句柄

加载到进程地址空间的每个可执行文件或DLL文件都被赋予了独一无二的实例句柄。可执行文件的实例被当作(w)WinMain函数的第一个参数hInstanceExe传入。需要加载资源的函数调用一般都要提供该句柄的值。例如，为了从可执行文件的映像中加载一个图标资源，就需要调用下面这个函数：

```
HICON LoadIcon(
    HINSTANCE hInstance,
    PCTSTR pszIcon);
```

LoadIcon函数的第一个参数指出哪个文件(可执行文件或DLL文件)包含了想要加载的资源。许多应用程序都会将(w)WinMain的hInstanceExe参数保存在一个全局变量中，使其很容易被可执行文件的所有代码访问。

Platform SDK文档指出，有的函数需要一个HMODULE类型的参数。下面的GetModuleFileName函数便是一个例子：

```
DWORD GetModuleFileName(
    HMODULE hInstModule,
    PTSTR pszPath,
    DWORD cchPath);
```

说明 事实上，HMODULE 和 HINSTANCE 完全是一回事。如果某个函数的文档指出需要一个 HMODULE 参数，我们可以传入一个 HINSTANCE，反之亦然。之所以有两种数据类型，是由于在 16 位 Windows 中，HMODULE 和 HINSTANCE 表示不同类型的数据。

(w)WinMain的hInstanceExe参数的实际值是一个内存基地址；系统将可执行文件的映像加载到进程地址空间中的这个位置。例如，假如系统打开可执行文件，并将它的内容加载到地址0x00400000，则(w)WinMain的hInstanceExe参数值为0x00400000。

可执行文件的映像具体加载到哪一个基地址由链接器决定。不同链接器使用不同的默认基地址。由于历史原因，Visual Studio链接器使用的默认基地址是0x00400000，这是在运行Windows 98时，可执行文件的映像能加载到的最低的一个地址。使用Microsoft链接器的/BASE:address链接器开关，可以更改要将应用程序加载到哪个基地址。

为了知道一个可执行文件或DLL文件被加载到进程地址空间的什么位置，可以使用如下所示的GetModuleHandle函数来返回一个句柄/基地址：

```
HMODULE GetModuleHandle(PCTSTR pszModule);
```

调用这个函数时，要传递一个以0为终止符的字符串，它指定了已在调用进程的地址空间中加载的一个可执行文件或DLL文件的名称。如果系统找到了指定的可执行文件或

DLL文件名称，GetModuleHandle就会返回可执行文件/DLL文件映像加载到的基地址。如果没有找到文件，系统将返回NULL。GetModuleHandle的另一个用法是为pszModule参数传入NULL，这样可以返回调用进程的可执行文件的基地址。如果我们的代码在一个DLL中，那么可利用两种方法来了解代码正在什么模块中运行。第一个办法是利用链接器提供的伪变量__ImageBase，它指向当前正在运行的模块的基地址。如前所述，这是C运行库启动代码在调用我们的(w)WinMain函数时所做的事情。

第二种方法是调用GetModuleHandleEx，将GET_MODULE_HANDLE_EX_ FLAG_FROM_ADDRESS作为它的第一个参数，将当前函数的地址作为第二个参数。最后一个参数是指向一个HMODULE的指针，GetModuleHandleEx会用传入函数(即第二个参数)所在DLL的基地址来填写该指针。以下代码对这两种方法都进行了演示：

74

```
extern "C" const IMAGE_DOS_HEADER __ImageBase;

void DumpModule() {
    // Get the base address of the running application.
    // Can be different from the running module if this code is in a DLL.
    HMODULE hModule = GetModuleHandle(NULL);
    _tprintf(TEXT("with GetModuleHandle(NULL) = 0x%x\r\n"), hModule);

    // Use the pseudo-variable __ImageBase to get
    // the address of the current module hModule/hInstance.
    _tprintf(TEXT("with __ImageBase = 0x%x\r\n"), (HINSTANCE)&__ImageBase);

    // Pass the address of the current method DumpModule
    // as parameter to GetModuleHandleEx to get the address
    // of the current module hModule/hInstance.
    hModule = NULL;
    GetModuleHandleEx(
        GET_MODULE_HANDLE_EX_FLAG_FROM_ADDRESS,
        (PCTSTR)DumpModule,
        &hModule);
    _tprintf(TEXT("with GetModuleHandleEx = 0x%x\r\n"), hModule);
}

int _tmain(int argc, TCHAR* argv[]) {
    DumpModule();
    return(0);
}
```

记住GetModuleHandle函数的两个重要特征。首先，它只检查调用进程的地址空间。如果调用进程没有使用任何通用对话框函数，那么一旦调用GetModuleHandle，并向其传递ComDlg32，就会导致返回NULL，即使ComDlg32.dll也许已经加载到其他进程的地址空间。其次，调用GetModuleHandle并向其传递NULL值，会返回进程的地址空间中的可执行文件的基地址。所以，即使调用GetModuleHandle(NULL)的代码是在一个DLL文件中，返回值仍是可执行文件的基地址，而非DLL文件的基地址。

4.1.2 进程前一个实例的句柄

如前所述，C/C++运行库启动代码总是向(w)WinMain的hPrevInstance参数传递NULL。该参数用于16位Windows系统，之所以仍然保留作为(w)WinMain的一个参数，只是为了方便16位Windows应用程序的移植。绝对不要在自己的代码中引用这个参数。因此，我始终像下面这样写自己的(w)WinMain函数：

```
int WINAPI _tWinMain(
    HINSTANCE hInstanceExe,
    HINSTANCE,
    PSTR pszCmdLine,
    int nCmdShow);
```

由于没有为第二个参数指定参数名，所以编译器不会报告一个"参数没有被引用到"(parameter not referenced)警告。Visual Studio 选择了一个不同的解决方案：在向导生成的C++ GUI项目中，利用了UNREFERENCED_PARAMETER宏来消除这种警告。下面这段代码对此进行了演示：

```
int APIENTRY _tWinMain(HINSTANCE hInstance,
                       HINSTANCE hPrevInstance,
                       LPTSTR lpCmdLine,
                       int nCmdShow) {
    UNREFERENCED_PARAMETER(hPrevInstance);
    UNREFERENCED_PARAMETER(lpCmdLine);
    ...
}
```

4.1.3 进程的命令行

系统在创建一个新进程时，会传一个命令行给它。这个命令行几乎总是非空的；至少，用于创建新进程的可执行文件的名称是命令行上的第一个标记(token)。不过，在后面讨论CreateProcess函数的时候，我们会知道进程能接收只由一个字符构成的命令行，即用于终止字符串的0。C运行库的启动代码开始执行一个GUI应用程序时，会调用Windows函数GetCommandLine来获取进程的完整命令行，忽略可执行文件的名称，然后将指向命令行剩余部分的一个指针传给WinMain的pszCmdLine参数。

应用程序可通过自己选择的任何一种方式来分析和解释命令行字符串。实际可向pszCmdLine参数指向的内存缓冲区写入数据，但在任何情况下，向缓冲区写入时都不应越界。我个人始终把它当作一个只读的缓冲区。如果要对命令行进行改动，我首先会将命令行缓冲区复制到我的应用程序的一个本地缓冲区，再修改这个本地缓冲区。

也可以效仿C运行库的例子，通过调用GetCommandLine函数来获得一个指向进程完整命令行的指针，如下所示：

```
PTSTR GetCommandLine();
```

该函数返回一个缓冲区指针，缓冲区中包含完整的命令行(包括已执行的文件的完整路径名)。注意，GetCommandLine返回的总是同一个缓冲区的地址。这是不应该向pszCmdLine写入数据的另一个理由：它指向同一个缓冲区，修改它之后，就没有办法知道原来的命令行是什么。

许多应用程序都倾向于将命令行解析成一组单独的标记。虽然Microsoft已弃用了全局变量__argc和__argv(或 __wargv)，但应用程序仍可利用它们访问命令行的每一部分。利用在ShellAPI.h文件中声明并由Shell32.dll导出的函数CommandLineToArgvW，即可将任何Unicode字符串分解成单独的标记：

```
PWSTR* CommandLineToArgvW(
    PWSTR pszCmdLine,
    int* pNumArgs);
```

正如函数名最后的W所暗示的一样，该函数只有Unicode版本(W代表wide)。 第一个参数pszCmdLine指向一个命令行字符串。这通常是前面的GetCommandLineW函数调用的返回值。pNumArgs参数是一个整数的地址，该整数被设为命令行中的实参数量。CommandLineToArgvW返回一个Unicode字符串指针数组的地址。

CommandLineToArgvW在内部分配内存。许多应用程序不会释放这个内存块，它们依靠操作系统在进程终止时释放内存块。这是完全可以接受的。不过，如果想自己释放内存块，正确的做法就是调用HeapFree，如下所示：

```
int nNumArgs;
PWSTR *ppArgv = CommandLineToArgvW(GetCommandLineW(), &nNumArgs);

// 使用实参…
if (*ppArgv[1] == L'x') {
    ...
}
```

```
// 释放内存块
HeapFree(GetProcessHeap(), 0, ppArgv);
```

4.1.4　进程的环境变量

每个进程都有一个与之关联的环境块(environment block)，这是在进程地址空间内分配的
一个内存块，其中包含一组像下面这样的字符串：

```
=::=::\ ...
VarName1=VarValue1\0
VarName2=VarValue2\0
VarName3=VarValue3\0 ...
VarNameX=VarValueX\0
\0
```

每个字符串的第一部分是一个环境变量的名称，后跟一个等号，等号之后是希望赋给此
变量的值。注意，除了第一个=::=::\字符串，块中可能还有其他字符串是以等号(=)开头
的。这种字符串不作为环境变量使用，详情参见4.1.8节"进程的当前目录"。

前面已介绍了访问环境块的两种方式，它们分别使用了不同形式的输出，需要采用不同
的方法来解析。第一种方式是调用GetEnvironmentStrings函数来获取完整环境块。得到
的环境块的格式与前一段描述的完全一致。下面的代码展示了如何在这种情况下提取环
境变量及其内容：

```
void DumpEnvStrings() {
    PTSTR pEnvBlock = GetEnvironmentStrings();
    // Parse the block with the following format:
    // =::=::\
    // =...
    // var=value\0
    // ...
    // var=value\0\0
    // Note that some other strings might begin with '='.
    // Here is an example when the application is started from a network share.
    // [0] =::=::\
    // [1] =C:=C:\Windows\System32
    // [2] =ExitCode=00000000
    //
    TCHAR szName[MAX_PATH];
    TCHAR szValue[MAX_PATH];
    PTSTR pszCurrent = pEnvBlock;
    HRESULT hr = S_OK;
    PCTSTR pszPos = NULL;
    int current = 0;
```

```
while (pszCurrent != NULL) {
    // Skip the meaningless strings like:
    // "=::=::\"
        if (*pszCurrent != TEXT('=')) {
        // Look for '=' separator.
        pszPos = _tcschr(pszCurrent, TEXT('='));

        // Point now to the first character of the value.
        pszPos++;

        // Copy the variable name.
        size_t cbNameLength = // Without the' ='
            (size_t)pszPos - (size_t)pszCurrent - sizeof(TCHAR);
        hr = StringCbCopyN(szName, MAX_PATH, pszCurrent, cbNameLength);
        if (FAILED(hr)) {
            break;
        }

        // Copy the variable value with the last NULL character
        // and allow truncation because this is for UI only.
        hr = StringCchCopyN(szValue, MAX_PATH, pszPos, _tcslen(pszPos)+1);
        if (SUCCEEDED(hr)) {
            _tprintf(TEXT("[%u] %s=%s\r\n"), current, szName, szValue);
        } else // something wrong happened; check for truncation.
        if (hr == STRSAFE_E_INSUFFICIENT_BUFFER) {
            _tprintf(TEXT("[%u] %s=%s...\r\n"), current, szName, szValue);
        } else { // This should never occur.
            _tprintf(
                TEXT("[%u] %s=???\r\n"), current, szName
                );
            break;
        }
    } else {
        _tprintf(TEXT("[%u] %s\r\n"), current, pszCurrent);
}

// Next variable please.
current++;

// Move to the end of the string.
while (*pszCurrent != TEXT('\0'))
    pszCurrent++;
pszCurrent++;
```

```
    // Check if it was not the last string.
    if (*pszCurrent == TEXT('\0'))
        break;

    };

    // Don't forget to free the memory.
    FreeEnvironmentStrings(pEnvBlock);
}
```

以=开头的无效字符串会被跳过。其他每个有效的字符串会被逐一解析。=字符被用作名
称与值之间的分隔符。如果不再需要GetEnvironmentStrings函数返回的内存块，应调用
FreeEnvironmentStrings函数来释放它：

```
BOOL FreeEnvironmentStrings(PTSTR pszEnvironmentBlock);
```

注意，上述代码段使用了C运行库的安全字符串函数。目的是利用StringCbCopyN算出字
符串的长度(以字节为单位)，如太长以至于目标缓冲区装不下，就用StringCchCopyN函
数来截断。

访问环境变量的第二种方式是CUI程序专用的，它通过应用程序main入口点函数所接收
的TCHAR* env[]参数来实现。不同于GetEnvironmentStrings返回的值，env是一个字符
串指针数组，每个指针都指向一个不同的环境变量(其定义采用常规的"名称=值"的格
式)。在数组中，指向最后一个环境变量字符串的指针的后面，会有一个NULL指针，表
明这是数组的末尾，如下所示：

```
void DumpEnvVariables(PTSTR pEnvBlock[]) {
    int current = 0;
    PTSTR* pElement = (PTSTR*)pEnvBlock;
    PTSTR pCurrent = NULL;
    while (pElement != NULL) {
        pCurrent = (PTSTR)(*pElement);
        if (pCurrent == NULL) {
            // 没有更多环境变量了
            pElement = NULL;
        } else {
            _tprintf(TEXT("[%u] %s\r\n"), current, pCurrent);
            current++;
            pElement++;
        }
    }
}
```

注意，以等号开头的那些奇怪的字符串在接收env之前已被移除，所以不必处理。

由于等号用于分隔名称和值，所以它并不是名称的一部分。另外，空格是有意义的。例如，如果声明了以下两个变量，然后比较XYZ和ABC的值，系统就会报告两个变量不相同，因为等号之前和之后的任何空格都会被考虑在内：

```
XYZ= Windows（注意等号后的空格）
ABC=Windows
```

例如，如果想添加以下两个字符串到环境块，那么名字后带有空格的环境变量XYZ就会包含Home，而名字后不带空格的环境变量XYZ就会包含Work，如下所示：

```
XYZ =Home （注意等号前的空格）
XYZ=Work
```

用户登录Windows时，系统会创建外壳(shell)进程，并将一组环境字符串与其关联。系统通过检查注册表中的两个注册表项来获得初始的环境字符串。

第一个注册表项包含应用于系统的所有环境变量的列表：

```
HKEY_LOCAL_MACHINE\SYSTEM\CurrentControlSet\Control\Session Manager\Environment
```

第二个注册表项包含应用于当前登录用户的所有环境变量的列表：

```
HKEY_CURRENT_USER\Environment
```

用户可以添加、删除或更改所有这些变量，具体做法是在控制面板中搜索"高级系统设置"，点击搜索结果，在弹出的对话框中点击"环境变量"，随后会显示如图4-3所示的对话框。

要有管理员权限才能更改"系统变量"列表中包含的变量。

应用程序还可使用各种注册表函数来修改这些注册表项。不过，为了使改动对所有应用程序生效，用户必须注销并重新登录。有的应用程序(比如资源管理器、任务管理器和控制面板)可在其主窗口接收到WM_SETTINGCHANGE消息时，用新的注册表项来更新它们的环境块。例如，假如更新了注册表项，并希望应用程序立即更新它们的环境块，可以进行如下调用：

```
SendMessage(HWND_BROADCAST, WM_SETTINGCHANGE, 0, (LPARAM) TEXT("Environment"));
```

图4-3 "环境变量"对话框

通常，子进程会继承一组环境变量，这些环境变量和父进程的环境变量相同。不过，父进程可以控制哪些环境变量允许子进程继承，详情参见后文对CreateProcess函数的讨论。这里所说的"继承"是指子进程获得父进程的环境块的一个副本，这个副本是子进程专用的。换言之，子进程和父进程并不共享同一个环境块。这意味着子进程可以在自己的环境块中添加、删除或修改变量，但这些改动不会影响到父进程的环境块。

应用程序经常利用环境变量让用户精细地调整其行为。用户创建一个环境变量并进行初始化。然后，当用户调用应用程序时，应用程序在环境块中查找变量。如果找到变量，就会解析变量的值，并调整其自己的行为。

环境块的问题是，用户不容易设置或理解它们。用户需要正确拼写变量名称，还必须知道变量值的确切格式。另一方面，绝大多数图形应用程序都允许用户使用对话框来调整应用程序的行为。这个办法对用户来说要友好得多。

如果仍然想使用环境变量，那么可以从几个函数中选出可供我们应用程序调用的。可以用GetEnvironmentVariable函数判断一个环境变量是否存在；如果存在，它的值又是什么。如下所示：

```
DWORD GetEnvironmentVariable(
    PCTSTR pszName,
```

```
    PTSTR pszValue,
    DWORD cchValue);
```

调用GetEnvironmentVariable时,pszName指向预期的变量名称,pszValue指向保存变量值的缓冲区,而cchValue指出缓冲区大小(用字符数来表示)。如果在环境中找到变量名,GetEnvironmentVariable函数将返回复制到缓冲区的字符数;如果在环境中没有找到变量名,就返回0。然而,由于我们不知道需要多少个字符来保存一个环境变量的值,所以GetEnvironmentVariable允许我们向cchValue参数的值传入0,此时它会返回所需字符(包括末尾的NULL字符)的数量。以下代码演示了如何安全地使用这个函数:

```
void PrintEnvironmentVariable(PCTSTR pszVariableName) {
    PTSTR pszValue = NULL;
// 获取存储值所需的缓冲区大小
    DWORD dwResult = GetEnvironmentVariable(pszVariableName, pszValue, 0);
    if (dwResult != 0) {
        // Allocate the buffer to store the environment variable value
        DWORD size = dwResult * sizeof(TCHAR);
        pszValue = (PTSTR)malloc(size);
        GetEnvironmentVariable(pszVariableName, pszValue, size);
        _tprintf(TEXT("%s=%s\n"), pszVariableName, pszValue);
        free(pszValue);
    } else {
        _tprintf(TEXT("'%s'=<unknown value>\n"), pszVariableName);
    }
}
```

许多字符串内部都包含“可替换字符串”。例如,我在注册表的某个地方发现了下面这个字符串:

```
%USERPROFILE%\Documents
```

两个百分号(%)之间的这部分内容就是一个“可替换字符串”。在这种情况下,环境变量USERPROFILE的值应该放在这里。在我的机器上,USERPROFILE环境变量的值如下:

```
C:\Users\jrichter
```

所以,执行字符串替换之后,生成的扩展字符串如下:

```
C:\Users\jrichter\Documents
```

这种形式的字符串替换很常见,所以Windows专门为此提供了ExpandEnvironmentStrings函数,如下所示:

```
DWORD ExpandEnvironmentStrings(
    PCTSTR pszSrc,
    PTSTR pszDst,
    DWORD chSize);
```

调用这个函数时，pszSrc参数是包含"可替换环境变量字符串"的一个字符串的地址。
pszDst参数是用于接收扩展字符串的一个缓冲区的地址，而chSize参数是这个缓冲区的
最大大小(用字符数来表示)。返回值是保存扩展字符串所需的缓冲区的大小(用字符数
来表示)。如果chSize参数小于此值，%%变量就不会扩展，而是被替换为空字符串，所
以，通常要调用两次ExpandEnvironmentStrings函数，如下所示：

```
DWORD chValue =
    ExpandEnvironmentStrings(TEXT("PATH='%PATH%'"), NULL, 0);
PTSTR pszBuffer = new TCHAR[chValue];
chValue = ExpandEnvironmentStrings(TEXT("PATH='%PATH%'"), pszBuffer, chValue);
_tprintf(TEXT("%s\r\n"), pszBuffer);
delete[] pszBuffer;
```

最后，可以用SetEnvironmentVariable函数来添加变量、删除变量或者修改变量的值：

```
BOOL SetEnvironmentVariable(
    PCTSTR pszName,
    PCTSTR pszValue);
```

此函数将pszName所标识的一个变量设为pszValue参数所标识的值。如果已经有一个具
有指定名称的变量，SetEnvironmentVariable函数就会修改它的值。如果指定的变量不存
在，就添加这个变量。如果pszValue为NULL，则从环境块中删除该变量。

应该始终使用这些函数来操纵进程的环境块。

4.1.5 进程的亲和性

通常，进程中的线程可在主机的任何CPU上执行。然而，也可以强迫线程在可用CPU的
一个子集上运行，这称为"处理器亲和性"(processor affinity)，详情参见第7章。子进程
继承了其父进程的亲和性。

4.1.6 进程的错误模式

每个进程都关联了一组标志，这些标志的作用是让系统知道进程如何响应严重错误，
包括磁盘介质错误、未处理的异常、文件查找错误以及数据对齐错误等。进程可调用
SetErrorMode函数来告诉系统如何处理这些错误：

```
UINT SetErrorMode(UINT fuErrorMode);
```

fuErrorMode参数是表4-3列出的标志按位或(bitwise OR)的结果。

表4-3 SetErrorMode的标志

标志	描述
SEM_FAILCRITICALERRORS	系统不显示严重错误处理程序 (critical-error-handler) 消息框，并将错误返回给调用进程
SEM_NOGPFAULTERRORBOX	系统不显示常规保护错误 (general-protection-fault) 消息框。此标志只应该由调试程序设置；该调试程序用一个异常处理程序来自行处理常规保护 (general protection，GP) 错误
SEM_NOOPENFILEERRORBOX	系统查找文件失败时，不显示消息框
SEM_NOALIGNMENTFAULTEXCEPT	系统自动修复内存对齐错误，并使应用程序看不到这些错误。此标志对x86/x64 处理器无效

默认情况下，子进程会继承父进程的错误模式标志。换言之，如果一个进程已经打开(turn on)了SEM_NOGPFAULTERRORBOX标志，并生成了一个子进程，则子进程也会打开这个标志。不过，子进程自己并不知道这一点，而且在编写它时，或许根本没有考虑到要处理GP错误。如果一个GP错误发生在子进程的一个线程中，则子进程可能在不通知用户的情况下终止。父进程可以阻止子进程继承其错误模式，方法是在调用CreateProcess时指定CREATE_DEFAULT_ERROR_MODE标志，本章稍后会讨论CreateProcess函数)。

83~84

4.1.7 进程当前所在的驱动器和目录

如果不提供完整路径名，各种Windows函数会在当前驱动器的当前目录查找文件和目录。例如，如果进程中的一个线程调用CreateFile函数来打开一个文件(未指定完整路径名)，系统将在当前驱动器和目录查找该文件。

系统在内部跟踪记录着一个进程的当前驱动器和目录。由于这种信息是以进程为单位来维护的，所以假如进程中的一个线程更改了当前驱动器或目录，那么对于该进程中的所有线程来说，此信息被更改了。

一个线程可以调用以下两个函数来获取和设置其所在进程的当前驱动器和目录：

```
DWORD GetCurrentDirectory(
    DWORD cchCurDir,
    PTSTR pszCurDir);
BOOL SetCurrentDirectory(PCTSTR pszCurDir);
```

如果提供的缓冲区不够大，GetCurrentDirectory将返回保存此文件夹所需要的字符数(包括末尾的'\0'字符)，而且不会向缓冲区复制任何内容(在这种情况下，可故意将缓冲区设为NULL)。如调用成功，返回的就是字符串的长度(字符数)，但不包括末尾的'\0'。

说明 WinDef.h 文件中被定义为 260 的常量 MAX_PATH 是目录名称或文件名称的最大字符数。所以在调用 GetCurrentDirectory 时，向该函数传递由 MAX_PATH 个 TCHAR 类型的元素构成的一个缓冲区是非常安全的。

4.1.8 进程的当前目录

系统会跟踪记录进程的当前驱动器和目录，但不会记录每个驱动器的当前目录。不过，利用操作系统提供的支持，可以处理多个驱动器的当前目录。这个支持是通过进程的环境字符串来提供的。例如，一个进程可以有如下所示的两个环境变量：

```
=C:=C:\Utility\Bin
=D:=D:\Program Files
```

上述变量指出进程在C:驱动器的当前目录为\Utility\Bin，在D:驱动器的当前目录为\Program Files。

如调用一个函数，并且传入的路径名限定的是当前驱动器以外的驱动器，系统会在进程的环境块中查找与指定驱动器号(也称盘符)关联的变量。如果找到与指定驱动器号关联的变量，系统就将变量的值作为当前目录使用。如果变量没有找到，系统就假定指定驱动器的当前目录是它的根目录。

84

例如，假定进程的当前目录为C:\Utility\Bin，而且我们调用CreateFile来打开D:ReadMe.Txt，那么系统就会查找环境变量=D:。由于=D:变量是存在的，所以系统将尝试从D:\Program Files目录打开ReadMe.Txt文件。如果=D:变量不存在，系统就会试着从D盘的根目录打开ReadMe.Txt文件。Windows的文件函数绝不添加或更改驱动器号环境变量，它们只是读取这种变量而已。

说明 可以使用 C 运行库函数 _chdir 而不是 Windows 的 SetCurrentDirectory 函数来更改当前目录。_chdir 函数在内部调用 SetCurrentDirectory，但 _chdir 还会调用 SetEnvironmentVariable 来添加或修改环境变量，从而使不同驱动器的当前目录得以保留。

如果一个父进程创建了一个希望传给子进程的环境块，子进程的环境块就不会自动继承父进程的当前目录。相反，子进程的当前目录默认为每个驱动器的根目录。如果希望子进程继承父进程的当前目录，那么父进程必须在生成子进程之前，创建这些驱动器号环

境变量，并把它们添加到环境块中。父进程可调用GetFullPathName来获得它的当前目录：

```
DWORD GetFullPathName(
    PCTSTR pszFile,
    DWORD cchPath,
    PTSTR pszPath,
    PTSTR *ppszFilePart);
```

例如，要想获得C驱动器的当前目录，可以像下面这样调用GetFullPathName：

```
TCHAR szCurDir[MAX_PATH];
DWORD cchLength = GetFullPathName(TEXT("C:"), MAX_PATH, szCurDir, NULL);
```

其结果就是，驱动器号环境变量通常必须放在环境块的开始处。

4.1.9 系统版本

很多时候，应用程序需要判断用户所运行的Windows系统的版本。例如，应用程序也许会调用CreateFileTransacted之类的函数，以利用Windows的事务处理式(transacted)文件系统功能。但是，只有Windows Vista和后续版本完整实现了这些函数。

在很长的时间里，Windows应用程序编程接口(Application Programming Interface，API)一直在提供一个GetVersion函数：

```
DWORD GetVersion();
```

该函数具有悠久的历史，它最初是为16位Windows系统设计的。其思路非常简单，在高位字(high word)中返回MS-DOS版本号，在低位字(low word)中返回Windows版本号。在每个字中，高位字节(high byte)代表主版本号，低位字节(low byte)代表次版本号。

85

遗憾的是，写代码的程序员犯了一个小错误，造成Windows版本号的顺序颠倒了，即主版本号跑到了低位字节，次版本号跑到了高位字节。由于许多程序员已经开始使用这个函数，所以Microsoft被迫保留这个函数的错误形式，并修改相应文档以指明这个错误。

鉴于围绕着GetVersion而产生的一些困惑，Microsoft添加了一个新的函数GetVersionEx，如下所示：

```
BOOL GetVersionEx(POSVERSIONINFOEX pVersionInformation);
```

该函数要求我们在自己的应用程序中分配一个OSVERSIONINFOEX结构，并将此结构的地址传给GetVersionEx。OSVERSIONINFOEX结构如下所示：

```
typedef struct {
    DWORD dwOSVersionInfoSize;
    DWORD dwMajorVersion;
    DWORD dwMinorVersion;
    DWORD dwBuildNumber;
    DWORD dwPlatformId;
    TCHAR szCSDVersion[128];
    WORD wServicePackMajor;
    WORD wServicePackMinor;
    WORD wSuiteMask;
    BYTE wProductType;
    BYTE wReserved;
} OSVERSIONINFOEX, *POSVERSIONINFOEX;
```

OSVERSIONINFOEX结构从Windows 2000开始就一直存在。Windows系统的其他版本使用的是较老的OSVERSIONINFO结构，后者没有wServicePackMajor，wServicePackMinor，wSuiteMask，wProductType和wReserved这几个成员。

注意，该结构为系统版本号的每一个组成部分都提供了不同的成员。这样做是避免程序员过于麻烦地去提取低位字、高位字、低位字节和高位字节，使应用程序更容易将希望的版本号与主机系统的版本号进行对比。表4-4描述了OSVERSIONINFOEX结构的成员。

MSDN网站的"Getting the System Version"网页(http://msdn2.microsoft.com/en-gb/library/ms724429.aspx)提供了一个详细的代码示例，展示了如何解读OSVERSIONINFOEX结构的每一个字段。

为了进一步简化编程，Windows Vista还提供了VerifyVersionInfo函数，它能比较主机系统的版本和应用程序要求的版本，如下所示：

```
BOOL VerifyVersionInfo(
    POSVERSIONINFOEX pVersionInformation,
    DWORD dwTypeMask,
    DWORDLONG dwlConditionMask);
```

86~87

要想使用此函数，就必须分配一个OSVERSIONINFOEX结构，将它的dwOSVersionInfoSize成员初始化为结构的大小，然后初始化结构中其他需要检查的任何成员。调用VerifyVersionInfo时，dwTypeMask参数指出结构中的哪些成员已初始化。dwTypeMask参数是以下任何标志的按位或(bitwise OR)结果：VER_MINORVERSION，VER_MAJORVERSION，VER_BUILDNUMBER，VER_PLATFORMID，VER_ SERVICEPACKMINOR，VER_SERVICEPACKMAJOR，VER_SUITENAME和VER_PRODUCT_TYPE。最后一个参数是

dwlConditionMask，它是一个64位值，决定函数如何比较系统的版本信息和我们希望的版本信息。

表4-4 OSVERSIONINFOEX结构的成员

成员	描述
dwOSVersionInfoSize	必须在调用 GetVersionEx 前设为 sizeof(OSVERSIONINFO) 或 sizeof(OSVERSIONINFOEX)
dwMajorVersion	主机系统的主 (major) 版本号
dwMinorVersion	主机系统的次 (minor) 版本号
dwBuildNumber	当前系统的 build 版本号
dwPlatformId	标识当前系统支持的平台 (platform)。值可以是： VER_PLATFORM_WIN32s(Win32s) VER_PLATFORM_WIN32_WINDOWS(Windows 95/Windows 98) VER_PLATFORM_WIN32_NT(Windows NT/Windows 2000，Windows XP，Windows Server 2003 以及 Windows Vista)
szCSDVersion	此字段包含额外的文本，提供了与已安装的操作系统有关的更多的信息
wServicePackMajor	最新安装的 Service Pack 的主版本号
wServicePackMinor	最新安装的 Service Pack 的次版本号
wSuiteMask	标识当前系统上可用的套件 (suites)，包括 VER_SUITE_SMALLBUSINESS，VER_SUITE_ENTERPRISE，VER_SUITE_BACKOFFICE，VER_SUITE_ COMMUNICATIONS，VER_SUITE_TERMINAL，VER_SUITE_SMALLBUSINESS_ RESTRICTED，VER_SUITE_EMBEDDEDNT，VER_SUITE_ DATACENTER，VER_SUITE_SINGLEUSERTS(每个用户一个终端服务会话)，VER_SUITE_PERSONAL(用来区别 Vista 的 Home 版本和 Professional 版) 本，VER_SUITE_BLADE，VER_SUITE_EMBEDDED_RESTRICTED，VER_SUITE_ SECURITY_APPLIANCE，VER_SUITE_STORAGE_SERVER 和 VER_SUITE_ COMPUTE_SERVER
wProductType	指出安装的是以下操作系统产品中的哪一个：VER_NT_WORKSTATION，VER_NT_SERVER 或 VER_NT_DOMAIN_CONTROLLER
wReserved	保留，供将来使用

dwlConditionMask使用一套复杂的位组合对比较方式进行了描述。为了创建恰当的位组合，可以使用VER_SET_CONDITION宏：

```
VER_SET_CONDITION(
    DWORDLONG dwlConditionMask,
    ULONG dwTypeBitMask,
    ULONG dwConditionMask)
```

第一个参数dwlConditionMask表示我们正在对哪个变量的位进行操作。注意，不要传入这个变量的地址，因为VER_SET_CONDITION是宏而非函数。dwTypeBitMask参数指定要在OSVERSIONINFOEX结构中比较的单个成员。要比较多个成员，则必须多次调用VER_SET_CONDITION，每个成员都调用一次。传给VerifyVersionInfo的dwTypeMask的标志(VER_MINORVERSION和VER_BUILDNUMBER等)与传给VER_SET_CONDITION的dwTypeBitMask参数的标志是一样的。

VER_SET_CONDITION的最后一个参数是dwConditionMask，它指出我们想如何进行比较。可以是下面这些值之一：VER_EQUAL，VER_GREATER，VER_GREATER_EQUAL，VER_LESS或VER_LESS_EQUAL。注意，在比较VER_PRODUCT_TYPE信息的时候，可以使用这些值。例如，VER_NT_WORKSTATION小于VER_NT_SERVER。不过，对于VER_SUITENAME信息，就不能执行这种测试。相反，必须使用VER_AND(所有套件产品都安装)或VER_OR，至少安装了其中一个套件产品。

建立了一组条件之后，就可以调用VerifyVersionInfo。如果成功(主机系统满足我们的应用程序的所有要求)，它将返回一个非零的值。如果VerifyVersionInfo返回0，就表明主机系统不符合要求，或者表明调用函数的方式不正确。可通过调用GetLastError来判断函数为什么返回0。如果GetLastError返回ERROR_OLD_WIN_VERSION，表明函数调用是正确的，只是系统不符合应用程序的要求。

下例展示了如何测试主机系统是不是Windows Vista：

```
// 准备 OSVERSIONINFOEX 结构来描述 Windows Vista 的特点
OSVERSIONINFOEX osver = { 0 };
osver.dwOSVersionInfoSize = sizeof(osver);
osver.dwMajorVersion = 6;
osver.dwMinorVersion = 0;
osver.dwPlatformId = VER_PLATFORM_WIN32_NT;

// 准备条件掩码
DWORDLONG dwlConditionMask = 0;// You MUST initialize this to 0.
VER_SET_CONDITION(dwlConditionMask, VER_MAJORVERSION, VER_EQUAL);
VER_SET_CONDITION(dwlConditionMask, VER_MINORVERSION, VER_EQUAL);
VER_SET_CONDITION(dwlConditionMask, VER_PLATFORMID, VER_EQUAL);

// 执行版本测试
if (VerifyVersionInfo(&osver, VER_MAJORVERSION | VER_MINORVERSION | VER_PLATFORMID,
    dwlConditionMask)) {
    // 主机系统是 Windows Vista
} else {
    // 主机系统不是 Windows Vista
}
```

4.2 CreateProcess 函数

我们用CreateProcess函数来创建进程，如下所示：

```
BOOL CreateProcess(
    PCTSTR pszApplicationName,
    PTSTR pszCommandLine,
    PSECURITY_ATTRIBUTES psaProcess,
    PSECURITY_ATTRIBUTES psaThread,
    BOOL bInheritHandles,
    DWORD fdwCreate,
    PVOID pvEnvironment,
    PCTSTR pszCurDir,
    PSTARTUPINFO psiStartInfo,
    PPROCESS_INFORMATION ppiProcInfo);
```

线程调用CreateProcess时，系统将创建一个进程内核对象，其初始使用计数为1。进程内核对象不是进程本身，而是操作系统用来管理这个进程的一个小型数据结构，我们可以将进程内核对象想象成由进程统计信息构成的一个小型数据结构。然后，系统为新进程创建一个虚拟地址空间，并将可执行文件(和所有必要的DLL)的代码及数据加载到进程地址空间。

然后，系统为新进程的主线程创建一个线程内核对象(使用计数为1)。和进程内核对象一样，线程内核对象也是一个小型数据结构，操作系统用它管理该线程。该主线程首先执行应用程序入口点，它由链接器设为C/C++运行库启动代码，并进而调用应用程序的函数WinMain，wWinMain，main或wmain。如果系统成功创建了新的进程和主线程，那么CreateProcess就会返回TRUE。

说明　CreateProcess 在进程完全初始化好之前就返回 TRUE。这意味着操作系统加载程序 (loader) 尚未尝试定位所有必要的 DLL。如果一个 DLL 找不到或者不能正确初始化，进程就会终止。由于 CreateProcess 返回 TRUE，所以父进程不会注意到任何初始化问题。

好啦，前面只是泛泛而谈，下面将分小节逐一讨论CreateProcess的参数。

4.2.1 pszApplicationName参数和pszCommandLine参数

pszApplicationName参数和pszCommandLine参数分别指定新进程要使用的可执行文件的名称，以及要传给新进程的命令行字符串。先来谈谈pszCommandLine参数。

注意，在函数原型中，pszCommandLine参数的类型为PTSTR。这意味着CreateProces期望传入的是一个非"常量字符串"的地址。在内部，CreateProcess实际上会修改我们传给它的命令行字符串。但在CreateProcess返回之前，它会将这个字符串还原为原来的形式。

89

这一点之所以重要，是因为如果命令行字符串包含在文件映像的只读部分，就会引起访问违例。例如，以下代码就会导致访问违例，因为Microsoft的C/C++编译器把"NOTEPAD"字符串放在只读内存中：

```
STARTUPINFO si = { sizeof(si) };
PROCESS_INFORMATION pi;
CreateProcess(NULL, TEXT("NOTEPAD"), NULL, NULL,
    FALSE, 0, NULL, NULL, &si, &pi);
```

CreateProcess试图修改字符串时，会引起一个访问违例，因为C/C++编译器的早期版本把字符串放在可读/可写内存中，所以对CreateProcess函数的调用不会引起访问违例。

解决这个问题的最佳方式是在调用CreateProcess之前，将常量字符串复制到一个临时缓冲区，如下所示：

```
STARTUPINFO si = { sizeof(si) };
PROCESS_INFORMATION pi;
TCHAR szCommandLine[] = TEXT("NOTEPAD");
CreateProcess(NULL, szCommandLine, NULL, NULL,
    FALSE, 0, NULL, NULL, &si, &pi);
```

可能还要注意Microsoft C++的/Gf和/GF编译器开关的使用，它们可以消除重复字符串，并判断那些字符串是否在一个只读区域。还要注意/ZI开关，它允许使用Visual Studio的"编辑并继续"(Edit & Continue)调试功能，它包含/GF开关的功能。最佳做法是使用/GF编译器开关和一个临时缓冲区。目前，Microsoft最应该做的一件事情就是修正CreateProcess，使它能自己创建字符串的一个临时副本，从而使我们得到解放。Windows未来的版本或许会对此进行修复。

顺便提一句，如果在Windows Vista中调用CreateProcess函数的ANSI版本，是不会发生访问违例的，因为它会为命令行字符串创建一个临时副本，详情参见第2章。

可以使用pszCommandLine参数来指定一个完整的命令行，供CreateProcess用于创建新进程。当CreateProcess解析pszCommandLine字符串时，它会检查字符串中的第一个标记(token)，并假定此标记是我们想运行的可执行文件的名称。如果可执行文件的名称没有扩展名，就默认是.exe扩展名。CreateProcess还会按照以下顺序搜索可执行文件。

(1) 调用进程 .EXE文件所在的目录。

(2) 调用进程的当前目录。

(3) Windows系统目录，即GetSystemDirectory返回的System32子文件夹。

(4) Windows目录。

(5) PATH环境变量中列出的目录。

当然，假如文件名包含一个完整路径，系统就会利用这个完整路径来查找可执行文件，而不会搜索目录。如果系统找到了可执行文件，就创建一个新进程，并将可执行文件的代码和数据映射到新进程的地址空间。然后，系统调用由链接器设为应用程序入口点的C/C++运行库启动例程。如前所述，C/C++运行库启动例程会检查进程的命令行，将可执行文件名之后的第一个实参的地址传给(w)WinMain的pszCmdLine参数。

90~91

只要pszApplicationName参数为NULL(99%以上的情况都是如此)，就会发生上述情况。但是，也可以不在pszApplicationName中传递NULL，而是传递一个字符串的地址，并在字符串中包含想要运行的可执行文件的名称。但在这种情况下，必须指定文件扩展名，系统不会自动假定文件名有一个.exe扩展名。除非文件名前有一个路径，否则CreateProcess假定文件位于当前目录。如果在当前目录中没有找到文件，CreateProcess不会在其他任何目录查找文件，调用会以失败而告终。

然而，即使在pszApplicationName参数中指定了文件名，CreateProcess也会将pszCommandLine参数中的内容作为新进程的命令行传给它。例如，假设像下面这样调用CreateProcess：

```
// 确定路径位于内存的一个可读 / 可写区域
TCHAR szPath[] = TEXT("WORDPAD README.TXT");

// 生成新进程
CreateProcess(TEXT("C:\\WINDOWS\\SYSTEM32\\NOTEPAD.EXE"),szPath,...);
```

系统会调用记事本应用程序，但记事本应用程序的命令行是WORDPAD README. TXT。虽然这看起来有点儿怪，但CreateProcess的工作机制就是这样的。之所以要为CreateProcess添加由pszApplicationName参数提供的这个功能，实际是为了支持Windows的POSIX子系统。

4.2.2　参数psaProcess，psaThread和bInheritHandles

为了创建一个新进程，系统必须创建一个进程内核对象和一个线程内核对象(用于进程的主线程)。由于这些都是内核对象，所以父进程有机会将安全属性关联到这两个对象上。

可根据自己的需要分别使用参数psaProcess和psaThread为进程对象和线程对象指定安全性。可为这两个参数传递NULL；在这种情况下，系统将为这两个内核对象指定默认的安全描述符。也可分配并初始化两个SECURITY_ATTRIBUTES结构来创建自己的安全权限，并将它们分配给进程对象和线程对象。

为参数psaProcess和psaThread使用SECURITY_ATTRIBUTES结构的另一个原因是：这两个对象句柄可由父进程将来生成的任何子进程继承(第3章讨论了内核对象句柄的继承机制)。

下面展示的Inherit.cpp是一个简单的程序，它演示了内核对象句柄的继承。假设现在由进程A来创建进程B，它调用CreateProcess，并为psaProcess参数传入一个SECURITY_ATTRIBUTES结构的地址(在这个结构中，bInheritHandle成员被设为TRUE)。在同一个调用中，psaThread参数指向另一个SECURITY_ATTRIBUTES结构，该结构的bInheritHandle成员被设为FALSE。

系统创建进程B时，会同时分配一个进程内核对象和一个线程内核对象，并在ppiProcInfo参数所指向的一个结构中，将句柄返回给进程A。ppiProcInfo参数的详情将在稍后讨论。现在，利用返回的这些句柄，进程A就可以操纵新建的进程对象和线程对象。

现在，假设进程A再次调用CreateProcess来创建进程C。进程A可决定是否允许进程C操纵进程A能访问的一些内核对象。bInheritHandles参数便是针对这个用途而提供的。如果bInheritHandles设为TRUE，进程C将继承进程A中的所有可继承的句柄。在本例中，进程B的进程对象句柄是可继承的。进程B的主线程对象的句柄则是不可继承的，不管传给CreateProcess的bInheritHandles参数值是什么。另外，如果进程A调用CreateProcess，并为参数bInheritHandles传入FALSE，则进程C不会继承进程A当前使用的任何句柄。

Inherit.cpp
```
/**************************************************************
Module name: Inherit.cpp
Notices: Copyright (c) 2008 Jeffrey Richter & Christophe Nasarre
**************************************************************/


#include <Windows.h>


int WINAPI _tWinMain (HINSTANCE hInstanceExe, HINSTANCE,
    PTSTR pszCmdLine, int nCmdShow) {

    // Prepare a STARTUPINFO structure for spawning processes.
    STARTUPINFO si = { sizeof(si) };
```

```
SECURITY_ATTRIBUTES saProcess, saThread;
PROCESS_INFORMATION piProcessB, piProcessC;
TCHAR szPath[MAX_PATH];

// Prepare to spawn Process B from Process A.
// The handle identifying the new process
// object should be inheritable.
saProcess.nLength = sizeof(saProcess);
saProcess.lpSecurityDescriptor = NULL;
saProcess.bInheritHandle = TRUE;

// The handle identifying the new thread
// object should NOT be inheritable.
saThread.nLength = sizeof(saThread);
saThread.lpSecurityDescriptor = NULL;
saThread.bInheritHandle = FALSE;

// Spawn Process B.
_tcscpy_s(szPath, _countof(szPath), TEXT("ProcessB"));
CreateProcess(NULL, szPath, &saProcess, &saThread,
    FALSE, 0, NULL, NULL, &si, &piProcessB);

// The pi structure contains two handles
// relative to Process A:
// hProcess, which identifies Process B's process
// object and is inheritable; and hThread, which identifies
// Process B's primary thread object and is NOT inheritable.
// Prepare to spawn Process C from Process A.
// Since NULL is passed for the psaProcess and psaThread
// parameters, the handles to Process C's process and
// primary thread objects default to "noninheritable."
// If Process A were to spawn another process, this new
// process would NOT inherit handles to Process C's process
// and thread objects.
// Because TRUE is passed for the bInheritHandles parameter,
// Process C will inherit the handle that identifies Process
// B's process object but will not inherit a handle to
// Process B's primary thread object.
_tcscpy_s(szPath, _countof(szPath), TEXT("ProcessC"));
CreateProcess(NULL, szPath, NULL, NULL,
    TRUE, 0, NULL, NULL, &si, &piProcessC);

return(0);
}
```

92~93

4.2.3　fdwCreate参数

fdwCreate参数标识了影响新进程创建方式的标志。要指定多个标志的组合，可通过按位或(bitwise OR)操作符来合并它们。可用的标志如下。

- DEBUG_PROCESS标志向系统表明，父进程希望对子进程以及子进程将来生成的所有进程进行调试。该标志告诉系统，在任何一个子进程(现在的身份是被调试程序，或者说debugee)中发生特定的事件时，要通知父进程(现在的身份是调试器，或者说debugger)。

- DEBUG_ONLY_THIS_PROCESS标志类似于DEBUG_PROCESS，但是，只有在关系最近的子进程中发生特定事件时，父进程才会得到通知。如果子进程又生成了新的进程，那么在这些关系较远的新进程中发生特定事件时，调试器是不会得到通知的。要进一步了解如何利用这两个标志来写一个调试器，并获取被调试应用程序中的DLL和线程的信息，请阅读MSDN的一篇文章，标题为"Escape from DLL Hell with Custom Debugging and Instrumentation Tools and Utilities, Part 2"，网址是https://tinyurl.com/ybb9bcpn。

- CREATE_SUSPENDED标志让系统在创建新进程的同时挂起其主线程。这样一来，父进程就可以修改子进程地址空间中的内存，更改子进程的主线程的优先级，或者在进程执行任何代码之前，将此进程添加到一个作业(job)中。父进程修改好子进程之后，可以调用ResumeThread函数来允许子进程执行代码。欲知这个函数的详情，请参见第7章。

- DETACHED_PROCESS标志阻止一个基于CUI(控制台用户界面)的进程访问其父进程的控制台窗口，并告诉系统将它的输出发送到一个新的控制台窗口，如果一个基于CUI的进程是由另一个基于CUI的进程创建的，那么在默认情况下，新进程将使用父进程的控制台窗口。(在命令提示符中运行C++编译器时，编译器并不会新建一个控制台窗口，而是将输出附加到现有控制台窗口的底部。)通过指定这个标志，新进程如需将输出发送到一个新的控制台窗口，就必须调用AllocConsole函数来创建它自己的控制台。

- CREATE_NEW_CONSOLE标志指示系统为新进程创建一个新的控制台窗口。同时指定CREATE_NEW_CONSOLE和DETACHED_PROCESS标志会导致错误。

- CREATE_NO_WINDOW标志指示系统不要为应用程序创建任何控制台窗口。可用这个标志来执行没有用户界面的控制台应用程序。

- CREATE_NEW_PROCESS_GROUP标志修改用户按Ctrl+C或Ctrl+Break时获得通知的进程列表。按下这些组合键时，假如有多个CUI进程正在运行，系统将通知一个进程组中的所有进程，告诉它们用户打算中断当前操作。在创建一个新的CUI进程时，假如指定这个标志，就会创建一个新的进程组。其中的一个进程处于活动状态时，

一旦用户按下组合键Ctrl+C或Ctrl+Break，系统就只是向这个组的进程发出通知。

- CREATE_DEFAULT_ERROR_MODE标志向系统表明新进程不会继承父进程所用的错误模式。本章前面已经讨论了SetErrorMode函数。

- CREATE_SEPARATE_WOW_VDM标志只有在运行16位Windows应用程序时才有用。它指示系统创建一个单独的虚拟DOS机(Virtual DOS Machine，VDM)，并在这个VDM上运行16位Windows应用程序。默认情况下，所有16位Windows应用程序都在一个共享的VDM中执行。在独立VDM中运行的好处是，假如应用程序崩溃，它只需要"杀死"这个VDM，在其他VDM中运行的其他程序仍然能正常工作。另外，在独立的VDM中运行的16位Windows应用程序有独立的输入队列。这意味着假如一个应用程序暂时挂起，独立VDM中运行的应用程序仍然能接收输入。运行多个VDM的缺点在于，每个VDM都要消耗较多的物理内存。Windows 98在单一的虚拟机中运行所有16位Windows应用程序，这个行为不能覆盖。

- CREATE_SHARED_WOW_VDM标志只有在运行16位Windows应用程序时才有用。除非指定了CREATE_SEPARATE_WOW_VDM标志，否则所有16位Windows应用程序默认都在单独的VDM中运行。不过，也可覆盖该默认行为。办法是在注册表中将HKEY_LOCAL_MACHINE\System\CurrentControlSet\Control\WOW下DefaultSeparateVDM的值设为yes。之后，如果设置了CREATE_SHARED_WOW_VDM标志，16位Windows应用程序就会在系统的共享VDM中运行。修改这个注册表设置后，必须重启电脑。注意，为了检测在64位操作系统下运行的32位进程，我们可以调用IsWow64Process函数。它的第一个参数是要检测的进程的句柄，第二个参数则是指向一个布尔值的指针；如果是一个32位进程在64位操作系统下运行，该值会被设为TRUE；否则设为FALSE。

- CREATE_UNICODE_ENVIRONMENT标志告诉系统子进程的环境块应包含Unicode字符。进程的环境块默认包含的是ANSI字符串。

- CREATE_FORCEDOS标志强制系统运行一个嵌入在16位OS/2应用程序中的MS-DOS应用程序。

- CREATE_BREAKAWAY_FROM_JOB标志允许一个作业中的进程生成一个不和作业关联的进程。详情参见第5章。

- EXTENDED_STARTUPINFO_PRESENT标志告诉操作系统传给psiStartInfo参数的是一个STARTUPINFOEX结构。

93~95

fdwCreate参数还允许我们指定一个优先级类(priority class)。不过，这样做没多大必要，而且对于大多数应用程序，都不应该这样做，系统会为新进程分配一个默认的优先级类。表4-5展示了可能的优先级类。

表4-5　fdwCreate参数设置的优先级类

优先级类	标志
低 (Idle)	IDLE_PRIORITY_CLASS
低于标准 (Below normal)	BELOW_NORMAL_PRIORITY_CLASS
标准 (Normal)	NORMAL_PRIORITY_CLASS
高于标准 (Above normal)	ABOVE_NORMAL_PRIORITY_CLASS
高 (High)	HIGH_PRIORITY_CLASS
实时 (Realtime)	REALTIME_PRIORITY_CLASS

这些优先级类决定了该进程中的线程相对于其他进程中的线程的调度方式，详情参见7.9节"从抽象角度看优先级"。

4.2.4　pvEnvironment参数

pvEnvironment参数指向一个内存块，其中包含新进程要使用的环境字符串。大多数时候，为这个参数传入的值都是NULL，这将导致子进程继承其父进程使用的一组环境字符串。另外，还可以使用GetEnvironmentStrings函数：

```
PVOID GetEnvironmentStrings();
```

此函数获取调用进程正在使用的环境字符串数据块的地址。可将这个函数返回的地址用作CreateProcess函数的pvEnvironment参数的值。这正是为pvEnvironment参数传入NULL值时CreateProcess函数所做的事情。不再需要这个内存块的时候，应调用FreeEnvironmentStrings函数来释放它：

```
BOOL FreeEnvironmentStrings(PTSTR pszEnvironmentBlock);
```

4.2.5　pszCurDir参数

pszCurDir参数允许父进程设置子进程的当前驱动器和目录。如果这个参数为NULL，则新进程的工作目录与生成新进程的应用程序一样。如果这个参数不为NULL，则pszCurDir必须指向一个以0为终止符的字符串，其中包含我们想要的工作驱动器和目录。注意，必须在路径中指定一个驱动器号。

95

4.2.6　psiStartInfo参数

psiStartInfo参数指向一个STARTUPINFO结构或STARTUPINFOEX结构：

```
typedef struct _STARTUPINFO {
    DWORD cb;
```

```
    PSTR lpReserved;
    PSTR lpDesktop;
    PSTR lpTitle;
    DWORD dwX;
    DWORD dwY;
    DWORD dwXSize;
    DWORD dwYSize;
    DWORD dwXCountChars;
    DWORD dwYCountChars;
    DWORD dwFillAttribute;
    DWORD dwFlags;
    WORD wShowWindow;
    WORD cbReserved2;
    PBYTE lpReserved2;
    HANDLE hStdInput;
    HANDLE hStdOutput;
    HANDLE hStdError;
} STARTUPINFO, *LPSTARTUPINFO;

typedef struct _STARTUPINFOEX {
    STARTUPINFO StartupInfo;
    struct _PROC_THREAD_ATTRIBUTE_LIST *lpAttributeList;
} STARTUPINFOEX, *LPSTARTUPINFOEX;
```

Windows在创建新进程时使用这个结构的成员。大多数应用程序都希望生成的应用程序只是使用默认值。最起码要将此结构中的所有成员初始化为零，并将cb成员设为此结构的大小，如下所示：

```
STARTUPINFO si = { sizeof(si) };
CreateProcess(..., &si, ...);
```

如果没有将结构的内容初始化为零，则成员将包含调用线程的栈上的垃圾数据。将这种垃圾数据传给CreateProcess，会造成新进程有时能创建，有时则不能，具体取决于垃圾数据的内容。所以，必须将这个结构中未使用的成员初始化为零，确保CreateProcess始终都能正常工作。这是很容易犯的一个错误，许多开发人员都忘记了做这个工作。

现在，如果想初始化此结构中的某些成员，只需在调用CreateProcess之前完成这些初始化即可。我们将依次讨论每一个成员。一些成员仅在子应用程序创建了一个重叠窗口时才有意义；另一些成员仅在子应用程序执行CUI输入和输出时才有意义。表4-6描述了每个成员的用途。

表4-6　STARTUPINFO和STARTUPINFOEX结构的成员

成员	窗口，控制台，或两者	用途
cb	两者	包含 STARTUPINFO 结构中的字节数。充当版本控制，以备 Microsoft 未来扩展这个结构之用 (就像 STARTUPINFOEX 那样)。应用程序必须将 cb 初始化为 sizeof(STARTUPINFO) 或 sizeof(STARTUPINFOEX)
lpReserved	两者	保留。必须初始化为 NULL
lpDesktop	两者	标识一个名称，表明要在哪个桌面上启动应用程序。如果桌面已经存在，则新进程会与指定的桌面关联。如果桌面不存在，则用指定的名称和默认的属性为新进程创建一个桌面。如果 lpDesktop 为 NULL(这是最为常见的)，进程就会与当前桌面关联
lpTitle	控制台	指定控制台窗口的窗口标题。如果 lpTitle 被设置为 NULL，就将可执行文件的名称用作窗口标题
dwX dwY	两者	指定应用程序窗口在屏幕上的位置 (即 x 坐标和 y 坐标，以像素为单位)。只有在子进程用 CW_USEDEFAULT 作为 CreateWindow 函数的 x 参数来创建其第一个重叠窗口的时候，才会用到这些坐标。对于创建控制台窗口的应用程序，这些成员指定的是控制台窗口的左上角位置
dwXSize dwYSize	两者	指定应用程序窗口的宽度和高度 (以像素为单位)。只有在子进程将 CW_USEDEFAULT 作为 CreateWindow 函数的 nWidth 参数来创建其第一个重叠窗口的时候，才会用到这些值。对于创建控制台窗口的应用程序，这些成员指定的是控制台窗口的宽度和高度
dwXCountChars dwYCountChars	控制台	指定子进程的控制台窗口的宽度和高度 (用字符数来表示)
dwFillAttribute	控制台	指定子进程的控制台窗口所用的文本和背景色
dwFlags	两者	参见下一小节和表 4-7
wShowWindow	窗口	指定应用程序的主窗口如何显示。在第一个 ShowWindow 调用中，将使用 wShowWindow 的值，并忽略 ShowWindow 的 nCmdShow 参数。在后续的 ShowWindow 调用中，只有在将 SW_SHOWDEFAULT 传给 ShowWindow 函数的前提下，才会使用 wShowWindow 的值。注意，除非 dwFlags 指定了 STARTF_ USESHOWWINDOW 标志，否则 wShowWindow 会被忽略
cbReserved2	两者	保留。必须被初始化为 0
lpReserved2	两者	保留。必须被初始化为 NULL。cbReserved2 和 lpReserved2 供 C 运行时使用，C 运行时使用 _dospawn 来启动一个应用程序时，将用它们来传递信息。要了解实现细节，请参见 Visual Studio 目录下的 VC\crt\src\ 子目录中的 dospawn.c 和 ioinit.c 文件
hStdInput hStdOutput hStdError	控制台	指定到控制台输入缓冲区的句柄和输出缓冲区的句柄。默认情况下，hStdInput 标识一个键盘缓冲区，hStdOutput 和 hStdError 标识一个控制台窗口的缓冲区。这些字段用于重定向子进程的输入 / 输出，详情参见 MSDN 文章 "How to spawn console processes with redirected standard handles"，网址是 https://tinyurl.com/2p9ey6jj

97~98

为了履行前面的承诺，现在让我们讨论一下dwFlags成员。这个成员包含一组标志，用于修改子进程的创建方式。大多数标志都只是告诉CreateProcess函数：PSTARTUPINFO结构中的其他成员是否包含有用的信息，或者是否应该忽略一些成员。表4-7展示了可能的标志及其含义。

表4-7 dwFlags的标志

标志	含义
STARTF_USESIZE	使用 dwXSize 和 dwYSize 成员
STARTF_USESHOWWINDOW	使用 wShowWindow 成员
STARTF_USEPOSITION	使用 dwX 和 dwY 成员
STARTF_USECOUNTCHARS	使用 dwXCountChars 成员和 dwYCountChars 成员
STARTF_USEFILLATTRIBUTE	使用 dwFillAttribute 成员
STARTF_USESTDHANDLES	使用 hStdInput，hStdOutput 和 hStdError 成员
STARTF_RUNFULLSCREEN	使 x86 计算机上运行的一个控制台应用程序以全屏模式启动

另外还有两个标志，即STARTF_FORCEONFEEDBACK和STARTF_FORCEOFFFEEDBACK，它们可在启动一个新进程时控制鼠标指针。由于Windows支持真正的抢占多任务处理，所以我们可以启动(或"唤出"，即invoke)一个应用程序，并在新进程还在初始化时使用另一个程序。为了向用户提供视觉反馈，CreateProcess临时将系统的鼠标指针(光标)改为如下所示的特殊形状：

这个光标指出我们既可以等待某件事情的发生，也可以继续使用系统。CreateProcess函数允许在调用另一个进程时对光标进行更多的控制。如果指定了STARTF_FORCEOFFFEEDBACK标志，CreateProcess就不会将指针改为上述特殊的形状。

STARTF_FORCEONFEEDBACK会令CreateProcess监视新进程的初始化过程，并根据结果更改光标形状。如果调用CreateProcess时设置了这个标志，指针就会更改为上述特殊的形状。在两秒之后，如果新进程并没有执行任何GUI调用，CreateProcess就会将光标重置为普通的箭头形状。

如果进程在两秒内执行了一个GUI调用，则CreateProcess函数会等待应用程序显示一个窗口。这必须在进程执行了GUI调用之后的5秒钟之内发生。如果没有显示窗口，CreateProcess会重置光标。如果显示了窗口，CreateProcess继续保持特殊形状的光标5秒钟。在任何时候，一旦应用程序调用了GetMessage函数(表明已初始化完毕)，

CreateProcess就会立即重置光标，并停止监视新进程。

wShowWindow成员要初始化为传给(w)WinMain函数最后一个参数nCmdShow的值。该成员指定了我们想传给新进程的(w)WinMain函数的最后一个参数nCmdShow的值。它是可以传给ShowWindow函数的标识符之一。通常，nCmdShow的值要么是SW_SHOWNORMAL，要么是SW_SHOWMINNOACTIVE。不过，它有时也可能是SW_SHOWDEFAULT。

从Windows资源管理器启动一个应用程序时，此应用程序的(w)WinMain函数会被调用，SW_SHOWNORMAL会作为nCmdShow参数的值传入。如果为应用程序创建一个快捷方式，可以在快捷方式的属性页中，告诉系统应用程序的窗口最初应该如何显示。图4-4显示了记事本程序的快捷方式的属性页。注意，可通过"运行方式"组合框来指定如何显示记事本程序的窗口。

图4-4　属性对话框，记事本应用程序的快捷方式

在Windows资源管理器中启动这个快捷方式时，Windows资源管理器将正确准备STARTUPINFO结构并调用CreateProcess。记事本应用程序将执行，其(w)WinMain函数的nCmdShow参数中传入的是SW_SHOWMINNOACTIVE。

通过这种方式，用户可以轻松启动一个应用程序，指定以常规状态、最小化状态或者最大化状态显示其主窗口。

在结束本小节的讨论之前，我想强调一下STARTUPINFOEX结构的角色。自Win32问世以来，CreateProcess的签名一直没有变过。Microsoft的策略是在保持函数签名不变的同时提供更多的扩展，并避免专门创建一个CreateProcessEx，再专门创建一个CreateProcess2······依此类推。所以，除了预期的StartupInfo字段，STARTUPINFOEX结构另外有一个lpAttributeList字段，专门用来传递额外的称为"属性"(attribute)的参数：

```
typedef struct _STARTUPINFOEXA {
    STARTUPINFOA StartupInfo;
    struct _PROC_THREAD_ATTRIBUTE_LIST *lpAttributeList;
} STARTUPINFOEXA, *LPSTARTUPINFOEXA;
typedef struct _STARTUPINFOEXW {
    STARTUPINFOW StartupInfo;
    struct _PROC_THREAD_ATTRIBUTE_LIST *lpAttributeList;
} STARTUPINFOEXW, *LPSTARTUPINFOEXW;
```

99

属性列表包含一系列键/值对，每个属性都有一个键/值对。目前只有两个属性键有记录。

- PROC_THREAD_ATTRIBUTE_HANDLE_LIST 该属性键告诉CreateProcess子进程究竟应继承哪些内核对象句柄。这些对象句柄在创建时必须指定成"可继承"(在SECURITY_ATTRIBUTES结构中包含一个设为TRUE的bInheritHandle字段，详情参见前面的4.2.2节"psaProcess，psaThread和bInheritHandles参数")。不过，并非一定要为CreateProcess函数的bInheritHandles参数传入TRUE。使用该属性，子进程只能继承一组选定的句柄，而不是继承所有可继承的句柄。如进程要在不同的安全上下文中创建多个子进程，这一点就尤其重要。在这种情况下，不能让每个子进程都继承父进程的全部句柄，否则会导致安全问题。

- PROC_THREAD_ATTRIBUTE_PARENT_PROCESS 该属性键预期的值是一个进程句柄。指定的进程(而不是当前调用CreateProcess的进程)将成为正在创建的这个进程的父进程。从指定进程继承的属性包括可继承的句柄、处理器亲和性、优先级类、配额(quota)、用户令牌(user token)以及关联的作业。注意，以这种方式改变父进程后，不会改变调试器进程(debugger)和被调试进程(debuggee)的关系。换言之，创建被调试进程的调试器进程仍然负责接收调试通知，并管理被调试进程的生存期。本章后面的4.5.4节"枚举系统中正在运行的进程"给出了一个ToolHelp API，它能显示通过此属性指定的被创建进程的父进程。

属性列表是不透明的，所以要调用以下函数两次，才能创建一个空白属性列表：

100

```
BOOL InitializeProcThreadAttributeList(
    PPROC_THREAD_ATTRIBUTE_LIST pAttributeList,
```

```
    DWORD dwAttributeCount,
    DWORD dwFlags,
    PSIZE_T pSize);
```

注意，**dwFlags**参数是保留的，而且始终都应该为这个参数传入0。第一个调用的目的是知道Windows用来保存属性的内存块的大小：

```
SIZE_T cbAttributeListSize = 0;
BOOL bReturn = InitializeProcThreadAttributeList(
    NULL, 1, 0, &cbAttributeListSize);
// bReturn 为 FALSE，但 GetLastError() 返回 ERROR_INSUFFICIENT_BUFFER
```

pSize指向的SIZE_T变量将接收内存块的大小值，这个内存块根据**dwAttributeCount**所给出的属性数目来分配：

```
pAttributeList = (PPROC_THREAD_ATTRIBUTE_LIST)
    HeapAlloc(GetProcessHeap(), 0, cbAttributeListSize);
```

为属性列表分配了内存之后，要再次调用**InitializeProcThreadAttributeList**来初始化它的内容，这些内容是"不透明"的：

```
bReturn = InitializeProcThreadAttributeList(
    pAttributeList, 1, 0, &cbAttributeListSize);
```

分配并初始化好属性列表之后，就可以根据具体需要，用下面的函数来添加键/值对：

```
BOOL UpdateProcThreadAttribute(
    PPROC_THREAD_ATTRIBUTE_LIST pAttributeList,
    DWORD dwFlags,
    DWORD_PTR Attribute,
    PVOID pValue,
    SIZE_T cbSize,
    PVOID pPreviousValue,
    PSIZE_T pReturnSize);
```

pAttributeList参数是之前分配并初始化的attribute列表，函数将在其中添加一个新的键/值对。**Attribute**参数是其中的键部分，它要么接收PROC_THREAD_ATTRIBUTE_PARENT_PROCESS，要么接收PROC_THREAD_ATTRIBUTE_HANDLE_LIST值。如果是前者，**pValue**参数必须指向一个变量，该变量包含了新的父进程的句柄，而**cbSize**应该用sizeof(HANDLE)来作为它的值；如果是后者，**pValue**参数必须指向一个数组的起始位置，该数组包含了允许子进程访问的、可继承的内核对象句柄，而**cbSize**应该等于sizeof(HANDLE)乘以句柄数。**dwFlags**，**pPreviousValue**和**pReturnSize**这三个参数是保留参数，必须分别设为0，NULL和NULL。

调用CreateProcess函数时，如果要在dwCreationFlags中指定EXTENDED_STARTUPINFO_ PRESENT，我们需要在调用CreateProcess之前先定义好一个STARTUPINFOEX变量(并将 pAttributeList字段设为刚才已初始化的属性列表)，此变量将用作pStartupInfo参数：

```
STARTUPINFOEX esi = { sizeof(STARTUPINFOEX) };
esi.lpAttributeList = pAttributeList;
bReturn = CreateProcess(
    ..., EXTENDED_STARTUPINFO_PRESENT, ...
    &esi.StartupInfo, ...);
```

不再需要参数的时候，在释放已分配的内存前，先用以下函数清除不透明的属性列表：

```
VOID DeleteProcThreadAttributeList(
    PPROC_THREAD_ATTRIBUTE_LIST pAttributeList);
```

最后，应用程序可调用以下函数来获得STARTUPINFO结构的一个副本，此结构是由父进程初始化的。子进程可检查这个结构，并根据结构成员的值来更改其行为，如下所示：

```
VOID GetStartupInfo(LPSTARTUPINFO pStartupInfo);
```

这个函数填充的总是一个STARTUPINFO结构——即使在调用CreateProcess来创建当前子进程时，传递的是一个STARTUPINFOEX结构——属性只有在父进程地址空间才有意义，因为属性列表的内存是在那里分配的。所以，正如以前解释过的那样，我们需要通过另一种方式来传递已继承的句柄的值，比如通过命令行。

4.2.7　ppiProcInfo参数

ppiProcInfo参数指向一个PROCESS_INFORMATION结构(由我们负责分配)，CreateProcess函数在返回之前，会初始化这个结构的成员。该结构如下所示：

```
typedef struct _PROCESS_INFORMATION {
    HANDLE hProcess;
    HANDLE hThread;
    DWORD dwProcessId;
    DWORD dwThreadId;
```

```
} PROCESS_INFORMATION;
```

如前所述，新建进程会导致系统创建一个进程内核对象和一个线程内核对象。在创建时，系统会为每个对象指定一个初始的使用计数1。然后，就在CreateProcess返回之前，它会以完全访问权限打开进程对象和线程对象，并将各自的与进程相关联的句柄放入PROCESS_INFORMATION结构的hProcess和hThread成员中。CreateProcess在内部打开这些对象时，每个对象的使用计数就变为2。

这意味着系统要释放进程对象，进程必须终止(使用计数递减1)，而且父进程必须调用CloseHandle(使用计数再次递减1，变成0)。类似地，要释放线程对象，线程必须终止，而且父进程必须关闭到线程对象的句柄(要进一步了解如何释放线程对象，请参见4.4节"子进程")。

102

说明　应用程序运行期间，必须关闭到子进程及其主线程的句柄，以避免资源泄漏。当然，系统会在应用程序的进程终止后自动清理这种泄漏。但是，编写得体的软件肯定会在进程不再需要访问一个子进程及其主线程时显式调用 CloseHandle 来关闭这些句柄。忘记关闭这些句柄是开发人员最容易犯的错误之一。

不知道为什么，许多开发人员都有这样的误解：关闭到一个进程或线程的句柄，会强迫系统"杀死"此进程或线程。但这是大谬不然的。关闭句柄只是告诉系统我们对进程或线程的统计数据不再感兴趣了。进程或线程会继续执行，直至自行终止。

创建进程内核对象时，系统会为此对象分配一个独一无二的标识符，系统中没有别的进程内核对象会有相同的ID。这同样适用于线程内核对象。创建线程内核对象时，此对象会被分配一个独一无二的、系统级别的ID。进程ID和线程ID分享同一个号码池。这意味着线程和进程不可能有相同的ID。此外，一个对象分配到的ID绝对不会是0。注意，Windows任务管理器将进程ID 0与"System Idle Process"(系统空闲进程)关联，如图4-5所示。但是，实际上并没有System Idle Process这样的东西。任务管理器创建这个虚构进程的目的是将其作为Idle线程的占位符；在没有别的线程正在运行时，系统就运行这个Idle进程。System Idle Process中的线程数量始终等于计算机的CPU数量。所以，它始终代表未被真实进程使用的CPU使用率。

CreateProcess返回前会将这些ID填充到PROCESS_INFORMATION结构的dwProcessId和dwThreadId成员中。ID便于我们识别系统中的进程和线程。它们主要由工具程序(比如任务管理器)使用，生产力应用程序则很少使用。所以，大多数应用程序都会忽略这些ID。

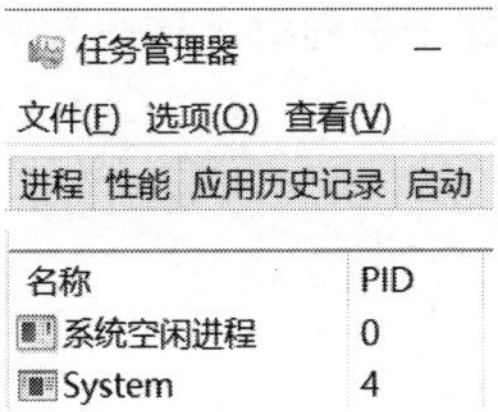

图4-5　进程ID与系统空闲进程关联

如果应用程序要使用ID来跟踪进程和线程，那么必须注意这一点：进程和线程ID会被系统立即重用。例如，假定在创建一个进程之后，系统初始化了一个进程对象，并将ID值124分配给它。如果再创建一个新的进程对象，系统不会将同一个ID编号分配给它。但是，如果第一个进程对象已经释放，系统就可以将124分配给下一个创建的进程对象。请务必牢记这一点，以免自己的代码引用不正确的进程或线程对象。进程ID很容易获得，也很容易保存。但就像前面所说的那样，可能刚刚保存好一个ID，与它对应的进程就已经释放了。所以，系统在创建下一个新进程时，会将这个ID分配给它。这时再用保存的进程ID，操纵的就是新进程，而不是原先那个进程。

可使用GetCurrentProcessId来获得当前进程的ID，使用GetCurrentThreadId来获得当前正在运行的线程的ID。另外，还可使用GetProcessId来获得与指定句柄对应的一个进程的ID，使用GetThreadId来获得与指定句柄对应的一个线程的ID。最后，根据一个线程句柄，我们可以调用GetProcessIdOfThread来获得其所在进程的ID。

个别情况下，我们的应用程序可能想确定其父进程。但是，首先应该知道的是，只有在一个子进程生成的那一瞬间，才存在一个父-子关系。到子进程开始执行代码之前的那一刻，Windows就已经不认为存在任何父-子关系了。ToolHelp API中的函数允许进程通过PROCESSENTRY32结构查询其父进程。在此结构内部有一个th32ParentProcessID成员，MSDN文档声称，此结构内部的th32ParentProcessID成员能返回父进程的ID。

系统确实会记住每个进程的父进程的ID，但由于ID会被立即重用，所以等我们获得父进程的ID的时候，那个ID标识的可能已经是系统中运行的一个完全不同的进程。我们的父进程也许已经终止了。如果应用程序需要与它的"创建者"通信，最好不要使用ID。应该定义一个更持久的通信机制，比如内核对象、窗口句柄等。

要保证一个进程或线程ID不被重用，唯一的办法就是保证进程或线程对象不被销毁。为此，在创建了一个新进程或线程之后，不关闭到这些对象的句柄即可。等应用程序不再使用ID的时候，再调用CloseHandle来释放内核对象。但是，一旦调用了CloseHandle，再使用或依赖进程ID就不安全了。这一点务必牢记。对于子进程，除非父进程复制了自己的进程或线程对象句柄，并允许子进程继承这些句柄(参见3.3.5节)，否则它无法确保父进程的进程ID或线程ID的有效性。

4.3　终止进程

进程可通过以下4种方式终止。

- 主线程的入口点函数返回(强烈推荐的方式)。
- 进程中的一个线程调用ExitProcess函数(要避免这种方式)。
- 另一个进程中的线程调用TerminateProcess函数(要避免这种方式)。
- 进程中的所有线程都自然"死亡"(这种情况几乎从来不会发生)。

本节将讨论所有这4种方法，并描述进程终止时实际发生的事情。

4.3.1　主线程的入口点函数返回

设计应用程序时，应确保只有在主线程的入口点函数返回之后，这个应用程序的进程才终止。只有这样，才能确保主线程的所有资源都被正确清理。

让主线程的入口点函数返回，能确保以下操作得以执行。

- 该线程创建的任何C++对象都将由这些对象的析构函数正确销毁。
- 操作系统将正确释放线程栈使用的内存。
- 系统将进程的退出代码(在进程内核对象中维护)设为入口点函数的返回值。
- 系统递减进程内核对象的使用计数。

104~105

4.3.2　ExitProcess函数

进程会在该进程中的一个线程调用ExitProcess函数时终止：

```
VOID ExitProcess(UINT fuExitCode);
```

该函数将终止进程，并将进程的退出代码设为fuExitCode。ExitProcess不会返回值，因为进程已经终止了。如果ExitProcess之后还有别的代码，那些代码永远不会执行。

当主线程的入口点函数(WinMain，wWinMain，main或wmain)返回时，会返回到C/C++运行时启动代码，后者将正确清理进程使用的全部C运行时资源。释放了C运行时资源之后，C运行时启动代码将显式调用ExitProcess，并将入口点函数返回的值传给它。这便解释了为什么只需从主线程的入口点函数返回，就会终止整个进程。注意，进程中运行的其他任何线程都会随进程一起终止。

Windows Platform SDK文档指出，一个进程在其所有线程都终止之后才会终止。从操作系统的角度出发，这种说法是正确的。不过，C/C++运行时为应用程序采取了一个不同的策略：不管进程中是否还有其他线程在运行，只要应用程序的主线程从其入口点函数返回，C/C++运行时就会调用ExitProcess来终止进程。不过，如果在入口点函数中调用的是ExitThread，而不是调用ExitProcess或直接返回，那么应用程序的主线程将停止执行，但只要进程中还有其他线程正在运行，进程就不会终止。

注意，调用ExitProcess或ExitThread会在函数执行到半途的时候造成进程或线程的直接终止。就操作系统而言，这样做是没有什么问题的，进程或线程的所有操作系统资源都会被正确清理。但是，C/C++应用程序应避免调用这些函数，因为C/C++运行时也许不能执行正确清理工作。我们来看看以下代码：

```
#include <windows.h>
#include <stdio.h>

class CSomeObj {
public:
    CSomeObj() { printf("Constructor \r\n"); }
    ~CSomeObj() { printf("Destructor \r\n"); }
};

CSomeObj g_GlobalObj;

void main () {
    CSomeObj LocalObj;
    ExitProcess(0); // 不应显式执行这个

// 在这个函数的末尾，编译器会自动添加调用 LocalObj 的析构函数所需的代码。
// 但 ExitProess 使这一切成为徒劳。
}
```

105~106

执行上述代码，结果显示如下：

```
Constructor
Constructor
```

代码构造了两个对象，一个是全局对象，另一个是本地对象。"Destructor"字样永远不会显示。C++对象没有被正确析构，因为ExitProcess造成进程"当场终止"：C/C++运行时没有机会执行清理工作。

就像我说的那样，任何时候都不要显式调用ExitProcess。在前面的代码中删除对ExitProcess函数的调用，再运行程序会得到以下符合预期的结果：

```
Constructor
Constructor
Destructor
Destructor
```

只需要从主线程的入口点函数返回，C/C++语言的运行时就能执行其清理工作，并正确析构所有C++对象。顺便提一句，这里的讨论并非只适用于C++对象。C/C++语言的运行时代表进程做了许多事情，最好允许它正确完成清理工作。

说明 许多应用程序之所以无法正确清理自己，就是因为显式调用了 ExitProcess 和 ExitThread。在 ExitThread 的情况下，进程会继续运行，但可能泄漏内存或其他资源。

4.3.3　TerminateProcess函数

调用TerminateProcess也可终止一个进程，如下所示：

```
BOOL TerminateProcess(
    HANDLE hProcess,
    UINT fuExitCode);
```

此函数与ExitProcess函数有一个明显区别：任何线程都可调用TerminateProcess来终止另一个进程或者它自己的进程。hProcess参数指定了要终止的进程的句柄。进程终止时，其退出代码的值就是传给fuExitCode参数的值。

只有在无法通过其他方法来强制进程退出时，才应使用TerminateProcess。被终止的进程得不到自己要被终止的通知，应用程序不能正确清理，也不能阻止它自己被强行终止(除非通过正常的安全机制)。例如，在这种情况下，进程无法将它在内存中的任何信息回写到磁盘上。

虽然进程没机会执行自己的清理工作，但操作系统会在进程终止之后彻底进行清理，确保不会泄漏任何操作系统资源。这意味着进程使用的所有内存都被释放，所有打开的文件都被关闭，所有内核对象的使用计数都被递减，所有用户对象和GDI对象都被销毁。

一旦进程终止(不管如何终止)，系统会保证不留它的任何部分。绝对没有任何办法知道那个进程是否运行过。进程在终止后绝对不会泄漏任何东西。希望大家都已经明确这一点了。

4.3.4　当进程中的所有线程终止时

如果一个进程中的所有线程都终止了——要么是因为它们都调用了ExitThread，要么是因为它们都用TerminateThread来终止了，操作系统就认为没有任何理由再保持进程的地址空间。这非常合理，因为没有线程在执行地址空间中的任何代码。一旦系统检测到一个进程中没有任何线程在运行，就会终止该进程。进程的退出代码会被设为最后一个终止的那个线程的退出代码。

4.3.5　当进程终止运行时

进程终止时，系统依次执行以下操作。

(1) 终止进程中遗留的任何线程。
(2) 释放进程分配的所有用户对象和GDI对象，关闭所有内核对象(如果没有其他进程打开这些内核对象的句柄，它们会被销毁。不过，如果有其他进程打开了它们的句柄，就不会被销毁)。
(3) 进程的退出代码从STILL_ACTIVE变为传给ExitProcess或TerminateProcess函数的代码。
(4) 进程内核对象的状态变成已触发状态(即signaled，信号机制的详情请参见第9章)。这就是为什么系统中的其他线程可以挂起它们自己，直至进程终止。
(5) 进程内核对象的使用计数递减1。

注意，进程内核对象的生命期至少和进程本身一样长。但是，进程内核对象的存活时间也许能超过它的进程。进程终止时，系统会自动递减其内核对象的使用计数。如果计数减至0，表明没有其他进程打开了这个对象的句柄，所以在进程被销毁时，对象也会被销毁。

107

但在一个进程终止时，如果系统中还有另一个进程打开了该进程的内核对象的句柄，则进程内核对象的使用计数不会变成0。若父进程忘记关闭它的一个子进程的句柄，往往就会发生这种情况。这是Windows的一个特性(或功能)，而不是bug。记住，进程内核对象会维护与进程有关的统计信息。即使是在进程终止之后，这些信息也可能有用。例如，我们可能想知道一个进程需要多少CPU时间。或者，一个更有可能的原因是，我们想通过调用GetExitCodeProcess来获得已经终止的一个进程的退出代码：

```
BOOL GetExitCodeProcess(
    HANDLE hProcess,
    PDWORD pdwExitCode);
```

该函数会查找进程内核对象(由hProcess参数标识)并从内核对象的数据结构中提取用于标识进程退出代码的成员。退出代码值在pdwExitCode参数指向的一个DWORD中返回。

任何时候都可调用该函数。如果在调用GetExitCodeProcess的时候进程还没有终止，函数将用STILL_ACTIVE标识符(定义为0x103)来填充DWORD。如果进程已经终止，就返回实际的退出代码值。

有人可能会想，我是不是可以编写代码，定期调用GetExitCodeProcess并检查退出代码，从而判断一个进程是否终止？虽然这在很多情况下都是行得通的，但其效率不敢恭维。下一节将介绍如何通过正确的方式来判断进程在什么时候终止。

重申一下，应该调用CloseHandle来告诉操作系统我们已经对进程中的统计数据不感兴趣了。如果进程已经终止，CloseHandle函数将递减内核对象的使用计数，并释放它。

4.4　子进程

设计应用程序时，可能会想用另一个代码块来执行工作。为此，我们总是调用函数(function)或子程序(subroutine)来分配这样的工作。除非调用的函数返回，否则代码不能继续后续的处理。很多时候都需要这种单任务同步机制。让另一个代码块来执行工作的另一个办法是在进程内新建一个线程，让它帮助我们进行处理。这样一来，当另一个线程执行指定的工作时，我们的代码可以继续工作。虽然这种方法很有用，但如果我们的线程需要查看新线程的结果时，就会遇到同步问题。

另一个办法是生成一个新进程来帮助工作，新的进程称为子进程(child process)。例如，假定现在要做的工作非常复杂。为了完成工作，我们在同一个进程中创建了一个新线程。我们写了一些代码，测试后无法得到正确的结果。究其原因，也许是算法有误，也许是对某些东西进行了错误的解引(dereference)操作，不慎改写了地址空间中的重要数据。为了在工作期间保护地址空间，一个办法是让一个新进程来执行工作。然后，既可以在新进程终止后才继续我们自己的工作，也可以在新进程运行期间继续自己的工作。

108

遗憾的是，新进程可能需要操作我们的地址空间中的数据。在这种情况下，最好让进程在它自己的地址空间中运行，并只允许它访问父进程地址空间中与它的工作有关的数据，从而保护与正在进行的处理无关的其他数据。Windows提供了几种方式在不同进程之间传递数据，其中包括动态数据交换(Dynamic Data Exchange，DDE)、OLE、管道、邮槽等。共享数据最方便的方式之一就是使用内存映射文件(详情参见第17章)。

如果希望新建一个进程来执行一些工作并等待结果，可以像下面这样编码：

```
PROCESS_INFORMATION pi;
DWORD dwExitCode;

// 生成 (spawn) 子进程
BOOL fSuccess = CreateProcess(..., &pi);
if (fSuccess) {

    // 线程不再需要时立即关闭其句柄！
    CloseHandle(pi.hThread);

    // 挂起我们当前的执行，直到子进程终止
    WaitForSingleObject(pi.hProcess, INFINITE);

    // 子进程终止；获取其退出码
    GetExitCodeProcess(pi.hProcess, &dwExitCode);

    // 进程不再需要时立即关闭其句柄
    CloseHandle(pi.hProcess);
}
```

上述代码段创建了新进程；如创建成功，就调用WaitForSingleObject函数：

```
DWORD WaitForSingleObject(HANDLE hObject, DWORD dwTimeout);
```

第9章将全面讨论WaitForSingleObject函数。现在，只需要知道此函数会一直等待，直至hObject参数所标识的对象变为已触发(signaled)。进程对象终止时就会变为已触发。所以，对WaitForSingleObject函数的调用将暂停执行父进程的线程，直至子进程终止。WaitForSingleObject返回后，可调用GetExitCodeProcess来获得子进程的退出代码。

在前面这段代码中，对CloseHandle函数的调用导致系统将线程和进程对象的使用计数递减至0，使对象占用的内存可以被释放。

注意，在上述代码中，我们在CreateProcess返回之后，立即关闭了到子进程的主线程内核对象的句柄。这不会导致子进程的主线程终止，它只是递减了子进程的主线程内核对象的使用计数。下面解释了为什么说这是一个良好的编程习惯：假定子进程的主线程生成另一个线程，然后主线程终止。此时，系统就可以从内存中释放子进程的主线程对

象——前提是父进程没有打开到这个线程对象的句柄。但是，假如父进程打开了到子进程的主线程对象的一个句柄，系统就不会释放对象，除非父进程关闭句柄。

运行独立的子进程

大多数时候，应用程序将另一个进程作为独立的进程(detached process)来启动。这意味着一旦进程创建并开始执行，父进程就不再与新进程通信，或者不用等它完成工作之后才继续自己的工作。Windows资源管理器就是这样工作的。当Windows资源管理器为用户创建了一个新进程之后，就不再关心这个进程是否继续存在，也不关心用户是否将其终止。

为了断绝与子进程的所有联系，Windows资源管理器必须调用CloseHandle来关闭新进程及其主线程的句柄。以下代码示例展示了如何新建一个进程，然后让它独立运行：

```
PROCESS_INFORMATION pi;

// 生成 (Spawn) 子进程
BOOL fSuccess = CreateProcess(..., &pi);
if (fSuccess) {
    // 允许系统在子进程终止时立即销毁进程 & 线程内核对象
    CloseHandle(pi.hThread);
    CloseHandle(pi.hProcess);
}
```

4.5　管理员以标准用户权限运行

感谢一系列新技术，Windows Vista和之后的版本为用户提高了安全等级。对于应用程序开发人员，影响最大的技术当属用户账户控制(User Account Control，UAC)。

Microsoft注意到这样一个事实：大多数用户都用一个管理员(Administrator)账户来登录Windows。利用这个账户，用户能几乎没有任何限制地访问重要的系统资源，因为该账户被授予了很高的权限。一旦用户用这样的一个特权账户来登录Vista之前的某个Windows操作系统，就会创建一个安全令牌(security token)。每当有代码试图访问一个受保护的安全资源时，操作系统就会使用(出示)这个安全令牌。从包括Windows资源管理器在内的第一个进程开始，这个令牌会与新建的所有进程关联。Windows资源管理器会将令牌传给它的所有子进程，并以此类推。在这样的配置中，如果从网上下载的一个恶意程序开始运行，或者电子邮件中的一个恶意脚本开始运行，就会继承管理员账户的高特权(因其宿主应用程序正在该账户下运行)，因而可以肆意更改机器上的任何内容，甚至可以启动另一个同样继承高特权的进程。

相反，在Windows Vista和后续版本中，如果用户使用管理员这样的一个被授予高特权的账户登录，那么除了与这个账户对应的安全令牌之外，还会创建一个经过筛选的令牌(filtered token)，后者将只被授予标准用户(Standard User)的权限。以后，从包括Windows资源管理器在内的第一个进程开始，这个筛选后的令牌会与系统代表最终用户启动的所有新进程关联。有人可能马上会对此提出疑问：既然所有应用程序都只有标准用户的权限集，那么它们如何访问受限制的资源呢？比较简短的一个回答是：权限受限的进程无法访问需要更高权限才能访问的安全资源。下面将给出较为详尽的回答。另外，在本节剩余部分，将集中讨论开发者如何利用UAC。

首先，我们可以要求操作系统提升权限，但只能在进程边界(process boundary)上提升。这是什么意思呢？默认情况下，一个进程启动时，它会与当前登录用户的筛选后的令牌关联起来。要想为进程授予更多权限，我们(开发人员)需要指示Windows做这样一件事情：在进程启动之前，首先友好地征得最终用户(对于提升权限)的同意。作为最终用户，可以使用快捷菜单中的Run as administrator(以管理员身份运行)命令，在Windows资源管理器中右击一个应用程序，即可打开如图4-6所示的菜单。

图4-6　选择打开方式

如果用户本身就是以管理员身份登录的，那么一旦选择"以管理员身份运行"，系统就会在一个"安全Windows桌面"中显示确认对话框，要求用户批准将权限提升到未筛选的安全令牌的级别。选择"以管理员身份运行"之后，最终用户可能看到三种类型的对话框。下面将分别进行解释。

如果应用程序是系统的一部分，就会显示如图4-7所示的安全确认对话框，上面是一个蓝色的横幅。

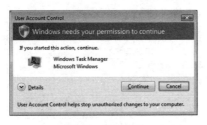

图4-7　安全确认

如果应用程序进行了签名，对话框中将显示一个灰色横幅(如图4-8所示)，表明Windows
没有足够的把握来确定应用程序是否安全。

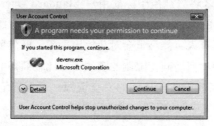

图4-8 安全确认状态显示

最后，如果应用程序没有签名，系统会在对话框中显示一个橙色的横幅(如图4-9所示)，
并要求用户谨慎回答。

图4-9 进一步确认

注意，如果用户当前以标准用户的身份登录，系统会弹出另一个对话框(如图4-10所
示)，要求提供一个提升了权限的账户的登录凭据。采用这个设计，管理员就可以跑过来
帮助登录到这台计算机的标准用户提升权限。

图4-10 要求提供凭据

除了Windows资源管理器快捷菜单中的"以管理员身份运行"命令，大家肯定还注意到了一个新的盾牌图标。这个图标会出现在负责执行Windows管理任务的一些链接旁边或者按钮上面。这个新的界面元素向用户清楚地表明：一旦点击这个链接或按钮，就会弹出一个权限提升确认对话框。在应用程序的按钮上显示这个盾牌图标非常容易，本章最后提供的Process Information示例代码对此进行了展示。

下面来看一个简单的例子。右击任务栏，从弹出的菜单中选择"任务管理器"。在其Process(进程)标签页底部，可以清楚地看到Show Proesses From All Users(显示所有用户的进程)按钮上的盾牌图标，如图4-11所示。

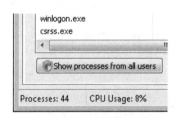

图4-11　显示盾牌图标

单击这个按钮之前，先看看任务管理器的进程ID(也就是taskmgr.exe的PID)。在确认了权限提升之后，任务管理器将短暂地消失，但随后它会重新出现，不过一个复选框代替了盾牌按钮，如图4-12所示。

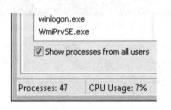

图4-12　确认

检查一下任务管理器的PID，会注意到它与提升权限前的PID不一样。这是否意味着任务管理器必须生成它自己的另一个实例，才能获得权限提升呢？是的，答案是肯定的。如前所述，Windows只允许在进程边界上进行权限提升。一旦进程启动，再要求更多的权限就已经迟了。不过，一个未提升权限的进程可以生成另一个提升了权限的进程，后者将包含一个COM服务器，这个新进程将保持活动状态。这样一来，未提升权限的进程就可以向已提升了权限的新进程发出IPC调用，而不必为了提升权限而启动一个新实例再终止它自身。

4.5.1　自动提升进程权限

如应用程序一直需要管理员权限(比如在安装期间)，操作系统可在每次调用(invoke)应用程序时自动提示用户提升权限。每生成一个新进程时，Windows的UAC组件如何判断应采取的操作呢？

如果应用程序的可执行文件嵌入了一种特殊资源(RT_MANIFEST)，系统就会检查 <trustInfo>区域并解析其内容。下面摘录了一个示例清单(manifest)文件中的这段代码：

```
...
<trustInfo xmlns="urn:schemas-microsoft-com:asm.v2">
    <security>
        <requestedPrivileges>
            <requestedExecutionLevel
                level="requireAdministrator"
            />
        </requestedPrivileges>
        </security>
</trustInfo>
...
```

level属性可能有三个不同的值，如表4-8所示。

表4-8　level属性的值

值	描述
requireAdministrator	应用程序必须以管理员权限启动；否则不会运行
highestAvailable	<ul><li>应用程序以当前可用的最高权限运行</li><li>如果用户使用管理员账户登录，就会出现一个要求批准提升权限的对话框</li><li>如果用户使用普通用户账户登录，应用程序就用这些标准权限来启动 (不会提示用户提升权限)</li></ul>
asInvoker	应用程序使用与调用应用程序一样的权限来启动

也可以选择不将清单嵌入可执行文件的资源，而是将清单保存到可执行文件所在的目录中，名称与可执行文件相同，但扩展名使用.manifest。

但是，外部清单文件也许不会立即被操作系统发现，尤其是假如在清单文件就位之前就已经启动了可执行文件。在这种情况下，需要先注销再重新登录，才能使Windows注意到外部的清单文件。在任何情况下，只要可执行文件中嵌入了一个清单，外部的清单文件就会被忽略。

除了通过XML清单来明确设置所需的权限，操作系统还会根据一系列特定的兼容性规则来"智能"判断一个程序是不是安装程序。因为在这种情况下，系统需要自动显示一个提升权限对话框。对于其他应用程序，假如没有发现任何清单，也没有发现它具有安装程序的行为，那么最终用户可以自行决定是否以管理员身份启动进程。具体办法是在可执行文件的属性对话框的Compatibitlity(兼容性)标签页中勾选对应的复选框，如图4-13所示。

图4-13　最终确认

4.5.2　手动提升进程权限

如果仔细读过本章前面对CreateProcess函数的描述，肯定会注意到它没有提供什么标记或参数来提出这种权限提升要求。相反，我们需要调用ShellExecuteEx函数来做这个事情：

```
BOOL ShellExecuteEx(LPSHELLEXECUTEINFO pExecInfo);

typedef struct _SHELLEXECUTEINFO {
    DWORD cbSize;
    ULONG fMask;
    HWND hwnd;
    PCTSTR lpVerb;
    PCTSTR lpFile;
    PCTSTR lpParameters;
    PCTSTR lpDirectory;
    int nShow;
    HINSTANCE hInstApp;
    PVOID lpIDList;
    PCTSTR lpClass;
    HKEY hkeyClass;
    DWORD dwHotKey;
```

```
    union {
        HANDLE hIcon;
        HANDLE hMonitor;
    } DUMMYUNIONNAME;
    HANDLE hProcess;
} SHELLEXECUTEINFO, *LPSHELLEXECUTEINFO;
```

在SHELLEXECUTEINFO结构中，我们唯一感兴趣的字段是lpVerb和lpFile。前者必须设为
"runas"，后者必须包含使用提升后的权限来启动的一个可执行文件的路径，如以下代码
所示：

```
// 初始化结构
SHELLEXECUTEINFO sei = { sizeof(SHELLEXECUTEINFO) };

// 要求提升权限
sei.lpVerb = TEXT("runas");

// 创建一个命令提示符，可从中启动其他提升了权限的应用程序
sei.lpFile = TEXT("cmd.exe");

// 别忘了这个参数；否则窗口会被隐藏
sei.nShow = SW_SHOWNORMAL;
if (!ShellExecuteEx(&sei)) {
    DWORD dwStatus = GetLastError();
    if (dwStatus == ERROR_CANCELLED) {
    // 用户拒绝提升权限
    }
    else
    if (dwStatus == ERROR_FILE_NOT_FOUND) {
    // lpFile 定义的文件未找到，弹出错误消息
    }
}
```

115~116

如果用户拒绝提升权限，ShellExecuteEx将返回FALSE，GetLastError使用一个ERROR_
CANCELLED值来指出这个情况。

注意，进程使用提升的权限启动后，它每次用CreateProcess来生成另一个进程时，子
进程都会获得和父进程一样的提升后的权限，此时无需再调用ShellExecuteEx。但是，
假如一个应用程序是用一个筛选后的令牌来运行的，那么一旦试图调用CreateProcess
来生成一个要求提升权限的执行体，这个调用就会失败，GetLastError会返回ERROR_
ELEVATION_REQUIRED。

总之，要想成为Windows中的"好公民"，我们的应用程序大多数时候都应该以"标准用户"身份运行。另外，在某项任务要求更多权限的时候，用户界面应该在与该管理任务对应的用户界面元素(按钮、链接或菜单项)旁边明确显示一个盾牌图标(本章稍后的Process Information示例程序给出了一个例子)。由于管理任务必须由另一个进程或者另一个进程中的COM服务器来执行，所以应将需要管理员权限的所有任务集中到另一个应用程序中，并通过调用ShellExecuteEx(为lpVerb传递"runas")来提升它的权限。然后，具体要执行的特权操作应作为新进程的命令行上的一个参数来传递。这个参数是通过SHELLEXECUTEINFO的lpParameters字段来传递的。

提示 对经过权限提升／筛选的进程进行调试可能比较麻烦。但仍有一条非常简单的黄金法则可以遵循：希望被调试的进程继承什么权限，就以那种权限来启动 Visual Studio。如果要调试的是一个以标准用户身份运行的已筛选的进程，就必须以标准用户身份来启动 Visual Studio；每次单击 Visual Studio 的默认快捷方式（或通过「开始」菜单），都是以标准用户的身份来启动它的。如果以管理员身份启动 Visual Studio，被调试的进程会从以管理员身份启动的 Visual Studio 实例中继承提升后的权限，这并不是我们期望的。

如果要调试的进程要求以管理员身份运行（例如，根据那个进程的清单中的描述，它可能必须以管理员身份运行），那么 Visual Studio 必须同样以管理员身份启动。否则会显示一条错误消息，指出"the requested operation requires elevation"（请求的操作需要提升权限），而且被调试的进程根本不会启动。

116

4.5.3 何为当前权限上下文

前面描述过任务管理器的例子，它在Processes(进程)标签页的底部要么显示一个盾牌图标，要么显示一个复选框，具体取决于它是如何生成的。稍加思索，我们应该想到两个问题：如何判断应用程序是否是以管理员身份运行；更重要的是，如何判断它是以提升的权限来启动的，还是正在使用筛选的令牌运行。

下面这个名为GetProcessElevation的辅助函数能返回提升类型和一个指出进程是否正在以管理员身份运行的布尔值。

```
BOOL GetProcessElevation(TOKEN_ELEVATION_TYPE* pElevationType, BOOL* pIsAdmin) {
    HANDLE hToken = NULL;
    DWORD dwSize;

    // 获取当前进程令牌
    if (!OpenProcessToken(GetCurrentProcess(), TOKEN_QUERY, &hToken))
```

```
                  return(FALSE);

          BOOL bResult = FALSE;

          // 获取权限提升类型信息
          if (GetTokenInformation(hToken, TokenElevationType,
              pElevationType, sizeof(TOKEN_ELEVATION_TYPE), &dwSize)) {
              // 创建和 Administrators 组对应的 SID
              BYTE adminSID[SECURITY_MAX_SID_SIZE];
              dwSize = sizeof(adminSID);
              CreateWellKnownSid(WinBuiltinAdministratorsSid, NULL, &adminSID,
                  &dwSize);

              if (*pElevationType == TokenElevationTypeLimited) {
                  // 获取到链接的令牌的句柄（如果当前是最低用户权限，那么肯定会有一个）
                  HANDLE hUnfilteredToken = NULL;
                  GetTokenInformation(hToken, TokenLinkedToken, (VOID*)
                      &hUnfilteredToken, sizeof(HANDLE), &dwSize);

                  // 核实原始令牌是否包含管理员 SID
                  if (CheckTokenMembership(hUnfilteredToken, &adminSID, pIsAdmin)) {
                      bResult = TRUE;
                  }

                  // 别忘了关闭未筛选的令牌
                  CloseHandle(hUnfilteredToken);
              } else {
                  *pIsAdmin = IsUserAnAdmin();
                  bResult = TRUE;
              }
          }
          // 别忘了关闭进程令牌

          CloseHandle(hToken);
          return(bResult);
      }
```

117

注意，GetTokenInformation使用了与进程关联的安全令牌和TokenElevationType参数来获得提升类型，提升类型的值由TOKEN_ELEVATION_TYPE枚举类型来定义，如表4-9所示。

表4-9 TOKEN_ELEVATION_TYPE的值

值	描述
TokenElevationTypeDefault	进程以默认用户运行，或者 UAC 被禁用
TokenElevationTypeFull	进程的权限被成功提升，而且令牌没有被筛选过
TokenElevationTypeLimited	进程以受限的权限运行，它对应于一个筛选过的令牌

根据这些值，就可以知道进程在运行时使用的令牌是否被筛选过。下一步是判断用户是不是管理员。如果令牌没有被筛选过，那么为了知道进程是否正在以管理员的身份运行，IsUserAnAdmin函数最理想。在令牌已被筛选的情况下，我们需要获取未筛选的令牌(把TokenLinkedToken传给GetTokenInformation)，然后判断其中是否包含一个管理员SID(借助于CreateWellKnownSid和CheckTokenMembership)。

例如，将在下一节详细介绍的Process Information示例程序就在WM_INITDIALOG消息处理代码中使用了这个辅助函数，目的是为对话框的标题添加前缀来表明权限提升的详细信息，并显示或隐藏一个盾牌图标。

> **提示** 注意，Button_SetElevationRequiredState 宏（在 CommCtrl.h 中定义）用于在按钮中显示或隐藏盾牌图标。也可调用 SHGetStockIconInfo 并将 SIID_SHIELD 作为参数传递来直接获取盾牌图标；两者都在 shellapi.h 中定义。要了解其他还有哪些类型的控件支持盾牌图标，请查阅 MSDN 联机帮助，网址为 https://tinyurl.com/58n67rcf。

4.5.4　枚举系统中正在运行的进程

许多软件开发人员在为Windows编写工具或实用程序时，都曾遇到过需要枚举正在运行的进程的情况。Windows API最初并没有函数能枚举正在运行的进程。不过，Windows NT有一个不断更新的数据库，称为"性能数据"(Performance Data)数据库。该数据库包含海量信息，这些信息可通过某些注册表函数来访问，例如RegQueryValueEx(要将注册表的根项设为KEY_PERFORMANCE_DATA)。由于以下原因，几乎很少有Windows程序员知道这个性能数据库。

- 它没有自己专门的函数，使用的是现成的注册表函数。
- 它在Windows 95和Windows 98上不可用。
- 数据库中的信息布局非常复杂，许多开发人员都怕用它，这妨碍了它的流行。

为了更方便地使用这个数据库，Microsoft创建了一套Performance Data Helper函数(包含在PDH.dll中)。要想进一步了解这个函数库，请在Platform SDK文档中搜索Performance

Data Helper。

正如刚才提到的那样，Windows 95和Windows 98没有提供这个性能数据库。它们有自己的一套函数可用来枚举进程及相关信息。这些函数在ToolHelp API中。欲知详情，请在Platform SDK文档中搜索函数Process32First和Process32Next。

有趣的是，Windows NT开发团队不喜欢ToolHelp函数，所以没有把它们加入Windows NT。相反，他们自行开发了Process Status函数(包含在PSAPI.dll中)来枚举进程。欲知详情，请在Platform SDK文档中搜索EnumProcesses函数。

虽然从表面上看，Microsoft似乎是想为工具和实用程序的开发人员增加难度，但无论如何，从Windows 2000开始，ToolHelp函数还是在Windows操作系统中现身了。现在，开发人员终于可以使用一套通用的源代码为Windows 95、Windows 98……直至最新版本的Windows写出适用性更强的工具和实用程序。

4.5.5　Process Information示例程序

ProcessInfo应用程序(04-ProcessInfo.exe)展示了如何利用各种ToolHelp函数来写一个非常有用的实用程序。这个应用程序的源代码和资源文件可以在本书配套资源的04-ProcessInfo目录中找到。启动程序将显示如图4-14所示的窗口。

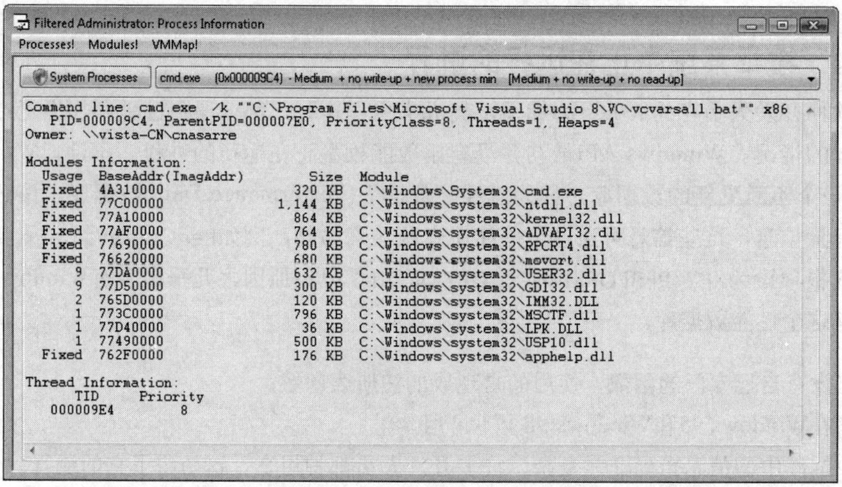

图4-14　运行中的ProcessInfo

ProcessInfo首先枚举目前正在运行的所有进程，将每个进程的名称和ID添加到顶部的组合框内。然后选中第一个进程，并在下方的只读编辑框中显示与这个进程有关的信息。

可以看出，程序显示了进程ID(PID)、命令行(Command line)、所有者(Owner)、父进程ID(ParentPID)、进程的优先级类(PriorityClass)以及在此进程的上下文中运行的线程数。虽然大多数信息都超出了本章的范围，但后续各章会陆续讨论。

查看进程列表时，VMMap!菜单处于可用状态(该菜单在查看模块信息时禁用)。选择VMMap!菜单会运行VMMap示例程序(将在第14章讨论)。该程序将遍历所选进程的地址空间。

在模块信息(Module Information)区域，列出了映射到进程地址空间的模块(可执行文件和DLL)。所谓Fixed(固定)模块，是指在进程初始化时隐式加载的模块。如果是显式加载的DLL，则会显示其使用计数。第二列显示模块映射到的内存地址。如果模块没有映射到它首选的基地址，则首选基地址会在圆括号中显示。第三列显示模块大小(以KB为单位)。最后一列显示模块的完整路径名。线程信息(Thread Information)区域显示了当前在此进程上下文中运行的所有线程，每个线程的ID(TID)和优先级都在此显示。

除了线程信息，还可以选择Modules!菜单项。这将使ProcessInfo在整个系统中枚举目前已加载的所有模块，并将每个模块的名称添加到顶部的组合框中。然后，ProcessInfo选中第一个模块并显示相关信息，如图4-15所示。

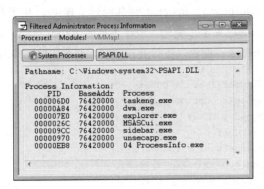

图4-15　ProcessInfo显示了进程地址空间内加载了Psapi.dll的所有进程

以这种方式使用ProcessInfo实用程序时，可以很容易地判断出哪些进程正在使用一个特定的模块。模块的完整路径显示在顶部。在下方的Process Information(进程信息)区域，显示了包含此模块的所有进程的一个列表。除了每个进程的ID和名称，还显示了模块加载到每个进程的什么地址。

简单地说，ProcessInfo显示的所有信息都是通过调用各种ToolHelp函数来生成的。为了使ToolHelp函数更好用，我创建了一个名为Ctoolhelp的C++类(包含在Toolhelp.h文件中)。这个C++类封装了ToolHelp快照，并简化了对其他ToolHelp函数的调用。

ProcessInfo.cpp 中的GetModulePreferredBaseAddr函数特别有意思：

```
PVOID GetModulePreferredBaseAddr(
    DWORD dwProcessId,
    PVOID pvModuleRemote);
```

该函数接受一个进程ID以及这个进程内的一个模块的地址作为参数。然后，它会查看那
个进程的地址空间，定位那个模块，然后读取模块的文件头信息以确定这个模块的首选基
地址。模块应始终加载到它的首选基地址；否则，使用此模块的应用程序在初始化的时候
就需要更多的内存，导致其性能受到影响。因为这是一个比较糟糕的情况，所以我特地添
加了这个函数，这样一来，当一个模块未能在首选基地址加载的时候，程序就可以将这
种情况显示出来。第20章将进一步介绍首选基地址及其对时间和内存性能的影响。

120~121

进程的命令行不能直接获得。正如MSDN Magazine一篇文章，题为"Escape from DLL
Hell with Custom Debugging and Instrumentation Tools and Utilities, Part 2"(网址为
https://tinyurl.com/44mb5mvy)所解释的那样，为了找出命令行，需深入研究远程进程的
"进程环境块"(Process Environment Block，PEB)。不过，自Windows XP起发生了两
个重要的变化，我们需要对此专门解释一下。

首先，在WinDbg(可从https://tinyurl.com/bddk8cxs下载)中，用于获得一个内核风格的
PEB结构相关详情的命令已发生了变化。现在不再使用kdex2x86扩展所实现的strct。相
反，我们只需要调用dt命令。例如，执行dt nt! PEB，将列出以下PEB定义：

```
+0x000 InheritedAddressSpace : UChar
+0x001 ReadImageFileExecOptions : UChar
+0x002 BeingDebugged : UChar
+0x003 BitField : UChar
+0x003 ImageUsesLargePages : Pos 0, 1 Bit
+0x003 IsProtectedProcess : Pos 1, 1 Bit
+0x003 IsLegacyProcess : Pos 2, 1 Bit
+0x003 IsImageDynamicallyRelocated : Pos 3, 1 Bit
+0x003 SpareBits : Pos 4, 4 Bits
+0x004 Mutant : Ptr32 Void
+0x008 ImageBaseAddress : Ptr32 Void
+0x00c Ldr : Ptr32 _PEB_LDR_DATA
+0x010 ProcessParameters : Ptr32 _RTL_USER_PROCESS_PARAMETERS
+0x014 SubSystemData : Ptr32 Void
+0x018 ProcessHeap : Ptr32 Void
...
```

RTL_USER_PROCESS_PARAMETERS结构的定义如下，这是由WinDbg中的dt nt!_RTL_

USER_PROCESS_PARAMETERS命令所列出的：

```
+0x000 MaximumLength : Uint4B
+0x004 Length : Uint4B
+0x008 Flags : Uint4B
+0x00c DebugFlags : Uint4B
+0x010 ConsoleHandle : Ptr32 Void
+0x014 ConsoleFlags : Uint4B
+0x018 StandardInput : Ptr32 Void
+0x01c StandardOutput : Ptr32 Void
+0x020 StandardError : Ptr32 Void
+0x024 CurrentDirectory : _CURDIR
+0x030 DllPath : _UNICODE_STRING
+0x038 ImagePathName : _UNICODE_STRING
+0x040 CommandLine : _UNICODE_STRING
+0x048 Environment : Ptr32 Void
...
```

121

这样一来，就可以对如下内部结构进行计算，从而帮助我们"挖掘"出命令行：

```
typedef struct
{
    DWORD Filler[4];
    DWORD InfoBlockAddress;
} __PEB;
typedef struct
{
    DWORD Filler[17];
    DWORD wszCmdLineAddress;
} __INFOBLOCK;
```

其次，如同第14章要讲到的那样，在Windows Vista和后续版本中，系统会将DLL载入进程地址空间中的随机地址。所以，不要像在Windows XP中那样将PEB的地址硬编码为0x7ffdf000。相反，需要调用NtQueryInformationProcess，并在第二个参数中传入ProcessBasicInformation。别忘了，在一个版本的Windows中发现的未公开的细节可能在下一个版本中发生改变，PEB的地址就是一例。

最后但同样很重要的一点，在使用Process Information应用程序时，我们会注意到某些进程已在组合框中列出，但它没有显示已加载的DLL之类的详细信息。例如，audiodg.exe(Windows Audio Device Graph Isolation)就是一个受保护的进程(protected process)。这种新的进程类型是从Windows Vista开始引入的。例如，可用它为DRM(数字权限保护)应用程序提供更大程度的隔离。另外，理所当然地，远程进程访问受保护进程的虚拟内存的权限也被取消了。由于这个权限是列出已加载的DLL所必须的，ToolHelp API自然无法返回这些细节。可从以下网址下载受保护进程的白皮书：https://tinyurl.com/5ebz69j9。

Process Information应用程序之所以不能获取一个正在运行的进程的所有详情，还可能有另外一个原因。如果这个工具是在未提升权限的情况下启动的，就可能无法访问(自然也无法修改)以提升的权限来启动的进程。事实上，其限制远远不止在程序的用户界面上显示的那么单纯。Windows Vista还实现了另一个安全机制，即"Windows完整性机制"(Windows Integrity Mechanism)，以前称为"强制完整性控制"(Mandatory Integrity Control)。

除了众所周知的安全描述符(security descriptor，SID)和访问控制列表(access control list，ACL)，系统还通过在系统访问控制列表(system access control list，SACL)中新增一个名为强制标签(mandatory label)的访问控制项(access control entry，ACE)来为受保护的资源分配一个所谓的完整性级别(integrity level)。凡是没有这个ACE的安全对象，操作系统将默认其拥有"中"(Medium)完整性级别。另外，每个进程都有一个基于其安全令牌的完整性级别，它与系统授予的一个信任级别是对应的，如表4-10所示。

表4-10　信任级别

级别	示例应用程序
低	保护模式中的 Internet Explorer 是以"低"信任级别来运行的，目的在于拒绝从网上下载的代码修改其他应用程序和 Windows 环境
中	默认情况下，所有应用程序都以"中"信任级别来启动，并使用一个筛选过的令牌来运行
高	如果应用程序以提升后的权限来启动，则以"高"信任级别来运行
系统	只有以 Local System 或 Local Service 的身份运行的进程，才能获得这个信任级别

122

代码试图访问一个内核对象时，系统会将调用进程的完整性级别与内核对象的完整性级别进行比较。如果后者高于前者，系统将拒绝它执行修改和删除操作。注意，这个比较是在检查ACL之前就完成的。所以，即便进程拥有访问资源的权限，但由于它在运行时使用的完整性级别低于资源所要求的完整性级别，所以访问仍会被拒绝。假如一个应用程序要运行从网上下载的代码或脚本，这个设计就尤其重要。在Windows Vista上运行的Internet Explorer 7正是利用这个机制以"低"完整性级别来运行的。这样一来，下载的代码就不能更改其他任何应用程序的状态，因为那些应用程序的进程默认是以"中"完整性级别来运行的。

提示 可以用 Sysinternals 免费提供的 Process Explorer 工具 (https://tinyurl.com/ycj8yjkn) 来查看进程的完整性级别。为此，请在 Select Columns 对话框的 Process Image 标签页中勾选 Integrity Level(见图 4-16)。

图 4-16　选择完整性级别

源代码中的 GetProcessIntegrityLevel 函数演示了如何以编程方式来获取同样的细节及其他更多的内容。可以用 Sysinternals 免费提供的控制台工具 AccessChk(网址为 https://tinyurl.com/mr4yj23s) 列出访问文件、文件夹和注册表项等各种资源时所需的完整性级别 (使用 -i 或 -e 命令行开关即可)。最后要说一下，Windows 的控制台实用程序 icacls.exe 提供了一个 /setintegritylevel 命令行开关，它可以设置一个文件系统资源的完整性级别。

一旦知道了进程的令牌的完整性级别以及它要访问的内核对象的完整性级别，系统就可以根据令牌和资源中都存储有的代码策略来核实具体能执行什么操作。首先调用 GetTokenInformation 并传入 TokenMandatoryPolicy 和进程的安全令牌句柄。GetTokenInformation 返回一个 DWORD 值，其中包含详细描述了适用策略的一个位掩码 (bitwise mask)。表 4-11 列出了可能的策略。

123

表4-11　代码策略

WinNT.h 中的TOKEN_MANDATORY_*常量	描述
POLICY_NO_WRITE_UP	在这个安全令牌下运行的代码不能向具有更高完整性级别的资源写入
POLICY_NEW_PROCESS_MIN	在这个安全令牌下运行的代码启动一个新的进程时，子进程将检查父进程和清单 (manifest) 中描述的优先级，并从中选择最低的一个优先级。没有清单的话，就假定清单中的优先级为 Medium(中)

利用已经定义好的另外两个常量，可以轻松地判断要么没有策略(TOKEN_MANDATORY_POLICY_OFF定义为0)，要么有一个位掩码(TOKEN_MANDATORY_POLICY_VALID_MASK)，以便我们对一个策略值进行验证(参见ProcessInfo.cpp中的源代码)。

其次，示例程序将根据与内核对象关联的ACE标签的位掩码来设置资源策略(参见ProcessInfo.cpp中的GetProcessIntegrityLevel函数来查看实现细节)。为了决定允许或拒绝在资源上进行哪种访问，我们可以使用两个资源策略。默认的资源策略是SYSTEM_MANDATORY_LABEL_NO_WRITE_UP，它指出一个较低完整性级别的进程可以读取但不能写入或删除一个较高完整性的资源。SYSTEM_MANDATORY_LABEL_NO_READ_UP资源策略的限制性更强，因为它不允许较低完整性级别的进程读取较高完整性的资源。

说明　对于一个高完整性级别的进程内核对象，即使已经设置了No-Read-Up，另一个完整性级别较低的进程也能在完整性级别较高的地址空间中读取，只要该进程被授予了 Debug 权限。这解释了为什么以管理员身份运行 Process Information 工具时，它能读取具有 System 完整性级别的那些进程的命令行。管理员身份是授予我们 Debug 权限所必须的。

除了在进程之间提供内核对象的访问保护，窗口系统还利用完整性级别来拒绝低完整性级别的进程访问/更新高完整性级别的进程的用户界面。这个机制称为用户界面特权隔离(User Interface Privilege Isolation，UIPI)。操作系统阻止较低完整性的进程发布(通过PostMessage)、发送(通过SendMessage)或拦截(通过Windows挂钩)Windows消息，防止它在较高完整性级别进程拥有的窗口中获取信息或注入虚假输入。例如，以"中"完整性级别来启动Spy++并用它获取一个窗口的消息时，如果那个窗口是由一个较高完整性级别的进程创建的，我们将观察到操作失败的情形。

124

作业

本章内容

我们经常都需要将一组进程当作单个实体来处理。例如，Visual Studio在build一个C++项目时会生成(spawn)Cl.exe进程，后者可能必须生成更多进程，比如编译器每次对源文件进行扫描的时候。[①]。但是，如果用户希望提前停止build，Visual Studio就必须能以某种方式终止Cl.exe及其所有子进程。虽然这是一个简单而常见的问题，但在Windows中解决起来非常难，这是由于Windows没有维护进程之间的父/子关系。具体地说，即使父进程已终止运行，子进程仍在继续运行。

设计服务器时，也必须把一组进程当作一个单独的组来处理。例如，客户端也许会请求服务器执行一个应用程序并将结果返回给客户端(该应用程序也许会生成自己的子进程)。由于许多客户端都可能连接到此服务器，所以服务器应该以某种方式限制客户端能请求的东西，避免任何一个客户端独占其所有资源。这些限制包括可以分配给客户端请求的最大CPU时间；最小和最大工作集(working set)的大小；禁止客户端应用程序关闭计算机；一些安全限制。

---

① 译注：在每次扫描过程中，都对源程序或源程序的中间结果从头到尾扫描一次，并进行相关的加工处理，从而生成新的中间结果或目标程序。

Windows提供了一个作业(job)内核对象，它允许我们将进程组合在一起并创建一个"沙箱"来限制进程能够做什么。最好将作业对象想象成一个进程容器。但是，创建只包含一个进程的作业同样非常有用，因为这样可以对进程施加平时不能施加的限制。

下面是我编写的**StartRestrictedProcess**函数，该函数将一个进程放入一个作业中，以限制此进程具体能够做哪些事情，如下所示：

```
void StartRestrictedProcess() {
    // Check if we are not already associated with a job.
    // If this is the case, there is no way to switch to
    // another job.
    BOOL bInJob = FALSE;
    IsProcessInJob(GetCurrentProcess(), NULL, &bInJob);
    if (bInJob) {
        MessageBox(NULL, TEXT("Process already in a job"),
            TEXT(""), MB_ICONINFORMATION | MB_OK);
        return;
    }

    // Create a job kernel object.
    HANDLE hjob = CreateJobObject(NULL,
        TEXT("Wintellect_RestrictedProcessJob"));

    // Place some restrictions on processes in the job.

    // First, set some basic restrictions.
    JOBOBJECT_BASIC_LIMIT_INFORMATION jobli = { 0 };

    // The process always runs in the idle priority class.
    jobli.PriorityClass = IDLE_PRIORITY_CLASS;

    // The job cannot use more than 1 second of CPU time.
    jobli.PerJobUserTimeLimit.QuadPart = 10000; // 1 sec in 100-ns intervals

    // These are the only 2 restrictions I want placed on the job (process).
    jobli.LimitFlags = JOB_OBJECT_LIMIT_PRIORITY_CLASS
        | JOB_OBJECT_LIMIT_JOB_TIME;
    SetInformationJobObject(hjob, JobObjectBasicLimitInformation, &jobli,
        sizeof(jobli));

    // Second, set some UI restrictions.
    JOBOBJECT_BASIC_UI_RESTRICTIONS jobuir;
    jobuir.UIRestrictionsClass = JOB_OBJECT_UILIMIT_NONE; // A fancy zero
```

```
// The process can't log off the system.
jobuir.UIRestrictionsClass |= JOB_OBJECT_UILIMIT_EXITWINDOWS;

// The process can't access USER objects (such as other windows)
// in the system.
jobuir.UIRestrictionsClass |= JOB_OBJECT_UILIMIT_HANDLES;

SetInformationJobObject(hjob, JobObjectBasicUIRestrictions, &jobuir,
    sizeof(jobuir));

// Spawn the process that is to be in the job.
// Note: You must first spawn the process and then place the process in
//       the job. This means that the process' thread must be initially
//       suspended so that it can't execute any code outside of the job's
//       restrictions.
STARTUPINFO si = { sizeof(si) };
PROCESS_INFORMATION pi;
TCHAR szCmdLine[8];
_tcscpy_s(szCmdLine, _countof(szCmdLine), TEXT("CMD"));
BOOL bResult =
    CreateProcess(
        NULL, szCmdLine, NULL, NULL, FALSE,
        CREATE_SUSPENDED | CREATE_NEW_CONSOLE, NULL, NULL, &si, &pi);
// Place the process in the job.
// Note: If this process spawns any children, the children are
//       automatically part of the same job.
AssignProcessToJobObject(hjob, pi.hProcess);
// Now we can allow the child process' thread to execute code.
ResumeThread(pi.hThread);
CloseHandle(pi.hThread);

// Wait for the process to terminate or
// for all the job's allotted CPU time to be used.
HANDLE h[2];
h[0] = pi.hProcess;
h[1] = hjob;
DWORD dw = WaitForMultipleObjects(2, h, FALSE, INFINITE);
switch (dw - WAIT_OBJECT_0) {
    case 0:
        // The process has terminated...
        break;
    case 1:
        // All of the job's allotted CPU time was used...
        break;
```

```
    }

    FILETIME CreationTime;
    FILETIME ExitTime;
    FILETIME KernelTime;
    FILETIME UserTime;
    TCHAR szInfo[MAX_PATH];
    GetProcessTimes(pi.hProcess, &CreationTime, &ExitTime,
        &KernelTime, &UserTime);
    StringCchPrintf(szInfo, _countof(szInfo), TEXT("Kernel = %u | User = %u\n"),
        KernelTime.dwLowDateTime / 10000, UserTime.dwLowDateTime / 10000);
    MessageBox(GetActiveWindow(), szInfo, TEXT("Restricted Process times"),
        MB_ICONINFORMATION | MB_OK);

    // Clean up properly.
    CloseHandle(pi.hProcess);
    CloseHandle(hjob);
}
```

126~127

现在来解释StartRestrictedProcess的工作方式。首先，函数将NULL作为第二个参数传给以下函数，验证当前进程是否在一个现有的作业控制之下运行：

```
BOOL IsProcessInJob(
    HANDLE hProcess,
    HANDLE hJob,
    PBOOL pbInJob);
```

如果进程已经与一个作业关联，就无法将当前进程或者它的任何子进程从作业中去除。这个安全特性可确保进程无法摆脱对它施加的限制。

127

警告 默认情况下，在 Windows 资源管理器来启动一个应用程序时，进程会自动与一个专用的作业关联，此作业的名称使用了 PCA 字符串前缀。正如本章稍后的"作业通知"一节要讲述的那样，可在作业中的一个进程退出时接收到通知。所以，一旦通过 Windows 资源管理器启动的一个老式应用程序出现问题，就会触发 Program Compatibility Assistant(程序兼容性助手)。

如果你的应用程序需要像本章末尾展示的 Job Lab 程序那样创建作业，那么很不走运，这个创建注定会失败，因为进程已经关联了带 PCA 前缀的作业对象。

自 Windows Vista 开始提供的这个特性纯粹是为了检测兼容性问题。所以，如果已经像第 4 章描述的那样为应用程序定义了一个清单 (manifest)，Windows 资源管理器

就不会将我们的进程同带 PCA 前缀的作业关联，它会假定我们已经解决了任何可能出现的兼容性问题。

但是，在需要调试应用程序的时候，如果调试器是从 Windows 资源管理器启动的，即使我们的应用程序有一个清单(mainifest)，它也会从调试器继承带 PCA 前缀的作业。一个简单的解决方案是从命令行而不是 Windows 资源管理器中启动调试器。在这种情况下，我们的进程就不会与作业关联。

然后，我通过以下调用来创建一个新的作业内核对象：

```
HANDLE CreateJobObject(
    PSECURITY_ATTRIBUTES psa,
    PCTSTR pszName);
```

和所有内核对象一样，第一个参数将安全信息与新的作业对象关联，然后告诉系统，是否希望返回的句柄可被继承。最后一个参数对此作业对象进行命名，使其能由另一个进程通过OpenJobObject函数(稍后描述)进行访问，如下所示：

```
HANDLE OpenJobObject(
    DWORD dwDesiredAccess,
    BOOL bInheritHandle,
    PCTSTR pszName);
```

和往常一样，如确定在自己的代码中不再访问作业对象，就必须调用CloseHandle来关闭它的句柄。这一点在前面的StartRestrictedProcess函数的末尾有所体现。务必记住，关闭一个作业对象，不会迫使作业中的所有进程都终止运行。作业对象实际只是加了一个删除标记，只有在作业中的所有进程都终止运行之后，才会自动销毁。

注意，关闭作业句柄会导致所有进程都不可访问此作业，即使这个作业仍然存在，如以下代码所示：

```
// Create a named job object.
HANDLE hJob = CreateJobObject(NULL, TEXT("Jeff"));

// Put our own process in the job.
AssignProcessToJobObject(hJob, GetCurrentProcess());

// Closing the job does not kill our process or the job.
// But the name ("Jeff") is immediately disassociated with the job.
CloseHandle(hJob);

// Try to open the existing job.
```

```
hJob = OpenJobObject(JOB_OBJECT_ALL_ACCESS, FALSE, TEXT("Jeff"));
// OpenJobObject fails and returns NULL here because the name ("Jeff")
// was disassociated from the job when CloseHandle was called.
// There is no way to get a handle to this job now.
```

5.1 对作业中的进程施加限制

创建好作业之后，接着一般会根据作业中的进程能够执行哪些操作来建立一个沙箱(即施加限制)。可以向作业应用以下几种类型的限制。

- 基本限制和扩展基本限制，用于防止作业中的进程独占系统资源。
- 基本UI限制，用于防止作业内的进程更改用户界面。
- 安全限制，用于防止作业内的进程访问安全资源(文件、注册表子项等)。

可调用以下函数向作业施加限制：

```
BOOL SetInformationJobObject(
    HANDLE hJob,
    JOBOBJECTINFOCLASS JobObjectInformationClass,
    PVOID pJobObjectInformation,
    DWORD cbJobObjectInformationSize);
```

第一个参数指定要限制的作业。第二个参数是一个枚举类型，指定了要施加的限制的类型。第三个参数是一个数据结构的地址，该数据结构中包含具体的限制设置。第四个参数指出此数据结构的大小(用于版本控制)。表5-1总结了如何设置这些限制。

表5-1 限制类型

限制类型	第二个参数的值	第三个参数所对应的数据结构
基本限制	JobObjectBasicLimitInformation	JOBOBJECT_BASIC_LIMIT_INFORMATION
扩展后的基本限制	JobObjectExtendedLimitInformation	JOBOBJECT_EXTENDED_LIMIT_INFORMATION
基本的 UI 限制	JobObjectBasicUIRestrictions	JOBOBJECT_BASIC_UI_RESTRICTIONS
安全限制	JobObjectSecurityLimitInformation	JOBOBJECT_SECURITY_LIMIT_INFORMATION

在我编写的StartRestrictedProcess函数中，只对作业设置了一些基本的限制。我分配了一个JOBOBJECT_BASIC_LIMIT_INFORMATION结构，对它进行初始化，然后调用SetInformationJobObject。JOBOBJECT_BASIC_LIMIT_INFORMATION结构如下所示：

```
typedef struct _JOBOBJECT_BASIC_LIMIT_INFORMATION {
    LARGE_INTEGER       PerProcessUserTimeLimit;
    LARGE_INTEGER       PerJobUserTimeLimit;
    DWORD               LimitFlags;
    DWORD               MinimumWorkingSetSize;
    DWORD               MaximumWorkingSetSize;
    DWORD               ActiveProcessLimit;
    DWORD_PTR           Affinity;
    DWORD               PriorityClass;
    DWORD               SchedulingClass;
} JOBOBJECT_BASIC_LIMIT_INFORMATION, *PJOBOBJECT_BASIC_LIMIT_INFORMATION;
```

129~130

关于这个结构，我认为Platform SDK文档中解释得不够清楚，所以这里要稍微多说几句。
在LimitFlags成员中，可以设置标志位来指定希望应用于此作业的限制条件。例如，在我
编写的StartRestrictedProcess函数中，我设置了JOB_OBJECT_LIMIT_PRIORITY_CLASS和JOB_
OBJECT_LIMIT_JOB_TIME这两个标志位。这意味着我只对作业施加了两个限制。至于
CPU Affinity(CPU亲和性，即限制进程能用什么CPU来运行)、工作集大小、每个进程的
CPU时间等，我没有进行任何限制。

作业在运行过程会维护一些统计信息，比如作业中的进程使用了多少CPU时间。每次使
用JOB_OBJECT_LIMIT_JOB_TIME标志来设置基本限制的时候，作业都会扣除已终止运行
的进程的CPU时间统计信息，从而显示当前活动的进程使用了多少CPU时间。但是，假
如想改变作业的CPU亲和性，但又不想重置CPU时间统计信息，又该怎么办呢？为此，
必须使用JOB_OBJECT_LIMIT_AFFINITY标志设置一个新的基本限制，同时必须取消设置
JOB_OBJECT_LIMIT_JOB_TIME标志。但是，这样做相当于告诉作业我们不再希望对CPU
时间施加限制，然而这并不是我们希望的。

现在，我们希望既更改亲和性限制，又保留现有的CPU时间限制；只是不希望扣除已
终止进程的CPU时间统计信息。为了解决这个问题，请使用一个特殊的标志，即JOB_
OBJECT_LIMIT_PRESERVE_JOB_TIME。这个标志和JOB_OBJECT_ LIMIT_JOB_TIME标志是
互斥的。JOB_OBJECT_LIMIT_PRESERVE_JOB_TIME标志指出我们希望在改变限制条件的同
时，不扣除已终止运行的那些进程的CPU时间统计信息。

表5-2简要描述了这些成员。

表5-2　JOBOBJECT_BASIC_LIMIT_INFORMATION成员

成员	描述	说明
PerProcessUserTimeLimit	指定分配给每个进程的最大用户模式时间，时间间隔为100纳秒	对于占用时间超过其分配时间的任何进程，系统将自动终止它的运行。要设置这个限制，请在 LimitFlags 成员中指定 JOB_OBJECT_LIMIT_PROCESS_TIME 标志
PerJobUserTimeLimit	限制分配给作业对象的最大用户模式时间，时间间隔为100纳秒	默认情况下，在达到该时间限制时，系统将自动终止所有进程的运行。可以在作业运行时定期改变这个值。要设置这个限制，请在 LimitFlags 成员中指定 JOB_OBJECT_LIMIT_JOB_TIME 标志
LimitFlags	指定将哪些限制应用于作业	详细说明参见后文
MinimumWorkingSetSize MaximumWorkingSetSize	指定每个进程（并不是作业中的所有进程）的最小工作集和最大工作集	正常情况下，进程的工作集能扩展至最大值以上；设置了 MaximumWorkingSetSize 后，就可以对其设置硬性的限制。一旦进程的工作集抵达这个限制，进程就会开始进行换页操作。除非进程只是尝试清空它的工作集，否则一个单独的进程对 SetProcessWorkingSetSize 的调用会被忽略。要设置该限制，请在 LimitFlags 成员中指定 JOB_OBJECT_LIMIT_WORKINGSET 标志
ActiveProcessLimit	指定作业中能并发运行的进程的最大数量	超过此限制的任何尝试都会导致新进程终止，并报告一个"配额不足"(not enough quota) 错误。要设置这个限制，请在 LimitFlags 成员中指定 JOB_OBJECT_LIMIT_ACTIVE_PROCESS 标志
Affinity	指定能够运行进程的 CPU 子集	单独的进程可以进一步对此进行限定。要设置这个限制，请在 LimitFlags 成员中指定 JOB_OBJECT_LIMIT_AFFINITY 标志
PriorityClass	指定关联的所有进程的优先级类 (priority class)	如果一个进程调用 SetPriorityClass 函数，即使该函数调用失败，也会成功返回。如果进程调用 GetPriorityClass 函数，该函数将返回进程已经设置的优先级类，尽管这可能并不是进程实际的优先级类。此外，SetThreadPriority 无法将线程的优先级提高到 Normal 以上，但是可以用它降低线程的优先级。要设置这个限制，请在 LimitFlags 成员中指定 JOB_OBJECT_LIMIT_PRIORITY_CLASS 标志
SchedulingClass	为作业中的线程指定一个相对时间量差 (relative time quantum difference)	值可以在 0 ~ 9 之间（包括0和9），默认是5。详细说明参见后文。要设置这个限制，请在 LimitFlags 成员中指定 JOB_OBJECT_LIMIT_SCHEDULING_CLASS 标志

接下来研究JOBOBJECT_BASIC_LIMIT_INFORMATION结构的SchedulingClass成员。设想现在有两个作业正在运行，而且我们将这两个作业的优先级类(priority class)都设为

NORMAL_PRIORITY_CLASS。但我们还希望一个作业中的进程能够比另一个作业中的进程获得更多的CPU时间。为此，可以使用SchedulingClass成员来更改"优先级类"相同的各个作业的相对调度优先级(relative scheduling of job)。我们可以设置0～9(含0和9)的任何一个值，默认值是5。这个值越大，表明Windows要为特定作业中的进程中的线程分配一个更长的时间量(time quantum)；值越小，分配给线程的时间量越小。

例如，假定有两个Normal优先级类的作业。每个作业都有一个进程，而且每个进程都只有一个(Normal优先级)线程。正常情况下，这两个线程以轮询(round-robin)方式调度，各自获得相同的时间量。但是，如果将第一个作业的SchedulingClass成员设置为3，那么为这个作业中的线程调度CPU时间时，它们的时间量将少于第二个作业中的线程。

使用SchedulingClass成员时，应避免使用很大的数字(进而造成很大的时间量)。这是由于时间量变得越大，系统中的其他作业、进程以及线程的反应会变得越来越迟钝。

值得注意的最后一个限制是JOB_OBJECT_LIMIT_DIE_ON_UNHANDLED_ EXCEPTION限制标志。这个限制会导致系统关闭与作业关联的每一个进程的"未处理的异常"对话框。为此，系统会为作业中的每个进程调用SetErrorMode函数，并向它传递SEM_NOGPFAULTERRORBOX标志。作业中的一个进程在引发未处理的异常后，会立即终止运行，不会显示任何用户界面。对于服务和其他面向批处理任务的作业，这是相当有价值的一个限制标志。不设置该标志，作业中的进程就能抛出异常，而且永远不会终止运行[①]，从而造成系统资源的浪费。

除了基本限制，还可使用JOBOBJECT_EXTENDED_LIMIT_INFORMATION结构为作业设置扩展限制：

```
typedef struct _JOBOBJECT_EXTENDED_LIMIT_INFORMATION {
    JOBOBJECT_BASIC_LIMIT_INFORMATION BasicLimitInformation;
    IO_COUNTERS IoInfo;
    SIZE_T ProcessMemoryLimit;
    SIZE_T JobMemoryLimit;
    SIZE_T PeakProcessMemoryUsed;
    SIZE_T PeakJobMemoryUsed;
} JOBOBJECT_EXTENDED_LIMIT_INFORMATION, *PJOBOBJECT_EXTENDED_LIMIT_INFORMATION;
```

可以看出，该结构包含一个JOBOBJECT_BASIC_LIMIT_INFOMATION结构，这就使它成为基本限制的一个超集。该结构有点诡异，因为它包含了与限制作业无关的成员。首先，IoInfo是保留成员，不应以任何方式访问它。本章稍后将讨论如何查询I/O计数器

[①] 在没有人去关闭"未处理的异常"对话框的情况下。

信息。此外，只读成员PeakProcessMemoryUsed和PeakJobMemoryUsed分别反映调拨(committed)给作业中任何一个进程和全部线程的存储空间峰值。

其余两个成员ProcessMemoryLimit和JobMemoryLimit分别限制作业中任何一个进程或全部进程所使用的已调拨的存储空间。为了设置这样的限制，需要在LimitFlags成员中分别指定JOB_OBJECT_LIMIT_JOB_MEMORY和JOB_OBJECT_LIMIT_PROCESS_MEMORY标志。

再来看看能对作业施加的其他限制。JOBOBJECT_BASIC_UI_RESTRICTIONS结构如下所示：

```
typedef struct _JOBOBJECT_BASIC_UI_RESTRICTIONS {
    DWORD UIRestrictionsClass;
} JOBOBJECT_BASIC_UI_RESTRICTIONS, *PJOBOBJECT_BASIC_UI_RESTRICTIONS;
```

132~133

该结构只有一个数据成员，即UIRestrictionsClass，它容纳着表5-3所示的标志位集合。

表5-3 针对作业对象基本用户界面限制的标志位

标志	描述
JOB_OBJECT_UILIMIT_EXITWINDOWS	阻止进程通过 ExitWindowsEx 函数注销、关机、重启或断开系统电源
JOB_OBJECT_UILIMIT_READCLIPBOARD	阻止进程读取剪贴板中的内容
JOB_OBJECT_UILIMIT_WRITECLIPBOARD	阻止进程清除剪贴板中的内容
JOB_OBJECT_UILIMIT_SYSTEMPARAMETERS	阻止进程通过 SystemParametersInfo 函数更改系统参数
JOB_OBJECT_UILIMIT_DISPLAYSETTINGS	阻止进程通过 ChangeDisplaySettings 函数更改显示设置
JOB_OBJECT_UILIMIT_GLOBALATOMS	为作业指定其专有的全局原子表，并限定作业中的进程只能访问此作业的表
JOB_OBJECT_UILIMIT_DESKTOP	阻止进程使用 CreateDesktop 或 SwitchDesktop 函数来创建或切换桌面
JOB_OBJECT_UILIMIT_HANDLES	阻止作业中的进程使用作业外部的进程所创建的 USER 对象 (比如 HWND)

最后一个标志JOB_OBJECT_UILIMIT_HANDLES特别有意思。该限制意味着作业中任何一个进程都不能访问作业外部的进程所创建的USER对象。所以，如果试图在一个作业内运行Microsoft Spy++，就只能看到Spy++自己创建的窗口，看不到其他任何窗口。图5-1展示了已打开两个MDI子窗口的Spy++程序。

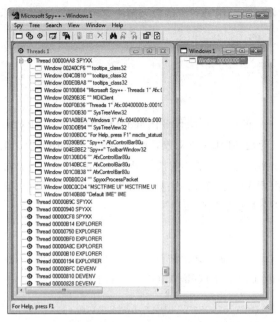

图5-1 在一个限制了对UI句柄的访问的作业中运行的Microsoft Spy++

注意，Threads 1窗口包含系统中的线程的一个列表。在这些线程中，只有一个线程00000AA8 SPYXX似乎已创建了窗口。这是因为我让Spy++在它自己的作业中运行，并限制了它对UI句柄的使用。在同一个窗口中可看到EXPLORER和DEVENV线程，但它们似乎并没有创建任何窗口。但我可以肯定，这些线程都创建了窗口，只是Spy++不能访问它们而已。右侧可以看到Windows 1窗口。在这个窗口中，Spy++显示了桌面上现有所有窗口的一个层次结构。注意，其中只有一项，即00000000。Spy++只是把它作为占位符使用。

注意，这个UI限制只是单向的。换言之，作业外部的进程可以看到作业内部的进程所创建的用户对象。例如，如果在一个作业内部运行记事本程序，在一个作业外部运行Spy++程序，那么Spy++可以看到记事本程序的窗口，即使记事本程序所在的那个作业指定了JOB_OBJECT_UILIMIT_HANDLES标志。另外，如果Spy++在它自己的作业中，那么也能看到记事本程序的窗口，除非作业指定了JOB_OBJECT_UILIMIT_HANDLES标志。

要为作业中的进程创建真正安全的沙箱，对UI句柄进行限制是十分强大的一个能力。不过，有时仍然需要让作业内部的进程与作业外部的进程通信。

为了做到这一点，一个简单的办法是使用窗口消息。但是，如果作业中的进程不能访问UI句柄，作业内部的进程就不能向作业外部的进程创建的一个窗口发送(send)或发布

(post)窗口消息。幸好，可以用另一个函数来解决这个问题，如下所示：

```
BOOL UserHandleGrantAccess(
    HANDLE hUserObj,
    HANDLE hJob,
    BOOL bGrant);
```

hUserObj参数指定一个想允许/拒绝作业内部的进程访问的USER对象。这几乎总是一个窗口句柄，但它也可能是其他USER对象，比如桌面、挂钩(hook)、图标或菜单。最后两个参数hJob和bGrant指出要向哪个作业授予/拒绝访问权限。注意，如果从hJob所标识的作业内的一个进程内调用这个函数，函数调用会失败，这样可以防止作业内部的一个进程自己向自己授予一个对象的访问权。

可向作业施加的最后一种限制与安全性有关。注意，一旦应用，安全限制就不能撤销。
JOBOBJECT_SECURITY_LIMIT_INFORMATION结构如下所示：

```
typedef struct _JOBOBJECT_SECURITY_LIMIT_INFORMATION {
    DWORD SecurityLimitFlags;
    HANDLE JobToken;
    PTOKEN_GROUPS SidsToDisable;
    PTOKEN_PRIVILEGES PrivilegesToDelete;
    PTOKEN_GROUPS RestrictedSids;
} JOBOBJECT_SECURITY_LIMIT_INFORMATION, *PJOBOBJECT_SECURITY_LIMIT_INFORMATION;
```

表5-4简要描述了其成员。

表5-4　JOBOBJECT_SECURITY_LIMIT_INFORMATION结构的成员

成员	描述
SecurityLimitFlags	指定是否不允许管理员访问，不允许无限制的令牌访问，强制特定的访问令牌，或者禁止特定的安全标识符 (security idetifier，SID) 和特权 (privileges)
JobToken	由作业中所有进程使用的访问令牌
SidsToDisable	指定要禁止对哪些 SID 进行访问检查
PrivilegesToDelete	指定要从访问令牌中删除哪些特权
RestrictedSids	指定应添加到访问令牌中的一组仅拒绝 (deny-only) 的 SID

既然已对作业施加限制，自然会联想到如何查询这些限制。通过调用以下函数，很容易实现这一点：

```
BOOL QueryInformationJobObject(
    HANDLE hJob,
```

150　｜　第5章

```
JOBOBJECTINFOCLASS JobObjectInformationClass,
PVOID pvJobObjectInformation,
DWORD cbJobObjectInformationSize,
PDWORD pdwReturnSize);
```

需要传给此函数的参数有：作业的句柄(这类似于SetInformationJobObject函数)，这是一个枚举类型，指出我们希望查询哪些限制信息、由函数初始化的数据结构的地址以及包含该数据结构的数据块的大小。最后一个参数是pdwReturnSize，它指向由该函数填充的一个DWORD，指出缓冲区中已填充了多少个字节。如果对这个信息不感兴趣(通常如此)，可以为此参数传递NULL值。

说明 作业中的进程可调用 QueryInformationJobObject 获得其所属作业的相关信息 (为作业句柄参数传递 NULL 值)。这个技术很有用，因为它使进程能看到自己被施加了哪些限制。不过，如果为作业句柄参数传递 NULL 值，SetInformationJobObject 函数调用会失败，目的是防止进程删除施加于自己身上的限制。

135

5.2 将进程放入作业中

好了，关于设置和查询限制的讨论到此为止。现在回过头来讨论我编写的StartRestrictedProcess函数。在对作业施加了某些限制之后，我通过调用CreateProcess来生成(spawn)打算放到作业中的进程。但请注意，调用CreateProcess时，我使用的是CREATE_SUSPENDED标志。这样虽然会创建新进程，但是不允许它执行任何代码。由于StartRestrictedProcess函数是从不属于作业一部分的进程中执行的，所以子进程也不是作业的一部分。如果我允许子进程立即开始执行代码，它会"逃离"我的沙箱，成功地做一些我想禁止它做的事情。所以，在我创建此子进程之后且在允许它运行之前，必须调用以下函数，将进程显式放入我新建的作业中：

```
BOOL AssignProcessToJobObject(
    HANDLE hJob,
    HANDLE hProcess);
```

该函数向系统表明将此进程(由hProcess标识)视为现有作业(由hJob标识)的一部分。注意，该函数只允许将尚未分配给任何作业的进程分配给作业，可用之前展示的IsProcessInJob函数对此进行核实。一旦进程已属于某个作业的一部分，就不能再移至另一个作业，也不能成为所谓"无业中"(jobless)。还要注意，当作业中的一个进程生成了另一个进程的时候，新进程将自动成为父进程所属作业的一部分。但可通过以下方式改变这种行为。

- 打开JOBOBJECT_BASIC_LIMIT_INFORMATION的LimitFlags成员的JOB_OBJECT_
  LIMIT_BREAKAWAY_OK标志,告诉系统新生成的进程可在作业外部执行。为此,
  必须在调用CreateProcess函数时指定新的CREATE_BREAKAWAY_FROM_JOB标志。
  如果这样做了,但作业并没有打开JOB_OBJECT_LIMIT_BREAKAWAY_OK限制标志,
  CreateProcess调用就会失败。如果希望由新生成的进程来控制作业,这就是非常有
  用的一个机制。

- 打开JOBOBJECT_BASIC_LIMIT_INFORMATION的LimitFlags成员的JOB_OBJECT_LIMIT_
  SILENT_BREAKAWAY_OK标志。此标志也告诉系统新生成的子进程不应该是作业的一
  部分。但是,没必要向CreateProcess函数传递任何额外的标志。事实上,此标志会
  强制新进程脱离当前作业。如果进程在设计之初对作业对象一无所知,这个标志就
  相当有用。

至于我所编写的StartRestrictedProcess函数,在调用了AssignProcessToJobObject之后,新进
程就成为我的受限制作业的一部分。然后,我调用ResumeThread,使进程的线程可以在作
业的限制下执行代码。与此同时,我还关闭了到线程的句柄,因为我不再需要它了。

5.3 终止作业中的所有线程

对于作业,我们经常想做的一件事情就是"杀死"(强行终止)作业中的所有进程。本章
伊始,我提到Visual Studio没有一个简单的办法来停止正在进行中的生成 (build),因为
它必须知道哪些进程是从它生成(spawn)的第一个进程生成(spawn)的。这非常难。我在
Microsoft Systems Journal 1998年6月期的Win 32 Q&A专栏讨论过Developer Studio是如
何做到这一点的,可通过以下网址找到这篇文章:https://tinyurl.com/2xuazvf4。或许
Visual Studio未来的版本会改为使用作业,因为这可以使代码的编写变得更容易,而且
可以用作业来做更多的事情。

136~137

调用以下代码来"杀死"作业内部的所有进程:

```
BOOL TerminateJobObject(
    HANDLE hJob,
    UINT uExitCode);
```

这相当于为作业内的每个进程调用TerminateProcess,将所有退出代码设为uExitCode。

查询作业统计信息

之前讨论了如何使用QueryInformationJobObject函数来查询作业当前的限制。还可用它

获得作业的统计信息。例如，要获得基本统计信息，可调用QueryInformationJobObject函数并向第二个参数传递JobObjectBasicAccountingInformation和一个JOBOBJECT_BASIC_ACCOUNTING_INFORMATION结构的地址：

```
typedef struct _JOBOBJECT_BASIC_ACCOUNTING_INFORMATION {
    LARGE_INTEGER TotalUserTime;
    LARGE_INTEGER TotalKernelTime;
    LARGE_INTEGER ThisPeriodTotalUserTime;
    LARGE_INTEGER ThisPeriodTotalKernelTime;
    DWORD TotalPageFaultCount;
    DWORD TotalProcesses;
    DWORD ActiveProcesses;
    DWORD TotalTerminatedProcesses;
} JOBOBJECT_BASIC_ACCOUNTING_INFORMATION,
    *PJOBOBJECT_BASIC_ACCOUNTING_INFORMATION;
```

表5-5简要描述了该结构的成员。

表5-5　JOBOBJECT_BASIC_ACCOUNTING_INFORMATION结构的成员

成员	描述
TotalUserTime	指出作业中的进程已使用了多少用户模式的 CPU 时间
TotalKernelTime	指出作业中的进程已使用了多少内核模式的 CPU 时间
ThisPeriodTotalUserTime	和 TotalUserTime 一样，不同的是，如果调用 SetInformationJobObject 来更改基本限制信息，同时没有使用 JOB_OBJECT_LIMIT_ PRESERVE_JOB_TIME 限制标志，这个值被重置为 0
ThisPeriodTotalKernelTime	和 ThisPeriodTotalUserTime 一样，不同的是，这个值显示的是内核模式时间
TotalPageFaultCount	指出作业中的进程产生的页面错误总数
TotalProcesses	指出曾属于作业一部分的所有进程的总数
ActiveProcesses	指出作业当前进程总数
TotalTerminatedProcesses	指出因为已超过预定 CPU 时间限制而被"杀死"的进程数

137~138

从StartRestrictedProcess函数实现的末尾可以看出，调用GetProcessTimes函数可以获得任何一个进程的CPU占用时间信息，即使此进程不属于任何一个作业，详情请参见第7章。

除了查询基本统计信息，还可执行一个调用来同时查询基本统计信息和I/O(输入/输出)统计信息。为此，要向第二个参数传递JobObjectBasicAndIoAccountingInformation和一个JOBOBJECT_BASIC_AND_IO_ACCOUNTING_INFORMATION结构的地址：

```
typedef struct JOBOBJECT_BASIC_AND_IO_ACCOUNTING_INFORMATION {
    JOBOBJECT_BASIC_ACCOUNTING_INFORMATION BasicInfo;
    IO_COUNTERS IoInfo;
} JOBOBJECT_BASIC_AND_IO_ACCOUNTING_INFORMATION,
    *PJOBOBJECT_BASIC_AND_IO_ACCOUNTING_INFORMATION;
```

可以看出，该结构返回了JOBOBJECT_BASIC_ACCOUNTING_INFORMATION和一个IO_COUNTERS结构：

```
typedef struct _IO_COUNTERS {
    ULONGLONG ReadOperationCount;
    ULONGLONG WriteOperationCount;
    ULONGLONG OtherOperationCount;
    ULONGLONG ReadTransferCount;
    ULONGLONG WriteTransferCount;
    ULONGLONG OtherTransferCount;
} IO_COUNTERS, *PIO_COUNTERS;
```

该结构指出已由作业中的进程执行过的读、写以及非读/写操作的次数(以及这些操作期间传输的字节总数)。顺便说一句，对于那些不属于任何作业的进程，可用GetProcessIoCounters函数来获得未放入作业的那些进程的信息，如下所示：

```
BOOL GetProcessIoCounters(
    HANDLE hProcess,
    PIO_COUNTERS pIoCounters);
```

任何时候都可调用QueryInformationJobObject获得作业中当前正在运行的所有进程的进程ID集。为此，必须首先估算一下作业中有多少个进程，然后，分配一个足够大的内存块来容纳由这些进程ID构成的一个数组，还要算上一个JOBOBJECT_BASIC_PROCESS_ID_LIST结构的大小：

```
typedef struct _JOBOBJECT_BASIC_PROCESS_ID_LIST {
    DWORD NumberOfAssignedProcesses;
    DWORD NumberOfProcessIdsInList;
    DWORD ProcessIdList[1];
} JOBOBJECT_BASIC_PROCESS_ID_LIST, *PJOBOBJECT_BASIC_PROCESS_ID_LIST;
```

138~139

所以，要获取作业中当前的进程ID集，必须执行下面这样的代码：

```
void EnumProcessIdsInJob(HANDLE hjob) {

// 假定该作业中的进程肯定不超过 10 个
    #define MAX_PROCESS_IDS 10
```

```
// 计算结构体和进程 ID 所需的字节数
   DWORD cb = sizeof(JOBOBJECT_BASIC_PROCESS_ID_LIST) +
       (MAX_PROCESS_IDS - 1) * sizeof(DWORD);

   // 分配内存块
   PJOBOBJECT_BASIC_PROCESS_ID_LIST pjobpil =
       (PJOBOBJECT_BASIC_PROCESS_ID_LIST)_alloca(cb);

// 告诉函数要分配空间的进程的最大数量
   pjobpil->NumberOfAssignedProcesses = MAX_PROCESS_IDS;

   // 请求当前进程 ID 集
   QueryInformationJobObject(hjob, JobObjectBasicProcessIdList,
       pjobpil, cb, &cb);

   // 枚举进程 ID
   for (DWORD x = 0; x < pjobpil->NumberOfProcessIdsInList; x++) {
       // 使用 pjobpil->ProcessIdList[x]...
   }

// 由于用 _alloca 分配内存，这里不需要释放它
}
```

这就是用这些函数所能获得的全部信息。但是，操作系统实际保存着与作业相关的更多信息。这是通过性能计数器来实现的，可用性能数据助手(Performance Data Helper)函数库(PDH.dll)中的函数来获取这些信息。还可使用管理工具中的可靠性和性能监视程序(Reliability and Performance Monitor)来查看作业信息(前者点击开始按钮并直接输入"可靠性"打开，后者执行Perfmon.msc打开)。但是，这样只能看到全局命名的作业对象。不过，利用Sysinternals的Process Explorer (https://tinyurl.com/ycj8yjkn)可以很好地观察作业。默认情况下，作业限制下的所有进程都用棕色来突出显示。

这个软件有一个更出色的设计，对于作业的进程，其属性对话框的Job标签页会列出作业名称及其限制(如果有的话)，如图5-2所示。

139

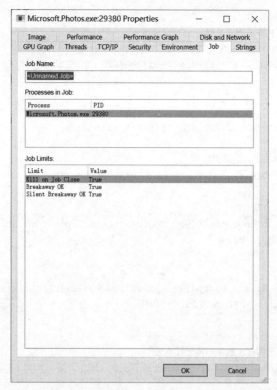

图5-2　Process Explorer的Job标签页报告了详细的限制条件

5.4　作业通知

现在，我们已掌握了作业对象的基本知识，作业通知是最后要讨论的主题。例如，我们可能想知道作业中的所有进程在何时终止执行，或者所有已分配的CPU时间是否已经到期。还想知道作业内部何时生成了一个新的进程，或者作业中的一个进程何时终止执行。如果不关心这些通知(大多数应用程序确实不关心)，像前面描述的那样使用作业即可。但是，如果关心这些事件通知，那么还需要多学一些东西。

如果只关心所有已分配的CPU时间是否已经到期，那么可以非常简单地获得这个通知。作业中的进程如果尚未用完已分配的CPU时间，作业对象就处于未触发(nonsignaled)状态。一旦作业用完所有已分配的CPU时间，Windows就会强行"杀死"作业中的所有进程并触发(signals)作业对象。通过调用WaitForSingleObject(或其他类似的函数)，可以轻松捕获这个事件。顺便提一句，之后还可将作业对象重置为未触发状态，只需调用SetInformationJobObject并授予作业更多的CPU时间即可。

我首次接触"作业"的时候，一度认为当作业对象中没有任何进程运行时，作业的状态就应该变成触发(signaled)状态。毕竟，进程和线程对象会在停止运行时被触发，所以我认为，作业也应该在它停止运行时被触发。这样一来，就可以轻松判断作业什么时候结束运行。但是，Microsoft选择在已分配的CPU时间到期时，才将作业状态变成已触发，因为那意味着一个错误条件(error condition)。在许多作业中，都会有一个父进程一直在运行，直至其所有子进程全部结束。所以，我们可以只等待父进程的句柄，借此得知整个作业何时结束。在我编写的StartRestrictedProcess函数中，展示了如何判断分配给作业的CPU时间何时到期，或者作业中的父进程何时终止。

前面描述了如何获得一些简单的通知，但没有解释如何获得一些更"高级"的通知(比如进程创建/终止运行)。要获得这些额外的通知，必须在自己的应用程序中建立更多的基础结构。具体来讲，必须创建一个I/O完成端口(completion port)内核对象，并将我们的作业对象与完成端口关联。然后，必须有一个或者多个线程等待作业通知到达完成端口，以便对它们进行处理。

一旦创建了I/O完成端口，就可调用SetInformationJobObject将它与一个作业关联起来，如下所示：

```
JOBOBJECT_ASSOCIATE_COMPLETION_PORT joacp;
joacp.CompletionKey = 1; // 任何能唯一标识该作业的值
joacp.CompletionPort = hIOCP; // 用于接收通知的完成端口的句柄
SetInformationJobObject(hJob, JobObjectAssociateCompletionPortInformation,
    &joacp, sizeof(jaocp));
```

执行上述代码后，系统将监视作业，只要有事件发生，就会把它们投递到I/O完成端口(顺便提一句，可以调用QueryInformationJobObject来获取完成键和完成端口句柄，但很少有必要这样做)。线程通过调用GetQueuedCompletionStatus来监视完成端口：

```
BOOL GetQueuedCompletionStatus(
    HANDLE hIOCP,
    PDWORD pNumBytesTransferred,
    PULONG_PTR pCompletionKey,
    POVERLAPPED *pOverlapped,
    DWORD dwMilliseconds);
```

这个函数返回一个作业事件通知时，在pCompletionKey中，将包含完成键的值。这个值是在调用SetInformationJobObject将作业与完成端口关联时设置的。这样一来，我们就可以知道哪个作业有事件发生。pNumBytesTransferred的值指出具体发生了什么事件(参见表5-6)。根据事件的不同，pOverlapped的值所表示的数据类型也不同。在作业事件通知中，它表示的是一个对应的进程ID(而不是地址)。

141

表5-6　作业事件通知，系统可将它们发送给与作业关联的完成端口

事 件	描述
JOB_OBJECT_MSG_ACTIVE_PROCESS_ZERO	作业中没有进程在运行时，就投递通知
JOB_OBJECT_MSG_END_OF_PROCESS_TIME	进程已分配的 CPU 时间到期时，就投递通知。进程将终止运行，并给出进程 ID
JOB_OBJECT_MSG_ACTIVE_PROCESS_LIMIT	试图超过作业中的活动进程数时，就投递通知
JOB_OBJECT_MSG_PROCESS_MEMORY_LIMIT	进程试图调拨的存储超过进程的限制时，就投递通知。同时给出进程 ID
JOB_OBJECT_MSG_JOB_MEMORY_LIMIT	进程调拨的存储超过作业的限制时，就投递通知。同时给出进程 ID
JOB_OBJECT_MSG_NEW_PROCESS	一个进程添加到一个作业时，就投递通知。同时给出进程 ID
JOB_OBJECT_MSG_EXIT_PROCESS	一个进程终止运行时，就投递通知。同时给出进程 ID
JOB_OBJECT_MSG_ABNORMAL_EXIT_PROCESS	一个进程由于未处理的异常而终止运行时，就投递通知。同时给出进程 ID
JOB_OBJECT_MSG_END_OF_JOB_TIME	作业分配的 CPU 时间到期时，就投递通知。但其中的进程不会自动终止。我们可以允许进程继续运行，可以设置一个新的时间限制，还可以自己调用 TerminateJobObject

最后要注意，作业对象默认是这样配置的：分配给作业的CPU时间到期时，它的所有进程都自动终止，而且不会投递JOB_OBJECT_MSG_END_OF_JOB_TIME通知。如果不想作业对象"杀死"进程，只想简单地通知我们CPU时间到期，必须执行下面这样的代码：

```
// 创建一个 JOBOBJECT_END_OF_JOB_TIME_INFORMATION 结构，
// 并初始化它唯一的成员
JOBOBJECT_END_OF_JOB_TIME_INFORMATION joeojti;
joeojti.EndOfJobTimeAction = JOB_OBJECT_POST_AT_END_OF_JOB;

// 告诉作业对象在超出作业时间时希望它做什么
SetInformationJobObject(hJob, JobObjectEndOfJobTimeInformation,
    &joeojti, sizeof(joeojti));
```

针对EndOfJobTimeAction成员，唯一能指定的另一个值是JOB_OBJECT_TERMINATE_ AT_END_OF_JOB，这是创建作业时的默认值。

142

5.5　Job Lab 示例程序

可通过Job Lab应用程序(05-JobLab.exe)来轻松体验"作业"。此应用程序的源代码和资源文件都在本书配套资源的05-JobLab目录中。启动该程序，将出现如图5-3所示的窗口。

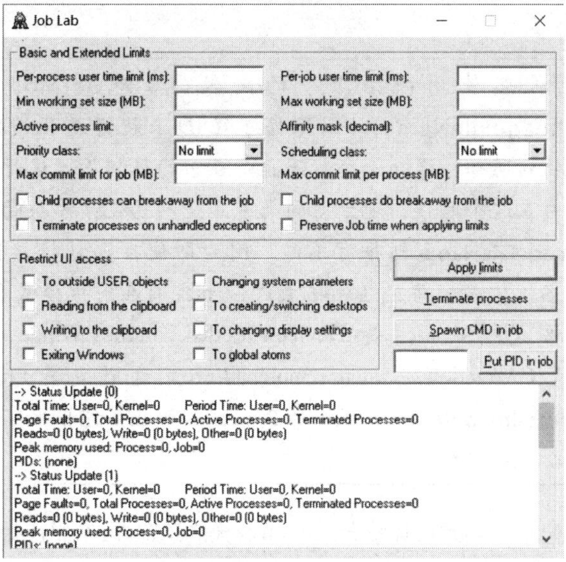

图5-3 Job Lab示例程序

进程初始化时会创建一个作业对象。为便于我们使用"性能监视器"MMC管理单元来查看它，并监视其性能，这个作业对象命名为JobLab。应用程序还创建了一个I/O完成端口，并将作业对象与它关联。这样就可以监视来自作业的通知，并在窗口底部的列表框中显示。

最开始，作业中是没有进程的，也没有添加任何限制。顶部的框用于设置作业对象的基本限制和扩展限制。我们只需在文本框中输入有效的值，并单击Apply limits按钮。如果有一个框留空不填，就不会应用那个限制。除了基本限制和扩展限制，还可以打开和关闭各种UI限制。注意，Preserve Job Time When Applying Limits复选框不是用来设置限制的；它允许我们在查询基本统计信息的时候更改作业的限制，同时不必重置ThisPeriodTotalUserTime成员和ThisPeriodTotalKernelTime成员。如果应用了一个Per-job time limit，这个复选框会被禁用。可利用其他按钮以其他方式操纵作业。Terminate Processes按钮用于"杀死"作业中的所有进程。Spawn CMD In Job按钮用于生成一个与此作业关联的CMD.exe(命令提示符)进程。在命令提示窗口中，我们可以生成更多的子进程，并观察它们作为作业的一部分是如何工作的。出于实验性研究的目的，我认为这是一个非常有用的设计。最后一个按钮是Put PID In Job，会将一个现有的、没有与任何作业关联的进程与这个作业关联。

143

窗口底部的列表框用于显示最新的作业状态信息。每隔10秒，这个窗口就会显示基本信息和I/O统计信息以及进程/作业的内存使用峰值。作业中的每个进程的进程ID和完整路径名也会显示出来。

除了所有这些统计信息，列表框还显示了从作业到应用程序I/O完成端口的所有通知。只
要有通知被发送到这个列表框，就会立即更新当时的状态信息。

最后提醒一句，如果修改源代码，并创建一个没有命名的作业内核对象，就可以在同一
台计算机上运行此应用程序的多个副本并创建两个甚至更多的作业对象，从而进行更多
的试验。

至于源代码本身，这里没有任何特别的地方值得讨论，因为源代码中已经有很好的注
释。不过，我的确创建了一个Job.h文件，并在其中定义了一个CJob C++类来封装操
作系统的作业对象。这样一来，编程就变得更简单了，因为不需要到处传递作业的句
柄。同时，这个类还减少了类型转换的工作量，在调用QueryInformationJobObject和
SetInformationJobObject函数时，这样的事情是免不了的。

144

第 6 章

线程基础

本章内容

理解线程是至关重要的，因为每个进程至少都有一个线程。本章将讲述线程更多的细节。具体地说，将解释线程和进程有何区别，它们各自有何职责。同时，还要解释系统如何使用线程内核对象来管理线程。和进程内核对象一样，线程内核对象也拥有属性，我们将探讨用于查询和更改这些属性的函数。此外，还要介绍可在进程中创建和生成更多线程的函数。

第4章讨论了进程实际上有两个组成部分：一个进程内核对象和一个地址空间。类似地，线程也有两个组成部分。

● 一个是线程的内核对象，操作系统用它管理线程。系统还用内核对象来存放线程统计信息。

● 一个是线程栈，用于维护线程执行代码时需要的所有函数参数和局部变量。第16章将详细讨论系统如何管理线程栈。

- 第4章讲过，进程是有惰性的。进程从来不执行任何东西，它只是一个线程的容器。线程必然是在某个进程的上下文中创建的，而且会在这个进程内部"终其一生"。这意味着线程要在其进程的地址空间内执行代码和处理数据。所以，假如一个进程上下文中有两个以上的线程运行，这些线程将共享同一个地址空间。这些线程可以执行相同的代码，可以处理相同的数据。此外，这些线程还共享内核对象句柄，因为句柄表是针对每一个进程的，而不是针对每一个线程。

可以看出，相较于线程，进程所使用的系统资源更多。其原因在于地址空间。为进程创建虚拟地址空间需要大量系统资源。系统中会发生大量记录活动，而这需要用到大量内存。而且，由于.exe和.dll文件要加载到一个地址空间，所以还需要用到文件资源。另一方面，线程使用的系统资源则少得多。事实上，线程只有一个内核对象和一个栈；几乎不涉及记录活动，所以不需要占用多少内存。

由于线程需要的开销比进程少，所以建议尽量使用额外的线程来解决编程问题，避免创建新进程。但是，也不要把这个建议当作金科玉律。许多设计更适合用多个进程来实现。应该知道如何权衡利弊，让经验来指导你进行编程。

在深入讨论线程之前，稍微花些时间来讨论如何在应用程序的架构中正确地使用线程。

6.1 何时创建线程

线程描述了进程内部的一条执行线路。每次初始化进程时，系统都会创建一个主线程。对于用Microsoft C/C++编译器生成的应用程序，这个线程首先会执行C/C++运行库的启动代码，后者调用入口点函数(_tmain或_tWinMain)，并继续执行，直至入口点函数返回到C/C++运行库的启动代码，后者最终将调用ExitProcess。对于许多应用程序，这个主线程是应用程序唯一需要的线程。但是，进程也可以创建额外的线程来帮助它们完成工作。

每台计算机都有一个特别强大的资源：CPU。让CPU闲着是没有任何道理的(如果不考虑省电和散热问题)。为了让CPU保持"忙碌"，我们可以让它执行各种各样的任务。下面列举了一些例子。

- 操作系统的Windows Indexing Services(Windows索引服务)创建了一个低优先级的线程，此线程定期醒来，并对硬盘上的特定区域的文件内容进行索引。Windows索引服务极大改进了性能，因为一旦成功建立索引，就不必在每次搜索时都打开、扫描和关闭硬盘上的每一个文件。配合这种索引服务，Windows提供了一套高级搜索功能。为了查找文件，可以在点击"开始"按钮后直接输入搜索内容。在左侧的列表中，将根据索引显示与输入的文本匹配的程序、文件和文件夹，如图6-1所示。

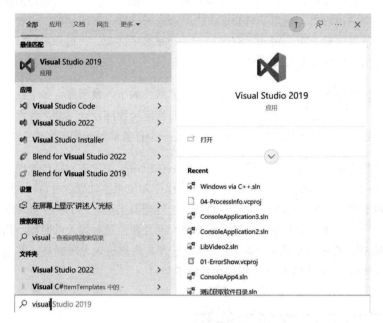

图6-1　找出最佳匹配

- 可以使用操作系统附带的磁盘碎片整理程序。通常，这类实用程序有许多普通用户无法理解的管理选项，比如程序多久运行一次，在什么时间运行等等。如果使用低优先级的线程，可以在系统空闲的时候，在后台运行该实用程序并进行磁盘碎片整理。
- 只要暂停输入，Microsoft Visual Studio IDE就会自动在后台编译C#和Microsoft Visual Basic .NET源代码文件。在编辑窗口中，无效的表达式将用下划线标识，鼠标滑过这些表达式时，会显示相应的警告和错误信息。
- 电子表格软件可以在后台执行重新计算。
- 字处理软件可以在后台进行重新分页、拼写检查、语法检查以及打印。
- 文件可以在后台复制到其他存储介质。
- Web浏览器可以在后台与其服务器进行通信。在当前网站的结果显示出来之前，用户可以调整浏览器窗口的大小，或者转到其他网站。

对于这些例子，应该注意一个重点，即多线程简化了应用程序的用户界面的设计。例如，如果一结束输入，编译器就能开始生成应用程序，是不是就不必提供Build(生成)菜单项了呢？又例如，既然始终能在后台执行拼写检查和语法检查，字处理器应用程序是不是就不必提供相应的菜单项了呢？

在Web浏览器的例子中，由于使用了一个单独的线程来处理输入和输出(可能是网络、文件或其他方面的输入和输出)，所以应用程序的用户界面能一直保持可响应的状态。来设想这样的一个应用程序，它用于对数据库的记录进行排序，打印文档，或者复制文件。通过为这种严重依赖于输入/输出的任务使用一个单独的线程，当操作进行时，用户可以随时通过应用程序的界面来取消操作。

将应用程序设计成多线程的，可以使其更容易扩展。如下一章所述，每个线程都被分配了一个CPU。所以，如果计算机有两个CPU，而且应用程序设计了两个线程，那么两个CPU都能忙起来。结果就是，两个任务只需要花一个任务的时间即可完成。

由于每个进程内部至少有一个线程，所以即使不在应用程序中进行特殊处理，也能从多线程操作系统获益。例如，可以同时build应用程序和使用字处理软件(我经常这样做)。如果计算机有两个CPU，那么build过程将在一个处理器上进行，另一个处理器则负责处理文档。换言之，用户感觉不到性能有所下降，而且在他进行输入的时候，用户界面也不会无法响应。此外，如果编译器的一个bug导致其线程进入无限循环，其他进程仍可运行。16位Windows和MS-DOS应用程序就做不到。

6.2 何时不应该创建线程

到目前为止，我一直在为多线程应用程序高唱赞歌。虽然多线程应用程序好处多多，但仍有一些不足之处。有些开发人员认为，任何问题都可以通过把它分解成线程来解决。但是，这样想是大错特错的！

线程相当有用，而且占有重要地位，但在使用线程时，可能会在尝试解决旧问题时产生新问题。例如，假定现在要开发一个字处理程序，并且希望允许打印函数在它自己的线程中运行。这听起来不错，因为只要开始打印文档，用户就可以立即返回并开始编辑文档。但是，这意味着在打印文档期间，文档中的数据可能已经发生了改变。那么，也许最好的办法是不让打印函数在自己的线程中运行？但这个"解决方案"似乎又有点儿极端了。假如让用户编辑另一个文档，但锁定正在打印的文档，使其在打印完成之后再进行修改，又如何呢？或者说还有第三个办法：将文档复制到一个临时文件中，打印临时文件的内容，并允许用户修改原件。临时文件打印完成后，删除临时文件。

147~149

由此可见，线程能解决一些问题，但又会产生新问题。另一种常见的对线程的误用发生在开发应用程序的用户界面时。在几乎所有应用程序中，所有用户界面组件(窗口)都应该共享同一个线程。一个窗口的所有子窗口无疑应该由一个线程来创建。有时也许需要在不同线程上创建不同的窗口，但这种情况相当少见。

通常，应用程序应该有一个负责创建所有窗口的用户界面线程，另外还应该有一个GetMessage循环。进程中的其他所有线程都是受计算能力的制约或者受I/O(输入/输出)制约的工作者线程，这些线程永远不创建窗口。另外，用户界面线程的优先级通常要高于工作者线程。这样一来，用户界面才能迅速响应用户的操作。

虽然很少需要在一个进程中包含多个用户界面线程，但有时确实需要这样做。例如，Windows资源管理器就为每个文件夹的窗口创建了一个独立的线程。这样才可以一边将文件从一个文件夹复制到另一个文件夹，一边查看系统上的其他文件夹。另外，如果因为Windows资源管理器的bug造成正在处理一个文件夹的线程发生崩溃，我们仍然可以操纵其他文件夹，除非做了什么事情导致其他文件夹也崩溃。

总之，上述例子的寓意是我们应该合理使用多线程。不要因为能用就盲目地用。即使只使用进程的主线程，也能写出许多有用而且功能强大的应用程序。

6.3　编写第一个线程函数

每个线程都必须有一个入口点函数，这是线程执行的起点。前面已讨论过主线程的入口点函数：_tmain或_tWinMain。要在进程中创建辅助线程，它也必须有自己的入口点函数，形式如下：

```
DWORD WINAPI ThreadFunc(PVOID pvParam){
    DWORD dwResult = 0;
    ...
    return(dwResult);
}
```

线程函数可以执行我们希望它执行的任何任务。最终，线程函数会执行到末尾并返回。此时，线程将终止运行，用于线程栈的内存也会被释放，线程内核对象的使用计数也会递减。如果使用计数变成0，线程内核对象会被销毁。类似于进程内核对象，线程内核对象的寿命至少和它关联的线程一样长。不过，对象的寿命可能超过线程本身的寿命。

149

关于线程函数，要注意以下几点。

- 在默认情况下，主线程的入口点函数必须命名为main，wmain，WinMain或wWinMain，除非我们用/ENTRY:链接器选项来指定另一个函数作为入口点函数。与此不同的是，线程函数可以任意命名。事实上，如果应用程序中有多个线程函数，必须为它们指定不同的名称，否则编译器/链接器会认为你创建了一个函数的多个实现。

- 由于主线程的入口点函数有字符串参数，所以它提供了ANSI/Unicode版本供我们选择：main/wmain和WinMain/wWinMain。相反，线程函数只有一个参数，而且其意义由我们(而非操作系统)来定义。因此，我们不必担心ANSI/Unicode问题。

- 线程函数必须返回一个值，它会成为该线程的退出代码。这类似于C/C++运行库的策略：令主线程的退出代码成为进程的退出代码。

- 线程函数(实际包括所有函数)应该尽可能使用函数参数和局部变量。使用静态变量和全局变量时，多个线程可以同时访问这些变量，这样可能会破坏变量中保存的内容。然而，由于函数的参数和局部变量是在线程栈上创建的，所以不太可能被其他线程破坏。

在知道了如何实现线程函数之后，下面要讨论如何让操作系统实际创建一个线程来执行我们的线程函数。

6.4　CreateThread 函数

我们已经讨论了在调用CreateProcess时，进程的主线程是如何从无到有的。如果想创建一个或多个辅助线程，只需让一个正在运行的线程调用CreateThread：

```
HANDLE CreateThread(
    PSECURITY_ATTRIBUTES psa,
    DWORD cbStackSize,
    PTHREAD_START_ROUTINE pfnStartAddr,
    PVOID pvParam,
    DWORD dwCreateFlags,
    PDWORD pdwThreadID);
```

调用CreateThread时，系统会创建一个线程内核对象。这个线程内核对象不是线程本身，而是一个较小的数据结构，操作系统用这个结构来管理线程。可将线程内核对象想象为一个由线程统计信息构成的小型数据结构。这与进程与进程内核对象之间的关系是相同的。

系统从进程地址空间为线程栈分配内存。新线程在与创建它的那个线程相同的进程上下文中运行。所以，新线程能访问进程的所有内核对象句柄、进程中的所有内存以及同一进程内其他所有线程的栈。这使同一个进程中的多个线程可以很容易地相互通信。

150

好啦，大致情况就介绍到这里，下面将详细解释CreateThread的每一个参数。

6.4.1　psa参数

psa参数是一个指向SECURITY_ATTRIBUTES结构的指针。如果想使用线程内核对象的默认安全属性，可以向此参数传入NULL(一般都会这样做)。如果希望所有子进程都能继承到这个线程对象的句柄，必须指定一个SECURITY_ATTRIBUTES结构，并将该结构的bInheritHandle成员初始化为TRUE。详情参见第3章。

6.4.2　cbStackSize参数

cbStackSize参数指定线程可以为它的栈使用多少地址空间。每个线程都有自己的栈。当CreateProcess函数启动一个进程的时候，它会在内部调用CreateThread来初始化进程的主线程。对于cbStackSize参数，CreateProcess使用了保存在可执行文件内部的一个值。可以使用链接器的/STACK开关来控制这个值，如下所示：

```
/STACK:[reserve] [,commit]
```

reserve参数用于设置系统将为线程栈预订多少地址空间，默认是1 MB。commit参数指定最初应为栈预留的地址空间区域调拨多少物理存储空间，默认是1个页面。随着线程中的代码开始执行，需要的存储空间可能不止1个页面。如果线程溢出它的栈，会产生异常。有关线程栈和栈溢出异常的详情，请参见第16章。有关常见异常处理的详情，请参见第23章。系统将捕获这种异常，并为已预订的空间区域调拨另一个页面(或者在commit参数中指定的任何大小)。这样一来，线程栈就可根据需要动态增大。

调用CreateThread时，如果传入非0值，函数会为线程栈预订地址空间并为之调拨所需的全部物理存储空间。由于所有存储空间都已事先调拨完毕，所以线程保证有指定的栈存储空间可用。预订空间的容量要么由/STACK链接器开关来指定，要么由cbStackSize的值来指定，取其中较大的那一个。调拨的存储量与传递的csStackSize参数值匹配。如果为cbStackSize参数传入0值，CreateThread函数就会预订一个区域，并调拨由/STACK链接器开关指定的存储量，该值由链接器嵌入.exe文件。

预订的容量设定了栈空间的上限，这样才能捕获代码中的无穷递归bug。例如，假设写一个函数以递归方式调用其自身。而这个函数存在一个bug，会导致无穷递归。每次此函数调用自身时，都会在栈上创建一个新的栈帧。如果系统没有设定栈空间上限，这个递归调用的函数就永远不会终止调用自身。系统会将进程的所有地址空间分配殆尽，并为线程栈调拨大量物理存储。通过设置栈空间的上限，不仅可以防止应用程序耗尽物理内存区域，还能及早察觉程序中的bug，第16章的Summation示例程序展示了如何捕获和处理栈溢出。

151~152

6.4.3　pfnStartAddr参数和pvParam参数

pfnStartAddr参数指定希望新线程执行的线程函数的地址。线程函数的pvParam参数与最初传给CreateThread函数的pvParam参数是一样的。CreateThread不用这个参数做别的事情，只是在线程开始执行时将其传给线程函数。通过这个参数，可以将一个初始值传给线程函数。这个初始值可以是一个数值，也可以是指向一个数据结构(其中包含额外的信息)的指针。

创建多个线程时，可以让它们使用同一个函数地址作为起点。这样做完全合法，而且非常有用。例如，我们可以这样实现一个Web服务器，令其为每个客户端请求创建一个新的线程，并分别对各个请求进行处理。每个线程都知道自己正在处理哪个客户端的请求，因为在创建每个线程的时候，都向其传递了不同的pvParam值。

记住，Windows是一个抢占式的多线程系统(preemptive multithreading system)。这意味着新的线程和调用CreateThread函数的线程可以同时执行。因为两个线程是同时运行的，所以可能出现问题。下面来观察如下所示的代码：

```
DWORD WINAPI FirstThread(PVOID pvParam) {
    // 初始化一个基于栈的变量
    int x = 0;
    DWORD dwThreadID;

    // 创建一个新线程
    HANDLE hThread = CreateThread(NULL, 0, SecondThread, (PVOID) &x,
        0, &dwThreadID);

    // 不再引用新线程，所以关闭它的句柄
    CloseHandle(hThread);

    // 我们的线程结束工作
    // BUG：我们的栈会被销毁，但 SecondThread 可能试图访问它
```

```
    return(0);
}

DWORD WINAPI SecondThread(PVOID pvParam) {
    // 在这里执行一些长时间的处理 ...
    // 试图访问 FirstThread 的栈上的变量
    // 注意：这可能造成访问违例 - 具体取决于时机！
    * ((int *) pvParam) = 5; ... return(0);
}
```

152

在上述代码中，FirstThread可能会在SecondThread函数将5赋给FirstThread函数的x之前完成任务。如果发生这种情况，SecondThread不知道FirstThread已经不存在了，所以会试图更改现已无效的一个地址的内容。这会导致SecondThread产生访问违例，因为FirstThread的栈已在FirstThread终止运行的时候被销毁。解决这个问题的一个办法是将x声明为静态变量，使编译器能在应用程序的数据section(而不是线程栈)中为x创建一个存储区域。

但是，这又会使函数不可重入，可重入函数能在任意时刻被中断，稍后再继续运行，不会丢失数据。换言之，不能创建两个线程来执行同一个函数，因为静态变量会在这两个线程之间共享。为解决这个问题(以及它的其他更复杂的变化形式)，另一个办法是使用正确的线程同步技术，详情参见第8章和第9章。

6.4.4　dwCreateFlags参数

dwCreateFlags参数指定额外的标志来控制线程的创建。它可以是两个值之一。如果值为0，线程创建之后立即就可以进行调度。如果值为CREATE_SUSPENDED，系统将创建并初始化线程，但是会暂停该线程的运行，这样它就无法进行调度。

在线程有机会执行执行任何代码之前，应用程序可利用CREATE_SUSPENDED标志来更改线程的一些属性。由于很少有必要这样做，所以该标志并不常用。5.6节的Job Lab应用程序演示了如何为CreateProcess函数正确使用该标志。

6.4.5　pdwThreadID参数

CreateThread函数的最后一个参数是pdwThreadID，它必须是一个DWORD的有效地址。CreateThread函数用它存储系统分配给新线程的ID，进程和线程ID的详情参见第4章。可为这个参数传递NULL(一般都这样做)，告诉函数我们对线程ID没有兴趣。

6.5 终止运行线程

线程可通过以下4种方法来终止运行。

- 线程函数返回(这是强烈推荐的)。
- 线程通过调用ExitThread函数"杀死"自己，尽量避免使用这种方法。
- 同一个进程或另一个进程中的线程调用TerminateThread函数，尽量避免使用这种方法。
- 包含线程的进程终止运行，尽量避免使用这种方法。

下面将讨论终止线程运行的这4种方法，并描述线程终止运行时会有哪些情况发生。

6.5.1 线程函数返回

设计线程函数时，应确保在希望线程终止运行时就让它们返回。这是保证线程的所有资源都被正确清理的唯一方式。

让线程函数返回可以确保以下几点。

- 线程函数中创建的所有C++对象都通过其析构函数被正确销毁。
- 操作系统正确释放线程栈使用的内存。
- 操作系统把线程的退出代码(在线程的内核对象中维护)设为线程函数的返回值。
- 系统递减线程的内核对象的使用计数。

6.5.2 ExitThread函数

为了强制线程终止运行，可以让它调用ExitThread：

```
VOID ExitThread(DWORD dwExitCode);
```

该函数将终止线程的运行，并导致操作系统清理该线程使用的所有操作系统资源。但是，你的C/C++资源(如C++类对象)不会被销毁。有鉴于此，更好的做法是直接从线程函数返回，不要自己调用ExitThread函数，更多的信息请参见4.3.2节"ExitProcess函数"。

当然，可以使用ExitThread的dwExitCode参数来告诉系统将线程的退出代码设为什么。ExitThread函数没有返回值，因为线程已终止，而且不能执行更多的代码。

说明　终止线程运行的推荐方法是让它的线程函数返回（如上一节所述）。但是，如果使用本节描述的方法，务必注意 ExitThread 函数是用于"杀死"线程的 Windows 函数。如果要写 C/C++ 代码，就绝对不要调用 ExitThread。相反，应该使用 C++ 运行库函

数 _endthreadex。如果使用的不是 Microsoft 的 C++ 编译器，那么编译器供应商应该提供它们自己的 ExitThread 替代函数。不管这个替代函数是什么，都必须使用它。本章稍后将具体解释 _endthreadex 的用途及其重要性。

6.5.3　TerminateThread函数

调用TerminateThread函数也可以"杀死"一个线程，如下所示：

```
BOOL TerminateThread(
    HANDLE hThread,
    DWORD dwExitCode);
```

154

不同于ExitThread总是"杀死"调用线程(calling thread)，TerminateThread能"杀死"任何线程。hThread参数标识了要终止的那个线程的句柄。线程终止运行时，其退出代码将变成你作为dwExitCode参数传递的值。同时，线程的内核对象的使用计数会递减。

说明　TerminateThread 函数是异步的。换而言之，它是让系统知道你想终止线程，但并不能保证在函数返回时线程已经终止。要想确定线程已终止运行，还需要调用WaitForSingleObject(详情参见第 9 章)或类似的函数，并向其传递线程的句柄。

经过精心设计的应用程序肯定不会使用这个函数，因为被终止运行的线程收不到自己被"杀死"的通知。线程无法得到正确的清理，也不能阻止自己被终止运行。

说明　如果通过返回或调用 ExitThread 函数的方式来终止一个线程的运行，该线程的栈也会被销毁。但是，如果使用的是 TerminateThread，那么除非拥有此线程的进程终止运行，否则系统不会销毁这个线程的栈。Microsoft 故意以这种方式来实现 TerminateThread。否则，假如其他还在运行的线程要引用被"杀死"的那个线程的栈上的值，就会引起访问违例。让被"杀死"的线程的栈保留在内存中，其他的线程就可以继续正常运行。

此外，动态链接库(dynamic-link library，DLL)通常会在线程终止运行时收到通知。不过，如果线程是用 TerminateThread 强行"杀死"的，则 DLL 不会收到这个通知，其结果是不能执行正常的清理工作，详情请参见第 20 章。

6.5.4　进程终止运行时

第4章介绍的两个函数ExitProcess和TerminateProcess也可用于终止线程的运行。区别在于，这些函数会使终止运行的进程中的所有线程全部终止。同时，由于整个进程都会关闭，所以它所使用的所有资源肯定都会被清理。其中必然包括所有线程的栈。这两个函数会导致进程中剩余的所有线程被强行"杀死"，这就好像是我们为剩余的每个线程都调用了TerminateThread。显然，这意味着正确的应用程序清理工作不会执行：C++对象的析构函数不会被调用，数据不会回写到磁盘……正如本章开始解释的那样，当应用程序的入口点函数返回时，C/C+运行库的启动代码将调用ExitProcess。所以，如果应用程序中并发运行着多个线程，需要在主线程返回之前，明确处理好每个线程的终止过程。否则，其他所有正在运行的线程都会在毫无预警的前提下突然"死亡"。

6.5.5　线程终止运行时

线程终止运行时，会发生下面这些事情。

- 线程拥有的所有用户对象句柄会被释放。在Windows中，大多数对象都是由包含了"创建这些对象的线程"的进程拥有的。但一个线程有两个用户对象：窗口(window)和挂钩(hook)。一个线程终止运行时，系统会自动销毁由线程创建或安装的任何窗口，并卸载由线程创建或安装的任何挂钩。其他对象只有在拥有线程的进程终止时才被销毁。
- 线程的退出代码从STILL_ACTIVE变成传给ExitThread或TerminateThread的代码。
- 线程内核对象的状态变为触发(signaled)状态。
- 如果线程是进程中的最后一个活动线程，系统认为进程也终止了。
- 线程内核对象的使用计数递减1。

155~156

线程终止运行时，其关联的线程对象不会自动释放，除非对这个对象的所有未结束的引用都被关闭了。

一旦线程不再运行，系统中就没有别的线程再用该线程的句柄了。但是，其他线程可以调用GetExitCodeThread来检查hThread所标识的那个线程是否已终止运行；如果已终止运行，可判断其退出代码是什么：

```
BOOL GetExitCodeThread(
    HANDLE hThread,
    PDWORD pdwExitCode);
```

退出代码的值通过pdwExitCode指向的DWORD来返回。如果在调用GetExitCodeThread时，线程尚未终止，函数就用STILL_ACTIVE标识符(定义为0x103)来填充DWORD。如果函数调用成功，就返回TRUE。要进一步了解如何使用线程的句柄来判断线程是在什么时候终止运行的，请参见第9章。

6.6 线程内幕

前面解释了如何实现一个线程函数，以及如何让系统创建一个线程来执行此线程函数。本节要研究系统具体是如何实现这一点的。图6-2展示了系统通过哪些必不可少的步骤来创建和初始化一个线程。

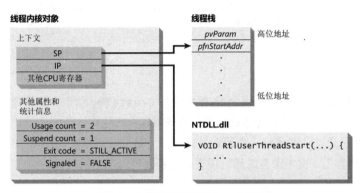

图6-2　如何创建和初始化一个线程

156

让我们仔细分析这幅图，了解究竟发生了什么。对CreateThread函数的一个调用导致系统创建一个线程内核对象。该对象最初的使用计数为2。除非线程终止，而且从CreateThread返回的句柄关闭，否则线程内核对象不会被销毁。该线程内核对象的其他属性也被初始化：挂起计数被设为1，退出代码被设为STILL_ACTIVE(0x103)，而且对象被设为未触发状态状态。

一旦创建了内核对象，系统就分配内存供线程栈使用。此内存是从进程的地址空间内分配的，因为线程没有自己的地址空间。然后，系统将两个值写入新线程栈的最上端。线程栈始终从高位内存地址向低位内存地址构建。写入栈的第一个值是传给CreateThread函数的pvParam参数的值。紧接在下方的是传给CreateThread函数的pfnStartAddr值。

每个线程都有自己的一组CPU寄存器，称为线程的上下文(context)。上下文反映的是线程上一次执行时线程的CPU寄存器的状态。线程的CPU寄存器全部保存在一个CONTEXT结构(在WinNT.h头文件中定义)中。CONTEXT结构本身是保存在线程内核对象中的。

指令指针(IP)寄存器和栈指针(SP)寄存器是线程上下文中最重要的两个寄存器。记住，线程始终在进程的上下文中运行。所以，这两个地址标识的内存都位于线程所在进程的地址空间中。当线程的内核对象被初始化的时候，CONTEXT结构的栈指针寄存器被设为pfnStartAddr在线程栈中的地址。而指令指针寄存器被设为RtlUserThreadStart函数(该函数未见于正式文档)的地址，此函数由NTDLL.dll模块导出。图6-1对此进行了演示。

下面展示了RtlUserThreadStat函数执行的操作：

```
VOID RtlUserThreadStart(PTHREAD_START_ROUTINE pfnStartAddr, PVOID pvParam) {
    __try {
        ExitThread((pfnStartAddr)(pvParam));
    }
    __except(UnhandledExceptionFilter(GetExceptionInformation())) {
        ExitProcess(GetExceptionCode());
    }
    // 注意：永远执行不到这里
}
```

线程完全初始化好之后，系统会检查是否向CreateThread函数传递了CREATE_
SUSPENDED标志。如果没有传递该标志，系统将线程的挂起计数(suspend count)递减至
0；随后，线程就可以调度给一个处理器去执行。然后，系统在实际的CPU寄存器中加
载上一次在线程上下文中保存的值。现在，线程就可以在它的进程的地址空间中执行代
码并处理数据了。

由于新线程的指令指针被设为RtlUserThreadStart，所以该函数就是线程开始执行的地
方。RtlUserThreadStart的原型接收了两个参数，是不是说该函数是从另一个函数调用
的呢？实情并非如此。新线程直接从这里开始执行。该函数之所以能访问这两个参数，
是由于操作系统已将值显式写入了线程栈(参数通常就是这样传给函数的)。注意，有的
CPU构架使用CPU寄存器而不是栈来传递参数。对于这种架构，系统会在允许线程执行
RtlUserThreadStart函数之前正确初始化恰当的寄存器。

157~158

新线程执行RtlUserThreadStart函数的时候，将发生以下事情。

- 围绕线程函数，会设置一个结构化异常处理(Structured Exception Handling，SEH)
  帧。这样一来，线程执行期间所引发的任何异常都能得到系统的默认处理。有关结
  构化异常处理的详情，请参见第23章、第24章和第25章。
- 系统调用线程函数，将你传给CreateThread函数的pvParam参数传给它。
- 线程函数返回时，RtlUserThreadStart调用ExitThread，将线程函数的返回值传给
  它。线程内核对象的使用计数递减，而后线程停止执行。
- 如线程引发了未处理的异常，RtlUserThreadStart函数所设置的SEH帧会处理该异
  常。通常，这意味着系统会向用户显示一个消息框，而且，一旦用户关闭此消息
  框，RtlUserThreadStart就会调用ExitProcess来终止整个进程，而不只是终止有问题
  的线程。

注意，线程会在RtlUserThreadStart内部调用ExitThread或ExitProcess。这意味着线程永远不会退出这个函数；它始终都在该函数内部"消亡"。这正是为什么RtlUserThreadStart函数原型的返回类型是VOID的原因，因其永不返回。

另外，因为有了RtlUserThreadStart函数，所以线程函数可在完成它的工作之后返回。当RtlUserThreadStart调用你的线程函数时，它会将线程函数的返回地址压入栈，使线程函数知道应在何处返回。但是，RtlUserThreadStart函数是不允许返回的。如果它没有在强行"杀死"线程的前提下尝试返回，几乎肯定会引起访问违例，因为线程栈上没有函数返回地址，而RtlUserThreadStart会尝试返回到某个随机的内存位置。

进程的主线程被初始化时，它的指令指针会被设为同一个未文档化的函数RtlUserThreadStart。

当RtlUserThreadStart开始执行时，它会调用C/C++运行库的启动代码，后者初始化继而调用你的_tmain或_tWinMain函数。你的入口点函数返回时，C/C++运行时启动代码会调用ExitProcess，所以对于C/C++应用程序，其主线程永远不会返回到RtlUserThreadStart函数。

158

6.7 C/C++ 运行库注意事项

Visual Studio附带了4个C/C++运行库用于本机代码的开发，还有2个库面向Microsoft .NET的托管环境。注意，所有这些库都支持多线程开发：不再有单独的一个C/C++库专门针对单线程开发。表6-1对这些库进行了描述。

表6-1 Microsoft Visual Studio附带的C/C++库

库名称	描述
LibCMt.lib	库的静态链接发行版本
LibCMtD.lib	库的静态链接调试版本
MSVCRt.lib	导入库，用于动态链接 MSVCR80.dll 库的发行版本（这是新建项目时的默认库）
MSVCRtD.lib	导入库，用于动态链接 MSVCR80D.dll 库的调试版本
MSVCMRt.lib	导入库，用于托管/本机代码混合
MSVCURt.lib	导入库，编译成百分之百纯 MSIL 代码

实现任何类型的项目时，都必须先确定项目链接的是哪个库。可通过如图4-3所示的项目属性对话框来选择库。在"配置属性"|C/C++|"代码生成"类别中，从"运行库"组合框中选择这4个可用的选项之一。

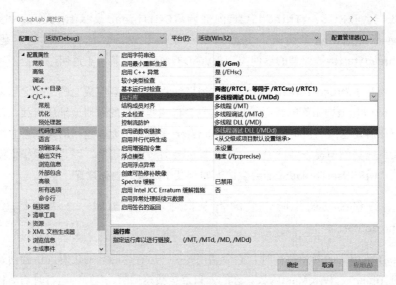

图6-3 项目属性对话框

让我们简单回顾一下历史。很早以前，是一个库用于单线程应用程序，另一个库用于多线程应用程序。之所以采用这个设计，是由于标准C运行库是1970年左右发明的，这比任何一个操作系统提供对线程的支持都还要早得多。要在很久很久之后，才会在操作系统上出现线程的概念。标准C运行库的发明者根本没有考虑到为多线程应用程序使用C运行库的问题。让我们用一个例子来了解可能遇到的问题。

以标准C运行库的全局变量errno为例。有的函数会在出错时设置该变量。假设现在有这样一个代码段：

```
BOOL fFailure = (system("NOTEPAD.EXE README.TXT") == -1);

if (fFailure) {
    switch (errno) {
    case E2BIG: // Argument list or environment too big
        break;
    case ENOENT: // Command interpreter cannot be found
        break;
    case ENOEXEC: // Command interpreter has bad format
        break;
    case ENOMEM: // Insufficient memory to run command
        break;
    }
}
```

假设在调用system函数之后，并在执行if语句之前，执行上述代码的线程被中断了。另外还假设，这个线程被中断后，同一个进程中的另一个线程开始执行，而且这个新线程将执行另一个C运行库函数，后者设置了全局变量errno。当CPU后来被分配回第一个线程时，对于上述代码中的system函数调用，errno反映的就不再是正确的错误码。为了解决这个问题，每个线程都需要它自己的errno变量。此外，必须有某种机制能够让一个线程引用它自己的errno变量，同时不能让它去修改另一个线程的errno变量。

这还只是证明了"标准C/C++运行库最初不是为多线程应用程序而设计"的众多例子中的一个。在多线程环境中会出问题的C/C++运行库变量和函数有errno，_doserrno，strtok，_wcstok，strerror，_strerror，tmpnam，tmpfile，asctime，_wasctime，gmtime，_ecvt和_fcvt等。

为了确保C和C++多线程应用程序正常运行，必须创建一个数据结构，并使之与使用了C/C++运行库函数的每个线程关联。然后，在调用C/C++运行库函数时，那些函数必须知道去查找调用线程的数据块，从而避免影响到其他线程。

那么，系统在创建新线程时，是如何知道要分配这个数据块的呢？答案是它并不知道。系统并不知道应用程序是用C/C++来写的，不知道你调用的函数并非天生就是线程安全的。保证线程安全是程序员的责任。创建新线程时，一定不要调用操作系统的CreateThread函数。相反，必须调用C/C++运行库函数_beginthreadex：

```
unsigned long _beginthreadex(
    void *security,
    unsigned stack_size,
    unsigned (*start_address)(void *),
    void *arglist,
    unsigned initflag,
    unsigned *thrdaddr);
```

160~161

_beginthreadex函数的参数列表和CreateThread函数一样，但参数名称和类型并不完全一样。这是因为Microsoft的C/C++运行库开发组认为，C/C++运行库函数不应该对Windows数据类型有任何依赖。和CreateThread一样，_beginthreadex函数也会返回新建线程的句柄。所以，如果已经在自己的源代码中调用了CreateThread函数，就可以非常方便地用_beginthreadex来全局替换所有CreateThread。但是，由于数据类型并不完全相同，所以可能还必须执行一些类型转换，以便顺利通过编译。为了简化这个工作，我新建了一个名为chBEGINTHREADEX的宏，并在自己的源代码中使用：

```
typedef unsigned (__stdcall *PTHREAD_START) (void *);

#define chBEGINTHREADEX(psa, cbStack, pfnStartAddr,        \
    pvParam, fdwCreate, pdwThreadID)                       \
        ((HANDLE) _beginthreadex(                          \
            (void *) (psa),                                \
            (unsigned) (cbStackSize),                      \
            (PTHREAD_START) (pfnStartAddr),                \
            (void *) (pvParam),                            \
            (unsigned) (dwCreateFlags),                    \
            (unsigned *) (pdwThreadID)))
```

由于Microsoft提供了C/C++运行库的源代码，我们很容易看出_beginthreadex到底做了
CreateThread不能做的哪些事情。为节省篇幅，这里没有全部照抄_beginthreadex的源
代码。相反，我在这里提供了该函数的伪代码版本，强调了其中最有意思的地方：

```
uintptr_t __cdecl _beginthreadex (
    void *psa,
    unsigned cbStackSize,
    unsigned (__stdcall * pfnStartAddr) (void *),
    void * pvParam,
    unsigned dwCreateFlags,
    unsigned *pdwThreadID) {

_ptiddata ptd;          // 到线程的数据块的指针
uintptr_t thdl;         // 线程的句柄
    // 分配新线程的数据块
    if ((ptd = (_ptiddata)_calloc_crt(1, sizeof(struct _tiddata))) == NULL)
        goto error_return;

    // 初始化数据块
    initptd(ptd);

    // 在数据块中保存预期的线程函数和我们希望它获取的参数
    // we want it to get in the data block.
    ptd->_initaddr = (void *) pfnStartAddr;
    ptd->_initarg = pvParam;
    ptd->_thandle = (uintptr_t)(-1);

    // 创建新线程
    thdl = (uintptr_t) CreateThread((LPSECURITY_ATTRIBUTES)psa, cbStackSize,
        _threadstartex, (PVOID) ptd, dwCreateFlags, pdwThreadID);
    if (thdl == 0) {
        // 线程无法创建，清理并返回错误
```

```
        goto error_return;
    }

    // 线程创建成功，以一个 unsigned long 值的形式返回句柄
    return(thdl);

error_return:
    // 错误：无法创建数据块或线程
    // 如果 CreateThread 中发生错误，GetLastError() 映射为和 errno 对应的值

    _free_crt(ptd);
    return((uintptr_t)0L);
}
```

161~162

对于_beginthreadex函数，需要注意以下几个重点。

- 每个线程都有自己的专用_tiddata内存块，它们是从C/C++运行库的堆(heap)上分配的。
- 传给_beginthreadex的线程函数的地址保存在_tiddata内存块中。_tiddata结构在 Mtdll.h文件的C++源代码中。纯粹是为了增加趣味性，我在下面重现了这个结构。 要传给_beginthreadex函数的参数也保存在这个数据块中。

```
struct _tiddata {
    unsigned long   _tid;           /* thread ID */

    unsigned long   _thandle;       /* thread handle */

    int _terrno;                    /* errno value */
    unsigned long   _tdoserrno;     /* _doserrno value */
    unsigned int        _fpds;      /* Floating Point data segment */
    unsigned long   _holdrand;      /* rand() seed value */
    char*           _token;         /* ptr to strtok() token */
    wchar_t*        _wtoken;        /* ptr to wcstok() token */
    unsigned char*  _mtoken;        /* ptr to _mbstok() token */

    /* following pointers get malloc'd at runtime */
    char*           _errmsg;    /* ptr to strerror()/_strerror() buff */
    wchar_t*        _werrmsg;   /* ptr to _wcserror()/__wcserror() buff */
    char*           _namebuf0;      /* ptr to tmpnam() buffer */
    wchar_t*        _wnamebuf0;     /* ptr to _wtmpnam() buffer */
    char*           _namebuf1;      /* ptr to tmpfile() buffer */
    wchar_t*        _wnamebuf1;     /* ptr to _wtmpfile() buffer */
    char*           _asctimebuf;    /* ptr to asctime() buffer */
    wchar_t*        _wasctimebuf;   /* ptr to _wasctime() buffer */
```

```
        void*           _gmtimebuf;        /* ptr to gmtime() structure */
        char*           _cvtbuf;                /* ptr to ecvt()/fcvt buffer */

        unsigned char _con_ch_buf[MB_LEN_MAX];
                                        /* ptr to putch() buffer */

        unsigned short _ch_buf_used;    /* if the _con_ch_buf is used */

        /* following fields are needed by _beginthread code */
        void*           _initaddr;      /* initial user thread address */
        void*           _initarg;       /* initial user thread argument */

        /* following three fields are needed to support signal handling and
runtime errors */
        void*           _pxcptacttab;       /* ptr to exception-action table */
        void*           _tpxcptinfoptrs;    /* ptr to exception info pointers */
        int             _tfpecode;  /* float point exception code */

        /* pointer to the copy of the multibyte character information used by
the thread */
        pthreadmbcinfo ptmbcinfo;

        /* pointer to the copy of the locale information used by the thread */
        pthreadlocinfo ptlocinfo;
        int _ownlocale;                 /* if 1, this thread owns its own locale */

        /* following field is needed by NLG routines */
        unsigned long _NLG_dwCode;

        /*
        * Per-Thread data needed by C++ Exception Handling
        */
        void*           _terminate;        /* terminate() routine */
        void*           _unexpected;       /* unexpected() routine */
        void*           _translator;       /* S.E. translator */
        void*           _purecall;         /* called when pure virtual happens */
        void*           _curexception;     /* current exception */
        void*           _curcontext;       /* current exception context */
        int             _ProcessingThrow;  /* for uncaught_exception */
        void*           _curexcspec;       /* for handling exceptions thrown from
std::unexpected */

    #if defined (_M_IA64) || defined (_M_AMD64)
        void*           _pExitContext;
        void*           _pUnwindContext;
```

```
    void*        _pFrameInfoChain;
    unsigned __int64 _ImageBase;
#if defined (_M_IA64)
    unsigned __int64 _TargetGp;
#endif /* defined (_M_IA64) */
    unsigned __int64 _ThrowImageBase;
    void* _pForeignException;
#elif defined (_M_IX86)
    void* _pFrameInfoChain;
#endif /* defined (_M_IX86) */
    _setloc_struct _setloc_data;

    void*        _encode_ptr;   /* EncodePointer() routine */
    void*        _decode_ptr;   /* DecodePointer() routine */

    void*        _reserved1;    /* nothing */
    void*        _reserved2;    /* nothing */
    void*        _reserved3;    /* nothing */

    int _       cxxReThrow;     /* Set to True if it's a rethrown C++
Exception */

    unsigned long __initDomain;/* initial domain used by _beginthread[ex]
for managed function */
    };

    typedef struct _tiddata * _ptiddata;
```

162~164

- _beginthreadex确实会在内部调用CreateThread，因为操作系统只知道用这种方式来创建新线程。
- CreateThread函数被调用时，传给它的函数地址是_threadstartex而非pfnStartAddr。另外，参数地址是_tiddata结构的地址，而非pvParam。
- 如一切顺利，会返回线程的句柄，就像CreateThread那样。任何操作失败，会返回0。

为新线程分配并初始化_tiddata结构之后，接着应该知道这个结构是如何与线程关联的。我们来看看_threadstartex函数，它也在C/C++运行库的Threadex.c文件中。下面是我为这个函数及其辅助函数__callthreadstartex编写的伪代码版本：

```
static unsigned long WINAPI _threadstartex (void* ptd) {
    // 注意：ptd 是该线程的 tiddata 块的地址

    // 将 tiddata 块与这个线程关联，使 _getptd() 能在 _callthreadstartex 中找到它
```

```
    TlsSetValue(__tlsindex, ptd);

    // 将这个线程 ID 保存到 _tiddata 块中
    ((_ptiddata) ptd)->_tid = GetCurrentThreadId();

    // 初始化浮点支持（代码未显示）
    // 调用辅助函数
    _callthreadstartex();

    // 永远执行不到这里；线程在 _callthreadstartex 中终止
    return(0L);
}

static void _callthreadstartex(void) {
    _ptiddata ptd; /* 到线程的 _tiddata 结构的指针 */

    // 从 TLS 获取到线程数据的指针
    ptd = _getptd();

    // 将预期的线程函数包装到 SHE 帧中，以便处理运行时错误和提供信号支持
    __try {
        // 调用预期的线程函数，向其传递所需的参数
        // 将线程退出码的值传给 _endthreadex
        _endthreadex(
            ( (unsigned (WINAPI *)(void *))(((_ptiddata)ptd)->_initaddr) )
                ( ((_ptiddata)ptd)->_initarg ) ) ;
    }
    __except(_XcptFilter(GetExceptionCode(), GetExceptionInformation())){
        // C 运行库的异常处理函数处理运行时错误并提供信号支持
        // 我们应该永远执行不到这里
        _exit(GetExceptionCode());
    }
}
```

对于_threadstartex函数，需要注意以下几个重点。

- 新线程首先执行RtlUserThreadStart(在NTDLL.dll文件中)，然后再跳转到_threadstartex。
- _threadstartex唯一的参数就是新线程的_tiddata内存块的地址。
- TlsSetValue是一个操作系统函数，它将一个值与调用线程关联起来。这就是所谓的线程局部存储(Thread Local Storage，TLS)，详情参见第21章。_threadstartex函数将_tiddata内存块与新建线程关联起来。
- 在无参辅助函数_callthreadstartex中，用一个SEH帧包围了预期要执行的线程函

数。这个帧处理着与运行库有关的许多事情——比如运行时错误(如抛出未被捕获的C++异常)——和C/C++运行库的signal函数。这一点相当重要。如果用CreateThread函数新建线程再调用C/C++运行库的signal函数，signal函数将不能正常工作。

- 预期要执行的线程函数会被调用，并向其传递预期的参数。前面讲过，函数的地址和参数由_beginthreadex保存在TLS的_tiddata数据块中；并会在_callthreadstartex中从TLS获取。

- 线程函数的返回值被认为是线程的退出代码。注意_callthreadstartex不是简单地返回到_threadstartex，继而到RtlUserThreadStart；如果是那样的话，线程会终止运行，其退出代码也会被正确设置，但线程的_tiddata内存块不会被销毁。这会导致应用程序出现内存泄漏。为防止这个问题，_threadstartex调用了_endthreadex(也是一个C/C++运行库函数)，并向其传递退出代码。

165~166

最后需要关注的函数是_endthreadex(也在C运行库的Threadex.c文件中)。下面是我编写的该函数的伪代码版本：

```
void __cdecl _endthreadex (unsigned retcode) {
    _ptiddata ptd; // 到线程的数据块的指针

    // 清理浮点支持（代码未显示）

    // 获取这个线程的 tiddata 块的地址
    ptd = _getptd_noexit ();

    // 释放 tiddata 块
    if (ptd != NULL)
    _freeptd(ptd);

    // 终止线程
    ExitThread(retcode);
}
```

对于_endthreadex函数，需要注意以下几点。

- C运行库的_getptd_noexit函数在内部调用操作系统的TlsGetValue函数，后者获取调用线程的tiddata内存块的地址。

- 然后，_endthreadex将此数据块释放，并调用操作系统的ExitThread函数来实际地销毁线程。当然，它会传递并正确设置退出代码。

在本章早些时候，我曾建议大家应该避免使用ExitThread函数。这是千真万确的，而且我在这里并不打算自相矛盾。前面说过，此函数会"杀死"调用线程，而且不允许它从当前执行的函数返回。由于函数没有返回，所以构造的任何C++对象都不会被析构。现在，我们又有了不调用ExitThread函数的另一个理由：它会阻止线程的_tiddata内存块被释放，使应用程序出现内存泄漏(直到整个进程终止)。

Microsoft的C++开发团队也意识到，总有一些开发人员喜欢调用ExitThread。所以，他们必须使这成为可能，同时尽可能避免应用程序出现内存泄漏的情况。如果真的想要强行"杀死"自己的线程，可以让它调用_endthreadex(而不是ExitThread)来释放线程的_tiddata块并退出。不过，我并不鼓励调用_endthreadex。

现在，你应该理解了C/C++运行库函数为什么要为每一个新线程准备一个独立的数据块，而且应该理解了_beginthreadex如何分配和初始化此数据块，并将它与新线程关联起来。另外，还应理解了_endthreadex函数在线程终止运行时是如何释放该数据块的。

一旦这个数据块被初始化并与线程关联，线程调用的任何需要"每线程实例数据"的C/C++运行库函数都可以轻易获取调用线程的数据块的地址(通过TlsGetValue)，并操纵线程的数据。函数可以这样工作，但像errno之类的全局变量又是如何工作的呢？errno是在标准C头文件中定义的，如下所示：

```
_CRTIMP extern int * __cdecl _errno(void);
#define errno (*_errno())


int* __cdecl _errno(void) {
    _ptiddata ptd = _getptd_noexit();
    if (!ptd) {
        return &ErrnoNoMem;
    } else {
        return (&ptd->_terrno);
    }
}
```

166~167

这样一来，任何时候引用errno，实际都是在调用内部的C/C++运行库函数_errno。该函数将地址返回给"与调用线程关联的数据块"中的errno数据成员。注意，errno宏被定义为获取该地址的内容。这个定义是必要的，因为很可能写出下面这样的代码：

```
int *p = &errno;
if (*p == ENOMEM) {
    ...
}
```

如果内部函数_errno只是返回errno的值，那么上述代码将不能通过编译。

C/C++运行库还围绕特定的函数放置了同步基元(synchronization primitive)。例如，如果两个线程同时调用malloc，堆就会损坏。C/C++运行库函数不允许两个线程同时从内存堆中分配内存。具体办法是让第2个线程等待，直至第1个线程从malloc函数返回。然后，才允许第2个线程进入。线程同步将在第8章和第9章详细讨论。显然，所有这些额外的工作影响了多线程版本的C/C++运行库的性能。

C/C++运行库函数的动态链接版本写得更通用(generic)，如此一来，对正在运行的应用程序和DLL来说，所有使用了C/C++运行库函数的所有正在运行的应用程序和DLL都可以共享同一个运行库。因此，运行库的DLL版只有一个多线程版本。由于C/C++运行库是通过一个DLL来提供的，应用程序(.exe文件)和DLL不需要包含C/C++运行库函数的代码，所以可以更小一些。另外，如果Microsoft修复了C/C++运行库DLL的任何bug，应用程序将自动获得修复①。

就像我们期望的一样，C/C++运行库的启动代码为应用程序的主线程分配并初始化了一个数据块。这样一来，主线程就可以安全地调用任何C/C++运行库函数。当主线程从其入口点函数返回的时候，C/C++运行库函数会释放关联的数据块。此外，启动代码设置了正确的结构化异常处理代码，使主线程能成功调用C/C++运行库的signal函数。

167

6.7.1 用_beginthreadex而不要用CreateThread创建线程

你可能觉得好奇，假如调用CreateThread而不是C/C++运行库的_beginthreadex来创建新线程，会发生什么呢？当一个线程调用一个需要_tiddata结构的C/C++运行库函数时，会发生下面要描述的情况(大多数C/C++运行库函数都是线程安全的，不需要这个结构)。首先，C/C++运行库函数尝试取得线程数据块的地址(通过调用TlsGetValue)。如果NULL被作为_tiddata块的地址返回，表明调用线程没有与之关联的_tiddata块。在这个时候，C/C++运行库函数会为调用线程分配并初始化一个_tiddata块。然后，这个块会与线程关联(通过TlsSetValue)，而且只要线程还在运行，这个块就会一直存在并与线程关联。现在，C/C++运行库函数可以使用线程的_tiddata块，以后调用的任何C/C++运行库函数也都可以使用。

当然，这是相当诱人的，因为线程(几乎)可以顺畅运行。但事实上，问题还是有的。第一个问题是，假如线程使用了C/C++运行库的signal函数，则整个进程都会终止，因为结构化异常处理(SEH)帧没有就绪。第二个问题是，假如线程不是通过调用_endthreadex

---

① 译注：如果是静态版本的C/C++运行库，则必须重新编译应用程序。

来终止的，数据块就不能被销毁，从而导致内存泄漏。对于一个用CreateThread函数来创建的线程，谁会调用_endthreadex呢？

说明　如果模块是链接到 C/C++ 运行库的 DLL 版本，这个库会在线程终止时收到一个 DLL_THREAD_DETACH 通知，并会释放 _tiddata 块 (如果已分配的话)。虽然这可以防止 _tiddata 块的泄漏，但仍然强烈建议使用 _beginthreadex 来创建线程，而不要用 CreateThread。

6.7.2　绝对不应该调用的C/C++运行库函数

C/C++运行库还包括以下两个函数：

```
unsigned long _beginthread(
    void (__cdecl *start_address)(void *),
    unsigned stack_size,
    void *arglist);


void _endthread(void);
```

新增的函数_beginthreadex和_endthreadex已经分别取代了这两个传统的函数。可以看出，_beginthread函数的参数较少，所以和全功能的_beginthreadex函数相比，它的局限性较大。例如，使用_beginthread函数，不能创建具有安全属性的线程，不能创建挂起的线程，也不能获得线程ID值。_endthread函数的情况与此相似：它是无参的，这意味着线程的退出代码被硬编码为0。

168

_endthread函数还存在另一个鲜为人知的问题。_endthread函数会在调用ExitThread前调用CloseHandle，向其传递新线程的句柄。为了理解这为什么会成为一个问题，我们来看看以下代码：

```
DWORD dwExitCode;
HANDLE hThread = _beginthread(...);
GetExitCodeThread(hThread, &dwExitCode);
CloseHandle(hThread);
```

在第一个线程调用GetExitCodeThread之前，新建的线程就可能已经执行，返回，并终止运行了。如果发生上述情况，hThread就是无效的，因为_endthread已关闭了新线程的句柄。不用说，对CloseHandle函数的调用也会因为相同的原因而失败。

新的_endthreadex函数则不会关闭线程的句柄。所以，用_beginthreadex函数调用来替换_beginthread函数调用，上述代码段就没有bug了。记住，线程函数返回时，_beginthreadex函数调用的是_endthreadex，而_beginthread调用的是_endthread函数。

6.8　了解自己的身份

线程执行时，经常希望调用能改变执行环境的Windows函数。例如，一个线程也许希望更改它或者它的进程的优先级(优先级将在第7章详细讨论)。由于线程经常要改变它(或其进程)的环境，所以Windows提供了一些函数来方便线程引用它的进程内核对象或者它自己的线程内核对象：

```
HANDLE GetCurrentProcess();
HANDLE GetCurrentThread();
```

这两个函数返回的都是一个到调用线程的进程内核对象或线程内核对象的伪句柄(pseudohandle)。它们不会在调用进程的句柄表中新建句柄。而且，调用这两个函数，不会影响进程内核对象或线程内核对象的使用计数。如果调用CloseHandle，将一个伪句柄作为参数传入，CloseHandle只是简单地忽略此调用，并返回FALSE。此时GetLastError返回的是ERROR_INVALID_HANDLE。

调用一个Windows函数时，如果该函数需要一个进程句柄或线程句柄，那么可以传递一个伪句柄，这将导致函数在调用进程或线程上执行它的操作。例如，通过像下面这样调用GetProcessTimes函数，一个线程可以查询其所在进程的使用时间：

```
FILETIME ftCreationTime, ftExitTime, ftKernelTime, ftUserTime;
GetProcessTimes(GetCurrentProcess(),
    &ftCreationTime, &ftExitTime, &ftKernelTime, &ftUserTime);
```

类似地，通过调用GetThreadTimes，一个线程可以查询自己的线程时间：

```
FILETIME ftCreationTime, ftExitTime, ftKernelTime, ftUserTime;
GetThreadTimes(GetCurrentThread(),
    &ftCreationTime, &ftExitTime, &ftKernelTime, &ftUserTime);
```

169

有几个Windows函数可以让我们用进程或线程唯一的系统级ID来标识它。线程可通过以下函数来查询其进程的唯一ID或它自己的唯一ID：

```
DWORD GetCurrentProcessId();
DWORD GetCurrentThreadId();
```

论有用，这两个函数通常都不如返回伪句柄的那些函数，但在个别情况下，它们更好用。

将伪句柄转换为真正的句柄

有时或许需要一个真正的线程句柄，而不是一个伪句柄。所谓"真正的句柄"，指的是能明确、无歧义地标识一个线程的句柄。我们来分析以下代码：

```
DWORD WINAPI ParentThread(PVOID pvParam) {
    HANDLE hThreadParent = GetCurrentThread();
    CreateThread(NULL, 0, ChildThread, (PVOID) hThreadParent, 0, NULL);
    // Function continues...
}

DWORD WINAPI ChildThread(PVOID pvParam) {
    HANDLE hThreadParent = (HANDLE) pvParam;
    FILETIME ftCreationTime, ftExitTime, ftKernelTime, ftUserTime;
    GetThreadTimes(hThreadParent,
        &ftCreationTime, &ftExitTime, &ftKernelTime, &ftUserTime);
    // Function continues...
}
```

能看出这个代码段的问题吗？其意图是让父线程向子线程传递一个可以标识父线程的句柄。但是，父线程传递的是一个伪句柄，而不是一个真正的句柄。子线程开始执行时，它把这个伪句柄传给GetThreadTimes函数，这将导致子线程得到的是它自己的CPU计时数据，而不是父线程的。之所以会发生这种情况，是因为线程的伪句柄是一个指向当前线程的句柄；换言之，指向的是发出函数调用的那个线程。

为了修正这段代码，必须将伪句柄转换为真正的句柄。DuplicateHandle函数(详见第3章的讨论)可以执行这个转换：

```
BOOL DuplicateHandle(
    HANDLE hSourceProcess,
    HANDLE hSource,
    HANDLE hTargetProcess,
    PHANDLE phTarget,
    DWORD dwDesiredAccess,
    BOOL bInheritHandle,
    DWORD dwOptions);
```

170

正常情况下，利用这个函数，可以根据与进程A相关的一个内核对象句柄来创建一个新句柄，并让它同进程B相关。但是，我们可以采取一种特殊的方式来使用它，以纠正前面代码中的错误。纠正过后的代码如下：

```
DWORD WINAPI ParentThread(PVOID pvParam) {
```

```
    HANDLE hThreadParent;

    DuplicateHandle(
        GetCurrentProcess(),       // Handle of process that thread
                                   // pseudohandle is relative to
        GetCurrentThread(),        // Parent thread's pseudohandle
        GetCurrentProcess(),       // Handle of process that the new, real,
                                   // thread handle is relative to
        &hThreadParent,            // Will receive the new, real, handle
                                   // identifying the parent thread
        0,                         // Ignored due to DUPLICATE_SAME_ACCESS
        FALSE,                     // New thread handle is not inheritable
        DUPLICATE_SAME_ACCESS);    // New thread handle has same
                                   // access as pseudohandle

    CreateThread(NULL, 0, ChildThread, (PVOID) hThreadParent, 0, NULL);
    // Function continues...
}
DWORD WINAPI ChildThread(PVOID pvParam) {
    HANDLE hThreadParent = (HANDLE) pvParam;
    FILETIME ftCreationTime, ftExitTime, ftKernelTime, ftUserTime;
    GetThreadTimes(hThreadParent,
        &ftCreationTime, &ftExitTime, &ftKernelTime, &ftUserTime);
    CloseHandle(hThreadParent);
    // Function continues...
}
```

现在，当父线程执行时，它会将标识父线程的有歧义的伪句柄转换为一个新的、真正的句柄，后者明确、无歧义地标识了父线程。然后，它将这个真正的句柄传给 CreateThread。当子线程开始执行时，其pvParam参数就会包含这个真正的线程句柄。在调用任何函数时，只要传入这个句柄，影响的就将是父线程，而非子线程。

由于DuplicateHandle递增了指定内核对象的使用计数，所以在用完复制的对象句柄后，有必要把目标句柄传给CloseHandle，以递减对象的使用计数。前面的代码体现了这一点。调用GetThreadTimes之后，子线程紧接着调用CloseHandle来递减父线程对象的使用计数。在这段代码中，我假设子线程不会用这个句柄调用其他任何函数。如果还要在调用其他函数时传入父线程的句柄，那么只有在子线程完全不需要此句柄的时候，才能调用CloseHandle。

171

需要指出的是，DuplicateHandle函数还能将进程的伪句柄转换为真正的进程句柄，如下所示：

```
HANDLE hProcess;
DuplicateHandle(
    GetCurrentProcess(),        // Handle of process that the process
                                // pseudohandle is relative to
    GetCurrentProcess(),        // Process' pseudohandle
    GetCurrentProcess(),        // Handle of process that the new, real,
                                // process handle is relative to
    &hProcess,                  // Will receive the new, real
                                // handle identifying the process
    0,                          // Ignored because of DUPLICATE_SAME_ACCESS
    FALSE,                      // New process handle is not inheritable
    DUPLICATE_SAME_ACCESS);     // New process handle has same
                                // access as pseudohandle
```

172

线程调度、优先级和亲和性

本章内容

抢占式操作系统必须通过某种算法确定何时要调度哪些线程，以及要调度多长时间。本章将讲述Windows采用的调度算法。

第6章说过，每个线程都有一个上下文结构，它保存在线程的内核对象中。这个上下文结构反映了线程上一次执行时CPU寄存器的状态。每隔20毫秒左右(GetSystemTimeAdjustment函数第二个参数的返回值)，Windows 都会查看所有当前存在的线程内核对象。在这些对象中，只有一些被认为是可调度的。Windows从可调度的线程内核对象中选择一个，并将上次保存在线程上下文中的值载入CPU寄存器。这个操作称为上下文切换[①](context switch)。Windows实际上会记录每个线程运行的次数。使用Microsoft Spy++这样的工具可以看到这一点。图7-1显示了一个线程的属性。注意，该线程已调度了17482420次。

图7-1　线程属性对话框

线程获得执行代码的权限后，会在进程的地址空间中操作数据。又过了大约20毫秒，Windows 将CPU寄存器存回线程的上下文，线程不再运行。系统再次检查剩下的可调度线程内核对象，选择另一个线程的内核对象，将该线程的上下文载入CPU寄存器，然后继续。载入线程上下文、让线程运行、保存上下文并重复的操作在系统启动时就开始了。这样的操作会不断重复，直至系统关闭。

简单地说，这就是系统调度多个线程的方式。我们稍后会更详细地讨论，但基本过程就是这样。很简单，对不对？Windows之所以被称为抢占式多线程操作系统(preemptive multithreaded operating system)，是因为系统可在任何时刻停止一个线程而调度另一个线程。稍后会讲到，我们可对此进行一些控制，但余地不大。现在只需记住几点：我们无法保证线程总在运行，无法保证线程会独占整个处理器，也无法保证能阻止其他线程的运行。

说明　经常有开发人员问，如何保证自己的线程在某个事件的某个时间段开始运行；例如，如何保证某个线程在数据从串行端口传入的 1 毫秒之内开始运行？答案很简单：办不到。

实时操作系统可以做出这样的许诺，但 Windows 不是实时操作系统。实时操作系统需要对底层硬件有清楚的了解，知道硬盘控制器、键盘等的延时。微软给 Windows 设定的目标是运行在广泛的硬件之上，包括各种不同的 CPU、不同的驱动器、不同

---

① 译注：Spy++ 中文版错误地将 context switch 翻译成"上下文开关"。

的网络⋯⋯一句话，Windows 并不想设计成实时操作系统，即使从 Windows Vista
开始有了新的扩展机制，比如线程排序服务 (http://msdn2.microsoft.com/en-us/library/
ms686752.aspx) 或者用于 Windows Media Player 11 这样的多媒体应用的多媒体类计
划程序服务 (http://msdn2.microsoft.com/en-us/library/ms684247.aspx)。

我要强调的是，系统只调度可调度的线程。但事实是，系统中的大多数线程都不可调
度。例如，有的线程对象的挂起计数(suspend count)大于0，这意味着该线程已被挂起，
不应给它调度任何CPU时间。可调用CreateProcess 或 CreateThread函数并传递CREATE_
SUSPENDED标志来创建一个被挂起的线程。本章稍后还会讨论SuspendThread 和
ResumeThread函数。

除了被挂起的线程，还有其他很多线程无法调度，因为它们都在等待某种事件发生。例
如，如果运行记事本程序，但并不输入任何东西，记事本的线程将什么都不做。系统不
会给没有任务的线程分配任何CPU时间。一旦移动记事本程序的窗口，或者其窗口需要
重绘内容，或者在其中输入，系统将自动使其线程变为可调度。但是，这并不意味着记
事本的线程将立即获得CPU时间。相反，这只是说记事本的线程有事可做了，系统会在
某个时间调度它——当然，我们希望越快越好。

174

7.1 线程的挂起和恢复

在线程内核对象中有一个值表示线程的挂起计数。调用CreateProcess或者CreateThread
时，系统将创建线程内核对象，并将挂起计数初始化为 1。这样，就不会给这个线程调
度CPU。这正是我们所希望的，因为线程初始化需要时间，我们自然不想线程在准备好
之前就开始执行。

线程完全初始化好之后，CreateProcess或CreateThread 函数检查你是否传递了CREATE_
SUSPENDED标志。如果是，函数会返回并让新线程保持挂起状态。如果不是，函数会将
线程的挂起计数递减为0。当线程的挂起计数为 0 时，线程就成为可调度的了，除非它
还在等待某个事件发生，例如键盘输入。

通过创建处于挂起状态的线程，我们可在线程执行任何代码之前改变它的环境，比如本
章稍后讨论的优先级。改变了线程的环境之后，必须使其变成可调度。这可通过调用
ResumeThread函数，传入调用CreateThread时返回的线程句柄或传给CreateProcess的
ppiProcInfo参数所指向的结构中的线程句柄来实现：

```
DWORD ResumeThread(HANDLE hThread);
```

若ResumeThread函数成功，它将返回线程的上一个挂起计数；否则返回 0xFFFFFFFF。

线程可被多次挂起。如果线程被挂起三次，它在有资格让系统为其分配CPU之前就必须恢复三次(通过调用ResumeThread 函数)。除了在创建线程时使用CREATE_SUSPENDED 标志，还可调用SuspendThread来挂起线程：

```
DWORD SuspendThread(HANDLE hThread);
```

任何线程都可调用该函数来挂起另一个线程(只要有对方的句柄)。显然，线程可将自己挂起，但它无法自己恢复。和ResumeThread一样，SuspendThread返回线程的上一个挂起计数。一个线程最多可以挂起MAXIMUM_SUSPEND_COUNT(WinNT.h中定义为127)次。注意，以内核模式执行时，SuspendThread是异步的，但除非线程恢复，否则它无法在用户模式下执行。

实际开发中，应用程序在调用SuspendThread时必须小心，因为试图挂起一个线程时，我们不知道对方在做什么。例如，如果线程正在从堆中分配内存，线程会将堆锁定。其他线程想要访问堆的时候，它们的执行将被中止，直到第一个线程恢复。只有在确切知道目标线程是哪个(或者它在做什么)，而且采取完备措施避免出现因挂起线程而引起的问题或者死锁的时候，调用SuspendThread才是安全的。死锁和其他线程同步问题将在第8章、第9章和第10章讨论。

175

7.2　进程的挂起和恢复

其实，Windows不存在挂起和恢复进程的概念，因为系统从来不会给进程调度CPU时间。但是，我被问过无数次，怎样挂起一个进程中的所有线程。在一个特殊情况下，即调试器处理WaitForDebugEvent返回的调试事件时，Windows将冻结被调试进程中的所有线程，直至调试器调用ContinueDebugEvent。还可使用来自Sysinternals 的Process Explorer程序的Suspend Process功能(https://tinyurl.com/ycj8yjkn)获得同样的效果：挂起进程中的所有线程。

Windows没有提供其他方式挂起进程中的所有线程，因为存在竞态条件(race conditions)问题。例如，线程被挂起时，可能有一个新的线程被创建。系统必须设法挂起这个时间窗口中的任何新线程。Microsoft已将这一功能集成到系统的调试机制中了。

虽然不可能创建一个十全十美的SuspendProcess函数，但我们可以创建一个适用于许多情况的版本。下面是我实现的SuspendProcess函数：

```
VOID SuspendProcess(DWORD dwProcessID, BOOL fSuspend) {

    // 获取系统中的线程列表
    HANDLE hSnapshot = CreateToolhelp32Snapshot(
        TH32CS_SNAPTHREAD, dwProcessID);

    if (hSnapshot != INVALID_HANDLE_VALUE) {

        // 遍历线程列表
        THREADENTRY32 te = { sizeof(te) };
        BOOL fOk = Thread32First(hSnapshot, &te);
        for (; fOk; fOk = Thread32Next(hSnapshot, &te)) {

            // 该线程在目标进程中吗?
            if (te.th32OwnerProcessID == dwProcessID) {

                // 尝试将线程 ID 转换为句柄
                HANDLE hThread = OpenThread(THREAD_SUSPEND_RESUME,
                    FALSE, te.th32ThreadID);

                if (hThread != NULL) {

                    // 挂起或恢复线程
                    if (fSuspend)
                        SuspendThread(hThread);
                    else
                        ResumeThread(hThread);
                }
                CloseHandle(hThread);
            }
        }
        CloseHandle(hSnapshot);
    }
}
```

176

这个SuspendProcess函数使用ToolHelp提供的函数(参见第4章)来枚举系统中的线程列表。一旦找到属于指定进程的线程，我便调用OpenThread：

```
HANDLE OpenThread(
    DWORD dwDesiredAccess,
    BOOL bInheritHandle,
    DWORD dwThreadID);
```

该函数找到线程ID匹配的线程内核对象，并使内核对象的使用计数递增1，然后返回对象的句柄。有了这个句柄，就可以调用SuspendThread(或者ResumeThread)了。

不难理解为什么SuspendProcess不能百分之百有效，因为在枚举线程集合时，可能有新的线程被创建，也可能有线程被销毁。因此在调用CreateToolhelp32Snapshot之后，目标进程中可能出现新的线程，而我的函数无法对其实行挂起操作。然后，在调用SuspendProcess恢复线程时，它会恢复一个从未挂起过的线程。更糟的是，在枚举线程ID时，一个现有的线程可能销毁，一个新的线程可能创建，而这两个线程的ID恰好一样。这样的话，函数将挂起某个随意的线程，可能属于目标进程之外的进程。

当然，这种情况不太可能出现，而且，如果我们能充分了解目标进程的运行情况，这些问题可能根本就不会成为问题。我虽然提供了这个函数，但使用风险自负。

7.3 睡眠

线程还可以告诉系统，在一段时间内自己不需要调度了。这可以通过调用Sleep实现：

```
VOID Sleep(DWORD dwMilliseconds);
```

这个函数使线程自己挂起dwMilliseconds毫秒的时间。关于Sleep，需要注意以下几个重点。

- 调用Sleep函数，将使线程自愿放弃属于它的时间片中剩下的部分。
- 系统设置线程不可调度的时间只是"近似于"所设定的毫秒数。没错，如果告诉系统想睡眠100 ms，那么线程将睡眠差不多这么长时间，但也可能长达数秒甚至数分钟。别忘了，Windows不是实时操作系统。我们的线程可能准时醒来，但实际情况取决于系统中其他线程的运行情况。
- 可以调用Sleep并为dwMs参数传入INFINITE。这是在告诉系统，永远不要调度这个进程。但这样做没有什么意义。让线程退出并将其栈和内核对象返还给系统，要好得多。
- 可以为Sleep传入0。这是在告诉系统，调用线程放弃时间片的剩余部分，并强制系统调度其他线程。但是系统有可能重新调度刚刚调用了Sleep的那个线程。如果没有相同或较高优先级的可调度线程，就会发生这样的事情。

177

7.4 切换到另一个线程

系统提供了一个名为SwitchToThread的函数，它允许另一个可调度线程运行：

```
BOOL SwitchToThread();
```

调用这个函数时，系统查看是否存在正急需CPU时间的饥饿线程。如果没有，SwitchToThread 就立即返回。如果存在，SwitchToThread将调度该线程(其优先级可能比SwitchToThread的调用线程低)。饥饿线程可以运行一个时间量，然后系统调度程序恢复正常运行。

通过这个函数，需要某个资源的线程可强制一个可能拥有该资源的低优先级线程放弃资源。如果在调用SwitchToThread时没有其他线程可以运行，函数将返回FALSE；否则，函数将返回一个非零值。

调用SwitchToThread与调用Sleep并传入 0 毫秒超时相似。区别在于，SwitchToThread允许执行低优先级线程，Sleep则会立即重新调度调用线程，即使低优先级线程还处于饥饿状态。

7.5　在超线程 CPU 上切换到另一个线程

超线程(hyper-threading)是赛扬(Xeon)、奔腾(Pentium) 4和后续CPU所支持的一种技术。超线程处理器芯片有多个"逻辑"CPU，每个都可以运行一个线程。每个线程都有自己的建构状态(一组寄存器)，但所有线程都共享主要的执行资源，比如CPU高速缓存。一个线程暂停时，CPU自动执行另一个线程，这无需操作系统干预。只有在缓存未命中、分支预测错误和需要等待前一个指令的结果等情况下才会暂停。英特尔有报告称，超线程CPU对吞吐量(throughput)的改进达10%～30%，具体取决于应用程序本身及其使用内存的方式。有关超线程CPU的更多信息，请参考本书中文版资源网站(https://bookzhou.com)提供的白皮书文件Hyper-thread_Windows.doc。

在超线程CPU上执行自旋循环(spin loop)时，我们需要强制当前线程暂停，使另一个线程可以访问芯片的资源[1]。x86架构支持一个名为PAUSE的汇编语言指令。PAUSE指令可确保避免内存顺序违规，从而改进性能。此外，该指令还可通过在非常耗电、密集的循环中增加间歇(hiccup)性的空操作，以减少能源消耗。在x86上，PAUSE指令等价于REP NOP指令，这样就能兼容更早的不支持超线程的IA-32 CPU。PAUSE会导致一定的延时(有些CPU上为0)。在Win32 API中，x86 PAUSE指令是通过调用WinNT.h中定义的YieldProcessor宏发出的。有了这个宏，我们就可以编写与CPU架构无关的代码了。另外，使用宏将扩展出内联(inline)代码，从而避免了函数调用的开销。

7.6　线程的执行时间

有时需要计算一个线程执行某项任务需耗时多久。许多人选择的方案是编写如下代码，其中便利用了新增的GetTickCount64函数：

---

① 译注：spin 是指让一个线程暂时"原地打转"，避免它跑去跟另一个线程竞争资源。

```
// 获取当前时间（起始时间）
ULONGLONG qwStartTime = GetTickCount64();

// 在此执行复杂的算法

// 从当前时间减去起始时间，获得持续时间
ULONGLONG qwElapsedTime = GetTickCount64() - qwStartTime;
```

这段代码有一个简单的前提：即代码执行不会中断。但在抢占式操作系统中，我们不可能知道线程什么时候会获得CPU时间。当线程失去CPU时间时，为线程执行的各种任务进行计时就更困难了。我们需要的是一个能返回线程已获得的CPU时间量的函数。幸好，早在Windows Vista之前，就有一个函数能返回这种信息了。这个函数就是GetThreadTimes：

```
BOOL GetThreadTimes(
    HANDLE hThread,
    PFILETIME pftCreationTime,
    PFILETIME pftExitTime,
    PFILETIME pftKernelTime,
    PFILETIME pftUserTime);
```

GetThreadTimes返回4个不同的时间值，如表7-1所示。

表7-1　GetThreadTime返回的时间值详情

时间值	含义
创建时间	以 100 纳秒为单位，从格林尼治时间 1601 年 1 月 1 日子夜开始的一个用来表示线程创建时间的绝对值
退出时间	以 100 纳秒为单位，从格林尼治时间 1601 年 1 月 1 日子夜开始的一个用来表示线程退出时间的绝对值。如果线程仍在运行，该退出时间处于未定义 (undefined) 状态
内核时间	一个用来表示线程执行内核模式下的操作系统代码所用时间的相对值，以 100 纳秒为单位
用户时间	一个用来表示线程执行应用代码所用时间的相对值，以 100 纳秒为单位

179

可以用这个函数判断执行下面这样一个复杂算法所需要的时间：

```
__int64 FileTimeToQuadWord (PFILETIME pft) {
    return(Int64ShllMod32(pft->dwHighDateTime, 32) | pft->dwLowDateTime);
}


void PerformLongOperation () {
```

```
FILETIME ftKernelTimeStart, ftKernelTimeEnd;
FILETIME ftUserTimeStart,   ftUserTimeEnd;
FILETIME ftDummy;
__int64 qwKernelTimeElapsed, qwUserTimeElapsed,
   qwTotalTimeElapsed;

// 获取起始时间
GetThreadTimes(GetCurrentThread(), &ftDummy, &ftDummy,
   &ftKernelTimeStart, &ftUserTimeStart);


// 在此执行复杂算法


// 获取结束时间
GetThreadTimes(GetCurrentThread(), &ftDummy, &ftDummy,
   &ftKernelTimeEnd, &ftUserTimeEnd);

// 将 FILETIMEs 中的起始和结束时间转换为 QWORD(quad words,
// 从结束时间减去起始时间,从而获得实耗 (elapsed) 的内核和用户时间
qwKernelTimeElapsed = FileTimeToQuadWord(&ftKernelTimeEnd) -
   FileTimeToQuadWord(&ftKernelTimeStart);

qwUserTimeElapsed = FileTimeToQuadWord(&ftUserTimeEnd) -
   FileTimeToQuadWord(&ftUserTimeStart);

// 内核和用户时间相加来获得总计时间
qwTotalTimeElapsed = qwKernelTimeElapsed + qwUserTimeElapsed;

// 总耗时存储在 qwTotalTimeElapsed 中
}
```

注意,和GetThreadTimes结构相似的GetProcessTimes函数适用于进程中的所有线程:

```
BOOL GetProcessTimes(
   HANDLE hProcess,
   PFILETIME pftCreationTime,
   PFILETIME pftExitTime,
   PFILETIME pftKernelTime,
   PFILETIME pftUserTime);
```

GetProcessTimes返回的时间适用于一个指定进程中的所有线程(即使线程已终止)。例如,所返回的内核时间是所有线程在内核模式下的耗时总和。

180

在Windows Vista和之后的版本中，系统为线程分配CPU时间的方式发生了改变。不再依赖约10~15毫秒间隔的计时器(有关计时器和用来测量它的ClockRes工具的更多细节，请参考https://docs.microsoft.com/en-us/sysinternals/downloads/clockres)，而是改用处理器的64位时间戳计时器(Time Stamp Counter，TSC)，它计算的是机器启动以来的时钟周期数。对于目前频率动辄几个G的计算机来说，可以想象一下这个值相较于"毫秒"精度的提升幅度。

线程被调度程序停止时，将计算此时TSC值与线程开始其执行时间量(execution quantum)时的TSC值之差，并加到线程执行时间上(不计中断时间)，这和Windows Vista之前的版本是一样的。QueryThreadCycleTime和QueryProcessCycleTime函数分别返回给定线程或者给定进程的所有线程所用的时钟周期数。如果想在代码中用更精确的东西替代GetTickCount64，应调用WinNT.h中定义的ReadTimeStampCounter宏来获取当前TSC值，这个宏指向的是由C++编译器提供的内部函数__rdtsc。

要进行高精度性能分析，GetThreadTimes函数仍然不够。Windows提供了以下高精度性能函数：

```
BOOL QueryPerformanceFrequency(LARGE_INTEGER* pliFrequency);

BOOL QueryPerformanceCounter(LARGE_INTEGER* pliCount);
```

这些函数假设正在执行的线程不会被抢占，但大多数高精度性能分析针对的都是生命期很短的代码块。为简化这些函数的使用，我创建了以下C++类：

```
class CStopwatch {
public:
   CStopwatch() { QueryPerformanceFrequency(&m_liPerfFreq); Start(); }

   void Start() { QueryPerformanceCounter(&m_liPerfStart); }

   __int64 Now() const {    // 返回自调用 Start 以来的毫秒数
     LARGE_INTEGER liPerfNow;
     QueryPerformanceCounter(&liPerfNow);
     return(((liPerfNow.QuadPart - m_liPerfStart.QuadPart) * 1000)
        / m_liPerfFreq.QuadPart);
   }

   __int64 NowInMicro() const {    // 返回自调用 Start 以来的微秒数
     LARGE_INTEGER liPerfNow;
     QueryPerformanceCounter(&liPerfNow);
     return(((liPerfNow.QuadPart - m_liPerfStart.QuadPart) * 1000000)
        / m_liPerfFreq.QuadPart);
```

```
        }

private:
    LARGE_INTEGER m_liPerfFreq;    // 每秒计数
    LARGE_INTEGER m_liPerfStart;   // 起始计数
};
```

这个类的用法如下所示：

```
// 创建一个计时器（默认为当前时间）
CStopwatch stopwatch;

// 执行要分析（profile）的代码

// 获取到目前为止的耗时
__int64 qwElapsedTime = stopwatch.Now();

// qwElapsedTime 指出被分析的代码执行了多长时间（以毫秒为单位）
```

高精度计时函数用来转换新的**Get*CycleTime**函数所返回的数值。由于所测得的周期(cycles)依赖于处理器频率，所以需要知道频率值，才能将周期数转换为更有意义的计时值。例如，对于2 GHz的处理器，1秒内发生2 000 000 000个周期，所以800 000个周期代表0.4毫秒，在更慢的1 GHz的处理器上则代表0.8毫秒。**GetCPUFrequencyInMHz**函数的实现如下：

```
DWORD GetCPUFrequencyInMHz() {
    // change the priority to ensure the thread will have more chances
    // to be scheduled when Sleep() ends
    int currentPriority = GetThreadPriority(GetCurrentThread());
    SetThreadPriority(GetCurrentThread(), THREAD_PRIORITY_HIGHEST);

    // keep track of the elapsed time with the other timer
    __int64 elapsedTime = 0;

    // Create a stopwatch timer (which defaults to the current time).
    CStopwatch stopwatch;
    __int64 perfCountStart = stopwatch.NowInMicro();

    // get the current number of cycles
    unsigned __int64 cyclesOnStart = ReadTimeStampCounter();

    // wait for ~1 second
    Sleep(1000);
```

```
    // get the number of cycles after ~1 second
    unsigned __int64 numberOfCycles = ReadTimeStampCounter() - cyclesOnStart;

    // Get how much time has elapsed with greater precision
    elapsedTime = stopwatch.NowInMicro() - perfCountStart;

    // Restore the thread priority
    SetThreadPriority(GetCurrentThread(), currentPriority);

    // Compute the frequency in MHz
    DWORD dwCPUFrequency = (DWORD)(numberOfCycles / elapsedTime);
    return(dwCPUFrequency);
}
```

182

如果需要和QueryProcessCycleTime返回的周期数对应的毫秒值，只需将周期数除以GetCPUFrequencyInMHz再乘上1000即可。虽然计算很简单，但可能出现结果完全不正确的情况。处理器频率随时间而不断变化，具体值取决于用户的设置和计算机是否接上了电源[①]。另外，在多处理器计算机上，可能为线程调度频率存在些许差异的不同处理器。

7.7　在实际上下文中谈 CONTEXT 结构

结合前面的描述，CONTEXT结构在线程调度中所起的重要作用已经昭然若揭。系统使用CONTEXT结构记住线程的状态，这样一来，线程在下次获得CPU并可以运行时，就可从上次停止处继续。

有人可能会吃惊，Platform SDK文档竟然记载了如此底层的数据结构。但是，如果查看文档中对CONTEXT结构的描述，看到的无非是下面这样的描述：

> "CONTEXT结构包含特定于处理器的寄存器数据。系统使用CONTEXT结构执行各种内部操作。要了解这些结构的定义，请参考WinNT.h 头文件。"

文档并没有给出结构的成员，也没有对成员进行任何说明，因为成员的具体情况取决于Windows运行在什么CPU上。事实上，在Windows定义的所有数据结构中，CONTEXT是唯一一个特定于CPU的。

那么，CONTEXT结构中到底有什么呢？CPU上的每个寄存器都有一个对应的数据成员。在x86计算机上，数据成员就是Eax, Ebx, Ecx, Edx等。下面这段代码给出了x86 CPU的完

---

① 译注：这种情况主要发生在笔记本电脑中。当没有外接电源时，CPU 可以降频运行以延长电池的使用时间。

整CONTEXT结构：

```
typedef struct _CONTEXT {

    //
    // The flag values within this flag control the contents of
    // a CONTEXT record.
    //
    // If the context record is used as an input parameter, then
    // for each portion of the context record controlled by a flag
    // whose value is set, it is assumed that that portion of the
    // context record contains valid context. If the context record
    // is being used to modify a thread's context, only that
    // portion of the thread's context will be modified.
    //
    // If the context record is used as an IN OUT parameter to capture
    // the context of a thread, only those portions of the thread's
    // context corresponding to set flags will be returned.
    //
    // The context record is never used as an OUT only parameter.
    //

    DWORD ContextFlags;

    //
    // This section is specified/returned if CONTEXT_DEBUG_REGISTERS is
    // set in ContextFlags. Note that CONTEXT_DEBUG_REGISTERS is NOT
    // included in CONTEXT_FULL.
    //

    DWORD    Dr0;
    DWORD    Dr1;
    DWORD    Dr2;
    DWORD    Dr3;
    DWORD    Dr6;
    DWORD    Dr7;

    //
    // This section is specified/returned if the
    // ContextFlags word contains the flag CONTEXT_FLOATING_POINT.
    //

    FLOATING_SAVE_AREA FloatSave;

    //
```

```
    // This section is specified/returned if the
    // ContextFlags word contains the flag CONTEXT_SEGMENTS.
    //

    DWORD    SegGs;
    DWORD    SegFs;
    DWORD    SegEs;
    DWORD    SegDs;

    //
    // This section is specified/returned if the
    // ContextFlags word contains the flag CONTEXT_INTEGER.
    //

    DWORD    Edi;
    DWORD    Esi;
    DWORD    Ebx;
    DWORD    Edx;
    DWORD    Ecx;
    DWORD    Eax;

    //
    // This section is specified/returned if the
    // ContextFlags word contains the flag CONTEXT_CONTROL.
    //

    DWORD    Ebp;
    DWORD    Eip;
    DWORD    SegCs;              // MUST BE SANITIZED
    DWORD    EFlags;             // MUST BE SANITIZED
    DWORD    Esp;
    DWORD    SegSs;

    //
    // This section is specified/returned if the ContextFlags word
    // contains the flag CONTEXT_EXTENDED_REGISTERS.
    // The format and contexts are processor specific
    //

    BYTE     ExtendedRegisters[MAXIMUM_SUPPORTED_EXTENSION];

} CONTEXT;
```

183~185

CONTEXT结构分为几部分。CONTEXT_CONTROL包含CPU的控制寄存器，比如指令指针、栈指针、标志和函数返回地址。CONTEXT_INTEGER标识CPU的整数寄存器；CONTEXT_FLOATING_POINT标识CPU的浮点寄存器；CONTEXT_SEGMENTS标识CPU的段(segment)寄存器；CONTEXT_DEBUG_REGISTERS标识CPU的调试寄存器；CONTEXT_EXTENDED_REGISTERS标识CPU的扩展寄存器；

Windows 实际上允许我们查看线程的内核对象的内部，并获取当前CPU寄存器状态的集合。为此，只需调用GetThreadContext：

```
BOOL GetThreadContext(
    HANDLE hThread,
    PCONTEXT pContext);
```

要调用这个函数，需要分配一个CONTEXT结构，初始化一些标志(结构的ContextFlags成员)以表示要获取那些寄存器，然后将结构的地址传给GetThreadContext。函数随后会在结构中填写我们请求的成员。

调用GetThreadContext前应先调用SuspendThread；否则，该线程可能正好被调度，这样线程的上下文就可能和获取的上下文不一致了。线程实际上有两个上下文：用户模式和内核模式。GetThreadContext只能返回线程的用户模式上下文。假如调用SuspendThread挂起一个线程，但该线程正在以内核模式执行，那么其用户模式上下文将保持稳定，即使SuspendThread实际上还没有挂起线程。但是，在线程恢复之前，不能再执行任何用户模式的代码。所以，我们完全可以认为线程已经暂停，这时调用GetThreadContext非常安全。

CONTEXT结构的ContextFlags成员与任何CPU寄存器都不对应。该成员的作用是告诉GetThreadContext函数应检索哪些寄存器。例如，以下代码检索线程的控制寄存器：

```
// 创建一个 CONTEXT 结构
CONTEXT Context;

// 告诉系统我们只对控制寄存器感兴趣
Context.ContextFlags = CONTEXT_CONTROL;

// 告诉系统检索和一个线程关联的寄存器
GetThreadContext(hThread, &Context);

// CONTEXT 结构中的控制寄存器成员反映了
// 线程的控制寄存器。其他成员处于
// " 未定义 "(undefined) 状态
```

185

注意，在调用GetThreadContext前，必须先初始化CONTEXT结构的ContextFlags成员。要获取线程的控制寄存器和整数寄存器，应该像下面这样初始化ContextFlags：

```
// 告诉系统我们对控制和整数寄存器感兴趣
Context.ContextFlags = CONTEXT_CONTROL | CONTEXT_INTEGER;
```

要想检索线程所有重要的寄存器(Microsoft认为最常用的寄存器)，可以使用以下标识符：

```
// 告诉系统我们对所有重要的寄存器感兴趣
Context.ContextFlags = CONTEXT_FULL;
```

CONTEXT_FULL在WinNT.h头文件中被定义为CONTEXT_CONTROL | CONTEXT_INTEGER | CONTEXT_SEGMENTS。

GetThreadContext返回后，可以很容易地查看线程的任何寄存器值，但要记住，这样编写的是依赖于CPU的代码。例如，对于x86 CPU，Eip字段存储的是指令指针，Esp字段存储的是栈指针。

Windows为程序员提供的控制力令人震撼。是不是觉得很酷？但还有更好的：Windows还允许我们调用SetThreadContext来更改结构中的成员，并将新的寄存器值放回线程的内核对象中：

```
BOOL SetThreadContext(
    HANDLE hThread,
    CONST CONTEXT *pContext);
```

同样，要更改哪个线程的上下文，就必须先暂停那个线程，否则结果无法预料。

调用SetThreadContext前必须再次初始化CONTEXT的ContextFlags成员，如下所示：

```
CONTEXT Context;

// 挂起线程
SuspendThread(hThread);

// 获取线程的上下文寄存器
Context.ContextFlags = CONTEXT_CONTROL;
GetThreadContext(hThread, &Context);

// 使指令指针指向你选择的地址，
// 这里我是将地址指令指针设为 0x00010000
Context.Eip = 0x00010000;

// 设置线程的寄存器以反映更改过的值
```

```
// 实际并不需要重置 ContextFlags 成员,
// 因其早先已经设置过
Context.ContextFlags = CONTEXT_CONTROL;
SetThreadContext(hThread, &Context);

// 恢复线程会造成它在地址 0x00010000 处开始执行
ResumeThread(hThread);
```

这可能造成远程线程的访问违例[①]。系统会先向用户显示一个未处理的异常消息框,然后终止远程进程。没错,被终止的是远程进程,而不是我们的进程。在我们自己继续正常执行的同时,可以成功地使另一个进程崩溃!

186~187

GetThreadContext函数和SetThreadContext函数提供了许多线程控制方法,但使用需谨慎。事实上,鲜有应用程序调用这些函数。虽然增加这些函数的目的是帮助调试器和其他工具实现Set Next Statement(设置下一条语句)这样的高级特性。但是,任何应用程序都可以调用它们。第24章将进一步讨论CONTEXT结构。

7.8 线程优先级

本章开头解释过,在调度程序为另一个可调度线程分配CPU之前,CPU可以运行一个线程大约20 ms。这是所有线程的优先级都相同时的情况。但实际上,不同线程有很多不同的优先级,这将影响调度程序如何选择下一个要运行的线程。

每个线程都被赋予0(最低)～31(最高)的优先级。系统在确定为哪个线程分配CPU时,它会首先查看优先级为31的线程,并以轮询(round-robin)方式进行调度。如果有优先级为31的线程可供调度,系统就会将CPU分配给该线程。该线程的时间片结束时,系统查看是否还有另一个优先级为31的线程可以运行;如果有,它将获得CPU。

只要有优先级为31的线程可供调度,系统就不会为优先级0～30的线程分配CPU。这种情况称为"饥饿"(starvation)。当较高优先级的线程占用了CPU时间,造成较低优先级的线程无法运行时,就称这种情况为饥饿。在多处理器机器上,饥饿发生的可能性要小得多,因为这种机器上优先级为31的线程和优先级为30的线程可以同时运行。系统总是保持各CPU处于忙碌状态,只有没有线程可供调度的时候,CPU才会空闲下来。

从表面上看,在这样设计的系统里,较低优先级的线程是不是永远没机会运行?但是,正如我前面指出的,在任何时刻,系统中大多数线程都是不可调度的。例如,如果进程的主线程调用了GetMessage,而系统发现没有等待处理的消息,就会暂停该线程,取消

---

① 译注:这很可能是因为修改了寄存器的值,从而导致线程访问了不应该访问的内存地址。

这个线程当前时间片的剩余时间，并立即将CPU分配给另一个等待中的线程。

如果没有消息供GetMessage获取，进程的主线程将一直挂起，得不到CPU。但是，一旦消息进入线程的队列，系统就知道主线程不应该继续暂停了。在这个时候，只要没有更高优先级的线程需要执行，系统就会为它分配CPU。

还有另一个问题需要指出。较高优先级的线程总是会抢占较低优先级的线程，无论较低优先级的线程是否正在执行。例如，如果有一个优先级为5的线程在运行，而系统确定有较高优先级的线程已准备好可以运行，那么它会立即暂停较低优先级的线程(即使后者的时间片还没有用完)，并将CPU分配给较高优先级的线程，该线程将获得一个完整的时间片。

顺便说一下，系统启动时会创建一个名为零页线程(zero page thread)的特殊线程。该线程的优先级定为0，而且是整个系统中唯一优先级为0的线程。零页线程负责在没有其他进程需要执行的时候，将系统内存中的所有空闲页面清零。

187~188

7.9　从抽象角度看优先级

Microsoft的开发人员在设计线程调度程序时已意识到，不可能完全满足各种需求。他们还意识到，计算机的用途会随时间而变。Windows NT问世时，人们刚开始编写OLE(object linking and embedding，对象链接与嵌入)应用程序。而现在，OLE应用程序已经是司空见惯的事情了。游戏和多媒体软件更是无处不在。而在Windows早期，肯定很少考虑到Internet。

调度算法对用户运行的各种应用程序都有显著影响。Microsoft的开发人员从一开始就认识到，需要随系统用途的改变不断修改调度算法。但是，Microsoft保证软件开发人员今天写的软件在系统未来的版本上也能运行。Microsoft是如何在改变系统工作方式的同时，保证用户软件正常运行的呢？对于这个问题，有以下几个回答。

- Microsoft没有在文档中完整描述调度程序的行为。
- Microsoft不允许应用程序充分利用调度程序的特性。
- Microsoft明确告知用户，调度算法会发生变化，使应用程序开发人员知道应该防御性地编程。

Windows API在系统的调度程序之上提供了一个抽象层，因此我们不会直接调用调度程序。相反，调用的是Windows函数，它们会根据底层操作系统的版本来"解释"参数。因此，本章需要讲一讲这个抽象层。

我们设计应用程序的时候，应考虑用户可能会同时运行其他什么程序。然后需要根据应用程序中线程的响应性选择一个优先级类。我知道这听起来很模糊，但本来就是这样。Microsoft可不想做出什么未来可能影响我们代码的承诺。

Windows支持6个优先级类(priority class)，分别是idle、below normal、normal、above normal、high和real-time。当然，normal是最常用的优先级类，为99%的应用程序所使用。表7-2描述了优先级。

表7-2　进程优先级类

优先级	描述
real-time(实时)	此进程中的线程必须立即响应事件，执行时间紧迫的任务。此进程中的线程还会抢占操作系统组件的 CPU 时间。使用该优先级类需要极为小心
high(高)	此进程中的线程必须立即响应事件，执行时间紧迫的任务。任务管理器运行在这一级，因此用户可通过它结束失控的进程
above normal(高于标准)	此进程中的线程运行在 normal 和 high 优先级类之间
normal(标准)	此进程中的线程无需特殊调度
below normal(低于标准)	此进程中的线程运行在 normal 和 idle 优先级类之间
idle(低)	此进程中的线程在系统空闲时运行。屏幕保护程序、后台实用程序和统计数据收集软件通常使用该进程

idle优先级类非常适合只在系统什么都不做的时候运行的应用程序。没有交互使用的计算机仍然可能在忙碌(比如用作文件服务器)，不应出现要和屏幕保护程序竞争CPU时间的情况。周期性更新系统状态数据的统计数据收集程序一般也不应干扰更重要的任务。

仅在绝对必要时才使用high优先级类。应尽可能避免使用real-time优先级类。事实上，虽然Windows NT 3.1早期的beta版本已支持这一优先级类，但它没有将其开放给应用程序使用。real-time优先级级别最高，可以影响操作系统的任务，因为大多数操作系统线程在执行时所用的优先级类都比它低。因此，real-time线程甚至可以阻止必需的磁盘I/O和网络通信。而且，键盘和鼠标输入也无法及时得到处理，用户可能会认为系统死机了。基本上，除非有充分的理由，否则不能使用real-time优先级，例如需要以低延时响应硬件事件，或者执行一些不能中断的非常短命的任务。

说明　除非用户有 Increase Scheduling Priority(提高计划优先级)特权，否则进程不能以 real-time 优先级运行。管理员用户默认有这一特权。

当然，大多数进程都是normal优先级类的。在Windows 2000中，Microsoft又额外增加了两个优先级类：below normal和above normal，因为有些公司抱怨现有的优先级类灵活性不够。

选择优先级后，就不需要考虑应用程序和其他应用程序的关系了，应该转而关注自己应用程序里的线程。Windows支持7个相对线程优先级，分别是idle、lowest、below normal、normal、above normal、highest和time-critical。这些优先级是相对于进程优先级的。同样，大多数线程使用normal线程优先级。表7-3描述了相对线程优先级。

表7-3　相对线程优先级

相对线程优先级	描述
time-critical	对于 real-time 优先级类，线程运行在 31 上；对于其他优先级类，则运行在 15
highest	线程运行在高于 normal 之上两个级别
above normal	线程运行在高于 normal 之上一个级别
normal	线程运行在 normal 级别上
below normal	线程运行在低于 normal 之下一个级别
lowest	线程运行在低于 normal 之下两个级别
idle	对于 real-time 优先级类，线程运行在 16；对于其他优先级类，则运行在 1

总之，进程属于某个优先级类，另外可为进程中的线程指定一个相对线程优先级。你会注意到我不会讲关于0～31优先级的任何事情。应用程序的开发人员永远不需要操作优先级，是由系统将进程的优先级类和线程的相对优先级映射到一个优先级值。这个映射正是Microsoft不想做出什么承诺的地方。事实上，这个映射在操作系统的不同版本中已经发生了变化。

表7-4描述了Windows Vista上这种映射的具体情况。但要注意，Windows NT的早期版本(还有Windows 95和Windows 98)的映射会有一些不同。另外，Windows未来版本的映射还有可能变化。

表7-4　进程优先级和相对线程优先级与优先级值的映射

相对线程优先级	进程优先级类					
	idle	below normal	normal	above normal	high	real-time
time-critical	15	15	15	15	15	31
highest	6	8	10	12	15	26
above normal	5	7	9	11	14	25
normal	4	6	8	10	13	24
below normal	3	5	7	9	12	23
lowest	2	4	6	8	11	22
idle	1	1	1	1	1	16

例如，一个normal进程中normal线程的优先级值将被指派为8。因为大多数进程都是normal优先级的，而大多数线程都是normal线程优先级的，所以系统中大多数线程的优先级值都是8。

如果是high优先级进程中的normal线程，线程的优先级值为13。如果将进程的优先级改为idle，则线程的优先级值将变为4。请记住，线程优先级是相对于进程优先级的。如果改变进程优先级，线程的相对优先级不变，但是优先级值将变化。

注意，表7-4中线程优先级值没有为0的。这是因为0优先级保留给零页线程了，系统不允许其他任何线程的优先级为0。而且，应用程序也无法获得以下优先级：17，18，19，20，21，27，28，29或者30。如果写的是运行在内核模式的设备驱动程序，那么可以获得这些优先级，但用户模式的应用程序不可以。还要注意，real-time优先级类的线程的优先级值不能低于16。类似地，非real-time优先级线程的优先级值不能高于15。

190

说明 进程优先级的概念容易引起一些混淆。人们可能认为这意味着进程能够进行调度。实际上，进程永远无法调度，能调度的是线程。进程优先级是 Microsoft 提出的一个抽象概念，使用户无需关注调度程序的内部工作机理，别无他意。

说明 通常，有较高优先级的线程大多数时候都应是不可调度的。这种线程要执行什么任务时，很快就能得到CPU时间。这时，线程应尽可能少地执行CPU指令，并重新进入睡眠，等待再次被调度。相反，优先级低的可以保持为可调度状态，执行大量 CPU 指令以完成其任务。如果遵循这些规则，整个操作系统就能够很好地响应用户。

7.10 优先级编程

那么，怎样为进程指派优先级呢？调用CreateProcess时，可以在fdwCreate参数中传入需要的优先级。表7-5给出了优先级标识符。

表7-5　进程优先级类

优先级	标识符
real-time	REALTIME_PRIORITY_CLASS
high	HIGH_PRIORITY_CLASS
above normal	ABOVE_NORMAL_PRIORITY_CLASS
normal	NORMAL_PRIORITY_CLASS
below normal	BELOW_NORMAL_PRIORITY_CLASS
idle	IDLE_PRIORITY_CLASS

创建子进程的进程会选择子进程运行的优先级，这听起来有些奇怪。以Windows资源管理器为例。使用Windows资源管理器运行一个程序时，新进程将运行在normal优先级。Windows资源管理器并不知道进程在做什么，或者它的线程多久会被调度一次。但是，一旦进程运行，便可通过调用SetPriorityClass来改变自己的优先级：

```
BOOL SetPriorityClass(
    HANDLE hProcess,
    DWORD fdwPriority);
```

该函数将hProcess标识的优先级类修改为参数fdwPriority所指定的值。fdwPriority参数可以是表7-5中的任何一个标识符。因为该函数获取一个进程句柄，所以只要有对方的句柄和足够的访问权限，就可改变系统中任何进程的优先级类。

进程一般都会尝试改变自己的优先级。下面是让进程将自己的优先级设为idle的例子：

```
BOOL SetPriorityClass(
    GetCurrentProcess(),
    IDLE_PRIORITY_CLASS);
```

用来检索进程优先级类的相应函数如下：

```
DWORD GetPriorityClass(HANDLE hProcess);
```

和预期的一样，该函数将返回表7-5列出的标识符之一。

通过命令行界面调用程序时，程序的起始优先级是normal。但是，如果使用START命令调用程序，可以通过一个开关指定程序的起始优先级。例如，在命令行界面输入以下命令，系统将调用计算器，并在idle优先级开始运行：

```
C:\>START /LOW CALC.EXE
```

START命令还有/BELOWNORMAL，/NORMAL，/ABOVENORMAL，/HIGH和/REALTIME开关，可以以对应的优先级执行应用程序。当然，程序一旦开始运行，就可以调用SetPriorityClass任意修改优先级。

Windows任务管理器也可用来更改进程的优先级。图7-2显示了任务管理器的"详细信息"标签页，其中显示了正在运行的进程。"基本优先级"列显示了每个进程的优先级。要更改一个进程的优称级类，只需选中进程，然后从上下文菜单的"设置优先级"子菜单中选择相应选项。

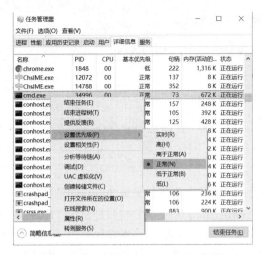

图7-2 任务管理器的"详细信息"标签页

线程最开始创建时,其相对线程优先级总是设置为normal。我一直觉得很奇怪,CreateThread函数没有为调用者提供设置新线程相对优先级的办法。为了设置和获取线程的相对优先级,必须调用以下这些函数:

```
BOOL SetThreadPriority(
    HANDLE hThread,
    int nPriority);
```

当然,hThread参数标识的是要更改优先级的线程,而nPriority参数是表7-6中的7个标识符之一。

表7-6 相对线程优先级

相对线程优先级	符号常量
time-critical	THREAD_PRIORITY_TIME_CRITICAL
highest	THREAD_PRIORITY_HIGHEST
above normal	THREAD_PRIORITY_ABOVE_NORMAL
normal	THREAD_PRIORITY_NORMAL
below normal	THREAD_PRIORITY_BELOW_NORMAL
lowest	THREAD_PRIORITY_LOWEST
idle	THREAD_PRIORITY_IDLE

检索线程相对优先级的相应函数如下:

```
int GetThreadPriority(HANDLE hThread);
```

该函数返回表7-6列出的一个标识符。

以下代码创建一个相对线程优先级为idle的线程：

```
DWORD dwThreadID;
HANDLE hThread = CreateThread(NULL, 0, ThreadFunc, NULL,
    CREATE_SUSPENDED, &dwThreadID);
SetThreadPriority(hThread, THREAD_PRIORITY_IDLE);
ResumeThread(hThread);
CloseHandle(hThread);
```

注意，CreateThread总是创建相对线程优先级为normal的新线程。要使线程以idle优先级执行，需要在调用CreateThread时传入CREATE_SUSPENDED标志，这将阻止线程执行任何代码。然后，调用SetThreadPriority将线程改为idle相对线程优先级。接着调用ResumeThread，线程就成为可调度的了。我们不知道什么时候线程可以获得CPU时间，但调度程序在调度时会考虑这个线程具有idle线程优先级。最后，关闭新线程的句柄，这样一来，一旦线程终止，系统就可以销毁内核对象。

> **说明**　Windows没有提供任何函数来返回线程优先级值(1~31)。这是故意而为的。记住，Microsoft保留了任何时候改变调度算法的权利。我们设计的应用程序不应该了解调度算法的具体细节。如果我们始终使用进程优先级类和相对线程优先级，我们的应用程序在系统当前和未来的版本中都可以运行得很好。

193

7.10.1　动态提升线程优先级

系统综合线程的相对优先级和线程所属进程的优先级来确定线程的优先级值。这有时也称为线程的基本优先级(base priority level)。系统偶尔会提升一个线程的优先级，通常是为了响应某种I/O事件，比如窗口消息或者磁盘读取。

例如，high优先级进程中的一个线程优先级为normal的线程，其基本优先级值为13。如果用户敲一个键，系统会在线程的队列中放入一个WM_KEYDOWN消息。因为有消息出现在线程的队列中，线程就成为可调度的了。此外，键盘设备驱动程序可能告诉系统临时提升线程的优先级。所以，线程的优先级可能提升2，从而使当前优先级达到15。

线程在优先级为15时分得一个时间片。在该时间片结束之后，系统将线程的优先级值减1，所以下一个时间片中线程的优先级将为14。线程的第三个时间片以优先级13执行。以后的时间片将保持在13，即线程的基本优先级。

注意，线程的当前优先级不会低于线程的基本优先级。而且造成线程可调度的设备驱动程序能决定提升的幅度。同样，Microsoft没有在文档中记录单独的设备驱动程序能将线程的优先级提升多少。这样一来，Microsoft就可以不断地对动态提升进行调整，以确定最理想的总体响应能力。

系统只提升优先级值在1～15的线程。事实上，正因为如此，这个范围被称为动态优先级范围(dynamic priority range)。而且，系统不会将线程的优先级提升到实时范围(高于15)。实时范围内的线程执行了大多数操作系统功能，为提升设置一个上限，可防止应用程序影响操作系统。而且，系统不能动态提升实时范围(16～31)的线程。

有些开发人员抱怨系统的动态提升功能对他们的线程性能有不利的影响，因此Microsoft增加了以下两个函数，允许我们禁止系统对线程优先级进行动态提升：

```
BOOL SetProcessPriorityBoost(
    HANDLE hProcess,
    BOOL bDisablePriorityBoost);
BOOL SetThreadPriorityBoost(
    HANDLE hThread,
    BOOL bDisablePriorityBoost);
```

SetProcessPriorityBoost允许或禁止系统提升一个进程中所有线程的优先级；SetThreadPriorityBoost则允许或禁止提升某个线程的优先级。两者都有对应的函数来判断当前是否启用了优先级提升：

```
BOOL GetProcessPriorityBoost(
    HANDLE hProcess,
    PBOOL pbDisablePriorityBoost);
BOOL GetThreadPriorityBoost(
    HANDLE hThread,
    PBOOL pbDisablePriorityBoost);
```

194

调用这些函数时，只需传入待查询进程或线程的句柄和一个布尔值的地址，函数会将返回结果写入该地址。

另一种情况也会造成系统动态提升线程的优先级。想象一个优先级为4的线程，它已经准备好运行了，但由于有一个优先级为8的线程一直处于可调度状态，因此它无法运行。这种情况下，优先级为4的线程处于CPU时间饥饿状态。当系统检测到有线程已经处于饥饿状态3到4秒时，它会将饥饿线程的优先级动态提升为15，并允许该线程运行两个时间片。两个时间片结束后，线程的优先级立即恢复到它的基本优先级。

7.10.2　为前台进程调整调度程序

如用户需要使用某个进程的窗口，该进程就称为前台进程(foreground process)，其他所有进程都称为后台进程(background process)。显然，用户肯定愿意自己在使用的进程比后台进程的响应更快。为了改进前台进程的响应性，Windows会为前台进程中的线程调整调度算法。系统为前台进程的线程分配比一般情况下更多的时间片。这种调整只在前台进程是normal优先级时才进行。如果处于其他优先级，则不会进行调整。

Windows实际上允许用户对这种调整进行配置。在控制面板中搜索"高级系统设置"并打开"系统属性"对话框，在"高级"标签页中点击"设置"按钮，然后在图7-3所示的"性能选项"对话框中选择"高级"标签页。

图7-3　"性能选项"对话框

如果用户选择优化程序性能(这是Windows的默认值)，系统将进行调整。如果选择优化后台服务性能，则不会进行调整。

7.10.3　调度I/O请求优先级

设置线程优先级将影响系统如何为线程调度CPU资源。但是，线程还要执行I/O请求从磁盘文件读写数据。如果一个低优先级线程获得CPU时间，它可以很轻易地在很短时间内将成百成千个I/O请求入列。由于I/O请求一般都需要时间进行处理，可能低优先级线程会挂起高优先级的线程，使它们无法完成任务，从而显著影响系统的响应性。因此，我们可以看到，在执行一些运行时间较长的低优先级服务(比如磁盘碎片整理程序、病毒扫描程序、内容索引程序等)时，机器的响应性会变得很差。

从Windows Vista开始，线程就可以在发出I/O请求时设置优先级了。可以调用SetThreadPriority并传入THREAD_MODE_BACKGROUND_BEGIN来告诉Windows，线程应发送低优先级的I/O请求。注意，这也将降低线程的CPU调度优先级。可调用SetThreadPriority并传入THREAD_ MODE_BACKGROUND_END，让线程恢复normal 优先级的I/O请求(以及normal CPU调度优先级)。调用SetThreadPriority并传入上面两个标志之一时，还必须传入调用线程的句柄(通过调用GetCurrentTHREAD返回)；系统不允许线程改变另一个线程的I/O优先级。

要让进程中的所有线程都进行低优先级的I/O请求和低CPU调度，可调用SetPriorityClass并传入PROCESS_MODE_BACKGROUND_BEGIN。相反的操作是调用SetPriorityClass并传入PROCESS_MODE_BACKGROUND_END。调用SetPriorityClass，传入上面两个标志之一时，还必须传入调用进程的句柄(通过调用GetCurrentProcess返回)；系统不允许线程改变另一个进程中线程的I/O优先级。

在更细的颗粒度上，normal优先级线程还可执行对特定文件的后台优先级I/O，如下所示：

```
FILE_IO_PRIORITY_HINT_INFO phi;
phi.PriorityHint = IoPriorityHintLow;
SetFileInformationByHandle(
   hFile, FileIoPriorityHintInfo, &phi, sizeof(PriorityHint));
```

SetFileInformationByHandle设置的优先级将覆盖在进程或线程一级设置的优先级，即分别通过SetPriorityClass 或者 SetThreadPriority设置的优先级。

作为开发人员，我们有责任使用这些新的后台优先级，使前台应用程序有更好的响应性，同时尽量避免优先级逆转(priority inversion)。存在密集的normal优先级I/O时，运行在后台优先级的线程在获得I/O 请求的结果之前可能会延迟几秒。如一个low优先级线程获得了normal优先级线程等待的锁，则normal优先级线程可能必须等待后台优先级线程，直到低优先级I/O请求完成为止。后台优先级线程甚至不用发出I/O请求都有可能出现这个问题。所以，normal和后台优先级线程之间的共享同步对象用得越少越好(最好不要用)，以免normal优先级线程因为后台优先级线程拥有的锁而被阻塞，最后导致优先级逆转。

196

说明　注意，SuperFetch 功能利用了这些新的后台优先级。要想进一步了解优先级I/O，请参见白皮书 (https://tinyurl.com/yckttev2)。

7.10.4 Scheduling Lab 示例程序

可用Scheduling Lab程序07-SchedLab.exe(源代码在后面列出)试验一下进程优先级和相对线程优先级,看看它们对系统总性能的影响。该示例程序的源代码和资源文件都可以在本书配套资源的07-SchedLab目录下找到。启动程序后会显示如图7-4所示的窗口。

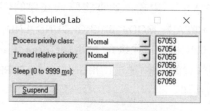

图7-4　主线程优先级

最开始,主线程总是很忙碌,因此CPU使用率立即跳到了100%。主线程不断递增一个数字,并将其添加到右边的列表框中。这个数字没有任何意义,只是说明线程在忙碌。要切实感受一下线程调度对系统的影响,建议同时运行这个示例程序的至少两个实例,看看改变一个实例的优先级是怎样影响其他实例的。还可运行任务管理器来监视所有实例的CPU使用情况。

进行这些测试时,CPU的使用率开始是100%,程序的所有实例获得相等的CPU时间。所有实例在任务管理器中显示的CPU使用率大致相同。如果将一个实例的优先级改变为above normal 或者 high,可以看到它获得了大量CPU时间。其他实例滚动显示的数字则变得不稳定。但是,其他实例不会完全停止滚动显示,因为系统会对饥饿线程进行动态提升。无论如何,你可以试验改变优先级和相对线程优先级,看看它们是如何影响其他实例的。在编写Scheduling Lab示例程序时,我故意设置了不允许将进程设为real-time优先级,因为那样会使操作系统线程无法正常执行。要想试验real-time优先级,必须自己修改源代码。

可利用Sleep框使主线程停止调度0～9999毫秒。试验一下,看看输入一个1毫秒Sleep值能回收多少CPU处理时间。我的2.2 GHz Pentium 笔记本电脑回收了99%,真不少!

197

点击Suspend按钮会使主线程生成一个辅助线程。该辅助线程会使主线程挂起,并显示如图7-5所示的消息框。

显示这个消息框时,主线程完全被挂起,不使用CPU时间。辅助线程也没有使用任何CPU时间,因为它在等待用户执行操作。显示消息框时,可将它移到应用程序主窗口上,然后再移开,让主窗口又显示出来。因为主线程被挂起,所以主窗口无法处理任何窗口消息(包括WM_PAINT)。这充分证明线程已被挂起。关闭消息框后,主线程恢复执行，CPU使用率又回到100%。

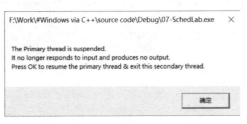

图7-5　显示消息

我们再来试验一下，打开上一节讨论的Windows "性能选项"对话框，将设置从"应用程序"更改为"后台服务"或者反过来。然后，运行SchedLab程序的多个实例，将它们都设为normal优先级并激活其中一个(放到前台显示)，使它成为前台进程。此时可以看到性能设置对前台/后台进程所产生的影响。

198

```
SchedLab.cpp
/*****************************************************************************
Module: SchedLab.cpp
Notices: Copyright (c) 2008 Jeffrey Richter & Christophe Nasarre
*****************************************************************************/


#include "..\CommonFiles\CmnHdr.h"      /* See Appendix A. */
#include <windowsx.h>
#include <tchar.h>
#include "Resource.h"
#include <StrSafe.h>



///////////////////////////////////////////////////////////////////////////


DWORD WINAPI ThreadFunc(PVOID pvParam) {

   HANDLE hThreadPrimary = (HANDLE) pvParam;
   SuspendThread(hThreadPrimary);
   chMB(
      "The Primary thread is suspended.\n"
      "It no longer responds to input and produces no output.\n"
      "Press OK to resume the primary thread & exit this secondary thread.\n");
   ResumeThread(hThreadPrimary);
   CloseHandle(hThreadPrimary);
```

```
    // To avoid deadlock, call EnableWindow after ResumeThread.
    EnableWindow(
        GetDlgItem(FindWindow(NULL, TEXT("Scheduling Lab")), IDC_SUSPEND),
        TRUE);
    return(0);
}


///////////////////////////////////////////////////////////////////////////////


BOOL Dlg_OnInitDialog (HWND hWnd, HWND hWndFocus, LPARAM lParam) {

    chSETDLGICONS(hWnd, IDI_SCHEDLAB);

    // Initialize process priority classes
    HWND hWndCtl = GetDlgItem(hWnd, IDC_PROCESSPRIORITYCLASS);

    int n = ComboBox_AddString(hWndCtl, TEXT("High"));
    ComboBox_SetItemData(hWndCtl, n, HIGH_PRIORITY_CLASS);

    // Save our current priority class
    DWORD dwpc = GetPriorityClass(GetCurrentProcess());

    if (SetPriorityClass(GetCurrentProcess(), BELOW_NORMAL_PRIORITY_CLASS)) {

        // This system supports the BELOW_NORMAL_PRIORITY_CLASS class

        // Restore our original priority class
        SetPriorityClass(GetCurrentProcess(), dwpc);

        // Add the Above Normal priority class
        n = ComboBox_AddString(hWndCtl, TEXT("Above normal"));
        ComboBox_SetItemData(hWndCtl, n, ABOVE_NORMAL_PRIORITY_CLASS);

        dwpc = 0; // Remember that this system supports below normal
    }

    int nNormal = n = ComboBox_AddString(hWndCtl, TEXT("Normal"));
    ComboBox_SetItemData(hWndCtl, n, NORMAL_PRIORITY_CLASS);

    if (dwpc == 0) {

        // This system supports the BELOW_NORMAL_PRIORITY_CLASS class
```

```
    // Add the Below Normal priority class
    n = ComboBox_AddString(hWndCtl, TEXT("Below normal"));
    ComboBox_SetItemData(hWndCtl, n, BELOW_NORMAL_PRIORITY_CLASS);
  }

  n = ComboBox_AddString(hWndCtl, TEXT("Idle"));
  ComboBox_SetItemData(hWndCtl, n, IDLE_PRIORITY_CLASS);

  ComboBox_SetCurSel(hWndCtl, nNormal);

  // Initialize thread relative priorities
  hWndCtl = GetDlgItem(hWnd, IDC_THREADRELATIVEPRIORITY);

  n = ComboBox_AddString(hWndCtl, TEXT("Time critical"));
  ComboBox_SetItemData(hWndCtl, n, THREAD_PRIORITY_TIME_CRITICAL);

  n = ComboBox_AddString(hWndCtl, TEXT("Highest"));
  ComboBox_SetItemData(hWndCtl, n, THREAD_PRIORITY_HIGHEST);

  n = ComboBox_AddString(hWndCtl, TEXT("Above normal"));
  ComboBox_SetItemData(hWndCtl, n, THREAD_PRIORITY_ABOVE_NORMAL);

  nNormal = n = ComboBox_AddString(hWndCtl, TEXT("Normal"));
  ComboBox_SetItemData(hWndCtl, n, THREAD_PRIORITY_NORMAL);

  n = ComboBox_AddString(hWndCtl, TEXT("Below normal"));
  ComboBox_SetItemData(hWndCtl, n, THREAD_PRIORITY_BELOW_NORMAL);

  n = ComboBox_AddString(hWndCtl, TEXT("Lowest"));
  ComboBox_SetItemData(hWndCtl, n, THREAD_PRIORITY_LOWEST);

  n = ComboBox_AddString(hWndCtl, TEXT("Idle"));
  ComboBox_SetItemData(hWndCtl, n, THREAD_PRIORITY_IDLE);

  ComboBox_SetCurSel(hWndCtl, nNormal);

  Edit_LimitText(GetDlgItem(hWnd, IDC_SLEEPTIME), 4); // Maximum of 9999
  return(TRUE);
}


///////////////////////////////////////////////////////////////////////////
```

```
void Dlg_OnCommand (HWND hWnd, int id, HWND hWndCtl, UINT codeNotify) {

   switch (id) {
      case IDCANCEL:
         PostQuitMessage(0);
         break;

      case IDC_PROCESSPRIORITYCLASS:
         if (codeNotify == CBN_SELCHANGE) {
            SetPriorityClass(GetCurrentProcess(), (DWORD)
               ComboBox_GetItemData(hWndCtl, ComboBox_GetCurSel(hWndCtl)));
         }
         break;

      case IDC_THREADRELATIVEPRIORITY:
         if (codeNotify == CBN_SELCHANGE) {
            SetThreadPriority(GetCurrentThread(), (DWORD)
               ComboBox_GetItemData(hWndCtl, ComboBox_GetCurSel(hWndCtl)));
         }
         break;

      case IDC_SUSPEND:
         // To avoid deadlock, call EnableWindow before creating
         // the thread that calls SuspendThread.
         EnableWindow(hWndCtl, FALSE);

         HANDLE hThreadPrimary;
         DuplicateHandle(GetCurrentProcess(), GetCurrentThread(),
            GetCurrentProcess(), &hThreadPrimary,
            THREAD_SUSPEND_RESUME, FALSE, DUPLICATE_SAME_ACCESS);
         DWORD dwThreadID;
         CloseHandle(chBEGINTHREADEX(NULL, 0, ThreadFunc,
            hThreadPrimary, 0, &dwThreadID));
         break;
   }
}


///////////////////////////////////////////////////////////////////////////////


INT_PTR WINAPI Dlg_Proc(HWND hWnd, UINT uMsg, WPARAM wParam, LPARAM lParam) {

   switch (uMsg) {
      chHANDLE_DLGMSG(hWnd, WM_INITDIALOG, Dlg_OnInitDialog);
```

```
        chHANDLE_DLGMSG(hWnd, WM_COMMAND,      Dlg_OnCommand);
   }

   return(FALSE);
}


//////////////////////////////////////////////////////////////////////////


class CStopwatch {
public:
   CStopwatch() { QueryPerformanceFrequency(&m_liPerfFreq); Start(); }

   void Start() { QueryPerformanceCounter(&m_liPerfStart); }

   __int64 Now() const { // Returns # of milliseconds since Start was called
      LARGE_INTEGER liPerfNow;
      QueryPerformanceCounter(&liPerfNow);
      return(((liPerfNow.QuadPart - m_liPerfStart.QuadPart) * 1000)
         / m_liPerfFreq.QuadPart);
   }

private:
   LARGE_INTEGER m_liPerfFreq;   // Counts per second
   LARGE_INTEGER m_liPerfStart;  // Starting count
};

__int64 FileTimeToQuadWord (PFILETIME pft) {
   return(Int64ShllMod32(pft->dwHighDateTime, 32) | pft->dwLowDateTime);
}


int WINAPI _tWinMain(HINSTANCE hInstExe, HINSTANCE, PTSTR pszCmdLine, int) {

   HWND hWnd =
      CreateDialog(hInstExe, MAKEINTRESOURCE(IDD_SCHEDLAB), NULL, Dlg_Proc);
   BOOL fQuit = FALSE;

   while (!fQuit) {
      MSG msg;
      if (PeekMessage(&msg, NULL, 0, 0, PM_REMOVE)) {

         // IsDialogMessage allows keyboard navigation to work properly.
```

```
        if (!IsDialogMessage(hWnd, &msg)) {

            if (msg.message == WM_QUIT) {
                fQuit = TRUE; // For WM_QUIT, terminate the loop.
            } else {
                // Not a WM_QUIT message. Translate it and dispatch it.
                TranslateMessage(&msg);
                DispatchMessage(&msg);
            }
        } // if (!IsDialogMessage())
    } else {

        // Add a number to the listbox
        static int s_n = -1;
        TCHAR sz[20];
        StringCChPrintf(sz, _countof(sz), TEXT("%u"), ++s_n);
        HWND hWndWork = GetDlgItem(hWnd, IDC_WORK);
        ListBox_SetCurSel(hWndWork, ListBox_AddString(hWndWork, sz));

        // Remove some strings if there are too many entries
        while (ListBox_GetCount(hWndWork) > 100)
            ListBox_DeleteString(hWndWork, 0);

        // How long should the thread sleep
        int nSleep = GetDlgItemInt(hWnd, IDC_SLEEPTIME, NULL, FALSE);
        if (chINRANGE(1, nSleep, 9999))
            Sleep(nSleep);
    }
}


DestroyWindow(hWnd);
return(0);
}


/////////////////////////////// End of File ///////////////////////////////
```

198~202

7.11 亲和性

Windows为线程分配处理器时，默认使用的是软亲和性(soft affinity)，意思是如果其他因素都一样，就尝试让线程在上一次运行的处理器上运行。让线程始终在同一个处理器上运行，有助于重用仍在处理器高速缓存中的数据。

有一种称为NUMA (Non-Uniform Memory Access,非统一内存访问)的计算机架构。采用这种架构的计算机由多个系统板(board)组成,每个系统板都有自己的CPU和内存板块。图7-6显示了一台有3个系统板的计算机,每个系统板有4个CPU,因此共有12个CPU,任何线程都可以在任何一个CPU上运行。

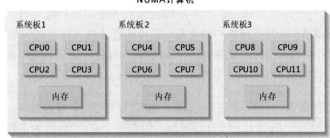

图7-6　NUMA架构

NUMA系统在CPU只访问自己所在系统板上的内存时,可达到最佳性能。如果CPU需要访问其他系统板上的内存,性能会下降得很厉害。在这种环境中,应该让一个进程中的线程运行在CPU 0到3,另一个进程中的线程运行在CPU 4到7,以此类推。为了支持这种架构,Windows允许我们设置进程和线程的亲和性(affinity)。换言之,我们可以控制哪些CPU运行特定的线程。这称为硬亲和性(hard affinity)。

系统会在启动时确定计算机中存在多少个CPU。应用程序可通过调用GetSystemInfo(参见第14章)来查询机器上的CPU数量。默认情况下,系统可将任何CPU调度给任何线程。要限制某些线程只能在可用CPU的一个子集上运行,则可以调用SetProcessAffinityMask:

```
BOOL SetProcessAffinityMask(
    HANDLE hProcess,
    DWORD_PTR dwProcessAffinityMask);
```

第一个参数hProcess代表要设置的进程。第二个参数dwProcessAffinityMask是一个位掩码,代表线程可以在哪些CPU上运行。例如,传入0x00000005 意味着这个进程中的线程可以在CPU 0和CPU 2上运行,但不能在CPU 1和CPU 3~31上运行。

注意,子进程将继承进程亲和性。因此,如果一个进程的亲和性掩码为0x00000005,它的所有子进程中的任何线程也将有相同的掩码,并与它共用同一组CPU。此外,还可以使用作业内核对象(第5章讨论)来限制一组进程只在一组CPU上运行。

203~204

自然还有一个函数可以返回进程的亲和性掩码，这个函数是GetProcessAffinityMask：

```
BOOL GetProcessAffinityMask(
    HANDLE hProcess,
    PDWORD_PTR pdwProcessAffinityMask,
    PDWORD_PTR pdwSystemAffinityMask);
```

这里也可以传入一个进程句柄，表示需要知道哪个进程的亲和性掩码，函数会将掩码写入pdwProcessAffinityMask所指向的变量。这个函数还能返回系统的亲和性掩码(在由pdwSystemAffinityMask指向的变量中)。系统的亲和性掩码表示系统中哪个CPU可以运行这些线程。进程的亲和性掩码总是系统的亲和性掩码的一个真子集。

前面讨论的是如何限制一个进程的线程只在一组CPU上运行。有的时候，还需要限制进程中的一个线程只在一组CPU上运行。例如，假定一个有4个线程的进程运行在一台有4个CPU的机器上。如果这些线程中有一个总在执行重要任务，就要尽量使它总是获得CPU。为此需要限制其他三个线程，使它们不能在CPU 0上运行，只能在CPU 1，CPU2和CPU3上运行。

可以调用SetThreadAffinityMask为单独的线程设置亲和性掩码：

```
DWORD_PTR SetThread AffinityMask(
    HANDLE hThread,
    DWORD_PTR dwThreadAffinityMask);
```

hThread参数表示要对哪个线程进行限制，而dwThreadAffinityMask表示线程可以在哪些CPU上运行。dwThreadAffinityMask必须是进程亲和性掩码的真子集。返回值是线程之前的亲和性掩码。因此，要限制三个线程只运行在CPU 1，CPU2和CPU3上，可以像下面这样做：

```
// 线程 0 只能在 CPU 0 上运行
SetThreadAffinityMask(hThread0, 0x00000001);

// 线程1、2 和 3 在 CPU 1、2、3 上运行
SetThreadAffinityMask(hThread1, 0x0000000E);
SetThreadAffinityMask(hThread2, 0x0000000E);
SetThreadAffinityMask(hThread3, 0x0000000E);
```

204

一个x86系统启动时，系统将执行代码，检查主机上是否有CPU存在著名的Pentium浮点bug。系统必须对每个CPU执行这项检查。检查的方法是，将一个线程的亲和性设置为第一个CPU，执行可能出错的除法运算，将结果是否与已知正确的结果比较。再采用同样的步骤检查下一个CPU，以此类推。

为了更高效地使用 CPU 时间，调度程序可能会在多个 CPU 之间迁移线程。在大多数环境里，改变线程的亲和性，将妨碍调度程序的这种能力。下面给出了一个例子。

线程	优先级	亲和性掩码	结果
A	4	0x00000001	CPU 0
B	8	0x00000003	CPU 1
C	6	0x00000002	无法运行

当线程 A 被唤醒时，调度程序看到该线程可以在 CPU 0 之上运行，所以就将 CPU 0 分配给线程 A。然后线程 B 唤醒，调度程序看到该线程可以在 CPU 0 或者 1 之上运行，但是因为 CPU 0 已经使用，调度程序就将 CPU 1 分配给 B。现在还一切正常。然后线程 C 唤醒了，调度程序看到它只能在 CPU 1 之上运行，但是 CPU 1 已经被优先级为 8 的线程 B 使用了。因为线程 C 的优先级是 6，所以它无法抢占线程 B，它本来可以抢占优先级为 4 的线程 A，但是因为线程 C 不能在 CPU 0 上运行，所以调度程序也不能抢占线程 A。

这证明了设置线程的硬亲和性可能会影响到调度程序的调度方案。

有时，强制一个线程只使用特定的某个 CPU 并不是什么好主意。例如，可能有三个线程都只能使用 CPU 0，而 CPU 1，CPU 2 和 CPU 3 却无所事事。如果能够告诉系统，我们想让一个线程运行在一个 CPU 上，但允许将它移到另一个空闲的 CPU，那就更好了。

要为线程设置一个理想的 CPU，可以调用 SetThreadIdealProcessor：

```
DWORD SetThreadIdealProcessor(
    HANDLE hThread,
    DWORD dwIdealProcessor);
```

hThread 参数表示要为其设置首选 CPU 的线程。但和所有前面讨论的函数不一样的是，dwIdealProcessor 不是位掩码，而是一个 0 到 31/63 之间的整数，代表线程的首选 CPU。可以传入一个 MAXIMUM_PROCESSORS 值(WinNT.h 中定义，在 32 位操作系统中定义为 32，64 位操作系统定义为 64)来表明线程没有理想 CPU。函数要么返回之前的理想 CPU，要么返回 MAXIMUM_PROCESSORS(如果线程没有设置理想 CPU)。

还可以在可执行文件的头部设置处理器亲和性。奇怪的是，似乎没有哪个链接器开关允许我们这样做，但我们可以使用与下面类似的代码，它利用了 ImageHlp.h 中声明的一些函数：

```
// 将 EXE 加载到内存
PLOADED_IMAGE pLoadedImage = ImageLoad(szExeName, NULL);

// 获取 EXE 的当前加载配置信息
IMAGE_LOAD_CONFIG_DIRECTORY ilcd;
GetImageConfigInformation(pLoadedImage, &ilcd);

// 更改处理器亲和性掩码
ilcd.ProcessAffinityMask = 0x00000003; // I desire CPUs 0 and 1

// 保存新的加载配置信息
SetImageConfigInformation(pLoadedImage, &ilcd);

// 从内存卸载 EXE
ImageUnload(pLoadedImage);
```

205~206

在此不详细解释所有这些函数，如果有兴趣，可以查看Platform SDK文档。

最后还要说的是，Windows任务管理器允许我们更改进程的CPU亲和性。具体做法是先选择一个进程，然后在其上下文菜单进行更改。如果系统是在一台多处理器计算机上运行，可以看到"设置相关性"菜单项(在单处理器计算机上没有，这里的"相关性"就是"亲和性")。选择这个菜单项后，可以看到图7-7所示的对话框，可以用它来指定当前所选进程中能够使用的CPU。

图7-7 指定CPU

从x86计算机启动Windows时，我们可以限制系统使用的CPU的个数。启动期间，系统会检查引导配置数据(boot configuration data，BCD)，BCD是一个取代老的boot.ini文本文件的数据存储，它在计算机的硬件和固件之上提供了一个抽象层。关于BCD，有一篇非常详细的白皮书，可以访问https://tinyurl.com/2ax9ymd9。

BCD的编程配置是通过WMI(Windows Management Instrumentation)实现的，但其大多数常见参数可以通过图形界面来访问。要限制Windows所用的CPU数量，可以打开Windows管理工具(单击"开始"按钮，并输入"管理工具")。从管理工具中选择"系统配置"。在"引导"标签页中单击"高级选项"按钮，勾选"处理器个数"，再选择需要的数量即可。

208

用户模式下的线程同步

本章内容

当所有线程都能独自运行而不需要相互通信的时候，Windows将进入最佳运行状态。但是，鲜有线程总是独自运行。创建线程通常是为了处理某个任务，任务完成时，另一个线程可能想要得到通知。

系统中所有的线程必须访问系统资源，比如堆、串口、文件、窗口以及其他无数资源。如果一个线程独占了对某个资源的访问，其他线程就无法完成它们的工作。另一方面，我们也不能让任何线程在任何时刻都能访问任何资源。设想一个线程正在向一个内存块写入，同时另一个线程正在从同一个内存块中读取数据。这就好比一个人正在读书的时候，另一个人在修改书中的文字。书中的内容会变得乱七八糟，毫无意义。

在以下两种基本情况下，线程之间需要相互通信。

- 需要让多个线程同时访问一个共享资源，同时不能破坏资源的完整性。
- 一个线程需要通知其他线程某项任务已经完成。

线程同步包括许多方面，我们会在下面的几章中进行讨论。好消息是Windows提供了许多机制来简化线程同步。但坏消息是我们很难预测一堆线程在任一时刻打算做什么。我们大脑的工作方式不是异步的，我们习惯一次一步地按次序考虑问题，但这不是多线程环境的运作方式。

我最早开始使用多线程大概是在1992年。一开始，我在写程序时犯了许多错误，甚至还出版了一些书和杂志文章，其中不乏与线程同步有关的bug。现在，我已经比当时熟练得多。虽然还谈不上完美，但我相信本书中的一切都不存在bug。要熟练掌握线程同步，唯一的方法就是实际去做。这几章将解释系统的运作方式，并展示如何以正确的方式在线程间进行同步。让我们面对现实：在积累经验的过程中总是难免会犯这样那样的错误，但这并没有什么大不了的。

207

8.1　原子访问：Interlocked 系列函数

线程同步的一大部分与原子访问(atomic access)有关。所谓原子访问，指的是一个线程在访问某个资源的同时能保证没有其他线程会在同一时刻访问同一资源。下面来看一个简单的例子：

```
// 定义一个全局变量
long g_x = 0;

DWORD WINAPI ThreadFunc1(PVOID pvParam) {
    g_x++;
    return(0);
}

DWORD WINAPI ThreadFunc2(PVOID pvParam) {
    g_x++;
    return(0);
}
```

代码中声明了一个全局变量g_x并将它初始化为0。现在假设我们创建了两个线程，一个线程执行ThreadFunc1，另一个线程执行ThreadFunc2。这两个函数中的代码完全相同：它们都使全局变量g_x递增1。因此当两个线程都停止运行时，我们可能认为g_x的值会是2。但真的是这样吗？答案是……也许吧。像这样写代码，我们无法确切地知道g_x最终会等于几，下面就是原因。假设编译器在编译将g_x递增的那行代码时，生成了下面的汇编代码：

```
MOV EAX, [g_x]          ; 将 g_x 中的值移入一个寄存器
INC EAX                 ; 递增寄存器中的值
MOV [g_x], EAX          ; 将新值存回 g_x
```

两个线程不太可能在完全相同的时刻执行上面的代码。因此如果一个线程先执行，另一个线程随后执行，那么下面是执行的结果：

```
MOV EAX, [g_x]          ; 线程1：将 0 移入一个寄存器
INC EAX                 ; 线程1：寄存器递增到 1
MOV [g_x], EAX          ; 线程1：将 1 存回 g_x

MOV EAX, [g_x]          ; 线程2：将 1 移入一个寄存器
INC EAX                 ; 线程2：寄存器递增到 2
MOV [g_x], EAX          ; 线程2：将 2 存回 g_x
```

两个线程都完成了g_x的递增后，g_x的值是2。这非常好，和我们预计的完全相同：先等于0，然后递增1两次，最终的答案是2。漂亮！但等一会儿，由于Windows是一个抢占式的多线程环境，所以系统可能会在任一时刻暂停执行一个线程，切换到另一个线程并让新的线程继续执行。因为这个原因，前面的代码可能不会严格按前面显示的顺序执行，而是按下面的顺序执行：

```
MOV EAX, [g_x]          ; 线程1：将 0 移入一个寄存器
INC EAX                 ; 线程1：寄存器递增到 1

MOV EAX, [g_x]          ; 线程2：将 0 移入一个寄存器
INC EAX                 ; 线程2：寄存器递增到 1
MOV [g_x], EAX          ; 线程2：将 1 存回 g_x

MOV [g_x], EAX          ; 线程1：将 2 存回 g_x
```

208

按这种顺序来执行，g_x的终值将是1，而不是我们预计的2！这听起来非常吓人，尤其是考虑到我们几乎无法对线程调度器进行控制。事实上，如果有100个线程，每个线程都执行类似的函数，那么当所有线程都结束运行后，g_x的值可能还是1！显然，软件开发人员不能在这样的环境中开发。我们希望在所有的时候对0进行两次递增1操作的结果都是2。另外不要忘记，编译器如何生成代码，代码在什么CPU上运行，机器配置了多少个CPU，所有这些都可能会导致不同的结果。这就是环境的工作方式，我们无法对其进行控制。但是，Windows确实提供了一些函数，只要使用得当，就能保证得到我们预期的结果。

为了解决刚才的问题，我们需要一些简单的方案。需要有一种方法能保证对一个值的递

增操作是原子操作，换言之，不会被打断。Interlocked系列函数提供了我们需要的解决方案。虽然这些Interlocked函数非常有用，也很容易理解，但大多数软件开发人员对它们心存畏惧，并没有充分地利用它们。所有这些函数会以原子方式来操纵一个值。让我们来看看InterlockedExchangeAdd以及它用来对LONGLONG类型进行操控的兄弟函数InterlockedExchangeAdd64：

```
LONG InterlockedExchangeAdd(
    PLONG volatile plAddend,
    LONG lIncrement);

LONGLONG InterlockedExchangeAdd64(
    PLONGLONG volatile pllAddend,
    LONGLONG llIncrement);
```

还有什么方法能比这更简单吗？只要调用这个函数，传一个长整型变量的地址和另一个增量值，函数就会保证递增操作是以原子方式进行的。因此我们可以把前面的代码改写成下面的代码：

```
// 定义一个全局变量
long g_x = 0;

DWORD WINAPI ThreadFunc1(PVOID pvParam) {
    InterlockedExchangeAdd(&g_x, 1);
    return(0);
}

DWORD WINAPI ThreadFunc2(PVOID pvParam) {
    InterlockedExchangeAdd(&g_x, 1);
    return(0);
}
```

209

经过这个微小的改动，对g_x的递增将以原子方式进行，因此能保证g_x的终值等于2。注意，如果只想以原子方式使一个值递增1，也可使用InterlockedIncrement函数。现在是不是已经感觉好些了？要注意的是，所有线程都应调用这些函数来修改共享变量的值，任何一个线程都不应使用简单的C++语句来修改共享变量：

```
// 由许多线程共享的长整型变量
LONG g_x; ...

// 递增长整型变量的不正确方式
g_x++; ...
```

```
// 递增长整型变量的正确方式
InterlockedExchangeAdd(&g_x, 1);
```

这些Interlocked函数是如何工作的呢？答案取决于代码运行的CPU平台。如果是x86系列CPU，那么Interlocked函数会在总线上维持一个硬件信号，这个信号会阻止其他CPU访问同一个内存地址。

我们并不需要理解Interlocked函数具体是如何工作的。重点是无论编译器如何生成代码，无论机器配置了多少个CPU，这些函数都能保证对值的修改以原子方式进行。我们必须确保传给这些函数的变量地址是正确对齐的，否则这些函数可能失败。我们将在第13章讨论数据对齐。

说明　C运行库提供了一个 _aligned_malloc 函数，可用该函数分配一个正确对齐的内存块。
　　　　下面是函数的原型：

```
void * _aligned_malloc(size_t size, size_t alignment);
```

　　　　其中，size 参数表示要分配的字节数，alignment 参数表示要对齐到的字节边界。传
　　　　给 alignment 参数的值必须是 2 的整数次方。

关于Interlocked函数，我们需要知道的另一个要点就是它们执行得极快。调用一次Interlocked函数通常只占用几个CPU周期(通常小于50)，而且不需要在用户模式和内核模式之间进行切换(这个切换通常需要占用1000个周期以上)。

当然，也可使用InterlockedExchangeAdd来做减法，在第二个参数中传递负值即可。InterlockedExchangeAdd会返回*plAddend中原来的值。

下面是其他三个Interlocked函数：

```
LONG InterlockedExchange(
    PLONG volatile plTarget,
    LONG lValue);

LONGLONG InterlockedExchange64(
    PLONGLONG volatile plTarget,
    LONGLONG lValue);

PVOID InterlockedExchangePointer(
    PVOID* volatile ppvTarget,
    PVOID pvValue);
```

210~211

InterlockedExchange和InterlockedExchangePointer会以原子方式将第一个参数所指向的

内存地址的当前值替换为第二个参数指定的值。对于32位应用程序，这两个函数都用一个32位值替换另一个32位值，但对于64位应用程序，InterlockedExchange替换的是32位值，而InterlockedExchangePointer替换的是64位值。这两个函数都会返回原来的值。在实现自旋锁(spinlock)的时候，InterlockedExchange极其有用：

```
// 该全局变量指出一个共享资源是否正在使用
BOOL g_fResourceInUse = FALSE; ...
void Func1() {
    // 等待访问资源
    while (InterlockedExchange (&g_fResourceInUse, TRUE) == TRUE)
        Sleep(0);

    // 访问资源
    ...

    // 不再需要访问资源
    InterlockedExchange(&g_fResourceInUse, FALSE);
}
```

while循环不停运行(自旋)，将g_fResourceInUse的值设为TRUE并检查原来的值是否为TRUE。如果原来的值为FALSE，说明资源当前未在使用，但调用线程刚才已把它设为"使用中"并退出循环。如果原来的值是TRUE，说明有其他线程正在使用该资源，于是while循环继续。

如果另一个线程也执行类似的代码，它会一直在while循环中自旋，直到g_fResourceInUse被改回FALSE。函数最后对InterlockedExchange的调用展示了如何将g_fResourceInUse设回FALSE。

使用这项技术时要极其小心，这是因为自旋锁会耗费CPU时间。CPU必须不断比较两个值，直到另一个线程"神奇地"改变了其中一个值为止。而且，这里的代码假定所有使用自旋锁的线程都以相同优先级运行。对于那些执行自旋锁的线程，我们可能还需要禁用线程优先级的动态提升，通过调用SetProcessPriorityBoost或SetThreadPriorityBoost，参见7.10.1节。

此外，必须确保锁变量和锁所保护的数据位于不同的高速缓存行中(本章稍后介绍)。如果锁变量和数据共享同一高速缓存行，那么使用资源的CPU就会与任何试图访问资源的CPU发生争夺，从而影响性能。

在单CPU机器上应避免使用自旋锁。如果一个线程不停自旋，不仅会浪费宝贵的CPU时间，还会阻止其他线程更改值。前面的代码在while循环中使用了Sleep，这在某种程度上改善了这一状况。如果使用Sleep，可以睡眠一段随机的时间，每次对资源的访问被拒绝时，可进一步增加睡眠时间。这样可以避免让线程浪费CPU时间。取决于实际情况，将Sleep调用完全去掉可能会更好。或者可以将之替换为对SwitchToThread的调用。虽然我讨厌这么说，但反复试验可能是找到最优方案的最佳途径。

自旋锁假定被保护的资源始终只会被占用一小段时间。这使自旋后过渡到内核模式并等待的效率更高。许多开发人员会循环指定次数(比如4000)，如届时仍然无法访问资源，线程会过渡到内核模式，并一直等到资源可用时为止(等待时不消耗CPU时间)。这正是关键段(critical section)的实现方式。

自旋锁在多处理器的机器上比较有用，这是因为当一个线程在一个CPU上运行时，另一个线程可在另一个CPU上自旋。但即使在这种情况下，还是必须小心。我们不希望线程长时间自旋，这样会浪费更多CPU时间。本章稍后还会进一步讨论自旋锁。

下面是最后两个InterlockedExchange函数：

```
PLONG InterlockedCompareExchange(
    PLONG plDestination,
    LONG lExchange,
    LONG lComparand);

LONG InterlockedCompareExchangePointer(
    PVOID* ppvDestination,
    PVOID pvExchange,
    PVOID pvComparand);
```

这两个函数以原子方式执行一个测试和设置操作。对于32位应用程序，这两个函数都对32位值进行操作，但在64位应用程序中，InterlockedCompareExchange对32位值进行操作，而InterlockedCompareExchangePointer对64位值进行操作。以下伪代码描述的是InterlockedCompareExchange函数到底做了些什么：

```
LONG InterlockedCompareExchange(PLONG plDestination,
    LONG lExchange, LONG lComparand) {

    LONG lRet = *plDestination;    // 原来的值

    if (*plDestination == lComparand)
        *plDestination = lExchange;
    return(lRet);
}
```

函数会将参数pIDestination指向的当前值与通过参数IComparand传入的值进行比较。如
两个值相同，函数会将*pIDestination修改为IExchange参数的值。如*pIDestination的值
不等于IComparand，则*pIDestination保持不变。函数会返回*pIDestination原来的值。
记住，所有这些操作都是作为一个原子执行单元来完成的。注意，现在这两个函数还有
另外一个版本，可用来处理已对齐的64位值：

```
LONGLONG InterlockedCompareExchange64(
    LONGLONG pllDestination,
    LONGLONG llExchange,
    LONGLONG llComparand);
```

212

没有哪个Interlocked函数可以仅用于读取一个值(同时不修改它)，因为这样的功能没有
必要。如线程只需读取一个值的内容，而这个值始终是通过某个Interlocked函数修改
的，那么读取的值不会有任何问题。虽然不知道读取的值的是原始值还是更新后的值，
但我们知道它肯定是其中之一。对大多数应用程序来说，这就足够了。此外，当多个进
程需要同步访问一个共享内存段(比如内存映射文件)中的值时，也可使用某个Interlocked
函数。第9章的几个示例程序展示了如何使用Interlocked函数。

Windows还提供了其他一些Interlocked函数，但前面介绍的函数已提供了其他这些函数
能提供的所有功能，甚至更多。下面是其他两个函数：

```
LONG InterlockedIncrement(PLONG plAddend);

LONG InterlockedDecrement(PLONG plAddend);
```

InterlockedExchangeAdd可以代替这两个旧函数。新函数可以加减任何值，旧函数则只
能加减1。还有另一组基于InterlockedCompareExchange64 的OR、AND和XOR辅助函数
可供选择。它们使用了我们在前面已经见到过的自旋锁，下面这段代码就是其中一个函
数的实现，所有这些函数的实现都可以在WinBase.h文件中找到：

```
LONGLONG InterlockedAnd64(
    LONGLONG* Destination,
    LONGLONG Value) {
    LONGLONG Old;

    do {
        Old = *Destination;
    } while (InterlockedCompareExchange64(Destination, Old & Value, Old) != Old);

    return Old;
}
```

从Windows XP开始，除了能对整数或布尔值进行这些原子操作，还可使用一系列函数来对一种称为互锁单向链表(Interlocked Singly Linked List)的栈进行操作。栈中的每个操作(比如入栈或出栈)必定是以原子方式进行的。表8-1列出了这种链表的函数。

表8-1　互锁单向链表函数

函数	描述
InitializeSListHead	创建一个空栈
InterlockedPushEntrySList	在栈顶添加一个元素
InterlockedPopEntrySList	移除位于栈顶的元素并将它返回
InterlockedFlushSList	清空栈
QueryDepthSList	返回栈中元素的数量

8.2　高速缓存行

如果要为多处理器电脑构建高性能应用程序，那么就要注意CPU高速缓存行[①]。CPU从内存中读取一个字节的时候，它并不是直接从内存中取回一个字节。相反，是取回足以填充一个高速缓存行的字节。高速缓存行可能包含32字节(老式CPU)，64字节，甚至128字节(取决于CPU)，而且始终分别对齐32字节边界，64字节边界，或者128字节边界。高速缓存行存在的目的是为了提高性能。一般来说，应用程序会对一组相邻的字节进行操作。如果所有这些字节都在高速缓存中，CPU就不必访问内存总线，因为后者要耗费多得多的时间。

但在多处理器环境中，高速缓存行使得对内存的更新变得更加困难。可以从下面的例子中体会到这一点。

(1) CPU1读取一个字节，这使该字节及其相邻字节被读入CPU1的高速缓存行中。

(2) CPU2读取同一个字节，这使和步骤1一样的字节被读入CPU2的高速缓存行中。

(3) CPU1对内存中的这个字节进行修改，造成该字节被写入CPU1的高速缓存行。但这一信息尚未写回RAM。

(4) CPU2再次读取同一个字节。由于该字节已经在CPU2的高速缓存行中，所以CPU2不需要访问内存。但CPU2无法看到该字节在内存中的新值。

这种情形非常糟糕。当然，CPU芯片的设计者非常清楚这个问题，并做了专门的设计进行处理。具体地说，当一个CPU修改了高速缓存行中的一个字节时，机器中的其他CPU

---

① 译注：即 cache line，是 CPU 缓存中的最小单位，一个缓存行的大小通常为 64 字节（具体取决于 CPU），它会有效地引用主内存中的一块地址。CPU 每次从主内存中获取数据时，会将相邻的数据也一同拉取到缓存行中。这样一来，CPU 在执行计算时，就可以大大减少与主内存的交互。

会收到通知，并使自己的高速缓存行作废，所以在刚才的情形中，当CPU1修改该字节的值时，CPU2的高速缓存就作废了。在第4步中，CPU1必须将它的高速缓存写回内存，CPU2必须再次访问内存来重新填充其高速缓存行。可以看到，虽然高速缓存行能提高性能，但在多处理器机器上同样能损害性能。

这一切都意味着我们应该根据高速缓存行的大小对应用程序的数据进行分组，并将数据与缓存行的边界对齐。这样做的目的是确保不同CPU能访问不同的内存地址，而且这些地址至少由一个高速缓存行的边界进行区分。另外，应将只读数据(或不经常读取的数据)与可读写数据分别存放。还应该将差不多会在同一时间访问的数据分组到一起。

下面这个例子是一个设计得非常糟糕的数据结构：

```
struct CUSTINFO {
    DWORD    dwCustomerID;          // 基本上只读
    int      nBalanceDue;           // 可读可写
    wchar_t  szName[100];           // 基本上只读
    FILETIME ftLastOrderDate;       // 只写
};
```

如果想要确定CPU高速缓存行的大小，那么最简单的方法莫过于调用Win32的GetLogicalProcessorInformation函数。该函数会返回一个由SYSTEM_LOGICAL_PROCESSOR_INFORMATION结构构成的数组。可检查每个结构的Cache字段，该成员引用一个CACHE_DESCRIPTOR结构，其中的LineSize字段表示CPU的高速缓存行的大小。有了这个信息后，就可以使用C/C++编译器的__declspec(align(#))指令来控制字段对齐。下面是上述结构改进后的版本：

```
#define CACHE_ALIGN 64

// 强迫每个结构在一个不同的高速缓存行中
struct __declspec(align(CACHE_ALIGN)) CUSTINFO {
    DWORD    dwCustomerID;          // 基本上只读
    wchar_t  szName[100];           // 基本上只读

    // 强迫以下成员在不同的高速缓存行中
    __declspec(align(CACHE_ALIGN))
    int nBalanceDue;                // 可读可写
    FILETIME ftLastOrderDate;       // 可读可写
};
```

214~215

要想进一步了解如何使用__declspec(align(#))，请参见http://msdn2.microsoft.com/en-us/library/83ythb65.aspx。

8.3 高级线程同步

如果需要以原子方式修改一个值，那么Interlocked系列函数就非常好用，我们当然应该优先使用它们。但是，大多数实际的编程问题需要处理的数据结构往往要比一个简单的32位或64位值复杂得多。为了能以原子方式访问复杂数据结构，必须超越Interlocked系列函数，转而使用Windows提供的一些其他特性。

上一节强调在单处理器的机器上不要使用自旋锁，即使在配备多处理器的机器上，在使用自旋锁的时候也应谨慎。原因很简单，浪费CPU时间是一件非常糟糕的事情，所以，我们需要一种机制，在线程等待访问共享资源时不会浪费CPU时间。

当线程想要访问一个共享资源或者想要得到一些"特殊事件"的通知时，线程必须调用操作系统的一个函数，将线程正在等待的东西作为参数传入。如操作系统检测到资源可用，或特殊事件已经发生，该函数会立即返回，使线程进入可调度状态。线程可能并不会立即运行，它是可调度的，系统根据上一章描述的规则为它分配CPU时间。

如资源不可用，或特殊事件尚未发生，系统会将线程置于等待状态，使线程变得不可调度，这就避免了让线程浪费CPU时间。线程等待时，系统会充当它的代理。系统会记住线程想要访问的资源。资源可用时，它自动将线程唤醒，从而保持线程的执行与特殊事件的同步。

实际情况是，大多数线程在大多数情况下都处于等待状态。当系统检测到所有线程都已经在等待状态中度过了好几分钟的时候，系统的电源管理器将会介入。

215

要避免的技术

如果没有同步对象，操作系统也不能监视特殊事件，线程将不得不使用下面演示的技术来强制将自己与特殊事件同步。但是，由于操作系统内建了对线程同步的支持，所以在任何时候都不应该真的使用这个技术。

采用这个技术，两个线程要共享或者都能访问一个变量，其中一个线程不断查询变量的状态，将自己和另一个线程的完成同步。下面这段代码对此进行了演示：

```
volatile BOOL g_fFinishedCalculation = FALSE;

int WINAPI _tWinMain(...) {
    CreateThread(..., RecalcFunc, ...);
    ...
    // 等待重新计算完成
    while (!g_fFinishedCalculation)
        ;
    ...
}

DWORD WINAPI RecalcFunc(PVOID pvParam) {
    // 执行重新计算
    ...    g_fFinishedCalculation = TRUE;
    return(0);
}
```

如你所见,当主线程(执行_tWinMain)需要将自己与RecalcFunc函数的完成同步的时候,它并没有让自己进入睡眠状态。由于主线程没有进入睡眠状态,CPU需要不断地给它调度CPU时间,这就从其他线程手中夺走了宝贵的时钟周期。

上述代码采用的轮询方法还存在另一个问题,即BOOL变量g_fFinishedCalculation可能永远不会被设为TRUE。如果主线程的优先级比RecalcFunc函数所在线程的优先级高,就可能出现这种情况。在这种情况下,系统不会分配任何时间片给RecalcFunc所在线程,因此将g_fFinishedCalculation设为TRUE的语句永远不会执行。如果_tWinMain函数所在线程不进行轮询,而是进入睡眠,系统就不必为它调度时间,从而有机会将时间调度给低优先级的线程(比如RecalcFunc所在线程),让它们得以执行。

不可否认,轮询有时候还是很方便的,毕竟自旋锁就是这么做的。但即便如此,也还是有正确的方式和不正确的方式。通常,我们既不应该使用自旋锁,也不应该轮询。相反,应该调用函数将线程切换到等待状态,直到线程想要访问的资源可用为止。下一节会介绍一种正确的方式。

还有一点必须要明确指出:在刚才那段代码的顶部,你会注意到使用了volatile关键字。为了使这段代码能正常工作,volatile类型限定符不可或缺。它告诉编译器该变量可能会被应用程序之外的其他东西修改,比如操作系统、硬件或者一个并发执行的线程。确切地说,volatile限定符告诉编译器不要对这个变量进行任何形式的优化,始终要从变量在内存中的位置重新加载变量的值。假设编译器为刚才那段代码中的while循环生成了以下伪代码:

```
MOV    Reg0, [g_fFinishedCalculation]        ; 将值复制到一个寄存器
Label: TEST Reg0, 0                          ; 值为 0 吗？
JMP    Reg0 == 0, Label                      ; 寄存器为 0，重试
...                                          ; 寄存器不为 0（循环结束）
```

如果不为布尔变量添加volatile限定符，编译器可能对C++代码进行优化，就像这里显示的
那样。在这个优化中，编译器将BOOL变量的值载入CPU寄存器，这个操作只需要进行一
次。然后它反复对CPU寄存器中的值进行测试。相较于每次都从变量所在的内存地址取得
变量的值并进行测试，这样做当然能获得更好的性能。所以，一个编译器可能会将代码
优化成刚才显示的那样。但是，如果编译器进行这样的优化，线程会陷入无限循环。顺便
提一句，为一个结构添加volatile限定符相当于为结构中所有的成员都添加了volatile限定
符，这样可确保任何一个成员始终都是从内存中读取的。

你可能会感到迷惑，那么(在前面自旋锁代码中用到的)自旋锁变量g_fResourceInUse是不
是也应该声明为volatile呢？答案是否定的。这是因为我们传给Interlocked函数的是变量
的地址，而不是变量的值。如果传一个变量的地址给函数，函数就必须从内存中读取它
的值，编译器的优化不会对此产生影响。

8.4 关键段

关键段(critical section)是一小段代码，它在执行之前需要独占对一些共享资源的访问
权。这种方式可以让多行代码以"原子方式"操纵资源。所谓原子方式，是指代码知道
除了当前线程之外，没有其他任何线程会同时访问该资源。当然，系统仍然可以暂停当
前线程去调度其他线程。但在当前线程离开关键段之前，系统不会调度任何想要访问同
一资源的其他线程。

下面是一些有问题的代码，用来演示不使用关键段时会出现什么情况：

```
const int COUNT = 1000;
int g_nSum = 0;

DWORD WINAPI FirstThread(PVOID pvParam) {
    g_nSum = 0;
    for (int n = 1; n <= COUNT; n++) {
        g_nSum += n;
    }
    return(g_nSum);
}
```

```
DWORD WINAPI SecondThread(PVOID pvParam) {
    g_nSum = 0;
    for (int n = 1; n <= COUNT; n++) {
        g_nSum += n;
    }
    return(g_nSum);
}
```

如果分开考虑，这两个线程函数都应产生相同的结果(因其代码完全相同)。如果只运行FirstThread函数，它会累加0到COUNT之间的所有数值。如果只运行SecondThread函数，它会执行完全相同的操作。但由于两个线程都要访问同一个共享变量(g_nSum)，所以如果两个线程在同一时刻执行(可能在不同的CPU上)，那么每个线程都相当于背着另一个线程在修改g_nSum的值，从而导致不可预料的结果。

不可否认，这个例子有些牵强(特别是可以非常容易地使用g_nSum = COUNT * (COUNT + 1) / 2来计算总和，而不必使用循环)。我们很难找到一个更切合实际但又不需要好几页源代码的例子。但是，我们可以体会到这个问题如何扩展到实际的例子。考虑一个管理对象链表的例子。如果对链表的访问没有同步，一个线程在链表中搜索一项时，另一个线程可能在其中添加一项。如两个线程同时向链表添加数据项，这种情况会变得更加混乱。使用关键段，可确保各个线程对数据结构的访问是经过协调的。

理解存在的所有问题后，下面用关键段来修正刚才的代码：

```
const int COUNT = 10;
int g_nSum = 0;
CRITICAL_SECTION g_cs;

DWORD WINAPI FirstThread(PVOID pvParam) {
    EnterCriticalSection(&g_cs);
    g_nSum = 0;
    for (int n = 1; n <= COUNT; n++) {
        g_nSum += n;
    }
    LeaveCriticalSection(&g_cs);
    return(g_nSum);
}


DWORD WINAPI SecondThread(PVOID pvParam) {
    EnterCriticalSection(&g_cs);
    g_nSum = 0;
    for (int n = 1; n <= COUNT; n++) {
```

```
        g_nSum += n;
    }
    LeaveCriticalSection(&g_cs);
    return(g_nSum);
}
```

先分配一个名为g_cs 的CRITICAL_SECTION数据结构，然后将任何需要访问共享资源(这里是g_nSum)的代码放到对EnterCriticalSection和LeaveCriticalSection的调用之间。注意，对EnterCriticalSection和LeaveCriticalSection的所有调用传递的都是g_cs的地址。

有哪些关键点需要记住？如果有一个资源需要让多个线程访问，应创建一个CRITICAL_SECTION结构。因为我写到这里的时候正好在飞机上，所以请允许我做这样一个比喻：一个CRITICAL_SECTION结构就像是飞机上的卫生间，而马桶则是我们想要保护的数据。由于卫生间很小，因此在同一时刻只允许一个人(线程)在卫生间(关键段)内使用马桶(被保护的资源)。

218~219

如果有多个总是一起使用的资源，可将它们全部放到一个"卫生间"中：只需创建一个CRITICAL_SECTION结构来保护所有这些资源。

如果有多个不总是一起使用的资源——例如，线程1和线程2访问一个资源，而线程1和线程3访问另一个资源，则应为每个资源分别创建一个"卫生间"，也就是CRITICAL_SECTION结构。

现在，无论哪里的代码要访问一个资源，就必须调用EnterCriticalSection并传入一个CRITICAL_SECTION结构的地址，该结构用来标识我们要访问的资源。好比当线程想要访问一个资源的时候，它必须先检查"卫生间"门上的"有人"标志。CRITICAL_SECTION结构用来标识线程想要进入的"卫生间"，EnterCriticalSection是线程用来检查"有人"标志的函数。

如果EnterCriticalSection发现没有其他线程在"卫生间"中(门上显示无人)，它将允许调用线程进入"卫生间"。如果EnterCriticalSection发现已经有另一个线程在"卫生间"中，调用线程就必须在"卫生间"门外等待，直到另一个线程离开"卫生间"为止。

线程不再需要访问资源时应调用LeaveCriticalSection。线程通过这种方式告诉系统它已经离开了资源所在的"卫生间"。如果忘记调用LeaveCriticalSection，系统会认为线程还在"卫生间"中，因此将不允许其他正在等待的线程进入。这相当于离开卫生间却没有把门上的标志改回"无人"。

说明 最难记住的事情是，任何要访问共享资源的代码，都必须包装在 EnterCriticalSection 和 LeaveCriticalSection 之间。只要有一处忘记包装代码，共享资源就有可能被破坏。例如，在 FirstThread 中去掉调用 EnterCriticalSection 和 LeaveCriticalSection 的代码，g_nSum 变量就会被破坏。即使第二个线程仍然调用了 EnterCriticalSection 和 LeaveCriticalSection，也会发生这种情况。

忘记调用 EnterCriticalSection 和 LeaveCriticalSection 好比未经许可进入卫生间。线程强行进入并对资源进行操控。可以想象，只要有一个线程有这种粗暴的行为，资源就会被破坏。

如果不能用Interlocked函数解决同步问题，就应该试一试关键段。关键段的最大好处在于它们非常容易使用，而且它们在内部也使用了Interlocked函数，因此执行速度非常快。关键段的最大缺点在于它们无法用来在多个进程之间对线程进行同步。

8.4.1 关键段：细节

到目前为止，我们已经知道了关键段背后的理论——它们为什么有用以及它们如何允许对共享资源进行"原子"访问。现在，让我们深入了解关键段是如何工作的。先从CRITICAL_SECTION数据结构开始。在Platform SDK文档中找不到这个结构，为什么？

219~220

这并不是因为CRITICAL_SECTION是未公开的结构，而是因为Microsoft认为开发人员并不需要理解这个结构的细节，仅此而已。对我们来说，这个结构是不透明的，这个结构有正式的文档记载，但结构中的成员变量却没有。当然，因为这只不过是一个数据结构，所以可以在Windows的头文件中找到它和它的成员变量。CRITICAL_SECTION结构在WinBase.h中被定义为RTL_CRITICAL_SECTION，后者在WinNT.h中被typedef。但是，我们绝不应该写代码来引用这些成员。

必须调用Windows函数并传入结构的地址来操控CRITICAL_SECTION结构。这些函数知道如何操控结构成员，并保证结构的状态始终一致。下面让我们来讨论这些函数。

CRITICAL_SECTION结构通常作为全局变量来分配，这样进程中的所有线程就能非常方便地通过变量名来引用结构。但是，CRITICAL_SECTION也可作为局部变量来分配，或者从堆中动态地分配。另外，也经常在类定义中将其作为私有字段来分配。只有两个必要条件。第一个条件是所有想要访问资源的线程必须知道用来保护资源的CRITICAL_SECTION结构的地址。可用自己喜欢的任何方式将这个地址传给这些线程。第二个条件是任何线程在试图访问被保护的资源之前，必须对CRITICAL_SECTION结构的内部成员进行初始化。以下函数用来对结构进行初始化：

```
VOID InitializeCriticalSection(PCRITICAL_SECTION pcs);
```

该函数对pcs指向的CRITICAL_SECTION结构的成员进行初始化。由于该函数只是设置一些成员变量，所以不可能失败。也正是由于这个原因，它返回的是VOID。调用EnterCriticalSection之前必须调用该函数。Platform SDK文档明确说明，如线程试图进入一个未初始化的CRITICAL_SECTION，结果将不可预料。

一旦进程的线程不再需要访问共享资源，就应该调用以下函数来清理CRITICAL_SECTION结构：

```
VOID DeleteCriticalSection(PCRITICAL_SECTION pcs);
```

DeleteCriticalSection会重置结构中的成员变量。自然，如果还有线程正在使用一个关键段，就不应该删除它。同样，Platform SDK文档明确说明这样做会导致不可预料的结果。

写代码访问共享资源之前，必须先调用以下函数：

```
VOID EnterCriticalSection(PCRITICAL_SECTION pcs);
```

EnterCriticalSection会检查结构中的成员变量，这些变量表明是否有线程正在访问资源，以及哪个线程正在访问资源。EnterCriticalSection会执行以下测试。

220

- 如果没有任何线程在访问资源，EnterCriticalSection会更新成员变量，表明调用线程已获准对资源的访问，并立即返回，允许线程继续执行(访问资源)。
- 如果成员变量表明调用线程已获准访问资源，EnterCriticalSection会更新变量，指出调用线程被获准访问的次数，并立即返回，这样线程就可以继续执行。这种情况非常少见，只有当线程在调用LeaveCriticalSection之前连续调用EnterCriticalSection两次以上才会发生。
- 如果成员变量表明有一个除调用线程之外的其他线程已获准访问资源，EnterCriticalSection会用一个事件内核对象(下一章介绍)将调用线程切换到等待状态。这太棒了，因为等待中的线程不会浪费任何CPU时间！系统会记住这个线程想要访问这个资源，一旦当前正在访问资源的线程调用了LeaveCriticalSection，系统会自动更新CRITICAL_SECTION的成员变量并将等待中的线程切换回可调度状态。

EnterCriticalSection内部并不怎么复杂，它不过执行了一些简单的测试。这个函数的价值在于它能以原子方式执行所有这些测试。在多处理器的机器上，如果两个线程正好在同一时刻调用EnterCriticalSection，函数仍然能正确地执行：一个线程获准访问资源，另一个线程被切换到等待状态。

如果EnterCriticalSection将一个线程切换到等待状态，那么在很长一段时间内，系统都很可能不去调度这个线程。事实上，在一个写得非常糟糕的应用程序中，系统可能再也不会给这个线程调度CPU时间了。如果发生这种情况，我们就可以说线程处于饥饿(starved)状态。

说明　实际情况是，等待关键段的线程绝不会饥饿。对 EnterCriticalSection 的调用最终会超时并引发异常。可将一个调试器连接到应用程序，来检查哪里出了问题。导致超时的时间长度由下面这个注册表子项中包含的 CriticalSectionTimeout 值决定：

HKEY_LOCAL_MACHINE\System\CurrentControlSet\Control\Session Manager

该值以秒为单位，默认为 2592000 秒，也就是大约 30 天。不要把这个值设得太低（比如小于 3 秒），否则会影响到系统中等待关键段的时间通常超过 3 秒的那些线程和其他应用程序。

也可用以下函数来取代EnterCriticalSection：

```
BOOL TryEnterCriticalSection(PCRITICAL_SECTION pcs);
```

TryEnterCriticalSection永远不会让调用线程进入等待状态。相反，它通过返回值来表示调用线程是否获准访问资源。所以，如果TryEnterCriticalSection发现资源正在被其他线程访问，它会返回FALSE；其他情况则返回TRUE。

利用这个函数，线程可快速检查它是否能访问某个共享资源。如果不能访问，它可以继续做些其他事情，而不用等待。如果TryEnterCriticalSection返回TRUE，表明CRITICAL_SECTION的成员变量已进行了更新以反映线程正在访问资源。所以，每个返回值为TRUE的TryEnterCriticalSection调用都必须有一个对应的LeaveCriticalSection。

221~222

代码完成对共享资源的访问后，应该调用以下函数：

```
VOID LeaveCriticalSection(PCRITICAL_SECTION pcs);
```

LeaveCriticalSection会检查结构内部的成员变量并将一个计数器减1。该计数器指出调用线程获准访问共享资源的次数。假如计数器大于0，LeaveCriticalSection就会直接返回，不执行其他任何操作。

如果计数器变成0，LeaveCriticalSection会更新成员变量，表明没有任何线程正在访问被保护的资源。它同时检查有没有其他线程由于调用了EnterCriticalSection而处于等待状态。如至少有一个线程正在等待，函数会更新成员变量，将其中一个处于等待状态的线程切换回可调度状态。和EnterCriticalSection相似，LeaveCriticalSection以原子方式执行所有测试和更新。但是，LeaveCriticalSection永远不会将线程切换到等待状态，它总是立即返回。

8.4.2　关键段和自旋锁

线程试图进入一个关键段，但这个关键段被另一个线程占用的时候，调用线程会立即切换到等待状态。这意味着线程必须从用户模式切换到内核模式(约1000个CPU周期)，这个切换的开销非常大。在多处理器的机器上，当前占用资源的线程可能在另一个处理器上运行，而且可能很快就会结束对资源的访问。事实上，在需要等待的线程完全切换到内核模式之前，占用资源的线程可能就已经释放了资源。如果发生这种情况，会浪费大量CPU时间。

为了提升关键段的性能，Microsoft将自旋锁合并到了关键段中。因此，只要一调用EnterCriticalSection，它就会用一个自旋锁不断地循环，尝试在一段时间内获得对资源的访问权。只有当尝试失败的时候，线程才会切换到内核模式并进入等待状态。

为了在使用关键段的同时使用自旋锁，必须调用以下函数来初始化关键段：

```
BOOL InitializeCriticalSectionAndSpinCount(
   PCRITICAL_SECTION pcs,
   DWORD dwSpinCount);
```

和InitializeCriticalSection相似，InitializeCriticalSectionAndSpinCount的第一个参数是关键段结构的地址。第二个参数dwSpinCount是我们希望自旋锁循环的次数。在将线程切换到等待状态之前，会先自旋这么多次来尝试获得对资源的访问权。这可以是0到0x00FFFFFF之间的任何一个值。在单处理器的机器上调用该函数，会忽略dwSpinCount参数，所以计数总是设为0。这样做是有好处的，因为在单处理器的机器上设置循环次数毫无意义：如果另一个线程正在自旋，占用资源的线程就无法放弃资源了。

222

可调用以下函数来更改关键段的自旋计数：

```
DWORD SetCriticalSectionSpinCount(
   PCRITICAL_SECTION pcs,
   DWORD dwSpinCount);
```

同样，在单处理器的主机上，dwSpinCount值会被忽略。

依我看，应该总是在使用关键段时使用自旋锁，这样做没有任何损失。难点在于如何确定传给dwSpinCount参数的值。为获得最佳性能，最简单的方法就是尝试各种值，直到对性能感到满意为止。作为参考，为了保护进程的堆中的关键段，一般使用约4000的自旋计数。

8.4.3 关键段和错误处理

InitializeCriticalSection函数小概率可能失败。Microsoft最初设计这个函数时，确实没有考虑到这个问题，这也是函数为什么设计成返回VOID。函数可能失败的原因是它会分配一个内存块，让系统可以有一些内部调试信息。假如内存分配失败，函数会抛出STATUS_NO_MEMORY异常。我们可通过结构化异常处理(参见第23章～第25章)来捕获该异常。

可以使用InitializeCriticalSectionAndSpinCount函数来更容易地捕获这个问题。该函数也会为调试信息分配一个内存块。如果内存分配不成功，它会返回FALSE。

使用关键段时可能遇到另一个问题。如果两个或更多线程在同一时刻争夺同一个关键段，关键段会在内部使用一个事件内核对象。由于争夺现象很少发生，所以只有当第一次要用到事件内核对象的时候，系统才会真正创建它。由于大多数关键段从来不会发生争夺现象，所以这样做可以节省大量系统资源。顺便提一句，只有在调用DeleteCriticalSection的时候，系统才会释放这个事件内核对象。所以，当用完关键段之后，绝对不要忘记调用该函数。

Windows XP之前，在内存不足的情况下，可能发生争夺关键段的现象，这时系统可能无法创建所需的事件内核对象。这时EnterCriticalSection函数会抛出EXCEPTION_INVALID_HANDLE异常。由于这种错误极其罕见，所以大部分开发人员会在代码中忽略这个潜在的错误，不进行任何特殊处理。但是，如果打算对这种情况进行处理，那么我们有两种选择。

可通过结构化异常处理来捕获错误。错误发生时，我们既可以不访问受关键段保护的资源，也可以等到有可用内存的时候再调用EnterCriticalSection。

另一个选择是使用InitializeCriticalSectionAndSpinCount来创建关键段，并将dwSpinCount参数的最高位设为1。函数看到参数的最高位为1的时候，会在初始化时就创建一个与关键段相关联的事件内核对象。如果无法创建事件内核对象，函数会返回FALSE，我们可在代码中更得体地对此进行处理。如果成功创建了事件内核对象，就知道EnterCriticalSection肯定能正常工作，绝不会抛出异常。总是预分配事件内核对象可能会浪费系统资源。只有在以下三种情况下才应该这样做：第一，我们不能接受调用EnterCriticalSection失败；第二，我们知道争夺现象一定会发生；第三，我们预计进程会在内存不足的环境下运行。

223~224

自Windows XP起，系统引入了新的有键事件(keyed event)类型的内核对象，用来帮助解决在资源不足的情况下创建事件的问题。操作系统创建进程时，总是会创建一个有键事件，可用Sysinternals的Process Explorer工具(https://tinyurl.com/ycj8yjkn)轻松找到这个名为\KernelObjects\CritSecOutOfMemoryEvent的实例。这个未公开的内核对象的行为与事件内核对象相同，唯一不同的是它的一个实例能同步不同的线程组，每组由一个指针大小的键(key)来标识和阻塞。在关键段的情况下，当内存少到不足以创建一个事件内核对象的时候，可将关键段的地址当作键来使用。通过将关键段的地址当作键来使用，系统可对试图进入这个关键段的线程进行同步，并在必要时在这个有键事件上阻塞。

8.5 Slim 读/写锁

SRWLock结构的作用和关键段相同：对一个资源进行保护，不让其他线程访问它。但和关键段不同的是，SRWLock结构允许区分那些想要读取资源的值的线程(读取者线程)和想要更新资源的值的线程(写入者线程)。让所有读取者线程在同一时刻访问共享资源应该是可行的，因为仅仅读取资源的值，不会发生破坏数据的风险。只有当写入者线程想要对资源进行更新时才需要同步。在这种情况下，写入者线程应独占对资源的访问权：其他任何线程，无论是读取者线程还是写入者线程，都不允许访问资源。这就是SRWLock提供的全部功能，我们可以在代码中以一种非常清晰的方式使用它。

首先分配一个SRWLOCK结构并用InitializeSRWLock函数对它进行初始化：

```
VOID InitializeSRWLock(PSRWLOCK SRWLock);
```

SRWLOCK结构在WinBase.h中被定义为RTL_SRWLOCK。它只包含一个指向其他东西的指针。但是，指针指向的东西是完全未公开的，所以我们不能编写代码来访问它(这和CRITICAL_SECTION中的字段不同)。

```
typedef struct _RTL_SRWLOCK {
    PVOID Ptr;
} RTL_SRWLOCK, *PRTL_SRWLOCK;
```

一旦SRWLock初始化完成，写入者线程就可调用AcquireSRWLockExclusive，将SRWLOCK对象的地址作为参数传入，以尝试获得对被保护的资源的独占访问权。

```
VOID AcquireSRWLockExclusive(PSRWLOCK SRWLock);
```

完成对资源的更新之后，应调用ReleaseSRWLockExclusive，并将SRWLOCK对象的地址作为参数传入，这样就解除了对资源的锁定。

```
VOID ReleaseSRWLockExclusive(PSRWLOCK SRWLock);
```

对读取者线程来说，同样有两个步骤，但调用的是下面两个新函数：

```
VOID AcquireSRWLockShared(PSRWLOCK SRWLock);
VOID ReleaseSRWLockShared(PSRWLOCK SRWLock);
```

仅此而已。不存在用来删除或销毁SRWLOCK的函数，这些事情系统会自动做。

和关键段相比，SRWLock缺少下面两个特性。

- 不存在TryEnter(Shared/Exclusive)SRWLock之类的函数：如果锁已被占用，调用 AcquireSRWLock(Shared/Exclusive)会阻塞调用线程。
- 不能递归地获得SRWLOCK。换言之，一个线程不能为了多次写入资源而多次锁定资源，然后再多次调用ReleaseSRWLock*来释放对资源的锁定。

但是，如果可以接受这些限制，就可以用SRWLock替代关键段，并获得实际性能和可伸缩性的提升。如果需要可信服的数据来对比这两种同步机制之间的性能差异，那么应该在多处理器的机器上运行本书配套资源提供的08-UserSyncCompare程序。

这个简单的基准测试会生成1个、2个以及4个线程，这些线程会使用不同的线程同步机制来重复执行相同的任务。我在自己的双处理器的机器上运行了每项任务，并记录了所花费的时间。表8-2列出了所有结果。

表8-2　同步机制的性能比较

线程\毫秒	Volatile 读取	Volatile 写入	Interlocked 递增	关键段	SRWLock 共享模式	SRWLock 独占模式	Mutex
1	8	8	35	66	66	67	1060
2	8	76	153	268	134	148	11082
4	9	145	361	768	244	307	23785

在表8-2中，每个单元格包含的是从线程开始运行，到最后一个线程结束，执行下面的任务1 000 000次总共花费的时间，以毫秒为单位(用第7章介绍的StopWatch测量得到)。

- 读取一个volatile长整型值：

  ```
  LONG lValue = gv_value;
  ```

  volatile读取非常快，因为不需要进行任何同步，而且与CPU的高速缓存完全无关。基本上，无论CPU或线程数量是多少，读取所需的时间始终不会有太大的变化。

- 向一个volatile长整型值写入：

  ```
  gv_value = 0;
  ```

单线程的时候，时间只有8毫秒。你可能会认为有两个线程的时候执行相同的操作只不过是使时间加倍，但在一台双处理器的机器上，实际结果比我们想象的要差得多(76毫秒)，这是因为CPU之间必须相互通信以维护高速缓存的一致性。使用4个线程使时间倍增 (145毫秒)，原因很简单，因为所需的工作量翻了一番。但是，这里的时间还不算太糟糕，因为只有2个CPU在对数据进行操作。如果我的机器有更多CPU，那么性能还会下降，因为需要在更多的CPU之间进行通信来确保所有CPU的高速缓存保持一致。

- 使用InterlockedIncrement来安全地递增一个volatile长整型值：

```
InterlockedIncrement(&gv_value);
```

InterlockedIncrement比volatile读/写慢，这是因为CPU必须锁定内存。因此，在同一时刻只有一个CPU能够访问它。使用两个线程比使用一个线程要慢得多，这是因为必须在两个CPU之间来回传输数据以维护高速缓存的一致性。4个线程更慢，这是因为所需的工作量加倍了，但同样，工作在我的机器上是由2个CPU完成的。在有4个CPU的机器上，性能可能更糟，因为必须在4个CPU之间来回传输数据。

- 使用关键段来读取volatile长整型值：

```
EnterCriticalSection(&g_cs);
gv_value = 0;
LeaveCriticalSection(&g_cs);
```

关键段还是比较慢，这是因为必须先进入再离开(两个操作)。另外，进入和离开关键段需要修改CRITICAL_SECTION结构中的多个字段。从表18-2可以看出，发生争夺的时候，关键段要慢得多。例如，4个线程需要花费768毫秒，是268毫秒(两个线程)的两倍还多，这是因为上下文切换增大了发生争夺的可能性。

- 使用SRWLock来读取volatile长整型值：

```
AcquireSRWLockShared/Exclusive(&g_srwLock);
gv_value = 0;
ReleaseSRWLockShared/Exclusive(&g_srwLock);
```

只有一个线程的时候，SRWLock执行读取和写入操作的时间几乎相同。有两个线程的时候，SRWLock执行读取操作的性能要优于执行写入操作的性能，这是因为两个线程可以同时读取，而需要执行写入操作的线程之间是互斥的。有4个线程的时候，SRWLock执行读取操作的性能要优于执行写入操作。原因一样：多个线程可同时执行读取操作。你可能以为结果应该比表8-2中显示的更好，但这里的代码非常简单，在得到锁之后并没有做太多的事情。另外，由于多个线程会不断地写入锁的字段以及它保护的数据，所以各个CPU必须在其高速缓存之间来回传输数据。

- 使用同步内核对象互斥量(Mutex，参见第9章)来安全地读取volatile长整型值：

```
WaitForSingleObject(g_hMutex, INFINITE);
gv_value = 0;
ReleaseMutex(g_hMutex);
```

互斥量是到目前为止性能最差的,这是因为等待互斥量以及后来释放互斥量需要线程每次都在用户模式和内核模式之间切换。这种切换的CPU时间开销非常大。发生争夺时(2个或4个线程同时执行时),性能会急剧下降。

224~227

SRWLock的性能和关键段的性能旗鼓相当。事实上,从上面的结果可以看出,在许多测试中SRWLock的性能要胜过关键段。有鉴于此,我建议用SRWLock来替代关键段。SRWLock不仅更快,而且允许多个线程同时读取,对那些只需要读取共享资源的线程来说(这是许多应用程序很常见的情况),这提高了吞吐量和可伸缩性。

总结一下,如果希望在应用程序中获得最佳性能,首先应尝试不要共享数据,然后依次使用volatile读取、volatile写入、Interlocked API、SRWLock以及关键段。当且仅当所有这些都不能满足要求的时候,才使用内核对象(下一章的主题)。

8.6 条件变量

前面说过,如果希望生产者线程和消费者线程以独占模式或共享模式访问同一个资源,可以使用SRWLock。在这些情况下,如果读取者线程没有数据可供"消费",它应该将锁释放并等待,直到写入者线程"生产"了新的数据为止。如果用来接收写入者线程生产的数据的数据结构已满,那么写入者线程也应释放锁并进入睡眠状态,直到读取者线程把数据结构清空为止。

有的时候,我们想让线程以原子方式释放一个资源上的锁并将自己阻塞,直到某个条件成立为止。条件变量就是为这种同步情况设计的。需要用到SleepConditionVariableCS或SleepConditionVariableSRW函数:

```
BOOL SleepConditionVariableCS(
    PCONDITION_VARIABLE pConditionVariable,
    PCRITICAL_SECTION pCriticalSection,
    DWORD dwMilliseconds);

BOOL SleepConditionVariableSRW(
    PCONDITION_VARIABLE pConditionVariable,
    PSRWLOCK pSRWLock,
    DWORD dwMilliseconds,
    ULONG Flags);
```

pConditionVariable参数是指向一个已初始化的条件变量的指针，调用线程正在等待该变量。第二个参数是一个指向关键段或者SRWLock的指针，它用于同步对共享资源的访问。dwMilliseconds参数指出我们希望线程花多少时间(可设为INFINITE)来等待条件变量被触发。第二个函数中的Flags参数用来指定一旦条件变量被触发，我们希望线程以何种方式来获得锁：对于写入者线程应传入0，表示希望独占对资源的访问；对于读取者线程，则应传入CONDITION_VARIABLE_LOCKMODE_ SHARED，表示希望共享对资源的访问。在指定的时间用完的时候，如果条件变量尚未被触发，函数会返回FALSE；否则返回TRUE。注意，在返回FALSE的时候，线程显然没有获得锁或关键段。

当另一个线程检测到相应的条件已经满足的时候，比如存在一个元素可让读取者线程读取，或者有足够的空间让写入者线程插入新的元素，它会调用WakeConditionVariable或WakeAllConditionVariable，这样阻塞在Sleep*函数中的线程就会被唤醒。这两个触发函数之间的区别并不明显：

```
VOID WakeConditionVariable(
    PCONDITION_VARIABLE ConditionVariable);

VOID WakeAllConditionVariable(
    PCONDITION_VARIABLE ConditionVariable);
```

227~228

调用WakeConditionVariable，会使一个在SleepConditionVariable*函数中等待同一个条件变量被触发的线程得到锁并返回。当这个线程释放同一个锁的时候，不会唤醒其他正在等待同一个条件变量的线程。调用WakeAllConditionVariable，会使一个或多个在SleepConditionVariable*函数中等待这个条件变量被触发的线程得到对资源的访问权并返回。唤醒多个线程是可以的，这是因为我们确信如果请求独占对资源的访问，那么同一时刻必定只有一个写入者线程能得到锁。如果传给Flag参数的是CONDITION_VARIABLE_LOCKMODE_SHARED，那么在同一时刻可以允许多个读取者线程得到锁。因此，有时所有读取者线程会被一起唤醒，有时会有一个读取者线程先被唤醒，然后是另一个写入者线程，直到所有被阻塞的线程都得到锁为止。如果使用过Microsoft .NET Framework，你会发现Monitor类和条件变量之间的共同之处。两者都通过SleepConditionVariable / Wait来提供同步访问，都通过Wake*ConditionVariable / Pulse(All)来提供触发(signal)特性。可访问http://msdn2.microsoft.com/en-us/library/hf5de04k.aspx或者通过我的另一本书《CLR via C#》(第4版)进一步了解Monitor类。

8.6.1　Queue示例程序

条件变量总是和锁一起使用，既可以是关键段，也可以是SRWLock。Queue应用程序

(08-Queue.exe)使用了一个SRWLock和两个条件变量对一个请求元素的队列进行控制。应用程序的源代码和资源文件在本书配套资源的08-Queue目录中。运行应用程序并单击Stop按钮，过一会儿会弹出如图8-1所示的对话框。

图8-1　队列的控制

Queue应用程序初始化的时候，会创建4个客户线程(写入者)和2个服务器线程(读取者)。每个客户线程会在队列末尾添加一个请求元素，睡眠一段时间，然后尝试再次添加一个请求。一个元素入队时，Client threads列表框会进行更新。列表框中的每一项都说明是哪个客户线程把请求元素添加到队列中的，用线程ID表示。例如，列表框中的第一项表示客户线程0添加了它的第一个请求。然后客户线程1、2和3添加了它们的第一个请求，之后客户线程0添加了它的第二个请求，以此类推。

每个服务器线程负责对请求进行处理，线程0处理偶数号请求，线程1处理奇数号请求。在元素入队之前，两个线程都无事可做。当一个元素被添加到队列中的时候，一个服务器线程会被唤醒对请求进行处理。如果请求号是预期的奇数号或偶数号，服务器线程会处理请求，将它标记为已读，然后通知客户线程可以向队列中添加新的请求，最后继续睡眠，直到有下一个请求为止。如果没有需要自己处理的请求元素，服务器线程会进入睡眠，直到有新的请求为止。

Server Threads列表框显示了服务器线程的状态。第一项显示服务器线程0试图在队列中寻找一个偶数号的请求，但没有找到。第二项显示服务器线程1处理了客户线程0的第一个请求。第三项显示服务器线程0处理了客户线程0的第二个请求，以此类推。由于已经单击了Stop按钮，所以各线程都得到通知停止进行各自的处理，并在列表框中显示"bye

bye"。

在这个例子中，服务器线程无法足够快地处理客户的请求，队列塞满了。程序在初始化队列数据结构的时候，使它最多只能容纳10个元素，这样队列很快就会被塞满。另外，客户线程有4个，而服务器线程只有2个。可以看到，当客户线程0和1试图向队列中添加它们的第4个请求时，由于队列已满，所以两个操作都失败了。

1. 队列的实现细节

好了，我们已经知道应用程序是如何运行的，现在更有趣的是应用程序内部是如何工作的。该应用程序通过一个C++类CQueue来管理队列：

```cpp
class CQueue
{
public:
    struct ELEMENT {
        int    m_nThreadNum;
        int    m_nRequestNum;
        // 其他元素数据应放在这里
    };
    typedef ELEMENT* PELEMENT;

private:
    struct INNER_ELEMENT {
        int       m_nStamp;    // 0 意味着空
        ELEMENT   m_element;
    };
    typedef INNER_ELEMENT* PINNER_ELEMENT;

private:
    PINNER_ELEMENT m_pElements;       // 要处理的数组
    int            m_nMaxElements;    // 数组中元素的最大数量
    int            m_nCurrentStamp;   // 跟踪添加的元素的数量

private:
    int GetFreeSlot();
    int GetNextSlot(int nThreadNum);

public:
    CQueue(int nMaxElements);
    ~CQueue();
    BOOL IsFull();
    BOOL IsEmpty(int nThreadNum);
    void AddElement(ELEMENT e);
```

```
    BOOL GetNewElement(int nThreadNum, ELEMENT& e);
};
```

229~230

这个类的公共ELEMENT结构定义了队列数据元素，实际内容并不重要。在这个示例程序中，客户线程将它们的线程号和它们的请求号放到这个请求元素中，这样当服务器对奇数号或偶数号的请求元素进行处理的时候，就能将这些信息也显示在服务器线程的列表框中。一个真实的应用程序通常不需要这些信息。ELEMENT结构被一个INNER_ELEMENT结构包围 (wrap)，这样就可通过m_nStamp字段来记录插入顺序；每次添加一个元素的时候，这个字段的值会递增。

在其他私有成员中，有一个m_pElements成员，该成员指向ELEMENT结构的一个数组，数组长度固定。这就是需要保护的数据，不能让多个客户/服务器线程同时访问。m_nMaxElements成员表示在构造CQueue对象的时候，数组的初始长度是多少。下一个成员m_nCurrentStamp是一个整数，每当有新元素入队时会递增。私有成员函数GetFreeSlot返回m_pElements中第一个m_nStamp为0(表示其内容已被读取或内容为空)的INNER_ELEMENT结构的索引。如果不存在这样的元素，函数返回-1。

```
int CQueue::GetFreeSlot() {

    // Look for the first element with a 0 stamp
    for (int current = 0; current < m_nMaxElements; current++) {
        if (m_pElements[current].m_nStamp == 0)
            return(current);
    }

    // No free slot was found
    return(-1);
}
```

230

私有成员函数GetNextSlot是一个辅助函数，它返回m_pElements中m_nStamp的值最小(表示最早添加)但不为0(表示闲置或已读取完毕)的那个INNER_ELEMENT的索引。如果所有元素都已读取完毕(它们的m_nStamp等于0)，函数返回-1。

```
int CQueue::GetNextSlot(int nThreadNum) {

    // By default, there is no slot for this thread
    int firstSlot = -1;

    // The element can't have a stamp higher than the last added
    int firstStamp = m_nCurrentStamp+1;
```

```
    // Look for the even (thread 0) / odd (thread 1) element that is not free
    for (int current = 0; current < m_nMaxElements; current++) {

        // Keep track of the first added (lowest stamp) in the queue
        // --> so that "first in first out" behavior is ensured
        if ((m_pElements[current].m_nStamp != 0) && // free element
            ((m_pElements[current].m_element.m_nRequestNum % 2) == nThreadNum) &&
            (m_pElements[current].m_nStamp < firstStamp)) {

            firstStamp = m_pElements[current].m_nStamp;
            firstSlot = current;
        }
    }

    return(firstSlot);
}
```

理解CQueue的构造函数、析构函数、IsFull以及IsEmpty成员函数对你来说不成问题，所以下面关注一下AddElement函数，客户线程调用该函数将请求元素添加到队列中：

```
void CQueue::AddElement(ELEMENT e) {

    // Do nothing if the queue is full
    int nFreeSlot = GetFreeSlot();
    if (nFreeSlot == -1)
        return;

    // Copy the content of the element
    m_pElements[nFreeSlot].m_element = e;

    // Mark the element with the new stamp
    m_pElements[nFreeSlot].m_nStamp = ++m_nCurrentStamp;
}
```

如果m_pElements中有一个空位，函数会用它来存放传入的ELEMENT参数，为了把新添加的请求元素统计在内，函数还会把当前m_nStamp的值递增。当服务器线程想要处理一个请求的时候，会调用GetNewElement，传入线程号(0或1)以及一个ELEMENT结构，函数会把相应的新请求的详细信息填入这个结构中：

```
BOOL CQueue::GetNewElement(int nThreadNum, ELEMENT& e) {

    int nNewSlot = GetNextSlot(nThreadNum);
    if (nNewSlot == -1)
```

```
    return(FALSE);

  // Copy the content of the element
  e = m_pElements[nNewSlot].m_element;

  // Mark the element as read
  m_pElements[nNewSlot].m_nStamp = 0;

  return(TRUE);
}
```

GetNextSlot辅助函数的主要工作是寻找第一个对应于指定读取者线程的元素。如果队列中有这样的元素，GetNewElement会将该请求的详细信息复制到传入的ELEMENT结构中，然后将m_nStamp的值设为0表示读取完毕。

231~232

这里并没有什么特别复杂的东西，你肯定以为CQueue并不具备线程安全性。事实的确如此。在第9章，我们会介绍如何使用其他同步内核对象来构建线程安全的队列。但在08-Queue.exe应用程序中，是由客户线程和服务器线程来负责对它们访问的全局队列实例进行同步：

```
CQueue                  g_q(10);                  // 共享的队列
```

在08-Queue.exe应用程序中，用了三个全局变量让客户(写入者)线程和服务器(读取者)线程协调工作，以免破坏队列：

```
SRWLOCK               g_srwLock;              // 用于保护队列的读取者 / 写入者锁
CONDITION_VARIABLE    g_cvReadyToConsume;     // 由写入者触发
CONDITION_VARIABLE    g_cvReadyToProduce;     // 由读取者触发
```

每当一个线程想要访问队列的时候，它必须获得SRWLock，无论是处于服务器(读取者)线程使用的共享模式，还是处于客户(写入者)线程使用的独占模式。

2. 客户线程是WriterThread
下面来看一下客户线程的实现：
```
DWORD WINAPI WriterThread(PVOID pvParam) {

  int nThreadNum = PtrToUlong(pvParam);
  HWND hWndLB = GetDlgItem(g_hWnd, IDC_CLIENTS);

  for (int nRequestNum = 1; !g_fShutdown; nRequestNum++) {
```

```
   CQueue::ELEMENT e = { nThreadNum, nRequestNum };

// Require access for writing
AcquireSRWLockExclusive(&g_srwLock);

// If the queue is full, fall asleep as long as the condition variable
// is not signaled
// Note: During the wait for acquiring the lock,
//       a stop might have been received
if (g_q.IsFull() & !g_fShutdown) {
   // No more room in the queue
   AddText(hWndLB, TEXT("[%d] Queue is full: impossible to add %d"),
      nThreadNum, nRequestNum);

   // --> Need to wait for a reader to empty a slot before acquiring
   //     the lock again
   SleepConditionVariableSRW(&g_cvReadyToProduce, &g_srwLock,
      INFINITE, 0);
}

// Other writer threads might still be blocked on the lock
// --> Release the lock and notify the remaining writer threads to quit
if (g_fShutdown) {
   // Show that the current thread is exiting
   AddText(hWndLB, TEXT("[%d] bye bye"), nThreadNum);

   // No need to keep the lock any longer
   ReleaseSRWLockExclusive(&g_srwLock);

   // Signal other blocked writer threads that it is time to exit
   WakeAllConditionVariable(&g_cvReadyToProduce);

   // Bye bye
   return(0);
} else {
   // Add the new ELEMENT into the queue
   g_q.AddElement(e);

   // Show result of processing element
   AddText(hWndLB, TEXT("[%d] Adding %d"), nThreadNum, nRequestNum);

   // No need to keep the lock any longer
   ReleaseSRWLockExclusive(&g_srwLock);
```

```
    // Signal reader threads that there is an element to consume
    WakeAllConditionVariable(&g_cvReadyToConsume);

    // Wait before adding a new element
    Sleep(1500);
    }
  }

  // Show that the current thread is exiting
  AddText(hWndLB, TEXT("[%d] bye bye"), nThreadNum);

  return(0);
}
```

232~232

其中，for循环会递增这个线程生成的请求数，如果发现g_fShutdown布尔变量为TRUE就停止循环，这可能是由于用户关闭了应用程序的主窗口，也可能是由于用户单击了Stop按钮。稍后会讨论一些牵涉到从用户界面线程停止后台客户/服务器线程的问题，到时再重拾这一话题。

在试图添加新的请求元素之前，程序会调用AcquireSRWLockExclusive以独占模式获得SRWLock。如果锁已被别的线程占用，那么无论占用锁的线程是服务器线程还是客户线程，当前线程都会阻塞在AcquireSRWLockExclusive中，直到锁被释放。AcquireSRWLockExclusive函数返回时，我们已获得了锁，但此时还需满足另一个条件才能向队列中添加请求，那就是队列必须还没有满。如队列已满，就必须睡眠，直到一个读取者线程"消费"掉一个请求为止，这时就会腾出一个空位来容纳我们的请求元素。但在进行睡眠之前，我们必须先将锁释放，否则会发生死锁：由于锁仍然被占用，因此任何读取者线程都不能获得对资源的访问权，从而无法清空队列。这正是SleepConditionVariableSRW所做的：它把作为参数传入的g_srwLock释放，然后将调用线程切换到睡眠状态，直到服务器线程发现有一个空位可用并调用WakeConditionVariable来触发g_cvReadyToProduce条件变量为止。

SleepConditionVariableSRW返回时，两个条件都已经满足：当前线程已重新获得了锁，而且另一个线程已触发了条件变量来让客户线程知道队列中有空位可用。这时，线程就可以把新的请求元素添加到队列中去了。但是，它会首先检查用户有没有在它睡眠期间要求结束处理。如果没有要求结束处理，它会将新的请求元素添加到队列中，发送一个消息给客户列表框来显示处理状态，并调用ReleaseSRWLockExclusive将锁释放。在进入下一次循环之前，客户线程会调用WakeAllConditionVariable，将&g_cvReadyToConsume作为参数传入，通知所有服务器线程有数据需要它们"消费"。

3. 服务器线程"消费"请求

同一个回调函数生成(spawn)了两个不同的服务器线程。每个线程都在一个循环中调用 ConsumeElement函数来处理奇数或偶数请求元素，直到g_fShutdown等于TRUE为止。该辅助函数在完成对请求的处理后会返回TRUE；如果函数检测到g_fShutdown为TRUE，则返回FALSE。

```
BOOL ConsumeElement(int nThreadNum, int nRequestNum, HWND hWndLB) {

    // Get access to the queue to consume a new element
    AcquireSRWLockShared(&g_srwLock);

    // Fall asleep until there is something to read.
    // Check if, while it was asleep,
    // it was not decided that the thread should stop
    while (g_q.IsEmpty(nThreadNum) && !g_fShutdown) {
        // There was not a readable element
        AddText(hWndLB, TEXT("[%d] Nothing to process"), nThreadNum);

        // The queue is empty
        // --> Wait until a writer adds a new element to read
        // and come back with the lock acquired in shared mode
        SleepConditionVariableSRW(&g_cvReadyToConsume, &g_srwLock,
            INFINITE, CONDITION_VARIABLE_LOCKMODE_SHARED);
    }

    // When thread is exiting, the lock should be released for writer
    // and readers should be signaled through the condition variable
    if (g_fShutdown) {
        // Show that the current thread is exiting
        AddText(hWndLB, TEXT("[%d] bye bye"), nThreadNum);

        // Another writer thread might still be blocked on the lock
        // --> release it before exiting
        ReleaseSRWLockShared(&g_srwLock);

        // Notify other readers that it is time to exit
        // --> release readers
        WakeConditionVariable(&g_cvReadyToConsume);

        return(FALSE);
    }

    // Get the first new element
    CQueue::ELEMENT e;
```

```
    // Note: No need to test the return value since IsEmpty
    //       returned FALSE
    g_q.GetNewElement(nThreadNum, e);

    // No need to keep the lock any longer
    ReleaseSRWLockShared(&g_srwLock);

    // Show result of consuming the element
    AddText(hWndLB, TEXT("[%d] Processing %d:%d"),
        nThreadNum, e.m_nThreadNum, e.m_nRequestNum);

    // A free slot is now available for writer threads to produce
    // --> wake up a writer thread
    WakeConditionVariable(&g_cvReadyToProduce);

    return(TRUE);
}


DWORD WINAPI ReaderThread(PVOID pvParam) {

    int nThreadNum = PtrToUlong(pvParam);
    HWND hWndLB = GetDlgItem(g_hWnd, IDC_SERVERS);

    for (int nRequestNum = 1; !g_fShutdown; nRequestNum++) {

        if (!ConsumeElement(nThreadNum, nRequestNum, hWndLB))
            return(0);

        Sleep(2500);   // Wait before reading another element
    }

    // g_fShutdown has been set during Sleep
    // --> Show that the current thread is exiting
    AddText(hWndLB, TEXT("[%d] bye bye"), nThreadNum);

    return(0);
}
```

234~235

处理请求之前，线程会调用**AcquireSRWLockShared**以共享模式获得srwLock。如果锁已被客户线程以独占模式获得，函数调用会阻塞。如果锁已被另一个服务器线程以共享模式获得，函数调用会立即返回，允许对请求进行处理。即使获得了锁，队列中也可能并不包含与给定线程对应的新的请求元素，例如，队列中有一个奇数号的请求，但线程0

要找的是偶数号的请求。在这种情况下，会向服务器列表框发送一条消息，然后线程会阻塞在SleepConditionVariableSRW函数中，直到一个客户线程因为有新的请求元素可供"消费"而触发了g_cvReadyToConsume条件变量为止。SleepConditionVariableSRW返回的时候，线程已经得到了g_srwLock锁，队列中也有了新的请求元素。但请求号可能仍然不是预期的：这也正是为什么要在循环中调用SleepConditionVariableSRW并检查是否存在具有正确编号的请求元素的原因。注意，也可使用两个条件变量来代替这里仅有的一个cvReadyToConsume：一个用于奇数号请求，另一个用于偶数号请求。这样可避免在新的请求号不正确的情况下，去唤醒服务器线程却又让它无事可做。在当前实现中，即使调用GetNewElement会将请求元素的m_nStamp字段设为0来表示该请求已读取完毕，从而更新队列的内容，每个服务器线程还是会以共享模式来获得锁。这并不是一个问题，因为各服务器线程绝对不会对同一个请求元素进行更新：线程0处理偶数号请求，线程1处理奇数号请求。

当找到一个正确的请求号时，线程会将该元素从队列中取出，调用ReleaseSRWLockShared，然后向服务器列表框发送一条消息。现在，服务器线程会调用WakeConditionVariable，将&g_cvReadyToProduce作为参数传入，来通知客户线程队列中有新的空位可用。

8.6.2　停止线程时的死锁问题

我最初在对话框中添加Stop按钮的时候，并没有想到会发生死锁。用来停止客户线程和服务器线程的代码非常直观易懂：

```
void StopProcessing() {

  if (!g_fShutdown) {
    // Ask all threads to end
    InterlockedExchangePointer((PLONG*) &g_fShutdown, (LONG) TRUE);

    // Free all threads waiting on condition variables
    WakeAllConditionVariable(&g_cvReadyToConsume);
    WakeAllConditionVariable(&g_cvReadyToProduce);

    // Wait for all the threads to terminate & then clean up
    WaitForMultipleObjects(g_nNumThreads, g_hThreads, TRUE, INFINITE);

    // Don't forget to clean up kernel resources
    // Note: This is not really mandatory since the process is exiting
    while (g_nNumThreads--)
      CloseHandle(g_hThreads[g_nNumThreads]);
```

```
      // Close each list box
      AddText(GetDlgItem(g_hWnd, IDC_SERVERS), TEXT("--------------------"));
      AddText(GetDlgItem(g_hWnd, IDC_CLIENTS), TEXT("--------------------"));
   }
}
```

首先将g_fShutdown标志设为TRUE，接着调用WakeAllConditionVariable来触发两个条件
变量。然后，我只需调用WaitForMultipleObjects，将包含了所有正在运行的线程的句柄
的一个数组作为参数传入。WaitForMultipleObjects返回时，所有线程的句柄都已关闭，
代码在两个列表框中添加一个终行。

在客户端/服务器这一边，一旦出于WakeAllConditionVariable的原因而从
SleepConditionVariableSRW调用中解除阻塞，这些线程照道理应该侦听g_fShutdown标
志，并在各自的列表框中显示"bye bye"后直接退出。死锁正是在线程向列表框发送消息
的时候发生的。如果执行StopProcessing函数的代码在一个WM_COMMAND消息处理函数
中，负责处理消息的用户界面线程会在WaitForMultipleObjects函数中阻塞。所以，当某
个客户或服务器线程调用ListBox_SetCurSel和ListBox_AddString在列表框中添加新条目
的时候，用户界面线程无法响应……死锁发生了。我选择的解决方案是在Stop命令消息处
理函数中禁用按钮(避免连点)，然后生成另一个线程来调用StopProcessing函数。这时就
不会有死锁的风险，因为消息处理函数已经立即返回。

```
DWORD WINAPI StoppingThread(PVOID pvParam) {

   StopProcessing();
   return(0);
}



void Dlg_OnCommand(HWND hWnd, int id, HWND hWndCtl, UINT codeNotify) {

   switch (id) {
      case IDCANCEL:
         EndDialog(hWnd, id);
         break;

      case IDC_BTN_STOP:
      {
         // StopProcessing can't be called from the UI thread
         // or a deadlock will occur: SendMessage() is used
         // to fill up the list boxes
```

```
    // --> Another thread is required
    DWORD dwThreadID;
    CloseHandle(chBEGINTHREADEX(NULL, 0, StoppingThread,
        NULL, 0, &dwThreadID));

    // This button can't be pushed twice
    Button_Enable(hWndCtl, FALSE);
  }
  break;
 }
}
```

不要忘了，从另一个有阻塞动作(比如同步对一个共享资源的访问)的线程中同步用户界面的内容时，也会面临同样的死锁风险。下一节提供了避免死锁的几个技巧和技术。

最后要注意的是，字符串是通过辅助函数**AddText**来添加到列表框中的，它利用了新的安全版的字符串函数**_vstprintf_s**：

```
void AddText(HWND hWndLB, PCTSTR pszFormat, ...) {

  va_list argList;
  va_start(argList, pszFormat);

  TCHAR sz[20 * 1024];
  _vstprintf_s(sz, _countof(sz), pszFormat, argList);
  ListBox_SetCurSel(hWndLB, ListBox_AddString(hWndLB, sz));

  va_end(argList);
}
```

8.6.3 一些有用的技巧和技术

使用锁的时候，比如关键段或读取者/写入者锁，应该养成一些良好的习惯，并避免一些不太好的做法。以下几个技巧和技术会对锁的使用有所帮助。这些技术同样适合内核同步对象，详见下一章的讨论。

1. 每个以原子方式操作的对象集都只用一个锁

一种常见情况是多个对象构成了单一的"逻辑"资源。例如，每次向一个集合添加元素时，可能还需要更新一个计数器。为此，每次读或写这个逻辑资源时，都只应该使用一个锁。

应用程序中的每个逻辑资源都应该有自己的锁，用来对逻辑资源的部分和整体的访问进行同步。不应该所有逻辑资源都使用一个锁，这是因为如果多个线程访问的是不同的逻辑资源，就会降低伸缩性：任一时刻系统只允许一个线程执行。

2. 同时访问多个逻辑资源

有时需要同时访问两个或更多逻辑资源。例如，应用程序可能需要锁定一个资源来取出一个数据项，同时锁定另一个资源将数据项放入其中。如果每个资源都有自己的锁，就必须同时使用两个锁，才能以原子方式完成这个操作。这里有一个例子：

```
DWORD WINAPI ThreadFunc(PVOID pvParam) {

   EnterCriticalSection(&g_csResource1);
   EnterCriticalSection(&g_csResource2);

   // 从 Resource1 提取数据项
   // 向 Resource2 插入数据项
   LeaveCriticalSection(&g_csResource2);
   LeaveCriticalSection(&g_csResource1);
   return(0);
}
```

假设进程中有另一个线程也要求访问这两个资源：

```
DWORD WINAPI OtherThreadFunc(PVOID pvParam) {

   EnterCriticalSection(&g_csResource2);
   EnterCriticalSection(&g_csResource1);

   // 从 Resource1 提取数据项
   // 向 Resource2 插入数据项
   LeaveCriticalSection(&g_csResource2);
   LeaveCriticalSection(&g_csResource1);
   return(0);
}
```

238

上述函数所做的改动就是调换了EnterCriticalSection和LeaveCriticalSection的调用顺序。但由于这两个函数的编写方式，有可能会导致死锁。假设ThreadFunc开始执行，并获得g_csResource1关键段的所有权。然后，执行OtherThreadFunc函数的线程得到一些CPU时间并得到g_csResource2关键段的所有权。现在就陷入了一个死锁的情形。当ThreadFunc和OtherThreadFunc中的任何一个试图继续执行的时候，都无法得到它需要的另一个关键段的所有权。

为解决这个问题，必须在代码中的任何地方以完全相同的顺序来获得资源的锁。注意，调用LeaveCriticalSection的顺序无关紧要，因为该函数永远不会让线程进入等待状态。

3. 不要长时间占用锁

一个锁被长时间占用，其他线程就可能进入等待状态，从而影响到应用程序的性能。可以使用下面这个技术将花在关键段中的时间降至最低。以下代码在WM_SOMEMSG消息被发送到一个窗口之前阻止其他线程修改g_s的值：

```
SOMESTRUCT g_s;
CRITICAL_SECTION g_cs;

DWORD WINAPI SomeThread(PVOID pvParam) {
   EnterCriticalSection(&g_cs);

   // 向窗口发送消息
   SendMessage(hWndSomeWnd, WM_SOMEMSG, &g_s, 0);

   LeaveCriticalSection(&g_cs);
   return(0);
}
```

239

我们不可能知道窗口过程(Window procedure)需要多少时间来处理WM_SOMEMSG消息，可能只需要几毫秒，也可能需要几年。在此期间，其他线程都无法获得g_s结构的访问权。因此，最好像下面这样写代码：

```
SOMESTRUCT g_s;
CRITICAL_SECTION g_cs;

DWORD WINAPI SomeThread(PVOID pvParam) {

   EnterCriticalSection(&g_cs);
   SOMESTRUCT sTemp = g_s;
   LeaveCriticalSection(&g_cs);

   // 向窗口发送消息
   SendMessage(hWndSomeWnd, WM_SOMEMSG, &sTemp, 0);
   return(0);
}
```

代码将值保存到临时变量sTemp中。我们大概可以猜到CPU需要花费多长时间来执行这行代码，几个CPU周期就够了。保存了临时变量之后，我们立即调用

LeaveCriticalSection，因为此时已经不需要对全局结构g_s进行保护了。第二个实现比第一个好得多，因为如果其他线程需要使用g_s结构，那么它们最多只需要等待几个CPU周期，而不是一段长度不确定的时间。当然，这个技术假设窗口过程只需要读取结构的"快照"就足够了，它还假设窗口过程不需要修改结构中的成员。

240

用内核对象进行线程同步

本章内容

上一章讨论了用户模式下的一些线程同步机制。在用户模式下进行线程同步的最大好处是速度非常快。如果关心应用程序的性能，应该先确定用户模式下的同步机制是否适用。

虽然用户模式下的线程同步机制提供了非常好的性能，但也确实存在一些局限性，而且许多应用程序都不适用。例如，Interlocked系列函数只能对单个值进行操作，它们永远不会将线程切换到等待状态。可用关键段将线程切换到等待状态，但是只能对同一个进程中的线程进行同步。另外，使用关键段的时候，我们很容易陷入死锁的情形，因为无法为进入关键段指定一个最长等待时间。

本章将讨论如何使用内核对象对线程进行同步。和用户模式下的同步机制相比，内核对象的用途要广泛得多。实际上，内核对象唯一的缺点就是它们的性能。调用本章介绍的任何一个新函数时，调用线程必须从用户模式切换到内核模式。这种切换非常耗时：在

x86平台上，一个空的系统调用大概会占用200个CPU周期，当然，这还不包括执行被调用函数在内核模式下的实现代码。但是，造成内核对象比用户模式下的同步机制慢几个数量级的原因，是伴随调度新线程而产生的高速缓存回写/未命中开销。这里我们谈论的是成百上千个CPU周期。

前面讨论了几种内核对象，包括进程、线程以及作业。几乎所有这些内核对象都可以用来进行同步。对线程同步来说，这些内核对象中的每一个要么处于触发(signaled)状态，要么处于未触发(nonsignaled)状态。Microsoft为每种对象创建了一些规则，规定如何在这两种状态之间进行转换。例如，进程内核对象在创建时总是处于未触发状态。进程终止时，操作系统自动使进程内核对象变成触发状态。进程内核对象被触发后，它将永远保持这种状态，再也不会变回到未触发状态。

241~242

进程内核对象内部有一个布尔值，系统创建内核对象时会将该其初始化为FALSE(未触发)。进程终止时，操作系统会自动将相应内核对象中的这个布尔值更改为TRUE，表示该对象已触发。

要想写一些代码检查一个进程是否正在运行，只需要调用一个函数，让操作系统检查进程对象的布尔值就可以了。够简单吧。还可以让系统将线程切换到等待状态，当这个布尔值从FALSE变成TRUE的时候再自动唤醒线程。这样，如果父进程的一个线程需要等待子进程终止，就可以写代码让线程直接进入睡眠，直到标识子进程的内核对象被触发为止。以后会看到，Windows提供了许多函数，可以非常容易地实现所有这些需求。

刚才介绍了Microsoft为进程内核对象定义的规则。事实上，线程内核对象也遵循同样的规则。换言之，线程内核对象在创建时总是处于未触发状态。线程终止时，操作系统会自动将线程对象的状态改为已触发。所以，可在应用程序中使用相同的技术来判断一个线程是否仍在运行。和进程内核对象一样，线程内核对象永远不会回到未触发状态。

以下内核对象既可以处于触发状态，也可以处于未触发状态：

- 进程
- 线程
- 作业
- 文件以及控制台的标准输入/输出/错误流
- 事件
- 可等待的计时器
- 信号量
- 互斥量

线程可以自己切换到等待状态，直到另一个对象被触发为止。注意，用来决定每个对象处于触发状态还是未触发状态的规则与对象的类型有关。刚才已介绍了进程对象和线程对象的规则。作业的规则已在第5章介绍。

本章首选讨论允许线程等待某个特定内核对象被触发的函数。然后讨论Windows提供的专门用来帮助我们进行线程同步的内核对象：事件、可等待计时器、信号量以及互斥量。

回想当初自己学习这些内容的经历，我认为如果能想像每个内核对象都包含一面旗帜，将有助于对整个内容的理解。对象触发时，旗帜升起；当对象未触发时，旗帜落下。如图9-1所示。

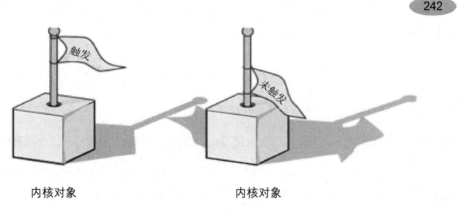

内核对象　　　　　　　　　　　　内核对象

图9-1　触发与未触发状态

若线程正在等待的对象处于未触发状态(旗帜落下)，它们是不可调度的。但是，一旦对象被触发(旗帜升起)，线程就会看到这面旗帜，从而变成可调度状态，很快就会恢复执行，如图9-2所示。

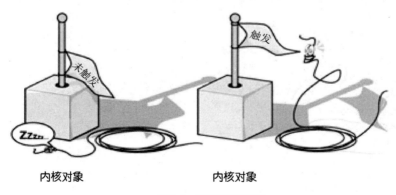

内核对象　　　　　　　　　　　　内核对象

图9-2　调整后的状态

9.1 等待函数

等待函数使一个线程自愿进入等待状态，直到指定的内核对象被触发为止。注意，如果线程在调用一个等待函数的时候，相应的内核对象已处于触发状态，那么线程不会进入等待状态。目前，这些等待函数中最常用的是WaitForSingleObject：

```
DWORD WaitForSingleObject(
    HANDLE hObject,
    DWORD dwMilliseconds);
```

线程调用这个函数的时候，第一个参数hObject用来标识要等待的内核对象，这个内核对象可以处于触发状态或未触发状态。(上一页列出的任何对象都可以使用。)第二个参数dwMilliseconds指定线程最多愿意花多长时间来等待对象被触发。

以下函数调用告诉系统，调用线程希望一直等待，直到hProcess句柄标识的进程终止：

```
WaitForSingleObject(hProcess, INFINITE);
```

第二个参数告诉系统，调用线程愿意永远等待(无限长的时间)，或者等到这个进程终止。

我们通常为WaitForSingleObject的第二个参数传入INFINITE，但也可以传入其他任何值(以毫秒为单位)。顺便提一句，INFINITE被定义为0xFFFFFFFF(或-1)。当然，传入INFINITE可能会有点危险。如果对象永远不被触发，调用线程就永远不会被唤醒，它会一直阻塞在那里。幸好，它并没有浪费宝贵的CPU时间。

下面的例子用了一个不同于INFINITE的超时值来调用WaitForSingleObject：

```
DWORD dw = WaitForSingleObject(hProcess, 5000);
switch (dw) {

    case WAIT_OBJECT_0:
        // 进程终止
        break;

    case WAIT_TIMEOUT:
        // 进程在 5000 毫秒内未终止
        break;

    case WAIT_FAILED:
        // 函数调用出问题（句柄无效？）
        break;
}
```

| 第9章

上述代码告诉系统，除非指定的进程已经终止，或者等待时间已满5000毫秒，否则不应对调用线程进行调度。如果进程已经终止，这个调用会在5000毫秒之内返回，如果进程尚未终止，这个调用会在5000毫秒左右返回。注意，可为dwMilliseconds参数传入0。这会造成WaitForSingleObject总是立即返回，即使它要等待的条件尚未满足。

WaitForSingleObject的返回值指出为什么调用线程再次变得可调度。如果是因为线程等待的对象被触发，返回值是WAIT_OBJECT_0；如果是因为等待超时，返回值是WAIT_TIMEOUT。如果为WaitForSingleObject传入了无效参数(例如一个无效的句柄)，返回值则是WAIT_FAILED(这时调用GetLastError可获得更详细的信息)。

下面这个WaitForMultipleObjects函数与WaitForSingleObject相似。唯一不同的是它允许调用线程同时检查多个内核对象的触发状态：

```
DWORD WaitForMultipleObjects(
    DWORD dwCount,
    CONST HANDLE* phObjects,
    BOOL bWaitAll,
    DWORD dwMilliseconds);
```

244

dwCount是函数要检查的内核对象的数量，范围在1~MAXIMUM_WAIT_OBJECTS(在WinNT.h头文件中被定义为64)之间。phObjects是指向一个内核对象句柄数组的指针。

可通过两种不同的方式来使用WaitForMultipleObjects，一种是让线程进入等待状态，直到指定内核对象中的一个被触发为止，另一种是让线程进入等待状态，直到指定内核对象全部被触发为止。bWaitAll参数告诉函数我们希望使用哪种方式。如果为这个参数传入TRUE，那么在所有内核对象被触发之前，函数将不会允许调用线程继续执行。

dwMilliseconds参数的用法和在WaitForSingleObject中一样。如果等待超时，函数会直接返回。同样，我们通常为该参数传递INFINITE，但为了避免一直阻塞的情况，写代码时应该小心。

WaitForMultipleObjects函数的返回值告诉调用者它为什么重新变得可以调度。可能的返回值包括WAIT_FAILED和WAIT_TIMEOUT，它们的含义都不言而喻。如果为bWaitAll传递的是TRUE，而且所有对象都被触发，那么返回值是WAIT_OBJECT_0。如果为bWaitAll传入的是FALSE，那么任何一个对象被触发，函数就会立即返回。在这种情况下，你可能想知道是哪个对象被触发。此时的返回值是WAIT_OBJECT_0到(WAIT_OBJECT_0 + dwCount - 1)之间的任何一个值。换言之，如果返回值既不是WAIT_TIMEOUT，也不是WAIT_FAILED，就应将返回值减去WAIT_OBJECT_0，得到我们在第二个参数中传给WaitForMultipleObjects的句柄数组的一个索引，从而确定触发的是哪个对象。

以下示例代码清楚地解释了这一点：

```
HANDLE h[3];
h[0] = hProcess1;
h[1] = hProcess2;
h[2] = hProcess3;
DWORD dw = WaitForMultipleObjects(3, h, FALSE, 5000);
switch (dw) {
    case WAIT_FAILED:
        // 函数调用出问题 ( 句柄无效 ?)
        break;

    case WAIT_TIMEOUT:
        // 任何对象在 5000 毫秒内都没有触发
        break;

    case WAIT_OBJECT_0 + 0:
        // h[0] 标识的进程 (hProcess1) 终止
        break;

    case WAIT_OBJECT_0 + 1:
        // h[1] 标识的进程 (hProcess2) 终止
        break;

    case WAIT_OBJECT_0 + 2:
        // h[2] 标识的进程 (hProcess3) 终止
        break;
}
```

245

如果为bWaitAll参数传递的是FALSE，WaitForMultipleObjects会从句柄数组的索引0开始检查，所找到的第一个已触发的对象就满足了等待条件。这可能会产生一些不希望的结果。比如，线程可能会为函数传入三个子进程的句柄，然后等待它们终止。如果索引为0的进程终止了，WaitForMultipleObjects将返回。现在，线程就可以做自己想做的任何事情，然后再次等待另一个进程终止。如果线程传入与上一次调用时相同的三个句柄，函数会再次立即返回WAIT_OBJECT_0。除非从数组中去掉已从中收到了通知的句柄，否则我们的代码将无法正常工作。

9.2 等待成功所引起的副作用

对于一些内核对象，成功调用WaitForSingleObject或WaitForMultipleObjects实际会改变对象的状态。一个成功的调用是指函数发现对象已被触发，并返回相对于WAIT_

OBJECT_0的一个值。如果调用不成功，函数返回的是WAIT_TIMEOUT或WAIT_FAILED，在这种情况下，对象的状态绝对不会发生改变。

如果对象状态发生改变，我称之为等待成功所引起的副作用(successful wait side effects)。例如，假设线程正在等待一个自动重置事件对象(auto-reset event object)(本章稍后讨论)。事件对象被触发的时候，函数会检测到这一情况，这时它可以直接返回WAIT_OBJECT_0给调用线程。但就在函数返回之前，事件会被设为非触发状态，这就是等待成功所引起的副作用。

自动重置事件内核对象之所以会有这样的副作用，其原因是，这是Microsoft为此类对象定义的诸多规则中的一条。其他对象有不同的副作用，有些对象则完全没有副作用。进程和线程内核对象就完全没有副作用，换言之，等待这些对象绝对不会改变对象的状态。随着本章对各种内核对象的讨论，我们会更详细地介绍它们的等待成功所引起的副作用。

WaitForMultipleObjects之所以这么有用的原因，是因为它能以原子方式执行所有操作。当线程调用WaitForMultipleObjects的时候，函数会测试所有对象的触发状态，并执行要求的副作用，所有这些都是作为单一的操作来完成的。

下面来看一个例子。两个线程以完全相同的方式调用WaitForMultipleObjects：

```
HANDLE h[2];
h[0] = hAutoResetEvent1;    // 最初未触发
h[1] = hAutoResetEvent2;    // 最初未触发
WaitForMultipleObjects(2, h, TRUE, INFINITE);
```

调用WaitForMultipleObjects时，两个事件对象均未触发，因而迫使两个线程都进入等待状态。然后，hAutoResetEvent1对象被触发。两个线程都发现事件已触发，但由于hAutoResetEvent2对象仍未触发，所以两个线程都不会被唤醒。由于两个线程均没有等待成功，所以hAutoResetEvent1对象不会产生任何副作用。

接着，hAutoResetEvent2对象被触发。此时，两个线程中的一个检测到它等待的所有对象都已触发。这样等待就成功了，两个事件对象都设为未触发状态，线程变得可调度。但另一个线程呢？它会继续等待，直到发现两个事件对象都被触发为止。虽然它曾经检测到hAutoResetEvent1被触发过，现在看到的却是该对象未被触发。

246

刚才说过，WaitForMultipleObjects是以原子方式工作的，这一点很重要。函数检查内核对象的状态时，其他任何线程都不能在背后修改对象的状态。这就防止了死锁情况的发生。想象一下，如果一个线程看见hAutoResetEvent1被触发，于是将事件重置为未触发状态，然后另一个线程看见hAutoResetEvent2被触发，于是将这个事件也重置为未触发状态。两个线程都会冻结在那里：一个线程等待另一个线程已得到的对象，反之亦然。WaitForMultipleObjects确保这种情况不会发生。

这就引出了一个有趣的问题：如果多个线程等待同一个内核对象，那么当对象被触发的时候，系统如何决定应该唤醒哪个线程呢？Microsoft的官方回答是："算法是公平的。"Microsoft并不想对系统内部使用的算法做任何承诺。它只是说算法是公平的，换言之，如果有多个线程在等待，那么每次当对象被触发的时候，每个线程都有机会被唤醒。

这意味着线程优先级将没有效果：优先级最高的线程不一定能得到对象。这还意味着等待时间最长的线程不一定能得到对象。另外，甚至得到对象的线程会在下一次再次得到对象。但这对其他线程来说不公平，所以算法会尽量防止这种情况。即便如此，系统也不保证绝对不会发生这种情况。

实际上，Microsoft所用的算法只不过是众所周知的"先入先出"机制。等待时间最长的线程得到对象。但是，系统内部的一些操作可能改变这种行为，这使得它变得更加不可预测。这也是Microsoft为什么不明确说明算法的工作原理的原因。这些操作中的一种是线程被挂起。如果线程先等待一个对象，然后线程被挂起，那么系统会忘记这个线程还在等待对象。这是Windows的一个特性，因为系统没有理由去调度一个被挂起的线程。后来线程恢复的时候，系统会认为这个线程才刚开始等待对象。

调试进程的时候，如果遇到断点，进程中所有的线程都会被挂起。所以，调试一个进程会使这个"先入先出"算法变得极难预测，因为线程会被频繁地挂起和恢复。

9.3 事件内核对象

在所有内核对象中，事件是最原始(primitive)的。事件包含一个使用计数(所有内核对象都有)、一个表示事件是自动重置事件还是手动重置事件的布尔值以及另一个表示事件有没有触发的布尔值。

事件的触发表示一个操作已经完成。有两种不同类型的事件对象：手动重置事件和自动重置事件。当一个手动重置事件被触发的时候，正在等待该事件的所有线程都将变得可调度。而当一个自动重置事件被触发的时候，只有一个正在等待该事件的线程会变成可调度。

事件最常见的用途是，让一个线程执行初始化工作，然后触发另一个线程，让它执行剩余的工作。一开始我们将事件初始化为未触发状态，然后当线程完成初始化工作的时候，触发事件。此时，另一个线程一直在等待该事件，它发现事件被触发，于是变成可调度状态。第二个线程知道第一个线程已经完成了它的工作。

下面是创建事件内核对象的CreateEvent函数：

```
HANDLE CreateEvent(
    PSECURITY_ATTRIBUTES psa,
    BOOL bManualReset,
    BOOL bInitialState,
    PCTSTR pszName);
```

第3章讨论了内核对象的机制，包括如何设置它们的安全属性，如何进行使用计数，如何继承它们的句柄，以及如何通过名字来共享对象。由于我们已经熟悉了这些内容，所以这里不再讨论函数的第一个和最后一个参数。

bManualReset参数是一个布尔值，用来告诉系统应该创建一个手动重置事件(TRUE)还是一个自动重置事件(FALSE)。bInitialState参数表示应将事件初始化为触发状态(TRUE)还是未触发状态(FALSE)。系统创建了事件对象后，CreateEvent会返回一个事件内核对象句柄，该句柄与当前进程关联。Windows还提供了一个新的函数CreateEventEx来创建事件：

```
HANDLE CreateEventEx(
    PSECURITY_ATTRIBUTES psa,
    PCTSTR pszName,
    DWORD dwFlags,
    DWORD dwDesiredAccess);
```

psa和pszName参数与CreateEvent函数对应的参数相同。dwFlags接受两个位掩码，如表9-1所示。

dwDesiredAccess参数允许我们指定在创建事件时返回的句柄对事件有何种访问权限。这是一种创建事件句柄的新方法，它可以减少权限。相比之下，CreateEvent返回的句柄总是被授予全部权限。但是，CreateEventEx更有用的地方在于，它允许我们以减少权限的方式来打开一个已经存在的事件，而CreateEvent总是要求全部权限。例如，为了能调用稍后就会讨论的SetEvent，ResetEvent以及PulseEvent函数，我们必须使用EVENT_MODIFY_STATE (0x0002)。要了解与访问权限有关的更多细节，请参见MSDN上对应的网页(http://msdn2.microsoft.com/en-us/library/ms686670.aspx)。

表9-1　用于CreateEventEx的标志

WinBase.h中定义的常量	描述
CREATE_EVENT_INITIAL_SET (0x00000002)	等价于传给 CreateEvent 的 bInitialState 参数。如果设置了这个位标志，函数会将事件初始化为触发状态，否则初始化为未触发状态
CREATE_EVENT_MANUAL_RESET (0x00000001)	等价于传给 CreateEvent 的 bManualReset 参数。如果设置了这个位标志，创建的将是一个手动重置事件，否则创建一个自动重置事件

其他进程中的线程可通过多种方式来访问该事件内核对象，这包括调用CreateEvent并在pszName参数中传入相同的值，使用继承，使用DuplicateHandle函数，或者调用OpenEvent并在pszName参数中指定与调用CreateEvent时相同的名字：

```
HANDLE OpenEvent(
   DWORD dwDesiredAccess,
   BOOL bInherit,
   PCTSTR pszName);
```

248~249

和往常一样，不再需要事件内核对象时，应调用CloseHandle函数将其关闭。

一旦创建了事件，我们就可以直接控制它的状态。调用SetEvent将事件变成触发状态：

```
BOOL SetEvent(HANDLE hEvent);
```

还可调用ResetEvent将事件变成未触发状态：

```
BOOL ResetEvent(HANDLE hEvent);
```

就是这么简单！

Microsoft为自动重置事件定义了一个成功等待所引起的副作用：若线程在对象上成功等待，自动重置事件会自动重置为未触发状态。这也正是自动重置事件名字的由来。对于自动重置事件，通常不需要调用ResetEvent，因为系统会自动将事件重置。相反，Microsoft并没有为手动重置事件定义一个成功等待所引起的副作用。

下面来看一个例子，它展示了如何使用事件内核对象对线程进行同步：

```
// Create a global handle to a manual-reset, nonsignaled event.
HANDLE g_hEvent;

int WINAPI _tWinMain(...) {
```

```
    // Create the manual-reset, nonsignaled event.
    g_hEvent = CreateEvent(NULL, TRUE, FALSE, NULL);

    // Spawn 3 new threads.
    HANDLE hThread[3];
    DWORD dwThreadID;
    hThread[0] = _beginthreadex(NULL, 0, WordCount, NULL, 0, &dwThreadID);
    hThread[1] = _beginthreadex(NULL, 0, SpellCheck, NULL, 0, &dwThreadID);
    hThread[2] = _beginthreadex(NULL, 0, GrammarCheck, NULL, 0, &dwThreadID);


    OpenFileAndReadContentsIntoMemory(...);

    // Allow all 3 threads to access the memory.
    SetEvent(g_hEvent);
    ...
}

DWORD WINAPI WordCount(PVOID pvParam) {

    // Wait until the file's data is in memory.
    WaitForSingleObject(g_hEvent, INFINITE);

    // Access the memory block.
    ...
    return(0);
}

DWORD WINAPI SpellCheck (PVOID pvParam) {

    // Wait until the file's data is in memory.
    WaitForSingleObject(g_hEvent, INFINITE);

    // Access the memory block.
    ...
    return(0);
}

DWORD WINAPI GrammarCheck (PVOID pvParam) {

    // Wait until the file's data is in memory.
    WaitForSingleObject(g_hEvent, INFINITE);

    // Access the memory block.
    ...
```

```
   return(0);
}
```

进程启动时，会创建一个未触发的手动重置事件，并将句柄保存到一个全局变量中。这使进程中的其他线程能更容易地访问该事件对象。接着，程序创建三个线程。这些线程会一直等待，直到文件内容已被读入内存为止。然后，每个线程会访问数据：一个线程进行字数统计，另一个进行拼写检查，第三个进行语法检查。这三个线程的函数的开头完全相同：每个线程都调用了WaitForSingleObject，这使线程被挂起，直到主线程将文件内容读入内存中为止。

一旦主线程将数据准备完毕，它会调用SetEvent来触发事件。在这个时候，系统会使全部三个次要线程都变成可调度状态，它们都会得到CPU时间并会访问内存块。注意，全部三个线程都将以只读方式访问内存，这正是为什么全部三个线程能同时运行的唯一原因。另外要注意的是，如果机器中有多个CPU，所有这些线程都能真正同时运行，并能在短时间内完成大量工作。

如果使用自动重置对象来代替手动重置对象，应用程序的行为会大不一样。主线程调用SetEvent后，系统只会让次要线程中的一个变成可调度状态。同样地，系统并不保证一定会调度其中哪个线程。剩下两个线程将继续等待。

变成可调度状态的那个线程独占对内存块的访问。下面我们把线程函数改写一下，让每个函数在返回之前调用SetEvent(就像_tWinMain函数那样)。下面是改写后的线程函数：

```
DWORD WINAPI WordCount(PVOID pvParam) {

    // Wait until the file's data is in memory.
    WaitForSingleObject(g_hEvent, INFINITE);

    // Access the memory block.
    ...
    SetEvent(g_hEvent);
    return(0);
}

DWORD WINAPI SpellCheck (PVOID pvParam) {

    // Wait until the file's data is in memory.
    WaitForSingleObject(g_hEvent, INFINITE);

    // Access the memory block.
```

```
    ...
    SetEvent(g_hEvent);
    return(0);
}

DWORD WINAPI GrammarCheck (PVOID pvParam) {

    // Wait until the file's data is in memory.
    WaitForSingleObject(g_hEvent, INFINITE);

    // Access the memory block.
    ...
    SetEvent(g_hEvent);
    return(0);
}
```

某个线程完成对数据的独占访问后，会调用SetEvent，这样系统会将剩下两个正在等待的线程中的一个变成可调度状态。同样，我们不知道系统会选择哪个线程，但这个线程会独占对内存块的访问。这个线程完成的时候，同样会调用SetEvent，这使第三个也是最后一个线程能独占对内存块的访问。注意，使用自动重置事件的时候，即使第二个线程以可读/可写方式访问内存，也不会存在任何问题，这是因为线程没必要考虑数据是否只读。这个例子清晰地展示了手动重置事件和自动重置事件之间的区别。

考虑到内容的完整性，下面介绍另一个可用于事件的函数：

```
BOOL PulseEvent(HANDLE hEvent);
```

PulseEvent会先触发事件然后立刻将其恢复到未触发状态，这称为脉冲触发(pulsed)，相当于在调用SetEvent之后立即调用ResetEvent。如果对手动重置事件调用PulseEvent，当事件被脉冲触发时，所有正在等待该事件的线程都会变成可调度状态。对自动重置事件调用PulseEvent，则只有一个正在等待该事件的线程会变成可调度状态。如果在事件被脉冲触发时没有线程在等待该事件，将不会有任何效果。

251

PulseEvent的用处不大。事实上，我从来没有在实际的应用程序中用过这个函数，这是因为根本不知道到底会不会有线程发现这个触发脉冲，即使有，我们也不知道哪个线程会发现这个触发脉冲并变成可调度状态。由于在调用PulseEvent的时候无法知道任何线程的状态，所以这个函数并不怎么有用。虽然这么说，而且我也想象不出什么具体的情形，但是我还是相信在某些情况下，PulseEvent可能会派得上用场。请参见本章后面对SignalObjectAndWait的讨论，其中有关于PulseEvent的一些信息。

Handshake示例程序

Handshake应用程序(09-Handshake.exe)展示了自动重置事件的使用。应用程序的源代码和资源文件在本书配套资源的09-Handshake目录中。Handshake应用程序启动后，会显示如图9-3所示的对话框。

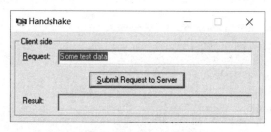

图9-3　Handshake示例

Handshake接受一个请求字符串，反转字符顺序，然后将结果放到Result文本框中。Handshake最有趣的是它完成这项任务的方式。

Handshake解决了一个常见的编程问题。有一个客户端和一个服务器端，两者想要通信。刚开始，服务器端没什么事做，于是进入等待状态。当客户端准备好将请求提交给服务器端的时候，它会将请求放到一个共享的内存缓冲区中，并触发一个事件，这样服务器端的线程就知道应该去检查数据缓存并处理客户端的请求了。服务器端的线程忙于处理请求时，客户端线程需进入等待状态，直到服务器端处理完请求并准备好结果为止。客户端再次被唤醒的时候，它知道结果就在共享的数据缓存中，这时就可以向用户显示结果了。

应用程序启动时，会立即创建两个未触发的自动重置事件对象。一个事件是g_hevtRequestSubmitted，表示需要服务器端处理的请求在什么时候就绪。该事件由客户线程触发，服务器线程则等待该事件。第二个事件是g_hevt-ResultReturned，表示处理结果在什么时候就绪。该事件由服务器线程触发，客户线程则等待该事件。

创建好事件之后，会创建服务器线程并执行ServerThread函数。该函数立刻让服务器等待客户端的请求。与此同时，主线程(客户线程)会调用DialogBox来显示应用程序的用户界面。可在Request文本框中输入一些文字，单击Submit Request To Server按钮后，应用程序将请求字符串放到一个由客户和服务器线程共享的缓存中，并触发g_hevtRequestSubmitted事件。然后，客户线程在g_hevtResultReturned事件上等待服务器端的处理结果。

252

服务器被唤醒后，会将共享的内存缓冲区中的字符串反转顺序，然后触发g_hevtResultReturned事件。服务器线程等待下一个客户请求。注意，该应用程序从未调用ResetEvent，因为没这个必要：一次成功的等待后，自动重置事件会自动重置为未触发状态。与此同时，客户端线程检测到g_hevtResultReturned事件已被触发。它被唤醒并将共享内存缓存中的字符串复制到用户界面的Result文本框中。

关于这个应用程序，剩下唯一需要关注的特性或许就是它的关闭方式。为了关闭应用程序，关闭对话框就可以了。这会使_tWinMain中对DialogBox的调用返回。此时，主线程先将全局变量g_hMainDlg设为NULL，将一个特殊字符串复制到共享缓冲区中，最后唤醒服务器线程，让它处理该特殊请求。主线程会等待服务器线程确认收到请求，并等待它终止。服务器线程在检测到这个特殊的客户请求字符串，并发现g_hMainDlg的值为NULL的时候，就会退出循环，线程就此结束。只要主对话框还显示着，g_hMainDlg的值就不会为NULL，这个神秘的请求也就绝对不会被当成是要求服务器线程退出的请求。

之所以让主线程调用WaitForMultipleObjects来等待服务线程终止，是为了方便你理解如何使用该函数。实际上，也可调用WaitForSingleObject并传入服务器线程的句柄，两种方法得到的结果完全相同。

一旦主线程知道服务器端的线程已停止执行，它会调用CloseHandle三次来正确销毁应用程序使用的所有内核对象。当然，也可以让系统自动做这些事情。但对我来说，自己做的感觉会更好。我喜欢代码始终在我的掌控之下。

```
Handshake.cpp
/******************************************************************************
Module:  Handshake.cpp
Notices: Copyright (c) 2008 Jeffrey Richter & Christophe Nasarre
******************************************************************************/


#include "..\CommonFiles\CmnHdr.h"      /* See Appendix A. */
#include <windowsx.h>
#include <tchar.h>
#include "Resource.h"



///////////////////////////////////////////////////////////////////////////////


// This event is signaled when the client has a request for the server
HANDLE g_hevtRequestSubmitted;
```

```
// This event is signaled when the server has a result for the client
HANDLE g_hevtResultReturned;

// The buffer shared between the client and server threads
TCHAR   g_szSharedRequestAndResultBuffer[1024];

// The special value sent from the client that causes the
// server thread to terminate cleanly.
TCHAR   g_szServerShutdown[] = TEXT("Server Shutdown");

// The server thread will check that the main dialog is no longer alive
// when the shutdown message is received.
HWND    g_hMainDlg;


///////////////////////////////////////////////////////////////////////////////


// This is the code executed by the server thread
DWORD WINAPI ServerThread(PVOID pvParam) {

   // Assume that the server thread is to run forever
   BOOL fShutdown = FALSE;

   while (!fShutdown) {

      // Wait for the client to submit a request
      WaitForSingleObject(g_hevtRequestSubmitted, INFINITE);

      // Check to see if the client wants the server to terminate
      fShutdown =
         (g_hMainDlg == NULL) &&
         (_tcscmp(g_szSharedRequestAndResultBuffer, g_szServerShutdown) == 0);

      if (!fShutdown) {
         // Process the client's request (reverse the string)
         _tcsrev(g_szSharedRequestAndResultBuffer);
      }

      // Let the client process the request's result
      SetEvent(g_hevtResultReturned);
   }

   // The client wants us to shut down, exit
   return(0);
```

```
}


/////////////////////////////////////////////////////////////////////////////


BOOL Dlg_OnInitDialog(HWND hwnd, HWND hwndFocus, LPARAM lParam) {

   chSETDLGICONS(hwnd, IDI_HANDSHAKE);

   // Initialize the edit control with some test data request
   Edit_SetText(GetDlgItem(hwnd, IDC_REQUEST), TEXT("Some test data"));

   // Store the main dialog window handle
   g_hMainDlg = hwnd;

   return(TRUE);
}


/////////////////////////////////////////////////////////////////////////////


void Dlg_OnCommand(HWND hwnd, int id, HWND hwndCtl, UINT codeNotify) {

   switch (id) {

      case IDCANCEL:
         EndDialog(hwnd, id);
         break;

      case IDC_SUBMIT:  // Submit a request to the server thread

         // Copy the request string into the shared data buffer
         Edit_GetText(GetDlgItem(hwnd, IDC_REQUEST),
            g_szSharedRequestAndResultBuffer,
            _countof(g_szSharedRequestAndResultBuffer));

         // Let the server thread know that a request is ready in the buffer
         SetEvent(g_hevtRequestSubmitted);

         // Wait for the server to process the request and give us the result
         WaitForSingleObject(g_hevtResultReturned, INFINITE);

         // Let the user know the result
```

```
         Edit_SetText(GetDlgItem(hwnd, IDC_RESULT),
            g_szSharedRequestAndResultBuffer);

      break;
   }
}


///////////////////////////////////////////////////////////////////////////////


INT_PTR WINAPI Dlg_Proc(HWND hwnd, UINT uMsg, WPARAM wParam, LPARAM lParam) {

   switch (uMsg) {
      chHANDLE_DLGMSG(hwnd, WM_INITDIALOG, Dlg_OnInitDialog);
      chHANDLE_DLGMSG(hwnd, WM_COMMAND,    Dlg_OnCommand);
   }

   return(FALSE);
}


///////////////////////////////////////////////////////////////////////////////


int WINAPI _tWinMain(HINSTANCE hInstanceExe, HINSTANCE, PTSTR, int) {

   // Create & initialize the 2 nonsignaled, auto-reset events
   g_hevtRequestSubmitted = CreateEvent(NULL, FALSE, FALSE, NULL);
   g_hevtResultReturned   = CreateEvent(NULL, FALSE, FALSE, NULL);

   // Spawn the server thread
   DWORD dwThreadID;
   HANDLE hThreadServer = chBEGINTHREADEX(NULL, 0, ServerThread, NULL,
      0, &dwThreadID);

   // Execute the client thread's user interface
   DialogBox(hInstanceExe, MAKEINTRESOURCE(IDD_HANDSHAKE), NULL, Dlg_Proc);
   g_hMainDlg = NULL;

   // The client's UI is closing, have the server thread shutdown
   _tcscpy_s(g_szSharedRequestAndResultBuffer,
      _countof(g_szSharedRequestAndResultBuffer), g_szServerShutdown);
   SetEvent(g_hevtRequestSubmitted);
```

```
    // Wait for the server thread to acknowledge the shutdown AND
    // wait for the server thread to fully terminate
    HANDLE h[2];
    h[0] = g_hevtResultReturned;
    h[1] = hThreadServer;
    WaitForMultipleObjects(2, h, TRUE, INFINITE);

    // Properly clean up everything
    CloseHandle(hThreadServer);
    CloseHandle(g_hevtRequestSubmitted);
    CloseHandle(g_hevtResultReturned);

    // The client thread terminates with the whole process
    return(0);
}


//////////////////////////// End of File ////////////////////////////
```

253~256

9.4　可等待的计时器内核对象

可等待的计时器是这样的一种内核对象，它们会在指定的某个时间触发，或者每隔一段时间触发一次。它们通常用来在某个时间执行一些操作。

调用CreateWaitableTimer函数来创建可等待的计时器：

```
HANDLE CreateWaitableTimer(
    PSECURITY_ATTRIBUTES psa,
    BOOL bManualReset,
    PCTSTR pszName);
```

psa参数和pszName参数已在第3章讨论过。当然，进程还可调用OpenWaitableTimer函数来获得一个已经存在的可等待计时器的句柄，该句柄与当前进程关联：

```
HANDLE OpenWaitableTimer(
    DWORD dwDesiredAccess,
    BOOL bInheritHandle,
    PCTSTR pszName);
```

256~257

和事件一样，参数bManualReset指出要创建的是手动还是自动重置计时器。当手动重置计时器被触发的时候，正在等待该计时器的所有线程都会变成可调度状态。当自动重置计时器被触发的时候，只有一个正在等待该计时的线程会变成可调度状态。

在创建的时候，可等待的计时器对象总是处于未触发状态。想要触发计时器的时候，必须调用SetWaitableTimer函数来告诉它：

```
BOOL SetWaitableTimer(
    HANDLE hTimer,
    const LARGE_INTEGER *pDueTime,
    LONG lPeriod,
    PTIMERAPCROUTINE pfnCompletionRoutine,
    PVOID pvArgToCompletionRoutine,
    BOOL bResume);
```

该函数有许多参数，在使用时可能让人感到疑惑。显然，参数hTimer表示想要设置的计时器。后面两个参数pDueTime和IPeriod在一起使用。参数pDueTime表示计时器首次触发的时间，参数IPeriod表示在首次触发后，计时器应该以怎样的频度触发。以下代码将计时器的首次触发时间设为2008年1月1日下午1:00，之后每隔6小时触发一次：

```
// Declare our local variables.
HANDLE hTimer;
SYSTEMTIME st;
FILETIME ftLocal, ftUTC;
LARGE_INTEGER liUTC;

// Create an auto-reset timer.
hTimer = CreateWaitableTimer(NULL, FALSE, NULL);

// First signaling is at January 1, 2008, at 1:00 P.M. (local time).
st.wYear         = 2008;    // Year
st.wMonth        = 1;       // January
st.wDayOfWeek    = 0;       // Ignored
st.wDay          = 1;       // The first of the month
st.wHour         = 13;      // 1PM
st.wMinute       = 0;       // 0 minutes into the hour
st.wSecond       = 0;       // 0 seconds into the minute
st.wMilliseconds = 0;       // 0 milliseconds into the second

SystemTimeToFileTime(&st, &ftLocal);

// Convert local time to UTC time.
LocalFileTimeToFileTime(&ftLocal, &ftUTC);
// Convert FILETIME to LARGE_INTEGER because of different alignment.
liUTC.LowPart  = ftUTC.dwLowDateTime;
liUTC.HighPart = ftUTC.dwHighDateTime;
```

```
// Set the timer.
SetWaitableTimer(hTimer, &liUTC, 6 * 60 * 60 * 1000,
    NULL, NULL, FALSE); ...
```

上述代码首先初始化一个SYSTEMTIME结构，用来表示计时器的首次触发时间。这个时间是本地时间，也就是根据本机的时区校正后的时间。由于SetWaitableTimer的第二个参数的类型是const LARGE_INTEGER *，所以不能直接接受一个SYSTEMTIME结构。但是，FILETIME结构和LARGE_INTEGER结构的二进制格式完全相同，两者都包含两个32位值。所以，可将SYSTEMTIME结构转型为FILETIME结构。下一个问题是，对SetWaitableTimer来说，它认为传入的时间始终是全球标准时间(Coordinated Universal Time，UTC)。我们可以调用LocalFileTimeToFileTime，这样就可以轻易地完成时间转换。

由于FILETIME结构和LARGE_INTEGER结构的二进制格式完全相同，所以你可能倾向于直接将FILETIME结构传给SetWaitableTimer，如以下代码所示：

```
// Set the timer.
SetWaitableTimer(hTimer, (PLARGE_INTEGER) &ftUTC,
    6 * 60 * 60 * 1000, NULL, NULL, FALSE);
```

事实上，这也正是我一开始所写的代码。但这是个严重的错误！虽然FILETIME结构和LARGE_INTEGER结构具有完全相同的二进制格式，但这两个结构的对齐方式不同。所有FILETIME结构的地址必须对齐到32位边界，但所有LARGE_INTEGER结构的地址必须对齐到64位边界。调用SetWaitableTimer并传入FILETIME结构是否能正常工作，取决于FILETIME结构是否正好在64位边界上。但是，编译器会确保LARGE_INTEGER结构的地址始终在64位边界上，所以正确的做法(任何时候都能正常工作的做法)是先将FILETIME的成员复制到LARGE_INTEGER的成员中，再将LARGE_INTEGER的地址传给SetWaitableTimer。

现在，为了使计时器能在2008年1月1日下午1:00之后每隔6小时触发一次，让我们关注一下lPeriod参数。该参数表示自首次触发之后，计时器应该以怎样的频度触发(以毫秒为单位)。对6小时来说，传入的参数是21 600 000(6小时×每小时60分钟×每分钟60秒×每秒1000毫秒)。顺便提一句，即使传入的是过去的一个绝对时间，比如1975年1月1日下午1:00，SetWaitableTimer也不会失败。

调用SetWaitableTimer时，除了能为计时器的首次触发时间指定一个绝对时间，还可以指定一个相对时间。在pDueTime参数中传入一个负值即可。传入的值必须是100纳秒的整数倍。由于我们一般不会以100纳秒为单位来考虑问题，所以下面的换算可能会有所帮助：1秒 = 1 000毫秒 = 1 000 000 微秒 = 10 000 000个"100纳秒"。

说明 x86 处理器会静默地处理未经对齐的数据引用，所以，如果应用程序在 x86 处理器上运行，那么把一个 FILETIME 地址传给 SetWaitableTimer 的话，将总是能够正常工作。但是，其他处理器不会静默地处理未经对齐的引用。事实上，其他大多数处理器会抛出 EXCEPTION_DATATYPE_MISALIGNMENT 异常，导致进程被终止。将代码从 x86 处理器移植到其他处理器的时候，对齐错误是出问题最大的原因。如果现在就开始注意对齐问题，今后在移植代码时就能节省大量时间和精力！要想进一步了解对齐问题，请参见第 13 章。

258~259

以下代码将计时器首次触发的时间设为SetWaitableTimer调用结束的5秒钟后：

```
// Declare our local variables.
HANDLE hTimer;
LARGE_INTEGER li;

// Create an auto-reset timer.
hTimer = CreateWaitableTimer(NULL, FALSE, NULL);

// Set the timer to go off 5 seconds after calling SetWaitableTimer.
// Timer unit is 100 nanoseconds.
const int nTimerUnitsPerSecond = 10000000;

// Negate the time so that SetWaitableTimer knows we
// want relative time instead of absolute time.
li.QuadPart = -(5 * nTimerUnitsPerSecond);

// Set the timer.
SetWaitableTimer(hTimer, &li, 6 * 60 * 60 * 1000,
    NULL, NULL, FALSE); ...
```

经常需要一种一次性计时器，它只触发一次，之后再不触发。这很容易实现，为 lPeriod参数传递0即可。然后，可以调用CloseHandle来关闭计时器，或者再次调用 SetWaitableTimer来重置计时器，给它设置一个新的触发时间。

对于支持挂起(suspend)和恢复(resume)的计算机，SetWaitableTimer的最后一个参数 bResume会有用处。通常为这个参数传递FALSE，刚才那段代码就是这么做的。但是，如果编写的是会议规划类型的应用程序，则应为该参数传递TRUE。计时器触发时，系统会使机器结束挂起模式(如果正处于挂起模式)，并唤醒正在等待该计时器的线程。应用程序这时可以播放一个声音，并向用户显示一个消息框，告诉用户即将召开的会议。如

果为bResume参数传递的是FALSE，计时器会被触发，但在机器恢复之前(通常是由用户唤醒机器)，被唤醒的任何线程都得不到CPU时间。

如果不列出CancelWaitableTimer，我们对可等待的计时器的讨论就不够完整：

```
BOOL CancelWaitableTimer(HANDLE hTimer);
```

该函数很简单，只有一个参数，用于取消句柄所标识的计时器。这样计时器就永远不会触发了，除非以后再调用SetWaitableTimer来重置计时器。如果是为了更改计时器的触发条件，调用SetWaitableTimer之前则不必调用CancelWaitableTimer。每次调用SetWaitableTimer都会在设置新的触发条件之前取消原来的触发条件。

259

9.4.1　让可等待的计时器入队APC调用

到目前为止，我们已经学习了如何创建和设置计时器。也知道了如何将计时器的句柄传给WaitForSingleObject或WaitForMultipleObjects函数来等待触发。另外，当计时器触发的时候，Microsoft还允许计时器在触发时将一个异步过程调用(asynchronous procedure call，APC)放到调用SetWaitableTimer的那个线程的队列中。

调用SetWaitableTimer时，通常为pfnCompletionRoutine和pvArgToCompletionRoutine这两个参数传递NULL。当SetWaitableTimer看到这两个参数为NULL的时候，它知道时间一到就要触发计时器对象。但是，如果希望时间一到就让计时器将一个APC入队，就必须实现一个计时器APC函数，并传入该函数的地址。函数原型如下：

```
VOID APIENTRY TimerAPCRoutine(PVOID pvArgToCompletionRoutine,
    DWORD dwTimerLowValue, DWORD dwTimerHighValue) {

    // 在这里做你想做的事情
}
```

我将该函数命名为TimerAPCRoutine，但你可以使用自己喜欢的任何名字。计时器被触发时，当且仅当调用SetWaitableTimer的线程处于可提醒状态(alertable state)时，该函数才会被这个线程调用。换言之，线程必须是因为调用SleepEx、WaitForSingleObjectEx、WaitForMultipleObjectsEx、MsgWaitForMultipleObjectsEx或SignalObjectAndWait而进入的等待状态，我们称这些函数为"可提醒函数"((alertable function))。如果线程并非在其中一个函数中等待，系统就不会将计时器的APC函数入队。这样可避免线程的APC队列因为计时器的APC通知而过载，防止浪费系统的大量内存。第10章更详细地讨论了"可提醒"状态。

计时器触发时，如果线程处于可提醒状态，系统会让线程调用该回调函数。回调函数的第一个参数的值与我们传给SetWaitableTimer函数的pvArgToCompletionRoutine参数的值相同。可为TimerAPCRoutine传递一些上下文信息(通常是指向一个自定义结构的指针)。剩下的两个参数，dwTimerLowValue和 dwTimerHighValue，表示计时器的触发时间。以下代码获取这些信息并向用户显示：

```
VOID APIENTRY TimerAPCRoutine(PVOID pvArgToCompletionRoutine,
    DWORD dwTimerLowValue, DWORD dwTimerHighValue) {

    FILETIME ftUTC, ftLocal;
    SYSTEMTIME st;
    TCHAR szBuf[256];

    // 将时间放入一个 FILETIME 结构
    ftUTC.dwLowDateTime = dwTimerLowValue;
    ftUTC.dwHighDateTime = dwTimerHighValue;

    // 将 UTC 时间转换为用户的本地时间
    FileTimeToLocalFileTime(&ftUTC, &ftLocal);

    // 将 FILETIME 转换为 GetDateFormat 和
    // GetTimeFormat 要求的 SYSTEMTIME 结构
    FileTimeToSystemTime(&ftLocal, &st);

    // 构造一个字符串来包含计时器的触发日期 / 时间
    GetDateFormat(LOCALE_USER_DEFAULT, DATE_LONGDATE,
        &st, NULL, szBuf, _countof(szBuf));
    _tcscat_s(szBuf, _countof(szBuf), TEXT(" "));
    GetTimeFormat(LOCALE_USER_DEFAULT, 0,
        &st, NULL, _tcschr(szBuf, TEXT('\0')),
        (int)(_countof(szBuf) - _tcslen(szBuf)));

    // 向用户显示时间
    MessageBox(NULL, szBuf, TEXT("Timer went off at..."), MB_OK);
}
```

260~261

只有在所有APC条目都处理完毕后，你调用的可提醒函数才会返回。所以，必须确保自己的TimerAPCRoutine回调函数在计时器再次触发前结束，不然APC条目的入队速度就快过了处理它们的速度。

下例展示了使用计时器和APC的正确方式：

```
void SomeFunc() {
    // 创建一个计时器（手动或自动重置均可）
    HANDLE hTimer = CreateWaitableTimer(NULL, TRUE, NULL);

    // 设置计时器 5 秒后触发
    LARGE_INTEGER li = { 0 };
    SetWaitableTimer(hTimer, &li, 5000, TimerAPCRoutine, NULL, FALSE);

    // 在一个 " 可提醒状态 "(alertable state) 等待计时器触发
    SleepEx(INFINITE, TRUE);

    CloseHandle(hTimer);
}
```

最后提醒一句：线程不应该在等待一个计时器句柄的同时以可提醒的方式等待同一个计时器。我们来看看下面的代码：

```
HANDLE hTimer = CreateWaitableTimer(NULL, FALSE, NULL);
SetWaitableTimer(hTimer, ..., TimerAPCRoutine,...);
WaitForSingleObjectEx(hTimer, INFINITE, TRUE);
```

不要写这样的代码，因为对**WaitForSingleObjectEx**的调用实际会等待计时器两次：一次是可提醒的，另一次是内核对象句柄。计时器被触发时，等待成功，线程被唤醒，这使线程退出可提醒状态，APC函数没有被调用。前面说过，一般很少需要在使用可等待计时器的同时使用APC函数，因为总是可以先等待计时器触发，再执行希望的操作。

9.4.2　计时器未尽事宜

计时器常用于通信协议。例如，如果客户向服务器发送一个请求而服务器未能在一定时间内响应，那么客户可以认为服务器不可用。今天，客户机会同时与多个服务器进行通信。如果要为每个请求创建一个计时器内核对象，那将影响到系统的性能。可以想象一下，对大多数应用程序来说，只创建一个计时器对象并根据需要改变触发时间，应该是一个可行的方案。

261~262

对计时器的触发时间进行管理并重置计时器是一项乏味的工作，很少有应用程序真的这样做。但是，在新的线程池函数(会在第11章介绍)中，有一个叫**CreateThreadpoolTimer**的函数，它可以帮助我们完成所有这些工作。如果需要创建并管理多个计时器对象，那么应该看一看这个函数，它可以降低应用程序的开销。

计时器虽然可将APC条目入队，但现今大多数应用程序并没有使用APC，而是使用I/O

完成端口(I/O completion port)机制。过去，我曾经需要每隔一段时间把自己通过I/O完成端口来管理的线程池中的一个线程唤醒。不巧的是，可等待的计时器并不提供相应的支持。为了满足自己的需求，我不得不再创建一个线程，该线程唯一的工作就是设置和等待可等待的计时器。计时器被触发时，该线程会调用PostQueuedCompletionStatus来强制为我的线程池中的一个线程触发事件。

最后要注意一点：任何有经验的Windows开发人员会立即将可等待计时器和用户计时器(用SetTimer函数设置)比较。两者最大的区别在于，用户计时器需要在应用程序中使用大量额外的用户界面基础设施，从而消耗更多的资源。此外，可等待计时器是内核对象，这意味着它们不仅能在多个线程间共享，还具备安全性。

用户计时器会生成WM_TIMER消息，这个消息被送回调用SetTimer的线程(对回调计时器来说)，或者被送回创建窗口的线程(对基于窗口的计时器来说)。所以，当一个用户计时器触发的时候，只有一个线程会得到通知。反之，可以有多个线程等待"可等待计时器"。如果是一个手动重置计时器，那么可以有多个线程变成可调度状态。

如果打算在计时器触发时执行与用户界面相关的操作，用户计时器可能会使代码更容易编写，这是因为使用可等待计时器要求线程既要等待消息，又要等待内核对象。(如果想重构代码，可以使用MsgWaitForMultipleObjects函数，它的存在正是为了这个目的。)最后，如果使用可等待计时器，我们更有可能是因为等待超时而得到通知。WM_TIMER消息总是优先级最低的，只有当线程的消息队列中没有其他消息的时候才会被取回。可等待的计时器的处理方式和其他内核对象并没有任何不同，如果计时器被触发且线程正在等待，那么系统将唤醒线程。

9.5　信号量内核对象

信号量(semaphore)内核对象用来对资源进行计数。和其他所有内核对象一样，它们也包含一个使用计数，但它们还包含另外两个32位值：一个最大资源计数和一个当前资源计数。最大资源计数表示信号量可以控制的最大资源数量，当前资源计数表示这些资源中当前可用的数量。

为了正确理解信号量，先看看应用程序会如何使用它。假设要开发一个服务器进程，其中分配了一个缓冲区来容纳客户请求。缓冲区大小是硬编码的，一次最多只能容纳5个客户请求。如果尚有5个请求待处理，新客户试图连接服务器会被拒绝并得到一个错误信息，表示服务器正忙，请该客户稍后重试。

262

服务器进程初始化的时候会创建一个线程池，它由5个线程组成，每个线程都已准备就绪，新的客户请求一到就可以进行处理。

刚开始没有客户发出任何请求，所以服务器不允许对线程池中的任何线程进行调度。但是，如果有三个客户请求同时到达，线程池中的三个线程应该变得可调度。信号量可以非常好地处理这种资源监视和线程调度情形：将最大资源计数设为5，这是硬编码的缓冲区大小。由于还没有客户发出请求，所以当前资源计数被初始化为0。客户请求被接受后，当前资源计数递增；客户请求转交给服务器线程后，当前资源计数递减。

信号量的规则如下。

* 如果当前资源计数大于0，信号量处于触发状态。
* 如果当前资源计数等于0，信号量处于未触发状态。
* 系统绝对不允许当前资源计数变为负数。
* 当前资源计数绝对不会大于最大资源计数。

使用信号量的时候，不要把信号量对象的使用计数和它的当前资源计数混为一谈。

下面这个函数用来创建信号量内核对象：

```
HANDLE CreateSemaphore(
    PSECURITY_ATTRIBUTE psa,
    LONG lInitialCount,
    LONG lMaximumCount,
    PCTSTR pszName);
```

参数psa和pszName已在第3章讨论过。也可用以下函数直接在dwDesiredAccess参数中指定访问权限。注意，dwFlags是系统保留的，应该设为0。

```
HANDLE CreateSemaphoreEx(
    PSECURITY_ATTRIBUTES psa,
    LONG lInitialCount,
    LONG lMaximumCount,
    PCTSTR pszName,
    DWORD dwFlags,
    DWORD dwDesiredAccess);
```

当然，另一个进程可以调用OpenSemaphore来获得一个现有信号量的句柄，该句柄与当前进程相关联：

```
HANDLE OpenSemaphore(
    DWORD dwDesiredAccess,
```

```
    BOOL bInheritHandle,
    PCTSTR pszName);
```

参数IMaximumCount告诉系统应用程序能够处理的资源的最大数量。由于这是一个32位有符号值，所以最多可以有2 147 483 647个资源。参数IInitialCount表示这些资源中一开始(当前)有多少个可用。我的服务器进程初始化时，没有任何客户请求，所以我像下面这样调用CreateSemaphore：

```
HANDLE hSemaphore = CreateSemaphore(NULL, 0, 5, NULL);
```

263~264

这行代码创建一个信号量，其最大资源计数为5，但最初只有0个资源可用。顺便提一句，该内核对象的使用计数是1，这是因为我们刚创建它，不要把这些计数器搞混了。由于当前资源计数器被初始化为0，所以信号量未被触发。任何等待该信号量的线程将因此进入等待状态。

线程要获得对资源的访问权，需调用一个等待函数并传入保护该资源的信号量的句柄。在内部，等待函数会检查信号量的当前资源计数，如果这个值大于0(信号量已触发)，函数会将计数器减1并保持调用线程的可调度状态。信号量最大的优势在于，它们会以原子方式执行这个测试和设置操作。换言之，从信号量请求一个资源的时候，操作系统会检查资源是否可用，并递减可用资源的数量，整个过程不会被别的线程打断。只有当资源计数递减完成之后，系统才会允许另一个线程请求对资源的访问。

如果等待函数发现信号量的当前资源计数为0(信号量未触发)，系统会让调用线程进入等待状态。当另一个线程将信号量的当前资源计数递增时，系统会记得那个(或那些)还在等待的线程，使其变得可调度并相应递减当前资源计数。

线程通过调用ReleaseSemaphore来递增信号量的当前资源计数：

```
BOOL ReleaseSemaphore(
    HANDLE hSemaphore,
    LONG lReleaseCount,
    PLONG plPreviousCount);
```

这个函数直接将IReleaseCount的值加到信号量的当前资源计数上。通常为IReleaseCount参数传递1，但这不是硬性要求；我常常会传递2或更大的值。该函数还会在*plPreviousCount中返回当前资源计数的原始值。很少有应用程序真的会用到这个值，幸好可以直接传递NULL来忽略它。

有时可能想知道一个信号量的当前资源计数，同时不改变这个值。但是，没有一个函数能查询信号量的当前资源计数。最开始，我觉得可以调用ReleaseSemaphore函数并为IReleaseCount参数传递0，然后在*plPreviousCount中返回实际计数。但这不起作用；ReleaseSemaphore会直接将*plPreviousCount设为0。接着，我又尝试为第二个参数传递一个非常大的值，希望这样不会影响当前资源计数，因为那会使其超过最大允许值。但ReleaseSemaphore还是会将*plPreviousCount设为0。很遗憾，没有办法在不改变当前资源计数的前提下来获得它的值。

264

9.6　互斥量内核对象

互斥量(mutex)内核对象用来确保线程独占对一个资源的访问。实际上，这正是互斥量名字的由来。互斥量对象包含一个使用计数、线程ID以及一个递归计数器。互斥量与关键段的行为完全一样。但是，互斥量是内核对象，而关键段是用户模式的同步对象。除非对资源的争夺非常激烈，第8章已经讲过这一点。这意味着互斥量比关键段慢。但这也意味着不同进程中的线程可以访问同一个互斥量，还意味着线程可在等待对资源的访问权时指定一个超时值。

线程ID标识当前占用这个互斥量的是系统中的哪个线程，递归计数器表示这个线程占用该互斥量的次数。互斥量有许多用途，它们是使用最频繁的内核对象之一。它们一般用来对多个线程访问的同一个内存块进行保护。如果多个线程同时更新内存块，其中的数据将遭到破坏。互斥量可确保正在访问内存块的任何线程会独占访问权，从而维护数据的完整性。

下面是互斥量的规则。

- 如果线程ID为0(无效线程ID)，表明该互斥量不为任何线程占用，它处于触发状态。
- 如果线程ID为非零值，表明有一个线程已经占用了该互斥量，它处于未触发状态。
- 和其他所有内核对象不同的是，操作系统对互斥量进行了特殊处理，允许它们违反一些常规的规则(马上就会讲解这种例外)。

要想使用互斥量，进程必须先调用CreateMutex来创建一个互斥量：

```
HANDLE CreateMutex(
    PSECURITY_ATTRIBUTES psa,
    BOOL bInitialOwner,
    PCTSTR pszName);
```

参数psa和pszName已在第3章讨论过。也可使用以下函数直接在dwDesiredAccess参数中

指定访问权限。参数dwFlags替代了CreateMutex中的参数bInitialOwned：0表示FALSE，
CREATE_MUTEX_INITIAL_OWNER等价于TRUE。

```
HANDLE CreateMutexEx(
    PSECURITY_ATTRIBUTES psa,
    PCTSTR pszName,
    DWORD dwFlags,
    DWORD dwDesiredAccess);
```

265

当然，另一个进程可以调用OpenMutex来获得一个现有互斥量的句柄，该句柄将与当前
进程相关联：

```
HANDLE OpenMutex(
    DWORD dwDesiredAccess,
    BOOL bInheritHandle,
    PCTSTR pszName);
```

参数bInitialOwner用来控制互斥量的初始状态。如果传递的是FALSE(通常如此)，互斥量
对象的线程ID和递归计数都将被设为0。这意味着互斥量不为任何线程占用，因此处于
触发状态。

如果为bInitialOwner传递TRUE，对象的线程ID将被设为调用线程的线程ID，递归计数器
将被设为1。由于线程ID为非零值，因此互斥量最初处于未触发状态。

为了获得对被保护资源的访问权，线程要调用一个等待函数并传入互斥量的句柄。在内
部，等待函数会检查线程ID是否为0(互斥量处于触发状态)。如果为0，函数会将线程ID
设为调用线程的线程ID，将递归计数器设为1，然后让调用线程继续运行。

如果等待函数检测到线程ID不为0(互斥量处于未触发状态)，调用线程将进入等待状态。
当另一个线程将互斥量的线程ID设为0的时候，系统记得有一个线程正在等待，于是它
将线程ID设为正在等待的那个线程的线程ID，将递归计数器设为1，使正在等待的线程
重新变得可调度。同样地，对互斥量内核对象的检查和修改以原子方式进行。

在内核对象的常规触发/未触发规则中，互斥量存在一个特殊的例外情况。假定某个线程
正在等待一个未触发的互斥量对象。在这种情况下，线程通常会进入等待状态。但是，
系统会检查想获得互斥量的线程的线程ID与互斥量对象内部记录的线程ID是否相同。如
果线程ID一致，系统会让线程保持可调度状态，即使该互斥量尚未触发。系统的其他任
何内核对象都没有这种"异常"的行为。每次线程成功等待一个互斥量，互斥量对象的
递归计数器都会递增。要使递归计数器大于1，唯一的途径就是利用这个例外，让线程
多次等待同一个互斥量。

一旦成功等到了互斥量，线程就知道自己已独占了对受保护资源的访问。任何试图(通过等待互斥量来)获得对资源的访问权的线程将进入等待状态。占有访问权的线程不再需要访问资源的时候，必须调用ReleaseMutex函数来释放互斥量：

```
BOOL ReleaseMutex(HANDLE hMutex);
```

该函数将对象的递归计数器减1。如果线程成功等待了互斥量对象不止一次，线程必须调用ReleaseMutex相同的次数才能使对象的递归计数器变成0。当递归计数器变成0的时候，函数还会将线程ID设为0，这使对象进入触发状态。

对象被触发的时候，系统会检查有没有其他线程正在等待该互斥量。如果有，系统会"公平地"选择一个正在等待的线程，将互斥量的所有权给它。当然，这就意味着将对象内部的线程ID设为所选择的那个线程的线程ID，并将递归计数器设为1。如果没有线程在等待互斥量，该互斥量就会保持触发状态，下一个等待它的线程便可以立即得到它。

9.6.1 遗弃问题

互斥量之所以和其他所有内核对象不同，是因为它们具有"线程所有权"的概念。在本章讨论的所有内核对象中，除了互斥量，没有任何一个会记住自己是哪个线程等待成功的。互斥量的这种线程所有权的概念，也是它具有特殊规则例外的原因，这使它即使在未触发的状态下，也能为线程所获得。

这个例外不仅适用于试图获得互斥量的线程，还适用于试图释放互斥量的线程。线程调用ReleaseMutex的时候，函数会检查调用线程的线程ID与互斥量内部保存的线程ID是否一致。如果线程ID一致，那么正如前面提到的那样，递归计数器会递减。如果线程ID不一致，ReleaseMutex将不执行任何操作并返回FALSE(表示失败)给调用者。这时调用GetLastError会返回ERROR_NOT_OWNER(试图释放调用者不拥有的互斥量)。

那么，如果占用互斥量的线程在释放互斥量之前终止(使用ExitThread，TerminateThread，ExitProcess或TerminateProcess)，对互斥量和正在等待该互斥量的线程来说，会发生什么呢？答案是系统认为互斥量被遗弃(abandoned)，由于占用互斥量的线程已经终止，因此再也无法释放它。

由于系统会跟踪记录所有互斥量和线程内核对象，因此它确切地知道互斥量何时被遗弃。互斥量被遗弃时，系统自动将互斥量对象的线程ID重置为0，将它的递归计数器设为0。然后，系统会检查有没有其他线程正在等待该互斥量。如果有，那么系统会"公平地"选择一个正在等待的线程，将对象内部的线程ID设为所选择的那个线程的线程

ID，并将递归计数器设为1，这样被选择的线程就变得可调度。

一切都和从前一样，唯一不同的是，等待函数不再像平常那样向线程返回WAIT_OBJECT_0，而是返回一个特殊值WAIT_ABANDONED。这个特殊的返回值(只适用于互斥量)表示线程正在等待的互斥量为其他线程所占用，但该线程在完成对共享资源的使用之前终止了。这种情况有些尴尬。刚获得互斥量的线程并不知道资源目前处于什么状态——它可能已经被完全破坏了。在这种情况下，应用程序必须自己决定该怎么做。

在实际应用中，由于线程很少会不释放互斥量就直接终止，所以大多数应用程序从来不会显式地检查WAIT_ABANDONED返回值。这个讨论也提供了另一个非常好的例子，告诉我们为什么绝对不要调用TerminateThread函数。

9.6.2 互斥量与关键段的比较

就如何对等待它们的线程进行调度而言，互斥量和关键段具有相同的语义。但是，它们的其他一些特征有所不同。表9-2对它们进行了比较。

表9-2 比较互斥量和关键段

特征	互斥量	关键段
性能	慢	快
是否能跨进程使用	是	否
声明	HANDLE hmtx;	CRITICAL_SECTION cs;
初始化	hmtx = CreateMutex (NULL, FALSE, NULL);	InitializeCriticalSection(&cs);
清理	CloseHandle(hmtx);	DeleteCriticalSection(&cs);
无限等待	WaitForSingleObject (hmtx, INFINITE);	EnterCriticalSection(&cs);
0 等待	WaitForSingleObject (hmtx, 0);	TryEnterCriticalSection(&cs);
等待任意时间长度	WaitForSingleObject(hmtx, dwMilliseconds);	不支持
释放	ReleaseMutex(hmtx);	LeaveCriticalSection(&cs);
能否同时等待其他内核对象	是 (使用 WaitForMultipleObjects 或类似函数)	否

9.6.3 Queue示例程序

Queue应用程序(09-Queue.exe)使用一个互斥量和一个信号量来控制简单数据元素的一个队列。在第8章中，我们已经看到了如何使用SRWLock和条件变量来管理这种队列。在这里，我们将看到如何使队列具备线程安全性，以及如何更容易地从不同线程中对它进行操控。应用程序的源代码和资源文件在本书配套资源的09-Queue目录中。Queue应用程序启动后，会显示如图9-4所示的对话框。

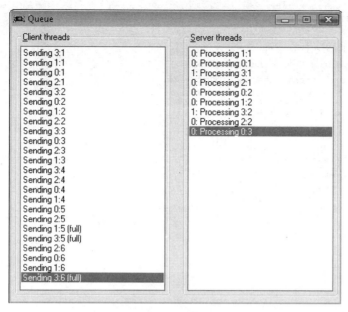

图9-4 Queue示例

268

和第8章一样，当Queue应用程序初始化的时候，会创建4个客户线程和2个服务器线程。每个客户线程会先睡眠一段时间，然后将一个请求元素添加到队列中。每个请求元素入队的时候，Client Threads列表框会更新。列表框中的每一项表示该项是哪个客户线程添加的第几次请求。例如，列表框中的第一项表示它是客户线程3添加的第一个请求。然后，客户线程1，0和2添加了它们的第一个请求。接着，客户线程3添加了它的第二个请求，以此类推。

服务器线程一开始无事可做，直到队列中出现至少一个元素。当一个元素出现时，一个服务器线程会被唤醒来对请求进行处理。Server Threads列表框显示了服务器线程的状态。第一项显示服务器线程0在处理来自客户线程1的请求，该请求是客户线程的第一个请求。第二项显示服务器线程0在处理客户线程0的第一个请求，以此类推。

在这个例子中，由于服务器线程不能足够快地处理客户的请求，所以队列很快就放满了。在初始化的时候，我有意让队列数据结构在同一时刻最多只能容纳10个元素，这样队列很快就会满。加之，客户线程有4个，而服务器线程只有两个。可以看到，当客户线程3试图把它的第5个请求添加到队列中的时候，队列就已经满了。

好了，我们已经知道应用程序是如何运行的，现在更有趣的是内部是如何工作的。队列由一个线程安全的C++类CQueue来管理和控制：

```
class CQueue {
public:
    struct ELEMENT {
        int m_nThreadNum, m_nRequestNum;
        // Other element data should go here.
    };
    typedef ELEMENT* PELEMENT;

private:
    PELEMENT m_pElements;              // Array of elements to be processed
    int      m_nMaxElements;           // # of elements in the array
    HANDLE   m_h[2];                   // Mutex & semaphore handles
    HANDLE   &m_hmtxQ;                 // Reference to m_h[0]
    HANDLE   &m_hsemNumElements;       // Reference to m_h[1]

public:
    CQueue(int nMaxElements);
    ~CQueue();

    BOOL Append(PELEMENT pElement, DWORD dwMilliseconds);
    BOOL Remove(PELEMENT pElement, DWORD dwMilliseconds);
};
```

类的公共ELEMENT结构定义了队列数据元素，元素的实际内容并不重要。在这个示例程序中，客户线程将它们的线程号和它们的请求号放在这个请求元素中，这样当服务器对请求元素进行处理的时候，就能将这些信息显示在服务器线程的列表框中。一个真实的应用程序通常不需要这些信息。

269

其他私有成员包括一个m_pElements成员，它指向包含ELEMENT结构的一个长度固定的数组。这就是需要保护的数据，不能让多个客户/服务器线程同时访问。m_nMaxElements成员表示当CQueue对象构造的时候，数组的初始长度是多少。下个成员m_h是包含两个内核对象句柄的一个数组。为了正确保护队列中的元素，我们需要两个内核对象：一个互斥量和一个信号量。在CQueue的构造函数中，会创建这两个对象并将它们的句柄保存在这个数组中。

稍后就会看到，代码有时会调用WaitForMultipleObjects并传入句柄数组的地址。还会看到，代码有时只需要引用这些内核对象句柄中的一个。为了使代码更容易阅读和维护，我另外声明了两个句柄引用成员，分别是m_hmtxQ和m_hsemNumElements。当CQueue的构造函数执行的时候，会将这两个句柄引用成员分别初始化为m_h[0]和m_h[1]。

你现在应该能轻松理解CQueue的构造函数和析构函数，所以接着关注一下Append方法。该方法尝试将一个ELEMENT添加到队列中。但首先，线程必须确保它具有对队列的独占访问权。为此，Append方法会调用WaitForSingleObject，并传入m_hmtxQ互斥量。如果返回值为WAIT_OBJECT_0，那么线程具有对队列的独占访问权。

接着，Append方法必须调用ReleaseSemaphore并传递释放计数1，从而尝试递增队列中的元素数。如果ReleaseSemaphore调用成功，表明队列未满，可以添加新元素。幸好，ReleaseSemaphore还会在lPreviousCount变量中返回队列原来的元素数量，这确切地告诉我们应将新元素放在队列数组的哪个索引位置。将元素复制到队列中后，函数返回。一旦元素完全添加到队列中，Append会调用ReleaseMutex，这样其他线程就可以访问队列了。Append函数剩余的部分对失败和出错的情况进行处理。

现在，让我们看看服务器线程如何调用Remove函数从队列中取出一个元素。首先，线程必须确保它具有对队列的独占访问权，而且队列中必须至少有一个元素。后一点是显然的，队列中没有元素，自然没有理由唤醒服务器线程。所以，Remove函数首先调用WaitForMultipleObjects，并同时传入互斥量和信号量的句柄。只有当这两个内核对象都被触发的时候，才会唤醒服务器线程。

如返回WAIT_OBJECT_0，表明线程拥有队列的独占访问权，而且队列中至少有一个元素。这时，代码取出数组中索引为0的元素，然后将数组中剩余的元素向前挪一个位置。这并非实现队列的最佳方式，因为像这样的内存复制操作非常费时，但我们这里主要是为了演示线程同步。最后，函数会调用ReleaseMutex，这样其他线程就能安全地访问队列了。

注意，信号量对象记录了在任一时刻队列中有多少个元素。我们可以看到这个值是如何递增的：当Append方法将新元素添加到队列时会调用ReleaseSemaphore。但从队列中移除一个元素的时候，却并不能立刻看出这个计数是如何递减的。事实上，递减是Remove方法通过调用WaitForMultipleObjects来完成的。记住，成功等待信号量的副作用就是使它的计数递减1，这对我们来说非常方便。

270

现在，我们已经清楚了CQueue类是如何工作的，因而剩下的代码就非常容易理解了。

```
Queue.cpp
/***************************************************************************
Module:  Queue.cpp
Notices: Copyright (c) 2008 Jeffrey Richter & Christophe Nasarre
***************************************************************************/
```

```
#include "..\CommonFiles\CmnHdr.h"      /* See Appendix A. */
#include <windowsx.h>
#include <tchar.h>
#include <StrSafe.h>
#include "Resource.h"


///////////////////////////////////////////////////////////////////////////////


class CQueue {
public:
   struct ELEMENT {
      int m_nThreadNum, m_nRequestNum;
      // Other element data should go here
   };
   typedef ELEMENT* PELEMENT;

private:
   PELEMENT m_pElements;                // Array of elements to be processed
   int      m_nMaxElements;             // Maximum # of elements in the array
   HANDLE   m_h[2];                     // Mutex & semaphore handles
   HANDLE   &m_hmtxQ;                   // Reference to m_h[0]
   HANDLE   &m_hsemNumElements;         // Reference to m_h[1]

public:
   CQueue(int nMaxElements);
   ~CQueue();

   BOOL Append(PELEMENT pElement, DWORD dwMilliseconds);
   BOOL Remove(PELEMENT pElement, DWORD dwMilliseconds);
};


///////////////////////////////////////////////////////////////////////////////


CQueue::CQueue(int nMaxElements)
   : m_hmtxQ(m_h[0]), m_hsemNumElements(m_h[1]) {

   m_pElements = (PELEMENT)
      HeapAlloc(GetProcessHeap(), 0, sizeof(ELEMENT) * nMaxElements);
   m_nMaxElements = nMaxElements;
   m_hmtxQ = CreateMutex(NULL, FALSE, NULL);
```

```
   m_hsemNumElements = CreateSemaphore(NULL, 0, nMaxElements, NULL);
}


////////////////////////////////////////////////////////////////////////////////


CQueue::~CQueue() {

   CloseHandle(m_hsemNumElements);
   CloseHandle(m_hmtxQ);
   HeapFree(GetProcessHeap(), 0, m_pElements);
}


////////////////////////////////////////////////////////////////////////////////


BOOL CQueue::Append(PELEMENT pElement, DWORD dwTimeout) {

   BOOL fOk = FALSE;
   DWORD dw = WaitForSingleObject(m_hmtxQ, dwTimeout);

   if (dw == WAIT_OBJECT_0) {
      // This thread has exclusive access to the queue

      // Increment the number of elements in the queue
      LONG lPrevCount;
      fOk = ReleaseSemaphore(m_hsemNumElements, 1, &lPrevCount);
      if (fOk) {
         // The queue is not full, append the new element
         m_pElements[lPrevCount] = *pElement;
      } else {

         // The queue is full, set the error code and return failure
         SetLastError(ERROR_DATABASE_FULL);
      }

      // Allow other threads to access the queue
      ReleaseMutex(m_hmtxQ);

   } else {
      // Timeout, set error code and return failure
      SetLastError(ERROR_TIMEOUT);
   }
```

```
    return(fOk);    // Call GetLastError for more info
}


///////////////////////////////////////////////////////////////////////////////


BOOL CQueue::Remove(PELEMENT pElement, DWORD dwTimeout) {

    // Wait for exclusive access to queue and for queue to have element.
    BOOL fOk = (WaitForMultipleObjects(_countof(m_h), m_h, TRUE, dwTimeout)
        == WAIT_OBJECT_0);

    if (fOk) {
        // The queue has an element, pull it from the queue
        *pElement = m_pElements[0];

        // Shift the remaining elements down
        MoveMemory(&m_pElements[0], &m_pElements[1],
            sizeof(ELEMENT) * (m_nMaxElements - 1));

        // Allow other threads to access the queue
        ReleaseMutex(m_hmtxQ);

    } else {
        // Timeout, set error code and return failure
        SetLastError(ERROR_TIMEOUT);
    }

    return(fOk);    // Call GetLastError for more info
}


///////////////////////////////////////////////////////////////////////////////


CQueue g_q(10);                         // The shared queue
volatile LONG g_fShutdown = FALSE;      // Signals client/server threads to die
HWND g_hwnd;                            // How client/server threads give status


// Handles to all client/server threads & number of client/server threads
HANDLE g_hThreads[MAXIMUM_WAIT_OBJECTS];
int    g_nNumThreads = 0;
```

```
//////////////////////////////////////////////////////////////////////////////


DWORD WINAPI ClientThread(PVOID pvParam) {

    int nThreadNum = PtrToUlong(pvParam);
    HWND hwndLB = GetDlgItem(g_hwnd, IDC_CLIENTS);

    int nRequestNum = 0;
    while ((PVOID)1 !=
            InterlockedCompareExchangePointer(
                ((PVOID*)&g_fShutdown,(PVOID)0, (PVOID)0)) {

        // Keep track of the current processed element
        nRequestNum++;

        TCHAR sz[1024];
        CQueue::ELEMENT e = { nThreadNum, nRequestNum };

        // Try to put an element on the queue
        if (g_q.Append(&e, 200)) {

            // Indicate which thread sent it and which request
            StringCchPrintf(sz, _countof(sz), TEXT("Sending %d:%d"),
                nThreadNum, nRequestNum);
        } else {

            // Couldn't put an element on the queue
            StringCchPrintf(sz, _countof(sz), TEXT("Sending %d:%d (%s)"),
                nThreadNum, nRequestNum, (GetLastError() == ERROR_TIMEOUT)
                    ? TEXT("timeout") : TEXT("full"));
        }

        // Show result of appending element
        ListBox_SetCurSel(hwndLB, ListBox_AddString(hwndLB, sz));
        Sleep(2500);    // Wait before appending another element
    }

    return(0);
}


//////////////////////////////////////////////////////////////////////////////
```

```
DWORD WINAPI ServerThread(PVOID pvParam) {

   int nThreadNum = PtrToUlong(pvParam);
   HWND hwndLB = GetDlgItem(g_hwnd, IDC_SERVERS);

   while (((PVOID)1 !=
      InterlockedCompareExchangePointer(
         (PVOID*)&g_fShutdown,(PVOID)0, (PVOID)0)) {

      TCHAR sz[1024];
      CQueue::ELEMENT e;

      // Try to get an element from the queue
      if (g_q.Remove(&e, 5000)) {

         // Indicate which thread is processing it, which thread
         // sent it and which request we're processing
         StringCchPrintf(sz, _countof(sz), TEXT("%d: Processing %d:%d"),
            nThreadNum, e.m_nThreadNum, e.m_nRequestNum);

         // The server takes some time to process the request
         Sleep(2000 * e.m_nThreadNum);

      } else {
         // Couldn't get an element from the queue
         StringCchPrintf(sz, _countof(sz), TEXT("%d: (timeout)"), nThreadNum);
      }

      // Show result of processing element
      ListBox_SetCurSel(hwndLB, ListBox_AddString(hwndLB, sz));
   }

   return(0);
}


///////////////////////////////////////////////////////////////////////////////


BOOL Dlg_OnInitDialog(HWND hwnd, HWND hwndFocus, LPARAM lParam) {

   chSETDLGICONS(hwnd, IDI_QUEUE);
```

```
    g_hwnd = hwnd; // Used by client/server threads to show status

    DWORD dwThreadID;

    // Create the client threads
    for (int x = 0; x < 4; x++)
        g_hThreads[g_nNumThreads++] =
            chBEGINTHREADEX(NULL, 0, ClientThread, (PVOID) (INT_PTR) x,
                0, &dwThreadID);

    // Create the server threads
    for (int x = 0; x < 2; x++)
        g_hThreads[g_nNumThreads++] =
            chBEGINTHREADEX(NULL, 0, ServerThread, (PVOID) (INT_PTR) x,
                0, &dwThreadID);

    return(TRUE);
}


///////////////////////////////////////////////////////////////////////////


void Dlg_OnCommand(HWND hwnd, int id, HWND hwndCtl, UINT codeNotify) {

    switch (id) {
        case IDCANCEL:
            EndDialog(hwnd, id);
            break;
    }
}


///////////////////////////////////////////////////////////////////////////


INT_PTR WINAPI Dlg_Proc(HWND hwnd, UINT uMsg, WPARAM wParam, LPARAM lParam) {

    switch (uMsg) {
        chHANDLE_DLGMSG(hwnd, WM_INITDIALOG, Dlg_OnInitDialog);
        chHANDLE_DLGMSG(hwnd, WM_COMMAND,    Dlg_OnCommand);
    }
    return(FALSE);
}
```

```
/////////////////////////////////////////////////////////////////////////

int WINAPI _tWinMain(HINSTANCE hinstExe, HINSTANCE, PTSTR pszCmdLine, int) {

   DialogBox(hinstExe, MAKEINTRESOURCE(IDD_QUEUE), NULL, Dlg_Proc);
   InterlockedExchange(&g_fShutdown, TRUE);

   // Wait for all the threads to terminate & then cleanup
   WaitForMultipleObjects(g_nNumThreads, g_hThreads, TRUE, INFINITE);
   while (g_nNumThreads--)
      CloseHandle(g_hThreads[g_nNumThreads]);

   return(0);
}


/////////////////////////////// End of File ///////////////////////////////
```

271~275

9.7 线程同步对象速查表

表9-3总结了各种内核对象与线程同步有关的行为。

表9-3 内核对象与线程同步

对 象	何时处于未触发状态	何时处于触发状态	成功等待的副作用
进程	进程保持活动时	进程终止时 (ExitProcess，TerminateProcess)	没有
线程	线程保持活动时	线程终止时 (ExitThread，TerminateThread)	没有
作业	作业尚未超时的时候	作业超时的时候	没有
文件	有待处理的 I/O 请求的时候	I/O 请求完成的时候	没有
控制台输入	没有输入的时候	有输入的时候	没有
文件变更通知	文件没有变更的时候	文件系统检测到变更的时候	重置通知
自动重置事件	ResetEvent，PulseEvent 或 等待成功的时候	SetEvent/PulseEvent 被调用的时候	重置事件
手动重置事件	ResetEvent 或 PulseEvent	SetEvent/PulseEvent 被调用的时候	没有

对 象	何时处于未触发状态	何时处于触发状态	成功等待的副作用
自动重置可等待计时器	CancelWaitableTimer 或等待成功的时候	时间到的时候 (SetWaitableTimer)	重置计时器
手动重置可等待计时器	CancelWaitableTimer	时间到的时候 (SetWaitableTimer)	没有
信号量	等待成功的时候	计数大于 0 的时候 (ReleaseSemaphore)	计数减 1
互斥量	等待成功的时候	不为线程占用的时候 (ReleaseMutex)	把所有权交给线程
关键段 (用户模式)	等待成功的时候 ((Try)EnterCriticalSection)	不为线程占用的时候 (LeaveCriticalSection)	把所有权交给线程
SRWLock (用户模式)	等待成功的时候 (AcquireSRWLock(Exclusive))	不为线程占用的时候 (ReleaseSRWLock(Exclusive))	把所有权交给线程
条件变量 (用户模式)	等待成功的时候 (SleepConditionVariable*)	被唤醒的时候 (Wake(All)ConditionVariable)	没有

Interlocked系列函数(用户模式)绝不会使线程变得不可调度，它们只是修改一个值并立即返回。

276~277

9.8　其他线程同步函数

WaitForSingleObject和WaitForMultipleObjects是进行线程同步时最常用的函数。但是，Windows还提供了这两个函数的一些变体。如果你已经理解了WaitForSingleObject和WaitForMultipleObjects，那么再去理解这些函数的工作机制就根本不成问题了。本节将简单介绍其中一部分。

9.8.1　异步设备I/O

异步设备I/O(asynchronous device I/O)允许线程开始读取操作或写入操作，同时又不必等待操作完成。第10章将对此进行更详细的介绍。例如，线程可以告诉系统将一个大文件载入内存。然后，在系统载入文件的时候，线程可以忙着执行其他任务，如创建窗口和初始化数据结构等。初始化完成后，线程可以将自己挂起，等系统通知它文件已加载完毕。

设备对象是可同步的内核对象，这意味着可以调用WaitForSingleObject，并传入文件句柄、套接字、通信端口等。系统执行异步I/O的时候，设备对象处于未触发状态。操作完成后，系统会将对象变成触发状态，这样线程就知道操作已经完成了。随后，线程就可以继续执行。

9.8.2   WaitForInputIdle函数

线程可以调用WaitForInputIdle函数来将自己挂起：

```
DWORD WaitForInputIdle(
    HANDLE hProcess,
    DWORD dwMilliseconds);
```

该函数会等待由hProcess标识的进程，直到创建应用程序第一个窗口的线程中没有待处理的输入为止。该函数对父进程来说比较有用。父进程可以创建一个子进程来完成一些工作。父进程的线程调用CreateProcess时，父进程的线程可以一边继续执行，一边让子进程进行初始化。父进程的线程可能需要获得子进程创建的窗口的句柄。父进程的线程要知道子进程何时初始化完毕，唯一的办法就是等待子进程，直到它不再处理任何输入为止。所以，在调用CreateProcess之后，父进程要调用WaitForInputIdle。

还可以利用WaitForInputIdle强制在应用程序中执行一些按键操作。假设要将以下消息发送给应用程序的主窗口。

WM_KEYDOWN	虚拟键(virtual key)为VK_MENU
WM_KEYDOWN	虚拟键为VK_F
WM_KEYUP	虚拟键为VK_F
WM_KEYUP	虚拟键为VK_MENU
WM_KEYDOWN	虚拟键为VK_O
WM_KEYUP	虚拟键为VK_O

这个序列将按键Alt+F, O发送给应用程序，在大多数英文应用程序中，这相当于从文件(File)菜单中选择"打开"(Open)命令。该命令会打开一个对话框，但在对话框显示之前，Windows还必须从文件中载入对话框模板，并遍历模板中所有的控件，为每个控件调用CreateWindow。这可能会耗费一些时间。所以，发送WM_KEY*消息的应用程序可以调用WaitForInputIdle，这使应用程序进入等待状态，直到对话框创建完毕，可以接受用户输入为止。应用程序现在可以强制向对话框和它的控件输入更多的按键，这样应用程序就可以继续执行需要执行的操作。

16位Windows应用程序的开发人员经常会遇到这个问题。应用程序想要发送消息给一个窗口，但不知道窗口什么时候能够创建完毕并准备就绪。WaitForInputIdle函数解决了这个问题。

9.8.3　MsgWaitForMultipleObjects(Ex)函数

线程可以调用MsgWaitForMultipleObjects或MsgWaitForMultipleObjectsEx来等待给它自己的消息：

```
DWORD MsgWaitForMultipleObjects(
    DWORD dwCount,
    PHANDLE phObjects,
    BOOL bWaitAll,
    DWORD dwMilliseconds,
    DWORD dwWakeMask);

DWORD MsgWaitForMultipleObjectsEx(
    DWORD dwCount,
    PHANDLE phObjects,
    DWORD dwMilliseconds,
    DWORD dwWakeMask,
    DWORD dwFlags);
```

278~279

这些函数与WaitForMultipleObjects函数相似。不同之处在于，不仅内核对象被触发时调用线程会变为可调度状态，而且当窗口消息需要被派送(dispatch)到一个由调用线程创建的窗口时，线程也会变为可调度状态。

创建窗口的线程和执行用户界面相关任务的线程不应使用WaitForMultipleObjects，而应使用MsgWaitForMultipleObjectsEx，这是因为前者会妨碍线程响应用户在UI上的操作。

9.8.4　WaitForDebugEvent函数

Windows操作系统内建了出色的调试支持。调试器(debugger)开始执行的时候，会将自己附加(attach)到被调试程序(debuggee)。然后，调试器只是在一旁闲着，等操作系统通知有与被调试程序相关的事件发生。调试器通过调用WaitForDebugEvent函数来等待这些事件：

```
BOOL WaitForDebugEvent(
    PDEBUG_EVENT pde,
    DWORD dwMilliseconds);
```

调试器调用这个函数后，调试器的线程会挂起。系统通过让对WaitForDebugEvent的调用返回，来通知调试器有调试事件发生。参数pde指向的结构包含了与刚才发生的调试事件有关的信息。

9.8.5　SignalObjectAndWait函数

SignalObjectAndWait函数通过一个原子操作来触发一个内核对象并等待另一个内核对象的通知：

```
DWORD SignalObjectAndWait(
    HANDLE hObjectToSignal,
    HANDLE hObjectToWaitOn,
    DWORD dwMilliseconds,
    BOOL bAlertable);
```

调用这个函数时，参数hObjectToSignal标识的必须是一个互斥量、信号量或事件。其他任何类型的对象将导致函数返回WAIT_FAILED，这时调用GetLastError会返回ERROR_INVALID_HANDLE。该函数在内部会检查对象的类型并分别执行与ReleaseMutex，ReleaseSemaphore(使用的释放计数为1)或 SetEvent等价的操作。

参数hObjectToWaitOn可以标识下列内核对象中的任何一种：互斥量、信号量、事件、计时器、进程、线程、作业、控制台输入以及变更通知。和以往一样，参数dwMilliseconds表示函数要花多长时间等待对象触发。标志bAlertable表示在线程在等待期间，是否能对添加到队列中的异步过程(APC)调用进行处理。

279~280

该函数返回以下值之一：WAIT_OBJECT_0，WAIT_TIMEOUT，WAIT_FAILED、WAIT_ABANDONED(本章前面已讨论过)或者WAIT_IO_COMPLETION。

出于两个原因，这个函数非常受欢迎。首先，我们经常需要触发一个对象并等待另一个对象，让一个函数完成两个操作可节省处理时间。每当我们调用的函数使线程从用户模式切换到内核模式的时候，大概需要花200个CPU周期(在x86平台上)，对线程进行重新调度甚至需要花费更多的时间。例如，执行下面这样的代码需要花大量CPU周期：

```
ReleaseMutex(hMutex);
WaitForSingleObject(hEvent, INFINITE);
```

在高性能服务器应用程序中，SignalObjectAndWait能节省大量处理时间。

其次，如果没有SignalObjectAndWait函数，一个线程就无法知道另一个线程何时处于等待状态。对于PulseEvent之类的函数，此类信息非常有用。本章前面说过，PulseEvent会先触发一个事件，然后立即重置事件。如果当前没有线程在等待该事件，就没有线程会捕获这个脉冲事件。我见过有人写出下面这样的代码：

```
// 做一些工作
...
SetEvent(hEventWorkerThreadDone);
WaitForSingleObject(hEventMoreWorkToBeDone, INFINITE);
// 做更多工作
...
```

工作者线程(worker thread)先执行一些代码，再调用SetEvent来表示工作完成。另一个线程执行下面这样的代码：

```
WaitForSingleObject(hEventWorkerThreadDone);
PulseEvent(hEventMoreWorkToBeDone);
```

工作者线程的那段代码写得非常糟糕，它不能可靠地工作。工作者线程调用SetEvent之后，另一个线程可能会立即被唤醒并调用PulseEvent。这样工作者s线程会被抢占，没机会从SetEvent调用中返回，也就不可能调用WaitForSingleObject了。结果是工作者线程完美地错过了hEventMoreWorkToBeDone事件触发的时机。

如下所示，用SignalObjectAndWait改写之后，工作者线程代码就能可靠地工作了，这是因为触发和等待操作以原子方式执行：

```
// 做一些工作
...
    SignalObjectAndWait(hEventWorkerThreadDone,
    hEventMoreWorkToBeDone, INFINITE, FALSE);
// 做更多工作
...
```

当一个非工作者线程被唤醒的时候，可以百分之百确定工作者线程正在等待hEventMoreWorkToBeDone事件，所以当脉冲事件被触发时，工作者线程一定能看到。

280

9.8.6 使用等待链遍历API来检测死锁

开发多线程应用程序已经是最复杂的任务之一，但对其进行调试并找到与锁有关的bug，尤其是死锁或无限等待，甚至比开发还要复杂。自Windows Vista起提供了一组新的等待链遍历(Wait Chain Traversal，WCT)API，这些函数可以列出锁，并检测进程内部(甚至进程之间)的死锁。Windows会对表9-4列出的线程同步机制或锁定原因进行记录。

表9-4　WCT所记录的同步机制的类型

可能的锁	描述
关键段	Windows 会记录哪个线程正在占用哪个关键段
互斥量	Windows 会记录哪个线程正在占用哪个互斥量。即便是被遗弃的互斥量也不例外
进程和线程	Windows 会记录哪个线程正在等待进程或线程终止
SendMessage 调用	8.6.2 节"停止线程时的死锁问题"讲过，知道哪个线程正在等待 SendMessage 调用返回是非常重要的
COM 初始化和调用	Windows 会记录对 CoCreateInstance 和 COM 对象方法的调用
高级本地过程调用 (Advanced Local Procedure Call，ALPC)	自 Windows Vista 起，作为新的未公开的内核"进程间通信"(interprocess communication，IPC) 机制，ALPC 已取代了本地过程调用 (Local Procedure Call)

警告 WCT 不会记录第 8 章介绍的 SRWLock 同步机制。另外，WCT 也不会记录其他许多内核对象，比如事件、信号量以及可等待的计时器，这是因为任何线程在任一时刻都可以触发任意此类对象，从而唤醒被阻塞的线程。

LockCop示例程序

LockCop应用程序(09-LockCop.exe)展示了如何使用WCT函数来创建一个非常有用的实用工具。应用程序的源文件和资源文件在本书配套资源的09-LockCop目录中。启动程序并从Processes组合框中选择一个会产生死锁的应用程序时，会得到图9-4所示的窗口，这使我们可以看到所有处于死锁状态的线程。

281

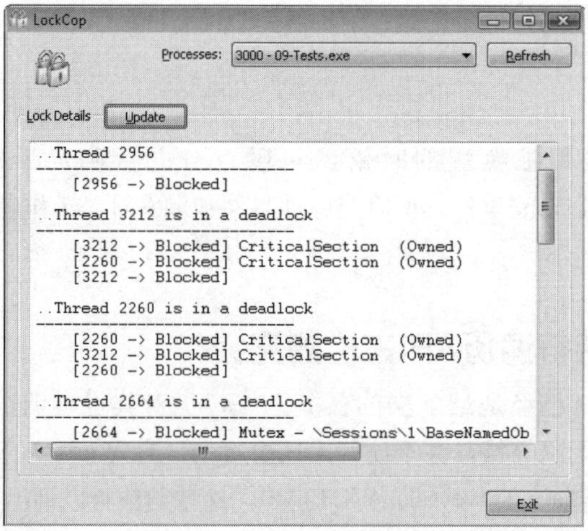

图9-4　运行中的LockCop

LockCop首先用第4章中介绍的ToolHelp32函数来枚举当前正在运行的进程，并将每个进程的进程ID和名字放到Processes组合框中。选择一个进程时，程序会列出进程中所有进入死锁状态的线程，以及它们的线程ID和等待链(wait chain)。下面是MSDN文档对"等待链"的定义：

> "等待链是线程和同步对象交替出现的一个序列；每个线程都等待它后面的对象，该对象却由等待链中更后面的线程占用。"

为了将等待链解释清楚，下面来看一个例子。在图9-1中，线程3212是死锁的一个部分，它的等待链解释了以下情况。

- 线程3212在一个关键段(让我们称之为CS1)上阻塞。
- 该关键段(CS1)由另一个线程(2260)占用，后都又在另一个关键段(让我们称之为CS2)上阻塞。
- 这个关键段(CS2)由第一个线程(3212)占用。

总结一下：线程3212等待线程2260释放一个关键段，线程2260又在等待线程3212释放另一个关键段。如8.6.3节中的"同时访问多个逻辑资源"所述，这就是典型的死锁情况。

LockCop应用程序显示的所有信息基本上都是调用各种WCT函数得到的。为了更容易地使用WCT函数，我创建了一个名为CWCT的C++类(包含在WaitChainTraversal.h文件中)。这个类使得对等待链进行遍历变得非常容易。只需从CWCT派生一个类，并覆盖(override)以下类定义中加粗的两个虚方法。在运行时，调用ParseThreads并传入我们感兴趣的进程ID就可以了。

282

```
class CWCT
{
public:
    CWCT();
    ~CWCT();

    // Enumerate all the threads running in the given process,
    // and for each, dump the wait chain
    void ParseThreads(DWORD PID);

protected:
    // Implement this method to be called before each thread is analyzed
    // Note: if nodeCount is 0, it was not possible to analyze this thread
    virtual void OnThread(DWORD TID, BOOL bDeadlock, DWORD nodeCount);
```

```
    // Implement this method to be called for each wait node
    virtual void OnChainNodeInfo(DWORD rootTID, DWORD currentNode,
        WAITCHAIN_NODE_INFO nodeInfo);

    // Return the number of nodes in the current thread chain
    DWORD GetNodesInChain();

    // Return the PID of the parsed process
    DWORD GetPID();

private:
    void InitCOM();
    void ParseThread(DWORD TID);


private:
    // Handle of the WCT session
    HWCT _hWCTSession;

    // Handle of OLE32.DLL module
    HMODULE _hOLE32DLL;

    DWORD _PID;
    DWORD _dwNodeCount;
};
```

构造CWCT实例时，调用RegisterWaitChainCOMCallback向WCT注册COM上下文 (实现细节请参见InitCOM函数)，然后调用以下函数来打开一个等待链会话：

```
HWCT OpenThreadWaitChainSession(
    DWORD dwFlags,
    PWAITCHAINCALLBACK callback);
```

283

如果希望会话是同步的，应该为dwFlags参数传递0，如果希望会话是异步的，则应传递WCT_ASYNC_OPEN_FLAG。在异步的情况下，我们将回调函数的指针作为第二个参数传入。如系统正处于重内存负荷之下，取得一个较长的等待链可能需要很长的时间。在这种情况下，打开一个异步会话比打开一个同步会话更有吸引力，因为可调用CloseThreadWaitChainSession来取消对等待链的遍历。但是，CWCT类是以同步方式来对等待链进行遍历的，所以传给dwFlags参数的值是0，传给回调函数参数的值是NULL。在CWCT的析构函数中，将OpenThreadWaitChainSession返回的会话句柄传给CloseThreadWaitChainSession来关闭WCT会话。

ParseThreads函数封装了对给定进程中的线程进行枚举的操作，它基于第4章介绍的一个
ToolHelp快照功能：

```
void CWCT::ParseThreads(DWORD PID) {

   _PID = PID;

   // List all threads in the given process
   CToolhelp th(TH32CS_SNAPTHREAD, PID);
   THREADENTRY32 te = { sizeof(te) };
   BOOL fOk = th.ThreadFirst(&te);
   for (; fOk; fOk = th.ThreadNext(&te)) {
      // Only parse threads of the given process
      if (te.th32OwnerProcessID == PID) {
         ParseThread(te.th32ThreadID);
      }
   }
}
```

ParseThread函数是对等待链进行遍历的核心：

```
void CWCT::ParseThread(DWORD TID) {

   WAITCHAIN_NODE_INFO chain[WCT_MAX_NODE_COUNT];
   DWORD               dwNodesInChain;
   BOOL                bDeadlock;

   dwNodesInChain = WCT_MAX_NODE_COUNT;

   // Get the chain for the current thread
   if (!GetThreadWaitChain(_hWCTSession, NULL, WCTP_GETINFO_ALL_FLAGS,
         TID, &dwNodesInChain, chain, &bDeadlock)) {

      _dwNodeCount = 0;
      OnThread(TID, FALSE, 0);
      return;
   }

   // Start the chain processing for the current thread
   _dwNodeCount = min(dwNodesInChain, WCT_MAX_NODE_COUNT);
   OnThread(TID, bDeadlock, dwNodesInChain);

   // For each node in the chain, call the virtual method with details
   for (
      DWORD current = 0;
```

```
    current < min(dwNodesInChain, WCT_MAX_NODE_COUNT);
    current++
    ) {
    OnChainNodeInfo(TID, current, chain[current]);
    }
}
```

284~285

GetThreadWaitChain函数用于填充一个WAITCHAIN_NODE_INFO数组，数组中的每个元素既可以描述一个被阻塞的线程，也可以描述导致线程阻塞的同步机制：

```
BOOL WINAPI GetThreadWaitChain(
    HWCT hWctSession,
    DWORD_PTR pContext,
    DWORD dwFlags,
    DWORD TID,
    PDWORD pNodeCount,
    PWAITCHAIN_NODE_INFO pNodeInfoArray,
    LPBOOL pbIsCycle
);
```

传给hWctSession参数的值是OpenThreadWaitChainSession函数返回的句柄。如果会话是异步的，则可以在pContext参数中传入任何附加信息。dwFlags参数通过表9-5列出的按位标志来指出我们对哪种跨进程的情形感兴趣。

表9-5 GetThreadWaitChain标志

dwFlags的值	描述
WCT_OUT_OF_PROC_FLAG (0x1)	如果没有设置这个标志，等待链将不会包含与当前线程所运行的进程之外的其他进程有关的节点信息。要构建一个多进程系统，或系统要创建多个进程并等待它们终止，就应设置该标志
WCT_OUT_OF_PROC_CS_FLAG (0x4)	收集当前进程之外的其他进程中的关键段信息。要构建一个多进程系统，或系统要创建多个进程并等待它们终止，就应设置该标志
WCT_OUT_OF_PROC_COM_FLAG (0x2)	若要用到 MTA COM 服务器，则该标志非常重要
WCTP_GETINFO_ALL_FLAGS	以上所有标志的集合

TID参数是线程ID，表示我们希望等待链从它标识的线程开始。等待链的详细信息在最后三个参数中返回。

- pNodeCount指向的DWORD包含等待链中节点的数量。
- 等待链中的节点被保存在通过pNodeInfoArray参数传入的数组中。
- 如检测到死锁，函数会将pbIsCycle参数指向的布尔变量设为TRUE。

285

对进程中的每个线程执行ParseThread时，会调用一次你覆盖的OnThread函数。传给OnThread的第一个参数是线程ID。若发现死锁，则传入的第二个参数bDeadLock将为TRUE。传入的第三个参数nodeCount包含的是该线程的等待链中节点的数量(0表示遇到了问题，比如访问被拒绝)。针对等待链中的每个节点，你覆盖的OnChainNodeInfo函数都会被调用一次。传给OnChainNodeInfo的第一个参数rootTID就是传给OnThread的线程ID。传入的第二个参数currentNode是当前节点的索引值，从0开始计数。传入的第三个参数nodeInfo是对当前节点的描述，它是一个WAITCHAIN_NODE_INFO结构，该结构在wct.h头文件中定义。

```
typedef struct _WAITCHAIN_NODE_INFO
{
    WCT_OBJECT_TYPE ObjectType;
    WCT_OBJECT_STATUS ObjectStatus;

    union {
        struct {
            WCHAR ObjectName[WCT_OBJNAME_LENGTH];
            LARGE_INTEGER Timeout;          // Not implemented in v1
            BOOL Alertable;                 // Not implemented in v1
        } LockObject;

        struct {
            DWORD ProcessId;
            DWORD ThreadId;
            DWORD WaitTime;
            DWORD ContextSwitches;
        } ThreadObject;
    };

} WAITCHAIN_NODE_INFO, *PWAITCHAIN_NODE_INFO;
```

节点类型由ObjectType字段定义，它的值来自WCT_OBJECT_TYPE枚举。表9-6列出了所有可能的节点对象类型。

只有当ObjectType被设为WctThreadType的时候，联合体(union)中的ThreadObject视图才有意义。在其他所有情况下，都应该转为考虑联合体中的LockObject视图。线程等待链始终从和OnChainNodeInfo接收的rootTID参数对应的一个WctThreadType线程节点开始。

表9-6　等待链节点对象的类型

WCT_OBJECT_TYPE	对等待链中节点的描述
WctThreadType	等待链中被阻塞的线程
WctCriticalSectionType	占用的对象是一个关键段
WctSendMessageType	阻塞在 SendMessage 调用
WctMutexType	占用的对象是一个互斥量
WctAlpcType	阻塞在一个 ALPC 调用
WctComType	正在等待一个 COM 调用返回
WctThreadWaitType	正在等待一个线程结束
WctProcessWaitType	正在等待一个进程终止
WctComActivationType	正在等待一个 CoCreateInstance 调用返回
WctUnknownType	用于今后对 API 进行扩展的占位符

286

如果ObjectType字段为WctThreadType，那么ObjectStatus字段详细描述了线程的状态。
否则，它会用如下所示的WCT_OBJECT_STATUS枚举类型来描述与节点对应的锁的状态：

```
typedef enum _WCT_OBJECT_STATUS
{
    WctStatusNoAccess = 1,          // ACCESS_DENIED for this object
    WctStatusRunning,               // Thread status
    WctStatusBlocked,               // Thread status
    WctStatusPidOnly,               // Thread status
    WctStatusPidOnlyRpcss,          // Thread status
    WctStatusOwned,                 // Dispatcher object status
    WctStatusNotOwned,              // Dispatcher object status
    WctStatusAbandoned,             // Dispatcher object status
    WctStatusUnknown,               // All objects
    WctStatusError,                 // All objects
    WctStatusMax
} WCT_OBJECT_STATUS;
```

LockCop应用程序有一个名为09-BadLock的配套项目，该项目实现了许多死锁和无限锁
定(infinite lock)。你应该在LockCop应用程序中选择它，以更好地理解WCT如何根据锁
的类型来填充WAITCHAIN_NODE_INFO结构。

说明　LockCop 工具程序可帮助我们对自己应用程序中的无限循环和死锁进行诊断，但它
有一个限制：不支持 WaitForMultipleObjects。如果代码调用该函数来同时等待多个对
象，那么 LockCop 虽能帮助我们发现线程等待链中的回路，但当 GetThreadWaitChain
返回并调用我们覆盖的 OnThread 函数时，程序将检测不到任何显式的死锁情形。

287

同步和异步设备I/O

本章内容

本章介绍的Windows相关技术使我们可以设计高性能、伸缩性好、响应性好而且健壮的应用，所以本章的重要性再怎么强调都不为过。一个伸缩性好的应用程序在处理大量并发操作时和处理少量并发操作时一样高效。对一个服务应用程序(service application)来说，典型的操作是对客户请求进行处理，我们无法预见这些客户请求会在何时到达，也无法预见处理这些客户请求需要消耗多少处理器资源。这些操作常常来自于诸如网络适配器之类的I/O设备，而对这些请求进行处理又经常会用到额外的I/O设备，比如磁盘文件。

在Windows应用程序中，线程是对工作进行划分的最好的工具。可为每个线程指定一个处理器，这样在多处理器的机器上就能同时执行多个操作，从而提升吞吐量。线程发出一个同步设备I/O请求时，它会被临时挂起，直至设备完成I/O请求。此类挂起会损害性能，这是因为线程无法继续有用的工作，比如发起另一个客户处理请求。所以，简单地说，我们不希望线程被阻塞，这样它们始终能进行有用的工作。

为了不让线程闲下来，我们需要让各个线程就它们正在执行的操作进行通信。Microsoft

在这个领域花了数年的时间进行研究和测试，并开发出了一种非常好的机制来进行这类通信。这种机制被称为I/O完成端口(I/O completion port)，它可以帮助我们创建高性能而且伸缩性好的应用程序。利用I/O完成端口，应用程序的线程在读写设备时不必等待设备的响应，从而显著提升吞吐量。

I/O完成端口最初被设计用来处理设备I/O，但这么多年来，Microsoft已经构架出了越来越多能够非常好地适合I/O完成端口模型的操作系统设施。其中一个例子就是作业内核对象，它监视进程并向I/O完成端口发送事件通知。第5章介绍的Job Lab示例程序展示了I/O完成端口和作业内核对象是如何协同工作的。

作为一名Windows开发人员，这么多年来，我发现I/O端口有越来越多的用处，也认为每个Windows开发人员都必须完全理解I/O完成端口的工作方式。虽然本章介绍的I/O完成端口与设备I/O有关，但值得注意的是，I/O完成端口也可以和设备I/O完全无关，简单地说，它是一种有无数种用途的绝佳的线程间通信机制。

289~290

从前面这些介绍中，你或许能看出我是一个I/O完成端口的忠实拥护者。希望到本章结束的时候，你也能和我一样成为I/O完成端口的忠实拥护者。但是，我会先介绍Windows最开始为开发人员提供的设备I/O支持，而不是直接跳到I/O完成端口的细节。这样做的目的是让你能更好地体会I/O完成端口的价值。将从10.5.4节开始全面介绍I/O完成端口。

10.1　打开和关闭设备

Windows的优势之一是它所支持的设备数量。就这个讨论而言，我将设备(device)定义能进行通信的任何东西。表10-1列出了一些设备及其常见用途。

本章将讨论应用程序如何与这些设备进行通信而不必等待设备响应。Windows尽可能对开发人员隐藏设备之间的差异。换言之，无论打开的是什么设备，都可用相同的Windows函数进行读写。虽然这些函数能让我们在读写数据时不必关心设备的类型，但各个设备之间显然存在着差异。例如，对串口来说，设置波特率(baud rate)是合理的，但在使用命名管道来进行跨网络(或在单机上)通信时，波特率就没有意义。各种设备之间存在许多细微差别，我们不会对此进行专门的介绍。但是，会花时间来对文件做一些介绍，因为文件实在是太常用了。执行任何类型的I/O之前，都必须先打开想要操作的设备并获得一个句柄。获得设备句柄的方式取决于具体的设备类型。表10-2列出了各种设备以及用来打开它们的函数。

表10-1　各种设备及其常见用途

设 备	常见用途
文件	永久存储任意数据
目录	属性和文件压缩设置
逻辑磁盘驱动器	格式化驱动器
物理磁盘驱动器	访问分区表
串口	通过电话线传输数据
并口	将数据传输至打印机
邮槽	一对多数据传输，通常是通过网络传到另一台 Windows 机器
命名管道	一对一数据传输，通常是通过网络传到另一台 Windows 机器
匿名管道	单机上的一对一数据传输（绝不通过网络）
套接字	报文或数据流传输，通常是通过网络传到任何支持套接字的机器上（机器不一定要运行 Windows 操作系统）
控制台	文本窗口屏幕缓冲区

表10-2　用来打开各种设备的函数

设 备	用来打开设备的函数
文件	CreateFile(pszName 为路径名或 UNC 路径名)
目录	CreateFile(pszName 为目录名或 UNC 目录名)。如果在调用 CreateFile 时指定了 FILE_FLAG_BACKUP_SEMANTICS 标志，那么 Windows 允许我们打开一个目录。打开目录使我们能改变目录的属性（比如正常、隐藏，等等）和它的时间戳
逻辑磁盘驱动器	CreateFile(pszName 为 "\\.\x:")。如果指定的字符串是 "\\.\x:" 的形式，那么 Windows 允许我们打开一个逻辑驱动器，其中 x 是盘符。例如，为了打开驱动器 D，需指定 "\\.\D:"。打开驱动器使我们能格式化驱动器或判断驱动器媒介的大小
物理磁盘驱动器	CreateFile(pszName 为 "\\.\PHYSICALDRIVEx")。如果指定的字符串是 "\\.\PHYSICALDRIVEx" 的形式，那么 Windows 允许我们打开一个物理驱动器，其中 x 是物理驱动器编号。例如，为了读写用户的第一个物理硬盘的扇区，应指定 "\\.\PHYSICALDRIVE0"。打开物理驱动器使我们能直接访问硬盘的分区表。打开物理驱动器有潜在的危险，错误地写入设备可能会导致操作系统的文件系统无法访问磁盘的内容
串口	CreateFile(pszName 为 "COMx")
并口	CreateFile(pszName 为 "LPTx")
邮件槽服务器	CreateMailslot(pszName 为 "\\.\mailslot\mailslotname")
邮件槽客户端	CreateFile(pszName 为 "\\servername\mailslot\mailslotname")
命名管道服务器	CreateNamedPipe(pszName 为 "\\.\pipe\pipename")
命名管道客户端	CreateFile(pszName 为 "\\servername\pipe\pipename")
匿名管道	CreatePipe 用来打开服务器和客户端
套接字	Socket，accept 或 AcceptEx
控制台	CreateConsoleScreenBuffer 或 GetStdHandle

表10-2中的每个函数都返回一个用来标识设备的句柄。可将该句柄传给许多函数来与设备进行通信。例如，可调用SetCommConfig来设置串口的波特率：

```
BOOL SetCommConfig(
    HANDLE          hCommDev,
    LPCOMMCONFIG    pCC,
    DWORD           dwSize);
```

290~291

等待读取数据时，可调用SetMailslotInfo来设置一个超时值：

```
BOOL SetMailslotInfo(
    HANDLE hMailslot,
    DWORD  dwReadTimeout);
```

如你所见，这些函数都要求传给它们的第一个参数是句柄。

完成对设备的操作后，必须将其关闭。对于大多数设备，调用最常用的CloseHandle函数：

```
BOOL CloseHandle(HANDLE hObject);
```

但是，如果设备是套接字，就必须调用closesocket：

```
int closesocket(SOCKET s);
```

如果有一个设备句柄，可以调用GetFileType来查出设备的类型：

```
DWORD GetFileType(HANDLE hDevice);
```

唯一要做的就是将句柄传给GetFileType函数，该函数会返回表10-3列出的一个值。

表10-3　GetFileType函数的返回值

值	描述
FILE_TYPE_UNKNOWN	指定文件类型未知
FILE_TYPE_DISK	指定文件是磁盘文件
FILE_TYPE_CHAR	指定文件是字符文件，通常是LPT(并口)设备或控制台
FILE_TYPE_PIPE	指定文件是命名管道或匿名管道

细看CreateFile函数

CreateFile函数当然可以用来创建和打开磁盘文件，但不要被函数名给愚弄了，它同样可以打开其他许多设备：

```
HANDLE CreateFile(
    PCTSTR pszName,
    DWORD dwDesiredAccess,
    DWORD dwShareMode,
    PSECURITY_ATTRIBUTES psa,
    DWORD dwCreationDisposition,
    DWORD dwFlagsAndAttributes,
    HANDLE hFileTemplate);
```

如你所见，CreateFile需要许多参数，这使在打开设备时有了相当大的灵活性。下面详细介绍这些参数。

调用CreateFile时，参数pszName既可标识设备类型，也可标识设备的特定实例。

292

参数dwDesiredAccess指定设备的数据传输方式。可传入表10-4列出的4个通用标志。某些类型的设备还支持额外的访问控制标志。例如，打开文件时，可以指定诸如FILE_READ_ATTRIBUTES之类的访问标志。这些标志的详情请参见Platform SDK文档。

表10-4　可传给CreateFile的dwDesiredAccess参数的通用标志

值	含义
0	不打算从设备读取数据或向设备写入数据。如果只想改变设备的配置(比如只是修改文件的时间戳)，就可以传入 0
GENERIC_READ	允许对设备进行只读访问
GENERIC_WRITE	允许对设备进行只写访问。例如，备份软件会用到这个标志，如果想把数据发送到打印机，也可以使用这个标志。注意，GENERIC_WRITE 标志没有隐含 GENERIC_READ 标志
GENERIC_READ | GENERIC_WRITE	允许对设备进行读写操作。由于这个标志允许数据的自由交互，所以最常用

参数dwShareMode用来指定设备共享特权(device-sharing privilege)。在仍然打开着一个设备的时候(即尚未调用CloseHandle来关闭设备)，该参数可以控制额外的CreateFile调用如何打开设备。表10-5列出了一些可以传给dwShareMode参数的值。

参数psa指向一个SECURITY_ATTRIBUTES结构，可用来指定安全信息以及CreateFile返回的句柄是否可继承。只有在安全文件系统(比如NTFS)中创建文件时，才会用到该结构内部的安全描述符；在其他所有情况下，安全描述符会被忽略。一般只需要为psa参数传递NULL，表示用默认安全性创建文件，而且返回的句柄不可继承。

表10-5　可传给CreateFile的dwShareMode参数的I/O相关标志

值	含义
0	要求独占对设备的访问。如果设备已经打开，CreateFile 调用会失败。如果成功打开设备，后续的 CreateFile 调用会失败
FILE_SHARE_READ	要求引用设备的其他任何内核对象不得修改由该设备维护的数据。如果设备已以只写或独占方式打开，CreateFile 调用会失败。如果成功打开设备，后续使用了 GENERIC_WRITE 访问标志的 CreateFile 调用会失败
FILE_SHARE_WRITE	要求引用设备的其他任何内核对象不得读取由该设备维护的数据。如果设备已以只读或独占方式打开，CreateFile 调用会失败。如果成功打开设备，后续使用了 GENERIC_READ 访问标志的 CreateFile 调用会失败
FILE_SHARE_READ | FILE_SHARE_WRITE	不关心引用设备的其他内核对象是从设备读取还是向设备写入。如果设备已以独占方式打开，CreateFile 调用会失败。如果成功打开设备，后续要求独占读取、独占写入或独占读写的 CreateFile 调用会失败
FILE_SHARE_DELETE	进行文件操作时，不关心文件是否被逻辑删除或移动。Windows 内部会先将文件标记为待删除，当该文件所有已打开的句柄都被关闭时，才真正将其删除

293

说明　打开文件时，传入的路径名最长不能超过 MAX_PATH（在 winDef.h 中被定义为 260）个字符。但是，通过调用 CreateFileW(Unicode 版本的 CreateFile) 并为路径名附加 "\\?\" 前缀，我们可以超越这个限制。CreateFileW 会把前缀去除，允许我们传入大致 32 000 个 Unicode 字符的路径名。但要记住的是，如果使用了这个前缀，就必须使用完整路径名，系统不会对诸如 "." 和 ".." 之类的相对目录进行处理。此外，路径中的每个独立组成部分仍然不能超过 MAX_PATH 个字符。如果在源代码中还看到 _MAX_PATH 常量，请不要奇怪，C/C++ 标准库在 stdlib.h 中将该常量定义为 260。

用 CreateFile 打开文件而不是其他设备时，参数 dwCreationDisposition 的意义更为重大。表 10-6 列出了可以传给该参数的值。

表10-6　可传给CreateFile的dwCreationDisposition参数的值

值	含义
CREATE_NEW	告诉 CreateFile 创建新文件，如存在同名文件，CreateFile 调用会失败
CREATE_ALWAYS	告诉 CreateFile 无论同名文件存在与否都创建新文件。如存在同名文件，CreateFile 会覆盖它
OPEN_EXISTING	告诉 CreateFile 打开现有文件或设备，如文件或设备不存在，CreateFile 调用会失败
OPEN_ALWAYS	告诉 CreateFile 打开现有文件，如文件存在，CreateFile 会直接打开；如果文件不存在，CreateFile 会新建一个
TRUNCATE_EXISTING	告诉 CreateFile 打开现有文件，并将文件大小截断为 0 字节；如果文件不存在，CreateFile 调用会失败

CreateFile的dwFlagsAndAttributes参数有两个用途：其一，它允许我们设置一些标志来微调与设备之间的通信；其二，如果设备是文件，还能设置文件的属性。这些通信标志中的大多数都是一些信号，用来告诉系统我们打算以何种方式访问设备。这样系统就可以对缓存算法进行优化，来帮助我们提高应用程序的效率。下面会先介绍通信标志，再介绍文件属性。

294

1. CreateFile的高速缓存标志

本节介绍CreateFile的各种高速缓存标志，主要关注的是文件系统对象。其他内核对象(比如邮槽)的详情请自行参阅MSDN文档。

FILE_FLAG_NO_BUFFERING　该标志表示在访问文件时不使用任何数据缓冲机制。为提升性能，系统会缓存写入磁盘和从磁盘读取的数据。一般不指定该标志，这样高速缓存管理器就能将文件系统中最近访问的那部分放到内存中。如果先从文件中读取几个字节，然后又读取了几个字节，那么文件的数据很可能已经载入内存。这样就只需访问磁盘一次，而不必访问两次，从而显著提升性能。但是，这个过程也意味着文件数据的这一部分会在内存中出现两次：高速缓存管理器(cache manger)有一个缓冲区(buffer)；在调用某些函数(比如ReadFile)的时候，这些函数会将部分数据从高速缓存管理器的缓冲区复制到你自己的缓冲区中。

高速缓存管理器对数据进行缓存时，可能提前读取一些数据，这样在需要读取下一个字节的时候，数据很可能已经在内存中了。重申一下，速度的提升是通过从文件中读取超出实际需要的数据量来实现的。如果不再从文件中读取数据，那么可能会浪费内存。要想进一步了解提前读取，请参见接着要讨论的FILE_FLAG_SEQUENTIAL_SCAN和FILE_FLAG_RANDOM_ACCESS标志。

通过指定FILE_FLAG_NO_BUFFERING标志，我们告诉高速缓存管理器我们不希望它缓存任何数据，我们自己负责！取决于当前所做的事情，这个标志也许能提高应用程序的性能和内存的利用率。由于文件系统的设备驱动程序会将文件数据直接写入我们提供的缓冲区中，所以必须遵循一定的规则。

- 访问文件时，使用的偏移量必须正好是磁盘卷的扇区大小的整数倍(可用GetDiskFreeSpace函数来确定磁盘卷的扇区大小)。
- 读取/写入文件的字节数必须正好是扇区大小的整数倍。
- 必须确保缓冲区在进程地址空间中的起始地址正好是扇区大小的整数倍。

FILE_FLAG_SEQUENTIAL_SCAN和FILE_FLAG_RANDOM_ACCESS　仅在允许系统对文件数据进行缓冲时标志才有用。如果指定了FILE_FLAG_NO_BUFFERING标志，这两个标志都会被忽略。

如果指定FILE_FLAG_SEQUENTIAL_SCAN标志，系统会认为我们将以顺序方式访问文件。从文件中读取数据时，系统从文件中实际读取的数据会超过我们请求的量。这个过程减少了硬盘访问次数并提高了应用程序的运行速度。如果重新设置文件指针，系统所花费的额外时间以及缓存在内存中的数据就浪费了。这样做可以，但如果经常需要这样做，最好还是指定FILE_FLAG_RANDOM_ACCESS标志。该标志告诉系统不要预读文件数据。

为了对一个文件进行管理，高速缓存管理器必须为该文件保存一些内部数据结构，文件越大，所需要的数据结构就越多。在处理非常大的文件时，高速缓存管理器可能无法分配它所需的内部数据结构，从而导致打开文件失败。要想访问非常大的文件，必须用FILE_FLAG_NO_BUFFERING标志来打开文件。

295~296

FILE_FLAG_WRITE_THROUGH　这是最后一个与cache有关的标志。它禁止对文件写入操作进行缓存，以减少数据丢失的可能性。如果指定了这个标志，系统会将所有对文件的修改直接写入磁盘。但是，系统仍会维护文件数据的一个内部缓存，这样文件读取操作会继续使用缓存中的数据(如果有的话)，而不必直接从磁盘读取。如果用这个标志来打开网络服务器上的文件，那么只有在数据写入服务器的磁盘之后，各种Windows文件写入函数才会返回到调用线程。

与缓存有关的通信标志就是这么多。现在，让我们讨论一下剩余的那些通信标志。

2. CreateFile的其他标志
本节介绍CreateFile的其他标志，这些标志用来对高速缓存之外的各种行为进行定制。

FILE_FLAG_DELETE_ON_CLOSE　使用这个标志，文件系统会在文件的所有句柄都关闭后删除文件。这个标志通常和FILE_ATTRIBUTE_TEMPORARY属性一起使用。这两个标志一起使用，应用程序可以创建一个临时文件，向文件中写入数据，从文件中读取数据，最后关闭文件。文件关闭后，系统会自动删除该文件，真是太方便了！

FILE_FLAG_BACKUP_SEMANTICS　这个标志一般用于备份和恢复软件。在打开或创建任何文件之前，系统通常会执行安全性检查以确保试图打开文件或创建文件的进程具有所需的访问特权。但是，备份和恢复软件有一定的特殊性，它们会跳过某些文件安全性检查。如果指定了FILE_FLAG_BACKUP_SEMANTICS标志，系统会检查调用者的存取令牌(access token)是否具备对文件和目录进行备份/恢复的特权。如果调用者具备相应的特权，系统会允许它打开文件。还可以使用FILE_FLAG_BACKUP_SEMANTICS标志来打开一个目录的句柄。

FILE_FLAG_POSIX_SEMANTICS　在Windows中，文件名会保留最初命名时的大小写，但在查找文件名的时候不区分大小写。但是，POSIX子系统要求在查找文件名的时候区分大小写。FILE_FLAG_POSIX_SEMANTICS标志让CreateFile在创建文件或打开文件的时候，以区分大小写的方式来查找文件名。使用FILE_FLAG_POSIX_SEMANTICS须谨慎，如果在创建文件时使用了该标志，Windows应用程序可能无法访问该文件。

FILE_FLAG_OPEN_REPARSE_POINT　在我看来，这个标志应该叫做FILE_FLAG_IGNORE_REPARSE_POINT，因为它告诉系统忽略文件可能存在的重解析属性(reparse attribute)。重解析属性允许一个文件系统过滤器对打开文件、读取文件、写入文件以及关闭文件等行为进行修改。这种修改过的行为通常是我们想要的，所以不推荐使用FILE_FLAG_OPEN_ REPARSE_POINT标志。

FILE_FLAG_OPEN_NO_RECALL　这个标志告诉系统不要将文件内容从脱机存储(即offline storage，比如磁带)恢复到联机存储(即online storage，比如硬盘)。当文件很长一段时间没有被访问的时候，系统可以将文件内容转移到脱机存储，从而腾出硬盘空间。系统执行这个操作时并不会销毁硬盘上的文件，而只会销毁文件中的数据。当文件被打开的时候，系统会自动从脱机存储中恢复文件数据。FILE_FLAG_OPEN_NO_RECALL标志则指示系统不要恢复数据，所有I/O操作都针对脱机存储媒介进行。

296~297

FILE_FLAG_OVERLAPPED　这个标志告诉系统我们要以异步方式访问设备。你可能已经注意到，打开设备的默认方式是同步I/O(即没有指定FILE_FLAG_OVERLAPPED标志)。同步I/O是大多数开发人员习惯的方式。从文件中读取数据时，线程会被挂起，等待要读取的信息。一旦信息读取完毕，线程会重新获得控制权并继续执行。

由于设备I/O比其他大多数操作慢，所以有时会考虑以异步方式与某些设备通信。异步I/O的工作方式是调用一个函数来告诉系统要读取或写入数据，但这个函数调用不会等待I/O操作完成，而是立即返回，操作系统会在自己的线程中替我们完成I/O操作。操作系统完成要求的I/O操作后会通知我们。要创建高性能、伸缩性好、响应性好而且健壮的应用程序，异步I/O是关键。Windows提供了多种方法来进行异步I/O，本章会介绍所有这些方法。

3. 文件属性标志

现在看看传给CreateFile的dwFlagsAndAttributes参数的属性标志，表10-7列出了这些标志。除非是创建一个全新的文件，而且传给CreateFile的hFileTemplate参数的值为NULL，否则系统会完全忽略dwFlagsAndAttributes参数所指定的这些标志。你应已熟悉了其中大部分属性。

表10-7　可传给CreateFile的dwFlagsAndAttributes参数的值

标志	含义
FILE_ATTRIBUTE_ARCHIVE	文件是一个存档文件。应用程序用这个标志将文件标记为待备份或待删除。CreateFile创建新文件时会自动设置该标志
FILE_ATTRIBUTE_ENCRYPTED	文件是经过加密的
FILE_ATTRIBUTE_HIDDEN	文件是隐藏的。它不会出现在普通的目录清单中
FILE_ATTRIBUTE_NORMAL	文件没有其他属性。只有单独使用的时候，这个标志才有效
FILE_ATTRIBUTE_NOT_CONTENT_INDEXED	内容索引服务不会对文件进行索引
FILE_ATTRIBUTE_OFFLINE	文件虽然存在，但文件内容已被转移到脱机存储中。这个标志对层级存储系统(hierarchical storage system)比较有用
FILE_ATTRIBUTE_READONLY	文件是只读的。应用程序可以读取文件，但不能写入文件或删除文件
FILE_ATTRIBUTE_SYSTEM	文件是操作系统的一部分，或专供操作系统使用
FILE_ATTRIBUTE_TEMPORARY	文件数据只会使用一小段时间。为了将访问时间降至最低，文件系统会尽量将文件数据保存在内存中，而不是保存在磁盘中

297

创建临时文件的话，应该用FILE_ATTRIBUTE_TEMPORARY标志。CreateFile用这个标志创建文件时，会尽量将文件数据保存在内存中，而不是保存在磁盘上，因而可以显著提升文件内容的存取速度。如果不断向文件写入，直到系统再也无法将数据保存在内存中，操作系统将被迫开始将数据写入硬盘。将FILE_ATTRIBUTE_TEMPORARY标志和前面介绍过的FILE_FLAG_DELETE_ON_CLOSE标志组合起来使用，可以提高系统的性能。通常，当系统关闭文件的时候，会将文件在缓存中的数据回写到磁盘。但如果系统发现文件关闭后就要删除，就没有必要将缓存中的文件数据回写到磁盘上。

除了所有这些通信标志和属性标志，还有许多标志可控制打开命名管道时的安全服务质量(security quality of service)。由于这些标志是命名管道专用的，这里就不再讨论了。要想了解这些标志，请参见Platform SDK文档中对CreateFile函数的说明。

CreateFile的最后一个参数hFileTemplate，它既可以标识一个已经打开的文件的句柄，也可以是NULL。如果hFileTemplate标识一个文件句柄，那么CreateFile会完全忽略dwFlagsAndAttributes参数，改为使用与hFileTemplate所标识的那个文件关联的属性。为此，hFileTemplate标识的文件必须是一个已经用GENERIC_READ标志打开的文件。如果CreateFile是打开现有文件(而不是新建一个)，hFileTemplate参数会被忽略。

如果CreateFile成功创建或打开了文件或设备，就会返回文件或设备的句柄。如果
CreateFile失败，则会返回INVALID_HANDLE_VALUE。

说明　大多数以句柄为返回值的 Windows 函数在失败时会返回 NULL。但是，CreateFile 返
回的是 INVALID_HANDLE_VALUE(定义为 -1)。我经常看到下面这样的代码，这样写
是错误的：

```
HANDLE hFile = CreateFile(...);
if (hFile == NULL) {
    // 永远执行不到这里
} else {
    // 文件可能创建成功，也可能不成功
}
```

下面才是检查无效文件句柄的正确方式：

```
HANDLE hFile = CreateFile(...);
if (hFile == INVALID_HANDLE_VALUE) {
    // 文件未创建
} else {
    // 文件成功创建
}
```

298

10.2　使用文件设备

由于文件的使用非常普遍，所以我希望花些时间来讨论一些只和"文件"这种设备有关
的问题。本节介绍如何设置文件指针的位置以及如何改变文件的大小。

必须意识到的第一个问题是：Windows的设计允许处理非常大的文件。Microsoft最初的
设计人员选择用64位而不是32位值来表示文件大小。这意味着理论上一个文件最大可以
达到16 EB(exabytes)。

在32位操作系统中处理64位值，使我们在使用文件的时候不太方便，这是因为大量
Windows函数要求将一个64位值分为两个32位值来传入。但稍后就会看到，处理这些值
并不难，而且平时可能并不需要处理大于4 GB的文件。这意味着64位文件大小的高32位
在大多数时候都是0。

10.2.1　取得文件的大小

使用文件时，经常需要取得文件的大小。为此，最简单的方法是调用GetFileSizeEx：

```
BOOL GetFileSizeEx(
    HANDLE          hFile,
    PLARGE_INTEGER pliFileSize);
```

第一个参数hFile是一个已打开文件的句柄,参数pliFileSize是一个LARGE_INTEGER联合体(union)的地址。该联合体允许一个64位有符号值作为两个32位值来引用,或作为单个64位值来引用。在处理文件大小和偏移量时,这会相当方便。下面是这个联合体大致的定义:

```
typedef union _LARGE_INTEGER {
    struct {
        DWORD LowPart;         // 低 32 位无符号值
        LONG HighPart;         // 高 32 位有符号值
    };
    LONGLONG QuadPart;         // 完整的 64 位有符号值
} LARGE_INTEGER, *PLARGE_INTEGER;
```

除了LARGE_INTEGER之外,还有一个ULARGE_INTEGER结构可用来表示64位无符号值:

```
typedef union _ULARGE_INTEGER {
    struct {
        DWORD LowPart;         // 低 32 位无符号值
        DWORD HighPart;        // 高 32 位无符号值
    };
    ULONGLONG QuadPart;        // 完整的 64 位无符号值
} ULARGE_INTEGER, *PULARGE_INTEGER;
```

299

可用来取得文件大小的另一个非常有用的函数是GetCompressedFileSize:

```
DWORD GetCompressedFileSize(
    PCTSTR pszFileName,
    PDWORD pdwFileSizeHigh);
```

该函数返回文件的物理大小,GetFileSizeEx函数返回的则是文件的逻辑大小。例如,假设一个100 KB的文件经过压缩后只有85 KB。调用GetFileSizeEx返回文件的逻辑大小,即100 KB。调用GetCompressedFileSize返回的则是文件在磁盘上实际占用的字节数,即85 KB。

和GetFileSizeEx不同的是,GetCompressedFileSize要求第一个参数将文件名以字符串的形式传入,而不是以句柄的形式传入。GetCompressedFileSize函数以一种不同寻常的方式来返回64位文件大小:文件大小的低32位是函数的返回值,文件大小的高32位值被放在pdwFileSizeHigh参数指向的DWORD中。这时ULARGE_INTEGER结构就有了用武之地:

```
ULARGE_INTEGER ulFileSize;
ulFileSize.LowPart = GetCompressedFileSize(TEXT("SomeFile.dat"),
    &ulFileSize.HighPart);

// 64 位文件大小现在在 ulFileSize.QuadPart 中
```

10.2.2　定位文件指针

调用CreateFile会使系统创建一个文件内核对象来管理文件操作。该内核对象内部有一个文件指针，它是一个64位偏移量，表示应该在哪里执行下一次同步读取或写入操作。该文件指针最初被设为0，所以如果在调用CreateFile之后立即调用ReadFile，会从偏移位置0读取文件。如果从文件中读取了10个字节到内存中，系统会更新文件指针，这样下次调用ReadFile就会从偏移位置10开始读取文件的第11个字节。例如，以下代码先将文件的前10个字节读取到缓冲区，再将随后的10个字节读取到缓冲区：

```
BYTE pb[10];
DWORD dwNumBytes;
HANDLE hFile = CreateFile(TEXT("MyFile.dat"), ...);      // 指针设为 0
ReadFile(hFile, pb, 10, &dwNumBytes, NULL);              // 读取字节 0 ~ 9
ReadFile(hFile, pb, 10, &dwNumBytes, NULL);              // 读取字节 10 ~ 19
```

由于每个文件内核对象都有自己的文件指针，所以打开同一个文件两次的结果略有不同：

```
BYTE pb[10];
DWORD dwNumBytes;
HANDLE hFile1 = CreateFile(TEXT("MyFile.dat"), ...);     // 指针设为 0
HANDLE hFile2 = CreateFile(TEXT("MyFile.dat"), ...);     // 指针设为 0
ReadFile(hFile1, pb, 10, &dwNumBytes, NULL);             // 读取字节 0 ~ 9
ReadFile(hFile2, pb, 10, &dwNumBytes, NULL);             // 读取字节 0 ~ 9
```

本例用两个不同的内核对象来管理同一个文件。由于每个内核对象都有自己的文件指针，用一个文件对象对文件进行操作不会影响另一个对象的文件指针，因此文件的前10个字节会被读取两次。

下例对此进行了更清楚的说明：

```
BYTE pb[10];
DWORD dwNumBytes;
HANDLE hFile1 = CreateFile(TEXT("MyFile.dat"), ...);    // 指针设为 0
HANDLE hFile2;
DuplicateHandle(
    GetCurrentProcess(), hFile1,
    GetCurrentProcess(), &hFile2,
```

```
                    0, FALSE, DUPLICATE_SAME_ACCESS);
ReadFile(hFile1, pb, 10, &dwNumBytes, NULL);                    // 读取字节 0 ~ 9
ReadFile(hFile2, pb, 10, &dwNumBytes, NULL);                    // 读取字节 10 ~ 19
```

300

在本例中，两个文件句柄引用同一个文件内核对象。无论用哪个句柄对文件进行操作，更新的都是同一个文件指针。所以，和本节第一个例子相同，每次都将读取不同的字节。

要想随机访问文件的话，需要更改与文件内核对象关联的文件指针。为此，要调用函数SetFilePointerEx：

```
BOOL SetFilePointerEx(
    HANDLE          hFile,
    LARGE_INTEGER   liDistanceToMove,
    PLARGE_INTEGER  pliNewFilePointer,
    DWORD           dwMoveMethod);
```

hFile参数指出要更改哪个文件内核对象的文件指针。liDistanceToMove参数告诉系统我们要将指针移动多少字节。你指定的值会与文件指针的当前值相加，所以使用负数可使文件指针后移。SetFilePointerEx的最后一个参数是dwMoveMethod，它告诉SetFilePointerEx如何解释liDistanceToMove参数。表10-8列出了可以通过dwMoveMethod参数传入的三个值，我们用这些值来指定移动文件指针时的起始位置。

表10-8   可传给SetFilePointerEx的dwMoveMethod参数的值

值	含s 义
FILE_BEGIN	文件对象的文件指针被设为 liDistanceToMove 参数指定的值。注意，liDistanceToMove 在这里被解释为一个无符号 64 位值
FILE_CURRENT	文件对象的文件指针将与 liDistanceToMove 相加。注意 liDistanceToMove 被解释成一个有符号 64 位值，从而允许文件指针后移
FILE_END	文件对象的文件指针被设为文件的逻辑大小加上 liDistanceToMove 参数的值。注意 liDistanceToMove 被解释成一个有符号 64 位值，从而允许文件指针后移

301~302

SetFilePointerEx更新了文件对象的文件指针之后，会在pliNewFilePointer参数指向的LARGE_INTEGER结构中返回文件指针的新值。如果对新值不感兴趣，可以向pliNewFilePointer参数传递NULL。

下面这些与SetFilePointerEx有关的事实值得注意。

● 将文件指针的值设为超过文件当前大小是正当操作。除非在该位置向文件写入数据或者调用SetEndOfFile，否则这样做不会增加文件在磁盘上的实际大小。

- 如果SetFilePointerEx操作的文件是用FILE_FLAG_NO_BUFFERING标志打开的，那么文件指针只能被设为扇区大小的整数倍。本章后面的FileCopy示例程序展示了正确做法。
- Windows没有提供一个GetFilePointerEx函数，但正如以下代码展示的那样，可调用SetFilePointerEx将文件指针移动0个字节，从而获得希望的效果。

```
LARGE_INTEGER liCurrentPosition = { 0 };
SetFilePointerEx(hFile, liCurrentPosition, &liCurrentPosition, FILE_CURRENT);
```

10.2.3　设置文件尾

通常，在关闭文件时，系统会负责设置文件尾(EOF)。但是，有时需要强制使文件变得更小或更大。为此可以调用：

```
BOOL SetEndOfFile(HANDLE hFile);
```

SetEndOfFile函数会根据文件对象的文件指针当前所在的位置来截短或增大文件。例如，要将文件的大小强制设为1024，可以像下面这样使用SetEndOfFile：

```
HANDLE hFile = CreateFile(...);
LARGE_INTEGER liDistanceToMove;
liDistanceToMove.QuadPart = 1024;
SetFilePointerEx(hFile, liDistanceToMove, NULL, FILE_BEGIN);
SetEndOfFile(hFile);
CloseHandle(hFile);
```

用Windows资源管理器查看文件属性，会发现文件的大小正好是1024字节。

10.3　执行同步设备 I/O

本节讨论的Windows函数允许执行同步设备I/O。记住，所谓的"设备"既可以是文件，也可以是邮槽、管道、套接字等。无论使用何种设备，都需要用相同的函数来执行I/O操作。

对设备数据进行读/写时，最简单和最常用的函数无疑是ReadFile和WriteFile：

```
BOOL ReadFile(
    HANDLE       hFile,
    PVOID        pvBuffer,
    DWORD        nNumBytesToRead,
    PDWORD       pdwNumBytes,
    OVERLAPPED*  pOverlapped);
```

```
BOOL WriteFile(
    HANDLE      hFile,
    CONST VOID  *pvBuffer,
    DWORD       nNumBytesToWrite,
    PDWORD      pdwNumBytes,
    OVERLAPPED* pOverlapped);
```

hFile参数标识了要访问的设备的句柄。在打开设备的时候，一定不能指定FILE_FLAG_OVERLAPPED标志，否则系统会认为你想要对设备执行异步I/O。pvBuffer参数指向一个缓冲区，函数会将设备数据读取到这个缓冲区，或者将该缓冲区中的数据写入设备。nNumBytesToRead和nNumBytesToWrite参数分别告诉ReadFile和WriteFile要从设备读取多少字节以及要向设备写入多少字节。

pdwNumBytes参数是指向一个DWORD的地址，函数会在其中填充设备成功收发的字节数。如果执行的是同步I/O，最后一个参数pOverlapped应被设为NULL。稍后讨论异步I/O时，将会详细介绍该参数。

ReadFile和WriteFile在调用成功时都会返回TRUE。顺便说一下，只能为那些用GENERIC_READ标志打开的设备调用ReadFile。类似，只有用GENERIC_WRITE标志打开的设备才能为其调用WriteFile。

10.3.1　将数据回写到设备

之前在讨论CreateFile函数的时候，我们提到过可以传递许多标志来改变系统对文件数据进行缓存的方式。其他一些设备，比如串口、邮槽以及管道，也会对数据进行缓存。可调用FlushFileBuffers强制系统将缓存数据写入设备：

```
BOOL FlushFileBuffers(HANDLE hFile);
```

FlushFileBuffers函数强制将与hFile参数所标识的设备相关联的所有缓存数据回写(flush)到设备。设备必须是通过GENERIC_WRITE标志打开的，这样，FlushFileBuffers才能正常工作。如果调用成功，函数就会返回TRUE。

10.3.2　同步I/O取消

执行同步I/O的函数很容易使用，但除非请求完成，否则会阻塞住来自同一个线程(即发出I/O请求的线程)的其他任何操作。CreateFile操作就是一个很好的例子。用户执行鼠标和键盘输入时，窗口消息会被添加到一个队列中。该队列与创建窗口供输入的线程关联。如线程因为等待CreateFile返回而被阻塞，窗口消息将无法得到处理，该线程创建的所有窗口都会被冻住。应用程序有时会停止响应，最常见的原因就是因为要等待同步I/O操作完成而被阻塞！

303~304

从Windows Vista开始，Microsoft增加了一些重要特性来缓解该问题。例如，如果一个控制台(CUI)应用程序因为同步I/O而停止响应，用户现在随时可以按Ctrl+C拿回控制权并继续使用控制台，再也不用"杀死"控制台进程了。另外，新的打开/保存文件对话框提供了一个取消按钮，如打开文件的时间过久(一般是因为试图访问网络服务器上的文件)，用户可以取消操作。

要想构建响应性好的应用程序，应该尽可能执行异步I/O操作。这通常能在应用程序中使用较少的线程，从而节省资源(包括线程内核对象和线程栈)。另外，如I/O操作以异步方式进行，向用户提供取消操作的功能通常会很简单。例如在Internet Explorer中，如果一个Web请求耗时太长，用户失去耐心，它允许用户(通过红色×按钮或Esc键)取消页面请求。

不幸的是，某些Windows API(比如CreateFile)不支持以异步方式调用方法。虽然有的函数会因为等待时间太久而超时(比如试图访问网络服务器)，但如果能有一个API能强制线程取消同步I/O操作并退出等待，那就再好不过了。从Windows Vista开始，可使用以下函数将一个给定线程尚未完成的同步I/O请求取消：

```
BOOL CancelSynchronousIo(HANDLE hThread);
```

hThread参数是因为等待同步I/O请求完成而被挂起的线程的句柄。该句柄必须是用THREAD_TERMINATE访问权限创建的，否则CancelSynchronousIo调用会失败，这时调用GetLastError会返回ERROR_ACCESS_ DENIED。用CreateThread或_beginthreadex创建自己的线程时，返回的句柄具有THREAD_ALL_ACCESS访问权限，其中包括了THREAD_TERMINATE访问权限。但是，如果要利用线程池，或者取消操作的代码由一个计时器回调函数调用，那么通常必须调用OpenThread来获取与当前线程标识符对应的线程句柄，这时不要忘了在第一个参数中传入THREAD_TERMINATE。

如指定的线程因为等待同步I/O操作完成而被挂起，CancelSynchronousIo会将被挂起的线程唤醒，线程试图执行的操作将会失败，这时调用GetLastError会返回ERROR_OPERATION_ABORTED。另外，CancelSynchronousIo会向调用者返回TRUE。

注意，调用CancelSynchronousIo的线程实际并不知道调用同步操作的线程目前处于什么状态。可能是线程被抢占，尚未开始与设备的通信；可能是线程因为要等待设备响应而被挂起；也可能是设备刚响应，线程的调用正在返回的过程中。如果在调用CancelSynchronousIo时，线程并不是因为要等待设备响应而被挂起，那么CancelSynchronousIo会返回FALSE，这时调用GetLastError会返回ERROR_NOT_FOUND。

有鉴于此，我们可能希望使用其他一些线程同步机制(第8章和第9章中介绍的)来确定是否正在取消一个同步操作。但在实践中，这通常没有必要，因为取消操作通常是用户因为发现应用程序被挂起而发起的。另外，如果第一次取消操作看起来没有生效，用户可能会再次(或多次)尝试取消。顺便说一下，为了允许用户在控制台和文件打开/保存对话框中重新拿回控制权，Windows在内部调用了CancelSynchronousIo。

304~305

> **警告**　I/O 请求的取消取决于用于实现相应系统层 (system layer) 的驱动程序。可能出现某个驱动程序不支持取消的情况。在这种情况下，CancelSynchronousIo 无论如何都会返回 TRUE，这是因为函数发现了一个标记为"已取消"的请求。而将请求真正取消是驱动程序的责任。从 Windows Vista 开始，驱动程序进行了更新以支持同步取消，其中一个例子就是网络重定向程序 (network redirector)。

10.4　异步设备 I/O 基础

和计算机执行的其他大多数操作相比，设备I/O是最慢、最不可预测的操作之一。CPU从文件或跨网络读取数据的速度，以及CPU向文件或跨网络写入数据的速度，比它执行算术运算的速度，甚至比它绘制屏幕的速度都要慢得多。但是，使用异步设备I/O使我们能更好地利用资源并构建更高效的应用程序。

假设一个线程向设备发出一个异步I/O请求。该I/O请求被传给设备驱动程序，后者负责完成实际的I/O操作。驱动程序在等待设备响应的时候，应用程序的线程并没有因为要等待I/O请求完成而被挂起。相反，线程会继续运行并执行其他有用的任务。

到某个时刻，设备驱动程序完成了对队列中的I/O请求的处理，这时它必须通知应用程序数据已发送，数据已收到，或者发生了错误。10.5节"接收I/O请求完成通知"会更详细地讨论设备驱动程序如何通知I/O完成。目前，先关注如何将异步I/O请求加入队列。将异步I/O请求加入队列是设计高性能、可伸缩应用程序的核心之所在，本章剩余部分将全部用来讨论异步I/O。

要以异步方式访问设备，必须先调用CreateFile，并在dwFlagsAndAttributes参数中指定FILE_FLAG_OVERLAPPED标志来打开设备。该标志告诉系统要以异步方式访问设备。

为了将I/O请求加入设备驱动程序的队列，必须使用ReadFile和WriteFile函数(10.3节"执行同步设备I/O"已介绍过它们)。为方便大家参考，下面再次列出函数原型：

```
BOOL ReadFile(
    HANDLE      hFile,
    PVOID       pvBuffer,
    DWORD       nNumBytesToRead,
    PDWORD      pdwNumBytes,
    OVERLAPPED* pOverlapped);

BOOL WriteFile(
    HANDLE      hFile,
    CONST VOID  *pvBuffer,
    DWORD       nNumBytesToWrite,
    PDWORD      pdwNumBytes,
    OVERLAPPED* pOverlapped);
```

305~306

调用这两个函数中的任何一个时，函数会检查hFile参数所标识的设备是不是用FILE_
FLAG_OVERLAPPED标志打开的。如果指定了该标志，函数就会执行异步设备I/O。顺便
说一下，调用这两个函数来进行异步I/O时，可以(也通常会)为pdwNumBytes参数传递
NULL。毕竟，我们希望这两个函数在I/O请求完成之前就返回，所以此时检查已传输的
字节数是没有意义的。

10.4.1　OVERLAPPED结构

执行异步设备I/O时，必须在pOverlapped参数中传入一个已初始化的OVERLAPPED结
构。“overlapped”在这里的意思是执行I/O请求的时间与线程执行其他任务的时间是
“重叠”的。下面是OVERLAPPED结构的定义：

```
typedef struct _OVERLAPPED {
    DWORD  Internal;           // [out] Error code
    DWORD  InternalHigh;       // [out] Number of bytes transferred
    DWORD  Offset;             // [in]  Low 32-bit file offset
    DWORD  OffsetHigh;         // [in]  High 32-bit file offset
    HANDLE hEvent;             // [in]  Event handle or data
} OVERLAPPED, *LPOVERLAPPED;
```

该结构包含5个成员。其中三个(即Offset，OffsetHigh和hEvent)必须在调用ReadFile和
WriteFile之前进行初始化。另外两个(Internal和InternalHigh)由驱动程序设置，而且在I/
O操作完成时可以检查它们的值。下面更详细地介绍了这些成员变量。

1. Offset成员和OffsetHigh成员

这两个成员构成一个64位的偏移量，它们表示当访问文件的时候应该从哪里开
始进行I/O操作。以前说过，每个文件内核对象都有一个与之关联的文件指针。

发出同步I/O请求时，系统知道应该从文件指针指向的位置开始访问。操作完成后，系统自动更新文件指针，这样下次操作就会从上次操作结束的地方继续。执行异步I/O时，这个文件指针会被系统忽略。想象一下，对同一个文件内核对象发出两个异步ReadFile调用会发生什么？在这种情况下，系统不知道第二个ReadFile调用应该从哪里开始读取。你希望的起始位置和第一次调用ReadFile时的起始位置可能并不一样，你可能希望接着第一次ReadFile读取。为避免对同一个对象进行多个异步调用时发生混乱，所有异步I/O请求必须在OVERLAPPED结构中指定起始偏移量。

306

注意，非"文件"的设备会忽略Offset成员和OffsetHigh成员，必须将这两个成员都初始化为0，否则I/O请求会失败，这时调用GetLastError会返回ERROR_INVALID_PARAMETER。

2. hEvent成员

在用来接收I/O完成通知的4种方法中，其中一种方法(即表10-9中的最后一种方法，使用I/O完成端口)会用到该成员。使用可提醒I/O通知(alertable I/O notification)函数时，开发人员可根据自己的需要来使用该成员。就我所知，许多开发人员会在hEvent中存储一个C++对象的地址。10.5.2节"触发事件内核对象"将进一步讨论该成员。

3. Internal成员

该成员用于容纳已处理的I/O的错误码。一旦发出异步I/O请求，设备驱动程序就会立即将Internal设为STATUS_PENDING，表明没有错误，因为操作尚未开始。实际上，WinBase.h中定义的HasOverlappedIoCompleted宏允许我们检查一个异步I/O操作是否已经完成。如请求还处在等待状态，这个宏会返回FALSE。如果I/O请求已经完成，这个宏会返回TRUE。下面是这个宏的定义：

```
#define HasOverlappedIoCompleted(pOverlapped) \
    ((pOverlapped)->Internal != STATUS_PENDING)
```

4. InternalHigh成员

异步I/O请求完成时，这个成员容纳了已传输的字节数。

最初设计OVERLAPPED结构的时候，Microsoft决定不公开Internal成员和InternalHigh成员(所以才会有Internal…这样的名字)。随着时间的推移，Microsoft认识到这些成员中包含的信息会对开发人员有用，因此把它们公开了。但是，Microsoft没有改变这些成员的名字，这是因为操作系统的源代码频繁地引用它们，而Microsoft并不想为此修改源代码。

说明	异步 I/O 请求完成时，你会收到一个 OVERLAPPED 结构的地址。这个结构就是发出请求时使用的那个。利用 OVERLAPPED 结构传递更多的上下文信息在很多时候都很有用，例如，可将发出 I/O 请求时使用的设备句柄保存在 OVERLAPPED 结构中。OVERLAPPED 结构既没有提供一个成员来保存设备句柄，也没有提供别的成员来保存上下文信息。但是，我们可以非常容易地解决这个问题。
	我经常创建一个派生自 OVERLAPPED 结构的 C++ 类。这个 C++ 类能存储我想要的任何附加信息。应用程序接收到 OVERLAPPED 结构的地址时，我只需将这个地址转型为我的 C++ 类的指针。然后，我既可以访问 OVERLAPPED 结构的成员，也可以访问应用程序所需的任何附加信息。本章最后的 FileCopy 示例程序展示了这个技术。详情请参见 FileCopy 示例程序中的 C++ 类 CIOReq。

10.4.2　异步设备I/O的注意事项

执行异步I/O时有两个问题要注意。首先，设备驱动程序不一定以先入先出(FIFO)的方式来处理队列中的I/O请求。例如，如果线程执行以下代码，设备驱动程序可能会先写入文件再读取文件：

```
OVERLAPPED o1 = { 0 };
OVERLAPPED o2 = { 0 };
BYTE bBuffer[100];
ReadFile (hFile, bBuffer, 100, NULL, &o1);
WriteFile(hFile, bBuffer, 100, NULL, &o2);
```

307~308

如果不按顺序执行I/O请求能提高性能，设备驱动程序一般都会这样做。例如，为了降低磁头的移动和寻道时间，文件系统驱动程序可能会在I/O请求队列中寻找那些要访问物理硬盘上相邻位置的请求。

要注意的第二个问题是如何以正确方式检查错误。大多数Windows函数返回FALSE来表示失败，或返回非零值来表示成功。但是，ReadFile和WriteFile略有不同。下面用一个例子来说明。

试图让一个异步I/O请求入队的时候，设备驱动程序可能选择以同步方式处理请求。从文件读取数据时，系统会检查目标数据是否已经在系统的缓存中。如果数据已经在缓存中，系统不会将I/O请求添加到设备驱动程序的队列，而会将缓存中的数据复制到我们的缓冲区中来完成这个I/O操作。驱动程序总是以同步方式执行某些操作，例如NTFS文件压缩、增大文件长度或者向文件追加信息。

如果请求的I/O操作以同步方式执行，ReadFile和WriteFile会返回非零值。如果请求的I/O操作以异步方式执行，或者在调用ReadFile或WriteFile时发生了错误，这两个函数会返回FALSE，此时必须调用GetLastError来检查到底发生了什么。如果GetLastError返回ERROR_IO_PENDING，表明I/O请求已被成功入队，会在晚些时候完成。

如果GetLastError 返回的是除ERROR_IO_PENDING之外的值，表明I/O请求无法添加到设备驱动程序的队列中。下面列出此时由GetLastError返回的一些常见错误码。

- ERROR_INVALID_USER_BUFFER或ERROR_NOT_ENOUGH_MEMORY　每个设备驱动程序都会在非分页池(nonpaged pool)中维护一个固定大小的列表来管理待处理的I/O请求。如果这个列表已满，系统就无法将请求加入队列，所以ReadFile和WriteFile会返回FALSE，GetLastError会报告这两个错误码之一(具体取决于驱动程序)。
- ERROR_NOT_ENOUGH_QUOTA　某些设备要求锁定你的数据缓冲区的存储页面，这样在I/O等待处理时，数据就不会从RAM中换出。在使用FILE_FLAG_NO_BUFFERING标志的前提下，文件I/O显然也必须满足这个页面锁定要求。但是，系统对单一进程能页面锁定的存储量做了限制。如果ReadFile和WriteFile不能对缓冲区所在的存储进行页面锁定，这两个函数会返回FALSE，此时调用GetLastError会报告ERROR_NOT_ENOUGH_QUOTA。我们可以调用SetProcessWorkingSetSize来提升进程的配额。

308

应该怎样处理这些错误？之所以发生这些错误，主要是因为还有一定数量的待处理I/O请求尚未完成，所以需要等一些待处理的I/O请求完成后再次调用ReadFile和WriteFile。

要注意的第三个问题是，在异步I/O请求完成之前，一定不能移动或销毁在发出异步I/O请求时所用的数据缓存和OVERLAPPED结构。系统将I/O请求加入设备驱动程序的队列时，会将数据缓冲区的地址和OVERLAPPED结构的地址传给驱动程序。注意，传递的只是地址而不是实际的数据块。这样做的原因是显而易见的：内存复制非常费时，会浪费大量CPU时间。

设备驱动程序准备好处理队列中的请求时，会传输pvBuffer地址所引用的数据，并访问pOverlapped参数指向的OVERLAPPED结构中的文件偏移量和其他成员。具体地说，设备驱动程序会在Internal成员中保存I/O的错误码，在InternalHigh成员中保存已经传输的字节数。

说明　在 I/O 请求完成之前，不移动或销毁这些数据缓冲区至关重要。否则，内存就会遭到破坏。另外，必须为每个 I/O 请求分配并初始化一个不同的 OVERLAPPED 结构。

这个附注非常重要，它是开发人员在实现异步设备I/O时最常犯的一个错误。下例展示了

什么事情不应该做：

```
VOID ReadData(HANDLE hFile) {
    OVERLAPPED o = { 0 };
    BYTE b[100];
    ReadFile(hFile, b, 100, NULL, &o);
}
```

这段代码表面上无害，ReadFile的调用也完全没有问题。唯一的问题在于，异步I/O请求入队之后，这个函数会返回。函数返回会造成从线程栈释放缓冲区以及OVERLAPPED结构，但设备驱动程序并没有意识到ReadData已经返回了。设备驱动程序仍然有两个指向线程栈的内存地址。I/O完成后，设备驱动程序会尝试修改线程栈中的内存，造成当前在那里的数据被破坏。由于对内存的修改以异步方式进行，所以这个bug很难发现。有的时候，设备驱动程序可能以同步方式执行I/O，此时不会出现这个bug。但有的时候，I/O可能正好在函数返回后完成，也可能在一小时后完成，天晓得那个时候线程栈正在被谁使用？！

10.4.3 取消队列中的设备I/O请求

有时需要在设备驱动程序对一个已入队的设备I/O请求进行处理之前将其取消。Windows提供了多种方式来达到这一目的。

- 调用CancelIo来取消由给定句柄所标识的线程添加到队列中的所有I/O请求(除非该句柄与一个I/O完成端口关联)：

  ```
  BOOL CancelIo(HANDLE hFile);
  ```

- 可关闭设备句柄，从而取消已入队的所有I/O请求，无论它们是由哪个线程添加的。
- 线程终止时，系统自动取消该线程发出的所有I/O请求，除非请求的句柄和一个I/O完成端口关联，则不在被取消之列。
- 如果需要取消发往给定文件句柄的一个指定的I/O请求，可以调用CancelIoEx：

  ```
  BOOL CancelIoEx(HANDLE hFile, LPOVERLAPPED pOverlapped);
  ```

使用CancelIoEx取消由调用线程之外的其他线程发出的待处理I/O请求。该函数会将hFile设备的待处理I/O请求中所有与pOverlapped参数关联的请求都标记为已取消。由于每个待处理的I/O请求都应该有自己的OVERLAPPED结构，所以每个CancelIoEx调用只应取消一个待处理的请求。但是，如果pOverlapped为NULL，CancelIoEx会取消hFile所指定的设备的全部待处理I/O请求。

309~310

10.5　接收 I/O 请求完成通知

你现在已经知道如何将异步设备I/O请求添加到队列中，但我们还没有讨论设备驱动程序如何通知I/O请求已完成。

Windows提供了4种不同的方法来接收I/O完成通知(表10-9对它们进行了简要说明)，本章会讨论所有这些方法。表格中的方法根据复杂程度来排序，从最容易理解和实现的(触发设备内核对象)到最难理解和实现的(I/O完成端口)。

表10-9　用于接收I/O完成通知的方法

技术	摘要
触发设备内核对象	向一个设备同时发出多个 I/O 请求时，这个方法没什么用。它允许一个线程发出 I/O 请求，另一个线程对结果进行处理
触发事件内核对象	这个方法允许向一个设备同时发出多个 I/O 请求。允许一个线程发出 I/O 请求，另一个处理结果
使用可提醒 I/O	这个方法允许向一个设备同时发出多个 I/O 请求。发出 I/O 请求的线程必须对结果进行处理
使用 I/O 完成端口	这个方法允许向一个设备同时发出多个 I/O 请求。允许一个线程发出 I/O 请求，另一个处理结果。这项技术具有高度的伸缩性和最大的灵活性

310

如本章开头所述，在用来接收I/O完成通知的4种方法中，I/O完成端口无疑是最好的。通过学习所有这四种方法，我们了解到Microsoft为什么要在Windows中加入I/O完成端口，以及如何用I/O完成端口解决其他方法存在的各种问题。

10.5.1　触发设备内核对象

线程触发异步I/O请求后会继续执行，完成其他有用的工作。但即便如此，线程最终还是需要与I/O操作的完成同步。换言之，最终会到达线程代码中的一个点；在这个点上，除非来自设备的数据已载入缓冲区，否则线程无法继续执行。

在Windows中，设备内核对象可用来进行线程同步，所以对象既可能处于触发状态，也可能处于未触发状态。ReadFile和WriteFile函数会在将I/O请求添加到队列之前将设备内核对象设为未触发状态。设备驱动程序完成请求之后，该驱动程序会将设备内核对象设为触发状态。

线程可通过调用WaitForSingleObject或WaitForMultipleObjects来检查异步I/O请求是否已经完成。下面是一个简单的例子：

```
HANDLE hFile = CreateFile(..., FILE_FLAG_OVERLAPPED, ...);
BYTE bBuffer[100];
OVERLAPPED o = { 0 };
o.Offset = 345;

BOOL bReadDone = ReadFile(hFile, bBuffer, 100, NULL, &o);
DWORD dwError = GetLastError();

if (!bReadDone && (dwError == ERROR_IO_PENDING)) {
    // I/O 异步执行；等待它完成
    WaitForSingleObject(hFile, INFINITE);
    bReadDone = TRUE;
}

if (bReadDone) {
    // o.Internal 包含 I/O 错误
    // o.InternalHigh 包含传输的字节数
    // bBuffer 包含读取的数据
} else {
    // 发生错误；参见 dwError
}
```

这段代码先发出一个异步I/O请求，然后立即等待该请求完成，这违背了异步I/O的设计初衷！显然，在实际写代码的时候绝不应该这样做。但是，这段代码展示了一些重要的概念，总结如下。

- 设备必须使用FILE_FLAG_OVERLAPPED标志以异步方式打开。
- 必须对OVERLAPPED结构的Offset，OffsetHigh和hEvent成员进行初始化。上述代码将Offset设为345，将其他值都设为0，这样ReadFile就会从文件的第346个字节开始读取数据。
- ReadFile的返回值被保存在bReadDone中，该值表明该I/O请求是不是以同步方式完成的。
- 如果该I/O请求不是以同步方式完成的，代码继续检查是否有错误发生，或者I/O是否以异步方式完成。我们将GetLastError的返回值与ERROR_IO_PENDING进行比较来得到这一信息。
- 为了等待数据，代码调用WaitForSingleObject并传入设备内核对象的句柄。第9章讲过，调用该函数会使线程挂起，直到该内核对象被触发为止。设备驱动程序完成I/O后会触发对象。WaitForSingleObject返回后，I/O已经完成，代码将bReadDone设为TRUE。

- 读取完成后，可以检查bBuffer中的数据、OVERLAPPED结构的Internal成员中的错误码以及OVERLAPPED结构的InternalHigh成员中的已传输字节数。

- 如果真的发生错误，dwError中包含的错误码可以给出更多信息。

311~312

10.5.2 触发事件内核对象

刚才描述的接收I/O完成通知的方法非常简单明了，但由于不能很好地处理多个I/O请求，所以实际并不怎么有用。例如，假设要同时对一个文件执行多个异步操作，以下代码对文件同时读写10个字节：

```
HANDLE hFile = CreateFile(..., FILE_FLAG_OVERLAPPED, ...);

BYTE bReadBuffer[10];
OVERLAPPED oRead = { 0 };
oRead.Offset = 0;
ReadFile(hFile, bReadBuffer, 10, NULL, &oRead);

BYTE bWriteBuffer[10] = { 0, 1, 2, 3, 4, 5, 6, 7, 8, 9 };
OVERLAPPED oWrite = { 0 };
oWrite.Offset = 10;
WriteFile(hFile, bWriteBuffer, _countof(bWriteBuffer), NULL, &oWrite);
 ...
WaitForSingleObject(hFile, INFINITE);
```

// 我们不知道什么完成了：读取？ 写入？ 还是两者？

不能通过等待设备内核对象被触发的方式对线程进行同步，因为任何一个操作完成，对象就会被触发。如果调用WaitForSingleObject并传入设备句柄，将无法确定函数是因为读取操作完成还是写入操作完成而返回。显然，需要一种更好的方法来同时执行多个异步I/O请求，从而避免这种情况的发生。幸好，的确存在这样的方法。

OVERLAPPED结构的最后一个成员hEvent用来标识一个事件内核对象。必须调用CreateEvent来创建该事件对象。异步I/O请求完成时，设备驱动程序会检查OVERLAPPED结构的hEvent成员是否为NULL。如果hEvent不为NULL，驱动程序会调用SetEvent来触发事件。驱动程序还会像以前那样将设备对象设为触发状态。但是，如果你用事件来检查一个设备操作是否完成，就不应等待设备对象被触发，而是应该等待事件。

312

说明　为了略微提高性能，可以告诉 Windows 在操作完成时不要触发文件对象。我们通过调用 SetFileCompletionNotificationModes 函数来达到这一目的：

```
BOOL SetFileCompletionNotificationModes(HANDLE hFile, UCHAR uFlags);
```

hFile 参数标识一个文件句柄，uFlags 参数告诉 Windows 如何修改 I/O 操作完成时的行为。如传入 FILE_SKIP_SET_EVENT_ON_HANDLE 标志，Windows 不会在文件操作完成时触发文件句柄。注意，FILE_SKIP_SET_EVENT_ON_HANDLE 标志的命名非常糟糕，取 FILE_SKIP_SIGNAL 之类的名字应该会更好。

要想同时执行多个异步设备I/O请求，就必须为每个请求创建单独的事件对象，初始化每个请求的OVERLAPPED结构中的hEvent成员，然后调用ReadFile或WriteFile。当运行到代码中的那个点，必须与I/O请求的完成状态进行同步的时候，只需调用WaitForMultipleObjects并传入与每个待处理I/O请求的OVERLAPPED结构相关联的事件句柄。采取这种方式，可以非常容易地、可靠地同时执行多个异步设备I/O操作并使用同一个设备对象。以下代码展示了这个方法：

```
HANDLE hFile = CreateFile(..., FILE_FLAG_OVERLAPPED, ...);

BYTE bReadBuffer[10];
OVERLAPPED oRead = { 0 };
oRead.Offset = 0;
oRead.hEvent = CreateEvent(...);
ReadFile(hFile, bReadBuffer, 10, NULL, &oRead);

BYTE bWriteBuffer[10] = { 0, 1, 2, 3, 4, 5, 6, 7, 8, 9 };
OVERLAPPED oWrite = { 0 };
oWrite.Offset = 10;
oWrite.hEvent = CreateEvent(...);
WriteFile(hFile, bWriteBuffer, _countof(bWriteBuffer), NULL, &oWrite);
...

HANDLE h[2];
h[0] = oRead.hEvent;
h[1] = oWrite.hEvent;
DWORD dw = WaitForMultipleObjects(2, h, FALSE, INFINITE);
switch (dw - WAIT_OBJECT_0) {
   case 0:   // 读取完成
      break;

   case 1:   // 写入完成
      break;
}
```

代码有点做作，在实际的应用程序中并不会完全这样写，但它确实阐明了我的观点。实际的应用程序通常会用一个循环来等待I/O请求完成。每个请求完成时，线程会执行它想执行的任务，将另一个异步I/O请求添加到队列中，进入下一次循环并等待更多I/O请求完成。

GetOverlappedResult函数

还记得吗，前面说过Microsoft当初并不打算公开OVERLAPPED结构的成员Internal和InternalHigh，这意味着Microsoft需要提供另一种方式让开发人员知道在I/O处理过程中传输了多少字节并取得I/O错误码。为了让我们获得这些信息，Microsoft创建了GetOverlappedResult函数：

```
BOOL GetOverlappedResult(
    HANDLE      hFile,
    OVERLAPPED* pOverlapped,
    PDWORD      pdwNumBytes,
    BOOL        bWait);
```

既然现在Microsoft已经公开了Internal和InternalHigh这两个成员，GetOverlappedResult函数就不怎么有用了。但是，我最开始学习异步I/O的时候，决定对该函数进行逆向工程，以巩固我头脑中的概念。以下代码展示了GetOverlappedResult在内部是如何实现的：

```
BOOL GetOverlappedResult(
    HANDLE hFile,
    OVERLAPPED* po,
    PDWORD pdwNumBytes,
    BOOL bWait) {


    if (po->Internal == STATUS_PENDING) {
        DWORD dwWaitRet = WAIT_TIMEOUT;
        if (bWait) {
            // Wait for the I/O to complete
            dwWaitRet = WaitForSingleObject(
                (po->hEvent != NULL) ? po->hEvent : hFile, INFINITE);
        }

        if (dwWaitRet == WAIT_TIMEOUT) {
            // I/O not complete and we're not supposed to wait
            SetLastError(ERROR_IO_INCOMPLETE);
            return(FALSE);
        }
```

```
    if (dwWaitRet != WAIT_OBJECT_0) {
        // Error calling WaitForSingleObject
        return(FALSE);
    }
}

// I/O is complete; return number of bytes transferred
*pdwNumBytes = po->InternalHigh;

if (SUCCEEDED(po->Internal)) {
    return(TRUE);    // No I/O error
}

// Set last error to I/O error
SetLastError(po->Internal);
return(FALSE);
}
```

314

10.5.3 可提醒I/O

可以用来接收I/O完成通知的第三种方法被称为可提醒I/O(alertable I/O，或者称为可唤醒I/O)。最初，Microsoft对开发人员吹嘘说，可提醒I/O是创建高性能且伸缩性好的应用程序的最佳机制。但当开发人员开始使用可提醒I/O之后，很快就意识到它并没有达到预期。

我曾经大量使用可提醒I/O，而且我也是第一个告诉你真相的人，可提醒I/O非常糟糕，要尽量避免使用。但是，为了使可提醒I/O能起作用，Microsoft在操作系统中添加了一些基础设施。我发现这些基础设施非常有用，也很有价值。阅读本节的时候，请将注意力集中在这些基础设施上，不必纠缠于和I/O有关的方面。

系统在创建线程的同时会创建一个与线程关联的队列，这就是所谓的异步过程调用(Asynchronous Procedure Call，APC)队列。发出I/O请求时，我们可以以告诉设备驱动程序在调用线程的APC队列中追加一项。应该调用ReadFileEx和WriteFileEx函数将I/O完成通知添加到线程的APC队列中：

```
BOOL ReadFileEx(
    HANDLE      hFile,
    PVOID       pvBuffer,
    DWORD       nNumBytesToRead,
    OVERLAPPED* pOverlapped,
    LPOVERLAPPED_COMPLETION_ROUTINE pfnCompletionRoutine);
```

```
BOOL WriteFileEx(
    HANDLE        hFile,
    CONST VOID    *pvBuffer,
    DWORD         nNumBytesToWrite,
    OVERLAPPED*   pOverlapped,
    LPOVERLAPPED_COMPLETION_ROUTINE pfnCompletionRoutine);
```

与ReadFile和WriteFile相似，ReadFileEx和WriteFileEx在将I/O请求发给设备驱动程序之后立即返回。大多数参数和ReadFile和WriteFile一样，只有两个例外。首先，*Ex版本没有指向一个DWORD的指针作为参数。该DWORD本来用于容纳已传输的字节数，但现在该信息只能由回调函数获取。其次，*Ex版本要求传入一个回调函数的地址，该回调函数称为完成函数(completion routine)，其原型如下所示：

```
VOID WINAPI CompletionRoutine(
    DWORD        dwError,
    DWORD        dwNumBytes,
    OVERLAPPED*  po);
```

ReadFileEx和WriteFileEx在发出I/O请求时，会将回调函数的地址传给设备驱动程序。设备驱动程序完成I/O请求后，会在发出I/O请求的线程的APC队列中添加一项。该项包含了完成函数的地址以及用于发出I/O请求的OVERLAPPED结构的地址。

315

说明　顺便说一下，当一个可提醒I/O完成时，设备驱动程序不会试图触发一个事件对象。事实上，设备根本就没有用到OVERLAPPED结构的hEvent成员。因此，如果需要，我们可以将hEvent据为己用。

当线程处于可提醒状态的时候(马上就会讨论到)，系统会检查它的APC队列，针对队列中的每一项，系统都会调用完成函数，并传入I/O错误码、已传输的字节数以及OVERLAPPED结构的地址。注意，错误码和已传输的字节数也可通过OVERLAPPED结构的Internal成员和InternalHigh成员获得。前面说过，由于Microsoft最初并未打算公开这些成员，所以是把它们作为参数传给函数。

稍后将重新讨论完成函数。现在，先让我们看看系统是如何处理异步I/O请求的。下面这段代码将三个不同的异步操作添加到队列中：

```
hFile = CreateFile(..., FILE_FLAG_OVERLAPPED, ...);

ReadFileEx(hFile, ...);    // Perform first ReadFileEx
WriteFileEx(hFile, ...);   // Perform first WriteFileEx
```

```
ReadFileEx(hFile, ...);      // Perform second ReadFileEx

SomeFunc();
```

假设执行SomeFunc调用需要一些时间，而系统在SomeFunc函数返回之前就完成了所有三个操作。线程在执行SomeFunc函数的同时，设备驱动程序正在将已完成的I/O一项一项地添加到线程的APC队列中。APC队列可能是这个样子的：

```
first WriteFileEx completed
second ReadFileEx completed
first ReadFileEx completed
```

这个APC队列由系统在内部维护。从这个列表中，还可注意到系统会以任意顺序执行入队的I/O请求，最后发出的I/O请求可能最先完成，反之亦然。添加到线程APC队列中的每一项都包含一个回调函数的地址，以及一个要传给该回调函数的值。

I/O请求完成时，系统会将它们添加到线程的APC队列中，回调函数并不会立即被调用，这是因为线程可能还在忙于其他事情，不能被打断。为了对线程APC队列中的项进行处理，线程必须将自己置为可提醒状态。这个状态的意思很简单，就是线程在执行过程中到达了一个点，它在这个点上能处理自己被中断的情况。Windows提供了6个函数能将线程置为可提醒状态：

```
DWORD SleepEx(
   DWORD dwMilliseconds,
   BOOL  bAlertable);

DWORD WaitForSingleObjectEx(
   HANDLE hObject,
   DWORD  dwMilliseconds,
   BOOL   bAlertable);

DWORD WaitForMultipleObjectsEx(
   DWORD   cObjects,
   CONST HANDLE* phObjects,
   BOOL    bWaitAll,
   DWORD   dwMilliseconds,
   BOOL    bAlertable);

BOOL SignalObjectAndWait(
   HANDLE hObjectToSignal,
   HANDLE hObjectToWaitOn,
   DWORD  dwMilliseconds,
   BOOL   bAlertable);
```

```
BOOL GetQueuedCompletionStatusEx(
    HANDLE hCompPort,
    LPOVERLAPPED_ENTRY pCompPortEntries,
    ULONG ulCount,
    PULONG pulNumEntriesRemoved,
    DWORD dwMilliseconds,
    BOOL bAlertable);

DWORD MsgWaitForMultipleObjectsEx(
    DWORD    nCount,
    CONST HANDLE* pHandles,
    DWORD    dwMilliseconds,
    DWORD    dwWakeMask,
    DWORD    dwFlags);
```

316~317

前5个函数的最后一个参数是一个布尔值，表示调用线程是否应将自己置为可提醒状态。至于MsgWaitForMultipleObjectsEx，则必须使用MWMO_ALERTABLE标志让线程进入可提醒状态。函数Sleep，WaitForSingleObject和WaitForMultipleObjects在内部调用了它们对应的*Ex函数，并总是为bAlertable参数传递FALSE。如果你熟悉这些不带Ex的函数，一定不会对此感到吃惊。

调用刚才提到的6个函数之一，并将线程置为可提醒状态时，系统会首先检查线程的APC队列。如果队列中至少有一项，系统就不会让线程进入睡眠状态。系统会将APC队列中的那一项取出，让线程调用回调函数，并向函数传递已完成I/O请求的错误码、已传输的字节数以及OVERLAPPED结构的地址。回调函数返回时，系统会检查APC队列中是否还有其他项，如果还有，就继续处理。但如果没有其他项，你对可提醒函数(即上述6个函数之一)的调用就会返回。需要牢记的是，调用这些函数中的任何一个时，只要线程的APC队列中至少还有一项，线程就不会进入睡眠状态！

317~318

只有在线程的APC队列中一项都没有的时候，调用这些函数才会将线程挂起。线程被挂起后，如果正在等待的那个(或那些)内核对象被触发，或线程的APC队列中出现了一项，线程就会被唤醒。由于线程处于可提醒状态，所以一旦APC队列中出现一项，系统就会唤醒你的线程并(通过调用回调函数)清空队列。然后，函数会立即返回到调用者，线程不会再次进入睡眠状态并等待内核对象触发。

这6个函数的返回值指出它们返回的原因。如果返回WAIT_IO_COMPLETION(或者GetLastError返回WAIT_IO_COMPLETION)，就知道线程得以继续执行的原因是至少处理了APC队列中的一项。如果这6个函数是因为其他原因而返回的，线程被唤醒的原因可能是因为睡眠时间超出了指定时间，也可能是因为指定的那个(或那些)内核对象被触发，还有可能是因为一个互斥量被遗弃了。

可提醒I/O的优劣

至此，我们已讨论了可提醒I/O的执行机制。现在需要了解两个问题，它们使可提醒I/O用于设备I/O成为一种糟糕的选择。

- **回调函数** 可提醒I/O要求必须创建一个回调函数，这使代码的实现变得更复杂。由于这些回调函数一般来说并没有足够的与某个问题有关的上下文信息，因此我们最终不得不将大量信息放在全局变量中。还好，不需要对这些全局变量进行同步，因为调用6个可提醒函数之一的线程与执行回调函数的线程是同一个线程。由于同一个线程不可能同时在两处执行，所以全局变量是安全的。

- **线程问题** 实际上，可提醒I/O最大的问题在于：发出I/O请求的线程必须同时负责处理完成通知。如果一个线程发出多个请求，那么即使其他线程完全处于空闲状态，该线程也必须对每个请求的完成通知做出响应。由于不存在负载均衡机制，所以应用程序的伸缩性不会太好。

这两个问题都相当严重，所以我强烈推荐不要将可提醒I/O用于设备I/O。我相信你现在已经猜到，下一节介绍的I/O完成端口机制可以解决刚才提到的这两个问题。在转到I/O完成端口之前，先让我们看看可提醒I/O基础设施有哪些优点。

Windows提供了一个函数，允许我们手动将一项添加到线程APC队列中：

```
DWORD QueueUserAPC(
    PAPCFUNC   pfnAPC,
    HANDLE     hThread,
    ULONG_PTR dwData);
```

第一个参数是指向一个APC函数的指针，该函数必须具有以下原型：

```
VOID WINAPI APCFunc(ULONG_PTR dwParam);
```

318

第二个参数是线程的句柄，用来告诉系统想把这一项添加到哪个线程的队列中。注意，这个线程可以是系统中的任何线程。如果hThread标识的线程在另一个进程的地址空间中，那么pfnAPC指定的函数内存地址也必须在目标线程所在进程的地址空间中。QueueUserAPC的最后一个参数是dwData，它是要传给回调函数的值。

虽然QueueUserAPC的函数原型返回的是DWORD，但该函数实际返回一个标识成功与否的BOOL。可用QueueUserAPC来进行非常高效的线程间通信，甚至能跨越进程的边界。但遗憾的是，只能传递一个值。

QueueUserAPC也可以用于强制线程退出等待状态。假设有一个线程因为调用了WaitForSingleObject而正在等待内核对象被触发。当线程还在等待的时候，用户想要终止应用程序。我们知道线程应该干净地销毁自己，但如何能强制唤醒正在等待内核对象的线程，并让它将自己"杀死"呢？QueueUserAPC就是答案。

以下代码展示了如何强制一个线程退出等待状态，这样它就能干净地退出。main函数生成(spawn)了一个新线程，并将某个内核对象的句柄传给它。第二个线程运行时，主线程也在运行。正在执行ThreadFunc函数的第二个线程调用了WaitForSingleObjectEx，它挂起线程并将其置为可提醒状态。现在，假设用户要求主线程终止应用程序。当然，主线程可以直接退出，这样系统就会"杀死"整个进程。但是，这种方法不够干净，而且在许多情形下，我们并不想终止整个进程，而只是想终止一个操作。

因此，主线程调用QueueUserAPC将一个APC项添加到第二个线程的APC队列中。由于第二个线程处于可提醒状态，所以会被唤醒，并调用APCFunc函数来清空它的APC队列。这个回调函数没有做任何事情就返回了。由于现在APC队列已被清空，所以线程从WaitForSingleObjectEx调用中返回，返回值为WAIT_IO_COMPLETION。ThreadFunc函数会特别检查该返回值，这样它就知道自己收到了一个用来表示线程应该退出的APC项。

```
// APC 回调函数什么都不做
VOID WINAPI APCFunc(ULONG_PTR dwParam) {
    // 这里什么都不做
}

UINT WINAPI ThreadFunc(PVOID pvParam) {
    HANDLE hEvent = (HANDLE) pvParam;    // 句柄传给该线程

    // 在 " 可提醒状态 " 等待，使我们能强制以干净的方式退出
    DWORD dw = WaitForSingleObjectEx(hEvent, INFINITE, TRUE);
    if (dw == WAIT_OBJECT_0) {
        // 对象被触发
    }
    if (dw == WAIT_IO_COMPLETION) {
        // QueueUserAPC 强迫我们退出等待状态
        return(0);    // Thread dies cleanly
    }
    ...
    return(0);
```

```
}

void main() {
    HANDLE hEvent = CreateEvent(...);
    HANDLE hThread = (HANDLE) _beginthreadex(NULL, 0,
        ThreadFunc, (PVOID) hEvent, 0, NULL);
    ...

    // 强制第二个线程干净地退出
    QueueUserAPC(APCFunc, hThread, NULL);
    WaitForSingleObject(hThread, INFINITE);
    CloseHandle(hThread);
    CloseHandle(hEvent);
}
```

319~320

我知道某些人可能会想，创建另一个事件内核对象来通知第二个线程应该终止，并用WaitForMultipleObjects来代替WaitForSingleObjectEx，也能解决这个问题。但是，如果第二个线程也需要调用WaitForMultipleObjects来等待所有对象被触发，那么QueueUserAPC将是强制线程退出等待状态的唯一方法。

10.5.4　I/O完成端口

Windows旨在设计成一个安全的、健壮的操作系统，能运行各种各样的应用程序来为成千上万用户服务。历史上，我们采用以下两种模型之一来建构服务应用程序(service application)。

- **串行模型(serial model)**　单个线程等待客户(通常是通过网络)发出请求。请求到达时，线程被唤醒并处理客户请求。
- **并发模型(concurrent model)**　单个线程等待客户请求，并创建一个新线程来处理请求。新线程处理客户请求期间，原来的线程会进入下一次循环并等待另一个客户请求。处理客户请求的线程在完成处理后会终止。

串行模型的问题在于，它不能很好地处理多个并发请求。如两个客户同时发出请求，那么一次只能处理一个，第二个请求必须等第一个请求的处理结束。使用串行模型设计出来的服务不能充分发挥多处理器机器的优势。显然，串行模型只适合最简单的服务器应用程序，这类应用程序中的客户请求非常少，而且能非常快地完成处理。Ping服务器就是串行服务器的一个很好的例子。

由于串行模型存在的限制，并发模型变得极其流行。在并发模型中，每个客户请求都由一个新创建的线程来处理。这种模型的优点在于，等待请求的线程只有很少的工作需要做。大多数时候都处于睡眠状态。客户请求到达时，线程会被唤醒，创建一个新线程来处理请求，然后等待下一个客户请求。这意味着能对客户的请求进行快捷的处理。另外，由于每个客户请求都有自己的线程，所以服务器应用程序具备非常好的伸缩性，能轻松发挥多处理器机器的优势。所以，如果使用的是并发模型并对硬件进行升级(添加另一个CPU)，服务器应用程序的性能会相应地提高。

Windows实现了使用并发模型的服务应用程序。但Windows开发团队注意到，应用程序的性能不如预期的高。尤其是，他们注意到为了同时处理多个客户请求，系统中会有多个线程并发执行。由于所有这些线程都处于可运行(runnable)状态(并非因为要等待某些事情发生而被挂起)，所以Windows内核在这些可运行线程之间进行上下文切换花费了太多时间，以至于各个线程都没有多少CPU时间来完成自己的任务。为了将Windows打造成一个出色的服务器环境，Microsoft必须解决这个问题。其成果就是I/O完成端口内核对象。

320~321

1. 创建I/O完成端口

I/O完成端口背后的理论是并发运行的线程数量必须有一个上限，换言之，同时发出的500个客户请求不应造成500个可运行线程的同时存在。那么，同时存在多少可运行线程才算合适？稍微想一下就明白，如果机器只有两个CPU，那么允许可运行线程的数量大于2——每处理器一个线程——就没什么意义。一旦可运行线程的数量大于可用的CPU数量，系统就必须花时间来执行线程上下文切换，而这会浪费宝贵的CPU周期，这是并发模型的一个潜在缺陷。

并发模型的另一个缺陷是需要为每个客户请求创建新线程。虽然和创建一个有自己的虚拟地址空间的进程相比，创建线程的开销要低得多，但依然不容忽视。如果能在应用程序初始化时创建一个线程池，并让线程池中的线程在应用程序运行期间一直保持可用状态，那么服务应用程序的性能就能得到提高。I/O完成端口的设计初衷就是和线程池配合使用。

I/O完成端口可能是最复杂的内核对象了。我们通过调用**CreateIoCompletionPort**来创建一个I/O完成端口:

```
HANDLE CreateIoCompletionPort(
    HANDLE     hFile,
    HANDLE     hExistingCompletionPort,
    ULONG_PTR  CompletionKey,
    DWORD      dwNumberOfConcurrentThreads);
```

该函数执行两个不同的任务：不仅会创建一个I/O完成端口，还会将一个设备与一个I/O完成端口关联起来。在我看来，该函数过于复杂，Microsoft完全应该把它拆分成两个单独的函数。我在使用I/O完成端口的时候，会创建两个小函数来抽象对CreateIoCompletionPort的调用，目的就是将这两个任务分开。我写的第一个函数叫CreateNewCompletionPort，它的实现如下：

```
HANDLE CreateNewCompletionPort(DWORD dwNumberOfConcurrentThreads) {

   return(CreateIoCompletionPort(INVALID_HANDLE_VALUE, NULL, 0,
      dwNumberOfConcurrentThreads));
}
```

这个函数只获取一个参数dwNumberOfConcurrentThreads，然后它调用Windows的CreateIoCompletionPort函数，并为其前三个参数传递硬编码的值，为最后一个参数传递dwNumberOfConcurrentThreads的值。可以看出，只有需要将设备与一个I/O完成端口关联的时候(马上就会讲到)，才会用到CreateIoCompletionPort的前三个参数。如果只是想创建一个I/O完成端口，为CreateIoCompletionPort的前三个参数分别传递INVALID_HANDLE_VALUE，NULL和0即可。

321

dwNumberOfConcurrentThreads参数告诉I/O完成端口在同一时间最多能有多少线程处于可运行状态。如果为dwNumberOfConcurrentThreads参数传递0，I/O完成端口会默认使用主机CPU数量作为允许的并发线程数量。为避免额外的上下文切换，这样的设定通常正是我们想要的。但是，如果处理的客户请求需要执行一个很少会被阻塞的长时间计算，你可能想增大这个值，但我强烈建议不要这样做。可试验为dwNumberOfConcurrentThreads传递不同的值，并在目标硬件平台上对应用程序的性能进行比较，以找出一个最佳的值。

大家或许已经注意到，在所有用于创建内核对象的Windows函数中，只有CreateIoCompletionPort没有一个参数来允许传递一个SECURITY_ATTRIBUTES结构的地址。这是因为I/O完成端口的设计初衷就是只在一个进程中使用。稍后解释如何使用I/O完成端口的时候，就会理解这背后的原因。

2. 将设备与I/O完成端口关联
创建I/O完成端口时，系统内核实际会创建5个不同的数据结构，如图10-1所示。阅读本章后面的内容时，请随时参考这张图。

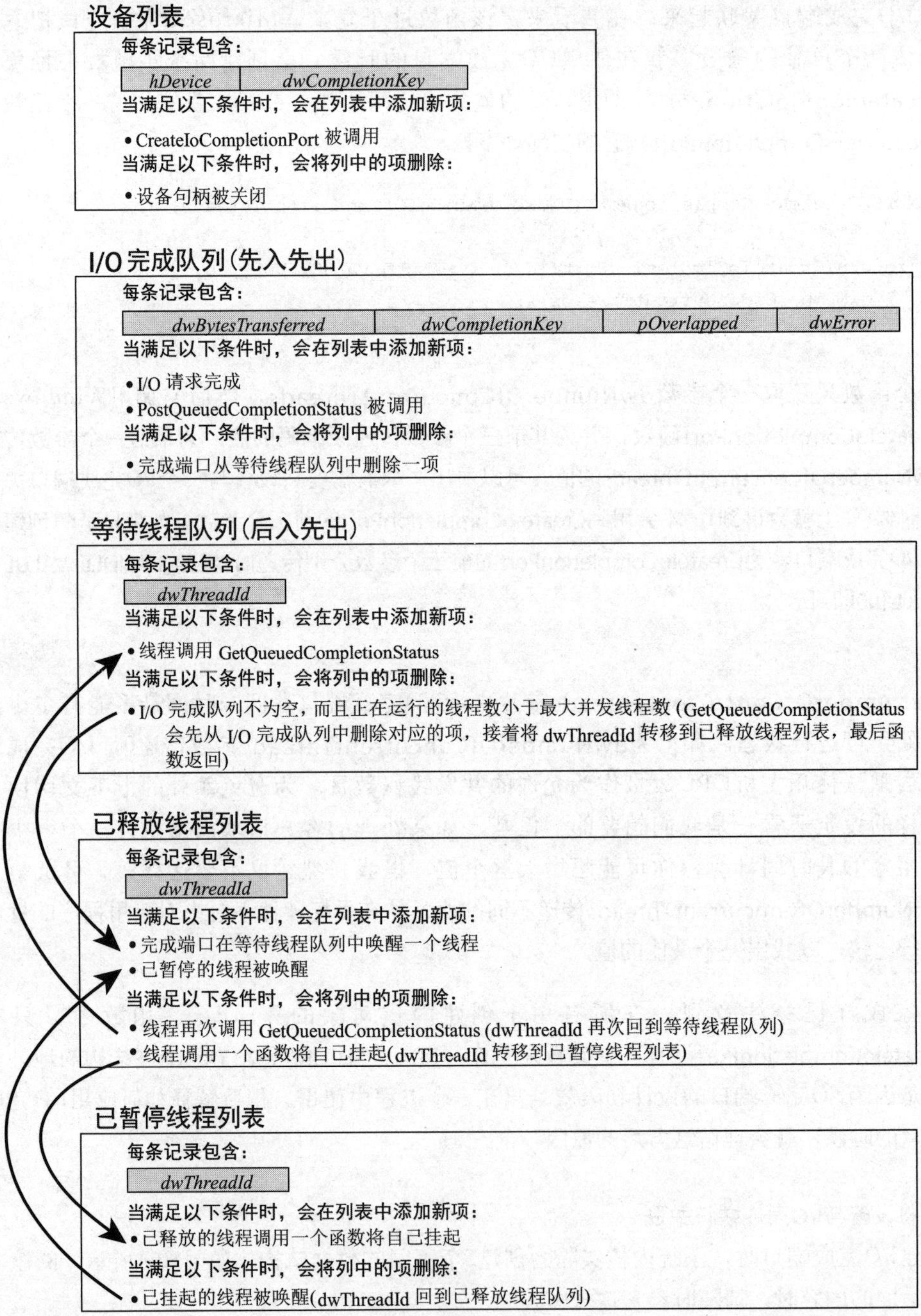

设备列表

每条记录包含：

hDevice	dwCompletionKey

当满足以下条件时，会在列表中添加新项：

- CreateIoCompletionPort 被调用

当满足以下条件时，会将列中的项删除：

- 设备句柄被关闭

I/O完成队列（先入先出）

每条记录包含：

dwBytesTransferred	dwCompletionKey	pOverlapped	dwError

当满足以下条件时，会在列表中添加新项：

- I/O 请求完成
- PostQueuedCompletionStatus 被调用

当满足以下条件时，会将列中的项删除：

- 完成端口从等待线程队列中删除一项

等待线程队列（后入先出）

每条记录包含：

dwThreadId

当满足以下条件时，会在列表中添加新项：

- 线程调用 GetQueuedCompletionStatus

当满足以下条件时，会将列中的项删除：

- I/O 完成队列不为空，而且正在运行的线程数小于最大并发线程数 (GetQueuedCompletionStatus 会先从 I/O 完成队列中删除对应的项，接着将 dwThreadId 转移到已释放线程列表，最后函数返回)

已释放线程列表

每条记录包含：

dwThreadId

当满足以下条件时，会在列表中添加新项：

- 完成端口在等待线程队列中唤醒一个线程
- 已暂停的线程被唤醒

当满足以下条件时，会将列中的项删除：

- 线程再次调用 GetQueuedCompletionStatus (dwThreadId 再次回到等待线程队列)
- 线程调用一个函数将自己挂起(dwThreadId 转移到已暂停线程列表)

已暂停线程列表

每条记录包含：

dwThreadId

当满足以下条件时，会在列表中添加新项：

- 已释放的线程调用一个函数将自己挂起

当满足以下条件时，会将列中的项删除：

- 已挂起的线程被唤醒(dwThreadId 回到已释放线程队列)

图10-1 I/O完成端口的内部机理

第一个数据结构是一个设备列表，它标识了与端口关联的一个或多个设备。将设备与端口关联需调用CreateIoCompletionPort函数。我再次创建了自己的函数AssociateDeviceWithCompletionPort来抽象对CreateIoCompletionPort的调用：

```
BOOL AssociateDeviceWithCompletionPort(
    HANDLE hCompletionPort, HANDLE hDevice, DWORD dwCompletionKey) {

    HANDLE h = CreateIoCompletionPort(hDevice, hCompletionPort, dwCompletionKey,
0);
    return(h == hCompletionPort);
}
```

AssociateDeviceWithCompletionPort函数在一个现有I/O完成端口的设备列表中添加一项。需要向该函数传入现有I/O完成端口的句柄(由之前的CreateNewCompletionPort调用返回)、设备的句柄(设备可以是文件、套接字、邮槽、管道等)以及一个完成键(即completion key，一个对我们自己有意义的值，操作系统并不关心这里传入的到底是什么)。每次将一个设备与该端口关联时，系统会将这些信息追加到I/O完成端口的设备列表中。

说明 CreateIoCompletionPort 函数过于复杂，我建议你首先考虑根据调用它的理由来将其一分为二。让这个函数如此复杂只是为了一个好处：创建一个 I/O 完成端口的同时将一个设备与之关联。例如，以下代码打开一个文件，创建一个新的 I/O 完成端口，并将文件与之关联。所有发往该文件的 I/O 请求在完成时都会有一个 CK_FILE 完成键，端口最多允许两个线程并发执行。

```
#define CK_FILE        1
HANDLE hFile = CreateFile(...);
HANDLE hCompletionPort = CreateIoCompletionPort(hFile, NULL, CK_FILE, 2);
```

322~323

第二个数据结构是一个I/O完成队列。设备的一个异步I/O请求完成时，系统会检查设备是否与一个I/O完成端口关联。如果是，系统会将已完成的I/O请求项追加到完成端口的I/O完成队列的末尾。队列中每一项包含的信息有：已传输的字节数、设备与端口关联时所设置的完成键的值、指向I/O请求的OVERLAPPED结构的指针以及一个错误码。稍后就会讨论如何从这个队列中移除项。

说明 也可向设备发出 I/O 请求，同时不将 I/O 完成项添加到 I/O 完成端口的队列中。一般不需要这样做，但这个技术偶尔还是有用的，例如，可通过套接字发送数据，不关心数据实际是否送达。

为了发出 I/O 请求，同时不让完成项入队，必须在 OVERLAPPED 结构的 hEvent 成员
中保存一个有效的事件句柄，并对它和 1 执行按位 OR，如以下代码所示：

```
Overlapped.hEvent = CreateEvent(NULL, TRUE, FALSE, NULL);
Overlapped.hEvent = (HANDLE) ((DWORD_PTR) Overlapped.hEvent | 1);
ReadFile(..., &Overlapped);
```

现在就可以发出 I/O 请求，将 OVERLAPPED 结构的地址传给目标函数 (比如上面的
ReadFile 函数)。

能否不要仅仅为了这个目的就专门创建一个事件？我希望能像下面这样写，但事实
证明行不通：

```
 Overlapped.hEvent = 1;
ReadFile(..., &Overlapped);
```

另外，关闭这个事件句柄时，不要忘了重置 (reset) 低位：

```
CloseHandle((HANDLE) ((DWORD_PTR) Overlapped.hEvent & ~1));
```

3. I/O完成端口的周边架构

服务应用程序初始化时，应调用CreateNewCompletionPort之类的函数来创建I/O完成端
口。应用程序接着应该创建一个线程池来处理客户请求。现在面临的问题是，"线程池
中应该有多少线程？"这个问题很难回答，后面的"线程池中有多少线程？"一节会对
此进行更深入的讨论。就目前来说，标准的经验法则是CPU数量乘以2。所以，在双处
理器的机器上，应创建一个有4个线程的线程池。

池中所有线程应执行同一个函数。通常，该线程函数会先进行一些初始化工作，然后进
入一个循环。当服务进程被告知要停止的时候，该循环就应终止。在循环内部，线程进
入睡眠状态，等待设备I/O请求完成并进入完成端口。调用GetQueuedCompletionStatus
可以达到这一目的：

```
BOOL GetQueuedCompletionStatus(
    HANDLE          hCompletionPort,
    PDWORD          pdwNumberOfBytesTransferred,
    PULONG_PTR      pCompletionKey,
    OVERLAPPED**    ppOverlapped,
    DWORD           dwMilliseconds);
```

324

第一个参数hCompletionPort表示线程希望对哪个完成端口进行监视。许多服务
应用程序只使用一个I/O完成端口，并让所有I/O请求的完成通知进入这个端口。

GetQueuedCompletionStatus的任务基本上就是将调用线程切换到睡眠状态，直到指定完成端口的I/O完成队列中出现一项，或者等待超时(在dwMilliseconds参数中指定)。

和I/O完成端口相关的第三个数据结构是等待线程队列。当线程池中的每个线程调用GetQueuedCompletionStatus的时候，调用线程的线程标识符会被添加到这个等待线程队列，这使I/O完成端口内核对象始终都知道当前有哪些线程正在等待处理完成的I/O请求。当端口的I/O完成队列中出现一项的时候，该完成端口会唤醒等待线程队列中的一个线程。该线程会获得已完成I/O项中的所有信息：已传输的字节数、完成键以及OVERLAPPED结构的地址。这些信息通过向GetQueuedCompletionStatus函数传递的pdwNumberOfBytesTransferred，pCompletionKey和ppOverlapped参数来返回给线程。

确定GetQueuedCompletionStatus返回的原因有些困难，以下代码展示了正确的做法：

```
DWORD dwNumBytes;
ULONG_PTR CompletionKey;
OVERLAPPED* pOverlapped;

// hIOCP在程序的其他地方初始化
BOOL bOk = GetQueuedCompletionStatus(hIOCP,
    &dwNumBytes, &CompletionKey, &pOverlapped, 1000);
DWORD dwError = GetLastError();

if (bOk) {
    // 处理一个成功的完成I/O请求
} else {
    if (pOverlapped != NULL) {
        // 处理一个失败的完成I/O请求
        // dwError包含失败原因
    } else {
        if (dwError == WAIT_TIMEOUT) {
            // 等待完成I/O项超时
        } else {
            // GetQueuedCompletionStatus调用错误
            // dwError解释了为什么调用错误
        }
    }
}
```

你可能已经预料到，I/O完成队列中的各项以先入先出(FIFO)的方式移除。但你可能没有预料到的是，调用了GetQueuedCompletionStatus的那些线程以后入先出(LIFO)的方式唤醒。例如，假设有4个线程在等待线程队列中等待。如果出现了一个已完成的I/O项，那么最后一个调用GetQueuedCompletionStatus的线程会被唤醒来处理这一项。最后这个线程完成对该项的处理后，线程再次调用GetQueuedCompletionStatus进入等待线程队列。如果现在又出现了另一个已完成的I/O项，处理上一项的同一个线程会被唤醒来处理这个新项。

如果I/O请求完成得足够慢，一个线程就能把它们全部处理完，系统会不断唤醒同一个线程，而让其他线程继续睡眠。使用这种后入先出算法，系统可将那些未被调度的线程的内存资源(比如栈空间)换出到磁盘，并将它们从处理器的高速缓存中清除。这意味着让许多线程等待一个完成端口并不是什么坏事。如果正在等待的线程数量大于已完成的I/O请求的数量，系统会将多余线程的大多数资源换出内存。

在Windows Vista和之后的版本中，如果预计会不断收到大量的I/O请求，我们可以调用以下函数来同时取得多个I/O请求的结果，而不必让许多线程等待完成端口，从而避免由此产生的上下文切换开销:

```
BOOL GetQueuedCompletionStatusEx(
  HANDLE hCompletionPort,
  LPOVERLAPPED_ENTRY pCompletionPortEntries,
  ULONG ulCount,
  PULONG pulNumEntriesRemoved,
  DWORD dwMilliseconds,
  BOOL bAlertable);
```

第一个参数hCompletionPort表示线程想监视哪个完成端口。该函数被调用时，会取出指定完成端口的I/O完成队列中存在的各项，并将它们的信息复制到pCompletionPortEntries数组参数中。ulCount参数表示最多可以复制多少项到数组中，pulNumEntriesRemoved参数指向的长整型值用于接收完成队列中被移除的I/O请求的确切数量。

pCompletionPortEntries数组的每个元素都是一个OVERLAPPED_ENTRY结构，它用来保存已完成的I/O请求的所有相关信息: 完成键、OVERLAPPED结构的地址、I/O请求的返回码(或错误码)以及已传输的字节数。

```
typedef struct _OVERLAPPED_ENTRY {
  ULONG_PTR lpCompletionKey;
  LPOVERLAPPED lpOverlapped;
  ULONG_PTR Internal;
  DWORD dwNumberOfBytesTransferred;
} OVERLAPPED_ENTRY, *LPOVERLAPPED_ENTRY;
```

字段Internal含义不明，不要使用。

如果将最后一个参数bAlertable设为FALSE，函数会一直等待一个已完成的I/O请求被添加到完成端口队列，直到超时(在参数dwMilliseconds中指定)为止。如果将bAlertable参数设为TRUE而且队列中没有已完成的I/O请求，那么正如本章早些时候说过的那样，线程将进入可提醒状态(alertable state)。

说明 向关联了完成端口的设备发出异步 I/O 请求时，Windows 会将结果添加到完成端口的队列。即使以同步方式完成异步请求，Windows 也会这么做，其目的是向开发人员提供一致的编程模型。但是，维护编程模型的一致性会略微损害性能，因为已完成请求的信息必须被放到端口的队列中，线程也必须从端口的队列中取得这些信息。

要想略微提升性能，可调用 SetFileCompletionNotificationModes 函数 (参见 10.5.2 节 "触发事件内核对象") 并传入 FILE_SKIP_COMPLETION_PORT_ON_SUCCESS 标志，从而告诉 Windows 不要将以同步方式完成的异步请求添加到与设备关联的完成端口的队列。

对性能极其关注的开发人员还可考虑使用 SetFileIoOverlappedRange 函数。(详情请参见 Platform SDK 文档。)

---

4. I/O完成端口如何管理线程池

现在是讨论I/O完成端口为什么如此有用的时候了。首先，创建I/O完成端口时，需要指定允许多少个线程并发运行。如前所述，通常将该值设为主机的CPU数量。已完成的I/O项入队时，I/O完成端口想要唤醒正在等待的线程。但是，完成端口唤醒的线程数量最多不会超过你指定的数量。所以，如果有4个I/O请求完成，有4个线程正在等待GetQueuedCompletionStatus，则I/O完成端口只会唤醒两个线程，另外两个继续睡眠。每个线程处理完一个已完成的I/O项后，会再次调用GetQueuedCompletionStatus。这时系统发现队列中还有其他项，于是唤醒相同的线程来处理剩余的项。

仔细想想就会发现，有些东西似乎意义不大：如果完成端口只允许同时唤醒指定数量的线程，为什么还要让更多的线程在线程池中等待呢？例如，假设在一台双CPU的机器上运行，创建了一个I/O完成端口，并告诉它同时最多只能有两个线程来处理已完成的项。但是，线程池中创建了4个线程(是CPU数量的两倍)。看起来似乎创建了两个多余的线程，它们永远都不会被唤醒来处理任何东西。

但I/O完成端口非常智能。完成端口唤醒一个线程时，会将该线程的ID保存到与完成端口关联的第4个数据结构中，即"已释放线程列表"(released thread list)，如图10-1所示。这使完成端口能记住哪些线程已被唤醒，并监视其执行情况。如果一个已释放的线程调用的任何函数将该线程切换到等待状态，完成端口会检测到这一情况，此时它会更新内

部的数据结构，将该线程的线程标识符从已释放线程列表中移除，并将其添加到"已暂停线程列表"(paused thread list)，这是与I/O完成端口关联的第5个、也是最后一个数据结构。

完成端口的目标是根据在创建完成端口时指定的并发线程的数量，将尽可能多的线程保持在"已释放线程列表"中。如果一个已释放线程因为任何原因而进入等待状态，"已释放线程列表"会缩减，完成端口就可以释放另一个正在等待的线程。如果一个已暂停的线程被唤醒，那么它会离开"已暂停线程列表"并重新进入"已释放线程列表"。这意味着此时"已释放线程列表"中的线程数量将大于最大允许的并发线程数量。

327~328

说明　一旦线程调用 GetQueuedCompletionStatus，该线程就会被"指派"给指定的完成端口。系统假定所有被指派的线程都是以该完成端口的名义来完成工作的。只有当指派给完成端口的正在运行的线程数量小于它最大允许的并发线程数量时，完成端口才会从线程池中唤醒线程。

可通过以下三种种方式之一来结束线程／完成端口的指派。

- 让线程退出。
- 让线程调用 GetQueuedCompletionStatus，并传入一个不同的 I/O 完成端口的句柄。
- 销毁线程当前指派给的 I/O 完成端口。

稍微总结一下。假设在一台有两个CPU的机器上运行。创建了一个最多只允许两个线程被同时唤醒的完成端口，还创建了4个线程来等待已完成的I/O请求。如果3个已完成的I/O请求被添加到端口的队列中，只有两个线程会被唤醒来处理请求，这减少了可运行线程的数量，并节省了上下文切换时间。现在，如果一个可运行线程调用了Sleep、WaitForSingleObject、WaitForMultipleObjects、SignalObjectAndWait、一个同步I/O调用或者其他任何会导致线程不可运行的函数，I/O完成端口会检测到这一情况，并立即唤醒第3个线程。完成端口的目标是使CPU以满负荷工作。

最后，第一个线程再次变得可运行。发生这种情况的时候，可运行线程的数量将超过系统中CPU的数量。但是，完成端口仍然知道这一点，在线程数量降到低于CPU数量之前，它是不会再唤醒任何线程的。I/O完成端口架构假定可运行线程的数量只会在很短一段时间内高于最大允许的线程数量，一旦线程进入下一次循环并调用 GetQueuedCompletionStatus，可运行线程的数量就会迅速下降。这就解释了为什么线程池中的线程数量应该大于在完成端口中设置的并发线程数量。

5. 池中有多少线程？

现在是讨论线程池中应该有多少线程的好时机。有两个问题需要考虑。首先，服务应用程序初始化时，要创建最少数量的线程，这样就不必经常创建和销毁线程。记住，创建和销毁线程会浪费CPU时间，所以要尽量减少这一过程。其次，要设置一个最大线程数量，因为创建太多线程会浪费系统资源。虽然这些资源中的大多数都可以换出内存，但如果管理得好的话，将系统资源的使用减至最少，甚至连分页文件中的空间都不浪费，对我们来说是有利的。

可以用不同数量的线程来进行实验。大多数服务(包括Microsoft Internet Information Services)使用启发式算法来对其线程池进行管理，我建议你也这样做。例如，可以创建下面这些变量来管理线程池：

```
LONG g_nThreadsMin;      // 池中最小线程数量
LONG g_nThreadsMax;      // 池中最大线程数量
LONG g_nThreadsCrnt;     // 池中当前线程数量
LONG g_nThreadsBusy;     // 池中忙碌线程数
```

328~329

应用程序初始化的时候，可以创建g_nThreadsMin个线程，所有线程都执行同一个线程池函数。以下伪代码展示了这个线程池函数大致的样子：

```
DWORD WINAPI ThreadPoolFunc(PVOID pv) {

   // 线程入池
   InterlockedIncrement(&g_nThreadsCrnt);
   InterlockedIncrement(&g_nThreadsBusy);

   for (BOOL bStayInPool = TRUE; bStayInPool;) {

      // 线程停止执行，等待做某事
      InterlockedDecrement(&m_nThreadsBusy);
      BOOL bOk = GetQueuedCompletionStatus(...);
      DWORD dwIOError = GetLastError();

      // 线程有事可做，开始忙碌
      int nThreadsBusy = InterlockedIncrement(&m_nThreadsBusy);

      // 应该在池中添加另一个线程吗？
      if (nThreadsBusy == m_nThreadsCrnt) {    // 所有线程都忙
         if (nThreadsBusy < m_nThreadsMax) {    // 池不满
            if (GetCPUUsage() < 75) {           // CPU usage is below 75%

               // 将线程添加到池中
```

```
                      CloseHandle(chBEGINTHREADEX(...));
            }
        }
    }

    if (!bOk && (dwIOError == WAIT_TIMEOUT)) {    // 线程超时
        // 服务器负担不大,即使有待处理的 I/O 请求,这个线程也可以死亡
        bStayInPool = FALSE;
    }

    if (bOk || (po != NULL)) {
        // 线程醒来执行一些处理
        ...

        if (GetCPUUsage() > 90) {                 // CPU 使用率高于 90%
            if (g_nThreadsCrnt > g_nThreadsMin)) { // 池中线程数大于最小数量
                bStayInPool = FALSE;              // 从池中移除线程
            }
        }
    }
}

// 线程离池
InterlockedDecrement(&g_nThreadsBusy);
InterlockedDecrement(&g_nThreadsCurrent);
return(0);
}
```

这段伪代码展示了在使用I/O完成端口时,我们可以充分发挥自己的创造力。
GetCPUUsage函数并不是Windows API的一部分。想要这种行为,就必须自己实现。另
外,必须确保线程池中总是至少有一个线程,否则客户请求永远得不到处理。这段伪代
码仅供参考,某些特别的服务可能要以不同的方式架构才获得更好的性能。

说明　10.4.3 节 "取消队列中的设备 I/O 请求" 提到,当一个线程终止的时候,系统会自
动将该线程发出的所有待处理的 I/O 请求取消掉。在 Windows Vista 之前的版本中,
当线程向一个与完成端口关联的设备发出 I/O 请求时,硬性规定了在请求完成之前,
该线程必须不能终止。否则,Windows 会将该线程发出的任何待处理的请求取消掉。
而从 Windows Vista 开始已经不存在这样的规定了。线程现在可以发出请求并终止,
请求仍能得到处理,处理结果被添加到完成端口的队列中。

许多服务都提供了一个管理工具,能让管理员在某种程度上对线程池的行为进行控制,其

中包括线程的最大数量和最小数量、CPU使用率的阈值以及在创建I/O完成端口时使用的最大并发线程数量。

10.5.5　模拟已完成的I/O请求

I/O完成端口并非一定要用于设备I/O。本章还涵盖了线程间通信技术，而I/O完成端口内核对象能很好地为此提供帮助。10.5.3节"可提醒I/O"介绍了QueueUserAPC函数，它允许线程将一个APC项添加到另一个线程的队列中。I/O完成端口也有一个类似的函数，名为PostQueuedCompletionStatus：

```
BOOL PostQueuedCompletionStatus(
    HANDLE       hCompletionPort,
    DWORD        dwNumBytes,
    ULONG_PTR    CompletionKey,
    OVERLAPPED*  pOverlapped);
```

这个函数将一个已完成的I/O通知追加到I/O完成端口的队列中。第一个参数hCompletionPort指出要将该项添加到哪个完成端口的队列中。剩下的三个参数(dwNumBytes，CompletionKey和pOverlapped)指出线程调用GetQueuedCompletionStatus时应返回什么值。当线程从I/O完成队列中得到一个模拟项的时候，GetQueuedCompletionStatus会返回TRUE，表示I/O请求已成功执行。

PostQueuedCompletionStatus函数的有用程度令人难以置信，它提供了与池中所有线程进行通信的一种方式。例如，用户终止服务应用程序时，我们希望所有线程都干净地退出。但是，如果线程还在等待完成端口而且又没有进入的I/O请求，它们将无法醒来。通过为池中的每个线程都调用一次PostQueuedCompletionStatus，可以把它们都唤醒。每个线程都检查GetQueuedCompletionStatus的返回值，如果发现应用程序正在终止，就可以进行清理工作并得体地退出。

330~331

使用刚才介绍的线程终止技术时必须小心。示例代码之所以能够工作，是因为线程池中的线程正在终止，不会再次调用GetQueuedCompletionStatus。但如果想通知线程池中的每个线程发生了某些事情，让它们进入下一次循环并再次调用GetQueuedCompletionStatus，那么就会有问题了，因为线程是以后入先出的方式唤醒的。所以，为确保池中的每个线程都有机会得到模拟的I/O项，必须在应用程序中采用某种额外的线程同步机制。不进行这个额外的线程同步，同一个线程可能多次获得相同的通知。

FileCopy示例程序

本章最后的FileCopy示例程序(10-FileCopy.exe)演示了I/O完成端口的使用。源代码和资源文件在本书配套资源的10-FileCopy目录中。示例程序将用户指定的一个文件复制为一个名为FileCopy.cpy的新文件。启动FileCopy后会显示如图10-2所示的对话框。

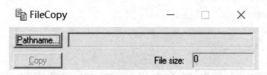

图10-2 FileCopy示例程序的对话框

首先，单击Pathname按钮选择要复制的文件，Pathname和File size文本框随之更新。单击Copy按钮会调用FileCopy函数，它完成了所有艰苦的工作。下面集中讨论该函数。

准备复制时，FileCopy会打开来源文件并取得它的大小(以字节为单位)。由于我希望文件复制尽可能快，所以使用FILE_FLAG_NO_ BUFFERING标志来打开文件。使用该标志之后，我能直接访问文件，避免额外的内存复制开销，这是并不需要系统对文件进行缓存来"帮助"访问文件。当然，直接访问文件意味着要做更多的工作：访问文件时使用的偏移量必须始终是磁盘卷的扇区大小的整数倍，读取和写入的数据量也必须是扇区大小的整数倍。我决定以BUFFSIZE(64 KB)为单位来传输文件数据，因为这个大小肯定是扇区大小的整数倍。这也是我为什么要将来源文件的大小取整到BUFFSIZE的整数倍的原因。另外还要注意，来源文件是通过FILE_FLAG_OVERLAPPED标志打开的，这样对文件的I/O请求就能以异步方式执行。

331

目标文件的打开方式与此相似：同时指定了FILE_FLAG_NO_BUFFERING和FILE_FLAG_OVERLAPPED标志。另外，在创建目标文件的时候，我还将来源文件的句柄作为CreateFile的hFileTemplate参数传入，这使目标文件具有与来源文件相同的属性。

现在两个文件都已打开并准备好处理，于是FileCopy创建了一个I/O完成端口。为了让I/O完成端口更容易使用，我创建了一个小的C++类CIOCP，它只是对I/O完成端口的各种函数进行了非常简单的封装。该类在附录A讨论的IOCP.h文件中。FileCopy通过创建CIOCP

类的一个实例(名为iocp)来创建I/O完成端口。

说明 一旦两个文件都已打开，就立即调用 SetFilePointerEx 和 SetEndOfFile 将目标文件的
大小设为它的最大大小。现在就调整文件大小非常重要，这是因为 NTFS 会维护一
个最高水位 (high-water marker) 来标识文件被写入的最高位置。如果越过这个位置
读取文件，那么系统知道要返回 0。如果越过这个位置写入文件，系统会用 0 来填
充从旧的最高水位到当前写入偏移量之间的文件数据，将数据写入文件，并更新文
件的最高水位。这样的行为满足了 C2 级别的安全性要求，它要求不呈现之前的数
据。向 NTFS 分区上的一个文件的尾部写入时，会造成最高水位的移动。这时，即
使要求的是异步 I/O，NTFS 也必须以同步方式执行该 I/O 请求。如果 FileCopy 函数
不设置目标文件的大小，将没有任何一个重叠的 I/O 请求能以异步方式执行，参见
10.4.1 节回顾"重叠"的含义。

程序通过调用CIOCP的AssociateDevice成员函数将来源文件和目标文件与完成端口关
联。与完成端口关联时，每个设备都会分配到一个完成键。对来源文件的I/O请求完成
时，相应的完成键是CK_READ，表示读取操作肯定已经完成。与此相似，对目标文件的
I/O请求完成时，相应的完成键是CK_WRITE，表示写入操作肯定已经完成。

现在已经准备好对一组I/O请求(OVERLAPPED结构)和它们的内存缓冲区进行初始化了。
FileCopy函数在同一时刻可以保存4个(MAX_PENDING_IO_REQS)待处理的I/O请求。在你
自己的应用程序中，可考虑使I/O请求的数量能根据需要动态增大或缩小。在FileCopy程
序中，CIOReq类封装了单一的I/O请求。如你所见，该C++类派生自OVERLAPPED结构，
但包含一些附加的上下文信息。FileCopy分配一个CIOReq对象数组，并调用AllocBuffer
函数为每个I/O请求对象关联一个大小为BUFFSIZE的数据缓冲区。这个数据缓冲区是用
VirtualAlloc函数分配的。使用VirtualAlloc函数可确保内存块从一个均匀的分配粒度边界
开始，从而满足了FILE_FLAG_NO_BUFFERING标志的要求：缓冲区的起始地址必须是卷
的扇区大小的整数倍。

为了向来源文件发出最初的读取请求，我要了一个小小的伎俩：向I/O完成端口添加4个
CK_WRITE I/O完成通知。主循环运行时，线程会等待该端口并立即被唤醒，以为有写入操
作完成。这使该线程向来源文件发出一个读取请求，从而真正启动了整个文件复制过程。

332

没有待处理的I/O请求时，主循环会终止。只要还有待处理的I/O请求，循环内部就会调
用CIOCP的GetStatus方法(它在内部调用了GetQueuedCompletionStatus)来等待完成端
口。这个调用使线程进入睡眠状态，直到I/O完成端口队列出现已完成的I/O请求为止。
当GetQueuedCompletionStatus返回的时候，会检查返回的完成键CompletionKey。如

果CompletionKey是CK_READ，则表明对来源文件的一个I/O请求已完成。然后，程序调用CIOReq的Write方法向目标文件发出一个写入I/O请求。如果CompletionKey是CK_WRITE，则对目标文件的一个I/O请求已完成。如果读取尚未超过来源文件的末尾，程序会调用CIOReq的Read方法继续读取来源文件。

没有待处理的I/O请求时，循环会终止，并通过关闭来源文件和目标文件的句柄来完成清理。FileCopy返回前还必须执行另一项任务：它必须修正目标文件的大小，使之与来源文件的大小一样。为此要重新打开目标文件，但不指定FILE_FLAG_NO_BUFFERING标志。由于没有指定该标志，所以文件操作不必在扇区的边界上进行。这使程序能够将目标文件的缩减为与来源文件一样大。

```cpp
/**************************************************************************
Module:   FileCopy.cpp
Notices: Copyright (c) 2008 Jeffrey Richter & Christophe Nasarre
**************************************************************************/


#include "stdafx.h"
#include "Resource.h"


///////////////////////////////////////////////////////////////////////////////


// Each I/O request needs an OVERLAPPED structure and a data buffer
class CIOReq : public OVERLAPPED {
public:
   CIOReq() {
      Internal = InternalHigh = 0;
      Offset = OffsetHigh = 0;
      hEvent = NULL;
      m_nBuffSize = 0;
      m_pvData = NULL;
   }

   ~CIOReq() {
      if (m_pvData != NULL)
         VirtualFree(m_pvData, 0, MEM_RELEASE);
   }

   BOOL AllocBuffer(SIZE_T nBuffSize) {
      m_nBuffSize = nBuffSize;
      m_pvData = VirtualAlloc(NULL, m_nBuffSize, MEM_COMMIT, PAGE_READWRITE);
      return(m_pvData != NULL);
```

```
    }

    BOOL Read(HANDLE hDevice, PLARGE_INTEGER pliOffset = NULL) {
        if (pliOffset != NULL) {
            Offset     = pliOffset->LowPart;
            OffsetHigh = pliOffset->HighPart;
        }
        return(::ReadFile(hDevice, m_pvData, m_nBuffSize, NULL, this));
    }

    BOOL Write(HANDLE hDevice, PLARGE_INTEGER pliOffset = NULL) {
        if (pliOffset != NULL) {
            Offset     = pliOffset->LowPart;
            OffsetHigh = pliOffset->HighPart;
        }
        return(::WriteFile(hDevice, m_pvData, m_nBuffSize, NULL, this));
    }

private:
    SIZE_T m_nBuffSize;
    PVOID m_pvData;
};


///////////////////////////////////////////////////////////////////////////
#define BUFFSIZE              (64 * 1024) // The size of an I/O buffer
#define MAX_PENDING_IO_REQS   4           // The maximum # of I/Os


// The completion key values indicate the type of completed I/O.
#define CK_READ 1
#define CK_WRITE 2


///////////////////////////////////////////////////////////////////////////


BOOL FileCopy(PCTSTR pszFileSrc, PCTSTR pszFileDst) {

    BOOL fOk = FALSE;    // Assume file copy fails
    LARGE_INTEGER liFileSizeSrc = { 0 }, liFileSizeDst;

    try {
        {
            // Open the source file without buffering & get its size
            CEnsureCloseFile hFileSrc = CreateFile(pszFileSrc, GENERIC_READ,
                FILE_SHARE_READ, NULL, OPEN_EXISTING,
```

```
      FILE_FLAG_NO_BUFFERING | FILE_FLAG_OVERLAPPED, NULL);
  if (hFileSrc.IsInvalid()) goto leave;

  // Get the file's size
  GetFileSizeEx(hFileSrc, &liFileSizeSrc);

  // Nonbuffered I/O requires sector-sized transfers.
  // I'll use buffer-size transfers since it's easier to calculate.
  liFileSizeDst.QuadPart = chROUNDUP(liFileSizeSrc.QuadPart, BUFFSIZE);

  // Open the destination file without buffering & set its size
  CEnsureCloseFile hFileDst = CreateFile(pszFileDst, GENERIC_WRITE,
     0, NULL, CREATE_ALWAYS,
     FILE_FLAG_NO_BUFFERING | FILE_FLAG_OVERLAPPED, hFileSrc);
  if (hFileDst.IsInvalid()) goto leave;

  // File systems extend files synchronously. Extend the destination file
  // now so that I/Os execute asynchronously improving performance.
  SetFilePointerEx(hFileDst, liFileSizeDst, NULL, FILE_BEGIN);
  SetEndOfFile(hFileDst);

  // Create an I/O completion port and associate the files with it.
  CIOCP iocp(0);
  iocp.AssociateDevice(hFileSrc, CK_READ);  // Read from source file
  iocp.AssociateDevice(hFileDst, CK_WRITE); // Write to destination file

  // Initialize record-keeping variables
  CIOReq ior[MAX_PENDING_IO_REQS];
  LARGE_INTEGER liNextReadOffset = { 0 };
  int nReadsInProgress = 0;
  int nWritesInProgress = 0;

  // Prime the file copy engine by simulating that writes have completed.
  // This causes read operations to be issued.
  for (int nIOReq = 0; nIOReq < _countof(ior); nIOReq++) {

     // Each I/O request requires a data buffer for transfers
     chVERIFY(ior[nIOReq].AllocBuffer(BUFFSIZE));
     nWritesInProgress++;
     iocp.PostStatus(CK_WRITE, 0, &ior[nIOReq]);
  }

  // Loop while outstanding I/O requests still exist
  while ((nReadsInProgress > 0) || (nWritesInProgress > 0)) {
```

```
            // Suspend the thread until an I/O completes
            ULONG_PTR CompletionKey;
            DWORD dwNumBytes;
            CIOReq* pior;
            iocp.GetStatus(&CompletionKey, &dwNumBytes, (OVERLAPPED**) &pior, INFINITE);

            switch (CompletionKey) {
            case CK_READ:  // Read completed, write to destination
               nReadsInProgress--;
               pior->Write(hFileDst);  // Write to same offset read from source
               nWritesInProgress++;
               break;

            case CK_WRITE: // Write completed, read from source
               nWritesInProgress--;
               if (liNextReadOffset.QuadPart < liFileSizeDst.QuadPart) {
                  // Not EOF, read the next block of data from the source file.
                  pior->Read(hFileSrc, &liNextReadOffset);
                  nReadsInProgress++;
                  liNextReadOffset.QuadPart += BUFFSIZE; // Advance source offset
               }
               break;
            }
         }
      fOk = TRUE;
      }
   leave:;
   }
   catch (...) {
   }

   if (fOk) {
      // The destination file size is a multiple of the page size. Open the
      // file WITH buffering to shrink its size to the source file's size.
      CEnsureCloseFile hFileDst = CreateFile(pszFileDst, GENERIC_WRITE,
         0, NULL, OPEN_EXISTING, 0, NULL);
      if (hFileDst.IsValid()) {

         SetFilePointerEx(hFileDst, liFileSizeSrc, NULL, FILE_BEGIN);
         SetEndOfFile(hFileDst);
      }
   }

   return(fOk);
}
```

```
///////////////////////////////////////////////////////////////////////////

BOOL Dlg_OnInitDialog(HWND hWnd, HWND hWndFocus, LPARAM lParam) {

   chSETDLGICONS(hWnd, IDI_FILECOPY);

   // Disable Copy button since no file is selected yet.
   EnableWindow(GetDlgItem(hWnd, IDOK), FALSE);
   return(TRUE);
}


///////////////////////////////////////////////////////////////////////////

void Dlg_OnCommand(HWND hWnd, int id, HWND hWndCtl, UINT codeNotify) {

   TCHAR szPathname[_MAX_PATH];

   switch (id) {
   case IDCANCEL:
      EndDialog(hWnd, id);
      break;

   case IDOK:
      // Copy the source file to the destination file.
      Static_GetText(GetDlgItem(hWnd, IDC_SRCFILE),
         szPathname, sizeof(szPathname));
      SetCursor(LoadCursor(NULL, IDC_WAIT));
      chMB(FileCopy(szPathname, TEXT("FileCopy.cpy"))
         ? "File Copy Successful" : "File Copy Failed");
      break;

   case IDC_PATHNAME:
      OPENFILENAME ofn = { OPENFILENAME_SIZE_VERSION_400 };
      ofn.hwndOwner = hWnd;
      ofn.lpstrFilter = TEXT("*.*\0");
      lstrcpy(szPathname, TEXT("*.*"));
      ofn.lpstrFile = szPathname;
      ofn.nMaxFile = _countof(szPathname);
      ofn.lpstrTitle = TEXT("Select file to copy");
      ofn.Flags = OFN_EXPLORER | OFN_FILEMUSTEXIST;
      BOOL fOk = GetOpenFileName(&ofn);
      if (fOk) {
```

```
        // Show user the source file's size
        Static_SetText(GetDlgItem(hWnd, IDC_SRCFILE), szPathname);
        CEnsureCloseFile hFile = CreateFile(szPathname, 0, 0, NULL,
            OPEN_EXISTING, 0, NULL);
        if (hFile.IsValid()) {
            LARGE_INTEGER liFileSize;
            GetFileSizeEx(hFile, &liFileSize);
            // NOTE: Only shows bottom 32 bits of size
            SetDlgItemInt(hWnd, IDC_SRCFILESIZE, liFileSize.LowPart, FALSE);
        }
    }
    EnableWindow(GetDlgItem(hWnd, IDOK), fOk);
    break;
    }
}


///////////////////////////////////////////////////////////////////////////////


INT_PTR WINAPI Dlg_Proc(HWND hWnd, UINT uMsg, WPARAM wParam, LPARAM lParam) {

    switch (uMsg) {
    chHANDLE_DLGMSG(hWnd, WM_INITDIALOG, Dlg_OnInitDialog);
    chHANDLE_DLGMSG(hWnd, WM_COMMAND,    Dlg_OnCommand);
    }
    return(FALSE);
}


///////////////////////////////////////////////////////////////////////////////


int WINAPI _tWinMain(HINSTANCE hInstExe, HINSTANCE, PTSTR pszCmdLine, int) {

    DialogBox(hInstExe, MAKEINTRESOURCE(IDD_FILECOPY), NULL, Dlg_Proc);
    return(0);
}


/////////////////////////////// End of File ///////////////////////////////////
```

333~338

第 11 章

Windows线程池

本章内容

第10章讨论了Windows I/O完成端口内核对象如何提供一个I/O请求队列，并以一种智能的方式分派线程来处理队列中的项。然而，I/O完成端口只能分派正在等待它的线程，你仍然需要自己负责这些线程的创建和销毁。

对于如何管理线程的创建和销毁，每个人都有自己的意见。过去这些年里，我自己创建了线程池的几个不同的实现，每个都针对特定情形进行了调优。为简化开发人员的工作，Windows提供了一个围绕"I/O完成端口"构建的线程池机制来简化线程的创建、销毁和常规管理。这个常规用途的线程池可能并不适合所有情况，但很多时候都能满足需要并节省大量开发时间。

新的线程池函数允许做下面这些事情。

- 异步调用函数
- 定时调用函数
- 在内核对象触发时调用函数
- 在异步I/O请求完成时调用函数

说明 Microsoft 自 Windows 2000 起引入线程池 API。从 Windows Vista 开始，Microsoft 重新架构了线程池，并引入了一组新的线程池 API。当然，为保持向后兼容，仍然支持老的 Windows 2000 API。但是，如果应用程序不需要在 Windows Vista 之前的版本上运行，就建议使用新的 API。本章将重点介绍自 Windows Vista 开始引入的新的线程 API。本书之前的版本已对老 API 进行了介绍，这一版将不再赘述。

进程初始化时，并不涉及任何与线程池有关的开销。但是，一旦调用了新的线程池函数，系统就会为进程创建相应的内核资源，其中一些资源在进程终止之前将一直存在。如你所见，使用线程池的具体开销取决于使用方式：线程、其他内核对象和内部数据结构是以你的进程的名义来分配的。所以，不应盲目使用这些线程池函数，而是必须谨慎考虑线程池能为你做什么和不能为你做什么。

339~340

好了，我的免责声明说得差不多了。下面来看看这些函数能做什么。

11.1 情形 1：异步调用函数

要想用线程池以异步方式执行一个函数的话，只需要定义一个符合以下原型的函数：

```
VOID NTAPI SimpleCallback(
    PTP_CALLBACK_INSTANCE pInstance, // 参见 11.5 节 " 回调函数的终止操作 "
    PVOID pvContext);
```

然后，需要向线程池提交一个请求，让线程池中的一个线程执行该函数。为此，只需要调用以下函数：

```
BOOL TrySubmitThreadpoolCallback(
    PTP_SIMPLE_CALLBACK pfnCallback,
    PVOID pvContext,
    PTP_CALLBACK_ENVIRON pcbe); // 参见 11.5.1 节 " 对线程池进行定制 "
```

该函数将一个工作项(work item)添加到线程池的队列中(通过调用 PostQueuedCompletionStatus)，成功会返回 TRUE；失败会返回 FALSE。在调用 TrySubmitThreadpoolCallback 的时候，pfnCallback 参数标识了你写的那个符合 SimpleCallback 原型的函数。pvContext 参数标识了应传给你的函数的值(通过后者的 SimpleCallback 的 pvContext 参数)。可直接为 PTP_CALLBACK_ENVIRON 参数传递 NULL。我们将在 11.5.1 节 "对线程池进行定制" 解释这个参数，还会在 11.5 节 "回调函数的终止操作" 中解释 SimpleCallback 的 pInstance 参数。

注意，永远不需要自己调用CreateThread。系统会自动为进程创建一个默认线程池，并让线程池中的一个线程来调用你的回调函数。此外，当这个线程处理完一个客户请求之后，它不会立刻销毁，而是会回到线程池，准备处理队列中的其他任何工作项。线程池会反复重用其线程，不会频繁创建和销毁线程。这可以显著提升应用程序的性能，因为创建和销毁线程会消耗大量时间。当然，如果线程池检测到创建另一个线程能更好地为应用程序提供服务，它就会这样做。如果线程池检测到它的线程数量已供过于求，就会销毁其中一些线程。除非我们很清楚自己在做什么，否则最好还是相信线程池的内部算法，让它根据应用程序的负荷自动调整自己。

11.1.1　显式控制工作项

有某些情况下，比如内存不足或配额限制，TrySubmitThreadpoolCallback调用可能失败。当多项操作需要相互协调的时候(比如一个计时器需要依靠一个工作项来取消另一个操作)，这是不能接受的。设置计时器的时候，必须确保用来取消操作的那个工作项会被提交给线程池，并会被线程池处理。但是，当计时器设定的时间到的时候，可用的内存或配额的情况与创建定时器的时候可能并不相同，因此TrySubmitThreadpoolCallback有可能失败。在这种情况下，必须在创建定时器的同时就创建一个工作项对象，并一直持有它，直到需要将该工作项显式提交给线程池为止。

340~341

每次调用TrySubmitThreadpoolCallback的时候，系统会在内部以我们的名义分配一个工作项。如果计划提交大量工作项，那么出于对性能和内存使用的考虑，创建工作项一次，然后分多次提交它会更好。调用以下函数来创建工作项：

```
PTP_WORK CreateThreadpoolWork(
    PTP_WORK_CALLBACK pfnWorkHandler,
    PVOID pvContext,
    PTP_CALLBACK_ENVIRON pcbe); // 参见11.5.1节 " 对线程池进行定制 "
```

该函数会在用户模式内存中创建一个结构来保存它的三个参数，并返回指向该结构的指针。参数pfnWorkHandler是一个函数指针，当线程池中的线程最终对工作项进行处理的时候，会调用该指针所指向的函数。参数pvContext可以是需要传给回调函数的任意值。在参数pfnWorkHandler中传入的函数必须符合以下函数原型：

```
VOID CALLBACK WorkCallback(
    PTP_CALLBACK_INSTANCE Instance,
    PVOID Context,
    PTP_WORK Work);
```

调用SubmitThreadpoolWork函数向线程池提交一个请求：

```
VOID SubmitThreadpoolWork(PTP_WORK pWork);
```

现在，可以假定已将请求成功添加到了队列中(进而通过线程池中的线程来调用回调函数)。事实上，这正是为什么SubmitThreadpoolWork的返回类型为VOID的原因。

警告 如果多次提交同一个工作项，每次回调函数被调用时会传入相同的、在创建工作项时指定的 pvContext 值。所以，重复使用同一个工作项来执行多个操作时必须意识到这一点。我们很可能希望依次执行这些操作，这样就可以唯一地标识每一个操作。

如果有另一个线程，它想取消已提交的工作项，或者因为要等待工作项处理完毕而需要将自己挂起，那么可以调用以下函数：

```
VOID WaitForThreadpoolWorkCallbacks(
    PTP_WORK pWork,
    BOOL     bCancelPendingCallbacks);
```

pWork参数指向一个工作项，该工作项是我们之前调用CreateThreadpoolWork和SubmitThreadpoolWork来创建和提交的。如果工作项尚未提交，该函数会立即返回而不执行任何操作。

341

如果为bCancelPendingCallbacks参数传递TRUE，WaitForThreadpoolWorkCallbacks会试图取消先前提交的工作项。如果线程池中的线程正在处理那个工作项，那么该过程不会被打断，WaitForThreadpoolWorkCallbacks将一直等待该工作项完成再返回。如果已提交的工作项尚未被任何线程处理，函数会把它标记为已取消，然后立即返回。完成端口从它的队列取出该工作项后，线程池知道无须调用回调函数，这样的话，该工作项根本就不会被执行。

如果为bCancelPendingCallbacks参数传递FALSE，WaitForThreadpoolWorkCallbacks会将调用线程挂起，直到指定的工作项处理完成，而且线程池中处理该工作项的线程也已经被收回并准备好处理下一个工作项为止。

说明 如果用一个 PTP_WORK 对象提交了多个工作项，而且为 bCancelPendingCallbacks 参数传递的是 FALSE，那么 WaitForThreadpoolWorkCallbacks 会等待线程池处理完所有已提交的工作项。如果为 bCancelPendingCallbacks 参数传递的值是 TRUE，那么 WaitForThreadpoolWorkCallbacks 只会等待当前正在运行的工作项完成。

不再需要一个工作项的时候，应该调用CloseThreadpoolWork并在它唯一的参数中传入指

向该工作项的指针，从而将其释放：

```
VOID CloseThreadpoolWork(PTP_WORK pwk);
```

11.1.2 Batch示例程序

以下Batch示例程序(11-Batch.exe)演示了如何使用线程池的工作项函数来实现对多个操作进行批处理，每个操作会通知用户界面线程该操作的状态，并以它所在线程的线程标识符为前缀。该应用程序用一个简单的方案判断整个批处理何时结束，如图11-1所示。

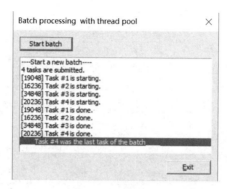

图11-1 Batch应用程序产生的输出

应用程序的源文件和资源文件在本书配套资源的11-Batch目录中。

342

```
/********************************************************************************
Module: Batch.cpp
Notices: Copyright (c) 2008 Jeffrey Richter & Christophe Nasarre
********************************************************************************/


#include "stdafx.h"
#include "Batch.h"


///////////////////////////////////////////////////////////////////////////////


// Global variables
HWND      g_hDlg = NULL;
PTP_WORK g_pWorkItem = NULL;
volatile LONG g_nCurrentTask = 0;



// Global definitions
```

```
#define WM_APP_COMPLETED (WM_APP+123)


///////////////////////////////////////////////////////////////////////////


void AddMessage(LPCTSTR szMsg) {

    HWND hListBox = GetDlgItem(g_hDlg, IDC_LB_STATUS);
    ListBox_SetCurSel(hListBox, ListBox_AddString(hListBox, szMsg));
}


///////////////////////////////////////////////////////////////////////////


void NTAPI TaskHandler(PTP_CALLBACK_INSTANCE Instance, PVOID Context, PTP_WORK Work) {

    LONG currentTask = InterlockedIncrement(&g_nCurrentTask);

    TCHAR szMsg[MAX_PATH];
    StringCchPrintf(
        szMsg, _countof(szMsg),
        TEXT("[%u] Task #%u is starting."), GetCurrentThreadId(), currentTask);
    AddMessage(szMsg);

    // Simulate a lot of work
    Sleep(currentTask * 1000);

    StringCchPrintf(
        szMsg, _countof(szMsg),
        TEXT("[%u] Task #%u is done."), GetCurrentThreadId(), currentTask);
    AddMessage(szMsg);

    if (InterlockedDecrement(&g_nCurrentTask) == 0)
    {
        // Notify the UI thread for completion.
        PostMessage(g_hDlg, WM_APP_COMPLETED, 0, (LPARAM)currentTask);
    }
}


///////////////////////////////////////////////////////////////////////////


void OnStartBatch() {

    // Disable Start button
```

```
    Button_Enable(GetDlgItem(g_hDlg, IDC_BTN_START_BATCH), FALSE);

    AddMessage(TEXT("----Start a new batch----"));

    // Submit 4 tasks by using the same work item
    SubmitThreadpoolWork(g_pWorkItem);
    SubmitThreadpoolWork(g_pWorkItem);
    SubmitThreadpoolWork(g_pWorkItem);
    SubmitThreadpoolWork(g_pWorkItem);

    AddMessage(TEXT("4 tasks are submitted."));
}


///////////////////////////////////////////////////////////////////////////////


void Dlg_OnCommand(HWND hWnd, int id, HWND hWndCtl, UINT codeNotify) {

    switch (id) {
        case IDOK:
        case IDCANCEL:
            EndDialog(hWnd, id);
            break;

        case IDC_BTN_START_BATCH:
            OnStartBatch();
            break;
    }
}


BOOL Dlg_OnInitDialog(HWND hWnd, HWND hWndFocus, LPARAM lParam) {

    // Keep track of main dialog window for error messages
    g_hDlg = hWnd;

    return(TRUE);
}


///////////////////////////////////////////////////////////////////////////////


INT_PTR WINAPI Dlg_Proc(HWND hWnd, UINT uMsg, WPARAM wParam, LPARAM lParam) {

    switch (uMsg) {
```

```
        chHANDLE_DLGMSG(hWnd, WM_INITDIALOG, Dlg_OnInitDialog);
        chHANDLE_DLGMSG(hWnd, WM_COMMAND,     Dlg_OnCommand);
        case WM_APP_COMPLETED: {
            TCHAR szMsg[MAX_PATH+1];
            StringCchPrintf(
                szMsg, _countof(szMsg),
                TEXT("____Task #%u was the last task of the batch____"), lParam);
            AddMessage(szMsg);

            // Don't forget to enable the button
            Button_Enable(GetDlgItem(hWnd, IDC_BTN_START_BATCH), TRUE);
        }
        break;
    }

    return(FALSE);
}


int APIENTRY _tWinMain(HINSTANCE hInstance, HINSTANCE, LPTSTR pCmdLine, int) {

    // Create the work item that will be used by all tasks
    g_pWorkItem = CreateThreadpoolWork(TaskHandler, NULL, NULL);
    if (g_pWorkItem == NULL) {
        MessageBox(NULL, TEXT("Impossible to create the work item for tasks."),
            TEXT(""), MB_ICONSTOP);
        return(-1);
    }

    DialogBoxParam(hInstance, MAKEINTRESOURCE(IDD_MAIN), NULL, Dlg_Proc,
        _ttoi(pCmdLine));

    // Don't forget to delete the work item
    // Note that it is not mandatory here since the process is exiting
    CloseThreadpoolWork(g_pWorkItem);

    return(0);
}

//////////////////////////// End of File ////////////////////////////
```

程序在创建主窗口之前创建一个工作项。如果该操作失败，应用程序会弹窗报错并结束运行。单击Start batch按钮会调用SubmitThreadpoolWork函数，分4次将该工作项提交给默认线程池。为避免用户再次提交另一个批处理，该按钮同时会被禁用。由线程池中的线程处理的回调函数会利用InterlockedIncrement(已在第8章介绍)以原子方式递增全局任务计数器，并在它开始运行和结束运行的时候分别向日志中添加一项。

343~346

TaskHandler函数返回之前会调用InterlockedDecrement，以原子方式递减全局任务计数器。如果该任务是最后一项任务，函数会向主窗口发送一条消息，由主窗口负责在日志中添加一条结束消息，然后重新启用Start batch按钮。检测批处理结束的另一个办法是生成(spawn)一个线程，并让它调用WaitForThreadpoolWorkCallbacks(g_pWorkItem, FALSE)。该函数调用一旦返回，就可以确定线程池将所有已提交的工作项都处理完毕。

11.2　情形2：定时调用函数

应用程序有时需要在特定时间执行特定任务。Windows提供了可等待的计时器内核对象(参见第9章)，可用它非常容易地获得一个基于时间的通知。许多开发人员会为应用程序需要执行的每个基于时间的任务创建一个可等待的计时器对象，但这是不必要的，而且会浪费系统资源。相反，可以创建单一的可等待计时器，设置它的下一个到期时间，然后为下一个时间重置定时器，如此反复。然而，完成这个任务的代码写起来很麻烦。幸好，有线程池函数可以帮你打理这些事情。

为了将一个工作项安排在某个时间执行，首先必须定义以下原型的回调函数：

```
VOID CALLBACK TimeoutCallback(
    PTP_CALLBACK_INSTANCE pInstance,    // 参见11.5节"回调函数的终止操作"
    PVOID pvContext,
    PTP_TIMER pTimer);
```

然后调用以下函数来通知线程池应在何时调用你的函数：

```
PTP_TIMER CreateThreadpoolTimer(
    PTP_TIMER_CALLBACK pfnTimerCallback,
    PVOID pvContext,
    PTP_CALLBACK_ENVIRON pcbe);    // 参见11.5.1节"对线程池进行定制"
```

这个函数的工作方式与上一节介绍的CreateThreadpoolWork函数相似。pfnTimerCallback参数必须引用一个符合TimeoutCallback原型的函数；每次调用后者，都会将pvContext参数的值传给它，并向其pTimer参数传入一个计时器对象的指针，该计时器对象由CreateThreadpoolTimer函数创建并返回。

调用SetThreadpoolTimer函数向线程池注册计时器：

```
VOID SetThreadpoolTimer(
    PTP_TIMER pTimer,
    PFILETIME pftDueTime,
    DWORD msPeriod,
    DWORD msWindowLength);
```

pTimer参数标识了要由CreateThreadpoolTimer返回的TP_TIMER对象。pftDueTime
参数指出首次调用回调函数的时间。可传递一个负值(以毫秒为单位)来指定和调用
SetThreadpoolTimer的时间相对的一个到期时间。但-1是特例，表示立即开始。指定绝
对时间需传递一个正值(以100纳秒为单位，自1600年的1月1日开始计算)。

如果只想让计时器触发一次，可为msPeriod参数传递0。但是，如果想让线程池定时调
用你的函数，那么应该为msPeriod指定一个非零值(表示再次调用你的TimerCallback之
前需要等待多少毫秒)。msWindowLength参数为回调函数的执行引入一些随机性，它会
在"当前到期时间～当前到期时间+msWindowLength毫秒"之间的任何一个时间执行。
如果多个计时器的触发频度几乎相同，但又不希望产生太多的冲突，这个参数就非常有
用。它让我们避免在回调函数中用一个随机数来调用Sleep。

msWindowLength参数的另一个作用是对多个计时器进行分组。如果有大量计时器在几
乎相同的时间结束，就可考虑把它们分为一组以避免发生太多的上下文切换。例如，如
果计时器A在5毫秒后结束，计时器B在6毫秒后结束，那么5毫秒后计时器A的回调函数
会被调用，然后线程会回到池并进入睡眠。随即它被再次唤醒来调用计时器B的回调函
数，如此反复。为避免上下文切换，同时避免把它们放入线程池又马上从池中取出，可
为计时器A和计时器B将msWindowLength参数设为2。现在，线程池知道计时器A预计
它的回调函数会在5～7毫秒之间被调用，而计时器B预计它会在6～8毫秒之间触发。在
这种情况下，线程池就知道在同一时间(也就是6毫秒)对这两个计时器进行批处理会更高
效。这样只会唤醒一个线程，先让它执行计时器A的回调函数，再执行计时器B的回调函
数，最后让它回到线程池中睡眠。如果计时器的触发频度很接近，而且和计时器的触发
频度相比，需要更重视唤醒线程和将线程切换回睡眠状态的代价，这项优化就是非常值
得的。

必须指出的是，计时器设置好之后，可调用SetThreadpoolTimer并为pTimer参数传递事
先设置好的一个计时器指针，从而对现有计时器进行修改。然而，也可为pftDueTime，
msPeriod和msWindowLength参数传递新值。事实上，甚至可以为pftDueTime传递
NULL，从而告诉线程池停止调用(invoke)你的TimerCallback函数。这不失为一种将计时
器暂停却又不必销毁计时器对象的好方法(尤其是在回调函数内部)。

另外，可以调用IsThreadpoolTimerSet来确定某个计时器是否已经被设置(换言之，它有一个非NULL的pftDueTime值)：

```
BOOL IsThreadpoolTimerSet(PTP_TIMER pti);
```

最后，可调用WaitForThreadpoolTimerCallbacks让线程等待一个计时器完成，并可调用CloseThreadpoolTimer函数来释放计时器的内存。这两个函数的工作方式与本章前面介绍的WaitForThreadpoolWork和CloseThreadpoolWork相似。

347

Timed Message Box示例程序

以下Timed Message Box示例程序(11-TimedMsgBox.exe)演示了如何使用线程池的计时器函数来实现一个消息框。如果用户在一段时间内没有对消息框做出响应，该消息框会自动关闭。应用程序的源代码和资源文件在本书配套资源的11-TimedMsgBox目录中。

应用程序启动时会将全局变量g_nSecLeft设为10。这表示用户必须在多少秒内对消息框做出响应。接着调用CreateThreadpoolTimer函数来创建一个线程池计时器，并将其传给SetThreadpoolTimer，告诉线程池从第一秒开始，每秒调用一次MsgBoxTimeout函数。一切都初始化好后，程序调用MessageBox向用户显示如图11.2所示的消息框。

图11-2　消息框(1)

消息框等待用户响应时，线程池中的一个线程调用MsgBoxTimeout函数。该函数找到消息框的窗口句柄，递减全局变量g_nSecLeft，并更新消息框中的字符串。首次调用MsgBoxTimeout后的消息框如图11.3所示。

图11-3　消息框(2)

MsgBoxTimeout被调用9次之后，g_nSecLeft变量变成1，这时MsgBoxTimeout会调用EndDialog来销毁消息框，主线程的MessageBox调用会返回。为了告诉线程池计时器已经不需要了，并让它停止调用MsgBoxTimeout函数，程序调用了CloseThreadpoolTimer。之后，程序显示如图11-4所示的另一个消息框来告诉用户未在指定时间内对消息框做出响应。

图11-4 消息框(3)

如果用户在超时之前做出了响应，则会显示如图11-5所示的消息框。

图11-5 消息框(4)

```
/******************************************************************************
Module: TimedMsgBox.cpp
Notices: Copyright (c) 2008 Jeffrey Richter & Christophe Nasarre
******************************************************************************/


#include "..\CommonFiles\CmnHdr.h"        /* See Appendix A. */
#include <tchar.h>
#include <StrSafe.h>



///////////////////////////////////////////////////////////////////////////////


// The caption of our message box
TCHAR g_szCaption[100];
```

```c
// How many seconds we'll display the message box
int g_nSecLeft = 0;


// This is STATIC window control ID for a message box
#define ID_MSGBOX_STATIC_TEXT    0x0000ffff


///////////////////////////////////////////////////////////////////////////


VOID CALLBACK MsgBoxTimeoutCallback(
   PTP_CALLBACK_INSTANCE        pInstance,
   PVOID                        pvContext,
   PTP_TIMER                    pTimer
   ) {
   // NOTE: Due to a thread race condition, it is possible (but very unlikely)
   // that the message box will not be created when we get here.
   HWND hwnd = FindWindow(NULL, g_szCaption);

   if (hwnd != NULL) {
      if (g_nSecLeft == 1) {
         // The time is up; force the message box to exit.
         EndDialog(hwnd, IDOK);
         return;
      }

      // The window does exist; update the time remaining.
      TCHAR szMsg[100];
      StringCchPrintf(szMsg, _countof(szMsg),
         TEXT("You have %d seconds to respond"), --g_nSecLeft);
      SetDlgItemText(hwnd, ID_MSGBOX_STATIC_TEXT, szMsg);
   } else {

      // The window does not exist yet; do nothing this time.
      // We'll try again in another second.
   }
}

int WINAPI _tWinMain(HINSTANCE, HINSTANCE, PTSTR, int) {

   _tcscpy_s(g_szCaption, 100, TEXT("Timed Message Box"));

   // How many seconds we'll give the user to respond
   g_nSecLeft = 10;
```

```
// Create the threadpool timer object
PTP_TIMER lpTimer =
   CreateThreadpoolTimer(MsgBoxTimeoutCallback, NULL, NULL);

if (lpTimer == NULL) {
   TCHAR szMsg[MAX_PATH];
   StringCchPrintf(szMsg, _countof(szMsg),
      TEXT("Impossible to create the timer: %u"), GetLastError());
   MessageBox(NULL, szMsg, TEXT("Error"), MB_OK | MB_ICONERROR);

   return(-1);
}

// Start the timer in one second to trigger every 1 second
ULARGE_INTEGER ulRelativeStartTime;
ulRelativeStartTime.QuadPart = (LONGLONG) -(10000000);  // start in 1 second
FILETIME ftRelativeStartTime;
ftRelativeStartTime.dwHighDateTime = ulRelativeStartTime.HighPart;
ftRelativeStartTime.dwLowDateTime = ulRelativeStartTime.LowPart;
SetThreadpoolTimer(
   lpTimer,
   &ftRelativeStartTime,
   1000, // Triggers every 1000 milliseconds
   0);

// Display the message box
MessageBox(NULL, TEXT("You have 10 seconds to respond"),
   g_szCaption, MB_OK);

// Clean up the timer
CloseThreadpoolTimer(lpTimer);

// Let us know if the user responded or if we timed out
MessageBox(
   NULL, (g_nSecLeft == 1) ? TEXT("Timeout") : TEXT("User responded"),
   TEXT("Result"), MB_OK);

return(0);
}

/////////////////////////////// End of File ///////////////////////////////
```

349~351

在继续讨论下一种情形之前，还有两点需要注意。设置周期性的计时器可保证工作项每隔一段时间都会入队。如创建的计时器每10秒触发一次，则回调函数每10秒就会被调用一次。但要注意，这可能是用线程池中的多个线程来完成的，所以可能需要对工作项函数的不同部分进行同步。还要注意，如线程池超载，可能会延误计时器工作项。例如，如果将线程池的最大线程数设为一个很低的值，那么线程池将不得不推迟调用你的回调函数。

如果不喜欢这个行为，希望耗时长的工作项在每一项执行完毕10秒后入队，就必须另想办法来构建智能的一次性计时器。

(1) 仍然通过CreateThreadpoolTimer来创建计时器，这一点没有任何变化。

(2) 调用SetThreadpoolTimer时为msPeriod参数传递0，表示这是一次性计时器。

(3) 待处理的工作完成后，还是将msPeriod设为0来重新启动计时器。

(4) 最后，在最终需要停止计时器的时候，在CloseThreadpoolTimer执行之前，必须先调用WaitForThreadpoolTimerCallbacks，并为其最后一个参数传递TRUE，告诉线程池不要再为该计时器处理任何工作项。如果忘了这么做，回调函数仍会被调用，导致在执行SetThreadpoolTimer时引发异常。

注意，如果真的需要一次性计时器，应该在回调函数中调用SetThreadpoolTimer，并向msPeriod参数传入0。同时，为确保对线程池资源进行清理，还应该在回调函数返回之前调用CloseThreadpoolTimer来销毁计时器。

11.3　情形 3：在内核对象触发时调用函数

Microsoft发现许多应用程序创建线程的目的仅仅是为了等待一个内核对象被触发。对象被触发后，线程会向另一个线程发出某种形式的通知并进入下一轮循环，等待该对象再次触发。这正是之前在Batch示例程序中见到的情形，它需要一个专门的工作项来监视实际的操作何时完成(等待执行实际操作的每个回调函数在结束时触发内核事件)。有的开发人员甚至会让多个线程等待一个对象。这是对系统资源的极端浪费。当然，与创建进程相比，创建线程所涉及的开销要小得多，但线程并不是免费的。每个线程都有一个线程栈，还需要大量CPU指令来创建和销毁线程。应尽量避免此类开销。

351~352

为了注册工作项并让它在一个内核对象被触发时执行，需遵循的流程与本章之前讨论过的流程非常相似。首先写一个符合以下原型的函数：

```
VOID CALLBACK WaitCallback(
   PTP_CALLBACK_INSTANCE pInstance,   // 参见11.5节"回调函数的终止操作"
   PVOID Context,
   PTP_WAIT Wait,
   TP_WAIT_RESULT WaitResult);
```

然后调用CreateThreadpoolWait来创建一个线程池等待对象:

```
PTP_WAIT CreateThreadpoolWait(
   PTP_WAIT_CALLBACK     pfnWaitCallback,
   PVOID                 pvContext,
   PTP_CALLBACK_ENVIRON pcbe);   // 参见11.5.1节"对线程池进行定制"
```

就绪后,调用以下函数将一个内核对象绑定到这个线程池:

```
VOID SetThreadpoolWait(
   PTP_WAIT   pWaitItem,
   HANDLE     hObject,
   PFILETIME pftTimeout);
```

显然,pWaitItem参数标识从CreateThreadpoolWait返回的对象。hObject参数标识某个内核对象。该对象被触发时,会导致线程池调用你的WaitCallback函数。另外,pftTimeout参数指定线程池最长应花多少时间等待该内核对象触发。0表示根本不等待,负值表示一个相对时间,正值表示一个绝对时间,NULL表示无限长。

在内部,线程池会让一个线程调用WaitForMultipleObjects函数(已在第9章介绍),向它传递通过SetThreadpoolWait函数注册的一组句柄,并向bWaitAll参数传递FALSE。这样,任何一个句柄被触发时,线程池线程就会被唤醒。由于WaitForMultipleObjects限制一次最多只能等待64(MAXIMUM_WAIT_OBJECTS,参见第9章)个句柄,所以线程池实际为每64个内核对象使用一个线程,效率相当高。

另外,由于WaitForMultipleObjects不允许将同一个句柄传入多次,所以应确保不会用SetThreadpoolWait来多次注册同一个句柄。但是,可以调用DuplicateHandle,将原始句柄和复制的句柄分别注册。

一旦内核对象触发或超时,线程池中的某个线程就会调用你的WaitCallback函数(已在前面列出)。除了最后一个参数WaitResult,其他参数的含义都不言而喻。WaitResult参数的类型是TP_WAIT_RESULT(本身是一个DWORD),用来说明WaitCallback被调用的原因。表11-1列出了WaitResult参数可能的值。

352~353

表11-1　WaitResult可能的值

WaitResult的值	解释
WAIT_OBJECT_0	如果传给 SetThreadpoolWait 的内核对象在超时之前触发，你的回调函数会接收到这个值
WAIT_TIMEOUT	如果传给 SetThreadpoolWait 的内核对象在超时之前没有触发，你的回调函数会接收到这个值
WAIT_ABANDONED_0	如果传给 SetThreadpoolWait 的内核对象引用一个互斥量，而且该互斥量被遗弃(参见 9.6.1 节"遗弃问题")，你的回调函数会接收到这个值

一旦线程池的一个线程调用了你的回调函数，对应的等待项(wait item)会进入非活动(inactive)状态。"非活动"意味着在触发同一个内核对象的时候，如果想让你的回调函数被再次调用，需要调用SetThreadpoolWait来再次注册它。

假设注册了等待项来等待一个进程内核对象。该进程对象触发后将保持触发状态。在这种情况下，你不会希望在同一个进程句柄上再次注册该等待项。但是，可以调用SetThreadpoolWait来重用该等待项，既可传递一个不同的内核对象句柄，也可传入NULL将其从池中移除。

最后，可以调用WaitForThreadpoolWaitCallbacks函数让线程等待一个等待项完成，还可以调用CloseThreadpoolWait函数来释放一个等待项的内存。这两个函数的工作方式与本章之前讨论的WaitForThreadpoolWork函数和CloseThreadpoolWork函数相似。

说明　绝对不要让回调函数调用 WaitForThreadpoolWork 并传入对它自己的工作项的引用，因为那样会导致死锁。之所以会如此，是因为线程会一直阻塞直到它退出，但此时又无法退出。另外，线程池在等待传给 SetThreadpoolWait 的内核对象句柄期间，应确保该句柄不会关闭。最后，最好不要用 PulseEvent 触发一个已注册的事件，因为在调用 PulseEvent 时，无法保证线程池正在等待该事件。

11.4　情形4：在异步 I/O 请求完成时调用函数

第10章讨论了如何使用Windows I/O完成端口来高效地执行异步I/O操作，还解释了如何创建一个线程池并让其中的线程等待I/O完成端口。幸好，本章通篇介绍的线程池函数可以替我们管理线程的创建和销毁，而这些线程会在内部等待I/O完成端口。但是，在打开一个文件或设备的时候，必须先将该文件/设备与线程池的I/O完成端口关联。然后，必须告诉线程池，当发往文件/设备的异步I/O请求完成时，应该调用(invoke)哪个函数。

353~354

首先必须写一个符合以下原型的函数：

```
VOID CALLBACK OverlappedCompletionRoutine(
    PTP_CALLBACK_INSTANCE pInstance,    // 参见11.5节"回调函数的终止操作"
    PVOID                 pvContext,
    PVOID                 pOverlapped,
    ULONG                 IoResult,
    ULONG_PTR             NumberOfBytesTransferred,
    PTP_IO                pIo);
```

一个I/O操作完成时，这个函数会被调用并得到一个指向OVERLAPPED结构的指针，这个指针是在调用ReadFile或WriteFile发出I/O请求时通过pOverlapped参数传入的。操作的结果通过IoResult参数传递；如I/O成功，该参数将包含NO_ERROR。已传输的字节数通过NumberOfBytesTransferred参数传递。通过pIo参数传入的，则是一个指向线程池中的I/O项的指针。pInstance参数将在11.5节"回调函数的终止操作"介绍。

然后，调用CreateThreadpoolIo来创建一个线程池I/O对象，向它传递想要与线程池的内部I/O完成端口关联的文件/设备句柄(已通过调用CreateFile函数并传递FILE_FLAG_OVERLAPPED标志来打开)：

```
PTP_IO CreateThreadpoolIo(
    HANDLE                hDevice,
    PTP_WIN32_IO_CALLBACK pfnIoCallback,
    PVOID                 pvContext,
    PTP_CALLBACK_ENVIRON  pcbe);   // 参见11.5.1节"对线程池进行定制"
```

就绪之后，调用以下函数将I/O项中嵌入的文件/设备与线程池的内部I/O完成端口关联起来：

```
VOID StartThreadpoolIo(PTP_IO pio);
```

注意，每次调用ReadFile和WriteFile之前都必须调用StartThreadpoolIo。如果没有在每次发出I/O请求之前调用StartThreadpoolIo，你的OverlappedCompletionRoutine回调函数将不会被调用。

要想在发出I/O请求之后让线程池停止调用你的回调函数，可以调用以下函数：

```
VOID CancelThreadpoolIo(PTP_IO pio);
```

如果ReadFile或WriteFile调用失败(例如，如果这两个函数返回FALSE，而且GetLastError返回除ERROR_IO_PENDING之外的值)，还是必须调用CancelThreadpoolIo。

文件/设备使用完毕后，应调用CloseHandle将其关闭，并调用以下函数解除它与线程池的关联：

```
VOID CloseThreadpoolIo(PTP_IO pio);
```

还可调用以下函数让另一个线程等待一个待处理的I/O请求完成：

```
VOID WaitForThreadpoolIoCallbacks(
    PTP_IO pio,
    BOOL bCancelPendingCallbacks);
```

如果为bCancelPendingCallbacks参数传递TRUE，那么当请求完成时，你的回调函数不会
被调用(如果它尚未开始执行)，这类似于调用CancelThreadpoolIo函数。

11.5 回调函数的终止操作

线程池提供了一种便利的方式来描述在回调函数返回时应该执行的一些操作。回调函数用传
给它的不透明的pInstance参数(其类型为PTP_CALLBACK_INSTANCE)来调用以下函数之一：

```
VOID LeaveCriticalSectionWhenCallbackReturns(
    PTP_CALLBACK_INSTANCE pci, PCRITICAL_SECTION pcs);
VOID ReleaseMutexWhenCallbackReturns(PTP_CALLBACK_INSTANCE pci, HANDLE mut);
VOID ReleaseSemaphoreWhenCallbackReturns(PTP_CALLBACK_INSTANCE pci,
    HANDLE sem, DWORD crel);
VOID SetEventWhenCallbackReturns(PTP_CALLBACK_INSTANCE pci, HANDLE evt);
VOID FreeLibraryWhenCallbackReturns(PTP_CALLBACK_INSTANCE pci, HMODULE mod);
```

正如pInstance参数的名字所暗示的那样，它标识的是线程池当前正在处理的一个工作
项、计时器项、等待项或I/O项。对于刚才列出的每个函数，表11-2列出了线程池所执行
的与之对应的终止操作。

表11-2 回调函数的终止函数及其对应的操作

函数	终止操作
LeaveCriticalSectionWhenCallbackReturns	回调函数返回时，线程池自动调用 LeaveCriticalSection，传入指定的 CRITICAL_SECTION 结构
ReleaseMutexWhenCallbackReturns	回调函数返回时，线程池自动调用 ReleaseMutex，传入指定的 HANDLE
ReleaseSemaphoreWhenCallbackReturns	回调函数返回时，线程池自动调用 ReleaseSemaphore，传入指定的 HANDLE
SetEventWhenCallbackReturns	回调函数返回时，线程池自动调用 SetEvent，传入指定的 HANDLE
FreeLibraryWhenCallbackReturns	回调函数返回时，线程池自动调用 FreeLibrary，传入指定的 HMODULE

前4个函数提供了一种方式来通知另一个线程：线程池中的线程的工作项已经完成了某项任务。最后一个函数(FreeLibraryWhenCallbackReturns)则允许在回调函数返回时将动态链接库(DLL)从内存中卸载。如果回调函数是在一个DLL中实现的，并希望在回调函数完成它的工作之后将DLL从内存中卸载，这种方式就尤其有用。当然，不能让回调函数自己调用FreeLibrary，因为那样会将回调函数的代码从进程中清除，这样在FreeLibrary调用试图返回到回调函数时会引发访问违例。

重要提示 对任何一个回调函数的实例，线程池中的线程只会执行一种终止操作。因此无法要求线程池在处理完工作项后同时触发一个事件和互斥量。最后调用的函数会覆盖之前调用的。

除了这些终止函数，还有两个函数可应用于回调函数的实例：

```
BOOL CallbackMayRunLong(PTP_CALLBACK_INSTANCE pci);
VOID DisassociateCurrentThreadFromCallback(PTP_CALLBACK_INSTANCE pci);
```

CallbackMayRunLong函数实际与终止操作没有太大关系，它只是用来向线程池通知这一项的处理行为。如果一个回调函数认为自己需要较长的处理时间，就应调用CallbackMayRunLong函数。由于线程池抵制新线程的创建，所以长时间运行的项可能会使线程池队列中的其他项"挨饿"。如果CallbackMayRunLong返回TRUE，表明线程池中还有其他线程可供处理队列中的项。但是，如果CallbackMayRunLong返回FALSE，表明线程池中没有其他线程可供处理队列中的项；为保持线程池的高效运行，最好是让该项将它的任务划分成更小的部分来处理(将每一部分单独添加到线程池队列中)。任务的第一部分可使用当前线程执行。

回调函数可调用相当高级的DisassociateCurrentThreadFromCallback函数来告诉线程池，逻辑上它已完成了自己的工作。这使得任何因为调用WaitForThreadpoolWorkCallbacks函数、WaitForThreadpoolTimerCallbacks函数、WaitForThreadpoolWaitCallbacks函数或WaitForThreadpoolIoCallbacks函数而被阻塞的线程能早一些返回，而不必等到线程池线程从回调函数中实际地返回。

11.5.1　对线程池进行定制

调用CreateThreadpoolWork函数、CreateThreadpoolTimer函数、CreateThreadpoolWait函数或CreateThreadpoolIo函数时，有机会传入一个PTP_CALLBACK_ENVIRON参数。如果为该参数传递NULL，会将工作项添加到进程默认的线程池中，默认线程池的配置能很好地满足大多数应用程序的需求。

但是，有时可能需要根据自己应用程序的需求对线程池进行特殊配置。例如，也许想修改池中运行的线程的最小和最大数量。另外，应用程序也许需要多个可以单独创建和销毁的线程池。

可在自己的应用程序中调用以下函数来创建一个新的线程池：

```
PTP_POOL CreateThreadpool(PVOID reserved);
```

目前，参数reserved是保留的，所以应该为它传递NULL。在将来的Windows版本中，这个参数可能会变得有意义(Windows 10同样保留)。该函数返回一个PTP_POOL值，它引用了新创建的线程池。现在，可以调用以下函数来设置线程池中线程的最大数量和最小数量了：

```
BOOL SetThreadpoolThreadMinimum(PTP_POOL pThreadPool, DWORD cthrdMin);
BOOL SetThreadpoolThreadMaximum(PTP_POOL pThreadPool, DWORD cthrdMost);
```

356~357

线程池始终保持池中的线程数量至少是指定的最小数量，并允许线程数量增长到指定的最大数量。顺便说一下，默认线程池的最小数量是1，最大数量是500。

极少数情况下，如果发出信息请求的线程终止，那么Windows会取消请求。以RegNotifyChangeKeyValue函数为例，线程调用这个函数的时候会传入一个事件句柄，当某些注册表的值被修改时，Windows会触发该事件。但是，如果调用RegNotifyChangeKeyValue的线程终止了，Windows就不会再触发该事件。

只要线程池认为创建或销毁线程有助于提高性能，就会这样做。所以，如果线程池中的一个线程调用了RegNotifyChangeKeyValue函数，线程池有可能(甚至很可能)会在某一时刻终止这个线程，在这种情况下，Windows就不会再通知应用程序注册表已经被修改了。也许解决这个问题的最好的方法就是用CreateThread来创建一个专门的线程，这个线程不会终止，它唯一的作用就是调用RegNotifyChangeKeyValue函数。但还有另一种解决方案，那就是创建一个线程池，并将线程的最小和最大数量设为同一值。这样，线程池会创建一组永不销毁的线程。现在，不仅可以让线程池的线程调用RegNotifyChangeKeyValue之类的函数，还可以保证当注册表被修改的时候，Windows会通知我们的应用程序。

应用程序不再需要它为自己定制的线程池时，应该调用CloseThreadpool将其销毁：

```
VOID CloseThreadpool(PTP_POOL pThreadPool);
```

调用这个函数后，就无法再将任何新项添加到线程池的队列中。线程池中当前正在处理队列中的项的线程会完成它们的处理并终止。另外，线程池的队列中所有尚未开始处理的项将被取消。

一旦创建好自己的线程池，并指定了线程的最小和最大数量，就可以初始化一个回调环境(callback environment)，其中包含可应用于工作项的一些额外的设置或配置。

线程池回调环境的数据结构在WinNT.h中是这样定义的：

```
typedef struct _TP_CALLBACK_ENVIRON {
    TP_VERSION                        Version;
    PTP_POOL                          Pool;
    PTP_CLEANUP_GROUP                 CleanupGroup;
    PTP_CLEANUP_GROUP_CANCEL_CALLBACK CleanupGroupCancelCallback;
    PVOID                             RaceDll;
    struct _ACTIVATION_CONTEXT       *ActivationContext;
    PTP_SIMPLE_CALLBACK               FinalizationCallback;

    union {
        DWORD                         Flags;
        struct {
            DWORD                     LongFunction : 1;
            DWORD                     Private      : 31;
        } s;
    } u;
} TP_CALLBACK_ENVIRON, *PTP_CALLBACK_ENVIRON;
```

357~358

虽然可以手动检查该数据结构并操作其中的字段，但不应该这么做。应认为该数据结构是不透明的，应调用在WinBase.h头文件中定义的各个函数对其中的字段进行操作。首先调用以函数将该结构初始化成一个已知良好的状态：

```
VOID InitializeThreadpoolEnvironment(PTP_CALLBACK_ENVIRON pcbe);
```

该内联函数会将Version设为1，并将其余字段都设为0。和往常一样，不再需要使用线程池回调环境的时候，应调用DestroyThreadpoolEnvironment对其进行清理：

```
VOID DestroyThreadpoolEnvironment(PTP_CALLBACK_ENVIRON pcbe);
```

为了将一个工作项提交给线程池，回调环境必须标明该工作项应该由哪个线程池来处理。可以调用SetThreadpoolCallbackPool并向其传递一个由CreateThreadpool返回的PTP_POOL值，从而指定一个特定的线程池：

```
VOID SetThreadpoolCallbackPool(PTP_CALLBACK_ENVIRON pcbe, PTP_POOL pThreadPool);
```

如果不调用SetThreadpoolCallbackPool函数，TP_CALLBACK_ENVIRON结构的Pool字段会一直为NULL，用这个回调环境来添加工作项时，工作项会被添加到进程的默认线程池。

可调用SetThreadpoolCallbackRunsLong函数来告诉回调环境，工作项通常需要较长的时间来处理。这使线程池会更快地创建线程，尝试以一种更公平而非更高效的方式来处理工作项。

```
VOID SetThreadpoolCallbackRunsLong(PTP_CALLBACK_ENVIRON pcbe);
```

可调用SetThreadpoolCallbackLibrary来确保只要线程池中还有待处理的工作项，就将一个特定的DLL一直保持在进程的地址空间中。

```
VOID SetThreadpoolCallbackLibrary(PTP_CALLBACK_ENVIRON pcbe, PVOID mod);
```

基本上，SetThreadpoolCallbackLibrary函数存在的目的是为了消除潜在的竞态条件(race condition)，从而避免可能的死锁。这是一个相当高级的特性，详情请参见Platform SDK文档。

11.5.2　得体地销毁线程池：清理组

线程池可以处理来源各不相同的大量队列项。这使我们很难知道线程池结束处理队列项的确切时间，但只有这样才能得体地将其销毁。为帮助我们得体地清理线程池，线程池提供了清理组(cleanup group)。注意，本节讨论的内容不适用于默认线程池，因其不会被销毁。默认线程池的生命期与进程相同，Windows会进程终止时将其销毁并负责所有清理工作。

358

之前我们讨论了如何初始化一个TP_CALLBACK_ENVIRON结构，向私有线程池添加项时会用到该结构。为了得体地销毁私有线程池，首先要调用CreateThreadpoolCleanupGroup来创建一个清理组：

```
PTP_CLEANUP_GROUP CreateThreadpoolCleanupGroup();
```

然后，需要调用以下函数将这个清理组与一个已绑定到线程池的TP_CALLBACK_ENVIRON结构关联起来：

```
VOID SetThreadpoolCallbackCleanupGroup(
  PTP_CALLBACK_ENVIRON pcbe,
  PTP_CLEANUP_GROUP ptpcg,
  PTP_CLEANUP_GROUP_CANCEL_CALLBACK pfng);
```

该函数将会在内部设置PTP_CALLBACK_ENVIRON的CleanupGroup字段和CleanupGroupCancelCallback字段。调用该函数时，可用pfng参数来标识一个回调函数的地址；如果清理组被取消，就会调用这个回调函数。如果传给pfng参数的值不为NULL，回调函数就必须具有以下原型：

```
VOID CALLBACK CleanupGroupCancelCallback(
  PVOID pvObjectContext,
  PVOID pvCleanupContext);
```

每当调用CreateThreadpoolWork函数、CreateThreadpoolTimer函数、CreateThreadpoolWait函数或CreateThreadpoolIo函数的时候，如果最后那个参数(指向一个PTP_CALLBACK_ENVIRON结构的指针)不为NULL，那么所创建的项会被添加到相应回调环境的清理组中，从而指出线程池可能又有一项入队。这些项中每一个在完成后，如果调用CloseThreadpoolWork函数、CloseThreadpoolTimer函数、CloseThreadpoolWait函数和CloseThreadpoolIo函数，会隐式地将对应的项从清理组中移除。

现在，当应用程序想要销毁线程池的时候，可以调用以下函数：

```
VOID CloseThreadpoolCleanupGroupMembers(
  PTP_CLEANUP_GROUP ptpcg,
  BOOL bCancelPendingCallbacks,
  PVOID pvCleanupContext);
```

该函数与本章之前讨论的各个WaitForThreadpool*(如WaitForThreadpoolWork)函数相似。当线程调用CloseThreadpoolCleanupGroupMembers的时候，函数会一直等待，直到线程池的工作组中剩余的所有项(即已创建但尚未关闭的项)都已处理完毕为止。调用者还可选择为bCancelPendingCallbacks参数传递TRUE，从而直接取消所有已提交但尚未处理的工作项，函数会在当前正在运行的所有工作项完成之后返回。如果为bCancelPendingCallbacks参数传递TRUE，而且为SetThreadpoolCallbackCleanupGroup的pfng参数传递的是一个CleanupGroupCancelCallback函数的地址，那么会为每个被取消的工作项调用你的回调函数。在你的CleanupGroupCancelCallback函数中，参数pvObjectContext将包含每个被取消的项的上下文(上下文通过CreateThreadpool*函数的pvContext参数设置)。在你的CleanupGroupCancelCallback函数中，pvCleanupContext参数将包含通过CloseThreadpoolCleanupGroupMembers函数的pvCleanupContext参数传递的上下文。

如果在调用CloseThreadpoolCleanupGroupMembers函数时为bCancelPendingCallbacks参数传递FALSE，那么在返回之前，线程池会花时间来处理队列中所有剩余的项。注意，在这种情况下，由于你的CleanupGroupCancelCallback函数绝不会被调用，所以可以为pvCleanupContext参数传递NULL。

所有工作项被取消或被处理之后，就调用CloseThreadpoolCleanupGroup来释放清理组所占用的资源：

```
VOID WINAPI CloseThreadpoolCleanupGroup(PTP_CLEANUP_GROUP ptpcg);
```

最后可以调用DestroyThreadpoolEnvironment和CloseThreadpool，这样就得体地关闭了线程池。

359~360

第 12 章

纤程

本章内容

使用纤程

为了更容易地将现有UNIX服务器应用程序移植到Windows，Microsoft在Windows中增加了纤程(fiber)。虽然UNIX服务器应用程序是单线程的(根据Windows的定义)，但却能够为多个客户提供服务。换言之，UNIX应用程序的开发人员已经创建了自己的线程架构库(threading architecture library)，可用来模拟纯粹的线程。这个线程包(threading package)能创建多个栈，保存特定的CPU寄存器，并能在它们之间切换为客户请求提供服务。

显然，为了获得最佳性能，这些UNIX应用程序必须重新设计：必须用Windows提供的纯线程来替换模拟的线程库。但是，这样的重新设计可能要花费数月乃至更长的时间才能完成，所以各公司一开始只是将它们现有的UNIX代码移植到Windows，这样就能很快地向Windows市场发布一些产品。

将UNIX代码移植到Windows可能出一些问题。特别是，Windows对线程栈的管理比单纯分配内存复杂得多。Windows的线程栈一开始只占用相对较小的物理存储，然后根据需要增长。第16章描述了这个过程。第23章～第25章介绍的结构化异常处理机制使移植过程变得更复杂。

为了帮助各公司更快地、正确地将代码移植到Windows，Microsoft在操作系统中增加了纤程。本章将介绍纤程的概念、用于操作纤程的函数以及如何发挥纤程的优势。记住，我们当然应尽量避免使用纤程，对应用程序进行合理设计来使用Windows的原生线程。

使用纤程

首先需要注意一点，线程是由Windows内核实现的。操作系统对线程了如指掌，并会根据Microsoft定义的算法对线程进行调度。纤程则是在用户模式的代码中实现的，内核对纤程一无所知。纤程会根据你定义的算法进行调度。由于是由你来定义纤程调用算法，所以在内核看来，它对纤程的调度不是抢占式的。

另外要注意的是，一个线程可以包含一个或多个纤程。从内核的角度看，是线程在进行抢占式调度并执行代码。但是，线程一次只能执行一个纤程的代码，具体哪个由你决定。这些概念会随着后续的讨论变得更清晰。

361

使用纤程的第一个步骤是将一个现有线程转换为纤程，为此，需要调用ConvertThreadToFiber：

```
PVOID ConvertThreadToFiber(PVOID pvParam);
```

该函数会为纤程的执行上下文分配约200个字节的内存。执行上下文由以下元素构成。

- 一个用户自定义的值，它初始化为传给ConvertThreadToFiber的pvParam参数的值
- 结构化异常处理链的头
- 纤程栈顶部和底部的内存地址(线程转换为纤程时，这同时也是线程栈)
- 各种CPU寄存器，其中包括栈指针、指令指针以及其他

在x86系统中，CPU的浮点状态信息默认不是由每个纤程维护的CPU寄存器的一部分。所以，纤程执行浮点操作会导致数据被损坏。为了覆盖系统的默认行为，应调用新的ConvertThreadToFiberEx函数，它允许为dwFlags参数传递FIBER_FLAG_FLOAT_SWITCH：

```
PVOID ConvertThreadToFiberEx(
    PVOID pvParam,
    DWORD dwFlags);
```

分配并初始化好纤程执行上下文后，还必须将执行上下文的地址与线程关联起来。这样线程就被转换成了一个纤程，该纤程会在这个线程中运行。ConvertThreadToFiber返回的实际是纤程的执行上下文的内存地址。以后会用到这个地址，但绝对不要自己读写执行上下文数据，纤程函数会在需要的时候替你操纵该结构的内容。现在，如果纤程(线程)返回或调用ExitThread，纤程和线程都将终止。

除非打算创建更多的纤程，并让它们在同一个线程中运行，否则没有理由将线程转换为纤程。要创建另一个纤程，线程(即当前正在运行的那个纤程)应调用CreateFiber：

```
PVOID CreateFiber(
    DWORD dwStackSize,
    PFIBER_START_ROUTINE pfnStartAddress,
    PVOID pvParam);
```

CreateFiber首先尝试创建一个新栈，其大小由dwStackSize参数决定。通常为该参数传递0，这样函数会默认创建一个刚开始只调拨了两个存储页的栈，但栈的大小最大可能增长到1 MB。如果为该参数传递的是非零值，函数会用这个大小来预订栈区域并为之调拨物理存储。如果要使用大量纤程，那么可能希望纤程栈消耗较少的内存。在这种情况下，可以用以下函数代替CreateFiber：

```
PVOID CreateFiberEx(
    SIZE_T dwStackCommitSize,
    SIZE_T dwStackReserveSize,
    DWORD dwFlags,
    PFIBER_START_ROUTINE pStartAddress,
    PVOID pvParam);
```

362~363

dwStackCommitSize参数设置最开始调拨的物理存储页。dwStackReserveSize参数允许预订指定容量的虚拟内存。为了将浮点状态包括到纤程上下文中，dwFlags参数可以像ConvertThreadToFiberEx那样接受FIBER_FLAG_FLOAT_SWITCH值。其余参数和CreateFiber一样。

接着，CreateFiber(Ex) 分配一个新的纤程执行上下文结构并对其进行初始化。函数会将那个用户自定义的值设为在pvParam参数中传入的值，将新栈顶部和底部的内存地址保存起来，并将纤程函数的内存地址(通过pfnStartAddress参数传入)保存起来。

pfnStartAddress参数指定了纤程函数的地址。这个函数必须由你自己实现，而且必须具有以下原型：

```
VOID WINAPI FiberFunc(PVOID pvParam);
```

系统首次调度一个纤程时，会将原来传给CreateFiber的pvParam值传给pvParam参数。可以在这个纤程函数中做任何事情。但是，纤程函数的返回类型为VOID，这并不是因为返回值没有意义，而是因为这个函数永远不应该返回！如果纤程函数返回，线程以及基于它创建的所有纤程都会被立即销毁。

和ConvertThreadToFiber(Ex)相似，CreateFiber(Ex)返回的是纤程执行上下文的内存地址。但和ConvertThreadToFiber(Ex)不同的是，这个新的纤程不会执行，这是因为当前正在运行的纤程还在执行。一个线程同一时刻只能执行一个纤程。执行新纤程的话，需要

调用SwitchToFiber:

```
VOID SwitchToFiber(PVOID pvFiberExecutionContext);
```

SwitchToFiber只有一个参数，即pvFiberExecutionContext，它是纤程执行上下文的内存地址，由之前的ConvertThreadToFiber(Ex)或CreateFiber(Ex)调用返回。该内存地址告诉函数应调度哪个纤程。SwitchToFiber内部会执行以下步骤。

(1) 将一些CPU寄存器的当前值，其中包括指令指针寄存器和栈指针寄存器，保存到当前正在运行的纤程的执行上下文中。
(2) 从即将运行的纤程的执行上下文中，将之前保存的寄存器的值加载到CPU的寄存器。这些寄存器中包括栈指针寄存器，这样当线程继续执行的时候，会使用这个纤程的栈。
(3) 将新纤程的执行上下文与线程关联起来，让线程运行指定的纤程。
(4) 将线程的指令指针设为之前保存的指令指针。这样线程(纤程)就会从上次执行的地方继续执行。

363

SwitchToFiber是让纤程获得CPU时间的唯一方法。由于你的代码必须在合适的时间显式调用SwitchToFiber，所以完全由你控制纤程的调度。记住，纤程的调度和线程的调度没有任何关系。操作系统随时可能抢占纤程所在线程的运行权。当该线程被调度的时候，当前选择的纤程得以运行，除非正在运行的纤程显式调用SwitchToFiber，否则其他纤程都不会运行。

我们调用DeleteFiber来销毁纤程:

```
VOID DeleteFiber(PVOID pvFiberExecutionContext);
```

pvFiberExecutionContext参数是纤程执行上下文的地址，该函数会删除该参数所标识的纤程。函数会释放纤程栈的内存，然后销毁纤程的执行上下文。但是，如果传入的纤程地址当前正与线程关联，该函数会在内部调用ExitThread，从而终止线程以及基于它创建的所有纤程。

一般由一个纤程调用DeleteFiber来删除另一个纤程。被删除的纤程的栈将被销毁，纤程的执行上下文会被释放。这里请注意纤程和线程的区别：线程通常通过调用ExitThread来"终死"自己。事实上，在一个线程中使用TerminateThread来终止另一个线程是一种不好的做法。如果真的调用TerminateThread，系统将不会销毁被终止线程的栈。但是，我们可以利用纤程的这项能力来干净地删除另一个纤程，具体用法会在本章后面介绍示例程序的时候解释。所有纤程都被删除后，可调用ConvertFiberToThread来解除线程的纤程状态(该线程原来是因为调用了ConvertThreadToFiber(Ex)而变成纤程的)，这会释放将线程转换为纤程所占用的最后的内存。

如需为每个纤程单独保存一些信息，可以使用纤程局部存储(Fiber Local Storage，FLS)函数。这些函数对纤程执行的操作与第6章介绍的TLS函数对线程执行的操作相同。首先调用FlsAlloc来分配一个FLS槽(FLS slot)，使当前进程中正在运行的所有纤程都可以使用该FLS槽。这个函数只有一个参数：一个回调函数。当纤程被销毁，或当FLS槽由于FlsFree调用而被删除的时候，就会调用该回调函数。我们通过调用FlsSetValue在FLS槽中保存与每个纤程相关的数据，并通过调用FlsGetValue来获取这些数据。要知道是否正在一个纤程执行上下文中运行，只需要调用IsThreadAFiber并检查它返回的布尔值。

系统还提供了其他一些好用的纤程函数。线程在同一时刻只能运行一个纤程，操作系统始终都知道当前与线程关联的是哪个纤程。要获得当前正在运行的纤程的执行上下文的地址，可以调用GetCurrentFiber：

```
PVOID GetCurrentFiber();
```

另一个好用的函数是GetFiberData：

```
PVOID GetFiberData();
```

如前所述，每个纤程的执行上下文都包括一个用户自定义的值。该值使用传给ConvertThreadToFiber(Ex)或CreateFiber(Ex)的pvParam参数的值来初始化。该值也会作为一个实参传给纤程回调函数。GetFiberData只是查看一下当前正在运行的纤程的执行上下文，并返回保存的值。

364

GetCurrentFiber和GetFiberData都非常快，而且通常作为内在函数(intrinsic function)来实现。换言之，编译器在生成代码时会内联(inline)这些函数的代码。

Counter示例程序

Counter示例程序(12-Counter.exe)用纤程来实现后台处理，会生成如图12-1所示的对话框。建议运行该程序以真正理解所发生的事情，并在后续阅读过程中观察其行为。

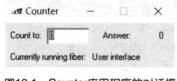

图12-1　Counter应用程序的对话框

可将该应用程序想像成一个由两个单元格构成的超小型电子表格。第一个单元格可写，被实现为一个编辑控件(标签为Count to)，第二个单元格只读，被实现为一个静态控件(标签为Answer)。修改编辑控件中的数值时，Answer单元格会自动重新计算。对这个简单的应用程序来说，所谓"重新计算"不过是让一个计数器从0开始缓慢递增，直到Answer单元格中的值变得和输入的值一样为止。出于演示的目的，对话框底部的静态控件会更新，以指出当前正在执行哪个纤程。该纤程既可能是用户界面纤程，也可能是执行重新计算的纤程(简称为重算纤程)。

为了测试这个应用程序，请在编辑控件中输入5。随后，Currently running fiber(当前运行的纤程)字段会显示Recalculation(重新计算)，Answer字段会从0缓慢递增到5。计数完成后，Currently running fiber字段会变回User interface(用户界面)，线程进入睡眠状态。现在，在编辑控件中5的后面输入0(使它成为50)，观察计数会从0开始，一直到50结束。但这一次，在Answer字段递增期间，请在屏幕上移动窗口，你会发现重算纤程被抢占了运行权，用户界面纤程被重新调度，这样应用程序的用户界面才能响应用户的操作。停止移动窗口的时候，重算纤程被重新调度，Answer字段将从上次中断处继续计数。

最后一项测试是在重算纤程计数期间修改编辑框中的数值。和刚才一样，注意用户界面能响应你的输入。同时注意，在停止输入时，重算纤程会从头开始计数。这正是我们在一个真正的电子表格应用程序中想要的行为。

注意，该应用程序没有使用关键段或其他线程同步对象，一切都是用两个纤程构成的一个线程来完成的。

下面讨论应用程序是如何实现的。其主线程开始执行_tWinMain(在代码清单的最后)时，会调用ConvertThreadToFiber将线程转换成一个纤程，这使我们稍后能创建另一个纤程。然后，程序创建了一个非模态(modeless)对话框，这就是应用程序的主窗口。接着，程序初始化一个状态变量来表示后台处理状态(background processing state，BPS)。该状态变量是全局变量g_FiberInfo中包含的bps成员。后台处理状态可能有三种，在表12-1中列出。

表12-1　Counter示例程序可能的状态

状态	描述
BPS_DONE	一直重算到完成；用户没有修改输入，所以不需要再次重算
BPS_STARTOVER	用户修改了输入，需要再次从头重算
BPS_CONTINUE	重算已开始，但尚未完成。同时，用户没有修改输入，因此不需要再次从头重算

线程的消息循环会检查后台处理状态变量,这使它比一个普通的消息循环更复杂。下面是消息循环执行的操作。

- 如果有窗口消息(用户界面处于活动状态),就处理消息。保持用户界面的响应始终比重算具有更高的优先级。
- 如果用户界面无事可做,就检查是否需要进行重算。后台处理状态为BPS_STARTOVER或BPS_CONTINUE。
- 如果不需要重算(BPS_DONE),就调用WaitMessage将线程挂起。记住,只有用户界面事件才可能导致重算。
- 如果对话框被关闭,就调用DeleteFiber停止计算纤程,并调用ConvertFiberToThread对用户界面纤程进行清理,并在_WinMain退出之前返回到非纤程模式。

如果用户界面纤程无事可做,而且用户刚修改了编辑控件中的值,就需要从头开始重算(BPS_STARTOVER)。要注意的是,当前可能已经有一个重算纤程正在运行。如果是这样,必须先删除该纤程,并新建一个纤程来从头计数。用户界面纤程调用DeleteFiber来销毁现有的重算纤程。这正是纤程比线程更好用的地方。删除重算纤程不会出任何问题:纤程的栈和执行上下文会被完全、干净地销毁。相反,如果使用线程而不是纤程,那么用户界面线程将无法干净地销毁重算线程,必须使用某种形式的线程间通信机制来等待重算线程自己终止。如果发现不存在重算纤程,而且用户界面线程尚未转换到纤程模式,就需要先转换,再创建一个新的重算纤程,并将后台处理状态设为BPS_CONTINUE。

当用户界面处于空闲状态,且重算纤程有事情做的时候,就调用SwitchToFiber为它调度时间。除非重算纤程再次调用SwitchToFiber并传入用户界面纤程的执行上下文,否则SwitchToFiber不会返回。

FiberFunc函数包含要由重算纤程执行的代码。全局g_FiberInfo结构的地址会传给这个纤程函数,这样它就知道对话框窗口的句柄、用户界面纤程执行上下文的地址以及当前的后台处理状态。实际并不需要传递该结构的地址,这是因为它是一个全局变量,但这里的目的是演示如何向纤程函数传递实参。另外,传址可减少代码中的依赖,这始终是一个好的编程实践。

366

纤程函数首先更新对话框中的状态控件来指出重算纤程正在执行。然后,它取得编辑控件中的数字并进入一个循环,从0起一直计数到这个数字。每次要递增计数时,函数会调用GetQueueStatus来检查线程的消息队列中是否有新的消息(在同一线程中运行的所有纤程都共享该线程的消息队列)。一旦有消息出现,就表明用户界面纤程有事要做。

由于用户界面的事宜优先于重算，所以立即调用SwitchToFiber使用户界面纤程能处理消息。消息处理完毕后，用户界面纤程会再次调度重算纤程(如前所述)，使后台处理得以继续。

没有消息需要处理时，重算纤程会更新对话框中的Answer字段并睡眠200毫秒。在生产代码中，应去掉对Sleep的调用。这里之所以调用它，是为了放大重算所需的时间。

重算纤程完成计算后，会将后台处理状态变量设为BPS_DONE，并调用SwitchToFiber再次调度用户界面纤程。这时，重算纤程已经删除了，UI纤程也已转换回了线程。现在用户界面纤程无事可做，于是调用WaitMessage将线程挂起，以免浪费CPU时间。

如图12-2所示，每个纤程都在一个FLS槽中存储了一个标识符字符串(UI fiber 或 Computation)，这些字符串会打印到调试信息以记录不同的事件(例如纤程被删除)。这个功能是由分配FLS槽时所设置的FLS回调函数来实现的。回调函数借助IsThreadAFiber函数检测是否可以使用FLS槽的值(线程是纤程时才可用)。

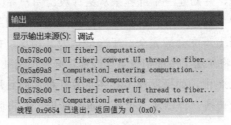

图12-2　输出来源

Windows核心编程
（第5版 中文限量版）

[美] 杰弗里·李希特 (Jeffrey Richter)
[法] 克里斯托弗·纳萨雷(Christophe Nasarre) ／著　周　靖／译

清华大学出版社
北京

内 容 简 介

这是一本经典的Windows核心编程指南，从第1版到第5版，引领着数十万程序员走入Windows开发阵营，培养了大批精英。

作为Windows开发人员的必备参考，本书是为打算理解Windows的C和C++程序员精心设计的。第5版全面覆盖Windows XP，Windows Vista和Windows Server 2008中的170个新增函数和Windows特性。书中还讲解了Windows系统如何使用这些特性，我们开发的应用程序又如何充分使用这些特性，如何自行创建新的特性。

北京市版权局著作权合同登记号　图字：01-2022-4807

Authorized translation from the English language edition, entitled Windows via C/C++, Fifth Edition by Jeffrey Richter / Christophe Nasarre, published by Pearson Education, Inc, publishing as Microsoft Press, Copyright © 2008 Jeffrey Richter. All rights reserved. No part of this book may be reproduced or transmitted in any form or by any means, electronic or mechanical, including photocopying, recording or by any information storage retrieval system, without permission from Pearson Education, Inc.

Chinese Simplified language edition published by TSINGHUA UNIVERSITY PRESS LIMITED Copyright © 2022

本书中文简体版由Microsoft Press授权清华大学出版社出版发行，未经出版者书面许可，不得以任何方式复制或抄袭本书的任何部分。

本书封面贴有Pearson Education防伪标签，无标签者不得销售。

版权所有，侵权必究。举报：010-62782989，beiqinquan@tup.tsinghua.edu.cn。

图书在版编目(CIP)数据

Windows核心编程：第5版：中文限量版 / (美)杰弗里·李希特(Jeffrey Richter)，(法)克里斯托弗·纳萨雷(Christophe Nasarre)著；周靖译. —北京：清华大学出版社，2022.9

书名原文：Windows via C/C++, 5th Edition

ISBN 978-7-302-60932-2

Ⅰ.①W… Ⅱ.①杰… ②克… ③周… Ⅲ.①Windows操作系统—应用软件—程序设计 Ⅳ.①TP316.7

中国版本图书馆CIP数据核字(2022)第088960号

责任编辑：文开琪
封面设计：李　坤
责任校对：周剑云
责任印制：丛怀宇
出版发行：清华大学出版社
　　　网　　址：http://www.tup.com.cn, http://www.wqbook.com
　　　地　　址：北京清华大学学研大厦A座　　　邮　　编：100084
　　　社 总 机：010-83470000　　　邮　　购：010-62786544
　　　投稿与读者服务：010-62776969, c-service@tup.tsinghua.edu.cn
　　　质量反馈：010-62772015, zhiliang@tup.tsinghua.edu.cn
印 装 者：三河市东方印刷有限公司
经　　销：全国新华书店
开　　本：178mm×230mm　　印　　张：60.25　　字　　数：1359千字
版　　次：2022年10月第1版　　印　　次：2022年10月第1次印刷
定　　价：256.00元(全五册)

产品编号：097221-01

详细目录

第 III 部分　内 存 管 理

第 13 章

Windows内存架构

本章内容

操作系统所用的内存架构是理解操作系统如何运作的关键。开始使用一个新的操作系统时，脑海中会涌现出许多问题，例如"怎样才能在两个应用程序间共享数据？""系统将我需要的信息存在哪里？"以及"怎样让我的程序更高效地运行？"等。

根据我的经验，充分理解系统的内存管理方式，往往有助于快速而准确地找出上述问题的答案。本章将深入探讨Windows所使用的内存架构。

13.1　进程的虚拟地址空间

每个进程都有自己的虚拟地址空间。对于32位进程，该地址空间的大小为4 GB，这是因为32位指针可以表示从0x00000000到0xFFFFFFFF之间的任一值。指针在这个范围内可以有4 294 967 296个值，它们覆盖了进程的4 GB地址空间。对于64位进程，由于64位指针可以表示从0x00000000′00000000到0xFFFFFFFF′FFFFFFFF之间的任一值，所以这个地址空间的大小为16 EB(exabytes)。指针在此范围内可以有18 446 744 073 709 551 616个值，它们覆盖了进程的16 EB地址空间。这个地址空间实在是太大了！

由于每个进程都有自己私有的地址空间，当进程中的各个线程运行时，它们只能访问属于该进程的内存。线程既看不到属于其他进程的内存，也无法访问它们。

说明 在 Windows 中，正在运行的线程看不到属于操作系统本身的内存，这意味着它不能无意间访问到操作系统的数据。

如前所述，每个进程都有自己的私有地址空间。进程A可在它的地址空间的0x12345678地址处存储一个数据结构，进程B也可以在它的地址空间内的0x12345678地址处存储一个完全不同的数据结构。进程A中的线程访问地址0x12345678处的内存时，访问的是进程A的数据结构。进程B中的线程访问地址0x12345678处的内存时，访问的是进程B的数据结构。进程A中的线程无法访问进程B地址空间内的数据结构，反之亦然。

但别高兴得太早！虽然应用程序有这么大的地址空间可用，但记住这只是虚拟地址空间，并不是物理存储。这个地址空间不过是一个内存地址区间。要想正常读/写数据，还需要将物理存储分配给或映射到相应的地址空间，否则将导致访问违例(access violation)。本章后半部分会对此进行详细介绍。

13.2 虚拟地址空间的分区

每个进程的虚拟地址空间被划分为许多分区(partition)。由于地址空间的分区依赖于操作系统的底层实现，所以会随Windows内核的不同而略有变化。表13-1列出了各种平台上的进程地址空间分区方式。

表13-1 进程地址空间的分区

分 区	x86 32位Windows	3 GB用户模式下的 x86 32位Windows	x64 64位 Windows	IA-64 64位 Windows
空指针赋值分区	0x00000000 0x0000FFFF	0x00000000 0x0000FFFF	0x00000000'00000000 0x00000000'0000FFFF	0x00000000'00000000 0x00000000'0000FFFF
用户模式分区	0x00010000 0x7FFEFFFF	0x00010000 0xBFFEFFFF	0x00000000'00010000 0x000007FF'FFFEFFFF	0x00000000'00010000 0x000006FB'FFFEFFFF
64 KB 禁区	0x7FFF0000 0x7FFFFFFF	0xBFFF0000 0xBFFFFFFF	0x000007FF'FFFF0000 0x000007FF'FFFFFFFF	0x000006FB'FFFF0000 0x000006FB'FFFFFFFF
内核模式分区	0x80000000 0xFFFFFFFF	0xC0000000 0xFFFFFFFF	0x00000800'00000000 0xFFFFFFFF'FFFFFFFF	0x000006FC'00000000 0xFFFFFFFF'FFFFFFFF

可以看出，32位Windows内核和64位Windows内核的分区基本一致；区别在于分区的大小和位置。下面看一下系统如何使用每一个分区。

13.2.1　空指针赋值分区

这一分区是进程地址空间中范围为0x00000000到0x0000FFFF的闭区间，保留该分区的目的是帮助程序员捕获对空指针的赋值。如果进程中的线程试图读取或写入位于这一分区内的内存地址，就会引发访问违例。

C/C++程序的错误检查往往执行得不够彻底。例如，以下代码就没有执行错误检查：

```
int* pnSomeInteger = (int*) malloc(sizeof(int));
*pnSomeInteger = 5;
```

如果malloc无法分配足够的内存来满足请求，就会返回NULL。但是，上述代码并没有检查这种可能性。它想当然地认为分配一定会成功，并开始访问位于内存0x00000000中的内容。由于地址空间的这个分区是禁区，所以会引发内存访问违例并导致进程终止。这一特性有助于开发人员发现应用程序中的bug。注意，使用Win32 API的函数，甚至无法预订这个地址区间的虚拟内存，更不用说分配了。

13.2.2　用户模式分区

这一分区是进程地址空间所在的地方。可用的地址区间和用户模式分区的大致大小取决于CPU架构，如表13-2所示。

表13-2　CPU架构、对应的用户模式可用地址区间以及分区的大小

CPU架构	用户模式分区的可用地址区间	用户模式分区的大小
x86(普通)	0x00010000 → 0x7FFEFFFF	~2 GB
x86 w/3GB	0x00010000 → 0xBFFEFFFF	~3 GB
x64	0x00000000'00010000 → 0x000007FF'FFFFEFFF	~8192 GB
IA-64	0x00000000'00010000 → 0x000006FB'FFFFEFFF	~7152 GB

一个进程无法通过指针来读取、写入或以其他任何方式访问驻留在这一分区中其他进程的数据。进程的大部分数据都保存在这一分区，这对所有应用程序来说都是如此。由于每个进程都有自己的数据分区，所以一个应用程序破坏另一个应用程序的可能性非常小，这使整个系统更加健壮。

当我第一眼看到32位进程的地址空间时，惊讶地发现进程可用地址空间的容量居然还不到进程整个地址空间的一半。难道内核模式分区真的需要整个地址空间的上半部分吗？事实上，答案是肯定的。系统需要利用这个空间来存放内核代码、设备驱动程序代码、设备I/O缓存、非分页分配(non-paged pool allocation)以及进程页面表等等。事实上，Microsoft已将内核压缩到这个2 GB空间中。在64位Windows中，内核终于得到了它真正需要的空间。

1. 在x86 Windows下得到更大的用户模式分区

有的应用程序(比如Microsoft SQL Server)会受益于大于2 GB的用户模式地址空间。由于能寻址更多的数据，这些应用程序的性能和可伸缩性将获得提升。所以，x86版的Windows提供了一个模式，允许将用户模式分区增大到最多3 GB。为了让所有应用程序能使用大于2 GB的用户模式分区和小于1 GB的内核模式分区，需在Windows中设置"引导配置数据"(boot configuration data，BCD)并重启机器。

为了配置BCD，只需要执行BCDEdit.exe并使用/set开关和IncreaseUserVA参数。例如，bcdedit /set IncreaseUserVa 3072告诉Windows为所有进程保留3 GB的用户模式地址空间和1 GB的内核模式地址空间。表13-2中的"x86 w/3GB"那一行显示了将IncreaseUserVa的值设为3072时的地址空间。IncreaseUserVa可接受的最小值为2048，对应于默认的2 GB。如果需要取消对该参数的设定，只需执行以下命令：bcdedit /deletevalue IncreaseUserVa。

提示 如果需要知道 BCD 各参数的当前设定值，以管理员身份启动命令提示符并运行 bcdedit /enum。要想进一步了解 BCDEdit 的各种参数，请访问 https://tinyurl.com/d39kk7ym。

在早期版本的Windows中，Microsoft不允许应用程序访问2 GB以上的地址空间，所以一些有创意的开发人员决定对此予以利用。他们将指针的高位作为标志位使用，只有他们的应用程序才知道该如何解释该标志位。应用程序访问内存地址之前会清除指针的高位。可以想象，将这种应用程序放到用户模式分区大于2 GB的环境中运行，肯定会"死得很惨"。

为了让此类应用程序即使在用户模式分区大于2 GB的环境下也能正常运行，Microsoft必须提供一个解决方案。系统准备运行一个应用程序时，会检查应用程序在链接时是否使用了/LARGEADDRESSAWARE链接器开关。如果是，则相当于应用程序在声明它会充分利用大用户模式地址空间，不会对内存地址做任何奇怪的操作。反之，如果应用程序在链接时没有使用/LARGEADDRESSAWARE开关，操作系统就会保留用户模式分区中2 GB以上到内核模式开始处的整个部分。这样就避免了分配高位已被设置的内存地址。

要注意的是，内核所需要的代码和数据已被紧紧压缩到一个2 GB分区内。所以，将内核的地址空间减少到2 GB以下，势必限制系统所能创建的线程、栈及其他资源的数量。另外，此时系统最多只能使用64 GB RAM。相反，如果使用默认的2 GB内核模式分区，系统最多能使用128 GB RAM。

说明 操作系统会在创建进程的地址空间时检查可执行文件的 LARGEADDRESSAWARE 标志。对于 DLL，系统会忽略该标志。所有 DLL 必须正确编写，以便在用户模式分区大于 2 GB 的情况下正常工作，否则其行为将不可预料。

---

2. 在64位Windows下得到2 GB用户模式分区

Microsoft意识到许多开发人员希望尽可能快和容易地将现有32位应用程序移植到64位环境。但是，目前还存在大量用32位指针开发的源代码。仅仅重新编译应用程序会导致指针截断错误(pointer truncation error)和不正确的内存访问。

但是，如果系统能保证不在0x00000000′7FFFFFFF以上的地址分配内存，应用程序就能正常运行。将一个高33位都为0的64位地址截断为32位地址，无论如何都不会有问题。系统为此提供保证的做法是让应用程序在一个地址空间沙箱(address space sandbox)中运行。这个沙箱将进程可用的地址空间限制在最底部的2 GB中。

374~375

运行64位应用程序时，系统默认保留从地址0x00000000′80000000开始的所有用户模式地址空间。这就确保了所有内存分配都在64位地址空间最底部的2 GB进行。这就是所谓的地址空间沙箱。对于大多数应用程序来说，2 GB的地址空间已经足够了。要让64位应用程序能访问整个用户模式分区，必须用/LARGEADDRESSAWARE链接器开关来生成应用程序。

说明 操作系统会在创建进程的 64 位地址空间时检查可执行文件的 LARGEADDRESSAWARE 标志。对于 DLL，系统会忽略该标志。所有 DLL 必须正确编写，以便在完整的 8 TB 用户模式分区中正常工作，否则其行为将不可预料。

---

3. 内核模式分区

这一分区是操作系统代码所在的地方。与线程调度、内存管理、文件系统支持、网络支持以及设备驱动程序相关的代码都加载到这一分区。驻留在该分区内的一切均由所有进程共享。虽然这一分区就在每个进程中用户模式分区的上方，但该分区中的所有代码和数据都被完全保护起来。应用程序试图读取或写入位于这一分区中的内存地址会引发访问违例。在默认情况下，访问违例会导致系统先向用户显示一个消息框，然后结束该应用程序。要想进一步了解访问违例以及如何对其进行处理，请参见第23章～第25章。

说明 在64位Windows中，8 TB的用户模式分区和16 777 208 TB的内核模式分区看起来完全不成比例。这不是因为内核模式分区真的需要这么大的虚拟地址空间，而是因为64位地址空间实在是太大了，其中大部分都没有使用。系统允许应用程序使用8 TB，也允许内核根据其需要随便使用。事实上，内核模式分区中的大部分都没有使用。对于内核模式分区中没有使用的部分，系统不必分配任何内部数据结构对它们进行维护。

13.3 地址空间中的区域

系统创建一个进程并赋予它地址空间时，可用地址空间中的大部分都是闲置的(free)或尚未分配的(unallocated)。为了使用这部分地址空间，必须调用VirtualAlloc(详情参见第15章)来分配其中的区域(region)。分配区域的操作被称为预订(reserving)。

应用程序预订地址空间的一个区域时，系统会确保区域的起始地址在分配粒度(allocation granularity)的边界上。分配粒度可能随不同的CPU平台而不同。但在写作本书时，所有CPU平台都使用相同的分配粒度：64 KB。换言之，系统会将分配请求取整到一个64 KB边界。

应用程序预订地址空间中的一个区域时，系统会确保区域的大小正好是系统页面大小的整数倍。页面(page)是一个内存单位，系统通过它来管理内存。和分配粒度相似，页面大小会因不同的CPU而发生变化。x86和x64系统使用的页面大小为4 KB，但IA-64系统使用的是8 KB页面大小。

说明 有的时候，系统会以应用程序的名义向地址空间预订区域。例如，系统会分配一个地址空间区域来存放"进程环境块"(process environment block，PEB)。PEB是一个完全由系统创建、操控并销毁的小型数据结构。创建进程时，系统会为PEB分配一个地址空间区域。

系统同时还需要创建"线程环境块"(thread environment block，TEB) 来协助管理进程中现存的所有线程。系统会在创建线程时为 TEB 预订区域，并在销毁线程时释放相应的区域。

虽然系统规定应用程序在预订地址空间区域时必须从分配粒度 (在所有平台上都为64 KB) 的边界开始，系统自己却不存在这个限制。极有可能出现的情况是，系统为PEB 和 TEB 预订的区域并非从一个 64 KB 边界开始。不过，这些预订区域的大小仍然必须是 CPU 页面大小的整数倍。

如果应用程序试图预订一个大小为10 KB的地址空间区域，系统会自动将该请求取整到页面大小的整数倍，然后用取整后的大小预订区域。这意味着在x86和x64系统中，系统会预订一个大小为12 KB的区域；而在IA-64系统中，系统会预订一个大小为16 KB的区域。

当程序不再需要访问预订的地址空间区域时，应释放该区域。这个过程称为释放地址空间区域，通过调用VirtualFree函数来完成。

13.4　为区域调拨物理存储

预订的地址空间区域要想使用，必须分配物理存储，并将该存储映射到预订的区域。这个过程称为调拨(committing)物理存储。物理存储始终以页面为单位来调拨。我们调用VirtualAlloc函数将物理存储调拨给所预订的区域。

为区域调拨物理存储时，并不需要为整个区域都调拨物理存储。例如，可以预订一个大小为64 KB的区域，然后将物理存储拨给该区域中的第2个和第4个页面。图13-1展示了进程地址空间的样子。注意，地址空间会因CPU平台的不同而发生变化。左侧显示的是x86/x64机器(页面大小4 KB)的地址空间，右侧显示的是IA-64机器(页面大小8 KB)的地址空间。

程序不再需要访问预订区域中已调拨的物理存储时，应将其释放。这个过程被称为撤销调拨(decommitting)物理存储，通过调用VirtualFree函数完成。

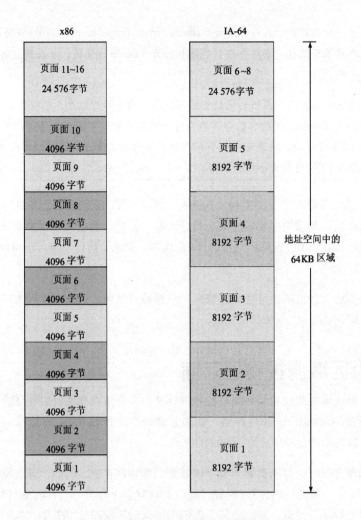

图13-1 不同CPU上的进程地址空间示例

13.5 物理存储和分页文件

在老式操作系统中，物理存储(physical storage)被认为是机器的RAM的总容量。换言之，如果一台机器配备了16 MB内存，应用程序最多就能使用16 MB内存。但是，现今的操作系统能使磁盘空间看起来像内存一样。一种称为分页文件(paging file)的磁盘文件包含可供任何进程使用的虚拟内存。

当然，为了能够使用虚拟内存，操作系统需要CPU的大力协助。当线程试图访问存储中的一个字节时，CPU必须知道该字节是在RAM中还是在磁盘上。

377

从应用程序的角度看，分页文件以一种透明的方式增大了应用程序的可用内存(或存储)总量。如果机器配备了1 GB内存，硬盘上还有1 GB分页文件，应用程序会认为机器的可用RAM总量为2 GB。

当然，这台机器实际并没有配备2 GB内存。事实上，是操作系统与CPU协作，将RAM中的一部分保存到分页文件中，并在应用程序需要时再将分页文件中对应的部分载入RAM。由于分页文件增大的只是应用程序感知到的RAM容量，所以分页文件的使用是可选的。如果一台机器没有使用分页文件，那么对系统来说，它只是认为可供应用程序使用的RAM容量比较少。但是，强烈建议用户使用分页文件，这样就可以运行更多应用程序，应用程序也可以操作更多数据。最好将物理存储看成是保存在磁盘(通常是硬盘)上的分页文件中的数据。当应用程序调用VirtualAlloc函数将物理存储调拨给地址空间区域时，该空间实际是从硬盘上的一个文件中分配。系统的分页文件的大小是决定应用程序能使用多少物理存储最重要的因素，机器实际配备的RAM容量的影响则相对较小。

一个线程试图访问所属进程的地址空间(在第17章介绍的内存映射文件之外)中的一个数据块时，有可能出现两种情况之一。图13-2展示了简化后的流程图。欲知详情，请参见Mark Russinovich和David Solomon所著的*Windows Internals*，由Microsoft Press出版。

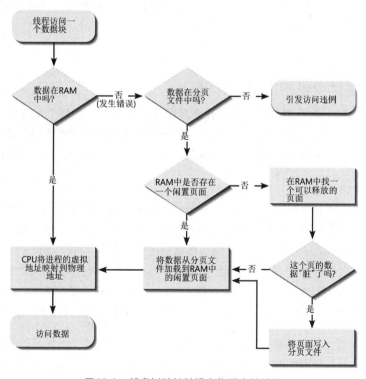

图13-2 将虚拟地址转换为物理存储地址

第一种情况是，线程要访问的数据就在RAM中。在这种情况下，CPU会先将数据的虚拟内存地址映射到内存的物理地址，接着就可以访问内存中的数据了。

第二种情况是，线程要访问的数据不在RAM中，而是在分页文件中的某处。在这种情况下，这次不成功的访问称为页面错误(page fault)。发生页面错误时，CPU会通知操作系统。操作系统随即在RAM中找到一个闲置页面(free page)。如果找不到，操作系统必须先释放一个。如果待释放的页面没有修改过，操作系统可直接释放该页面。但如果系统需要释放一个修改过的页面，就必须先将页面从RAM复制到分页文件。接着，系统在分页文件中定位需要访问的数据块，并将数据载入内存中的闲置页面。然后，操作系统对它内部的表项进行更新，以指出该数据的虚拟内存地址现已映射到了RAM中对应的物理内存地址。这时，CPU会重试那条引发页面错误的指令，但这一次CPU能将虚拟内存地址映射到物理RAM地址，并成功访问数据块。

系统需要在内存和分页文件之间复制页面的频率越高，硬盘颠簸(thrash)得越厉害，系统运行得也越慢。"颠簸"是指操作系统将所有时间都花在分页文件和内存之间的数据交换上，导致没有时间运行程序。通过为计算机安装更多的RAM，可以减少应用程序运行时可能产生颠簸的次数，从而极大提升应用程序的性能。一个经验法则是，要让计算机跑得更快，最好是多加几条内存。事实上，和换个更快的CPU相比，增加RAM在大多数时候都可以显著提升性能。

378

不在分页文件中维护的物理存储

读过上一节之后，你肯定会想，如果有许多程序同时运行，分页文件可能会变得相当大。特别是，你会以为每次运行一个程序，系统都必须为该进程的代码和数据预订地址空间区域，为这些区域调拨物理存储，再将硬盘上的程序文件中的代码和数据复制到分页文件中已调拨的物理存储中。

事实上，系统并不会执行刚才所说的这些操作。如果系统真的这么做，加载一个程序并让它运行起来会花费很长时间。相反，用户要求执行一个应用程序时，系统会打开应用程序的.exe文件，确定应用程序的代码和数据的大小。然后，系统预订一个地址空间，注明与该区域关联的物理存储就是.exe文件本身。是的，系统并没有从分页文件分配空间，而是将.exe文件的实际内容(或称映像，即image)用作程序预订的地址空间区域。这样一来，不但能很快地加载应用程序，分页文件也可以保持在一个合理的大小。

将程序位于硬盘上的文件映像(.exe或DLL文件)用作一个地址空间区域的物理存储时，这个文件映像就是所谓的内存映射文件(memory-mapped file)。加载一个.exe或DLL时，系统自动预订地址空间区域，并将文件映像映射到该区域。但是，系统也提供了一组函数，允许将数据文件映射到一个地址空间区域。第17章会详细讨论内存映射文件。

Windows支持使用多个分页文件。如多个分页文件在不同的物理硬盘上，系统会运行得更快，这是因为系统能同时写入多个硬盘。在控制面板里，可以通过下面几个步骤来增删分页文件。

(1) 搜索"外观和性能"。

(2) 选择"调整Windows的外观和性能"。

(4) 选择"高级"标签页，在"虚拟内存"区域单击"更改"按钮。

随后会显示如图13-3所示的对话框。

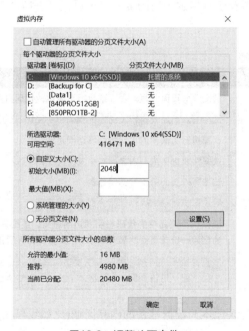

图13-3　调整分页文件

说明　Windows 从软盘加载 .exe 或 DLL 文件时，会将整个文件从软盘复制到系统 RAM。除此之外，系统还会从分页文件中分配足够的存储空间来容纳文件映像。只有在系统选择对当前包含文件映像一部分的 RAM 页进行 trim 操作时，这个存储才会写入分页文件。如系统 RAM 负载很轻，文件就总是直接从 RAM 中运行。

Microsoft 必须让从软盘执行的映像文件以这种方式运行，因为只有这样安装程序才能正常工作。通常，安装程序从第一张软盘开始运行，在安装过程中用户会取出该

软盘并插入其他软盘。如果系统需要再从第一张软盘去加载 .exe 或 DLL 的一些代码，那么很显然，第一张软盘可能已经不在软驱内了。但是，由于系统已将文件复制到了内存中（并以分页文件为后备存储），所以系统能随时访问安装程序而且不会遇到任何问题。

除非映像文件是用 /SWAPRUN:CD 或 /SWAPRUN:NET 开关链接的，否则系统不会将位于其他可移动媒介（例如光盘或网络驱动器）上的映像文件复制到 RAM 中。

13.6　页面保护属性

可为每个已分配的物理存储页指定不同的页面保护属性。表13-3列出了所有的页面保护属性。

表13-3　内存页面保护属性

保护属性	描述
PAGE_NOACCESS	试图读取页面、写入页面或执行页面中的代码将引发访问违例
PAGE_READONLY	试图写入页面或执行页面中的代码将引发访问违例
PAGE_READWRITE	试图执行页面中的代码将引发访问违例
PAGE_EXECUTE	试图读取页面或写入页面将引发访问违例
PAGE_EXECUTE_READ	试图写入页面将引发访问违例
PAGE_EXECUTE_READWRITE	对页面执行任何操作都不会引发访问违例
PAGE_WRITECOPY	试图执行页面中的代码将引发访问违例。试图写入页面将使系统为进程单独创建一份该页面的私有副本（以分页文件为后备存储）
PAGE_EXECUTE_WRITECOPY	对页面执行任何操作都不会引发访问违例。试图写入页面将使系统为进程单独创建一份该页面的私有副本（以分页文件为后备存储）

一些恶意软件将代码写入原本为数据准备的内存区域(比如线程栈)，以这种方式让应用程序执行恶意代码。Windows的数据执行保护(Data Execution Protection，DEP)特性提供了针对此类恶意攻击的防护。如果启用了DEP，操作系统只为那些真正需要执行代码的内存区域使用PAGE_EXECUTE_*保护属性。其他保护属性(通常是PAGE_READWRITE)用于只应存放数据的内存区域(比如线程栈和应用程序的堆)。

如CPU试图执行某个页面中的代码，而该页又没有PAGE_EXECUTE_*保护属性，CPU会抛出访问违例异常。

Windows支持的结构化异常处理机制(参见第23章～第25章)现在甚至更安全。如果应用程序在生成时使用了/SAFESEH链接器开关，就会在映像文件的一个特殊的表中注册异常处理程序。这样，要执行一个异常处理程序时，操作系统会先检查它有没有在表中注册过。

有关DEP的更多信息，请访问https://tinyurl.com/5x3dakmm并下载Microsoft白皮书"03_CIF_Memory_Protection.DOC"。

13.6.1 写时复制

在表13-3中列出的保护属性中，除最后两个属性PAGE_WRITECOPY和PAGE_EXECUTE_WRITECOPY之外，其他属性的含义都不言而喻。这两个保护属性存在的目的是为了节省RAM的使用和分页文件的空间。Windows支持一种允许两个或更多进程共享同一个存储块的机制。所以，如果有10个记事本实例正在运行，所有实例都会共享应用程序的代码页和数据页。让所有应用程序实例共享相同存储页极大提升了系统的性能，但这也要求所有实例将存储视为只读或只执行。如果某个实例的线程对一个存储页进行了修改，其他实例看到的存储也会被修改，事情将完全乱套。

为避免混乱，操作系统会为共享存储块分配写时复制(copy-on-write)保护。一个.exe或.dll被映射到地址空间时，系统会计算有多少页面可写(通常，包含代码的页面被标记为PAGE_EXECUTE_READ，而包含数据的页面被标记为PAGE_READWRITE)。然后，系统从分页文件中分配存储空间来容纳这些可写页面。除非模块的可写页面被实际写入，否则不会用到分页文件存储。

进程中的一个线程试图向共享块写入时，系统会介入并采取以下步骤。

(1) 系统在RAM中找到一个闲置页面(free page)。注意，该闲置页的后备页来自分页文件，它是系统最初将模块映射到进程的地址空间时分配的。由于模块在第一次映射的时候，系统已为其分配了所有可能需要的分页文件空间，这一步不可能失败。

(2) 系统将线程想要修改的页面内容复制到第(1)步找到的闲置页。系统会为该闲置页分配PAGE_READWRITE或PAGE_EXECUTE_READWRITE保护，原始页的保护和数据不会发生任何更改。

(3) 然后，系统更新进程的页面表。这样一来，所访问的虚拟地址就对应到RAM中的一个新页了。

系统在执行这些步骤之后，进程就可以访问该存储页它自己的一个私有实例了。第17章将进一步介绍共享存储和写时复制。

此外，使用VirtualAlloc函数预订地址空间或调拨物理存储时，不能传递PAGE_

WRITECOPY或PAGE_EXECUTE_WRITECOPY，否则会导致调用失败，此时调用GetLastError会返回错误码ERROR_INVALID_PARAMETER。这两个属性是操作系统在映射.exe或DLL映像文件时使用的。

13.6.2　一些特殊的访问保护属性标志

除了已经讨论过的保护属性，另外还有三个保护属性标志：PAGE_NOCACHE，PAGE_WRITECOMBINE和PAGE_GUARD。除PAGE_NOACCESS外，其他任何保护属性都可以进行按位OR来使用这些标志。

第一个保护属性标志PAGE_NOCACHE禁止对已调拨页面进行缓存。该标志平时不建议使用，它主要由需要操控内存缓冲区的硬件设备驱动程序开发人员使用。

第二个保护属性标志PAGE_WRITECOMBINE也是给设备驱动程序开发人员用的。有了它，对单个设备的多次写操作便可以组合在一起，以提高性能。

最后一个保护属性标志PAGE_GUARD可以使应用程序在页面中有任何字节被写入时得到通知。这个标志有一些巧妙的用法。Windows在创建线程栈时会用到它。有关该标志的更多信息，请参见第16章。

13.7　实例分析

本节将地址空间、分区、区域、块和页面集中起来讨论。最好的方式莫过于分析一个虚拟内存映射的实例，看看一个进程的地址空间中的所有区域具体是如何分配的。例子中的进程正好是第14章的示例程序VMMap。为了能完整地理解进程地址空间，让我们先来看看VMMap在32位x86版本的Windows上运行的情况。表13-4列出了一个示例地址空间映射。

表13-4　运行在32位x86版本的Windows上的一个示例地址空间映射：区域

基地址	类型	大小	块数	保护属性	描述
00000000	Free	65536			
00010000	Mapped	65536	1	-RW-	
00020000	Private	4096	1	-RW-	
00021000	Free	61440			
00030000	Private	1048576	3	-RW-	线程栈
00130000	Mapped	16384	1	-R--	

基地址	类型	大小	块数	保护属性	描述
00134000	Free	49152			
00140000	Mapped	12288	1	-R--	
00143000	Free	53248			
00150000	Mapped	819200	4	-R--	
00218000	Free	32768			
00220000	Mapped	1060864	1	-R--	
00323000	Free	53248			
00330000	Private	4096	1	-RW-	
00331000	Free	61440			
00340000	Mapped	20480	1	-RWC	\Device\HarddiskVolume1\Windows\System32\en-US\user32.dll.mui
00345000	Free	45056			
00350000	Mapped	8192	1	-R--	
00352000	Free	57344			
00360000	Mapped	4096	1	-RW-	
00361000	Free	61440			
00370000	Mapped	8192	1	-R--	
00372000	Free	450560			
003E0000	Private	65536	2	-RW-	
003F0000	Free	65536			
00400000	Image	126976	7	ERWC	C:\Apps\14 VMMap.exe
0041F000	Free	4096			
00420000	Mapped	720896	1	-R--	
004D0000	Free	458752			
00540000	Private	65536	2	-RW-	
00550000	Free	196608			
00580000	Private	65536	2	-RW-	
00590000	Free	196608			
005C0000	Private	65536	2	-RW-	
005D0000	Free	262144			
00610000	Private	1048576	2	-RW-	
00710000	Mapped	3661824	1	-R--	\Device\HarddiskVolume1\Windows\System32\locale.nls
00A8E000	Free	8192			

基地址	类型	大小	块数	保护属性	描述
00A90000	Mapped	3145728	2	-R--	
00D90000	Mapped	3661824	1	-R--	\Device\HarddiskVolume1\Windows\System32\locale.nls
0110E000	Free	8192			
01110000	Private	1048576	2	-RW-	
01210000	Private	524288	2	-RW-	
01290000	Free	65536			
012A0000	Private	262144	2	-RW-	
012E0000	Free	1179648			
01400000	Mapped	2097152	1	-R--	
01600000	Mapped	4194304	1	-R--	
01A00000	Free	1900544			
01BD0000	Private	65536	2	-RW-	
01BE0000	Mapped	4194304	1	-R--	
01FE0000	Free	235012096			
739B0000	Image	634880	9	ERWC	C:\Windows\WinSxS\x86_microsoft.vc80.crt_1fc8b3b9a1e18e3b_8.0.50727.312_none_10b2ee7b9bffc2c7\MSVCR80.dll
73A4B000	Free	24072192			
75140000	Image	1654784	7	ERWC	C:\Windows\WinSxS\x86_microsoft.windows.common-controls_6595b64144ccf1df_6.0.6000.16386_none_5d07289e07e1d100\comctl32.dll
752D4000	Free	1490944			
75440000	Image	258048	5	ERWC	C:\Windows\system32\uxtheme.dll
7547F000	Free	15208448			
76300000	Image	28672	4	ERWC	C:\Windows\system32\PSAPI.dll
76307000	Free	626688			
763A0000	Image	512000	7	ERWC	C:\Windows\system32\USP10.dll
7641D000	Free	12288			
76420000	Image	307200	5	ERWC	C:\Windows\system32\GDI32.dll
7646B000	Free	20480			
76470000	Image	36864	4	ERWC	C:\Windows\system32\LPK.dll
76479000	Free	552960			
76500000	Image	348160	4	ERWC	C:\Windows\system32\SHLWAPI.dll

基地址	类型	大小	块数	保护属性	描述
76555000	Free	1880064			
76720000	Image	696320	7	ERWC	C:\Windows\system32\msvcrt.dll
767CA000	Free	24576			
767D0000	Image	122880	4	ERWC	C:\Windows\system32\IMM32.dll
767EE000	Free	8192			
767F0000	Image	647168	5	ERWC	C:\Windows\system32\USER32.dll
7688E000	Free	8192			
76890000	Image	815104	4	ERWC	C:\Windows\system32\MSCTF.dll
76957000	Free	36864			
76960000	Image	573440	4	ERWC	C:\Windows\system32\OLEAUT32.dll
769EC000	Free	868352			
76AC0000	Image	798720	4	ERWC	C:\Windows\system32\RPCRT4.dll
76B83000	Free	2215936			
76DA0000	Image	884736	5	ERWC	C:\Windows\system32\kernel32.dll
76E78000	Free	32768			
76E80000	Image	1327104	5	ERWC	C:\Windows\system32\ole32.dll
76FC4000	Free	11649024			
77AE0000	Image	1171456	9	ERWC	C:\Windows\system32\ntdll.dll
77BFE000	Free	8192			
77C00000	Image	782336	7	ERWC	C:\Windows\system32\ADVAPI32.dll
77CBF000	Free	128126976			
7F6F0000	Mapped	1048576	2	-R--	
7F7F0000	Free	8126464			
7FFB0000	Mapped	143360	1	-R--	
7FFD3000	Free	4096			
7FFD4000	Private	4096	1	-RW-	
7FFD5000	Free	40960			
7FFDF000	Private	4096	1	-RW-	
7FFE0000	Private	65536	2	-R--	

表13-4中的地址空间映射展示了进程地址空间中的各个区域。每行都代表一个区域，每行由6列构成。

最左边的第一列是区域的基地址。你会注意到，在遍历进程的地址空间时，我们是从地址为0x00000000的区域开始，到可用地址空间的最后一个区域结束，最后一个区域的起始地址为0x7FFE0000。所有区域都是连续的。你还会注意到，几乎所有非闲置区域的基地址都从64 KB的整数倍开始。这是由系统在预订地址空间时所强加的分配粒度决定的。如果一个区域不是从一个分配粒度边界开始，意味着该区域是由操作系统的代码以你的进程的名义分配的。

第二列是区域的类型，它可能是表13-5所列出的4种类型之一：闲置(Free)、私有(Private)、映像(Image)和已映射(Mapped)。

表13-5　内存区域的类型

类型	描述
Free	区域的虚拟地址没有任何后备存储。该地址空间尚未预订；应用程序既可以从显示的基地址开始预订区域，也可以从闲置区域中的任何地方开始预订
Private	区域的虚拟地址由系统的分页文件提供后备存储
Image	区域的虚拟地址最初由映像文件(比如.exe或DLL文件)提供后备存储，但之后就不一定了。例如，如果模块映像中的一个全局变量被写入，那么"写时复制"机制会改用分页文件(而非最初的映像文件)作为特定页面的后备存储
Mapped	区域的虚拟地址最初由内存映射文件提供后备存储，但之后就不一定了。例如，数据文件可能使用"写时复制"保护来映射。向文件的任何写入都会造成特定的页面由分页文件(而不是原始数据)提供后备存储

383~386

VMMap应用程序对这一列的计算方式可能会产生一些误导性的结果。如果一个区域不是闲置的(Free)，VMMap程序会猜测它应该是其余三种类型中的哪一种，这是因为我们无法调用一个函数来得知该区域的确切用途。程序对该列的计算方式是扫描区域中所有的块，并进行合理推测。请仔细阅读第14章的代码，更好地理解这一列的计算方式。

第3列是该区域预订的字节数。例如，系统将User32.dll的映像映射到内存地址0x767F0000处。系统为该映像预订地址空间时，它需要预订647 168字节。第3列的值始终是CPU页面大小(对x86系统来说为4096字节)的整数倍。你可能已经注意到磁盘文件大小和映射到内存所需的字节数之间的差异。为节省磁盘空间，链接器会尽量压缩生成的PE文件。但是，当Windows将PE文件映射到进程的虚拟地址空间时，每个section都必须从它自己的页面边界开始，而且大小必须是系统页面大小的整数倍。这意味着PE文件通常需要比文件大小更多的虚拟地址空间。

第4列是所预订区域内块的数量。一个块(block)是一些连续页面，这些页面具有相同的保护属性，而且都以相同类型的物理存储作为后备存储。下一节会对此进行更进一步的说明。对于闲置区域，由于不可能在其中调拨存储，所以该值始终为0。闲置区域的第

4列显示空白。对于非闲置区域，该值可以是从1到"区域大小/页面大小"的任何一个值。例如，从内存地址0x767F0000开始的区域大小为647 168字节。由于进程运行在页面大小为4096字节的x86 CPU上，所以在这个区域中，最多可能有158个(647168/4096)不同的已调拨块。映射表显示该区域当前有5个块。

第5列显示了区域的保护属性。每个字母代表的意思是：E = execute，R = read，W = write，C = copy-on-write。如果一个区域没有显示任何保护属性，就表示该区域没有任何访问保护。由于未预订的区域不会关联保护属性，所以闲置区域没有显示保护属性。PAGE_GUARD和PAGE_NOCACHE标志永远不会在这里出现，因为这些标志只有在和物理存储关联时才有意义，对预订的地址空间来说没有意义。为区域指定保护属性完全是为了效率，如果同时为区域和物理存储指定了保护属性，那么以后者为准。

第6列(最后一列)是对该区域的描述。对闲置区域来说，该列始终空白。对私有区域来说，该列则通常空白，因为VMMap无法知道应用程序为什么要预订这个私有的地址空间区域。但是，VMMap能识别包含了线程栈的私有区域，这是因为线程栈内部通常有一个具有PAGE_GUARD属性的物理存储块。但是，如果线程栈已满，它就不会有一个具有PAGE_GUARD属性的块。这时VMMap也无法检测出来。

对于映像区域，VMMap显示了映射到该区域的文件的完整路径。VMMap通过PSAPI函数(在第4章末尾提到过)获取这些信息。VMMap可调用GetMappedFileName函数来显示以数据文件作为后备存储的区域，并可调用ToolHelp API的函数(也在第4章介绍过)来显示以可执行映像文件作为后备存储的区域。

387

区域内部

可对表13-4中的区域做进一步的细分。表13-6显示的地址空间映射与表13-4相同，但同时列出了每个区域包含的块。

表13-6　运行在32位x86版本的Windows上的一个地址空间映射的实例：区域和块

基地址	类型	大小	块数	保护属性	描述
00000000	Free	65536			
00010000	Mapped	65536	1	-RW-	
00010000	Mapped	65536		-RW- ---	
00020000	Private	4096	1	-RW-	
00020000	Private	4096		-RW- ---	
00021000	Free	61440			
00030000	Private	1048576	3	-RW-	线程栈

基地址	类型	大小	块数	保护属性	描述
00030000	Reserve	774144		-RW- ---	
...	...	...	...	...	...
00330000	Private	4096	1	-RW-	
00330000	Private	4096		-RW- ---	
00331000	Free	61440			
00340000	Mapped	20480	1	-RWC	\Device\HarddiskVolume1\Windows\System32\en-US\user32.dll.mui
00340000	Mapped	20480		-RWC ---	
...	...	...	...	...	...
003F0000	Free	65536			
00400000	Image	126976	7	ERWC	C:\Apps\14 VMMap.exe
00400000	Image	4096		-R-- ---	
00401000	Image	8192		ERW- ---	
00403000	Image	57344		ERWC ---	
00411000	Image	32768		ER-- ---	
00419000	Image	8192		-R-- ---	
0041B000	Image	8192		-RW- ---	
0041D000	Image	8192		-R-- ---	
0041F000	Free	4096			
...	...	...	...	...	...
739B0000	Image	634880	9	ERWC	C:\Windows\WinSxS\x86_microsoft.vc80.crt_1fc8b3b9a1e18e3b_8.0.50727.312_none_10b2ee7b9bffc2c7\MSVCR80.dll
739B0000	Image	4096		-R-- ---	
739B1000	Image	405504		ER-- ---	
73A14000	Image	176128		-R-- ---	
73A3F000	Image	4096		-RW- ---	
73A40000	Image	4096		-RWC ---	
73A41000	Image	4096		-RW- ---	
73A42000	Image	4096		-RWC ---	
73A43000	Image	12288		-RW- ---	
73A46000	Image	20480		-R-- ---	
73A4B000	Free	24072192			

基地址	类型	大小	块数	保护属性	描述
75140000	Image	1654784	7	ERWC	C:\Windows\WinSxS\x86_microsoft.windows.common-controls_6595b64144ccf1df_6.0.6000.16386_none_5d07289e07e1d100\comctl32.dll
75140000	Image	4096		-R-- ---	
75141000	Image	1273856		ER-- ---	
75278000	Image	4096		-RW- ---	
75279000	Image	4096		-RWC ---	
7527A000	Image	8192		-RW- ---	
7527C000	Image	40960		-RWC ---	
75286000	Image	319488		-R-- ---	
752D4000	Free	1490944			
...	...	...	...	...	...
767F0000	Image	647168	5	ERWC	C:\Windows\system32\USER32.dll
767F0000	Image	4096		-R-- ---	
767F1000	Image	430080		ER-- ---	
7685A000	Image	4096		-RW- ---	
7685B000	Image	4096		-RWC ---	
7685C000	Image	204800		-R-- ---	
7688E000	Free	8192			
...	...	...	...	...	...
76DA0000	Image	884736	5	ERWC	C:\Windows\system32\kernel32.dll
76DA0000	Image	4096		-R-- ---	
76DA1000	Image	823296		ER-- ---	
76E6A000	Image	8192		-RW- ---	
76E6C000	Image	4096		-RWC ---	
76E6D000	Image	45056		-R-- ---	
76E78000	Free	32768			
...	...	...	...	...	...
7FFDF000	Private	4096	1	-RW-	
7FFDF000	Private	4096		-RW- ---	
7FFE0000	Private	65536	2	-R--	
7FFE0000	Private	4096		-R-- ---	
7FFE1000	Reserve	61440		-R-- ---	

388~390

当然，由于其中不存在调拨的存储页，所以闲置区域完全没必要展开。表中每一行都是一个块，每块共5列，下面将对它们进行解释。

第1列显示的是具有相同状态和保护属性的一组页面的地址。例如，在内存地址0x676F0000处已调拨了一个内存页(4096字节)，该页具有只读保护。而在内存地址0x676F1000处，有一个由105个已调拨存储页(430 080字节)组成的块，具有执行和读取保护。如果两者具有相同的保护属性，在内存映射表中它们会合并到一起，构成一个包含106个页面(434 176字节)的块。

第2列显示了所预订区域中的块以何种类型的物理存储作为后备存储。这里有5种可能：闲置(Free)、私有(Private)、已映射(Mapped)、映像(Image)或保留(Reserve)。私有、已映射和映像分别表示该块以分页文件、数据文件或加载的.exe/DLL文件为后备存储。如果该值为闲置或保留，表示这个块没有任何后备物理存储。

大部分情况下，一个区域中所有已调拨的块都以相同类型的物理存储为后备存储。但是，一个区域内已调拨的块以不同类型的物理存储为后备存储也是有可能的。例如，内存映射文件会以.exe或DLL文件为后备存储，如果程序试图写入区域中具有PAGE_WRITECOPY或PAGE_EXECUTE_WRITECOPY属性的页，系统会专门为进程复制一份该页的私有副本。新页不再以文件映像为后备存储，而以分页文件为后备存储。除了没有"写时复制"保护属性，新页的其他属性与原始页相同。

第3列是块的大小。一个区域中所有的块都是连续的，没有任何间隙。

第4列是所预订区域内块的数量。

第5列显示了块的保护属性和保护属性标志。块的保护属性会覆盖所属区域的保护属性。能为块指定的保护属性和能为区域指定的保护属性基本一样。但是，永远不会和区域关联的PAGE_GUARD、PAGE_NOCACHE和PAGE_WRITECOMBINE保护属性标志可以和一个块关联。

390

13.8　数据对齐的重要性

对进程虚拟地址空间的讨论至此告一段落，本节将讨论另一个重要话题，数据对齐(data alignment)。数据对齐与其说是操作系统内存架构的一部分，不如说是CPU架构的一部分。

只有在访问正确对齐的数据时，CPU的执行效率才最高。将数据的地址模除①数据的大小，结果为0，数据就是对齐的。例如，一个WORD值的起始地址应该能被2整除，一个

---

① 译注：模除是指 A 除以 B 并取余。

DWORD值的起始地址应该能被4整除，以此类推。如果CPU要访问的数据没有对齐，那么会有两种可能。第一种可能是CPU会引发一个异常，另一种可能是CPU会通过多次访问已对齐的内存，来取得完整的错位数据[①]。

以下代码访问了错位数据：

```
VOID SomeFunc(PVOID pvDataBuffer) {

    // 缓冲区中的第一个字节是信息的某个字节
    char c = * (PBYTE) pvDataBuffer;

    // 递增以越过缓冲区的第一个字节
    pvDataBuffer = (PVOID)((PBYTE) pvDataBuffer + 1);

    // 字节 2~5 包含一个 DWORD 值
    DWORD dw = * (DWORD *) pvDataBuffer;

    // 上面这一行在某些 CPU 上会引发数据未对齐异常
...
```

显然，如果CPU多次访问内存，肯定会影响应用程序的性能。与访问已对齐的数据相比，系统在最好的情况下也需要花两倍的时间来访问错位数据，而且情况可能更糟。为了获得最佳的应用程序性能，写代码时应尽量让数据对齐。

下面让仔细看一下x86 CPU是如何处理数据对齐的。x86 CPU的EFLAGS寄存器内有一个特殊的位标志，称为AC(alignment check，对齐检查)标志。默认情况下，该标志在第一次为CPU通电时清零。如该标志为零，CPU会自动执行必要的操作来访问错位数据。但是，如果该标志被设为1，那么一旦程序试图访问错位数据，CPU就会触发INT 17H中断。由于x86版本的Windows从来不会改变这个标志，所以当应用程序在x86处理器上运行时，绝对不会发生数据错位异常。当应用程序在AMD x86-64处理器上运行时，会得到相同的结果。这是因为在默认情况下，硬件处理了数据错位的错误。

再来看一下IA-64 CPU。IA-64 CPU不能自动修正错位的数据访问。当任何代码要访问错位数据时，CPU会通知操作系统。Windows然后决定到底是应该抛出数据错位异常，还是应该没有任何提示地执行额外的指令来修正错误并让代码继续执行。默认情况下，IA-64版本的Windows操作系统会自动将数据错位的错误转换成一个EXCEPTION_DATATYPE_MISALIGNMENT异常。但是，我们可以改变这种行为。可以让进程中的某个线程调用SetErrorMode函数，让操作系统为进程中的所有线程自动修正数据错位错误：

```
UINT SetErrorMode(UINT fuErrorMode);
```

391~392

---

② 译注：即未经对齐的数据。

和当前讨论有关的是SEM_NOALIGNMENTFAULTEXCEPT标志。只要设置了该标志，系统就会自动修正对错位数据的访问。该标志重置(reset)的时候，系统不会纠正对错位数据的访问，而是会引发数据未对齐异常。在进程的生命周期内，该标志在修改后无法再次更新。

注意，修改这个标志会影响当前进程中的所有线程。换言之，修改这个标志不会影响其他任何进程中的线程。另外值得注意的是，进程的错误模式标志会由子进程继承。所以，可考虑在调用CreateProcess函数前临时重置该标志，但一般不会对SEM_NOALIGNMENTFAULTEXCEPT这么做，因为该标志一旦设置就无法被重置。

当然，调用SetErrorMode时，可以无论当前运行的是什么CPU平台都总是传递SEM_NOALIGNMENTFAULTEXCEPT标志。但是，这样做的结果不尽相同。在x86和x64系统上，该标志始终开启且无法关闭。可用Windows "性能监视器"工具来查看系统每秒修正错位数据的次数。图13-4展示了如何在 "添加计数器"对话框中将该计数器添加到图表中。

图13-4　将计数器加入图表

该计数器实际显示的是CPU每秒通知操作系统发生错位数据访问的次数。在x86机器上观察该计数器，会发现它始终都是0。这是因为x86 CPU自己对错位数据的访问进行了修正，没有通知操作系统。在x86平台下，由于是由CPU而不是由操作系统进行错误修正，所以不会像用软件(Windows操作系统的代码)进行错误修正那样对性能造成严重影响。正如你看到的，只需调用SetErrorMode就足以使应用程序正常工作。但这个解决方案的显然不是最高效的。

392

IA-64版本的Microsoft Visual C/C++编译器支持一个特殊关键字__unaligned。可像使用const或volatile修饰符那样使用__unaligned修饰符，只是它对指针变量才有意义。这样一来，通过一个未对齐的指针访问数据时，编译器会认为数据未正确对齐，会生成额外的CPU指令来访问数据。以下代码是之前代码修改后的版本。新版本使用了__unaligned关键字：

```
VOID SomeFunc(PVOID pvDataBuffer) {

    // 缓冲区中的第一个字节是信息的某个字节
    char c = * (PBYTE) pvDataBuffer;

    // 递增以越过缓冲区的第一个字节
    pvDataBuffer = (PVOID)((PBYTE) pvDataBuffer + 1);

    // 字节 2~5 包含一个 DWORD 值
    DWORD dw = * (__unaligned DWORD *) pvDataBuffer;

    // 上面这一行导致编译器生成额外的指令，
    // 通过几个对齐的数据访问来读取 DWORD。
    // 注意，不会触发数据未对齐异常。
...
```

与让CPU捕获对错位数据的访问并由操作系统来修正错误相比，让编译器生成额外代码来修正错误的效率仍然要高得多。实际上，如果观察Alignment Fixups/sec计数器，会发现通过未经对齐的指针访问数据对图表并没有什么影响。需要注意的是，即使数据已经对齐，编译器也会生成额外的指令，这反而会使代码的执行效率降低。

最后，x86版本的Microsoft Visual C/C++编译器不支持__unaligned关键字。我猜想可能是因为CPU本身修正错误的速度很快，所以Microsoft认为没有必要再支持__unaligned关键字。但这同时意味着x86版本的编译器在遇到__unaligned关键字时会报错。所以，如果希望在所有平台上都为自己的应用程序使用同一个源代码库，就最好不要使用__unaligned关键字，而是改为使用UNALIGNED和UNALIGNED64宏。UNALIGNED*宏在WinNT.h中的定义如下：

```
#if defined(_M_MRX000) || defined(_M_ALPHA) || defined(_M_PPC) || defined(_M_IA64) ||
    defined(_M_AMD64)
    #define ALIGNMENT_MACHINE
    #define UNALIGNED __unaligned
    #if defined(_WIN64)
        #define UNALIGNED64 __unaligned
    #else
        #define UNALIGNED64
    #endif
#else
    #undef ALIGNMENT_MACHINE
    #define UNALIGNED
    #define UNALIGNED64
#endif
```

393~394

探索虚拟内存

本章内容

上一章讨论了系统如何管理虚拟内存，每个进程如何得到自己的私有地址空间，以及进程的地址空间看起来是什么样子。本章将从抽象转为具体，通过分析一些Windows函数来了解与系统内存管理和进程中虚拟地址空间相关的信息。

14.1　系统信息

操作系统的许多值都由主机决定，如页面大小和分配粒度等。绝对不要在代码中硬编码这些值。相反，始终应该在进程初始化时取得这些值，然后在代码中使用它们。GetSystemInfo函数用来取得与主机相关的值：

```
VOID GetSystemInfo(LPSYSTEM_INFO psi);
```

必须将一个SYSTEM_INFO结构的地址传给该函数。函数会对数据结构中的所有成员进行初始化，然后返回。下面是SYSTEM_INFO数据结构的定义：

```
typedef struct _SYSTEM_INFO {
    union {
        struct {
```

```
        WORD  wProcessorArchitecture;
        WORD  wReserved;
    };
};
DWORD  dwPageSize;
LPVOID lpMinimumApplicationAddress;
LPVOID lpMaximumApplicationAddress;
DWORD_PTR dwActiveProcessorMask;
DWORD  dwNumberOfProcessors;
DWORD  dwProcessorType;
DWORD  dwAllocationGranularity;
WORD   wProcessorLevel;
WORD   wProcessorRevision;
} SYSTEM_INFO, *LPSYSTEM_INFO;
```

系统启动时会确定这些成员的值是什么。对于任何给定的系统，这些值始终都是一样的，所以在任何进程中只需调用该函数一次就足够了。正因为有了GetSystemInfo函数，应用程序才能在运行时查询这些值。在SYSTEM_INFO数据结构的所有成员中，只有4个成员与内存有关。表14-1对它们进行了解释。

表14-1 SYSTEM_INFO与内存有关的成员

成员	描述
dwPageSize	表示 CPU 的页面大小。在 x86 和 x64 机器上，该值为 4096 字节；在 IA-64 机器上，该值为 8192 字节
lpMinimumApplicationAddress	给出每个进程的可用地址空间中的最小内存地址。由于每个进程的地址空间中最开始的 64 KB 始终是闲置的，所以该值为 65536，或 0x00001000
lpMaximumApplicationAddress	给出每个进程的私有地址空间中可用的最高内存地址
dwAllocationGranularity	显示地址空间预订区域的分配粒度。在写作本书时，该值在所有 Windows 平台上都是 65536

SYSTEM_INFO数据结构的其他成员与内存管理完全没有关系。但考虑到内容的完整性，表14-2也对它们进行了解释。

表14-2 SYSTEM_INFO与内存无关的成员

成员	描述
wReserved	为今后扩展而保留，请勿使用
dwNumberOfProcessors	表示机器中 CPU 的数量。注意，在双核处理器的机器上，该字段为 2
dwActiveProcessorMask	一个位掩码，用来表示哪些 CPU 处于活动状态（可用来运行线程）
dwProcessorType	已作废，请勿使用

成员	描述
wProcessorArchitecture	表示处理器架构，比如 x86、x64 或 IA-64
wProcessorLevel	进一步细分处理器架构，比如是 Intel 奔腾 III 还是奔腾 IV。如需确定 CPU 支持的特性，应调用 IsProcessorFeaturePresent 函数而不是使用这个字段
wProcessorRevision	进一步细分 wProcessorLevel

396

提示　可以调用 GetLogicalProcessorInformation 函数来获得处理器的详情，如下所示：

```
void ShowProcessors() {
    PSYSTEM_LOGICAL_PROCESSOR_INFORMATION pBuffer = NULL;
    DWORD dwSize = 0;
    DWORD procCoreCount;

    BOOL bResult = GetLogicalProcessorInformation(pBuffer, &dwSize);
    if (GetLastError() != ERROR_INSUFFICIENT_BUFFER) {
        _tprintf(TEXT("Impossible to get processor information\n"));
        return;
    }

    pBuffer = (PSYSTEM_LOGICAL_PROCESSOR_INFORMATION)malloc(dwSize);
    bResult = GetLogicalProcessorInformation(pBuffer, &dwSize);
    if (!bResult) {
        free(pBuffer);

        _tprintf(TEXT("Impossible to get processor information\n"));
        return;
    }
    procCoreCount = 0;
    DWORD lpiCount = dwSize / sizeof(SYSTEM_LOGICAL_PROCESSOR_INFORMATION);
    for(DWORD current = 0; current < lpiCount; current++) {
        if (pBuffer[current].Relationship == RelationProcessorCore) {
            if (pBuffer[current].ProcessorCore.Flags == 1) {
                _tprintf(TEXT(" + one CPU core (HyperThreading)\n"));
            } else {
                _tprintf(TEXT(" + one CPU socket\n"));
            }
            procCoreCount++;
        }
    }
    _tprintf(TEXT(" -> %d active CPU(s)\n"), procCoreCount);

    free(pBuffer);
}
```

为了让32位应用程序也能在64位版本的Windows上运行，Microsoft提供了一个称为Windows 32-bit On Windows 64-bit(WOW64)的仿真层。32位应用程序通过WOW64运行时，GetSystemInfo返回的值和原生64位应用程序返回的值可能有所不同。例如，如果在IA-64机器上运行，前者SYSTEM_INFO结构的dwPageSize字段的值为4 KB，而后者为8 KB。要想知道进程是否在WOW64上运行的话，可以调用以下函数：

```
BOOL IsWow64Process(
    HANDLE hProcess,
    PBOOL pbWow64Process);
```

第一个参数是目标进程的句柄，比如GetCurrentProcess的返回值，即当前正在运行的应用程序。如果IsWow64Process返回FALSE，通常是因为将一些无效值用作了参数。如果返回TRUE，那么当32位应用程序在32位版本的Windows下运行，或64位应用程序在64位版本的Windows下运行时，pbWow64Process参数指向的布尔值会被设为FALSE。只有当32位应用程序在WOW64上运行时，该布尔值才会被设为TRUE。在这种情况下，需要调用GetNativeSystemInfo来取得SYSTEM_INFO结构中非仿真的值：

```
void GetNativeSystemInfo(
    LPSYSTEM_INFO lpSystemInfo);
```

也可以不调用IsWow64Process，而是调用ShlWApi.h中定义的IsOs函数并传递OS_WOW6432作为参数。如IsOs返回TRUE，表明该32位应用程序在通过WOW64运行。如果返回FALSE，表明该32位应用程序是在32位Windows系统下以原生方式运行的。

说明 要想进一步了解64位Windows提供的32位仿真层，建议访问以下网址获取Best Practices for WOW64白皮书：https://tinyurl.com/muutbtvn。

系统信息示例程序

下面列出了SysInfo.cpp的源代码，它是一个非常简单的程序，就是调用GetSystemInfo并将返回的SYSTEM_INFO结构显示出来。

这个应用程序的源代码和资源文件在本书配套资源的14-SysInfo目录中。图14-1展示了SysInfo应用程序在不同平台上的运行结果。

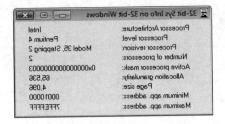

(a) 32 位应用程序在 32 位 Windows 上运行

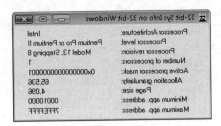

(b) 32 位应用程序在装有双核处理器的
32 位 Windows 机器上运行

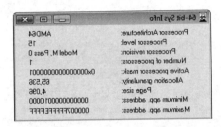

(c) 32 位应用程序在 64 位 Windows 上运行

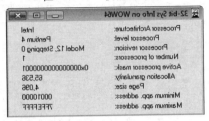

(d) 64 位应用程序在 64 位 Windows 上运行

图14-1　不同平台上的运行结果

398

```
SysInfo.cpp
/**********************************************************************

Module:  SysInfo.cpp
Notices: Copyright (c) 2008 Jeffrey Richter & Christophe Nasarre
**********************************************************************/


#include "..\CommonFiles\CmnHdr.h"      /* See Appendix A. */
#include <windowsx.h>
#include <tchar.h>
#include <stdio.h>
#include "Resource.h"
#include <StrSafe.h>



///////////////////////////////////////////////////////////////////////



// This function accepts a number and converts it to a
// string, inserting commas where appropriate.
PTSTR BigNumToString(LONG lNum, PTSTR szBuf, DWORD chBufSize) {
```

```
    TCHAR szNum[100];
    StringCchPrintf(szNum, _countof(szNum), TEXT("%d"), lNum);
    NUMBERFMT nf;
    nf.NumDigits = 0;
    nf.LeadingZero = FALSE;
    nf.Grouping = 3;
    nf.lpDecimalSep = TEXT(".");
    nf.lpThousandSep = TEXT(",");
    nf.NegativeOrder = 0;
    GetNumberFormat(LOCALE_USER_DEFAULT, 0, szNum, &nf, szBuf, chBufSize);
    return(szBuf);
}


///////////////////////////////////////////////////////////////////////////////


void ShowCPUInfo(HWND hWnd, WORD wProcessorArchitecture, WORD wProcessorLevel,
    WORD wProcessorRevision) {

    TCHAR szCPUArch[64]  = TEXT("(unknown)");
    TCHAR szCPULevel[64] = TEXT("(unknown)");
    TCHAR szCPURev[64]   = TEXT("(unknown)");

    switch (wProcessorArchitecture) {
        // Notice that AMD processors are seen as PROCESSOR_ARCHITECTURE_INTEL.
        // In the Registry, the content of the "VendorIdentifier" key under
        // HKEY_LOCAL_MACHINE\HARDWARE\DESCRIPTION\System\CentralProcessor\0
        // is either "GenuineIntel" or "AuthenticAMD"
        //
        // Read http://download.intel.com/design/Xeon/applnots/24161831.pdf
        // for Model numeric codes.
        // http://www.amd.com/us-en/assets/content_type/white_papers_and_tech_docs/
        // 20734.pdf should be used for AMD processors Model numeric codes.
        //
        case PROCESSOR_ARCHITECTURE_INTEL:
            _tcscpy_s(szCPUArch, _countof(szCPUArch), TEXT("Intel"));
            switch (wProcessorLevel) {
            case 3: case 4:
                StringCchPrintf(szCPULevel, _countof(szCPULevel), TEXT("80%c86"),
                    wProcessorLevel + '0');
                StringCchPrintf(szCPURev, _countof(szCPURev), TEXT("%c%d"),
                    HIBYTE(wProcessorRevision) + TEXT('A'),
                    LOBYTE(wProcessorRevision));
```

```
        break;

case 5:
    _tcscpy_s(szCPULevel, _countof(szCPULevel), TEXT("Pentium"));
    StringCchPrintf(szCPURev, _countof(szCPURev),
        TEXT("Model %d, Stepping %d"),
        HIBYTE(wProcessorRevision), LOBYTE(wProcessorRevision));
    break;

case 6:
    switch (HIBYTE(wProcessorRevision)) { // Model
        case 1:
            _tcscpy_s(szCPULevel, _countof(szCPULevel),
                TEXT("Pentium Pro"));
            break;

        case 3:
        case 5:
            _tcscpy_s(szCPULevel, _countof(szCPULevel),
                TEXT("Pentium II"));
            break;

        case 6:
            _tcscpy_s(szCPULevel, _countof(szCPULevel),
                TEXT("Celeron"));
            break;

        case 7:
        case 8:
        case 11:
            _tcscpy_s(szCPULevel, _countof(szCPULevel),
                TEXT("Pentium III"));
            break;

        case 9:
        case 13:
            _tcscpy_s(szCPULevel, _countof(szCPULevel),
                TEXT("Pentium M"));
            break;

        case 10:
            _tcscpy_s(szCPULevel, _countof(szCPULevel),
                TEXT("Pentium Xeon"));
            break;
```

```
                case 15:
                    _tcscpy_s(szCPULevel, _countof(szCPULevel),
                        TEXT("Core 2 Duo"));
                    break;

                default:
                    _tcscpy_s(szCPULevel, _countof(szCPULevel),
                        TEXT("Unknown Pentium"));
                    break;
            }
            StringCchPrintf(szCPURev, _countof(szCPURev),
                TEXT("Model %d, Stepping %d"),
                HIBYTE(wProcessorRevision), LOBYTE(wProcessorRevision));
            break;

        case 15:
            _tcscpy_s(szCPULevel, _countof(szCPULevel), TEXT("Pentium 4"));
            StringCchPrintf(szCPURev, _countof(szCPURev),
                TEXT("Model %d, Stepping %d"),
                HIBYTE(wProcessorRevision), LOBYTE(wProcessorRevision));
            break;
        }
        break;

case PROCESSOR_ARCHITECTURE_IA64:
    _tcscpy_s(szCPUArch, _countof(szCPUArch), TEXT("IA-64"));
    StringCchPrintf(szCPULevel, _countof(szCPULevel),
        TEXT("%d"), wProcessorLevel);
    StringCchPrintf(szCPURev, _countof(szCPURev), TEXT("Model %c, Pass %d"),
        HIBYTE(wProcessorRevision) + TEXT('A'),
        LOBYTE(wProcessorRevision));
    break;

case PROCESSOR_ARCHITECTURE_AMD64:
    _tcscpy_s(szCPUArch, _countof(szCPUArch), TEXT("AMD64"));
    StringCchPrintf(szCPULevel, _countof(szCPULevel),
        TEXT("%d"), wProcessorLevel);
    StringCchPrintf(szCPURev, _countof(szCPURev), TEXT("Model %c, Pass %d"),
        HIBYTE(wProcessorRevision) + TEXT('A'),
        LOBYTE(wProcessorRevision));
    break;

case PROCESSOR_ARCHITECTURE_UNKNOWN:
default:
```

```
         _tcscpy_s(szCPUArch, _countof(szCPUArch), TEXT("Unknown"));
         break;
      }
   SetDlgItemText(hWnd, IDC_PROCARCH,  szCPUArch);
   SetDlgItemText(hWnd, IDC_PROCLEVEL, szCPULevel);
   SetDlgItemText(hWnd, IDC_PROCREV,   szCPURev);
}


void ShowBitness(HWND hWnd) {
   TCHAR szFullTitle[100];
   TCHAR szTitle[32];
   GetWindowText(hWnd, szTitle, _countof(szTitle));

#if defined(_WIN32)
   BOOL bIsWow64 = FALSE;
   if (!IsWow64Process(GetCurrentProcess(), &bIsWow64)) {
      chFAIL("Failed to get WOW64 state.");
      return;
   }

   if (bIsWow64) {
      StringCchPrintf(szFullTitle, _countof(szFullTitle),
         TEXT("32-bit %s on WOW64"), szTitle);
   } else {
      StringCchPrintf(szFullTitle, _countof(szFullTitle),
         TEXT("32-bit %s on 32-bit Windows"), szTitle);
   }
#elif defined(_WIN64)
// 64-bit applications can only run on 64-bit Windows,
// so there is nothing special to check except the
// _WIN64 symbol set by the compiler.
   StringCchPrintf(szFullTitle, _countof(szFullTitle),
      TEXT("64-bit %s"), szTitle);
#endif

   SetWindowText(hWnd, szFullTitle);
}


/////////////////////////////////////////////////////////////////////////////


BOOL Dlg_OnInitDialog(HWND hWnd, HWND hWndFocus, LPARAM lParam) {
```

```
    chSETDLGICONS(hWnd, IDI_SYSINFO);

    SYSTEM_INFO sinf;
    GetSystemInfo(&sinf);

    ShowCPUInfo(hWnd, sinf.wProcessorArchitecture,
        sinf.wProcessorLevel, sinf.wProcessorRevision);

    TCHAR szBuf[50];
    SetDlgItemText(hWnd, IDC_PAGESIZE,
        BigNumToString(sinf.dwPageSize, szBuf, _countof(szBuf)));

    StringCchPrintf(szBuf, _countof(szBuf), TEXT("%p"),
        sinf.lpMinimumApplicationAddress);
    SetDlgItemText(hWnd, IDC_MINAPPADDR, szBuf);

    StringCchPrintf(szBuf, _countof(szBuf), TEXT("%p"),
        sinf.lpMaximumApplicationAddress);
    SetDlgItemText(hWnd, IDC_MAXAPPADDR, szBuf);

    StringCchPrintf(szBuf, _countof(szBuf), TEXT("0x%016I64X"),
        (__int64) sinf.dwActiveProcessorMask);
    SetDlgItemText(hWnd, IDC_ACTIVEPROCMASK, szBuf);

    SetDlgItemText(hWnd, IDC_NUMOFPROCS,
        BigNumToString(sinf.dwNumberOfProcessors, szBuf, _countof(szBuf)));

    SetDlgItemText(hWnd, IDC_ALLOCGRAN,
        BigNumToString(sinf.dwAllocationGranularity, szBuf, _countof(szBuf)));

    ShowBitness(hWnd);

    return(TRUE);
}


///////////////////////////////////////////////////////////////////////////////


void Dlg_OnCommand(HWND hWnd, int id, HWND hWndCtl, UINT codeNotify) {

    switch (id) {
        case IDCANCEL:
            EndDialog(hWnd, id);
            break;
```

```
    }
}


//////////////////////////////////////////////////////////////////////////////


INT_PTR WINAPI Dlg_Proc(HWND hDlg, UINT uMsg, WPARAM wParam, LPARAM lParam) {

   switch (uMsg) {
      chHANDLE_DLGMSG(hDlg, WM_INITDIALOG, Dlg_OnInitDialog);
      chHANDLE_DLGMSG(hDlg, WM_COMMAND,    Dlg_OnCommand);
   }
   return(FALSE);
}


//////////////////////////////////////////////////////////////////////////////


int WINAPI _tWinMain(HINSTANCE hInstExe, HINSTANCE, PTSTR, int) {

   DialogBox(hInstExe, MAKEINTRESOURCE(IDD_SYSINFO), NULL, Dlg_Proc);
   return(0);
}


/////////////////////////////// End of File ///////////////////////////////////
```

399~404

14.2 虚拟内存状态

Windows的GlobalMemoryStatus函数可用来取得当前内存状态的动态信息:

```
VOID GlobalMemoryStatus(LPMEMORYSTATUS lpBuffer);
```

在我看来,这个函数的命名很糟糕,GlobalMemoryStatus暗示着该函数在某种程度上与16位Windows的全局堆有关。依我之见,它应该叫VirtualMemoryStatus之类的名字。

在调用GlobalMemoryStatus函数的时候,需要向它传递一个MEMORYSTATUS结构的地址。MEMORYSTATUS数据结构的定义如下:

```
typedef struct _MEMORYSTATUS {
    DWORD dwLength;
    DWORD dwMemoryLoad;
    SIZE_T dwTotalPhys;
    SIZE_T dwAvailPhys;
    SIZE_T dwTotalPageFile;
    SIZE_T dwAvailPageFile;
    SIZE_T dwTotalVirtual;
    SIZE_T dwAvailVirtual;
} MEMORYSTATUS, *LPMEMORYSTATUS;
```

调用GlobalMemoryStatus函数之前必须先将dwLength成员初始化为MEMORYSTATUS结构的大小，即结构所占的字节数。这个初始化动作使Microsoft能在未来版本的Windows中为该结构添加更多成员，而不必担心会破坏现有的应用程序。调用GlobalMemoryStatus时，该函数会对结构中的其他成员进行初始化，然后返回。下一节的VMStat示例程序介绍了结构的各个成员及其含义。

如预计应用程序会在有4 GB内存的机器上运行，或者分页文件的大小可能超过4 GB，则应调用新的GlobalMemoryStatusEx函数：

```
BOOL GlobalMemoryStatusEx(LPMEMORYSTATUSEX pmst);
```

404

需要向该函数传递一个新的MEMORYSTATUSEX结构的地址：

```
typedef struct _MEMORYSTATUSEX {
    DWORD dwLength;
    DWORD dwMemoryLoad;
    DWORDLONG ullTotalPhys;
    DWORDLONG ullAvailPhys;
    DWORDLONG ullTotalPageFile;
    DWORDLONG ullAvailPageFile;
    DWORDLONG ullTotalVirtual;
    DWORDLONG ullAvailVirtual;
    DWORDLONG ullAvailExtendedVirtual;
} MEMORYSTATUSEX, *LPMEMORYSTATUSEX;
```

除了所有表示大小的成员都变成了64位(因而能容纳大于4 GB的值)之外，这个结构与原来的MEMORYSTATUS完全相同。最后一个成员ullAvailExtendedVirtual表示当前进程的虚拟地址空间的超大内存(very large memory，VLM)部分中未预订的内存大小。这个VLM部分仅适用于特定配置的特定CPU架构。

14.3 NUMA 机器中的内存管理

如第7章所述，非统一内存访问(Non-Uniform Memory Access，NUMA)机器中的CPU既能访问自己节点的内存，也能访问其他节点的内存。但是，CPU访问自己节点的内存比访问外部节点的内存要快得多。默认情况下，当线程调拨物理存储时，操作系统会尽量用CPU自己节点的RAM来支持物理存储以提升访问性能。只有在没有足够RAM的情况下，Windows才会使用外部节点的RAM来支持物理存储。

调用GlobalMemoryStatusEx函数时，通过ullAvailPhys参数返回的值是所有节点可用内存的总量。要想知道某个特定NUMA节点的内存容量，需要调用以下函数：

```
BOOL GetNumaAvailableMemoryNode(
    UCHAR uNode,
    PULONGLONG pulAvailableBytes);
```

uNode参数标识了节点，pulAvailableBytes参数指向的LONGLONG变量用来返回该节点的内存容量。可以调用GetNumaProcessorNode函数轻松判断CPU驻留在哪个NUMA节点上：

```
BOOL GetNumaProcessorNode(
    UCHAR Processor,
    PUCHAR NodeNumber);
```

可调用以下函数查询系统的最高节点编号：

```
BOOL GetNumaHighestNodeNumber(PULONG pulHighestNodeNumber);
```

405

对于任何给定的节点(其编号介于0到pulHighestNodeNumber参数所指向的变量的值之间)，可调用以下函数获得驻留在该节点中的CPU列表：

```
BOOL GetNumaNodeProcessorMask(
    UCHAR uNode,
    PULONGLONG pulProcessorMask);
```

uNode参数是节点的数字标识符，参数pulProcessorMask所指向的LONGLONG变量用来返回位掩码。如果某一位被设置，与该位对应的CPU就属于该节点。

如前所述，为了提高性能，Windows会自动尝试将线程及其RAM放在同一个节点中。但是，Windows也提供了一些函数，供开发人员手动控制线程和内存亲和性(memory affinity)。详情请参见第15章。

要想进一步了解与Windows中的NUMA相关的信息，请参考"Application Software Considerations for NUMA-Based Systems"(https://tinyurl.com/yfecwc2a)和"NUMA Support"(https://tinyurl.com/558c5vwk)。

示例程序：虚拟内存状态

VMStat应用程序(14-VMStat.exe)会显示一个对话框并列出调用GlobalMemoryStatus函数的结果。对话框内的信息每秒更新一次，可以一边处理系统中的其他进程，一边让它继续运行。这个应用程序的源代码和资源文件在本书配套资源的14-VMStat目录中。在装有1 GB内存的Windows Vista机器上，VMStat应用程序的运行结果如图14-1所示。

图14-1　运行结果

dwMemoryLoad成员(显示为Memory Load)给出了一个大致估计，告诉我们内存管理系统有多忙。它可以是从0～100之间的任何数值。用来计算该值的算法在每个版本的Windows中都有所不同。实际上，这个成员报告的值没什么用处。

dwTotalPhys成员(显示为TotalPhys)表示物理内存(RAM)的总量，以字节为单位。在这台装有1 GB内存的机器上，它的值为1072627712，正好比1 GB少了1114112个字节。GlobalMemoryStatus函数之所以不报告完整的1 GB，是因为系统在引导过程中会为非分页池(nonpaged pool)保留一部分存储。就连内核都不能使用这些内存。dwAvailPhys成员(显示为AvailPhys)表示可分配的物理内存，以字节为单位。

406

dwTotalPageFile成员(显示为TotalPageFile)表示硬盘上的分页文件最多能够存放多少字节的数据。虽然VMStat显示分页文件当前为2414112768字节，但系统可以根据需要增大或减小分页文件。dwAvailPageFile成员(显示为AvailPageFile)表示分页文件目前尚余1741586432字节未被调拨给任何进程。进程如果决定调拨任何私有存储，即可使用这些存储。

dwTotalVirtual成员(显示为TotalVirtual)表示每个进程的地址空间中私有的字节总数。

值2147352576正好比2 GB少了128 KB。0x00000000~0x0000FFFF和0x7FFF0000~0x7FFFFFFF这两个分区是应用程序是不能访问的，这解释了少掉的128 KB去哪儿了。

最后一个成员dwAvailVirtual(显示为AvailVirtual)是唯一特定于调用GlobalMemoryStatus函数的那个进程的结构——其他所有成员都适用于整个系统；换言之，无论哪个进程调用GlobalMemoryStatus函数，这些成员返回的值都是一样的。为了计算这个成员的值，GlobalMemoryStatus会将调用进程的地址空间中所有闲置的区域都加起来。dwAvailVirtual的值为2106437632，表示还有这么多闲置的地址空间可供VMStat使用。用dwTotalVirtual减去dwAvailVirtual，可以看到VMStat总共在它的地址空间中预订了40914944字节。

没有哪个成员能表示当前进程正在使用的物理存储的容量。我们将进程地址空间中被保存在RAM里的那些页面称为该进程的工作集(working set)。针对一个给定的进程，以下函数可取得进程的当前工作集大小和峰值工作集大小，该函数在psapi.h中定义：

```
BOOL GetProcessMemoryInfo(
    HANDLE hProcess,
    PPROCESS_MEMORY_COUNTERS ppmc,
    DWORD cbSize);
```

hProcess是目标进程的句柄，该句柄必须有PROCESS_QUERY_ INFORMATION和PROCESS_VM_READ访问权限。对于当前正在执行的进程，GetCurrentProcess会返回一个符合该要求的伪句柄。ppmc参数指向一个PPROCESS_MEMORY_COUNTERS结构，该结构的大小通过cbSize参数指定。如果GetProcessMemoryInfo返回TRUE，则以下结构会包含与指定进程有关的详细信息：

```
typedef struct _PROCESS_MEMORY_COUNTERS_EX {
    DWORD cb;
    DWORD PageFaultCount;
    SIZE_T PeakWorkingSetSize;
    SIZE_T WorkingSetSize;
    SIZE_T QuotaPeakPagedPoolUsage;
    SIZE_T QuotaPagedPoolUsage;
    SIZE_T QuotaPeakNonPagedPoolUsage;
    SIZE_T QuotaNonPagedPoolUsage;
    SIZE_T PagefileUsage;
SIZE_T PeakPagefileUsage;
SIZE_T PrivateUsage;
} PROCESS_MEMORY_COUNTERS_EX,
*PPROCESS_MEMORY_COUNTERS_EX;
```

407

WorkingSetSize字段(显示为WorkingSet)包含了当GetProcessMemoryInfo被调用时，hProcess所标识的进程使用了RAM中的多少字节。PeakWorkingSetSize字段则包含了自该进程开始运行以来，它曾使用的RAM中的最大字节数。

了解进程的工作集大小非常有用，因为它可以告诉你程序在达到稳定状态后保持运行需要多少RAM。尽量减小应用程序的工作集有助于提升性能。你可能已经知道，如果Windows应用程序运行得比较慢，为了提升性能，你(作为最终用户)所能采取的最好的办法就是为机器添加RAM。虽然Windows能在RAM和磁盘之间交换，但这是以牺牲性能为代价的。添加RAM意味着Windows可以减少交换，也就提升了性能。作为开发人员，我们能控制自己的应用程序在任一时刻需要多少RAM，减少应用程序对RAM的需求有助于提升性能。

对应用程序的性能进行调优时，除了尽可能减小工作集，还应知道应用程序通过调用new，malloc或VirtualAlloc显式分配了多少内存。这也正是PrivateUsage字段(显示为PrivateBytes)所返回的值。本章剩余部分会解释如何用其他一些函数更清楚地了解进程地址空间。

说明　要想进一步了解如何用现有的API来监视操作系统和进程的内存，请参见"Memory Performance Information"，网址为http://msdn2.microsoft.com/en-us/library/aa965225.aspx。

14.4　确定地址空间的状态

Windows提供了一个VirtualQuery函数来查询与地址空间中的内存地址有关的特定信息(比如大小、存储类型和保护属性)。第13章已讨论了两个虚拟内存映射表(表13-4和表13-6)。事实上，这两个表就是本章稍后介绍的VMMap示例程序用这个函数生成的。

```
DWORD VirtualQuery(
    LPCVOID pvAddress,
    PMEMORY_BASIC_INFORMATION pmbi,
    DWORD dwLength);
```

Windows还提供了另外一个函数，允许一个进程查询另一个进程的内存信息：

```
DWORD VirtualQueryEx(
    HANDLE hProcess,
    LPCVOID pvAddress,
    PMEMORY_BASIC_INFORMATION pmbi,
    DWORD dwLength);
```

408

两个函数唯一的区别就是VirtualQueryEx允许传递要查询其地址空间的一个进程的句柄。VirtualQueryEx常用于调试器和其他实用程序——其他几乎所有应用程序都只需要VirtualQuery。调用VirtualQuery(Ex)函数时，pvAddress参数必须指定要查询的虚拟内存地址。参数pmbi指向一个必须由你分配的MEMORY_BASIC_INFORMATION结构。该结构在WinNT.h中定义如下：

```
typedef struct _MEMORY_BASIC_INFORMATION {
    PVOID BaseAddress;
    PVOID AllocationBase;
    DWORD AllocationProtect;
    SIZE_T RegionSize;
    DWORD State;
    DWORD Protect;
    DWORD Type;
} MEMORY_BASIC_INFORMATION, *PMEMORY_BASIC_INFORMATION;
```

最后一个参数dwLength指定MEMORY_BASIC_INFORMATION结构的大小。VirtualQuery(Ex)的返回值是它复制到这个缓冲区中的字节数。

基于你在pvAddress中传递的地址，VirtualQuery(Ex)会在MEMORY_BASIC_INFORMATION结构中填入和相邻页面区间有关的信息，这些相邻页面具有相同的状态、保护属性和类型。表14-3总结了结构的各个成员。

表14-3　MEMORY_BASIC_INFORMATION结构的成员

成员	描述
BaseAddress	pvAddress 参数向下取整到一个页面边界的值
AllocationBase	pvAddress 参数指定的地址所在的那个区域的基地址
AllocationProtect	最初预订区域时分配给区域的保护属性
RegionSize	从 BaseAddress 开始，与 pvAddress 指定的地址所在页面具有相同保护属性、状态和类型的所有页的大小 (以字节为单位)
State	与 pvAddress 指定的地址所在页面具有相同保护属性、状态和类型的所有相邻页的状态 (MEM_FREE，MEM_RESERVE 或 MEM_COMMIT)。如状态为 MEM_FREE，则 AllocationBase、AllocationProtect、Protect 及 Type 成员未定义。如状态为 MEM_RESERVE，则 Protect 成员未定义
Protect	与 pvAddress 指定的地址所在页面具有相同保护属性、状态和类型的所有相邻页的保护属性 (PAGE_*)
Type	与 pvAddress 指定的地址所在页面具有相同保护属性、状态和类型的所有相邻页的后备物理存储类型 (MEM_IMAGE，MEM_MAPPED 或 MEM_PRIVATE)

14.4.1　VMQuery函数

刚开始学习Windows内存架构时，我将VirtualQuery函数当作我的向导。事实上，如果翻阅本书第1版，会发现那时的VMMap示例程序比下一节要展示的版本简单得多。在旧版本中，我用一个简单的循环来反复调用VirtualQuery，每次调用后都会创建一行来包含MEMORY_BASIC_INFORMATION结构的成员。然后我一边参考SDK文档(当时还很糟糕)，一边对结果进行分析，试图将整个内存管理架构拼起来。自那以后我又学到了许多。虽然VirtualQuery和MEMORY_BASIC_INFORMATION结构能让你对正在发生的事情有了很多了解，但我现在知道，它们并不能给你足够的信息来真正理解这一切。

问题在于，MEMORY_BASIC_INFORMATION结构并没有返回系统内部存储的所有信息。要了解关于某个内存地址的简单信息，VirtualQuery就够用了。例如，如果想知道有没有为某个地址调拨物理存储，或者是否能读取/写入某个内存地址，那么用VirtualQuery正好。但是，如果想知道某个已预订区域的大小、某个区域中块的数量或者某个区域是否包含线程栈，那么光是调用VirtualQuery无法获得你想要的信息。

为了获得更完整的内存信息，我创建了自己的VMQuery函数：

```
BOOL VMQuery(
    HANDLE hProcess,
    LPCVOID pvAddress,
    PVMQUERY pVMQ);
```

该函数与VirtualQueryEx相似，都是获取一个进程句柄(hProcess)、一个内存地址(pvAddress)以及一个信息结构的指针(pVMQ)。这个VMQUERY结构也是我自己定义的：

```
typedef struct {
    // 区域信息
    PVOID pvRgnBaseAddress;
    DWORD dwRgnProtection;   // PAGE_*
    SIZE_T RgnSize;
    DWORD dwRgnStorage;      // MEM_*: Free, Image, Mapped, Private
    DWORD dwRgnBlocks;
    DWORD dwRgnGuardBlks;    // 如果 > 0，区域包含线程栈
    BOOL bRgnIsAStack;       // 区域包含线程栈时为 TRUE

    // 块信息
    PVOID pvBlkBaseAddress;
    DWORD dwBlkProtection;   // PAGE_*
    SIZE_T BlkSize;
    DWORD dwBlkStorage;      // MEM_*: Free, Image, Mapped, Private
} VMQUERY, *PVMQUERY;
```

一眼就能看出，VMQUERY结构包含比Windows的MEMORY_BASIC_ INFORMATION结构更多的信息。该结构由两个不同部分组成：区域信息和块信息。其中，区域部分用来描述与区域相关的信息，而块部分用来描述与块相关的信息，这个块包含pvAddress参数所指定的地址。表14-4对VMQUERY结构的所有成员进行了描述。

410~411

表14-4　VMQUERY结构的成员

成员	描述
pvRgnBaseAddress	虚拟地址空间区域的基地址，该区域包含了参数 pvAddress 所指定的地址
dwRgnProtection	最初预订地址空间区域时为该区域分配的保护属性 (PAGE_*)
RgnSize	所预订区域的大小，以字节为单位
dwRgnStorage	用于区域中各个块的物理存储的类型，可以是以下值这一：MEM_FREE，MEM_ IMAGE，MEM_MAPPED 或 MEM_PRIVATE
dwRgnBlocks	区域中块的数量
dwRgnGuardBlks	区域中具有 PAGE_GUARD 保护属性标志的块的数量。通常这个值要么为 0，要么为 1。如果为 1，就是一个很好的指示，告诉我们该区域是为了包含线程栈而预订的
bRgnIsAStack	表示该区域是否包含线程栈。该值通过合理猜测获得，因为没有任何方法能百分之百肯定一个区域是否包含线程栈
pvBlkBaseAddress	pvAddress 参数指定的地址所在的那个块的基地址
dwBlkProtection	pvAddress 参数指定的地址所在的那个块的保护属性
BlkSize	pvAddress 参数指定的地址所在的那个块的大小（以字节为单位）
dwBlkStorage	pvAddress 参数指定的地址所在的那个块的内容。它可以是以下值之一：MEM_ FREE，MEM_RESERVE，MEM_IMAGE，MEM_MAPPED 或 MEM_PRIVATE

毫无疑问，为了获得所有这些信息，VMQuery必须进行大量处理，其中包括多次调用VirtualQueryEx，这也意味着它执行起来要比VirtualQueryEx慢得多。由于这个原因，在选择调用这两个函数中的哪一个时请仔细斟酌。如果不需要VMQuery提供的额外信息，请调用VirtualQuery 或VirtualQueryEx。

以下VMQuery.cpp文件显示了该函数如何获得所有需要的信息，并相应地设置VMQUERY结构的成员。VMQuery.cpp和VMQuery.h文件的源代码在本书配套资源的14-VMMap目录中。正文不打算详细说明如何处理这些数据，贯穿在代码中的注释足以说明问题。

411

VMQuery.cpp
```
/****************************************************************************
Module:  VMQuery.cpp
Notices: Copyright (c) 2008 Jeffrey Richter & Christophe Nasarre
****************************************************************************/


#include "..\CommonFiles\CmnHdr.h"      /* See Appendix A. */
#include <windowsx.h>
#include "VMQuery.h"


///////////////////////////////////////////////////////////////////////////


// Helper structure
typedef struct {
   SIZE_T RgnSize;
   DWORD  dwRgnStorage;            // MEM_*: Free, Image, Mapped, Private
   DWORD  dwRgnBlocks;
   DWORD  dwRgnGuardBlks;         // If > 0, region contains thread stack
   BOOL   bRgnIsAStack;           // TRUE if region contains thread stack
} VMQUERY_HELP;


// This global, static variable holds the allocation granularity value for
// this CPU platform. Initialized the first time VMQuery is called.
static DWORD gs_dwAllocGran = 0;


///////////////////////////////////////////////////////////////////////////


// Iterates through a region's blocks and returns findings in VMQUERY_HELP
static BOOL VMQueryHelp(HANDLE hProcess, LPCVOID pvAddress,
   VMQUERY_HELP *pVMQHelp) {

   ZeroMemory(pVMQHelp, sizeof(*pVMQHelp));

   // Get address of region containing passed memory address.
   MEMORY_BASIC_INFORMATION mbi;
   BOOL bOk = (VirtualQueryEx(hProcess, pvAddress, &mbi, sizeof(mbi))
      == sizeof(mbi));

   if (!bOk)
      return(bOk);    // Bad memory address, return failure

   // Walk starting at the region's base address (which never changes)
```

```
   PVOID pvRgnBaseAddress = mbi.AllocationBase;

   // Walk starting at the first block in the region (changes in the loop)
   PVOID pvAddressBlk = pvRgnBaseAddress;

   // Save the memory type of the physical storage block.
   pVMQHelp->dwRgnStorage = mbi.Type;

   for (;;) {
      // Get info about the current block.
      bOk = (VirtualQueryEx(hProcess, pvAddressBlk, &mbi, sizeof(mbi))
         == sizeof(mbi));
      if (!bOk)
         break;    // Couldn't get the information; end loop.

      // Is this block in the same region?
      if (mbi.AllocationBase != pvRgnBaseAddress)
         break;    // Found a block in the next region; end loop.

      // We have a block contained in the region.

      pVMQHelp->dwRgnBlocks++;              // Add another block to the region
      pVMQHelp->RgnSize += mbi.RegionSize;  // Add block's size to region size

      // If block has PAGE_GUARD attribute, add 1 to this counter
      if ((mbi.Protect & PAGE_GUARD) == PAGE_GUARD)
         pVMQHelp->dwRgnGuardBlks++;

      // Take a best guess as to the type of physical storage committed to the
      // block. This is a guess because some blocks can convert from MEM_IMAGE
      // to MEM_PRIVATE or from MEM_MAPPED to MEM_PRIVATE; MEM_PRIVATE can
      // always be overridden by MEM_IMAGE or MEM_MAPPED.
      if (pVMQHelp->dwRgnStorage == MEM_PRIVATE)
         pVMQHelp->dwRgnStorage = mbi.Type;

      // Get the address of the next block.
      pvAddressBlk = (PVOID) ((PBYTE) pvAddressBlk + mbi.RegionSize);
   }

   // After examining the region, check to see whether it is a thread stack
   // Windows Vista: Assume stack if region has at least 1 PAGE_GUARD block
   pVMQHelp->bRgnIsAStack = (pVMQHelp->dwRgnGuardBlks > 0);

   return(TRUE);
}
```

//

```c
BOOL VMQuery(HANDLE hProcess, LPCVOID pvAddress, PVMQUERY pVMQ) {

   if (gs_dwAllocGran == 0) {
      // Set allocation granularity if this is the first call
      SYSTEM_INFO sinf;
      GetSystemInfo(&sinf);
      gs_dwAllocGran = sinf.dwAllocationGranularity;
   }

   ZeroMemory(pVMQ, sizeof(*pVMQ));

   // Get the MEMORY_BASIC_INFORMATION for the passed address.
   MEMORY_BASIC_INFORMATION mbi;
   BOOL bOk = (VirtualQueryEx(hProcess, pvAddress, &mbi, sizeof(mbi))
      == sizeof(mbi));

   if (!bOk)
      return(bOk);   // Bad memory address; return failure

   // The MEMORY_BASIC_INFORMATION structure contains valid information.
   // Time to start setting the members of our own VMQUERY structure.

   // First, fill in the block members. We'll fill the region members later.
   switch (mbi.State) {
      case MEM_FREE:        // Free block (not reserved)
         pVMQ->pvBlkBaseAddress = NULL;
         pVMQ->BlkSize = 0;
         pVMQ->dwBlkProtection = 0;
         pVMQ->dwBlkStorage = MEM_FREE;
         break;

      case MEM_RESERVE:     // Reserved block without committed storage in it.
         pVMQ->pvBlkBaseAddress = mbi.BaseAddress;
         pVMQ->BlkSize = mbi.RegionSize;

         // For an uncommitted block, mbi.Protect is invalid. So we will
         // show that the reserved block inherits the protection attribute
         // of the region in which it is contained.
         pVMQ->dwBlkProtection = mbi.AllocationProtect;
         pVMQ->dwBlkStorage = MEM_RESERVE;
         break;

      case MEM_COMMIT:      // Reserved block with committed storage in it.
```

```
        pVMQ->pvBlkBaseAddress = mbi.BaseAddress;
        pVMQ->BlkSize = mbi.RegionSize;
        pVMQ->dwBlkProtection = mbi.Protect;
        pVMQ->dwBlkStorage = mbi.Type;
        break;

    default:
        DebugBreak();
        break;
}


// Now fill in the region data members.
VMQUERY_HELP VMQHelp;
switch (mbi.State) {
    case MEM_FREE:        // Free block (not reserved)
        pVMQ->pvRgnBaseAddress      = mbi.BaseAddress;
        pVMQ->dwRgnProtection       = mbi.AllocationProtect;
        pVMQ->RgnSize               = mbi.RegionSize;
        pVMQ->dwRgnStorage          = MEM_FREE;
        pVMQ->dwRgnBlocks           = 0;
        pVMQ->dwRgnGuardBlks        = 0;
        pVMQ->bRgnIsAStack          = FALSE;
        break;

    case MEM_RESERVE:     // Reserved block without committed storage in it.
        pVMQ->pvRgnBaseAddress = mbi.AllocationBase;
        pVMQ->dwRgnProtection  = mbi.AllocationProtect;

        // Iterate through all blocks to get complete region information.
        VMQueryHelp(hProcess, pvAddress, &VMQHelp);

        pVMQ->RgnSize               = VMQHelp.RgnSize;
        pVMQ->dwRgnStorage          = VMQHelp.dwRgnStorage;
        pVMQ->dwRgnBlocks           = VMQHelp.dwRgnBlocks;
        pVMQ->dwRgnGuardBlks        = VMQHelp.dwRgnGuardBlks;
        pVMQ->bRgnIsAStack          = VMQHelp.bRgnIsAStack;
        break;

    case MEM_COMMIT:      // Reserved block with committed storage in it.
        pVMQ->pvRgnBaseAddress = mbi.AllocationBase;
        pVMQ->dwRgnProtection  = mbi.AllocationProtect;

        // Iterate through all blocks to get complete region information.
        VMQueryHelp(hProcess, pvAddress, &VMQHelp);

        pVMQ->RgnSize               = VMQHelp.RgnSize;
        pVMQ->dwRgnStorage          = VMQHelp.dwRgnStorage;
```

```
        pVMQ->dwRgnBlocks                = VMQHelp.dwRgnBlocks;
        pVMQ->dwRgnGuardBlks             = VMQHelp.dwRgnGuardBlks;
        pVMQ->bRgnIsAStack               = VMQHelp.bRgnIsAStack;
        break;


    default:
        DebugBreak();
        break;
    }


    return(bOk);
}


///////////////////////////// End of File /////////////////////////////
```

14.4.2 示例程序：虚拟内存映射

VMMap示例程序(14VMMap.exe)会遍历进程的地址空间，并列出区域及区域内的块。它的源代码和资源文件在本书配套资源的14-VMMap目录中。程序启动后会显示如图14-2所示的窗口。

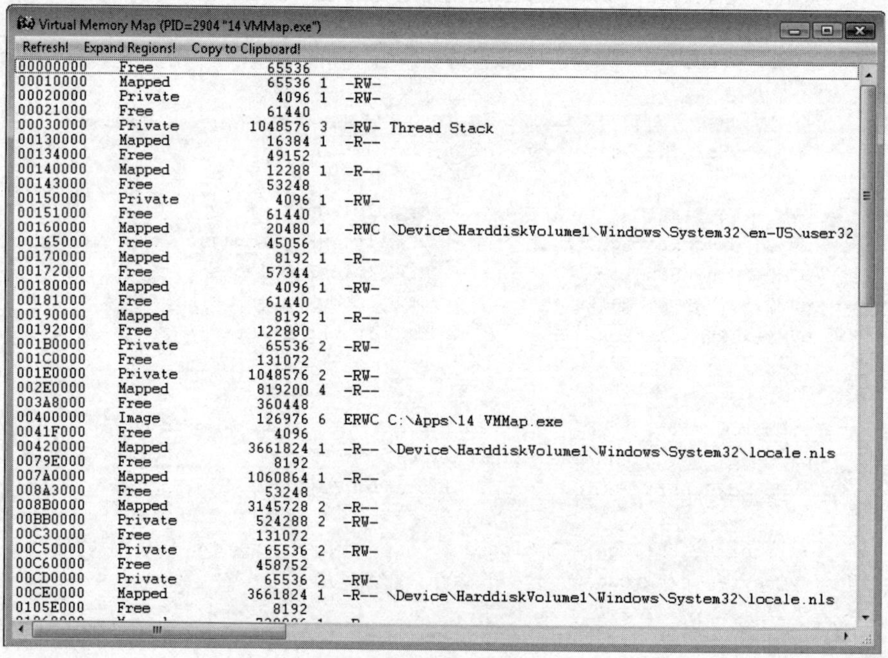

图14-2 虚拟内存映射

表13-2和表13-3的虚拟内存映射表就是根据VMMap运行的结果(即列表框中的内容)来生成的。

列表框中的每一行都对应着一次调用VMQuery函数的结果。**Refresh**函数中的主循环如下所示:

```
BOOL bOk = TRUE;
PVOID pvAddress = NULL;
...

while (bOk) {

    VMQUERY vmq;
    bOk = VMQuery(hProcess, pvAddress, &vmq);

    if (bOk) {
        // Construct the line to be displayed, and add it to the list box.
        TCHAR szLine[1024];
        ConstructRgnInfoLine(hProcess, &vmq, szLine, sizeof(szLine));
        ListBox_AddString(hWndLB, szLine);

        if (bExpandRegions) {
            for (DWORD dwBlock = 0; bOk && (dwBlock < vmq.dwRgnBlocks);
                dwBlock++) {

                ConstructBlkInfoLine(&vmq, szLine, sizeof(szLine));
                ListBox_AddString(hWndLB, szLine);

                // Get the address of the next region to test.
                pvAddress = ((PBYTE) pvAddress + vmq.BlkSize);
                if (dwBlock < vmq.dwRgnBlocks - 1) {
                    // Don't query the memory info after the last block.
                    bOk = VMQuery(hProcess, pvAddress, &vmq);
                }
            }
        }
        // Get the address of the next region to test.
        pvAddress = ((PBYTE) vmq.pvRgnBaseAddress + vmq.RgnSize);
    }
}
```

整个循环从虚拟地址NULL开始,在VMQuery函数返回FALSE时结束,这表示无法再继续遍历进程的地址空间。循环中的每一次迭代都会调用ConstructRgnInfoLine;该函数将和区域有关的信息填充到一个字符缓冲区中。然后,程序将这些信息追加到列表框。

主循环内还有一个嵌套循环，用来遍历区域中的每一块。每次迭代都会调用 ConstructBlkInfoLine将区域中各块的信息填充到一个字符缓冲区中。然后，程序将这些信息追加到列表框。用VMQuery函数可以很容易地遍历进程的地址空间。

在Windows Vista和之后的版本中，如果在系统重启之后运行VMMap应用程序(或者比较VMMap应用程序在两台不同Windows机器上的运行结果)，会发现有许多动态链接库(dynamic-link library，DLL)每次都会被加载到不同的地址。这是由于一个名为地址空间布局随机化(Address Space Layout Randomization，ASLR)的新特性。它允许Windows在首次加载DLL时为其选择一个不同的基地址。随机基地址的目的是让黑客们更难以发现常用系统DLL的地址，防止其中的代码被恶意软件利用。

例如，黑客们常常利用缓冲区溢出或栈溢出来强制程序跳转到系统DLL中一个已知的地址。而有了ASLR，这个地址碰巧正确的概率只有1/256(或更低)。这显著降低了黑客们轻易、稳定地利用各种溢出的可能性。

加载DLL时，系统内核会执行ASLR基地址重定位(ASLR rebase fixup)，修改后的页由所有使用该DLL的进程共享。换言之，由于不需要对每个进程都执行ASLR基地址重定位，因此，内存的使用仍然是高效的。

说明　从 Microsoft Visual Studio 2005 SP1 开始，开发人员只要在生成自己的 DLL 和 EXE 文件时使用 /dynamicbase 链接器开关，就能让它们也参与 ASLR。事实上，如果预计自己的 DLL 或 EXE 文件会被系统加载到基地址以外的其他地址处，就建议使用这个开关，因为这样能让经过 ASLR 基地址重定位的页面为所有进程共享，从而提高内存的使用效率。

415~416

在应用程序中使用虚拟内存

本章内容

Windows提供了以下三种机制来操控内存。

- **虚拟内存**　最适合用来管理大型对象或结构的数组。
- **内存映射文件**　最适合用来管理大型数据流(通常来自文件),以及在同一机器上运行的多个进程之间共享数据。
- **堆**　最适合用来管理大量的小型对象。

本章将讨论第一种方式,即虚拟内存。内存映射文件和堆分别在第17章和第18章讨论。

Windows提供了一些用来操控虚拟内存的函数,可通过这些函数直接预订地址空间区域,为区域调拨(来自分页文件的)物理存储,以及根据需要设置页面的保护属性。

15.1 预订地址空间区域

可调用VirtualAlloc函数来预订进程中的地址空间区域:

```
PVOID VirtualAlloc(
    PVOID pvAddress,
    SIZE_T dwSize,
    DWORD fdwAllocationType,
    DWORD fdwProtect);
```

第一个参数pvAddress是内存地址,用来告诉系统要在什么地方预订地址空间。大多数时候都为该参数传递NULL,让系统自己去找一个合适的区域来预订(系统记录了所有闲置地址区间)。系统可在进程地址空间中的任何地方预订区域,系统既不保证一定会从地址空间的底部往上分配,也不保证一定会从地址空间的顶部往下分配。但利用使用本章稍后介绍的MEM_TOP_DOWN标志,可在一定程度上对这个分配进行控制。

419~420

对于大多数程序员,能让系统在指定内存地址预订区域是个不同寻常的概念。以前分配内存时,操作系统会直接寻找足以满足请求的那么大的一个内存块,分配这个块,再返回它的地址。但是,由于现在每个进程有自己的地址空间,所以可以要求操作系统在你希望的基内存地址预订区域。

例如,假设要在进程地址空间中第50 MB的地方分配区域。在这个例子中,需要将52 428 800 (50 × 1024 × 1024)传给pvAddress参数。如果这个内存地址有一块足够大的闲置区域能满足请求,系统会将这个区域——也就是我们想要的区域——预订下来并返回。如果这个内存地址没有闲置区域,或者闲置区域不够大,系统将无法满足你的请求,这时VirtualAlloc会返回NULL。注意,传给pvAddress参数的地址必须始终位于进程的用户模式分区中,否则VirtualAlloc会失败并返回NULL。

第13章说过,系统始终都是按照分配粒度(到目前为止在所有Windows平台上都为64 KB)的整数倍来预订区域的。所以,如试图在进程地址空间中起始地址为19 668 992 (300 × 65 536 + 8192)的地方预订区域,系统会将该地址向下取整到64 KB的整数倍,也就是19 660 800 (300 × 65 536),并从取整后的地址开始预订区域。

如果VirtualAlloc能满足要求,它会预订一个区域并返回其基地址。如果传递了一个特定的地址作为VirtualAlloc的pvAddress参数,返回值和pvAddress参数值向下取整到64 KB的整数倍(如果有必要的话)后的结果是一样的。

VirtualAlloc的第2个参数dwSize指定了想要预订的区域大小,以字节为单位。由于系统始终基于CPU页面大小的整数倍来预订区域，所以如果在页面大小为4 KB、8 KB或16 KB的机器上预订62 KB大小的区域，最终得到的区域大小会是64 KB。

VirtualAlloc的第3个参数fdwAllocationType告诉系统是要预订区域还是要调拨物理存储。这种区分是必要的，因为VirtualAlloc也可以用来调拨物理存储。要预订地址空间区域，就必须传递MEM_RESERVE作为fdwAllocationType参数的值。

要想预订一个预计很长时间都不会释放的区域，可考虑从尽可能高的内存地址来预订区域。这样可防止从进程地址空间的中部预订，避免可能引发的碎片化现象。要让系统从尽可能高的内存地址来预订区域，必须为pvAddress参数传递NULL，同时对MEM_TOP_DOWN标志和MEM_RESERVE标志进行按位OR操作，并将结果传给fdwAllocationType参数。

最后一个参数fdwProtect是为区域分配的保护属性。与区域关联的保护属性对映射到区域的已调拨存储不起任何作用。无论为区域分配了什么保护属性，只要尚未调拨物理存储，试图访问区域内的任何内存地址都会造成线程引发访问违例。

420

预订区域并分配保护属性时，应分配在调拨物理存储时最常用的保护属性。例如，要用目前最常用的PAGE_READWRITE保护属性来调拨物理存储，就应该用PAGE_READWRITE保护属性来预订区域。如果区域的保护属性和调拨的物理存储的保护属性保持一致，系统内部在跟踪记录时的效率会更高。

可以使用以下保护属性中的任何一个：PAGE_NOACCESS，PAGE_READWRITE，PAGE_READONLY，PAGE_EXECUTE，PAGE_EXECUTE_READ或PAGE_EXECUTE_READWRITE。但是，既不能使用PAGE_WRITECOPY属性，也不能使用PAGE_EXECUTE_WRITECOPY属性。否则，VirtualAlloc将不会预订区域并返回NULL。类似地，预订区域时也不能使用保护属性标志PAGE_GUARD，AGE_NOCACHE或PAGE_WRITECOMBINE，这些标志只能用于调拨的存储。

说明　如果应用程序在非统一内存访问 (NUMA) 机器上运行，可以调用以下函数来强制系统在某个节点的 RAM 中分配进程的一部分虚拟内存，以此来提升性能：

```
PVOID VirtualAllocExNuma(
HANDLE hProcess,
PVOID pvAddress,
SIZE_T dwSize,
DWORD fdwAllocationType,
DWORD fdwProtect,
DWORD dwPreferredNumaNode);
```

VirtualAllocExNuma 函数有两个额外的参数 hProcess 和 dwPreferredNumaNode，除此之外，它和 VirtualAlloc 函数完全相同。hProcess 参数指出要为哪个进程预订 / 调拨虚拟地址空间（如果要操控当前进程的虚拟地址空间，可以调用 GetCurrentProcess 函数来获得当前进程的句柄）。dwPreferredNumaNode 参数指出要使用哪个 NUMA 节点的 RAM。

可利用 14.3 节"NUMA 机器中的内存管理"讨论的 Windows 函数帮助自己理清 NUMA 机器中节点和处理器之间的关系。

15.2 为预订的区域调拨物理存储

预订区域后，还需要为区域调拨物理存储，这样才能访问其中的内存地址。系统会从分页文件中调拨物理存储给区域。调拨物理存储时，起始地址始终都是页面大小的整数倍，大小则是页面大小的整数倍。

为了调拨物理存储，必须再次调用VirtualAlloc。但这次传递MEM_COMMIT标识符而不是MEM_RESERVE标识符来作为fdwAllocationType参数的值。为物理存储指定页保护属性时，通常使用和预订区域时相同的保护属性(大多数时候是PAGE_READWRITE)，但也可以指定一个不同的保护属性。

421

在已预订的区域中，必须告诉VirtualAlloc要在什么位置调拨多少物理存储。这是通过pvAddress和dwSize这两个参数来指定的。前者指定目标内存地址，后者指定物理存储容量(以字节为单位)。注意，无须一次为整个区域调拨物理存储。

下面来看一个如何调拨存储的例子。假设应用程序在x86 CPU上运行，在地址5242880处预订了一个大小为512 KB的区域。现在，要为该区域从2 KB地址开始的地方调拨6 KB物理存储。为此，要用MEM_COMMIT标志来调用VirtualAlloc，如下所示：

```
VirtualAlloc((PVOID) (5242880 + (2 * 1024)), 6 * 1024,
    MEM_COMMIT, PAGE_READWRITE);
```

在这种情况下，系统必须调拨8 KB物理存储，它覆盖了从5242880到5251071(5242880 + 8 KB − 1字节)之间的地址区间。这两个调拨的页面都具有PAGE_READWRITE保护属性。由于系统基于整个页面来指定保护属性，所以不可能出现同一物理存储页面的不同部分有不同保护属性的情况。但是，以下情况是完全有可能的：区域中的一个页面有一种保护属性(比如PAGE_READWRITE)，同一区域的另一个页面有另一种不同的保护属性(比如PAGE_READONLY)。

15.3　同时预订和调拨物理存储

有时想在预订区域的同时为区域调拨物理存储。这时，只需要调用VirtualAlloc一次即可达到目的，如下所示：

```
PVOID pvMem = VirtualAlloc(NULL, 99 * 1024,
    MEM_RESERVE | MEM_COMMIT, PAGE_READWRITE);
```

这个调用请求预订一个大小为99 KB的区域，并为该区域调拨99 KB物理存储。系统在处理这个调用时，会先搜索进程的地址空间，在未预订的地址空间中找到一块足够大的连续区域。在页面大小为4 KB的机器上，这总共需要25个页面，即100 KB；而在页面大小为8 KB的机器上，这总共需要13个页面，即104 KB。

系统之所以要自己搜索地址空间，是因为指定了NULL作为pvAddress参数的值。如果为pvAddress指定了一个内存地址，系统会检查该地址处是否有足够的未预订地址空间。如果找不到足够的未预订地址空间，VirtualAlloc会返回NULL。

如果有一个合适的区域可供预订，就会预订该区域并为整个区域调拨物理存储。系统会为区域和调拨的物理存储都分配PAGE_READWRITE保护属性。

Windows还提供了大页面支持，可在处理大块内存的时候提升性能。这种情况下，系统在分配内存时，不会使用GetSystemInfo函数在SYSTEM_INFO结构的dwPageSize字段中返回的页面粒度，而是使用以下函数返回的大页粒度：

```
SIZE_T GetLargePageMinimum();
```

422

注意，如果CPU不支持大页面分配，那么GetLargePageMinimum会返回0。如果要分配的内存块至少和GetLargePageMinimum的返回值一样大，就可以使用Windows大页面支持。为此，需要在分配内存时调用VirtualAlloc并对MEM_LARGE_PAGE标志与fdwAllocationType参数进行按位OR。此外，还必须满足以下三个条件。

- 要分配的内存块大小(即dwSize参数的值)必须是GetLargePageMinimum函数的返回值的整数倍。
- 调用VirtualAlloc时，MEM_RESERVE | MEM_COMMIT必须与fdwAllocationType参数进行按位OR。换言之，必须同时预订和调拨内存，不能先预订一个区域，再为其中的一部分调拨物理存储。
- 用VirtualAlloc分配内存时，必须为fdwProtect参数传递PAGE_READWRITE保护属性。

Windows认为，用MEM_LARGE_PAGE标志分配的内存是不可换页(unpagable)的：也就是说必须驻留在RAM中。以这种方式分配的内存之所以能提供更好的性能，这正是原因之一。但由于RAM属于稀缺资源，用MEM_LARGE_PAGE标志调用VirtualAlloc要求调用者拥有"锁定内存页"(Lock Pages In Memory)用户权限，否则函数调用会失败。并不是任何用户或用户组都默认拥有该权限。要在一个交互式应用程序中利用大页面，在登录到计算机并运行应用程序之前，必须先让管理员分配这一权限。

通过以下操作启用这一权限。

(1) 点击"开始"按钮并搜索"本地安全策略"，启动这个管理控制台。
(2) 在控制台左侧的面板中，依次展开"安全设置"和"本地策略"，再选择"用户权限分配"。
(3) 在右侧面板中选择"锁定内存页"属性。
(4) 从"操作"菜单中选择"属性"来打开"锁定内存页"属性对话框。单击"添加用户或组"按钮。在随后出现的对话框中添加想要分配"锁定内存页"权限的用户和/或用户组。最后单击"确定"按钮退出各个对话框。

用户权限是在用户登录时授予的。如果刚为自己授予了"锁定内存页"权限，必须先退出登录，然后重新登录使之生效。注意，除了在运行时启用相应的特权，应用程序还必须以提升权限的方式运行，详情参见4.5节"管理员以标准用户权限运行"。

最后，VirtualAlloc会返回预订和调拨的那个区域的虚拟地址，该地址保存在pvMem变量中。如果系统找不到足够大的地址空间或无法调拨物理存储，VirtualAlloc会返回NULL。

以这种方式来预订区域和调拨物理存储时，为VirtualAlloc函数的pvAddress参数传递一个特定的地址肯定是可以的。当然也可以为pvAddress参数传递NULL，并将MEM_TOP_DOWN标志与fdwAllocationType参数按位OR到一起，这样就可以让系统从进程地址空间的顶部向下寻找一个合适的区域。

423

15.4　何时调拨物理存储

假设要实现一个电子表格应用程序，它支持200行256列。对每一个单元格，都需要一个CELLDATA结构来描述单元格的内容。为了操控二维单元格数组，最简单的方法是在应用程序声明以下变量：

```
CELLDATA CellData[200][256];
```

如果CELLDATA结构的大小为128字节，该二维数组将需要6 553 600 (200×256×128)字节的物理存储。系统要提前从分页文件中分配如此多的物理存储，这对电子表格应用程序来说有点太过了。尤其是考虑到大多数用户只会在电子表格的少数几个单元格中存放信息，剩余大部分单元格都没有用到。这样的内存使用效率是非常低的。

所以，一直以来，电子表格应用程序都是通过其他数据结构来实现的，比如链表。如果采用链表这种方法，那么只有当电子表格的某个单元格中确实存放了数据时，才需要创建与之对应的CELLDATA结构。由于电子表格中大多数的单元格都没有用到，因此这种方法可以节省大量物理存储。但是，这种方法增大了读取单元格内容的难度。要知道位于第5行、第10列的单元格的内容，必须先遍历链表来找到对应的单元格，这使链表方法比直接声明数组的方法慢。

虚拟内存为我们提供了一个折衷方案。使用虚拟内存，既能享受数组方法所带来的快速而便捷的访问，又能像链表技术那样节省存储。

为了能利用虚拟内存技术，程序需要执行以下步骤。

(1) 预订一个足够大的区域来容纳CELLDATA结构的整个数组。只预订区域完全不会消耗物理存储。

(2) 当用户在某个单元格中输入数据时，首先确定CELLDATA结构在区域中的内存地址。当然，由于这时还没有为该地址映射物理存储，所以试图访问该内存地址将引发访问违例。

(3) 为第2步的内存地址调拨一个CELLDATA结构所需的物理存储(可让系统只为区域中的特定部分调拨物理存储——区域可同时包含已映射到和未映射到物理存储的部分)。

(4) 设置新的CELLDATA结构的成员。

现在，物理存储已映射到相应的位置，所以程序能访问存储，而不必担心会引发访问违例。这种虚拟内存技术非常棒，因为只有当用户在电子表格单元格中输入数据时，才会调拨物理存储。由于电子表格的大部分单元格都是空的，所以所预订区域的大部分都不需要调拨物理存储。

424

虚拟内存技术存在的一个问题在于，必须确定什么时候需要调拨物理存储。如果用户在一个单元格中输入数据，然后只是编辑或修改其中的数据，就没必要再调拨物理存储，因为在用户第一次输入数据时，已经为CELLDATA结构调拨了所需的物理存储。

另外，由于系统始终按页面粒度来调拨物理存储，所以试图为一个CELLDATA结构调拨物理存储时(之前展示的第2步)，系统实际上会为整个页面调拨物理存储。这听起来好像很浪费，但实际情况并非如此。为一个CELLDATA结构调拨物理存储，相当于为其他相邻的CELLDATA结构调拨物理存储。如果用户接着在相邻的单元格中输入数据(通常都会这样),就不需要再调拨物理存储了。

可通过四种方法确定是否需要为区域中的某一部分调拨物理存储。

- 总是尝试调拨物理存储。这种方法不检查区域中某一部分是否已映射了物理存储,而是每次都调用VirtualAlloc函数来尝试调拨物理存储。系统会先检查是否已经调拨了物理存储,如果是的话,就不会再次调拨额外的物理存储。这种方法最简单,但缺点是每次对CELLDATA结构进行修改的时候都要多一次函数调用,这降低了程序的性能。

- 使用VirtualQuery函数查询是否已为包含CELLDATA结构的地址空间调拨了物理存储。如果已经调拨过,那么不需要做任何事情,但如果尚未调拨,就调用VirtualAlloc函数来调拨物理存储。这种方法实际比第一种方法还要糟糕:由于额外调用了VirtualQuery函数,所以不但增加了程序的大小,还降低了程序的性能。

- 记录哪些页面已经调拨,哪些页面尚未调拨。这样可使应用程序运行得更快:不但避免了调用VirtualAlloc函数,还能比系统更快地判断是否已调拨了物理存储。这种方法的缺点在于,必须以某种方式记录页面的调拨信息。取决于具体情况,这可能非常简单,也可能非常困难。

- 使用结构化异常处理(structured exception handling,SEH),这是最佳方案。SEH是操作系统的一项特性,它可以让系统在发生某种情况时通知你的应用程序。基本上,你要做的事情就是为应用程序设置一个异常处理程序。程序试图访问尚未调拨物理存储的内存地址时,系统会通知应用程序。接着,应用程序就可以调拨物理存储,并告诉系统重新执行那条引发异常的指令。这时内存访问会成功,程序继续运行,就像从未发生过任何问题一样。由于所需的工作量最少(意味着更少的代码),而且程序能全速运行,所以这种方法是最佳的。第23章～第25章对SEH机制做了完整介绍。第25章的电子表格示例程序演示了如何使用虚拟内存,它采用的就是这种方法。

425

15.5 撤销调拨物理存储并释放区域

要撤销调拨(decommit)映射到一个区域的物理存储,或者释放地址空间中一个完整的区域,可以调用VirtualFree函数:

```
BOOL VirtualFree(
    LPVOID pvAddress,
    SIZE_T dwSize,
```

```
DWORD fdwFreeType);
```

先来看最简单的情况，即调用VirtualFree来释放一个已预订的区域。如进程不再需要访问区域中的物理存储，只需调用VirtualFree一次，即可释放整个区域以及调拨给该区域的物理存储。

在调用时，pvAddress参数必须是区域的基地址。该地址就是预订区域时VirtualAlloc所返回的地址。系统知道给定内存地址处的区域大小。所以，可以向dwSize参数传入0。事实上，也只能传0给dwSize参数，否则VirtualFree会失败。必须将MEM_RELEASE传给第3个参数fdwFreeType，才能告诉系统撤销映射到区域的所有物理存储，并释放区域。释放区域时，必须释放区域所预订的全部地址空间。例如，不能先预订128 KB的区域，然后释放其中的64 KB。必须释放整个128 KB的区域。

要撤销调拨给区域的一部分物理存储，但又不想释放整个区域，也还是要调用VirtualFree函数。为了撤销部分物理存储，必须将一个内存地址传给VirtualFree函数的pvAddress参数，它标识了要撤销调拨的第一个页面的地址。另外，还必须在dwSize参数中指定想要释放的字节数，并为fdwFreeType参数传递MEM_DECOMMIT。

和调拨物理存储一样，撤销调拨物理存储也是基于页面粒度的。换而言之，如果给定的内存地址位于一个页面的中间，系统会撤销调拨整个页面。同样，如果pvAddress + dwSize也位于一个页面的中间，系统会撤销调拨包含该地址的整个页面。所以，从给定地址区间pvAddress到pvAddress + dwSize，系统会将该地址区间的所有页面都撤销调拨。

如dwSize为0，且pvAddress是区域的基地址，则VirtualFree会撤销调拨已分配页的完整区间。一旦物理存储页被撤销调拨，所释放的物理存储就可用于系统中的其他进程，试图访问已撤销调拨的内存地址将引发访问违例。

426

15.5.1 何时撤销调拨物理存储

在实践中，要知道什么时候适合撤销内存调拨需要一定的技巧。还是以电子表格为例。如应用程序在x86机器上运行，则每个存储页是4 KB，可容纳32 (4096/128) 个CELLDATA结构。如用户删除了CellData[0][1]的内容，只要CellData[0][0]到CellData[0][31]之间的所有单元格都不用了，就可撤销调拨该存储页。但是，怎么才能知道这些单元格还有没有用？可采用以下几种方法来解决该问题。

● 毫无疑问，最简单的方案就是将CELLDATA结构设计得正好和一个页面一样大。然后，由于肯定每个页面一个结构，所以不再需要某个结构中的数据时，直接撤销调拨的物理存储页即可。在x86 CPU上，即使数据结构是8 KB或12 KB(很少会用到这么大的结构)，撤销调拨内存仍然相当容易。当然，为了使用这种方法，必须在定义数据结构时使它的大小与目标CPU平台的页面大小一致，这有点违反我们平时写程序的习惯。

- 一种更实际的方案是记录哪些结构正在使用。可以用一个位映射(bitmap)来节省内存。所以，如果有一个包含100个结构的数组，就同时维护一个包含100个位的数组。一开始，所有位都设为0，表示没有使用任何结构。任何结构被使用，就将对应的位设为1。以后不再需要某个结构，则将对应的位变回0，同时检查位于同一内存页面的相邻结构所对应的位。如相邻的结构都没有使用，就撤销调拨该页面。

- 最后一种解决方案是实现一个垃圾回收函数。它基于这样一个事实，即系统在次次调拨物理存储时将页面中的所有字节设为0。为了使用这种方法，必须在结构中留出一个BOOL成员(让我们把它称为bInUse)。然后，每次将结构放到已调拨的内存中时，需确保将bInUse设为TRUE。

应用程序运行期间，应定期调用一个垃圾回收函数。该函数应遍历所有潜在的数据结构。针对每个结构，都检查是否已为它调拨了物理存储。如果调拨过，函数就检查bInUse成员，看是否为0。如果为0，表明该结构没有使用。如果bInUse成员的值为TRUE，表明该结构正在使用。一旦垃圾回收函数检查完一个给定页面中的所有结构，并发现它们都没有使用，就调用VirtualFree来撤销调拨物理存储。

可在每次认为某个结构不再使用时就立即调用垃圾回收函数。但是，这样做可能耗费更多的时间，因为该函数会遍历所有结构。实现该函数的一个好办法是让它作为低优先级线程的一部分来运行。这样就不会占用执行主应用程序的线程的时间。一旦主程序闲置，或主程序的线程开始执行文件I/O，系统就可以为垃圾回收函数调度时间。

在刚才列出的所有方法中，前两种我个人最喜欢。但是，如果结构比较小(小于一页)，则推荐使用最后一种方法。

426~427

15.5.2　虚拟内存分配示例程序

VMAlloc.cpp代码清单展示了如何利用虚拟内存技术来操控由结构构成的一个数组。应用程序的源代码和资源文件在本书配套资源的15-VMAlloc目录中。启动程序会显示如图15-1所示的窗口。

刚开始，如图中的Memory Map部分所示，还没有为数组预订任何的地址空间区域，所有待预订的地址空间都还是闲置的。单击Reserve Region (50, 2 KB Structures)按钮，调用VirtualAlloc函数来预订区域，并更新内存映射图以反映这一操作的结果。当

VirtualAlloc预订了区域后，剩下的各个按钮会被启用。

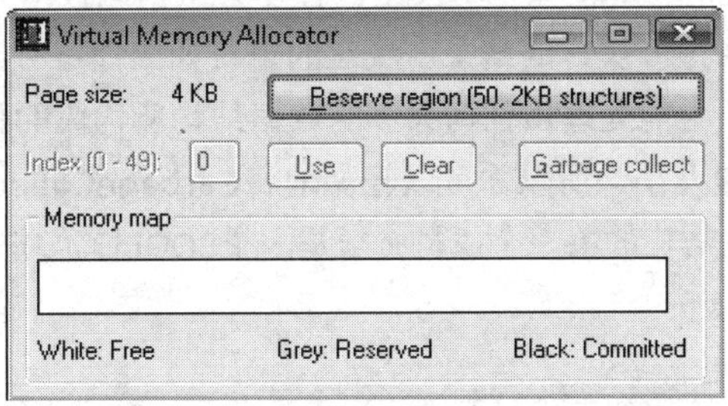

图15-1　启动窗口(1)

现在可以在编辑框中输入一个索引值，然后单击Use按钮。这相当于为指定的数组元素所在的内存地址调拨物理存储。当物理存储页调拨完成后，程序会重新绘制内存映射图，以反映整个数组中所预订区域的状态。所以，如果在预订区域后单击Use按钮将元素7和元素46标记为正在使用 (in use)，会得到如图15-2所示的窗口(如果程序在页面大小为4 KB的机器上运行)。

图15-2　启动窗口(1)

单击Clear按钮会清除任何被标记为正在使用的元素。但这样做并不会撤销调拨已映射到数组元素的物理存储。这是因为每个页面可以容纳多个结构，只清除其中一个结构并不代表页面中的其他结构也被清除了。如果程序真的撤销调拨内存，存放在其他结构中的数据也会丢失。由于单击Clear按钮并不影响区域的物理存储，所以程序在清除数组元素时不会更新内存映射图。

但是，在清除一个结构时，它的bInUse成员会被设为FALSE。这个设置是必要的，只有这样垃圾回收函数才能遍历所有结构并撤销调拨不再使用的物理存储。如果还是没有猜到的话，我现在可以告诉你，Garbage collect按钮会让VMAlloc执行它的垃圾回收函数。为简单起见，我没有用另一个单独的线程来实现垃圾回收函数。

428

为了演示一下垃圾回收函数，现在清除索引值为46的数组元素。注意，内存映射图并没有发生变化。现在单击Garbage collect按钮。程序会撤销调拨给元素46的物理存储，并更新内存映射图以反映这一操作的结果。现在的窗口如图15-3所示。注意，由于我在实现这个函数时，特意让它能处理由任何大小的数据结构所构成的数组，也就是说结构的大小不必正好是页面的大小，所以你可以轻易地将GarbageCollect函数用于你自己的应用程序。唯一的要求是结构的第一个成员必须是一个BOOL值，用来表示该结构是否正在使用。

图15-3　更新内存映射之后

最后，虽然程序在关闭窗口时不会显示什么消息，但事实上它会撤销所有已调拨的内存，并释放已预订的区域。

关于示例程序，还有一点需要注意，它会在以下三个地方确定地址空间区域中内存的状态。

- 更改索引后，程序需启用Use按钮并禁用Clear按钮，反之亦然。
- 在垃圾回收函数中，在实际测试bInUse标志是否设置前，程序需要检查是否已调拨了存储。
- 更新内存映射图时，程序需要知道哪些页面闲置，哪些已预订，而哪些已调拨。

429

VMAlloc调用前一章所介绍的VirtualQuery函数来执行所有这些测试。

```
VMAlloc.cpp
/*****************************************************************************
Module:  VMAlloc.cpp
Notices: Copyright (c) 2008 Jeffrey Richter & Christophe Nasarre
*****************************************************************************/


#include "..\CommonFiles\CmnHdr.h"      /* See Appendix A. */
#include <WindowsX.h>
```

```
#include <tchar.h>
#include "Resource.h"
#include <StrSafe.h>


///////////////////////////////////////////////////////////////////////////


// The number of bytes in a page on this host machine.
UINT g_uPageSize = 0;


// A dummy data structure used for the array.
typedef struct {
   BOOL bInUse;
   BYTE bOtherData[2048 - sizeof(BOOL)];
} SOMEDATA, *PSOMEDATA;


// The number of structures in the array
#define MAX_SOMEDATA      (50)

// Pointer to an array of data structures
PSOMEDATA g_pSomeData = NULL;

// The rectangular area in the window occupied by the memory map
RECT g_rcMemMap;


///////////////////////////////////////////////////////////////////////////

BOOL Dlg_OnInitDialog(HWND hWnd, HWND hWndFocus, LPARAM lParam) {

   chSETDLGICONS(hWnd, IDI_VMALLOC);

   // Initialize the dialog box by disabling all the nonsetup controls.
   EnableWindow(GetDlgItem(hWnd, IDC_INDEXTEXT),            FALSE);
   EnableWindow(GetDlgItem(hWnd, IDC_INDEX),               FALSE);
   EnableWindow(GetDlgItem(hWnd, IDC_USE),                 FALSE);
   EnableWindow(GetDlgItem(hWnd, IDC_CLEAR),               FALSE);
   EnableWindow(GetDlgItem(hWnd, IDC_GARBAGECOLLECT), FALSE);

   // Get the coordinates of the memory map display.
   GetWindowRect(GetDlgItem(hWnd, IDC_MEMMAP), &g_rcMemMap);
   MapWindowPoints(NULL, hWnd, (LPPOINT) &g_rcMemMap, 2);
```

```
    // Destroy the window that identifies the location of the memory map
    DestroyWindow(GetDlgItem(hWnd, IDC_MEMMAP));

    // Put the page size in the dialog box just for the user's information.
    TCHAR szBuf[10];
    StringCchPrintf(szBuf, _countof(szBuf), TEXT("%d KB"), g_uPageSize / 1024);
    SetDlgItemText(hWnd, IDC_PAGESIZE, szBuf);

    // Initialize the edit control.
    SetDlgItemInt(hWnd, IDC_INDEX, 0, FALSE);

    return(TRUE);
}


///////////////////////////////////////////////////////////////////////////////


void Dlg_OnDestroy(HWND hWnd) {

    if (g_pSomeData != NULL)
        VirtualFree(g_pSomeData, 0, MEM_RELEASE);
}


///////////////////////////////////////////////////////////////////////////////


VOID GarbageCollect(PVOID pvBase, DWORD dwNum, DWORD dwStructSize) {

    UINT uMaxPages = dwNum * dwStructSize / g_uPageSize;
    for (UINT uPage = 0; uPage < uMaxPages; uPage++) {
        BOOL bAnyAllocsInThisPage = FALSE;
        UINT uIndex     = uPage  * g_uPageSize / dwStructSize;
        UINT uIndexLast = uIndex + g_uPageSize / dwStructSize;

        for (; uIndex < uIndexLast; uIndex++) {
            MEMORY_BASIC_INFORMATION mbi;
            VirtualQuery(&g_pSomeData[uIndex], &mbi, sizeof(mbi));
            bAnyAllocsInThisPage = ((mbi.State == MEM_COMMIT) &&
                * (PBOOL) ((PBYTE) pvBase + dwStructSize * uIndex));

            // Stop checking this page, we know we can't decommit it.
            if (bAnyAllocsInThisPage) break;
        }

        if (!bAnyAllocsInThisPage) {
```

```
            // No allocated structures in this page; decommit it.
            VirtualFree(&g_pSomeData[uIndexLast - 1], dwStructSize, MEM_DECOMMIT);
        }
    }
}


///////////////////////////////////////////////////////////////////////////////


void Dlg_OnCommand(HWND hWnd, int id, HWND hWndCtl, UINT codeNotify) {

    UINT uIndex = 0;

    switch (id) {
        case IDCANCEL:
            EndDialog(hWnd, id);
            break;

        case IDC_RESERVE:
            // Reserve enough address space to hold the array of structures.
            g_pSomeData = (PSOMEDATA) VirtualAlloc(NULL,
                MAX_SOMEDATA * sizeof(SOMEDATA), MEM_RESERVE, PAGE_READWRITE);

            // Disable the Reserve button and enable all the other controls.
            EnableWindow(GetDlgItem(hWnd, IDC_RESERVE),          FALSE);
            EnableWindow(GetDlgItem(hWnd, IDC_INDEXTEXT),        TRUE);
            EnableWindow(GetDlgItem(hWnd, IDC_INDEX),            TRUE);
            EnableWindow(GetDlgItem(hWnd, IDC_USE),              TRUE);
            EnableWindow(GetDlgItem(hWnd, IDC_GARBAGECOLLECT),   TRUE);

            // Force the index edit control to have the focus.
            SetFocus(GetDlgItem(hWnd, IDC_INDEX));

            // Force the memory map to update
            InvalidateRect(hWnd, &g_rcMemMap, FALSE);
            break;

        case IDC_INDEX:
            if (codeNotify != EN_CHANGE)
                break;

            uIndex = GetDlgItemInt(hWnd, id, NULL, FALSE);
            if ((g_pSomeData != NULL) && chINRANGE(0, uIndex, MAX_SOMEDATA - 1)) {
                MEMORY_BASIC_INFORMATION mbi;
                VirtualQuery(&g_pSomeData[uIndex], &mbi, sizeof(mbi));
```

```
            BOOL bOk = (mbi.State == MEM_COMMIT);
            if (bOk)
               bOk = g_pSomeData[uIndex].bInUse;

            EnableWindow(GetDlgItem(hWnd, IDC_USE),  !bOk);
            EnableWindow(GetDlgItem(hWnd, IDC_CLEAR), bOk);

         } else {
            EnableWindow(GetDlgItem(hWnd, IDC_USE),   FALSE);
            EnableWindow(GetDlgItem(hWnd, IDC_CLEAR), FALSE);
         }
         break;


      case IDC_USE:
         uIndex = GetDlgItemInt(hWnd, IDC_INDEX, NULL, FALSE);
         // NOTE: New pages are always zeroed by the system
         VirtualAlloc(&g_pSomeData[uIndex], sizeof(SOMEDATA),
            MEM_COMMIT, PAGE_READWRITE);

         g_pSomeData[uIndex].bInUse = TRUE;

         EnableWindow(GetDlgItem(hWnd, IDC_USE),     FALSE);
         EnableWindow(GetDlgItem(hWnd, IDC_CLEAR),    TRUE);

         // Force the Clear button control to have the focus.
         SetFocus(GetDlgItem(hWnd, IDC_CLEAR));

         // Force the memory map to update
         InvalidateRect(hWnd, &g_rcMemMap, FALSE);
         break;

      case IDC_CLEAR:
         uIndex = GetDlgItemInt(hWnd, IDC_INDEX, NULL, FALSE);
         g_pSomeData[uIndex].bInUse = FALSE;
         EnableWindow(GetDlgItem(hWnd, IDC_USE),     TRUE);
         EnableWindow(GetDlgItem(hWnd, IDC_CLEAR),    FALSE);

         // Force the Use button control to have the focus.
         SetFocus(GetDlgItem(hWnd, IDC_USE));
         break;

      case IDC_GARBAGECOLLECT:
         GarbageCollect(g_pSomeData, MAX_SOMEDATA, sizeof(SOMEDATA));
```

```
            // Force the memory map to update
            InvalidateRect(hWnd, &g_rcMemMap, FALSE);
            break;
    }
}


///////////////////////////////////////////////////////////////////////////


void Dlg_OnPaint(HWND hWnd) {      // Update the memory map

    PAINTSTRUCT ps;
    BeginPaint(hWnd, &ps);

    UINT uMaxPages = MAX_SOMEDATA * sizeof(SOMEDATA) / g_uPageSize;
    UINT uMemMapWidth = g_rcMemMap.right - g_rcMemMap.left;

    if (g_pSomeData == NULL) {

        // The memory has yet to be reserved.
        Rectangle(ps.hdc, g_rcMemMap.left, g_rcMemMap.top,
            g_rcMemMap.right - uMemMapWidth % uMaxPages, g_rcMemMap.bottom);

    } else {

        // Walk the virtual address space, painting the memory map
        for (UINT uPage = 0; uPage < uMaxPages; uPage++) {

            UINT uIndex = uPage * g_uPageSize / sizeof(SOMEDATA);
            UINT uIndexLast = uIndex + g_uPageSize / sizeof(SOMEDATA);
            for (; uIndex < uIndexLast; uIndex++) {

                MEMORY_BASIC_INFORMATION mbi;
                VirtualQuery(&g_pSomeData[uIndex], &mbi, sizeof(mbi));

                int nBrush = 0;
                switch (mbi.State) {
                    case MEM_FREE:    nBrush = WHITE_BRUSH; break;
                    case MEM_RESERVE: nBrush = GRAY_BRUSH;  break;
                    case MEM_COMMIT:  nBrush = BLACK_BRUSH; break;
                }

                SelectObject(ps.hdc, GetStockObject(nBrush));
                Rectangle(ps.hdc,
                    g_rcMemMap.left + uMemMapWidth / uMaxPages * uPage,
```

```
                g_rcMemMap.top,
                g_rcMemMap.left + uMemMapWidth / uMaxPages * (uPage + 1),
                g_rcMemMap.bottom);
        }
    }
  }

  EndPaint(hWnd, &ps);
}


///////////////////////////////////////////////////////////////////////////////


INT_PTR WINAPI Dlg_Proc(HWND hWnd, UINT uMsg, WPARAM wParam, LPARAM lParam) {

  switch (uMsg) {
     chHANDLE_DLGMSG(hWnd, WM_INITDIALOG,     Dlg_OnInitDialog);
     chHANDLE_DLGMSG(hWnd, WM_COMMAND,        Dlg_OnCommand);
     chHANDLE_DLGMSG(hWnd, WM_PAINT,          Dlg_OnPaint);
     chHANDLE_DLGMSG(hWnd, WM_DESTROY,        Dlg_OnDestroy);
  }
  return(FALSE);
}


///////////////////////////////////////////////////////////////////////////////


int WINAPI _tWinMain(HINSTANCE hInstExe, HINSTANCE, PTSTR, int) {

  // Get the page size used on this CPU.
  SYSTEM_INFO si;
  GetSystemInfo(&si);
  g_uPageSize = si.dwPageSize;

  DialogBox(hInstExe, MAKEINTRESOURCE(IDD_VMALLOC), NULL, Dlg_Proc);
  return(0);
}


///////////////////////////// End of File /////////////////////////////////////
```

429~434

15.6　更改保护属性

虽然很少见，但偶尔确实需要更改和一个已调拨的物理存储页关联的保护属性。例如，假设开发代码来管理一个链表，并将链表中的节点保存在一个已预订的区域中。在设计链表处理函数时，可让每个函数在最开始将已调拨物理存储的保护属性更改为PAGE_READWRITE，并在函数终止前改回PAGE_NOACCESS。

这样就可以将链表数据保护起来，使它们免受程序中其他bug的影响。如进程中的其他代码试图用一个错误的指针来访问链表数据，将会引发访问违例。为了在应用程序中定位很难发现的bug，不妨充分利用保护属性，它可能发挥令人难以置信的作用。

可调用VirtualProtect函数来更改一个内存页面的保护属性：

```
BOOL VirtualProtect(
    PVOID pvAddress,
    SIZE_T dwSize,
    DWORD flNewProtect,
    PDWORD pflOldProtect);
```

这里，pvAddress指向内存的基地址(必须位于进程中的用户分区)，dwSize表示要改变保护属性的区域的大小(以字节为单位)，flNewProtect可以是除了PAGE_WRITECOPY和PAGE_EXECUTE_WRITECOPY之外的任何PAGE_*保护属性。

最后一个参数pflOldProtect是一个DWORD的地址，VirtualProtect会在其中填充原来和pvAddress地址处的字节关联的保护属性。虽然许多应用程序并不需要该信息，但仍然必须传一个有效的地址给pflOldProtect参数，否则VirtualProtect函数会失败。

当然，保护属性与整个物理存储页关联，不能为单独的字节分配保护属性。所以，如果在一台页面大小为4 KB的机器上用以下代码调用VirtualProtect，实际是在为两个物理存储页分配PAGE_NOACCESS保护属性：

```
VirtualProtect(pvRgnBase + (3 * 1024), 2 * 1024,
    PAGE_NOACCESS, &flOldProtect);
```

如果若干连续的物理存储页跨越了不同的区域，VirtualProtect不能一次性改变它们的保护属性。如果有相邻的已预订区域，且想改变这些区域中的页面的保护属性，就必须多次调用VirtualProtect。

15.7 重置物理存储的内容

修改各个物理存储页的内容时，系统会尽量将改动保持在RAM中。但是，在应用程序运行期间，系统可能需要从.exe文件、DLL文件或分页文件将新页面加载到RAM中。系统在RAM中查找页面来满足最近的加载请求时，会将RAM中修改过的页面换出到分页文件中。

Windows提供了"重置物理存储"特性来提高应用程序的性能。它意味着你可以告诉系统一个或多个存储页中的数据没有被修改过。如果系统在RAM中查找一个闲置页，并找到了一个修改过的页，系统就必须将该RAM页写入分页文件。这个操作比较慢，会影响性能。对于大多数应用程序，你都希望系统将修改后的页面保留在分页文件中。

434~435

但是，有的应用程序只使用存储一小段时间，之后再也不需要保留那个存储的内容。为提高性能，应用程序可告诉系统不要在分页文件中保留指定的存储页。这基本上就是应用程序用来告诉系统一个数据页未被修改的方法。这样一来，系统决定将一个RAM页挪作他用时，就不需要将页面的内容保存到分页文件中，从而提升了性能。为了重置存储，应用程序需要调用VirtualAlloc函数，并为第三个参数传递MEM_RESET标志。

调用VirtualAlloc时，如果被引用的页面在分页文件中，系统会直接抛弃它们。下次应用程序访问存储时，会使用新的、首先全部清零的RAM页。如果重置的是当前在RAM中的页，系统则会将它们标记为没有修改过，使其永远不会写入分页文件。注意，虽然该RAM页的内容没有清零，但你不应继续读取其中的内容。如果系统不需要用到该RAM页，它会保持原来的内容不变。但是，如果系统需要用到该RAM页，可以直接拿来使用。之后，在你尝试访问该页面的内容时，系统会提供一个新的、清零的页面。由于系统的这一行为无法控制，所以必须认为一旦重置了页面，其中的内容就成了垃圾。

重置存储时还有另外几件事情需要注意。首先，在调用VirtualAlloc时，基地址通常会被向下取整到一个页面边界，而大小则会向上取整到页面大小的整数倍。重置存储器时，以这种方式对基地址和大小进行取整是非常危险的；所以，如果传入的是MEM_RESET，VirtualAlloc会对这些值进行反向取整。例如，假设写了以下代码：

```
PINT pnData = (PINT) VirtualAlloc(NULL, 1024,
    MEM_RESERVE | MEM_COMMIT, PAGE_READWRITE);
pnData[0] = 100;
pnData[1] = 200;
VirtualAlloc((PVOID) pnData, sizeof(int), MEM_RESET, PAGE_READWRITE);
```

这段代码先调拨一个存储页，然后告诉系统前4字节(sizeof(int))不再需要，可被重置。

但是，和其他所有存储操作一样，一切都必须在页面边界上而且以页面大小为单位完成。所以，这个重置存储的调用实际会失败：VirtualAlloc会返回NULL，GetLastError会返回ERROR_INVALID_ADDRESS(在WinError.h中定义为487)。为什么会是无效地址？因为向VirtualAlloc传递MEM_RESET时，传给函数的基地址会向上取整到一个页面边界，从而确保即使在给定地址之前的同一页面中还有其他重要数据，也不会不小心把它们抛弃。在前面的例子中，字节数向下取整会得到0，而重置0个字节是没有意义的。将字节数向下取整到页面大小的整数倍也是出于同样的考虑：如果垃圾数据并没有充满整个页，你就不会希望重置这一页，因为其中可能还存在有效数据。这样一来，操作系统就确保了只会重置全是垃圾数据的页。

要注意的第二点是MEM_RESET只能单独使用，不能让它和其他标志进行按位OR。以下调用总是失败并返回NULL：

```
PVOID pvMem = VirtualAlloc(NULL, 1024,
    MEM_RESERVE | MEM_COMMIT | MEM_RESET, PAGE_READWRITE);
```

436

不管怎么说，把MEM_RESET标志和其他标志组合起来使用都是没有意义的。最后要注意，用MEM_RESET调用VirtualAlloc时，需要传一个有效的保护属性值，即使函数实际上并没有用到这个值。

MemReset示例程序

MemReset.cpp代码清单展示了MEM_RESET是如何工作的。应用程序的源文件和资源文件在本书配套资源的15-MemReset目录中。

MemReset.cpp的源代码所做的第一件事情就是预订并调拨一个物理存储区域。由于传给VirtualAlloc的大小是1024，系统自动将该值向上取整到系统的页面大小。然后，程序使用_tcscpy_s函数将一个字符串复制到这个缓冲区，造成页面中的内容被修改。如果系统稍后需要用到这个被我们的数据页占用的RAM页，它会先将我们的页中的数据写入分页文件。应用程序以后再次试图访问这些数据时，系统会自动将分页文件中的页面重新加载到另一个RAM页中，这样就能顺利访问数据了。

将字符串写入存储页之后，程序会显示一个对话框，问用户以后是否还需要访问该数据。如单击No按钮(即回答不需要)，程序会调用VirtualAlloc并传递MEM_RESET标志，强迫操作系统认为该页面中的数据没有修改过。

为了演示存储确实被重置，我们需要向系统RAM施加一些压力。为此，可采取以下三步。

(1) 调用GlobalMemoryStatus函数来获得机器的RAM总量。

(2) 调用VirtualAlloc函数来调拨这么多容量的存储。这个操作非常快，因为除非进程试图去访问页面，否则系统不会为页面实际分配RAM。如果VirtualAlloc在最新型的机器上运行并返回NULL，请不必感到吃惊，这很可能是因为机器的RAM总量比进程可用的地址空间还要多！

(3) 调用ZeroMemory函数以访问刚才调拨的内存。这会给系统的RAM造成很大的压力，并导致原来在RAM中的一些页面被写入分页文件。

- 如用户表示以后还要使用该数据，程序就不会对页面进行重置。程序下次访问该数据时，页面会被换回RAM中。但是，如果用户表示以后不再需要访问该数据了，页面就会被重置，系统不会将其写入分页文件，这样就提高了应用程序的性能。

- ZeroMemory返回后，程序会将数据页的内容与原先写入的字符串进行比较。如果页面没有重置，那么内容应该是相同的。如果页面重置过，那么两者的内容可能相同，也可能不同。在MemReset程序中，由于RAM中的所有页都被强制写入分页文件，所以内容绝不会相同。但是，如果pvDummy区域小于机器的RAM总量，那么原先的内容可能还在内存中。这一点刚才已经提及，请务必小心！

```
MemReset.cpp
/**************************************************************************
Module:  MemReset.cpp
Notices: Copyright (c) 2008 Jeffrey Richter & Christophe Nasarre
**************************************************************************/


#include "..\CommonFiles\CmnHdr.h"       /* See Appendix A. */
#include <tchar.h>


///////////////////////////////////////////////////////////////////////////


int WINAPI _tWinMain(HINSTANCE, HINSTANCE, PTSTR, int) {

  TCHAR szAppName[]  = TEXT("MEM_RESET tester");
  TCHAR szTestData[] = TEXT("Some text data");

  // Commit a page of storage and modify its contents.
  PTSTR pszData = (PTSTR) VirtualAlloc(NULL, 1024,
```

```
        MEM_RESERVE | MEM_COMMIT, PAGE_READWRITE);
_tcscpy_s(pszData, 1024, szTestData);

if (MessageBox(NULL, TEXT("Do you want to access this data later?"),
    szAppName, MB_YESNO) == IDNO) {

    // We want this page of storage to remain in our process but the
    // contents aren't important to us anymore.
    // Tell the system that the data is not modified.

    // Note: Because MEM_RESET destroys data, VirtualAlloc rounds
    // the base address and size parameters to their safest range.
    // Here is an example:
    //     VirtualAlloc(pvData, 5000, MEM_RESET, PAGE_READWRITE)
    // resets 0 pages on CPUs where the page size is greater than 4 KB
    // and resets 1 page on CPUs with a 4 KB page. So that our call to
    // VirtualAlloc to reset memory below always succeeds, VirtualQuery
    // is called first to get the exact region size.
    MEMORY_BASIC_INFORMATION mbi;
    VirtualQuery(pszData, &mbi, sizeof(mbi));
    VirtualAlloc(pszData, mbi.RegionSize, MEM_RESET, PAGE_READWRITE);
}

// Commit as much storage as there is physical RAM.
MEMORYSTATUS mst;
GlobalMemoryStatus(&mst);
PVOID pvDummy = VirtualAlloc(NULL, mst.dwTotalPhys,
    MEM_RESERVE | MEM_COMMIT, PAGE_READWRITE);

// Touch all the pages in the dummy region so that any
// modified pages in RAM are written to the paging file.
if (pvDummy != NULL)
    ZeroMemory(pvDummy, mst.dwTotalPhys);

// Compare our data page with what we originally wrote there.
if (_tcscmp(pszData, szTestData) == 0) {

    // The data in the page matches what we originally put there.
    // ZeroMemory forced our page to be written to the paging file.
    MessageBox(NULL, TEXT("Modified data page was saved."),
        szAppName, MB_OK);
} else {

    // The data in the page does NOT match what we originally put there
    // ZeroMemory didn't cause our page to be written to the paging file
```

```
        MessageBox(NULL, TEXT("Modified data page was NOT saved."),
            szAppName, MB_OK);
    }


    // Don't forget to release part of the address space.
    // Note that it is not mandatory here since the application is exiting.
    if (pvDummy != NULL)
        VirtualFree(pvDummy, 0, MEM_RELEASE);
    VirtualFree(pszData, 0, MEM_RELEASE);


    return(0);
}


//////////////////////////////// End of File /////////////////////////////////
```

438~439

15.8　地址窗口扩展

随着时间的推移，应用程序需要越来越多的内存。服务器应用程序尤其如此：随着越来越多的客户发请求到服务器，服务器的性能逐渐降低。为了提高性能，服务器应用程序需要在RAM中保持更多数据并减少磁盘分页。其他类型的应用程序(比如数据库、工程、科学应用程序)也需要对大块存储进行操作。对于这些应用程序，32位地址空间还不够用。

为了帮助这些应用程序，Windows支持一项名为"地址窗口扩展(Address Windowing Extension，AWE)"的特性。Microsoft在创建AWE时有以下两个目标。

- 允许应用程序以一种特殊方式分配内存，操作系统保证以这种方式分配的内存不会和磁盘进行页交换。
- 允许应用程序访问比进程地址空间还要多的RAM。

基本上，AWE提供了一种让应用程序分配一个或多个RAM块的方式。分配时，在进程的地址空间中看不见这些块。然后，应用程序通过调用VirtualAlloc预订一个地址空间区域，它成为所谓的"地址窗口"。然后，应用程序调用一个函数，一次将一个RAM块分配给地址窗口。为地址窗口分配RAM块的速度非常快(通常为几毫秒)。

439

显然，通过一个地址窗口，同一时间只能访问一个RAM块。开发人员必须在需要的时候，在代码中显式调用函数将不同的RAM块分配给地址窗口，这造成代码较难实现。

以下代码展示了如何使用AWE：

```
// First, reserve a 1MB region for the address window
ULONG_PTR ulRAMBytes = 1024 * 1024;
PVOID pvWindow = VirtualAlloc(NULL, ulRAMBytes,
    MEM_RESERVE | MEM_PHYSICAL, PAGE_READWRITE);

// Get the number of bytes in a page for this CPU platform
SYSTEM_INFO sinf;
GetSystemInfo(&sinf);

// Calculate the required number of RAM pages for the
// desired number of bytes
ULONG_PTR ulRAMPages = (ulRAMBytes + sinf.dwPageSize - 1) / sinf.dwPageSize;

// Allocate array for RAM page's page frame numbers
ULONG_PTR* aRAMPages = (ULONG_PTR*) new ULONG_PTR[ulRAMPages];

// Allocate the pages of RAM (requires Lock Pages in Memory user right)
AllocateUserPhysicalPages(
    GetCurrentProcess(), // Allocate the storage for our process
    &ulRAMPages, // Input: # of RAM pages, Output: # pages allocated
    aRAMPages);  // Output: Opaque array indicating pages allocated

// Assign the RAM pages to our window
MapUserPhysicalPages(pvWindow, // The address of the address window
    ulRAMPages, // Number of entries in array
    aRAMPages); // Array of RAM pages

// Access the RAM pages via the pvWindow virtual address
. . .
// Free the block of RAM pages
FreeUserPhysicalPages(
    GetCurrentProcess(),    // Free the RAM allocated for our process
    &ulRAMPages,            // Input: # of RAM pages, Output: # pages freed
    aRAMPages);             // Input: Array indicating the RAM pages to free

// Destroy the address window
VirtualFree(pvWindow, 0, MEM_RELEASE);
delete[] aRAMPages;
```

如你所见，AWE用起来很简单。现在来看一下代码中几处有趣的地方。

对VirtualAlloc的调用预订了一个1 MB地址窗口。地址窗口通常会比这大得多。必须根据应用程序需要的RAM块大小来选择一个合适的大小。当然，进程地址空间中最大的连续块决定了所能创建的最大地址窗口。MEM_RESERVE标志指出要预订一个地址区域。MEM_PHYSICAL标志指出该区域最终会以物理RAM作为后备。AWE的一个限制是所有映射到地址窗口的存储必须可读/可写。所以，PAGE_READWRITE是能传给VirtualAlloc的唯一有效保护属性。另外，不能使用VirtualProtect函数来更改页面的保护属性。

要想分配物理RAM，调用一下AllocateUserPhysicalPages函数即可：

```
BOOL AllocateUserPhysicalPages(
    HANDLE hProcess,
    PULONG_PTR pulRAMPages,
    PULONG_PTR aRAMPages);
```

该函数根据pulRAMPages参数所指向的值来分配相应数量的RAM页，然后将这些页分配给hProcess参数所标识的进程。

操作系统会为每个RAM页面分配一个页帧号(page frame number)[①]。系统在为分配选择RAM页面时，会将每个RAM页面的页帧号填充到aRAMPages参数所指向的数组。页帧号本身对应用程序来说没什么用处，所以我们没有必要也不应该去读取该数组的内容，更不应该更改数组中的任何一个值。注意，我们既不知道哪些RAM页被分配给这个块，也不应关心这个问题。当RAM块中的页面通过地址窗口显示出来时，它们看起来就像是一个连续的内存块。这一方面减轻了开发人员的负担，因为不必理解系统内部到底在做什么，另一方面也使RAM更易于使用。

该函数返回时，pulRAMPages指向的值表示函数成功分配的页面数量。通常这个值和传给函数的值一样，但也可能更小。

只有当前进程才能使用分配的RAM页，AWE不允许将RAM页映射到其他进程的地址空间中。所以，我们不能在进程间共享内存块。

说明　当然，物理 RAM 是稀缺资源，应用程序只能分配那些尚未用到的 RAM。AWE 的使用应保守，否则会使自己的进程和其他进程过度地在磁盘和内存间进行页交换。此外，如可用 RAM 较少，会影响系统创建新进程、线程以及其他资源的能力。应用程序可以使用 GlobalMemoryStatusEx 函数来监视物理内存的使用情况。

　　为保护 RAM 的分配，AllocateUserPhysicalPages 函数要求调用者必须被授予并启用"锁定内存页"用户权限，否则函数调用会失败。关于如何在 Windows 中启用该用户权限，请参考 15.3 节"同时预订和调拨物理存储"。

---

① 译注：分页管理的时候，将若干字节（比如 4 k 字节）当作一页，内存变成连续的页，每一页物理内存就叫页帧，以页为单位对内存进行编号，该编号可作为内存页数组的索引，即页帧号，也称为页帧数。

创建地址窗口并分配RAM块之后，接着调用MapUserPhysicalPages将这个块分配给地址窗口：

```
BOOL MapUserPhysicalPages(
    PVOID pvAddressWindow,
    ULONG_PTR ulRAMPages,
    PULONG_PTR aRAMPages);
```

第一个参数pvAddressWindow指出地址窗口的虚拟地址。第二个参数ulRAMPages指出要通过该地址窗口看到多少个RAM页。第三个参数aRAMPages指出要通过该地址窗口看到哪些RAM页。如果窗口小于试图映射的页数，函数调用会失败。Microsoft创建这个函数的一个主要目标是使它能非常快地执行。通常，MapUserPhysicalPages能在数毫秒内完成RAM块的映射。

说明 也可在调用 MapUserPhysicalPages 时为 aRAMPages 参数传递 NULL，从而撤销当前 RAM 块的分配。如下例所示：

```
// 从地址窗口撤销 RAM 块的分配
MapUserPhysicalPages(pvWindow, ulRAMPages, NULL);
```

一旦将RAM块分配给地址窗口，就可使用一个相对于地址窗口基地址(示例代码中的pvWindow)的虚拟地址来引用其中的内存。

不再需要使用RAM块时，应调用FreeUserPhysicalPages来释放它：

```
BOOL FreeUserPhysicalPages(
    HANDLE hProcess,
    PULONG_PTR pulRAMPages,
    PULONG_PTR aRAMPages);
```

第一个参数hProcess指出哪个进程正拥有你要释放的RAM页。第二个参数指出要释放多少页。第三个参数指出要释放的那些页面的页帧号。如RAM块目前已被映射到地址窗口，系统会取消映射并释放RAM块。

最后，为了完成清理工作，程序调用了VirtualFree，传入地址窗口的基虚拟地址，以0作为区域大小，并传入MEM_RELEASE标志。

这个简单的示例程序创建了一个地址窗口和一个RAM块。这使得它访问的RAM不需要和磁盘进行页交换。但是，应用程序也可以创建多个地址窗口，并分配多个RAM块。可将这些RAM块分配给任何地址窗口，但系统不允许一个RAM块同时出现在两个地址窗

口中。

64位Windows提供了对AWE的完整支持，使用AWE的32位应用程序能轻松移植到64位平台。但是，对64位应用程序来说，由于进程地址空间非常大，以致于AWE的用处不是特别显著。即便如此，AWE还是有其用武之地的，因为它允许应用程序分配不会和磁盘进行页交换的物理RAM。

AWE示例程序

以下代码清单所列出的AWE应用程序(15-AWE.exe)演示了如何创建多个地址窗口并为它们分配不同的存储块。应用程序的源代码和资源文件在本书配套资源的15-AWE目录中。程序启动时，会在内部创建两个地址窗口区域并分配两个RAM块。

442

刚开始，程序会在第一个RAM块中写入字符串"Text in Storage 0"，在第二个RAM块中写入字符串"Text in Storage 1"。然后，第一个RAM块分配给第一个地址窗口，第二个RAM块分配给第二个地址窗口。图15-4展示了此时的状态。

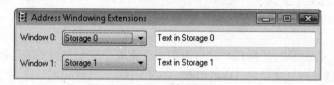

图15-4　分配后的状态

可以通过这个窗口来做一些试验。首先，可通过每个地址窗口的组合框将RAM块分配给地址窗口。组合框同时提供了一个No storage选项，用于撤销从RAM块到地址窗口的映射。其次，可编辑文本框中的文字来更新当前在地址窗口选择的RAM块。

如果试图将同一个RAM块同时分配给两个地址窗口，会出现如图15-5所示的消息框，因为AWE不允许这么做。

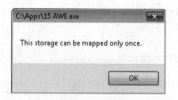

图15-5　消息框

这个示例程序的源代码非常清晰。为了更容易地使用AWE，我还创建了三个C++类，它们包含在AddrWindows.h头文件中。第一个类是CSystemInfo，它对GetSystemInfo函数进行了简单的封装。其他两个类各自创建了一个CSystemInfo类的实例。

第二个类是CAddrWindow，它封装的是地址窗口。简单地说，Create方法用来预订地址窗口，Destroy方法用来销毁地址窗口，UnmapStorage方法用来撤销分配给当前地址窗口的任何RAM块，PVOID是一个强制类型转换操作符方法，用来返回地址窗口的虚拟地址。

第三个类是CAddrWindowStorage，它封装了可分配给CAddrWindow对象的RAM块。Allocate方法会先启用"锁定内存页"用户权限，试图分配RAM块，然后禁用用户权限。Free方法用来释放RAM块。HowManyPagesAllocated方法返回已成功分配的页面的数量。MapStorage方法将RAM块映射到一个CAddrWindow对象，UnmapStorage方法则撤销映射。

有了这些C++类，示例程序的实现就非常简单了。示例程序会创建两个CAddrWindow对象和两个CAddrWindowStorage对象。其余代码不过是在合适的时间用合适的对象来调用合适的方法。

注意，这里为示例程序添加了一个组件清单(manifest)，这样一来Windows就会始终都弹出要求提升运行权限的窗口，4.5.1节"自动提升进程权限"已对此进行了解释。

```
AWE.cpp
/******************************************************************************
Module:  AWE.cpp
Notices: Copyright (c) 2008 Jeffrey Richter & Christophe Nasarre
******************************************************************************/


#include "..\CommonFiles\CmnHdr.h"      /* See Appendix A. */
#include <Windowsx.h>
#include <tchar.h>
#include "AddrWindow.h"
#include "Resource.h"
#include <StrSafe.h>



///////////////////////////////////////////////////////////////////////////////


CAddrWindow g_aw[2];                    // 2 memory address windows
CAddrWindowStorage g_aws[2];            // 2 storage blocks
const ULONG_PTR g_nChars = 1024;        // 1024 character buffers
```

```
const DWORD g_cbBufferSize = g_nChars * sizeof(TCHAR);


//////////////////////////////////////////////////////////////////////////////


BOOL Dlg_OnInitDialog(HWND hWnd, HWND hWndFocus, LPARAM lParam) {

   chSETDLGICONS(hWnd, IDI_AWE);

   // Create the 2 memory address windows
   chVERIFY(g_aw[0].Create(g_cbBufferSize));
   chVERIFY(g_aw[1].Create(g_cbBufferSize));

   // Create the 2 storage blocks
   if (!g_aws[0].Allocate(g_cbBufferSize)) {
      chFAIL("Failed to allocate RAM.\nMost likely reason: "
         "you are not granted the Lock Pages in Memory user right.");
   }
   chVERIFY(g_aws[1].Allocate(g_nChars * sizeof(TCHAR)));

   // Put some default text in the 1st storage block
   g_aws[0].MapStorage(g_aw[0]);
   _tcscpy_s((PTSTR) (PVOID) g_aw[0], g_cbBufferSize, TEXT("Text in Storage 0"));

   // Put some default text in the 2nd storage block
   g_aws[1].MapStorage(g_aw[0]);
   _tcscpy_s((PTSTR) (PVOID) g_aw[0], g_cbBufferSize, TEXT("Text in Storage 1"));

   // Populate the dialog box controls
   for (int n = 0; n <= 1; n++) {
      // Set the combo box for each address window
      int id = ((n == 0) ? IDC_WINDOW0STORAGE : IDC_WINDOW1STORAGE);
      HWND hWndCB = GetDlgItem(hWnd, id);
      ComboBox_AddString(hWndCB, TEXT("No storage"));
      ComboBox_AddString(hWndCB, TEXT("Storage 0"));
      ComboBox_AddString(hWndCB, TEXT("Storage 1"));

      // Window 0 shows Storage 0, Window 1 shows Storage 1
      ComboBox_SetCurSel(hWndCB, n + 1);
      FORWARD_WM_COMMAND(hWnd, id, hWndCB, CBN_SELCHANGE, SendMessage);
      Edit_LimitText(GetDlgItem(hWnd,
         (n == 0) ? IDC_WINDOW0TEXT : IDC_WINDOW1TEXT), g_nChars);
   }
```

```
      return(TRUE);
}


//////////////////////////////////////////////////////////////////////////////


void Dlg_OnCommand(HWND hWnd, int id, HWND hWndCtl, UINT codeNotify) {

   switch (id) {

   case IDCANCEL:
      EndDialog(hWnd, id);
      break;

   case IDC_WINDOW0STORAGE:
   case IDC_WINDOW1STORAGE:
      if (codeNotify == CBN_SELCHANGE) {

         // Show different storage in address window
         int nWindow = ((id == IDC_WINDOW0STORAGE) ? 0 : 1);
         int nStorage = ComboBox_GetCurSel(hWndCtl) - 1;

         if (nStorage == -1) {    // Show no storage in this window
            chVERIFY(g_aw[nWindow].UnmapStorage());
         } else {
            if (!g_aws[nStorage].MapStorage(g_aw[nWindow])) {
               // Couldn't map storage in window
               chVERIFY(g_aw[nWindow].UnmapStorage());
               ComboBox_SetCurSel(hWndCtl, 0);  // Force "No storage"
               chMB("This storage can be mapped only once.");
            }
         }

         // Update the address window's text display
         HWND hWndText = GetDlgItem(hWnd,
            ((nWindow == 0) ? IDC_WINDOW0TEXT : IDC_WINDOW1TEXT));
         MEMORY_BASIC_INFORMATION mbi;
         VirtualQuery(g_aw[nWindow], &mbi, sizeof(mbi));
         // Note: mbi.State == MEM_RESERVE if no storage is in address window
         EnableWindow(hWndText, (mbi.State == MEM_COMMIT));
         Edit_SetText(hWndText, IsWindowEnabled(hWndText)
            ? (PCTSTR) (PVOID) g_aw[nWindow] : TEXT("(No storage)"));
      }
      break;
```

```
      case IDC_WINDOW0TEXT:
      case IDC_WINDOW1TEXT:
         if (codeNotify == EN_CHANGE) {
            // Update the storage in the address window
            int nWindow = ((id == IDC_WINDOW0TEXT) ? 0 : 1);
            Edit_GetText(hWndCtl, (PTSTR) (PVOID) g_aw[nWindow], g_nChars);
         }
         break;
   }
}


///////////////////////////////////////////////////////////////////////////////


INT_PTR WINAPI Dlg_Proc(HWND hWnd, UINT uMsg, WPARAM wParam, LPARAM lParam) {

   switch (uMsg) {
      chHANDLE_DLGMSG(hWnd, WM_INITDIALOG, Dlg_OnInitDialog);
      chHANDLE_DLGMSG(hWnd, WM_COMMAND,    Dlg_OnCommand);
   }

   return(FALSE);
}


///////////////////////////////////////////////////////////////////////////////


int WINAPI _tWinMain(HINSTANCE hInstExe, HINSTANCE, PTSTR, int) {

   DialogBox(hInstExe, MAKEINTRESOURCE(IDD_AWE), NULL, Dlg_Proc);
   return(0);
}


//////////////////////////////// End of File //////////////////////////////////
```

AddrWindow.h
```
/******************************************************************************
Module:  AddrWindow.h
Notices: Copyright (c) 2008 Jeffrey Richter & Christophe Nasarre
```

```
 ****************************************************************************/


#pragma once


//////////////////////////////////////////////////////////////////////////////


#include "..\CommonFiles\CmnHdr.h"      /* See Appendix A. */
#include <tchar.h>


//////////////////////////////////////////////////////////////////////////////


class CSystemInfo : public SYSTEM_INFO {
public:
   CSystemInfo() { GetSystemInfo(this); }
};


//////////////////////////////////////////////////////////////////////////////


class CAddrWindow {
public:
   CAddrWindow()  { m_pvWindow = NULL; }
   ~CAddrWindow() { Destroy(); }

   BOOL Create(SIZE_T dwBytes, PVOID pvPreferredWindowBase = NULL) {
      // Reserve address window region to view physical storage
      m_pvWindow = VirtualAlloc(pvPreferredWindowBase, dwBytes,
         MEM_RESERVE | MEM_PHYSICAL, PAGE_READWRITE);
      return(m_pvWindow != NULL);
   }

   BOOL Destroy() {
      BOOL bOk = TRUE;
      if (m_pvWindow != NULL) {
         // Destroy address window region
         bOk = VirtualFree(m_pvWindow, 0, MEM_RELEASE);
         m_pvWindow = NULL;
      }
      return(bOk);
```

```
    }

    BOOL UnmapStorage() {
        // Unmap all storage from address window region
        MEMORY_BASIC_INFORMATION mbi;
        VirtualQuery(m_pvWindow, &mbi, sizeof(mbi));
        return(MapUserPhysicalPages(m_pvWindow,
            mbi.RegionSize / sm_sinf.dwPageSize, NULL));
    }

    // Returns virtual address of address window
    operator PVOID() { return(m_pvWindow); }

private:
    PVOID m_pvWindow;      // Virtual address of address window region
    static CSystemInfo sm_sinf;
};


///////////////////////////////////////////////////////////////////////////////


CSystemInfo CAddrWindow::sm_sinf;


///////////////////////////////////////////////////////////////////////////////


class CAddrWindowStorage {
public:
    CAddrWindowStorage()  { m_ulPages = 0; m_pulUserPfnArray = NULL; }
    ~CAddrWindowStorage() { Free(); }

    BOOL Allocate(ULONG_PTR ulBytes) {
        // Allocate storage intended for an address window

        Free();  // Clean up this object's existing address window

        // Calculate number of pages from number of bytes
        m_ulPages = (ulBytes + sm_sinf.dwPageSize - 1) / sm_sinf.dwPageSize;

        // Allocate array of page frame numbers
        m_pulUserPfnArray = (PULONG_PTR)
            HeapAlloc(GetProcessHeap(), 0, m_ulPages * sizeof(ULONG_PTR));
```

```cpp
      BOOL bOk = (m_pulUserPfnArray != NULL);
      if (bOk) {
         // The "Lock Pages in Memory" privilege must be enabled
         EnablePrivilege(SE_LOCK_MEMORY_NAME, TRUE);
         bOk = AllocateUserPhysicalPages(GetCurrentProcess(),
            &m_ulPages, m_pulUserPfnArray);
         EnablePrivilege(SE_LOCK_MEMORY_NAME, FALSE);
      }
      return(bOk);
   }

   BOOL Free() {
      BOOL bOk = TRUE;
      if (m_pulUserPfnArray != NULL) {
         bOk = FreeUserPhysicalPages(GetCurrentProcess(),
            &m_ulPages, m_pulUserPfnArray);
         if (bOk) {
            // Free the array of page frame numbers
            HeapFree(GetProcessHeap(), 0, m_pulUserPfnArray);
            m_ulPages = 0;
            m_pulUserPfnArray = NULL;
         }
      }
      return(bOk);
   }

   ULONG_PTR HowManyPagesAllocated() { return(m_ulPages); }

   BOOL MapStorage(CAddrWindow& aw) {
      return(MapUserPhysicalPages(aw,
         HowManyPagesAllocated(), m_pulUserPfnArray));
   }

   BOOL UnmapStorage(CAddrWindow& aw) {
      return(MapUserPhysicalPages(aw,
         HowManyPagesAllocated(), NULL));
   }

private:
   static BOOL EnablePrivilege(PCTSTR pszPrivName, BOOL bEnable = TRUE) {

      BOOL bOk = FALSE;    // Assume function fails
      HANDLE hToken;

      // Try to open this process' access token
```

```
      if (OpenProcessToken(GetCurrentProcess(),
        TOKEN_ADJUST_PRIVILEGES, &hToken)) {

        // Attempt to modify the "Lock pages in Memory" privilege
        TOKEN_PRIVILEGES tp = { 1 };
        LookupPrivilegeValue(NULL, pszPrivName, &tp.Privileges[0].Luid);
        tp.Privileges[0].Attributes = bEnable ? SE_PRIVILEGE_ENABLED : 0;
        AdjustTokenPrivileges(hToken, FALSE, &tp, sizeof(tp), NULL, NULL);
        bOk = (GetLastError() == ERROR_SUCCESS);
        CloseHandle(hToken);
      }
      return(bOk);
  }

private:
   ULONG_PTR  m_ulPages;            // Number of storage pages
   PULONG_PTR m_pulUserPfnArray; // Page frame number array

private:
   static CSystemInfo sm_sinf;
};


//////////////////////////////////////////////////////////////////////////////


CSystemInfo CAddrWindowStorage::sm_sinf;


//////////////////////////// End of File //////////////////////////////////////
```

444~449

第 16 章

线程栈

本章内容

有的时候，系统会在你自己的进程地址空间中预订区域。第13章讲过，系统在分配进程和线程环境块时会发生这种情况。分配线程栈的时候，系统也要在你自己的进程地址空间中预订区域。

每次创建线程时，系统都会为线程栈预订一个地址空间区域(每个线程都有自己的栈)，并为该预订的区域调拨一些物理存储。默认情况下，系统会在创建线程时预订1 MB地址空间，并调拨两个存储页。但是，可在生成应用程序时用两种方法更改这些默认值，一种方法是使用Microsoft C++编译器的/F选项，另一种方法是使用Microsoft C++链接器的/STACK选项：

```
/Freserve
/STACK:reserve[,commit]
```

生成应用程序时，链接器会将希望的栈大小嵌入.exe或.dll文件的PE文件头中。创建线程栈时，系统会根据PE文件头中的大小来预订地址空间区域。但在调用CreateThread或_beginthreadex函数时，可以覆盖最初调拨的存储量。这两个函数都有一个参数可供覆盖最初调拨给栈地址空间区域的存储。如果为该参数指定0，系统会使用PE文件头中指定的调拨大小。在之后的讨论中，我假定使用的都是默认的栈大小：即1 MB的预订区域，每次调拨一个存储页。

图16-1展示了一台页面大小为4 KB的机器上的栈区域的样子(从地址0x08000000开始预订)。栈的区域和调拨给它的物理存储都具有PAGE_READWRITE保护属性。

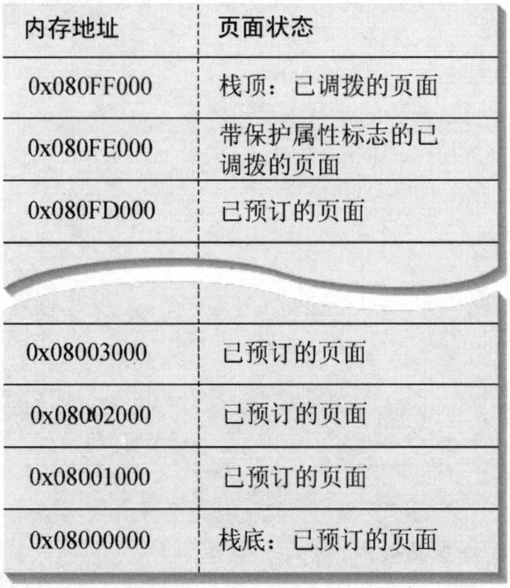

内存地址	页面状态
0x080FF000	栈顶：已调拨的页面
0x080FE000	带保护属性标志的已调拨的页面
0x080FD000	已预订的页面
0x08003000	已预订的页面
0x08002000	已预订的页面
0x08001000	已预订的页面
0x08000000	栈底：已预订的页面

图16-1　线程栈区域最初创建时的样子

预订该区域后，系统会为区域顶部(即地址最高)的两个页调拨物理存储。在让线程开始执行之前，系统会设置线程栈指针寄存器，让它指向线程区域顶部的那一页的末尾(该地址非常接近0x08100000)。这个页就是线程开始使用栈的地方。顶部往下的第二页称为保护页(guard page)。随着线程调用越来越多的函数，调用树也越来越深，线程也需要越来越多的栈空间。

线程试图访问保护页中的存储时，系统得到通知。这时系统会先为保护页下面的那个页调拨存储，接着去除当前保护页的PAGE_GUARD保护属性标志，并将标志分配给刚调拨的存储页。这项技术使系统能在线程需要时才增大栈存储。随着线程调用树不断加深，栈区域会变得像图16-2那样。

如图16-2所示，假设线程的调用树非常深，CPU的栈指针CPU寄存器指向的内存地址为0x08003004。现在，当线程再调用一个函数时，系统必须调拨更多物理存储。但是，当系统为地址0x08001000处的页面调拨物理存储时，它的做法和为堆内存区域中的其他部分调拨物理存储有所不同。图16-3展示了栈的已预定内存区域目前的样子。

内存地址	页面状态
0x080FF000	栈顶：已调拨的页面
0x080FE000	已调拨的页面
0x080FD000	已调拨的页面
0x08003000	已调拨的页面
0x08002000	带保护属性标志的已调拨的页面
0x08001000	已预订的页面
0x08000000	栈底：已预订的页面

图16-2 将满的线程栈区域

内存地址	页面状态
0x080FF000	栈顶：已调拨的页面
0x080FE000	已调拨的页面
0x080FD000	已调拨的页面
0x08003000	已调拨的页面
0x08002000	已调拨的页面
0x08001000	已调拨的页面
0x08000000	栈底：已预订的页面

图16-3 全满的栈地址空间区域

451~453

和你预期的一样，从地址0x08002000开始的页面的PAGE_GUARD防护属性会被去除，然后为从地址0x08001000开始的页调拨物理存储。区别在于，系统不会为新的物理存储页(0x08001000)分配防护属性。这意味着栈的预订地址空间区域已放满了它能容下的所有物理存储。系统永远不会为最底部的页调拨存储，具体原因马上就会讲到。

系统为地址0x08001000处的页面调拨物理存储时，会执行一个额外的操作，抛出EXCEPTION_STACK_OVERFLOW异常，该异常对应的值为0xC00000FD。通过结构化异常处理(structured exception handling，SEH)，你的程序会收到这个情况的通知，可以得体地从异常中恢复。关于SEH的更多信息，请参见第23～25章。本章最后的Summation示例程序演示了如何得体地从栈溢出中恢复。

如线程在引发栈溢出异常后继续使用栈，它会耗尽地址为0x08001000的页面中的内存，并试图访问从地址0x08000000开始的页面中的内存。当线程试图访问这个预订的、尚未调拨物理存储的页面时，系统会抛出访问违例异常。如果该异常是在线程试图访问栈时引发的，那么线程的麻烦就大了。此时系统会接管控制权并将控制权移交给"Windows错误报告"服务，后者弹出如图16-4所示的对话框并终止进程，是整个进程，而不仅仅是线程。

图16-4　错误报告

应用程序可调用SetThreadStackGuarante函数让系统提前引发EXCEPTOU_STACK_OVERFLOW异常。该函数可确保在预订(未调拨)内存页上方存在指定的字节数，从而在Windows错误报告服务接管并终止进程之前，允许应用程序使用超过一页的栈空间。

重要提示　当线程访问最后一个保护页面时，系统会抛出 EXCEPTION_STACK_ OVERFLOW 异常。如线程捕获了该异常并继续执行，那么系统将不会在同一个线程中再次抛出 EXCEPTION_STACK_OVERFLOW 异常，这是因为后面再也没有保护页面了。如果希望在同一线程中继续收到 EXCEPTION_STACK_OVERFLOW 异常，应用程序必须重置保护页面。这很容易办到，调用 C 运行库的 _resetstkoflw 函数（在 malloc.h 中定义）即可。

454

现在来看看为什么系统始终不为栈地址空间区域最底部的页面调拨物理存储。这是为了防范无意中改写进程使用的其他数据。在地址0x07FFF000处(低于0x08000000的一页)，另一个地址空间区域可能已调拨了物理存储。如允许地址0x08000000的栈底页也包含物理存储，系统就不会捕获线程对预订的栈区域的访问。如果栈延展到预订区域的下方，线程就会覆盖进程地址空间中的其他数据，像这种类型的bug是很难发现的。

另一种很难发现的bug是栈下溢(stack underflow)。为了理解什么是栈下溢，我们来看看以下代码：

```
int WINAPI WinMain (HINSTANCE hInstExe, HINSTANCE,
    PTSTR pszCmdLine, int nCmdShow) {

    BYTE aBytes[100];
    aBytes[10000] = 0; // 栈下溢

    return(0);
}
```

执行这个函数的赋值语句时，代码会试图越过线程栈末尾访问数据。当然，编译器和链接器不会捕获代码中的这种bug。该语句有可能引发访问违例，也可能不会，因为紧接着线程栈的后面可能有另一个区域。如果发生这样的情况，程序可能破坏属于进程另一部分的内存，而系统无法检测到这种破坏。以下代码中的栈下溢总是会引起内存破坏，因为程序刚好在线程栈的后面分配了一个内存块：

```
DWORD WINAPI ThreadFunc(PVOID pvParam) {

    BYTE aBytes[0x10];

// 判断栈在虚拟地址空间的何处
    // 参见第 14 章进一步了解 VirtualQuery
    MEMORY_BASIC_INFORMATION mbi;
    SIZE_T size = VirtualQuery(aBytes, &mbi, sizeof(mbi));

// 紧接着 1 MB 栈分配一个内存块
    SIZE_T s = (SIZE_T)mbi.AllocationBase + 1024*1024;
    PBYTE pAddress = (PBYTE)s;
    BYTE* pBytes = (BYTE*)VirtualAlloc(pAddress, 0x10000,
        MEM_COMMIT | MEM_RESERVE, PAGE_READWRITE);

    // 触发不易察觉的一次栈下溢
    aBytes[0x10000] = 1; // 向已分配的块中写入，超过了栈
```

```
    ...

    return(0);
}
```

16.1 C/C++ 运行库的栈检查函数

C/C++运行库有一个栈检查函数。编译源代码时，编译器会在必要时生成代码来调用该
函数。该函数的目的是确保已为线程栈调拨了存储页。下面这个示例函数虽小，但它的
局部变量需要占用大量内存：

```
void SomeFunction () {
    int nValues[4000];

    // 对数组进行一些处理
    nValues[0] = 0; // 一些赋值
}
```

这个函数至少需要16 000字节(4000×sizeof(int); 每个整数4字节)的栈空间来容纳整数数
组。通常，编译器生成的用来分配这个栈空间的代码会直接将CPU的栈指针减去16 000
字节。但是，除非试图访问内存地址，否则系统不会为这个较低的栈区域调拨任何物理
存储。

在4 KB或8 KB页面大小的系统中，这个限制可能会产生问题。第一次访问栈的时候，如
地址低于保护页(如上述代码的赋值语句所示)，线程会访问预订(未调拨)的内存并引发访
问违例。为确保开发人员这种代码能正常运行，编译器需要插入一些代码来调用C运行
库的栈检查函数。

编译器在编译程序的时候，已经知道目标CPU系统的页面大小。x86/x64编译器知道页
面大小为4 KB，而IA-64编译器知道页面大小为8 KB。编译器在处理程序中的每个函数
时，会算出函数需要多大的栈空间。如果需要的栈空间大于目标系统的页面大小，编译
器会自动插入代码来调用栈检查函数。

以下伪代码展示了栈检查函数到底在做些什么事情。之所以说它是伪代码，是因为通常
这个函数都是由编译器开发商用汇编语言来实现的。

```
// The C run-time library knows the page size for the target system.
#ifdef _M_IA64
#define PAGESIZE (8 * 1024) // 8-KB page
```

```
#else
#define PAGESIZE (4 * 1024) // 4-KB page
#endif

void StackCheck(int nBytesNeededFromStack) {
    // Get the stack pointer position.
    // At this point, the stack pointer has NOT been decremented
    // to account for the function's local variables.
    PBYTE pbStackPtr = (CPU's stack pointer);

    while (nBytesNeededFromStack >= PAGESIZE) {
        // Move down a page on the stack--should be a guard page.
        pbStackPtr -= PAGESIZE;
        // Access a byte on the guard page--forces new page to be
        // committed and guard page to move down a page.
        pbStackPtr[0] = 0;

        // Reduce the number of bytes needed from the stack.
        nBytesNeededFromStack -= PAGESIZE;
    }

    // Before returning, the StackCheck function sets the CPU's
    // stack pointer to the address below the function's
    // local variables.
}
```

Microsoft Visual C++确实提供了/GS编译器开关，允许控制编译器在判断何时添加对StackCheck的自动调用时所用的页面大小阈值。有关这个编译器开关的详细信息，请访问https://tinyurl.com/mr2947xr。只有当我们确切地知道自己在做什么，而且确实有这样的特殊需要的时候，才应该使用这个编译器开关。百分之99.99999的应用程序或DLL是不需要用到这个开关的。

说明 Microsoft C/C++ 编译器提供了一些编译器开关，可以帮助我们在运行时检测栈有没有遭到破坏。创建 C++ 项目时，DEBUG 生成的 /RTCsu 编译器开关 (https://tinyurl.com/yhbp83bb) 默认是启用的。如果一个局部数组变量在运行时发生写越界，编译器插入的代码会发现这种情况，并在函数返回时通知应用程序。只有 DEBUG 生成才能使用 /RTC 开关。

但在进行 RELEASE 生成时，建议用 /GS 编译器开关。这个开关告诉编译器添加一些代码，在调用任何函数之前将栈的当前状态作为一个 cookie 保存起来，并在函数返回后检查栈的完整性。恶意软件经常试图制造缓冲区溢出来改写栈上的返回地址，从而将程序的控制流转到自己的代码中。有了这些检查，代码在用保存的 cookie

检查栈的状态时就会检测到这一意外情况并终止应用程序，使恶意软件的攻击无法得逞。有关 /GS 编译器开关的详尽分析，请参见 GS_Protections_in_Vista.pdf(https://tinyurl.com/prvmvz5x) 和 "Compiler Security Checks In Depth" 一文 (https://tinyurl.com/3pdymtb2)。

16.2　Summation 示例程序

本章稍后的Summation (16-Summation.exe) 示例程序演示了如何使用异常过滤程序和异常处理程序从栈溢出中得体地恢复并继续运行。示例程序的源代码和资源文件在本书配套资源的16-Summation目录中。为了完全理解示例程序的工作机理，可能需要先读一下与SEH有关的各章(第23章～第25章)。

Summation示例程序累加0到x的所有数，其中x由用户输入。当然，最简单的方法就是创建一个名为Sum的函数并执行以下计算：

```
Sum = (x * (x + 1)) / 2;
```

457

但在这个例子中，Sum函数是以递归方式实现的，这样只要输入一个很大的数，函数就会使用大量栈空间。

程序启动后会显示如图16-5所示的对话框。

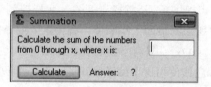

图16-5　启动对话框

可在这个对话框的编辑框中输入一个数，然后单击Calculate按钮。这时程序会创建一个新线程，该线程唯一的任务就是计算0～x之间所有数的总和。新线程开始运行时，程序的主线程会以新线程的句柄为参数来调用WaitForSingleObject，并等待计算的结果。新线程结束运行时，系统会唤醒主线程。主线程可通过调用GetExitCodeThread来得到新线程的退出码(exit code)，也就是计算得到的总和。最后一步，也是极其重要的一步，主线程会关闭新线程的句柄，这样系统就可以完全销毁线程对象，避免应用程序发生资源泄漏。

然后，主线程会检查计算线程的退出码。退出码为UINT_MAX表示有错误发生——也就是计算线程在计算过程中产生了栈溢出——主线程会显示一个对话框来说明这种情况。如退出码不是UINT_MAX，表明计算线程正常结束，退出码就是计算出来的总和。在这种情况下，主线程会将计算结果显示在主对话框中。

再来看看计算线程，它的线程函数是SumThreadFunc。主线程创建该线程时，会在它唯一的参数pvParam中传入用户输入的整数。然后，函数将uSum变量初始化为UINT_MAX，提前假定函数不会正常结束。接着，SumThreadFunc会设置SEH，这样就能捕获线程在执行过程中可能引发的任何异常。随后，函数调用递归的Sum函数来计算总和。

如成功计算出总和，SumThreadFunc会直接返回uSum变量的值，即线程的退出码。但如果在Sum函数执行过程中发生异常，系统会立即对SEH过滤程序表达式进行求值。换言之，系统会调用FilterFunc函数，向其传递所引发的异常的标识码。对于栈溢出异常，这个标识码是EXCEPTION_STACK_OVERFLOW。如果想见识程序如何得体地处理栈溢出异常，告诉程序对前44 000个数字求和即可。

我的FilterFunc函数很简单。它检查是否引发了栈溢出异常。没有就返回EXCEPTION_CONTINUE_SEARCH。否则，这个过滤程序会返回EXCEPTION_EXECUTE_HANDLER。这等于是告诉系统，过滤程序已预料到可能会发生该异常，应执行except块中的代码来处理异常。对于这个示例程序，异常处理程序没有进行任何特殊处理，但这已足以使线程得体地退出并返回UINT_MAX(即uSumNum中的值)。父线程会检测到这个特殊的返回值，并向用户显示一条警告消息。

最后需要讨论为什么要在另一个线程中执行Sum函数，而不是直接在主线程中设置SEH代码块，并在try块中调用Sum函数。之所以创建这个额外的线程，主要是出于以下4个原因。

首先，系统创建线程时会为它分配1 MB栈区域。如果在主线程内部调用Sum函数，那么由于部分栈空间已经被用掉了，所以Sum函数将无法用足1 MB的栈空间。诚然，这个示例程序只是一个简单的程序，可能并不会用掉太多的栈空间，但其他程序可能就比较复杂了。可设想这样一种情形，一开始Sum函数能累加0～1000。然后，当再次调用Sum的时候，栈可能已经变得更深了，这使Sum函数只累加0～750就会导致栈溢出。所以，用另一个线程执行Sum函数可确保栈空间不会被其他代码占用，使Sum函数的表现更一致。

之所以使用一个单独的线程，第二个原因是每个线程只能收到一次栈溢出异常的通知。如果在主线程调用Sum函数并发生栈溢出，程序可以捕获该异常并得体地处理。但是，此时栈的所有地址空间区域都已调拨了物理存储，再也没有哪个页面的保护标志是开启的了。如果用户再执行一次求和操作，Sum函数可能再次造成栈溢出，此时不会再次引发栈溢出异常。取而代之的是，此时会引发访问违例异常，但此时再想得体地处理就为时已晚了。当然，可以通过调用C运行库函数_resetstkoflw来修复这个问题。

使用单独线程的第三个原因是可以释放它的栈所占用的物理存储。例如，假设用户先调用Sum函数来计算0～30 000的总和。这使系统要调拨相当多的物理存储给栈区域。然后，用户可能再执行几次求和操作，但其中最大的数可能只有5000。这相当于为栈区域调拨了大量存储，但都用不着了。这些物理存储是从分页文件中分配的。与其置这些已调拨的存储于不顾，不如将它们释放，这样系统就可以将它们用于其他进程。通过让SumThreadFunc线程终止，系统会自动回收调拨给栈区域的物理存储。

使用单独线程的最后一个原因是，重用一个线程来进行所有计算工作时，需要使用线程同步机制来协调线程何时开始执行以及如何返回结果。对于这个简单的应用程序，最简单的办法莫过于每次生成(spawn)一个新线程，传入需要累加得到的值，然后等待线程退出并得到结果。

459

```
Summation.cpp
/**************************************************************************
Module:    Summation.cpp
Notices:   Copyright (c) 2008 Jeffrey Richter & Christophe Nasarre
**************************************************************************/


#include "..\CommonFiles\CmnHdr.h"        /* See Appendix A. */
#include <windowsx.h>
#include <limits.h>
#include <tchar.h>
#include "Resource.h"




///////////////////////////////////////////////////////////////////////


// An example of calling Sum for uNum = 0 through 9
// uNum: 0 1 2 3  4  5  6  7  8  9 ...
// Sum:  0 1 3 6 10 15 21 28 36 45 ...
UINT Sum(UINT uNum) {

   // Call Sum recursively.
   return((uNum == 0) ? 0 : (uNum + Sum(uNum - 1)));
}




///////////////////////////////////////////////////////////////////////
```

```
LONG WINAPI FilterFunc(DWORD dwExceptionCode) {

   return((dwExceptionCode == STATUS_STACK_OVERFLOW)
      ? EXCEPTION_EXECUTE_HANDLER : EXCEPTION_CONTINUE_SEARCH);
}


///////////////////////////////////////////////////////////////////////////////


// The separate thread that is responsible for calculating the sum.
// I use a separate thread for the following reasons:
//    1. A separate thread gets its own 1 MB of stack space.
//    2. A thread can be notified of a stack overflow only once.
//    3. The stack's storage is freed when the thread exits.
DWORD WINAPI SumThreadFunc(PVOID pvParam) {

   // The parameter pvParam, contains the number of integers to sum.
   UINT uSumNum = PtrToUlong(pvParam);

   // uSum contains the summation of the numbers from 0 through uSumNum.
   // If the sum cannot be calculated, a sum of UINT_MAX is returned.
   UINT uSum = UINT_MAX;

   __try {
      // To catch the stack overflow exception, we must
      // execute the Sum function while inside an SEH block.
      uSum = Sum(uSumNum);
   }
   __except (FilterFunc(GetExceptionCode())) {
      // If we get in here, it's because we have trapped a stack overflow.
      // We can now do whatever is necessary to gracefully continue execution
      // This sample application has nothing to do, so no code is placed
      // in this exception handler block.
   }

   // The thread's exit code is the sum of the first uSumNum
   // numbers, or UINT_MAX if a stack overflow occurred.
   return(uSum);
}


///////////////////////////////////////////////////////////////////////////////
```

```
BOOL Dlg_OnInitDialog(HWND hWnd, HWND hWndFocus, LPARAM lParam) {

   chSETDLGICONS(hWnd, IDI_SUMMATION);

   // Don't accept integers more than 9 digits long
   Edit_LimitText(GetDlgItem(hWnd, IDC_SUMNUM), 9);

   return(TRUE);
}


///////////////////////////////////////////////////////////////////////////////


void Dlg_OnCommand(HWND hWnd, int id, HWND hWndCtl, UINT codeNotify) {

   switch (id) {
      case IDCANCEL:
         EndDialog(hWnd, id);
         break;

      case IDC_CALC:
         // Get the number of integers the user wants to sum.
         BOOL bSuccess = TRUE;
         UINT uSum = GetDlgItemInt(hWnd, IDC_SUMNUM, &bSuccess, FALSE);
         if (!bSuccess) {
            MessageBox(hWnd, TEXT("Please enter a valid numeric value!"),
               TEXT("Invalid input..."), MB_ICONINFORMATION | MB_OK);
            SetFocus(GetDlgItem(hWnd, IDC_CALC));
            break;
         }

         // Create a thread (with its own stack) that is
         // responsible for performing the summation.
         DWORD dwThreadId;
         HANDLE hThread = chBEGINTHREADEX(NULL, 0,
            SumThreadFunc, (PVOID) (UINT_PTR) uSum, 0, &dwThreadId);

         // Wait for the thread to terminate.
         WaitForSingleObject(hThread, INFINITE);

         // The thread's exit code is the resulting summation.
         GetExitCodeThread(hThread, (PDWORD) &uSum);
```

```
            // Allow the system to destroy the thread kernel object
            CloseHandle(hThread);

            // Update the dialog box to show the result.
            if (uSum == UINT_MAX) {
                // If result is UINT_MAX, a stack overflow occurred.
                SetDlgItemText(hWnd, IDC_ANSWER, TEXT("Error"));
                chMB("The number is too big, please enter a smaller number");
            } else {
                // The sum was calculated successfully;
                SetDlgItemInt(hWnd, IDC_ANSWER, uSum, FALSE);
            }
            break;
    }
}


///////////////////////////////////////////////////////////////////////////////


INT_PTR WINAPI Dlg_Proc(HWND hWnd, UINT uMsg, WPARAM wParam, LPARAM lParam) {

    switch (uMsg) {
        chHANDLE_DLGMSG(hWnd, WM_INITDIALOG, Dlg_OnInitDialog);
        chHANDLE_DLGMSG(hWnd, WM_COMMAND,    Dlg_OnCommand);
    }
    return(FALSE);
}


///////////////////////////////////////////////////////////////////////////////


int WINAPI _tWinMain(HINSTANCE hinstExe, HINSTANCE, PTSTR, int) {

    DialogBox(hinstExe, MAKEINTRESOURCE(IDD_SUMMATION), NULL, Dlg_Proc);
    return(0);
}


////////////////////////////// End of File ///////////////////////////////////
```

459~462

第 17 章

内存映射文件

本章内容

和文件打交道几乎是每个应用程序都要做的事情，而且还总是一件麻烦事儿。应用程序是应该打开文件，读取文件，然后关闭文件，还是应该打开文件，并使用一种缓冲算法从文件不同部分读取和写入？Windows提供了一种两全其美的方式，即内存映射文件。

和虚拟内存相似，内存映射文件允许预订一个地址空间区域并为区域调拨物理存储。不同之处在于，物理存储来自磁盘上已有的文件，而不是来自系统的分页文件。一旦映射好文件，就可以像整个文件被加载到内存那样访问它。

内存映射文件主要用于以下三种情况。

● 系统使用内存映射文件来加载并执行.exe和动态链接库(DLL)文件。这大大节省了分页文件的空间以及应用程序的启动时间。

- 可用内存映射文件访问磁盘上的数据文件，从而避免文件I/O操作和缓冲文件内容。
- 使用内存映射文件，可在同一台机器的不同进程之间共享数据。Windows的确提供了其他一些方法在进程间传送数据，但这些方法都是通过内存映射文件来实现的。所以，要在同一台机器的不同进程之间共享数据，内存映射文件是最高效的方法。

本章将讨论内存映射文件的上述三种用法。

463

17.1　映射到内存的可执行文件和 DLL

系统会在线程调用CreateProcess时执行以下步骤。

(1) 系统先定位调用CreateProcess时指定的可执行文件。找不到该.exe文件，进程就不会创建，CreateProcess返回FALSE。

(2) 系统新建一个进程内核对象。

(3) 系统为该进程创建一个私有地址空间。

(4) 系统预订一个足以容纳.exe文件的地址空间区域。该区域首选的位置已在.exe文件文件中指定。默认情况下，.exe文件的基地址是0x00400000。对于运行在64位Windows下的64位应用程序，这个地址可能有所不同。但是，只需要在生成应用程序的.exe文件时使用链接器的/BASE选项，就可以为自己的应用程序指定一个不同的地址。

(5) 系统会标注预订区域的后备物理存储来自磁盘上的.exe文件而不是系统的分页文件。

系统将.exe文件映射到进程的地址空间之后，会访问.exe文件中的一个段(section)，其中列出了一些DLL文件，它们包含在.exe中调用的函数。然后，系统针对每个DLL都调用LoadLibrary；其中任何DLL用到了其他DLL，系统同样会调用LoadLibrary来加载那些DLL。系统每次调用LoadLibrary来加载一个DLL的时候，执行的步骤与刚才列出的第4步和第5步相似。

(1) 系统预订一个足以容纳DLL文件的地址空间区域。该区域首选的位置已在DLL文件中指定。默认情况下，Microsoft链接器将x86平台的DLL的基地址设为0x10000000，将x64平台的DLL的基地址设为0x00400000。但是，只需在生成DLL时使用链接器的/BASE选项，就可以指定一个不同的基地址。所有与Windows一起发布的标准系统DLL都有不同的基地址，这样即使把它们加载到同一个地址空间，也不会发生重叠。

(2) 如果系统无法在DLL文件指定的基地址预订区域，这可能是因为该区域已被另一个DLL或.exe占用，也可能是因为区域不够大，这时系统会尝试在另一个地址为DLL预订地址空间区域。如果系统无法将DLL加载到首选的基地址，会发生两件不好的事情首先，如果DLL不包含重定位信息，系统将无法加载DLL。(可用链接器的/FIXED开关生成DLL，从而从DLL中去除重定位信息。这样可使DLL文件变得更小，但同时意味着DLL必须加载到指定的基地址，否则它将无法加载。)其次，系统必须在DLL内部执行一些重定位操作。这些重定位不仅需要占用分页文件中额外的存储，还会增大加载DLL所需的时间。

(3) 系统会进行标注，表明预订区域的后备物理存储来自磁盘上的DLL文件，而并非来自系统的分页文件。如果因Windows不能将DLL加载到它首选的基地址而必须进行重定位，系统还会另行标注，表明DLL中有一部分物理存储被映射到了分页文件。

464

如果系统因为某些原因无法映射.exe文件和所需的全部DLL，会向用户显示一个对话框，然后释放进程的地址空间和进程对象。这时CreateProcess会返回FALSE，调用者可通过调用GetLastError来查询为什么无法创建进程。

将.exe文件和所有DLL文件都映射到进程的地址空间后，系统就可以开始执行.exe文件的启动代码。完成对.exe文件的映射后，系统会负责所有换页(paging)、缓冲(buffering)和高速缓存(caching)操作。例如，如果.exe中的代码导致它跳转到一条尚未载入内存的指令的地址，就会引发一个页面错误(page fault)。系统会检测到这个错误，并自动将代码页从文件映像加载到一个RAM页中。然后，系统将该RAM页映射到进程地址空间中的适当位置，并让线程继续执行，就好像该代码页早已载入内存一样。当然，这一切对应用程序来说都是透明的。每当线程试图访问尚未载入内存的代码或数据时，系统都会重复这一过程。

17.1.1　同一个可执行文件或DLL的多个实例不会共享静态数据

为正在运行的应用程序创建一个新进程时，系统只不过是打开了文件映射对象(file-mapping object，它标识了可执行文件映像)的另一个内存映射视图(memory-mapped view)，创建一个新的进程对象，并为主线程创建一个新的线程对象。系统还为这些对象分配新的进程ID和线程ID。利用内存映射文件，同一个应用程序的多个运行实例可以共享RAM中的代码和数据。

注意，这里存在一个小问题。进程使用的是一个平面地址空间。编译和链接程序的时候，所有代码和数据都放在一个大的实体中。在.exe文件中，数据位于代码之后，它和代码的分隔仅限于此。详情请参见后面的"说明"。图17-1是一个简单的视图，它描绘了如何将应用程序中的代码和数据加载到虚拟内存，并将它们映射到应用程序的地址空间中。

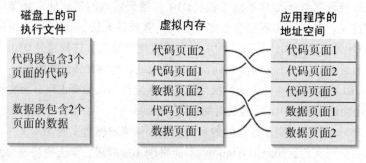

图17-1　简单视图

例如，假设应用程序的第二个实例现在开始运行。这时系统只不过是将包含应用程序代码和数据的虚拟内存页映射到第二个实例的地址空间中，如图17-2所示。

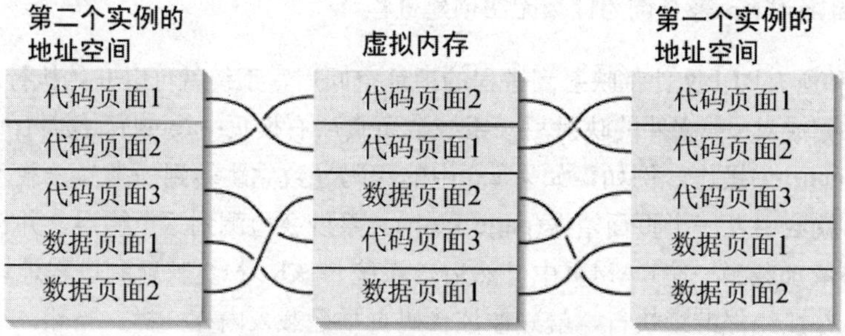

图17-2　虚拟内存页映射到地址空间

说明　实际上，文件的内容被分为段(section)。代码在一个段中，而全局变量在另一个段中。段在页面边界对齐。应用程序可调用 GetSystemInfo 来检测页面大小。在 .exe 或 DLL 文件中，代码段通常在数据段前面。

如果应用程序的一个实例修改了数据页面中的一些全局变量，应用程序所有实例的内存都会被修改。由于这种类型的修改可能导致灾难性的结果，因此必须避免。

系统通过内存管理系统的写时复制(copy-on-write)特性来防止这种情况的发生。每次当应用程序试图向内存映射文件写入时，系统都会截获此类尝试，接着为应用程序试图写入的内存页分配一个新的内存块，复制页面内容，然后让应用程序向刚分配的内存块写入。结果就是，应用程序的其他实例不会受任何影响。图17-3描绘了当应用程序的第一个实例试图修改数据页2中的一个全局变量时，会产生怎样的结果。

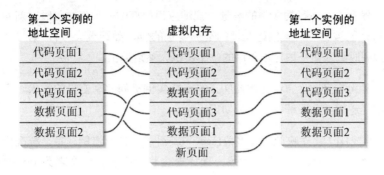

図17-3 结果

系统分配了一个新的虚拟内存页(在上图中标记为"新页面"),然后将数据页2中的内容复制到新页面。系统会更新第一个实例的地址空间,这样新的数据页面就会和原始数据页面一样,映射到进程地址空间中的同一位置。现在系统可以让进程改动全局变量的值,不必担心会改动同一个应用程序的其他实例的数据。

466

调试应用程序时会发生类似的事件序列。假设正在运行同一应用程序的多个实例,现在想调试其中一个实例。你用调器在源代码的某一行设了断点。调试器会修改代码,将其中一条汇编语言指令修改成一条激活调试器的指令。这样就会再次面临同样的问题。如果调试器直接修改代码,会导致应用程序的所有实例在运行到修改后的指令时都去激活调试器。为了解决这个问题,系统再次使用写时复制内存。当系统发现调试器试图修改代码时,会分配一个新的内存块,将包含指令的原始页复制到新页,然后就可以让调试器在页面的副本中修改代码了。

说明　系统在加载进程时会检查文件映像的所有页面。对那些通常需要用写时复制属性进行保护的页面,系统会立即从分页文件中调拨存储。但系统只是调拨,而不会实际载入页面的内容。程序访问文件映像中的一个页面时,系统才会载入相应的页面。如果该页从未发生过修改,那么可以舍弃其中的内容并在需要时重新载入。但是,如果文件中的这一页被修改过,系统就必须将修改过的页换入分页文件中之前调拨的一页。

17.1.2　在同一个可执行文件或DLL的多个实例间共享静态数据

默认情况下,同一个.exe文件或DLL的多个实例之间不共享全局或静态数据,这样的设计是最保险的。但有的时候,在同一个.exe文件或DLL的多个实例之间共享同一个变量不仅有用,而且方便。例如,Windows没有提供一种简便的方法来检查用户是否在运行同一个应用程序的多个实例。如果应用程序的所有实例能共享同一个全局变量,就可利用该变量来保存正在运行的实例的数量。启动应用程序的一个新实例时，新实例的线程只需检查这个已被另一个实例修改过的全局变量的值，如计数大于1，第二个实例就可以告诉用户同时只能运行该应用程序的一个实例，然后退出。

本节讨论一种可在同一个.exe文件或DLL的多个实例之间共享变量的技术。但在深入讨论细节之前，还需要多了解一点背景知识。

每个.exe文件或DLL文件映像由许多段(sections)组成。按照惯例，每个标准段名称都以点号开始。例如，在编译程序的时候，编译器会将代码放在一个名为.text的段中。此外，编译器还会将未经初始化的数据放在.bss段中，将已初始化的数据放在.data段中。

每个段都有一些与之关联的属性，如表17-1所示。

表17-1 段的属性

属性	含义
READ	可从该段读取数据
WRITE	可向该段写入数据
EXECUTE	可执行该段的内容
SHARED	该段的内容为多个实例所共享 (这个属性事实上关闭了写时复制机制)

可用Microsoft Visual Studio的DumpBin工具(需要指定/Headers开关)来查看.exe或DLL映像文件中的各个段。以下内容摘自对某个.exe文件运行DumpBin后所得到的结果：

```
SECTION HEADER #1
    .text name
    11A70 virtual size
     1000 virtual address
    12000 size of raw data
     1000 file pointer to raw data
        0 file pointer to relocation table
        0 file pointer to line numbers
        0 number of relocations
        0 number of line numbers
60000020 flags
         Code
         Execute Read

SECTION HEADER #2
   .rdata name
     1F6 virtual size
   13000 virtual address
```

```
        1000 size of raw data
       13000 file pointer to raw data
           0 file pointer to relocation table
           0 file pointer to line numbers
           0 number of relocations
           0 number of line numbers
    40000040 flags
             Initialized Data
             Read Only


SECTION HEADER #3
    .data name
         560 virtual size
       14000 virtual address
        1000 size of raw data
       14000 file pointer to raw data
           0 file pointer to relocation table
           0 file pointer to line numbers
           0 number of relocations
           0 number of line numbers
    C0000040 flags
             Initialized Data
             Read Write


SECTION HEADER #4
    .idata name
         58D virtual size
       15000 virtual address
        1000 size of raw data
       15000 file pointer to raw data
           0 file pointer to relocation table
           0 file pointer to line numbers
           0 number of relocations
           0 number of line numbers
    C0000040 flags
             Initialized Data
             Read Write


SECTION HEADER #5
    .didat name
         7A2 virtual size
       16000 virtual address
        1000 size of raw data
       16000 file pointer to raw data
           0 file pointer to relocation table
```

```
          0 file pointer to line numbers
          0 number of relocations
          0 number of line numbers
C0000040 flags
             Initialized Data
             Read Write


SECTION HEADER #6
    .reloc name
       26D virtual size
     17000 virtual address
      1000 size of raw data
     17000 file pointer to raw data
          0 file pointer to relocation table
          0 file pointer to line numbers
          0 number of relocations
          0 number of line numbers
42000040 flags
             Initialized Data
             Discardable
             Read Only


Summary
      1000 .data
      1000 .didat
      1000 .idata
      1000 .rdata
      1000 .reloc
     12000 .text
```

468~469

表17-2 列出了一些常用段的名称，并解释了每个段的用途。

除了使用由编译器和链接器创建的标准段，还可使用以下指令在编译时创建自己的段：

```
#pragma data_seg("sectionname")
```

例如，可用以下代码创建一个名为"Shared"的段，它只包含一个LONG变量：

```
#pragma data_seg("Shared")
LONG g_lInstanceCount = 0;
#pragma data_seg()
```

表17-2　可执行文件常用的段

段名	目的
.bss	未初始化的数据
.CRT	只读的 C 运行时数据
.data	已初始化的数据
.debug	调试信息
.didata	延迟导入的名字表 (Delay imported names table)
.edata	导出的名字表 (Exported names table)
.idata	导入的名字表 (Imported names table)
.rdata	只读的运行时数据
.reloc	重定位表信息
.rsrc	资源
.text	.exe 文件或 DLL 的代码
.textbss	当启用增量链接 (Incremental Linking) 选项时，由 C++ 编译器生成
.tls	线程局部存储 (Thread-local storage)
.xdata	异常处理表

编译器编译这段代码时会创建一个名为Shared的段，并将pragma编译指令之后所有已初始化的变量放到这个新段中。在上例中，变量被放到Shared段中。#pragma data_seg()那一行告诉编译器停止将已初始化的变量放到Shared段中，重新开始将它们放回默认数据段。注意非常重要的一点，编译器只会将已初始化的变量保存到新段中。如果在刚才的代码中去掉初始化的部分(如以下代码所示)，编译器会将该变量放到Shared段以外的其他段中：

```
#pragma data_seg("Shared")
LONG g_lInstanceCount;
#pragma data_seg()
```

470

但是，Microsoft Visual C++编译器确实提供了一个allocate声明指示符(declaration specifier)，允许将未初始化的数据放到你希望的任何段中。来看以下代码：

```
// 创建 Shared 段，并让编译器将已初始化的数据放到其中
#pragma data_seg("Shared")

// 已初始化，会进入 Shared 段
int a = 0;

// 未初始化，不会进入 Shared 段
int b;
```

```
// 让编译器停止将已初始化的数据放到 Shared 段
#pragma data_seg()

// 已初始化，会进入 Shared 段
__declspec(allocate("Shared")) int c = 0;

// 未初始化，还是会进入 Shared 段
__declspec(allocate("Shared")) int d;

// 已初始化，不会进入 Shared 段
int e = 0;

// 未初始化，不会进入 Shared 段
int f;
```

代码中的注释已清楚说明了哪个变量会进入哪个段。为了让allocate声明符能正常工作，必须先创建相应的段。所以，如果将第一行#pragma data_seg删除，代码将无法编译。

之所以将变量放到它们自己的段中，最常见的原因或许就是想在一个.exe或DLL的多个映射之间共享。默认情况下，同一个.exe或DLL的每个映射都会有自己的一组变量。但是，对那些想要在多个映射间共享的变量，可将它们放到一个单独的段中。一旦将变量放到单独的段中，系统就不会再在同一个.exe或DLL的每个实例中为它们创建新的实例了。

要想共享变量的话，仅仅告诉编译器将变量放到单独的段中还不够。还必须告诉链接器要共享一个特定段中的变量。这可以通过在链接器的命令行中使用/SECTION开关来实现：

```
/SECTION:name,attributes
```

在冒号后面输入想要更改属性的段。本例想要更改Shared段的属性，所以应该使用以下链接器开关：

```
/SECTION:Shared,RWS
```

471

在逗号后面指定想要的属性：R表示READ，W表示WRITE，E表示EXECUTE，S表示SHARED。上述链接器开关表示Shared段中的数据不仅可读写，而且是共享的。要改变多个段的属性，必须在命令行中使用多个/SECTION开关，一个开关对应一个段。

也可以用下面的写法，直接将链接器开关嵌入源代码：

```
#pragma comment(linker, "/SECTION:Shared,RWS")
```

这行代码告诉编译器将其中的字符串嵌入所生成的.obj文件中的一个特殊的段中，这个段名为.drectve。当链接器将所有.obj模块合并到一起的时候，会检查每个.obj模块的.drectve段，并将所有字符串当作是传给链接器的命令行参数。我一直使用这项技术，因为它太方便了，如果要将源文件加到一个新的项目里，也不必记着在Visual C++的项目属性中设置链接器开关。

虽然允许创建共享段，但Microsoft出于两方面的原因并不鼓励使用。首先，以这种方式共享内存可能会导致潜在的安全漏洞。其次，共享变量意味着一个应用程序中的错误可能影响另一个应用程序的正常运行，因为没有任何方法能保护数据块，使它们不被错误地改写。

假设我们开发了两个应用程序，每个都需要用户输入密码。但是，为了方便用户的使用，我们决定为应用程序增加一项特性：如果用户在其中一个应用程序已经运行的时候启动另一个应用程序，那么第二个应用程序会检查共享内存的内容来得到密码。这样，如果用户已经在使用其中一个应用程序，就不必再次输入密码了。

这听起来似乎没什么害处，毕竟只有我们自己的应用程序才会加载这个DLL，而且只有我们才知道密码放在共享段中的哪里。但是，黑客无处不在。为了得到密码，他们只需写一个小程序来加载我们的DLL并监视共享内存块。只要用户输入密码，黑客的程序就可以得到密码。

另外，黑客的程序也可以反复猜测密码并将它们写入共享内存。一旦程序猜出了正确的密码，就可以向两个应用程序中的任何一个发送各种命令了。如果有一个办法只允许特定的DLL由特定的应用程序加载，这个问题或许可以解决。但这目前行不通，任何程序都能调用LoadLibrary来显式加载一个DLL。

17.1.3　Application Instances示例程序

以下Application Instances示例程序(17-AppInst.exe)展示了应用程序如何知道在任一时刻有自己的多少个实例正在运行。应用程序的源代码和资源文件在本书配套资源的17-AppInst目录中。AppInst启动时会显示如图17-4所示的对话框，表示应用程序有一个实例正在运行。

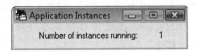

图17-4　有一个实例正在运行

472

如果运行应用程序的第二个实例，那么两个实例的对话框都会更新，表示现在有两个实例正在运行，如图17-5所示。

图17-5　有两个实例正在运行

可运行和关闭任何数量的AppInst实例，对话框中的数值会准确显示当前正在运行的实例的总数。

可在AppInst.cpp中靠近顶部的地方找到以下代码:

```
// Tell the compiler to put this initialized variable in its own Shared
// section so it is shared by all instances of this application.
#pragma data_seg("Shared")
volatile LONG g_lApplicationInstances = 0;
#pragma data_seg()

// Tell the linker to make the Shared section
// readable, writable, and shared.
#pragma comment(linker, "/Section:Shared,RWS")
```

这些代码创建一个名为Shared的段，它具有读、写和共享保护属性。在这个段中有一个变量g_lApplicationInstances，应用程序的所有实例都共享该变量。注意，该变量使用了volatile修饰符，避免让优化程序做一些我们不希望的优化。

每个实例的_tWinMain函数运行时，g_lApplicationInstances变量会递增1。_tWinMain退出之前，该变量会递减1。由于会有多个线程访问这个共享资源，所以程序使用了InterlockedExchangeAdd来修改变量的值。

每个实例在显示对话框时会调用Dlg_OnInitDialog函数。该函数向所有顶层窗口(top-level window)广播一条窗口消息(消息ID包含在g_uMsgAppInstCountUpdate变量中):

```
PostMessage(HWND_BROADCAST, g_uMsgAppInstCountUpdate, 0, 0);
```

除了示例程序的窗口，系统中其他所有窗口都会忽略这条窗口消息。当示例程序的窗口收到这条消息时，Dlg_Proc中的代码会根据保存在共享变量g_lApplicationInstances中的当前实例数来更新对话框中的数字。

473

AppInst.cpp

```
/******************************************************************************
Module:  AppInst.cpp
Notices: Copyright (c) 2008 Jeffrey Richter & Christophe Nasarre
******************************************************************************/


#include "..\CommonFiles\CmnHdr.h"     /* See Appendix A. */
#include <windowsx.h>
#include <tchar.h>
#include "Resource.h"


///////////////////////////////////////////////////////////////////////////////


// The system-wide window message, unique to the application
UINT g_uMsgAppInstCountUpdate = WM_APP+123;


///////////////////////////////////////////////////////////////////////////////


// Tell the compiler to put this initialized variable in its own Shared
// section so it is shared by all instances of this application.
#pragma data_seg("Shared")
volatile LONG g_lApplicationInstances = 0;
#pragma data_seg()

// Tell the linker to make the Shared section readable, writable, and shared.
#pragma comment(linker, "/Section:Shared,RWS")


///////////////////////////////////////////////////////////////////////////////


BOOL Dlg_OnInitDialog(HWND hWnd, HWND hWndFocus, LPARAM lParam) {

   chSETDLGICONS(hWnd, IDI_APPINST);

   // Force the static control to be initialized correctly.
   PostMessage(HWND_BROADCAST, g_uMsgAppInstCountUpdate, 0, 0);
   return(TRUE);
}
```

```
/////////////////////////////////////////////////////////////////////////////


void Dlg_OnCommand(HWND hWnd, int id, HWND hWndCtl, UINT codeNotify) {

   switch (id) {
      case IDCANCEL:
         EndDialog(hWnd, id);
         break;
   }
}


/////////////////////////////////////////////////////////////////////////////


INT_PTR WINAPI Dlg_Proc(HWND hWnd, UINT uMsg, WPARAM wParam, LPARAM lParam) {

   if (uMsg == g_uMsgAppInstCountUpdate) {
      SetDlgItemInt(hWnd, IDC_COUNT, g_lApplicationInstances, FALSE);
   }

   switch (uMsg) {
      chHANDLE_DLGMSG(hWnd, WM_INITDIALOG, Dlg_OnInitDialog);
      chHANDLE_DLGMSG(hWnd, WM_COMMAND,    Dlg_OnCommand);
   }
   return(FALSE);
}


/////////////////////////////////////////////////////////////////////////////


int WINAPI _tWinMain(HINSTANCE hInstExe, HINSTANCE, PTSTR, int) {

   // Get the numeric value of the systemwide window message used to notify
   // all top-level windows when the module's usage count has changed.
   g_uMsgAppInstCountUpdate =
      RegisterWindowMessage(TEXT("MsgAppInstCountUpdate"));

   // There is another instance of this application running
   InterlockedExchangeAdd(&g_lApplicationInstances, 1);

   DialogBox(hInstExe, MAKEINTRESOURCE(IDD_APPINST), NULL, Dlg_Proc);
```

```
  // This instance of the application is terminating
  InterlockedExchangeAdd(&g_lApplicationInstances, -1);

  // Have all other instances update their display
  PostMessage(HWND_BROADCAST, g_uMsgAppInstCountUpdate, 0, 0);

  return(0);
}


/////////////////////////////// End of File //////////////////////////////
```

474~475

17.2　映射到内存的数据文件

Windows操作系统允许将数据文件映射到进程的地址空间，这样在操控大数据流时就会
很方便。

为了理解以这种方式使用内存映射文件究竟有多大的威力，我们来看看一个对文件中的
所有字节进行反转的例子。可通过4种方法来实现该程序。

17.2.1　方法1：一个文件，一个缓冲区

第一种方法，也是理论上最简单的方法，是分配一块足够大的内存来存放整个文件。接
着打开文件，将文件内容读取到内存中，然后关闭文件。这时可以对内存中的文件内容
进行操作，将第一个字节和最后一个字节交换，将第二个字节和倒数第二个字节交换，
以此类推。交换操作一直继续，直到到达文件的中间。所有字节都交换完成后，可以再
次打开文件，并用内存块的内容覆盖文件的内容。

这种方法实现起来非常简单，但它有两个主要的缺点。首先，必须根据文件的大小来分
配一个内存块。如果文件比较小，情况可能还不算太糟，但如果文件非常大怎么办，比
如说2 GB？32位操作系统不允许应用程序调拨那么大的物理存储。大文件需要用其他方
法来处理。

其次，如果在将反转了顺序的内容写回文件时发生中断，文件会发生损坏。避免这种情
况最简单的方法是，在反转文件内容之前先将原始文件复制一份。如果整个过程成功
完成，就可以删除文件的副本。但遗憾的是，这样的安全防范措施需要占用额外的磁盘
空间。

17.2.2 方法2：两个文件，一个缓冲区

第二种方法是先打开现有文件，并在磁盘上创建一个长度为0的新文件。接着，分配一个小的内部缓冲区，比如8 KB。将文件指针定位到原始文件末尾减去8 KB的地方，将最后8 KB读入缓冲区，反转字节，将反转后的内容写入新创建的文件。这个定位文件指针、读取、反转和写入的过程会一直持续，直到到达原始文件的起始位置。如果文件长度不是8 KB的整数倍，那么需要一些特殊处理，但也不算太麻烦。完全处理好原始文件后，将两个文件都关闭并删除原始文件。

和第一种方法相比，这种方法的实现要复杂一些。由于只分配了8 KB的内存，所以它的内存使用效率更高。但这种方法同样存在两个问题。首先，由于每次在读取原始文件之前都必须执行文件指针定位操作，所以它的处理速度比第一种方法慢。其次，这种方法可能会消耗大量磁盘空间。如果原始文件的大小为1 GB，那么在处理过程中新文件将逐渐增大到1 GB。在原始文件被删除前，这两个文件将占用2 GB的磁盘空间。这比实际应该需要的磁盘空间整整多了1 GB，正是这个缺点导致了第3种方法的产生。

17.2.3 方法3：一个文件，两个缓冲区

这种方法在程序初始化时分配两个单独的8 KB缓冲区。程序将文件前8 KB读入第一个缓冲区，将文件最后8 KB读入另一个缓冲区。然后，对两个缓冲区的内容都执行反转操作，并将第一个缓冲区的内容写回文件末尾，将第二个缓冲区的内容写回文件开头。这个过程会一直进行，每次都以8 KB为单位交换前后两个块。如果文件大小不是16 KB的整数倍，最后两个8 KB的缓冲区会有一部分内容重叠，需要进行特殊处理。和前一种方法相比，这个特殊处理要复杂一些，但还不至于吓倒有经验的程序员。

和前两种方法相比，这种方法能更好地节省磁盘空间。由于所有数据都读取自和写入到同一个文件，所以不需要额外的磁盘空间。在内存使用方面，这种方法也不差，只使用了16 KB内存。当然，这种方法可能是最难实现的。和第一种方法一样，如处理过程发生中断，可能导致数据文件损坏。

现在，让我们看看如何利用内存映射文件实现整个处理过程。

476~477

17.2.4 方法4：一个文件，零个缓冲区

使用内存映射文件来反转文件内容时，需打开文件并向系统预订一个虚拟地址空间区域。接着让系统将文件的第一个字节映射到该区域的第一个字节。然后就可以访问这个虚拟内存区域，就好像它实际包含了文件一样。事实上，如果要反转的是文本文件，且

文件末尾的字节是0，就可以将该文件当作内存中的一个字符串来处理。此时，直接调用C运行库函数_tcsrev就能反转文件中的数据。

这种方法最大的优点在于，系统能够为我们处理所有与文件缓存有关的操作。不必再分配任何内存，将文件中的数据载入内存，将数据写回文件，以及释放内存块。遗憾的是，使用内存映射文件的时候，如操作期间发生中断(比如断电)，仍然有可能导致数据损坏。

17.3　使用内存映射文件

使用内存映射文件时，需要执行以下三个步骤。

(1) 创建或打开一个文件内核对象，该对象标识了想要用作内存映射文件的那个磁盘文件。
(2) 创建一个文件映射内核对象，向系统说明文件的大小以及准备如何访问文件。
(3) 告诉系统将文件映射对象的部分或全部映射到进程的地址空间中。

内存映射文件使用完毕后，必须执行以下三个步骤来进行清理。

(1) 告诉系统从进程地址空间中取消对文件映射内核对象的映射。
(2) 关闭文件映射内核对象。
(3) 关闭文件内核对象。

下面详细讨论所有这些步骤。

477

17.3.1　第1步：创建或打开文件内核对象

文件内核对象总是通过调用CreateFile函数来创建或打开：

```
HANDLE CreateFile(
    PCSTR pszFileName,
    DWORD dwDesiredAccess,
    DWORD dwShareMode,
    PSECURITY_ATTRIBUTES psa,
    DWORD dwCreationDisposition,
    DWORD dwFlagsAndAttributes,
    HANDLE hTemplateFile);
```

CreateFile有许多参数，其中大部分已在第10章做了介绍。这里将重点聚焦于前三个参数：pszFileName，dwDesiredAccess和dwShareMode。

你可能已经猜到，第一个参数pszFileName表示想创建或打开的文件的名称(可选择包含路径)。第二个参数dwDesiredAccess指定以什么方式访问文件内容，这可以是表17-3列出的4个值之一。

表17-3　希望的文件访问权限

值	含义
0	不能读写文件内容。如果只想取得文件的属性，就指定 0
GENERIC_READ	可以读取文件
GENERIC_WRITE	可以写入文件
GENERIC_READ | GENERIC_WRITE	文件可读可写

创建或打开一个作为内存映射文件来使用的文件时，应根据访问文件数据的方式来选择一个或一组最合适的标志。对于内存映射文件，必须以只读方式或可读/可写方式来打开文件，相应的标志是GENERIC_READ或GENERIC_READ | GENERIC_WRITE。

第三个参数dwShareMode告诉系统准备如何共享该文件。它的值可以是表17-4列出的4个值之一。

表17-4　文件共享模式

值	含义
0	其他任何试图打开文件的操作都会失败
FILE_SHARE_READ	其他任何试图通过 GENERIC_WRITE 来打开文件的操作都会失败
FILE_SHARE_WRITE	其他任何试图通过 GENERIC_READ 来打开文件的操作都会失败
FILE_SHARE_READ | FILE_SHARE_WRITE	其他任何试图打开文件的操作都会成功

478

如果CreateFile成功创建或打开了指定文件，它会返回一个文件内核对象的句柄；否则返回INVALID_HANDLE_VALUE。

> **说明**　大多数返回句柄的 Windows 函数会在失败时返回 NULL。但 CreateFile 返回的是 INVALID_HANDLE_VALUE，该值被定义为 ((HANDLE) -1)。

17.3.2　第2步：创建文件映射内核对象

调用CreateFile是为了告诉操作系统文件映射的物理存储所在的位置。传入的路径是文件在磁盘(可以是网络或光盘)上的位置，它是为文件映射对象提供后备的物理

存储。现在，必须告诉系统文件映射对象需要多大的物理存储。为此，必须调用
CreateFileMapping：

```
HANDLE CreateFileMapping(
    HANDLE hFile,
    PSECURITY_ATTRIBUTES psa,
    DWORD fdwProtect,
    DWORD dwMaximumSizeHigh,
    DWORD dwMaximumSizeLow,
    PCTSTR pszName);
```

第一个参数hFile是需要映射到进程地址空间的文件的句柄。该句柄是之前调用CreateFile
时返回的。psa参数是指向一个SECURITY_ATTRIBUTES结构的指针，该结构用于文件映射
内核对象，通常为该参数传递NULL (提供默认安全性，且返回的句柄不可继承)。

如本章开头所述，创建内存映射文件类似于预订地址空间区域并为其调拨物理存储。区
别在于，内存映射文件的物理存储来自一个磁盘文件，而不是从系统的分页文件中分
配。创建文件映射对象时，系统不会预订一个地址空间区域并将文件的存储映射到该区
域。下一节会解释具体如何做。但是，在系统将存储映射到进程的地址空间时，它必须
知道要为物理存储页指定什么保护属性。CreateFileMapping的fdwProtect参数就是让我
们指定保护属性的。大多数时候，我们会指定表17-5列出的5种保护属性之一。

479~480

表17-5　页面保护属性

保护属性	含义
PAGE_READONLY	完成对文件映射对象的映射后，可以读取文件的数据。必须向 CreateFile 传递 GENERIC_READ
PAGE_READWRITE	完成对文件映射对象的映射后，可以读写文件的数据。必须向 CreateFile 传递 GENERIC_READ | GENERIC_WRITE
PAGE_WRITECOPY	完成对文件映射对象的映射后，可以读写文件的数据。写入操作会导致系统为页面创建一份副本。必须向 CreateFile 传递 GENERIC_READ 或 GENERIC_READ | GENERIC_WRITE
PAGE_EXECUTE_READ	完成对文件映射对象的映射后，可以读取文件的数据，也可以运行其中的代码。必须向 CreateFile 传递 GENERIC_READ 和 GENERIC_EXECUTE
PAGE_EXECUTE_READWRITE	完成对文件映射对象的映射后，可以读写文件的数据，还可以运行其中的代码。必须向 CreateFile 传递 GENERIC_READ，GENERIC_WRITE 和 GENERIC_EXECUTE

除了刚才提到的页面保护属性，还可以在CreateFileMapping的fdwProtect参数中对5种段
属性进行按位OR。"段"不过是"内存映射"的另一种说法，这种类型的内核对象可通

过Process Explorer来显示(https://tinyurl.com/ycj8yjkn)。

这些段属性中的第一个是SEC_NOCACHE，它告诉系统不要缓存文件的内存映射页。所以和平常的情况相比，向文件写入数据时，系统会更频繁地更新磁盘上的文件数据。这个标志和PAGE_NOCACHE保护属性相似，主要由驱动程序开发人员使用，应用程序一般用不上。

第二个段属性是SEC_IMAGE，它告诉系统要映射的文件是一个PE(portable executable，可移植执行体)文件映像。系统将文件映射到进程的地址空间时，会检查文件内容，并决定要为映射的映像中的各个页分配什么保护属性。例如，PE文件的代码段(.text)一般用PAGE_EXECUTE_READ属性来映射，而数据段(.data)一般用PAGE_READWRITE属性来映射。指定SEC_IMAGE属性相当于告诉系统，需要映射文件的映像并设置相应的页面保护属性。

接着两个属性分别是SEC_RESERVE和SEC_COMMIT，它们不仅是互斥的，也不适用于映射到内存的数据文件。这两个标志会在17.10节"稀疏调拨的内存映射文件"中讨论。创建内存映射数据文件时，不要用这两个标志中的任何一个，CreateFileMapping会忽略它们。

最后一个属性是SEC_LARGE_PAGES，它告诉Windows要为内存映射映像使用大的RAM页。该属性只对PE映像文件或仅内存的映射文件有效。如果将自己的数据文件映射到内存，是无法使用该属性的。15.3节"同时预订和调拨物理存储"在讨论VirtualAlloc时说过，使用大的RAM页必须满足下列条件。

- 调用CreateFileMapping时必须将SEC_COMMIT属性OR在一起以调拨内存。
- 映射的大小必须要大于GetLargePageMinimum函数的返回值。参见稍后对dwMaximumSizeHigh和dwMaximumSizeLow这两个参数的解释。
- 必须用PAGE_READWRITE保护属性定义映射。
- 用户必须授予并启用"锁定内存页"用户权限，否则CreateFileMapping函数调用会失败。

CreateFileMapping函数接下来的两个参数最重要，即dwMaximumSizeHigh和dwMaximumSizeLow。CreateFileMapping函数的主要目的是为了确保有足够的物理存储可供文件映射对象使用。这两个参数告诉系统内存映射文件的最大大小(以字节为单位)。由于Windows支持用64位整数表示文件大小，所以这里必须使用两个32位值，其中参数dwMaximumSizeHigh表示高32位，而参数dwMaximumSizeLow表示低32位。对于小于4 GB的文件，dwMaximumSizeHigh始终为0。

使用64位整数意味着Windows能处理多达16 EB(exabyte)的文件。要用当前文件大小创建一个文件映射对象，为这两个参数传递0即可。如果只想读取文件，或在不改变文件大小的前提下访问文件，同样需要这两个参数传递0。要向文件追加数据，在选择文件最大大小时应留有余地。如果磁盘文件当前大小为0字节，就不能传两个0给CreateFileMapping函数的dwMaximumSizeHigh参数和dwMaximumSizeLow参数。这样做相当于告诉系统你想要具有0字节存储的一个文件映射对象。CreateFileMapping认为这是错误的并返回NULL。

如果你到目前为止一直有在认真阅读，一定会发现有个地方问题很大。Windows支持的文件和文件映射对象最大可以到16 EB，这很好，但32位进程的地址空间最大也就4 GB(其中一小部分甚至还不能用)，怎么才能将那么大的文件映射到其中呢？下一节将介绍具体怎么做。当然，64位进程本来就有16 EB的地址空间，所以能处理大得多的文件映射。但是，如果文件超级大，类似的限制依然存在。

为了真正理解CreateFile函数和CreateFileMapping函数的工作方式，让我们来做下面的试验。在开发环境中输入以下代码，生成它，然后在调试器中运行。在单步跟踪每一条语句的同时，打开一个命令行窗口，并在C:\目录下运行dir命令。随着每条语句在调试器中执行，请留意目录中的内容有什么变化。

```
int WINAPI _tWinMain(HINSTANCE, HINSTANCE, PTSTR, int) {

    // 在执行下面这行之前，C:\ 目录下没有名为 "MMFTest.Dat" 的文件
    HANDLE hFile = CreateFile(TEXT("C:\\MMFTest.Dat"),
        GENERIC_READ | GENERIC_WRITE,
        FILE_SHARE_READ | FILE_SHARE_WRITE, NULL, CREATE_ALWAYS,
        FILE_ATTRIBUTE_NORMAL, NULL);

    // 在执行下面这行之前，MMFTest.Dat 已经存在，但文件大小为 0 字节
    HANDLE hFileMap = CreateFileMapping(hFile, NULL, PAGE_READWRITE,
        0, 100, NULL);

// 执行上面那行后，MMFTest.Dat 文件的大小变成 100 字节

    // 执行清理
    CloseHandle(hFileMap);
    CloseHandle(hFile);

    // 进程终止后，MMFTest.Dat 留在磁盘上，且大小为 100 字节
    return(0);
}
```

481~482

如果调用CreateFileMapping并传入PAGE_READWRITE标志，系统会进行检查，确保磁盘

上对应的数据文件的大小不小于dwMaximumSizeHigh参数和dwMaximumSizeLow参数指定的大小。如果文件比指定的小，CreateFileMapping会增大文件的大小。这个增大文件大小的操作是必须的，其目的是为了保证之后将文件用作内存映射文件时，物理存储已准备就绪。如果文件映射对象是用PAGE_READONLY或PAGE_WRITECOPY标志创建的，那么为CreateFileMapping指定的大小一定不能大于文件在磁盘上的实际大小，因为不能向文件追加任何数据。

CreateFileMapping的最后一个参数pszName是一个以0为终止符的字符串，用来为文件映射对象指定名称。该名称用来在不同进程间共享文件映射对象。本章后面的一个示例展示了这种用法。第3章也对内核对象的共享进行了深入细致的讨论。通常并不需要共享内存映射文件，所以为这个参数传递NULL即可。

系统会创建文件映射对象，并向调用线程返回一个标识了对象的句柄。如系统无法创建文件映射对象，会返回一个NULL句柄值。再次提醒，CreateFile失败时返回的是INVALID_HANDLE_VALUE(被定义为-1)，而CreateFileMapping失败时返回的是NULL。不要混淆这两个错误值。

17.3.3　第3步：将文件的数据映射到进程的地址空间

在创建了文件映射对象之后，还需要为文件的数据预订一个地址空间区域，并将文件的数据作为物理存储调拨给区域。这是调用MapViewOfFile来实现的：

```
PVOID MapViewOfFile(
    HANDLE hFileMappingObject,
    DWORD dwDesiredAccess,
    DWORD dwFileOffsetHigh,
    DWORD dwFileOffsetLow,
    SIZE_T dwNumberOfBytesToMap);
```

hFileMappingObject参数是文件映射对象的句柄，它是之前调用CreateFileMapping或OpenFileMapping函数时返回的(后者稍后就会讨论)。dwDesiredAccess参数指定数据访问方式。是的，必须再次指定准备如何访问文件的数据。可以指定表17-6列出的5个值之一。

482

Windows要求一而再、再而三地设置这些保护属性，这显然很奇怪，也很烦人。我猜，其目的是让应用程序尽可能多地对数据保护进行控制。

剩下三个参数涉及地址空间区域的预订和物理存储映射到区域的映射。将文件映射到进程的地址空间时，不必一下子映射整个文件。可以每次只将文件的一小部分映射到地址空间中。文件被映射到进程地址空间的部分称为视图(view)，这解释了MapViewOfFile函数名的来历。

表17-6　内存映射文件访问权限

值	含义
FILE_MAP_WRITE	可以读写文件数据。调用 CreateFileMapping 时必须传递 PAGE_READWRITE
FILE_MAP_READ	可以读取文件。调用 CreateFileMapping 时可以传递 PAGE_READONLY 或 PAGE_READWRITE 保护属性
FILE_MAP_ALL_ACCESS	等同于 FILE_MAP_WRITE | FILE_MAP_READ | FILE_MAP_COPY
FILE_MAP_COPY	可以读写文件数据。写入会导致创建该页面的一份私有副本。调用 CreateFileMapping 时只能传递 PAGE_WRITECOPY 保护属性
FILE_MAP_EXECUTE	数据可作为代码执行。调用 CreateFileMapping 时可以传递 PAGE_EXECUTE_READWRITE 或 PAGE_EXECUTE_READ 保护属性

将文件的一个视图映射到进程的地址空间时，必须告诉系统两件事情。首先，必须告诉系统应该将数据文件中的哪个字节映射到视图中的第一个字节。这是通过dwFileOffsetHigh和dwFileOffsetLow参数来指定的。由于Windows支持的文件大小最大可达16 EB，所以这个字节偏移量也必须用64位值来指定，其中高32位的部分由dwFileOffsetHigh表示，低32位的部分由dwFileOffsetLow表示。注意，在文件中的偏移量必须是系统的分配粒度的整数倍。到目前为止，Windows所有版本的分配粒度都是64 KB。14.1节"系统信息"展示了如何取得一个给定系统的分配粒度。

其次，必须告诉系统要将数据文件中的多少映射到地址空间。这和预订地址空间区域时需要指定区域的大小是一样的道理。dwNumberOfBytesToMap参数用来指定这个大小。如果指定的大小为0，系统会试图将文件中从偏移量开始到文件末尾的所有部分都映射到视图中。注意，无论整个文件映射对象有多大，MapViewOfFile只需找到一个足以容纳指定视图的地址空间区域。

如果在调用MapViewOfFile时指定了FILE_MAP_COPY标志，系统会从分页文件中调拨物理存储。调拨的物理存储的大小由dwNumberOfBytesToMap参数决定。对文件映射视图进行操作时，只要执行的不是除读取数据之外的其他操作，系统就不会用到从分页文件中调拨的页面。但是，进程中的任何线程首次向文件映射视图中的任何内存地址写入时，系统就会从分页文件中选择一个已调拨的页面，将原始数据页复制到分页文件中的这一页，然后将这个复制的页映射到进程地址空间。之后，各个线程都访问数据的副本，不能读取或修改原始数据。

483~484

系统对原始数据进行复制时，会将页面的保护属性从PAGE_WRITECOPY改成PAGE_

READWRITE。以下代码说明了整个过程：

```
// Open the file that we want to map.
HANDLE hFile = CreateFile(pszFileName, GENERIC_READ | GENERIC_WRITE, 0, NULL,
    OPEN_ALWAYS, FILE_ATTRIBUTE_NORMAL, NULL);

// Create a file-mapping object for the file.
HANDLE hFileMapping = CreateFileMapping(hFile, NULL, PAGE_WRITECOPY,
    0, 0, NULL);

// Map a copy-on-write view of the file; the system will commit
// enough physical storage from the paging file to accommodate
// the entire file. All pages in the view will initially have
// PAGE_WRITECOPY access.
PBYTE pbFile = (PBYTE) MapViewOfFile(hFileMapping, FILE_MAP_COPY,
    0, 0, 0);

// Read a byte from the mapped view.
BYTE bSomeByte = pbFile[0];
// When reading, the system does not touch the committed pages in
// the paging file. The page keeps its PAGE_WRITECOPY attribute.

// Write a byte to the mapped view.
pbFile[0] = 0;
// When writing for the first time, the system grabs a committed
// page from the paging file, copies the original contents of the
// page at the accessed memory address, and maps the new page
// (the copy) into the process' address space. The new page has
// an attribute of PAGE_READWRITE.

// Write another byte to the mapped view.
pbFile[1] = 0;
// Because this byte is now in a PAGE_READWRITE page, the system
// simply writes the byte to the page (backed by the paging file).

// When finished using the file's mapped view, unmap it.
// UnmapViewOfFile is discussed in the next section.
UnmapViewOfFile(pbFile);
// The system decommits the physical storage from the paging file.
// Any writes to the pages are lost.

// Clean up after ourselves.
CloseHandle(hFileMapping);
CloseHandle(hFile);
```

484

说明 在 NUMA(非统一内存访问) 机器上，通过将存放数据的 RAM 与访问数据的线程所在的 CPU 保持在同一节点中，我们可以提高应用程序的性能。默认情况下，当线程对内存映射文件的视图进行映射时，Windows 会自动尝试使用与线程所在 CPU 位于同一节点的 RAM。但是，如事先知道一个线程可能转移到另一个节点的 CPU，则可以调用 CreateFileMappingNuma 并在最后一个参数 (dwPreferredNumaNode) 中显式指出应从哪个 NUMA 节点中分配 RAM，从而覆盖系统的默认行为：

```
HANDLE CreateFileMappingNuma(
    HANDLE hFile,
    PSECURITY_ATTRIBUTES psa,
    DWORD fdwProtect,
    DWORD dwMaximumSizeHigh,
    DWORD dwMaximumSizeLow,
    PCTSTR pszName,
    DWORD dwPreferredNumaNode
);
```

现在，当 MapViewOfFile 被调用时，它会记得使用在调用 CreateFileMappingNuma 时指定的节点。此外，Windows 还提供了 MapViewOfFileExNuma 函数，可用它覆盖在 CreateFileMappingNuma 时指定的 NUMA 节点：

```
PVOID MapViewOfFileExNuma(
    HANDLE hFileMappingObject,
    DWORD dwDesiredAccess,
    DWORD dwFileOffsetHigh,
    DWORD dwFileOffsetLow,
    SIZE_T dwNumberOfBytesToMap,
    LPVOID lpBaseAddress,
    DWORD dwPreferredNumaNode
);
```

14.3 节 "NUMA 机器中的内存管理" 介绍了一些用于确定 NUMA 节点和 CPU 之间关系的 Windows 函数。15.1 节 "预订地址空间区域" 末尾介绍了 NUMA 如何影响内存分配。

17.3.4　第4步：从进程的地址空间撤销对文件数据的映射

不再需要将文件的数据映射到进程地址空间时，可调用以下函数来释放内存区域：

```
BOOL UnmapViewOfFile(PVOID pvBaseAddress);
```

该函数只有一个参数pvBaseAddress，它指定了要返还的区域的基地址，它必须和

MapViewOfFile的返回值相同。一定要记得调用UnmapViewOfFile。否则，在进程终止之前，预订的区域会一直得不到释放。每次调用MapViewOfFile时，系统总是在进程地址空间中预订一个新区域，之前预订的任何区域都不会释放。

出于对速度的考虑，系统会对文件数据的页面进行缓冲，不会在处理文件的映射视图时随时更新文件的磁盘映像。如需确保所做的更新已写入磁盘，可调用FlushViewOfFile函数，强制系统将部分或全部修改过的数据回写到磁盘：

```
BOOL FlushViewOfFile(
    PVOID pvAddress,
    SIZE_T dwNumberOfBytesToFlush);
```

第一个参数是内存映射文件视图中的一个字节的地址。函数会将传入的地址向下取整到一个页边界。第二个参数指定想回写(flush)的字节数。系统会将该值向上取整，使总字节数成为页面大小的整数倍。如果在没有修改过任何数据的情况下调用FlushViewOfFile，函数不会将任何东西写入磁盘，而是直接返回。

如果内存映射文件的存储来自网络，那么FlushViewOfFile会保证从当前工作站写入文件数据。但是，FlushViewOfFile不保证正在共享文件的服务器会将数据写入远程磁盘驱动器，因为服务器可能会对文件数据进行缓存。为确保服务器写入文件数据，任何时候创建文件映射对象并映射其视图时，都要向CreateFile函数传递FILE_FLAG_WRITE_THROUGH标志。如果用该标志打开文件，只有所有文件数据都已存储到服务器的磁盘驱动器上，FlushViewOfFile才会返回。

UnmapViewOfFile有一个特点需要注意。如果视图最初是用FILE_MAP_COPY标志映射的，那么对文件数据进行任何修改时，修改的实际都是分页文件中的文件数据的一个副本。在这种情况下调用UnmapViewOfFile，函数不需要对磁盘文件进行任何更新，但它会释放分页文件中的页面，从而导致数据丢失。

如希望保留修改过的数据，必须自己做一些额外的操作。例如，可用PAGE_READWRITE标志为同一个文件创建另一个文件映射对象，再用FILE_MAP_WRITE标志将这个新的文件映射对象映射到进程地址空间。然后，在第一个视图中扫描具有PAGE_READWRITE保护属性的页面。只要找到一个具有该属性的页面，就可检查其内容，决定是否需要将修改过的数据写入文件。如果不想用新数据更新文件，就继续扫描剩余页面，直到文件末尾。但是，如果想保存修改过的数据页面，调用MoveMemory将该数据页面从第一个视图复制到第二个视图即可。由于第二个视图是用PAGE_READWRITE保护属性映射的，所以MoveMemory函数会更新文件位于磁盘上的实际内容。可利用这种方法来确定修改并保留文件数据。

17.3.5　第5步和第6步：关闭文件映射对象和文件对象

不消说，自己打开的任何内核对象始终都应主动关闭，不然会在进程继续运行的过程中发生资源泄漏。当然，进程终止时，系统会自动关闭任何由进程打开但忘了关闭的对象。但如果进程要运行一段比较长的时间，会造成资源句柄越积越多。写代码时，坚持关闭自己打开的任何对象，这样的代码才是整洁和合格的代码。为了关闭文件映射对象和文件对象，必须调用CloseHandle函数两次，每次关闭一个句柄。

486~487

现在仔细看一看这个过程。以下伪代码是一个使用内存映射文件的例子：

```
HANDLE hFile = CreateFile(...);
HANDLE hFileMapping = CreateFileMapping(hFile, ...);
PVOID pvFile = MapViewOfFile(hFileMapping, ...);

// 使用内存映射文件

UnmapViewOfFile(pvFile);
CloseHandle(hFileMapping);
CloseHandle(hFile);
```

上述代码展示的是操控内存映射文件时"预期"的方法。但是，系统还会在你调用MapViewOfFile时增加文件对象和文件映射对象的引用计数，这一点在代码中没有体现出来。这个副作用非常重要，因为它意味着可以像下面这样重写上述代码：

```
HANDLE hFile = CreateFile(...);
HANDLE hFileMapping = CreateFileMapping(hFile, ...);
CloseHandle(hFile);
PVOID pvFile = MapViewOfFile(hFileMapping, ...);
CloseHandle(hFileMapping);
// 使用内存映射文件

UnmapViewOfFile(pvFile);
```

使用内存映射文件时，通常会打开文件，创建文件映射对象，然后用文件映射对象将文件数据的一个视图映射到进程地址空间。由于系统会增加文件对象和文件映射对象的内部引用计数，所以为了消除潜在的资源泄漏，可在代码开头就关闭这些对象。

要从同一个文件创建额外的文件映射对象，或映射同一个文件映射对象的多个视图，就不能过早调用CloseHandle，因为之后在发出对CreateFileMapping和MapViewOfFile的额外调用时，还需要用到这些句柄。

内存映射文件　|　545

17.3.6　File Reverse示例程序

File Reverse应用程序(17-File Rev.exe)展示了如何使用内存映射文件反转一个ANSI或Unicode文本文件的内容。应用程序的源文件和资源文件在本书配套资源的17-File Rev目录中。程序启动时会显示如图17-6所示的窗口。

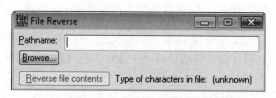

图17-6　启动后显示的窗口

程序要求先选择一个文件。单击Reverse file contents按钮后，程序会反转文件中所有字符的顺序。程序只能正确处理文本文件，不支持二进制文件。程序调用IsTextUnicode函数(参见第2章)来检测文本文件是ANSI还是Unicode格式。

单击Reverse file contents按钮时，程序会为指定的文件复制一份名为FileRev.dat的副本。这样做的目的是避免原始文件因内容反转而变得不能再用。接着，程序调用FileReverse函数来反转文件的内容。FileReverse会调用CreateFile函数，以读/写方式打开FileRev.dat。

以前说过，反转文件内容最简单的方法就是调用C运行库函数_strrev。所有C语言格式字符串的最后一个字符必须是0终止符。由于文本文件不以0结尾，所以程序必须向文件追加一个。为此，程序首先调用了GetFileSize：

```
dwFileSize = GetFileSize(hFile, NULL);
```

这样就知道了文件的长度，接着就能调用CreateFileMapping来创建文件映射对象了。创建文件映射对象时，所用的长度是dwFileSize加一个宽字符的大小(用于字符0)。创建好文件映射对象后，对象的一个视图被映射到程序的地址空间。pvFile变量包含了MapViewOfFile的返回值，它指向文本文件的第一个字节。

下一步是将字符0写到文件末尾并反转字符串：

```
PSTR pchANSI = (PSTR) pvFile;
pchANSI[dwFileSize / sizeof(CHAR)] = 0;
```

文本文件每一行末尾是一个回车符('\r')后跟一个换行符('\n')。不巧的是，调用_strrev来反转文件的时候，这些字符也会反转。为了能用文本编辑器正常打开反转后的文本文件，必须将每一对"\n\r"转换回原来的"\r\n"顺序。这个转换是通过以下循环来完成的：

```
while (pchANSI != NULL) {
    // We have found an occurrence....
    *pchANSI++ = '\r'; // Change '\n' to '\r'.
    *pchANSI++ = '\n'; // Change '\r' to '\n'.
    pchANSI = strstr(pchANSI, "\n\r"); // Find the next occurrence.
}
```

查看像这样的简单代码时，你很容易就会忘记自己实际是在处理磁盘上的文件内容，这证明了内存映射文件的强大。

488

反转文件内容后必须执行清理。清理工作包括撤销对文件映射对象视图的映射，以及关闭所有内核对象的句柄。此外，必须将此前追加到文件末尾的字符0去掉(记住，_strrev不会反转0终止符的位置)。不将字符0去掉，反转后的文件会比原始文件大一个字符，而且再次调用FileReverse函数也无法使文件重新恢复成原来的样子。为了去掉末尾的字符0，必须退而使用文件管理函数，不能再通过内存映射来操控文件。

为了强制反转后的文件在一个特定位置结束，需要先将文件指针定位到想要的位置(原始文件的末尾)，然后调用SetEndOfFile函数：

```
SetFilePointer(hFile, dwFileSize, NULL, FILE_BEGIN);
SetEndOfFile(hFile);
```

说明　在调用 SetEndOfFile 之前必须先撤销对视图的映射并关闭文件映射对象，否则函数将返回 FALSE，而且调用 GetLastError 会返回 ERROR_USER_MAPPED_FILE。该错误码表示该文件已关联到文件映射对象，不能改变文件大小。

程序最后做的一件事是启动记事本程序，这样就可以查看反转后的文件。图17-7展示了用该程序反转FileRev.cpp文件的结果。

图17-7 反转后的结果

```
FileRev.cpp
/******************************************************************************
Module:  FileRev.cpp
Notices: Copyright (c) 2008 Jeffrey Richter & Christophe Nasarre
******************************************************************************/


#include "..\CommonFiles\CmnHdr.h"      /* See Appendix A. */
#include <windowsx.h>
#include <tchar.h>
#include <commdlg.h>
#include <string.h>          // For _strrev
#include "Resource.h"



///////////////////////////////////////////////////////////////////////////////



#define FILENAME  TEXT("FileRev.dat")
```

```
//////////////////////////////////////////////////////////////////////////////////////

BOOL FileReverse(PCTSTR pszPathname, PBOOL pbIsTextUnicode) {

   *pbIsTextUnicode = FALSE;   // Assume text is Unicode

   // Open the file for reading and writing.
   HANDLE hFile = CreateFile(pszPathname, GENERIC_WRITE | GENERIC_READ, 0,
      NULL, OPEN_EXISTING, FILE_ATTRIBUTE_NORMAL, NULL);

   if (hFile == INVALID_HANDLE_VALUE) {
      chMB("File could not be opened.");
      return(FALSE);
   }

   // Get the size of the file (I assume the whole file can be mapped).
   DWORD dwFileSize = GetFileSize(hFile, NULL);

   // Create the file-mapping object. The file-mapping object is 1 character
   // bigger than the file size so that a zero character can be placed at the
   // end of the file to terminate the string (file). Because I don't yet know
   // if the file contains ANSI or Unicode characters, I assume worst case
   // and add the size of a WCHAR instead of CHAR.
   HANDLE hFileMap = CreateFileMapping(hFile, NULL, PAGE_READWRITE,
      0, dwFileSize + sizeof(WCHAR), NULL);

   if (hFileMap == NULL) {
      chMB("File map could not be opened.");
      CloseHandle(hFile);
      return(FALSE);
   }

   // Get the address where the first byte of the file is mapped into memory.
   PVOID pvFile = MapViewOfFile(hFileMap, FILE_MAP_WRITE, 0, 0, 0);

   if (pvFile == NULL) {
      chMB("Could not map view of file.");
      CloseHandle(hFileMap);
      CloseHandle(hFile);
      return(FALSE);
   }
```

```
// Does the buffer contain ANSI or Unicode?
int iUnicodeTestFlags = -1;   // Try all tests
*pbIsTextUnicode = IsTextUnicode(pvFile, dwFileSize, &iUnicodeTestFlags);

if (!*pbIsTextUnicode) {
   // For all the file manipulations below, we explicitly use ANSI
   // functions because we are processing an ANSI file.

   // Put a zero character at the very end of the file.
   PSTR pchANSI = (PSTR) pvFile;
   pchANSI[dwFileSize / sizeof(CHAR)] = 0;

   // Reverse the contents of the file.
   _strrev(pchANSI);

   // Convert all "\n\r" combinations back to "\r\n" to
   // preserve the normal end-of-line sequence.
   pchANSI = strstr(pchANSI, "\n\r"); // Find first "\r\n".

   while (pchANSI != NULL) {
      // We have found an occurrence....
      *pchANSI++ = '\r';   // Change '\n' to '\r'.
      *pchANSI++ = '\n';   // Change '\r' to '\n'.
      pchANSI = strstr(pchANSI, "\n\r"); // Find the next occurrence.
   }

} else {
   // For all the file manipulations below, we explicitly use Unicode
   // functions because we are processing a Unicode file.

   // Put a zero character at the very end of the file.
   PWSTR pchUnicode = (PWSTR) pvFile;
   pchUnicode[dwFileSize / sizeof(WCHAR)] = 0;

   if ((iUnicodeTestFlags & IS_TEXT_UNICODE_SIGNATURE) != 0) {
      // If the first character is the Unicode BOM (byte-order-mark),
      // 0xFEFF, keep this character at the beginning of the file.
      pchUnicode++;
   }

   // Reverse the contents of the file.
   _wcsrev(pchUnicode);

   // Convert all "\n\r" combinations back to "\r\n" to
   // preserve the normal end-of-line sequence.
```

```
      pchUnicode = wcsstr(pchUnicode, L"\n\r"); // Find first '\n\r'.

      while (pchUnicode != NULL) {
         // We have found an occurrence....
         *pchUnicode++ = L'\r';   // Change '\n' to '\r'.
         *pchUnicode++ = L'\n';   // Change '\r' to '\n'.
         pchUnicode = wcsstr(pchUnicode, L"\n\r"); // Find the next occurrence.
      }
   }

   // Clean up everything before exiting.
   UnmapViewOfFile(pvFile);
   CloseHandle(hFileMap);

   // Remove trailing zero character added earlier.
   SetFilePointer(hFile, dwFileSize, NULL, FILE_BEGIN);
   SetEndOfFile(hFile);
   CloseHandle(hFile);

   return(TRUE);
}


///////////////////////////////////////////////////////////////////////////////


BOOL Dlg_OnInitDialog(HWND hWnd, HWND hWndFocus, LPARAM lParam) {

   chSETDLGICONS(hWnd, IDI_FILEREV);

   // Initialize the dialog box by disabling the Reverse button
   EnableWindow(GetDlgItem(hWnd, IDC_REVERSE), FALSE);
   return(TRUE);
}


///////////////////////////////////////////////////////////////////////////////


void Dlg_OnCommand(HWND hWnd, int id, HWND hWndCtl, UINT codeNotify) {

   TCHAR szPathname[MAX_PATH];

   switch (id) {
```

```
      case IDCANCEL:
         EndDialog(hWnd, id);
         break;

      case IDC_FILENAME:
         EnableWindow(GetDlgItem(hWnd, IDC_REVERSE),
            Edit_GetTextLength(hWndCtl) > 0);
         break;

      case IDC_REVERSE:
         GetDlgItemText(hWnd, IDC_FILENAME, szPathname, _countof(szPathname));

         // Make copy of input file so that we don't destroy it
         if (!CopyFile(szPathname, FILENAME, FALSE)) {
            chMB("New file could not be created.");
            break;
         }

         BOOL bIsTextUnicode;
         if (FileReverse(FILENAME, &bIsTextUnicode)) {
            SetDlgItemText(hWnd, IDC_TEXTTYPE,
               bIsTextUnicode ? TEXT("Unicode") : TEXT("ANSI"));

            // Spawn Notepad to see the fruits of our labors.
            STARTUPINFO si = { sizeof(si) };
            PROCESS_INFORMATION pi;
            TCHAR sz[] = TEXT("Notepad ") FILENAME;
            if (CreateProcess(NULL, sz,
               NULL, NULL, FALSE, 0, NULL, NULL, &si, &pi)) {

               CloseHandle(pi.hThread);
               CloseHandle(pi.hProcess);
            }
         }
         break;

      case IDC_FILESELECT:
         OPENFILENAME ofn = { OPENFILENAME_SIZE_VERSION_400 };
         ofn.hwndOwner = hWnd;
         ofn.lpstrFile = szPathname;
         ofn.lpstrFile[0] = 0;
         ofn.nMaxFile = _countof(szPathname);
         ofn.lpstrTitle = TEXT("Select file for reversing");
         ofn.Flags = OFN_EXPLORER | OFN_FILEMUSTEXIST;
         GetOpenFileName(&ofn);
```

```
        SetDlgItemText(hWnd, IDC_FILENAME, ofn.lpstrFile);
        SetFocus(GetDlgItem(hWnd, IDC_REVERSE));
        break;
    }
}


///////////////////////////////////////////////////////////////////////////


INT_PTR WINAPI Dlg_Proc(HWND hWnd, UINT uMsg, WPARAM wParam, LPARAM lParam) {

    switch (uMsg) {
        chHANDLE_DLGMSG(hWnd, WM_INITDIALOG,  Dlg_OnInitDialog);
        chHANDLE_DLGMSG(hWnd, WM_COMMAND,     Dlg_OnCommand);
    }
    return(FALSE);
}


///////////////////////////////////////////////////////////////////////////


int WINAPI _tWinMain(HINSTANCE hInstExe, HINSTANCE, PTSTR, int) {

    DialogBox(hInstExe, MAKEINTRESOURCE(IDD_FILEREV), NULL, Dlg_Proc);
    return(0);
}


/////////////////////////////// End of File ///////////////////////////////
```

490~494

17.4　用内存映射文件处理大文件

我在上一节说过，要介绍如何将16 EB的文件映射到小地址空间。好吧，这实际上不可能，相反，必须映射文件的一个视图，其中只包含文件的一小部分数据。首先映射文件最开头的一个视图。完成对文件第一个视图的访问后，撤销映射，再从较靠后的偏移位置开始映射一个新视图。一直重复该过程，直到完成对整个文件的访问。当然，这使我们对大型内存映射文件的处理变得不太方便，但好在大多数文件都比较小，所以通常不会遇到这个问题。

我们来看一个在32位地址空间中使用8 GB文件的例子。以下例程通过几个步骤对二进制文件中值为0的字节进行计数：

```c
__int64 Count0s(void) {

   // 视图必须从分配粒度的整数倍数开始
   SYSTEM_INFO sinf;
   GetSystemInfo(&sinf);

   // 打开数据文件
   HANDLE hFile = CreateFile(TEXT("C:\\HugeFile.Big"), GENERIC_READ,
      FILE_SHARE_READ, NULL, OPEN_EXISTING, FILE_FLAG_SEQUENTIAL_SCAN, NULL);

   // 创建文件映射对象
   HANDLE hFileMapping = CreateFileMapping(hFile, NULL,
      PAGE_READONLY, 0, 0, NULL);

   DWORD dwFileSizeHigh;
   __int64 qwFileSize = GetFileSize(hFile, &dwFileSizeHigh);
   qwFileSize += (((__int64) dwFileSizeHigh) << 32);

   // 不再需要访问文件对象的句柄
   CloseHandle(hFile);

   __int64 qwFileOffset = 0, qwNumOf0s = 0;

   while (qwFileSize > 0) {

   // 确定要在这个视图中映射的字节数
   DWORD dwBytesInBlock = sinf.dwAllocationGranularity;
   if (qwFileSize < sinf.dwAllocationGranularity)
      dwBytesInBlock = (DWORD) qwFileSize;

   PBYTE pbFile = (PBYTE) MapViewOfFile(hFileMapping, FILE_MAP_READ,
      (DWORD) (qwFileOffset >> 32),
      (DWORD) (qwFileOffset & 0xFFFFFFFF),        // 文件中的起始字节
      dwBytesInBlock);                            // 要映射的字节数

      // 统计这个块中 0 的数量
      for (DWORD dwByte = 0; dwByte < dwBytesInBlock; dwByte++) {
         if (pbFile[dwByte] == 0)
         qwNumOf0s++;
      }

      // 撤销映射视图：我们不想在地址空间使用多个视图
```

```
    UnmapViewOfFile(pbFile);

    // 跳到文件中的下一组字节
    qwFileOffset += dwBytesInBlock;
    qwFileSize -= dwBytesInBlock;
}

CloseHandle(hFileMapping);
return(qwNumOf0s);
}
```

这个算法会映射许多小于或等于64 KB(分配粒度大小)的视图。另外要记住,
MapViewOfFile要求文件的偏移量必须是分配粒度的整数倍。随着一个个视图被映射到
地址空间,对0的扫描会持续进行。完成对文件中每个64 KB块的映射和处理后,程序就
可以关闭文件映射对象来完成清理工作了。

494~495

17.5　内存映射文件和一致性

系统允许将同一个文件的数据映射到多个视图。例如,可以先将一个文件的前10 KB映
射到一个视图,再将同一个文件的前4 KB映射到另一个视图。只要映射的是同一个文件
映射对象,系统就会确保各视图中的数据是一致的。例如,如果应用程序在一个视图中
改动了文件的内容,系统会更新其他所有视图以反映这个改动。这是因为即使该页面被
多次映射到进程的虚拟地址空间,系统也还是在同一个RAM页面中保存被映射的数据。
如果多个进程将同一个数据文件映射到多个视图中,数据仍然是一致的,因为数据文
件中的每个页面在RAM中只有一个实例,只不过这些RAM页会被映射到多个进程地址
空间。

说明　Windows 允许以同一个数据文件为后备存储来创建多个文件映射对象。Windows 并
不保证这些不同的文件映射对象的各个视图是一致的。系统只保证在同一文件映射
对象的多个视图间保持一致。

但在处理文件时完全可能出现这样的情况:一个应用程序想要调用CreateFile来打开一个
文件,但另一个进程已经映射了同一个文件。这个新进程通过ReadFile和WriteFile这两
个函数对文件进行读写。当然,进程调用上述函数时,肯定是对一个内存缓冲区进行读
写。该内存缓冲区必须是进程自己创建的,而不是内存映射文件正在使用的内存。两个
应用程序打开同一个文件会引起一些问题:一个进程可能调用ReadFile读取文件的一部
分,修改数据,然后调用WriteFile将数据写回文件,而这时第二个进程的文件映射对象

对第一个进程执行的操作一无所知。考虑到这个原因，如打算将打开的文件用于内存映射，那么在调用CreateFile时最好为dwShareMode参数传递0。这等于是告诉系统你想独占对文件的访问，其他进程无法打开它。

由于只读文件不存在一致性问题，所以它们非常适合用于内存映射文件。绝对不要用内存映射文件跨网络共享可写文件，因为系统无法保证数据的一致性视图。如果一台机器更新了文件的内容，内存中包含原始数据的另一台机器将无法知道数据已发生变动。

17.6　为内存映射文件指定基地址

调用VirtualAlloc时，可向系统建议一个预订地址空间时的初始地址。类似地，可用MapViewOfFileEx函数来代替MapViewOfFile函数，从而建议系统将文件映射到一个特定的地址：

```
PVOID MapViewOfFileEx(
    HANDLE hFileMappingObject,
    DWORD dwDesiredAccess,
    DWORD dwFileOffsetHigh,
    DWORD dwFileOffsetLow,
    SIZE_T dwNumberOfBytesToMap,
    PVOID pvBaseAddress);
```

除了最后一个参数pvBaseAddress，函数的所有参数和返回值都和MapViewOfFile函数一样。可用这个参数为要映射的文件指定一个目标地址。类似于VirtualAlloc函数，指定的目标地址应该在一个分配粒度(64 KB)的边界上。否则MapViewOfFileEx将返回NULL，表示有错误发生，这时GetLastError会返回1132(ERROR_MAPPED_ALIGNMENT)。

如果系统无法将文件映射到指定地址(通常是由于文件太大，导致与其他已预订的地址空间发生重叠)，函数会失败并返回NULL。MapViewOfFileEx不会尝试去找另一个能容纳文件的地址空间。当然，也可以向pvBaseAddress传递NULL，在这种情况下，MapViewOfFileEx的行为和MapViewOfFile完全相同。

495~496

使用内存映射文件跨进程共享数据时，MapViewOfFileEx非常有用。例如，如果两个或更多应用程序要共享一组数据结构，其中包含指向其他数据结构的指针，就可能需要在特定地址处的一个内存映射文件。链表就是一个绝佳的例子。链表的每个元素(或节点)包含了另一个元素的内存地址。要遍历链表，必须先知道第一个元素的地址，然后引用该元素中指向下一元素的成员。使用内存映射文件的时候，这可能是个问题。

如果一个进程在内存映射文件中准备了一个链表，然后把这个内存映射文件共享给另一个进程，那么第二个进程很可能会将内存映射文件映射到地址空间中一个完全不同的地方。第二个进程试图遍历链表时，它会先得到链表的第一个元素，然后取得下一个元素的内存地址，并试图访问这个元素。但是，对第二个进程来说，这个地址是不正确的。

可通过两种方法来解决这个问题。第一种方法是让第二个进程在将包含链表的内存映射文件映射到自己的地址空间时，不要调用MapViewOfFile，而是调用MapViewOfFileEx。当然，这种方法要求第二个进程知道第一个进程在构造链表的时候，将内存映射文件映射到了哪个内存地址。如两个应用程序已被设计成能够协同工作(大多数时候都是如此)，这就不成问题：可在两个程序中硬编码这个地址，也可以让一个进程通过另一种进程间通信机制来通知另一个进程(比如向一个窗口发送消息)。

第二种方法是让创建链表的进程在每个节点中保存一个偏移量，可通过这个偏移量在地址空间中找到下一个节点。这种方法要求应用程序在访问每个节点的时候，将内存映射对象的基地址和偏移量加起来。这种方法不太好：一来比较慢，二来使程序变得更大(因为需要额外的代码来执行所需的计算)，三来很容易搞错。但不管怎么样，这都是一种可行的方法，Microsoft编译器还提供了一个__based关键字帮助开发人员使用基指针(based pointers)。

说明	在调用 MapViewOfFileEx 函数的时候，指定的地址必须在进程的用户模式分区中，否则 MapViewOfFileEx 会返回 NULL。

17.7　内存映射文件的实现细节

在能从进程的地址空间中访问文件的数据之前，Windows要求进程先调用MapViewOfFile。一旦进程调用MapViewOfFile，系统就会在该进程的地址空间中为视图预订一个地址空间区域，其他任何进程都无法看到这个视图。如另一个进程想要访问同一个文件映射对象中的数据，第二个进程的一个线程也必须调用MapViewOfFile，这样系统就会在第二个进程的地址空间中为视图预订一个区域。

还有一点很重要，即第一个进程调用MapViewOfFile时返回的内存地址，和第二个进程调用MapViewOfFile时返回的内存地址，很可能是不同的。即使两个进程映射的都是同一个文件映射对象的视图，情况也还是如此。

496~497

现在来看看另一个实现细节。以下小程序映射了同一个文件映射对象的两个视图：

```
int WINAPI _tWinMain (HINSTANCE, HINSTANCE, PTSTR, int) {

   // 打开一个现有的文件—它必须大于 64 KB
   HANDLE hFile = CreateFile(pszCmdLine, GENERIC_READ | GENERIC_WRITE,
      0, NULL, OPEN_EXISTING, FILE_ATTRIBUTE_NORMAL, NULL);

   // 创建由数据文件提供后备的一个文件映射对象
   HANDLE hFileMapping = CreateFileMapping(hFile, NULL,
      PAGE_READWRITE, 0, 0, NULL);

   // 将整个文件的视图映射到我们的地址空间
   PBYTE pbFile = (PBYTE) MapViewOfFile(hFileMapping,
      FILE_MAP_WRITE, 0, 0, 0);

   // 将一个文件视图（从 64 KB 开始）映射到我们的地址空间
   PBYTE pbFile2 = (PBYTE) MapViewOfFile(hFileMapping,
      FILE_MAP_WRITE, 0, 65536, 0);

   // 证明两个视图在地址空间中不间隔 64 KB，
   // 意味着没有重叠
   int iDifference = int(pbFile2 - pbFile);
   TCHAR szMsg[100];
   StringCchPrintf(szMsg, _countof(szMsg),
      TEXT("Pointers difference = %d KB"), iDifference / 1024);
   MessageBox(NULL, szMsg, NULL, MB_OK);

   UnmapViewOfFile(pbFile2);
   UnmapViewOfFile(pbFile);
   CloseHandle(hFileMapping);
   CloseHandle(hFile);

   return(0);
}
```

代码中对MapViewOfFile的两次调用使得Windows分别预订了两个不同的地址空间区域。第一个区域的大小就是文件映射对象的大小，第二个区域的大小则是文件映射对象的大小减去64 KB。虽然是两个不同的区域，也互不重叠，但由于它们都是同一个文件映射对象的视图，所以系统会保证其中的数据始终是一致的。

17.8　用内存映射文件在进程间共享数据

Windows提供了多种机制在应用程序之间快速、方便地共享数据和信息，其中包括RPC、COM、OLE、DDE、窗口消息(尤其是WM_COPYDATA)、剪贴板、邮槽

(mailslot)、管道(pipe)、套接字(socket)等。在Windows中，在同一台机器上共享数据最底层的机制就是内存映射文件。没错，如果多个进程是在同一台机器上通信，刚才提到的所有机制归根结底都会用到内存映射文件。如果要求低开销和高性能，那么内存映射文件无疑是最好的机制。

498

这种数据共享机制是通过让两个或更多进程映射同一个文件映射对象的视图来实现的，这意味着它们共享相同的物理存储页面。所以，一个进程在共享文件映射对象的视图中写入数据时，其他进程会在它们的视图中立刻看到变化。注意，多个进程要共享同一个文件映射对象，所有进程必须为文件映射对象使用完全相同的名称。

来看一个应用程序启动的例子。应用程序启动时，系统会先调用CreateFile来打开磁盘上的.exe文件。接着，系统调用CreateFileMapping来创建文件映射对象。最后，系统以新建的进程的名义调用MapViewOfFileEx(并传入SEC_IMAGE标志)，这样就将.exe文件映射到了进程的地址空间中。之所以调用MapViewOfFileEx而不是MapViewOfFile，是为了将文件的映像映射到.exe文件映像中存储的基地址。然后，系统创建进程的主线程，在映射得到的视图中取得可执行代码的第一个字节的地址，把该地址放到线程的指令指针中，最后让CPU开始执行其中的代码。

如果用户启动同一个应用程序的第二个实例，系统会发现该.exe文件已经有一个文件映射对象，所以就不会再创建一个新的文件对象或文件映射对象。相反，系统会再次映射文件的一个视图，但这次是在新创建的进程地址空间中。这时，系统相当于将同一个文件同时映射到两个地址空间。显然，因为含有可执行代码的物理存储页由两个线程共享，所以对内存的利用更高效。

和所有内核对象一样，可以通过三种技术来跨进程共享对象：句柄继承、命名和句柄复制。有关这三种技术的详细介绍，请参见第3章。

17.9　以分页文件作为后备存储的内存映射文件

前面讨论的都是对磁盘文件的视图进行映射的技术。许多应用程序会在运行过程中创建一些数据，并需要将这些数据传输给其他进程，或与其他进程共享这些数据。如果为了共享数据而必须让应用程序在磁盘驱动器上创建数据文件，并将数据保存到文件中，那将非常不方便。

Microsoft意识到了这一点，并加入了相应的支持，允许创建以系统分页文件而不是专用磁盘文件作为后备存储的内存映射文件。这种方法和创建内存映射的磁盘文件几乎完全相同，甚至更简单。至少，由于不必创建或打开一个专门的磁盘文件，所以不需要调用CreateFile。只需要像平时一样调用CreateFileMapping，并为hFile参数传递INVALID_HANDLE_VALUE。这告诉系统要创建的文件映射对象的物理存储不是磁盘文件。相反，你希望系统从分页文件中调拨物理存储。分配的存储量由CreateFileMapping的dwMaximumSizeHigh和dwMaximumSizeLow参数决定。

一旦创建好这个文件映射对象，并将一个视图映射到了进程的地址空间，就可以像使用任何内存区域一样使用它了。要和其他进程共享数据，可在调用CreateFileMapping时将一个以0为终止符的字符串作为pszName参数传入。之后，其他想要访问共享数据的进程就能够以同一个名称作为参数来调用CreateFileMapping或OpenFileMapping。

499

当一个进程不再需要访问文件映射对象的时候，应调用CloseHandle。所有句柄都关闭后，系统会从分页文件中回收已调拨的存储。

说明　这里有一个有趣的问题，一些不太细心的程序员曾遇到过这个问题，他们对此深感意外。你能看出下面这段代码有什么问题吗？

```
HANDLE hFile = CreateFile(...);
HANDLE hMap = CreateFileMapping(hFile, ...);
if (hMap == NULL)
    return(GetLastError());
...
```

如果调用 CreateFile 失败，函数会返回 INVALID_HANDLE_VALUE。但是，写这段代码的程序员不够细心，他没有检查文件的创建是否成功。在调用 CreateFileMapping 时为 hFile 参数传递 INVALID_HANDLE_VALUE，会造成系统在创建文件映射时以分页文件作为后备存储，而不是原本希望的磁盘文件。所有涉及内存映射文件的代码仍然可以正常工作。但是，在文件映射对象销毁的时候，所有写入文件映射存储(分页文件)中的数据会由系统销毁。此时，这个程序员会坐在那里抓耳挠腮，苦思冥想到底哪里出了问题！由于许多原因都可能导致 CreateFile 失败，所以应该总是检查 CreateFile 的返回值，以了解是否有错误发生。

Memory-Mapped File Sharing示例程序

Memory-Mapped File Sharing应用程序(17-MMFShare.exe)展示了如何用内存映射文件在两个或多个进程之间传输数据。应用程序的源文件和资源文件在本书配套资源的17-MMFShare目录中。

至少需要启动两个MMFShare的实例。每个实例都有自己的对话框，如图17-8所示。

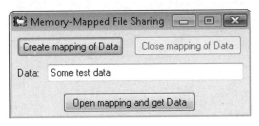

图17-8　每个实例的对话框

为了将数据从MMFShare的一个实例传输到另一个实例，首先在Data编辑框中输入想要传输的数据，然后单击Create mapping Of Data按钮。这时，MMFShare会调用CreateFileMapping来创建一个名为MMFSharedData的内存映射文件对象，它的大小为4 KB，以分页文件为后备存储。如果MMFShare发现同名文件映射对象已经存在，会显示一个对话框来说明无法创建对象。但如果MMFShare能成功创建对象，会将文件的一个视图映射到进程的地址空间，并将数据从编辑框中复制到内存映射文件中。

复制完数据后，MMFShare会撤销对文件视图的映射，禁用Create Mapping of Data按钮，并启用Close mapping of Data按钮。在这个时候，系统中某处保存着一个名为MMFSharedData的内存映射对象，没有其他任何进程映射了该对象的一个视图。

这时如果切换到MMFShare的另一个实例，并单击Open mapping and get Data按钮，MMFShare将调用OpenFileMapping，试图找到一个名为MMFSharedData的文件映射对象。如果找不到，MMFShare会显示另一个消息框来进行说明。如果MMFShare找到了该文件映射对象，就会将对象的一个视图映射到它的地址空间中，将数据从内存映射文件复制到对话框的编辑框，然后撤销映射并关闭文件映射对象。瞧，我们成功地将数据从一个进程传输到了另一个进程！

对话框中的Close mapping of Data按钮用来关闭文件映射对象，并释放分页文件中的存储。如文件映射对象不存在，MMFShare的其他实例就无法打开文件映射对象并从中读取数据。另外，如果MMFShare的一个实例已经创建了内存映射文件，那么为了避免覆盖文件中的数据，程序将禁止其他实例创建另一个内存映射文件。

500~501

MMFShare.cpp
```
/*********************************************************************
Module:  MMFShare.cpp
Notices: Copyright (c) 2008 Jeffrey Richter & Christophe Nasarre
*********************************************************************/
```

```
#include "..\CommonFiles\CmnHdr.h"       /* See Appendix A. */
#include <windowsx.h>
#include <tchar.h>
#include "Resource.h"


///////////////////////////////////////////////////////////////////////////////


BOOL Dlg_OnInitDialog(HWND hWnd, HWND hWndFocus, LPARAM lParam) {

   chSETDLGICONS(hWnd, IDI_MMFSHARE);

   // Initialize the edit control with some test data.
   Edit_SetText(GetDlgItem(hWnd, IDC_DATA), TEXT("Some test data"));

   // Disable the Close button because the file can't
   // be closed if it was never created or opened.
   Button_Enable(GetDlgItem(hWnd, IDC_CLOSEFILE), FALSE);
   return(TRUE);
}


///////////////////////////////////////////////////////////////////////////////


void Dlg_OnCommand(HWND hWnd, int id, HWND hWndCtl, UINT codeNotify) {

   // Handle of the open memory-mapped file
   static HANDLE s_hFileMap = NULL;

   switch (id) {
     case IDCANCEL:
        EndDialog(hWnd, id);
        break;

     case IDC_CREATEFILE:
        if (codeNotify != BN_CLICKED)
          break;

        // Create a paging file-backed MMF to contain the edit control text.
        // The MMF is 4 KB at most and is named MMFSharedData.
        s_hFileMap = CreateFileMapping(INVALID_HANDLE_VALUE, NULL,
          PAGE_READWRITE, 0, 4 * 1024, TEXT("MMFSharedData"));
```

```
    if (s_hFileMap != NULL) {

        if (GetLastError() == ERROR_ALREADY_EXISTS) {
            chMB("Mapping already exists - not created.");
            CloseHandle(s_hFileMap);

        } else {

            // File mapping created successfully.

            // Map a view of the file into the address space.
            PVOID pView = MapViewOfFile(s_hFileMap,
                FILE_MAP_READ | FILE_MAP_WRITE, 0, 0, 0);

            if (pView != NULL) {
                // Put edit text into the MMF.
                Edit_GetText(GetDlgItem(hWnd, IDC_DATA),
                    (PTSTR) pView, 4 * 1024);

                // Protect the MMF storage by unmapping it.
                UnmapViewOfFile(pView);

                // The user can't create another file right now.
                Button_Enable(hWndCtl, FALSE);

                // The user closed the file.
                Button_Enable(GetDlgItem(hWnd, IDC_CLOSEFILE), TRUE);

            } else {
                chMB("Can't map view of file.");
            }
        }

    } else {
        chMB("Can't create file mapping.");
    }
    break;

case IDC_CLOSEFILE:
    if (codeNotify != BN_CLICKED)
        break;

    if (CloseHandle(s_hFileMap)) {
        // User closed the file, fix up the buttons.
```

```
            Button_Enable(GetDlgItem(hWnd, IDC_CREATEFILE), TRUE);
            Button_Enable(hWndCtl, FALSE);
         }
         break;

      case IDC_OPENFILE:
         if (codeNotify != BN_CLICKED)
            break;

         // See if a memory-mapped file named MMFSharedData already exists.
         HANDLE hFileMapT = OpenFileMapping(FILE_MAP_READ | FILE_MAP_WRITE,
            FALSE, TEXT("MMFSharedData"));

         if (hFileMapT != NULL) {
            // The MMF does exist, map it into the process's address space.
            PVOID pView = MapViewOfFile(hFileMapT,
               FILE_MAP_READ | FILE_MAP_WRITE, 0, 0, 0);

            if (pView != NULL) {

               // Put the contents of the MMF into the edit control.
               Edit_SetText(GetDlgItem(hWnd, IDC_DATA), (PTSTR) pView);
               UnmapViewOfFile(pView);
            } else {
               chMB("Can't map view.");
            }

            CloseHandle(hFileMapT);

         } else {
            chMB("Can't open mapping.");
         }
         break;
   }
}


///////////////////////////////////////////////////////////////////////////


INT_PTR WINAPI Dlg_Proc(HWND hWnd, UINT uMsg, WPARAM wParam, LPARAM lParam) {

   switch (uMsg) {
      chHANDLE_DLGMSG(hWnd, WM_INITDIALOG, Dlg_OnInitDialog);
      chHANDLE_DLGMSG(hWnd, WM_COMMAND,    Dlg_OnCommand);
```

```
    }
    return(FALSE);
}


//////////////////////////////////////////////////////////////////////////////


int WINAPI _tWinMain(HINSTANCE hInstExe, HINSTANCE, PTSTR, int) {

    DialogBox(hInstExe, MAKEINTRESOURCE(IDD_MMFSHARE), NULL, Dlg_Proc);
    return(0);

}


//////////////////////////////// End of File ////////////////////////////////
```

501~504

17.10　稀疏调拨的内存映射文件

到目前为止,我们讲到系统要求内存映射文件的所有存储要么从磁盘上的数据文件中调拨,要么从分页文件中调拨。这意味着对存储的使用可能并不如我们希望的那么高效。现在回到15.5.1节"何时撤销调拨物理存储"中讨论的电子表格。假设要与另一个进程共享整个电子表格。如果使用内存映射文件,就要为整个电子表格调拨物理存储:

```
CELLDATA CellData[200][256];
```

如果CELLDATA结构的大小是128字节,这个数组就需要6 553 600(200×256×128)字节的物理存储。正如15.4节说过的那样:"系统要提前从分页文件中分配如此多的物理存储,这对电子表格应用程序来说有点太过了。尤其是考虑到大多数用户只会在电子表格的少数几个单元格中存放信息,剩余大部分单元格都没有用到。"

很显然,我们希望将电子表格作为一个文件映射对象来共享,但又不希望在一开始就为它调拨全部物理存储。CreateFileMapping为我们提供了一种方法,即在fdwProtect参数中指定SEC_RESERVE或SEC_COMMIT标志。

只有以分页文件为后备存储来创建文件映射对象,这些标志才有意义。SEC_COMMIT标志让CreateFileMapping从分页文件中调拨存储,这和两个标志都不指定具有同样的效果。

如果在调用CreateFileMapping时传入SEC_RESERVE标志,系统不会从分页文件中调拨物理存储，它只是返回文件映射对象的句柄。现在可以调用MapViewOfFile或MapViewOfFileEx创建该文件映射对象的一个视图。MapViewOfFile和MapViewOfFileEx会预订一个地址空间区域，但不会调拨任何物理存储来为区域提供后备。试图访问区域中的内存地址将造成线程引发访问违例。

504

现在我们有了一个预定的地址空间区域，还有一个标识了该区域的文件映射对象的句柄。其他进程可用同一个文件映射对象来映射同一个地址空间区域的视图。但由于还没有为区域调拨物理存储，所以如果其他进程中的线程试图访问映射到各自视图中的内存地址，同样会引发访问违例。

现在，激动人心的时刻到了。要向共享区域调拨物理存储的话，只需调用VirtualAlloc：

```
PVOID VirtualAlloc(
    PVOID pvAddress,
    SIZE_T dwSize,
    DWORD fdwAllocationType,
    DWORD fdwProtect);
```

第15章已对这个函数进行了非常详细的介绍。调用VirtualAlloc为内存映射的视图区域调拨物理存储，相当于再次调用VirtualAlloc向最初通过MEM_RESERVE标志来简单调用VirtualAlloc时所预定的区域调拨存储。正如可以只稀疏地调拨部分存储给用VirtualAlloc预订的区域，也可只稀疏地调拨部分存储给用MapViewOfFile或MapViewOfFileEx预订的区域。但是，一旦为用MapViewOfFile或MapViewOfFileEx预订的区域调拨了存储，所有映射了同一个文件映射对象的视图的其他进程现在就能成功访问已调拨的页面了。

利用SEC_RESERVE和VirtualAlloc，不仅能与其他进程共享电子表格的CellData数组，还能高效地使用物理存储。

说明 如果内存映射文件是通过 SEC_RESERVE 标志预订的，就不能用 VirtualFree 来撤销调拨给它的存储。

NT文件系统(NTFS)提供了对稀疏文件(sparse file)的支持。这是一项非常棒的特性。可利用这项特性来创建和处理稀疏内存映射文件，其存储包含在一个普通的磁盘文件中，而不是在系统的分页文件中。

下面来看一个如何利用这项特性的例子：假设要创建一个内存映射文件来存储录音数据。用户说话时，我们希望将数字音频数据写入一个内存缓冲区，并以一个磁盘文件作为缓冲区的后备存储。一个稀疏的内存映射文件绝对是最简单和最高效的实现方式。问题在于，我们并不知道用户在单击"停止"按钮之前会说多久，可能是五分钟，也可能是五小时，差距不可谓不大！我们需要一个足够大的文件来保存这些数据。但是，如果使用的是一个稀疏的内存映射文件(MMF)，大小就无关紧要。

Sparse Memory-Mapped File示例程序

MMF Sparse应用程序(17-MMFSparse.exe)演示了如何创建一个以NTFS稀疏文件为后备存储的内存映射文件。应用程序的源文件和资源文件在本书配套资源的17-MMFSparse目录中。程序启动时会显示如图17-9所示的窗口。

图17-9　启动后显示的窗口

单击Create A 1MB (1024 KB) Sparse MMF按钮，程序会尝试在当前目录创建一个名为MMFSparse的稀疏文件。如果当前的磁盘驱动器不是NTFS卷，那么这个操作会失败，进程将终止。如果NTFS卷在另一个磁盘驱动器，那么就必须修改源代码并重新生成应用程序。

一旦创建了稀疏文件，程序就会把它映射到进程的地址空间中。窗口底部的Allocated Ranges编辑控件会显示内存映射文件的哪些部分有实际的后备磁盘存储。一开始，内存映射文件不占用任何存储，编辑控件会显示"No allocated ranges in the file."这样的消息提示。

要读取一个字节，只需在Offset编辑框中输入一个偏移量并单击Read byte按钮。程序会将输入的数值乘以1024(1 KB)，然后读取这个位置的字节，并将读取的字节放入Byte编辑框。如果要读取的部分还没有后备存储，那么始终读取的是值为0的字节。如果要读取的部分有后备存储，读取到的就是该处的实际字节值。

要写入一个字节，只需在Offset编辑框中输入一个偏移量并在Byte编辑框中输入一个字节值(0～255)。然后，当单击Write byte按钮的时候，程序会将偏移量乘以1024并将位于该处的字节改成刚才指定的值。这个写入操作可能会使文件系统为文件的一部分调拨后备存储。在任何读/写操作之后，程序会对Allocated Ranges编辑控件进行更新，以显示文件的哪些部分有实际的后备存储。在偏移量为1 024 000 (1000 × 1024)的地方写入一个字节后，会出现图17-10所示的对话框。

图17-10　写入一个字节后

在上图中，注意，文件中只有一个从逻辑偏移量983 040开始的已分配区间，并且系统为该区间分配了65 536字节的后备存储。也可在Windows资源管理器中找到这个文件并查看它的属性页，如图17-11所示。

图17-11　查看属性

注意，属性页显示文件大小为1 MB(这是文件的虚拟大小)，但文件实际只占用64 KB磁盘空间。

最后一个按钮Free all allocated regions会让程序释放文件的所有存储，从而释放磁盘空间并将文件中的所有字节清零。

现在讨论一下程序是如何工作的。为了简化编程，我创建了一个名为CSparseStream的C++类(在SparseStream.h文件中实现)。该类封装了可用稀疏文件完成的一些任务。我在MMFSparse.cpp中创建了另一个名为CMMFSparse的C++类，它继承自CSparseStream。这样CMMFSparse对象不仅具有CSparseStream的所有功能，还具有一些专门将稀疏流用于内存映射文件的功能。进程有CMMFSparse对象的一个全局实例，名为g_mmf。应用程序在操作稀疏内存映射文件时会引用该全局变量。

在WM_INITDIALOG消息处理程序中，如果当前卷不支持稀疏文件(通过调用CSparseStream::DoesFileSystemSupportSparseStreams静态辅助函数来检查)，会弹出一个错误消息框并终止运行。如用户单击了Create A 1MB (1024 KB) Sparse MMF按钮，程序会调用CreateFile在NTFS磁盘分区上新建一个文件。这只是一个普通文件。然后，代码会调用g_mmf对象的Initialize方法，传入新文件的句柄和文件的最大大小(1 MB)。在内部，Initialize会先调用CreateFileMapping，用指定的大小来创建文件映射内核对象，再调用MapViewOfFile使稀疏文件在进程的地址空间中可见。

Initialize函数返回后会调用Dlg_ShowAllocatedRanges函数。该函数在内部调用Windows函数来枚举稀疏文件内已分配了实际存储的逻辑区间。每个区间的起始偏移量和长度都会显示在对话框底部的编辑控件中。g_mmf对象刚初始化时，系统事实上还没有为磁盘上的文件分配实际的物理存储，编辑控件反映了这一情况。

这时，用户可尝试在稀疏内存映射文件中读写字节。如尝试写入，程序会从相应的编辑控件中获取偏移量和待写入的字节值，然后向g_mmf对象中的内存地址写入。向g_mmf写入可能造成文件系统为文件中的这一逻辑部分分配存储，但这个分配操作对应用程序来说是透明的。

如尝试从g_mmf对象中读取一个字节，那么稀疏内存映射文件中待读取的位置可能已经分配了存储，也可能尚未分配。如尚未分配存储，读取操作将返回字节值0。同样，这对应用程序来说是透明的。如果已分配存储，读取操作自然会返回实际的值。

应用程序演示的最后一点是如何重置文件，其目的是释放为文件分配的所有区间，使文件无需再占用实际的磁盘空间。用户通过单击Free all allocated regions按钮来释放已分配的区间。Windows无法释放正在进行内存映射的文件中的所有已分配区间。所以，应用程序要做的第一件事情是调用g_mmf对象的ForceClose方法。ForceClose方法会在内部先后调用UnmapViewOfFile和CloseHandle，并传递文件映射内核对象的句柄。

接着调用DecommitPortionOfStream方法，释放为文件中从逻辑字节0到1 MB分配的所有存储。为了使操作系统能回写稀疏状态，必须先关闭文件句柄，然后重新打开文件并在g_mmf对象上调用Initialize函数，从而在进程的地址空间中重新初始化内存映射文件。为了验证文件分配的所有存储都已释放，程序调用了Dlg_ShowAllocatedRanges函数，这时会在编辑控件中显示"No allocated ranges in the file"(文件中没有已分配的区间)。

最后一件事：在实际的应用程序中使用稀疏内存映射文件时，可在关闭文件时考虑截断(truncate)文件的逻辑大小。对稀疏文件末尾包含0的部分进行裁剪(trim)并不实际影响磁盘空间，但这样做仍然值得，Windows资源管理器和命令行窗口的DIR命令可以向用户报告一个更为真实的文件大小。为了设置文件尾标识符，可在调用ForceClose方法后调用SetFilePointer函数和SetEndOfFile函数。

说明 我在1999年4月 *Microsoft System Journal* 的一篇问答中详细介绍了如何实现可增长的内存映射文件，网址为 https://tinyurl.com/5h35eryd。

```
MMFSparse.cpp
/******************************************************************************
Module:  MMFSparse.cpp
Notices: Copyright (c) 2008 Jeffrey Richter & Christophe Nasarre
******************************************************************************/


#include "..\CommonFiles\CmnHdr.h"        /* See Appendix A. */
#include <tchar.h>
#include <WindowsX.h>
#include <WinIoCtl.h>
#include "SparseStream.h"
#include <StrSafe.h>
#include "Resource.h"



///////////////////////////////////////////////////////////////////////////////


// This class makes it easy to work with memory-mapped sparse files
```

```
class CMMFSparse : public CSparseStream {
private:
   HANDLE m_hFileMap;       // File-mapping object
   PVOID  m_pvFile;         // Address to start of mapped file

public:
   // Creates a Sparse MMF and maps it in the process' address space.
   CMMFSparse(HANDLE hStream = NULL, DWORD dwStreamSizeMaxLow = 0,
      DWORD dwStreamSizeMaxHigh = 0);

   // Closes a Sparse MMF
   virtual ~CMMFSparse() { ForceClose(); }

   // Creates a sparse MMF and maps it in the process' address space.
   BOOL Initialize(HANDLE hStream, DWORD dwStreamSizeMaxLow,
      DWORD dwStreamSizeMaxHigh = 0);

   // MMF to BYTE cast operator returns address of first byte
   // in the memory-mapped sparse file.
   operator PBYTE() const { return((PBYTE) m_pvFile); }

   // Allows you to explicitly close the MMF without having
   // to wait for the destructor to be called.
   VOID ForceClose();
};


//////////////////////////////////////////////////////////////////////////


CMMFSparse::CMMFSparse(HANDLE hStream, DWORD dwStreamSizeMaxLow,
   DWORD dwStreamSizeMaxHigh) {

   Initialize(hStream, dwStreamSizeMaxLow, dwStreamSizeMaxHigh);
}


//////////////////////////////////////////////////////////////////////////


BOOL CMMFSparse::Initialize(HANDLE hStream, DWORD dwStreamSizeMaxLow,
   DWORD dwStreamSizeMaxHigh) {

   if (m_hFileMap != NULL)
      ForceClose();

   // Initialize to NULL in case something goes wrong
```

```
   m_hFileMap = m_pvFile = NULL;

   BOOL bOk = TRUE;  // Assume success

   if (hStream != NULL) {
      if ((dwStreamSizeMaxLow == 0) && (dwStreamSizeMaxHigh == 0)) {
         DebugBreak();  // Illegal stream size
      }

      CSparseStream::Initialize(hStream);
      bOk = MakeSparse();  // Make the stream sparse
      if (bOk) {
         // Create a file-mapping object
         m_hFileMap = ::CreateFileMapping(hStream, NULL, PAGE_READWRITE,
            dwStreamSizeMaxHigh, dwStreamSizeMaxLow, NULL);

         if (m_hFileMap != NULL) {
            // Map the stream into the process' address space
            m_pvFile = ::MapViewOfFile(m_hFileMap,
               FILE_MAP_WRITE | FILE_MAP_READ, 0, 0, 0);
         } else {
            // Failed to map the file, cleanup
            CSparseStream::Initialize(NULL);
            ForceClose();
            bOk = FALSE;
         }
      }
   }
   return(bOk);
}

///////////////////////////////////////////////////////////////////////////


VOID CMMFSparse::ForceClose() {

   // Cleanup everything that was done successfully
   if (m_pvFile != NULL) {
      ::UnmapViewOfFile(m_pvFile);
      m_pvFile = NULL;
   }
   if (m_hFileMap != NULL) {
      ::CloseHandle(m_hFileMap);
      m_hFileMap = NULL;
   }
```

```
}

////////////////////////////////////////////////////////////////////////////

#define STREAMSIZE      (1 * 1024 * 1024)      // 1 MB (1024 KB)
HANDLE g_hStream = INVALID_HANDLE_VALUE;
CMMFSparse g_mmf;
TCHAR g_szPathname[MAX_PATH] = TEXT("\0");


////////////////////////////////////////////////////////////////////////////

BOOL Dlg_OnInitDialog(HWND hWnd, HWND hWndFocus, LPARAM lParam) {

   chSETDLGICONS(hWnd, IDI_MMFSPARSE);

   // Initialize the dialog box controls.
   EnableWindow(GetDlgItem(hWnd, IDC_OFFSET), FALSE);
   Edit_LimitText(GetDlgItem(hWnd, IDC_OFFSET), 4);
   SetDlgItemInt(hWnd, IDC_OFFSET, 1000, FALSE);

   EnableWindow(GetDlgItem(hWnd, IDC_BYTE), FALSE);
   Edit_LimitText(GetDlgItem(hWnd, IDC_BYTE), 3);
   SetDlgItemInt(hWnd, IDC_BYTE, 5, FALSE);

   EnableWindow(GetDlgItem(hWnd, IDC_WRITEBYTE), FALSE);
   EnableWindow(GetDlgItem(hWnd, IDC_READBYTE),  FALSE);
   EnableWindow(GetDlgItem(hWnd, IDC_FREEALLOCATEDREGIONS), FALSE);

   // Store the file in a writable folder
   GetCurrentDirectory(_countof(g_szPathname), g_szPathname);
   _tcscat_s(g_szPathname, _countof(g_szPathname), TEXT("\\MMFSparse"));

   // Check to see if the volume supports sparse files
   TCHAR szVolume[16];
   PTSTR pEndOfVolume = _tcschr(g_szPathname, _T('\\'));
   if (pEndOfVolume == NULL) {
      chFAIL("Impossible to find the Volume for the default document folder.");
      DestroyWindow(hWnd);
      return(TRUE);
   }
   _tcsncpy_s(szVolume, _countof(szVolume),
      g_szPathname, pEndOfVolume - g_szPathname + 1);
   if (!CSparseStream::DoesFileSystemSupportSparseStreams(szVolume)) {
```

```c
            chFAIL("Volume of default document folder does not support sparse MMF.");
            DestroyWindow(hWnd);
            return(TRUE);
    }

    return(TRUE);
}


///////////////////////////////////////////////////////////////////////////////


void Dlg_ShowAllocatedRanges(HWND hWnd) {

    // Fill in the Allocated Ranges edit control
    DWORD dwNumEntries;
    FILE_ALLOCATED_RANGE_BUFFER* pfarb =
        g_mmf.QueryAllocatedRanges(&dwNumEntries);

    if (dwNumEntries == 0) {
        SetDlgItemText(hWnd, IDC_FILESTATUS,
            TEXT("No allocated ranges in the file"));
    } else {
        TCHAR sz[4096] = { 0 };
        for (DWORD dwEntry = 0; dwEntry < dwNumEntries; dwEntry++) {
            StringCchPrintf(_tcschr(sz, _T('\0')), _countof(sz) - _tcslen(sz),
                TEXT("Offset: %7.7u, Length: %7.7u\r\n"),
                pfarb[dwEntry].FileOffset.LowPart, pfarb[dwEntry].Length.LowPart);
        }
        SetDlgItemText(hWnd, IDC_FILESTATUS, sz);
    }
    g_mmf.FreeAllocatedRanges(pfarb);
}


///////////////////////////////////////////////////////////////////////////////


void Dlg_OnCommand(HWND hWnd, int id, HWND hWndCtl, UINT codeNotify) {

    switch (id) {
        case IDCANCEL:
            if (g_hStream != INVALID_HANDLE_VALUE)
                CloseHandle(g_hStream);
            EndDialog(hWnd, id);
            break;
```

```
case IDC_CREATEMMF:
   {
   g_hStream = CreateFile(g_szPathname, GENERIC_READ | GENERIC_WRITE,
      0, NULL, CREATE_ALWAYS, FILE_ATTRIBUTE_NORMAL, NULL);
   if (g_hStream == INVALID_HANDLE_VALUE) {
      chFAIL("Failed to create file.");
      return;
   }

   // Create a 1MB (1024 KB) MMF using the file
   if (!g_mmf.Initialize(g_hStream, STREAMSIZE)) {
      chFAIL("Failed to initialize Sparse MMF.");
      CloseHandle(g_hStream);
      g_hStream = NULL;
      return;
   }
   Dlg_ShowAllocatedRanges(hWnd);

   // Enable/disable the other controls.
   EnableWindow(GetDlgItem(hWnd, IDC_CREATEMMF),FALSE);
   EnableWindow(GetDlgItem(hWnd, IDC_OFFSET),    TRUE);
   EnableWindow(GetDlgItem(hWnd, IDC_BYTE),      TRUE);
   EnableWindow(GetDlgItem(hWnd, IDC_WRITEBYTE),TRUE);
   EnableWindow(GetDlgItem(hWnd, IDC_READBYTE),  TRUE);
   EnableWindow(GetDlgItem(hWnd, IDC_FREEALLOCATEDREGIONS), TRUE);

   // Force the Offset edit control to have the focus.
   SetFocus(GetDlgItem(hWnd, IDC_OFFSET));
   }
   break;

case IDC_WRITEBYTE:
   {
   BOOL bTranslated;
   DWORD dwOffset = GetDlgItemInt(hWnd, IDC_OFFSET, &bTranslated, FALSE);
   if (bTranslated) {
      g_mmf[dwOffset * 1024] = (BYTE)
         GetDlgItemInt(hWnd, IDC_BYTE, NULL, FALSE);
      Dlg_ShowAllocatedRanges(hWnd);
   }
   }
   break;

case IDC_READBYTE:
   {
```

```
            BOOL bTranslated;
            DWORD dwOffset = GetDlgItemInt(hWnd, IDC_OFFSET, &bTranslated, FALSE);
            if (bTranslated) {
               SetDlgItemInt(hWnd, IDC_BYTE, g_mmf[dwOffset * 1024], FALSE);
               Dlg_ShowAllocatedRanges(hWnd);
            }
         }
         break;

      case IDC_FREEALLOCATEDREGIONS:
         // Normally the destructor causes the file-mapping to close.
         // But, in this case, we want to force it so that we can reset
         // a portion of the file back to all zeros.
         g_mmf.ForceClose();

         // We call ForceClose above because attempting to zero a portion of
         // the file while it is mapped, causes DeviceIoControl to fail with
         // error ERROR_USER_MAPPED_FILE ("The requested operation cannot
         // be performed on a file with a user-mapped section open.")
         g_mmf.DecommitPortionOfStream(0, STREAMSIZE);

         // We need to close the file handle and reopen it in order to
         // flush the sparse state.
         CloseHandle(g_hStream);
         g_hStream = CreateFile(g_szPathname, GENERIC_READ | GENERIC_WRITE,
            0, NULL, CREATE_ALWAYS, FILE_ATTRIBUTE_NORMAL, NULL);
         if (g_hStream == INVALID_HANDLE_VALUE) {
            chFAIL("Failed to create file.");
            return;
         }

         // Reset the MMF wrapper for the new file handle.
         g_mmf.Initialize(g_hStream, STREAMSIZE);

         // Update the UI.
         Dlg_ShowAllocatedRanges(hWnd);
         break;
   }
}


///////////////////////////////////////////////////////////////////////////////


INT_PTR WINAPI Dlg_Proc(HWND hWnd, UINT uMsg, WPARAM wParam, LPARAM lParam) {
```

```
    switch (uMsg) {
        chHANDLE_DLGMSG(hWnd, WM_INITDIALOG, Dlg_OnInitDialog);
        chHANDLE_DLGMSG(hWnd, WM_COMMAND,    Dlg_OnCommand);
    }
    return(FALSE);
}


///////////////////////////////////////////////////////////////////////////////


int WINAPI _tWinMain(HINSTANCE hInstExe, HINSTANCE, PTSTR pszCmdLine, int) {

    DialogBox(hInstExe, MAKEINTRESOURCE(IDD_MMFSPARSE), NULL, Dlg_Proc);
    return(0);
}


///////////////////////////// End of File /////////////////////////////////////
```

SparseStream.h

```
/******************************************************************************
Module:  SparseStream.h
Notices: Copyright (c) 2007 Jeffrey Richter & Christophe Nasarre
******************************************************************************/


#include "..\CommonFiles\CmnHdr.h"      /* See Appendix A. */
#include <WinIoCtl.h>


///////////////////////////////////////////////////////////////////////////////


#pragma once


///////////////////////////////////////////////////////////////////////////////


class CSparseStream {
public:
    static BOOL DoesFileSystemSupportSparseStreams(PCTSTR pszVolume);
    static BOOL DoesFileContainAnySparseStreams(PCTSTR pszPathname);

public:
    CSparseStream(HANDLE hStream = INVALID_HANDLE_VALUE) {
        Initialize(hStream);
```

```
    }

    virtual ~CSparseStream() { }

    void Initialize(HANDLE hStream = INVALID_HANDLE_VALUE) {
        m_hStream = hStream;
    }

public:
    operator HANDLE() const { return(m_hStream); }

public:
    BOOL IsStreamSparse() const;
    BOOL MakeSparse();
    BOOL DecommitPortionOfStream(
        __int64 qwFileOffsetStart, __int64 qwFileOffsetEnd);

    FILE_ALLOCATED_RANGE_BUFFER* QueryAllocatedRanges(PDWORD pdwNumEntries);
    BOOL FreeAllocatedRanges(FILE_ALLOCATED_RANGE_BUFFER* pfarb);

private:
    HANDLE m_hStream;

private:
    static BOOL AreFlagsSet(DWORD fdwFlagBits, DWORD fFlagsToCheck) {
        return((fdwFlagBits & fFlagsToCheck) == fFlagsToCheck);
    }
};

///////////////////////////////////////////////////////////////////////////////


inline BOOL CSparseStream::DoesFileSystemSupportSparseStreams(
    PCTSTR pszVolume) {

    DWORD dwFileSystemFlags = 0;
    BOOL bOk = GetVolumeInformation(pszVolume, NULL, 0, NULL, NULL,
        &dwFileSystemFlags, NULL, 0);
    bOk = bOk && AreFlagsSet(dwFileSystemFlags, FILE_SUPPORTS_SPARSE_FILES);
    return(bOk);
}

///////////////////////////////////////////////////////////////////////////////
```

```
inline BOOL CSparseStream::IsStreamSparse() const {

   BY_HANDLE_FILE_INFORMATION bhfi;
   GetFileInformationByHandle(m_hStream, &bhfi);
   return(AreFlagsSet(bhfi.dwFileAttributes, FILE_ATTRIBUTE_SPARSE_FILE));
}


///////////////////////////////////////////////////////////////////////////////


inline BOOL CSparseStream::MakeSparse() {

   DWORD dw;
   return(DeviceIoControl(m_hStream, FSCTL_SET_SPARSE,
      NULL, 0, NULL, 0, &dw, NULL));
}


///////////////////////////////////////////////////////////////////////////////


inline BOOL CSparseStream::DecommitPortionOfStream(
   __int64 qwOffsetStart, __int64 qwOffsetEnd) {

   // NOTE: This function does not work if this file is memory-mapped.
   DWORD dw;
   FILE_ZERO_DATA_INFORMATION fzdi;
   fzdi.FileOffset.QuadPart = qwOffsetStart;
   fzdi.BeyondFinalZero.QuadPart = qwOffsetEnd + 1;
   return(DeviceIoControl(m_hStream, FSCTL_SET_ZERO_DATA, (PVOID) &fzdi,
      sizeof(fzdi), NULL, 0, &dw, NULL));
}


///////////////////////////////////////////////////////////////////////////////


inline BOOL CSparseStream::DoesFileContainAnySparseStreams(
   PCTSTR pszPathname) {

   DWORD dw = GetFileAttributes(pszPathname);
   return((dw == 0xffffffff)
      ? FALSE : AreFlagsSet(dw, FILE_ATTRIBUTE_SPARSE_FILE));
}


///////////////////////////////////////////////////////////////////////////////
```

```
inline FILE_ALLOCATED_RANGE_BUFFER* CSparseStream::QueryAllocatedRanges(
   PDWORD pdwNumEntries) {

   FILE_ALLOCATED_RANGE_BUFFER farb;
   farb.FileOffset.QuadPart = 0;
   farb.Length.LowPart =
      GetFileSize(m_hStream, (PDWORD) &farb.Length.HighPart);

   // There is no way to determine the correct memory block size prior to
   // attempting to collect this data, so I just picked 100 * sizeof(*pfarb)
   DWORD cb = 100 * sizeof(farb);
   FILE_ALLOCATED_RANGE_BUFFER* pfarb = (FILE_ALLOCATED_RANGE_BUFFER*)
      HeapAlloc(GetProcessHeap(), HEAP_ZERO_MEMORY, cb);

   DeviceIoControl(m_hStream, FSCTL_QUERY_ALLOCATED_RANGES,
      &farb, sizeof(farb), pfarb, cb, &cb, NULL);
   *pdwNumEntries = cb / sizeof(*pfarb);
   return(pfarb);
}


///////////////////////////////////////////////////////////////////////////////


inline BOOL CSparseStream::FreeAllocatedRanges(
   FILE_ALLOCATED_RANGE_BUFFER* pfarb) {

   // Free the queue entry's allocated memory
   return(HeapFree(GetProcessHeap(), 0, pfarb));
}


///////////////////////////////// End Of File //////////////////////////////////
```

509~518

堆

本章内容

第三种也是最后一种对内存进行操控的方法是使用堆(heap)。堆非常适合分配大量小数据块。例如，链表和树最好是用堆来管理，而不是使用第15章讨论的虚拟内存和第17章讨论的内存映射文件。堆的优点在于，它能让我们专心解决手头上的问题，而不必理会分配粒度和页面边界这类事情。堆的缺点在于，分配和释放内存块的速度比其他方式慢，而且无法再对物理存储的调拨和撤销调拨进行直接控制。

在系统内部，堆是一个预订的地址空间区域。刚开始的时候，预订区域内大部分页面都没有调拨物理存储。随着我们不断从堆中分配，堆管理器会为堆调拨越来越多的物理存储。这些物理存储始终从系统分页文件中分配。释放堆中的块时，堆管理器会撤销调拨物理存储。

Microsoft并未在文档中记录堆在调拨和撤销调拨存储时所遵循的确切规则。为了在保证最佳安全性的前提下找出大多数情况下最适用的规则，Microsoft会不断进行压力测试和模拟不同场景。随着应用程序以及运行它们的硬件平台的变化，这些规则也在发生变化。如果你开发的应用程序对此比较敏感，就不要使用堆，而是改为使用虚拟内存(即使用VirtualAlloc和VirtualFree)，从而自己控制这些规则。

18.1　进程的默认堆

进程初始化时，系统会在进程地址空间中创建一个堆。这个堆称为进程的默认堆(default heap)。默认情况下，这个堆的地址空间区域的大小是1 MB。但系统可能增大进程的默认堆，使其大于1 MB。可在创建应用程序时用/HEAP链接器开关来更改默认的1 MB区域大小。由于动态链接库(DLL)没有与之关联的堆，所以在创建DLL时不要使用/HEAP开关。下面是/HEAP开关的用法：

```
/HEAP:reserve[,commit]
```

许多Windows函数都要用到进程的默认堆。例如，Windows的许多核心函数都用Unicode字符和字符串来执行其所有操作。如果调用函数的ANSI版本，该ANSI版本必须将ANSI字符串转换为Unicode字符串，再调用同一函数的Unicode版本。为了转换字符串，ANSI版本的函数需要分配一个内存块来容纳Unicode版本的字符串。这个内存块就是从进程的默认堆中分配的。其他许多Windows函数都要求使用临时内存块，这些内存块也是从进程的默认堆中分配的。另外，旧的16位Windows函数LocalAlloc和GlobalAlloc也会从进程的默认堆中分配内存。

由于许多Windows函数都用到了进程的默认堆，而且应用程序会有多个线程同时调用各种Windows函数，所以对默认堆的访问是依次进行的(serialized)。换言之，系统保证不管在什么时候，一次只让一个线程从默认堆中分配或释放内存块。如两个线程同时尝试从默认堆中分配一个内存块，那么只有其中一个线程能分配内存，另一个线程必须等待第一个线程的分配完成。第一个线程的块分配好之后，堆函数才会允许第二个线程分配。这种依次访问会对性能产生轻微的影响。如果应用程序仅一个线程，而且你希望以最快的速度访问堆，就应创建自己的堆而不要使用进程的默认堆。遗憾的是，无法告诉Windows函数不要使用默认堆，所以它们对堆的访问始终都是依次进行的。

一个进程同时可以有多个堆，进程在整个生命周期内可以创建和销毁这些堆。但是，默认堆是在进程开始执行前由系统自动创建的，并在进程终止后自动销毁。我们无法销毁进程的默认堆。每个堆都有一个用来标识自己的堆句柄(heap handle)，所有在堆中分配和释放块的堆函数都要求将这个堆句柄作为参数传递。

可调用GetProcessHeap来获得进程的默认堆的句柄：

```
HANDLE GetProcessHeap();
```

18.2　为什么要创建额外的堆

除了进程的默认堆，还可在进程的地址空间中自行创建额外的堆。之所以要在应用程序中创建额外的堆，可能是由于以下原因：

- 对组件进行保护
- 更高效的内存管理
- 局部访问
- 避免线程同步的开销
- 快速释放

下面让我们一个一个地仔细分析。

520

18.2.1　对组件进行保护

假设应用程序需要处理两个组件，分别是一个由NODE结构组成的链表和一个由BRANCH结构组成的二叉树。有两个源代码文件：LinkList.cpp包含用来处理NODE链表的函数，BinTree.cpp包含用来处理BRANCH二叉树的函数。

如果NODE和BRANCH结构都保存在同一个堆中，这个混合堆看起来会像图18-1展示的那样。

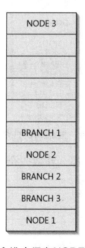

图18-1　在同一个堆中保存NODE和BRANCH结构

现在假设链表的代码存在一个bug，会不小心覆盖NODE 1后面的8个字节，从而破坏了BRANCH 3中的数据。BinTree.cpp中的代码后来在遍历二叉树的时候，很可能由于这个原因而失败。当然，这会造成一种假象，让人觉得二叉树的代码有bug，虽然事实上bug

存在于链表的代码中。由于不同类型的对象混杂在同一个堆中，所以对bug进行跟踪和隔离会非常困难。

通过创建两个独立的堆(一个用来保存NODE结构，另一个用来保存BRANCH结构)，就可以使问题局部化。链表中的一个小bug不会破坏二叉树的完整性，反之亦然。虽然还存在另一种可能性(即有bug的代码向另一个堆中随意写入)，但这种可能性要小得多。

18.2.2　更高效的内存管理

如果从堆中分配同样大小的对象，那么对堆的管理可以更高效。例如，假设每个NODE结构需要24字节，每个BRANCH结构需要32字节，所有对象都从同一个堆中分配。图18-2展示了一个被占满的堆，其中分配了几个NODE和BRANCH对象。如果释放NODE 2和NODE 4，堆中将出现内存碎片。这时如果想分配一个BRANCH结构，那么即使现在有48字节的可用空间而BRANCH只需要32字节，分配操作仍然会失败。

521

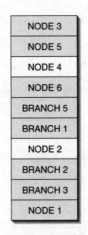

图18-2　一个碎片化的堆，其中包含几个NODE和BRANCH对象

如果每个堆只包含同样大小的对象，那么释放一个对象可保证释放出的空间刚好能容纳另一个对象。

18.2.3　局部访问

如果RAM中的一个页要从系统的分页文件中换入，或者换出到分页文件，就会对性能产生非常大的影响。将内存访问局限在一个较小的地址区间，系统在RAM和磁盘之间进行页交换的可能性就降低了。

所以，设计应用程序时，最好将需要一起访问的东西分配到相邻的地方。回到刚才链表和二叉树的例子，遍历链表和遍历二叉树之间并不存在任何联系。在一个堆中将NODE对象紧密地放在一起，可确保NODE对象都位于相邻页面。事实上，很有可能多个NODE对象都在同一个物理内存页中。这样在遍历链表时，CPU就不需要在访问每个NODE的时候去访问几个不同的内存页面。

如果在同一个堆中分配NODE对象和BRANCH对象，那么各NODE对象不一定相邻。在最差的情况下，每个内存页中可能只有一个NODE对象，内存页中剩下的部分都被BRANCH对象占用。在这种情况下，遍历链表中的每个NODE时都会发生页面错误(page faults)，从而导致整个遍历过程变得极其缓慢。

18.2.4 避免线程同步的开销

稍后就会解释到，在默认情况下，对堆的访问是依次进行的，这样即使在同一时刻有多个线程要访问堆，也不会出现数据被破坏的情况。但是，堆函数必须执行额外的代码来保证堆的线程安全(thread-safe)。如果从堆中进行大量分配操作，这些额外的代码会积少成多，并对应用程序的性能产生影响。创建新堆时，可告诉系统只有一个线程会访问堆，所以不必执行额外的代码。但这个时候要小心，现在我们承担起了保证堆的线程安全性的责任，系统不再帮我们管这些事情了。

522

18.2.5 快速释放

最后，为一些数据结构使用专门的堆，可以直接释放整个堆而不必显式释放堆中的每个内存块。例如，Windows资源管理器在遍历硬盘上的目录层次结构时，必须在内存中建立一棵树。如果让Windows资源管理器刷新显示，它会直接销毁包含整棵树的那个堆，然后重新开始，当然，这里假设它有一个专门的堆，仅用于存放目录树的信息。对许多应用程序来说，这不但非常方便，而且运行速度更快。

18.3 如何创建额外的堆

可以调用HeapCreate在自己的进程中创建额外的堆：

```
HANDLE HeapCreate(
   DWORD fdwOptions,
   SIZE_T dwInitialSize,
   SIZE_T dwMaximumSize);
```

第一个参数fdwOptions用于修改堆的操作方式。可指定0、HEAP_NO_SERIALIZE，HEAP_GENERATE_EXCEPTIONS，HEAP_CREATE_ENABLE_ EXECUTE或这些标志的组合。

默认情况下，对堆的访问会依次进行，使多个线程可以从同一个堆中分配和释放内存块，同时也不会存在堆数据被破坏的危险。每次尝试从堆中分配一个内存块时，HeapAlloc函数(稍后讨论)必须执行以下操作。

(1) 遍历已分配和闲置内存块的链表。
(2) 找到一个足够大的闲置块的地址。
(3) 将闲置块标记为已分配，从而分配新块。
(4) 在内存块链表中添加一个新项。

这里用一个例子来解释为什么应避免使用HEAP_NO_SERIALIZE标志。假设有两个线程试图在同一时刻从同一个堆中分配内存块。线程1执行刚才列出的第1步和第2步，得到一个闲置内存块的地址。但是，当线程1准备执行第3步的时候，它被抢占，线程2获得执行第1步和第2步的机会。由于线程1还没有执行第3步，所以线程2找到的闲置内存块和线程1相同。

两个线程都以为自己在堆中找到了一个闲置内存块。线程1更新链表，将新的内存块标记为已分配。然后，线程2也更新链表，将同一个内存块标记为已分配。到目前为止，两个线程都没有发现问题，但它们拿到的是指向同一个内存块的地址。

由于这种类型的bug通常不会立即表现出来，所以很难发现。相反，bug会一直潜伏在那里，直到最不凑巧的时候发作。潜在的问题如下所示。

- 内存块的链表被破坏。这个问题只有到下次分配或释放块的时候才会被发现。
- 两个线程共享同一个内存块。线程1和线程2可能都向同一个块写入。线程1使用块中的内容时，它无法识别由线程2写入的数据。
- 其中一个线程可能使用块，然后释放它，这使另一个线程覆盖未分配的内存，从而导致堆被破坏。

523~524

这些问题的解决方案是只允许一个线程独占对堆及其链表的访问，直到线程完成所有必须的堆操作。这正是不指定HEAP_NO_SERIALIZE标志时堆的行为。当且仅当进程满足以下一个或多个条件时，使用HEAP_NO_SERIALIZE标志才是安全的。

(1) 进程中仅一个线程。
(2) 进程中有多个线程，但仅一个线程访问堆。
(3) 进程中有多个线程，但进程使用其他方式来管理对堆的独占访问，比如临界区(critical section)、互斥量(mutex)以及信号量(semaphore)，详情参见第8章和第9章。

如果不清楚到底应不应该使用HEAP_NO_SERIALIZE标志，就不要使用。虽然这样做会在调用堆函数时对性能产生轻微影响，但避免了堆和堆中的数据被破坏的危险。

HEAP_GENERATE_EXCEPTIONS标志告诉系统，每当在堆中分配或重新分配内存块失败的时候，就抛出一个异常。异常不过是系统向你的应用程序通知有错误发生的又一种方式。设计应用程序时，捕获异常有时比检查返回值要容易。第23章～第25章将详细讨论异常。

说明　默认情况下，在调用一个 Heap* 函数的时候，如果操作系统发现堆被破坏 (比如越过你分配的一个块进行写入)，那么除了在调试器中运行时会引发一个断言之外，不会发生什么特别的事情。但是，对内部堆结构进行破坏而发生的滥用事件越来越多，这迫使 Microsoft 为堆增加了更多的控制和校验手段，以便在这种类型的破坏发生时能尽早发现。

现在可以让堆管理器一旦检测到堆被破坏，就从任何 Heap* 函数中抛出一个异常。下面就是你需要执行的代码:

```
HeapSetInformation(NULL, HeapEnableTerminationOnCorruption, NULL, 0);
```

如果为第二个参数传递 HeapEnableTerminationOnCorruption，第一个参数会被忽略: 系统会将该策略严格应用于进程中所有的堆。另外，一旦为进程中所有的堆启用了这项特性，就再也无法禁用它了。

必须使用最后一个标志HEAP_CREATE_ENABLE_EXECUTE，才能在堆中存储可执行代码。这对第13章介绍的 "数据执行保护" (DEP)特性来说特别重要。如果不设置该标志，一旦试图执行在堆上分配的一个内存块中的代码，Windows就会抛出一个EXCEPTION_ACCESS_VIOLATION异常。

524~525

HeapCreate的第二个参数dwInitialSize指定一开始要调拨给堆的字节数。如有必要，HeapCreate会将该值向上取整到CPU页面大小的整数倍。最后一个参数dwMaximumSize指定堆能扩充至多大 (即系统为堆所预订的地址空间的最大大小)。如果dwMaximumSize大于0，创建的堆就会有一个最大大小。这时，如试图分配的内存块可能导致堆超过最大大小，分配操作会失败。

如果dwMaximumSize为0，那么创建的将是一个可增长的堆，它没有固定上限。从堆中分配内存会使堆不断增长，直至耗尽所有物理存储。如果成功创建了堆，HeapCreate会返回一个标识了新堆的句柄。其他的堆函数都会用到该句柄。

18.3.1 从堆中分配内存块

调用HeapAlloc函数从堆中分配一个内存块：

```
PVOID HeapAlloc(
    HANDLE hHeap,
    DWORD fdwFlags,
    SIZE_T dwBytes);
```

第一个参数hHeap是堆的句柄，表示要从哪个堆分配内存。参数dwBytes指定要从堆中分配多少字节。中间的参数fdwFlags指定会对分配产生影响的一些标志。目前只支持三个标志：HEAP_ZERO_MEMORY，HEAP_GENERATE_EXCEPTIONS和HEAP_NO_SERIALIZE。

HEAP_ZERO_MEMORY标志的作用很明显。它会让HeapAlloc在返回之前将内存块的内容清零。第二个标志HEAP_GENERATE_EXCEPTIONS告诉系统，如果堆中没有足够内存来满足分配请求，HeapAlloc就应抛出异常。也可调用HeapCreate创建堆时指定HEAP_GENERATE_EXCEPTIONS标志，它告诉堆应在无法分配一个块的时候抛出异常。如果调用HeapCreate时指定了这个标志，调用HeapAlloc时就不需要再指定了。另一方面，我们可能希望在创建堆的时候不使用该标志。这样一来，调用HeapAlloc时指定该标志就只会影响当前这次调用，而不会影响对HeapAlloc函数的其他所有调用。

如HeapAlloc调用失败并抛出异常，抛出的异常将是表18-1列出的两个异常之一。

表18-1　HeapAlloc抛出的异常

标识符	含义
STATUS_NO_MEMORY	内存不足导致分配失败
STATUS_ACCESS_VIOLATION	堆被破坏或传入的参数不正确分配失败

525

如果分配成功，HeapAlloc将返回块的地址。如果无法分配内存，而且没有指定HEAP_GENERATE_EXCEPTIONS标志，HeapAlloc将返回NULL。

最后一个标志HEAP_NO_SERIALIZE用来强制系统不要将这次HeapAlloc调用与其他线程对同一个堆的访问依次排列起来(即临时取消serialized访问方式)。使用该标志时需非常小心，因为如果其他线程也在同一时刻对堆进行操作，将破坏堆的完整性。从进程的默认堆中分配内存时，绝对不要使用该标志，否则可能破坏数据，因为进程中的其他线程可能会在同一时刻访问堆。

说明　分配大内存块(1 MB 或更多)时建议使用 VirtualAlloc 函数，避免使用堆函数。

如果分配大量不同大小的块，堆管理器用于处理内部分配的默认算法可能产生地址空间碎片：所有可用块的大小都不对，系统找不到一个给定大小的闲置块。在Windows XP和Windows Server 2003之后的版本中，可强制操作系统在分配内存时使用一种叫低碎片堆(low-fragmentation heap)的算法。在多处理器的机器上，低碎片堆的性能得到了极大的提高。要写以下代码切换到低碎片堆：

```
ULONG HeapInformationValue = 2;
if (HeapSetInformation(
    hHeap, HeapCompatibilityInformation,
    &HeapInformationValue, sizeof(HeapInformationValue)) {
    // hHeap 转变成低碎片堆
} else {
    // hHeap 不能转变成低碎片堆,
    // 原因可能是它用 HEAP_NO_SERIALIZE 标志创建的
}
```

将GetProcessHeap的返回值传给HeapSetInformation，默认堆就会转变成一个低碎片堆。如传入的句柄标识的是用HEAP_NO_SERIALIZE标志创建的堆，HeapSetInformation调用会失败。注意，如代码在调试器下运行，设置的一些堆调试选项会阻碍堆变成低碎片堆。将环境变量_NO_DEBUG_HEAP设为1，就可以关闭这些调试选项。另外还要注意，堆管理器自己也会对所有的分配请求进行监控并进行一些内部优化。例如，如果堆管理器发现切换到低碎片堆会对应用程序有好处，它可能会自动切换。

18.3.2　调整内存块的大小

经常都需要调整内存块的大小。有的应用程序会在一开始分配一个大于实际需要的内存块，并在所有数据都放入其中之后减小其大小。有的应用程序一开始只分配一个小的内存块，然后在需要将更多数据复制到其中时增大其大小。调整内存块的大小是通过调用HeapReAlloc函数来进行成的：

```
PVOID HeapReAlloc(
    HANDLE hHeap,
    DWORD fdwFlags,
    PVOID pvMem,
    SIZE_T dwBytes);
```

526~527

和往常一样，hHeap指定想要调整大小的块所在的堆。参数fdwFlags指定HeapReAlloc调整内存块大小时用的一些标志。可选择以下4个标志：HEAP_GENERATE_EXCEPTIONS，HEAP_NO_SERIALIZE，HEAP_ZERO_MEMORY和HEAP_REALLOC_IN_PLACE_ONLY。

前两个标志的含义和它们用于HeapAlloc时相同。只有在增大内存块的大小时，HEAP_ZERO_MEMORY标志才有用。在这种情况下，内存中额外的字节会被清零。减小内存块的大小时，这个标志不起任何作用。

在增大内存块的时候，HeapReAlloc可能会在堆内部移动内存块，而HEAP_REALLOC_IN_PLACE_ONLY标志用来告诉HeapReAlloc不要移动内存块。如果HeapReAlloc能在不移动内存块的前提下让它增大，它会在操作完成后返回内存块原来的地址。另一方面，如果HeapReAlloc必须移动块的内容，它将返回一个新的、更大的内存块的地址。如果要把内存块减小，HeapReAlloc会返回内存块原来的地址。如果块是链表或树的一部分，就要指定HEAP_REALLOC_IN_PLACE_ONLY。在这种情况下，链表或树中的其他节点可能包含指向这个节点的指针，将节点移动到堆中的其他地方会破坏链表或树的完整性。

剩余两个参数pvMem和dwBytes分别指定想要调整大小的块的当前地址和块的新大小(以字节为单位)。HeapReAlloc要么返回调整大小后的新块的地址，要么返回NULL(如果不能调整内存块的大小)。

18.3.3　获得内存块的大小

分配一个内存块后，可调用HeapSize函数来获得这个内存块的实际大小：

```
SIZE_T HeapSize(
    HANDLE hHeap,
    DWORD fdwFlags,
    LPCVOID pvMem);
```

hHeap参数标识的是堆，pvMem参数指定块的地址，fdwFlags参数则可以是0或者HEAP_NO_SERIALIZE。

18.3.4　释放内存块

不再需要一个内存块的时候，可调用HeapFree来释放它：

```
BOOL HeapFree(
    HANDLE hHeap,
    DWORD fdwFlags,
    PVOID pvMem);
```

527

HeapFree会释放内存块，如果操作成功的话，就会返回TRUE。fdwFlags参数可为0或HEAP_NO_SERIALIZE。调用该函数可能会使堆管理器撤销一些已调拨的物理存储，但这并不是一定的。

18.3.5 销毁堆

如果应用程序不再需要自己创建的堆，就可以调用HeapDestroy来销毁它：

```
BOOL HeapDestroy(HANDLE hHeap);
```

调用HeapDestroy会释放堆中包含的所有内存块，同时系统会回收堆所占用的物理存储和预定的地址空间区域。如果函数调用成功，HeapDestroy将返回TRUE。如果不在进程终止之前显式销毁堆，系统会替我们销毁。但只有在进程终止时，系统才会这样做。如果一个线程创建了堆，在这个线程终止时，堆是不会自动销毁的。

在进程完全终止之前，系统不允许销毁进程的默认堆。如果将进程的默认堆的句柄传给HeapDestroy，系统会直接忽略该调用并返回FALSE。

18.3.6 在C++中使用堆

运用堆的最佳方式莫过于将它们集成到现有的C++程序中。C++是调用new操作符来分配类对象，而不是调用通常的C运行库例程malloc。然后，在不再需要某个类对象的时候，是调用delete操作符来释放它，而不是调用通常的C运行库例程free。例如，要为名为CSomeClass的类分配一个实例，可以写下面这样的代码：

```
CSomeClass* pSomeClass = new CSomeClass;
```

C++编译器在检查这一行代码时，会首先检查CSomeClass是否包含一个重载了new操作符的成员函数。如果是，编译器将生成代码来调用这个成员函数。如果编译器没有找到重载了new操作符的函数，编译器将生成代码来调用标准的C++的new操作符函数。

分配的对象使用完毕后，可调用delete操作符来销毁它：

```
delete pSomeClass;
```

通过为C++类重载new操作符和delete操作符，可以非常容易地利用堆函数。可以在头文件中像下面这样定义CSomeClass类：

```
class CSomeClass {
private:

  static HANDLE s_hHeap;
  static UINT s_uNumAllocsInHeap;

  // 其他私有数据和成员函数
  ...
```

```
public:
  void* operator new (size_t size);
  void operator delete (void* p);
  // 其他公共数据和成员函数
  ...
};
```

528~529

这段代码定义了两个静态成员变量，分别是s_hHeap和s_uNumAllocsInHeap。由于是静态变量，所以C++会让CSomeClass的所有实例共享这两个变量；换言之，C++不会为创建的CSomeClass的每个实例都分配单独的s_hHeap和s_uNumAllocsInHeap变量。这对我们很重要，因为我们希望从同一个堆中分配CSomeClass的所有实例。

s_hHeap变量用于保存堆句柄，所有CSomeClass对象都是从这个堆中分配的。s_uNumAllocsInHeap变量只是一个计数器，用来记录从堆中分配了多少个CSomeClass对象。每次从堆中分配一个CSomeClass对象，s_uNumAllocsInHeap都会递增，每次销毁一个CSomeClass对象，s_uNumAllocsInHeap都会递减。当s_uNumAllocsInHeap到达0的时候，堆就没有用了，因此将被释放。应在.cpp文件中写如下所示的代码来操控堆：

```
HANDLE CSomeClass::s_hHeap = NULL;
UINT CSomeClass::s_uNumAllocsInHeap = 0;

void* CSomeClass::operator new (size_t size) {
    if (s_hHeap == NULL) {
        // 堆不存在；创建它
        s_hHeap = HeapCreate(HEAP_NO_SERIALIZE, 0, 0);

        if (s_hHeap == NULL)
            return(NULL);
    }
    // 堆为 CsomeClass 对象而存在
    void* p = HeapAlloc(s_hHeap, 0, size);

    if (p != NULL) {
        // 内存成功分配；递增堆中 CsomeClass 对象的计数
        s_uNumAllocsInHeap++;
    }

    // 返回已分配的 CsomeClass 对象的地址
    return(p);
}
```

注意，代码一开始就定义了两个静态成员变量s_hHeap和s_uNumAllocsInHeap，并分别将它们初始化为NULL和0。

C++语言的new操作符只需要一个size参数，表示需要多少字节才能容下一个CSomeClass对象。new操作符函数的第一项任务是在还没有创建堆的时候创建一个堆。为此，只需检查一下s_hHeap变量是否为NULL。如果为NULL，代码就调用HeapCreate来新建一个堆，并将HeapCreate返回的句柄保存到s_hHeap中。这样，下次调用new操作符的时候就不会再创建另一个堆了，而是使用刚才创建的堆。

529~530

上述示例代码在调用HeapCreate函数时使用了HEAP_NO_SERIALIZE标志，因为示例代码剩余的部分不支持多线程。传给HeapCreate的其他两个参数分别表示堆的起始大小和最大大小，这里传递的都是0。第一个0表示堆没有初始大小，第二个0表示堆可根据需要增长。可根据需要更改这些参数值。

你可能以为，将new操作符的size参数作为HeapCreate的第二个参数传入可以有帮助。这样就可以初始化堆，使它足以容下类的一个实例。然后，在第一次调用HeapAlloc的时候，程序可以运行得更快，因为堆不必调整自己的大小来容纳类的实例。但问题在于，事情并非总是想的那么简单。由于在堆中分配的每个内存块都有一个关联的开销，所以HeapAlloc仍需调整堆的大小，这样才能容下类的一个实例及其关联的开销。

一旦创建了堆，就可调用HeapAlloc从堆中分配CSomeClass对象。第一个参数是堆的句柄，第二个参数是CSomeClass对象的大小。HeapAlloc返回所分配的块的地址。

分配操作成功完成后，我递增变量s_uNumAllocsInHeap，记录堆中又多分配了一个内存块。最后，new操作符返回新分配的CSomeClass对象的地址。

好了，创建一个新的CSomeClass对象就是这么简单。下面关注一下当应用程序不再需要CSomeClass对象时如何销毁它。销毁CSomeClass对象是delete操作符函数的职责：

```
void CSomeClass::operator delete (void* p) {
    if (HeapFree(s_hHeap, 0, p)) {
        // 对象已成功删除
        s_uNumAllocsInHeap--;
    }

    if (s_uNumAllocsInHeap == 0) {
        // 如果堆中无更多对象，就销毁堆
        if (HeapDestroy(s_hHeap)) {
            // 将堆句柄设为 NULL，使 new 操作符知道
            // 在创建一个新的 CSomeClass 时，
```

```
        // 需要创建一个新堆
        s_hHeap = NULL;
      }
    }
}
```

delete操作符函数只有一个参数，即要删除的对象的地址。函数做的第一件事情就是调用HeapFree，向其传递堆句柄和要释放的对象的地址。如果对象被成功释放，则s_uNumAllocsInHeap会递减，以表示堆中的CSomeClass对象又少了一个。接着，函数会检查s_uNumAllocsInHeapT是否为0。如果为0，函数将调用HeapDestroy并传入堆句柄。如果堆被成功销毁，代码会将s_hHeap设为NULL。这一步极其重要，因为程序以后仍有可能分配另一个CSomeClass对象。当这种情况发生的时候，new操作符会检查s_hHeap并决定是应该使用现有的堆还是应该新建一个。

530~531

这个例子演示了使用多个堆的一种便利方案。可以非常容易地把它整合到你的多个类中。但是，还需要考虑一下继承的情况。如果以CSomeClass为基类派生出一个新类，那么新类将继承CSomeClass的new和delete操作符。新类还会继承CSomeClass的堆，这意味着在将new应用于派生类时，会从CsomeClass使用的同一个堆中分配派生类对象的内存。取决于实际情况，这可能是你希望的，但也可能不是。如对象大小相差较大，堆可能出现严重的碎片化现象。另外，如18.2.1节"对组件进行保护"和18.2.2节"更高效的内存管理"所述，这还可能造成更难追踪代码中的bug。

要在派生类中使用一个单独的堆，将CSomeClass类中的代码复制一份即可。更具体地说，就是增加一组s_hHeap和s_uNumAllocsInHeap变量，将new操作符和delete操作符的代码复制过去。编译时，编译器会发现派生类也重载了new和delete操作符，这样它就会调用派生类的操作符函数，而不会调用基类版本。

不为每个类创建堆的唯一优势就是不会产生额外的性能和内存开销。但是，这些开销并不大，和潜在的回报相比，这很可能是值得的。如果你的应用程序经过了良好测试，而且临近发布日期，那么一个折衷方案是让每个类使用自己的堆，并让派生类与基类共享同一个堆。但要注意，碎片化可能仍然是一个问题。

18.4 其他堆函数

除了之前提到的堆函数，Windows还提供了其他一些堆函数。本节简单介绍一下它们。

ToolHelp API提供的函数(第4章末尾介绍过)允许枚举进程的堆以及堆中的分配情况。详情请参见Platform SDK文档中的下列函数：Heap32First，Heap32Next，Heap32ListFirst

和Heap32ListNext。

进程在其地址空间中可能有多个堆，可用**GetProcessHeaps**函数获取这些堆的句柄：

```
DWORD GetProcessHeaps(
    DWORD dwNumHeaps,
    PHANDLE phHeaps);
```

531

为了调用**GetProcessHeaps**，必须先分配一个由HANDLE构成的数组，如下所示：

```
HANDLE hHeaps[25];
DWORD dwHeaps = GetProcessHeaps(25, hHeaps);
if (dwHeaps > 25) {
    // 该进程中的堆的数量超出预期
    } else {
    // hHeaps[0] 到 hHeap[dwHeaps - 1] 标识了现有的各个堆
}
```

注意，在函数返回的堆句柄数组中，进程的默认堆句柄也包含在内。**HeapValidate**函数用来验证堆的完整性：

```
BOOL HeapValidate(
    HANDLE hHeap,
    DWORD fdwFlags,
    LPCVOID pvMem);
```

调用这个函数时，通常要传入一个堆句柄和一个标志0(除此之外唯一有效的标志是HEAP_NO_SERIALIZE)，并为pvMem参数传递NULL。该函数会遍历堆中的内存块，确保没有任何一个内存块被破坏。为了让函数执行得更快，最好为pvMem参数传递一个特定内存块的地址。这样函数就只检查这一个内存块的完整性。

调用以下函数来合并堆中闲置的块，同时撤销调拨任何不包含已分配堆块的存储页：

```
UINT HeapCompact(
    HANDLE hHeap,
    DWORD fdwFlags);
```

一般为fdwFlags参数传递0，但也可以传递HEAP_NO_SERIALIZE标志。

以下两个函数HeapLock和HeapUnlock要配对使用：

```
BOOL HeapLock(HANDLE hHeap);
BOOL HeapUnlock(HANDLE hHeap);
```

这两个函数用于线程同步。调用HeapLock的线程将成为指定堆的所有者。如其他任何线程调用堆函数并指定同一个堆句柄，系统会将其挂起。只有当所有者线程调用了HeapUnlock之后，才会唤醒被挂起的线程。

为确保对堆的访问是依次进行的，诸如HeapAlloc，HeapSize，HeapFree之类的函数会在内部调用HeapLock和HeapUnlock。我们一般不需要自己调用HeapLock和HeapUnlock。

最后一个堆函数是HeapWalk，如下所示：

```
BOOL HeapWalk(
    HANDLE hHeap,
    PPROCESS_HEAP_ENTRY pHeapEntry);
```

532

该函数只用于调试。可以用它来遍历堆的内容。需要多次调用该函数。每次调用都要传递一个PROCESS_HEAP_ENTRY结构的地址。该结构需要分配并初始化：

```
typedef struct _PROCESS_HEAP_ENTRY {
    PVOID lpData;
    DWORD cbData;
    BYTE cbOverhead;
    BYTE iRegionIndex;
    WORD wFlags;
    union {
        struct {
            HANDLE hMem;
            DWORD dwReserved[ 3 ];
        } Block;
        struct {
            DWORD dwCommittedSize;
            DWORD dwUnCommittedSize;
            LPVOID lpFirstBlock;
            LPVOID lpLastBlock;
        } Region;
    };
} PROCESS_HEAP_ENTRY, *LPPROCESS_HEAP_ENTRY, *PPROCESS_HEAP_ENTRY;
```

开始枚举堆中的块时，必须将lpData成员设为NULL。这向HeapWalk表明要初始化结构中的成员。每次成功调用HeapWalk之后，可以检查结构的成员。要访问堆中的下一个内存块，必须再次调用HeapWalk，并传入和上次调用时相同的堆句柄和PROCESS_HEAP_ENTRY结构的地址。一旦HeapWalk返回FALSE，就表示堆中已经没有更多内存块了。有关PROCESS_HEAP_ENTRY结构的各个成员的详细介绍，请参见 Platform SDK文档。

可以考虑用函数HeapLock和HeapUnlock包围HeapWalk循环，这样在遍历一个堆的时候，其他线程便无法从同一个堆中分配或释放内存了。

533

Windows核心编程
(第5版 中文限量版)

[美] 杰弗里·李希特 (Jeffrey Richter)
[法] 克里斯托弗·纳萨雷(Christophe Nasarre) /著　周　靖/译

清华大学出版社
北京

内 容 简 介

这是一本经典的Windows核心编程指南，从第1版到第5版，引领着数十万程序员走入Windows开发阵营，培养了大批精英。

作为Windows开发人员的必备参考，本书是为打算理解Windows的C和C++程序员精心设计的。第5版全面覆盖Windows XP，Windows Vista和Windows Server 2008中的170个新增函数和Windows特性。书中还讲解了Windows系统如何使用这些特性，我们开发的应用程序又如何充分使用这些特性，如何自行创建新的特性。

北京市版权局著作权合同登记号　图字：01-2022-4807

Authorized translation from the English language edition, entitled Windows via C/C++, Fifth Edition by Jeffrey Richter / Christophe Nasarre, published by Pearson Education, Inc, publishing as Microsoft Press, Copyright © 2008 Jeffrey Richter. All rights reserved. No part of this book may be reproduced or transmitted in any form or by any means, electronic or mechanical, including photocopying, recording or by any information storage retrieval system, without permission from Pearson Education, Inc.

Chinese Simplified language edition published by TSINGHUA UNIVERSITY PRESS LIMITED Copyright © 2022

本书中文简体版由Microsoft Press授权清华大学出版社出版发行，未经出版者书面许可，不得以任何方式复制或抄袭本书的任何部分。

图书在版编目(CIP)数据

Windows核心编程：第5版：中文限量版 / (美)杰弗里·李希特(Jeffrey Richter)，(法)克里斯托弗·纳萨雷(Christophe Nasarre)著；周靖译. —北京：清华大学出版社，2022.9

书名原文：Windows via C/C++, 5th Edition

ISBN 978-7-302-60932-2

Ⅰ.①W… Ⅱ.①杰… ②克… ③周… Ⅲ.①Windows操作系统—应用软件—程序设计 Ⅳ.①TP316.7

中国版本图书馆CIP数据核字(2022)第088960号

责任编辑：文开琪
封面设计：李　坤
责任校对：周剑云
责任印制：丛怀宇

出版发行：清华大学出版社
网　　址：http://www.tup.com.cn, http://www.wqbook.com
地　　址：北京清华大学学研大厦A座　　邮　　编：100084
社 总 机：010-83470000　　　　　　　　邮　　购：010-62786544
投稿与读者服务：010-62776969, c-service@tup.tsinghua.edu.cn
质量反馈：010-62772015, zhiliang@tup.tsinghua.edu.cn

印 装 者：三河市东方印刷有限公司
经　　销：全国新华书店
开　　本：178mm×230mm　　印　　张：60.25　　字　　数：1359千字
版　　次：2022年10月第1版　　　　　　印　　次：2022年10月第1次印刷
定　　价：256.00元(全五册)

产品编号：097221-01

详细目录

第 IV 部分　动态链接库

第 IV 部分　动态链接库

DLL基础

本章内容

自Windows第一个版本诞生以来，动态链接库(Dynamic-Link Library，DLL)就始终是该操作系统的基石。Windows应用程序编程接口(Application Programming Interface，API)提供的所有函数都包含在DLL中。其中三个最重要的DLL分别是：Kernel32.dll，包含用来管理内存、进程和线程的函数；User32.dll，包含用来执行与用户界面相关的任务(如创建窗口和发送消息)的函数；GDI32.dll，包含用来绘图和显示文本的函数。

Windows还提供了其他一些DLL，用来执行更加专门的任务。例如，AdvAPI32.dll包含的函数与对象的安全性、注册表的操控和事件日志有关，ComDlg32.dll包含一些常用的对话框(如打开文件和保存文件)，而ComCtl32.dll支持所有常用的窗口控件。

本章将介绍如何在自己的应用程序中创建DLL。下面是使用DLL的一些理由。

- **它们扩展了应用程序的特性**　由于DLL可被动态加载到进程的地址空间，应用程序可在运行时检测应执行什么操作，并在需要时加载DLL来执行这些操作。例如，如果一家公司开发了一个产品，并希望允许其他公司对该产品进行扩展或增强，DLL就非常有用。

- **它们简化了项目管理**　如果在开发过程中让不同开发团队来开发不同模块，那么项目将更容易管理。但是，应用程序应发布尽量少的文件。我知道有一家公司发布的某个产品中包含了上百个DLL，平均每个程序员要负责5个DLL之多。由于在程序能真正开始工作之前，系统必须打开上百个磁盘文件，所以初始化速度慢得让人难以忍受。

- **它们有助于节省内存**　如果两个或两个以上的应用程序使用同一个DLL，该DLL只需在RAM中加载一次，之后所有应用程序都可以共享该DLL在内存中的页面。C/C++运行库就是一个绝佳的例子。许多应用程序都会用到C/C++运行库，如果所有应用程序都链接到C/C++运行库的静态版本，那么诸如_tcscpy、malloc之类的函数会在内存中出现多次。但是，如果这些应用程序链接到C/C++运行库的DLL版本，这些函数在内存中只会出现一次，这意味着内存的使用更高效。

- **它们促进了资源共享**　DLL能够包含诸如对话框模板、字符串、图标和位图之类的资源。多个应用程序可以使用DLL来共享这些资源。

- **它们促进了本地化**　DLL常常用来对应用程序进行本地化。例如，应用程序可以只包含代码但不包含用户界面组件，它在运行时加载包含本地化用户界面组件的DLL。

- **它们有助于解决平台间的差异**　不同版本的Windows提供了不同的函数。通常，如果主机上有的话，开发人员会希望调用新函数。但是，如果源代码中包含对新函数的调用，那么在不提供该函数的老版本Windows上运行应用程序时，操作系统的加载程序(loader)将拒绝运行该应用程序。即使这个函数从来没有被调用到，情况也是如此。但是，如果将这些新函数放到一个DLL中，应用程序就能在老版本的Windows中加载并运行。当然，仍然不能成功地调用函数。

- **它们可以用于特殊目的**　Windows提供的某些特性只能通过DLL来使用。例如，我们可以安装某些挂钩(通过SetWindowsHookEx和SetWinEventHook来设置)，但前提是在一个DLL中包含了挂钩通知函数。我们可以创建COM对象来扩展Windows资源管理器外壳，但这些COM对象必须包含在DLL中。为了创建富网页(rich Web pages)，我们需要开发一些能由网页浏览器加载的ActiveX控件，这些控件也必须包含在DLL中。

537~538

19.1　DLL 和进程的地址空间

创建DLL通常比创建应用程序容易，因为DLL通常由任何应用程序都能使用的一组自主函数构成。DLL中通常没有用来处理消息循环或创建窗口的支持代码。DLL不过是一组源代码模块，每个模块包含一些可供应用程序(可执行文件)或其他DLL调用的函数。所有源文件编译完成后，链接器会像链接应用程序的可执行文件那样链接它们。但是，创建DLL时必须为链接器指定/DLL开关。这个开关会使链接器在生成的DLL文件映像中保存一些与可执行文件略微不同的信息，这样操作系统的加载程序就能将该文件映像识别为DLL，而不会将其识别为应用程序。

在应用程序(或其他DLL)能够调用一个DLL中的函数之前，DLL的文件映像必须映射到调用进程的地址空间中。为此可从两种方法中选择一种：隐式加载时链接(implicit load-time linking)或显式运行时链接(explicit run-time linking)。本章稍后会讨论隐式链接，显式链接将在第20章讨论。

一旦系统将DLL的文件映像映射到调用进程的地址空间，进程中的所有线程就可以调用该DLL中的函数了。事实上，该DLL几乎完全丧失了它的DLL身份：对进程中的线程来说，DLL中的代码和数据就像是一些附加的代码和数据，它们只是碰巧被放在进程地址空间中。线程调用DLL中的一个函数时，该DLL函数会在线程栈中取得传给它的参数，并使用线程栈来存放它需要的局部变量。此外，由DLL中的函数创建的任何对象都为调用线程或调用进程所拥有，DLL绝对不会拥有任何对象。

例如，如果DLL中的一个函数调用了VirtualAlloc，系统就会从调用线程所在的那个进程的地址空间中预订地址空间区域。如稍后从进程地址空间中撤销对DLL的映射，这个地址空间区域仍保持预订状态，因为该区域虽然事实上是由DLL中的函数所预订的，但系统并不会对此进行记录。被预订的区域为进程所拥有，只有在线程调用了VirtualFree函数或者进程终止的时候，预订的区域才会被释放。

如你所知，如运行同一个可执行文件的多个实例，这些实例不会共享可执行文件中的全局变量和静态变量。Windows通过第13章讨论的"写时复制"(copy-on-write)机制来保证这一点。DLL中的全局变量和局部变量也是通过完全相同的方法来处理的。进程将一个DLL映像文件映射到自己的地址空间时，系统也会创建全局变量和静态变量的实例。

538

说明　必须理解一个地址空间是由一个可执行模块和多个 DLL 模块构成的，这一点非常重要。在这些模块中，有些可能会链接到 C/C++ 运行库的静态版本，有些可能会链接到 C/C++ 运行库的 DLL 版本，还有一些可能根本就不需要 C/C++ 运行库（如果模块不是用 C/C++ 编写的）。许多开发人员常犯的一个错误就是忘记地址空间中可能存在多个 C/C++ 运行库。分析一下以下代码：

```
VOID EXEFunc() {
    PVOID pv = DLLFunc();
    // 访问 pv 指向的存储
    // 假定 pv 在 EXE 的 C/C++ 运行时堆中
    free(pv);
}
```

```
PVOID DLLFunc() {
    // 从 DLL 的 C/C++ 运行时堆中分配块
    return(malloc(100));
}
```

上述代码能正常工作吗？DLL 中的函数分配的块能否由 EXE 中的函数释放？答案是：也许。上述代码没有提供足够的信息。如 EXE 和 DLL 都链接到 C/C++ 运行库的 DLL 版本，代码能正常工作。但是，如其中之一或两个模块都链接到 C/C++ 运行库的静态版本，free 调用就会失败。开发人员编写出与此类似的代码并深受其害，这样的事情我已屡见不鲜。

这个问题有一个简单的解决办法，即：如模块提供了要分配内存的函数，就必须同时提供另一个用来释放内存的函数。下面重写刚才那段代码：

```
VOID EXEFunc() {
    PVOID pv = DLLFunc();
    // 访问 pv 指向的存储
    // 不对 C/C++ 运行时堆做任何假设
    DLLFreeFunc(pv);
}

PVOID DLLFunc() {
    // 从 DLL 的 C/C++ 运行时堆中分配块
    PVOID pv = malloc(100);
    return(pv);
}

BOOL DLLFreeFunc(PVOID pv) {
    // 从 DLL 的 C/C++ 运行时堆中释放块
    return(free(pv));
}
```

这段代码是正确的，而且始终都能够正常工作。编写一个模块的时候，不要忘记其他模块中的函数甚至可能不是用 C/C++ 编写的，所以可能不会用 malloc 和 free 来进行内存分配。请务必小心，不要在代码中做出这样的预设。顺便提一句，同样的道理也适用于 C++ 的操作符 new 和 delete，因为它们会在内部调用 malloc 和 free。

539

19.2 纵观全局

为了全面理解DLL的工作方式以及我们和系统具体如何使用DLL，我们先来纵览一下全局。图19-1概括了各组件是如何结合到一起的。

生成DLL
1 头文件，包含导出的原型/结构/符号。
2 C/C++源文件，实现导出的函数/变量。
3 编译器为每个C/C++源文件生成.obj文件。
4 链接器合并.obj模块来生成DLL。
5 如至少导出了一个函数/变量，链接器还会生成.lib文件。

生成EXE
6 头文件，包含导入的原型/结构/符号。
7 C/C++源文件，引用导入的函数/变量。
8 编译器为每个C/C++源文件生成.obj文件。
9 链接器合并.obj模块，使用.lib文件解析对导入的函数/变量的引用，生成.exe（其中包含导入表，即要求的DLLs和导入的符号的一个列表）。

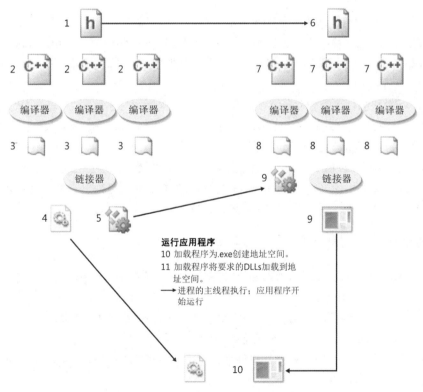

运行应用程序
10 加载程序为.exe创建地址空间。
11 加载程序将要求的DLLs加载到地址空间。
→ 进程的主线程执行；应用程序开始运行

图19-1 DLL如何创建并由应用程序隐式链接

540

目前重点讨论的是可执行文件和DLL模块如何隐式链接到一起。隐式链接是迄今为止最常见的链接类型。Windows还支持显式链接(将在第20章讨论)。

如图19-1所示，若一个模块(比如可执行文件)用到了DLL中的函数或变量，会牵涉到几个文件和组件。为方便讨论，我们将从一个DLL中导入函数和变量的模块称为"可执行模块"，将导出函数和变量供可执行文件使用的模块称为"DLL模块"。但要注意，DLL模块也可以(而且经常会)导入一些包含在其他DLL模块中的函数和变量。

如果一个可执行模块需要从一个DLL模块导入函数和变量，就必须首先生成(build)DLL模块，然后生成可执行模块。

生成DLL需要以下步骤。

(1) 首先必须创建一个头文件，在其中包含要从DLL导出的函数原型、结构以及符号。DLL的所有源代码模块都要包含(include)该头文件来帮助DLL的生成。稍后会讲到，在生成可执行模块的时候，如果它(或它们)使用了DLL中包含的函数和变量，就需要用到同一个头文件。

(2) 创建C/C++源代码模块来实现DLL模块中的函数和变量。由于生成可执行模块时不需要这些源代码模块，所以创建该DLL的公司可将这些源代码作为公司的机密。

(3) 生成DLL模块会造成编译器处理每个源代码模块并生成一个.obj模块，每个源文件模块对应一个.obj模块。

(4) 所有.obj模块都创建完毕后，链接器合并所有.obj模块的内容并生成单一的DLL映像文件。该映像文件(或模块)包含DLL的所有二进制代码以及全局/静态数据变量。可执行模块要想执行，这个DLL文件是必须的。

(5) 如链接器检测到DLL的源文件至少导出了一个函数或变量，还会生成一个.lib文件。这个.lib文件非常小，因为它不包含任何函数或变量。它只是列出了所有被导出的函数和变量符号名称。为了生成可执行模块，这个文件是必须的。

一旦生成了DLL模块，就可以通过以下步骤来生成可执行模块。

(1) 在所有引用了函数、变量、数据结构或符号的源代码模块中，必须包含(include)由DLL开发人员创建的头文件。

(2) 创建C/C++源代码模块来实现想要包含在可执行模块中的函数和变量。当然，代码可以引用在DLL的头文件中定义的函数和变量。

(3) 生成可执行模块会造成编译器处理每个源代码模块并生成一个.obj模块(每个源文件模块对应一个.obj模块)。

(4) 所有.obj模块都创建完毕后，链接器合并所有.obj模块的内容并生成一个可执行映像文件。该映像文件(或模块)包含可执行文件的所有二进制代码以及全局/静态变量。可执行模块还包含一个导入段(import section)，其中列出了它需要的所有DLL模块的名称(有关段的更多信息，请参见第17章。)此外，针对列出的每个DLL名称，该段还记录了可执行文件的二进制代码从中引用的函数和变量的符号名称。稍后就会讲到，操作系统的加载程序会对这个导入段进行解析。一旦DLL和可执行模块都生成完毕，进程就可以执行了。尝试运行可执行模块的时候，操作系统的加载程序会执行下面的步骤。

(5) 加载程序为新进程创建一个虚拟地址空间，并将可执行模块映射到新进程的地址空间。加载程序接着解析可执行模块的导入段。针对导入段中列出的每个DLL名称，加载程序都会在用户的系统中定位该DLL模块，并将该DLL映射到进程的地址空间。注意，由于DLL模块可能从其他DLL模块中导入函数和变量，所以DLL模块可能有它自己的导入段。为了完全初始化一个进程，加载程序需解析每个模块的导入段，并将所有要求的DLL都加载到进程的地址空间。如你所见，进程的初始化可能非常耗时。

一旦可执行模块和所有DLL模块都映射到进程的地址空间，进程的主线程就可以开始执行，应用程序开始正式运行。后续几个小节将进一步分析这个过程。

541~542

19.2.1　生成DLL模块

创建DLL实际是在创建一组可供某个可执行模块(或其他DLL)调用的函数。DLL可向其他模块导出变量、函数或C++类。实际开发时应避免导出变量，因为这相当于从代码中去掉了一个抽象层，使DLL的代码更难维护。此外，只有导入C++类的模块使用同一厂商的编译器来编译，C++类才可以导出。所以，除非知道可执行模块的开发人员使用和DLL模块开发人员一样的工具，否则应避免导出C++类。

创建DLL时，首先要创建一个头文件来包含想要导出的变量(类型和名称)和函数(原型和名称)。这个头文件还必须定义导出的函数或变量要用到的任何符号和数据结构。DLL的所有源代码模块都应包含这个头文件。另外，必须分发这个头文件，使任何需要导入这些函数或变量的源代码可以包含它。让DLL和可执行模块的开发人员使用同一个头文件，可以使维护变得更容易。

542

以下代码展示了应如何编写头文件，让可执行模块和DLL的源代码文件都能包含它。

```
/************************************************************************
Module:  MyLib.h
************************************************************************/


#ifdef MYLIBAPI
```

```
// 在包含这个头文件之前，DLL 的所有源代码模块都要先定义 MYLIBAPI

// 所有函数 / 变量都要导出

#else

// 这个头文件由一个 EXE 源代码模块包含
// 表示所有函数 / 变量都要导入
#define MYLIBAPI extern "C" __declspec(dllimport)

#endif

//////////////////////////////////////////////////////////////////////////

// 在这里定义任何数据结构和符号

//////////////////////////////////////////////////////////////////////////

// 在这里定义导出的变量。( 注意：尽量避免导出变量 )
MYLIBAPI int g_nResult;

//////////////////////////////////////////////////////////////////////////

// 在这里定义导出的函数原型
MYLIBAPI int Add(int nLeft, int nRight);

////////////////////////////// End of File //////////////////////////////
```

543

在DLL的每个源代码文件中都必须包含该头文件，如下所示。

```
/***************************************************************************
Module: MyLibFile1.cpp
***************************************************************************/


// 在这里包含标准 Windows 和 C 运行时头文件
#include <windows.h>


// 这个 DLL 源代码文件导出函数和变量
#define MYLIBAPI extern "C" __declspec(dllexport)

// 包含导出的数据结构、符号、函数和变量
```

```
#include "MyLib.h"

///////////////////////////////////////////////////////////////////////////

// 将该DLL源代码文件的代码放在这里
int g_nResult;


int Add(int nLeft, int nRight) {
   g_nResult = nLeft + nRight;
   return(g_nResult);
}


/////////////////////////////// End of File ///////////////////////////////
```

543~544

编译这个DLL源代码文件时，会在包含MyLib.h头文件之前用__declspec(dllexport)来定义MYLIBAPI。一旦编译器看到某个变量、函数或C++类是用__declspec(dllexport)修饰的，就知道该变量、函数或C++类要从生成的DLL模块中导出。注意，在头文件中，必须在要导出的变量和函数定义前添加MYLIBAPI标识符。

另外要注意的是，在源代码文件(MyLibFile1.cpp)中，不需要在要导出的变量和函数前添加MYLIBAPI标识符。之所以这里不需要MYLIBAPI标识符，是因为编译器在解析头文件时会记住要导出哪些变量或函数。

注意，MYLIBAPI符号包含了extern "C"修饰符。只有在写C++代码的时候才需要使用这个修饰符，写C代码不需要。C++编译器通常会对函数名和变量名进行改编(mangle)，这在链接时会造成严重问题。例如，假设一个DLL是用C++编写的，而可执行文件是用C编写的。生成DLL时，编译器会对函数名进行改编，但在生成可执行文件的时候，编译器不会对函数名进行改编。链接器试图链接可执行文件时，会发现可执行文件引用了一个不存在的符号并报错。extern "C"用来告诉编译器不要对变量名或函数名进行改编，这样用C、C++或任何编程语言编写的可执行模块都能访问。

现在，我们已经知道了DLL的源代码文件应该如何使用这个头文件，那么可执行文件的源代码文件又如何呢？在可执行文件的源代码中，不要在包含这个头文件之前定义MYLIBAPI。由于MYLIBAPI未定义，所以头文件会将MYLIBAPI定义为__declspec(dllimport)，这样编译器就知道该可执行文件的源代码文件要从DLL模块中导入变量和函数。

如果查看Microsoft提供的标准Windows头文件，比如WinBase.h，会发现Microsoft采用的是和刚才介绍的基本相同的技术。

1. 导出的真正含义

在上一节介绍的内容中，最有意思的莫过于__declspec(dllexport)修饰符。当Microsoft的
C/C++编译器看到用这个修饰符修饰的变量、函数原型或C++类的时候，会在生成的.obj
文件中嵌入一些额外的信息。链接器在为DLL链接所有.obj文件时，会解析这些信息。

544

链接DLL时，链接器会检测到这些与导出的变量、函数或类有关的嵌入信息，并自动
生成一个.lib文件。这个.lib文件列出了该DLL导出的符号。链接任何可执行模块时，只
要可执行模块引用了该DLL导出的符号，这个.lib文件自然是必须的。除了创建这个.lib
文件之外，链接器还会在生成的DLL文件中嵌入一个导出符号表。这个导出段(export
section) 按字母顺序列出了导出的变量、函数和类的符号名。链接器还会保存相对虚拟
地址(Relative Virtual Address，RVA)，指出每个符号可在DLL模块的什么位置找到。

可以使用Microsoft Visual Studio提供的DumpBin.exe工具(加上-exports开关)来查看一个
DLL的导出段。下面是Kernel32.dll的导出段中的一小部分。因篇幅有限，DUMPBIN的
输出有所删减。

```
C:\Windows\System32>DUMPBIN -exports Kernel32.DLL

Microsoft (R) COFF/PE Dumper Version 8.00.50727.42
Copyright (C) Microsoft Corporation. All rights reserved.


Dump of file Kernel32.DLL

File Type: DLL

  Section contains the following exports for KERNEL32.dll

    00000000 characteristics
    4549AD66 time date stamp Thu Nov 02 09:33:42 2006
        0.00 version
           1 ordinal base
        1207 number of functions
        1207 number of names

    ordinal hint RVA       name

         3    0            AcquireSRWLockExclusive (forwarded to
```

```
                                   NTDLL.RtlAcquireSRWLockExclusive)
       4    1               AcquireSRWLockShared (forwarded to
                                   NTDLL.RtlAcquireSRWLockShared)
       5    2 0002734D ActivateActCtx = _ActivateActCtx@8
       6    3 000088E9 AddAtomA = _AddAtomA@4
       7    4 0001FD7D AddAtomW = _AddAtomW@4
       8    5 000A30AF AddConsoleAliasA = _AddConsoleAliasA@12
       9    6 000A306E AddConsoleAliasW = _AddConsoleAliasW@12
      10    7 00087935 AddLocalAlternateComputerNameA =
                                   _AddLocalAlternateComputerNameA@8
      11    8 0008784E AddLocalAlternateComputerNameW =
                                   _AddLocalAlternateComputerNameW@8
      12    9 00026159 AddRefActCtx = _AddRefActCtx@4
      13    A 00094456 AddSIDToBoundaryDescriptor =
                                   _AddSIDToBoundaryDescriptor@8
     ...
    1205  4B4 0004328A lstrlen = _lstrlenA@4
    1206  4B5 0004328A lstrlenA = _lstrlenA@4
    1207  4B6 00049D35 lstrlenW = _lstrlenW@4

 Summary

     3000  .data
     A000  .reloc
     1000  .rsrc
     C9000 .text
```

545~546

可以看到，符号是按字母顺序排列的，RVA这一列中的数值表示一个偏移量，导出的符号位于DLL文件映像中的这个位置。ordinal(序号)这一列是为了与16位Windows源代码保持向后兼容而保留的，现代应用程序不应使用。hint这一列是系统用来提高性能的，跟我们目前的讨论无关。

说明 许多开发人员，尤其是那些有 16 位 Windows 开发背景的人，习惯通过为函数分配一个序号值来导出 DLL 函数。但是，Microsoft 并未公开系统 DLL 的序号。我们的可执行文件或 DLL 链接到任何 Windows 函数时，Microsoft 希望我们用符号的名称来链接。如果用序号链接，将面临应用程序无法在新版本 Windows 中运行的风险。我曾经就 Microsoft 为什么不再使用序号一事咨询过 Microsoft，并得到了以下答复："我们认为可移植执行体 (PE) 文件格式不仅具有序号的优势 (查找迅速)，还具有按名称导入的灵活性。我们可以在任何时候添加新函数。在有多个实现的大型项目中，序号很难管理。"

可以在自己创建的任何 DLL 中使用序号，并让可执行文件能够通过序号链接到这些 DLL。Microsoft 保证即便在未来版本的操作系统中，这种方法仍然能正常工作。但就我自己而言，将从现在开始就避免在工作中使用序号，始终通过名称来链接。

2. 为非Visual C++工具创建DLL

在创建DLL和链接到DLL的可执行文件时，如果使用的都是Microsoft Visual C++，那么可以略过这一节，同时不必担心会漏掉重要内容。但是，如果用Visual C++创建的DLL要和用其他厂商的工具生成的可执行文件链接，就必须做一些额外的工作。

前面说过，混合使用C和C++编程的时候，要使用extern "C"修饰符。前面还说过，由于C++类的名称改编(name mangling)问题，开发人员必须使用同一家编译器厂商提供的工具。即使完全用C来编程，但使用了不同厂商提供的工具，还是会遇到另外一个问题。这个问题就是，即使根本没有用到C++，Microsoft的C编译器也会对C函数的名称进行改编。只有函数使用了__stdcall (WINAPI)调用约定的时候，才会发生这种情况。但不巧的是，这个调用约定是最常用的类型。使用__stdcall来导出C函数的时候，Microsoft的编译器会对函数名进行改编，具体就是为函数名添加下划线前缀和一个特殊后缀，该后缀由一个@符号后跟作为参数传给函数的字节的计数组成。例如，以下函数在DLL的导出段中被导出为_MyFunc@8。

```
__declspec(dllexport) LONG __stdcall MyFunc(int a, int b);
```

546

如果用另一家厂商的工具来生成可执行文件，链接器会试图链接到一个名为MyFunc的函数，由于该函数在Microsoft编译器生成的DLL中并不存在，因此链接会失败。

为了用Microsoft的工具来生成一个能与其他编译器厂商的工具链接的DLL，必须告诉Microsoft编译器不要对导出的函数名进行改编。可通过两种方法来达到这一目的。第一种方法是为项目创建一个.def文件，并在.def文件中包含如下所示的EXPORTS段(导出段)：

```
EXPORTS
    MyFunc
```

Microsoft链接器解析这个.def文件的时候，会发现_MyFunc@8和MyFunc都被导出。由于这两个函数名是匹配的(不考虑改编)，所以链接器会使用.def文件中定义的名称，也就是MyFunc来导出函数，而根本不会用_MyFunc@8来导出函数。

现在你可能会想，在用Microsoft的工具来生成可执行文件并链接到一个DLL的时候，如果该DLL包含的符号名未经改编，那么由于链接器会试图链接到名为_MyFunc@8的函数，所以链接会失败。幸好，在这种情况下，Microsoft的链接器能做出正确的选择并将可执行文件链接到名为MyFunc的函数。

如果不想使用.def文件，还可以用第二种方法来导出未经改编的函数名。可在DLL的源代码模块中添加下面这样的一行代码：

```
#pragma comment(linker, "/export:MyFunc=_MyFunc@8")
```

这行代码会使得编译器生成一个链接器指令，该指令告诉链接器要导出一个名为MyFunc的函数，该函数的入口点与_MyFunc@8相同。和第一种方法相比，第二种方法相对来说不太方便，因为在写这行代码的时候，我们必须自己对函数名进行改编。另外，在使用这种方法的时候，DLL实际上导出了两个符号，即MyFunc和_MyFunc@8，它们都对应于同一个函数，而第一种方法则只导出了MyFunc符号。第二种方法并没有什么特别之处，它只是避免了.def文件的使用而已。

547

19.2.2　生成可执行模块

以下代码展示了一个可执行模块的源文件，它导入一个DLL导出的符号，并在代码中引用这些符号。

```
/***********************************************************************
Module:  MyExeFile1.cpp
***********************************************************************/

// Include the standard Windows and C-Runtime header files here.
#include <windows.h>
#include <strsafe.h>
#include <stdlib.h>

// Include the exported data structures, symbols, functions, and variables.
#include "MyLib\MyLib.h"

///////////////////////////////////////////////////////////////////////

int WINAPI _tWinMain(HINSTANCE, HINSTANCE, LPTSTR, int) {

   int nLeft = 10, nRight = 25;

   TCHAR sz[100];
   StringCchPrintf(sz, _countof(sz), TEXT("%d + %d = %d"),
      nLeft, nRight, Add(nLeft, nRight));
```

```
    MessageBox(NULL, sz, TEXT("Calculation"), MB_OK);

    StringCchPrintf(sz, _countof(sz),
        TEXT("The result from the last Add is: %d"), g_nResult);
    MessageBox(NULL, sz, TEXT("Last Result"), MB_OK);
    return(0);
}


/////////////////////////////// End of File ///////////////////////////////
```

547~548

开发可执行模块的源代码文件时,必须包含DLL的头文件。如果不这样做,导入的符号将得不到定义,编译器会产生大量警告和错误。

可执行模块的源文件不应在包含DLL的头文件之前定义MYLIBAPI。编译这个可执行模块的源文件时,MYLIBAPI已在MyLib.h中用__declspec(dllimport)进行了定义。一旦编译器看到某个变量、函数或C++类是用__declspec(dllimport)来修饰的,就知道要从某个DLL模块中导入该符号。它不知道、也不关心具体是哪个DLL模块。编译器只想确认我们是以正确的方式来访问这些导入的符号。现在就可以在源代码中使用导入的符号了,不会有警告或报错。

接着,为了创建可执行模块,链接器必须将所有.obj模块合并到一起。由于链接器必须确定代码中引用的导入符号来自哪个DLL,所以必须将DLL的.lib文件传给链接器。之前说过,.lib文件只不过是列出了DLL模块导出的符号。链接器只想知道被引用的符号确实存在,以及该符号来自哪个DLL模块。如链接器能解析对所有外部符号的引用,它将正常生成可执行模块。

导入的真正含义

上一节提到了__declspec(dllimport)修饰符。导入符号时不必使用__declspec(dllimport)关键字,直接使用标准的C语言的extern关键字即可。但是,如编译器能提前知道引用的符号是从一个DLL的.lib文件中导入的,它能生成略微高效的代码。有鉴于此,强烈建议为导入的函数和数据符号使用__declspec(dllimport)关键字。调用标准Windows函数时,Microsoft就是这样做的。

链接器解析导入的符号时,会在生成的可执行模块中嵌入一个特殊段,称为导入段(import section)。导入段列出了该模块需要的DLL模块以及从每个DLL模块引用的符号。

548

可以使用Visual Studio的DumpBin.exe工具(加上-imports开关)来查看一个模块的导入段。下面是Calc.exe的导入段中的一小部分。因篇幅有限，DUMPBIN的输出有删减。

```
C:\Windows\System32>DUMPBIN -imports Calc.exe

Microsoft (R) COFF/PE Dumper Version 8.00.50727.42
Copyright (C) Microsoft Corporation. All rights reserved.


Dump of file calc.exe

File Type: EXECUTABLE IMAGE

  Section contains the following imports:

    SHELL32.dll
              10010CC Import Address Table
              1013208 Import Name Table
             FFFFFFFF time date stamp
             FFFFFFFF Index of first forwarder reference

      766EA0A5 110 ShellAboutW

    ADVAPI32.dll
              1001000 Import Address Table
              101313C Import Name Table
             FFFFFFFF time date stamp
             FFFFFFFF Index of first forwarder reference

      77CA8229    236 RegCreateKeyW
      77CC802D    278 RegSetValueExW
      77CD632E    268 RegQueryValueExW
      77CD64CC    22A RegCloseKey
...
    ntdll.dll

              1001250 Import Address Table
              101338C Import Name Table
             FFFFFFFF time date stamp
             FFFFFFFF Index of first forwarder reference

      77F0850D    548 WinSqmAddToStream

    KERNEL32.dll
              1001030 Import Address Table
```

```
        101316C Import Name Table
        FFFFFFFF time date stamp
        FFFFFFFF Index of first forwarder reference

  77E01890    24F GetSystemTimeAsFileTime
  77E47B0D    1AA GetCurrentProcessId
  77E2AA46    170 GetCommandLineW
  77E0918D    230 GetProfileIntW
...

Header contains the following bound import information:
  Bound to SHELL32.dll [4549BDB4] Thu Nov 02 10:43:16 2006
  Bound to ADVAPI32.dll [4549BCD2] Thu Nov 02 10:39:30 2006
  Bound to OLEAUT32.dll [4549BD95] Thu Nov 02 10:42:45 2006
  Bound to ole32.dll [4549BD92] Thu Nov 02 10:42:42 2006
  Bound to ntdll.dll [4549BDC9] Thu Nov 02 10:43:37 2006
  Bound to KERNEL32.dll [4549BD80] Thu Nov 02 10:42:24 2006
  Bound to GDI32.dll [4549BCD3] Thu Nov 02 10:39:31 2006
  Bound to USER32.dll [4549BDE0] Thu Nov 02 10:44:00 2006
  Bound to msvcrt.dll [4549BD61] Thu Nov 02 10:41:53 2006

Summary

    2000 .data
    2000 .reloc
   16000 .rsrc
   13000 .text
```

549~550

可以看出，Calc.exe所需要的每个DLL在该段中都有一项与之相对应：Shell32.dll，AdvAPI32.dll，OleAut32.dll，Ole32.dll，Ntdll.dll，Kernel32.dll，GDI32.dll，User32.dll以及MSVCRT.dll。每个DLL模块名称下方列出了Calc.exe从中导入的符号。例如，Calc调用了包含在Kernel32.dll中的下列函数：GetSystemTimeAsFileTime，GetCurrentProcessId，GetCommandLineW，GetProfileIntW，等等。

符号名左侧的数值表示符号的hint值，它和我们目前的讨论无关。每行符号最左边的数值是一个内存地址，表示该符号在进程的地址空间中位于何处。只有当可执行模块已经绑定的时候，才会显示该内存地址。在DumpBin的输出中靠近最后的地方，可看到与绑定有关的一些额外信息。我们将在第20章讨论绑定(binding)。

19.2.3　运行可执行模块

启动一个可执行模块的时候，操作系统的加载程序会先为进程创建虚拟地址空间，接着将可执行模块映射到进程的地址空间中。然后，加载程序会检查可执行模块的导入段，尝试定位所需的DLL并将其映射到进程的地址空间中。

由于导入段只包含DLL的名称，不包含DLL的路径，所以加载程序必须在用户的磁盘上搜索DLL。加载程序按此顺序搜索。

(1) 可执行映像文件所在的目录。

(2) Windows系统目录，由GetSystemDirectory返回。

(3) 16位系统目录，即Windows目录中的System子目录。

(4) Windows目录，由GetWindowsDirectory返回。

(5) 进程的当前目录。

(6) PATH环境变量中列出的目录。

550

注意，对应用程序当前目录的搜索位于Windows目录之后。这个改变始于Windows XP SP2，其目的是为了防止加载程序在应用程序的当前目录中找到并加载伪造的系统DLL，从而保证系统DLL始终都是从它们在Windows目录中的正式位置加载的。MSDN联机帮助提到HKEY_LOCAL_MACHINE\SYSTEM\CurrentControlSet\Control\Session Manager注册表项中的一个DWORD值可以用来改变这个搜索顺序，但如果不想让恶意软件危害我们的机器，就绝对不应该设置这个DWORD值。另请注意，还有其他一些东西可能会对加载程序如何搜索DLL产生影响，详情参见第20章。

随着加载程序将DLL模块映射到进程的地址空间中，它会同时检查每个DLL的导入段。如果一个DLL有导入段(通常如此)，那么加载程序会继续将所需的额外DLL模块映射到进程的地址空间。由于加载程序会对加载的DLL模块进行记录，所以即使多个模块用到了同一个模块，该模块也只会被加载和映射一次。

如果加载程序找不到一个需要的DLL模块，会显示如图19-2所示的消息框。

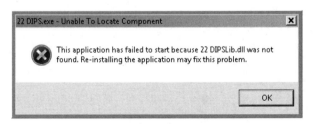

图19-2　消息框显示找不到DLL模块

加载程序将所有DLL模块都加载并映射到进程的地址空间后，它开始修复所有对导入符号的引用。为了完成这一工作，它会再次查看每个模块的导入段。针对导入段中列出的每个符号，加载程序会检查对应DLL的导出段，看该符号是否存在。如果符号不存在(这种情况非常罕见)，加载程序会显示如图19-3所示的消息框。

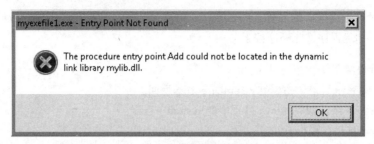

图19-3　消息框显示找不到符号

如果符号存在，加载程序会取得该符号的RVA并加上DLL模块加载到的虚拟地址，从而得到符号在进程地址空间中的位置。接着，加载程序将这个虚拟地址保存到可执行模块的导入段中。现在，当代码引用一个导入符号的时候，会查看调用模块的导入段并得到被导入符号的地址，从而成功访问被导入的变量、函数或C++类成员函数。这就完成了整个动态链接过程，进程的主线程开始执行，应用程序最终跑起来了！

加载程序要加载所有这些DLL模块，并用所有导出符号的正确地址来修复每个模块的导入段，这自然需要相当多的时间。由于这项工作是在进程初始化的时候完成的，因此它不会对应用程序的性能产生影响。但对许多应用程序来说，初始化过程太慢也是不可接受的。为减少应用程序的加载时间，我们应对自己的可执行模块和DLL模块进行基地址重定位和绑定。这两项技术极其重要，但不幸的是，很少有开发人员知道应该如何应用它们。如果每家公司都应用这两项技术，那么整个系统会运行得更好。事实上，我认为操作系统应该发布一个工具来自动执行这些操作。我们将在下一章讨论基地址重定位和绑定。

551~552

第 20 章

DLL高级技术

本章内容

第19章讨论了DLL链接的基本知识并集中讨论了隐式链接，这也是到目前为止最常用的DLL链接形式。对大多数应用程序来说，第19章的内容就已经足够了。但是，我们还可以用DLL做更多的事情。本章将讨论与DLL相关的各种技术。虽然大多数应用程序不需要这些技术，但它们极其有用，所以还是应该对这些技术有所了解。建议至少阅读本章的20.7节"模块的基地址重定位"和20.8节"模块的绑定"，因为这两节介绍的技术可以显著提升整个系统的性能。

20.1　DLL 模块的显式加载和符号链接

为了让线程能调用DLL模块中的一个函数，必须将DLL的文件映像映射到调用线程所在进程的地址空间中。可通过两种方式来达到这一目的。第一种方式是直接让应用程序的源代码引用DLL中所包含的符号，这使加载程序会在应用程序启动时隐式加载(并链接)所需要的DLL。

第二种方式是让应用程序在运行期间显式加载所需的DLL并显式链接想要的导出符号。换言之，在应用程序运行期间，它的一个线程可决定调用某个DLL中的一个函数。该线程可将该DLL显式加载到进程地址空间，获得DLL包含的一个函数的虚拟内存地址，然后用该内存地址来调用函数。这项技术的美妙之处在于，一切都是在应用程序运行期间完成的。

图20-1展示了应用程序如何显式加载一个DLL并和其中的一个符号链接。

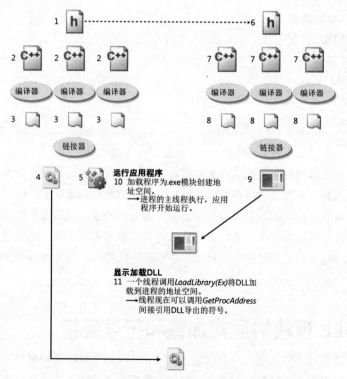

生成DLL
1 头文件，包含导出的原型/结构/符号。
2 C/C++源文件，实现导出的函数/变量。
3 编译器为每个C/C++模块文件生成.obj文件。
4 链接器合并.obj模块来生成DLL。
5 如至少导出了一个函数/变量，链接器还会生成.lib文件。
　　注意：显式链接不需要该.lib文件。

生成EXE
6 头文件，包含导入的原型/结构/符号(可选)。
7 C/C++源文件，不引用导入的函数/变量。
8 编译器为每个C/C++源文件生成.obj文件。
9 链接器合并.obj模块来生成 .exe模块。
　　注意：由于不存在对导出符号的直接引用，所以不需要DLL的.lib文件。.exe文件不包含导入表。

运行应用程序
10 加载程序为.exe模块创建地址空间。
　→进程的主线程执行，应用程序开始运行。

显示加载DLL
11 一个线程调用*LoadLibrary(Ex)*将DLL加载到进程的地址空间。
　→线程现在可以调用*GetProcAddress*间接引用DLL导出的符号。

图20-1　DLL如何创建并由应用程序显式链接

20.1.1 显式加载DLL模块

在任何时候，进程中的一个线程可调用以下两个函数之一将一个DLL映射到进程的地址空间：

```
HMODULE LoadLibrary(PCTSTR pszDLLPathName);

HMODULE LoadLibraryEx(
    PCTSTR pszDLLPathName,
    HANDLE hFile,
    DWORD dwFlags);
```

这两个函数会使用上一章讨论的搜索算法在用户的系统中定位DLL文件映像，并尝试将该映像映射到调用进程的地址空间。两个函数返回的HMODULE值就是文件映像映射到的虚拟内存地址。注意，这两个函数返回的是HMODULE值。这个HMODULE类型等价于HINSTANCE，两者可以换用。本章后面介绍的DllMain入口点所接收的HINSTANCE参数同样是文件映像映射到的虚拟内存地址。如果无法将DLL映射到进程的地址空间，函数会返回NULL。可调用GetLastError来获得与错误相关的更多信息。

注意，LoadLibraryEx函数有两个额外的参数，分别是hFile和dwFlags。参数hFile是为将来扩充所保留的，现在必须将它设为NULL。参数dwFlags可设为0或下列标志的组合：DONT_RESOLVE_DLL_REFERENCES，LOAD_LIBRARY_AS_DATAFILE，LOAD_LIBRARY_AS_DATAFILE_EXCLUSIVE，LOAD_LIBRARY_AS_IMAGE_RESOURCE，LOAD_WITH_ALTERED_SEARCH_PATH以及LOAD_IGNORE_CODE_AUTHZ_LEVEL。下面我们对这些标志做一个简要介绍。

1. DONT_RESOLVE_DLL_REFERENCES标志
DONT_RESOLVE_DLL_REFERENCES标志告诉系统只需将DLL映射到调用进程的地址空间。正常情况下，当系统将一个DLL映射到进程地址空间时，系统会调用DLL中一个指定的函数来对DLL进行初始化，该函数通常是DllMain(稍后讨论)。DONT_RESOLVE_DLL_REFERENCES让系统只映射文件映像，但不要调用DllMain。

此外，一个DLL可能导入包含在另一个DLL中的函数。系统将一个DLL映射到进程地址空间时，会检查该DLL是否还需要任何额外的DLL，并自动加载它们。如果指定了DONT_RESOLVE_DLL_REFERENCES，系统就不会将这些额外的DLL自动加载进程的地址空间。

所以，在调用从该DLL导出的任何函数时，我们将面临很大的风险：代码所依赖的内部数据结构可能尚未初始化，或者代码所引用的DLL尚未加载。这些原因已经足以让我们避免使用这个标志了。如果需要了解更多细节，请参见Raymond Chen的博客文章

"LoadLibraryEx(DONT_RESOLVE_DLL_REFERENCES) is fundamentally flawed"，扫描二维码可访问。

2. LOAD_LIBRARY_AS_DATAFILE标志

和DONT_RESOLVE_DLL_REFERENCES相似，LOAD_LIBRARY_AS_DATAFILE标志告诉系统将DLL当作一个数据文件映射到进程地址空间。系统不会花费额外的时间来准备执行文件中的任何代码。例如，系统将一个DLL映射到进程的地址空间时，会检查DLL中的一些信息来决定应该为文件中不同的段分配什么页面保护属性。如果不指定LOAD_LIBRARY_AS_DATAFILE标志，那么系统会认为需要执行文件中的代码，并相应地设置页面保护属性。例如，如果为使用该标志加载的一个DLL调用GetProcAddress，返回值将是NULL，此时GetLastError会返回ERROR_MOD_NOT_FOUND。

出于几方面的原因，这个标志非常有用。首先，如果有一个DLL只包含资源而不包含函数，就可指定该标志将DLL的文件映像映射到进程的地址空间。然后，在调用资源加载函数的时候，就可以使用LoadLibraryEx函数返回的HMODULE值。另外，如果想使用一个.exe文件中包含的资源，也可以使用LOAD_LIBRARY_AS_DATAFILE标志。加载.exe文件通常会启动一个新进程，但也可使用LoadLibraryEx函数将一个.exe文件的映像映射到进程的地址空间。有了映射的.exe文件的HMODULE/HINSTANCE值之后，就可以访问其中的资源了。由于.exe文件没有DllMain函数，所以在调用LoadLibraryEx来加载.exe文件的时候，必须指定LOAD_LIBRARY_AS_DATAFILE标志。

3. LOAD_LIBRARY_AS_DATAFILE_EXCLUSIVE标志

这个标志与LOAD_LIBRARY_AS_DATAFILE相似，唯一的区别是DLL文件以独占访问模式打开，禁止其他任何应用程序在当前应用程序使用该DLL文件时对其进行修改。与LOAD_LIBRARY_AS_DATAFILE标志相比，这个标志可为应用程序提供更好的安全性。正因为如此，我建议除非想让其他应用程序对DLL文件的内容进行修改，否则应坚持使用LOAD_LIBRARY_AS_DATAFILE_EXCLUSIVE标志。

4. LOAD_LIBRARY_AS_IMAGE_RESOURCE标志

LOAD_LIBRARY_AS_IMAGE_RESOURCE标志与LOAD_LIBRARY_AS_DATAFILE相似，但有一个微小的区别：当系统加载DLL的时候，会对相对虚拟地址(Relative Virtual Address, RVA)进行修复(第19章已讨论了RVA)。这样RVA就可以直接使用，而不必根据DLL加载到的内存地址对它们进行转换了。需要对DLL进行解析来探索它的PE(portable executable)段时，这个标志特别有用。

5. LOAD_WITH_ALTERED_SEARCH_PATH标志

LOAD_WITH_ALTERED_SEARCH_PATH标志用来改变LoadLibraryEx在定位指定DLL时所采用的搜索算法。通常，LoadLibraryEx会根据19.2.3节"运行可执行模块"列出的顺序来搜索文件。但是，如果指定了LOAD_WITH_ALTERED_SEARCH_PATH标志，LoadLibraryEx会根据传给pszDLLPathName参数的值，用三种不同的算法来搜索文件。

(1) 如果pszDLLPathName不包含\字符，就使用第19章列出的标准搜索路径来定位DLL。

(2) 如果pszDLLPathName包含\字符，那么取决于该路径是完整路径还是相对路径，LoadLibraryEx的行为会有所不同，具体如下所示。

- 如果传入的参数是完整路径或网络共享路径(例如C:\Apps\Libraries\MyLibrary.dll或\\server\share\MyLibrary.dll)，LoadLibraryEx会尝试直接加载该DLL文件。如果对应的文件不存在，函数不会再搜索其他地方并返回NULL，此时调用GetLastError将返回ERROR_MOD_NOT_FOUND。

- 否则，在试图将对应的文件作为DLL加载时，函数会将下列文件夹与pszDLLPathName连接起来：
  a. 进程的当前目录
  b. Windows系统目录
  c. 16位系统目录——即Windows目录下的System子目录
  d. Windows目录
  e. PATH环境变量中列出的目录

  注意，如果pszDLLPathName参数中出现"."或".."，那么在搜索过程中的每一个步骤都会将它们考虑在内以构建一个相对路径。例如，如果将TEXT("..\\MyLibrary.dll")作为参数传入，那么LoadLibraryEx就会在下列位置搜索MyLibrary.dll：
  a. 当前目录的上一级目录
  b. Windows系统目录的上一级目录(即Windows目录)
  c. 16位Windows系统目录的上一级目录
  d. Windows目录的上一级目录(通常是磁盘卷的根目录)
  e. PATH环境变量中列出的每个目录的上一级目录

  一旦从以上文件夹中加载了一个有效的DLL，那么整个搜索过程随即停止。

(3) 生成应用程序时，如果不想用LOAD_WITH_ALTERED_SEARCH_PATH标志来调用LoadLibraryEx，或者不想改变应用程序的当前目录，而是希望让它从一个预先定义好的文件夹中动态加载DLL，那么应该调用SetDllDirectory，并将库文件夹作为参数传入。这个函数告诉LoadLibrary和LoadLibraryEx在搜索时使用以下算法：

a. 应用程序的当前目录

b. 通过SetDllDirectory设置的目录

c. Windows系统目录

d. 16位Windows系统目录

e. Windows目录

f. PATH环境变量中列出的目录

556~557

该搜索算法允许将应用程序和共享DLL保存在预先定义好的目录中，从而避免从应用程序当前目录(可通过快捷方式设置)意外加载同名DLL。注意，如果用一个空字符串(即TEXT(""))作为参数来调用SetDllDirectory，就相等于将当前路径从搜索步骤中删除。如改为传递NULL，则会恢复使用默认算法。最后，GetDllDirectory可用来返回这个特定目录的当前值。

6. LOAD_IGNORE_CODE_AUTHZ_LEVEL标志

LOAD_IGNORE_CODE_AUTHZ_LEVEL标志用来关闭WinSafer(也称为Software Restriction Policies或Safer)所提供的验证，它是在Windows XP中引入的，其设计目的是对代码在执行过程中可以拥有的特权加以控制。从Windows Vista开始，它已被第4章介绍的用户账户控制(User Account Control，UAC)特性取代。

20.1.2　显式卸载DLL模块

当进程不再需要引用DLL中的符号时，可尝试调用以下函数将DLL从进程地址空间显式地卸载：

```
BOOL FreeLibrary(HMODULE hInstDll);
```

必须传入一个标识了想要卸载的DLL的HMODULE值。该值是之前调用LoadLibrary(Ex)时返回的。

还可调用以下函数从进程的地址空间中卸载DLL模块：

```
VOID FreeLibraryAndExitThread(
    HMODULE hInstDll,
    DWORD dwExitCode);
```

该函数在Kernel32.dll中的实现如下所示：

```
VOID FreeLibraryAndExitThread(HMODULE hInstDll, DWORD dwExitCode) {
    FreeLibrary(hInstDll);
    ExitThread(dwExitCode);
}
```

乍一看，这好像没有什么大不了的，你可能会奇怪Microsoft为什么要特意创建
FreeLibraryAndExitThread函数。其原因是为了下面的情形：假设你正在编写一个DLL，
在首次映射到进程地址空间时，这个DLL会创建一个线程。线程完成了它的工作后，可
以先后调用FreeLibrary和ExitThread，从进程地址空间撤销对DLL的映射并终止线程。

但是，线程单独调用FreeLibrary和ExitThread会出现一个严重问题：对FreeLibrary的
调用会立即从进程地址空间中撤销对DLL的映射。对FreeLibrary的调用返回后，调用
ExitThread的代码已经不复存在了，线程试图执行不存在的代码。这将引发访问违例，
并导致整个进程终止！

558

线程调用FreeLibraryAndExitThread则可以完美地解决这个问题。该函数仍然会调用
FreeLibrary，这使对DLL的映射立即撤销。但是，要执行的下一条指令在Kernel32.dll
中，而不是在已被撤销映射的DLL中。这意味着线程可以继续执行并调用ExitThread。
ExitThread会使线程终止并且不再返回。

实际上，每个DLL在进程中都有一个与之对应的使用计数，LoadLibrary函数和LoadLibraryEx
函数会递增该使用计数，而FreeLibrary和FreeLibraryAndExitThread会递减该使用计数。
例如，首次调用LoadLibrary来加载一个DLL的时候，系统会将DLL的文件映像映射到调
用进程的地址空间中，并将DLL的使用计数设为1。如同一个进程中的一个线程后来再
次调用LoadLibrary来加载同一个DLL文件映像，系统不会再次将DLL的文件映像映射到
进程地址空间。相反，它只是将进程中与该DLL对应的使用计数递增。

为了从进程的地址空间中撤销对该DLL文件映像的映射，进程中的线程必须调用
FreeLibrary两次，第一次调用只是将DLL的使用计数递减为1，第二次调用将DLL的使
用计数递减为0。系统发现DLL的使用计数已经为0时，会从进程的地址空间中撤销对该
DLL文件映像的映射。任何线程试图调用该DLL中的函数将引发访问违例，因为原来被
映射到进程地址空间的代码已经不复存在了。

系统在每个进程中为每个DLL都维护着一个使用计数，换言之，如果进程A中的一个线
程执行了下面的代码，然后进程B中的一个线程执行了同样的代码，那么MyLib.dll会被
映射到两个进程的地址空间中，该DLL在进程A和进程B中的使用计数都是1。

```
HMODULE hInstDll = LoadLibrary(TEXT("MyLib.dll"));
```

如果进程B中的一个线程后来执行了下面的代码,那么该DLL在进程B中的使用计数将变成0,系统会从进程B的地址空间中撤销对该DLL映射。但是,这对映射到进程A的地址空间中的DLL没有丝毫影响,该DLL在进程A中的使用计数仍然是1。

```
FreeLibrary(hInstDll);
```

线程可调用GetModuleHandle函数来检测一个DLL是否已被映射到进程的地址空间:

```
HMODULE GetModuleHandle(PCTSTR pszModuleName);
```

例如,只有当MyLib.dll尚未映射到进程地址空间时,以下代码才会将其加载:

```
HMODULE hInstDll = GetModuleHandle(TEXT("MyLib")); // 假定扩展名是 DLL
if (hInstDll == NULL) {
   hInstDll = LoadLibrary(TEXT("MyLib")); // 假定扩展名是 DLL
}
```

如果向GetModuleHandle传递NULL,函数会返回应用程序的可执行文件的句柄。

559

如果只有DLL(或.exe)的HINSTANCE/HMODULE,可使用GetModuleFileName函数来获得该DLL的完整路径:

```
DWORD GetModuleFileName(
   HMODULE hInstModule,
   PTSTR pszPathName,
   DWORD cchPath);
```

第一个参数是该DLL(或.exe)的HMODULE。第二个参数pszPathName是一个缓冲区的地址,函数会将文件映像的完整路径保存到这个缓冲区中。第三个参数cchPath指定了缓冲区的大小(字符数)。如果为hInstModule参数传递NULL,GetModuleFileName会在pszPathName中返回当前正在运行的应用程序的可执行文件的文件名。4.1.1节"进程实例句柄"更详细地讨论了这些方法、__ImageBase伪变量以及GetModuleHandleEx函数。

混用LoadLibrary和LoadLibraryEx可能会导致将同一个DLL映射到同一个地址空间中的不同位置,例如以下代码:

```
HMODULE hDll1 = LoadLibrary(TEXT("MyLibrary.dll"));
HMODULE hDll2 = LoadLibraryEx(TEXT("MyLibrary.dll"), NULL,
   LOAD_LIBRARY_AS_IMAGE_RESOURCE);
HMODULE hDll3 = LoadLibraryEx(TEXT("MyLibrary.dll"), NULL,
   LOAD_LIBRARY_AS_DATAFILE);
```

你觉得hDll1，hDll2和hDll3的值分别是什么呢？显然，如果加载的是同一个MyLibrary.dll，它们的值应该相同。但如果改变代码的顺序，变成下面这样，你可能就有些拿不准了：

```
HMODULE hDll1 = LoadLibraryEx(TEXT("MyLibrary.dll"), NULL,
    LOAD_LIBRARY_AS_DATAFILE);
HMODULE hDll2 = LoadLibraryEx(TEXT("MyLibrary.dll"), NULL,
    LOAD_LIBRARY_AS_IMAGE_RESOURCE);
HMODULE hDll3 = LoadLibrary(TEXT("MyLibrary.dll"));
```

在这种情况下，hDll1，hDll2和hDll3各不相同！用LOAD_LIBRARY_AS_DATAFILE，LOAD_LIBRARY_AS_DATAFILE_EXCLUSIVE或LOAD_LIBRARY_AS_IMAGE_RESOURCE标志调用LoadLibraryEx时，操作系统会先检查该DLL是否已被LoadLibrary或LoadLibraryEx(但没有使用这些标志)加载。如已加载，函数会返回地址空间中DLL原先映射到的地址。但是，如DLL尚未加载，Windows会将该DLL加载到地址空间中一个可用的地址，但并不认为它是一个完全加载的DLL。这时如果用这个模块句柄来调用GetModuleFileName，那么得到的返回值将是0。这是一种非常好的方法，可以让我们知道与一个DLL对应的模块句柄无法通过GetProcAddress来进行动态函数调用，下一节会对此进行更详细的介绍。

始终记住，即便LoadLibrary和LoadLibraryEx加载的是磁盘上的同一个DLL文件，也不能将它们返回的映射地址互换使用。

560

20.1.3　显式链接到导出的符号

一旦显式加载了一个DLL模块，线程必须调用以下函数来得到它想引用的符号的地址：

```
FARPROC GetProcAddress(
    HMODULE hInstDll,
    PCSTR pszSymbolName);
```

hInstDll参数指定了包含符号的那个DLL的句柄，它是先前调用LoadLibrary(Ex)或GetModuleHandle所返回的。pszSymbolName参数可以有两种形式。第一种形式是以0为终止符的字符串，表示想获得地址的那个符号的名称：

```
FARPROC pfn = GetProcAddress(hInstDll, "SomeFuncInDll");
```

注意，pszSymbolName参数在函数原型中的类型为PCSTR，而不是PCTSTR。这意味着GetProcAddress函数只能接受ANSI字符串，永远不要向其传递Unicode字符串，因为编译器/链接器始终将符号名称以ANSI字符串的形式保存在DLL的导出段中。

pszSymbolName参数的第二种形式是用序号来指定想要获得地址的符号:

```
FARPROC pfn = GetProcAddress(hInstDll, MAKEINTRESOURCE(2));
```

这种用法要求事先知道DLL的创建者为目标符号名称指定了序号2。再次强调,
Microsoft强烈反对使用序号,所以不会经常看到GetProcAddress的第二种用法。

两种形式都能从DLL中得到目标符号的地址。如DLL模块的导出段不包含指定的符号,
GetProcAddress会返回NULL,表示调用失败。

要注意的是,调用GetProcAddress的第一种方法比第二种方法慢,因为系统必须根据传
入的符号名称来执行字符串比较和搜索。如果使用第二种方法,即使传入的序号并没有
任何导出的函数与之对应,GetProcAddress也可能返回一个非NULL值。这个返回值会让
应用程序误以为获得了一个有效地址,但事实并非如此。试图调用这个地址几乎肯定会
引发访问违例。在我早期的Windows编程生涯中,我并不完全理解这种行为,也多次为
其所害。所以请务必谨慎。这种行为也是应优先使用符号名称而避免使用序号的另一个
原因。

在使用GetProcAddress返回的函数指针调用函数之前,需先将其转型为与函数签名
匹配的正确类型。例如,typedef void (CALLBACK *PFN_DUMPMODULE) (HMODULE
hModule);是与void DynamicDumpModule(HMODULE hModule)函数对应的回调函数的
类型签名。以下代码展示了如何动态调用这个导出自某DLL的函数:

```
PFN_DUMPMODULE pfnDumpModule =
    (PFN_DUMPMODULE)GetProcAddress(hDll, "DumpModule");
if (pfnDumpModule != NULL) {
    pfnDumpModule(hDll);
}
```

561

20.2　DLL 的入口点函数

DLL可以有一个入口点函数。系统会在不同的时候调用这个入口点函数,具体什么时候
马上就会讲到。这些调用是通知性质的,通常由DLL用来执行一些针对当前进程或线程
的初始化和清理工作。如果DLL不需要这些通知,可以不必在源代码中实现这个入口点
函数。例如,如果要创建一个只包含资源的DLL,就不需要实现该函数。要在DLL中接
收通知,可以像下面这样实现入口点函数:

```
BOOL WINAPI DllMain(HINSTANCE hInstDll, DWORD fdwReason, PVOID fImpLoad) {
```

```
    switch (fdwReason) {
        case DLL_PROCESS_ATTACH:
            // DLL 映射到进程地址空间
            break;

        case DLL_THREAD_ATTACH:
            // 创建了一个线程
            break;

        case DLL_THREAD_DETACH:
            // 线程干净地退出
            break;

        case DLL_PROCESS_DETACH:
            // DLL 从进程地址空间撤消映射
            break;
    }
    return(TRUE); // 仅用于 DLL_PROCESS_ATTACH
}
```

说明 函数名 DllMain 要区分大小写。许多开发人员不小心将这个函数拼写为 DLLMain。
这是一个很容易犯的错误，因为术语 DLL 经常全部大写。如将入口点函数命名为
DllMain 之外的其他名称，虽然代码仍能编译和链接，但入口点函数永远不会被调用，
DLL 也永远不会做初始化的动作。

---

hInstDll参数包含该DLL的实例句柄。类似于_tWinMain的hInstExe参数，该值标识了一
个虚拟内存地址，DLL的文件映像就被映射到进程地址空间中的这个位置。通常将该参
数保存在一个全局变量中，以便在调用资源加载函数(例如DialogBox和LoadString)时使
用。如果DLL是隐式加载的，最后一个参数fImpLoad的值非零；如果DLL是显式加载
的，则fImpLoad的值为零。

fdwReason参数指出系统调用入口点函数的原因。这个参数可能是下列4个值之一：DLL_
PROCESS_ATTACH，DLL_PROCESS_DETACH，DLL_THREAD_ATTACH或DLL_THREAD_
DETACH。下面几节将具体说明。

562

说明 必须记住，DLL 使用 DllMain 函数对自己进行初始化。DllMain 函数执行时，同一个
地址空间中的其他 DLL 可能还没有执行它们的 DllMain。这意味着它们尚未初始化，
所以应避免调用那些从其他 DLL 中导入的函数。此外，应该避免在 DllMain 中调用
LoadLibrary(Ex) 和 FreeLibrary，因为这些函数可能会产生循环依赖。

Platform SDK 文档说 DllMain 函数只应执行简单的初始化，比如设置线程局部存储（参见第 21 章）、创建内核对象和打开文件。必须避免调用 User，Shell，ODBC，COM，RPC 和套接字函数或其他调用了这些函数的函数，这是因为包含这些函数的 DLL 可能尚未初始化，或者函数可能会在内部调用 LoadLibrary(Ex)，再次产生循环依赖。

另外要注意的是，创建全局或静态 C++ 对象时存在同样的问题，因为在 DllMain 函数被调用的同时，这些对象的构造函数和析构函数也会被调用。

DllMain 入口点函数在执行时存在一些限制，这些限制与获取进程范围内的加载程序锁 (loader lock) 有关。动态链接库最佳做法，扫码即可查看。

20.2.1　DLL_PROCESS_ATTACH通知

系统首次将一个DLL映射到进程地址空间时会调用DllMain函数，并为fdwReason参数传递DLL_PROCESS_ATTACH。注意，只有首次映射DLL文件映像才会这样。如果之后一个线程调用LoadLibrary(Ex)来加载一个已映射到进程地址空间的DLL，操作系统只会递增该DLL的使用计数，不会再次用DLL_PROCESS_ATTACH来调用DllMain函数。

处理DLL_PROCESS_ATTACH时，DLL应根据包含在DLL中的函数的需要执行任何与进程相关的初始化操作。例如，DLL中的一些函数可能需要使用自己的堆(在进程的地址空间中创建)。DLL的DllMain函数可在处理DLL_PROCESS_ATTACH通知的时候调用HeapCreate来创建所需的堆。堆创建好后，可将它的句柄保存在DLL函数能访问的一个全局变量中。

在DllMain处理DLL_PROCESS_ATTACH通知的时候，DllMain的返回值指出该DLL的初始化是否成功。例如，如果调用HeapCreate成功，DllMain应返回TRUE。如果无法创建堆，则应返回FALSE。如果fdwReason是其他任何值(DLL_PROCESS_DETACH，DLL_THREAD_ATTACH和DLL_THREAD_DETACH)，系统将忽略DllMain的返回值。

当然，系统中的某个线程必须负责执行DllMain函数中的代码。创建新进程时，系统会分配进程地址空间并将.exe的文件映像以及所需DLL的文件映像映射到进程的地址空间中。然后，系统创建进程的主线程，用这个线程来调用每个DLL的DllMain函数并传入DLL_PROCESS_ATTACH。所有已映射的DLL都完成了对该通知的处理后，系统会先让进程的主线程开始执行可执行模块的C/C++运行库启动代码(startup code)，然后执行可执行模块的入口点函数(_tmain或_tWinMain)。如果任何一个DLL的DllMain函数返回

FALSE(表明初始化没有成功)，系统会将所有文件映像从地址空间中清除，向用户显示一个消息框来指出进程无法启动，然后终止整个进程。图20-2是Windows Vista显示的消息框。

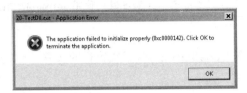

图20-2　Windows Vista显示的消息框

563~564

现在来看显式加载DLL的时候会发生什么情况。进程中的一个线程调用LoadLibrary(Ex)时，系统会定位指定的DLL，并将该DLL映射到进程地址空间。然后，系统会用调用LoadLibrary(Ex)的线程来调用DLL的DllMain函数，并传入DLL_PROCESS_ATTACH值。当DLL的DllMain函数完成了对通知的处理后，系统会让LoadLibrary(Ex)调用返回，线程和往常一样继续执行。若DllMain函数返回FALSE，也就是说初始化不成功，系统会自动从进程地址空间中撤销对DLL文件映像的映射，并让LoadLibrary(Ex)返回NULL。

20.2.2　DLL_PROCESS_DETACH通知

系统将一个DLL从进程的地址空间中撤销映射时，会调用DLL的DllMain函数，并为fdwReason参数传递DLL_PROCESS_DETACH值。当DLL处理这个通知的时候，应该执行与进程相关的清理工作。例如，DLL可能会调用HeapDestroy来销毁它在处理DLL_PROCESS_ATTACH通知的时候创建的堆。注意，如果DllMain函数在收到DLL_PROCESS_ATTACH通知的时候返回FALSE，就不会用DLL_PROCESS_DETACH通知来调用DllMain。如果撤销映射的原因是因为进程要终止，那么调用ExitProcess函数的线程将负责执行DllMain函数的代码。正常情况下，这个线程就是应用程序的主线程。入口点函数返回到C/C++运行库的启动代码后，启动代码会显式调用ExitProcess来终止进程。

如果DLL撤销映射的原因是进程中的一个线程调用了FreeLibrary或FreeLibraryAndExitThread，那么发出调用的线程将负责执行DllMain函数中的代码。如果调用的是FreeLibrary，那么在DllMain处理完DLL_PROCESS_DETACH通知之前，线程是不会从该调用中返回的。

注意，DLL可能阻碍进程的终止。例如，当DllMain收到DLL_PROCESS_DETACH通知的时候，有可能进入无限循环。只有在每个DLL都处理完DLL_PROCESS_DETACH通知之后，操作系统才会真正"杀死"进程。

说明 如果进程终止是因为系统中的某个线程调用了 TerminateProcess，那么系统将不会用 DLL_PROCESS_DETACH 来调用 DLL 的 DllMain 函数。这意味着在进程终止之前，已映射到进程地址空间中的任何 DLL 将没有机会执行任何清理代码。这可能导致数据丢失。所以，除非万不得已，否则应避免使用 TerminateProcess 函数。

图20-3展示的是线程调用LoadLibrary时系统执行的步骤。图20-4展示的是线程调用FreeLibrary时系统执行的步骤。

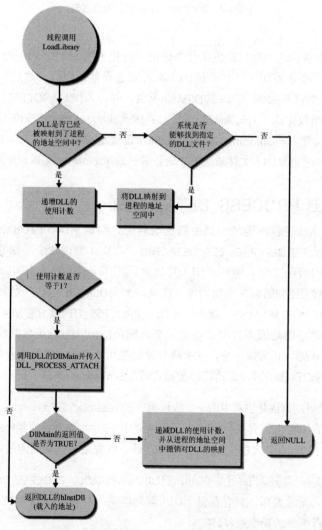

图20-3　线程调用LoadLibrary时系统执行的步骤

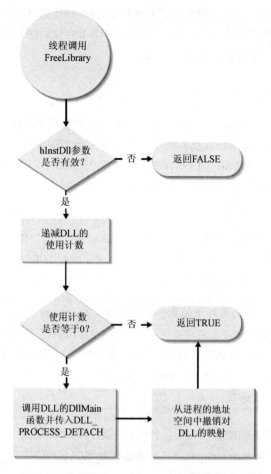

图20-4　线程调用FreeLibrary时系统执行的步骤

20.2.3　DLL_THREAD_ATTACH通知

当进程创建一个线程的时候，系统会检查当前映射到该进程的地址空间中的所有DLL文件映像，并用DLL_THREAD_ATTACH来调用每个DLL的DllMain函数。这告诉DLL需要执行与线程相关的初始化。新建的线程负责执行所有DLL的DllMain函数代码。只有在所有DLL都完成了对该通知的处理之后，系统才会让新线程开始执行它的线程函数。

系统将一个新的DLL映射到进程地址空间时，如果进程中已经有多个线程在运行，系统不会让任何现有的线程用DLL_THREAD_ATTACH来调用该DLL的DllMain函数。只有创建新线程，而且DLL已被映射到进程地址空间，系统才会用DLL_THREAD_ATTACH来调用DLL的DllMain函数。

566

还要注意的是，系统不会让进程的主线程用DLL_THREAD_ATTACH值来调用DllMain函数。进程创建时被映射到进程地址空间中的任何DLL会收到DLL_PROCESS_ATTACH通知，但不会收到DLL_THREAD_ATTACH通知。

20.2.4　DLL_THREAD_DETACH通知

让线程终止的首选方式是让它的线程函数返回。这造成系统调用ExitThread来终止线程。ExitThread告诉系统该线程想要终止，但系统不会立即终止该线程，而会让这个即将终止的线程用DLL_THREAD_DETACH来调用所有已映射的DLL的DllMain函数。这个通知告诉DLL执行与线程相关的清理。例如，C/C++运行时会在这个时候释放那些用来管理多线程应用程序的数据块。

注意，DLL可能阻碍线程的终止。例如，当DllMain收到DLL_THREAD_DETACH通知的时候，有可能进入无限循环。只有在每个DLL都处理完DLL_THREAD_DETACH通知之后，操作系统才会真正"杀死"线程。

说明　　如果线程终止是因为系统中的某个线程调用了 TerminateThread，那么系统便不会用 DLL_THREAD_DETACH 来调用所有 DLL 的 DllMain 函数。这意味着在线程终止之前，已映射到进程地址空间中的任何 DLL 将没有机会执行任何清理代码。这可能导致数据丢失。所以，和 TerminateProcess 一样，除非万不得已，否则应尽量避免使用 TerminateThread 函数。

如果在撤销对一个DLL的映射时还有任何线程在运行，那么系统不会让任何这些线程用DLL_THREAD_DETACH来调用DllMain。可考虑在处理DLL_PROCESS_DETACH的代码中对此进行检查，以便执行任何必要的清理。

前面提到的这些规则可能导致下面的情况：进程中的一个线程调用LoadLibrary来加载一个DLL，这造成系统用DLL_PROCESS_ATTACH来调用该DLL的DllMain函数。注意不会就这个线程向DllMain发送DLL_THREAD_ATTACH通知。接着，加载该DLL的线程退出，这造成系统再次调用该DLL的DllMain函数，但这次传入的是DLL_THREAD_DETACH。注意，虽然系统将线程连接到该DLL的时候，不会向该DLL发送DLL_THREAD_ATTACH通知，但是当系统将线程与DLL解除连接的时候，却会向该DLL发送DLL_THREAD_DETACH通知。由于这个原因，在进行与特定线程相关的清理时必须极其小心。幸好，在大多数程序中，调用LoadLibrary的线程与调用FreeLibrary的线程是同一个线程。

20.2.5　DllMain的序列化调用

系统会将对DLL的DllMain函数的调用序列化(serializes)。为了理解序列化(或者说依次调用)的确切含义，让我们考虑以下情形。一个进程有两个线程：线程A和线程B。进程地址空间还映射了另一个名为SomeDLL.dll的DLL。两个线程都准备调用CreateThread函数来创建另外两个线程：线程C和线程D。

当线程A调用CreateThread来创建线程C的时候，系统会用DLL_THREAD_ATTACH来调用SomeDLL.dll的DllMain函数。当线程C执行DllMain函数中的代码时，线程B调用CreateThread来创建线程D。系统必须再次用DLL_THREAD_ATTACH来调用DllMain，但这次是让线程D来执行其中的代码。但是，系统会将对DllMain的调用序列化，它会将线程D挂起，直到线程C执行完DllMain中的代码并返回为止。

线程C执行完DllMain中的代码后，可以开始执行它的线程函数。现在，系统将唤醒线程D并让它执行DllMain中的代码。函数返回后，线程D可以开始执行它的线程函数。

正常情况下，我们根本不会考虑DllMain的这种序列化调用。之所以在这里专门提到这个问题，是因为我曾与别人共事，看到过一个因为DllMain的序列化调用而造成的bug。他的代码大致是下面这样的：

```
BOOL WINAPI DllMain(HINSTANCE hInstDll, DWORD fdwReason, PVOID fImpLoad) {

   HANDLE hThread;
   DWORD dwThreadId;

   switch (fdwReason) {
   case DLL_PROCESS_ATTACH:
      // DLL 映射到进程的地址空间

      // 创建一个线程来做一些事情
      hThread = CreateThread(NULL, 0, SomeFunction, NULL,
         0, &dwThreadId);

      // 挂起我们的线程，直到新的线程终止
      WaitForSingleObject(hThread, INFINITE);

      // 我们不再需要访问新的线程
      CloseHandle(hThread);
      break;

   case DLL_THREAD_ATTACH:
```

```
      // 创建一个线程
      break;

  case DLL_THREAD_DETACH:
      // 干净地退出一个线程
      break;

  case DLL_PROCESS_DETACH:
      // DLL 从进程地址空间撤销映射
      break;
  }
  return(TRUE);
}
```

我们花了数小时才发现代码中的问题。你看出来了吗？当DllMain收到一个DLL_PROCESS_ATTACH通知的时候，创建了一个新的线程。系统必须再次用DLL_THREAD_ATTACH来调用DllMain。但是，由于当初造成向DllMain发送DLL_PROCESS_ATTACH通知的线程尚未结束处理，所以新线程会被挂起。问题出在对WaitForSingleObject的调用。该函数会将当前正在执行的线程挂起，直到新线程终止为止。但是，由于新线程为了等待当前线程退出DllMain函数而被挂起，所以它从来没有机会运行，更别提终止了。这是一个死锁情形，两个线程将永远处于挂起状态！

568~569

在我开始考虑如何解决这个问题的时候，发现了DisableThreadLibraryCalls函数：

```
BOOL DisableThreadLibraryCalls(HMODULE hInstDll);
```

DisableThreadLibraryCalls告诉系统，我们不想让系统向某个指定DLL的DllMain 函数发送DLL_THREAD_ATTACH和DLL_THREAD_DETACH通知。我觉得如果告诉系统不要向该DLL发送DLL通知，就不会发生死锁的情形。但是，在我对这个方案进行测试的时候，发现这并不能解决问题。下面就是这个方案：

```
BOOL WINAPI DllMain(HINSTANCE hInstDll, DWORD fdwReason, PVOID fImpLoad) {

  HANDLE hThread;
  DWORD dwThreadId;

  switch (fdwReason) {
  case DLL_PROCESS_ATTACH:
      // DLL 映射到进程的地址空间
      // 线程创建或销毁时禁止系统调用 DllMain
      DisableThreadLibraryCalls(hInstDll);
```

```
    // 创建一个线程来做一些事情
    hThread = CreateThread(NULL, 0, SomeFunction, NULL,
        0, &dwThreadId);

    // 挂起我们的线程, 直到新线程终止
    WaitForSingleObject(hThread, INFINITE);

    // 我们不再需要访问新线程
    CloseHandle(hThread);
    break;

case DLL_THREAD_ATTACH:
    // 创建一个线程
    break;

case DLL_THREAD_DETACH:
    // 干净地退出一个线程
    break;

case DLL_PROCESS_DETACH:
    // DLL 从进程的地址空间中撤销映射
    break;
    }
    return(TRUE);
}
```

569

问题在于, 创建进程的时候, 系统会同时创建一个锁(在Windows中是一个关键段, 即 critical section)。每个进程都有自己的锁, 所以多个进程不会共享同一个锁。当进程中的线程调用映射到进程地址空间中的DLL的DllMain函数时, 会用这个锁来同步各个线程。注意, 在未来版本的Windows中, 这个锁可能会消失。

调用CreateThread的时候, 系统首先会创建线程内核对象和线程栈。然后, 系统会在内部调用WaitForSingleObject函数, 并传入进程的互斥量对象的句柄。当新线程得到互斥量的所有权后, 系统会让新线程用DLL_THREAD_ATTACH来调用每个DLL的DllMain函数。在此之后, 系统才会调用ReleaseMutex来放弃对进程的互斥量对象的所有权。由于系统是以这种方式运作的, 所以添加DisableThreadLibraryCalls调用并不能防止线程死锁。我唯一想到的能防止线程被挂起的方法, 就是重新设计这部分代码, 不要在任何DLL的DllMain函数中调用WaitForSingleObject。

20.2.6　DllMain和C/C++运行库

在之前对DllMain函数的讨论中，我假设是用Microsoft Visual C++编译器来生成DLL。编写DLL的时候，可能需要C/C++运行库在启动方面提供一些帮助。例如，假设要生成的DLL包含一个全局变量，该全局变量是一个C++类的实例。DllMain函数在能够安全地使用该全局变量之前，必须保证它的构造函数已被调用过。这正是C/C++运行库的DLL启动代码的工作。

链接DLL的时候，链接器会将DLL的入口点函数的地址嵌入生成的DLL文件映像中。可用链接器的/ENTRY开关来指定入口点函数的地址。默认情况下，如果使用Microsoft的链接器并指定了/DLL开关，链接器会认为入口点函数的名称是_DllMainCRTStartup。该函数包含在C/C++运行库文件中，并在链接DLL时静态链接到你的DLL文件映像中。即便用的是C/C++运行库的DLL版本，该函数仍然是静态链接的。

系统将DLL的文件映像映射到进程地址空间时，实际调用的是_DllMainCRTStartup函数，而不是你的DllMain函数。在将所有通知都转发给__DllMainCRTStartup函数之前，为了支持/GS开关所提供的安全性特性，_DllMainCRTStartup函数会先处理DLL_PROCESS_ATTACH通知。__DllMainCRTStartup函数会初始化C/C++运行库，并确保在_DllMainCRTStartup收到DLL_PROCESS_ATTACH通知的时候，所有全局或静态C++对象都已构造完毕。在C/C++运行时的初始化完成之后，__DllMainCRTStartup函数会调用你的DllMain函数。

当DLL收到DLL_PROCESS_DETACH通知的时候，系统会再次调用__DllMainCRTStartup函数。函数这一次会调用你的DllMain函数，当DllMain返回的时候，__DllMainCRTStartup会调用DLL中所有全局或静态C++对象的析构函数。收到DLL_THREAD_ATTACH或DLL_THREAD_DETACH通知时，__DllMainCRTStartup不会做任何特殊处理。

之前说过，在自己的DLL源代码中实现DllMain函数并不是必须的。如果没有自己的DllMain函数，可以使用C/C++运行库提供的DllMain函数，它的实现大致如下(如果静态链接到C/C++运行库的话)：

```
BOOL WINAPI DllMain(HINSTANCE hInstDll, DWORD fdwReason, PVOID fImpLoad) {

    if (fdwReason == DLL_PROCESS_ATTACH)
        DisableThreadLibraryCalls(hInstDll);
    return(TRUE);
}
```

链接DLL时，如果链接器无法在DLL的.obj文件中找到一个名为DllMain的函数，那么它会链接C/C++运行库的DllMain函数。如果不提供自己的DllMain，C/C++运行库会认为你并不关心DLL_THREAD_ATTACH和DLL_THREAD_DETACH通知。所以，为了提升创建线程和销毁线程的性能，C/C++运行库会在它提供的DllMain函数中调用DisableThreadLibraryCalls。

570~571

20.3 延迟加载 DLL

为了让DLL更容易使用，Microsoft Visual C++提供了一项很棒的特性：延迟加载DLL(delay-load DLLs)。延迟加载的DLL是隐式链接的，系统一开始不会将该DLL加载，只有在代码试图引用DLL中包含的一个符号时，系统才会实际加载该DLL。延迟加载DLL在下列情况下非常有用。

- 如果应用程序使用了多个DLL，它的初始化可能会比较慢，因为加载程序要将所有必需的DLL映射到进程地址空间。缓解该问题的一个办法是将DLL的加载过程延伸到进程的执行过程中。延迟加载DLL使我们很容易做到这一点。
- 如果在代码中调用一个新函数，然后试图在一个不提供该函数的老版本的操作系统中运行该应用程序，加载程序会报错并且不允许应用程序运行。所以，需要一种方法来让应用程序运行，如果在运行时发现应用程序正在老的操作系统下运行，就不调用这个不存在的函数。例如，假设应用程序要在Windows Vista下使用新的线程池函数，在老的操作系统下使用老的函数。应用程序初始化时，它调用GetVersionEx来检查操作系统的版本，并正确调用相应的函数。由于Windows Vista之前的Windows版本还没有线程池函数，所以在老版本Windows下运行这个应用程序会导致加载程序显示一条错误消息。延迟加载DLL同样可以很容易地解决该问题。

我花了相当多的时间来研究Visual C++的延迟加载DLL技术，必须声明的是，Microsoft非常好的方式实现了这个技术。它不仅提供了许多特性，而且在所有版本的Windows上都能以非常好的方式工作。

但是，它仍然存在一些局限性，值得在此一提，具体如下。

- 导出字段的DLL无法延迟加载。
- Kernel32.dll模块无法延迟加载，因为必须加载该模块才能调用LoadLibrary和GetProcAddress。
- 不应在DllMain入口点函数中调用延迟加载的函数，因为这样可能会导致进程崩溃。

先从简单的任务开始：让延迟加载DLL能够正常工作。首先和往常一样创建一个DLL，再创建一个可执行文件。但是，必须修改两个链接器开关并重新链接可执行文件：

- /Lib:DelayImp.lib
- /DelayLoad:MyDll.dll

警告 /DELAYLOAD 和 /DELAY 链接器开关不能在源代码中通过 #pragma comment(linker, "") 来设置。需要在项目属性中设置这两个链接器开关。

要延迟加载的DLL通过配置属性/链接器/输入属性页来指定，如图20-5所示。

图20-5　指定延迟加载的DLL

"延迟加载的DLL"选项通过配置属性/链接器/高级属性页来设置，如图20-6所示。

图20-6　设置

/Lib开关告诉链接器将一个特殊函数__delayLoadHelper2嵌入可执行文件。第二个开关告诉链接器下列事项。

- 将MyDll.dll从可执行模块的导入段中去除，这样当进程初始化的时候，操作系统的加载程序就不会隐式加载该DLL。
- 在可执行模块中嵌入一个新的延迟导入段(即Delay Import section，称为.didata)，指定要从MyDll.dll中导入哪些函数。
- 解析对延迟加载函数的调用，让这些调用跳转至__delayLoadHelper2函数。

应用程序运行时，对延迟加载函数的调用实际会调用__delayLoadHelper2函数。后者引用了特殊的延迟导入段，知道要先调用LoadLibrary，再调用GetProcAddress来获得延迟加载函数的地址。一旦获得地址，__delayLoadHelper2会修复对该函数的调用，这样今后的调用会直接针对该延迟加载函数进行。注意，同一个DLL中的其他函数仍然必须在首次调用时修复。还要注意，可多次指定/DelayLoad链接器开关——每个开关对应一个想延迟加载的DLL。

好了，就是这么简单！虽然很简单，但还是要注意两个问题。通常，当操作系统的加载程序加载可执行文件时，会尝试加载必需的DLL。如果无法加载一个DLL，加载程序会显示一条错误消息。但延迟加载的DLL不一样，初始化期间不会检查它是否存在。如果在调用延迟加载的函数时找不到DLL，__delayLoadHelper2函数会引发一个软件异常。可通过结构化异常处理(structured exception handling，SEH)来捕获这个异常并让应用程序继续运行。如果不捕获该异常，进程将终止。SEH将在第23章～第25章讨论。

572~574

如果__delayLoadHelper2找到了DLL，但在DLL中找不到试图调用的函数，就会产生另一个问题。例如，如果加载程序找到的是该DLL的一个老版本，就可能发生这种情况。在这种情况下，__delayLoadHelper2也会引发一个软件异常，刚才提到的规则在此同样适用。下一节的示例程序展示了如何编写正确的SEH代码对这些错误进行处理。

示例程序的代码中有许多和SHE/错误处理无关的内容，这些内容与延迟加载DLL的一些额外的特性有关，马上就会对这些特性进行介绍。如果不需要这些更高级的特性，可以删除相应的代码。

Visual C++团队定义了两个软件异常码(exception code)：VcppException (ERROR_SEVERITY_ERROR，ERROR_MOD_NOT_FOUND)和VcppException (ERROR_SEVERITY_ERROR，ERROR_PROC_NOT_FOUND)。它们分别表示未找到DLL模块和未找到函数。我的异常过滤程序函数DelayLoadDllExceptionFilter会检查这两个异常码。如抛出的异常

不是其中任何一个，那么和任何合格的过滤程序一样，该过滤程序会返回EXCEPTION_
CONTINUE_SEARCH。(绝对不要"吞掉"那些不知道如何处理的异常。)但是，如抛出的
异常是两者之一，__delayLoadHelper2函数会提供指向一个DelayLoadInfo结构的指针。该
结构会包含一些额外的信息。DelayLoadInfo结构在Visual C++的DelayImp.h中定义如下：

```
typedef struct DelayLoadInfo {
    DWORD            cb;          // Size of structure
    PCImgDelayDescr  pidd;        // Raw data (everything is there)
    FARPROC *        ppfn;        // Points to address of function to load
    LPCSTR           szDll;       // Name of dll
    DelayLoadProc    dlp;         // Name or ordinal of procedure
    HMODULE          hmodCur;     // hInstance of loaded library
    FARPROC          pfnCur;      // Actual function that will be called
    DWORD            dwLastError; // Error received
} DelayLoadInfo, * PDelayLoadInfo;
```

该数据结构由__delayLoadHelper2函数来分配和初始化。在函数动态加载DLL并取得被
调用函数的地址的过程中，它会填充结构中的成员。在SEH过滤程序内部，成员szDll指
向试图加载的DLL的名称，试图查找的函数的名称在dlp成员中。由于可通过序号或名称
来查找函数，因此dlp成员看起来像下面这样：

```
typedef struct DelayLoadProc {
    BOOL fImportByName;
    union {
        LPCSTR szProcName;
        DWORD dwOrdinal;
    };
} DelayLoadProc;
```

如果DLL成功加载，但其中不包含希望的函数，还可以查看hmodCur成员来知道DLL
被加载到什么内存地址。还可查看dwLastError成员来知道是什么错误引发的异常，但
对异常过滤程序来说可能没有这个必要，因为异常码已经说明到底发生了什么。成员
pfnCur包含想要查找的函数的地址。在异常过滤程序中，这个值始终设置为NULL，因为
__delayLoadHelper2无法找到该函数的地址。

574~575

剩下的成员中，cb用于版本控制，pidd指向在模块中嵌入的一段，其中包含了延迟加载
DLL和延迟加载函数的列表。成员ppfn是一个地址，若成功找到函数，则其地址会保存
在该成员中。最后两个成员是__delayLoadHelper2函数内部使用的，它们用于非常高级
的用途，基本上不需要查看或理解它们。

现在，你已理解了使用延迟加载DLL并从错误情况中恢复的基本知识。但是，Microsoft实现的延迟加载DLL提供了更多特性。例如，应用程序可将一个延迟加载的DLL卸载。假设应用程序需要一个特殊的DLL来打印用户文档。这样的DLL特别适合延迟加载，因为大多数时候都用不到它。如果用户选择打印命令，那么可以调用DLL中的一个函数，这样系统就会自动加载该DLL。这非常好，但当文档打印完毕后，用户可能不会立即打印另一份文档。所以，为了释放系统资源，可以将该DLL卸载。如果用户决定打印另一份文档，系统会根据需要再次加载该DLL。

卸载延迟加载的DLL必须要做两件事情。首先，必须在生成可执行文件时指定一个额外的链接器开关(/Delay:unload)。其次，必须修改源代码，在想要卸载DLL的地方调用__FUnloadDelayLoadedDLL2函数：

```
BOOL __FUnloadDelayLoadedDLL2(PCSTR szDll);
```

链接器开关/Delay:unload告诉链接器在文件中嵌入另一个段。这个段包含对已调用过的函数进行重置所需的信息，使它们能再次调用__delayLoadHelper2函数。调用__FUnloadDelayLoadedDLL2的时候，需传入要卸载的延迟加载的DLL的名称。该函数会引用文件的卸载段，并重置DLL的所有函数的地址。然后，__FUnloadDelayLoadedDLL2会调用FreeLibrary来卸载该DLL。

这里，需要注意一些要点。第一，一定不能自己调用FreeLibrary来卸载DLL，否则函数地址不会重置，下次调用DLL中的函数时会引发访问违例。第二，调用__FUnloadDelayLoadedDLL2时传入的DLL名称不应包含路径，而且名称中字母的大小写必须和传给/DelayLoad链接器开关的DLL名称的大小写完全一致，否则__FUnloadDelayLoadedDLL2将会失败。第三，如果根本不打算卸载一个延迟加载的DLL，就不必指定/Delay:unload链接器开关，这样还能减小可执行文件的大小。最后，如果在一个不是用/Delay:unload开关生成的模块中调用__FUnloadDelayLoadedDLL2，那么不会发生什么不好的事情：__FUnloadDelayLoadedDLL2会什么都不做并返回FALSE。

延迟加载DLL的另一个特性是，在默认情况下，我们调用的函数可绑定到进程地址空间中系统认为该函数应该在的一个地址。本章稍后就会讨论绑定。由于创建可绑定的延迟加载DLL段会增大可执行文件的大小，所以链接器也支持一个/Delay:nobind开关。由于通常都需要绑定，所以大多数应用程序不应使用这个链接器开关。

575~576

延迟加载DLL的最后一项特性为高级用户而设计，它真的证明了Microsoft对细节的关注。__delayLoadHelper2执行时可调用一些我们提供的挂钩函数(hook function)。这些函数可接收__delayLoadHelper2的进度通知和错误通知。此外，这些函数还可改变加载

DLL以及获得函数的虚拟地址的方式。

为了获得通知或覆盖行为，必须要在源代码中做两件事情。首先，必须编写一个挂钩函数，它与DelayLoadApp.cpp中的DliHook函数相似。DliHook骨架函数并不会影响__delayLoadHelper2的操作。为改变其作为，在DliHook骨架函数的基础上，根据需要进行修改，然后将函数的地址告诉__delayLoadHelper2。

在DelayImp.lib静态链接库的内部，定义了两个全局变量：__pfnDliNotifyHook2和__pfnDliFailureHook2。这两个变量的类型都是PfnDliHook：

```
typedef FARPROC (WINAPI *PfnDliHook)(
   unsigned dliNotify,
   PDelayLoadInfo pdli);
```

可以看出，这是一个函数数据类型，它与我的DliHook函数的原型相符。DelayImp.lib在内部将这两个函数初始化为NULL，这告诉__delayLoadHelper2不要调用任何挂钩函数。为了让系统调用挂钩函数，必须将这两个变量之一设为挂钩函数的地址。我直接在全局作用域内添加了下面两行代码：

```
PfnDliHook __pfnDliNotifyHook2     = DliHook;
PfnDliHook __pfnDliFailureHook2    = DliHook;
```

如你所见，__delayLoadHelper2实际用到了两个回调函数，一个用来报告通知，另一个用来报告失败。由于这两个函数的原型完全相同，而且第一个参数dliNotify说明了函数被调用的原因，所以为了方便起见，我总是创建一个函数，并让两个变量都指向它。

提示　　www.DependencyWalker.com 提供的 DependencyWalker 工具可以列出链接时的依赖关系，静态和动态加载都支持。但归功于它的分析 (profiling) 功能，还可以在运行时跟踪对 LoadLibrary/GetProcAddress 的调用。

DelayLoadApp示例程序

本节稍后列出的DelayLoadApp应用程序(20-DelayLoadApp.exe)展示了为了充分利用延迟加载DLL需要做的一切。出于演示的目的，示例程序只使用了一个简单的DLL，代码在本书配套资源的20-DelayLoadLib目录中。

576

由于应用程序会加载20-DelayLoadLib模块，所以在运行示例程序时，加载程序不会将该模块映射到进程地址空间。示例程序会定期调用IsModuleLoaded，这个函数用来显示一个消息框，指出模块是否已被加载到进程地址空间，仅此而已。当应用程序最开始启动时不会加载20-DelayLoadLib模块，因此会显示图20-7所示的消息框。

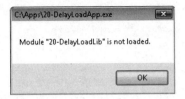

图20-7　DelayLoadApp表示20-DelayLoadLib模块尚未被加载

应用程序然后调用一个从DLL中导入的函数，这使得__delayLoadHelper2函数自动地加载该DLL。当函数返回的时候，会显示图20-8所示的消息框。

图20-8　DelayLoadApp表示20-DelayLoadLib模块已经被加载

当这个消息框消失的时候，示例程序会调用DLL中的另一个函数。由于这个函数在同一个DLL中，因此系统不会将该DLL再次加载到进程的地址空间中，而会解析得到新函数的地址并用该地址来调用新函数。

这时，示例程序调用了__FUnloadDelayLoadedDLL2来将20-DelayLoadLib模块卸载。IsModuleLoaded调用会再次显示图20-4所示的消息框。最后，示例程序又会调用一个导入的函数，这使得系统会重新加载20-DelayLoadLib模块，造成最后那个IsModuleLoaded调用会显示图20-5所示的消息框。

如果一切正常，示例程序会按照刚才描述的方式运行。但是，如果在示例程序开始运行之前删除20-DelayLoadLib模块，或者该模块中不包含其中的一个导入函数，那么系统会抛出异常。示例程序显示了如何"得体地"从这种情况中恢复。

最后，示例程序还展示了如何设置延迟加载挂钩函数。虽然DliHook骨架函数并没有做什么有意思的事情，但它捕获了各种通知并说明了在收到这些通知时可以做些什么。

577

```
DelayLoadApp.cpp
/*************************************************************************
Module: DelayLoadApp.cpp
Notices: Copyright (c) 2008 Jeffrey Richter & Christophe Nasarre
*************************************************************************/
```

```
#include "..\CommonFiles\CmnHdr.h"        /* See Appendix A. */
#include <Windowsx.h>
#include <tchar.h>
#include <StrSafe.h>


///////////////////////////////////////////////////////////////////////////////


#include <Delayimp.h>   // For error handling & advanced features
#include "..\20-DelayLoadLib\DelayLoadLib.h"     // My DLL function prototypes


///////////////////////////////////////////////////////////////////////////////


// Statically link __delayLoadHelper2/__FUnloadDelayLoadedDLL2
#pragma comment(lib, "Delayimp.lib")

// Note: it is not possible to use #pragma comment(linker, "")
//        for /DELAYLOAD and /DELAY


// The name of the Delay-Load module (only used by this sample app)
TCHAR g_szDelayLoadModuleName[] = TEXT("20-DelayLoadLib");


///////////////////////////////////////////////////////////////////////////////


// Forward function prototype
LONG WINAPI DelayLoadDllExceptionFilter(PEXCEPTION_POINTERS pep);


///////////////////////////////////////////////////////////////////////////////


void IsModuleLoaded(PCTSTR pszModuleName) {

   HMODULE hmod = GetModuleHandle(pszModuleName);
   char sz[100];
#ifdef UNICODE
   StringCchPrintfA(sz, _countof(sz), "Module \"%S\" is %Sloaded.",
      pszModuleName, (hmod == NULL) ? L"not " : L"");

#else
```

```c
    StringCchPrintfA(sz, _countof(sz), "Module \"%s\" is %sloaded.",
        pszModuleName, (hmod == NULL) ? "not " : "");
#endif
    chMB(sz);
}


///////////////////////////////////////////////////////////////////////////////


int WINAPI _tWinMain(HINSTANCE hInstExe, HINSTANCE, PTSTR pszCmdLine, int) {

    // Wrap all calls to delay-load DLL functions inside SEH
    __try {
        int x = 0;

        // If you're in the debugger, try the new Debug.Modules menu item to
        // see that the DLL is not loaded prior to executing the line below
        IsModuleLoaded(g_szDelayLoadModuleName);

        x = fnLib(); // Attempt to call delay-load function

        // Use Debug.Modules to see that the DLL is now loaded
        IsModuleLoaded(g_szDelayLoadModuleName);

        x = fnLib2(); // Attempt to call delay-load function

        // Unload the delay-loaded DLL
        // NOTE: Name must exactly match /DelayLoad:(DllName)
        __FUnloadDelayLoadedDLL2("20-DelayLoadLib.dll");

        // Use Debug.Modules to see that the DLL is now unloaded
        IsModuleLoaded(g_szDelayLoadModuleName);

        x = fnLib(); // Attempt to call delay-load function

        // Use Debug.Modules to see that the DLL is loaded again
        IsModuleLoaded(g_szDelayLoadModuleName);
    }
    __except (DelayLoadDllExceptionFilter(GetExceptionInformation())) {
        // Nothing to do in here, thread continues to run normally
    }

    // More code can go here...
```

```
      return(0);
}


///////////////////////////////////////////////////////////////////////////////


LONG WINAPI DelayLoadDllExceptionFilter(PEXCEPTION_POINTERS pep) {

   // Assume we recognize this exception
   LONG lDisposition = EXCEPTION_EXECUTE_HANDLER;

   // If this is a Delay-load problem, ExceptionInformation[0] points
   // to a DelayLoadInfo structure that has detailed error info
   PDelayLoadInfo pdli =
      PDelayLoadInfo(pep->ExceptionRecord->ExceptionInformation[0]);

   // Create a buffer where we construct error messages
   char sz[500] = { 0 };

   switch (pep->ExceptionRecord->ExceptionCode) {
   case VcppException(ERROR_SEVERITY_ERROR, ERROR_MOD_NOT_FOUND):
      // The DLL module was not found at runtime
      StringCchPrintfA(sz, _countof(sz), "Dll not found: %s", pdli->szDll);
      break;

   case VcppException(ERROR_SEVERITY_ERROR, ERROR_PROC_NOT_FOUND):
      // The DLL module was found, but it doesn't contain the function
      if (pdli->dlp.fImportByName) {
         StringCchPrintfA(sz, _countof(sz), "Function %s was not found in %s",
            pdli->dlp.szProcName, pdli->szDll);
      } else {
         StringCchPrintfA(sz, _countof(sz), "Function ordinal %d was not found in %s",
            pdli->dlp.dwOrdinal, pdli->szDll);
      }
      break;

   default:
      // We don't recognize this exception
      lDisposition = EXCEPTION_CONTINUE_SEARCH;
      break;
   }

   if (lDisposition == EXCEPTION_EXECUTE_HANDLER) {
      // We recognized this error and constructed a message, show it
      chMB(sz);
```

```
   }

   return(lDisposition);
}


//////////////////////////////////////////////////////////////////////////


// Skeleton DliHook function that does nothing interesting
FARPROC WINAPI DliHook(unsigned dliNotify, PDelayLoadInfo pdli) {

   FARPROC fp = NULL;   // Default return value

   // NOTE: The members of the DelayLoadInfo structure pointed
   // to by pdli show the results of progress made so far.

   switch (dliNotify) {
   case dliStartProcessing:
      // Called when __delayLoadHelper2 attempts to find a DLL/function
      // Return 0 to have normal behavior or nonzero to override
      // everything (you will still get dliNoteEndProcessing)
      break;

   case dliNotePreLoadLibrary:
      // Called just before LoadLibrary
      // Return NULL to have __delayLoadHelper2 call LoadLibary
      // or you can call LoadLibrary yourself and return the HMODULE
      fp = (FARPROC) (HMODULE) NULL;
      break;

   case dliFailLoadLib:
      // Called if LoadLibrary fails
      // Again, you can call LoadLibary yourself here and return an HMODULE
      // If you return NULL, __delayLoadHelper2 raises the
      // ERROR_MOD_NOT_FOUND exception
      fp = (FARPROC) (HMODULE) NULL;
      break;

   case dliNotePreGetProcAddress:
      // Called just before GetProcAddress
      // Return NULL to have __delayLoadHelper2 call GetProcAddress,
      // or you can call GetProcAddress yourself and return the address
      fp = (FARPROC) NULL;
      break;
```

```
      case dliFailGetProc:
         // Called if GetProcAddress fails
         // You can call GetProcAddress yourself here and return an address
         // If you return NULL, __delayLoadHelper2 raises the
         // ERROR_PROC_NOT_FOUND exception
         fp = (FARPROC) NULL;
         break;

      case dliNoteEndProcessing:
         // A simple notification that __delayLoadHelper2 is done
         // You can examine the members of the DelayLoadInfo structure
         // pointed to by pdli and raise an exception if you desire
         break;
   }
   return(fp);
}


///////////////////////////////////////////////////////////////////////////////


// Tell __delayLoadHelper2 to call my hook function
PfnDliHook __pfnDliNotifyHook2 = DliHook;
PfnDliHook __pfnDliFailureHook2 = DliHook;


/////////////////////////////// End of File //////////////////////////////////
```

DelayLoadLib.cpp
```
/******************************************************************************
Module:  DelayLoadLib.cpp
Notices: Copyright (c) 2008 Jeffrey Richter & Christophe Nasarre
******************************************************************************/


#include "..\CommonFiles\CmnHdr.h"       /* See Appendix A. */
#include <Windowsx.h>
#include <tchar.h>


///////////////////////////////////////////////////////////////////////////////


#define DELAYLOADLIBAPI extern "C" __declspec(dllexport)
#include "DelayLoadLib.h"
```

```
///////////////////////////////////////////////////////////////////////

int fnLib() {

   return(321);
}


///////////////////////////////////////////////////////////////////////

int fnLib2() {

   return(123);
}


///////////////////////////// End of File //////////////////////////////
```

DelayLoadLib.h
```
/**************************************************************************
Module: DelayLoadLib.h
Notices: Copyright (c) 2008 Jeffrey Richter & Christophe Nasarre
**************************************************************************/


#ifndef DELAYLOADLIBAPI
#define DELAYLOADLIBAPI extern "C" __declspec(dllimport)
#endif


///////////////////////////////////////////////////////////////////////


DELAYLOADLIBAPI int fnLib();
DELAYLOADLIBAPI int fnLib2();


///////////////////////////// End of File //////////////////////////////
```

578~583

20.4　函数转发器

函数转发器(function forwarder)是DLL导出段(export section)中的一个条目，用来将一个函数调用转发给另一个DLL中的另一个函数。例如，如果用Visual C++的DumpBin工具来查看Windows Vista的Kernel32.dll，会看到像下面这样的输出：

```
C:\Windows\System32>DumpBin -Exports Kernel32.dll        (略去部分输出)
75    49    CloseThreadpoolIo (forwarded to NTDLL.TpReleaseIoCompletion)
76    4A    CloseThreadpoolTimer (forwarded to NTDLL.TpReleaseTimer)
77    4B    CloseThreadpoolWait (forwarded to NTDLL.TpReleaseWait)
78    4C    CloseThreadpoolWork (forwarded to NTDLL.TpReleaseWork)
      (剩余输出略)
```

以上输出结果显示了4个被转发的函数。如果应用程序调用了CloseThreadpoolIo，CloseThreadpoolTimer，CloseThreadpoolWait或CloseThreadpoolWork，可执行文件就会和Kernel32.dll动态链接在一起。可执行文件启动时，加载程序会加载Kernel32.dll并发现被转发的函数实际是在NTDLL.dll中，它随后会加载NTDLL.dll模块。当可执行文件调用CloseThreadpoolIo的时候，实际调用的是NTDLL.dll中的TpReleaseIoCompletion函数。CloseThreadpoolIo函数在系统中根本不存在！

如果调用CloseThreadpoolIo，那么GetProcAddress会先在Kernel32的导出段中查找，并发现CloseThreadpoolIo是一个转发器函数，于是它会递归调用GetProcAddress，在NTDLL.dll的导出段中查找TpReleaseIoCompletion。

也可以在自己的DLL模块中使用函数转发器。最简单的方法是用pragma指令，如下所示：

```
// Function forwarders to functions in DllWork
#pragma comment(linker, "/export:SomeFunc=DllWork.SomeOtherFunc")
```

这个pragma指令告诉链接器，正在编译的DLL应导出一个名为SomeFunc的函数，但SomeFunc的实际实现包含在另一个名为SomeOtherFunc的函数中，后者又包含在一个名为DllWork.dll的模块中。必须为每个想要转发的函数单独创建一行pragma。

583

20.5　已知的 DLL

系统对操作系统提供的某些DLL进行了特殊处理，这些DLL被称为已知的DLL(known DLL)。除了操作系统在加载它们的时候总是在同一个目录中查找之外，它们与其他DLL并没有什么不同。在注册表中，有这么一个注册表项：

```
HKEY_LOCAL_MACHINE\SYSTEM\CurrentControlSet\Control\Session Manager\KnownDLLs
```

图20-9是使用RegEdit.exe工具在我的计算机上查看这个注册表项的结果。

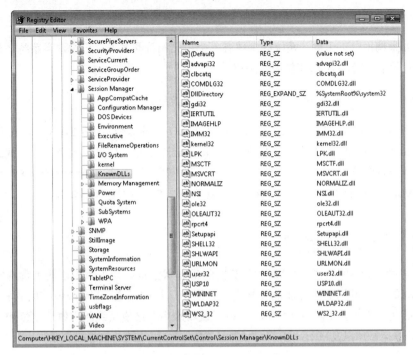

图20-9　注册表项

可以看出，该注册表项包含了一组数值名称，它们是一些DLL的名称。每个数值名称的"数值数据"正好等于数值名称加上.dll扩展名。但并非肯定如此，在后面的一个例子中马上就会看到。当LoadLibrary或LoadLibraryEx被调用的时候，函数首先检查是否传入了一个包含扩展名的DLL名称。如果没有包含，会用正常的搜索规则来搜索这个DLL。

如果指定了.dll扩展名，这两个函数会先将扩展名去掉，然后再在KnownDLLs注册表项中搜索，看其中是否有与之相符的数值名称。如果没有数值名称与之相符，就使用正常的搜索规则。但是，如果找到了与之相符的数值名称，系统就会查看与数值名称对应的数值数据，并试图用该数据来加载DLL。系统还会从这个注册表项的DllDirectory值所表示的目录中开始搜索DLL。在Windows Vista中，DllDirectory的默认值为%SystemRoot%\System32。

为了举例说明这一过程，假设在KnownDLLs注册表项中添加了下列值：

数值名称：SomeLib
数值数据：SomeOtherLib.dll

584

调用以下函数时，系统会用正常的搜索规则来对这个DLL进行定位：

```
LoadLibrary(TEXT("SomeLib"));
```

但是，如果调用以下函数，系统会发现有一个与之相符的名称。记住，当系统在检查注册表的数值名称时，会将.dll扩展名去掉。

```
LoadLibrary(TEXT("SomeLib.dll"));
```

因此系统试图加载的DLL是SomeOtherLib.dll，而不是SomeLib.dll。它首先会在%SystemRoot%\System32目录中查找SomeOtherLib.dll。如果在这个目录中找到了该文件，系统就会将它加载。如果未能在这个目录中找到该文件，LoadLibrary(Ex)会失败并返回NULL，这时调用GetLastError将返回2(ERROR_FILE_NOT_FOUND)。

20.6　DLL 重定向

最初开发Windows的时候，RAM和磁盘空间都非常宝贵。为了节约这些宝贵的资源，Windows的设计目标是尽可能地共享资源。出于这样的考虑，Microsoft建议将多个应用程序所共享的所有模块放在Windows的系统目录中，这使系统能方便地定位和共享文件。C/C++运行库以及Microsoft Foundation Classes(MFC)就是很好的例子。

随着时间的推移，这成为了一个严重的问题，这是因为安装程序可能会用老版本的文件覆盖这个目录中的文件，或用不完全兼容的新版本的文件覆盖这个目录中的文件，从而妨碍用户的其他应用程序的正常运行。今天，硬盘不仅容量大而且价格很便宜，RAM也够用而且相对来说价格比以前要便宜很多。因此Microsoft现在强烈建议开发人员将应用程序的文件放到自己的目录中，并且绝对不要碰Windows系统目录中的任何东西。这样既可以防止我们的应用程序妨碍其他应用程序，也可以避免其他应用程序妨碍我们的应用程序。

为了帮助开发人员，Microsoft自Windows 2000开始新增了一项DLL重定向特性。这项特性强制操作系统的加载程序首先从应用程序的目录中加载模块。只有当加载程序无法找到要找的文件时，才会在其他的目录中搜索。

为了强制加载程序总是先检查应用程序的目录，我们所要做的就是将一个文件放到应用程序的目录中。这个文件的内容无关紧要，但它的文件名必须是AppName.local。例如，如果有一个名为SuperApp.exe的可执行文件，那么重定向文件的名称就必须是SuperApp.exe.local。

LoadLibrary(Ex)在内部做了修改，来检查这个文件存在与否。如果应用程序的目录中存在这个文件，那么系统会加载这个目录中的模块。如果应用程序的目录中不存在这个文件，那么LoadLibrary(Ex)的工作方式与以往相同。注意，也可以不创建一个.local文件，而是创建一个同名的文件夹，然后将自己的所有DLL保存在这个文件夹中，让Windows能够轻易地找到它们。

对已注册的COM对象来说，这项特性极其有用。它允许应用程序将它的COM对象DLL放在自己的目录中。这样一来，注册了同一个COM对象的其他应用程序就不会妨碍到我们的应用程序。

注意，出于对安全性的考虑，Windows Vista的这项特性在默认情况下是关闭的，因为它可能会使系统从应用程序的文件夹中加载伪造的系统DLL，而不是从Windows的系统文件夹中加载真正的系统DLL。为了启用这项特性，我们必须在HKEY_LOCAL_MACHINE\SOFTWARE\Microsoft\Windows NT\CurrentVersion\Image File Execution Options注册表项中新增一个名为DevOverrideEnable的DWORD项，同时将它的值设为1。

说明　从 Windows XP 开始，并随着 Microsoft .NET 应用程序的兴起，即使在非托管代码中，我们也可以利用应用程序隔离 (isolated application) 和并列程序集 (side-by-side assembly)。详情请参见标题为 "Isolated Applications and Side-by-side Assemblies" 的文章，网址是 https://tinyurl.com/2p875bjt。

20.7　模块的基址重定位

每个可执行文件和DLL模块都有一个首选基地址(preferred base address)，表示在将模块映射到进程的地址空间中时的最佳内存地址。生成可执行模块时，链接器会将模块的首选基地址设为0x00400000。如果是DLL模块，链接器会将首选基地址设为0x10000000。可用Microsoft Visual Studio DumpBin工具(加上/headers开关)来查看文件映像的首选基地址。下例使用DumpBin来转储(dump)它自己的文件头信息：

```
C:\>DUMPBIN /headers dumpbin.exe

Microsoft (R) COFF/PE Dumper Version 8.00.50727.42
Copyright (C) Microsoft Corporation.  All rights reserved.


Dump of file dumpbin.exe


PE signature found


File Type: EXECUTABLE IMAGE
```

```
FILE HEADER VALUES
            14C machine (i386)
              3 number of sections
       4333ABD8 time date stamp Fri Sep 23 09:16:40 2005
              0 file pointer to symbol table
              0 number of symbols
             E0 size of optional header
            123 characteristics
                  Relocations stripped
                  Executable
                  Application can handle large (>2GB) addresses
                  32 bit word machine

OPTIONAL HEADER VALUES
            10B magic # (PE32)
           8.00 linker version
           1200 size of code
            800 size of initialized data
              0 size of uninitialized data
           170C entry point (0040170C)

           1000 base of code
           3000 base of data
         400000 image base (00400000 to 00404FFF) <- Module's preferred base address
           1000 section alignment
            200 file alignment
           5.00 operating system version
           8.00 image version
           4.00 subsystem version
              0 Win32 version
           5000 size of image
            400 size of headers
          1306D checksum
              3 subsystem (Windows CUI)
           8000 DLL characteristics
                  Terminal Server Aware
         100000 size of stack reserve
           2000 size of stack commit
         100000 size of heap reserve
           1000 size of heap commit
              0 loader flags
             10 number of directories
...
```

586~587

启动这个可执行模块时，操作系统的加载程序(loader)会为新进程创建一个虚拟地址空间。然后，加载程序将可执行模块映射到内存地址0x00400000处，将DLL模块映射到内存地址0x10000000处。为什么首选基址如此重要？看一看下面的代码便知：

```
int g_x;

void Func() {
    g_x = 5; // 这行很重要
}
```

编译器处理Func函数时，编译器和链接器会生成下面这样的机器码：

```
MOV    [0x00414540], 5
```

换言之，编译器和链接器生成机器码时硬编码了g_x变量的地址：0x00414540。该地址是机器码中的地址，它标识了g_x变量在进程地址空间中的绝对位置。但显然，当且仅当可执行模块被加载到它的首选基地址0x00400000的时候，这个内存地址才是正确的。

如果一个DLL模块中包含完全相同的代码，那又会如何？在这种情况下，编译器和链接器会生成下面这样的机器码：

```
MOV    [0x10014540], 5
```

DLL的g_x变量的虚拟内存地址还是被硬编码到磁盘上的DLL文件映像中。同样地，只有当DLL被加载到它的首选基地址的时候，这个内存地址才是绝对正确的。

587

好了，假设要设计一个需要两个DLL的应用程序。默认情况下，链接器会将.exe模块的首选基地址设为0x00400000，并将两个DLL的首选基地址都设为0x10000000。如果试图运行该.exe，加载程序会创建一个虚拟地址空间，并将.exe模块映射到内存地址0x00400000处。然后，加载程序会将第一个DLL映射到内存地址0x10000000处。但是现在，当加载程序试图将第二个DLL映射到进程地址空间时，它不可能将该模块映射到其首选基地址。加载程序必须对第二个DLL模块进行重定位，把它放到别的地方。

对一个可执行文件(或DLL)模块进行重定位绝对是一个痛苦的过程，应尽量避免这个过程。来看看为什么。假设加载程序将第二个DLL重定位到地址0x20000000处，那么将g_x变量修改为5的代码应该是下面这样：

```
MOV    [0x20014540], 5
```

但文件映像中的代码是下面这样：

```
MOV    [0x10014540], 5
```

如果直接让文件映像中的代码执行，那么第一个DLL模块中的某个4字节值会被值5所覆盖。由于加载程序不可能允许这种情况的发生，所以必须通过某种方式对代码进行修正。链接器在生成模块时，会将一个重定位段(relocation section)嵌入生成的文件中。这个段包含一个字节偏移量的列表，每个字节偏移量都表示一条机器指令所使用的一个内存地址。如果加载程序能将模块加载到它的首选基地址，系统就不会访问模块的重定位段。我们当然希望这样，我们绝不希望系统去使用重定位段。

但另一方面，如果加载程序无法将模块加载到它的首选基地址，系统就会打开模块的重定位段并遍历其中所有的条目。对每一个条目，加载程序会先找到包含机器指令的那个存储页，然后将模块的首选基地址与模块的实际映射地址之间的差值，加到机器指令当前正在使用的内存地址上。

所以，在前面的例子中，第二个DLL被映射到0x20000000，而它的首选基地址是0x10000000。这样两个地址的差值就是0x10000000，将这个差值加到机器指令使用的地址上，就得到下面的代码：

```
MOV    [0x20014540], 5
```

现在，第二个DLL中的这条指令就能正确引用到它自己的g_x变量了。

若一个模块无法加载到它的首选基地址，会发生以下两件不好的事情。

● 加载程序必须遍历重定位段并修改模块中大量的代码。这个过程会严重影响性能，而且确实对应用程序的初始化时间造成了严重影响。

● 当加载程序向模块的代码页面写入时，系统的"写时复制"机制会强制这些页面以系统的分页文件作为后备存储。

588

第二点真的很糟糕。它意味着系统不能再抛弃模块的代码页面，并重新加载模块在磁盘上的文件映像。相反，系统必须在需要的时候将内存页面换出到系统的分页文件，并将分页文件中的页面换入到内存。这同样会损害性能。但等一下，还有更糟糕的。由于分页文件是所有模块的代码页面的后备存储，所以会减少可供系统中所有进程使用的存储。这限制了用户的电子表格的大小、字处理文档的大小、CAD制图的大小、位图的大小，等等。

顺便说一下，可在生成模块的时候使用/FIXED开关，从而创建一个不包含重定位段的可执行文件或DLL模块。这个开关可使模块变小，但同时意味着模块无法被重定位。如模块无法加载到它的首选基地址，是无法被加载的。如果加载程序必须对模块进行重定位，但模块中不含重定位段，加载程序会终止整个进程并向用户显示一条消息"Abnormal Process Termination"(进程非正常终止)。

这对资源DLL来说是一个问题。资源DLL不含任何代码，所以在链接时使用/FIXED开关 合理。但是，如果一个资源DLL无法加载到它的首选地址，那么该模块将根本不会被加载。这简直是可笑！为解决这个问题，链接器允许在创建模块时在文件头中嵌入一些信息，表示该模块之所以不包含重定位信息，是因为没有那个必要。Windows的加载程序会使用文件头中的这些信息，并能在不牺牲性能和分页文件空间的前提下加载资源DLL。

为了创建一个不含任何重定位信息的映像，应该用/SUBSYSTEM:WINDOWS, 5.0开关或/SUBSYSTEM:CONSOLE, 5.0开关，而不要指定/FIXED开关。如果链接器检测到模块中没有东西需要进行重定位修正，那么它会将模块中的重定位段省略掉，并在文件头中关闭一个特殊的IMAGE_FILE_RELOCS_STRIPPED标志。当Windows加载该模块的时候，会发现该模块可以重定位(因为IMAGE_FILE_RELOCS_STRIPPED被关闭)，但它实际上并不包含重定位信息(因为重定位段不存在)。注意，这是Windows 2000加载程序的一项新特性，因此/SUBSYSTEM开关的最后一部分必须是5.0也就不足为奇了。

现在，你已经理解了首选基址的重要性。所以，如果要将多个模块加载到同一个地址空间中，就必须为每个模块指定不同的首选基址。可在Visual Studio的项目属性对话框中非常容易地设置首选基址。为此，只需打开配置属性\链接器\高级属性页，然后在"基址"一栏中输入一个数值，这一栏默认是空白的。在图20-10中，我将自己的DLL模块的基址设为0x20000000。

图20-10　设置基址

顺便提一句，为了减少地址空间碎片，应该总是先从高内存地址开始加载DLL，然后再到低内存地址。

说明 首选基址必须从分配粒度的边界开始。在时至今日的所有平台中，系统的分配粒度都是 64 KB，但今后这有可能会发生变化。第 13 章更详细地讨论了分配粒度。

好了，这听起来不错。但如果要在一个地址空间中加载大量模块，又该怎么办呢？如果有一种简单的方法，能让我们为所有模块设置不错的首选基地址，岂不很好？！幸好，这样的方法是存在的。

Visual Studio提供了一个名为Rebase.exe的工具(在新版VS中已被editbin.exe的/REBASE选项取代)。如果在运行Rebase的时候不指定任何命令行参数，它会显示以下信息来说明它的用法：

```
usage: REBASE [switches]
              [-R image-root [-G filename] [-O filename] [-N filename]]
              image-names...

              One of -b and -i switches are mandatory.

              [-a] Does nothing
              [-b InitialBase] specify initial base address
              [-c coffbase_filename] generate coffbase.txt
                 -C includes filename extensions, -c does not
              [-d] top down rebase
              [-e SizeAdjustment] specify extra size to allow for image growth

              [-f] Strip relocs after rebasing the image
              [-i coffbase_filename] get base addresses from coffbase_filename
              [-l logFilePath] write image bases to log file.
              [-p] Does nothing
              [-q] minimal output
              [-s] just sum image range
              [-u symbol_dir] Update debug info in .DBG along this path
              [-v] verbose output
              [-x symbol_dir] Same as -u
              [-z] allow system file rebasing
              [-?] display this message

              [-R image_root] set image root for use by -G, -O, -N
              [-G filename] group images together in address space
              [-O filename] overlay images in address space
              [-N filename] leave images at their original address
```

```
                -G, -O, -N, may occur multiple times. File "filename"
                contains a list of files (relative to "image-root")

        'image-names' can be either a file (foo.dll) or files (*.dll)
                or a file that lists other files (@files.txt).
                If you want to rebase to a fixed address (ala QFE)
                use the @@files.txt format where files.txt contains
                address/size combos in addition to the filename
```

590~591

Platform SDK文档对Rebase工具进行了介绍，因此这里我就不再赘述。但是，通过调用
ImageHlp API提供的ReBaseImage函数，我们也可以实现自己的重定位工具：

```
BOOL ReBaseImage(
    PCSTR CurrentImageName,  // Pathname of file to be rebased
    PCSTR SymbolPath,        // Symbol file path so debug info
                             // is accurate
    BOOL bRebase,            // TRUE to actually do the work; FALSE
                             // to pretend
    BOOL bRebaseSysFileOk,   // FALSE to not rebase system images
    BOOL bGoingDown,         // TRUE to rebase the image below
                             // an address
    ULONG CheckImageSize,    // Maximum size that image can grow to (zero if don't
care)
    ULONG* pOldImageSize,    // Receives original image size
    ULONG* pOldImageBase,    // Receives original image base address
    ULONG* pNewImageSize,    // Receives new image size
    ULONG* pNewImageBase,    // Receives new image base address
    ULONG TimeStamp);        // New timestamp for image if non zero
```

如果在执行Rebase工具的时候传给它一组映像文件名，它会执行下列操作。

(1) 它会模拟创建一个进程地址空间。
(2) 它会打开应加载到这个地址空间中的所有模块，并得到每个模块的大小以及它们的
    首选基地址。
(3) 它会在模拟的地址空间中对模块重定位的过程进行模拟，使各模块之间没有交叠。
(4) 对每个重定位过的模块，它会解析该模块的重定位段，并修改模块在磁盘文件中的代码。
(5) 为了反映新的首选基地址，它会更新每个重定位过的模块的文件头。

591~592

Rebase是一个很棒的工具，我极力推荐使用。应该在生成周期的后期，等应用程序的所
有模块都生成完成后运行它。另外，如果使用Rebase，就可以忽略项目属性对话框中的
基址设定。链接器会为DLL指定基址0x10000000，但Rebase会覆盖该地址。

顺便说一下，我们从来不需要，也不应该对随操作系统一起发布的任何模块进行重定位。Microsoft在发布Windows之前已经用Rebase工具对操作系统提供的所有文件进行了重定位，这样即使将操作系统中的所有模块都映射到同一地址空间，也不会发生重叠的情况。

我为第4章展示的ProcessInfo.exe示例程序添加了一个特殊功能。这个工具能够列出位于一个进程的地址空间中的所有模块。在BaseAddr列的下面，可以看到各模块被加载到的虚拟内存地址。BaseAddr列的右边是ImagAddr列。通常该列是空白的，表示模块被加载到它的首选基地址。我们当然希望所有模块都是这样，但如果看到一个显示在括号内的地址，就表明该模块没有加载到它的首选基地址，括号内的地址表示从该模块的磁盘文件的文件头中读取的首选基地址。

图20-11展示了用ProcessInfo.exe工具来查看devenv.exe进程所得到的结果。注意，有一个模块没有加载到它的首选基址。另外，注意该模块的首选基址是0x00400000，即.exe的默认基地址。这说明该模块的创建者们并不担心基址重定位问题，我真替他们感到害臊。

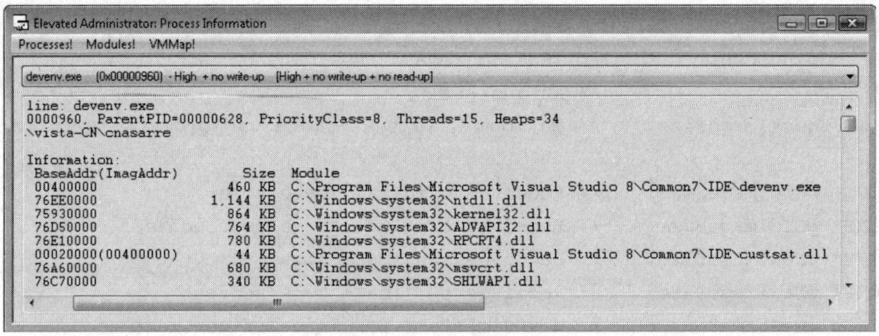

图20-11　查看结果

20.8　模块的绑定

基地址重定位非常重要，能显著提升整个系统的性能。但是，我们甚至还能进一步提升性能。假设已正确地对应用程序的所有模块进行了基地址重定位。第19章讨论了加载程序如何查找所有导入符号地址。加载程序将符号的虚拟地址写入到可执行文件模块的导入段中。这使得在引用导入的符号时，实际引用的是正确的内存地址。

让我们想想这个过程，如果加载程序将导入符号的虚拟地址写入.exe模块的导入段，实际会向导入段的后备存储页写入。由于这些页面具有写时复制属性，所以是以分页文件作为后备存储。这样就遇到了一个与基地址重定位相似的问题：系统必须将映像文件的一部分换出到分页文件，然后从分页文件中换入，而不能直接抛弃，并在需要的时候从文件的磁盘映像中重新读取。另外，加载程序必须解析所有模块的所有导入符号的地址，这可能耗费很长的时间。

592~593

可以采用模块绑定技术，这样应用程序就能更快地初始化并使用更少的存储。对模块进行绑定，是指用所有导入符号的虚拟地址来准备该模块的导入段。当然，为了减少初始化时间并使用更少的存储，必须在加载模块之前完成这个操作。

Visual Studio提供了另一个名为Bind.exe的工具，不加任何参数运行它，会显示以下用法帮助信息：

```
usage: BIND [switches] image-names...
             [-?] display this message
             [-c] no caching of import dlls
             [-o] disable new import descriptors
             [-p dll search path]
             [-s Symbol directory] update any associated .DBG file
             [-u] update the image
             [-v] verbose output
             [-x image name] exclude this image from binding
             [-y] allow binding on images located above 2G
```

Platform SDK文档对Bind工具进行了介绍，这里不再赘述。但是，与Rebase相似，也可以通过调用ImageHlp API提供的BindImageEx函数来实现相同的特性。

```
BOOL BindImageEx(
    DWORD dwFlags,            // Flags giving fine control over the function
    PCSTR pszImageName,       // Pathname of file to be bound
    PCSTR pszDllPath,         // Search path used for locating image files
    PCSTR pszSymbolPath,      // Search path used to keep debug info accurate
    PIMAGEHLP_STATUS_ROUTINE pfnStatusRoutine); // Callback function
```

最后一个参数pfnStatusRoutine是一个回调函数的地址，BindImageEx会定期调用这个回调函数，这样就能对绑定过程进行监控。下面是该回调函数的原型：

```
BOOL WINAPI StatusRoutine(
    IMAGEHLP_STATUS_REASON Reason,  // Module/procedure not found, etc.
    PCSTR pszImageName,             // Pathname of file being bound
    PCSTR pszDllName,               // Pathname of DLL
    ULONG_PTR VA,                   // Computed virtual address
    ULONG_PTR Parameter);           // Additional info depending on Reason
```

如果在执行Bind工具的时候向其传递一个映像文件名，它会执行下列操作。

(1) 它会打开指定的映像文件的导入段。

(2) 对导入段中列出的每个DLL，它会查看该DLL文件的文件头，以此来确定该DLL的首选基址。

(3) 它会在DLL的导出段中查看每个符号。

(4) 它会取得符号的RVA，并将它与模块的首选基地址相加。它会将计算得到的地址，也就是导入符号预期的虚拟地址，写入到映像文件的导入段中。

(5) 它会在映像文件的导入段中添加一些额外的信息。这些信息包括映像文件被绑定到的各DLL模块的名称，以及各模块的时间戳。

593~594

第19章用DumpBin工具查看了Calc.exe的导入段。输出信息的底部是与被绑定模块相关的导入信息，这些信息就是在第5步添加的。下面重新列出了输出信息的相关部分：

```
Header contains the following bound import information:
  Bound to SHELL32.dll [4549BDB4] Thu Nov 02 10:43:16 2006
  Bound to ADVAPI32.dll [4549BCD2] Thu Nov 02 10:39:30 2006
  Bound to OLEAUT32.dll [4549BD95] Thu Nov 02 10:42:45 2006
  Bound to ole32.dll [4549BD92] Thu Nov 02 10:42:42 2006
  Bound to ntdll.dll [4549BDC9] Thu Nov 02 10:43:37 2006
  Bound to KERNEL32.dll [4549BD80] Thu Nov 02 10:42:24 2006
  Bound to GDI32.dll [4549BCD3] Thu Nov 02 10:39:31 2006
  Bound to USER32.dll [4549BDE0] Thu Nov 02 10:44:00 2006
  Bound to msvcrt.dll [4549BD61] Thu Nov 02 10:41:53 2006
```

从中可以看到Calc.exe模块被绑定到哪些模块，方括号中的数值是Microsoft生成各DLL模块的时间。为方便阅读，DumpBin工具在方括号后面将这个32位时间戳展开成了字符串。

在整个过程中，做了以下两个重要的假设。

● 进程初始化时，所需的DLL实际被加载到它们的首选基地址。可使用前面介绍的Rebase工具来保证这一点。

● 绑定完成后，DLL导出段中引用的符号的位置没有发生变化。加载程序通过检查每个DLL的时间戳来验证这一点，这个时间戳是在前面提到的第5步中保存的。

当然，如果加载程序检测到以上两个假设之一不成立，那么这样的绑定就相当于做了无用功，这时加载程序必须和往常一样手动修正可执行模块的导入段。如加载程序发现模块已经绑定过了，所需的DLL也确实加载到了它们的首选基地址，而且时间戳也吻合，那么它实际上就不需要再做任何事情了。它不必再对任何模块进行重新定位，也不必查看任何导入函数的虚拟地址。应用程序可以直接开始执行！

另外，应用程序也不必占用系统分页文件中的存储。这简直是太棒了——我们得到了最理想的情况。但令人惊讶的是，在如今发布的商业应用程序中，有那么多都没有进行基地址重定位和绑定。

好了，现在我们知道了应该在发布应用程序之前对所有的模块进行绑定。但应该在什么时候进行绑定呢？如果在公司内部对模块进行绑定，会将它们绑定到我们安装的系统DLL，而这些DLL很可能与用户安装的系统DLL不同。由于不知道用户运行的操作系统是Windows XP，Windows 2003，Windows Vista还是Windows 10，也不知道操作系统有没有安装补丁，所以应该在应用程序的安装过程中进行绑定。

当然，如果用户的系统可以双重启动不同版本的Windows，那么绑定过的模块在其中一个操作系统中将是不正确的。另外，如果用户先在Windows下安装应用程序，再安装操作系统补丁，绑定也会失效。在这些情况下，我们和用户都没有什么选择。Microsoft应该随操作系统发布一个工具，这个工具可以在操作系统升级后自动对每个模块重新进行绑定。但令人叹息的是，这样的工具并不存在。

594~595

线程局部存储

本章内容

有时需要将数据与一个对象的实例关联起来。例如，窗口附加字节(window extra bytes)使用SetWindowWord和SetWindowLong函数将数据与一个特定窗口关联起来。可用线程局部存储(Thread Local Storage，TLS)将数据与一个正在执行的特定线程关联起来。例如，可将创建线程的时间和线程关联。然后，当线程终止时，就能确定线程运行了多长时间。

C/C++运行库使用了TLS。由于C/C++运行库是在多线程应用程序出现的许多年之前设计的，所以其中大多数函数都用于单线程应用程序。_tcstok_s函数就是一个绝佳的例子。应用程序首次调用_tcstok_s时，函数会将传入的字符串地址保存在它自己的静态变量中。再次调用_tcstok_s并传入NULL的时候，函数会引用保存下来的字符串地址。

在多线程环境中，一个线程可能调用_tcstok_s，然后在它再次调用该函数之前，另一个函数也可能调用_tcstok_s。在这种情况下，第二个线程会导致_tcstok_s用新的字符串地址来覆盖它的静态变量，而第一个线程对此却一无所知。第一个线程以后再调用_tcstok_s的时候，用的是第二个线程的字符串，从而引起各种各样难以发现和修复的bug。

为解决该问题，C/C++运行库使用了TLS。C++运行库会为每个线程分配独立的字符串指针，专供_tcstok_s函数使用。享受这一特殊待遇的其他C/C++运行库函数还有asctime和

gmtime。

如果应用程序严重依赖于全局变量或静态变量，TLS可以帮上大忙。好在开发人员都倾向于最大限度地减少对此类变量的使用，并更多地依赖自动变量(基于栈)和通过函数参数传递数据。这是好事，因为基于栈的变量总是与特定线程关联。

各编译器厂商已多次实现了标准C/C++运行库。不含标准C/C++运行库的C/C++编译器根本不值得购买。程序员们已经用它许多年了，而且还将继续用下去。这意味着_tcstok_s等函数的原型和行为必须与标准C/C++程序库所描述的完全一致。如果今天重新设计C/C++运行库，那么一定会考虑到支持多线程应用程序，而且会尽一切可能避免使用全局和静态变量。

我自己的软件项目会尽量避免使用全局变量。如果你的应用程序使用了全局变量和静态变量，强烈建议对每个变量进行分析，研究是否可能将其修改为基于栈的变量。如果想在应用程序中添加更多的线程，这项工作能帮你节省大量时间，不仅如此，甚至单线程应用程序也能从中受益。

597~598

可在应用程序和DLL中使用本章讨论的两种TLS技术(分别是动态TLS和静态TLS)。但一般来说，这两项技术在创建DLL时更有用，因为DLL通常并不知道它们被链接到的应用程序的结构是什么样的。相反，在编写应用程序的时候，我们一般都知道要创建多少线程，以及这些线程会如何使用。然后，就可以创建一些临时方法为每个线程关联数据。或者更好，使用基于栈的方法(局部变量)为每个线程关联数据。尽管如此，应用程序的开发人员仍然能从本章提供的信息中受益。

21.1　动态 TLS

应用程序通过调用一组4个函数来使用动态TLS，这些函数实际最常为DLL所用。图21-1展示了Windows用来管理TLS的内部数据结构。

如图所示，系统中的每个进程都有一组"正在使用"(in-use)标志。每个标志都可设为FREE或INUSE，表示该TLS元素(TLS slot)是否正在使用。Microsoft保证至少有TLS_MINIMUM_AVAILABLE个位标志可供使用。顺便说一下，TLS_MINIMUM_AVAILABLE在WinNT.h中被定义为64，系统会根据需要分配更多的TLS元素，最多可达1000多个！这对任何应用程序来说都应该足够了。

要使用动态TLS，必须先调用TlsAlloc：

```
DWORD TlsAlloc();
```

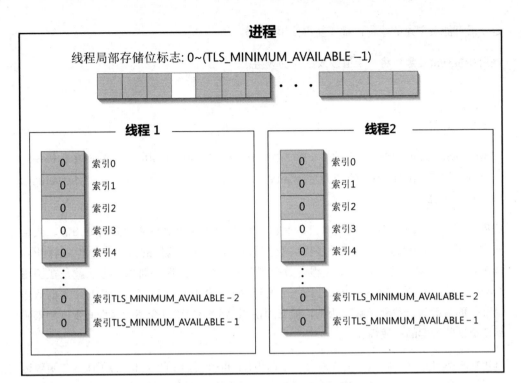

图21-1 用来管理TLS的内部数据结构

这个函数指示系统扫描进程中的位标志并找到一个FREE标志。然后，系统将该标志从FREE改为INUSE，TlsAlloc将返回该标志在位数组中的索引。一个DLL(或应用程序)通常将这个索引保存在一个全局变量中。这是全局变量实际上更好用的少数几种情况之一，因为这个值会在整个进程范围内使用，而不是在线程范围内使用。

如果TlsAlloc在列表中找不到一个FREE标志，会返回TLS_OUT_OF_INDEXES(在WinBase.h中定义为0xFFFFFFFF)。首次调用TlsAlloc时，系统发现第一个标志为FREE，所以将其更改为INUSE，然后TlsAlloc返回0。这就是TlsAlloc 99%的工作内容。稍后会讨论剩下的1%。

系统创建一个线程的时候，会分配由TLS_MINIMUM_AVAILABLE个PVOID值构成的一个数组，将其初始化为0，并与线程关联起来。如图21-1所示，每个线程都有自己的PVOID数组，数组中的每个PVOID都可以保存任意值。

在能将信息保存到线程的PVOID数组中之前，必须知道数组中的哪个索引可供使用。这是之前调用TlsAlloc的目的。从概念上说，TlsAlloc为我们预订了一个索引。如TlsAlloc返回的索引是3，就等于是说索引3已被我们预订，无论是进程中当前正在运行的线程，还是今后可能会创建的线程，都不能再使用索引3。

调用TlsSetValue函数将一个值放入线程的数组：

```
BOOL TlsSetValue(
    DWORD dwTlsIndex,
    PVOID pvTlsValue);
```

该函数将pvTlsValue参数标识的一个PVOID值放入线程的数组中由dwTlsIndex参数标识的一个索引位置。pvTlsValue值与调用TlsSetValue的线程关联。如调用成功，TlsSetValue函数会返回TRUE。

线程调用TlsSetValue时会修改自己的数组，但它无法修改另一个线程的TLS值。我希望有另一个Tls函数，能让一个线程将数据保存到另一个线程的数组中，但这样的函数不存在。目前，为了从一个线程传数据到另一个线程，唯一简单的方法就是在调用CreateThread或_beginthreadex时传一个值给它们。然后，由这两个函数将传入的值作为唯一的参数传给线程函数。否则，就必须使用第8章和第9章介绍的线程同步机制来确保所交换的数据的一致性。

调用TlsSetValue时，应该总是传入之前在调用TlsAlloc时返回的索引。为了让这些函数运行得尽可能快，Microsoft在实现它们的时候牺牲了错误检查。即使传入一个不是通过调用TlsAlloc而分配到的索引，系统仍会将值保存到线程的数组中，不会进行错误检查。

调用TlsGetValue从线程的数组中取回一个值：

```
PVOID TlsGetValue(DWORD dwTlsIndex);
```

599

该函数返回和索引位置dwTlsIndex处的TLS元素关联的值。类似于TlsSetValue，TlsGetValue只会查看属于调用线程的数组。TlsGetValue还会检查传入的索引是否在已分配的区间内，这一点也和TlsSetValue类似。但是，保证取回的数据的有效性，则是你自己的责任。

不再需要为所有线程预订一个TLS元素时，应该调用TlsFree：

```
BOOL TlsFree(DWORD dwTlsIndex);
```

该函数告诉系统已预订的这个TLS元素现在不需要了。函数会将进程的位标志数组中对应的INUSE标志重新设回FREE，这样以后再有线程调用TlsAlloc时就可以分配该标志。此外，函数还会将所有线程中该元素的内容设为0。如调用成功，TlsFree会返回TRUE。试图释放一个尚未分配的TLS元素将导致错误。

使用动态TLS

通常，如果DLL要使用TLS，那它会在DllMain函数处理DLL_PROCESS_ATTACH的时候调用TlsAlloc，在DllMain处理DLL_PROCESS_DETACH的时候调用TlsFree。而对TlsSetValue和TlsGetValue的调用则最有可能发生在调用DLL中包含的其他函数的时候。

向应用程序添加TLS的一种方法是直到需要的时候才添加。例如，DLL中可能有一个类似于_tcstok_s的函数。调用者首次调用该函数时，会传入指向40字节大小的一个结构的指针。必须将这个结构保存下来，这样以后才能再次引用它。函数可以像下面这样写：

```
DWORD g_dwTlsIndex;        // 假定已用调用 TlsAlloc 的结果进行了初始化
...
void MyFunction(PSOMESTRUCT pSomeStruct) {
   if (pSomeStruct != NULL) {
      // 调用者在准备 (priming) 这个函数

      // 检查是否分配了用于保存数据的空间
      if (TlsGetValue(g_dwTlsIndex) == NULL) {
         // 空间还没有分配。这是该线程首次调用该函数
         TlsSetValue(g_dwTlsIndex,
            HeapAlloc(GetProcessHeap(), 0, sizeof(*pSomeStruct)));
      }

      // 用于保存数据的内存已经存在，
      // 保存新传递的值
      memcpy(TlsGetValue(g_dwTlsIndex), pSomeStruct,
         sizeof(*pSomeStruct));

   } else {

      // 调用者已准备好了 (primed) 这个函数。现在它想对保存的数据做一些事情。

      // 获取已保存数据的地址
      pSomeStruct = (PSOMESTRUCT) TlsGetValue(g_dwTlsIndex);

      // pSomeStruct 指向保存的数据；使用它
      ...
   }
}
```

如果应用程序的线程从未调用过MyFunction，就肯定还没有为该线程分配内存块。

600~601

不要以为64个TLS绰绰有余。记住，应用程序可能动态链接到多个DLL。一个DLL可能分配10个TLS索引，第二个可能分配5个，等等。所以，最好采用与MyFunction相同的方

法来减少需要的TLS索引的数量。当然，也可以将所有40个字节分别保存在多个TLS索引中。但这样不仅浪费，数据也不容易处理。相反，应该为数据分配一个内存块，然后将指针保存在一个TLS索引中，就像MyFunction所做的那样。前面说过，如果初始的64个TLS元素不够用，Windows会在需要的时候动态分配TLS元素。Microsoft之所以提高这个上限，是因为许多开发人员在使用TLS元素的时候过于慷慨，这使其他DLL没有足够的TLS元素可供使用，从而导致它们失败。

之前在讨论TlsAlloc函数的时候，已经介绍了它99%的工作内容。为了帮助大家理解剩下的1%，我们一起来看看下面这段代码：

```
DWORD dwTlsIndex;
PVOID pvSomeValue;
    ...
dwTlsIndex = TlsAlloc();
TlsSetValue(dwTlsIndex, (PVOID) 12345);
TlsFree(dwTlsIndex);

// 假设这次调用 TlsAlloc 返回的 dwTlsIndex 值
// 与先前调用 TlsAlloc 返回的索引相同
dwTlsIndex = TlsAlloc();

pvSomeValue = TlsGetValue(dwTlsIndex);
```

这段代码执行后，你认为pvSomeValue包含什么值？12345？答案是0。TlsAlloc在返回之前，会遍历进程中的每个线程，并根据新分配的索引，在每个线程的数组中将对应的元素设为0。

这是一件好事，因为应用程序可能调用LoadLibrary来加载一个DLL，而该DLL可能调用TlsAlloc来分配一个索引。然后，线程可能调用FreeLibrary来卸载DLL，这时该DLL应调用TlsFree来释放它分配到的索引，但谁知道DLL的代码在线程的数组中放了些什么值呢？接着，一个线程调用LoadLibrary将一个不同的DLL载入内存，该DLL在启动时也调用了TlsAlloc并获得前面那个DLL刚释放的索引。如果TlsAlloc在返回该索引之前不为进程中的所有线程设置返回的索引，一个线程就可能取得老的值，代码的执行可能会不正确。

例如，这个新的DLL可能想通过调用TlsGetValue来检查是否已为一个线程分配了内存，就像刚才那段代码那样。如果TlsAlloc不将每个线程中相应的数组元素清干净，那么第一个DLL中的老数据就会遗留在那里。如果一个线程调用MyFunction，那么MyFunction会认为内存已经分配过了，于是调用memcpy将新数据复制到这个"内存块"。这可能导致灾难性的后果，但好在TlsAlloc对数组元素进行了初始化，所以这样的灾难不会发生。

601~602

21.2　静态 TLS

和动态TLS相似，静态TLS也将数据与线程关联起来。但是，由于使用的时候不必在代码中调用任何函数，所以静态TLS更容易使用。

假设要将一个时间启动和应用程序创建的每个线程关联，我们要做的就是像下面这样声明一个启动时间变量：

```
__declspec(thread) DWORD gt_dwStartTime = 0;
```

__declspec(thread)前缀是Microsoft为Visual C++编译器增加的一个修饰符。它告诉编译器，在可执行文件或DLL文件中，对应的变量应放它自己的段中。__declspec(thread)后面的变量必须声明为全局变量或静态变量(静态变量可在函数内外定义)。不能将局部变量声明为__declspec(thread)类型。这应该不是什么问题，因为局部变量无论如何都是与特定线程关联的。我用gt_前缀来表示全局TLS变量，用st_来表示静态TLS变量。

编译器对程序进行编译时，会将所有TLS变量放到它们自己的段中，这个段的名称是.tls。链接器会将所有对象模块中的.tls段合并成一个大的.tls段，并将它保存到生成的可执行文件或DLL文件中。

为了使TLS能够正常工作，操作系统也必须参与进来。系统将应用程序加载到内存的时候，会查看可执行文件中的.tls段，并分配一个足够大的内存块来保存所有静态TLS变量。每当应用程序中的代码引用这些变量之一时，相应的引用会被解析到刚分配的这个内存块中的一个位置。因此，编译器必须生成额外的代码来引用静态TLS变量，这使应用程序不仅变得更大，执行起来也更慢。在x86 CPU上，每个对静态TLS变量的引用会生成三条额外的机器指令。

如果进程创建了另一个线程，系统会获知这一情况并自动分配另一个内存块来保存新线程的静态TLS变量。新线程只能访问自己的静态TLS变量，无法访问属于其他任何线程的TLS变量。

这就是静态TLS的基本工作方式。现在将DLL纳入考虑。应用程序可能用到一些静态TLS变量，而且链接的一个DLL也可能要用到静态TLS变量。系统加载应用程序时，会首先确定应用程序的.tls段的大小，并将它与应用程序链接的所有DLL的.tls段的大小相加。系统在创建线程的时候，会自动分配一个足够大的内存块来保存应用程序和所有隐式链接的DLL需要的TLS变量。这是不是相当得酷？！

但是，再来看看如果应用程序调用LoadLibrary来链接一个也包含了静态TLS变量的DLL时会发生什么。为了向新DLL提供它需要的额外TLS内存，系统必须查看进程中现有的所有线程，并扩大它们的TLS内存块。另外，如果应用程序调用FreeLibrary来释放包含静态TLS变量的DLL，与进程中的每个线程关联的内存块也应相应地缩小。好消息是，Windows为此提供了完全的支持。

602~603

DLL注入和API拦截

本章内容

在Windows中，每个进程有自己私有的地址空间。用指针来引用内存的时候，指针的值表示的是进程自己地址空间中的一个内存地址。进程不能创建一个指针来引用属于其他进程的内存。所以，如果进程有一个bug会覆盖随机地址处的内存，这个bug不会影响到其他进程所用的内存。

独立地址空间对开发人员和用户都非常有利。对于开发人员，系统更有可能捕获错误的内存读/写。对用户来说，操作系统变得更健壮了，因为一个应用程序的错误不会导致其他应用程序或操作系统崩溃。当然，这样的健壮性是有代价的，它使我们很难写出能与其他进程通信或对其他进程进行操控的应用程序。

在以下情况下，应用程序需跨越进程边界来访问另一个进程的地址空间。

● 　想要从另一个进程创建的窗口派生出子类窗口。

- 需要一些手段来辅助调试，例如，需要确定另一个进程正在使用哪些DLL。
- 想要为另一个进程安装挂钩。

本章将展示将一个DLL注入另一个进程的地址空间的几种机制。一旦DLL代码进入另一个地址空间，就可以在那个进程中随心所欲，肆意妄为了。这应该够吓人的了，因此在真的打算这样做之前，请务必慎重考虑。

605

22.1 DLL 注入的一个例子

假定要从另一个进程创建的窗口实例派生出一个子类窗口。你可能还记得，派生子类窗口(子类化，即subclassing)可以改变窗口的行为。为此，可调用SetWindowLongPtr让该窗口在内存块中的窗口过程地址指向新的(你自己的)WndProc。Platform SDK文档说应用程序不能从另一个进程创建的窗口派生子类窗口，这并不完全正确。从另一个进程的窗口派生子类窗口的问题和进程地址空间的边界有关。

如果用以下代码调用SetWindowLongPtr从一个窗口派生子类窗口，就相当于告诉系统：所有发到或发往(sent or posted to)hWnd窗口的消息，都应该由MySubclassProc来处理，而不是由该窗口的标准窗口过程来处理。

```
SetWindowLongPtr(hWnd, GWLP_WNDPROC, MySubclassProc);
```

换言之，系统需要向指定窗口的WndProc派送消息的时候，会查找地址，然后直接调用WndProc。在上例中，系统发现MySubclassProc函数的地址和窗口关联，所以会直接调用MySubclassProc。

从另一个进程创建的窗口派生出子类窗口的问题在于，子类过程在另一个地址空间中。图22-1是一个展示窗口过程如何接收消息的简化视图。进程A正在运行，并创建了一个窗口。User32.dll被映射到进程A的地址空间。这个对User32.dll的映射负责对发到(sent)和发往(posted)进程A中运行的任何线程所创建的任何窗口的消息进行接收和派送。当这个User32.dll映射检测到一条消息的时候，会先确定窗口的WndProc的地址，调用它，在参数中传入窗口句柄、消息以及wParam和lParam。WndProc处理完消息后，User32.dll会进入下一轮循环并等待对下一条窗口消息进行处理。

605~606

现在，假设你的进程是进程B，而且你希望从进程A创建的一个窗口派生出子类窗口。首先，进程B中的代码必须获得要子类化的那个窗口的句柄。这可通过多种方式实现。图22-1的例子是直接调用FindWindow来获得想要的窗口。接着，进程B中的线程调用了

SetWindowLongPtr，试图改变窗口的WndProc的地址。注意，这里是"试图"，因为这个调用什么也没有做，而是直接返回NULL。SetWindowLongPtr中的代码会检查一个进程是否试图修改另一个进程创建的窗口的WndProc地址。如果是，函数会直接忽略该调用。

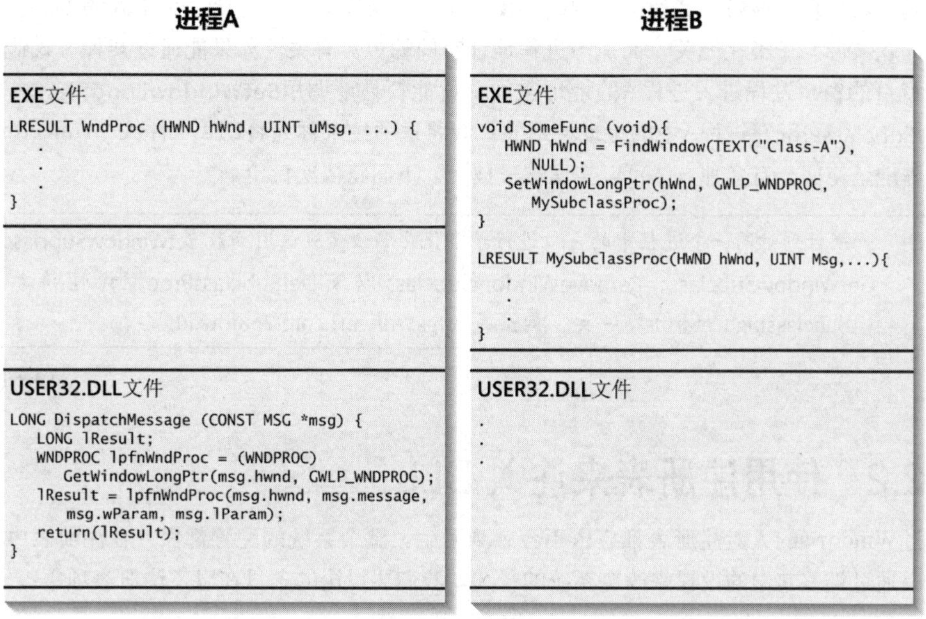

图22-1　进程B的一个线程试图从进程A创建的一个窗口派生子类窗口

如果SetWindowLongPtr函数能修改窗口的WndProc，那又将如何呢？系统会将MySubclassProc的地址与指定窗口关联起来。然后，当该窗口收到一条消息的时候，进程A中的User32代码会取回消息，得到MySubclassProc的地址，并试图调用这个地址。这时我们的麻烦就大了：MySubclassProc应该在进程B的地址空间中，但进程A是活动进程。显然，如果User32代码调用这个地址，那么它调用的是进程A的地址空间中的一个地址，这很可能导致内存访问违例。

为避免这个问题，需要让系统知道MySubclassProc在进程B的地址空间中，并在调用子类窗口的窗口过程之前切换上下文。出于以下原因，Microsoft没有实现这个功能。

- 应用程序很少需要从其他进程的线程创建的窗口派生子类窗口。大多数应用程序只从它们自己创建的窗口派生子类窗口，Windows的内存架构并没有妨碍这种做法。
- 切换活动进程会耗费非常多的CPU时间。
- 进程B中的一个线程必须执行MySubclassProc的代码，系统应该尝试使用哪个线程？使用现有的，还是新建一个？

- User32.dll怎么知道与窗口关联的地址是在另一个进程中还是在当前进程中？

由于这些问题都没有非常好的解决办法，所以Microsoft决定不允许SetWindowLongPtr对另一个进程创建的窗口的窗口过程进行修改。

但是，我们仍然能够从其他进程创建的窗口派生子类窗口，只是要采用不同的方法。这个问题实际与子类化无关，而是与进程地址空间的边界有关。如果能通过某种方式让子类窗口的窗口过程进入进程A的地址空间，就能轻易地调用SetWindowLongPtr，并将MySubclassProc在进程A中的地址传给它。我将这项技术称为将DLL"注入"(injecting)进程地址空间。有多种方法可以实现这一技术，下面将依次讨论。

说明　如果计划对同一个进程中的窗口进行子类化，那么就应该用函数 SetWindowSubclass、GetWindowSubclass，RemoveWindowSubclass 以及 DefSubclassProc，详情请参见 "Subclassing Controls" 一文，网址是 https://tinyurl.com/2p8jbwdd。

607

22.2　使用注册表来注入 DLL

用过Windows的人对注册表都应该不会感到陌生。整个系统的配置都保存在注册表中，可以通过调整其中的设置来改变系统的行为。我们要讨论的条目在以下注册表项中：

HKEY_LOCAL_MACHINE\Software\Microsoft\Windows NT\CurrentVersion\Windows\

图22-2所示的窗口是用Registry Editor(注册表编辑器)查看该注册表项得到的，它显示了该注册表项中的条目。

图22-2　注册表项中的条目

AppInit_Dlls键的值可能包含一个DLL的文件名或一组DLL的文件名(通过空格或逗号分隔)。由于空格是用来分隔文件名的,所以必须避免在文件名中包含空格。第一个DLL的文件名可以包含路径,但其他DLL包含的路径会被忽略。出于这个原因,最好将自己的DLL放到Windows的系统目录中,这样就不必指定路径了。在图22-2的窗口中,我将这个注册表键值设为一个DLL路径名C:\MyLib.dll。为了能让系统使用这个注册表项,还必须创建一个名为LoadAppInit_Dlls的DWORD键,并将它的数据设为1。

然后,当User32.dll库被映射到一个新的进程时,它会收到DLL_PROCESS_ATTACH通知。当User32.dll对它进行处理的时候,会取得上述注册表键的值,并调用LoadLibrary来加载这个字符串中指定的每个DLL。系统加载每个DLL的时候,会调用它们的DllMain函数并将参数fdwReason的值设为DLL_PROCESS_ATTACH,这样每个DLL就能对自己进行初始化。由于被注入的DLL是在进程生命期的早期被加载的,所以在调用函数时应该慎重。调用Kernel32.dll中的函数应该没有问题,但调用其他DLL中的函数可能导致问题,甚至可能导致蓝屏。User32.dll不会检查每个DLL的加载或初始化是否成功。

在用来注入DLL的所有方法中,这是最方便的一种。我们所要做的只不过是在注册表项中添加两个值。但这种方法也有一些缺点,具体如下所示。

- 我们的DLL只会映射到那些使用了User32.dll的进程中。所有基于GUI的应用程序都使用了User32.dll,但大多数基于CUI的应用程序都不会使用它。因此,要将DLL注入编译器或链接器,这种方法就不可行。

- 我们的DLL会映射到每个基于GUI的应用程序中,但我们可能只想将DLL注入一个或少数几个应用程序中。DLL被映射到的进程越多,它导致“容器”进程崩溃的可能性也就越大。毕竟,这些进程中的线程都在运行我们的代码。如果我们的代码进入了无限循环或错误地访问了内存,就会影响“容器”进程的行为和健壮性。所以,DLL应映射到尽可能少的进程中。

- 我们的DLL会映射到每个基于GUI的应用程序中,在应用程序终止之前,它将一直存在于进程的地址空间中。这和刚才的问题相似。理想情况下,应该将DLL映射到需要的进程中去,而且映射时间越短越好。假设要在用户启动我们的应用程序时从WordPad主窗口派生一个子类窗口。除非用户启动我们的应用程序,否则没必要将DLL映射到WordPad的地址空间。如果用户后来终止我们的应用程序,应将派生自WordPad的主窗口的子类窗口撤销。在这个时候,我们的DLL没必要继续注入WordPad的地址空间。最好只在需要时才注入DLL。

608~609

22.3　使用 Windows 挂钩来注入 DLL

可用挂钩(hook)将一个DLL注入进程的地址空间。为了能让挂钩的工作方式与它们在16位Windows中的工作方式相同，Microsoft被迫设计出一种机制，允许将一个DLL注入另一个进程的地址空间。

我们来看一个例子。进程A(一个类似于Microsoft Spy++的工具)为了查看系统中各窗口处理了哪些消息，安装了一个WH_GETMESSAGE挂钩。这个挂钩是通过调用SetWindowsHookEx来安装的，如下所示：

```
HHOOK hHook = SetWindowsHookEx(WH_GETMESSAGE, GetMsgProc,
    hInstDll, 0);
```

第一个参数WH_GETMESSAGE表示要安装的挂钩的类型。第二个参数GetMsgProc是一个函数的地址(在我们的地址空间中)，在窗口即将处理一条消息的时候，系统应该调用这个函数。第三个参数hInstDll标识了一个含有GetMsgProc函数的DLL。在Windows中，DLL的hInstDll的值标识了进程地址空间中DLL被映射到的虚拟内存地址。最后一个参数0表示要为哪个线程安装挂钩。一个线程可能调用SetWindowsHookEx并传入系统中另一个线程的线程标识符。通过为这个参数传递0，我们告诉系统要为系统中的所有GUI线程安装挂钩。

现在来看看接下来会发生什么。

(1) 进程B中的一个线程准备向一个窗口派送一条消息。

(2) 系统检查该线程是否已经安装了WH_GETMESSAGE挂钩。

(3) 系统检查GetMsgProc所在的DLL是否已被映射到进程B的地址空间。

(4) 如果DLL尚未映射，系统会强制将该DLL映射到进程B的地址空间，并将进程B中该DLL的锁计数器(lock count)递增。

(5) 由于DLL的hInstDll是在进程B中映射的，因此系统会对它进行检查，看它与该DLL在进程A中的位置是否相同。如果hInstDll相同，那么在两个进程的地址空间中，GetMsgProc函数位于相同的位置。在这种情况下，系统可以直接在进程A的地址空间中调用GetMsgProc。如果hInstDll不同，那么系统必须确定GetMsgProc函数在进程B的地址空间中的虚拟内存地址。这个地址通过下面的公式得出：GetMsgProc B = hInstDll B + (GetMsgProc A − hInstDll A)

通过将GetMsgProc A减去hInstDll A，可以得到GetMsgProc函数的偏移量(以字节为单位)。将这个偏移量与hInstDll B相加就得到了GetMsgProc函数在进程B的地址空间中的位置。

(6) 系统在进程B中递增该DLL的锁计数器。

(7) 系统在进程B的地址空间中调用GetMsgProc函数。

(8) GetMsgProc返回时，系统递减该DLL在进程B中的锁计数器。

609~610

注意，当系统把挂钩过滤函数(hook filter function)所在的DLL注入或映射到地址空间中时，会映射整个DLL，而不仅仅只是挂钩过滤函数。这意味着该DLL内的所有函数存在于进程B中，能由进程B中的任何线程调用。

因此，为了从另一个进程的窗口来创建一个子类窗口，可以先为创建窗口的线程设置一个WH_GETMESSAGE挂钩，然后当GetMsgProc函数被调用的时候，就可以调用SetWindowLongPtr来派生子类窗口。当然，子类窗口的窗口过程必须和GetMsgProc函数在同一个DLL中。

和用注册表来注入DLL的方法相比，这种方法允许我们在不需要该DLL的时候从进程的地址空间中撤销对它的映射，只需在调用下面的函数就可以达到这一目的：

```
BOOL UnhookWindowsHookEx(HHOOK hHook);
```

当一个线程调用UnhookWindowsHookEx的时候，系统会遍历自己内部的一个已经注入过该DLL的进程列表，并将该DLL的锁计数器递减。当锁计数器减到0的时候，系统会自动从进程的地址空间中撤销对该DLL的映射。我们应该还记得，系统在调用GetMsgProc函数之前，会递增该DLL的锁计数器。参见前面的第6步。这可以防止内存访问违例。如果这个锁计数器没有递增，那么当进程B中的线程试图执行GetMsgProc的时候，系统中的另一个线程可能会调用UnhookWindowsHookEx函数，从而引起内存访问违例。

所有这些意味着我们不能在派生完子类窗口之后马上就把挂钩清除。在子类窗口的整个生命期内，这个挂钩必须一直有效。

Desktop Item Position Saver(DIPS) 工具

DIPS.exe应用程序利用窗口挂钩将一个DLL注入Explorer.exe的地址空间。应用程序和DLL的源文件和资源文件在本书配套资源的22-DIPS和22-DIPSLib目录中。

我通常使用自己的笔记本电脑来办公，而且最喜欢使用1400×1050的分辨率。但是，我有时必须通过投影仪来做演示，而大多数投影仪只支持较低的分辨率。因此在准备用笔记本来进行投影之前，我会到控制面板的显示属性中，将分辨率改为投影仪所要求的分辨率。在结束投影之后，我会回到显示属性，将分辨率改回1400×1050。

能够动态地更改显示分辨率，是Windows提供的一项很棒而且很受欢迎的特性。但是，在更改显示分辨率的时候，有一件事情让我非常不喜欢，那就是桌面上的图标记不住原来的位置。我的桌面上有许多图标，能让我快速地启动应用程序或打开我常用的文件。我在桌面把这些图标摆放得井井有条。但一旦更改显示分辨率，不仅桌面窗口的大小会改变，而且我的图标也会被重新排列，使我完全找不到我要找的东西。然后，当我把显示分辨率更改回来之后，图标又会被重新排列成一种新的顺序。为了恢复图标原来的位置，我必须手动地把桌面上所有的图标放回原处，实在是太烦人了！

我痛恨手动重排这些图标，为此我创建了Desktop Item Position Saver工具，即DIPS。DIPS包括一个很小的可执行文件和一个很小的DLL。当应用程序启动的时候，会显示如图22-3所示的消息框。

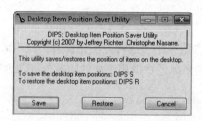

图22-3　消息框

这个消息框显示了如何使用该工具。传给DIPS的命令行参数是S的时候，它会创建下面的注册表项，并为桌面上的每个图标都添加一个注册表项：

HKEY_CURRENT_USER\Software\Wintellect\Desktop Item Position Saver

DIPS会为每个图标保存一个位置。如果因为要玩游戏而需要更改屏幕的分辨率，可以在更改分辨率之前运行DIPS S。玩完游戏之后，先将屏幕恢复到原来的分辨率，然后运行DIPS R。随后，DIPS会打开注册表项，找到那些保存过位置的图标，并将它们的位置恢复到运行DIPS S时它们所在的位置。

你一开始可能会觉得DIPS应该相当容易实现。毕竟，只要取得桌面的ListView控件的窗口句柄，向它发送消息来枚举其中的元素，得到它们的位置，然后将这些信息保存到注册表中。但如果亲自尝试，就会发现实际并没有那么简单。问题在于大多数公共控件的窗口消息，比如LVM_GETITEM和LVM_GETITEMPOSITION，是不能跨越进程边界的。

之所以有这样的限制，是因为LVM_GETITEM消息要求在它的LPARAM参数中传入一个LV_ITEM数据结构。由于该内存地址只对发送消息的进程有意义，所以接收消息的进程无法使用。为了让DIPS能按前面描述的方式工作，必须将代码注入Explorer.exe，因为只有它才能成功地将LVM_GETITEM和LVM_GETITEMPOSITION消息发送到桌面的ListView控件。

611

使用 Windows 内建的控件 (如按钮、编辑框、静态框、组合框等) 时，可以跨越进程的边界向它们发送消息并与它们进行交互，但不能对新的公共控件 (如 ListView 控件) 这样做。例如，可向另一个进程创建的列表框控件发送一条 LB_ GETTEXT 消息，其中 LPARAM 参数指向发送进程中的一个字符串缓冲区。这之所以能够工作，是因为 Microsoft 专门做了检查，如果发送的是 LB_GETTEXT 消息，操作系统会在内部创建一个内存映射文件，并跨越进程边界复制字符串数据。为什么 Microsoft 决定对内建控件进行这样的处理，而对新的公共控件却不进行这样的处理呢？答案是为了兼容性的缘故。在 16 位 Windows 中，所有应用程序都在同一个地址空间中，一个应用程序可以向另一个应用程序创建的窗口发送 LB_ GETTEXT 消息。为了便于将这些 16 位应用程序移植到 Win32，Microsoft 投入了额外的精力来确保这种方式仍然能够工作。但是，在创建那些在 16 位 Windows 中尚未出现的新公共控件时，并不存在移植性的问题，所以 Microsoft 决定不再为这些公共控件投入额外的精力。

当DIPS.exe运行的时候，它首先取得桌面的ListView控件的窗口句柄：

```
// The Desktop ListView window is the
// grandchild of the ProgMan window.
hWndLV = GetFirstChild(
    GetFirstChild(FindWindow(TEXT("ProgMan"), NULL)));
```

这段代码先查找一个类别(class)为ProgMan的窗口。即使程序管理器(Program Manager)应用程序没有运行，Windows外壳仍然会创建一个类别为ProgMan的窗口，其目的是为了向后兼容那些为老版本Windows设计的应用程序。这个ProgMan窗口有且只有一个类别为SHELLDLL_DefView的子窗口。该子窗口同样有且只有一个子窗口，子窗口的类别为SysListView32。这个SysListView32窗口就是桌面的ListView控件窗口。顺便说一句，我是通过Spy++来获得所有这些信息的。

一旦有了ListView的窗口句柄，就可通过调用GetWindowThreadProcessId来确定创建该窗口的线程的ID。然后将线程ID传给SetDIPSHook函数(在DIPSLib.cpp内实现)。SetDIPSHook会为这个线程安装一个WH_GETMESSAGE挂钩，并调用以下函数来强制唤醒Windows资源管理器线程。

```
PostThreadMessage(dwThreadId, WM_NULL, 0, 0);
```

由于已经在该线程中安装了一个WH_GETMESSAGE挂钩，因此操作系统会自动将DIPSLib.dll注入Windows资源管理器的地址空间，并调用我们的GetMsgProc函数。这个函数首先会检查它是否第一次被调用，如果是第一次被调用，它会创建一个标题为

"Wintellect DIPS"的隐藏窗口。记住，这个隐藏窗口是由Windows资源管理器的线程创建的。在这个过程中，DIPS.exe线程已经从SetDIPSHook调用中返回并接着调用下面的函数：

```
GetMessage(&msg, NULL, 0, 0);
```

612

这个调用将线程切换到睡眠状态，直到它的消息队列中出现消息为止。即便DIPS.exe没有创建任何属于自己的窗口，它仍然有一个消息队列，我们能且只能通过调用PostThreadMessage将消息放入这个队列。研究一下DIPSLib.cpp中GetMsgProc函数的代码，会看到它在调用CreateDialog之后立即调用了PostThreadMessage，后者使得DIPS.exe线程再次被唤醒。由于SetDIPSHook已将线程ID保存在了一个共享变量中，所以PostThreadMessage能直接使用它。

注意，我们使用了线程的消息队列来进行线程同步。这样做绝对不会有什么问题，而且和使用其他内核对象(互斥量、信号量、事件等)来进行线程同步相比，通过这种方式来进行线程同步有时还更容易。Windows提供了丰富的API，我们应加以充分利用。

当DIPS可执行文件中的线程被唤醒的时候，它知道服务器对话框已经创建完成，于是就调用FindWindow来得到该窗口的句柄。现在就可以通过窗口消息在客户(DIPS应用程序)和服务器(隐藏的对话框)之间进行通信了。由于创建对话框的线程是在Windows资源管理器的进程内运行的，所以这对我们能执行什么操作多少有些限制。

为了告诉我们的对话框去保存或恢复桌面图标的位置，只需发送一条消息：

```
// Tell the DIPS window which ListView window to manipulate
// and whether the items should be saved or restored.
SendMessage(hWndDIPS, WM_APP, (WPARAM) hWndLV, bSave);
```

对话框的对话框过程对WM_APP消息进行了处理。当它接收到这条消息的时候，WPARAM参数是一个窗口句柄，表示要操作的ListView控件，LPARAM是一个布尔值，表示应该将图标的当前位置保存到注册表中，还是应该根据保存在注册表中的信息恢复图标的位置。

由于使用的是SendMessage，而不是PostMessage，因此只有当操作完成后函数才会返回。如果需要，可在对话框的对话框过程中增加更多的消息处理，这样就可以让自己的程序对Windows资源管理器有更多的控制。与对话框的通信完成后，为了让服务器终止(可以这么说)，我们向对话框发送了一条WM_CLOSE消息，让它销毁自己。

最后，在DIPS应用程序终止之前，它再次调用了SetDIPSHook，但传入的线程ID是0。

0是一个哨兵值，用来告诉函数把已经安装的**WH_GETMESSAGE**挂钩清除。当挂钩被清除后，操作系统会自动地从Windows资源管理器的地址空间中卸载DIPSLib.dll，这也意味着对话框的对话框过程在Windows资源管理器的地址空间已经不复存在了。非常重要的一点是，必须先销毁对话框，再清除挂钩，否则对话框收到的下一条消息会导致Windows资源管理器的线程引发访问违例。如果发生这种情况，操作系统将终止Windows资源管理器。这也提醒我们在使用DLL注入时必须非常谨慎！

613

```
Dips.cpp
/*****************************************************************************
Notices: Copyright (c) 2008 Jeffrey Richter & Christophe Nasarre
*****************************************************************************/


#include "..\CommonFiles\CmnHdr.h"     /* See Appendix A. */
#include <WindowsX.h>
#include <tchar.h>
#include "Resource.h"
#include "..\22-DIPSLib\DIPSLib.h"


///////////////////////////////////////////////////////////////////////////


BOOL Dlg_OnInitDialog(HWND hWnd, HWND hWndFocus, LPARAM lParam) {

   chSETDLGICONS(hWnd, IDI_DIPS);
   return(TRUE);
}


///////////////////////////////////////////////////////////////////////////


void Dlg_OnCommand(HWND hWnd, int id, HWND hWndCtl, UINT codeNotify) {

   switch (id) {
      case IDC_SAVE:
      case IDC_RESTORE:
      case IDCANCEL:
         EndDialog(hWnd, id);
         break;
   }
}
```

```
//////////////////////////////////////////////////////////////////////////

BOOL WINAPI Dlg_Proc(HWND hWnd, UINT uMsg, WPARAM wParam, LPARAM lParam) {

   switch (uMsg) {
      chHANDLE_DLGMSG(hWnd, WM_INITDIALOG, Dlg_OnInitDialog);
      chHANDLE_DLGMSG(hWnd, WM_COMMAND,    Dlg_OnCommand);
   }

   return(FALSE);
}


//////////////////////////////////////////////////////////////////////////

int WINAPI _tWinMain(HINSTANCE hInstExe, HINSTANCE, PTSTR pszCmdLine, int) {

   // Convert command-line character to uppercase.
   CharUpperBuff(pszCmdLine, 1);
   TCHAR cWhatToDo = pszCmdLine[0];

   if ((cWhatToDo != TEXT('S')) && (cWhatToDo != TEXT('R'))) {

      // An invalid command-line argument; prompt the user.
      cWhatToDo = 0;
   }

   if (cWhatToDo == 0) {
      // No command-line argument was used to tell us what to
      // do; show usage dialog box and prompt the user.
      switch (DialogBox(hInstExe, MAKEINTRESOURCE(IDD_DIPS), NULL, Dlg_Proc)) {
         case IDC_SAVE:
            cWhatToDo = TEXT('S');
            break;

         case IDC_RESTORE:
            cWhatToDo = TEXT('R');
            break;
      }
   }

   if (cWhatToDo == 0) {
      // The user doesn't want to do anything.
      return(0);
   }
```

```
// The Desktop ListView window is the grandchild of the ProgMan window.
HWND hWndLV = GetFirstChild(GetFirstChild(
    FindWindow(TEXT("ProgMan"), NULL)));
chASSERT(IsWindow(hWndLV));

// Set hook that injects our DLL into the Explorer's address space. After
// setting the hook, the DIPS hidden modeless dialog box is created. We
// send messages to this window to tell it what we want it to do.
chVERIFY(SetDIPSHook(GetWindowThreadProcessId(hWndLV, NULL)));

// Wait for the DIPS server window to be created.
MSG msg;
GetMessage(&msg, NULL, 0, 0);

// Find the handle of the hidden dialog box window.
HWND hWndDIPS = FindWindow(NULL, TEXT("Wintellect DIPS"));

// Make sure that the window was created.
chASSERT(IsWindow(hWndDIPS));

// Tell the DIPS window which ListView window to manipulate
// and whether the items should be saved or restored.
BOOL bSave = (cWhatToDo == TEXT('S'));
SendMessage(hWndDIPS, WM_APP, (WPARAM) hWndLV, bSave);

// Tell the DIPS window to destroy itself. Use SendMessage
// instead of PostMessage so that we know the window is
// destroyed before the hook is removed.
SendMessage(hWndDIPS, WM_CLOSE, 0, 0);

// Make sure that the window was destroyed.
chASSERT(!IsWindow(hWndDIPS));

// Unhook the DLL, removing the DIPS dialog box procedure
// from the Explorer's address space.
SetDIPSHook(0);

return(0);
}

//////////////////////////////// End of File ////////////////////////////////////
```

DIPSLib.cpp

```
/*****************************************************************************
Module:  DIPSLib.cpp
Notices: Copyright (c) 2008 Jeffrey Richter & Christophe Nasarre
*****************************************************************************/


#include "..\CommonFiles\CmnHdr.h"    /* See Appendix A. */
#include <WindowsX.h>
#include <CommCtrl.h>


#define DIPSLIBAPI __declspec(dllexport)
#include "DIPSLib.h"
#include "Resource.h"


///////////////////////////////////////////////////////////////////////////


#ifdef _DEBUG
// This function forces the debugger to be invoked
void ForceDebugBreak() {
   __try { DebugBreak(); }
   __except(UnhandledExceptionFilter(GetExceptionInformation())) { }
}
#else
#define ForceDebugBreak()
#endif


///////////////////////////////////////////////////////////////////////////


// Forward references
LRESULT WINAPI GetMsgProc(int nCode, WPARAM wParam, LPARAM lParam);

INT_PTR WINAPI Dlg_Proc(HWND hWnd, UINT uMsg, WPARAM wParam, LPARAM lParam);


///////////////////////////////////////////////////////////////////////////


// Instruct the compiler to put the g_hHook data variable in
// its own data section called Shared. We then instruct the
// linker that we want to share the data in this section
// with all instances of this application.
#pragma data_seg("Shared")
HHOOK g_hHook = NULL;
```

```
DWORD g_dwThreadIdDIPS = 0;
#pragma data_seg()


// Instruct the linker to make the Shared section
// readable, writable, and shared.
#pragma comment(linker, "/section:Shared,rws")


///////////////////////////////////////////////////////////////////////////////


// Nonshared variables
HINSTANCE g_hInstDll = NULL;


///////////////////////////////////////////////////////////////////////////////


BOOL WINAPI DllMain(HINSTANCE hInstDll, DWORD fdwReason, PVOID fImpLoad) {

   switch (fdwReason) {

      case DLL_PROCESS_ATTACH:
         // DLL is attaching to the address space of the current process.
         g_hInstDll = hInstDll;
         break;

      case DLL_THREAD_ATTACH:
         // A new thread is being created in the current process.
         break;

      case DLL_THREAD_DETACH:
         // A thread is exiting cleanly.
         break;

      case DLL_PROCESS_DETACH:
         // The calling process is detaching the DLL from its address space.
         break;
   }
   return(TRUE);
}


///////////////////////////////////////////////////////////////////////////////


BOOL WINAPI SetDIPSHook(DWORD dwThreadId) {
```

```
   BOOL bOk = FALSE;

   if (dwThreadId != 0) {
      // Make sure that the hook is not already installed.
      chASSERT(g_hHook == NULL);

      // Save our thread ID in a shared variable so that our GetMsgProc
      // function can post a message back to the thread when the server
      // window has been created.
      g_dwThreadIdDIPS = GetCurrentThreadId();

      // Install the hook on the specified thread
      g_hHook = SetWindowsHookEx(WH_GETMESSAGE, GetMsgProc, g_hInstDll,
         dwThreadId);

      bOk = (g_hHook != NULL);
      if (bOk) {
         // The hook was installed successfully; force a benign message to
         // the thread's queue so that the hook function gets called.
         bOk = PostThreadMessage(dwThreadId, WM_NULL, 0, 0);
      }
   } else {

      // Make sure that a hook has been installed.
      chASSERT(g_hHook != NULL);
      bOk = UnhookWindowsHookEx(g_hHook);
      g_hHook = NULL;
   }

   return(bOk);
}

///////////////////////////////////////////////////////////////////////////////

LRESULT WINAPI GetMsgProc(int nCode, WPARAM wParam, LPARAM lParam) {

   static BOOL bFirstTime = TRUE;

   if (bFirstTime) {
      // The DLL just got injected.
      bFirstTime = FALSE;

      // Uncomment the line below to invoke the debugger
      // on the process that just got the injected DLL.
```

```c
      // ForceDebugBreak();

      // Create the DIPS Server window to handle the client request.
      CreateDialog(g_hInstDll, MAKEINTRESOURCE(IDD_DIPS), NULL, Dlg_Proc);

      // Tell the DIPS application that the server is up
      // and ready to handle requests.
      PostThreadMessage(g_dwThreadIdDIPS, WM_NULL, 0, 0);
   }

   return(CallNextHookEx(g_hHook, nCode, wParam, lParam));
}


///////////////////////////////////////////////////////////////////////////


void Dlg_OnClose(HWND hWnd) {

   DestroyWindow(hWnd);
}


///////////////////////////////////////////////////////////////////////////


static const TCHAR g_szRegSubKey[] =
   TEXT("Software\\Wintellect\\Desktop Item Position Saver");


///////////////////////////////////////////////////////////////////////////


void SaveListViewItemPositions(HWND hWndLV) {

   int nMaxItems = ListView_GetItemCount(hWndLV);

   // When saving new positions, delete the old position
   // information that is currently in the registry.
   LONG l = RegDeleteKey(HKEY_CURRENT_USER, g_szRegSubKey);

   // Create the registry key to hold the info
   HKEY hkey;
   l = RegCreateKeyEx(HKEY_CURRENT_USER, g_szRegSubKey, 0, NULL,
      REG_OPTION_NON_VOLATILE, KEY_SET_VALUE, NULL, &hkey, NULL);
   chASSERT(l == ERROR_SUCCESS);

   for (int nItem = 0; nItem < nMaxItems; nItem++) {
```

```
      // Get the name and position of a ListView item.
      TCHAR szName[MAX_PATH];
      ListView_GetItemText(hWndLV, nItem, 0, szName, _countof(szName));

      POINT pt;
      ListView_GetItemPosition(hWndLV, nItem, &pt);

      // Save the name and position in the registry.
      l = RegSetValueEx(hkey, szName, 0, REG_BINARY, (PBYTE) &pt, sizeof(pt));
      chASSERT(l == ERROR_SUCCESS);
   }
   RegCloseKey(hkey);
}


///////////////////////////////////////////////////////////////////////////////


void RestoreListViewItemPositions(HWND hWndLV) {

   HKEY hkey;
   LONG l = ReqOpenKeyEx(HKEY_CURRENT_USER, g_szRegSubKey,
      0, KEY_QUERY_VALUE, &hkey);
   if (l == ERROR_SUCCESS) {

      // If the ListView has AutoArrange on, temporarily turn it off.
      DWORD dwStyle = GetWindowStyle(hWndLV);
      if (dwStyle & LVS_AUTOARRANGE)
         SetWindowLong(hWndLV, GWL_STYLE, dwStyle & ~LVS_AUTOARRANGE);

      l = NO_ERROR;
      for (int nIndex = 0; l != ERROR_NO_MORE_ITEMS; nIndex++) {
         TCHAR szName[MAX_PATH];
         DWORD cbValueName = _countof(szName);

         POINT pt;
         DWORD cbData = sizeof(pt), nItem;

         // Read a value name and position from the registry.
         DWORD dwType;
         l = RegEnumValue(hkey, nIndex, szName, &cbValueName,
            NULL, &dwType, (PBYTE) &pt, &cbData);

         if (l == ERROR_NO_MORE_ITEMS)
            continue;
```

```
            if ((dwType == REG_BINARY) && (cbData == sizeof(pt))) {
                // The value is something that we recognize; try to find
                // an item in the ListView control that matches the name.
                LV_FINDINFO lvfi;
                lvfi.flags = LVFI_STRING;
                lvfi.psz = szName;
                nItem = ListView_FindItem(hWndLV, -1, &lvfi);
                if (nItem != -1) {
                    // We found a match; change the item's position.
                    ListView_SetItemPosition(hWndLV, nItem, pt.x, pt.y);
                }
            }
        }
        // Turn AutoArrange back on if it was originally on.
        SetWindowLong(hWndLV, GWL_STYLE, dwStyle);
        RegCloseKey(hkey);
    }
}


///////////////////////////////////////////////////////////////////////////////


INT_PTR WINAPI Dlg_Proc(HWND hWnd, UINT uMsg, WPARAM wParam, LPARAM lParam) {

    switch (uMsg) {
        chHANDLE_DLGMSG(hWnd, WM_CLOSE, Dlg_OnClose);

        case WM_APP:
            // Uncomment the line below to invoke the debugger
            // on the process that just got the injected DLL.
            // ForceDebugBreak();

            if (lParam)
                SaveListViewItemPositions((HWND) wParam);
            else
                RestoreListViewItemPositions((HWND) wParam);
            break;
    }

    return(FALSE);
}

/////////////////////////////// End of File ///////////////////////////////////
```

614~621

22.4 使用远程线程来注入 DLL

注入DLL的第三种方法是使用远程线程(remote thread)，它提供了最高的灵活性。这种方法要求我们理解Windows的许多特性：进程、线程、线程同步、虚拟内存管理、DLL以及Unicode。如果不熟悉上述特性中的任何一项，请参见本书对应的章节。大多数Windows函数只允许一个进程对它自己进行操作。这样的限制是好事，因为可以防止一个进程破坏另一个进程。但是，Windows也提供了一些函数来让一个进程对另一个进程进行操作。虽然这些函数中的大多数一开始都是为调试器或其他工具设计的，但是任何应用程序都可以调用这些函数。

从根本上说，DLL注入技术要求目标进程中的一个线程调用LoadLibrary来加载我们想要的DLL。由于不能轻易控制别人进程中的线程，所以这种方法要求我们在目标进程中创建一个新的线程。由于这个线程是我们自己创建的，所以我们可以对它执行的代码加以控制。幸好，Windows提供了如下所示的CreateRemoteThread函数，它使得在另一个进程中创建线程变得非常容易：

```
HANDLE CreateRemoteThread(
    HANDLE hProcess,
    PSECURITY_ATTRIBUTES psa,
    DWORD dwStackSize,
    PTHREAD_START_ROUTINE pfnStartAddr,
    PVOID pvParam,
    DWORD fdwCreate,
    PDWORD pdwThreadId);
```

除了有一个额外参数hProcess，CreateRemoteThread与CreateThread完全相同。这个参数用来表示新创建的线程归哪个进程所有。参数pfnStartAddr是线程函数的内存地址。当然，这个内存地址应该在远程进程(remote process)的地址空间中，线程函数的代码不可能在我们自己进程的地址空间中。

621~622

好了，现在已经知道了如何在另一个进程中创建一个线程，但怎样才能让那个线程加载我们的DLL呢？答案很简单：需要让该线程调用LoadLibrary函数：

```
HMODULE LoadLibrary(PCTSTR pszLibFile);
```

在WinBase.h头文件中查看LoadLibrary，会发现下面的定义：

```
HMODULE WINAPI LoadLibraryA(LPCSTR lpLibFileName);
HMODULE WINAPI LoadLibraryW(LPCWSTR lpLibFileName);
#ifdef UNICODE
```

```
#define LoadLibrary LoadLibraryW
#else
#define LoadLibrary LoadLibraryA
#endif // !UNICODE
```

实际有两个LoadLibrary函数：LoadLibraryA和LoadLibraryW。它们之间的唯一区别在于传给函数的参数类型。如果DLL文件名是以ANSI字符串的形式保存的，就必须调用LoadLibraryA。A代表ANSI。如果文件名是以Unicode字符串的形式保存的，就必须调用LoadLibraryW。W代表wide character，即宽字符。LoadLibrary函数根本不存在，只有LoadLibraryA和LoadLibraryW。对今天的大多数应用程序来说，LoadLibrary宏被扩展为LoadLibraryW。

幸好，LoadLibrary函数的函数原型和线程函数的函数原型基本相同。下面是线程函数的函数原型：

```
DWORD WINAPI ThreadFunc(PVOID pvParam);
```

好吧，这两个函数原型并非完全相同，但它们已经足够接近了。这两个函数都接收一个参数，而且都返回一个值。另外，这两个函数都使用相同的调用约定WINAPI。我们的运气确实很好，因为要做的事情就是创建一个线程，并将线程函数的地址设为LoadLibraryA函数或LoadLibraryW函数的地址。基本上只需要执行下面这样的一行代码：

```
HANDLE hThread = CreateRemoteThread(hProcessRemote, NULL, 0,
    LoadLibraryW, L"C:\\MyLib.dll", 0, NULL);
```

要想使用ANSI版本的话，代码会是下面这样的：

```
HANDLE hThread = CreateRemoteThread(hProcessRemote, NULL, 0,
    LoadLibraryA, "C:\\MyLib.dll", 0, NULL);
```

新线程在远程进程中创建时，会立即调用LoadLibraryW(或LoadLibraryA)函数，并传入DLL路径名的地址。这很容易，但还存在其他两个问题。

第一个问题在于，不能像刚才的代码那样，直接将LoadLibraryW或LoadLibraryA作为第4个参数传给CreateRemoteThread。其原因不是那么明显。在编译和链接一个程序的时候，生成的二进制文件中会包含一个导入段(在第19章中介绍)。这个段由一系列转换函数构成，这些转换函数用来跳转到实际导入的函数。所以，在代码调用诸如LoadLibraryW之类的函数时，链接器会生成对模块的导入段中的一个转换函数的调用，后者会跳转到实际的函数。

622~623

如果在调用CreateRemoteThread时直接引用LoadLibraryW，该引用会被解析为我们模块的导入段中的LoadLibraryW转换函数的地址。如果将这个转换函数的地址作为远程线程的起始地址传入，那么天知道远程线程会执行什么代码，其结果很可能是访问违例。为了强制代码略过转换函数并直接调用LoadLibraryW函数，必须通过调用GetProcAddress来获得LoadLibraryW的确切地址。

对CreateRemoteThread的调用假定在本地进程和远程进程中，Kernel32.dll都被映射到进程地址空间中的同一内存地址。每个应用程序都需要Kernel32.dll，而且根据我的经验，系统在每个进程中都会将Kernel32.dll映射到同一个地址。即使这个地址在系统重启之后可能改变(第14章最后在提到"地址空间布局随机化"时讲到这一点)，这一点依然成立。所以，必须像下面这样调用CreateRemoteThread：

```
// Get the real address of LoadLibraryW in Kernel32.dll.
PTHREAD_START_ROUTINE pfnThreadRtn = (PTHREAD_START_ROUTINE)
   GetProcAddress(GetModuleHandle(TEXT("Kernel32")), "LoadLibraryW");

HANDLE hThread = CreateRemoteThread(hProcessRemote, NULL, 0,
   pfnThreadRtn, L"C:\\MyLib.dll", 0, NULL);
```

如果想要使用ANSI版本，那么代码应该像下面这样：

```
// Get the real address of LoadLibraryA in Kernel32.dll.
PTHREAD_START_ROUTINE pfnThreadRtn = (PTHREAD_START_ROUTINE)
   GetProcAddress(GetModuleHandle(TEXT("Kernel32")), "LoadLibraryA");

HANDLE hThread = CreateRemoteThread(hProcessRemote, NULL, 0,
   pfnThreadRtn, "C:\\MyLib.dll", 0, NULL);
```

很好，这解决了一个问题，但我们说过一共有两个问题。第二个问题与DLL路径字符串有关。字符串"C:\MyLib.dll"位于调用进程的地址空间中。我们把这个地址传给新创建的远程线程，远程线程再把它传给LoadLibraryW。但当LoadLibraryW去访问这个内存地址的时候，DLL的路径字符串并不在那里，远程进程的线程很可能会引发访问违例，系统会向用户显示一条未处理的异常消息框，然后终止远程进程。没错，被终止的是远程进程，而不是我们的进程。我们将成功地把另一个进程搞崩溃，而自己的进程会继续正常地执行！

为了解决这个问题，需要将DLL的路径字符串存放到远程进程的地址空间中去。然后，在调用CreateRemoteThread的时候，需要传入(在远程进程的地址空间中)存放字符串的地址。幸好，Windows提供了VirtualAllocEx函数，可以让一个进程在另一个进程的地址空间中分配一个内存块：

```
PVOID VirtualAllocEx(
    HANDLE hProcess,
    PVOID pvAddress,
    SIZE_T dwSize,
    DWORD flAllocationType,
    DWORD flProtect);
```

623

另一个函数可以让我们释放这个内存块：

```
BOOL VirtualFreeEx(
    HANDLE hProcess,
    PVOID pvAddress,
    SIZE_T dwSize,
    DWORD dwFreeType);
```

这两个函数与它们的非Ex版本相似(在第15章讨论)，唯一的区别在于，这两个函数要求一个进程句柄作为它们的第一个参数。这个句柄表示应该在哪个进程中执行该操作。

一旦为字符串分配了一个内存块，还需要一种方法将字符串从进程的地址空间中复制到远程进程的地址空间中。Windows提供了一些函数，可以让一个进程对另一个进程的地址空间进行读写：

```
BOOL ReadProcessMemory(
    HANDLE hProcess,
    LPCVOID pvAddressRemote,
    PVOID pvBufferLocal,
    SIZE_T dwSize,
    SIZE_T* pdwNumBytesRead);

BOOL WriteProcessMemory(
    HANDLE hProcess,
    PVOID pvAddressRemote,
    LPCVOID pvBufferLocal,
    SIZE_T dwSize,
    SIZE_T* pdwNumBytesWritten);
```

远程进程由hProcess参数来标识。参数pvAddressRemote是远程进程中的地址，pvBufferLocal则是本地进程中的内存地址，dwSize是要传输的字节数，pdwNumBytesRead和pdwNumBytesWritten分别表示实际传输的字节数，可在函数返回后查看这两个参数的值。

现在，我们已理解了需要做什么，下面来总结一下必须采取的步骤。

---

(1) 用VirtualAllocEx函数在远程进程的地址空间中分配内存。

(2) 用WriteProcessMemory函数将DLL的路径名复制到第1步分配的内存中。

(3) 用GetProcAddress函数来获得LoadLibraryW或LoadLibraryA函数(在Kernel32.dll中)的实际地址。

(4) 用CreateRemoteThread函数在远程进程中创建一个线程,让新线程调用正确的LoadLibrary函数并在参数中传入第1步分配的内存地址。这时,DLL已被注入远程进程的地址空间,DLL的DllMain函数会收到DLL_PROCESS_ATTACH通知并且可以执行我们想要执行的代码。当DllMain返回的时候,远程线程会从LoadLibraryW/A调用返回到RtlUserThreadStart函数(在第6章讨论)。RtlUserThreadStart随后调用ExitThread,使远程线程终止。

现在,远程进程中有一个内存块是我们在第1步分配的,DLL也还在远程进程的地址空间中。为了对它们进行清理,需要在远程线程退出之后执行以下步骤:

(5) 用VirtualFreeEx释放第1步分配的内存。

(6) 用GetProcAddress获得FreeLibrary函数(在Kernel32.dll中)的实际地址。

(7) 用CreateRemoteThread函数在远程进程中创建一个线程,让该线程调用FreeLibrary函数并在参数中传入远程DLL的HMODULE。

624~625

基本上就是这样。

22.4.1 Inject Library示例程序

22-InjLib.exe应用程序使用CreateRemoteThread函数来注入DLL。应用程序和DLL的源代码和资源文件在本书配套资源的22-InjLib和22-ImgWalk目录中。程序通过图22-4所示的对话框来让用户输入一个正在运行的进程的进程ID。

图22-4 输入进程ID

可通过Windows自带的任务管理器来获得进程标识符。为了打开这个正在运行的进程的句柄,程序会用这个ID来调用OpenProcess,并请求合适的访问权限:

```
hProcess = OpenProcess(
   PROCESS_CREATE_THREAD |    // For CreateRemoteThread
   PROCESS_VM_OPERATION |     // For VirtualAllocEx/VirtualFreeEx
   PROCESS_VM_WRITE,          // For WriteProcessMemory
   FALSE, dwProcessId);
```

如OpenProcess返回NULL，说明应用程序所在的安全上下文(security context)不允许它打开目标进程的句柄。一些进程是用本地系统账号运行的，如WinLogon，SvcHost和Csrss，登录用户无法对这些进程进行修改。如果已被授予并启用了调试安全特权(debug security privilege)，那么也许能打开这些进程的句柄。第4章的ProcessInfo示例演示具体怎么做。

如OpenProcess调用成功，它会先用待注入DLL的完整路径来初始化一个缓冲区，然后调用InjectLib，并传入远程进程的句柄以及待注入DLL的路径名。最后，当InjectLib返回的时候，程序先显示一个消息框，表示DLL是否已被成功加载到远程进程中，然后关闭进程句柄。整个过程就是这样。

你可能已经注意到，代码还特意检查了传入的进程ID是否为0。如果为0，代码将调用GetCurrentProcessId将进程ID设为InjLib.exe自己的进程ID。这样，当调用InjectLib的时候，该DLL会被注入进程自己的地址空间。这是为了方便调试。可以想象，当bug发生的时候，有时很难判断是本地进程还是远程进程的bug。最开始的时候，我是用两个调试器来调试代码，一个用来监视InjLib，另一个用来监视远程进程。实践证明，这实在是太不方便了。后来我才发现，InjLib也可以将一个DLL注入到它本身，即注入和调用者一样的地址空间。这使代码的调试变得容易很多。

625~626

可以看到，在源代码模块的顶部，InjectLib实际上是一个宏。根据我们编译源代码的方式，这个宏会被展开为InjectLibA或InjectLibW。InjectLibW函数是示例程序的关键。由于注释已非常清晰，所以这里没有什么要补充的。但要注意，InjectLibA函数比较短。这是因为它只不过是先将ANSI格式的DLL路径名转换为Unicode格式，然后调用InjectLibW来完成实际的工作。这正是第2章"字符和字符串处理"所推荐的方式。这也意味着只需编写和调试一份注入代码就够了，省却了不少时间。

626

```
InjLib.cpp
/**************************************************************************
Module: InjLib.cpp
Notices: Copyright (c) 2008 Jeffrey Richter & Christophe Nasarre
**************************************************************************/


#include "..\CommonFiles\CmnHdr.h"      /* See Appendix A. */
#include <windowsx.h>
#include <stdio.h>
#include <tchar.h>
```

```
#include <malloc.h>         // For alloca
#include <TlHelp32.h>
#include "Resource.h"
#include <StrSafe.h>


///////////////////////////////////////////////////////////////////////////////


#ifdef UNICODE
   #define InjectLib InjectLibW
   #define EjectLib EjectLibW
#else
   #define InjectLib InjectLibA
   #define EjectLib EjectLibA
#endif   // !UNICODE


///////////////////////////////////////////////////////////////////////////////


BOOL WINAPI InjectLibW(DWORD dwProcessId, PCWSTR pszLibFile) {

   BOOL bOk = FALSE; // Assume that the function fails
   HANDLE hProcess = NULL, hThread = NULL;
   PWSTR pszLibFileRemote = NULL;

   __try {
      // Get a handle for the target process.
      hProcess = OpenProcess(
         PROCESS_QUERY_INFORMATION |   // Required by Alpha
         PROCESS_CREATE_THREAD     |   // For CreateRemoteThread
         PROCESS_VM_OPERATION      |   // For VirtualAllocEx/VirtualFreeEx
         PROCESS_VM_WRITE,             // For WriteProcessMemory
         FALSE, dwProcessId);
      if (hProcess == NULL) __leave;

      // Calculate the number of bytes needed for the DLL's pathname
      int cch = 1 + lstrlenW(pszLibFile);
      int cb = cch * sizeof(wchar_t);

      // Allocate space in the remote process for the pathname
      pszLibFileRemote = (PWSTR)
         VirtualAllocEx(hProcess, NULL, cb, MEM_COMMIT, PAGE_READWRITE);
```

```
        if (pszLibFileRemote == NULL) __leave;

        // Copy the DLL's pathname to the remote process' address space
        if (!WriteProcessMemory(hProcess, pszLibFileRemote,
            (PVOID) pszLibFile, cb, NULL)) __leave;

        // Get the real address of LoadLibraryW in Kernel32.dll
        PTHREAD_START_ROUTINE pfnThreadRtn = (PTHREAD_START_ROUTINE)
            GetProcAddress(GetModuleHandle(TEXT("Kernel32")), "LoadLibraryW");
        if (pfnThreadRtn == NULL) __leave;

        // Create a remote thread that calls LoadLibraryW(DLLPathname)
        hThread = CreateRemoteThread(hProcess, NULL, 0,
            pfnThreadRtn, pszLibFileRemote, 0, NULL);
        if (hThread == NULL) __leave;

        // Wait for the remote thread to terminate
        WaitForSingleObject(hThread, INFINITE);

        bOk = TRUE; // Everything executed successfully
    }
    __finally { // Now, we can clean everything up

        // Free the remote memory that contained the DLL's pathname
        if (pszLibFileRemote != NULL)
            VirtualFreeEx(hProcess, pszLibFileRemote, 0, MEM_RELEASE);

        if (hThread != NULL)
            CloseHandle(hThread);

        if (hProcess != NULL)
            CloseHandle(hProcess);
    }

    return(bOk);
}


///////////////////////////////////////////////////////////////////////////////


BOOL WINAPI InjectLibA(DWORD dwProcessId, PCSTR pszLibFile) {

    // Allocate a (stack) buffer for the Unicode version of the pathname
    SIZE_T cchSize = lstrlenA(pszLibFile) + 1;
    PWSTR pszLibFileW = (PWSTR)
```

```
         _alloca(cchSize * sizeof(wchar_t));

   // Convert the ANSI pathname to its Unicode equivalent
   StringCchPrintfW(pszLibFileW, cchSize, L"%S", pszLibFile);

   // Call the Unicode version of the function to actually do the work.
   return(InjectLibW(dwProcessId, pszLibFileW));
}


///////////////////////////////////////////////////////////////////////////////


BOOL WINAPI EjectLibW(DWORD dwProcessId, PCWSTR pszLibFile) {

   BOOL bOk = FALSE; // Assume that the function fails
   HANDLE hthSnapshot = NULL;
   HANDLE hProcess = NULL, hThread = NULL;

   __try {
      // Grab a new snapshot of the process
      hthSnapshot = CreateToolhelp32Snapshot(TH32CS_SNAPMODULE, dwProcessId);
      if (hthSnapshot == INVALID_HANDLE_VALUE) __leave;

      // Get the HMODULE of the desired library
      MODULEENTRY32W me = { sizeof(me) };
      BOOL bFound = FALSE;
      BOOL bMoreMods = Module32FirstW(hthSnapshot, &me);
      for (; bMoreMods; bMoreMods = Module32NextW(hthSnapshot, &me)) {
         bFound = (_wcsicmp(me.szModule,  pszLibFile) == 0) ||
                  (_wcsicmp(me.szExePath, pszLibFile) == 0);
         if (bFound) break;
      }
      if (!bFound) __leave;

      // Get a handle for the target process.
      hProcess = OpenProcess(
         PROCESS_QUERY_INFORMATION |
         PROCESS_CREATE_THREAD     |
         PROCESS_VM_OPERATION,  // For CreateRemoteThread
         FALSE, dwProcessId);
      if (hProcess == NULL) __leave;

      // Get the real address of FreeLibrary in Kernel32.dll
      PTHREAD_START_ROUTINE pfnThreadRtn = (PTHREAD_START_ROUTINE)
```

```
         GetProcAddress(GetModuleHandle(TEXT("Kernel32")), "FreeLibrary");

      if (pfnThreadRtn == NULL) __leave;

      // Create a remote thread that calls FreeLibrary()
      hThread = CreateRemoteThread(hProcess, NULL, 0,
         pfnThreadRtn, me.modBaseAddr, 0, NULL);
      if (hThread == NULL) __leave;

      // Wait for the remote thread to terminate
      WaitForSingleObject(hThread, INFINITE);

      bOk = TRUE; // Everything executed successfully
   }
   __finally { // Now we can clean everything up

      if (hthSnapshot != NULL)
         CloseHandle(hthSnapshot);

      if (hThread != NULL)
         CloseHandle(hThread);

      if (hProcess != NULL)
         CloseHandle(hProcess);
   }

   return(bOk);
}


///////////////////////////////////////////////////////////////////////////////


BOOL WINAPI EjectLibA(DWORD dwProcessId, PCSTR pszLibFile) {

   // Allocate a (stack) buffer for the Unicode version of the pathname
   SIZE_T cchSize = lstrlenA(pszLibFile) + 1;
   PWSTR pszLibFileW = (PWSTR)
      _alloca(cchSize * sizeof(wchar_t));

   // Convert the ANSI pathname to its Unicode equivalent
      StringCchPrintfW(pszLibFileW, cchSize, L"%S", pszLibFile);

   // Call the Unicode version of the function to actually do the work.
   return(EjectLibW(dwProcessId, pszLibFileW));
```

```
    }


    ///////////////////////////////////////////////////////////////////////////


    BOOL Dlg_OnInitDialog(HWND hWnd, HWND hWndFocus, LPARAM lParam) {

        chSETDLGICONS(hWnd, IDI_INJLIB);
        return(TRUE);
    }

    ///////////////////////////////////////////////////////////////////////////

    void Dlg_OnCommand(HWND hWnd, int id, HWND hWndCtl, UINT codeNotify) {

        switch (id) {
            case IDCANCEL:
                EndDialog(hWnd, id);
                break;

            case IDC_INJECT:
                DWORD dwProcessId = GetDlgItemInt(hWnd, IDC_PROCESSID, NULL, FALSE);
                if (dwProcessId == 0) {
                    // A process ID of 0 causes everything to take place in the
                    // local process; this makes things easier for debugging.
                    dwProcessId = GetCurrentProcessId();
                }

                TCHAR szLibFile[MAX_PATH];
                GetModuleFileName(NULL, szLibFile, _countof(szLibFile));
                PTSTR pFilename = _tcsrchr(szLibFile, TEXT('\\')) + 1;
                _tcscpy_s(pFilename, _countof(szLibFile) - (szLibFile - szLibFile),
                    TEXT("22-ImgWalk.DLL"));
                if (InjectLib(dwProcessId, szLibFile)) {
                    chVERIFY(EjectLib(dwProcessId, szLibFile));
                    chMB("DLL Injection/Ejection successful.");
                } else {
                    chMB("DLL Injection/Ejection failed.");
                }
                break;
        }
    }
```

```
///////////////////////////////////////////////////////////////////////


INT_PTR WINAPI Dlg_Proc(HWND hWnd, UINT uMsg, WPARAM wParam, LPARAM lParam) {

   switch (uMsg) {
      chHANDLE_DLGMSG(hWnd, WM_INITDIALOG, Dlg_OnInitDialog);
      chHANDLE_DLGMSG(hWnd, WM_COMMAND,     Dlg_OnCommand);
   }
   return(FALSE);
}



///////////////////////////////////////////////////////////////////////


int WINAPI _tWinMain(HINSTANCE hInstExe, HINSTANCE, PTSTR pszCmdLine, int) {

   DialogBox(hInstExe, MAKEINTRESOURCE(IDD_INJLIB), NULL, Dlg_Proc);
   return(0);
}


///////////////////////////// End of File /////////////////////////////
```

626~630

22.4.2　Image Walk DLL

22-ImgWalk.dll是这样一个DLL：它一旦被注入进程的地址空间，就可以报告该进程正在使用的所有DLL。该DLL的源文件和资源文件在本书配套资源的22-ImgWalk目录中。例如，如果先运行记事本程序，然后运行22-InjLib并传入记事本程序的进程ID，那么InjLib会将22-ImgWalk.dll注入记事本程序的地址空间。一旦22-ImgWalk.dll被注入进程，它就会检查记事本程序正在使用哪些文件映像(可执行文件和DLL)，并将结果显示在如图22-5所示的消息框中。

图22-5 结果显示在消息框中

为了遍历一个进程的地址空间并查找已映射的文件映像，22-ImgWalk会反复调用VirtualQuery来得到一个MEMORY_BASIC_INFORMATION结构。每次迭代时，22-ImgWalk会将文件的路径名与一个字符串连接起来，并将得到的字符串显示在消息框中。下面是DllMain入口点函数的代码。

```
ImgWalk.cpp
/***************************************************************************
Module:  ImgWalk.cpp
Notices: Copyright (c) 2008 Jeffrey Richter & Christophe Nasarre
***************************************************************************/


#include "..\CommonFiles\CmnHdr.h"     /* See Appendix A. */
#include <tchar.h>



///////////////////////////////////////////////////////////////////////////


BOOL WINAPI DllMain(HINSTANCE hInstDll, DWORD fdwReason, PVOID fImpLoad) {

  if (fdwReason == DLL_PROCESS_ATTACH) {
     char szBuf[MAX_PATH * 100] = { 0 };
```

```
    PBYTE pb = NULL;
    MEMORY_BASIC_INFORMATION mbi;
    while (VirtualQuery(pb, &mbi, sizeof(mbi)) == sizeof(mbi)) {

        int nLen;
        char szModName[MAX_PATH];

        if (mbi.State == MEM_FREE)
            mbi.AllocationBase = mbi.BaseAddress;

        if ((mbi.AllocationBase == hInstDll) ||
            (mbi.AllocationBase != mbi.BaseAddress) ||
            (mbi.AllocationBase == NULL)) {
            // Do not add the module name to the list
            // if any of the following is true:
            // 1. If this region contains this DLL
            // 2. If this block is NOT the beginning of a region
            // 3. If the address is NULL
            nLen = 0;
        } else {
            nLen = GetModuleFileNameA((HINSTANCE) mbi.AllocationBase,
                szModName, _countof(szModName));
        }

        if (nLen > 0) {
            wsprintfA(strchr(szBuf, 0), "\n%p-%s",
                mbi.AllocationBase, szModName);
        }

        pb += mbi.RegionSize;
    }

    // NOTE: Normally, you should not display a message box in DllMain
    // due to the loader lock described in Chapter 20. However, to keep
    // this sample application simple, I am violating this rule.
    chMB(&szBuf[1]);
}

return(TRUE);
}

/////////////////////////////// End of File ////////////////////////////////
```

631~632

代码首先会检查区域的基址与被注入的DLL的基址是否匹配。如果匹配，代码将nLen设为0，这样被注入的DLL就不会出现在消息框中。如果不匹配，代码将试图得到被加载到区域中这个基址处的模块的文件名。如果nLen变量大于0，系统将识别出这个地址标识的是一个已经加载的模块，它会在szModName缓存中填入该模块的完整路径。代码然后将模块的HINSTANCE(基地址)与它的路径名连接起来，保存在szBuf字符串中，这个字符串最终会显示在消息框中。循环结束时，DLL会用最终的字符串作为消息框的内容来显示一个消息框。

22.5　使用木马 DLL 来注入 DLL

注入DLL的另一种方式是，将已知进程必然会加载的一个DLL替换掉。例如，如果知道进程会加载Xyz.dll，就可以创建自己的DLL并为它起同样的文件名。当然，必须将原来的Xyz.dll改成别的名称。

在我们的Xyz.dll的内部，必须导出原来的Xyz.dll所导出的所有符号。这用第20章介绍的函数转发器很容易实现，它使对特定函数的拦截(hook)成为小事一桩。但是，由于这种方法不能自动适应版本变化，所以应尽量避免使用。例如，如果替换的是一个系统DLL，而Microsoft后来在该DLL中增加了新的函数，我们的DLL中将不会有这些新函数的转发器。引用了这些新函数的应用程序将无法加载和执行。

如果只想把这种方法用在一个应用程序中，则可以为我们的DLL起一个独一无二的名称，并修改应用程序的.exe模块的导入段。说得更具体一点，导入段包含了一个模块所需的所有DLL的名称。可在文件的导入段中找到那个要被替换的DLL的名称，对它进行修改，这样加载程序就会加载我们自己的DLL。这种方法也不错，但前提是必须相当熟悉.exe和DLL的文件格式。

22.6　将 DLL 作为调试器来注入

调试器可在被调试的进程中执行许多特殊操作。系统加载一个被调试的程序(debuggee)时，会在被调试程序的地址空间准备完毕之后，但其主线程尚未开始执行任何代码之前，自动通知调试器。这时，调试器可强制将一些代码注入被调试程序的地址空间(比如使用WriteProcessMemory)，然后让被调试程序的主线程去执行这些代码。

这种方法要求对被调试线程的CONTEXT结构进行操作，这也意味着必须编写特定于CPU的代码。为了让这种方法能在不同的CPU平台上正常工作，必须对源代码进行修改。除此之外，可能还必须手动编写一些想让被调试程序执行的机器语言指令。另外，调试器和调试程序之间的关系是固定的。默认情况下，如调试器终止，Windows会自动终止被调试程序。但是，调试器可调用DebugSetProcessKillOnExit并传入FALSE来改变默认行为。另外，归功于DebugActiveProcessStop函数，可在不终止进程的前提下停止调试。

22.7　使用 CreateProcess 来注入代码

如果要注入代码的进程是由我们的进程生成(spawn)的，事情就比较好办了。例如，我们的进程(父进程)可在创建新进程时把它挂起。这样就可以改变子进程的状态，同时不影响它的执行，因为它根本还没有开始执行。但是，父进程也会得到子进程的主线程的句柄。通过这个句柄，可以对线程执行的代码进行修改。由于可以设置线程的指令指针，让它执行内存映射文件中的代码，所以能解决上一节提到的问题。

下面是让进程对它的子进程的主线程执行的代码进行控制的一种方法。

(1) 让进程生成一个被挂起的子进程。
(2) 从.exe模块的文件头中取得主线程的起始内存地址。
(3) 将位于该内存地址处的机器指令保存起来。
(4) 强制将一些手动编写的机器指令写入该内存地址。这些指令应调用LoadLibrary来加载一个DLL。
(5) 让子进程的主线程恢复运行，从而让这些指令得到执行。
(6) 将保存起来的原始指令恢复到起始地址处。
(7) 让进程从起始地址继续执行，好像什么都没有发生过一样。

要正确实现第6步和第7步是比较棘手的，因为必须修改正在执行的代码。但这并非没有可能，我就曾见过这样的实现。

这个技术有很多好处。首先，它在应用程序开始执行之前得到地址空间。其次，由于我们的应用程序不是调试器，所以可以非常容易地对应用程序和注入的DLL进行调试。最后，这个技术同时适用于控制台应用程序和GUI应用程序。

当然，这个技术也有一些缺点。只有当我们的代码在父进程中的时候，才能用这种方法来注入DLL。当然，这个技术还与CPU相关，必须针对不同的CPU平台做相应的修改。

22.8　API 拦截的一个例子

将DLL注入进程地址空间是了解进程内部各种信息的一种很好的方法。但是，简单地注入DLL并不能提供足够的信息。我们经常需要知道某个进程中的线程具体如何调用各种函数，可能还需要对一个Windows函数的行为进行修改。

例如，我知道某个公司开发了一个DLL。这个DLL会被数据库产品加载，它的工作是对该数据库产品的功能进行增强和扩展。当该数据库产品终止的时候，DLL会收到一个DLL_PROCESS_DETACH通知，当且仅当这个时候，它会执行所有清理代码。这个DLL会调用其他DLL中的一些函数来关闭套接字、文件以及其他资源，但当它收到DLL_PROCESS_DETACH通知的时候，位于进程地址空间中的其他DLL也已经收到了它们的DLL_PROCESS_DETACH通知。所以，当该公司的这个DLL试图进行清理的时候，由于其他DLL已清理完毕，因此它调用的许多函数将会失败。

该公司聘请我来帮助他们解决这个问题，我建议他们对ExitProcess函数进行拦截。如你所知，调用ExitProcess会使系统用DLL_PROCESS_DETACH来通知所有的DLL。通过对ExitProcess函数进行拦截，可确保当ExitProcess被调用的时候，该公司的DLL能立刻得到通知。由于这个通知发生在其他任何DLL得到DLL_PROCESS_DETACH通知之前，所以进程中的所有DLL都还是经过初始化的，能正常工作。这时，该公司的DLL得知进程即将终止，它可以成功地完成所有的清理。然后，操作系统的ExitProcess函数会被调用，这使所有DLL都收到自己的DLL_PROCESS_DETACH通知并进行清理。当该公司的DLL收到这个通知的时候，不需要进行什么特殊清理，因为该清理的都已经清理过了。

634~635

这个例子不需要为注入DLL费心：数据库应用程序的设计允许我们这样做，它会加载该公司的DLL。当该公司的DLL被加载的时候，必须遍历所有已加载的可执行文件和DLL模块来找到对ExitProcess的所有调用。当该DLL找到所有对ExitProcess的调用之后，它必须对各模块进行修改，使它们调用该公司的DLL中的一个函数，而不是调用操作系统的ExitProcess函数。这个过程比听起来还要简单得多。一旦该公司用来替代ExitProcess的函数(更通常的叫法是拦截函数，即hook function)执行完它的清理代码，就会调用操作系统的ExitProcess函数(在Kernel32.dll中)。

这个例子展示了API拦截的典型用法，它用非常少的代码解决了一个非常实际的问题。

22.8.1　通过覆盖代码来拦截API

API拦截并不是什么新发明——开发人员使用API拦截已经有许多年了。当我们用它来解决刚才描述的问题时，每个人想到的第一个"解决方案"就是通过覆盖代码来进行拦截。下面是这种方法的工作方式。

(1) 在内存中定位要拦截的函数(假设是Kernel32.dll中的ExitProcess)，得到它的内存地址。

(2) 将这个函数起始的几个字节保存到我们自己的内存中。

(3) 用CPU的一条JUMP指令来覆盖这个函数起始的几个字节，这条JUMP指令用来跳转到我们的替代函数的内存地址。当然，替代函数的签名必须与要拦截的函数的签名完全一致：所有参数必须相同，返回值必须相同，调用约定也必须相同。

(4) 现在，当线程调用被拦截函数(hooked function)的时候，跳转指令实际上会跳转到我们的替代函数。这时，就可以执行自己想要执行的任何代码。

(5) 为了撤销对函数的拦截，必须将第2步保存下来的字节放回被拦截函数起始的几个字节中。

(6) 调用被拦截函数(现在已经不再对它进行拦截了)，让该函数执行它的正常处理。

(7) 原来的函数返回时，再次执行第2步和第3步，使我们的替代函数将来可以再次调用。

16位Windows下的程序员大量使用了这种方法，它在那个环境下工作得很好。今天，这种方法存在一些严重的不足，我强烈建议不要使用它。首先，它对CPU有依赖性：x86，x64，IA-64以及其他CPU的JUMP指令各不相同，为了让这种方法能够工作，我们必须手动编写机器指令。其次，这种方法在抢占式、多线程环境下根本不能工作。一个线程覆盖另一个函数起始位置的代码是需要时间的，在这个过程中，另一个线程可能试图调用同一个函数，其结果将是灾难性的！所以，只有确定任一时刻只可能有一个函数会试图调用这个函数时，这种方法才可以工作。

22.8.2 通过修改模块的导入段来拦截API

事实证明，另一种拦截API的方法可以解决刚才提到的两个问题。这种方法不仅容易实现，而且相当健壮。但为了理解这种方法，必须理解动态链接的工作方式。特别是，必须理解模块的导入段中包含什么信息。虽然第19章并没有深入讨论相关的数据结构，但我们也确实花了不少篇幅来解释导入段是如何生成的，以及其中包含什么信息。在阅读后面的内容时，可以回过头去参考第19章。

如你所见，一个模块的导入段包含一组DLL，为了让模块能够运行，这些DLL是必需的。另外，导入段还包含一个符号表，其中列出了该模块从各DLL中导入的符号。当该模块调用一个导入函数的时候，线程实际会先从模块的导入表中得到相应的导入函数的地址，然后再跳转到那个地址。

所以，为了拦截一个特定的函数，我们需要做的就是修改它在模块的导入段中的地址。就这么简单，完全不存在对CPU的依赖性。而且，由于并没有修改函数的代码，所以不必担心线程同步的问题。

下面这个函数用来执行这个"神奇的"操作。它在一个模块的导入段中查找对一个符号的引用，如果存在这样的引用，它便会修改该符号的地址。

```cpp
void CAPIHook::ReplaceIATEntryInOneMod(PCSTR pszCalleeModName,
   PROC pfnCurrent, PROC pfnNew, HMODULE hmodCaller) {

   // Get the address of the module's import section
   ULONG ulSize;

   // An exception was triggered by Explorer (when browsing the content of
   // a folder) into imagehlp.dll. It looks like one module was unloaded...
   // Maybe some threading problem: the list of modules from Toolhelp might
   // not be accurate if FreeLibrary is called during the enumeration.
   PIMAGE_IMPORT_DESCRIPTOR pImportDesc = NULL;
   __try {
     pImportDesc = (PIMAGE_IMPORT_DESCRIPTOR) ImageDirectoryEntryToData(
        hmodCaller, TRUE, IMAGE_DIRECTORY_ENTRY_IMPORT, &ulSize);
   }
   __except (InvalidReadExceptionFilter(GetExceptionInformation())) {
     // Nothing to do in here, thread continues to run normally
     // with NULL for pImportDesc
   }

   if (pImportDesc == NULL)
     return; // This module has no import section or is no longer loaded

   // Find the import descriptor containing references to callee's functions
   for (; pImportDesc->Name; pImportDesc++) {
     PSTR pszModName = (PSTR) ((PBYTE) hmodCaller + pImportDesc->Name);
     if (lstrcmpiA(pszModName, pszCalleeModName) == 0) {

       // Get caller's import address table (IAT) for the callee's functions
       PIMAGE_THUNK_DATA pThunk = (PIMAGE_THUNK_DATA)
         ((PBYTE) hmodCaller + pImportDesc->FirstThunk);

       // Replace current function address with new function address
       for (; pThunk->u1.Function; pThunk++) {

         // Get the address of the function address
         PROC* ppfn = (PROC*) &pThunk->u1.Function;

         // Is this the function we're looking for?
         BOOL bFound = (*ppfn == pfnCurrent);
         if (bFound) {
           if (!WriteProcessMemory(GetCurrentProcess(), ppfn, &pfnNew,
              sizeof(pfnNew), NULL) && (ERROR_NOACCESS == GetLastError())) {
```

```
            DWORD dwOldProtect;
            if (VirtualProtect(ppfn, sizeof(pfnNew), PAGE_WRITECOPY,
                &dwOldProtect)) {

                WriteProcessMemory(GetCurrentProcess(), ppfn, &pfnNew,
                    sizeof(pfnNew), NULL);
                VirtualProtect(ppfn, sizeof(pfnNew), dwOldProtect,
                    &dwOldProtect);
            }
        }
        return; // We did it, get out
    }
}
} // Each import section is parsed until the right entry is found and
patched
    }
}
```

636~637

为方便理解如何调用该函数，先来设想一个可能的情形。假设有一个名为Database.exe的模块，它的代码调用了Kernel32.dll中的ExitProcess函数。但是，我们希望让它调用我们的DbExtend.dll模块中的MyExitProcess函数。为此，应该像下面这样调用ReplaceIATEntryInOneMod函数：

```
PROC pfnOrig = GetProcAddress(GetModuleHandle("Kernel32"),
    "ExitProcess");
HMODULE hmodCaller = GetModuleHandle("Database.exe");

ReplaceIATEntryInOneMod(
    "Kernel32.dll", // Module containing the function (ANSI)
    pfnOrig,            // Address of function in callee
    MyExitProcess,   // Address of new function to be called
    hmodCaller);     // Handle of module that should call the new function
```

ReplaceIATEntryInOneMod所做的第一件事就是调用ImageDirectoryEntryToData函数并传入IMAGE_DIRECTORY_ENTRY_IMPORT来定位hmodCaller模块的导入段。如果该函数返回NULL，表明DataBase.exe模块没有导入段，不需要执行任何操作。ImageDirectoryEntryToData函数由ImageHlp.dll提供，为了捕获从这个函数中抛出的任何意想不到的异常，我们用一个__try/__except构造(详情参见第24章)将这个函数调用保护起来。由于这种情况有可能发生，所以这样的保护是必须的。如果在调用ReplaceIATEntryInOneMod时，在最后一个参数中传入的是一个无效的模块句柄，就会触发0xC0000005异常。例如，Windows资源管理器可能在另一个线程中快速地动态加载和卸载DLL，从而导致ReplaceIATEntryInOneMod所在线程所引用的模块句柄变得无效。

637~638

如果Database.exe有一个导入段，那么ImageDirectoryEntryToData就会返回导入段的地址，这实际是一个PIMAGE_IMPORT_DESCRIPTOR类型的指针。现在必须在模块的导入段中查找想要修改的导入函数所在的DLL。在本例中，我们要查找的符号是从Kernel32.dll(即传给ReplaceIATEntryInOneMod函数的第一个参数)中导入的。for循环对DLL模块的名称进行搜寻。注意，模块的导入段中的所有字符串都是以ANSI格式(绝对不会是Unicode)保存的。这也是代码为什么要显式调用lstrcmpiA函数，而不用lstrcmpi宏的原因。

如果直到循环结束都未能找到对Kernel32.dll中任何符号的引用，函数便会返回，不执行任何操作。如果模块的导入段确实引用了Kernel32.dll中的符号，就会得到一个地址，该地址指向一个由IMAGE_THUNK_DATA结构组成的数组，其中包含与导入符号有关的信息。注意，有些编译器(比如Borland Delphi)会在同一个模块中生成多个导入段，这也是为什么在找到第一个符合要求的导入段时不停止循环的原因。然后，对每个符合要求的导入段，我们遍历所有从Kernel32.dll中导入的符号，来查找一个与符号当前地址相匹配的地址。在本例中，查找的是一个与ExitProcess函数的地址相匹配的地址。

如果没有地址与要找的地址相匹配，那么这个模块肯定没有导入我们要找的符号，所以ReplaceIATEntryInOneMod直接返回。如果找到了地址，ReplaceIATEntryInOneMod就会调用WriteProcessMemory将地址修改为替代函数的地址。如果有错误发生，那么ReplaceIATEntryInOneMod还会尝试用VirtualProtect来修改页面保护属性，然后再修改函数指针，最后用VirtualProtect来恢复页面保护属性。

从现在开始，当任何线程执行Database.exe模块中调用了ExitProcess的代码时，就会调用我们的替代函数。在这个替代函数中，如果想要正常的ExitProcess处理，我们可以轻易地得到位于Kernel32.dll中真正的ExitProcess函数的地址并调用它。

注意，ReplaceIATEntryInOneMod函数修改的函数调用都来自同一个模块。但是，地址空间中的另一个DLL也可能会调用ExitProcess。如果Database.exe之外的一个模块试图调用ExitProcess，它会成功调用位于Kernel32.dll中的ExitProcess函数。

要捕获所有模块对ExitProcess的所有调用，必须对加载到地址空间中的每个模块都调用ReplaceIATEntryInOneMod。为此，我写了另一个名为ReplaceIATEntryInAllMods的函数。这个函数不过是用ToolHelp API的函数来枚举加载到进程地址空间中的所有模块，然后再以每个模块的句柄为最后一个参数来调用ReplaceIATEntryInOneMod。

其他几个地方可能会出问题。例如，如果一个线程在我们调用了ReplaceIATEntryInAllMods之后调用LoadLibrary来加载一个新的DLL，那么会发生什么？在这种情况下，新加载的DLL可能调用ExitProcess，而我们还没有拦截这些调用。为了解决这个问题，必须拦截LoadLibraryA，LoadLibraryW，LoadLibraryExA以及LoadLibraryExW函数，这样就能捕获这些调用，并为新加载的模块调用ReplaceIATEntryInOneMod。但仅仅这样还不够。设想新加载的模块对其他DLL有链接时的依赖性，而这些DLL也可能调用ExitProcess。当LoadLibrary*函数被调用的时候，Windows会首先加载这些静态链接的DLL，而不给我们机会去更新它们的导入地址表(Import Address Table，IAT)中与ExitProcess有关的部分。解决方案很简单，不应只为显式加载的DLL调用ReplaceIATEntryInOneMod。相反，应调用ReplaceIATEntryInAllMods，这样新的隐式加载的模块也能得到更新。

638~639

最后一个问题与GetProcAddress有关。假设一个线程执行以下代码：

```
typedef int (WINAPI *PFNEXITPROCESS)(UINT uExitCode);
PFNEXITPROCESS pfnExitProcess = (PFNEXITPROCESS) GetProcAddress(
  GetModuleHandle("Kernel32"), "ExitProcess");
pfnExitProcess(0);
```

这段代码告诉系统先取得Kernel32.dll中ExitProcess的实际地址，然后再调用该地址。如一个线程执行这段代码，我们的替代函数将得不到调用。为解决该问题，还必须拦截GetProcAddress函数。如果这个函数被调用，而且要返回的一个被拦截函数的地址，则必须改为返回替代函数的地址。

下一节介绍的示例程序不仅展示了如何拦截API，还解决了所有与LoadLibrary和GetProcAddress相关的问题。

说明　MSDN 杂志上一篇名为"Detect and Plug GDI Leaks in Your Code with Two Powerful Tools for Windows XP"的文章解释了如何用一个专门的线程和内存映射文件，在侦听程序和被拦截进程之间构建一种更加复杂的双向通信协议。文章可以通过此链接访问：https://tinyurl.com/35yk4vvc。

22.8.3　Last MessageBox Info示例程序

Last MessageBox Info应用程序(22-LastMsgBoxInfo.exe)展示了如何拦截API。它拦截了所有对MessageBox函数(位于User32.dll中)的调用。为了在所有进程中拦截这个函数，应用程序使用了Windows挂钩技术来完成DLL注入。应用程序的源文件和资源文件在本书配套资源的22-LastMsgBoxInfo和22-LastMsgBoxInfoLib目录中。

应用程序启动后会显示如图22-6所示的对话框。

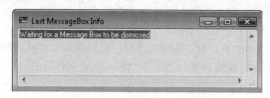

图22-6 启动后出现一个对话框

这时，应用程序处于等待状态。现在让我们运行任何一个应用程序并让该应用程序显示一个消息框。出于测试的目的，让我们使用第20章生成的20-DelayLoadApp.exe。当执行不同的延迟加载情形时，这个C++应用程序会弹出如图22-7所示的消息框。

图22-7 延迟加载

关闭这个对话框后，Last MessageBox Info对话框如图22-8所示。

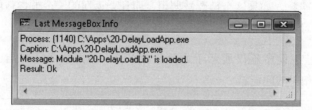

图22-8 显示最后的消息

如你所见，LastMsgBoxInfo应用程序可以确切地知道其他进程是如何调用MessageBox函数的。但是，你可能注意到LastMsgBoxInfo并没有检测到第一个消息框。原因很简单：用来注入我们的监控代码的Windows挂钩是在第一个消息框弹出之后，由它收到消息所触发，而这时已经太晚了……

用来显示和管理Last MessageBox Info对话框的代码相当简单。拦截API是难点所在。为了让拦截API更容易，我创建了一个名为CAPIHook的C++类。这个类在APIHook.h中定义，在APIHook.cpp中实现。这个类非常容易使用，因为它只有少数几个公共成员函数：一个构造函数、一个析构函数以及一个函数用来返回被拦截函数原来的地址。

为了拦截一个函数，只需像下面这样创建一个CAPIHook类的实例：

```
CAPIHook g_MessageBoxA("User32.dll", "MessageBoxA",
   (PROC) Hook_MessageBoxA, TRUE);

CAPIHook g_MessageBoxW("User32.dll", "MessageBoxW",
   (PROC) Hook_MessageBoxW, TRUE);
```

注意，必须拦截两个函数：MessageBoxA和MessageBoxW。这两个函数都包含在User32.dll中。当MessageBoxA被调用的时候，我们希望被调用的是Hook_MessageBoxA；当MessageBoxW被调用的时候，我们希望被调用的是Hook_MessageBoxW。

CAPIHook类的构造函数不过是先将我们想拦截哪个API记下来，然后再调用ReplaceIATEntryInAllMods进行拦截。

下一个公共成员函数是析构函数。当CAPIHook对象超出作用域的时候，它的析构函数会调用ReplaceIATEntryInAllMods将每个模块中该符号的地址重置为原来的地址，这样就撤销了对这个函数的拦截。

640

第三个公共成员用来返回函数原来的地址。通常替代函数为了调用原来的函数，会在内部调用这个成员函数。下面就是Hook_MessageBoxA函数中的代码：

```
int WINAPI Hook_MessageBoxA(HWND hWnd, PCSTR pszText,
   PCSTR pszCaption, UINT uType) {

   int nResult = ((PFNMESSAGEBOXA)(PROC) g_MessageBoxA)
      (hWnd, pszText, pszCaption, uType);
   SendLastMsgBoxInfo(FALSE, (PVOID) pszCaption, (PVOID) pszText, nResult);
   return(nResult);
}
```

这段代码用到了类型为CAPIHook的全局变量g_MessageBoxA。将这个对象转型为PROC数据类型使得第三个成员函数返回MessageBoxA 函数在User32.dll中原来的地址。

如果使用这个C++类，那么拦截导入函数和撤销拦截就是这么简单。仔细查看CAPIHook.cpp底部的代码，会发现CAPIHook类自动创建了一些实例来捕获对LoadLibraryA，LoadLibraryW，LoadLibraryExA，LoadLibraryExW和GetProcAddress的调用。通过这种方式，CAPIHook类便自动地处理了前面提到的问题。

注意，当CAPIHook的构造函数运行的时候，我们想要拦截的导入函数所在的模块必须已经加载，否则CAPIHook的构造函数将不可能得到函数原来的地址：GetModuleHandleA

会返回NULL，GetProcAddress 会失败。延迟加载模块所提供的优化就是直到延迟加载的导出函数真正被调用时才加载对应的模块。正因为如此，CAPIHook无法处理延迟加载模块的情况，这是它的一个主要局限。

一种可能的解决方案是用被拦截的LoadLibrary*函数来检测何时一个模块的一个导出函数应该拦截但尚未拦截，然后执行以下操作。

(1) 再次对已经加载的模块的导入表进行拦截，因为现在可以调用GetProcAddress并得到被拦截函数原来的地址。注意，需要在构造函数中将函数名作为类的一个成员保存起来。

(2) 像ReplaceEATEntryInOneMod函数中显示的那样，直接对模块的导出地址表中的被拦截函数进行更新。这样，所有调用了被拦截函数的新模块都会调用我们的替代函数。

但是，如果导出被拦截函数的模块由于FreeLibrary调用而已经被卸载了，那么会发生什么？如果该模块后来又重新被加载，又会发生什么？可以想象，一个完整的实现已超出了本章讨论的范畴，但我们现在已经掌握了所有基本要素，应该完全有能力将上述解决方案加以改编，以解决我们的实际问题。

说明 微软研究院发表了一个名为 Detours 的拦截 API，详情可以访问 http://research.microsoft.com/sn/detours/，并可以在此下载。

641

```
LastMsgBoxInfo.cpp
/*****************************************************************************
Notices: Copyright (c) 2008 Jeffrey Richter & Christophe Nasarre
*****************************************************************************/


#include "..\CommonFiles\CmnHdr.h"        /* See Appendix A. */
#include <windowsx.h>
#include <tchar.h>
#include "Resource.h"
#include "..\22-LastMsgBoxInfoLib\LastMsgBoxInfoLib.h"



///////////////////////////////////////////////////////////////////////////////



BOOL Dlg_OnInitDialog(HWND hWnd, HWND hWndFocus, LPARAM lParam) {

   chSETDLGICONS(hWnd, IDI_LASTMSGBOXINFO);
```

```
   SetDlgItemText(hWnd, IDC_INFO,
     TEXT("Waiting for a Message Box to be dismissed"));
   return(TRUE);
}


///////////////////////////////////////////////////////////////////////////////


void Dlg_OnSize(HWND hWnd, UINT state, int cx, int cy) {

   SetWindowPos(GetDlgItem(hWnd, IDC_INFO), NULL,
     0, 0, cx, cy, SWP_NOZORDER);
}


///////////////////////////////////////////////////////////////////////////////


void Dlg_OnCommand(HWND hWnd, int id, HWND hWndCtl, UINT codeNotify) {

   switch (id) {
      case IDCANCEL:
         EndDialog(hWnd, id);
         break;
   }
}


///////////////////////////////////////////////////////////////////////////////


BOOL Dlg_OnCopyData(HWND hWnd, HWND hWndFrom, PCOPYDATASTRUCT pcds) {

   // Some hooked process sent us some message box info, display it
   SetDlgItemTextW(hWnd, IDC_INFO, (PCWSTR) pcds->lpData);
   return(TRUE);
}


///////////////////////////////////////////////////////////////////////////////


INT_PTR WINAPI Dlg_Proc(HWND hWnd, UINT uMsg, WPARAM wParam, LPARAM lParam) {

   switch (uMsg) {
```

```
        chHANDLE_DLGMSG(hWnd, WM_INITDIALOG,    Dlg_OnInitDialog);
        chHANDLE_DLGMSG(hWnd, WM_SIZE,          Dlg_OnSize);
        chHANDLE_DLGMSG(hWnd, WM_COMMAND,       Dlg_OnCommand);
        chHANDLE_DLGMSG(hWnd, WM_COPYDATA,      Dlg_OnCopyData);
    }
    return(FALSE);
}


///////////////////////////////////////////////////////////////////////////////


int WINAPI _tWinMain(HINSTANCE hInstExe, HINSTANCE, PTSTR pszCmdLine, int) {

    DWORD dwThreadId = 0;
    LastMsgBoxInfo_HookAllApps(TRUE, dwThreadId);
    DialogBox(hInstExe, MAKEINTRESOURCE(IDD_LASTMSGBOXINFO), NULL, Dlg_Proc);
    LastMsgBoxInfo_HookAllApps(FALSE, 0);
    return(0);
}
////////////////////////////// End of File /////////////////////////////////////
```

LastMsgBoxInfoLib.cpp
```
/******************************************************************************
Module:  LastMsgBoxInfoLib.cpp
Notices: Copyright (c) 2008 Jeffrey Richter & Christophe Nasarre
******************************************************************************/


#include "..\CommonFiles\CmnHdr.h"
#include <WindowsX.h>
#include <tchar.h>
#include <stdio.h>
#include "APIHook.h"


#define LASTMSGBOXINFOLIBAPI extern "C" __declspec(dllexport)
#include "LastMsgBoxInfoLib.h"
#include <StrSafe.h>


///////////////////////////////////////////////////////////////////////////////


// Prototypes for the hooked functions
typedef int (WINAPI *PFNMESSAGEBOXA)(HWND hWnd, PCSTR pszText,
```

```
      PCSTR pszCaption, UINT uType);

typedef int (WINAPI *PFNMESSAGEBOXW)(HWND hWnd, PCWSTR pszText,
   PCWSTR pszCaption, UINT uType);

// We need to reference these variables before we create them.
extern CAPIHook g_MessageBoxA;
extern CAPIHook g_MessageBoxW;


///////////////////////////////////////////////////////////////////////////////


// This function sends the MessageBox info to our main dialog box
void SendLastMsgBoxInfo(BOOL bUnicode,
   PVOID pvCaption, PVOID pvText, int nResult) {

   // Get the pathname of the process displaying the message box
   wchar_t szProcessPathname[MAX_PATH];
   GetModuleFileNameW(NULL, szProcessPathname, MAX_PATH);

   // Convert the return value into a human-readable string
   PCWSTR pszResult = L"(Unknown)";
   switch (nResult) {
      case IDOK:        pszResult = L"Ok";          break;
      case IDCANCEL:    pszResult = L"Cancel";      break;
      case IDABORT:     pszResult = L"Abort";       break;
      case IDRETRY:     pszResult = L"Retry";       break;
      case IDIGNORE:    pszResult = L"Ignore";      break;
      case IDYES:       pszResult = L"Yes";         break;
      case IDNO:        pszResult = L"No";          break;
      case IDCLOSE:     pszResult = L"Close";       break;
      case IDHELP:      pszResult = L"Help";        break;
      case IDTRYAGAIN:  pszResult = L"Try Again";   break;
      case IDCONTINUE:  pszResult = L"Continue";    break;
   }

   // Construct the string to send to the main dialog box
   wchar_t sz[2048];
   StringCchPrintfW(sz, _countof(sz), bUnicode
      ? L"Process: (%d) %s\r\nCaption: %s\r\nMessage: %s\r\nResult: %s"
      : L"Process: (%d) %s\r\nCaption: %S\r\nMessage: %S\r\nResult: %s",
      GetCurrentProcessId(), szProcessPathname,
      pvCaption, pvText, pszResult);
```

```
  // Send the string to the main dialog box
  COPYDATASTRUCT cds = { 0, ((DWORD)wcslen(sz) + 1) * sizeof(wchar_t), sz };
  FORWARD_WM_COPYDATA(FindWindow(NULL, TEXT("Last MessageBox Info")),
     NULL, &cds, SendMessage);
}


///////////////////////////////////////////////////////////////////////////////


// This is the MessageBoxW replacement function
int WINAPI Hook_MessageBoxW(HWND hWnd, PCWSTR pszText, LPCWSTR pszCaption,
  UINT uType) {

  // Call the original MessageBoxW function
  int nResult = ((PFNMESSAGEBOXW)(PROC) g_MessageBoxW)
     (hWnd, pszText, pszCaption, uType);

  // Send the information to the main dialog box
  SendLastMsgBoxInfo(TRUE, (PVOID) pszCaption, (PVOID) pszText, nResult);

  // Return the result back to the caller
  return(nResult);
}


///////////////////////////////////////////////////////////////////////////////


// This is the MessageBoxA replacement function
int WINAPI Hook_MessageBoxA(HWND hWnd, PCSTR pszText, PCSTR pszCaption,
  UINT uType) {

  // Call the original MessageBoxA function
  int nResult = ((PFNMESSAGEBOXA)(PROC) g_MessageBoxA)
     (hWnd, pszText, pszCaption, uType);

  // Send the information to the main dialog box
  SendLastMsgBoxInfo(FALSE, (PVOID) pszCaption, (PVOID) pszText, nResult);

  // Return the result back to the caller
  return(nResult);
}


///////////////////////////////////////////////////////////////////////////////
```

```
// Hook the MessageBoxA and MessageBoxW functions
CAPIHook g_MessageBoxA("User32.dll", "MessageBoxA",
   (PROC) Hook_MessageBoxA);


CAPIHook g_MessageBoxW("User32.dll", "MessageBoxW",
   (PROC) Hook_MessageBoxW);


HHOOK g_hhook = NULL;



///////////////////////////////////////////////////////////////////////////////


static LRESULT WINAPI GetMsgProc(int code, WPARAM wParam, LPARAM lParam) {
   return(CallNextHookEx(g_hhook, code, wParam, lParam));
}



///////////////////////////////////////////////////////////////////////////////



// Returns the HMODULE that contains the specified memory address
static HMODULE ModuleFromAddress(PVOID pv) {

   MEMORY_BASIC_INFORMATION mbi;
   return((VirtualQuery(pv, &mbi, sizeof(mbi)) != 0)
      ? (HMODULE) mbi.AllocationBase : NULL);
}


///////////////////////////////////////////////////////////////////////////////



BOOL WINAPI LastMsgBoxInfo_HookAllApps(BOOL bInstall, DWORD dwThreadId) {

   BOOL bOk;

   if (bInstall) {

      chASSERT(g_hhook == NULL); // Illegal to install twice in a row

      // Install the Windows' hook
      g_hhook = SetWindowsHookEx(WH_GETMESSAGE, GetMsgProc,
         ModuleFromAddress(LastMsgBoxInfo_HookAllApps), dwThreadId);
```

```
      bOk = (g_hhook != NULL);
   } else {

      chASSERT(g_hhook != NULL); // Can't uninstall if not installed
      bOk = UnhookWindowsHookEx(g_hhook);
      g_hhook = NULL;
   }


   return(bOk);
}


////////////////////////////// End of File //////////////////////////////////
```

LastMsgBoxInfoLib.h
```
/******************************************************************************
Module: LastMsgBoxInfoLib.h
Notices: Copyright (c) 2008 Jeffrey Richter & Christophe Nasarre
******************************************************************************/


#ifndef LASTMSGBOXINFOLIBAPI
#define LASTMSGBOXINFOLIBAPI extern "C" __declspec(dllimport)
#endif


///////////////////////////////////////////////////////////////////////////////


LASTMSGBOXINFOLIBAPI BOOL WINAPI LastMsgBoxInfo_HookAllApps(BOOL bInstall,
   DWORD dwThreadId);

////////////////////////////// End of File //////////////////////////////////
```

APIHook.cpp
```
/******************************************************************************
Module: APIHook.cpp
Notices: Copyright (c) 2008 Jeffrey Richter & Christophe Nasarre
******************************************************************************/


#include "..\CommonFiles\CmnHdr.h"
#include <ImageHlp.h>
#pragma comment(lib, "ImageHlp")

#include "APIHook.h"
```

```cpp
#include "..\CommonFiles\Toolhelp.h"
#include <StrSafe.h>


///////////////////////////////////////////////////////////////////////////


// The head of the linked-list of CAPIHook objects
CAPIHook* CAPIHook::sm_pHead = NULL;

// By default, the module containing the CAPIHook() is not hooked
BOOL CAPIHook::ExcludeAPIHookMod = TRUE;


///////////////////////////////////////////////////////////////////////////


CAPIHook::CAPIHook(PSTR pszCalleeModName, PSTR pszFuncName, PROC pfnHook) {

   // Note: the function can be hooked only if the exporting module
   //       is already loaded. A solution could be to store the function
   //       name as a member; then, in the hooked LoadLibrary* handlers, parse
   //       the list of CAPIHook instances, check if pszCalleeModName
   //       is the name of the loaded module to hook its export table, and
   //       re-hook the import tables of all loaded modules.

   m_pNext = sm_pHead;      // The next node was at the head
   sm_pHead = this;         // This node is now at the head

   // Save information about this hooked function
   m_pszCalleeModName       = pszCalleeModName;
   m_pszFuncName            = pszFuncName;

   m_pfnHook                        = pfnHook;
   m_pfnOrig                        =
      GetProcAddressRaw(GetModuleHandleA(pszCalleeModName), m_pszFuncName);

   // If function does not exit,... bye bye
   // This happens when the module is not already loaded
   if (m_pfnOrig == NULL)
   {
      wchar_t szPathname[MAX_PATH];
      GetModuleFileNameW(NULL, szPathname, _countof(szPathname));
      wchar_t sz[1024];
      StringCchPrintfW(sz, _countof(sz),
```

```
            TEXT("[%4u - %s] impossible to find %S\r\n"),
            GetCurrentProcessId(), szPathname, pszFuncName);
        OutputDebugString(sz);
        return;
    }

#ifdef _DEBUG
    // This section was used for debugging sessions when Explorer died as
    // a folder content was requested
    //
    //static BOOL s_bFirstTime = TRUE;
    //if (s_bFirstTime)
    //{
    // s_bFirstTime = FALSE;

    // wchar_t szPathname[MAX_PATH];
    // GetModuleFileNameW(NULL, szPathname, _countof(szPathname));
    // wchar_t* pszExeFile = wcsrchr(szPathname, L'\\') + 1;
    // OutputDebugStringW(L"Injected in ");
    // OutputDebugStringW(pszExeFile);
    // if (_wcsicmp(pszExeFile, L"Explorer.EXE") == 0)
    // {
    // DebugBreak();
    // }
    // OutputDebugStringW(L"\n --> ");
    // StringCchPrintfW(szPathname, _countof(szPathname), L"%S", pszFuncName);
    // OutputDebugStringW(szPathname);
    // OutputDebugStringW(L"\n");
    //}
#endif

    // Hook this function in all currently loaded modules
    ReplaceIATEntryInAllMods(m_pszCalleeModName, m_pfnOrig, m_pfnHook);
}

////////////////////////////////////////////////////////////////////////////

CAPIHook::~CAPIHook() {

    // Unhook this function from all modules
    ReplaceIATEntryInAllMods(m_pszCalleeModName, m_pfnHook, m_pfnOrig);

    // Remove this object from the linked list
    CAPIHook* p = sm_pHead;
    if (p == this) { // Removing the head node
```

```
            sm_pHead = p->m_pNext;
    } else {

        BOOL bFound = FALSE;

        // Walk list from head and fix pointers
        for (; !bFound && (p->m_pNext != NULL); p = p->m_pNext) {
            if (p->m_pNext == this) {
                // Make the node that points to us point to our next node
                p->m_pNext = p->m_pNext->m_pNext;
                bFound = TRUE;
            }
        }
    }
}


///////////////////////////////////////////////////////////////////////////////


// NOTE: This function must NOT be inlined
FARPROC CAPIHook::GetProcAddressRaw(HMODULE hmod, PCSTR pszProcName) {

    return(::GetProcAddress(hmod, pszProcName));
}


///////////////////////////////////////////////////////////////////////////////


// Returns the HMODULE that contains the specified memory address
static HMODULE ModuleFromAddress(PVOID pv) {

    MEMORY_BASIC_INFORMATION mbi;
    return((VirtualQuery(pv, &mbi, sizeof(mbi)) != 0)
        ? (HMODULE) mbi.AllocationBase : NULL);
}


///////////////////////////////////////////////////////////////////////////////


void CAPIHook::ReplaceIATEntryInAllMods(PCSTR pszCalleeModName,
    PROC pfnCurrent, PROC pfnNew) {

    HMODULE hmodThisMod = ExcludeAPIHookMod
```

```
                ? ModuleFromAddress(ReplaceIATEntryInAllMods) : NULL;

   // Get the list of modules in this process
   CToolhelp th(TH32CS_SNAPMODULE, GetCurrentProcessId());

   MODULEENTRY32 me = { sizeof(me) };
   for (BOOL bOk = th.ModuleFirst(&me); bOk; bOk = th.ModuleNext(&me)) {

      // NOTE: We don't hook functions in our own module
      if (me.hModule != hmodThisMod) {

         // Hook this function in this module
         ReplaceIATEntryInOneMod(
            pszCalleeModName, pfnCurrent, pfnNew, me.hModule);
      }
   }
}


///////////////////////////////////////////////////////////////////////////////


// Handle unexpected exceptions if the module is unloaded
LONG WINAPI InvalidReadExceptionFilter(PEXCEPTION_POINTERS pep) {

   // handle all unexpected exceptions because we simply don't update
   // any module in that case
   LONG lDisposition = EXCEPTION_EXECUTE_HANDLER;

   // Note: pep->ExceptionRecord->ExceptionCode has 0xc0000005 as a value

   return(lDisposition);
}

void CAPIHook::ReplaceIATEntryInOneMod(PCSTR pszCalleeModName,
   PROC pfnCurrent, PROC pfnNew, HMODULE hmodCaller) {

   // Get the address of the module's import section
   ULONG ulSize;

   // An exception was triggered by Explorer (when browsing the content of
   // a folder) into imagehlp.dll. It looks like one module was unloaded...
   // Maybe some threading problem: the list of modules from Toolhelp might
   // not be accurate if FreeLibrary is called during the enumeration.
   PIMAGE_IMPORT_DESCRIPTOR pImportDesc = NULL;
```

```
    __try {
        pImportDesc = (PIMAGE_IMPORT_DESCRIPTOR) ImageDirectoryEntryToData(
            hmodCaller, TRUE, IMAGE_DIRECTORY_ENTRY_IMPORT, &ulSize);
    }

    __except (InvalidReadExceptionFilter(GetExceptionInformation())) {
        // Nothing to do in here, thread continues to run normally
        // with NULL for pImportDesc
    }

    if (pImportDesc == NULL)
        return; // This module has no import section or is no longer loaded

    // Find the import descriptor containing references to callee's functions
    for (; pImportDesc->Name; pImportDesc++) {
        PSTR pszModName = (PSTR) ((PBYTE) hmodCaller + pImportDesc->Name);
        if (lstrcmpiA(pszModName, pszCalleeModName) == 0) {

            // Get caller's import address table (IAT) for the callee's functions
            PIMAGE_THUNK_DATA pThunk = (PIMAGE_THUNK_DATA)
                ((PBYTE) hmodCaller + pImportDesc->FirstThunk);

            // Replace current function address with new function address
            for (; pThunk->u1.Function; pThunk++) {

                // Get the address of the function address
                PROC* ppfn = (PROC*) &pThunk->u1.Function;

                // Is this the function we're looking for?
                BOOL bFound = (*ppfn == pfnCurrent);
                if (bFound) {
                    if (!WriteProcessMemory(GetCurrentProcess(), ppfn, &pfnNew,
                        sizeof(pfnNew), NULL) && (ERROR_NOACCESS == GetLastError())) {
                        DWORD dwOldProtect;
                        if (VirtualProtect(ppfn, sizeof(pfnNew), PAGE_WRITECOPY,
                            &dwOldProtect)) {

                            WriteProcessMemory(GetCurrentProcess(), ppfn, &pfnNew,
                                sizeof(pfnNew), NULL);
                            VirtualProtect(ppfn, sizeof(pfnNew), dwOldProtect,
                                &dwOldProtect);
                        }
                    }
                    return; // We did it, get out
                }
```

```
        }
    } // Each import section is parsed until the right entry is found and patched
  }
}


/////////////////////////////////////////////////////////////////////////////


void CAPIHook::ReplaceEATEntryInOneMod(HMODULE hmod, PCSTR pszFunctionName,
    PROC pfnNew) {

    // Get the address of the module's export section
    ULONG ulSize;

    PIMAGE_EXPORT_DIRECTORY pExportDir = NULL;
    __try {
        pExportDir = (PIMAGE_EXPORT_DIRECTORY) ImageDirectoryEntryToData(
            hmod, TRUE, IMAGE_DIRECTORY_ENTRY_EXPORT, &ulSize);
    }
    __except (InvalidReadExceptionFilter(GetExceptionInformation())) {
        // Nothing to do in here, thread continues to run normally
        // with NULL for pExportDir
    }

    if (pExportDir == NULL)
        return; // This module has no export section or is unloaded

    PDWORD pdwNamesRvas = (PDWORD) ((PBYTE) hmod + pExportDir->AddressOfNames);
    PWORD pdwNameOrdinals = (PWORD)
        ((PBYTE) hmod + pExportDir->AddressOfNameOrdinals);
    PDWORD pdwFunctionAddresses = (PDWORD)
        ((PBYTE) hmod + pExportDir->AddressOfFunctions);

    // Walk the array of this module's function names
    for (DWORD n = 0; n < pExportDir->NumberOfNames; n++) {
        // Get the function name
        PSTR pszFuncName = (PSTR) ((PBYTE) hmod + pdwNamesRvas[n]);

        // If not the specified function, try the next function
        if (lstrcmpiA(pszFuncName, pszFunctionName) != 0) continue;

        // We found the specified function
        // --> Get this function's ordinal value
        WORD ordinal = pdwNameOrdinals[n];
```

```
      // Get the address of this function's address
      PROC* ppfn = (PROC*) &pdwFunctionAddresses[ordinal];

      // Turn the new address into an RVA
      pfnNew = (PROC) ((PBYTE) pfnNew - (PBYTE) hmod);

      // Replace current function address with new function address
      if (!WriteProcessMemory(GetCurrentProcess(), ppfn, &pfnNew,
         sizeof(pfnNew), NULL) && (ERROR_NOACCESS == GetLastError())) {
         DWORD dwOldProtect;
         if (VirtualProtect(ppfn, sizeof(pfnNew), PAGE_WRITECOPY,
            &dwOldProtect)) {

            WriteProcessMemory(GetCurrentProcess(), ppfn, &pfnNew,
               sizeof(pfnNew), NULL);
            VirtualProtect(ppfn, sizeof(pfnNew), dwOldProtect, &dwOldProtect);
         }
      }
      break; // We did it, get out
   }
}


//////////////////////////////////////////////////////////////////////////////

// Hook LoadLibrary functions and GetProcAddress so that hooked functions
// are handled correctly if these functions are called.

CAPIHook CAPIHook::sm_LoadLibraryA ("Kernel32.dll", "LoadLibraryA",
   (PROC) CAPIHook::LoadLibraryA);

CAPIHook CAPIHook::sm_LoadLibraryW ("Kernel32.dll", "LoadLibraryW",
   (PROC) CAPIHook::LoadLibraryW);

CAPIHook CAPIHook::sm_LoadLibraryExA("Kernel32.dll", "LoadLibraryExA",
   (PROC) CAPIHook::LoadLibraryExA);

CAPIHook CAPIHook::sm_LoadLibraryExW("Kernel32.dll", "LoadLibraryExW",
   (PROC) CAPIHook::LoadLibraryExW);

CAPIHook CAPIHook::sm_GetProcAddress("Kernel32.dll", "GetProcAddress",
   (PROC) CAPIHook::GetProcAddress);
```

```
////////////////////////////////////////////////////////////////////////////////


void CAPIHook::FixupNewlyLoadedModule(HMODULE hmod, DWORD dwFlags) {

   // If a new module is loaded, hook the hooked functions
   if ((hmod != NULL) && // Do not hook our own module
       (hmod != ModuleFromAddress(FixupNewlyLoadedModule)) &&
       ((dwFlags & LOAD_LIBRARY_AS_DATAFILE) == 0) &&
       ((dwFlags & LOAD_LIBRARY_AS_DATAFILE_EXCLUSIVE) == 0) &&
       ((dwFlags & LOAD_LIBRARY_AS_IMAGE_RESOURCE) == 0)
       ) {

       for (CAPIHook* p = sm_pHead; p != NULL; p = p->m_pNext) {
          if (p->m_pfnOrig != NULL) {
             ReplaceIATEntryInAllMods(p->m_pszCalleeModName,
                p->m_pfnOrig, p->m_pfnHook);
          } else {
#ifdef _DEBUG
             // We should never end up here
             wchar_t szPathname[MAX_PATH];
             GetModuleFileNameW(NULL, szPathname, _countof(szPathname));
             wchar_t sz[1024];
             StringCchPrintfW(sz, _countof(sz),
                TEXT("[%4u - %s] impossible to find %S\r\n"),
                GetCurrentProcessId(), szPathname, p->m_pszCalleeModName);
             OutputDebugString(sz);
#endif
          }
       }
   }
}


////////////////////////////////////////////////////////////////////////////////


HMODULE WINAPI CAPIHook::LoadLibraryA(PCSTR pszModulePath) {

   HMODULE hmod = ::LoadLibraryA(pszModulePath);
   FixupNewlyLoadedModule(hmod, 0);
   return(hmod);
}


////////////////////////////////////////////////////////////////////////////////
```

```
HMODULE WINAPI CAPIHook::LoadLibraryW(PCWSTR pszModulePath) {

   HMODULE hmod = ::LoadLibraryW(pszModulePath);
   FixupNewlyLoadedModule(hmod, 0);
   return(hmod);
}


///////////////////////////////////////////////////////////////////////////


HMODULE WINAPI CAPIHook::LoadLibraryExA(PCSTR pszModulePath,
   HANDLE hFile, DWORD dwFlags) {

   HMODULE hmod = ::LoadLibraryExA(pszModulePath, hFile, dwFlags);
   FixupNewlyLoadedModule(hmod, dwFlags);
   return(hmod);
}


///////////////////////////////////////////////////////////////////////////


HMODULE WINAPI CAPIHook::LoadLibraryExW(PCWSTR pszModulePath,
   HANDLE hFile, DWORD dwFlags) {

   HMODULE hmod = ::LoadLibraryExW(pszModulePath, hFile, dwFlags);
   FixupNewlyLoadedModule(hmod, dwFlags);
   return(hmod);
}


///////////////////////////////////////////////////////////////////////////


FARPROC WINAPI CAPIHook::GetProcAddress(HMODULE hmod, PCSTR pszProcName) {

   // Get the true address of the function
   FARPROC pfn = GetProcAddressRaw(hmod, pszProcName);

   // Is it one of the functions that we want hooked?
   CAPIHook* p = sm_pHead;
```

```
      for (; (pfn != NULL) && (p != NULL); p = p->m_pNext) {

         if (pfn == p->m_pfnOrig) {

            // The address to return matches an address we want to hook
            // Return the hook function address instead
            pfn = p->m_pfnHook;
            break;
         }
      }

   return(pfn);
}
////////////////////////////// End of File //////////////////////////////////
```

APIHook.h

```
/******************************************************************************
Module: APIHook.h
Notices: Copyright (c) 2008 Jeffrey Richter & Christophe Nasarre
******************************************************************************/


#pragma once


//////////////////////////////////////////////////////////////////////////////


class CAPIHook {
public:
   // Hook a function in all modules
   CAPIHook(PSTR pszCalleeModName, PSTR pszFuncName, PROC pfnHook);

   // Unhook a function from all modules
   ~CAPIHook();

   // Returns the original address of the hooked function
   operator PROC() { return(m_pfnOrig); }

   // Hook module w/CAPIHook implementation?
   // I have to make it static because I need to use it
   // in ReplaceIATEntryInAllMods
   static BOOL ExcludeAPIHookMod;
```

```
public:
    // Calls the real GetProcAddress
    static FARPROC WINAPI GetProcAddressRaw(HMODULE hmod, PCSTR pszProcName);

private:
    static PVOID sm_pvMaxAppAddr;       // Maximum private memory address
    static CAPIHook* sm_pHead;          // Address of first object

    CAPIHook* m_pNext;                  // Address of next object

    PCSTR m_pszCalleeModName;           // Module containing the function (ANSI)
    PCSTR m_pszFuncName;                // Function name in callee (ANSI)
    PROC m_pfnOrig;                     // Original function address in callee
    PROC m_pfnHook;                     // Hook function address

private:
    // Replaces a symbol's address in a module's import section
    static void WINAPI ReplaceIATEntryInAllMods(PCSTR pszCalleeModName,
        PROC pfnOrig, PROC pfnHook);

    // Replaces a symbol's address in all modules' import sections
    static void WINAPI ReplaceIATEntryInOneMod(PCSTR pszCalleeModName,
        PROC pfnOrig, PROC pfnHook, HMODULE hmodCaller);

    // Replaces a symbol's address in a module's export sections
    static void ReplaceEATEntryInOneMod(HMODULE hmod, PCSTR pszFunctionName,
        PROC pfnNew);

private:
    // Used when a DLL is newly loaded after hooking a function
    static void WINAPI FixupNewlyLoadedModule(HMODULE hmod, DWORD dwFlags);

    // Used to trap when DLLs are newly loaded
    static HMODULE WINAPI LoadLibraryA(PCSTR pszModulePath);
    static HMODULE WINAPI LoadLibraryW(PCWSTR pszModulePath);
    static HMODULE WINAPI LoadLibraryExA(PCSTR pszModulePath,
        HANDLE hFile, DWORD dwFlags);
    static HMODULE WINAPI LoadLibraryExW(PCWSTR pszModulePath,
        HANDLE hFile, DWORD dwFlags);

    // Returns address of replacement function if hooked function is requested
    static FARPROC WINAPI GetProcAddress(HMODULE hmod, PCSTR pszProcName);

private:
    // Instantiates hooks on these functions
```

```
    static CAPIHook sm_LoadLibraryA;
    static CAPIHook sm_LoadLibraryW;
    static CAPIHook sm_LoadLibraryExA;
    static CAPIHook sm_LoadLibraryExW;
    static CAPIHook sm_GetProcAddress;
};
```

/////////////////////////////// End of File ///////////////////////////////

642~656

Windows核心编程
（第5版 中文限量版）

[美] 杰弗里·李希特 (Jeffrey Richter)
[法] 克里斯托弗·纳萨雷(Christophe Nasarre) /著　周　靖/译

清华大学出版社
北京

内 容 简 介

这是一本经典的Windows核心编程指南，从第1版到第5版，引领着数十万程序员走入Windows开发阵营，培养了大批精英。

作为Windows开发人员的必备参考，本书是为打算理解Windows的C和C++程序员精心设计的。第5版全面覆盖Windows XP，Windows Vista和Windows Server 2008中的170个新增函数和Windows特性。书中还讲解了Windows系统如何使用这些特性，我们开发的应用程序又如何充分使用这些特性，如何自行创建新的特性。

北京市版权局著作权合同登记号　图字：01-2022-4807

Authorized translation from the English language edition, entitled Windows via C/C++, Fifth Edition by Jeffrey Richter / Christophe Nasarre, published by Pearson Education, Inc, publishing as Microsoft Press, Copyright © 2008 Jeffrey Richter. All rights reserved. No part of this book may be reproduced or transmitted in any form or by any means, electronic or mechanical, including photocopying, recording or by any information storage retrieval system, without permission from Pearson Education, Inc.

Chinese Simplified language edition published by TSINGHUA UNIVERSITY PRESS LIMITED Copyright © 2022

本书中文简体版由Microsoft Press授权清华大学出版社出版发行，未经出版者书面许可，不得以任何方式复制或抄袭本书的任何部分。

图书在版编目(CIP)数据

Windows核心编程：第5版：中文限量版 / (美)杰弗里·李希特(Jeffrey Richter)，(法)克里斯托弗·纳萨雷(Christophe Nasarre)著；周靖译. —北京：清华大学出版社，2022.9
书名原文：Windows via C/C++, 5th Edition
ISBN 978-7-302-60932-2

Ⅰ.①W… Ⅱ.①杰… ②克… ③周… Ⅲ.①Windows操作系统—应用软件—程序设计 Ⅳ.①TP316.7

中国版本图书馆CIP数据核字(2022)第088960号

责任编辑：文开琪
封面设计：李 坤
责任校对：周剑云
责任印制：丛怀宇
出版发行：清华大学出版社
　　　网　　址：http://www.tup.com.cn, http://www.wqbook.com
　　　地　　址：北京清华大学学研大厦A座　　　邮　　编：100084
　　　社 总 机：010-83470000　　　　　　　　邮　　购：010-62786544
　　　投稿与读者服务：010-62776969, c-service@tup.tsinghua.edu.cn
　　　质量反馈：010-62772015, zhiliang@tup.tsinghua.edu.cn
印 装 者：三河市东方印刷有限公司
经　　销：全国新华书店
开　　本：178mm×230mm　　印　　张：60.25　　字　　数：1359千字
版　　次：2022年10月第1版　　　　　　印　　次：2022年10月第1次印刷
定　　价：256.00元(全五册)

产品编号：097221-01

详细目录

第 V 部分　结构化异常处理

附　　录

第 V 部分　结构化异常处理

第 23 章

终止处理程序

本章内容

通过实例理解终止处理程序

闭上眼睛，想象一下要写一个不会因异常而终止的程序。没错，有足够的内存，不会有非法的指针，而且要访问的文件也始终存在。在这样的条件下写代码，那一定是一件愉快的事情。代码将会因此而容易编写，容易阅读，并且容易理解。再也不需要为代码里随处可见的if语句和goto语句而烦恼，每个函数都只需要从头到尾把代码写完。

如果这种直截了当的编程环境对你来说是一个美梦的话，那么你一定会喜欢上结构化异常处理(structured exception handling，SEH)。SEH带来的好处是我们在写代码时，可以先集中精力完成软件的正常工作流程。如果在运行的时候出现了什么问题，系统会捕获这个问题，并且通知我们。

使用SEH，并不意味着可以完全忽略代码中可能出现的错误，但可以将主要工作和错误处理这两个任务分开。这样一来，就可以先集中精力解决手头上的问题，以后再去处理可能的错误。

Microsoft之所以将SEH加入Windows系统，一个主要动机是它能简化操作系统本身的开发工作。操作系统的开发人员使用SHE让系统更健壮，我们也可以使用SEH让应用程序更健壮。

为了让SEH运作起来，编译器的工作量要大于操作系统。编译器必须在进入和离开异常处理代码块时生成一些特殊代码。编译器必须生成一些支持SEH的数据结构表。编译器必须提供回调函数给操作系统调用，使系统能遍历异常代码块。编译器还要准备进程的栈框架(stack frame)和其他一些内部信息，供操作系统使用或引用。让编译器支持SEH不是一个简单的任务。不同的编译器厂商以不同的方式实现它，这一点都不奇怪。幸好，我们可以直接利用编译器对SEH的支持，而不必理会编译器的实现细节。

但是，不同编译器针对SEH的实现不尽相同，这为我们用具体的方式和具体的例子来讨论SEH的优点带来了困难。幸好，大部分编译厂商都遵循了Microsoft建议的语法。我们的例子中采用的语法或关键字可能与其他公司的编译器所采用的不一致，但SEH的基本概念是一样的。本章采用Microsoft Visual C++编译器规定的语法。

659

说明 不要混淆结构化异常处理与C++异常处理。C++异常处理是一种不同形式的异常处理，表现为使用C++关键字catch和throw。Microsoft Visual C++也支持C++异常处理，内部就是利用编译器和Windows操作系统现有的结构化异常处理功能来实现的。

SEH实际上包含两方面的功能：终止处理(termination handling)和异常处理(exception handling)。这一章讨论终止处理，下一章才讨论异常处理。

终止处理程序确保不管一个代码块——被保护代码(the guarded body)——是如何退出的，另一个代码块——终止处理程序(termination handler)——总会得以调用和执行。终止处理的语法如下所示(使用Microsoft Visual C++编译器)：

```
__try {
// Guarded body - 被保护代码
...
}
__finally {
// Termination handler - 终止处理程序
...
}
```

__try关键字和__finally关键字标记了终止处理程序的两个部分(被保护代码和终止处理程序)。在前面这段代码中，操作系统和编译器协同工作，确保了无论被保护代码部分是如何退出的——无论是在被保护代码中使用了return，还是goto，又或者longjump语句(除非调用ExitProcess，ExitThread，TerminateProcess，TerminateThread来终止进程或线程)——终止处理程序都会被调用，即__finally块都能执行。下面通过几个例子来说明这一点。

通过实例理解终止处理程序

使用SEH时，代码执行与操作系统和编译器紧密相关。因此，我认为阐述SEH如何工作的最佳方式是分析实例的源代码，并讨论例子中代码的执行顺序。

下面几个小节分别展示一些不同的代码，解释编译器和操作系统是如何调整代码执行顺序的。

1. Funcenstein1函数

在分析终止处理程序的各种不同情况之前，先来看一个更具体的例子：

```
DWORD Funcenstein1() {
    DWORD dwTemp;

    // 1. 在此执行任何处理。
    ...
    __try {
        // 2. 请求获得访问受保护数据的权限，然后使用它。
        WaitForSingleObject(g_hSem, INFINITE);

        g_dwProtectedData = 5;
        dwTemp = g_dwProtectedData;
    }
    __finally {
        // 3. 允许其他线程使用受保护数据。
        ReleaseSemaphore(g_hSem, 1, NULL);
    }

    // 4. 继续处理。
    return(dwTemp);
}
```

660~661

注释中的编号代表代码的执行顺序。在函数Funcenstein1中使用try-finally块并没有为你做什么。这段代码等待一个信号量，修改一个受保护变量的值，将新值保存在局部变量dwTemp中，释放信号量，最后向调用者返回新值。

2. Funcenstein2函数

现在，让我们稍微改动一下这个函数，看看会发生什么：

```
DWORD Funcenstein2() {
    DWORD dwTemp;

    // 1. 在此执行任何处理。
    ...
    __try {
```

```
    // 2．请求获得访问受保护数据的权限，然后使用它。
    WaitForSingleObject(g_hSem, INFINITE);

    g_dwProtectedData = 5;
    dwTemp = g_dwProtectedData;

    // 返回新值
    return(dwTemp);
}
__finally {
    // 3．允许其他线程使用受保护数据。
    ReleaseSemaphore(g_hSem, 1, NULL);
}

// 继续处理——这个版本永远不会执行这里的代码。
dwTemp = 9;
return(dwTemp);
}
```

661

Funcenstein2中的try块结尾添加了一个return语句。这个return语句告诉编译器要退出当前函数并返回dwTemp变量的内容，现在它包含值5。然而，如果该return语句被执行了，线程就不会释放信号量，造成没有其他线程能重新获得对信号量的控制权。不难想象，这种执行顺序会带来很严重的问题，因为正在等待信号量的其他线程可能永远无法恢复执行。

然而，通过使用终止处理程序，可防止过早地执行return语句。当return语句试图退出try块的时候，编译器会确保先执行finally块中的代码。finally块中的代码保证在try块允许执行return语句以退出之前执行。在Funcenstein2中，将对ReleaseSemaphore的调用放在终止处理程序中，可保证信号量始终会被释放。这样，一个线程便不会在无意中一直占有一个信号量，其他等待信号量的线程不会因此而始终处于等待状态。

finally块执行完以后，函数就可以返回了。由于try块中包含一个return语句，所以finally块之后的代码都没有机会执行。因此，函数的返回值是5，而不是9。

你可能想知道，编译器如何保证finally块在try块退出前被执行。原来，当编译器检查程序代码时，会发现在try块中有一个return语句。于是，编译器就会生成一些代码先将返回值(在本例中，这个值为5)保存在一个由它创建的临时变量中，然后再执行finally块，这个过程称为局部展开(local unwind)。更具体地说，当系统因为try块中的代码提前退出而执行finally块时，就会发生局部展开。一旦finally块执行完毕，编译器所创建的临时变量的值就会取回并从函数中返回。

由此可见，为了让整个机制运行起来，编译器必须生成一些额外的代码，系统也必须执行一些额外的工作。在不同CPU架构上，让终止处理工作起来的步骤也不同。需要注意的是，应避免在try块中使用return语句，因为这对应用程序性能是有害的。本章稍后会讨论__leave关键字，它可帮助我们避免写会强迫发生局部展开的代码。

异常处理旨在捕获异常，即不常发生的例外情况(本例是提前调用return)。如果一种情况很常见，那么相较于依靠操作系统和编译器的SEH能力来捕获常见情况，显式检查这种情况要有效得多。

如果代码控制流正常离开try块并进入finally块(如Funcenstein1所示)，那么进入finally块的额外开销就是最小的。如果使用Microsoft的编译器，而应用程序又运行在x86架构的CPU上，离开try块进入finally块只需执行一条机器指令，我怀疑你甚至觉察不到这种开销。当编译器需要生成额外代码，系统也必须做一些额外工作时，开销才会变得明显。Funcenstein2就属于这样的情况。

662

3. Funcenstein3函数
现在，再修改一下这个函数，看看会发生什么：

```
DWORD Funcenstein3() {
    DWORD dwTemp;

    // 1. 在此执行任何处理。
    ...
    __try {
        // 2. 请求获得访问受保护数据的权限，然后使用它。
        WaitForSingleObject(g_hSem, INFINITE);

        g_dwProtectedData = 5;
        dwTemp = g_dwProtectedData;

        // 尝试跳转到finally块。
        goto ReturnValue;
    }

    __finally {
        // 3. 允许其他线程使用受保护数据。
        ReleaseSemaphore(g_hSem, 1, NULL);
    }

    dwTemp = 9;
```

```
    // 4．继续处理。
    ReturnValue:
    return(dwTemp);
}
```

在Funcenstein3函数中，当编译器看到try块的goto语句时，会进行局部展开来先执行finally块的内容。但这一次，当finally块执行完毕后，由于try和finally块都没有返回，所以会执行ReturnValue标签后的代码，造成函数返回5。同样地，由于破坏了代码从try块到finally块的正常控制交接，可能会有比较大的性能损失，其程度取决于运行程序的CPU架构。

4. Funcfurter1函数

再来观察一个例子，在这个例子中，终止处理将真正证明其价值。先来看一下这个函数：

```
DWORD Funcfurter1() {
    DWORD dwTemp;

    // 1．在此执行任何处理。
    ...
    __try {
        // 2．请求获得访问受保护数据的权限，然后使用它。
        WaitForSingleObject(g_hSem, INFINITE);
        dwTemp = Funcinator(g_dwProtectedData);
    }
    __finally {
        // 3．允许其他线程使用受保护数据。
        ReleaseSemaphore(g_hSem, 1, NULL);
    }

    // 4．继续处理。
    return(dwTemp);
}
```

663~664

假设在try块中调用的Funcinator函数存在一个bug，会导致程序非法访问内存。没有SEH，这种情况会导致Windows错误报告(Windows Error Reporting，WER)弹出一个大家都熟悉的对话框："应用程序已停止工作。"第25章会详细讨论WER。一旦用户取消这个对话框，进程就会终止(因为非法的内存访问)，但信号量依然被占用，并再也得不到释放。其他进程中的线程就会因为无休止地等待这个信号量而得不到CPU时间片。如果将释放信号量的语句放在finally块中，即使try中调用的函数发生了内存访问违例这样的异常，这个信号量也可以被释放。但要注意，从Windows Vista系统开始，必须显式保护

try/finally以确保在引发异常时finally块得以执行。本章最后的"SEH 终止示例程序"一节会对此进行说明。下一章会深入探讨try/except保护的细节。

然而，就算在早期的Windows系统中，当异常发生时，finally块也不保证会得以执行。例如，在Windows XP系统中，如果try块发生一个"栈耗尽异常"(stack exhaustion exception)，finally块很可能得不到运行机会，因为在出错的进程中运行的WER代码可能没有足够的栈空间去报告错误。在这种情况下，进程会静默地终止。还有，如果异常导致SEH链的中断，终止处理程序也不会得以执行。最后，如异常发生在异常过滤程序中，终止处理程序也不会被执行。一个经验法则是，尽量限制在catch或者finally块中所做的工作，否则进程很有可能会在finally块执行前突然终止。这解释了为什么在Windows Vista和之后的版本中，WER是在一个独立的进程中运行的，详见第25章。

如终止处理程序强大到能捕获非法内存访问所引起的进程终止，我们没有理由怀疑它也能捕获setjump和longjump的结合，像 break和continue这样的简单语句更是不在话下。

664

5. 突击测验：FuncaDoodleDoo函数
现在不妨做一个测验，判断一下这个函数的返回值：

```
DWORD FuncaDoodleDoo() {
    DWORD dwTemp = 0;

    while (dwTemp < 10) {

        __try {
            if (dwTemp == 2)
            continue;

            if (dwTemp == 3)
            break;
        }
        __finally {
            dwTemp++;
        }

        dwTemp++;
    }

    dwTemp += 10;
    return(dwTemp);
}
```

逐步分析一下该函数的执行过程：首先将dwTemp设为0，然后try块中的代码开始执行，但两个if语句都没有求值为TRUE。于是程序正常进入finally块，并在这里使dwTemp递增1，finally块后面的代码又使dwTemp递增1，现在的值变成2。

下一次循环迭代开始时，dwTemp的值为2，所以第一个if块内的continue语句会执行。如果没有终止处理程序强制finally块在try块退出前被执行，程序控制会跳回到while循环的测试表达式，但dwTemp的值不会被改变，从而造成一个无限循环。但是，现在我们有终止处理程序，系统注意到continue语句会导致控制流提前跳出try块，所以强制执行finally块。在finally块中，dwTemp的值被递增到3。这一次，finally块之后的代码没有机会执行，因为finally块运行结束后，程序控制流将跳回到continue语句，然后回到循环的顶部。

现在分析循环的第三次迭代，这次第一个if判断表达式的值为FALSE，第二个if判断为TRUE。系统再次侦测到控制流想要提前跳出try块，于是调用finally块，在这里dwTemp的值递增到4。因为break语句的执行，程序控制流从while循环后继续。所以，在执行finally块之后，循环内尚余的代码就不会执行了。而循环之后的代码将dwTemp的值设为14，即这个程序的最终返回结果。不用我说，你也知道不应像FuncalDoodleDoo这样写代码。我将continue和break语句放在代码中间，仅仅为了演示终止处理程序是如何工作的。

尽管绝大部分情况下，try块中的提前退出都会由终止处理程序所捕获，但在进程或线程被提前终止的情况下，系统没法保证finally块的执行。调用ExitThread或ExitProcess会立即终止线程或进程，finally块中的任何代码都不会执行。同样地，如当前线程或进程因为另一个程序调用TerminateThread或者TerminateProcess而不得不结束，finally块也不会执行。一些C运行时函数(例如abort)因其在内部调用了ExitProcess，也会导致finally块不能执行。我们没法阻止别的线程"杀死"我们的线程或者进程，但至少要在自己的代码中尽量避免对ExitThread或ExitProcess的草率调用。

6. Funcenstein4函数
再来讨论另一种终止处理程序的情形：

```
DWORD Funcenstein4() {
    DWORD dwTemp;
    // 1. 在此执行任何处理。
    ...
    __try {
        // 2. 请求获得访问受保护数据的权限，然后使用它。
        WaitForSingleObject(g_hSem, INFINITE);
```

```
        g_dwProtectedData = 5;
        dwTemp = g_dwProtectedData;

        // 返回新值。
        return(dwTemp);
    }
    __finally {
        // 3. 允许其他线程使用受保护数据。
        ReleaseSemaphore(g_hSem, 1, NULL);
        return(103);
    }

    // 继续处理——这里的代码永远不会执行。
    dwTemp = 9;
    return(dwTemp);
}
```

在Funcenstein4函数中，try块在执行时试图将dwTemp的值(5)返回给函数的调用者。之前讨论Funcenstein2时说过，试图在try块中提前退出函数会导致编译器生成一些额外代码，将函数返回结果保存在一个临时变量中，然后执行finally块。注意，这个版本的函数和Funcenstein2有所不同：finally块中多了一个return语句。那么，现在Funcenstein4返回的是5还是103呢？答案是103，因为finally块中的return语句导致103被写入编译器生成的临时变量，从而覆盖了原先的值5。finally块执行完毕后，Funcenstein4退出并将临时变量中的值(103)返回给调用者。

我们已看到为了防止因try块提前退出而带来严重后果，终止处理程序做了积极有效的工作。但同时也看到，终止处理程序因为阻止了try块的提前退出，又可能带来预料之外的结果。一个好的经验法则是，不要在终止处理程序中包含让try块提前退出的语句。事实上，无论try块还是finally块，最好移除所有return，continue，break，goto语句，将这些语句放到终止处理程序的外部。这样做的好处在于，不需要捕获try块中的提前退出，从而减少了编译器生成的代码量。另外，减少执行"局部展开"所需要的代码之后，程序运行速度更快了。不仅如此，代码的可读性和可维护性也变得更好了。

666~667

7. Funcarama1函数
前面讨论了终止处理程序的基本语法和语义，现在看看如何利用终止处理程序来简化一个本应复杂的编程问题。首先观察下面这个没有使用终止处理程序的函数：

```
BOOL Funcarama1() {
    HANDLE hFile = INVALID_HANDLE_VALUE;
    PVOID pvBuf = NULL;
    DWORD dwNumBytesRead;
    BOOL bOk;

    hFile = CreateFile(TEXT("SOMEDATA.DAT"), GENERIC_READ,
        FILE_SHARE_READ, NULL, OPEN_EXISTING, 0, NULL);
    if (hFile == INVALID_HANDLE_VALUE) {
        return(FALSE);
    }

    pvBuf = VirtualAlloc(NULL, 1024, MEM_COMMIT, PAGE_READWRITE);
    if (pvBuf == NULL) {
        CloseHandle(hFile);
        return(FALSE);
    }

    bOk = ReadFile(hFile, pvBuf, 1024, &dwNumBytesRead, NULL);
    if (!bOk || (dwNumBytesRead == 0)) {
        VirtualFree(pvBuf, MEM_RELEASE | MEM_DECOMMIT);
        CloseHandle(hFile);
        return(FALSE);
    }

    // 对数据执行一些计算
    ...
    // 清理所有资源
    VirtualFree(pvBuf, MEM_RELEASE | MEM_DECOMMIT);
    CloseHandle(hFile);
    return(TRUE);
}
```

Funcarama1中的所有错误检查代码使这个函数变得难以阅读，进而造成函数难以理解、修改和维护。

8. Funcarama2函数

当然，可用另一种方式重写这个函数让它更简洁、更容易理解：

```
BOOL Funcarama2() {
    HANDLE hFile = INVALID_HANDLE_VALUE;
    PVOID pvBuf = NULL;
    DWORD dwNumBytesRead;
    BOOL bOk, bSuccess = FALSE;
```

```
    hFile = CreateFile(TEXT("SOMEDATA.DAT"), GENERIC_READ,
            FILE_SHARE_READ, NULL, OPEN_EXISTING, 0, NULL);

    if (hFile != INVALID_HANDLE_VALUE) {
        pvBuf = VirtualAlloc(NULL, 1024, MEM_COMMIT, PAGE_READWRITE);
    if (pvBuf != NULL) {
        bOk = ReadFile(
            hFile, pvBuf, 1024, &dwNumBytesRead, NULL);
        if (bOk && (dwNumBytesRead != 0)) {
            // 对数据执行一些计算
            ...
            bSuccess = TRUE;
            }
                VirtualFree(pvBuf, MEM_RELEASE | MEM_DECOMMIT);
            }
        CloseHandle(hFile);
        }
    return(bSuccess);
}
```

虽然比Funcarama1更容易理解，但Funcarama2仍然难以修改和维护。另外，随着添加的条件语句越来越多，会导致代码的缩进达到极限。很快就会发现需要从屏幕很右边的地方开始写代码，以至于不得不每5个字符就要有一次换行。

9. Funcarama3函数

现在使用SEH终止处理程序来重写Funcarama1函数。

```
DWORD Funcarama3() {
    // 重要：将所有变量都初始化为失败情况
    HANDLE hFile = INVALID_HANDLE_VALUE;
    PVOID pvBuf = NULL;

    __try {
        DWORD dwNumBytesRead;
        BOOL bOk;

        hFile = CreateFile(TEXT("SOMEDATA.DAT"), GENERIC_READ,
            FILE_SHARE_READ, NULL, OPEN_EXISTING, 0, NULL);
        if (hFile == INVALID_HANDLE_VALUE) {
            return(FALSE);
        }
```

```
    pvBuf = VirtualAlloc(NULL, 1024, MEM_COMMIT, PAGE_READWRITE);
    if (pvBuf == NULL) {
        return(FALSE);
    }


    bOk = ReadFile(hFile, pvBuf, 1024, &dwNumBytesRead, NULL);
    if (!bOk || (dwNumBytesRead != 1024)) {
        return(FALSE);
    }

    // 对数据执行一些计算
    ...
}


__finally {
    // 清理所有资源
    if (pvBuf != NULL)
        VirtualFree(pvBuf, MEM_RELEASE | MEM_DECOMMIT);
    if (hFile != INVALID_HANDLE_VALUE)
        CloseHandle(hFile);
}
// 继续处理
return(TRUE);
}
```

668~669

Funcarama3的精髓在于，所有清理工作都被放在并且只放在一个地方：finally块。如果
以后还需要往这个函数添加更多代码，可以简单地只在finally块里加一行清理代码，不需要
在每个可能出错的地方都加一行清理代码。

10. Funcarama4：终结版
Funcarama3的问题是额外开销比较大。之前讨论Funcenstein4函数时说过，应尽量避免
类似return这样的语句进入try块。

为尽量避免写出让try块提前退出的代码，Microsoft为它的C/C++编译器加入了一个关键
字：__leave。以下函数Funcarama4便使用了关键字__leave：

```
DWORD Funcarama4() {
    // 重要：将所有变量都初始化为失败情况
    HANDLE hFile = INVALID_HANDLE_VALUE;
    PVOID pvBuf = NULL;

    // 假定函数没有成功执行
    BOOL bFunctionOk = FALSE;
```

```
__try {
    DWORD dwNumBytesRead;
    BOOL bOk;
    hFile = CreateFile(TEXT("SOMEDATA.DAT"), GENERIC_READ,
        FILE_SHARE_READ, NULL, OPEN_EXISTING, 0, NULL);
    if (hFile == INVALID_HANDLE_VALUE) {
        __leave;
    }

    pvBuf = VirtualAlloc(NULL, 1024, MEM_COMMIT, PAGE_READWRITE);
    if (pvBuf == NULL) {
    __leave;
    }

    bOk = ReadFile(hFile, pvBuf, 1024, &dwNumBytesRead, NULL);
    if (!bOk || (dwNumBytesRead == 0)) {
    __leave;
    }

    // 对数据执行一些计算
    ...
    // 指出整个函数成功执行
    bFunctionOk = TRUE;
}
__finally {
    // 清理所有资源
    if (pvBuf != NULL)
    VirtualFree(pvBuf, MEM_RELEASE | MEM_DECOMMIT);
    if (hFile != INVALID_HANDLE_VALUE)
    CloseHandle(hFile);
}
// 继续处理
return(bFunctionOk);
}
```

关键字__leave导致立即跳转至try块的末尾，可认为跳转到了try块的结束大括号。在这种情况下，控制流将正常地从try块进入finally块，所以不会产生任何额外开销。但是，不得不为此新定义一个布尔变量bFunctionOK，用它表明函数的运行是成功还是失败。相对来说，这个开销很小。

以这种方式设计函数来利用终止处理程序时，在进入try块之前，记住将所有资源句柄都初始化为无效值。这样就可以在finally块中检查哪些资源被成功分配，从而得知哪些资源需要释放。另一种检查哪些资源需要释放的常见做法是，为成功分配的资源设置标志，然后在finally块中检查这些标志以确定资源是否需要释放。

11. finally块注意事项

到目前为止，我们已明确了以下两种会强制执行finally块的情形。

- 控制流从try块自然进入finally块。

- 局部展开(local unwind)：因为try块中发生的提前退出(由goto，longjump，continue，break，return等语句引起)，控制流强制跳转到finally块。

- 第三种情形——全局展开(global unwind)——在之前的Funcfurther1函数中发生过，只是迹象不明显。Funcfurther1函数在其try块中调用Funcinator函数。在Windows Vista之前的系统上，如Funcinator函数引起内存访问违例，全局展开会导致执行Funcfuer1函数的finally块。但从Windows Vista开始，全局展开默认不会触发，所以finally块不会执行。稍后的"SEH终止示例程序"小节会让你大致了解一下在什么情况下会触发全局展开。随后两章会更详细地讨论全局展开。

- finally块的执行总是由以上这三种情况之一引起的。要确定是三种情况中的哪一种，可以调用名为AbnormalTermination的内在函数(intrinsic function)：

```
BOOL AbnormalTermination();
```

说明　内在函数是由编译器所识别并处理的特殊函数。编译器会为这种函数生成内联代码，而不是生成调用函数的代码。例如，memcpy是内在函数(如果打开编译开关/Oi)。当编译器见到对memcpy的调用，它会直接将memcpy的代码放在调用memcpy的函数中，而不是生成调用memcpy的代码。这样做通常会使程序运行得更快，代价是体积更大。

内在函数AbnormalTermination和memcpy的区别在于，前者只有"内在"(intrinsic)这一种形式。任何C/C++运行库中都找不到这个函数。

只能在finally块中调用这个内在函数，它返回一个布尔值来表明与当前finally块关联的try块是否提前退出。换言之，如果控制流从try块正常进入finally块，AbnormalTermination会返回FALSE。如果控制流从try块中异常退出——通常是由于try块中的goto，break，return或者continue语句导致了局部展开，或者因为try块中的代码抛出了访问内存访问违例或其他异常而引起全局展开，那么AbnormalTermination的返回值为TRUE。但是，进一步区分到底是因为局部展开还是全局展开而引起finally块的执行是不可能的。但这通常不应该是一个问题，因为始终都要尽量避免写会导致局部展开的代码。

671

12. Funcfurter2函数

下面用Funcfurter2函数来演示如何使用内存函数AbnormalTermination。

```
DWORD Funcfurter2() {
    DWORD dwTemp;

    // 1. 在此执行任何处理
    ...
    __try {
        // 2. 请求获得访问受保护数据的权限，然后使用它
        WaitForSingleObject(g_hSem, INFINITE);
        dwTemp = Funcinator(g_dwProtectedData);
    }
    __finally {
        // 3. 允许其他线程使用受保护数据
        ReleaseSemaphore(g_hSem, 1, NULL);
        if (!AbnormalTermination()) {
            // try 块无错误发生，控制流从 try 块正常进入 finally 块。
            ...
        } else {
            // 有异常发生，由于 try 块中没有会造成提前退出
            // 的代码，所以肯定是因为一次全局展开而导致执行
            // finally 块中的代码
            // 如果 try 块中有一个 goto 语句，
            // 将无从得知是怎么来到这里的
            ...
        }
    }

    // 4. 继续处理
    return(dwTemp);
}
```

现在，我们已经了解了如何编写终止处理程序。下一章开始学习异常过滤与异常处理时，会看到终止处理程序能发挥更重要的作用。但在此之前，还是先总结一下使用终止处理程序的理由。

- 清理工作集中在一个地方进行，并保证得以执行，从而简化了错误处理。
- 增强了代码的可读性。
- 使代码更容易维护。
- 如使用得当，它们对程序性能和体积的影响微乎其微。

672

13. SEH终止示例程序

SEHTerm(23-SEHTerm.exe)程序演示了终止处理是如何工作的。源代码和资源文件在本书配套资源的23-SEHTerm目录中。

运行这个程序时，主线程进入try块并显示如图23-1所示的一个消息框。

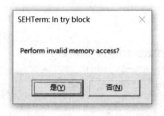

图23-1　主线程进入try块

这个消息框询问是否要访问内存中一个无效字节。(很多程序可不会这么体贴，它们直接就访问无效的内存了)。尝试一下单击按钮"否"，看看会发生什么情况。在本例中，线程控制流会从正常地从try块进入finally块，后者显示如图23-3所示的对话框。

图23-2　进入finally块

注意，这个消息框表明控制流从try块正常退出。关闭这个消息框后，线程离开finally块，并显示另一个对话框，如图23-3所示。

图23-3　离开finally块

程序主线程退出前，会显示最后一个消息框，指出没有发生未处理的异常，如图23-4所示。

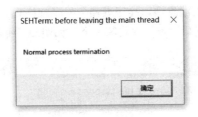

图23-4　有未处理异常

这个消息框被关闭后，进程因为_tWinMain返回而正常终止。

好了，现在再次运行这个程序。这次单击"是"按钮，故意让程序访问无效的内存。单击"是"按钮后，线程试图将值5写入到地址为NULL的内存。向地址NULL写入必然引起内存访问违例异常。一旦线程抛出未被处理的访问违例异常，Windows XP会显示如图23-5所示的对话框。

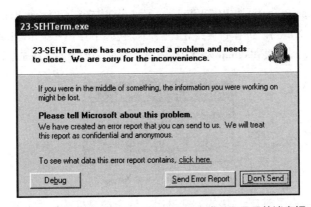

图23-5　Windows XP中，出现未处理异常时所显示的消息框

在Windows Vista上，默认首先显示如图23-6所示的对话框。

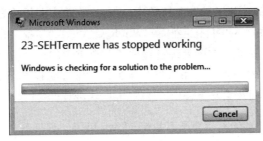

图23-6　在Windows Vista上，出现未处理异常时弹出的第一个消息框

如果单击Cancel按钮来关闭消息框，程序进程会静默地终止。如果不单击Cancel按钮，另一个对话框会在一段时间后出现，取代第一个，如图23-7所示。

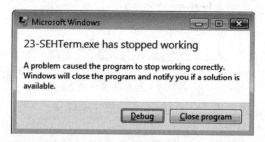

图23-7　在Windows Vista上，出现未处理异常时显示的第二个消息框

如果单击Debug按钮，系统将触发一个工作流(workflow)，详见第25章。这时会启动一个调试器并与出错的进程连接。

674

如果这时单击Close Program按钮(在Windows Vista上)或者Send Error Report/Don't Send按钮(在Windows XP上)，进程将会终止。然而，代码中存在一个finally块，它会在进程结束前执行。于是，如果在Windows XP系统上，会显示如图23-8所示的消息框。

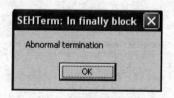

图23-8　Windows XP系统

finally块的执行是由于对应try块的异常退出。这个消息框关闭后，进程也就结束了。然而这句话只在Windows Vista之前的Winodws版本上成立，在那些平台上，只有在发生全局展开的时候才会执行finally块。如第6章所述，线程入口点(entry point)由一个try/except构造所保护。为了触发全局展开，__except()中调用的异常过滤函数应返回EXCEPTION_EXECUTE_HANDLER。然而，Windows Vista为了提高错误记录和报告的可靠性，从架构上对未处理异常的处理过程做了一个重大的改动(详见第25章)。这个改动所带来的一个明显的缺点是，用来作为保护的异常过滤程序返回的是EXCEPTION_CONTINUE_SEARCH，进程会马上终止，造成finally块没有机会执行。

SEHTerm.exe会检查当前运行平台是不是Windows Vista，如果是，将弹出一个消息框让我们选择是否使用try/except来保护出错的函数，如图23-9所示。

图23-9　确认

如果单击"是"，try/finally结构会被一个异常过滤程序保护起来，并且这个过滤程序总是返回EXCEPTION_EXECUTE_HANDLER。它的作用是保证当异常被抛出时，全局展开会被触发，让finally块可以被执行，从而弹出图23-10所示的消息框。

图23-10　确定执行

675

在退出应用程序的主线程并返回错误码-1之前，except块中的代码会执行并显示如图23-11所示的消息框。

图23-11　执行except块

如果改为单击"否"，当异常发生时(而且不要求启动即时[JIT]调试)，应用程序会立即终止而不执行finally块。

```
/****************************************************************************
Module: SEHTerm.cpp
Notices: Copyright (c) 2008 Jeffrey Richter & Christophe Nasarre
****************************************************************************/


#include <windows.h>
#include <tchar.h>



///////////////////////////////////////////////////////////////////////////


BOOL IsWindowsVista() {

   // Code from Chapter 4
   // Prepare the OSVERSIONINFOEX structure to indicate Windows Vista.
   OSVERSIONINFOEX osver = { 0 };
   osver.dwOSVersionInfoSize = sizeof(osver);
   osver.dwMajorVersion = 6;
   osver.dwMinorVersion = 0;
   osver.dwPlatformId = VER_PLATFORM_WIN32_NT;

   // Prepare the condition mask.
   DWORDLONG dwlConditionMask = 0; // You MUST initialize this to 0.
   VER_SET_CONDITION(dwlConditionMask, VER_MAJORVERSION, VER_EQUAL);
   VER_SET_CONDITION(dwlConditionMask, VER_MINORVERSION, VER_EQUAL);
   VER_SET_CONDITION(dwlConditionMask, VER_PLATFORMID, VER_EQUAL);

   // Perform the version test.
   if (VerifyVersionInfo(&osver, VER_MAJORVERSION | VER_MINORVERSION |
      VER_PLATFORMID, dwlConditionMask)) {
   // The host system is Windows Vista exactly.
   return(TRUE);
   } else {
   // The host system is NOT Windows Vista.
      return(FALSE);
   }
}

   void TriggerException() {

   __try {
      int n = MessageBox(NULL, TEXT("Perform invalid memory access?"),
```

```
                TEXT("SEHTerm: In try block"), MB_YESNO);
            if (n == IDYES) {
                    * (PBYTE) NULL = 5; // This causes an access violation
            }
        }
        __finally {
            PCTSTR psz = AbnormalTermination()
            ? TEXT("Abnormal termination") : TEXT("Normal termination");
            MessageBox(NULL, psz, TEXT("SEHTerm: In finally block"), MB_OK);
        }

    MessageBox(NULL, TEXT("Normal function termination"),
    TEXT("SEHTerm: After finally block"), MB_OK);
}

int WINAPI _tWinMain(HINSTANCE, HINSTANCE, PTSTR, int) {

    // In Windows Vista, a global unwind occurs if an except filter
    // returns EXCEPTION_EXECUTE_HANDLER. If an unhandled exception
    // occurs, the process is simply terminated and the finally blocks
    // are not exectuted.
    if (IsWindowsVista()) {

        DWORD n = MessageBox(NULL, TEXT("Protect with try/except?"),
        TEXT("SEHTerm: workflow"), MB_YESNO);

    if (n == IDYES) {
            __try {
                    TriggerException();
        }
    __except (EXCEPTION_EXECUTE_HANDLER) {
                    // But the system dialog will not appear.
                    // So, popup a message box.
                MessageBox(NULL, TEXT("Abnormal process termination"),
                    TEXT("Process entry point try/except handler"), MB_OK);

                    // Exit with a dedicated error code
                    return(-1);
        }
    } else {
            TriggerException();
    }
} else {
```

```
        TriggerException();
}

    MessageBox(NULL, TEXT("Normal process termination"),
   TEXT("SEHTerm: before leaving the main thread"), MB_OK);

return(0);
}
//////////////////////////// End of File ////////////////////////////////
```

676~678

异常处理程序与软件异常

本章内容

软件异常是谁都不愿意看到的。在良好编码的应用程序里，谁都不会想到试图访问无效的内存地址或者用0除。但无论如何，这样的错误还是时有发生。CPU负责捕获无效内存访问和除以0错误，会引发异常以响应这些错误。CPU引发的异常是所谓的硬件异常(hardware exception)。本章后面会讲到，操作系统和应用程序可能引发它们自己的异常，这些是所谓的软件异常(software exceptions)。

引发一个硬件或软件异常时，操作系统会为应用程序提供一个查看异常类型的机会，并允许应用程序自己处理这个异常。下面是异常处理程序的语法结构：

```
__try {
   // Guarded body - 被保护代码
   ...
}
__except (exception filter) {
```

```
    // Exception handler - 异常处理程序
    ...
}
```

请注意__except关键字。任何时候创建一个try块，后面必须跟一个finally块或except
块。但是，try块后不能同时有finally块和except块，也不能同时有多个finally块或except
块。不过却可以将try-finally块嵌套于try-except块中，反之亦然。

679

24.1 通过实例理解异常过滤程序和异常处理程序

和上一章讨论的终止处理程序不同，异常过滤程序(exception filter)和异常处理程序
(exception handler)直接由操作系统执行——在异常过滤程序求值和异常处理程序执行方
面，编译器能做的工作十分有限。下面几个小节将说明try-except块在一般情况下的执行
流程，解释操作系统如何以及为什么对异常过滤程序进行求值，并演示操作系统在什么
情况下会执行异常处理程序中的代码。

24.1.1 Funcmeister1函数

以下是编码try-except块的一个更具体的例子。

```
DWORD Funcmeister1() {
    DWORD dwTemp;
    // 1. 在此执行任何处理
    ...
    __try {
        // 2. 执行一些操作
        dwTemp = 0;
    }
    __except (EXCEPTION_EXECUTE_HANDLER) {
        // 处理一个异常；永远执行不到这里，
        ...
    }

    // 3. 继续处理
    return(dwTemp);
}
```

Funcmeister1函数的try块只做了一个简单的操作，也就是将0赋值给变量dwTemp。这个
操作肯定不会导致异常，所以except块中的代码不会执行，注意，这就是和try-finally块
的不同之处。dwTemp被设为0后，下一条要执行的指令就是return语句。

虽然强烈建议不要在终止处理程序的try块中使用return，goto，continue和break语句，但在异常处理程序的try块中，这些语句不会导致损失程序性能或增加代码量。换言之，将这些语句放在和一个except块关联的try块中，不会因为局部展开而造成额外开销。

680

24.1.2　Funcmeister2函数

下面修改一下前面这个函数，看看会发生什么情况。

```
DWORD Funcmeister2() {
    DWORD dwTemp = 0;

    // 1. 在此执行任何处理
    ...
    __try {
        // 2. 执行一些操作
        dwTemp = 5 / dwTemp; // 引发一个异常
        dwTemp += 10; // 永远不会执行
    }
    __except ( /* 3. 对筛选程序进行求值。 */ EXCEPTION_EXECUTE_HANDLER){
        // 4. 处理一个异常

        MessageBeep(0);
        ...
    }

    // 5. 继续处理
    return(dwTemp);
}
```

Funcmeister2函数的try块中有一个指令试图用5除以0。CPU会捕获到这个事件，并抛出一个硬件异常。当这个异常被抛出时，系统定位到except块的开始处，并对异常过滤程序的表达式求值，该表达式的值必定为以下三个标识符之一(如表24-1所示)。这些标识符在Windows的Excpt.h文件中定义。

表24-1　异常过滤程序的返回值

标识	值
EXCEPTION_EXECUTE_HANDLER	1
EXCEPTION_CONTINUE_SEARCH	0
EXCEPTION_CONTINUE_EXECUTION	−1

接着几个小节将具体讨论每个标识符将如何影响线程的执行。阅读这些内容时，可以参考图24-1，该图总结了系统处理异常的步骤。

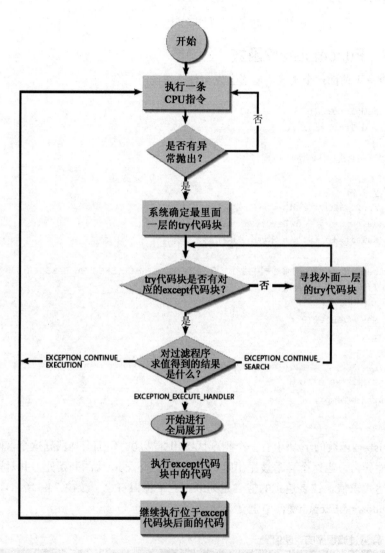

图24-1　系统处理异常的过程

24.2 EXCEPTION_EXECUTE_HANDLER

Funcmeister2函数的异常过滤程序表达式求值为EXCEPTION_EXECUTE_HANDLER，这个值相当于告诉系统，"我知道这个异常，并预计这个异常会在某种情况下发生，我已经写了一些代码来处理它，现在就执行这些代码吧。"于是，系统执行全局展开(即global unwind，本章稍后讨论)，跳转到except块中的代码(即异常处理程序的代码)。except块中的代码执行完毕后，系统会认为异常已得到了处理，于是允许应用程序继续执行。这个机制允许Windows应用程序捕获错误，处理它们，并继续运行，用户甚至不知道曾经发生过错误。

问题是，except块执行完毕后，应该从哪里恢复运行呢？稍微想一下，就能想到几种可能性。

第一种可能是从导致异常的那条CPU指令之后的第一条指令恢复执行。具体到Funcmeister2函数，就是从为dwTemp加10的那条语句继续。这看起来合情合理，但实际上，对于大部分应用程序，一旦某个指令运行失败，之后就很难再正确执行了。

虽然Funcmeister2函数的代码确实能正常往下执行，但它不能代表普遍情况。大多数情况下，CPU指令只有在它们之前那条导致异常的指令返回一个合法值的前提下才能成功运行。例如，可能在某个函数里先调用内存分配指令，之后的一系列运算都是在操控那个内存块。显然，一旦内存分配失败，所有后继指令都会失败，程序会不停地抛出异常。

再举一个例子说明为什么不能从失败指令之后继续执行。假设将Funcmeister2函数中那个引发异常的C语言语句替换成以下语句：

```
malloc(5 / dwTemp);
```

编译器会为上面这行代码生成相应CPU指令来执行除法运算，将结果入栈，然后调用malloc函数。如除法运算失败，代码显然不能往下继续正确地执行。系统必须入栈一些东西，否则栈就被破坏了。

幸好，如果一个指令抛出异常，Microsoft并没有提供从那个指令之后恢复执行的可能性。这个决定使我们远离了前面讨论的那些麻烦。

第二种可能是从造成异常的那句指令本身恢复执行。这是一个有趣的可能性。例如，可以在except块中加入下面这个语句：

```
dwTemp = 2;
```

如果在except块中进行这个赋值，应用程序的执行就可以从造成异常的那行代码继续。

因为这次用来除5的值是2，所以这个语句会成功执行，不会再引发另一个异常。换言之，可以改动一些东西，让系统重试之前造成异常的语句。但要小心的是，这个技术可能导致一些令人费解的行为。后面介绍EXCEPTION_CONTINUE_EXECUTION时会详细讨论这个技术。

683~684

第三种也是最后一种可能是从except块后的第一个语句恢复执行。这正是异常过滤表达式求值为EXCEPTION_EXECUTE_HANDLER时系统所做的。except块中的代码执行完毕后，实际会从except块后的第一个指令继续执行。

24.2.1 一些有用的例子

假设要实现一个非常健壮的程序，需要24小时不间断运行。鉴于现在的软件相当复杂，并且有很多变数和因素会影响应用程序的性能，我认为若不借助于结构化异常处理(structured exception handling, SEH)，要实现一个很健壮的应用程序是不可能的。先来讨论一个简单的例子，即不安全的C/C++运行库函数strcpy。

```
char* strcpy(
    char* strDestination,
    const char* strSource);
```

这是一个很简单的函数，不是吗？这个稍微有点古老的strcpy怎么可能导致进程终止呢？然而，如果调用者传入NULL(或其他非法地址)给两个参数中的任意一个，strcpy都会引发一个访问违例。然后，整个进程会被系统终止。

使用SEH，可以写出更健壮的strcpy函数：

```
char* RobustStrCpy(char* strDestination, const char* strSource) {
    __try {
        strcpy(strDestination, strSource);
    }
    __except (EXCEPTION_EXECUTE_HANDLER) {
        // 这里什么都不做
    }

    return(strDestination);
}
```

这个函数所做的事情仅仅是将对strcpy的调用置于结构化异常处理的保护之内。如果strcpy顺利执行，函数将正常返回。如果strcpy引发访问违例，异常过滤程序将返回EXCEPTION_EXECUTE_HANDLER，于是线程开始执行异常处理程序的代码。而在这个函数中，异常处理程序实际上什么也不做。所以，RobustStrcpy函数会直接返回到它的调用者。但是，RobustStrcpy不会引起进程终止！然而，虽然这个函数的实现让人感觉更安全，但它很可能隐藏了更多的问题。

由于不知道strcpy是如何实现的，所以根本不知道在它执行过程中会有什么类型的异常会被抛出。前面只提到参数为NULL或其他非法地址的情况。如地址合法，但对应的缓冲区不足以容下strSource会发生什么？另外，指针strDestination指向的内存块可能是一个更大内存块的一部分，其内容可能被strcpy破坏。又或者这个内存块不够大，所以仍然会造成访问违例异常。但是，由于处理了异常，所以进程将继续执行，但却是在受损坏的状态上执行，导致程序稍后就会因为不明原因而崩溃。更糟糕的是，可能造成一个容易被利用的安全漏洞。其实这里的原则很简单：只处理那些我们知道怎么处理的异常，同时不要忘记其他保护措施，以防止程序状态混乱或出现安全漏洞。第2章更详细地解释了如何系统地使用安全字符串函数。

684~685

下面来看另一个例子。以下函数返回一个字符串中以空格为分隔符的符号(token)个数：

```
int RobustHowManyToken(const char* str) {
    int nHowManyTokens = -1; // -1 表示失败
    char* strTemp = NULL; // 先假定会失败

    __try {
        // 分配一个临时缓冲区
        strTemp = (char*) malloc(strlen(str) + 1);

        // 将原始字符串复制到临时缓冲区
        strcpy(strTemp, str);

        // 获取第一个 token
        char* pszToken = strtok(strTemp, " ");

        // 遍历所有 tokens。
        for (; pszToken != NULL; pszToken = strtok(NULL, " "))
            nHowManyTokens++;

        nHowManyTokens++; // 加 1；因为我们是从 -1 开始的
    }
    __except (EXCEPTION_EXECUTE_HANDLER) {
        // 这里什么都不做
    }

    // 释放临时缓冲区（这可以保证）
```

异常处理程序与软件异常 | 767

```
        free(strTemp);
        return(nHowManyTokens);
    }
```

函数首先分配一个临时缓冲区，并向其中复制一个字符串。然后，使用C/C++库函数strtok来获得字符串中的tokens。临时缓冲区是必须的，因为strtok会在查找tokens时修改字符串。

由于有了SEH，这个看似简单的函数处理了各种可能性。来观察一下该函数在各种情形下的执行情况。

首先，如果调用者传入NULL(或者其他任何非法内存地址)：nHowManyTokens被初始化为-1。之后，在try块中对strlen的调用引发一个访问违例。异常筛选程序获得控制权，把它传递给except块，在这里异常处理程序什么都不做。except块执行结束后，调用free来释放临时分配的内存块。但是，由于这个内存块从未分配过，所以向free函数传入的参数值是NULL。根据ANSI C的规定，这是对free函数的一种合法调用(传入NULL，造成free函数什么都不做)。所以，这不算是一个错误。最后，函数返回-1来表示失败。注意，进程不会终止。

685~686

第二种可能是，调用者传入一个合法地址，但是对malloc的调用(在try块中)可能失败并返回NULL。这导致对strcpy的调用引发访问违例。这次，系统也会调用异常过滤程序，并执行except块(什么都不做)，之后代码以NULL为参数调用free函数(什么都不做)。于是函数返回-1，表示这个函数失败。注意，进程还是不会终止。

最后让我们假定，调用者传入了一个合法地址，而且对malloc的调用也会成功。在这种情况下，函数剩余的代码会成功执行，token个数的计算结果会存储在变量nHowManyTokens中。直到try块结束，系统也不会对异常过滤程序进行求值，因此except块没有执行机会。最终，临时内存会被释放，nHowManyTokens的值会返回给调用者。

使用SEH是一件很酷的事情。RobustHowManyToken函数演示了如何在不使用try-finally结构的前提下保证资源得以清理。另外，异常处理程序之后的代码也保证得以执行，假设函数没有从try块中返回，这是开发者应避免的做法。

再来看最后一个、也是非常有用的一个SEH示例。以下函数复制一个内存块：

```
PBYTE RobustMemDup(PBYTE pbSrc, size_t cb) {

    PBYTE pbDup = NULL; // 先假定会失败
```

```
    __try {

        // 为复制的内存块分配一个缓冲区
        pbDup = (PBYTE) malloc(cb);

        memcpy(pbDup, pbSrc, cb);
    }
    __except (EXCEPTION_EXECUTE_HANDLER) {
        free(pbDup);
        pbDup = NULL;
    }

    return(pbDup);
}
```

这个函数分配一个内存缓冲区，并将源内存块的字节复制到目标块。然后，函数向调用者返回复制的内存缓冲区的地址(函数失败会返回NULL)。这时要由调用者负责释放不再需要的缓冲区。这是第一个在except块中包含了实际代码的例子，下面看看它在不同情形下的执行情况。

- 如调用者为pbSrc参数传入非法地址，或malloc函数调用失败(返回NULL)，会导致memcpy抛出访问违例异常，从而执行异常过滤程序，后者又将控制转交给except块。except块释放内存缓冲区并将puDup设为NULL，从而让函数的调用者知道这个函数运行失败。再次说明，ANSI C允许向free函数传递NULL。
- 如调用者向函数传入一个合法地址，对malloc函数的调用也成功返回，新分配的内存块地址将返回给调用者。

686~687

24.2.2　全局展开

如果异常过滤程序求值为EXCEPTION_EXECUTE_HANDLER，系统必须执行一次全局展开(global unwind)。全局展开导致所有已开始执行但尚未完成的try-finally块得以继续执行。在调用栈中，这些try-finally块位于对异常进行了处理的try-except块的下方。图24-2描绘了系统执行全局展开的流程。学习下面的例子时，可以时不时地回顾这张图。

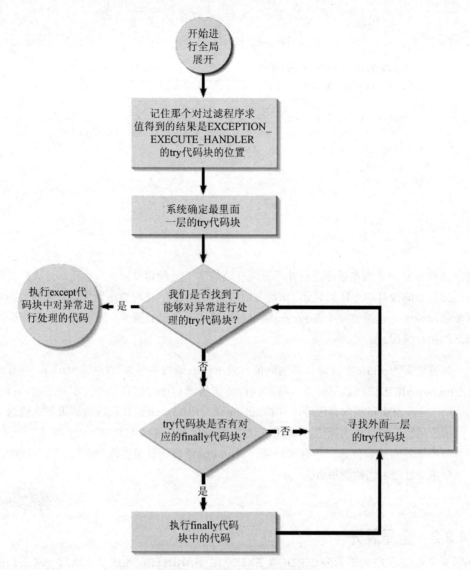

记住那个对过滤程序求值得到的结果是EXCEPTION_EXECUTE_HANDLER的try代码块的位置

系统确定最里面一层的try代码块

我们是否找到了能够对异常进行处理的try代码块？

执行except代码块中对异常进行处理的代码

是

否

try代码块是否有对应的finally代码块？

否

寻找外面一层的try代码块

是

执行finally代码块中的代码

开始进行全局展开

图24-2 系统如何执行全局展开

687

```
void FuncOStimpy1() {

    // 1. 在此进行任何处理
    ...
    __try {
        // 2. 调用另一个函数
        FuncORen1();
```

```
        // 这里的代码永远不会执行
    }


    __except ( /* 6．对筛选程序进行求值。 */EXCEPTION_EXECUTE_HANDLER) {
        // 8．展开 (unwind) 之后，异常处理程序得以执行
        MessageBox(...);
    }

    // 9．异常得以处理——继续执行
    ...
}
void FuncORen1() {
    DWORD dwTemp = 0;

    // 3．在此进行任何处理
    ...
    __try {
        // 4．请求获得访问受保护数据的权限
        WaitForSingleObject(g_hSem, INFINITE);

        // 5．修改数据
        // 这里产生一个异常
        g_dwProtectedData = 5 / dwTemp;
    }
    __finally {
        // 7．发生全局展开，因为过滤程序求值为 EXCEPTION_EXECUTE_HANDLER

        // 允许其他线程使用受保护的数据
        ReleaseSemaphore(g_hSem, 1, NULL);
    }

    // 继续处理——永远执行不到这里
    ...
}
```

我们将结合FuncOStimpy1和FuncORen1来阐述SEH最让人费解的一部分。注释前面的编号代表执行顺序，先看看函数的大致执行情况。

FuncOStimpy1函数的执行从进入try块并调用FuncORen1开始。FuncORen1函数从进入它自己的try块并等待一个信号量开始。一旦得到该信号量，FuncORen1就试图更改全局变量g_dwProtectData的值。但是，以0作为除数的运算导致一个异常的产生。于是系统夺回控制权，并搜索与一个except块匹配的try块。由于与FuncORen1中的try块匹配的是一个finally块，所以系统在调用栈中向上搜索到另一个try块。这一次，它发现

FuncOStimpy1函数中的try块与except块匹配。

于是系统开始执行与FuncOStimpy1函数中的except块关联的异常过滤程序，并等待其返回结果。当系统看到返回结果是EXCEPTION_EXECUTE_HANDLER时，马上在FuncORen1的finally块中开始全局展开。注意，全局展开发生在FuncOStimpy1中的except块执行之前。进行全局展开时，系统会从调用栈的底部开始向上搜索所有已经开始执行但尚未完成的try块，这次是搜索所有关联了finally块的try块。在本例中，系统会找到FuncORen1函数中的finally块。

当系统执行FuncORen1的finally块时，可以明显感觉到SEH的强大：FuncORen1的finally块释放了信号量，使得另一个等待这个信号量的线程得以继续执行。如果不在finally块中包含调用ReleaseSemaphore的语句，信号量就永远得不到释放。

这个finally块中的代码执行完毕后，系统继续在调用栈中向上查找需要执行的finally块。这个例子已经没有需要执行的finally块了，于是系统在找到能对异常进行处理的try/except块后，停止查找(即停止展开)，至此全局展开结束，系统执行except块中的代码。

这就是结构化异常的工作机制。系统在很大程度上介入了代码的执行，这使SEH很难理解。代码执行控制流不再是从头到尾，系统根据自己的意图决定代码每一部分的执行顺序。系统的执行顺序虽然复杂，但仍然是可以推断的。而且，借助于图24-1和图24-2这两个流程图，应该更有信心理解和使用SEH。

为了更好地理解执行的顺序，下面从一个稍微不同的角度来看看发生了什么。当异常过滤程序返回EXCEPTION_EXECUTE_HANDLER时，相当于告诉操作系统，当前线程指令指针应指向except块中的指令。但是，当前指令指针实际在FuncORen1的try块中。第23章说过，当线程离开try-finally结构的try块部分时，系统会保证finally块中的代码得以执行。异常发生时，系统用来确保这条规则成立的机制就是全局展开。

警告 从 Windows Vista 开始，如果一个异常发生在内层的 try/finally 块中，且其上层没有 try/except 块 (同时过滤程序返回 EXCEPTION_EXECUTE_HANDLER)，进程就会立刻终止。即全局展开并不会发生，finally 块也不会执行。但是在早期版本的 Windows 中，全局展开会在进程终止前发生，使 finally 块也有机会得到执行。下一章将对未处理异常的运作流程进行更详细的讨论。

24.2.3 停止全局展开

可将return语句置于finally块中以阻止系统完成全局展开。先来看看下面这段代码：

```
void FuncMonkey() {
    __try {
        FuncFish();
    }
    __except (EXCEPTION_EXECUTE_HANDLER) {
        MessageBeep(0);
    }
    MessageBox(...);
}

void FuncFish() {
    FuncPheasant();
    MessageBox(...);
}

void FuncPheasant() {

    __try {
        strcpy(NULL, NULL);
    }

    __finally {
        return;
    }
}
```

在FuncPheasant的try块中调用strcpy函数时，一个内存访问违例异常被抛出。于是，系统开始检查是否存在异常过滤程序可以处理这个异常。这次，系统发现FuncMonkey中的异常过滤程序可以处理它，于是系统发起一次全局展开。

全局展开从执行FuncPheasant的finally块开始。但是，这个块中包含一个return语句，它导致系统停止展开。实际上，FuncPheasant也将停止执行并返回到FuncFish函数。后者继续执行并在屏幕上显示一个消息框。随后，FuncFish返回到FuncMonkey。FuncMonkey继续执行，调用MessageBox。

注意，FuncMonkey的except块中的代码永远不会执行对MessageBeep的调用。FuncPheasant的finally块的return语句导致系统停止之后所有的全局展开步骤，并让系统正常执行，就好像没有异常发生过一样。

Microsoft将SEH设计成以这样的方式工作是经过慎重考虑的。某些情况下，可能需要停止展开并让执行继续。这种方式为此提供了机会，虽然这通常不是我们想要做的事情。一个原则是，尽量避免将return语句置于finally块中。C++通过生成C4532编译警告来检

测这些情况:

'return' : jump out of __finally block has undefined behavior during termination handling.'return' : 在终止处理期间跳出 __finally 块具有未定义的行为。

24.3 EXCEPTION_CONTINUE_EXECUTION

下面更深入地探讨一下异常过滤程序,看看它如何求值为Excpt.h中定义的三个异常标识符之一。在24.1.2节描述的Funcmeister2函数中,是为了简单起见才在异常过滤程序中直接硬编码了EXCEPTION_EXECUTION_HANDLER标识符。实际上,可让异常过滤程序调用一个函数来决定返回三个标识符中的哪一个,如下例所示:

```
TCHAR g_szBuffer[100];

void FunclinRoosevelt1() {
    int x = 0;
    TCHAR *pchBuffer = NULL;

    __try {
        *pchBuffer = TEXT('J');
        x = 5 / x;
    }

    __except (OilFilter1(&pchBuffer)) {
        MessageBox(NULL, TEXT("An exception occurred"), NULL, MB_OK);
    }
    MessageBox(NULL, TEXT("Function completed"), NULL, MB_OK);
}

LONG OilFilter1(TCHAR **ppchBuffer) {
    if (*ppchBuffer == NULL) {
        *ppchBuffer = g_szBuffer;
        return(EXCEPTION_CONTINUE_EXECUTION);
    }
    return(EXCEPTION_EXECUTE_HANDLER);
}
```

函数将字符'J'放入pchBuffer所指向的缓冲区时遇到了第一个问题。很遗憾,没有将pchBuffer初始化成指向全局缓冲区g_szBuffer;相反,它现在指向的是NULL。CPU会生成一个异常,并对发生异常的try块所对应的except块中的异常过滤程序进行求值。后者以变量pchBuffer的地址作为参数来调用OilFilter1函数。

OilFilter1获得控制后会首先检查*ppchBuffer的值是否为NULL。如果是，就设置*ppBuffer的值，让其指向全局缓冲区g_szBuffer。然后，异常过滤程序返回EXCEPTION_CONTINUE_EXECUTION。系统在看到过滤程序求值为EXCEPTION_CONTINUE_EXECUTION后，会跳转回导致异常的指令，并尝试重新执行该指令。这次指令将执行成功，'J'被放入g_szBuffer的第一个字节。

代码继续执行，会在try块中遇到除以0问题。系统再次求值异常过滤程序。这次OilFilter检查到*ppchBuffer不为NULL，于是返回EXCEPTION_EXECUTE_ HANDLER，让系统执行except块。这会造成显示一个消息框来指出发生了一个异常。

691

可以看出，在异常过滤程序中能做许多事情。虽然过滤程序必须返回三个异常标识符的一个，但它也能执行我们希望的其他任务。不过，要记住的是，在引发异常后，进程可能已经变得不稳定。所以，最好还是让异常过滤程序中的代码相对简单。例如，在堆被破坏的情况下，在过滤程序中运行很多代码可能导致进程被挂起或者静默地终止。

谨慎使用EXCEPTION_CONTINUE_EXECUTION

尝试对FunclinRoosevelt1函数所展示的错误情况进行纠正，并让系统继续运行，这可能成功，也可能不成功，具体取决于应用程序的目标CPU、编译器如何为C/C++语句生成指令以及所用的编译选项。

编译器可能为以下C/C++语句生成两条机器指令：

```
*pchBuffer = TEXT('J');
```

机器指令如下所示：

```
MOV EAX, DWORD PTR[pchBuffer] // 将地址移入一个寄存器
MOV WORD PTR[EAX], 'J' // 将 'J' 移入地址
```

造成异常的是第二条指令。异常过滤程序能捕获该异常，更正pchBuffer中的值，并让系统重新执行第二条CPU指令。问题在于，寄存器的内容不可能改变以反映在pchBuffer中加载的新值，重新执行这条CPU指令将产生另一个异常。程序陷入了死循环！

继续执行可能因编译器优化了代码而成功，也可能因编译器没有优化代码而失败。这可能导致一个很难修复的bug，因为需要检查汇编级别的代码，才能发现问题到底出在哪里。这个例子给我们的教训是，在异常过滤程序中返回EXCEPTION_CONTINUE_EXECUTION时，需要非常谨慎。

有一种情况，返回EXCEPTION_CONTINUE_EXECUTION将保证继续执行始终都能成功：为已预订的内存区域稀疏调拨存储时。第15章讨论了如何预订一个大的地址空间，以及如何为地址空间稀疏地调拨存储。VMAlloc示例程序对此进行了演示。编写VMAlloc应用程序的一种更好的方式是用SEH机制来按需调拨存储，而不是一直调用VirtualAlloc。

第16章讨论了线程栈。我们专门讨论了系统如何为线程栈预订1 MB的内存和系统如何在线程需要时自动为栈调拨新的存储。为此，系统在内部建立了一个SEH帧(SEH frame)。当线程试图访问栈中尚未调拨存储的区域时，就会引发一个异常。系统内部的异常过滤程序将捕获到这个因为线程试图访问已预订的栈地址空间而引发的异常。然后，它在内部调用VirtualAlloc为线程栈调拨更多的存储并返回EXCEPTION_CONTINUE_EXECUTION。这时，原先抛出异常的指令就能成功执行，线程继续运行。

如果能很好地结合虚拟内存技术和结构化异常处理，就能写出运行速度极快和高效的应用程序。第25章将通过Spreadsheet示例展示如何通过SEH有效地实现一个电子表格应用程序的内存管理部分。这一部分代码还被设计得执行速度极快。

692~693

24.4 EXCEPTION_CONTINUE_SEARCH

到目前为止讨论的例子都比较平淡，现在用一个新的函数调用来增加趣味性。

```
TCHAR g_szBuffer[100];

void FunclinRoosevelt2() {
    TCHAR *pchBuffer = NULL;

    __try {
        FuncAtude2(pchBuffer);
    }
    __except (OilFilter2(&pchBuffer)) {
        MessageBox(...);
    }
}


void FuncAtude2(TCHAR *sz) {
    *sz = TEXT('\0');
}


LONG OilFilter2 (TCHAR **ppchBuffer) {
    if (*ppchBuffer == NULL) {
        *ppchBuffer = g_szBuffer;
```

```
        return(EXCEPTION_CONTINUE_EXECUTION);
    }
    return(EXCEPTION_EXECUTE_HANDLER);
}
```

FunclinRooservelt2开始执行时会调用FuncAtude2并传入NULL。所以当FuncAtude2执行时会引发异常。和往常一样，系统找到和最近执行的try块关联的异常过滤程序，并对其进行求值。在本例中，FunclinRoosevelt2中的try块是最近执行的，于是系统调用OilFilter2函数来求值异常过滤程序，只不过异常是在FuncAtude2函数中生成的。

下面加入另一个try-except块，使局面变得更复杂一些：

```
TCHAR g_szBuffer[100];

void FunclinRoosevelt3() {

    TCHAR *pchBuffer = NULL;

    __try {
        FuncAtude3(pchBuffer);
    }
    __except (OilFilter3(&pchBuffer)) {
        MessageBox(...);
    }
}


void FuncAtude3(TCHAR *sz) {
    __try {
        *sz = TEXT('\0');
    }
    __except (EXCEPTION_CONTINUE_SEARCH) {
        // 永远执行不到这里。
        ...
    }
}


LONG OilFilter3(TCHAR **ppchBuffer) {
    if (*ppchBuffer == NULL) {
        *ppchBuffer = g_szBuffer;
        return(EXCEPTION_CONTINUE_EXECUTION);
    }
    return(EXCEPTION_EXECUTE_HANDLER);
}
```

693~694

FuncAtude3试图将'\0'写入地址NULL仍然会引发异常，但这一次执行的是FuncAtude3的异常过滤程序。这个异常过滤程序非常简单，直接求值为EXCEPTION_CONTINUE_SEARCH。该标识符告诉系统在调用栈中向上查找前一个带except块的try块，并调用和这个try块对应的异常过滤程序。

由于FuncAtude3的异常过滤程序求值为EXCEPTION_CONTINUE_SEARCH，所以系统寻找它上层的前一个try块(在FunclinRoosevelt3中)，并对它的异常过滤程序OilFilter3进行求值。OilFilter3看到pchBuffer的值为NULL，于是设置pchBuffer指向全局缓冲区，然后告诉系统重新执行之前抛出异常的指令。这会让FuncAtude3的try块中的代码继续执行。但不幸的是，FuncAtude3的局部变量sz并没有发生改变，从原先失败的那条指令开始执行，只会使同一个异常再发生一遍。但这一次OilFilter3函数发现pchBuffer不是NULL，所以会返回EXCEPTION_EXCUTE_HANDLER，这告诉系统从except块恢复执行。这样一来，FunclinRoosevelt3的except块中的代码就可以执行了。

注意，我说的是系统在调用栈中向上寻找最近执行过的与except块匹配的try块，并对其异常过滤程序进行求值。这意味着假如和一个try块配对的是finally块，而不是except块，系统就会在查找过程中忽略它。原因很简单：finally块没有异常过滤程序，所以没有东西拿去给系统求值。如果上个例子的FuncAtude3包含的是一个finally块而不是except块，系统会从FunclinRoosevelt3的OilFilter3开始对异常过滤程序进行求值。

第25章将详细讨论EXCEPTION_CONTINUE_SEARCH。

24.5 GetExceptionCode

异常过滤程序在决定返回什么标识符前，通常必须对情况进行分析。比如，异常处理程序可能知道怎么处理除以0的情况，但不知道怎么处理内存访问异常。异常过滤程序应根据具体的情况返回合适的值。

694

以下代码展示了识别所发生的异常类型的一种方法：

```
__try {
    x = 0;
y = 4 / x; // y以后再用，所以编译器不会对这个语句进行优化
    ...
}

__except ((GetExceptionCode() == EXCEPTION_INT_DIVIDE_BY_ZERO) ?
    EXCEPTION_EXECUTE_HANDLER : EXCEPTION_CONTINUE_SEARCH) {
```

```
    // 处理除以零异常
}
```

GetExceptionCode是内在函数，它的返回值表明所发生的异常的类型。

```
DWORD GetExceptionCode();
```

下面列出了所有预定义的异常及其含义，数据改编自Platform SDK文档。这些异常标识符在WinBase.h文件中。我对它们进行了归类。

与内存相关的异常如下。

- EXCEPTION_ACCESS_VIOLATION　线程试图读写一个虚拟内存地址，但在这个地址它并不具备相应权限。这是最常见的异常。
- EXCEPTION_DATATYPE_MISALIGNMENT　线程试图从没有提供自动对齐机制的硬件中读写没有对齐的数据。例如，16位数据必须与2字节边界对齐，32位数据必须与4字节边界对齐，等等。
- EXCEPTION_ARRAY_BOUNDS_EXCEEDED　线程在支持边界检查(bounds checking)的硬件上访问越界的数组元素。
- EXCEPTION_IN_PAGE_ERROR　因文件系统或设备驱动返回一个读取错误，造成页面错误(page fault)不能满足。
- EXCEPTION_GUARD_PAGE　线程试图访问具有PAGE_GUARD保护属性的内存页。该内存页是可访问的，但同时引发了EXCUPTION_GUARD_PAGE异常。
- EXCEPTION_STACK_OVERFLOW　线程耗尽了系统分配给它的栈空间。
- EXCEPTION_ILLEGAL_INSTRUCTION　线程执行了一条无效指令。这个异常由具体的CPU架构所定义，在不同CPU上执行一条无效指令可能会导致陷阱错误(trap error)。
- EXCEPTION_PRIV_INSTRUCTION　线程试图执行在当前机器模式下不允许的指令。

与异常本身相关的异常如下。

- EXCEPTION_INVALID_DISPOSITION　异常过滤程序返回EXCEPTION_EXECUTE_ HANDLER, EXCEPTION_CONTINUE_SEARCH, 或者EXCEPTION_CONTINUE_ EXECUTION 以外的值。
- EXCEPTION_NONCONTINUABLE_EXCEPTION　异常过滤程序返回EXCEPTION_ CONTINUE_EXECUTION以响应不可继续的异常。

与调试相关的异常如下。

- EXCEPTION_BREAKPOINT　执行到一个断点。
- EXCEPTION_SINGLE_STEP　由跟踪中断(trace trap)或者其他单步执行机制发出的一条

指令已经执行完的信号。

- EXCEPTION_INVALID_HANDLE　向函数传入了一个无效句柄。

与整型相关的异常如下。

- EXCEPTION_INT_DIVIDE_BY_ZERO　线程试图在整数除法运算中以0作为除数。
- EXCEPTION_INT_OVERFLOW　整型运算的结果超过了该类型规定的范围。

与浮点类型相关的异常如下。

- EXCEPTION_FLT_DENORMAL_OPERAND　浮点运算的其中一个操作数是非规格化值 (denormal value)。非规格化值太小，以至于不能作为一个标准浮点值
- EXCEPTION_FLT_DIVIDE_BY_ZERO　线程试图在浮点除法运算中以浮点数0作为除数。
- EXCEPTION_FLT_INEXACT_RESULT　浮点运算的结果不能精确地表示为十进制小数。
- EXCEPTION_FLT_INVALID_OPERATION　表示任何没有在此列出的其他浮点数异常。
- EXCEPTION_FLT_OVERFLOW　浮点运算结果的指数部分超过了该类型允许的最大值。
- EXCEPTION_FLT_STACK_CHECK　浮点运算造成栈上溢或下溢。
- EXCEPTION_FLT_UNDERFLOW　浮点运算结果的指数部分小于该类型允许的最小值。

内在函数GetExceptionCode只能在异常过滤程序中(即__except之后的圆括号中) 或者异常处理程序的代码中调用。因此下面的代码是合法的:

```
__try {
    y = 0;
    x = 4 / y;
}
__except (
    ((GetExceptionCode() == EXCEPTION_ACCESS_VIOLATION) ||
    (GetExceptionCode() == EXCEPTION_INT_DIVIDE_BY_ZERO)) ?
    EXCEPTION_EXECUTE_HANDLER : EXCEPTION_CONTINUE_SEARCH) {

    switch (GetExceptionCode()) {
        case EXCEPTION_ACCESS_VIOLATION:
        // 处理访问违例
        ...

        break;
        case EXCEPTION_INT_DIVIDE_BY_ZERO:
        // 处理整除 0
        ...
        break;
```

但不能在异常过滤程序的函数中调用GetExceptionCode，所以编译器在编译以下代码时
会产生一个编译错误：

```
__try {
    y = 0;
    x = 4 / y;
}

__except (CoffeeFilter()) {
    // 处理异常
    ...
}
LONG CoffeeFilter (void) {
    // 编译错误：对 GetExceptionCode 的非法调用
    return((GetExceptionCode() == EXCEPTION_ACCESS_VIOLATION) ?
    EXCEPTION_EXECUTE_HANDLER : EXCEPTION_CONTINUE_SEARCH);
}
```

可以像下面这样重写代码以达到预期效果：

```
__try {
    y = 0;
    x = 4 / y;
}

__except (CoffeeFilter(GetExceptionCode())) {
    // 处理异常
    ...
}

LONG CoffeeFilter (DWORD dwExceptionCode) {
    return((dwExceptionCode == EXCEPTION_ACCESS_VIOLATION) ?
    EXCEPTION_EXECUTE_HANDLER : EXCEPTION_CONTINUE_SEARCH);
}
```

异常代码遵循WinError.h文件中定义的错误码规则。每个DWORD值被划分为几个部分(详
见第1章)，如表24-2所示。

表24-2　错误码的各个组成部分

位	31-30	29	28	27-16	15-0
内容	严重性	Microsoft/ Customer	保留位	设备代码	异常代码
含义	0=Success 1=Informational 2=Warning 3=Error	0=Microsoft 所定义的代码 1=Customer 所定义的代码	一直为 0	前 256 个值为 Microsoft 所保留 (见表 24-3)	Microsoft/ 客 户定义的代码

表24-3是目前Microsoft定义的设备代码。

表24-3　设备代码

设备代码	值	设备代码	值
FACILITY_NULL	0	FACILITY_WINDOWS_CE	24
FACILITY_RPC	1	FACILITY_HTTP	25
FACILITY_DISPATCH	2	FACILITY_USERMODE_COMMONLOG	26
FACILITY_STORAGE	3	FACILITY_USERMODE_FILTER_MANAGER	31
FACILITY_ITF	4	FACILITY_BACKGROUNDCOPY	32
FACILITY_WIN32	7	FACILITY_CONFIGURATION	33
FACILITY_WINDOWS	8	FACILITY_STATE_MANAGEMENT	34
FACILITY_SECURITY	9	FACILITY_METADIRECTORY	35
FACILITY_CONTROL	10	FACILITY_WINDOWSUPDATE	36
FACILITY_CERT	11	FACILITY_DIRECTORYSERVICE	37
FACILITY_INTERNET	12	FACILITY_GRAPHICS	38
FACILITY_MEDIASERVER	13	FACILITY_SHELL	39
FACILITY_MSMQ	14	FACILITY_TPM_SERVICES	40
FACILITY_SETUPAPI	15	FACILITY_TPM_SOFTWARE	41
FACILITY_SCARD	16	FACILITY_PLA	48
FACILITY_COMPLUS	17	FACILITY_FVE	49
FACILITY_AAF	18	FACILITY_FWP	50
FACILITY_URT	19	FACILITY_WINRM	51
FACILITY_ACS	20	FACILITY_NDIS	52
FACILITY_DPLAY	21	FACILITY_USERMODE_HYPERVISOR	53
FACILITY_UMI	22	FACILITY_CMI	54
FACILITY_SXS	23	FACILITY_WINDOWS_DEFENDER	80

不妨将异常码EXCEPTION_ACCESS_ VIOLATION拆开，看看每个位分别代表什么。在WinBase.h中找到EXCEPTION_ACCESS_VIOLATION，可以看到它被定义成STATUS_ACCESS_VIOLATION。而后者在WinNT.h定义，其值为0xC0000005，即：

```
  C     0     0     0     0     0     0     5   (16 进制)
1100 0000 0000 0000 0000 0000 0000 0101 (2 进制)
```

位30和位31都被设成1，表示访问违例是一个严重错误(线程在这种情况不能继续运行)。但位29为0，表示Microsoft已定义了这个代码。位28是0，为今后扩展而保留。位16~位27都是0，表示FACILITY_NULL(即访问违例异常可能在系统任何地方发生，而非只在使用特定设备时发生)。位0~位15均包含值5，仅仅表示Microsoft将访问违例定义为代码5，并无其他特殊含义。

698~699

24.6 GetExceptionInformation 函数

异常发生时，操作系统向发生异常的线程的栈中压入三个结构：EXCEPTION_RECORD，CONTEXT和EXCEPTION_POINTERS。

EXCEPTION_RECORD结构包含与引发的异常有关的信息，这些信息的内容与CPU无关。CONTEXT结构则包含关于异常但与CPU也有关的信息。

EXCEPTION_POINTERS结构仅包含两个指针数据成员，分别指向被压入栈中的EXCEPTION_RECORD结构和CONTEXT结构：

```
typedef struct _EXCEPTION_POINTERS {
    PEXCEPTION_RECORD ExceptionRecord;
    PCONTEXT ContextRecord;
} EXCEPTION_POINTERS, *PEXCEPTION_POINTERS;
```

要想取得这些信息并在应用程序中使用，可调用GetExceptionInformation函数：

```
PEXCEPTION_POINTERS GetExceptionInformation();
```

这个内在函数返回指向一个EXCEPTION_POINTERS结构的指针。

关于GetExceptionInformation函数，要记住的最重要的一点是：该函数只能在异常过滤程序中调用，因为CONTEXT，EXCEPTION_RECORD和 EXCEPTION_POINTERS数据结构仅在异常过滤程序计算期间有效。一旦程序控制流被转移到异常处理程序或者别的地方，栈上的数据就被销毁了。

如果需要从异常处理程序中访问异常信息(虽然这种情况很少见)，必须将EXCEPTION_POINTERS的成员所指向的EXCEPTION_RECORD结构和/或CONTEXT结构保存在自己创建的一个或多个变量中。以下代码演示了如何保存EXCEPTION_RECORD和CONTEXT结构。

```
void FuncSkunk() {
    // 声明变量，如有异常发生，可用它们保存异常记录和上下文
    EXCEPTION_RECORD SavedExceptRec;
    CONTEXT SavedContext;
    ...
    __try {
        ...
    }

    __except (
        SavedExceptRec =
            *(GetExceptionInformation())->ExceptionRecord,
        SavedContext =
            *(GetExceptionInformation())->ContextRecord,
    EXCEPTION_EXECUTE_HANDLER) {
    // 可在处理程序的代码块中使用 SavedExceptRecT SavedContext
    switch (SavedExceptRec.ExceptionCode) {
        ...
    }
    }
    ...
}
```

699~700

注意异常处理程序中对C/C++语言的逗号操作符(,)的使用。许多程序员可能还不习惯这个操作符。它告诉编译器从左向右执行逗号所分隔的表达式。所有表达式都求值完毕后，返回最后一个(最右边)表达式的值。

在FuncSkunk中，最左边的表达式将线程栈上的EXCEPTION_RECORD结构存储到局部变量SavedExceptRec中。该表达式的结果就是SavedExceptRec的值。但这个结果实际会被丢弃，然后其右边的表达式开始求值。第二个表达式将栈上的CONTEXT结构存储到局部变量SavedContext中。该表达式的结果就是变量SavedContext的值。同样，第二个表达式的结果也会被丢弃。最后一个表达式很简单，它直接求值为EXCEPTION_EXECUTE_HANDLER。最后一个表达式的结果就是以逗号分隔的整个表达式组的结果。

由于异常过滤程序返回EXCEPTION_EXECUTE_HANDLER，所以系统会执行except块。此时因为SavedExceptRec 和 SavedContext变量已被初始化，所以可以在except块中使用它们。记住一个重点，SavedExceptRec变量和 SavedContext变量要在在try块的外部声明。

你可能已经猜到，EXCEPTION_POINTERS 结构中的ExceptionRecord成员指向的是一个
EXCEPTION_RECORD结构。

```
typedef struct _EXCEPTION_RECORD {
    DWORD ExceptionCode;
    DWORD ExceptionFlags;
    struct _EXCEPTION_RECORD *ExceptionRecord;
    PVOID ExceptionAddress;
    DWORD NumberParameters;
    ULONG_PTR ExceptionInformation[EXCEPTION_MAXIMUM_PARAMETERS];
} EXCEPTION_RECORD;
```

EXCEPTION_RECORD结构包含和最近发生的异常相关的详细的、和CPU无关的信息。

- ExceptionCode包含异常码，这个代码就是内在函数GetExceptionCode所返回的
  代码。
- ExceptionFlags包含一些与异常相关的标志。目前只有两个值，分别是0(表示可以继
  续的异常)和EXCEPTION_NONCONTINUABLE(表示不能继续的异常)。如果程序试图在
  一个不能继续的异常发生之后继续执行，就会引发EXCEPTION_NONCONTINUABLE_
  EXCEPTION异常。
- ExceptionRecord指向另一个未处理异常的EXCEPTION_RECORD结构。处理异常时可
  能会发生另一个异常。例如，异常过滤程序中的代码可能试图除以0。如果在异常过
  滤程序执行时又发生了一个异常，就会生成嵌套异常。当嵌套异常发生时，异常记
  录可以链接起来，以提供更多的信息。在Windows Vista之前的系统上，当嵌套异常
  发生时，进程就会被终止。如果没有未处理的异常，ExceptionRecord的值为NULL。
- ExceptionAddress是导致异常的CPU指令的地址。
- NumberParameters是与异常关联的参数的个数(0~15)。即ExceptionInformation数组
  中已定义的元素个数。对于几乎所有异常来说，这个值为0。
- ExceptionInformation是用来进一步描述异常的附加参数数组。对于几乎所有异常来
  说，这些数组元素都未定义。

700~701

EXCEPTION_RECORD结构的最后两个成员(NumberParameters和ExceptionInformation)
为异常过滤程序提供了关于异常的附加信息。目前只有EXCEPTION_ACCESS_
VIOLATION异常提供了附加信息，其他所有异常的NumberParameters值为0。可检查
ExceptionInformation数组来查看异常的附加信息。

对于EXCEPTION_ACCESS_VIOLATION异常，ExceptionInformation[0]包含一个标志来指
出造成访问违例的操作的类型。如果该值为0，表示线程试图读取不能访问的数据；1表

示线程试图写入不能访问的数据。ExceptionInformation[1]指定了不可访问的数据的地址。当数据执行保护(Data Execution Prevention，DEP)侦测到线程执行不具备访问权限的内存页中的代码时，这个异常也会抛出，同时ExceptionInformation[0]的值在IA-64平台上设为2；在其他平台上设为8。

利用这些成员，异常过滤程序可提供许多关于应用程序的重要信息。例如，可以写这样的一个异常过滤程序：

```
__try {
    ...
}
__except (ExpFltr(GetExceptionInformation())) {
    ...
}

LONG ExpFltr (LPEXCEPTION_POINTERS pep) {
    TCHAR szBuf[300], *p;
    PEXCEPTION_RECORD pER = pep->ExceptionRecord;
    DWORD dwExceptionCode = pER->ExceptionCode;

    StringCchPrintf(szBuf, _countof(szBuf),
        TEXT("Code = %x, Address = %p"),
    dwExceptionCode, pER->ExceptionAddress);

    // 查找字符串尾
    p = _tcschr(szBuf, TEXT('0'));

    // 这里用了一个 switch 语句，以防 Microsoft 未来添加其他异常码的信息
    switch (dwExceptionCode) {

        case EXCEPTION_ACCESS_VIOLATION:
            StringCchPrintf(p, _countof(szBuf),
                TEXT("\n--> Attempt to %s data at address %p"),
                pER->ExceptionInformation[0] ?
                    TEXT("write") : TEXT("read"),
                pER->ExceptionInformation[1]);
            break;

        default:
            break;
    }

    MessageBox(NULL, szBuf, TEXT("Exception"),
        MB_OK | MB_ICONEXCLAMATION);
```

```
        return(EXCEPTION_CONTINUE_SEARCH);
}
```

701~702

EXCEPTION_POINTERS结构的ContextRecord成员指向一个CONTEXT结构(参见第7章)，该结构与平台相关，即它在不同的CPU平台上有着不同的内容。

针对CPU上的每个寄存器，这个结构都有对应的成员。引发异常时，可以通过查看这个结构的成员以获取更的信息。但为了获得这种便利，必须编写与平台相关的代码来识别程序运行的平台，并针对性地使用CONTEXT结构。当然，最好是在代码中使用#ifdef指令来处理这种情况。Windows支持的各种CPU的CONTEXT结构定义都放在WinNT.h文件中。

24.7 软件异常

之前讨论的都是硬件异常，即CPU捕获事件并引发异常。其实，也可以在代码中强制引发异常。这是函数向调用者通知失败的另一种方式。历史上，函数是返回一些错误码来指明运行失败。函数的调用者应检查这些错误码并采取相应的措施。这导致调用者需要频繁地做清理工作，并向它的调用者返回它自己的错误码。错误码的逐层传播导致代码很难编写和维护。

另一种方法是让函数在失败时抛出异常。采用这种方式，代码更容易编写和维护。另外，由于不需要一直执行错误检测代码，程序运行效率更高。实际上，只有在函数失败时(即发生异常时)才需要执行错误检测代码。

不幸的是，大部分的开发者并不习惯通过异常机制来进行错误处理。这有两方面的原因。第一个原因是很多开发者不熟悉SEH。就算其中一个开发者熟练掌握了它，其他开发者却未必。在这种情况下，如果一个开发者写了会抛出异常的函数，其他开发者没有写相应的SEH帧来捕获并处理这个异常，进程就会被操作系统终止。

703

第二个原因是SEH不容易移植到其他操作系统。SEH是Windows专有的技术。很多公司的产品想要面向多种平台，但只想维护一套源代码，这当然是可以理解的。

不过，如果你决定通过异常来返回错误，那么我赞成这个决定，并为你准备了这一节的内容。先来看一下Windows的堆函数，例如HeapCreate和HeapAlloc等。回顾第18章的内容，我们知道这些函数为开发者提供了一种选择。通常，任何堆函数失败，都会返回NULL来表示失败。但是，也可以为它们传入HEAP_GENERATE_EXCEPTIONS标志，要求它们在失败时，不要返回NULL而是抛出一个STATUS_NO_MEMORY软件异常。这样，代码的其他部分就可使用SHE帧来捕获该异常。

要利用该异常，可在编写try块时假定内存分配一定会成功。如分配实际上失败了，既可使用except块来处理该异常，也可在和try块配对的finally块中做清理工作。瞧，多方便！

软件异常的捕获方式和硬件异常完全一样，所以，上一章讨论的内容对软件异常同样是适用的。

本节重点讨论的是如何让你的函数强制抛出软件异常，以作为一种指出错误的方法。当然，也可以像Microsoft实现堆函数那样让调用者传递一个标志，告诉函数以何种方式指出错误。

抛出一个软件异常再容易不过了，调用RaiseException函数即可：

```
VOID RaiseException(
    DWORD dwExceptionCode,
    DWORD dwExceptionFlags,
    DWORD nNumberOfArguments,
    CONST ULONG_PTR *pArguments);
```

第一个参数dwExceptionCode是要抛出异常的标识符。函数HeapAlloc为该参数传递的是STATUS_NO_MEMORY。要定义自己的异常标识符，应遵循WinError.h文件中定义的标准Windows错误码格式。记住，一个DWORD值要被分成几个部分，具体细节请参见表24-2。

要想自定义异常代码，需要填充DWORD值的全部五个部分。

- 位31和位30描述严重性。
- 位29是1，0为Microsoft创建的异常保留，例如函数HeapAlloc抛出的STATUS_NO_MEMORY。
- 位28是0。
- 位27~位16是Microsoft预定义的设备代码(facility code)。
- 位15~位0是你选择用来标识引发异常的程序段的任意值。

RaiseException的第二个参数dwExceptionFlags必须设为0或EXCEPTION_NONCONTINUABLE。简单地说，这个标志用来指出异常过滤程序在响应这个异常时能否返回EXCEPTION_CONTINUE_EXECUTION。如果不向RaiseException传递EXCEPTION_NONCONTINUABLE标志，过滤程序就能返回EXCEPTION_CONTINUE_ EXECUTION。正常情况下，这会导致线程重新执行引发软件异常的那条CPU指令。但Microsoft在这里做了一些"手脚"，让程序从RaiseException函数调用的后面继续执行。

703~704

如果向RaiseException传递EXCEPTION_NONCONTINUABLE，相当于告诉系统一旦发生这种类型的异常，程序便不能继续。该标志在操作系统内部被用来传递极为严重(不可恢复)的出错信号。除此之外，当HeapAlloc抛出STATUS_NO_MEMORY软件异常时，它使用EXCEPTION_NONCONTINUABLE标志告诉系统该异常不可继续。这是有意义的，因为系统没有办法强制分配内存并让程序继续运行。

如过滤程序忽略EXCEPTION_NONCONTINUABLE标志并坚持返回EXCEPTION_CONTINUE_EXECUTION，系统会抛出一个新的异常：EXCEPTION_NONCONTINUABLE_ EXCEPTION。

系统在处理一个异常时可能抛出另一个异常，这也是有意义的。比如在finally块、异常过滤程序或异常处理程序中都可能发生无效内存访问。这种情况发生时，系统会将异常堆叠起来。还记得GetExceptionInformation函数吗？它返回一个EXCEPTION_POINTERS结构的地址。该结构的ExceptionRecord成员指向一个EXCEPTION_RECORD结构，后者包含另一个ExceptionRecord成员。该成员指向另一个EXCEPTION_RECORD结构，其中包含了之前发生的异常的信息。

通常，系统一次只需处理一个异常，所以ExceptionRecord成员的值是NULL。然而，如果在处理一个异常时又发生一个异常，第一个EXCEPTION_RECORD结构包含的就是最新发生的异常的信息，而且它的ExceptionRecord成员指向之前发生的异常的EXCEPTION_RECORD结构。如果额外的异常没有全部得到处理，可以遍历这个EXCEPTION_RECORD结构的链表以决定如何处理异常。

RaiseException的第三个与第四个参数(nNumberOfArguments和pArguments)用来传递和引发的异常有关的附加信息。一般情况下不需要附加参数，可以简单地为pArguments参数传递NULL，这样RaiseException会忽略nNumberOfArguments参数。如确实需要传递附加参数，nNumberOfArguments必须指出pArguments参数所指向的ULONG_PTR数组的元素个数。但是，这个参数的值不能超过EXCEPTION_MAXIMUM_PARAMETERS(在WinNT.h中定义为15)。

在处理这个异常的过程中，可以让异常过滤程序引用EXCEPTION_RECORD 结构的NumberParameters和ExceptionInformation成员，从而检查nNumberOfArguments和pArguments参数所包含的信息。

有许多理由促使我们在应用程序中生成自己的软件异常。例如，可能想向系统事件日志发送通知消息。一旦程序中某个函数发生了某个问题，就可调用RaiseException并让位于调用树上层的某个异常处理程序捕获特定类型的异常，异常处理程序可将异常信息写入事件日志，或者弹出一个消息框。还可以创建软件异常来通知应用程序内部出现的严重错误。

704

第 25 章

未处理异常、向量化异常处理与C++异常

本章内容

上一章讨论了异常过滤程序返回EXCEPTION_CONTINUE_SEARCH时所发生的情况：系统会继续在调用树中的上层寻找异常过滤程序。但是，如果每个异常过滤程序都返回EXCEPTION_CONTINUE_SEARCH，又会发生什么呢？在这种情况下，会发生所谓的未处理异常(unhandled exception)。

Windows 提供了SetUnhandledExceptionFilter函数，它为我们提供了处理异常的最后机会，否则Windows会宣布该异常真的未处理。

```
PTOP_LEVEL_EXCEPTION_FILTER SetUnhandledExceptionFilter(
    PTOP_LEVEL_EXCEPTION_FILTER pTopLevelExceptionFilter);
```

通常，应在进程初始化阶段调用该函数。一旦调用了这个函数，进程中的任意线程抛出未处理异常，都会调用你通过SetUnhandledExceptionFilter的参数来指定的最上层(top-level)的异常过滤函数。该异常过滤函数必须符合以下原型：

```
LONG WINAPI TopLevelUnhandledExceptionFilter(PEXCEPTION_POINTERS pExceptionInfo);
```

可在异常过滤函数中进行你希望的任何处理，只要返回表25-1列出的三个EXCEPTION_*标识符之一即可。注意，因为栈溢出、未释放的线程同步基元(thread synchronization primitive)或者未释放的堆数据，进程可能已经处于损坏状态。所以，应尽量减少异常过滤函数的处理工作，并避免进行任何动态分配，因为堆可能已经损坏。

表25-1 最上层异常过滤程序的返回值

标识符	对应的结果
EXCEPTION_EXECUTE_HANDLER	进程在不向用户发出任何通知的情况下终止。注意会触发全局展开，所以会执行 finally 块
EXCEPTION_CONTINUE_EXECUTION	从引发异常的指令继续执行，可修改 PEXCEPTION_POINTERS 参数所引用的异常信息。如果不修复问题，同样的异常还会再次发生，进程将进入同一个异常反复引发的死循环
EXCEPTION_CONTINUE_SEARCH	异常现在真的变成了未处理。25.1 节 "UnhandledExceptionFilter 函数详解" 描述了接下来会发生的事情

设置新的未处理异常过滤程序时，SetUnhandledExceptionFilter返回上次安装的异常过滤程序的地址。注意，如程序使用了C/C++运行库，在入口点函数开始执行前，C/C++运行时会安装它自己的一个名为__CxxUnhandledExceptionFilter的全局异常过滤程序。该函数所做的工作很简单，就是检查异常是不是C++异常(25.5节 "C++异常与结构化异常的比较" 会对此进行详细说明)。如果是，就在结束时执行abort函数，后者调用由Kernel32.dll导出的UnhandledExceptionFilter函数。在早期版本的C/C++运行库中，进程到此就终止了。_set_abort_behavior函数可用来配置由abort函数做出的错误报告。如__CxxUnhandledExceptionFilter认为当前异常不是一个C++异常，就会返回EXCEPTION_CONTINUE_SEARCH，让Windows处理这个未处理异常。

705~706

所以，如果调用SetUnhandledExceptionFilter来安装自己的全局异常过滤程序，其返回的地址即为函数__CxxUnhandledExceptionFilter的地址。在Microsoft Visual Studio中调试代码时，可通过智能感知功能看到这个函数。否则，默认的过滤程序就是UnhandledExceptionFilter函数。

说明 可以用 NULL 作为参数调用 SetUnhandledExceptionFilter，将全局未处理异常过滤程序设回 UnhandledExceptionFilter。

如果你的过滤程序准备返回EXCEPTION_CONTINUE_SEARCH，可能会想调用之前安装的全局异常过滤程序(其地址由SetUnhandledExceptionFilter返回)。但并不建议这么做。因为根本不知道程序使用的某个第三方组件是否安装了它自己的异常过滤程序；如果是一个动态装载的模块，此时那个异常过滤程序可能已经被卸载了。要避免这么做的另一个原因请参见后面的"步骤3：通知设定的全局异常过滤函数"小节。

第6章讲过，每个线程都是从执行NTDLL.dll中的RtlUserThreadStart函数而真正开始的：

```
VOID RtlUserThreadStart(PTHREAD_START_ROUTINE pfnStartAddr, PVOID pvParam) {
    __try {
        ExitThread((pfnStartAddr)(pvParam));
    }
    __except (UnhandledExceptionFilter(GetExceptionInformation())) {
        ExitProcess(GetExceptionCode());
    }
    // 注意：永远执行不到这里
}
```

706

该函数包含一个结构化异常处理(structured exception handling，SEH)帧：它进入一个try块，从中调用线程/程序的入口点函数。所以，如果你的线程引发一个异常，而且所有已安装的异常过滤程序都返回EXCEPTION_CONTINUE_SEARCH，系统会提供一个特殊的过滤函数供自动调用，即UnhandledExceptionFilter函数：

```
LONG UnhandledExceptionFilter(PEXCEPTION_POINTERS pExceptionInfo)
```

和普通的异常过滤程序一样，该函数返回三个EXCEPTION_*异常标识符之一，表25-2列出了返回每个标识符时发生的情况。

表25-2　UnhandledExceptionFilter的不同返回值所对应的系统操作

标识符	对应的系统操作
EXCEPTION_EXECUTE_HANDLER	触发全局展开，执行所有等待的finally块。针对未处理异常，RtlUserThreadStart的异常处理程序将调用ExitProcess，进程会静默地终止。注意，进程的退出码就是异常码
EXCEPTION_CONTINUE_EXECUTION	从引发异常的指令继续执行。25.1节"UnhandledExceptionFilter函数详解"描述的步骤1将执行
EXCEPTION_CONTINUE_SEARCH	要么一个调试器正在控制出错的进程，要么将连接默认调试器。在这两种情况下，系统都会将该异常通知调试器，所以程序会停在发生异常的地方。25.2节"即时调试"会解释与调试器的交互。如果没有连接调试器，Windows就知道是在用户模式下发生了未处理异常

说明 若发生嵌套异常（在异常过滤程序中又发生一个异常），UnhandledExceptionFilter 将返回 EXCEPTION_NESTED_CALL。但在 Windows Vista 之前的平台上，UnhandledExceptionFilter 永远不会返回，进程会静默地终止运行。

在返回这些异常标识符之前，UnhandledExceptionFilter还会执行大量代码。下面分析一下这个函数内部的执行步骤。

25.1　UnhandledExceptionFilter 函数详解

UnhandledExceptionFilter函数在处理异常时会按顺序执行5个步骤。我们将依次讨论每个步骤。执行完这些步骤后，UnhandledExceptionFilter将控制权交给Windows 错误报告(Windows Error Reporting，WER)，详情可以参见稍后介绍的"UnhandledExceptionFilter与WER的交互"。

707

步骤1：允许向资源写入并继续执行

如果是因为线程的写操作而引起访问违例，UnhandledExceptionFilter会检查该线程是不是试图修改.exe或DLL模块中的资源。这些资源默认(而且应该)只读，所以试图修改它们的话，会引发访问违例。然而，16位Windows却允许修改这些资源。出于向后兼容的考虑，32位和64位Windows也应该这样做。为了保证兼容性，UnhandledExceptionFilter调用VirtualProtect将资源页的保护属性设为PAGE_READWRITE，并返回EXCEPTION_CONTINUE_EXECUTION，以允许失败的指令再次执行。

步骤2：将未处理异常报告给调试器

UnhandledExceptionFilter首先检查应用程序当前是不是在调试器的控制之下。如果是，就返回EXCEPTION_CONTINUE_SEARCH。此时，由于异常未处理，所以Windows会通知当前连接的调试器。调试器接收为这个异常生成的EXCEPTION_RECORD结构的ExceptionInformation成员，并通过这个信息来定位代码中引发异常的指令，并通知你引发了什么样的异常。注意，可在代码中调用IsDebuggerPresent来检测当前进程是不是处于调试器的控制之下。

步骤3：通知设定的全局异常过滤函数

如果已通过调用SetUnhandledExceptionFilter来设定了一个全局异常过滤程序，UnhandledExceptionFilter 将调用这个异常过滤函数。如果过滤函数返回EXCEPTION_EXECUTE_HANDLER 或 EXCEPTION_CONTINUE_EXECUTION，UnhandledExceptionFilter会直接将这个值返回给系统。如返回的是EXCEPTION_CONTINUE_SEARCH，则转到步骤4。但是等一下！刚才说过，C/C++全局未处理过滤程序__CxxUnhandledExceptionFilter会显式调用UnhandledExceptionFilter。所以，这个无穷递归调用很快就会导致栈溢出异常，并将真正的异常隐藏起来。这是应避免调用之前安装的全局过滤程序的另一个原因。为了防止这种无穷递归，__CxxUnhandledExceptionFilter会在调用UnhandledExceptionFilter之前调用SetUnhandledExceptionFilter(NULL)。

如果程序使用了C/C++运行库，运行库会用一个try/except结构包围线程入口点函数，except的异常过滤程序会调用C/C++运行库的_XcpFilter函数。_XcpFilter函数内部调用UnhandledExceptionFilter，后者又调用全局异常过滤程序(如果有)。所以，当_XcpFilter发现一个未处理异常时，你安装的全局过滤程序就会被调用。如果你的过滤程序返回EXCEPTION_CONTINUE_SEARCH，(真正的)未处理异常就会到达RtlUserThreadStart的except异常过滤程序，于是UnhandledExceptionFilter会再次执行，结果就是再次调用你的全局处理程序。

步骤4：将未处理异常报告给调试器(再次)
在步骤3，全局未处理异常过滤函数会启动调试器，并让调试器连接到抛出未处理异常的进程。如果这个时候未处理异常过滤程序返回EXCEPTION_CONTINUE_SEARCH，调试器将再一次被调用(如同步骤2)。

708

步骤5：静默终止进程
如果进程中的某个线程调用SetErrorMode来设置了SEM_NOGPFAULTERRORBOX标志，那么UnhandledExceptionFilter 会返回EXCEPTION_EXECUTE_HANDLER。在未处理异常的情形下，返回这个值会触发一次全局展开，允许在进程静默终止前执行待定的finally块。类似地，如进程在一个作业中(参见第5章)，而且作业的限制信息(limit information)中打开了JOB_OBJECT_LIMIT_DIE_ON_UNHANDLED_EXCEPTION标志，那么UnhandledExceptionFilter也将返回具有同样效果的EXCEPTION_EXECUTE_HANDLER。

在执行这些步骤的过程中，UnhandledExceptionFilter悄悄地工作，尝试修复引发异常的问题，通知连接的调试器(如果有)，或者在必要的时候直接终止程序运行。然而，如果不能处理异常，就会返回EXCEPTION_CONTINUE_SEARCH，于是系统内核获得程序控制，向用户通知程序运行错误。在讨论当UnhandledExceptionFilter返回时Windows内核所做的工作之前，要先详细说明一下对应的用户界面，并说明异常在系统中经过的路径。详见后面的"UnhandledExceptionFilter与WER的交互"小节。

图25-1演示了在Windows XP上，在异常到达UnhandledExceptionFilter之前发生的事情。

在Windows Vista系统中，两个对话框依次弹出，如图25-2和图25-3所示。

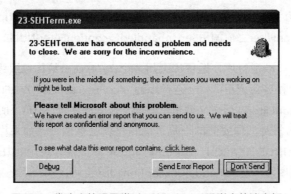

图25-1 发生未处理异常时，Windows XP弹出的消息框

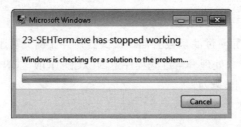

图25-2 发生未处理异常时，Windows Vista弹出的第一个消息框

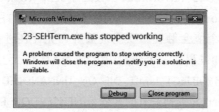

图25-3 发生未处理异常时，Windows Vista弹出的第二个消息框

你现在应该对异常到达UnhandledExceptionFilter的工作流和它们在界面上的具体呈现有了一个大致的印象。

UnhandledExceptionFilter与WER的交互

图25-4演示了Windows如何使用Windows错误报告(Windows Error Reporting，WER)机制来处理未处理异常。之前的小节已讨论了步骤1和步骤2。

从Windows Vista开始，UnhandledExceptionFilter函数不再发送错误报告到Microsoft的服务器。取而代之的是，在完成25.1节 "UnhandledExceptionFilter函数详解" 所描述的步骤后，会返回EXCEPTION_CONTINUE_SEARCH(图25-4中的第3步)。于是，系统内核知道一个异常在用户线程中没有得到处理(第4步)。然后，关于异常的通知被发送到一个名为

WerSvc的专用服务。

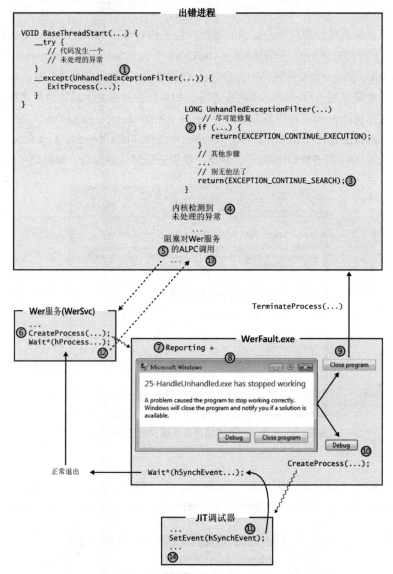

图25-4　Winodws如何使用错误报告机制来处理未处理异常

这个通知由一个称为高级本地过程调用(Advanced Local Procedure Call，ALPC)的机制发出，ALPC机制没有对外公开。ALPC会阻塞线程，直到WerSvc完成它的处理(第5步)。该服务调用CreateProcess 来生成(spawn)一个WerFault.exe进程(第6步)，并等待新进程结束。报告的创建和发送(第7步)由WerFault.exe完成。在WerFault程序中，会弹出一个对话框来允许用户选择关闭应用程序或者连接一个调试器(第8步)。如用户选择关闭程序，

WerFault.exe会调用TerminateProcess直接终止应用程序(第9步)。可以看出，在发生错误的进程之外，会执行大量处理来确保错误报告和行为的可靠性。

可通过几个注册表项配置向用户显示的界面，相关信息可参考http://msdn2.microsoft.com/en-us/library/bb513638.aspx。若HKEY_CURRENT_USER\Software\ Microsoft\Windows\Windows Error Reporting子项下的DontShowUI值设为1，就不会有任何对话框弹出，报告会在后台生成并发送给Microsoft的服务器。如果想在问题发生时让用户选择是否将错误报告发送给Microsoft，可以修改Consent子项下的DefaultConsent DWORD值。但是，更值得推荐的做法是在Control Panel(控制面板)中的Problem Reports And Solutions(问题报告与解决方案)来打开WER控制台，并单击设置来访问这些选项，如图25-5所示。

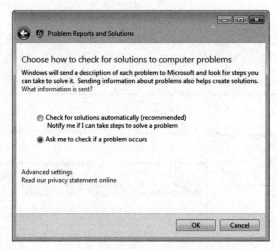

图25-5　允许用户选择是否发送错误报告给Microsoft

710~711

如果选择Ask Me To Check If A Problem Occurs选项，WER将弹出一个新对话框，如图25-6(而不是图25-2和图25-3所示的那两个通常的对话框)，这个对话框提供了三种选择。

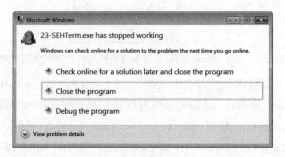

图25-6　用户可以选择不要自动发送错误报告给Microsoft

虽然不推荐在生产机器上选择这个选项(因为我们不想错过任何问题)，但在调试程序时，它能节省不少时间，因为不需要等待生成和发送报告。如果计算机没有联网，节省这些时间就更重要了，因为不必等待WerSvc在超时后才弹出选择对话框。

在运行自动测试的情况下，你肯定不想让WER对话框破坏或终止测试。如果将Reporting注册表子项的ForceQueue设为1，WER将在后台生成错误报告。测试完成后，可用WER控制台来列出发生过的问题并得到它们的详细信息，如下一章的图26-2和图26-3所示。

712

现在讨论一下在发生未处理异常时，WER提供的最后一项功能：即时(just-in-time，JIT)调试，它使程序员梦想成真。如选择调试出错的进程(第10步)，WerFault.exe程序就会创建一个处于未触发(nonsignaled)状态的手动重置事件，其bInheritHandles参数设为True。这使WerFault.exe的子进程(比如调试器)能继承事件句柄。然后，WER定位并启动默认调试器。后者会连接出错的进程(详见25.2节"即时调试")。将调试器连接到进程后，就可以查看全局、局部和静态变量的值；设置断点；检查调用树；重启进程等等。

说明　本书只讨论用户模式的应用程序开发。但是，你可能好奇以内核模式运行的线程抛出未处理异常后会发生什么。内核中发生的未处理异常往往意味着操作系统或设备驱动存在严重 bug(后者更有可能)，跟应用程序无关。

在这种情况下，内核中的内存可能已经损坏，因而再让系统继续运行是不安全的。在出现所谓的"蓝屏死机"(BSOD) 前，系统让一个专门的设备驱动程序调用 CrashDmp. sys，在分页文件中创建一个所谓的"崩溃转储"(crash dump)，然后停止计算机的所有操作。这时不得不重启计算机，任何没有保存的工作也会丢失。然而，Windows 在崩溃或挂起之后重启时，会检查分页文件是否包含一个 crash dump。如果是，表明相关内容得到了保存，系统会启动 WerFault.exe 来生成错误报告并发送给 Microsoft 的服务器 (如果允许)。这让就可以在 WER 控制台得到 Windows 错误列表。

25.2　即时调试

JIT调试真正强大的地方在于，程序出问题时可以马上得到处理。在其他许多操作系统中，必须通过调试器来启动程序以进行调试。在其他操作系统的进程中发生异常，必须先结束进程，启动调试器，再通过调试器启动程序。所以，修改一个bug必须先重现这个bug。可是，谁又能准确还原各个变量在bug发生时的值呢？所以，这种方式使bug的修复变得异常困难。允许将调试器动态连接到进程，这是Windows最好的功能之一。

我们来看一下它是怎么工作的。首先，注册表包含下面这个相关子项：

HKEY_LOCAL_MACHINE\SOFTWARE\Microsoft\Windows NT\CurrentVersion\AeDebug

在这个子项之下，有一个名为Debugger的值，在Visual Studio安装过程中被设置如下：

```
"C:\WINDOWS\system32\vsjitdebugger.exe" -p %ld -e %ld
```

系统可通过这个值找到调试器。但vsjitdebugger.exe本身并不是调试器，它实际是一个允许通过如图25-7所示的对话框来选择调试器的应用程序。

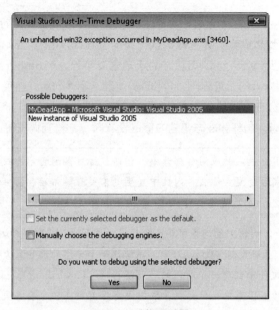

图25-7　选择调试器

当然，也可修改这个注册表项的值，让它直接指向自己选择的调试器。WerFault.exe会通过命令行向调试器传入两个参数。第一个参数是要调试的进程的ID。第二个参数是继承的事件句柄，它指向由WerSvc服务创建的、处于未触发状态的手动重置事件(第6步)。注意，故障进程还在等待WerSvc返回ALPC通知。第三方厂商实现的调试器必须能识别-p和-e这两个开关，它们分别代表进程ID和事件句柄。

WerFault.exe先将进程ID和事件句柄合并到一个字符串里，然后通过CreateProcess启动调试器，并为它的bInheritHandles参数传递TRUE，允许调试器进程继承事件对象的句柄。此时，调试器进程开始运行并检查其命令行实参，如果-p开关存在，调试器拿到进程ID并调用DebugActiveProcess将自己连接到进程：

```
BOOL DebugActiveProcess(DWORD dwProcessID);
```

调试器连接好后，系统会将被调试程序的状态报告给调试器。例如，系统会告诉调试器被调试程序有多少个线程，以及被调试程序的地址空间加载了多少个DLL。调试器需要花一些时间处理这些数据来准备调试进程。在这些准备工作进行时，发生问题的进程只能等待。检测到未处理异常的那段代码(第4步)还在等待从WerSvc返回的ALPC通知(第5步)。而ALPC本身因为以WerFault.exe进程句柄为参数调用WaitForSingleObjectEx被阻塞，直到WER完成它的工作。注意，这里使用的是WaitForSingleObjectEx而非WaitForSingleObject，所以线程能在可提醒状态(alertable state)下等待。这意味着在队列里的异步过程调用(asynchronous procedure call，APC)都能得到处理。

714

注意，在Windows Vista之前的操作系统上，故障进程中的其他线程不会暂停，所以它们会在已经损坏的上下文中运行，并可能抛出更多的未处理异常。这样的后果更严重，因为系统很可能静默地终止进程。就算没有其他线程崩溃，在生成dump文件时，程序运行状态也可能发生了改变。这造成更难找到异常的根本原因。而在Windows Vista 和之后的版本中，如果应用程序不是服务，故障进程中的所有线程都将挂起，而且在从 WER 恢复执行之前，它们不会访问任何 CPU，从而允许调试器收到未处理异常的通知。

调试器完全初始化好后，会再次检查它的命令行来查找-e开关。如果这个开关存在，调试器得到事件句柄并调用SetEvent。由于WerFault创建并传给调试器(作为子进程的调试器进程可以继承句柄，包括同步事件句柄)的事件是一个可继承事件，所以调试器能直接使用这个事件的句柄值。

设置事件(第11步)是为了让WerFault.exe知道调试器已连接到故障进程，可以接收异常通知了。于是，WerFault.exe进程正常终止。WerSvc服务侦测到它的子进程已结束执行，于是让ALPC返回(第12步)。这导致被调试程序的线程被唤醒，使内核知道一个调试器已经连接，并准备好接收未处理异常的通知(第13步)。这和25.1节"UnhandledExceptionFilter函数详解"描述的步骤3效果一样：调试器将收到关于未处理异常的通知，并加载正确的源代码文件，定位到引发异常的那个指令(第14步)。这很酷，不是吗！

顺便说一下，不是说非要等到发生异常才能去调试一个进程。任何时候都能运行vsjitdebugger.exe –p PID让调试器连接到任意进程，PID是要调试的进程的ID。事实上，用Windows任务管理器可以更容易地调试进程。打开"进程"标签页，右击一个进程，然后选择"调试"即可。这会让任务管理器查询之前提到的注册表子项，调用CreateProcess来启动调试器，传入当前选择的进程ID。在这种情况下，任务管理器为事件句柄参数传入的值为0。

提示 HKEY_LOCAL_MACHINE\SOFTWARE\Microsoft\Windows NT\CurrentVersion\AeDebug
注册表子项还包含一个名为 Auto 的 REG_SZ 数据值。该值表示是否让 WER 询问用户调试还是关闭故障进程。如 Auto 值为 1，WER 会直接启动调试器而不询问用户。在开发机器上，这应该是你想要的默认行为（而不是让 WER 接连弹出两个确认消息框），因为一旦发生未处理异常，你肯定想着去调试。

某个服务崩溃时，你有时可能不一定希望调试一些容器进程（例如 svchost.exe）。在这种情况下，可在 AeDebug 子项下再添加一个子项 AutoExclusionList，并新建一个 DWORD 值 1，将其名称设为不想自动调试的程序。如果需要进一步细分哪个程序需要进行自动 JIT 调试，可将 Auto 设为 1，但在 HKEY_CURRENT_USER\SOFTWARE\Microsoft\Windows\Windows Error Reporting 之下添加一个子项 DebugApplications。在这个子项下新建一个 DWORD 值 1，将其名称设为想在发生未处理异常时自动调试的程序。

715

25.3 Spreadsheet 示例程序

现在通过一个实例来看看如何用SHE处理预料中的异常，从而避免未处理异常所造成的惨痛后果。Spreadsheet示例程序(25-Spreadsheet.exe)演示如何利用结构化异常处理机制向已预订地址空间区域稀疏地调拨存储。应用程序的源代码和资源文件在本书配套资源的25-Spreadsheet目录中。执行示例程序会弹出如图25-8所示的对话框。

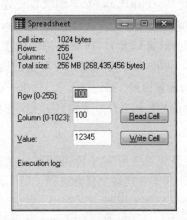

图25-8 对话框

程序内部为一个二维电子表格预订了一个区域。表格大小为256行、1024列，每个单元格占用1024个字节。如果提前为整个表格调拨存储，那么总共需要268 435 456字节

(即256 MB)。为节省宝贵的存储空间,程序只预订了256 MB的地址空间,没有为该区域调拨任何存储。

假设用户向第100行第100列的单元格写入值12345(如上个对话框所示)。单击Write Cell按钮后,程序会尝试向表格的这个位置写入。显然,这个写操作会引发访问违例。好在程序使用了SEH,异常过滤程序将侦测到这个写入尝试,于是在对话框底部显示消息"Violation: Attempting to Write",为这个单元格调拨存储,并让CPU重新执行引发异常的指令。这一次,由于已调拨存储,所以值12345被成功写入单元格,如图25-9所示。

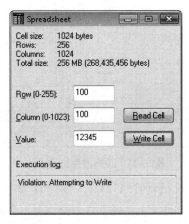

图25-9　值12345已成功写入单元格

再做一个试验,从第5行第20列读取单元格的值。尝试读取这个单元格时,程序再次引发访问违例。对于读取操作,异常过滤程序不会调拨存储,但还是会在对话框中显示消息"Violation: Attempting to Read"。程序将对话框的Value字段中的数字擦除,从而得体地从失败的读取操作中恢复,如图25-10所示。

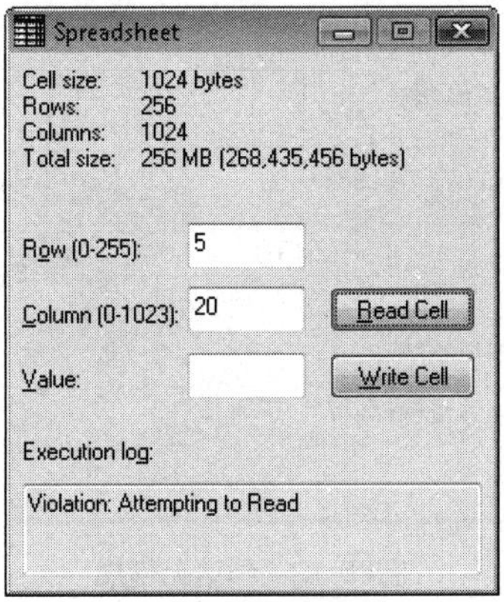

图25-10　恢复执行

第三个实验是尝试读取第100行第100列的单元格的数值。由于已为该单元格调拨存储，所以不会发生访问违例，异常过滤程序也不会执行(性能会更好)。对应的对话框如图25-11所示。

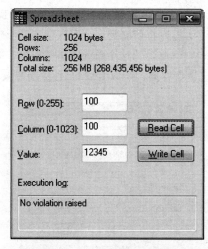

图25-11　没有发生访问违例

第四个也是最后一个试验，尝试将值54321写入第100行第101列的单元格。由于这个单元格和(100，100)在同一个存储页上，所以这个操作也不会造成访问违例。可通过对话框底部显示的消息"No violation raised"来确认这一点，如图25-12所示。

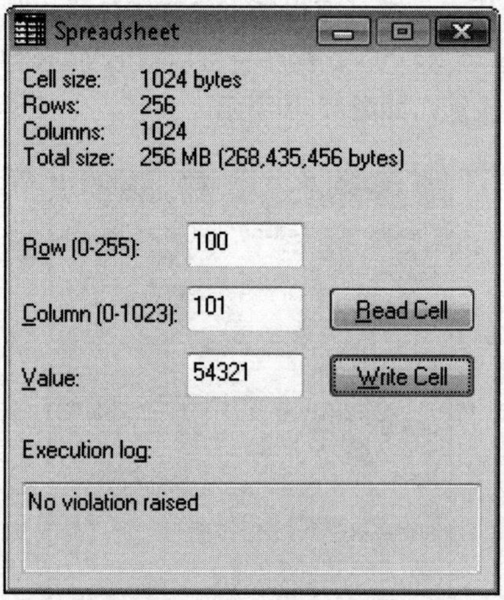

图25-12　确认无违规

我因为经常要在项目中使用虚拟内存和SHE，所以创建了一个C++模板类CVMArray来封装所有复杂的工作。这个C++类的源代码可在VMArray.h中找到(它是Spreadsheet示例程序的一部分)。可通过两种方式使用CVMArray类。第一种是直接创建该类的实例，向构造函数传递数组中的最大元素数量。该类会自动建立一个针对整个进程的未处理异常过滤程序。这样一来，一旦任意线程中的任意代码访问虚拟内存数组中的一个内存地址，未处理异常过滤程序就会调用VirtualAlloc为新元素调拨存储，然后返回EXCEPTION_CONTINUE_EXECUTION。以这种方式使用CVMArray类，只需寥寥数行代码就能使用稀疏存储，而且不必在源代码中到处使用SHE代码帧。这种方式唯一的缺点是，一旦需要的存储因为某种原因不能成功调拨，应用程序便不能得体地恢复。

第二种方式是从CVMArray类派生得到自己的类。使用派生类，除了能获得基类的全部好处，还能添加自定义功能。例如，现在可通过重载虚函数OnAccessViolation更得体地处理存储不足的问题。Spreadsheet示例程序演示了如何在一个CVMArray派生类中加入这些功能。

718

```
Spreadsheet.cpp
/******************************************************************
Module: Spreadsheet.cpp
Notices: Copyright (c) 2008 Jeffrey Richter & Christophe Nasarre
******************************************************************/


#include "..\CommonFiles\CmnHdr.h" /* See Appendix A. */
#include <windowsx.h>
#include <tchar.h>
#include "Resource.h"
#include "VMArray.h"
#include <StrSafe.h>



///////////////////////////////////////////////////////////////
HWND g_hWnd; // Global window handle used for SEH reporting

const int g_nNumRows = 256;
const int g_nNumCols = 1024;

// Declare the contents of a single cell in the spreadsheet
typedef struct {
    DWORD dwValue;
    BYTE bDummy[1020];
} CELL, *PCELL;
```

```
// Declare the data type for an entire spreadsheet
typedef CELL SPREADSHEET[g_nNumRows][g_nNumCols];
typedef SPREADSHEET *PSPREADSHEET;

///////////////////////////////////////////////////////////////////////

// A spreadsheet is a 2-dimensional array of CELLs
class CVMSpreadsheet : public CVMArray<CELL> {
public:
   CVMSpreadsheet() : CVMArray<CELL>(g_nNumRows * g_nNumCols) {}

private:
   LONG OnAccessViolation(PVOID pvAddrTouched, BOOL bAttemptedRead,
      PEXCEPTION_POINTERS pep, BOOL bRetryUntilSuccessful);
};

///////////////////////////////////////////////////////////////////////

LONG CVMSpreadsheet::OnAccessViolation(PVOID pvAddrTouched, BOOL bAttemptedRead,
   PEXCEPTION_POINTERS pep, BOOL bRetryUntilSuccessful) {

   TCHAR sz[200];
   StringCchPrintf(sz, _countof(sz), TEXT("Violation: Attempting to %s"),
      bAttemptedRead ? TEXT("Read") : TEXT("Write"));
   SetDlgItemText(g_hWnd, IDC_LOG, sz);

   LONG lDisposition = EXCEPTION_EXECUTE_HANDLER;
   if (!bAttemptedRead) {

      // Return whatever the base class says to do
            lDisposition = CVMArray<CELL>::OnAccessViolation(pvAddrTouched,
            bAttemptedRead, pep, bRetryUntilSuccessful);
   }

   return(lDisposition);
}

///////////////////////////////////////////////////////////////////////

// This is the global CVMSpreadsheet object
static CVMSpreadsheet g_ssObject;

// Create a global pointer that points to the entire spreadsheet region
SPREADSHEET& g_ss = * (PSPREADSHEET) (PCELL) g_ssObject;
```

```
///////////////////////////////////////////////////////////////////

BOOL Dlg_OnInitDialog(HWND hWnd, HWND hWndFocus, LPARAM lParam) {

    chSETDLGICONS(hWnd, IDI_SPREADSHEET);

    g_hWnd = hWnd; // Save for SEH reporting

    // Put default values in the dialog box controls
    Edit_LimitText(GetDlgItem(hWnd, IDC_ROW), 3);
    Edit_LimitText(GetDlgItem(hWnd, IDC_COLUMN), 4);
    Edit_LimitText(GetDlgItem(hWnd, IDC_VALUE), 7);
    SetDlgItemInt(hWnd, IDC_ROW, 100, FALSE);
    SetDlgItemInt(hWnd, IDC_COLUMN, 100, FALSE);
    SetDlgItemInt(hWnd, IDC_VALUE, 12345, FALSE);
    return(TRUE);
}

///////////////////////////////////////////////////////////////////

void Dlg_OnCommand(HWND hWnd, int id, HWND hWndCtl, UINT codeNotify) {

    int nRow, nCol;

    switch (id) {
        case IDCANCEL:
                EndDialog(hWnd, id);
                break;

        case IDC_ROW:
                // User modified the row, update the UI
                nRow = GetDlgItemInt(hWnd, IDC_ROW, NULL, FALSE);
                EnableWindow(GetDlgItem(hWnd, IDC_READCELL),
                        chINRANGE(0, nRow, g_nNumRows - 1));
                EnableWindow(GetDlgItem(hWnd, IDC_WRITECELL),
                        chINRANGE(0, nRow, g_nNumRows - 1));
                break;

        case IDC_COLUMN:
                // User modified the column, update the UI
                nCol = GetDlgItemInt(hWnd, IDC_COLUMN, NULL, FALSE);
                EnableWindow(GetDlgItem(hWnd, IDC_READCELL),
                        chINRANGE(0, nCol, g_nNumCols - 1));
                EnableWindow(GetDlgItem(hWnd, IDC_WRITECELL),
```

```
                        chINRANGE(0, nCol, g_nNumCols - 1));
                break;

        case IDC_READCELL:
                // Try to read a value from the user's selected cell
                SetDlgItemText(g_hWnd, IDC_LOG, TEXT("No violation raised"));
                nRow = GetDlgItemInt(hWnd, IDC_ROW, NULL, FALSE);
                nCol = GetDlgItemInt(hWnd, IDC_COLUMN, NULL, FALSE);
                __try {
                    SetDlgItemInt(hWnd, IDC_VALUE, g_ss[nRow][nCol].dwValue, FALSE);
                }
                __except (
                    g_ssObject.ExceptionFilter(GetExceptionInformation(), FALSE)) {

                    // The cell is not backed by storage, the cell contains nothing.
                        SetDlgItemText(hWnd, IDC_VALUE, TEXT(""));
                }
                break;

        case IDC_WRITECELL:
                // Try to write a value to the user's selected cell
                SetDlgItemText(g_hWnd, IDC_LOG, TEXT("No violation raised"));
                nRow = GetDlgItemInt(hWnd, IDC_ROW, NULL, FALSE);
                nCol = GetDlgItemInt(hWnd, IDC_COLUMN, NULL, FALSE);

                // If the cell is not backed by storage, an access violation is
                // raised causing storage to automatically be committed.
                g_ss[nRow][nCol].dwValue =
                        GetDlgItemInt(hWnd, IDC_VALUE, NULL, FALSE);
                break;
    }
}

///////////////////////////////////////////////////////////////////////////////

INT_PTR WINAPI Dlg_Proc(HWND hWnd, UINT uMsg, WPARAM wParam, LPARAM lParam) {

    switch (uMsg) {
        chHANDLE_DLGMSG(hWnd, WM_INITDIALOG, Dlg_OnInitDialog);
        chHANDLE_DLGMSG(hWnd, WM_COMMAND, Dlg_OnCommand);
    }
    return(FALSE);
}

///////////////////////////////////////////////////////////////////////////////
```

```
int WINAPI _tWinMain(HINSTANCE hInstExe, HINSTANCE, PTSTR, int) {

   DialogBox(hInstExe, MAKEINTRESOURCE(IDD_SPREADSHEET), NULL, Dlg_Proc);
   return(0);
}
//////////////////////////////// End of File ////////////////////////
```

VMArray.h
```
/*********************************************************************
Module: VMArray.h
Notices: Copyright (c) 2008 Jeffrey Richter & Christophe Nasarre
*********************************************************************/


#pragma once


///////////////////////////////////////////////////////////////////


// NOTE: This C++ class is not thread safe. You cannot have multiple threads
// creating and destroying objects of this class at the same time.

// However, once created, multiple threads can access different CVMArray
// objects simultaneously and you can have multiple threads accessing a single
// CVMArray object if you manually synchronize access to the object yourself.


///////////////////////////////////////////////////////////////////


template <class TYPE>
class CVMArray {
public:
   // Reserves sparse array of elements
   CVMArray(DWORD dwReserveElements);

   // Frees sparse array of elements
   virtual ~CVMArray();

   // Allows accessing an element in the array
   operator TYPE*() { return(m_pArray); }
   operator const TYPE*() const { return(m_pArray); }

   // Can be called for fine-tuned handling if commit fails
   LONG ExceptionFilter(PEXCEPTION_POINTERS pep,
```

```
        BOOL bRetryUntilSuccessful = FALSE);

protected:
    // Override this to fine-tune handling of access violation
    virtual LONG OnAccessViolation(PVOID pvAddrTouched,
        BOOL bAttemptedRead, PEXCEPTION_POINTERS pep,
        BOOL bRetryUntilSuccessful);

private:
    static CVMArray* sm_pHead; // Address of first object
    CVMArray* m_pNext; // Address of next object

    TYPE* m_pArray; // Pointer to reserved region array
    DWORD m_cbReserve; // Size of reserved region array (in bytes)

private:
    // Address of previous unhandled exception filter
    static PTOP_LEVEL_EXCEPTION_FILTER sm_pfnUnhandledExceptionFilterPrev;

    // Our global unhandled exception filter for instances of this class
    static LONG WINAPI UnhandledExceptionFilter(PEXCEPTION_POINTERS pep);
};

///////////////////////////////////////////////////////////////////////

// The head of the linked-list of objects
template <class TYPE>
CVMArray<TYPE>* CVMArray<TYPE>::sm_pHead = NULL;

// Address of previous unhandled exception filter
template <class TYPE>
PTOP_LEVEL_EXCEPTION_FILTER CVMArray<TYPE>::sm_pfnUnhandledExceptionFilterPrev;

///////////////////////////////////////////////////////////////////////

template <class TYPE>
CVMArray<TYPE>::CVMArray(DWORD dwReserveElements) {

    if (sm_pHead == NULL) {
        // Install our global unhandled exception filter when
        // creating the first instance of the class.
        sm_pfnUnhandledExceptionFilterPrev =
                SetUnhandledExceptionFilter(UnhandledExceptionFilter);
    }
```

```
    m_pNext = sm_pHead; // The next node was at the head
    sm_pHead = this; // This node is now at the head

    m_cbReserve = sizeof(TYPE) * dwReserveElements;

    // Reserve a region for the entire array
    m_pArray = (TYPE*) VirtualAlloc(NULL, m_cbReserve,
        MEM_RESERVE | MEM_TOP_DOWN, PAGE_READWRITE);
    chASSERT(m_pArray != NULL);
}


///////////////////////////////////////////////////////////////////

template <class TYPE>
CVMArray<TYPE>::~CVMArray() {

    // Free the array's region (decommitting all storage within it)
    VirtualFree(m_pArray, 0, MEM_RELEASE);

    // Remove this object from the linked list
    CVMArray* p = sm_pHead;
    if (p == this) { // Removing the head node
        sm_pHead = p->m_pNext;
    } else {

        BOOL bFound = FALSE;

        // Walk list from head and fix pointers
        for (; !bFound && (p->m_pNext != NULL); p = p->m_pNext) {
                if (p->m_pNext == this) {
                        // Make the node that points to us point to the next node
                        p->m_pNext = p->m_pNext->m_pNext;
                        break;
                }
        }
        chASSERT(bFound);
    }
}


///////////////////////////////////////////////////////////////////

// Default handling of access violations attempts to commit storage
template <class TYPE>
LONG CVMArray<TYPE>::OnAccessViolation(PVOID pvAddrTouched,
    BOOL bAttemptedRead, PEXCEPTION_POINTERS pep, BOOL bRetryUntilSuccessful) {
```

```
      BOOL bCommittedStorage = FALSE;    // Assume committing storage fails

   do {
       // Attempt to commit storage
       bCommittedStorage = (NULL != VirtualAlloc(pvAddrTouched,
               sizeof(TYPE), MEM_COMMIT, PAGE_READWRITE));

       // If storage could not be committed and we're supposed to keep trying
       // until we succeed, prompt user to free storage
       if (!bCommittedStorage && bRetryUntilSuccessful) {
               MessageBox(NULL,
                   TEXT("Please close some other applications and Press OK."),
                   TEXT("Insufficient Memory Available"), MB_ICONWARNING | MB_OK);
       }
   } while (!bCommittedStorage && bRetryUntilSuccessful);

   // If storage committed, try again. If not, execute the handler
   return(bCommittedStorage
       ? EXCEPTION_CONTINUE_EXECUTION : EXCEPTION_EXECUTE_HANDLER);
}

///////////////////////////////////////////////////////////////////////

// The filter associated with a single CVMArray object
template <class TYPE>
LONG CVMArray<TYPE>::ExceptionFilter(PEXCEPTION_POINTERS pep,
   BOOL bRetryUntilSuccessful) {

   // Default to trying another filter (safest thing to do)
   LONG lDisposition = EXCEPTION_CONTINUE_SEARCH;

   // We only fix access violations
   if (pep->ExceptionRecord->ExceptionCode !=
       EXCEPTION_ACCESS_VIOLATION)
       return(lDisposition);

   // Get address of attempted access and get attempted read or write
   PVOID pvAddrTouched = (PVOID) pep->ExceptionRecord->ExceptionInformation[1];
   BOOL bAttemptedRead = (pep->ExceptionRecord->ExceptionInformation[0] == 0);

   // Is attempted access within this VMArray's reserved region?
   if ((m_pArray <= pvAddrTouched) &&
       (pvAddrTouched < ((PBYTE) m_pArray + m_cbReserve))) {
```

```
            // Access is in this array; try to fix the problem
        lDisposition = OnAccessViolation(pvAddrTouched,
                bAttemptedRead,pep, bRetryUntilSuccessful);
    }

    return(lDisposition);
}

///////////////////////////////////////////////////////////////

// The filter associated with all CVMArray objects
template <class TYPE>

LONG WINAPI CVMArray<TYPE>::UnhandledExceptionFilter(PEXCEPTION_POINTERS pep) {

    // Default to trying another filter (safest thing to do)
    LONG lDisposition = EXCEPTION_CONTINUE_SEARCH;

    // We only fix access violations
    if (pep->ExceptionRecord->ExceptionCode == EXCEPTION_ACCESS_VIOLATION) {

        // Walk all the nodes in the linked-list
        for (CVMArray* p = sm_pHead; p != NULL; p = p->m_pNext) {

                // Ask this node if it can fix the problem.
                // NOTE: The problem MUST be fixed or the process will be terminated!
                lDisposition = p->ExceptionFilter(pep, TRUE);

                // If we found the node and it fixed the problem, stop the loop
                if (lDisposition != EXCEPTION_CONTINUE_SEARCH)
                break;
        }
    }

    // If no node fixed the problem, try the previous exception filter
    if (lDisposition == EXCEPTION_CONTINUE_SEARCH)
        lDisposition = sm_pfnUnhandledExceptionFilterPrev(pep);

    return(lDisposition);
}

////////////////////////////// End of File ////////////////////
```

718~726

25.4　向量化异常和继续处理程序

第23章和第24章介绍的SEH机制是一种基于帧(frame-based)的机制，即每次线程进入一个try块(或帧)，系统都会在链表中添加一个节点。如发生异常，系统依次访问链表中的每一个帧——从最晚进入的try块一直到最早进入的try块——来寻找catch处理程序。一旦找到一个catch处理程序，系统再次访问链表来执行finally块。这个展开(unwind)过程结束后(或try块因为没有发生异常而正常退出)，系统从链表中移除帧。

Windows还提供了一个向量化异常处理(vectored exception handing，VEH)机制，它与SEH协同工作。不必依赖于和语言相关的关键字；相反，程序可以注册一些函数，每当发生异常或未处理的异常从标准SEH逃脱时都调用这些函数。

AddVectoredExceptionHandler函数负责异常处理程序的注册，注册的异常处理程序会添加到一个内部的函数列表中。进程中的任意线程触发异常，这些函数都会被调用。

```
PVOID AddVectoredExceptionHandler (
    ULONG bFirstInTheList,
    PVECTORED_EXCEPTION_HANDLER pfnHandler);
```

pfnHandler是指向向量化异常处理程序的一个指针。该函数(异常处理程序)必须具有以下签名：

```
LONG WINAPI ExceptionHandler(struct _EXCEPTION_POINTERS* pExceptionInfo);
```

如果为bFirstInTheList参数传递值0，那么通过pfnHandler传递的函数会添加到列表尾端。如果该参数非0，函数则会添加到内部列表的头部。异常发生时，系统在执行SEH过滤程序之前，将按列表顺序逐个调用这些函数。一旦某个函数能纠正发生的问题，应马上返回EXCEPTION_CONTINUE_EXECUTION，使抛出异常的指令得以再次执行。只要某个向量化处理程序返回EXCEPTION_CONTINUE_EXECUTION，SEH过滤程序便不再有处理异常的机会。如果异常处理函数不能纠正问题，就应该返回EXCEPTION_CONTINUE_SEARCH，让列表中的其他处理函数有机会去处理异常。如所有处理函数都返回EXCEPTION_CONTINUE_SEARCH，SEH过滤程序就会执行。需要注意的是，VEH过滤函数不允许返回EXCEPTION_EXECUTE_HANDLER。

726

可通过下面这个函数删除之前安装的VEH异常处理函数：

```
ULONG RemoveVectoredExceptionHandler (PVOID pHandler);
```

pHandler参数标识之前安装的一个函数的句柄。该句柄由AddVectoredExceptionHandler
函数返回。

Matt Pietrek在MSDN发表的文章 "Under the Hood: New Vectored Exception Handling in
Windows XP" (https://tinyurl.com/32a5np5d)中描述了如何使用向量化异常处理函数来实
现基于断点的进程内API拦截(API hooking)，这有别于第22章所介绍的技术。

除了能在SEH之前处理异常，VEH还使我们能在未处理异常发生时得到通知。为了接收
这些通知，必须调用以下函数来注册一个继续处理程序(continue handler)：

```
PVOID AddVectoredContinueHandler (
    ULONG bFirstInTheList,
    PVECTORED_EXCEPTION_HANDLER pfnHandler);
```

同样，如果为bFirstInTheList参数传递0，通过pfnHandler传入的函数会添加到继续处
理程序列表的尾部；如果传递非0值，函数则会添加到继续处理程序列表的头部。发生
未处理异常时，系统会按列表顺序逐个调用继续处理程序函数。需要特别说明的是，
这些处理程序的执行是在SetUnhandledExceptionFilter所安装的全局异常处理程序返回
EXCEPTION_CONTINUE_SEARCH之后才开始的。一个继续处理程序可以返回EXCEPTION_
CONTINUE_EXECUTION来停止在它后面的继续处理程序的执行，并让系统重试出错的指
令。也可以返回EXCEPTION_CONTINUE_SEARCH来调用排在它后面的处理程序。

可以通过下面这个函数从内部列表中删除之前安装的继续处理程序：

```
ULONG RemoveVectoredContinueHandler (PVOID pHandler);
```

pHandler参数标识之前安装的一个函数的句柄。该句柄由AddVectoredContinueHandler
函数返回。

你也许已经猜到，继续处理函数一般用来实现追踪或诊断。

25.5　C++异常与结构化异常的比较

很多开发者经常问我在开发应用程序时应该使用结构化异常还是C++异常。本节要回答
这个问题。

首先要注意的是，SEH是操作系统提供的一种机制，能在任何语言中使用。而C++异常
处理只有在写C++代码的时候才可以使用。如果用C++开发应用程序，就应该使用C++
异常，而不要使用结构化异常。理由是C++异常是语言的一部分，编译器知道什么是
C++类的对象。这意味着编译器能自动生成代码来调用C++对象的析构函数以保证对象

的清理。

但应该知道的是，Microsoft Visual C++编译器使用操作系统的结构化异常机制来实现C++异常处理。所以，在创建一个C++语言的try块时，编译器会生成一个 SEH __try块。C++的catch测试成为一个SEH异常过滤程序，catch块中的代码成为SEH __except块中的代码。事实上，在写C++语言的throw语句时，编译器会生成对Windows函数RaiseException的调用。throw语句中使用的变量则成为RaiseException的一个附加参数。

以下代码有助于澄清整个过程。左边的函数使用C++异常处理，右边的函数则演示了C++编译器生成的对应的SEH代码。

```
void ChunkyFunky() {                void ChunkyFunky() {
    try {                               __try {
        // try 主体                         // try 主体
        ...                                 ...
        throw 5;                            RaiseException(Code=0xE06D7363,
                                            Flag=EXCEPTION_NONCONTINUABLE,
                                            Args=5);
    }                                   }
    catch (int x) {                     __except ((ArgType == Integer) ?
                                        EXCEPTION_EXECUTE_HANDLER :
                                        EXCEPTION_CONTINUE_SEARCH) {
        // catch 主体                       // catch 主体
        ...                                 ...
    }                                   }
    ...                                 ...
}                                   }
```

上述代码展示了几个有趣的细节。首先，传给RaiseException的异常码为0xE06D7363。这是Visual C++开发组在抛出C++异常时选择使用的软件异常码。转换成ASCII码，会发现6D 73 63代表"msc"。

还要注意，每次抛出一个C++异常都会使用EXCEPTION_NONCONTINUABLE标志。C++异常意味着不能再次执行出错的代码，异常过滤程序在诊断C++异常时返回EXCEPTION_CONTINUE_EXECUTION是错误的。事实上，如果查看右边函数里的__except过滤程序，会发现它只会返回EXCEPTION_EXECUTE_HANDLER或者EXCEPTION_CONTINUE_SEARCH。

RaiseException余下的参数被用作实际抛出指定变量的一种机制。被抛出的变量的信息到底是怎么传递给RaiseException的？虽然这一点没有文档记载，但不难想象编译器开发组可能采用哪些方式来实现它。

最后要注意__except过滤程序。该过滤程序的作用是将throw变量的数据类型和C++ catch语句使用的变量数据类型进行比较。如果数据类型相同，过滤程序会返回EXCEPTION_EXECUTE_HANDLER，让catch块(__except块)中的语句执行。如果不同，则返回EXCEPTION_CONTINUE_SEARCH，对处于调用树上层的catch过滤程序进行求值。

728~729

说明　C++异常内部是通过结构化异常来实现的，这使我们能在一个应用程序中同时使用这两种机制。例如，我喜欢使用虚拟内存在发生访问违例时调拨存储。但C++语言根本就不支持这种可恢复异常处理(resumptive exception handling)。为此，可在想要这个功能的那部分代码中使用结构化异常处理，并让自己的__except过滤程序返回EXCEPTION_CONTINUE_EXECUTION。至于那些不需要可恢复异常处理的部分，坚持使用C++异常处理就好了。

25.6　异常与调试器

Microsoft Visual Studio的调试器为异常的调试提供了出色的支持。一旦进程中的某个线程引发异常，操作系统会马上通知调试器(如果已连接了一个调试器)。这个通知称为首次机会通知(first-chance notification)。调试器为了响应这个通知，通常会告诉线程寻找异常过滤程序。如所有异常过滤程序都返回EXCEPTION_CONTINUE_SEARCH，操作系统会向调试器发出一个最后机会通知(last-chance notification)。这两个通知的存在为软件开发人员赋予了对异常调试过程更多的控制。

在VS的每个解决方案中，都可以通过调试器的Exceptions对话框(如图25-13所示)决定调试器如何响应首次异常通知。

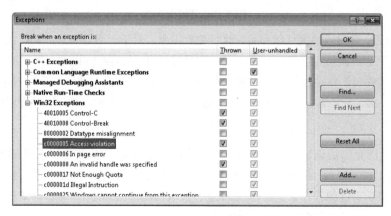

图25-13　响应异常

可以看出，对话框对所有异常进行了归类。可以找到Win32异常，在这里列出了所有系统定义的异常。对话框显示了每个异常的32位代码、描述信息以及当首次机会通知(Thrown 复选框)和最后机会通知(User-Unhandled复选框) 发生时调试器的反应。请注意后者仅对CLR异常适用。在这个对话框中，我勾选了访问违例异常并改变了它的设定，让调试器在这个异常发生时立即停止在发生异常的地方。现在，每当被调试线程引发访问违例时，调试器都会收到首次机会通知，并显示如图25-14所示的消息框。

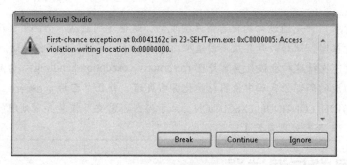

图25-14   首次通知

这个时候，线程还没有机会来寻找异常过滤程序。但可以在代码中设置一个断点，检查变量的值或查看线程的调用栈。此时，异常刚刚发生，尚未执行任何异常过滤程序。如果使用调试器来单步调试代码，会出现如图25-15所示的消息框。

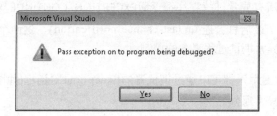

图25-15   使用调试器

选择No的话，会导致被调试线程重新执行失败指令。对于大多数异常，重新执行没有什么用处，只会再次引发异常。但是，对一个通过RaiseException函数来抛出的异常，这个选项让线程当作异常没有发生，继续往下执行。以这种方式继续，对于C++异常的调试相当有用，因为它看起来就好像C++的throw语句从未执行一样。C++异常处理在前一小节讨论过。

选择Yes的话允许被调试线程寻找异常过滤程序。如果找到的某个异常过滤程序返回EXCEPTION_EXECUTE_HANDLER或EXCEPTION_CONTINUE_EXECUTION，那么线程将继续执行。如果所有过滤程序都返回EXCEPTION_CONTINUE_SEARCH，那么调试器将收到最后机会通知，并显示如图25-16所示的消息框。

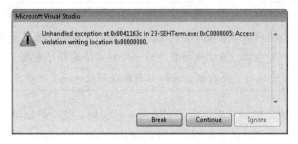

图25-16　调试器显示消息框

这种情况下，我们只能调试这个程序，或者终止它。

前面演示的是通过Thrown复选框设置当异常发生时让调试器马上停止线程所产生的效果。但在默认情况下，对于大部分异常来说，这个复选框是没有勾选的。所以，如果被调试的程序中的一个线程抛出异常，调试器会收到首次机会通知。如果没有勾选复选框，调试器只会在"输出"窗口中显示一行文字表示它收到了通知，如图25-17所示。

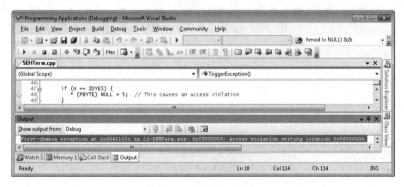

图25-17　显示收到通知

如果没有为访问违例异常勾选Thrown对话框，调试器允许线程寻找异常过滤程序。如果异常没有得到处理，调试器会显示如图25-18所示的消息框。

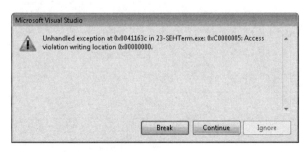

图25-18　异常未处理

未处理异常、向量化异常处理与C++异常　|　819

说明　关于首次机会通知，需要记住它不表示应用程序存在问题或 bug。事实上，这个通知只有在程序被调试的时候才会出现。调试器只是报告发生了一个异常，但如果调试器没有显示消息框，表明应用程序的一个异常过滤程序处理了这个异常，并且程序会继续良好地运行。最后机会通知则表示我们的代码有问题或 bug 需要修复。

本章最后，我对调试器的异常对话框还需要做一些说明：这个对话框完全支持我们自己定义的软件异常。只需单击Add按钮，在随后弹出的New Exception对话框中，将异常类型设为Win32异常，输入异常名称和异常代码(不能与已有的重复)，然后单击OK按钮将自定义异常加入列表。图25-19演示的是我如何让调试器知道我自己的软件有异常。

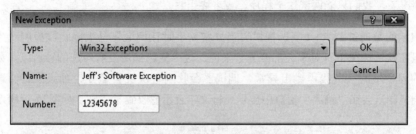

图25-19　如何让调试器知道有异常

731~732

第 26 章

错误报告与应用程序恢复

本章内容

第25章讨论了未处理异常与Windows错误报告(Windows Error Reporting，WER)机制如何协同工作，以保证程序失败能被记录下来。本章将更详细地讨论问题报告，并阐述如何在应用程序中使用WER应用程序编程接口(API)。使用WER API可帮助我们了解程序运行失败的深层原因，从而更好地发现和修复bug，进而改善用户体验。

26.1　Windows 错误报告控制台

进程因未处理异常而终止时，WER会创建关于未处理异常及其执行上下文的错误报告。

如果得到用户的许可，这个报告就会通过安全通道发送给Microsoft的服务器，在那里它会和数据库里的已知问题做比较。如数据库已经有这个问题的解决方案，服务器会将它发送给用户，这样用户就可以采取相应步骤来继续自己的工作。

硬件与软件厂商可利用这个技术来访问与其注册产品相关的报告。该过程也适用于内核模式设备驱动程序的崩溃或挂起，因此可能的解决方案将是多种多样的。关于错误报告技术和它的相关好处，可以访问http://www.microsoft.com/whdc/maintain/StartWER.mspx

以及Windows Quality Online Services Web网站https://winqual.microsoft.com。

就算用户不愿发送报告给Microsoft的服务器，生成的报告也会保存在用户的机器上。通过WER控制台，用户可以在本地机器上浏览这些曾经发生的问题并查看相应的报告。

图26-1演示了Problem Reports And Solutions控制面板程序(%SystemRoot%\system32\wercon.exe)。此功能在Windows 10中已转移到控制面板。

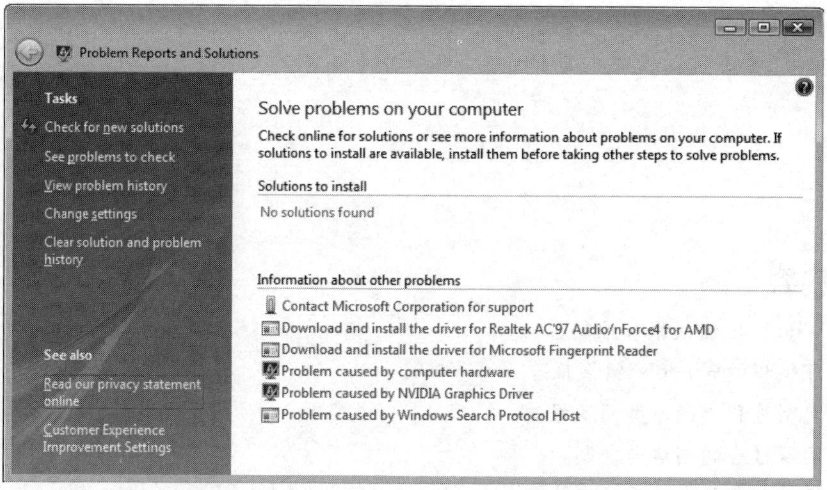

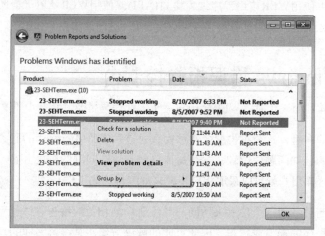

图26-1　从控制面板可以访问WER控制台程序

如果单击左边的View Problem History link，WER控制台会列出所有曾经发生的进程崩溃或挂起记录。如图26-2所示。其他问题(诸如找不到硬件驱动或系统崩溃)也在此列。

图26-2　WER控制台列出了发生在每个程序上的崩溃记录(按照产品名称进行归类)

注意，状态栏指出哪些问题已经被发送给Microsoft，并以黑体字表示哪些问题还在等待提交。右键单击问题，可以查看解决方案，删除问题报告，或者查看问题详细信息。如果选择View Problem Details(或者双击问题)，可以看到如图26-3所示的报告。

图26-3   通过WER控制台查看错误报告

这个摘要提供了关于错误的信息，这些信息大部分可以从以UnhandledExceptionFilter函数的参数形式传递的EXCEPTION_RECORD结构的ExceptionInformation成员获得。这些信息的例子包括异常码(图26-3中显示为c0000005，表示访问违例)。对于一般用户，这些信息是难以理解的，但是对开发人员就很有意义了。然而，它还是不足以帮助我们找出问题的根源。不要紧，可以单击链接View A Temporary Copy Of These Files来得到表26-1所列出的4个文件，当UnhandledExceptionFilter被调用时，WER就会生成这些文件。默认情况下，只有在报告还没有被发送给Microsoft时，这些文件才会被保留下来。稍后要解释如何强制WER总是保留这些文件。

Memory.hdmp文件是报告中最有趣的部分，它使得我们可以用熟悉的调试器来启动一个事后调试会话(postmortem debug session)。从而让调试器为我们定位到抛出异常的那条指令。

说明 在以后版本的 Windows 中，dump 文件的名字可能会改变。以后的版本会包含错误程序的名字，但后缀名 .hdmp/.mdmp 不会变。例如，MyApp.exe.hdmp 和 MyApp.exe.mdmp 会被用来代替 Memory.hdmp 和 MiniDump.mdmp。有关 minidumps 的更多信息，可参考 John Robbins 所著的 *Debugging Applications for Microsoft .NET and Windows* 一书。

表26-1 由WER生成的4个文件的详细信息

文件名	描述
AppCompat.txt	故障进程内部已加载模块的列表 (XML 格式)
Memory.hdmp	故障进程的用户模式转储 (dump)，包含栈、堆和句柄表。下面是用来生成这个转储文件的标志： MiniDumpWithDataSegs | MiniDumpWithProcessThreadData | MiniDumpWithHandleData | MiniDumpWithPrivateReadWriteMemory | MiniDumpWithUnloadedModules | MiniDumpWithFullMemoryInfo
MiniDump.mdmp	失败进程的用户模式小型转储 (minidump)。下面是用来生成这个小型转储文件的标志： MiniDumpWithDataSegs | MiniDumpWithUnloadedModules | MiniDumpWithProcessThreadData
Version.txt	包含 Windows 当前安装版本的信息： Windows NT Version 6.0 Build: 6000 Product (0x6): Windows Vista (TM) Business Edition: Business BuildString: 6000.16386.x86fre.vista_rtm.061101-2205 Flavor: Multiprocessor Free Architecture: X86 LCID: 1033

26.2 可编程的 Windows 错误报告

可用以下函数为进程改变一些设置。该函数由kernel32.dll导出并在werapi.h中定义：

```
HRESULT WerSetFlags(DWORD dwFlags);
```

表26-2列出了4个渐增选项。

表26-2　WerSetFlags参数细节

WER_FAULT_REPORTING_*选项	描述
FLAG_NOHEAP = 1	生成的报告不含堆内容,这有助于限制报告的大小
FLAG_DISABLE_THREAD_SUSPENSION = 4	默认情况下,当程序出错时,为了防止其他线程破坏当前线程数据,WER 会挂起交互式进程里所有线程。这个标志告诉 WER 不要挂起其他线程,使用这个标志是有一定风险的
FLAG_QUEUE = 2	如果发生严重错误并启用了报告,这个报告会添加到本地机器上的队列中,但不会发送给 Microsoft
FLAG_QUEUE_UPLOAD = 8	如果发生严重错误并启用了报告,这个报告会添加到本地机器的队列中,并发送给 Microsoft

最后两个标志(WER_FAULT_REPORTING_FLAG_QUEUE和WER_FAULT_REPORTING_ FLAG_QUEUE_UPLOAD)的实际效果取决于当前的Consent(同意)设置,如图25-5所示。如果"同意"设置不是建议检查解决方案的默认设置,WER 在两种情况下都生成报告;但是,只有在设置了WER_FAULT_REPORTING_FLAG_QUEUE_UPLOAD的前提下,WER才会在发送报告前弹出确认对话框。如果设置了WER_FAULT_REPORTING_FLAG_QUEUE,则不会发送报告。应用程序不能在没有经过用户(或管理员)同意的情况下强行上传报告,因为Consent设置始终可以驳回那些能通过WER函数设置的选项。

说明　报告生成后会被加入到本地机器的队列中。如用户同意,报告会被上传到 Microsoft 的服务器,同时保留一个记录,所以它也会出现在 WER 控制台里。如果"同意"设置是不发送报告和检查解决方案,WER 会弹出一个对话框让用户决定需要做什么。即使报告没有被上传,它也会保留在本地队列里,并可通过 WER 控制台查看。

如果想知道某个进程的当前设置,可以调用下面这个函数:

```
HRESULT WerGetFlags(HANDLE hProcess, PDWORD pdwFlags);
```

第一个参数hProcess是想要查询的进程的句柄。该句柄必须具备PROCESS_VM_READ访问属性。调用GetCurrentProcess可得到当前进程的句柄。

说明　如果在调用 WerGetFlags 之前没有调用过 WerSetFlags,那么 WerGetFlags 会返回 WER_E_NOT_FOUND。

禁用报告生成与发送

应用程序可选择在失败时不让WER发送报告。如果应用程序还处于部署和发布前的开发和测试阶段，这个选项就很有用处。可调用以下函数来禁用报告生成与发送：

```
HRESULT WerAddExcludedApplication(PCWSTR pwzExeName, BOOL bAllUsers);
```

参数pwzExeName指定.exe文件的文件名(含后缀)或完整路径名(可选)。

参数bAllUser指出禁用报告对所有登录用户还是仅对当前用户生效。如果为这个参数传递的值为TRUE，程序必须运行在管理员权限下，否则这个函数的返回结果为E_ACCESSDENIED。可以参考4.5节"管理员以标准用户权限运行"。

当未处理异常发生在已被WER排除的程序中时，WER不会为它生成报告，但WerFault仍会启动，让用户选择调试还是关闭这个程序，如图26-4所示。

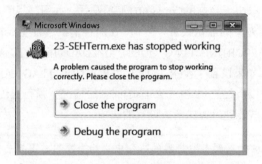

图26-4 被WER排除的程序只剩下两个选择

可调用WerRemoveExcludedApplication函数为应用程序启用错误报告：

```
HRESULT WerRemoveExcludedApplication(PCWSTR pwzExeName, BOOL bAllUsers);
```

说明 这两个函数都从 wer.dll 导出并在 werapi.h 中声明。

26.3 定制进程中的所有问题报告

有时可能想让应用程序通过调用一系列WER函数来定制错误报告。下面是可能需要定制错误报告的三种情况。

- 在编写自己的未处理异常过滤程序。
- 希望应用程序即使没有发生未处理异常也生成报告。
- 想在报告中添加更多信息。

定制问题报告的一种简单方式是指出哪些数据块或文件需要添加到为进程生成的每个问题报告里。调用以下函数来添加任意数据块:

```
HRESULT WerRegisterMemoryBlock(PVOID pvAddress, DWORD dwSize);
```

pvAddress参数是内存块的地址,dwSize参数则是需要保存的字节数。调用该函数后,每当一个问题发生时,这个范围内的字节就会保存在minidump文件中,可通过事后调试器(postmortem debugger)来查看这些字节。注意,可以通过多次调用WerRegisterMemoryBlock将多个数据块保存到minidump文件中。

调用以下函数将任意文件添加到问题报告中:

```
HRESULT WerRegisterFile(
    PCWSTR pwzFilename,
    WER_REGISTER_FILE_TYPE regFileType,
    DWORD dwFlags);
```

738

pwzFilename参数指定了目标文件的路径名。如果不提供完整路径名,WER会在当前工作目录查找文件。可为regFileType参数传入表26-3列出的两个值中的其中一个。

表26-3　要添加到错误报告中的文件类型

参数regFileType的值	描述
WerRegFileTypeUserDocument = 1	这个文件可能包含敏感的用户数据。默认情况下,这个文档不会发送给 Microsoft 的服务器。但是,Microsoft 计划将来允许开发人员通过 Windows Quality 网站访问这些文件
WerRegFileTypeOther = 2	其他任何文件

dwFlags参数的值是表26-4列出的两个值的按位组合。

表26-4　所添加文件的附加标志

dwFlags标志的WER_FILE_* 值	描述
DELETE_WHEN_DONE = 1	提交报告后就删除文件
ANONYMOUS_DATA = 2	这个文件不包含可用来识别用户的个人信息。如果这个标志没有设置,Microsoft 第一次访问这个文件时,会弹出对话框让用户决定是否发送文件。如用户选择上传,注册表里的 Consent(同意)设置的值就会变成 3。一旦这个值为 3,标记为匿名的文件(即附加了这个标志的文件)将直接发送给 Microsoft,不需要用户的进一步确认

现在,每当生成一个问题报告,函数所注册的文件都会保存在报告中。注意,可通过多次调用WerRegisterFile在报告中保存多个文件。

通过 WerRegisterMemoryBlock 或 WerRegisterFile 的注册的条目个数不能超过 WER_
MAX_REGISTERED_ENTRIES(目前定义为 512)。注意，发生此类错误时返回的 HRESULT
可以通过以下操作映射到对应的 Win32 错误码：

```
if (HRESULT_CODE(hr) == ERROR_INSUFFICIENT_BUFFER)
```

还应该指出的是，下面这两个函数中可分别用来移除已注册的数据块或文件：

```
HRESULT WerUnregisterMemoryBlock(PVOID pvAddress);
HRESULT WerUnregisterFile(PCWSTR pwzFilePath);
```

26.4 问题报告的创建与定制

本节将讨论如何在应用程序中定制错误报告。应用程序出现任何问题时(即使这些问题和
异常处理完全无关)，都可以使用本节介绍的函数。另外，应用程序在创建报告后不需要
马上终止。应尽量使用Windows错误报告，而不是将一些含义模糊的信息写入Windows
事件日志。但是，WER机制通过一些注册表数值限制了报告的大小和数目，如表26-5所
示。可在HKEY_CURRENT_USER\Software\Microsoft\Windows\Windows Error Reporting
子项下找到这些值。

表26-5 与WER存储相关的注册表设置

注册表设置	描述
MaxArchiveCount	存档中文件数目上限。为 1 ~ 5000 之间的一个值。默认值为 1000
MaxQueueCount	在发送给 Microsoft 的服务器之前保存在本地机器队列里的报告数目上限。为 1 ~ 500 之间的一个值。默认值为 50

说明 已发送报告的跟踪信息保存在当前用户的 AppData\Local\Microsoft\Windows\
WER\ReportArchive 目录。但是，附加的文件并不在这个目录下面。未发送报告
队列保存在当前用户的 AppData\Local\Microsoft\Windows\WER\ReportQueue 目
录。遗憾的是，WER 控制台用来访问这些报告的 API 并没有公开，所以不能枚
举应用程序的问题报告。但愿以后的版本 Windows 能增加这个功能。

问题报告的创建、定制和提交给WER是按以下步骤调用不同的函数来实现的。

(1) 调用WerReportCreate来新建一个问题报告。

(2) 调用WerReportSetParameter 零次或多次来设置报告参数。

(3) 调用WerReportAddDump将小型转储放进报告。

(4) 调用WerReportAddFile零次或多次将任意文件(比如用户文档)放进报告。

(5) 调用WerReportSetUIOption来修改一些字符串，当调用WerReportSubmit时，这些字符串可能会在同意对话框中呈现给用户。

(6) 调用WerReportSubmit来提交一个报告。根据不同的标志，Windows可能会将报告放进队列，或提示用户将报告发送给服务器，或直接发送报告。

(7) 调用WerReportCloseHandle来关闭报告。

740

本节余下的内容将详细介绍每个步骤对最终错误报告的影响。阅读这些内容时，可能需要参考26.4.8节"Customized WER示例程序"中列出的GenerateWerReport函数。

首先启动该示例程序，然后打开WER控制台并选择View Problem History link来得到已发送错误报告的列表，如图26-5所示。在Windows 10/11上，问题报告功能已转移到控制面板。

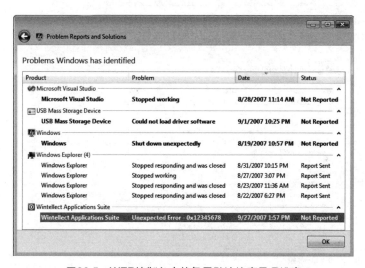

图26-5　WER控制台中的条目默认按产品名排序

25-HandleUnhandled.exe的错误报告与23-SEHTerm.exe的错误报告有所不同，在产品这一栏，前者出现在Wintellect Applications Suit之下，后者则出现在与可执行文件同名的产品之下。同时，前者的Problem一栏还给出了错误报告的详细信息，而不仅仅是字符串Stopped working。

双击报告查看它的详细信息时，可以看到结果也是定制的。图26-6展示了每个Wer*函数对结果信息的影响。可通过与图26-3进行比较来发现不同Wer*函数如何改变默认的报告信息。

741

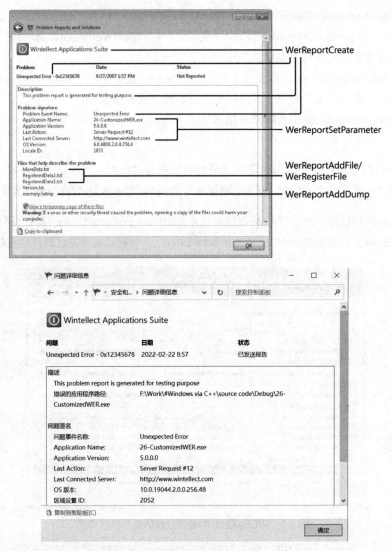

图26-6　WER控制台中定制的报告描述

摘要列表里的报告标题和错误标签保持不变。我们增加了Description(描述)字段来提供对错误的大致描述。同时，错误事件的名称也比默认字符串APPCRASH更有意义。

26.4.1　创建自定义问题报告

要创建自定义错误报告，可以调用WerReportCreate，并传入报告的详细信息。

```
HRESULT WerReportCreate(
    PCWSTR pwzEventType,
```

```
WER_REPORT_TYPE repType,
PWER_REPORT_INFORMATION pReportInformation,
HREPORT *phReport);
```

pwzEventType是问题签名(Problem signature)第一个元素的Unicode字符串。注意,如果希望报告能在Windows Quality Web网站(http://WinQual.Microsoft.com)上浏览,必须先向Microsoft注册该事件类型(请参考MSDN上关于WerReportCreate的文档说明,网址为http://msdn2.microsoft.com/en-us/library/bb513625.aspx)。

重要提示 所有 Wer* 函数都只接受 Unicode 字符串,而且这些函数没有 A 或者 W 后缀。

742

可以为repType参数传入表26-6列出的某个值。

表26-6 可为参数repType传入的值

repType的值	描述
WerReportNonCritical = 0	不加任何提示地将报告放入队列并根据 Consent 设置上传到 Microsoft 的服务器
WerReportCritical = 1	将报告放进本地队列并在用户界面上通知用户。同时,如有必要,结束程序的运行
WerReportApplicationCrash = 2	和 WerReportCritical 几乎一样,除了在用户界面上以应用程序的友好名称代替可执行文件名
WerReportApplicationHang = 3	和 WerReportApplicationCrash 几乎一样,但应该在检测到挂起或者死锁时使用

pReportInformation参数指向一个WER_REPORT_INFORMATION结构。该结构定义了表26-7列出的几个Unicode字符串。

表26-7 WER_REPORT_INFORMATION 的字符串成员

成员	描述
wzApplicationName	产品名称,可在 WER 控制台的历史错误信息和错误详细信息的程序图标附近看到
wzApplicationPath	在本地机器上看不到,但是 Windows Quality Web 网站会用到它
wzDescription	可在问题描述标签下见到
wzFriendlyEventName	报告中"问题签名"区域中的"问题事件名称"条目

和所有Wer*函数一样,WerReportCreate的返回值类型为HRESULT。如果执行成功,函数通过参数phReport返回到报告的一个句柄。

26.4.2　设置报告参数：WerReportSetParameter

在"问题签名"区域中，"问题事件名称"和"OS版本"/"区域设置ID"之间是一些键/值对，可通过以下函数设置它们：

```
HRESULT WerReportSetParameter(
    HREPORT hReport,
    DWORD dwParamID,
    PCWSTR pwzName,
    PCWSTR pwzValue);
```

必须为hReport参数传入首次调用WerReportCreate所获得的报告句柄。dwParamID参数指定要设置哪个键/值对。函数允许设置10个键/值对。这些键/值对由werapi.h中的宏WER_P0(值为0)到宏WER_P9(值为9)来标识。同时，要为pwzName参数和pwzValue参数传入你希望的Unicode字符串。

请注意，如果传入的整数值小于0或大于9，WerReportSetParameter将返回E_INVALIDARG。另外，不能跳过任何ID。换言之，如果要设置WER_P2，就必须设置WER_P1和WER_P0。参数的设置顺序无关紧要，但如果跳过某个ID，最后调用WerReportSubmit时就会失败，失败的HRESULT值为0x8008FF05。

默认情况下，对于一个非定制的报告，由WER设置的参数如表26-8所示。

表26-8　问题报告的默认参数

参数ID	描述
1	故障程序的名称
2	故障程序的版本
3	标识程序二进制文件在什么时候生成的时间戳
4	故障模块的名称
5	故障模块的版本
6	标识程序二进制文件在什么时候生成的时间戳
7	异常码，记录所发生的异常的类型
8	模块中发生错误的位置相对模块起始位置的偏移量。这个值的计算方法是获取崩溃时的扩展指令指针值(或非x86平台上的等价物)，从中减去发生异常的那个模块的载入地址

26.4.3　将小型转储文件放入报告：WerReportAddDump

生成错误报告时，可调用WerReportAddDump来放入一个小型转储(minidump)文件。

```
HRESULT WerReportAddDump(
    HREPORT hReport,
    HANDLE hProcess,
    HANDLE hThread,
    WER_DUMP_TYPE dumpType,
    PWER_EXCEPTION_INFORMATION pei,
    PWER_DUMP_CUSTOM_OPTIONS pDumpCustomOptions,
    DWORD dwFlags);
```

hReport参数是要添加小型转储文件的那个报告的句柄。hProcess参数是生成转储文件的进程句柄。该句柄必须在创建时赋予STANDARD_RIGHTS_READ 和PROCESS_QUERY_INFORMATION权限。通常，应传递从GetCurrentProcess返回的句柄，这种句柄具有全部进程权限。

hThread参数是一个线程的句柄(该线程在hProcess指向的进程内)。WerReportAddDump使用它来访问线程的函数调用栈。执行事后调试时，调试器使用这个函数调用栈来帮我们定位到导致异常的指令。除了保存函数调用栈，WerReportAddDump还需要知道一些额外异常信息。必须通过参数pExceptionParam来传入它们，如下所示：

```
WER_EXCEPTION_INFORMATION wei;
wei.bClientPointers = FALSE;                // We are in the process where
wei.pExceptionPointers = pExceptionInfo;  // pExceptionInfo is valid
```

744~745

在上述代码中，pExceptionInfo标识通过调用GetExceptionInformation返回的异常信息，一般将这些信息传给一个异常过滤程序。然后，将&wei传给WerReportAddDump的pei参数。转储的类型由dumpType 和pDumpCustomOptions参数共同定义，详见对应的MSDN文档。

可为dwFlags参数传递0或WER_DUMP_NOHEAP_ONQUEUE。小型转储通常包含了堆数据。但是，WER_DUMP_NOHEAP_ONQUEUE标志告诉WerReportAddDump忽略堆数据。因为报告中不再包含堆信息，这个标志有助于节省磁盘空间。

26.4.4 将任意文件放入报告：WerReportAddFile

26.3节"定制进程中的所有问题报告"解释了如何将任意文件添加到为进程生成的所有报告中。但在生成自定义报告时，可调用WerReportAddFile来添加更多文件，甚至可以超过512个。

```
HRESULT WerReportAddFile(
    HREPORT hReport,
```

```
PCWSTR pwzFilename,
WER_FILE_TYPE addFileType,
DWORD dwFileFlags);
```

hReport参数是一个报告的句柄，我们要在这个报告中添加由pwzFilename参数指定的文件。addFileType参数可以是表26-9列出的一个值。

不要混淆WerFileTypeMicrodump，WerFileTypeMinidump和WerFileTypeHeapdump。报告上传到Microsoft的服务器时会建立一个比较复杂的通信，本地机器需要响应服务器关于哪些文件需要发送的请求。某些情况下，服务器需要转储文件，而本地存储则依赖这三个标志来考虑在WerReportAddDump函数之外所生成的自定义转储。关于错误报告上传的通信协议请参见Windows Quality网站。dwFileFlags参数和WerRegisterFile函数的同名参数具有相同含义。因此，表26-4所展示的标志和它们的含义在这里也适用。

表26-9　系统地放入报告中的文件类型

文件类型	描述
WerFileTypeMicrodump = 1	自定义的微型转储 (microdump)
WerFileTypeMinidump = 2	自定义的小型转储 (minidump)
WerFileTypeHeapdump = 3	自定义的堆转储 (heap dump)
WerFileTypeUserDocument = 4	这个文件可能包含敏感的用户数据。默认情况下，这个文档不会发送给 Microsoft 的服务器。但是，Microsoft 计划将来允许开发人员通过 Windows Quality 网站访问这些文件
WerFileTypeOther = 5	其他任何文件

745

26.4.5　修改对话框文本：WerReportSetUIOption

当报告提交给WER时，会弹出同意对话框。如果想定制同意对话框上出现的文本，可以调用下面这个函数：

```
HRESULT WerReportSetUIOption(
    HREPORT hReport,
    WER_REPORT_UI repUITypeID,
    PCWSTR pwzValue);
```

hReport参数标识想要修改UI的那个报告的句柄。repUITypeID参数是想要修改的UI元素。pwzValue是想要显示的Unicode字符串文本。

为想要修改的每个UI元素都调用一次WerReportSetUIOption。注意，有的标签和按钮不可修改。图26-7这个屏幕截图显示了一些可供修改的文本字段。详情请参考Platform SDK文档中关于函数WerReportSetUIOption的介绍。

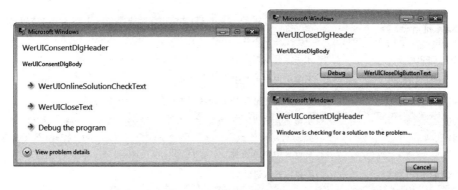

图26-7　可修改的文本字段

26.4.6　提交错误报告：WerReportSubmit

可以通过以下函数来提交错误报告：

```
HRESULT WerReportSubmit(
    HREPORT hReport,
    WER_CONSENT consent,
    DWORD dwFlags,
    PWER_SUBMIT_RESULT pSubmitResult);
```

hReport参数是想要提交的报告的句柄。consent参数必须是以下三个值中的一个：WerConsentNotAsked，WerConsentApproved或者 WerConsentDenied。如前所述，是否上传报告取决于注册表中的Consent(同意)设置。但是，当一个报告提交时，展示给用户的界面并不一样，具体取决于传给consent参数的值。如传入的值是WerConsentDenied，报告就不会发送。如果是WerConsentApproved，当报告生成和发送给Microsoft的服务器时，用户会看到最常见的通知对话框，参见图25-2和图25-3。如果是WerConsentNotAsked并且注册表中的Consent设置值为1(表示在查找解决方案前总是先询问用户，如图25-5所示)，就会弹出图25-6所示的对话框，让用户决定是否将报告发送给Microsoft并在关闭应用程序前寻找可能的解决方案(作为常见的调试与关闭选项的一个补充)。

dwFlags参数的值是表26-10列出这些值的一个位掩码。

表26-10　定制报告提交

WER_SUBMIT_*值	描述
HONOR_RECOVERY = 1	如果是严重错误，就显示恢复选项。详见 26.5 节"应用程序的自动重启与恢复"
HONOR_RESTART = 2	如果是严重错误，就显示重启应用程序选项。详见 26.5 节"应用程序的自动重启与恢复"
SHOW_DEBUG = 8	如果没有设置这个标志，调试选项就不会向用户显示
NO_CLOSE_UI = 64	不向用户显示关闭选项
START_MINIMIZED = 512	为通知对话框在 Windows 任务栏显示一个闪烁图标
QUEUE = 4	不显示用户界面，直接发送报告到队列。如果 Consent 设置值为 1，会询问用户的选择，报告仍会不加任何提示地生成，但不会发送到 Microsoft 的服务器
NO_QUEUE = 128	不将报告放进队列
NO_ARCHIVE = 256	报告上传给 Microsoft 之后，不在本地存档
OUTOFPROCESS = 32	报告处理过程由另一个进程 (wermgr.exe) 完成
OUTOFPROCESS_ASYNC = 1024	报告处理过程由另一个进程 (wermgr.exe) 完成，并且 WerReportSubmit 函数不等这个进程完成处理就立即返回
ADD_REGISTERED_DATA = 16	将注册的数据添加进报告。注意，如果在设置这个选项的同时使用进程外报告生成 (out-of-process report generation)，通过 WerRegisterFile 添加的文件会在问题报告中被存储两次。这个 bug 会在 Windows 的后续版本中解决

提交失败或者成功由WerReportSubmit的HRESULT返回值标明。但是，实际的函数结果通过pSubmitResult参数指向的WER_SUBMIT_RESULT 变量传递。要想更详细地了解可能的结果，请参考相关的MSDN文档。只有当dwFlags包含WER_SUBMIT_OUTOFPROCESS_ASYNC标志时，才不应依赖于pSubmitResult，因为在这种情形下WerReportSubmit函数不等报告处理完毕就直接返回了。可以想象，该标志应谨慎使用，而且一定不能在未处理异常的上下文使用，因为进程绝对有可能在报告收集和上传完成之前就终止了。在非异常的情况下，如果不想因为要等待报告结束而发生阻塞，就可以考虑使用该标志。WER_SUBMIT_OUTOFPROCESS_ASYNC标志是当监控进程侦测到错误发生在另一个进程中时使用的。例如，Windows服务控制管理工具(Windows Service Control Manager, SCM)使用这个标志来报告一个挂起的服务进程。

746~747

26.4.7　关闭问题报告：WerReportCloseHandle

报告提交后，不要忘记调用WerReportCloseHandle，并将报告句柄作为参数值传入。这样，关联的内部数据结构才会得到释放：

```
HRESULT WerReportCloseHandle(HREPORT hReportHandle);
```

26.4.8 Customized WER示例程序

Customized WER示例程序(26-CustomizedWER.exe)展示了侦测到未处理异常时如何
定制一个错误报告。另外，它提供了一种实现，使finally块总是得以执行。最后，会
向用户显示定制的用户界面，允许用户选择关闭程序或调试程序。而不是使用默认
的Consent(同意)设置和显示WER对话框。如果不想提供默认的调试程序选项或者需
要本地化的对话框(使用和程序一样的语言文字，而不是和操作系统一样)，可以在
自己的应用程序中修改这些代码。示例程序的源代码和资源文件在本书配套资源的
26-CustomizedWER目录中。

说明 如果程序需要在 Windows Vista 之前的 Windows 系统上运行，需要使用 ReportFault
函数。但这个函数提供的选项比前面介绍的 Wer* 函数少很多。如果目标运行平台
是 Windows Vista 或者之后的系统，就要尽量避免使用 ReportFault 函数。

Customized WER示例程序运行时会显示如图26-8所示的对话框。

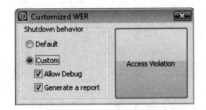

图26-8 运行时

单击Access Violation(访问违例)按钮之后，将调用下面这个函数：

```
void TriggerException() {

    // Trigger an exception wrapped by a finally block
    // that is only executed if a global unwind occurs
    __try {
        TCHAR* p = NULL;
        *p = TEXT('a');
    }
    __finally {
        MessageBox(NULL, TEXT("Finally block is executed"), NULL, MB_OK);
    }
}
```

随后会执行CustomUnhandledExceptionFilter函数，它是保护应用程序主入口点的try/except块的异常过滤程序。

```
int APIENTRY _tWinMain(HINSTANCE hInstExe, HINSTANCE, LPTSTR, int) {

    int iReturn = 0;

    // Disable the automatic JIT-debugger attachment
    // that could have been enabled in CustomUnhandledExceptionFilter
    // in a prior execution of the same application
    EnableAutomaticJITDebug(FALSE);

    // Protect the code with our own exception filter
    __try {
        DialogBox(hInstExe, MAKEINTRESOURCE(IDD_MAINDLG), NULL, Dlg_Proc);
    }
    __except(CustomUnhandledExceptionFilter(GetExceptionInformation())) {
        MessageBox(NULL, TEXT("Bye bye"), NULL, MB_OK);
        ExitProcess(GetExceptionCode());
    }

    return(iReturn);
}
```

主程序窗口可用的选项决定了该过滤程序的行为。

```
static BOOL s_bFirstTime = TRUE;

LONG WINAPI CustomUnhandledExceptionFilter(
    struct _EXCEPTION_POINTERS* pExceptionInfo) {

    // When the debugger gets attached and you stop the debugging session,
    // the execution resumes here...
    // So this case is detected and the application exits silently
    if (s_bFirstTime)
        s_bFirstTime = FALSE;
    else
        ExitProcess(pExceptionInfo->ExceptionRecord->ExceptionCode);

    // Check shutdown options
    if (!s_bCustom)
        // Let Windows treat the exception
        return(UnhandledExceptionFilter(pExceptionInfo));

    // Allow global unwind by default
```

```
LONG lReturn = EXCEPTION_EXECUTE_HANDLER;

// Let the user choose between Debug or Close application
// except if JIT-debugging was disabled in the options
int iChoice = IDCANCEL;
if (s_bAllowJITDebug) {
    iChoice = MessageBox(NULL,
    TEXT("Click RETRY if you want to debug\nClick CANCEL to quit"),
    TEXT("The application must stop"), MB_RETRYCANCEL | MB_ICONHAND);
}

if (iChoice == IDRETRY) {
    // Force JIT-debugging for this application
    EnableAutomaticJITDebug(TRUE);
    // Ask Windows to JIT-attach the default debugger
    lReturn = EXCEPTION_CONTINUE_SEARCH;
} else {
    // The application will be terminated
    lReturn = EXCEPTION_EXECUTE_HANDLER;

    // But check if we need to generate a problem report first
    if (s_bGenerateReport)
    GenerateWerReport(pExceptionInfo);
}
return(lReturn);
}
```

749~750

如果选择Default单选钮，会返回UnhandledExceptionFilter函数(默认Windows异常处理程序)的输出。在这种情况下，之前小节详细描述的用户界面和错误报告处理将会出现。

如果选择Custom单选钮，另外两个选项就会对CustomUnhandledExceptionFilter的行为造成影响。如果选择单击Allow Debug按钮，则会弹出图26-9这样简单的对话框。

图26-9　对话框

如果单击Retry按钮，我们还需要蒙骗一下Windows才能强制让它开始即时(JIT)调试，这是因为只返回EXCEPTION_CONTINUE_SEARCH是不够的。这只不过意味着异常未被处理，WER会再次向用户显示默认UI，询问用户想要做什么。EnableAutomaticJITDebug的作用就是告诉WER，我们已决定了要连接调试器。

```
void EnableAutomaticJITDebug(BOOL bAutomaticDebug) {

   // Create the subkey if necessary
   const LPCTSTR szKeyName = TEXT("Software\\Microsoft\\Windows\\" +
      TEXT(Windows Error Reporting\\DebugApplications");
   HKEY hKey = NULL;
   DWORD dwDisposition = 0;
   LSTATUS lResult = ERROR_SUCCESS;
   lResult = RegCreateKeyEx(HKEY_CURRENT_USER, szKeyName, 0, NULL,
      REG_OPTION_NON_VOLATILE, KEY_WRITE, NULL, &hKey, &dwDisposition);
   if (lResult != ERROR_SUCCESS) {
      MessageBox(NULL, TEXT("RegCreateKeyEx failed"),
         TEXT("EnableAutomaticJITDebug"), MB_OK | MB_ICONHAND);
   return;
   }

   // Give the right value to the registry entry
   DWORD dwValue = bAutomaticDebug ? 1 : 0;
   TCHAR szFullpathName[MAX_PATH];
   GetModuleFileName(NULL, szFullpathName, _countof(szFullpathName));
   LPTSTR pszExeName = _tcsrchr(szFullpathName, TEXT('\\'));
   if (pszExeName != NULL) {
      // Skip the '\'
      pszExeName++;

      // Set the value
      lResult = RegSetValueEx(hKey, pszExeName, 0, REG_DWORD,
         (const BYTE*)&dwValue, sizeof(dwValue));
      if (lResult != ERROR_SUCCESS) {
         MessageBox(NULL, TEXT("RegSetValueEx failed"),
            TEXT("EnableAutomaticJITDebug"), MB_OK | MB_ICONHAND);
         return;
      }
   }
}
```

这段代码直观易懂，并使用了25.2节"即时调试"介绍的注册表设置。注意，当应用程序启动时，EnableAutomaticJITDebug会被调用，传入FALSE作为参数将注册表值重置为0。

在主对话框选择Allow Debug表明期望进程直接退出，不显示任何自定义消息框。效果

和单击Cancel按钮一样：返回EXCEPTION_EXECUTE_ HANDLER，同时全局except块调用
ExitProcess。但是，如果在返回EXCEPTION_EXECUTE_HANDLER之前选择了Generate A
Report，一个WER问题报告就会通过下面的GenerateWerReport函数生成，后者使用了
本章前面提到的各种WerReport*函数。

```
LONG GenerateWerReport(struct _EXCEPTION_POINTERS* pExceptionInfo) {

    // Default return value
    LONG lResult = EXCEPTION_CONTINUE_SEARCH;

    // Avoid stack problem because wri is a big structure
    static WER_REPORT_INFORMATION wri = { sizeof(wri) };

    // Set the report details
    StringCchCopyW(wri.wzFriendlyEventName, _countof(wri.wzFriendlyEventName),
        L"Unexpected Error - 0x12345678");
    StringCchCopyW(wri.wzApplicationName, _countof(wri.wzApplicationName),
        L"Wintellect Applications Suite");
    GetModuleFileNameW(NULL, (WCHAR*)&(wri.wzApplicationPath),
        _countof(wri.wzApplicationPath));
    StringCchCopyW(wri.wzDescription, _countof(wri.wzDescription),
        L"This problem report is generated for testing purpose");

    HREPORT hReport = NULL;

    // Create a report and set additional information
    __try { // instead of the default APPCRASH_EVENT
        HRESULT hr = WerReportCreate(L"Unexpected Error",
        WerReportApplicationCrash, &wri, &hReport);

        if (FAILED(hr)) {
            MessageBox(NULL, TEXT("WerReportCreate failed"),
            TEXT("GenerateWerReport"), MB_OK | MB_ICONHAND);
            return(EXCEPTION_CONTINUE_SEARCH);
        }
        if (hReport == NULL) {
            MessageBox(NULL, TEXT("WerReportCreate failed"),
            TEXT("GenerateWerReport"), MB_OK | MB_ICONHAND);
            return(EXCEPTION_CONTINUE_SEARCH);
        }

        // Set more details important to help fix the problem
        WerReportSetParameter(hReport, WER_P0,
            L"Application Name", L"26-CustomizedWER.exe");
```

```
WerReportSetParameter(hReport, WER_P1,
    L"Application Version", L"5.0.0.0");
WerReportSetParameter(hReport, WER_P2,
    L"Last Action", L"Server Request #12");
WerReportSetParameter(hReport, WER_P3,
    L"Last Connected Server", L"http://www.wintellect.com");

// Add a dump file corresponding to the exception information
WER_EXCEPTION_INFORMATION wei;
wei.bClientPointers = FALSE; // We are in the process where
wei.pExceptionPointers = pExceptionInfo; // pExceptionInfo is valid
hr = WerReportAddDump(
    hReport, GetCurrentProcess(), GetCurrentThread(),
    WerDumpTypeHeapDump, &wei, NULL, 0);
    if (FAILED(hr)) {
    MessageBox(NULL, TEXT("WerReportAddDump failed"),
    TEXT("GenerateWerReport"), MB_OK | MB_ICONHAND);
    return(EXCEPTION_CONTINUE_SEARCH);
}

// Let memory blocks be visible from a mini-dump
s_moreInfo1.dwCode = 0x1;
s_moreInfo1.dwValue = 0xDEADBEEF;
s_moreInfo2.dwCode = 0x2;
s_moreInfo2.dwValue = 0x0BADBEEF;
hr = WerRegisterMemoryBlock(&s_moreInfo1, sizeof(s_moreInfo1));
if (hr != S_OK) { // Don't want S_FALSE
    MessageBox(NULL, TEXT("First WerRegisterMemoryBlock failed"),
        TEXT("GenerateWerReport"), MB_OK | MB_ICONHAND);
    return(EXCEPTION_CONTINUE_SEARCH);
}
hr = WerRegisterMemoryBlock(&s_moreInfo2, sizeof(s_moreInfo2));
if (hr != S_OK) { // Don't want S_FALSE
    MessageBox(NULL, TEXT("Second WerRegisterMemoryBlock failed"),
        TEXT("GenerateWerReport"), MB_OK | MB_ICONHAND);
    return(EXCEPTION_CONTINUE_SEARCH);
}

// Add more files to this particular report
wchar_t wszFilename[] = L"MoreData.txt";
char textData[] = "Contains more information about the execution \r\n\" +
    "context when the problem occurred. The goal is to \r\n\" +
    "help figure out the root cause of the issue.";
// Note that error checking is removed for readability
HANDLE hFile = CreateFileW(wszFilename, GENERIC_WRITE, 0, NULL,
```

```
        CREATE_ALWAYS, FILE_ATTRIBUTE_NORMAL, NULL);
DWORD dwByteWritten = 0;
WriteFile(hFile, (BYTE*)textData, sizeof(textData), &dwByteWritten,
        NULL);
CloseHandle(hFile);
hr = WerReportAddFile(hReport, wszFilename, WerFileTypeOther,
        WER_FILE_ANONYMOUS_DATA);
if (FAILED(hr)) {
        MessageBox(NULL, TEXT("WerReportAddFile failed"),
                TEXT("GenerateWerReport"), MB_OK | MB_ICONHAND);
        return(EXCEPTION_CONTINUE_SEARCH);
}


// It is also possible to use WerRegisterFile
char textRegisteredData[] =
        "Contains more information about the execution\r\n"+
        "context when the problem occurred. The goal is to \r\n\" +
        "help figure out the root cause of the issue.";
// Note that error checking is removed for readability
hFile = CreateFileW(L"RegisteredData1.txt", GENERIC_WRITE, 0, NULL,
        CREATE_ALWAYS, FILE_ATTRIBUTE_NORMAL, NULL);
dwByteWritten = 0;
WriteFile(hFile, (BYTE*)textRegisteredData, sizeof(textRegisteredData),
        &dwByteWritten, NULL);
CloseHandle(hFile);
hr = WerRegisterFile(L"RegisteredData1.txt", WerRegFileTypeOther,
        WER_FILE_ANONYMOUS_DATA);
if (FAILED(hr)) {
        MessageBox(NULL, TEXT("First WerRegisterFile failed"),
                TEXT("GenerateWerReport"), MB_OK | MB_ICONHAND);
        return(EXCEPTION_CONTINUE_SEARCH);
}
hFile = CreateFileW(L"RegisteredData2.txt", GENERIC_WRITE, 0, NULL,
        CREATE_ALWAYS, FILE_ATTRIBUTE_NORMAL, NULL);
dwByteWritten = 0;
WriteFile(hFile, (BYTE*)textRegisteredData, sizeof(textRegisteredData),
        &dwByteWritten, NULL);
CloseHandle(hFile);
hr = WerRegisterFile(L"RegisteredData2.txt", WerRegFileTypeOther,
        WER_FILE_DELETE_WHEN_DONE); // File is deleted after WerReportSubmit
if (FAILED(hr)) {
        MessageBox(NULL, TEXT("Second WerRegisterFile failed"),
                TEXT("GenerateWerReport"), MB_OK | MB_ICONHAND);
        return(EXCEPTION_CONTINUE_SEARCH);
}
```

```
        // Submit the report
        WER_SUBMIT_RESULT wsr;
        DWORD submitOptions =
            WER_SUBMIT_QUEUE |
            WER_SUBMIT_OUTOFPROCESS |
            WER_SUBMIT_NO_CLOSE_UI; // Don't show any UI
        hr = WerReportSubmit(hReport, WerConsentApproved, submitOptions, &wsr);
        if (FAILED(hr)) {
            MessageBox(NULL, TEXT("WerReportSubmit failed"),
                TEXT("GenerateWerReport"), MB_OK | MB_ICONHAND);
            return(EXCEPTION_CONTINUE_SEARCH);
        }

        // The submission was successful, but we might need to check the result
        switch(wsr)
        {
            case WerReportQueued:
            case WerReportUploaded: // To exit the process
                lResult = EXCEPTION_EXECUTE_HANDLER;
            break;

            case WerReportDebug: // To end up in the debugger
                lResult = EXCEPTION_CONTINUE_SEARCH;
            break;

            default: // Let the OS handle the exception
                lResult = EXCEPTION_CONTINUE_SEARCH;
            break;
        }

        // In our case, we always exit the process after the report generation
        lResult = EXCEPTION_EXECUTE_HANDLER;
    }
    __finally {
        // Don't forget to close the report handle
        if (hReport != NULL) {
            WerReportCloseHandle(hReport);
            hReport = NULL;
        }
    }

    return(lResult);
}
```

750~754

26.5　应用程序的自动重启与恢复

应用程序在运行期间发生一个严重问题时，WER可在程序终止后自动重启它。对于 Windows Vista和之后的版本，这是衡量程序质量的一个标准，随同新版Windows发布的大部分应用程序(比如Windows Explorer、Internet Explorer、RegEdit以及一些游戏)都支持自动重启。更有甚者，WER允许应用程序在被终止前恢复任何重要的数据。

754

26.5.1　应用程序的自动重启

应用程序如果想允许自动重启，必须通过下面这个函数在WER中注册自己：

```
HRESULT RegisterApplicationRestart(
    PCWSTR pwzCommandline,
    DWORD dwFlags);
```

pwzCommandLine参数是一个Unicode字符串，代表WER用来重启应用程序的命令行参数。如果应用程序不需要特殊参数来检测一次重启，应该为这个参数传入NULL。如果为 dwFlags参数传入0，当一个严重错误被WER侦测到时，应用程序总是会重启。可按位合并表26-11列出的标志来限制哪些情况下需要重启。

表26-11　用来限制程序重启的标志

标志	描述
RESTART_NO_CRASH = 1	在应用程序崩溃的情况下不要重启应用程序
RESTART_NO_HANG = 2	在应用程序挂起的情况下不要重启应用程序
RESTART_NO_PATCH = 4	不要在安装更新后重启应用程序
RESTART_NO_REBOOT = 8	不要在系统因为系统更新而重启的情况下重启应用程序

最后两个标志在异常处理的上下文中好像有点奇怪，但应用程序重启功能其实是一套更为通用的API的一部分，这套API称为重启管理器(Restart Manager)。详情请参见MSDN 文档"Guidelines for Applications"，网址为http://msdn2.microsoft.com/en-us/library/aa373651.aspx。

调用RegisterApplicationRestart函数以后，如果进程遇到一个由WER处理的严重错误，那么在应用程序重启时，将弹出图26-10所示的对话框。

图26-10　重启后弹出对话框

为防止反复重启故障应用程序，WER在重启它之前会先检查它是否运行了至少60秒。

说明　如果要告诉 WER 不要重启当前应用程序，可调用下面这个函数：

```
HRESULT UnregisterApplicationRestart();
```

26.5.2　应用程序恢复的支持

进程可以注册一个回调函数让WER在进程非正常终止时调用。这个回调函数可以保存任意数据和状态信息。要注册回调函数，可以让进程调用下面这个函数：

```
HRESULT RegisterApplicationRecoveryCallback(
    APPLICATION_RECOVERY_CALLBACK pfnRecoveryCallback,
    PVOID pvParameter,
    DWORD dwPingInterval,
    DWORD dwFlags); // Reserved; pass 0
```

pfnRecoveryCallback参数所指向的函数必须具备这样的签名：

```
DWORD WINAPI ApplicationRecoveryCallback(PVOID pvParameter);
```

这个回调函数由WER调用，它为pvParameter参数传递的值就是我们在调用RegisterApplicationRecoveryCallback时所传递的值。WER在调用我们的函数时会显示如图26-11所示的对话框。

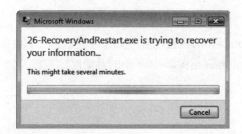

图26-11　程序在准备恢复时，用户会得到通知

pfnRecoveryCallback函数为了让WER知道它正在工作，每隔至少dwPingInterval毫秒就调用一次ApplicationRecoveryInProgress。如果ApplicationRecoveryInProgress没有被及时地调用，WER就会终止进程。ApplicationRecoveryInProgress函数以一个BOOL指针作为参数来让我们知道用户是否已单击了图26-7上的Cancel按钮。当恢复函数运行结束，它也应该调用ApplicationRecoveryFinished来让WER知道函数是否成功完成。

下面是应用程序恢复回调函数的一个例子：

```
DWORD WINAPI ApplicationRecoveryCallback(PVOID pvParameter) {

    DWORD dwReturn = 0;
    BOOL bCancelled = FALSE;
    while (!bCancelled) {

        // Show progress
        ApplicationRecoveryInProgress(&bCancelled);

        // Check for user cancellation
        if (bCancelled) {
            // The user clicked the Cancel button

            // Notify that we have failed to finish the recovery process
            ApplicationRecoveryFinished(FALSE);
    } else {
            // Save the state required for recovery, chunk by chunk

            if (MoreInformationToSave()) {
            // Save a chunk of data in fewer milliseconds than the delay set
            // with the dwPingInterval parameter you passed to
            // RegisterApplicationRecoveryCallback

    } else { // Nothing more to save
            // It is still possible to update the restart command line
            // by calling RegisterApplicationRestart when the name of
            // a recovery file is known, for example.

            // Notify that we have finished the recovery process
            ApplicationRecoveryFinished(TRUE);

            // Set bCancelled to TRUE when finished to exit the loop
            bCancelled = TRUE;
```

```
              }
          }
      }
      return(dwReturn);
}
```

需要记住的是，当回调函数运行时，进程可能处在一个已损坏的状态，对异常过滤程序的限制(之前详细描述过)同样适用于这种类型的回调函数。

756~757

附　　　录

生成环境

为了生成(build)本书的示例程序，必须修改编译器与链接器的一些默认设置。我将几乎所有这些设置都放在一个名为CmnHdr.h的头文件中，这样就可以将这些细节和示例程序分开。本书所有示例程序和源文件都包含(include)了这个头文件。

但是，由于并不是所有设置都能放在头文件中，所以需要按下述方式修改每个示例程序的项目属性。先在解决方案中选中所有的项目，然后显示项目属性对话框，接着在属性页做以下改动。

- 在"常规"属性页修改"输出目录"，让所有项目生成的.exe或者.dll文件都输出到同一个指定目录。
- 在"C/C++代码生成"属性页，在"运行库"一栏中选择"多线程DLL"。
- 在"C/C++"属性页，在"检测64位可移植性"一栏中选择"是(/Wp64)"(自Visual Studio 2013起不再支持)。

这就是对项目属性所做的全部修改。其他设置均采用默认值。注意，前面所提到的这些改动不仅针对项目的Debug配置，同时也针对Release配置。其他编译器和链接器选项可以放到源文件中。如果你在自己的项目中使用了我的任何源代码模块，这些设置就会生效。

CmnHdr.h头文件

所有示例程序都在包含其他头文件之前包含了CmnHdr.h头文件。写CmnHdr.h(文件内容稍后列出)的目的是简化编程。该文件包含宏定义、链接器指令以及其他一些能在整个程序范围内共享的代码。这样，在需要做一些实验时，只需改动CmnHdr.h里的相关部分并重新生成所有示例程序即可。这个文件放在本书配套资源的根目录。

下面将分别讨论CmnHdr.h头文件的每一部分。我会解释每一部分的基本原理，并解释在重新生成所有示例程序前，怎样去修改这些代码，以及为什么要这么做。

Windows Version生成选项

因为一些示例程序调用了一些自Windows Vista引入的新函数，所以我在CmnHdr.h文件的这一部分定义了_WIN32_WINNT和WINVER这两个符号(symbol)，如下所示：

```
// = 0x0600 for VISTA level from sdkddkver.h
#define _WIN32_WINNT _WIN32_WINNT_LONGHORN
#define WINVER _WIN32_WINNT_LONGHORN
```

761

这样做的原因是在Windows.h头文件中，新的Windows Vista函数是这样定义的：

```
#if (_WIN32_WINNT >= 0x0600)
...

HANDLE
WINAPI
CreateMutexExW(
    LPSECURITY_ATTRIBUTES lpMutexAttributes,
    LPCWSTR lpName,
    DWORD dwFlags,
    DWORD dwDesiredAccess
);
...

#endif /* _WIN32_WINNT >= 0x0600 */
```

除非在包含Windows.h之前定义符号_WIN32_WINNT，否则这些新函数原型就不会得到声明，试图调用这些函数会引起编译错误。Microsoft用_WIN32_WINNT符号来保护这些函数，确保我们开发的程序能在不同Windows平台上运行。

Unicode生成选项

本书所有示例程序既可以编译成ANSI版本，也可以编译成Unicode版本。为了强制与Unicode版本的一致性，头文件CmnHdr.h中定义了符号UNICODE和_UNICODE。Unicode的详情请参见第2章。

Windows Definitions和编译警告级别4

我在开发软件的时候，总是努力排除所有编译错误和警告。而且，我喜欢用编译器最高警告级别来编译代码，这样编译器就能帮我分担大部分的工作，甚至连代码中最细枝末节的部分都不放过。对Microsoft的C/C++编译器来说，这意味着要以警告级别4来生成所有示例程序。

不幸的是，Microsoft操作系统开发团队对编译器警告级别4的观点和我不同。如果用编译器警告级别4来编译代码，连Windows头文件中的很多行代码都会有编译警告。幸好，这些警告并不代表代码中有错误。大部分的警告是因为非常规地使用了C语言，这些用法依赖于编译器对语言的扩展。当然，几乎所有与Windows兼容的编译器都实现了这些扩展。

在CmnHdr.h文件的这个部分，我首先确保编译警告级别设置为3，然后包含标准Windows.h头文件。紧接着，马上使用编译警告级别4来编译余下的代码。在这一级别，编译器会发出很多我认为不是什么问题的"警告"，所以我还通过#pragma warning指令明确告诉编译器忽略这些没有危险的警告。

762

pragma message辅助宏

写代码时，我的习惯是先让代码马上能跑起来，再去慢慢完善整个程序。为了提醒自己还有哪些代码需要在以后加以关注，我经常使用以下预处理指令：

```
#pragma message("fix this later")
```

编译器在编译这一行时，会输出一串文字，提醒我在某个地方还有一些工作要做。然而，这个消息也并没有那么有用。所以我想找到一个方法让编译器还可以输出pragma预处理指令出现在哪个文件的哪一行。这样，不仅可以知道还有一些工作要做，还能马上定位到相应的代码区域。

为了获得这种效果，需要用一系列的宏定义来"欺骗"pragma message预处理指令，结果就是可以像下面这样使用chMSG宏：

```
#pragma chMSG(Fix this later)
```

编译前面这行代码时，编译器会输出一行信息，如下所示：

```
C:\CD\CommonFiles\CmnHdr.h(82):Fix this later
```

如果使用Microsoft Visual Studio，就可以在输出窗口双击这一行，让Visual Studio打开相应文件，并自动将光标定位到对应的那一行。

为方便起见，chMSG宏不要求为字符串参数加上引号。

chINRANGE 宏

这个宏很有用处，示例程序中频繁地使用了它。chINRANGE宏检查一个值是不是在另外两个值之间。

chBEGINTHREADEX宏

本书所有多线程程序都使用Microsoft C/C++运行库提供的_beginthreadex函数，而不是由操作系统提供的CreateThread函数。这是因为前者会使新线程准备好使用C/C++运行库的函数，而且在线程返回时，为每个线程分配的C/C++运行库信息都能得到销毁。详见第6章。不幸的是，_beginthreadex函数的原型如下：

```
unsigned long __cdecl _beginthreadex(
    void *,
    unsigned,
    unsigned (__stdcall *)(void *),
    void *,
    unsigned,
    unsigned *);
```

763

虽然传给_beginthreadex和CreateThread这两个函数的参数值是完全相同的，但参数的数据类型不一样。以下是CreateThread函数的原型：

```
typedef DWORD (WINAPI *PTHREAD_START_ROUTINE)(PVOID pvParam);

HANDLE CreateThread(
    PSECURITY_ATTRIBUTES psa,
    SIZE_T cbStackSize,
    PTHREAD_START_ROUTINE pfnStartAddr,
    PVOID pvParam,
    DWORD dwCreateFlags,
    PDWORD pdwThreadId);
```

Microsoft在创建_beginthreadex函数原型时没有使用Windows数据类型，这是因为Microsoft的C/C++运行库开发团队不想对操作系统开发团队有任何依赖。我赞成这个决定，但这也使得函数_beginthreadex变得更难用。

_beginthreadex函数的原型存在两个问题。首先，这个函数使用的一些数据类型与CreateThread函数使用的基本数据类型不一致。例如，Windows数据类型DWORD定义如下：

```
typedef unsigned long DWORD;
```

这是CreateThread函数的dwCreateFlags参数的数据类型。问题在于，_beginthreadex函数使用unsigned(更准确地说是unsigned int)作为其参数类型。编译器认为unsigned int与unsigned long是两个不同的类型，所以会生成编译警告。由于_beginthreadex函数不是标准C/C++运行库的一部分，它只是用来作为调用CreateThread的一种替代方法，所以我认为Microsoft应该这样声明它来防止生成编译警告：

```
unsigned long __cdecl _beginthreadex(
    void *psa,
    unsigned long cbStackSize,
    unsigned (__stdcall *) (void *pvParam),
    void *pvParam,
    unsigned long dwCreateFlags,
    unsigned long *pdwThreadId);
```

第二个问题和第一个有些雷同。函数_beginthreadex的返回值(即新建线程的句柄)类型为unsigned long。如果程序想用一个类型为HANDLE的变量去存储这个返回值，例如：

```
HANDLE hThread = _beginthreadex(…);
```

这行代码会导致另一个警告。要防止编译器产生这个警告，必须使用显式类型转换重写刚才的代码，如下所示：

```
HANDLE hThread = (HANDLE) _beginthreadex(…);
```

764

这当然又给大家造成了不便。为了使得事情变得简单一些，CmnHdr.h中定义了一个chBEGINTHREADEX宏来执行转型操作：

```
typedef unsigned (__stdcall *PTHREAD_START) (void *);

#define chBEGINTHREADEX(psa, cbStackSize, pfnStartAddr,        \
    pvParam, dwCreateFlags, pdwThreadId)                       \
        ((HANDLE)_beginthreadex(                               \
            (void *) (psa),                                    \
            (unsigned) (cbStackSize),                          \
            (PTHREAD_START) (pfnStartAddr),                    \
            (void *) (pvParam),                                \
            (unsigned) (dwCreateFlags),                        \
            (unsigned *) (pdwThreadId)))
```

适用于x86平台的对DebugBreak的改进

有的时候，即便进程不是在调试器下运行，我也希望它能按我的意愿停在某个断点。在Windows平台上，可在一个线程中调用DebugBreak函数来来实现这个功能。这个Kernel32.dll中的函数允许将一个调试器连接或附加(attach)到进程。一旦调试器被连接到进程，指令指针就会停在到那条触发断点的CPU指令。因为该指令包含在Kernel32.dll的DebugBreak函数中，所以为了看到我的源代码，我不得不使用单步调试 (single-step)来跳出DebugBreak函数。

在x86架构上，其实可以通过执行一条"int 3" CPU指令来产生断点。所以在x86平台上，我将DebugBreak重新定义为这个内联的汇编语言指令。我的DebugBreak函数执行时，系统实际没有执行Kernel32.dll里的代码；断点会直接发生在我的代码中，指令指针会定位到下一个C/C++语句。这样，事情就变得简单多了。

创建软件异常码

处理软件异常时必须创建自己的32位异常码。这些异常码要遵照一定的格式(参见第24章)。为方便创建这些异常码，我使用了MAKESOFTWAREEXCEPTION宏。

chMB宏

chMB宏的作用是显示一个消息框。消息框的标题是调用进程所对应的可执行文件的完整路径名称。

chASSERT宏和chVERIFY宏

开发本书的示例程序时，为了发现潜在的问题，我在代码的许多地方都使用了chASSERT宏。这个宏用来测试x所标识的表达式是否为TRUE，如果不是，就弹出一个消息框告诉我失败的那个表达式及其所在的文件和行号。但在进行release生成时，这个宏将不起作用。chVERIFY宏和chASSERT宏几乎完全一样，唯一不同的是，chVERIFY宏既能在debug生成时使用，也能在release生成时使用。

765

chHANDLE_DLGMSG宏

在对话框中使用消息处理宏的时候，不应该使用Microsoft的WindowsX.h 头文件提供的HANDLE_MSG宏，因为这个宏不会返回TRUE或者FALSE来告诉我们对话框过程有没有对消息进行处理。我的chHANDLE_DLGMSG宏能正确处理窗口消息的返回值，使之适合在对话框过程中调用。

chSETDLGICONS宏

本书大部分示例程序都用对话框作为其主窗口，为了在任务栏、任务切换窗口以及程序自身的标题栏上显示合适的程序图标，需要手动修改对话框的默认图标。对话框在收到WM_INITDIALOG消息时总是调用chSETDLGICONS宏来正确设置图标。

强制编译器寻找(w)WinMain入口点函数

本书前几版的一些读者将我的源代码模块添加到一个新的Visual Studio项目中，结果在生成项目时发生了链接器错误。这是因为他们创建的是一个Win32控制台应用程序项目，所以链接器会去寻找(w)main入口点函数。而书中所有示例程序都是GUI程序，对应的入口点函数是_tWinMain，这是链接器为什么会报错的原因。

我给这些读者的标准回答是他们应该在Visual Studio中删除原先的控制台程序项目，重新创建一个Win32程序项目(注意，"控制台"没有出现在项目类型名称里)，然后添加我的源代码文件。这样链接器就会去寻找(w)WinMain入口点函数，而由于我的源代码已经提供了这个函数，所以项目能顺利生成。

为了减少关于这个问题的来信，我在CmnHdr.h文件中加了一条pragma指令，强制链接器去寻找(w)WinMain入口点函数，哪怕当前创建的是一个Win32控制台程序项目。

第4章详细讨论了不同的Visual Studio项目类型怎样影响链接器选择不同的函数作为入口点函数，以及如何更改链接器的默认设置。

通过pragma指令来支持XP风格的用户界面主题

从Windows XP开始，系统为我们用来创建应用程序用户界面的绝大部分控件提供了许多眩丽的风格，它们被称为用户界面主题(theme)。但在默认情况下，应用程序并不支持用户界面主题。支持用户界面主题的一个简单方法是随应用程序提供一个XML格式的清单(manifest)，应用程序需根据这个清单来绑定到正确版本的ComCtl32.dll，这样ComCtl32.dll就能正确地重绘Windows控件。Microsoft C++链接器提供了一个manifestdependency选项，我已经在CmnHdr.h中通过pragma指令用合适的参数对这个选项进行了设置。

766~767

```
CmnHdr.h
/*****************************************************************************
Module:  CmnHdr.h
Notices: Copyright (c) 2008 Jeffrey Richter & Christophe Nasarre
Purpose: Common header file containing handy macros and definitions
         used throughout all the applications in the book.
```

```
        See Appendix A.
****************************************************************************/


#pragma once   // Include this header file once per compilation unit


///////////////////////// Windows Version Build Option /////////////////////////


// = 0x0600 for VISTA level from sdkddkver.h
#define _WIN32_WINNT _WIN32_WINNT_LONGHORN
#define WINVER       _WIN32_WINNT_LONGHORN


////////////////////////// Unicode Build Option /////////////////////////////


// Always compiler using Unicode.
#ifndef UNICODE
   #define UNICODE
#endif

// When using Unicode Windows functions, use Unicode C-Runtime functions too.
#ifdef UNICODE
   #ifndef _UNICODE
      #define _UNICODE
   #endif
#endif


////////////////////// Include Windows Definitions ///////////////////////

#pragma warning(push, 3)
#include <Windows.h>
#pragma warning(pop)
#pragma warning(push, 4)
#include <CommCtrl.h>
#include <process.h>        // For _beginthreadex


//////////// Verify that the proper header files are being used ////////////


#ifndef FILE_SKIP_COMPLETION_PORT_ON_SUCCESS
```

```cpp
#pragma message("You are not using the latest Platform SDK header/library ")
#pragma message("files. This may prevent the project from building correctly.")
#endif


/////////////// Allow code to compile cleanly at warning level 4 ///////////////


/* nonstandard extension 'single line comment' was used */
#pragma warning(disable:4001)

// unreferenced formal parameter
#pragma warning(disable:4100)

// Note: Creating precompiled header
#pragma warning(disable:4699)

// function not inlined
#pragma warning(disable:4710)

// unreferenced inline function has been removed
#pragma warning(disable:4514)

// assignment operator could not be generated
#pragma warning(disable:4512)

// conversion from 'LONGLONG' to 'ULONGLONG', signed/unsigned mismatch
#pragma warning(disable:4245)

// 'type cast' : conversion from 'LONG' to 'HINSTANCE' of greater size
#pragma warning(disable:4312)

// 'argument' : conversion from 'LPARAM' to 'LONG', possible loss of data
#pragma warning(disable:4244)

// 'wsprintf': name was marked as #pragma deprecated
#pragma warning(disable:4995)

// unary minus operator applied to unsigned type, result still unsigned
#pragma warning(disable:4146)

// 'argument' : conversion from 'size_t' to 'int', possible loss of data
#pragma warning(disable:4267)

// nonstandard extension used : nameless struct/union
```

```
#pragma warning(disable:4201)

///////////////////////// Pragma message helper macro /////////////////////////


/*
When the compiler sees a line like this:
   #pragma chMSG(Fix this later)

it outputs a line like this:

  c:\CD\CmnHdr.h(82):Fix this later

You can easily jump directly to this line and examine the surrounding code.
*/

#define chSTR2(x)  #x
#define chSTR(x)   chSTR2(x)
#define chMSG(desc) message(__FILE__ "(" chSTR(__LINE__) "):" #desc)


/////////////////////////// chINRANGE Macro ///////////////////////////////////


// This macro returns TRUE if a number is between two others
#define chINRANGE(low, Num, High) (((low) <= (Num)) && ((Num) <= (High)))



//////////////////////////// chSIZEOFSTRING Macro /////////////////////////////


// This macro evaluates to the number of bytes needed by a string.
#define chSIZEOFSTRING(psz)   ((lstrlen(psz) + 1) * sizeof(TCHAR))



//////////////////// chROUNDDOWN & chROUNDUP inline functions ////////////////////


// This inline function rounds a value down to the nearest multiple
template <class TV, class TM>
inline TV chROUNDDOWN(TV Value, TM Multiple) {
   return((Value / Multiple) * Multiple);
}
```

```
// This inline function rounds a value down to the nearest multiple
template <class TV, class TM>
inline TV chROUNDUP(TV Value, TM Multiple) {
   return(chROUNDDOWN(Value, Multiple) +
      (((Value % Multiple) > 0) ? Multiple : 0));
}



/////////////////////////// chBEGINTHREADEX Macro ///////////////////////////


// This macro function calls the C runtime's _beginthreadex function.
// The C runtime library doesn't want to have any reliance on Windows' data
// types such as HANDLE. This means that a Windows programmer needs to cast
// values when using _beginthreadex. Since this is terribly inconvenient,
// I created this macro to perform the casting.
typedef unsigned (__stdcall *PTHREAD_START) (void *);

#define chBEGINTHREADEX(psa, cbStackSize, pfnStartAddr,         \
   pvParam, dwCreateFlags, pdwThreadId)                         \
      ((HANDLE)_beginthreadex(                                  \
         (void *)          (psa),                               \
         (unsigned)        (cbStackSize),                       \
         (PTHREAD_START)   (pfnStartAddr),                      \
         (void *)          (pvParam),                           \
         (unsigned)        (dwCreateFlags),                     \
         (unsigned *)      (pdwThreadId)))


///////////////// DebugBreak Improvement for x86 platforms /////////////////


#ifdef _X86_
   #define DebugBreak()    _asm { int 3 }
#endif


////////////////////////// Software Exception Macro //////////////////////////


// Useful macro for creating your own software exception codes
#define MAKESOFTWAREEXCEPTION(Severity, Facility, Exception)   \
```

```
                                                                           \
   /* Severity code    */  (Severity    << 30 ) |           \
   /* MS(0) or Cust(1) */  (1           << 29) |            \
   /* Reserved(0)      */  (0           << 28) |            \
   /* Facility code    */  (Facility    << 16) |            \
   /* Exception code   */  (Exception << 0)))


/////////////////////////// Quick MessageBox Macro ///////////////////////////


inline void chMB(PCSTR szMsg) {
   char szTitle[MAX_PATH];
   GetModuleFileNameA(NULL, szTitle, _countof(szTitle));
   MessageBoxA(GetActiveWindow(), szMsg, szTitle, MB_OK);
}


/////////////////////////// Assert/Verify Macros ///////////////////////////


inline void chFAIL(PSTR szMsg) {
   chMB(szMsg);
   DebugBreak();
}


// Put up an assertion failure message box.
inline void chASSERTFAIL(LPCSTR file, int line, PCSTR expr) {
   char sz[2*MAX_PATH];
   wsprintfA(sz, "File %s, line %d : %s", file, line, expr);
   chFAIL(sz);
}


// Put up a message box if an assertion fails in a debug build.
#ifdef _DEBUG
   #define chASSERT(x) if (!(x)) chASSERTFAIL(__FILE__, __LINE__, #x)
#else
   #define chASSERT(x)
#endif


// Assert in debug builds, but don't remove the code in retail builds.
#ifdef _DEBUG
```

```
   #define chVERIFY(x) chASSERT(x)
#else
   #define chVERIFY(x) (x)
#endif




/////////////////////////// chHANDLE_DLGMSG Macro ///////////////////////////



// The normal HANDLE_MSG macro in WindowsX.h does not work properly for dialog
// boxes because DlgProc returns a BOOL instead of an LRESULT (like
// WndProcs). This chHANDLE_DLGMSG macro corrects the problem:
#define chHANDLE_DLGMSG(hWnd, message, fn)                      \
   case (message): return (SetDlgMsgResult(hWnd, uMsg,         \
      HANDLE_##message((hWnd), (wParam), (lParam), (fn))))



//////////////////////// Dialog Box Icon Setting Macro ////////////////////////



// Sets the dialog box icons
inline void chSETDLGICONS(HWND hWnd, int idi) {
   SendMessage(hWnd, WM_SETICON, ICON_BIG,  (LPARAM)
      LoadIcon((HINSTANCE) GetWindowLongPtr(hWnd, GWLP_HINSTANCE),
         MAKEINTRESOURCE(idi)));
   SendMessage(hWnd, WM_SETICON, ICON_SMALL, (LPARAM)
      LoadIcon((HINSTANCE) GetWindowLongPtr(hWnd, GWLP_HINSTANCE),
      MAKEINTRESOURCE(idi)));
}



/////////////////////////// Common Linker Settings ///////////////////////////



#pragma comment(linker, "/nodefaultlib:oldnames.lib")

// Needed for supporting XP/Vista styles.
#if defined(_M_IA64)
#pragma comment(linker, "/manifestdependency:\"type='win32' name='Microsoft.
Windows.Common-Controls' version='6.0.0.0' processorArchitecture='IA64' publicKe
yToken='6595b64144ccf1df' language='*'\"")
#endif
#if defined(_M_X64)
#pragma comment(linker, "/manifestdependency:\"type='win32' name='Microsoft.
Windows.Common-Controls' version='6.0.6000.0' processorArchitecture='amd64' publ
```

```
icKeyToken='6595b64144ccf1df' language='*'\"")
#endif
#if defined(M_IX86)
#pragma comment(linker, "/manifestdependency:\"type='win32' name='Microsoft.
Windows.Common-Controls' version='6.0.0.0' processorArchitecture='x86' publicKey
Token='6595b64144ccf1df' language='*'\"")
#endif
```

/////////////////////////////////// End of File ///////////////////////////////////

767~772

消息处理宏、子控件宏和API宏

通过在本书示例代码中使用消息处理宏(message crackers)，我有机会向许多可能不了解它们的人介绍这些鲜为人知但很有用处的宏。

消息处理宏在随Visual Studio提供的WindowsX.h文件中定义。通常应在包含(include)头文件Window.h之后马上包含该文件。WindowsX.h没有什么特别的地方，就是用了大量#define指令定义了许多宏供我们使用。这些宏可以分成三个类别：消息处理宏、子控件宏和应用程序接口(API)宏。使用它们的话，可为我们提供以下帮助。

- 它们减少了代码中需要的转型(casting，也称为强制类型转换)操作的次数，也使必要的转型操作免于错误。用C/C++进行Windows编程的一大问题是经常需要用到转型操作，几乎不可能在不做任何转型的情况下调用一个Windows函数。即便如此，仍应避免进行转型，因为这削弱了编译器帮我们捕获程序中潜在错误的能力。一个转型操作等于告诉编译器：我知道传递了一个错误的数据类型，但没有关系，我知道自己在做什么。进行大量转型操作时很容易犯错误。应最大限度地利用编译器来帮助我们找到错误。
- 提高了代码的可读性。
- 使代码更容易在32位和64位Windows之间移植。
- 易于理解。毕竟就只是宏定义。
- 易于集成到现有代码中。可以不必理会旧代码并立即在新代码中使用宏。不必改造整个应用程序。
- 在C和C++代码中都可使用，虽然在使用C++类库时，这些宏并不是必须的。
- 即使这些宏还不支持我们需要的一些功能，也可以很容易地用它们编写新宏。
- 有了这些宏，就不再需要引用或记住那些晦涩难懂的Windows结构。例如，很多

Windows函数要求传入一个长整型值，值的高16位代表一个东西，值的低16位则代表另一个东西。在调用这些函数之前，必须用两个单独的值来组合成一个长整型值。通常可以使用WinDef.h中定义的MAKELONG宏来完成这个操作。但是，我已经记不清有多少次因为弄反了这两个值而导致向函数传递了错误的参数。头文件WindowsX.h中的宏可以避免犯错。

B.1　消息处理宏

消息处理宏可以让窗口过程(Windows Procedure)的编写变得更加简单。典型的窗口过程用一个巨大的switch语句块实现。我曾在一个窗口过程函数中见到过远远超过500行代码的switch语句块。我们都知道以这种方式实现窗口过程是不好的做法，但我们还是这样做了。我自己有时也会这么做。消息处理宏迫使你将switch语句分解成更小的函数，一个窗口消息对应一个处理函数。这会让代码更容易维护。

窗口过程的另一个问题是：每一个消息都有两个参数wParam和lParam。最令人头疼的是，针对不同的消息，它们有不同的含义。在某些情况下，比如WM_COMMAND消息，wParam还包含两个不同的值，其高16位部分是通知码(notification code)，其低16位部分则是控件ID。或者正好相反？我总是记不住。使用消息处理宏，就不需要再记住或查阅任何这些值的含义。消息处理宏，顾名思义，它们帮助我们从消息中提取出参数，使消息处理变得更容易。例如，要处理一个WM_COMMAND消息，只需要编写一个类似于下面的函数：

```
void Cls_OnCommand(HWND hWnd, int id, HWND hWndCtl,
    UINT codeNotify){

    switch(id){

        case ID_SOMELISTBOX:
            if (codeNotify != LBN_SELCHANGE)
            break;

            // Do LBN_SELCHANGE processing.
            break;

        case ID_SOMEBUTTON;
            break;
...
```

瞧，多么简单！消息处理宏会查看消息的参数wParam和lParam，对参数进行分解，然后调用你的函数。

在使用消息处理宏之前，必须对窗口过程中的switch语句块做一定的修改。请看下面这个窗口过程：

```
LRESULT WndProc (HWND hWnd, UINT uMsg,
   WPARAM wParam, LRARAM lParam) {

   switch (uMsg) {
      HANDLE_MSG(hWnd, WM_COMMAND, Cls_OnCommand);
      HANDLE_MSG(hWnd, WM_PAINT, Cls_OnPaint);
      HANDLE_MSG(hWnd, WM_DESTROY, Cls_OnDestroy);
      default:
         return(DefWindowProc(hWnd, uMsg, wParam, lParam));
   }
}
```

HANDLE_MSG宏在WindowsX.h中被定义如下：

```
#define HANDLE_MSG(hwnd, message, fn) \
case (message):
   return HANDLE_##message((hwnd),(wParam),(lParam),(fn))
```

773~774

对于WM_COMMAND消息，预处理器像下面这样展开代码：

```
case (WM_COMMAND)
   return HANDLE_WM_COMMAND((hwnd), (wParam), (lParam),
      (Cls_OnCommand));
```

HANDLE_WM_*宏也在WindowsX.h中定义，它们就是实际的消息处理宏。它们会解析wParam与lParam的内容，执行必要的转型操作，并调用恰当的消息处理函数，如前面显示的Cls_OnCommand函数。HANDLE_WM_COMMAND宏的定义如下所示：

```
#define HANDLE_WM_COMMAND(hwnd, wParam, lParam, fn) \
   ( (fn) ((hwnd), (int)(LOWORD(wParam)), (HWND)(lParam),
   (UINT) HIWORD(wParam)),0L)
```

预处理器扩展这个宏的结果就是对Cls_OnCommand函数的调用代码，且参数wParam和lParam被正确地分解和转型。

使用消息处理宏来处理一个消息之前，最好先打开WindowsX.h文件，搜索一下想要处理的消息。例如，如果搜索WM_COMMAND，会看到文件的其中一段包含下面这些代码：

```
/* void Cls_OnCommand(HWND hWnd, int id, HWND hWndCtl,
    UINT codeNotify); */

#define HANDLE_WM_COMMAND(hwnd, wParam, lParam, fn) \
    ((fn)((hwnd), (int)(LOWORD(wParam)), (HWND)(lParam), \
    (UINT)HIWORD(wParam)), 0L)

#define FORWARD_WM_COMMAND(hwnd, id, hwndCtl, codeNotify, fn) \
    (void)(fn)((hwnd), WM_COMMAND, \
    MAKEWPARAM((UINT)(id),(UINT)(codeNotify)), \
    (LPARAM)(HWND)(hwndCtl))
```

第一行注释是函数的原型，必须编写这样的一个函数。下一行是前面讨论过的HANDLE_
WM_*宏，最后一行是消息转发宏。假设在处理WM_COMMAND消息时要调用默认窗口
过程来完成一部分工作，可以这样编写Cls_OnCommand函数：

```
void Cls_OnCommand (HWND hWnd, int id, HWND hWndCtl,
    UINT codeNotify) {

    // 执行一些普通的处理

    // 执行默认处理
    FORWARD_WM_COMMAND(hWnd, id, hwndCtl, codeNotify,
        DefWindowProc);
}
```

FORWARD_WM_*将分解和转型好的消息参数恢复成原来的wParam参数和lParam参数，
然后调用你提供的一个函数。在上例中，宏调用了DefWindowProc函数，但也可让它调
用SendMessage或者PostMessage函数。事实上，只要想向系统中任何一个窗口发送消
息，就可使用FORWARD_WM_*来帮助合并单独的参数。

775

B.2 子控件宏

子控件宏简化了向子控件发送消息所需的工作。它们和FORWARD_WM_*宏非常相似。
每个宏的名称以接收消息控件的类型开始，后跟一个下划线字符加上待发送消息的名
称。比如，要发送LB_GETCOUNT消息给列表框控件，我们可以使用这个在WindowsX.h
中定义的宏：

```
#define ListBox_GetCount(hwndCtl) \
    ((int)(DWORD)SNDMSG((hwndCtl), LB_GETCOUNT, 0, 0L))
```

关于这个宏有两点需要说明。第一，在MFC中，SNDMSG宏被映射到SendMessage或者AfxSendMessage。第二，这个宏只有一个参数，即列表框控件的窗口句柄hwndCtl。由于LB_GETCOUNT消息会忽略参数wParam和lParam，所以可以忽略它们。如上所示，这个宏在默认情况下使用0作为两个参数的值。另外，当函数SendMessage返回时，返回值被转型为int，所以也不需要再自己转型了。

我不喜欢子控件宏的地方是它们需要控件窗口句柄作为参数。大多数时候，要接收消息的控件是某个对话框的子控件，所以最终不得不一直调用函数GetDlgItem，如下所示：

```
int n = ListBox_GetCount(GetDlgItem(hDlg, ID_LISTBOX));
```

这段代码的运行速度并不比使用函数SendDlgItemMessage慢，但由于额外调用了GetDlgItem，应用程序将包含一些额外的代码。如需向同一个控件发送多个消息，可考虑只调用一次函数GetDlgItem，将子控件窗口的句柄保存下来，再用这个句柄来调用所有宏，如下所示：

```
HWND hWndCtl = GetDlgItem(hDlg, ID_LISTBOX);
int n = ListBox_GetCount(hWndCtl);
ListBox_AddString(hWndCtl, TEXT("Another string"));
...
```

以上面的方式来编写代码，应用程序会因为不必重复调用GetDlgItem而运行得更快一些。如对话框中有许多控件，而且要查找的控件的z-order比较靠后，那么GetDlgItem函数可能会比较慢。

B.3 API 宏

API宏简化了一些常见操作，例如新建字体，选择一种字体到设备上下文，并保存原有字体的句柄。这些操作如果不使用API宏，代码看起来会像下面这样：

```
HFON hFontOrig = (HFONT) SelectObject(hDC, (HGDIOBJ) hFontNew);
```

该语句需要两个转型操作来避免编译警告。WindowsX.h头文件有一个宏正好就是为此而设计的：

```
#define SelectFont(hdc, hfont) \
   ((HFONT) SelectObject( (hdc),(HGDIOBJ) (HFONT)(hfont)))
```

776

使用这个宏，代码会变得简单许多：

```
HFONT hFontOrig = SelectFont(hDC, hFontNew);
```

这样写的代码更易读，更不容易出错。

WindowsX.h文件还有另外几个API宏来简化常见的Windows任务。建议花些时间了解和使用它们。

777

索引

---

* 编注：此索引中的页码对应于前文正文中灰底图标中的页码。

dynamic TLS, 598–602
/dynamicbase linker switch, 417
dynamic-link libraries. *See* DLLs

E

E_INVALIDARG, 744
.edata section, 470
efficiency, for applications with Unicode, 26
EFLAGS register, 391
element, adding on top of stack, 213
ELEMENT structure
   of CQueue class, 269
   inside CQueue class, 230
elevated account, credentials of, 112
elevated privileges, child process getting, 116
empty stack, 213
emulation layer, for 32-bit applications, 397
EnableAutomaticJITDebug function, 750
encrypted file, 297
end of file marker, 509
end user. *See* user(s)
endless recursion, 151
_endthread function, 168
_endthreadex function, 166
   compared to _endthread, 169
   using, 154
EnterCriticalSection function, 218, 219–220, 223
/ENTRY switch, 570
-entry:command-line option, 69
entry-point function
   calling, 71, 146
   for every thread, 149
   implementing, 562
   for Windows application, 69
EnumProcesses function, 119
env parameter, 72, 79
_environ global variable, 73
environment block, 77
   containing ANSI strings by default, 94
   spaces significant in, 80
environment strings, obtaining from registry keys, 80
environment variables, 77–83
   accessing, 72
   multiple for process, 84
Environment Variables dialog box, 80
ERANGE, returning, 21
$err,hr, in Watch window, 5, 6
errno
   C run-time global variable, 160
   defining in standard C headers, 166
   internal C/C++ run-time library function, 167
   macro, 167
   setting, 19
errno_t value, 19, 20
error(s)
   checking with ReadFile and WriteFile, 308
   returning via exceptions, 703
   trapping and handling, 683

ERROR_ALREADY_EXISTS, 5
ERROR_CANCELLED, 116
error code(s)
   32-bit number with fields, 7
   composition of, 697
   returned from GetLastError, 308
   setting thread's last, 7
   Windows functions returning with, 3
ERROR_ELEVATION_REQUIRED, 116
error handling, 659
   critical sections and, 223
   performed by Windows functions, 3
   simplified by termination handlers, 672
   using exceptions for, 702
ERROR_INVALID_HANDLE, 39, 331
ERROR_INVALID_USER_BUFFER, 308
ERROR_IO_PENDING, 308
Error Lookup utility in Visual Studio, 6, 9
ERROR_MOD_NOT_FOUND, 557
error mode, 83, 94
ERROR_NOT_ENOUGH_MEMORY, 308
ERROR_NOT_ENOUGH_QUOTA, 308
ERROR_NOT_OWNER, 267
ERROR_OLD_WIN_VERSION, 88
ERROR_OPERATION_ABORTED, 310
error reporting, enabling, 738
ERROR_SUCCESS, 5
ERROR_USER_MAPPED_FILE, 489
ErrorShow sample application, 6, 7–9
European Latin Unicode character set, 13
event(s)
   allowing threads to synchronize execution, 43
   changing to nonsignaled state, 249
   changing to signaled state, 249
   initializing signaled or nonsignaled, 248
   as most primitive of all kernel objects, 247
   signaled and immediately nonsignaled, 251
   signaling that operation has completed, 247
event handle, creating with reduced access, 248
event kernel objects, 247–253
   creating, 248
   identifying, 312
   signaling, 310, 312–313
   synchronizing threads, 249
   types of, 247
   used by critical sections, 223
EVENT_MODIFY_STATE, 248
__except filter, 728
__except keyword, 679
exception(s), 679, 695–696
   debugger and, 696, 729–732
   handling, 684
   raised by HeapAlloc, 525
   system processing, 682
EXCEPTION_ACCESS_VIOLATION, 695, 698, 701
EXCEPTION_ARRAY_BOUNDS_EXCEEDED, 695
EXCEPTION_BREAKPOINT, 696
exception codes, 697, 703

RobustHowManyToken function, 685
RobustMemDup function, 686
root directory, as current directory, 84
.rsrc section, 470
RT_MANIFEST, 114
/RTC switches, 457
/RTCs compiler switch, 27
/RTCsu compiler switch, 457
/RTCx flags, 22
RTL_SRWLOCK, 224
RTL_USER_PROCESS_PARAMETERS structure, 121
RtlUserThreadStart function
    calling C/C++ run-time library's startup code, 158
    calling ExitProcess, 158
    calling ExitThread, 158
    exported by NTDLL.dll module, 157–158
    prototyped as returning VOID, 158
    thread's instruction pointer set to, 157
rule of thumb, for creating threads, 324
Run As Administrator command, 111
run time, detecting stack corruptions, 457
runnable threads, in concurrent model, 320
running processes, enumerating, 118
running thread, operating system memory hidden
        from, 371
run-time checks, 22
run-time library, 159
Russinovich, Mark, 113
RVA (relative virtual address), 545, 556

S

_s (secure) suffix, 19
SACL, 122
safe string functions
    always working with, 27
    of C run time, 79
    HRESULT values, 22
Safer. See WinSafer
/SAFESEH linker switch, 381
sample applications in this book, build environment,
        761–767
sandbox
    running applications in, 375
    setting up, 129
scalable application, 289
schedulable threads
    with exclusive access to memory block, 250
    system scheduling only, 174
scheduler
    not fully documenting, 188
    tweaking for foreground process, 195
scheduling algorithm
    applications not designing to require specific
        knowledge of, 193
    effect on types of applications run, 188
    as subject to change, 188
Scheduling Lab application (07-SchedLab.exe), 197
SchedulingClass member, 130, 131, 132

scripts, 13
search algorithm, for finding DLL files, 556
Search window, invoking, 147
searching features, in Microsoft Windows Vista, 146
SEC_COMMIT flag, 504
SEC_COMMIT section attribute, 480
SEC_IMAGE section attribute, 480
SEC_LARGE_PAGES section attribute, 480
SEC_NOCACHE section attribute, 479
SEC_RESERVE flag
    specifying in CreateFileMapping, 504
    with VirtualAlloc, 505
SEC_RESERVE section attribute, 480
secondary threads, entry-point function for, 149
section(s)
    attributes associated, 467
    creating, 470
    in every .exe or DLL file image, 467
section attributes, 479
section names
    beginning with period, 467
    and purposes, 470
/SECTION switch, 471
secure (_s) functions, 19
secure string functions
    in C run-time library, 18–25
    introducing, 19–22
    manipulating Unicode strings via, 11
secure use of Unicode strings, 11
security access flags, 37
security access information, 36
SECURITY_ATTRIBUTES structure, 44
    containing bInheritHandle field set to TRUE, 100
    example, 36
    for file-mapping kernel object, 479
    functions creating kernel objects with pointer to, 35
    initializing, 36
    passed in CreatePrivateNamespace, 59
    pointer, 151
    pointing to, 294
    for psaProcess and psaThread parameters, 91
SECURITY_BUILTIN_DOMAIN_RID parameter, 59
security confirmation dialog boxes, 111
security descriptor, protecting kernel objects, 35
security, for kernel objects, 35–37
security identifier (SID), 54, 59
security limit restriction, 129
security restrictions, 135
SecurityLimitFlags member, 135
segment registers, identifying, 185
SEH frame
    in BaseThreadStart, 707
    handling exceptions, 158
    placing around thread function, 165
SEH (structured execution handling)
    available in any programming language, 727
    burden falling on compiler, 659
    consisting of two main capabilities, 660